高等学校教材

现代系统建模与仿真技术

（修订版）

刘兴堂　编著

西北工業大學出版社

【内容简介】 本书系统、全面地论述系统建模与仿真理论、方法、技术及应用，反映国内外该领域的最新技术学术成果和发展趋势。

全书分为系统建模理论、方法、技术及应用和计算机仿真技术与应用两大部分。注重基础理论、方法与技术论述，强调理论结合实际，内容丰富、新颖，突出实际工程应用是本书的鲜明特色。

本书涉及航空、航天、航海、核能、机械、电子、信息、控制、交通、通信、环保、系统工程、经济、军事和科学试验等多个学科领域，主要读者对象为高等院校理工和军事类本科生和研究生，亦可作为科学工作者、工程技术人员及高校教师的重要参考书。

图书在版编目(CIP)数据

现代系统建模与仿真技术/刘兴堂编著. —西安：西北工业大学出版社，2011.8
高等学校教材
ISBN 978-7-5612-1335-3

Ⅰ. 现… Ⅱ. ①刘… ②吴… Ⅲ. ①系统建模 ②计算机仿真 Ⅳ. TP391.9

中国版本图书馆 CIP 数据核字(2001)第 15159 号

出版发行：西北工业大学出版社
通信地址：西安市友谊西路 127 号　　邮编：710072
电　　话：(029)88493844　88491757
网　　址：www.nwpup.com
印 刷 者：陕西兴平报社印刷厂
开　　本：787 mm×1 092 mm　1/16
印　　张：36.125
字　　数：880 千字
版　　次：2011 年 8 月第 2 版　　2011 年 8 月第 1 次印刷
定　　价：75.00 元

编　委　会

序

系统仿真走过了60多年光辉历程，在工农业生产、国民经济、科学研究和国防建设各个领域产生了举世瞩目的影响和效益，它逐渐形成独立的仿真科学与技术学科知识体系，成为一门多学科、综合性的共用高新科学技术，并在朝着网络化、智能化、虚拟化、自动化和普适化的方向发展。

原著《现代系统建模与仿真技术》是一部适用于全国各高等院校的系统仿真的基础教材，出版将近10年之久，收到了很好的社会效果，对教学和科研起到了积极的推动作用。这次修订再版，是件大好事，既可满足社会的新需求，又顺应了10年间系统仿真快速发展的新潮流，值得庆幸。

《现代系统建模与仿真技术》(修订版)一书紧紧抓住系统建模方法和计算机仿真技术两大核心内容，特意增添复杂系统建模与仿真和军用仿真技术及工程章节，以及仿真系统开发/运行的监测、分析与评估，从而在保持原著作特色的基础上，凸显出复杂系统仿真前沿领域和处于系统仿真领先地位的军用仿真技术与应用。这样，无疑会给广大读者带来更多、更新的系统建模与仿真信息和知识，也必将促进仿真科学与技术学科领域的繁荣昌盛，为我国的国民经济、科学研究和国防建设做出新贡献。

王行仁*

2010年3月

---

* 王行仁，中国系统仿真学会原理事长，北京航空航天大学教授。

前　言

众所周知，科学试验是人类认识与改造世界最重要、最基本的活动和有效手段。科学试验一向有两条重要技术途径：其一是在实际系统上进行试验，叫做实物试验或物理试验；其二是利用模型完成试验研究，谓之“系统模拟”或“系统仿真”。在系统仿真中，模型充当着实际系统的替身，它反映了仿真对象的外部特征、内部特征及其功能；模型的建立、验证和运行是系统仿真的核心活动。

按说模型试验是一种最古老的工程方法和技术之一，其历史可追溯至我们祖先的仿鸟飞行、古代建筑和造船业中对比例模型(即样板)的应用。只是在计算机问世后它才逐渐形成为一门崭新的综合性科学技术学科——仿真科学与技术。

仿真科学与技术走过了60多年光辉历程，在工农业生产、国民经济和国防建设各个领域产生了举世瞩目的影响和效益。事实证明，凡是有科学研究、工程设计和人-机训练的地方都离不开它的支持。特别是面对一些重大的、复杂的棘手问题(如社会经济、生态环境、载人航天、军事作战、能源利用等)研究，采用传统的理论研究和实验研究方法往往不能奏效，势必转而应用模型研究手段(即建模与仿真方法)，从而为决策者、设计师和工程技术人员提供灵活、适用、有效的技术平台和研究环境，以检验他们的关键性见解、创新性观点和所作决策或方案的合理性、正确性与可行性，高效地帮助人们推动科学技术进步，促进社会发展。因此，仿真科学与技术被认为是继理论研究和实验研究之后，与计算科学一起为人们提供了认识与改造世界的又一种全新方法和手段，以及各门学科在当今研究手段上的“交汇点”。

目前，仿真科学与技术已发展成为集计算机科学、计算技术、图形/图像技术、网络技术、控制技术、人工智能、信息技术、系统工程、软件工程等多学科为一体的综合性高新科学技术。先进建模工具与环境、仿真高层体系结构、组件化/网络化/网格化、虚拟现实、虚拟环境、虚拟样机、虚拟制造、虚拟采办及嵌入式系统等技术的迅猛发展，进一步显示出仿真科学与技术的巨大生命力和广阔前景。

在仿真科学与技术领域内，系统建模与仿真(M&S)是其核心内容，复杂系统M&S则是它的重要前沿领域，而军用仿真及工程始终走在仿真科学与技术发展的最前列，代表着领先的技术学术水平。

《现代系统建模与仿真技术》第1版已出版10年之久，这10年恰恰是仿真科学与技术发展最为迅速的时期，因此有必要对其进行全面认真的修改和切合实际的补充，以适应广大读者特别是高校本科生、研究生的新需求。这次修订主要体现在如下方面：①践行科学发展观，综合系统M&S的长足进步，深入系统地论述仿真科学与技术的学科知识体系；②增加复杂系统M&S的理论、方法与技术及其应用；③强化仿真系统开发/运行的监测、分析与评估技术，以及仿真界最为关注的VV&A活动和可信度评估技术；④专门安排军用仿真技术及工程章节。

修订后的《现代系统建模与仿真技术》一书，分上、下两篇，共14章。第1章绪论。阐述系统、模型、建模、仿真等基本概念；提出复杂系统 M&S 问题和军用仿真技术及工程；论述系统 M&S 技术现状与未来，以及仿真科学与技术学科知识体系。上篇介绍系统建模理论、方法、技术与应用，包括第 2 章至第 8 章。在论述系统建模与仿真的基础理论和常见数学建模方法的基础上，着重讨论和研究实际系统（包括连续系统、离散事件系统、随机过程系统和复杂系统）的数学建模技术与应用，并给出现代科学与工程和军事领域的典型数学模型或模型框架。下篇介绍计算机仿真技术与应用，包括第 9 章至第 14 章。综述计算机仿真方法、技术与支撑环境及工具；重点讨论和研究连续系统、离散事件系统和复杂系统的数学仿真技术与应用；论述仿真系统开发/运行的监测、分析与评估技术，以及 VV&A 活动与应用；讨论各类军用仿真技术及工程。

除“编委会”名单中的主编、副主编和其他编者外，参加本书部分章节撰写、修订和编辑等工作的还有：李小兵、张双选、李彦彬、吴静、李向峰、李旭昌等同志。

在本书编著和出版过程中，得到了空军工程大学和空军工程大学导弹学院领导、机关的大力支持，西北工业大学出版社领导尤其是策划编辑付高明同志付出了心血，在此一并深切诚挚谢意。这里还要感谢同仁们的热情鼓励，特意致谢中国系统仿真学会原理事长王行仁教授作序，以及参考文献作者的辛劳和智慧给予本书的重要支撑。

由于水平有限，书中难免有不妥之处，诚望广大读者批评指正。

作　者

2011 年 2 月于空军工程大学

目　　录

下篇　计算机仿真方法、技术与应用

第1章 绪 论

1.1 系统概念与分类

1.1.1 系统概念

系统是很普遍、常见的科学术语之一。系统概念通常包括定义、结构、层次、实体、属性、行为、功能、环境、演化与进化等。不过，人们更多关心的是系统的定义、实体、属性、行为和环境。这是因为一个独立的系统总是以其特有的外部表征和内在特性而区别于其他系统，并决定于构成该系统的实体、属性、行为及环境等方面的不同内容。同时，对于任何系统特别是复杂系统，都有着通过科学研究探索和描述系统实体、属性、行为及环境的任务，这同样是系统建模与仿真的最终目标。

最早的系统定义是由系统论创始人奥地利学者贝塔朗菲给出的。他认为，系统是相互作用的多元素的复合体。我国著名科学家钱学森先生将系统定义为：系统是相互作用和相互依赖的若干组成部分结合的、具有特定功能的有机体。总之，在自然界和人类社会中，凡具有特定功能，按照某些规律结合起来相互关联、相互制约、相互作用、相互依存的事物总体，均可称之为系统。广义地讲，系统包括自然系统和人工系统，工程系统和非工程系统，并有简单系统与复杂系统，中小系统、大系统和开放复杂巨系统之分。显然，无源 RC 电路、测速电机和日常家用电器等是简单系统；现代飞行器（如飞机、导弹、卫星、飞船等）是高新技术密集的大系统；国家可持续发展教育、能源、金融等规划称得上是复杂系统，而社会系统、战争系统、生态环境系统、人体生命系统和宇宙系统则谓之典型的开放复杂巨系统。

简而言之，实体是具体系统对象（如汽车、火车、弹药、机器、设备等）；属性系指描述实体特征的信息，常以状态、参数或逻辑等来表征，如连续系统、离散事件、随机过程、位置、速度、加速度，以及“非”“合”“并”等；行为是指随时间推移所发生的状态变化，如位移、速度变化、操作过程等；环境则表示系统所处的界面状况，如干扰、约束、关联因素等。

总之，系统是多样的、千姿百态的和最常见的，且经常不断变化并充满着惊奇。系统比比皆是，人们在认识和改造世界的过程中，总是针对自己感兴趣的系统进行着不懈的探索，包括理论研究、科学实验和仿真试验等，以求得科学技术发展和社会进步。

1.1.2 系统分类

为了便于对系统进行分析、研究、控制和管理，可从不同角度对其进行分类。常见分类方法有：

1)按照自然属性，系统被分为人工系统（如工程系统、社会系统等）与自然系统（如海洋系统、生态系统等）。

2)按照物质属性，系统被分为实物系统（如武器装备、机电产品等）与概念系统（如思想体系、战略战术等）。应该指出，实物系统可以是人工系统或自然系统，而概念系统必定为人工系统。

3)按照运动属性,系统被分为静态系统(如平衡力系、古建筑群等)与动态系统(如控制系统、动力学系统等)。

4)按照状态变化对时间是否连续,系统被分为连续系统(如雷达天线位置随动系统、模拟计算机系统等)、离散事件系统(如电话服务系统、生产调度系统等)和混合系统(如数字计算机控制系统、半实物仿真系统等)。

5)按照参数性质和状态特点,系统被分为集中参数系统与分布参数系统、确定型系统与随机系统、线性系统与非线性系统。

6)按照对系统的认知和研究现状,系统被分为白盒系统、灰盒系统及黑盒系统;它们又可分别叫做白色系统、灰色系统和黑色系统。白色系统中具有充足的信息量,其发展变化规律明显、定量描述方便、结构和参数具体。黑色系统的内部特征全部是未知的。灰色系统是介于白色系统与黑色系统之间的一种具有"信息不确定性"或"信息缺乏"的系统。

7)按照结构和关联的复杂程度,系统被分为简单系统(如 RC 电路、稳压电源等)与复杂系统(如世界能源系统、国家人口控制系统等)。当然,复杂系统还以分为一般复杂系统与开放复杂巨系统。

除此,按照系统的静态、动态、时间与空间情况以及专业技术特点等,可对各个领域内的系统做出更详细的分类。如控制系统还可以分为经典控制系统和现代控制系统;进一步又能分为开环控制系统、闭环控制系统和复合控制系统;更细地还可分为计算机控制系统、模糊控制系统、变结构控制系统、鲁棒控制系统、智能控制系统、神经网络控制系统和自适应控制系统等等。

应强调指出,从系统建模和仿真的角度讲,通常将系统分为连续系统、离散事件系统与混合系统,以及简单系统与复杂系统是较为合理的。

从科学研究和科学发展观讲,钱学森等学者对于系统还做出了如下分类:

1)按照系统组成部分的数量规模大小,系统被分为小系统、大系统和巨系统三类。

2)按照系统层次结构简单与否,系统被分为简单系统和复杂系统两类。

3)按照客观世界物质系统空间尺度大小,系统被分为渺观、微观、宏观、宇观和胀观五个层次。

4)按照系统输入、输出特性的复杂特性程度不同,系统被分为线性系统、非线性系统和复杂性系统。

5)人工生命系统、社会系统、生态系统、生物系统、环境系统等均属于非常复杂的适应系统。这类系统被称为开放的复杂巨系统。

为简便起见,本书仅将系统分为一般系统和复杂系统。显然,这里的一般系统系指简单系统和中、小系统,而复杂系统涵盖着通常复杂系统、复杂大系统及开放的复杂巨系统。

1.2 连续系统、离散事件系统与混合系统

所谓连续系统是指状态随时间连续变化的系统。也就是说,系统"事件"所引起的效应大小和"事件时刻"之间的区间,在数学上都是无穷小量。这里,状态(或参数)的连续变化量被称为模拟量。如图 1.1 所示的 RLC 电路就是一个典型的连续系统,其电流状态变化是连续变

化的。

若系统状态(或参数)只在一些特定时刻 $t=\{t_1,t_2,\cdots\}$ 上被观测并产生相应离散数据,即系统操作和状态只在离散时刻发生,且常常是随机的,则被称为离散事件系统,如电话系统、生产调度系统和交通管制红(绿)灯系统(见图 1.2)等。

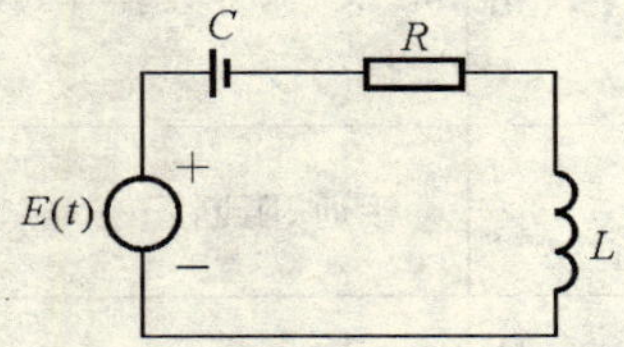

图 1.1　RLC 电路系统

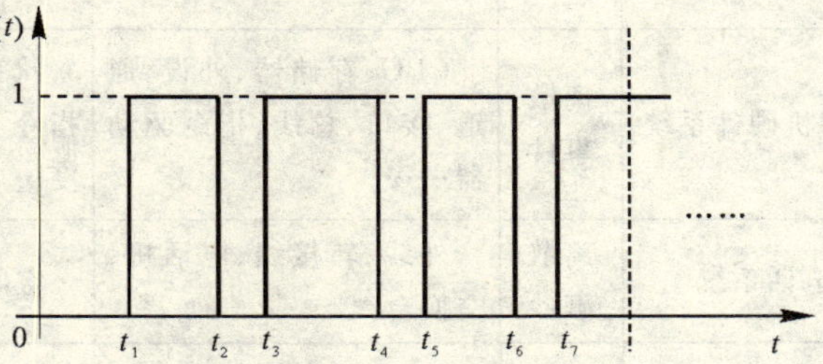

图 1.2　红灯状态变化

图中:红灯亮时 $S(t)=1$,反之 $S(t)=0$

系统中一部分具有连续系统特性,而另一部分具有离散事件系统特性,这样的系统谓之连续-离散混合系统(简称混合系统。)现代数字计算机控制系统就是一种典型的混合系统(见图 1.3)。

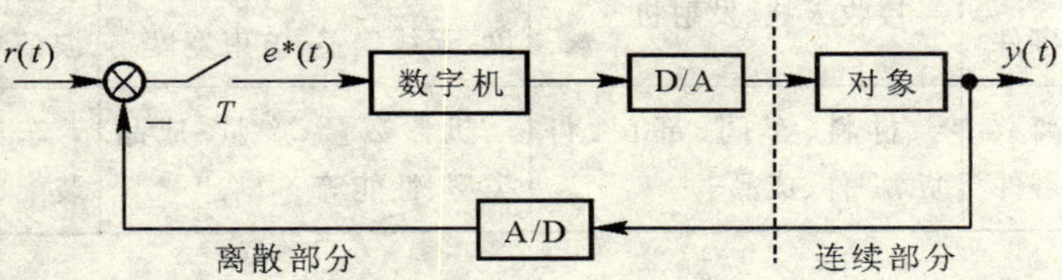

图 1.3　现代数字计算机控制系统

为了加深对连续系统、离散事件系统和混合系统及其被研究内容(实体、属性及活动)的理解,表 1.1 给出了实际系统示例。

表 1.1　系统实例

系统名称	类　型	实　体	属　性	活　动
炮塔	连续	比较器、放大器、电机、传感器、炮塔	输入-输出电压和炮塔角位移及其动、静态特性	炮塔定位、瞄准、射击
A/D 与 D/A 转换	混合	比较器、计数器、A/D 和 D/A 电路、脉冲装置	计数值、输入-输出电压、静动态特性	开"门"、关"门"计数
遥控地空导弹武器	混合	弹体、发动机、战斗部、引信、弹上仪器及制导设备等	制导精度、命中概率、射击边界、抗干扰能力等	搜索和跟踪目标、发射、制导、遭遇、引爆近炸

续表

系统名称	类型	实体	属性	活动
程序系统	离散事件	功能模块、判别、转移、程序流、数据流	入口、出口信息、判断、转移参量、计算机状态字	转移、调子程序、仿真、输出信息、交互输入、挂起、就绪、运行……
数字机硬件系统	离散事件	CPU、存储器、外设、通道、接口、总线、指令驱动器……	状态字、容量吞吐率、指令周期执行时间、精度……	中断、出错、重构、开机、关机、外设操作、读写数据……
电话系统	离散事件	外线、转接线、电话机、交换台	空间、占线	接通、阻断
急救室	离散事件	护士、病床、医疗设备、药品、医生、病人	病类、病情、医生与护士服务速率、病人发病率、治愈率	病人到达、护士检查、医生就诊、病人离院
通信	离散事件	信道、接收台、信息、发送站	站名、信息量	信息忙、信息闲、发报、接收
雷达系统	连续事件	接收天线、发射机	发射功率、接收灵敏度、天线增益、波束宽度	搜索空间目标、提取回波信息
工厂	离散事件	材料、车间、部门、订货、零件、成品	机器数量、产量、成品类型、性能等	车间生产、部门管理、装配、存储销售

1.3 模型与建模

1.3.1 模型的概念及性质

科学实验是人们改造自然和认识社会的主要基本活动。在实际系统上进行实验叫做实物试验或物理试验。除此,人们往往希望在实际系统产生之前描述大型复杂系统,预测它们的功能和性能,或者由于某种原因(如有毒、有害、有危险、太昂贵等)不易在现实系统上完成实验时,借助"模型"代替系统本身,在模型上进行实验。于是,产生了模型及模型研究的概念(见图 1.4)。

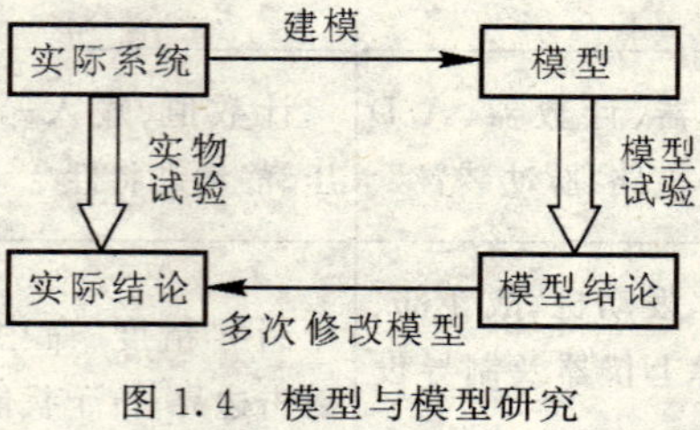

图 1.4 模型与模型研究

模型是当今科技工作者常常谈论的重要科学术语之一。它是相对于现实世界或实际系统而言的，在模型研究中，被研究的实际系统叫做原型，而原型的替身则称为模型。这种模型能够反映被替代系统的表征和特性，且具有如下主要性质：

(1)普遍性，亦称等效性，是指同一个模型可从各个角度反映不同的系统。或者说，一种模型与多个系统可能具有相似性。

(2)相对精确性，是指模型的近似度和精确性都不可超出应有限度和许可条件。过于粗糙的模型将失去过多系统特性而变得无用；太精确的模型往往会非常复杂，甚至给模型研究带来困难(如计算量大、试验周期长、分析困难等)。因此，一个满意的模型应该具有考虑诸种条件折中下的适当精确性。

(3)可信性，是指模型必须经过检验和确认，成为代表实际系统的有效模型，即具有良好的置信度(或可信度)。

(4)异构性，是指同一个系统的模型可以具有不同的形式和结构。为此，模型研究中将选择最方便、最合理的模型形式和结构。

(5)通过性，是说模型可以视为“黑箱”。通过向其输入信息并获取信息建立起模型的输入-输出概念。从而产生了实验辨识建模的现代方法。

1.3.2 模型分类

在模型研究中，为方便起见，同系统一样可将模型进行各种分类，如图1.5所示。

1.3.3 数学建模及其过程

系统数学模型的建立简称为数学建模。

所谓数学模型就是描述系统内、外部各变量间相互关系的数学表达式。它包括数值表达式和逻辑表达式。常量、变量、函数、方程、不等式、并、交、如果……那么……、图形、表格、曲线、序列及程序等都是数学模型的描述形式。

数学建模的最终目标就是要确定系统的模型形式、结构和参数，获得正确反映系统表征、特征和功能的最简数学表达式。

数学建模的一般过程是：观察和分析实际系统→提出问题→做出假设→系统描述→构筑形式化模型→模型求解→模型有效性分析(包括模型校核、验证及确认)→修改模型→最终确认→模型使用。

目前，计算机辅助建模愈来愈多地被采用。如图1.6所示给出了现代数学建模的流程。

应强调指出，数学建模至今没有一个固定的程式可循，而是一个创造性的科研过程。为了获得高质量的数学模型，在建模中必须遵守如下几条基本原则：

(1)必须满足对数学模型的精确性、简明性、层次性、多用性、可靠性及标准化等基本要求。

(2)为了缩短建模周期，获取满意的有效数学模型，合理地选择建模方法至关重要。目前，常见的数学建模已有数十种，可归结为四大类：机理分析法、实验辨识法、定性推理法和综合集成法。随着复杂系统建模需求的不断增强，必须要有建模方法的创新意识，如研究人工智能方法、专家系统和研讨式方法等。

(3)建模时，须经常考虑模型功能是否满足所研究问题的需求，在满足需求的条件下，模型形式和结构是否合理、经济，模型是否容易实现和稳定运行，模型可否达到预期精度要求等。总之，必须使模型校核、验证及确认(即VV&A活动)贯穿于数学建模的全生命周期。

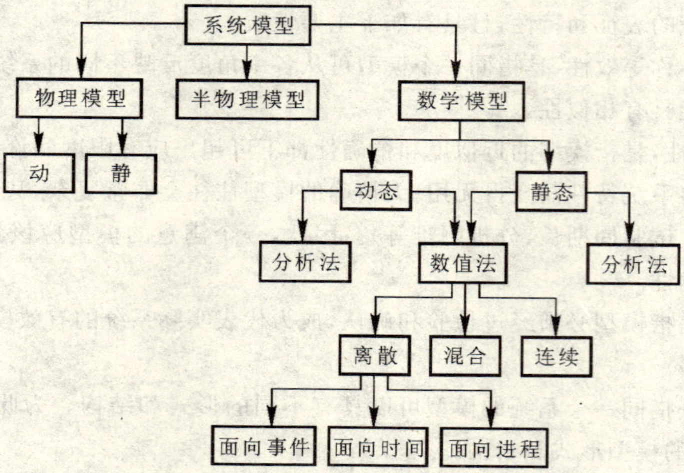

(a)

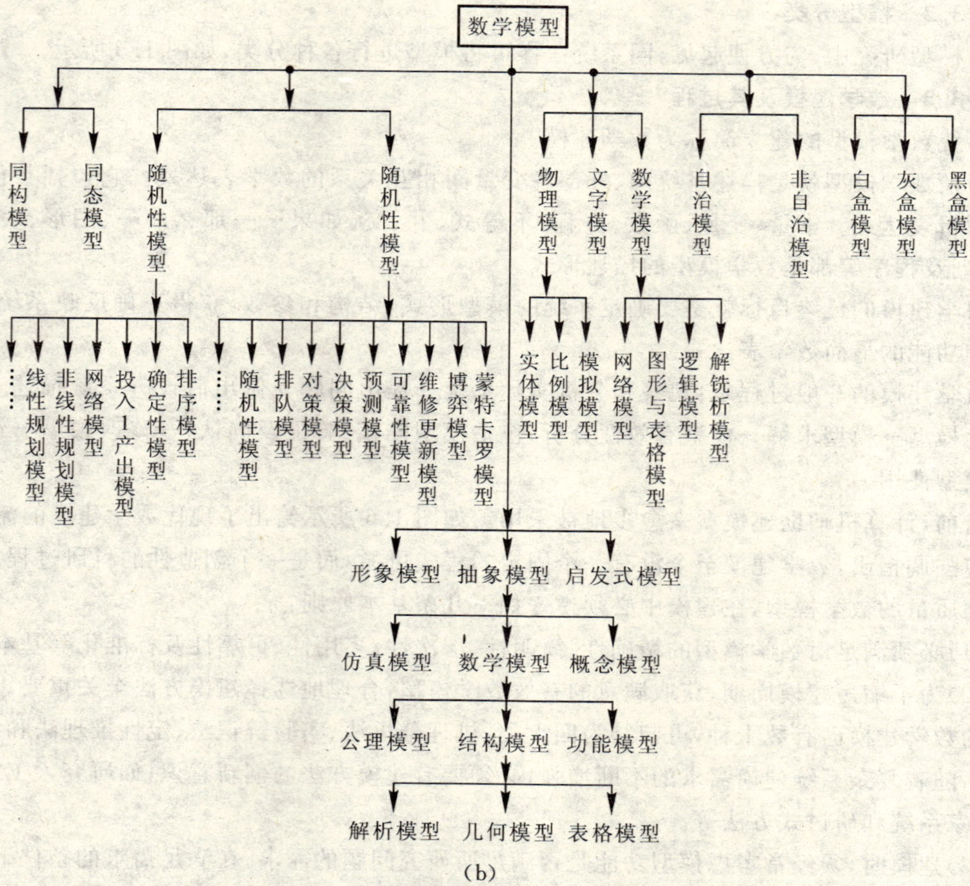

(b)

图 1.5　几种常见的模型分类

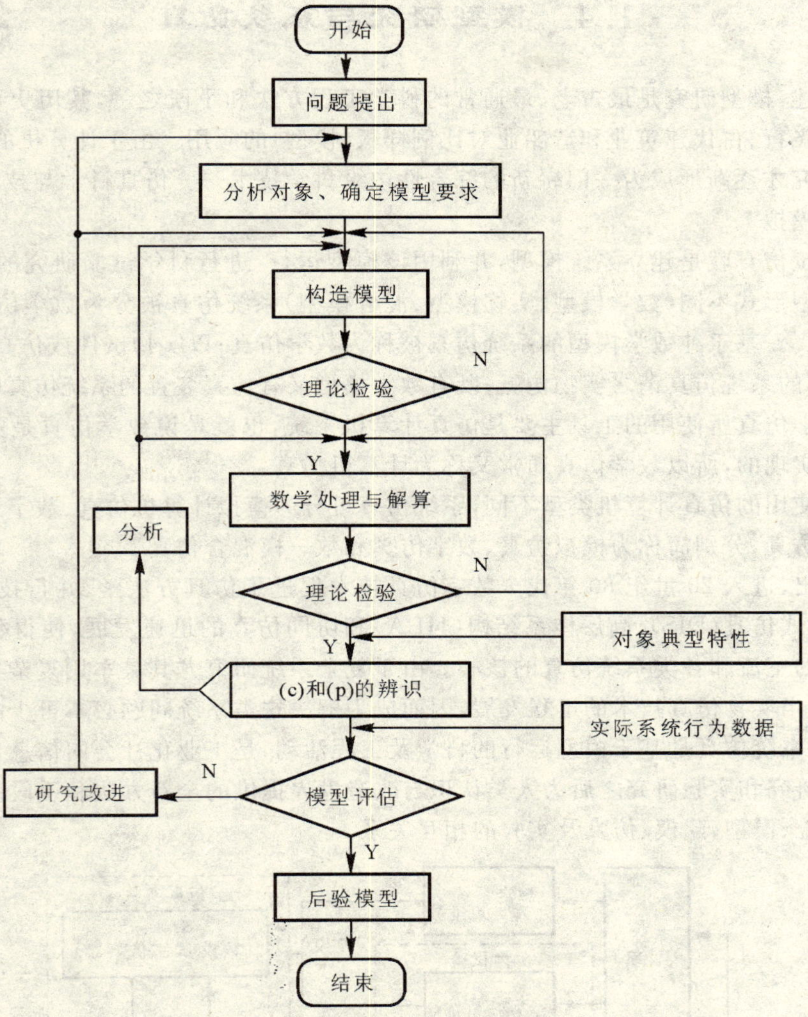

图 1.6 现代数学建模流程图

(c)-结构集； (p)-参数集

1.3.4 仿真建模及其过程

从仿真角度讲，完整的系统建模应包括数学建模和仿真建模两大部分。所谓仿真建模就是将非形式化模型或数学模型变换成仿真计算机系统（主要包括仿真计算机及仿真支持软件）能够识别和运行的仿真模型。由于仿真建模是模型变换的过程，所以又叫做二次建模。

通常，仿真模型以算法、程序和仿真装置的形式出现。根据所使用的仿真计算机类型（模拟机、数字机和混合机）不同，所建立的仿真模型亦各不相同。

可见，仿真建模过程的实质是将系统的数学模型通过所设计的仿真算法、仿真程序或仿真装置转变为仿真计算机可识别、能稳定、有效运行的仿真模型。这种仿真建模过程将在后面的各类系统仿真章节中得到具体体现。

1.4 模型研究与系统仿真

如前所述，模型研究是最古老、最通常的科学工程方法和手段之一，其历史可追溯至我们祖先的仿鸟飞行、古代建筑业和造船业对比例样板(模型)的应用。由于计算机的问世，这一古老的模型研究才逐渐形成为一门崭新的综合性边缘科学技术——仿真科学与技术，即系统"仿真"或系统"模拟"。

所谓系统仿真就是建立系统模型，并利用该模型运行，进行科学试验研究的全过程，按照所采用的模型形式不同(数学模型、实物模型、混合模型)系统仿真被分为数学仿真、实物仿真和半实物仿真。基于纯数学模型的系统仿真被称为数学仿真；以实物试件或仿真装置(物理效应器)为基础的系统仿真谓之实物仿真；既有数学模型又有仿真装置的系统仿真叫做半实物仿真。由于数学仿真所使用的工具主要是仿真计算机系统，也就是说数学仿真是完全在仿真计算机系统上实现的，所以数学仿真通常又称为计算机仿真。

根据所使用的仿真计算机类型不同，系统仿真可分为模拟计算机仿真、数字计算机仿真和混合计算机仿真，分别简称为模拟仿真、数字仿真和数—模混合仿真。

值得指出，进入 20 世纪 80 年代全数字仿真技术促进了仿真方法学、并行技术、多媒体技术、分布交互式仿真(DIS)、高层体系结构(HLA)和协同仿真的迅速发展，使得数学仿真成为计算机仿真的主流和各类系统仿真的核心。由于复杂系统研究尤其是军用复杂大系统仿真的需求，促进了半实物仿真技术的迅猛发展，因而成为解决这类系统问题必不可少的手段。

综上述，系统仿真是基于模型运行的科学及工程活动，是工业化社会向信息化社会发展过程中继理论研究和实验研究之后为人类认识与改造世界提供的全新方法和手段。如图 1.7 所示反映了系统、模型、建模、仿真及实验的相互关系。

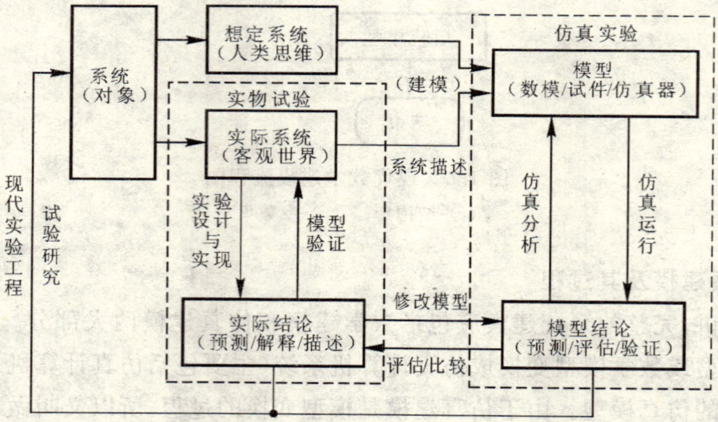

图 1.7 系统、建模、模型、仿真及实验

系统仿真是信息科学和计算科学的重要组成部分，这是当前人们对于仿真科学与技术认知的新观点。事实上，近年来美国、欧洲及其他各国权威学者已共同认可："理论、实验和计算科学被称为 21 世纪科学事业的三大支柱"；"计算科学是一个快速发展的多学科领域，它融合了三种不同的元素，即算法及建模和仿真软件、计算机和信息科学、计算设施。"除此，从计算科

学的定义来看，系统仿真也显然应归属于计算科学之范畴(见图1.8)。

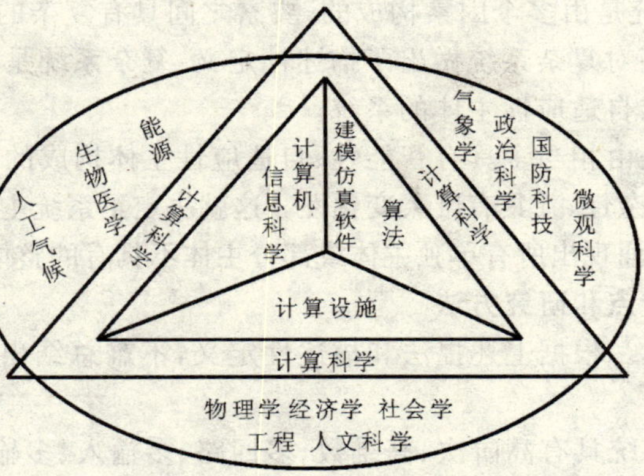

图1.8　计算科学定义的示意图

1.5　复杂系统的建模与仿真(M&S)

1.5.1　复杂性概念及复杂系统提出

(1)复杂性概念。1928年贝塔朗菲在他撰写的《生物有机体系统》论文中首次提出了复杂性问题。随之，怀特梅的《有机体的哲学》论文也发表了类似观点。此后，许多科学家和学者，如马卡诺赫、匹茨、维纳、普里高津、哈肯及钱学森等，对此进行了多方面研究，并做出了重要贡献。

复杂性概念被不断明朗化，到目前为止人们至少已认识到，复杂性是决定复杂系统本质特征的诸多因素和组分间的相互作用而产生的一系列复杂、多样性现象及特性，它不能用传统进化论及还原论方法来分析、处理和研究。至今，复杂性尚无统一定义，只能相对于简单性而言，概括起来，可作如下理解：①复杂性出现在混沌的边缘，介于随机和有序之间。②复杂性寓于系统之中，是系统复杂性，是开放的复杂巨系统的动力学特性。③复杂系统演化过程中和环境交互作用，将呈现出复杂的动态行为特性和实现的整体特性，这些特性具有变化莫测和意想不到的特点，因此一般难以应用已有系统特性描述理论来解释和确定。④复杂性形式是多样的，主要表现为：结构复杂性、功能复杂性和组织复杂性；物理复杂性、生物复杂性及经济社会复杂性；算法复杂性、确定性复杂性和集成复杂性等。其中，集成复杂性又称集聚复杂性，它反映了组分及组分间相互作用对系统新信息产生、演化和进化的本质影响。

(2)复杂系统提出。复杂系统至今没有明确的严格定义，而只有如下共识提法：

【提法1】　自然界和人类社会广泛存在着由无数个体组合而成的无限多样性和复杂性的事物，被人们统称为复杂系统。

【提法2】　一般认为，复杂系统可以从系统内部结构、外部表征、行为及环境的复杂性来认识。

【提法3】　初看起来，复杂系统区别于一般简单系统的本质特征在于它的复杂性。

【提法4】　复杂系统是相对于线性系统(简单系统)与非线性系统，确定性系统与不确定性系统而言的，复杂系统内包含着许多复杂性。

【提法5】　有巨大变化性的系统统称为复杂系统。

【提法6】　复杂系统是指由许多部件组成的系统，这些部件之间有许多相互作用不是简单的。在这些系统中，整体大于部分之和。

【提法7】 复杂系统是由多个因素构成的，要素之间具有复杂的非线性关系的系统。

除此，复杂性科学还对复杂系统做出了描述性定义：复杂系统是具有中等数目并基于局部信息做出行动的智能性、自适应性主体的系统。

综上述，复杂系统是由相当多具有智能性、自适应性主体构成的大系统。系统中没有中央控制，内部存在着许多复杂性，并具有巨大变化性。这就决定了系统主体间及其与环境间的复杂相互作用，使得复杂系统涌现出所有单独主体或部分主体不具有的整体行为(特性)——涌现性。

1.5.2　复杂系统特点和研究方法

(1)复杂系统的特点。根据上述提法和描述性定义，不难总结出复杂系统区别于一般(简单)系统的显著特点。

从定量上讲，复杂系统具有高阶次、高维数、多回路、多输入、多输出和层次性等。

从定性上讲，复杂系统具有非线性、不确定性、内外部扰动、多时空、开放性、自相似性、病态结构及混沌现象等，所有这些特点可综合为适应性、自治性、非线性、涌现性、演化性和进化性。其中，涌现性和非线性是复杂系统最本质的特点。所谓涌现性是指构成复杂系统的组分之间存在着相互作用而形成复杂结构，在表现组分特性的同时，还传递着作为整体而新产生的特性。也就是说，诸多部分一旦按照某些方式(或规律)形成系统，就会产生系统整体具有与部分总和不具有的属性、特征、行为及功能等，而一旦把整体还原为不相干的各部分，则这些属性、特征、行为和功能等便不复存在。简而言之，把这些高层次还原到低层次时高层次的具有不复存在的特点称为复杂系统的涌现性。涌现性是复杂系统演化过程中呈现出来的一种整体特性。非线性是指不能用线性数学模型描述的系统特性，构成复杂系统的诸组分部分、大部分乃至所有部分都存在着非线性，且组分间存在着非线性相互作用，而这种相互作用是产生复杂性的根源。不满足叠加原理，整体作用大于部分作用之和是非线性的基本特点，基于这种特点而产生了复杂系统动态过程的多样化和多尺度性，并使得复杂系统的演化变得丰富多彩。因此，许多学者认为，非线性是复杂系统的首要特征；非线性相互作用是区别于简单系统与复杂系统的本质标志。最能够体现上述特点的典型复杂系统要数现代复杂工程系统、社会系统、人体系统和宇宙系统。

复杂工程系统(如载人宇宙飞船)通常具有严重的非线性、内外部随机扰动、结构和参数的不确定性和时变性，数学模型上的高阶、多维、多层次、多输入和多输出等。

社会系统(如经济系统)是一个由简到繁、从低级到高级不断演化和进化的、开放的复杂巨系统，内部充满着层次性、自治性、不确定性、非线性、开放性、时空多变性及涌现性等。

人体系统是一个极其复杂的生命体系统，具有多层次、多形态网络结构的适应性器官、自组织调节的非线性动力学系统、不断完善逐渐进化的生命信息系统、生老病死过程的不确定性及混沌现象等。

宇宙系统是一个充满异彩和惊奇的胀观复杂系统，其非线性、多样性、混沌现象、多层次性、不可逆性、自适应性、开放性、自相似性、自治性、演化性和涌现性等所有的复杂系统特点都在该系统上呈现得淋漓尽致。

(2)复杂系统的研究方法。复杂系统的研究方法取决于上述特点和研究对象，它本质地区别于对简单系统或白盒问题的传统研究方法。在此，不能不指出，在20世纪80年代初，钱学森先生就发表了《系统科学、思维科学与人体科学》的论文，明确提出“系统学是研究复杂系统结构与功能一般规律的科学”。1990年钱先生又在《自然杂志》上发表了《一个科学新领域——开放的复杂巨系统及其方法》论文，提出了“开放的复杂巨系统”概念及处理这类系统的方法论。他指出，简单大系统可用控制论的方法，简单巨系统可用还原论范畴的统计物理方法，而开放的复杂巨系统不能用还原论及其派生方法，只能采用本体论方法。这种复杂系统研究方法的新思想，时隔10年后才被西方学术界所认识。这就是1999年美国“Science”杂志发表了“复杂系统”专辑，明确提出了“超越还原论”的口号。

最近，哈尔滨工业大学李士勇教授在长期研究非线性科学与复杂系统理论的基础上，提出了6个相结合的复杂系统综合研究方法，即定性判断和定量计算相结合、微观分析和宏观综合相结合、还原论与整体论相结合、确定性描述与不确定性描述相结合、科学推理与哲学思想相结合以及计算机模拟与专家智能相结合。本书认为，6个相结合的研究方法正确地体现了钱学森先生所倡导的“系统科学、思维科学与人体科学”相结合的本体论综合研究方法。

1.5.3 复杂系统 M&S

(1)概述。随着科技持续进步和社会不断发展，人们对于复杂系统研究的需求越来越大，又由于复杂系统研究的核心是自身的自治性、演化性、进化性及复杂性(主要包括适应性、非线性及涌现性等)，显然利用传统机理分析法和实验统计法往往难以获得接近实际的结论，因此，不得不转而采用构建模型的研究方法(或称仿真方法)，即不断地在先验知识和近似模型之间来回区分新模式，引入新概念，并将它纳入一次又一次修改后的模型，再进一步通过模型运行和模型试验结果分析去解释、阐明和开发被研究的复杂系统问题。这就是复杂系统问题研究对于M&S的客观需求及在研究方法学上越来越多的依赖性，同时反映了M&S发展的必然趋势(见图1.9)。

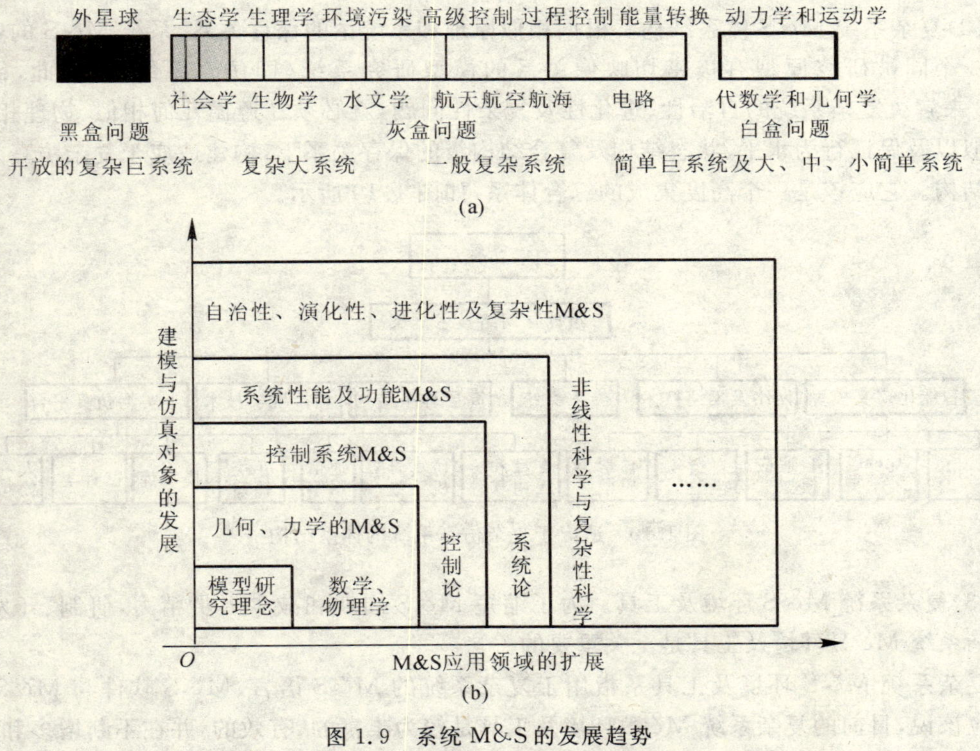

图1.9 系统M&S的发展趋势

(a)系统M&S的发展谱型； (b)系统M&S研究的不断进展

可见，在复杂系统问题研究的推动下，复杂系统 M&S 已经成为社会、国防和科研的迫切需求和仿真科学与技术学科的前沿新领域。

达尔文的进化论表明，宇宙空间起初只有一些简单系统，如基本粒子、原子、分子、单细胞生物体等，随着时间的推移，逐渐出现了像大自然和人类这样的复杂系统。如前所述，复杂系统具有显著区别于简单系统的复杂性特点，从而给 M&S 带来了相当大的困难，但同时也极大地促进了支撑系统 M&S 的理论发展，近几年来的发展尤其迅速，使系统 M&S 的理论基础不断扩大、日趋完善、坚实。

支撑复杂系统 M&S 的理论基础除模型论、相似理论、系统理论、辨识理论、网络理论、层次分析理论及专业理论外，还出现了新的理论，如系统分形理论、CAS 理论、定性理论、云理论、模糊理论、元胞自动机和支撑向量机、自组织理论、灰色系统理论等。这些新理论的出现都对复杂系统 M&S 发展起到了重要或关键的作用。

复杂系统的特点和研究对象的广泛性决定了它的 M&S 方法学的特殊性。这就是说人们在传统 M&S 方法的基础上，应该不断研究和探索用于复杂系统的特殊 M&S 方法。这些 M&S 方法，或是常用 M&S 法的扩展或是全新的 M&S 方法。它们包括：混合建模法、组合建模法、基于 Agent 建模法、基于 Petri 网建模法、基于神经网络建模法、基于系统动力学因果追溯建模法、基于 CAS 建模法、基于 CGP 建模法、基于面向对象技术建模法、定性推理建模法、基于 GSPS 建模法、基于 GMDH 的混沌时间序列建模法、元模型建模法、基于综合集成"研讨厅"建模法、基于分形理论建模法、基于元胞自动机建模法、基于支持向量机建模法、基于计算机智能逼近建模法及多分辨率(MRM)建模法等。

(2)复杂系统 M&S 体系结构。根据相似原理和系统论的保存关系，系统 M&S 的实质是寻求一个同被研究原型有极密切映像关系的模型研究系统(即仿真系统)。为此，欲利用 M&S 来解决复杂系统的自治性、进化性及复杂性问题，就必须在遵循几何相似、物理相似、环境相似以及保证行为水平、状态结构及复合结构级的保存关系下，构建适应于复杂仿真系统的体系结构。它应该是一个高度集成的综合体系，如图 1.10 所示。

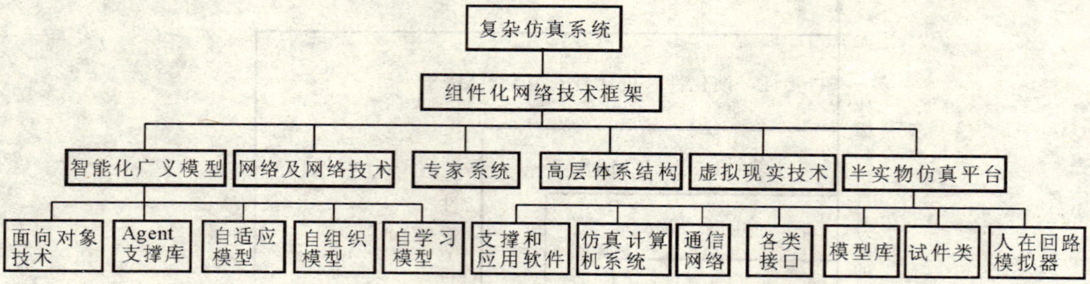

图 1.10　适应于复杂仿真系统的体系结构

(3)复杂系统 M&S 环境及工具。为了缩短 M&S 周期和减少人员精力，研制、开发及应用复杂系统 M&S 环境及工具是至关重要的。

复杂系统 M&S 环境及工具系指用于复杂系统的 M&S 语言、M&S 软件与 M&S 平台等。应该说，目前的复杂系统 M&S 环境及工具是较为丰富的、有效的，并在不断增多和提高。本书将在第 5 章介绍一些流行的、通用的、先进的复杂系统 M&S 语言、软件和平台。它主要包括：Rational Rose；Power Designer；Microsoft Office Visic；Trufun Plato；HLA&RTI；

GIS；OpenGL&Vega；STAGE&STRIVE；ModSAF；JMASS；JSIMS&JWARS；UML；Swarm；MATLAB& Simulink 等。除此，还将推荐 30 余种用于各种专业领域的 M&S 软件。

(4)复杂仿真系统与 VV&A 技术。众所周知，一个缺乏置信度的系统 M&S 是没有任何意义的。对于复杂仿真系统置信度保证尤为重要，被视为 M&S 的生命线。为此，VV&A 技术及其应用是国内外仿真界关心和研究的重点与热点之一。

VV&A 系指系统 M&S 的校核(Verification)、验证(Validation)与确认(Accreditation)。VV&A 技术及其应用简称为 VV&A 活动，是对系统 M&S 过程的全面监控，从而保证系统(特别是复杂系统)M&S 的有效性(Validity)、可信性(Credibility)和可接受性(Acceptability)。

由于 VV&A 活动将贯穿于复杂仿真系统全生命周期过程中的各个阶段，所以它既重要而又复杂。为了做好这件工作，结合我国国情，研制和开发复杂仿真系统全生命周期 VV&A 过程模型和规范化复杂仿真系统 VV&A 有关概念、计划、方法、技术、文档、结论及应用操作是至关重要的。

1.6 军用仿真技术及其应用

1.6.1 概述

自古以来，人们总是将先进的科学技术和工程方法尽快地用于军事目的，以增强军事实力，进而在战争中处于优势地位并赢得战争胜利。系统仿真亦不例外，自问世以来就被迅速地应用于军事科学研究、武器装备研制、部队训练和作战模拟等国防军事领域。

世界发达国家特别是美国、俄罗斯等军事强国一直十分重视 M&S 技术的发展和军事应用，视“M&S 为军队和效能的倍增器”，从战略高度列为“国防科技发展的关键项目”，从而不遗余力地深入研究军用仿真技术，加速开发和应用军用仿真工程。在此背景下，军用仿真技术及工程得到了持续、快速发展，始终处于 M&S 领域的领先地位，并逐渐形成了仿真科学与技术学科的独立分支。目前，军用仿真技术及工程正代表着仿真科学与技术的最高技术学术水平，向着数字化、虚拟化、网络化、智能化、自动化、协同化及服务与军事系统全寿命周期活动的现代化方向迅猛发展。

军科仿真、研制仿真、训练仿真和作战仿真是军用仿真技术及工程的四大组成部分；高性能科学计算、大型半实物仿真、LVC 组合仿真、分布式交互仿真(DIS)和高层体系结构(HLA)及试验与训练使能体系结构(TENA)、虚拟战场环境仿真以及嵌入式系统仿真等军用仿真技术及工程的重要支撑、技术。

1.6.2 军事科研仿真

军事科学技术研究仿真及其应用简称军科仿真。当今军事科学技术飞速发展、日新月异，新军事变革彻底改变着人们对军事世界的认识，有力地推动了军事科学技术领域的革命浪潮，军科仿真是其重要方面，并越来越发挥出极其重要的作用。

目前，军科仿真的热点和焦点是：信息化战争的理论、特点、样式、进程及发展趋势；军事高技术和新军事变革及其对于国防与军队建设所起的作用；军事高技术和新军事变革对于信息化战争产生的巨大影响和基本对策等。除此，军队维和、反恐和救援也已成为军科仿真的重要内容。

通常，军科仿真以计算机仿真为主要方法和手段，多媒体技术、图形/图像技术、虚拟现实技术、可视化技术及科学计算是它的重要支撑技术，新兴的高级作战实验室为军科仿真创造了越来越优越的环境条件。

1.6.3 武器研制仿真

研制仿真系指武器装备研制仿真，武器装备体系对抗论证、主战武器系统和未来新武器系统是研制仿真的主要对象。

机械化战争向信息化战争的演变，使人类战争模式和使用的武器装备发生着根本变化。现代战争已不再是硬杀伤兵器体系的对抗，也不是单一武器和单武器平台的较量，而是高技术兵器体系的对抗，是陆、海、空、天、电、信息等整个作战体系的较量。于是，导致各种新型武器装备绵延不断、层出不穷，从而对武器装备研制仿真提出了严峻挑战，同时使武器装备体系对抗论证和精确制导武器、新概念武器、多武器平台（战机、舰船、潜艇、战车、军用航天器等）、综合电子信息系统（C^4I 系统、C^4ISR 系统、C^4IKSR 系统）及其相关装备的研制仿真成为重中之重，并极大地推动了武器装备研制方法、技术和系统（设施）的快速发展。

研制仿真是武器装备（系统）全寿命周期仿真中最重要的阶段，包括新武器装备军事需求分析仿真、可行性论证仿真、系统方案论证仿真、工程设计和试制仿真、飞行或航行试验仿真、产品鉴定和定型仿真、武器装备效能评估仿真等等。在研制仿真中，按照上述任务和特点的不同，可选取不同的仿真方法，即实物（全物理）仿真、数字仿真和半实物仿真。半实物仿真技术和系统的研究、研制和构建对于武器装备研制仿真尤其重要，因此，倍受世界发达国家和各军事强国青睐。他们视大型军用半实物仿真系统为武器装备研制的战略性仿真设施，几乎所有先进 M&S 技术和设备都在此得到了集成和综合应用。值得关注的是，美国总是率先推出各个时期的标志性先进研究和研制成果。如美国“爱国者”防空导弹射频半实物仿真系统、空中拦截器 SLID 激光制导半实物仿真系统、动能杀伤飞行器（KKV）红外制导半实物仿真系统、MSS—2 导弹毫米波寻的双模融合制导半实物仿真系统等。美国三军利用红外成像半实物仿真系统成功地完成了动能杀伤飞行器半实物仿真，突破了直接动能杀伤技术；利用雷达寻的制导毫米波半实物仿真系统完成了“爱国者”及其改进型的反导半实物仿真；继研制和应用共孔径毫米波/红外双模制导的半实物仿真系统之后，目前已突破半实物仿真技术难度最大的毫米波/激光/红外三模融合制导的半实物仿真阶段，在建成半实物仿真各自分布式仿真网络（如美陆军 RTTC、空军 AFDTC、海军 SIMLB 等）的基础上，构成了一体化半实物仿真网络，实现了半实物仿真的异地分布式交互仿真；端对端导弹半实物仿真技术已实现远距地面设备（发射车、C^4I 单元、火控传感器及单元等）与部队及半实物仿真系统间的实时联接和交互；实现了 C^4ISR太空导弹作战仿真器计划，已用于代号为“X”的三军演习、“海军新军事变革 RMA”演习和“航空航天未来能力”演习等。

1.6.4 军事训练仿真

军事训练仿真简称训练仿真。训练仿真的范围很广，但从技术层面上讲主要是：武器装备使用操作训练、战场战术训练和作战演习训练等。采用仿真技术和仿真器进行军事训练称为军事模拟训练，简称模拟训练。严格讲，模拟训练是指在模拟训练器/系统实现的模拟作战环境、作战过程和武器装备作战效应下，所进行的严格军事训练或军事作战演习或战术研究演练的全过程。训练作战人员对武器装备运用和使用操作（过程）是模拟训练的核心内容，而模拟训练器/系统是模拟训练的基本工具及技术手段。

上述模拟训练的军事需求使训练仿真成为系统仿真最早、最广、最活跃的应用领域之一。

从20世纪40年代第一台林克飞行训练器问世至今，模拟训练技术及系统都有了惊人的发展，它一直走在半实物仿真技术及系统的前列，成为军事训练手段现代化的重要支柱和主要目标之一。应强调指出，军用模拟训练器/系统作为现代武器装备的重要组成部分，直接或间接地形成战斗力是近几次高技术局部战争引发出的一个显著特征。为此，世界各国尤其是美、俄、北欧等军事强国都将军用模拟训练器/系统作为军事训练或作战演练的首选工具和最重要的技术手段，并不遗余力地加速这方面的新技术（如计算机生成兵力技术、虚拟现实技术、嵌入式系统技术、分布式交互技术和网络技术等）的研究和先进训练装备研制和应用。

目前，训练仿真的如下新动向值得特别关注：

(1)美军参谋长联席会议主席曾多次指出："通过运用先进的模拟系统与虚拟现实技术加强军事是21世纪美军现代化的重要目标"。据统计，美军的模拟训练装备研制和采办经费每5年增加1倍多。美国空军和海军在大量研制和运用各种新型战机和战舰模拟训练装备的同时，还大力开发了战场兵力战术训练系统BFTT，美国陆军从2009年起至今后几年内模拟训练装备总费用将达到175亿美元。

(2)军用模拟训练器/系统的研究、研制及应用已成为除美国外世界其他发达国家在军事航空、航天、航海领域和部门的热点，军用模拟训练装备甚至形成了国际性的繁荣商贸市场。英国在研制和应用各种飞行模拟器和机载武器系统模拟训练装备的同时，还开发和应用了作战仿真系统CSI及舰艇陆上试验站LBTS等；加拿大在研制和应用各类常规武器模拟训练装备的基础上，创建了庞大的海战模拟训练系统MWTS；俄罗斯始终如一地重视发展和应用武器装备模拟训练器/系统，在继承苏联先进模拟器训练技术和设施的基础上，加速研制和应用军用航天器和防空反导武器系统的模拟训练装备，包括"阿尔泰克—300"、"音色—M"和"TOP—MI"等，各类地面飞行模拟系统和空中飞行模拟器更是他们的优势。

1.6.5　作战演习/实战仿真

作战仿真又称为作战模拟。所谓作战模拟就是利用系统M&S方法、技术和相关设备对军事对抗局势的推演，对作战过程的预测、再现和对作战装备及参战人员在战斗过程中的操作和感知的仿真以及事后的研究、分析和评估。

按照所采用的方法、技术和装备的先进性程度，作战模拟可划分为传统作战模拟与现代作战模拟。现代作战模拟大大扩展了传统作战模拟的研究范畴和应用领域，使其发展成为大规模军事演习的重要组成部分和现代化手段，并嵌入实际作战过程，作为现代高技术战争中的有效辅助手段（如根据战争态势实时调整部署兵力，进行实时作战效能评估等）。

分布式LVC组合仿真和嵌入式系统仿真是现代作战模拟的主要方法和技术，高级作战研究和作战实验室建设是现代作战模拟的重要支撑平台。值得指出，发展中的高级作战实验室代表着现代作战模拟发展的最新领域。它以计算机生成兵力技术、先进的半实物仿真系统和高性能科学计算为基础，立足未来复杂战场环境，着眼10年甚至更长远未来，对实现网络中心站进行全维、立体、多方位地审视，为新的军事概念、军事理论和作战思想的创新、兵力编成和指挥机制研究及作战方案和武器装备体系的验证等提供卓有成效的作战演练/实战仿真试验条件。

在作战模拟研究及应用领域内，美国始终走在世界的最前列，不仅研制出了大规模军事演习的作战仿真系统，如JSIMS，JMCIS/STOW，JO00，MC02和OC04等，还开发和应用了一些集分析、训练、作战规划为一体的综合对抗半实物仿真平台，如EADSIM，JWARS，JMASS

等。北约紧随美国其后，构建了集成测试平台(ITB)，重点测试战区导弹防御效果，已成功参加过2008年9月名为“JPOWX”的荷兰战区导弹防御系统演习。法国实施的SIMEC3计划，提供了一种用于设计“协同作战系统”的创新型基于仿真采办(SBA)工具，包括各种可能想定的目标运动模型和攻击武器模型。除此，美军研制开发的新一代计算机生成兵力系统，如ModSAF,CCTTSAF,JMASS,oneSAF等，已被成功用于士兵训练、虚拟演习和战术、战役和战略级作战推演，并嵌入几次高技术局部战争运行，充分显示了现代作战模拟对于新军事变革和信息化战争进程的极大推动作用。

1.7 系统仿真现状及未来

1. 主要历程

20世纪40年代，电子计算机的出现使古老的模型研究在方法学和工具上产生了质的飞跃，并逐渐形成了崭新的仿真科学与技术(以下简称系统仿真)。在现代科学技术特别是信息技术和计算机技术推动下，系统仿真本身经历了三次大的变革，即模拟仿真、混合仿真和全数字仿真，得到了高度发展及广泛应用。

模拟仿真出现于20世纪50年代，它所使用的仿真计算机是模拟电子计算机(简称模拟机)。当时模拟机以并行高速运算，可直接连接实物设备，尤其适于解算微分方程的突出优点而风云一时，使模拟仿真成为计算机仿真的主流。但是它存在精度低、无逻辑判断功能和存储能力，且处理非线性能力差等严重缺陷，终于被后来的混合仿真和数字仿真所排挤，失去进一步发展的势头。

60年代至70年代，空间技术发展推动了模拟机与数字技术相结合，从第一台混合计算机用于洲际导弹仿真后出现了混合仿真技术应用的黄金时代。从仿真角度讲，混合机兼备模拟机和数字机在功能和性能上的优点，是复杂大系统实时仿真最理想的工具。然而，由于它结构复杂、价格昂贵，很难在一般场合推广使用，因此至今仅用于像航空、航天等少数部门和复杂大系统的实时仿真。

70年代后，微电子技术和数字计算机的迅速发展，促进了全数字仿真技术的崛起。至此混合仿真逐渐失去了实时仿真的垄断地位，而数字仿真以优良的性能价格比优势成为计算机仿真的主流。80年代的全数字仿真技术促进了仿真方法学、并行技术、多媒体技术、分布交互式仿真、虚拟现实技术的迅速发展，进而将计算机仿真从传统的工程领域扩展到社会、经济、生态、作战等非工程领域。

2. 发展现状

人类社会已逐步进入信息化社会，正面临着一场以微电子技术和计算机应用为主要内容的新技术革命，系统仿真是其重要的方面。

系统仿真经历了前述的三次变革浪潮已发展成为集计算技术、网络技术、系统技术、自动控制、图形/图像技术、多媒体技术、虚拟技术、软件工程、信息处理/融合技术和人工智能技术等多学科的高新技术。它的应用辐射各学科、各部门和各领域，是当今世界的前沿科学技术之一。国防建设和国民经济应用是系统仿真发展的源动力。不断增长的复杂系统研究的新需求，尤其是信息化战争的出现和高技术兵器的运用，使系统仿真成为一项共用的战略性科学技术，目前已进入持续、快速发展的新时期。当前，系统仿真及应用已发展到了相当高的技术学术水平。其主要标志如下：

(1)系统仿真已形成较完整的独立学科知识体系(包括理论体系、方法体系、技术体系、应用体系和分支体系等)。理论体系主要由系统建模理论、仿真系统理论和仿真应用理论构成;方法体系反映出形成了一整套系统建模、仿真系统构建和仿真综合服务的方法学;技术体系指支撑系统建模、仿真系统构建、模型运行和仿真结果分析、研究的多学科技术以及仿真应用的专业知识;应用体系主要涵盖不断扩展的仿真应用领域和由仿真试验研究产生辐射出的新思想、新理论、新技术和新观点,以及社会、经济、科技和军事效益等;分支体系反映出系统仿真在发展中派生出了构成仿真科学与技术一级学科和众多二三级分支学科。

(2)新型超级计算机突破计算速度瓶颈(浮点运算能力达到数千万亿次/秒,相当于30万台笔记本电脑的运算能力,在一天内完成的运算量足以让全球60亿人以每秒一次的运算速度工作100年以上),不仅使全数字仿真突破了实时大关牢牢占据计算机仿真的主流地位,而且使精确仿真计算化学爆炸所产生的压力峰传播成为现实。

(3)已经建立较为完整的M&S标准体系(包括体系结构标准、数据标准和其他标准)。截止目前,先进分布式仿真技术经历了平台级交互式仿真(DIS)、聚合层仿真协议(ALSP)到高层体系结构(HLA)的过程,从单一的构造仿真、实况(实物)仿真和虚拟仿真发展成为集上述多种仿真为一体的综合仿真系统,并形成了一系列较完整的理论、标准和协议;随着信息技术和网络技术的发展,以WEB作为新的仿真平台越来越受到关注;开发出可扩展M&S框架(XSMF)来扩展HLA以支持基于WEB的仿真;建立了"试验和训练使能体系结构"(TENA见图1.11);建立了多种数据标准,如综合环境数据表示与接口规范(SEDRIS);其他标准主要是IEEE1278(分布式交互仿真)和IEEE1516(M&S高级体系结构)等。

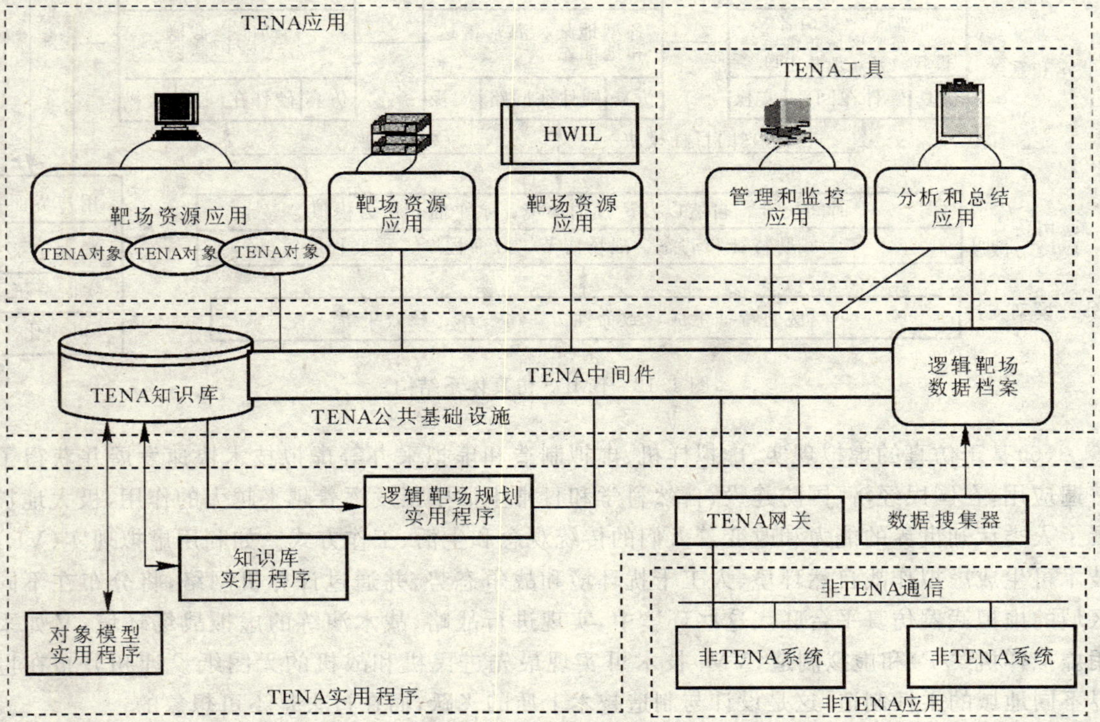

图1.11 TENA体系结构图

(4)研究和开发出性能先进的仿真系统和体系结构框架,广泛用于采办、试验与训练等领域。典型的先进仿真系统如扩展的防空仿真系统(EADSIM),网络战仿真系统(NETWARS),新一代计算机生成兵力系统(OneSAF)以及战役级军事行动模型系统(JWARS);典型的先进体系结构有:联合建模与仿真系统(JNASS)、统一建模与仿真体系结构(MATREX)等。

(5)成功实现多仿真系统分布式集成,支持复杂巨系统发展。多仿真系统分布式集成主要用于大规模体系对抗仿真演练和支撑军事转型,如美军最大规模的"千年挑战 2002"军事演习,80%的战斗用计算机仿真完成,在 18 个仿真战场上进行,使用了 50 多个先进仿真系统,仿真了 600 多个作战平台,包括 15 000 个可攻击目标,这些目标可产生 110 000 种互动功能;对于复杂巨系统的支撑突出地反映在美军弹道防御系统(BMDS)的发展方面,M&S 建模为之提供在 BMDS 全生命周期各个阶段的三种类型模型,即计算标准、BMD 模型和效果模型(包括任务、交战和工程效果),并建立了 BMDS 的开放仿真体系结构(见图 1.12)。

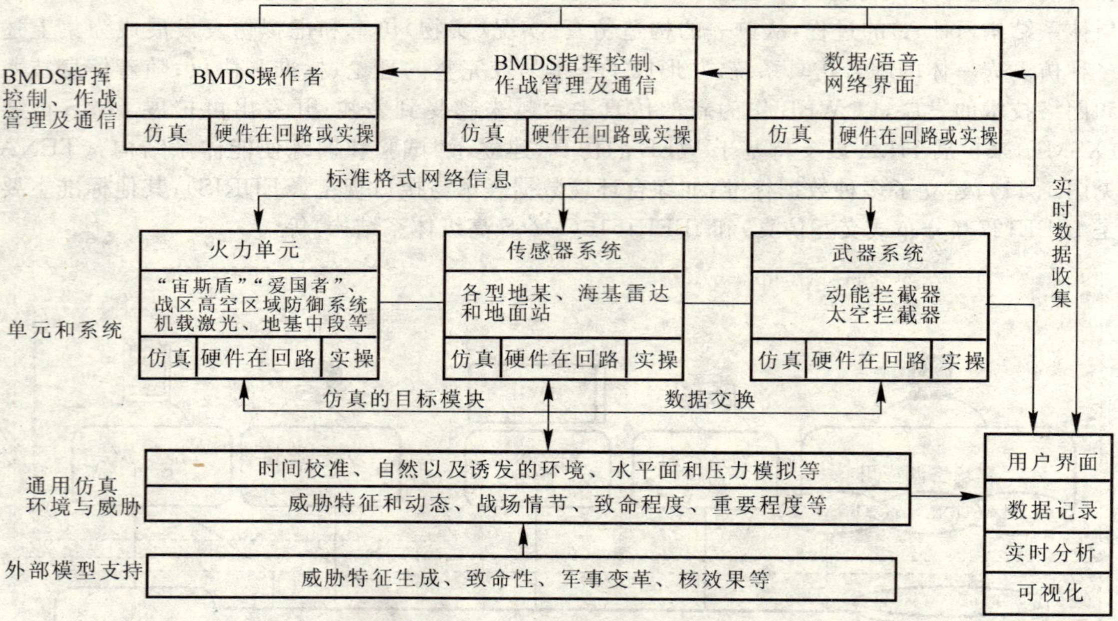

图 1.12　BMDS 仿真体系结构

(6)基于仿真的虚拟现实、虚拟样机、虚拟制造和虚拟采办等虚拟技术快速发展并获得了普遍应用,在国民经济、国防建设、自然科学和日常生活中正发挥着越来越大的作用,极大地扩展了人类认知世界的能力和改变着人们的传统观念和生活、工作方式。如利用虚拟现实(VR)技术可生成虚拟作战自然环境、人工干扰环境和战争态势,并通过计算机网络,将分布在不同区域的虚拟武器仿真平台联入这些环境中,实现进行战略、战术演练的虚拟战场环境;又如采用虚拟样机(VP)和虚拟制造(VM)技术可实现最先进民机和战机的无图纸设计和分布在世界不同地域的柔性制造,这是设计与制造技术上质的飞跃,而在过去是不可想象的。

(7)军用仿真是系统仿真技术应用最早、最活跃的领域,在信息化战争和高技术兵器研制、试验、训练及作战运用与仿真演习的需求推动下,迅速形成了系统仿真的重要独立分支——军用仿真技术及工程，它始终处于系统仿真领域的领先地位，一直保持着强劲的发展势头。在仿真方法学变革、仿真装备和系统更新以及仿真应用领域扩展等方面，军用仿真代表着系统仿真的最高技术学术水平和决定着未来发展方向。

(8)复杂系统 M&S 成为当前系统仿真发展的热点和焦点，对系统仿真提出了新的严峻挑战。通过计算机仿真或半实物仿真试验研究，利用复杂适应系统(CAS)理论从定性到定量综合集成技术来解决发展中的复杂系统(如社会系统、人工生命系统、复杂工程系统等)问题逐步变成现实。同时，复杂系统问题研究也直接推动着各门学科尤其是系统仿真的发展。

3. 未来趋势

系统仿真已成为一门共用的战略性技术，并正向数字化、虚拟化、网络化、智能化、协同化、自动化、普适化为特征的现代化方向发展，其应用正向服务于系统全生命周期活动的方向发展，这是系统仿真发展的总趋势。具体讲，有如下方面尤其值得关注：

(1)综合自然/人为环境的建模与仿真。对此，有两个重点方向：其一是综合自然环境表示；其二是人员/组织行为及认知过程表示。

由于很多场合，建模与仿真的逼真度取决于自然环境的生成，因此，自然环境的表示必须是真实的和一致的。而目前恰恰缺乏快速、准确、逼真模拟“真实世界”环境的能力，所面临的挑战是如何建立一个物理上一致的、跨多领域的、权威的实际自然环境的表示，以满足用户需求。在此，关键是对每个自然环境要素如地球形状、地势、地形、地貌特征、城区、海洋测深、海况、大气条件及气候均应以标准的方式来表示，即采用标准的计算机可识别的方式来表示和生成自然环境，包括建立环境资源库、提供权威数据源、数据词典、数据结构、归属模式、符号表示法、元数据以及公共交换机制和动态交互工具等。为了使预测性活动空间(如航空航天空间、作战战斗空间等)更加容易感知和实现决策优势，必须对参与人员或人群的预期行为(包括心理、社会等行为)进行建模与仿真。该领域的研究将主要是：描述人员行为的算法、文化差异描述、思想压力影响、行为取向算法、建模人员行为和有人系统集成的模型等。

(2)构建易于形成的分布式实体—虚拟—构造(LVC)综合仿真环境，并对其集成，以满足用户交换信息和使参与者沉浸其中。在该领域，目前的相关研究有：“美空军综合协作环境(AFICE)的 M&S 环境”、“LVC 组合能力”、“联合 LVC 数据编码器”及“LVC 未来概念实验室”等。这些研究将主要服务于提高美军的联合任务环境试验能力和联合战场仿真环境计划。

(3)继续完善有助于互操作性、组合能力和重用的 M&S 共用技术框架。它主要包括：①动态地选择模型或仿真并进行组合，以满足不断提高建模与仿真的组合能力的重要需求。该领域的相关研究为：“实时应用及数据库与仿真的集成”“模型的本体组合能力”“逼真度可选择的合成环境”“联合快速分布式数据库开发”“FLAMES－matlab－Simulink 集成”等。②将多级安全技术纳入重要的 M&S 技术行列。该领域的研究主题有：安全仿真网关、信息过滤、信息伪装、再命名、训练效能、智能代理等。③开发信息元模型，以支持系统采办和升级所需要的所有技术信息。为此，需要发掘元数据规范为该任务提供一个重要基础。④拓展 VV&A 技术。仿真系统功能和性能的不断提高，迫切需要建立全面有效的 VV&A 过程和方法。为此，对仿真系统 VV&A 的研究重点，已从仿真模型校验转向仿真系统的 VV&A。VV&A 技术正在由局部的、分散的研究向实用化、自动化、规范化与集成化的 VV&A 系统发展，并将有力地支撑仿真成果的可信度。

(4)系统之系统、无人系统和 C^4ISR 系统成为 M&S 技术发展和应用的重点方向。系统之系统(SOS)是由多个自治的、相互交互的、可互操作的系统构成。SOS本质上是在不同时间提供不同能力的动态集合,其工程涉及对混合的新系统和传统系统的大型系统的能力进行规划、分析、组成和集成。因此,它对M&S技术带来的挑战主要是在建模与仿真的范围和灵活性方面。无人系统主要指未来无人机(Uxv),预计未来20年内,战斗空间中几乎1/4的实体是无人机。应该说,无人机对模型的依赖性比有人系统大得多,所以这是一个对M&S技术富有挑战性的目标。可以预料,未来无人机将主要通过M&S技术进行操作训练、任务训练和实施指挥控制,更不用说它的设计与制造。M&S与C^4ISR的互操作能力对于相关研究、实验和演习具有相当重要的意义。为此,目前增强了这方面支撑技术(包括XML,WEB,SERVICE等)的研究和应用,以及一些有前景的研究,如仿真引用标记语言(SRML)、基础对象模型(BOM)、模型驱动体系结构和网络驱动M&S的互操作性(XMSF)等,它们被作为C^4ISR和M&S系统实现信息交换的技术基础。嵌入式系统在军事领域内已成为一种嵌入武器装备运用,嵌入作战演练乃至嵌入实际作战过程的能力。这种能力使操作或作战人员能够看到虚拟战场世界,并进行交互训练、演练、效果测试和评估等。因此,嵌入式M&S已成为现代军事系统一个不可缺少的部分,其数量和多样性与日俱增,从手持武器装备到太空船等。嵌入式系统本身也呈现着如下发展趋势:其一是满足低功耗和高可靠性要求;其二是研制和应用跨平台语言与工具;其三是实现多媒化和网络化;其四是嵌入式系统与人工智能和模式识别技术相结合;其五是嵌入式软件及其功能不断增强等。

(5)智能系统建模及智能系统仿真系统,基于仿真的采办与虚拟样机工程,协同行动路线(COA)开发与分析,以及复杂系统/开放复杂巨系统等的M&S将成为几个重点发展方向,并越来越对社会进步和国防建设发挥其巨大作用。

习 题 1

1. 给出系统的一般定义及从不同角度分类。
2. 为什么要进行模型研究?其意义和作用何在?
3. 模型有哪些基本性质?试给出模型的常见分类。
4. 何为数学模型和仿真模型?二者有何区别?
5. 试述数学建模及其过程,并给出系统建模体系结构。
6. 何为系统仿真?指出系统仿真与系统建模的关系。
7. 试述复杂系统的几种主要提法。
8. 复杂系统有何突出特点?是否可以用还原论方法来研究复杂系统问题?
9. 给出复杂系统M&S体系结构。
10. 何为VV&A技术?它与复杂系统M&S有什么关系?
11. 指出支撑复杂系统M&S的主要环境及工具。
12. 试述军用仿真的主要类型和未来发展趋势。

上篇　系统建模理论、方法、技术与应用

在论述系统建模基础理论和常见数学建模方法的基础上，重点讨论和研究实际系统（包括连续系统、离散事件系统、随机系统、复杂系统）的数学建模技术及其应用，并为读者提供现代科技与工程和军事领域的典型实用数学模型或模型框架。

第2章　系统建模的基础理论

2.1 引　　言

系统建模包括数学建模与仿真建模，它们都以多个学科理论为基础。模型论、相似理论、系统论和辨识理论是系统建模的最基本理论。除此，系统建模的基本理论还包括：复杂适应系统理论、自组织理论、网络理论、定性理论、云理论、模糊理论、灰色系统理论、元胞自动机和支持向量机、马尔可夫理论、元模型理论及综合集成研讨厅体系等。

2.2 模型论及其相关理论

2.2.1 引言

模型论及其相关理论是系统建模最重要的基本理论之一，是描述系统模型的数学知识，包括系统抽象与描述及系统与模型描述间的保存关系等。

模型论的相关理论有：模型集总、简化和修改以及模型有效性和模型灵敏度分析等。

2.2.2 实际系统的抽象

从本质上讲，模型是从实际系统概念出发的关于现实世界的一小部分或某几方面的"抽象"的"映象"。按照模型论，系统建模需要进行如下抽象：输入量、输出量、状态变量及其它们之间的函数关系。这种抽象过程谓之模型的理论构造。

抽象中，必须联系真实系统与建模目标，首先提出一个详细描述系统的抽象模型，再在此基础上不断增加细节至原抽象中去，使其抽象不断地具体化。这里，描述变量起着至关重要的作用，它或可观测，或不可观测。从外部对系统施加影响或干扰的可观测变量称为输入量，而系统对输入量的响应谓之输出量。输入量和输出量对的集合，表征着真实系统的"输入-输出"性状。这时，真实系统可视为产生一定性状数据的信息源，而模型则是产生与真实系统相同性状数据的一些规则、指令的集合，抽象在其中则起着媒介作用(见图2.1)。

由图可见，系统建模实际上是将真实系统抽象为"黑箱"，再根据黑箱外部的输入、输出提出关于黑箱内部的情况假定(一些规则、指令的集合)——模型。如果用数学方式表达模型，最终产生的就是数学模型。

上述这种通过抽象认识系统(或事物)的方法称为模型论，又叫黑箱理论。黑箱理论是系统辨识建模方法的重要理论基础。

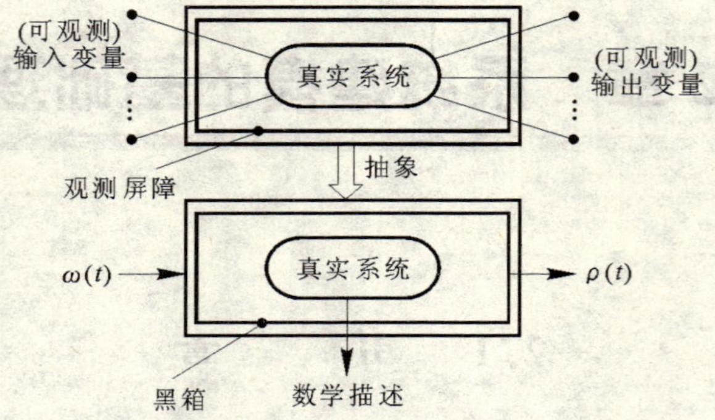

图 2.1　真实系统建模的抽象过程

2.2.3　系统描述及其保存关系

(1) 系统描述级(水平)。按照系统论的观点，实际系统可在某种级(水平)上被分解。因此，可以如下分级来描述系统。

1) 性状描述级。性状描述级又称行为水平。在该级上描述，系统被看成一个"黑箱"(见图 2.1)，被施加输入信号，同时测量输出响应，结果获取一个输入-输出对(ω,ρ)及R_s关系，$R_s=\{(\omega,\rho):\Omega,\omega,\rho)\}$。于是，系统的性状仅给出输入-输出观测结果。其模型为五元组集合结构：

$$S=(T,X,\Omega,Y,R) \tag{2.1}$$

若ρ,ω满足$\rho=f(\omega)$函数关系时，其集合结构变为

$$S=(T,X,\Omega,Y,F) \tag{2.2}$$

2) 状态结构级。在状态结构级上，系统模型不仅能反映输入-输出关系，而且应能够反映系统内部状态，以及状态与输入、输出间的关系。系统数学模型对于动态结构可以用t元组集合来描述，即

$$S=(T,X,\Omega,Q,Y,\delta,\lambda) \tag{2.3}$$

对于静态结构有

$$S=(X,Y,Q,\lambda) \tag{2.4}$$

其中，系统输出函数λ是乘积集合$Q\times X\times T$上的映射，即$\lambda:Q\times X\times T\rightarrow Y$；$Q,X,Y$分别为系统状态变量、输入和输出的值域；$\Omega$为输入轨迹集合；$\rho$为对应输出轨迹集合；$\delta:Q\times\Omega\rightarrow Q$。

如图 2.2 所示给出了在状态结构级上的系统模型。

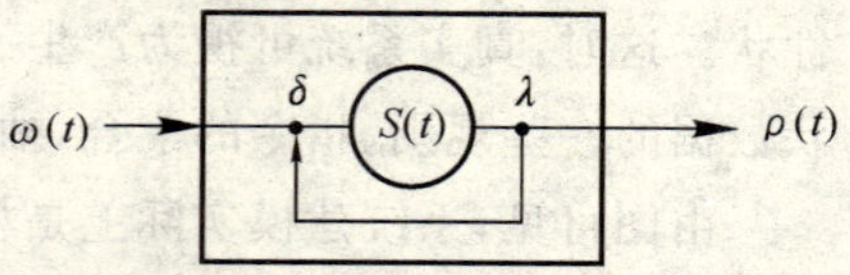

图 2.2　系统状态结构级模型

3) 复合结构级。系统一般由若干个分系统组成，对于每个分系统都给出状态结构级的描述，被视为系统的一个"部件"。这些部件有其本身的输入、输出变量以及部件间的连接关系和接口。于是，可建立起系统在复合结构级上的数学模型(见图 2.3)。这种复合结构级描述是复杂系统、大系统和简单巨系统的建模基础。

应该强调指出：① 复杂系统分解为复合结构是无止境的，即每个分系统还会有自己的复

合结构。② 一个有意义的复合结构级描述只能给出唯一的状态结构描述，而一个有意义的状态结构级描述本身只有唯一的性状（行为）级描述。③ 系统上描述必须允许分解停止，又允许进一步分解，即包含着递归可分解性。

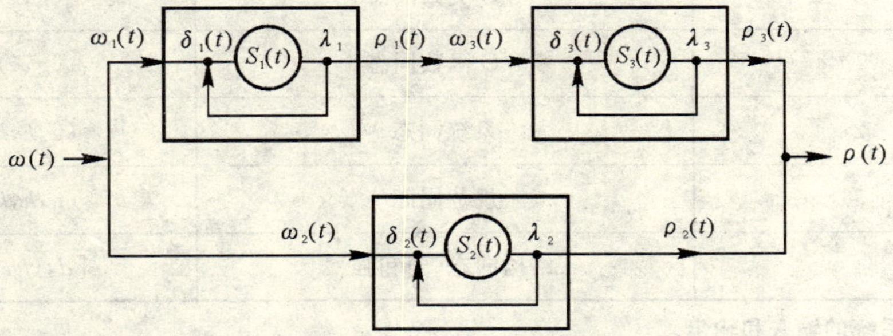

图 2.3　系统的复合结构级模型

（2）系统描述间的保存关系。系统建模的实质在于建立一对模型间的对应关系，也就是在描述系统所需要达到的程度下，能否用一个基本模型来有效地描述真实系统，或者用一个集总模型有效地表示模型。如上所述，建立这样的关系有两个基本描述级，即性状集和结构级。如果两个系统（或模型）S 和 S' 在此两级上可以建立对应关系，就称为它们有保存关系或态射（Morphism）。

在性状级上，保存关系是等价关系的概念，也就是说 S 和 S' 是性状等价，即 $R_s = R'$，或者说它们具有精确相同的输入-输出关系。

在结构级上，两个系统（或模型）间的保存关系包括下列同构和同态关系。

所谓同态和同构概念可用如下定义来解释。

【定义 2.1】　设 (S,O) 和 $(T,*)$ 是两个代数系统，如果存在一个映射 $f:S\to T$，使得对每个 $a,b\in S$，有 $f(aob)=f(a)*f(b)$，则称 f 是从 (S,O) 到 $(T,*)$ 的同态映射，简称同态。此时，亦称 (S,O) 和 $(T,*)$ 是同态的。

【定义 2.2】　设 (S,O) 和 $(T,*)$ 是两个代数系统，如果存在一一对应映射 $f:S\to T$，使得任意 $a,b\in S$，有 $f(aob)=f(a)*f(b)$，则称 f 是从 (S,O) 到 $(T,*)$ 的同构映射，简称同构。此时，亦称 (S,O) 和 $(T,*)$ 同构，并记 $(S,O)\cong(T,*)$。

【定义 2.3】　若两个代数系统包含着有限多个运算，如 $(S,O_1,O_2,\cdots,O_k)$ 和 $(T,*_1,*_2,\cdots,*_k)$，则要对每个运算均保存，即

$$\begin{cases} f(ao_1b)=f(a)*_1f(b) \\ f(ao_2b)=f(a)*_2f(b) \\ \vdots \\ f(ao_kb)=f(a)*_kf(b) \end{cases} \tag{2.5}$$

此时，才称 f 是同态或同构。

（3）系统保存关系的分层及其诸定理。按照能够保存的结构方面，系统保存关系将有不同层次（或级别）。随着级别增加，系统能够保存的结构方面更丰富，从而对同态强度亦增加（见表 2.1）。

表 2.1 系统保存关系的分层

级 别	保存关系	形式对象
0	I/O 关系同态	(g,k)
1	I/O 函数同态	(g,k)
2	系统同态	(g,h,k)
3	规范同态	(g,h,k)
4	结构同态(弱和强)	$[d,(ha)]$

注:I/O 为系统的输入和输出。

(1)I/O 关系同态。设 S 和 S' 分别是 I/O 关系观测(T,X,Ω,Y,R) 和(T',X',Ω',Y',R')表示,其意义是:如果输入段 ω' 作用于 S',并观测输出段 ρ',对应于$(\omega',\rho')\in R'$,则应该有 I/O 对偶(ω,ρ)。

(2)I/O 函数同态。从 $IOFO(T,X,\Omega,Y,F)$ 到 $IOFO'(T',X',\Omega',Y',F')$ 的 I/O 函数同态是(g,k) 对偶。其中,①$g:\Omega'\rightarrow\Omega$;②$k:(Y,T)\rightarrow(Y',T')$;③ 当每个 $f'\in F'$,致使 $f'=k\cdot f\cdot g$。这种同态如图 2.4 所示。

【定理 2.1】 若(g,k) 是由(T,X,Ω,Y,F) 到(T',X',Ω',Y',F') 的 I/O 函数同态,那么(g,k) 也是从与(T,X,Ω,Y,R) 有关的 $IOFO$ 到与(T',X',Ω',Y',F') 有关的 $IOFO'$ 的 I/O 关系同态。

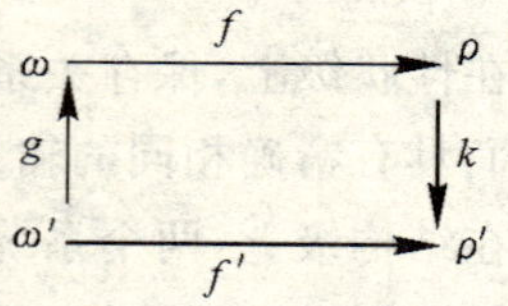

图 2.4 I/O 函数观测同态

(3)I/O 系统同态。从 $S=(T,X,\Omega,Q,Y,\delta,\lambda)$ 到 $S'=(T',X',\Omega',Q',Y',\delta',\lambda')$ 的系统同态是三元量(g,h,k),致使 ①$g:\Omega'\rightarrow\Omega$;②$h:Q\rightarrow Q'$,其中,$\bar{Q}\subseteq Q$;③$k:Y\rightarrow Y'$ 且对所有 $q\in\bar{Q},\omega'\in\Omega'$;④$h\{\delta(q,g(\omega'))\}=\delta'\{h(q),\omega'\}$ 转换函数的保存;⑤$k'\{\lambda(g)\}=\lambda'[h(q)]$ 输出函数的保存。

【定理 2.2】 令 $H:Q\rightarrow Q'$ 为线性映射,若且仅若以下条件成立,则 H 是 S 到 S' 的同态:①$A'H=HA$;②$HB=B'$;③$C'H=C$。

(4) 规范同态。对于迭代规范 $G=(T,X,\Omega_G,Q,Y,\delta_G,\lambda)$ 和 $G'=(T',X',\Omega'_G,Q',Y',\delta'_G,\lambda')$,从 G 到 G' 的规范同态是(g,h,k),致使 ①$g:\Omega'_G\rightarrow\Omega_G$;②$h:\bar{Q}\rightarrow Q'$,其中 $\bar{Q}\subseteq Q$;③$k:Y\rightarrow Y'$ 且对所有 $q\in\bar{Q},\omega'\in\Omega'_G$;④$h\{\delta_G(q,g(\omega'))\}=\delta'_G(h(q),\omega')$;⑤$k(\lambda(q))=\lambda'(h,(q))$。

【定理 2.3】 如果(g,h,k) 是 G 到 G' 的规范同态,则(g,h,k) 是 S_G 到 S'_G 的系统同态。此处,g 是 q 的扩展。

【定理 2.4】 设 h 是 M 到 M' 的离散事件规范同态,$h:Q_M\rightarrow Q'_M$ 是映射,对所有$(s,e)\in Q_M$,以使 $h(s,e)=(h(s),e)$,则 h 是 $G(M)$ 到 $G(M')$ 的一个规范同态。

2.2.4 模型的非形式化与形式化描述

从系统描述方式角度讲,模型可以有非形式化与形式化描述。前者称为非形式模型,后者叫做形式模型。

非形式模型包括分量、描述变量、分量相互关系和假定说明等四部分。如图 2.5 所示给出了非形式模型的结构示意图。

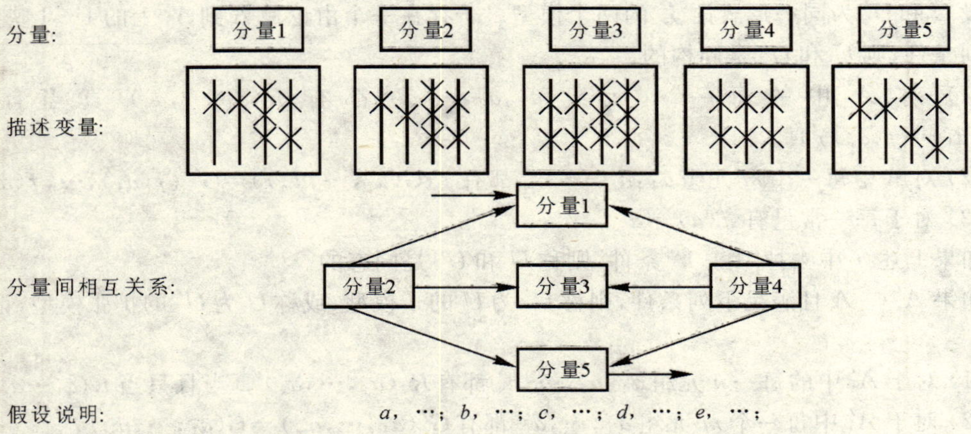

图 2.5　非形式化模型的结构示意图

通常，非形式模型的描述格式如下：

分量

COMPONENT · A
COMPONENT · B　　实际系统的分量联系的一般描述。

描述变量

COMPONENT · A
VARIABLE · A1
…
COMPONENT · B
VARIABLE · B1
…
PARAMETERS
PARAMETERS · 1
…
PARAMETERS · m

每个变量范围；符号表征这个集的任一元素；
简单指明描述变量的伴生分量中变量的作用。

每个参数变量的范围；符号表征该范围的任一元素；
说明模型结构中的参量的作用。

分量相互关系（主要根据规则、假设和定律对分量同其他分量间的联系、影响、效应或作用等作出非形式化描述）。

假设说明（主要指对非形式化模型构成的某些附加条件的描述）。

形式模型就是数学模型，它由形式语言来表示。

一个形式语言 $\mathcal{L}$ 是由一些数学符号构成的集合。通常，这些符号可以分为三类：关系符号、函数符号和常量符号。

设 A 是一个非空集合。如果对于 $\mathcal{L}$ 的每一个关系符号 P 都有 A 上一个指定的关系 R 来解释它；每一个函数符号 F 都有 A 上的一个指定的函数 G 来解释它；同样，每一个常量符号 C

都有一个指定的元素 a 来解释它。这样就构成了在 A 中对于 $\mathcal{L}$ 的一个解释 L(L 可视为由 $\mathcal{L}$ 中符号到 A 上的一些关系、函数及 A 中一些元素的映射),则把(A,L)称为 $\mathcal{L}$ 的一个模型,记为 U。这时,A 称为 U 的论域。

设 U 和 U' 为同一形式语 $\mathcal{L}$ 的两个模型。若存在一个由论域 A 到 A' 上的 $1-1$ 映射 f 满足下列条件,则 U 和 U' 是同构的。

(1) 对 A 中的每一 n 元组 $a_1,a_2,\cdots,a_n$ 都有 $R(a_1,\cdots,a_n)$ 真当且只当 $R'(f(a_1)\cdots f(a_n))$ 真。

(2) 对 A 中每一个 m 元组 $a_1,a_2,\cdots,a_m$ 都有 $f(G(a_1,\cdots,a_m))=G'(f(a_1),\cdots,f(a_m))$。

(3) 对于每一常量有 $f(a)=a'$。

如果上述 f 中去掉"$1-1$"条件,则称 U 和 U' 是同态的。

如果 $A'\subseteq A$ 且满足下列条件,则称 U' 为 U 的子模型,或称 U 为 U' 的扩张模型,记作 $U'\subseteq U$。

(1) 对于 A' 中的每一 n 元组 $a_1,a_2,\cdots,a_n$ 都有 $R'(a_1,\cdots,a_n)$ 真当且只当 $R(a_1\cdots a_n)$ 真。

(2) 对于 A' 中每一个 m 元组 $a_1,\cdots,a_m$ 都有 $G'(a_1,\cdots,a_m)=G(a_1,\cdots,a_m)$。

(3) 对于每一常量 C 有 $a=a'$。

数学模型可以看成源于实际系统的各种信息集(I),(O),(C),(P),(M)的完全形式化描述(见图 2.6)。图中:(I)为输入级;(O)为输出级;(C)为结构级;(P)为参数级;(M)为目标级;下标"S","R"分别为子集和全集。

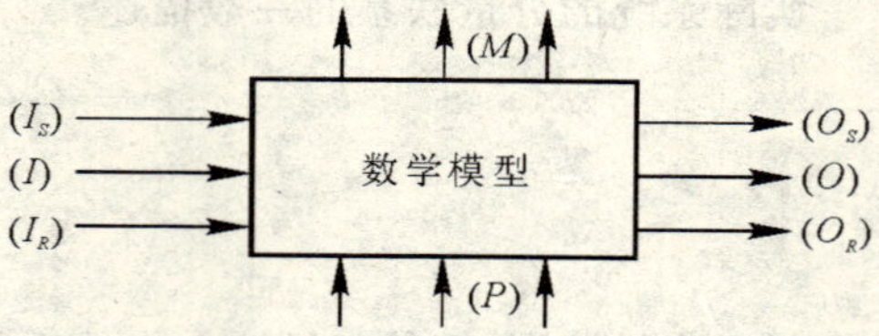

图 2.6　数学模型的形式化描述

根据不同使用目的,数学模型可以有多种类型和形式。表 2.2 和表 2.3 分别给出了不同使用目的下的数学模型及仿真领域内的常见模型形式。

表 2.2　不同使用目的下的数学模型类型

使用目的	模型类型			
	已　知	设　定	要求满足	求　得
直叙	$(I)(C)$	(P)		(O)
分析	$(O)(C)$	(I)	(M)	(P)
合成	$(I)(O)$		(M)	$(C)(P)$
研究	$(I_S)(O_S)$		(M)	$(C)(P)\ (I_R)(O_R)$
复杂		$(I_S)(O_S)$	(M)	$(C)(P)\ (I_R)(O_R)$

表 2.3　仿真领域内的常见模型形式

说明 模型形式	模型描述变量的轨迹	模型的时间集合	模型形式	变量范围	
				连　续	离　散
混合模型	连续模型	连续时间模型	常微分方程	√	
			偏微分方程	√	
	离散模型	离散时间模型	活动扫描		
			差分方程		
			有限状态机		√
			马尔可夫链		√
		离散事件模型	离散事件	√	√
			过程交互	√	√
线性模型	连续模型		传递函数	√	
			Z 传递函数	√	
逻辑模型			逻辑表达式		

2.2.5　模型集总

(1) 基本概念。基本模型或称基础模型(Base Model),它提供了对实际系统所有行为的完全解释。因此,该模型包含着实际系统中应有的分量和相互关系。在这种试验规模下,这种模型对于真实系统的"全部" 输入-输出性状都是有效的。同时,由于基本模型包含过多的分量及其相互关系,故而一般是十分复杂、庞大的。

实际上,上述基本模型通常是难以得到的,更何况它并不实用。所以,根据具体建模目标总是希望在一定试验规模下构造出一个较简单而满足精确性要求的模型。

(2) 模型的集总与集总模型。为了满足上述要求,可在建模时排除基本模型里与建模目标甚远或涉及不到的那些分量,并对该描述分量的相互关系加以简化。排除基本模型中次要分量并简化其现存分量相互关系的过程称为模型集总。集总后的模型谓之集总模型(Lampe Model)。

集总前,为排除基本模型中次要分量和简化现存分量相互关系所作的一些规定或说明,即集总条件被称为建模假设。可见,任何数学模型都是在一定假设条件下得到的。这种假设必须是合理的、科学的,甚至经过验证的。

系统仿真中所使用的模型一般为集总模型,且常常是在计算机上实现的。如图 2.7 所示给出了从基本模型到集总模型的计算机实现过程。

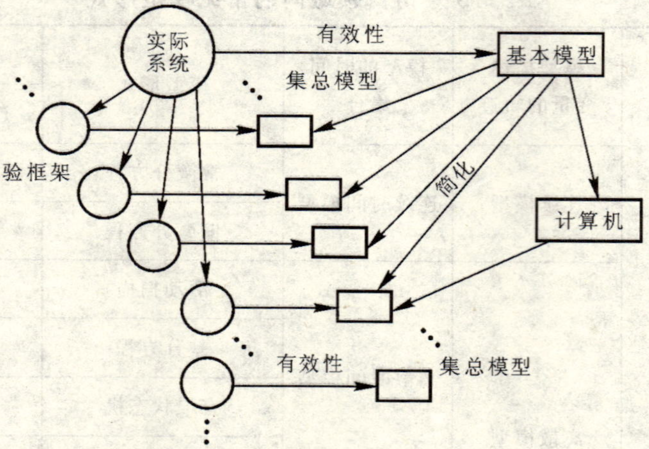

图 2.7　模型集总的计算机实现示意图

2.2.6　模型简化与修改

(1) 模型简化：

1) 模型简化概念。一个好的有用模型应该既能准确地反映实际系统外部表征和内在特性，又是稳定的而不至于太复杂。因此，在模型选取和使用的过程中，存在着复杂的、精度较高的模型同简单的、精度较低的模型之间如何合理、恰当折中的问题。这种折中的过程就是模型进一步简化的过程，对于一般系统如此，而复杂系统更应该这样。同时，化高阶、高维模型为低阶、低维模型在系统分析与设计中也会经常遇到。这就是模型简化的一般概念。

2) 模型简化定义。所谓模型简化就是为复杂系统准备一个低阶、低维的近似模型，使其计算、分析和实验上都比原集总模型（简称原模型）容易处理，而又能提供满足建模目标关于实际系统的足够多的信息。由此定义出发，简化后的模型应该近似地等效于原模型。

3) 模型简化要求。模型简化应符合如下主要要求：① 准确性，即模型应与原模型特性一致。② 稳定性，即当原模型稳定时，简化模型亦应是稳定的，且具有相应的稳定裕度。③ 简便性，即简化方法和过程必须十分简便。④ 应符合 Brogan 提出的建模原理准则。

为了帮助读者理解上述模型简化要求，下面简要给出 Brogan 建模原理准则。该准则不仅被用于基本模型、集总模型，而且适用于简化模型。其主要内容为：① 必须明确定义该模型的目的，因为不存在一个单一的模型能适用于各种各样的建模目的。② 必须定义将系统和外部世界分开的“系统的边界”。③ 必须定义各个不同的系统组分之间的“结构关系”，它要能够最好地代表所期望的或观测的效应。④ 在系统物理结构的基础上，定义一组所要的“系统变量”。如果发现有某一重要的量不能在系统变量中写出来，则对 ③ 的“结构关系”，应作相应修改。⑤ 系统基本组分的数学描述后，还要通过诸如牛顿定律、克希霍夫定律等物理上的守恒（或连续性）和相容性定律，把它们相互联系起来。⑥ 系统基本组分的数学描述称之为“基本方程”，必须写出来。⑦ 基本的连续性和相容性方程还要整理一下，把模型的数学形式最后肯定下来。⑧ 最后，只有在经过分析把模型与实际系统相比较，能与实际相符合，才算建模成功。如有明显差别还得重新按照上述步骤修改。

4) 模型的简化方法及原理。模型简化有多种方法。如图 2.8 所示给出了其中的常用简化方法分类。

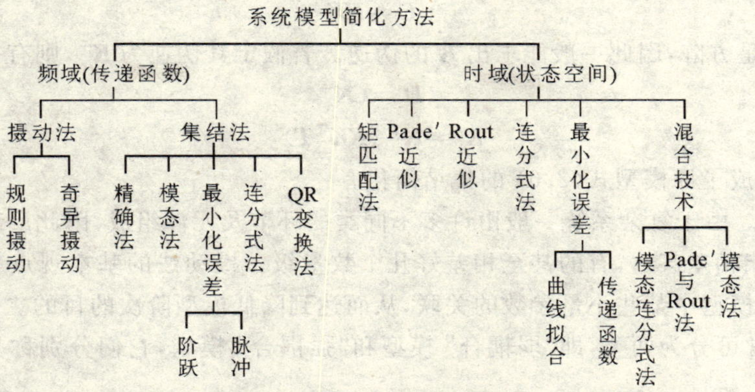

图 2.8　模型简化常用方法分类

在这些简化方法中，应用最广泛的是集结法、摄动法和 Pade′ 逼近法。

a. 集结法。所谓集结法是指在模型简化过程中保留模型的主要特征，即将原系统与建模目标有关的主要特征(包括外部表征及内在特性)集结在被简化的模型上。其基本思想是构建一个线性变换 $z=Kx(K\in \mathbf{R}^{r\times n})$，将 n 维空间模型的主要特征集结到 r 维($r<n$)状态空间的模型上。

如，考虑一线性定常动态系统，其状态方程为

$$\left.\begin{aligned}\dot{\boldsymbol{x}}(t)&=\boldsymbol{A}\boldsymbol{x}(t)+\boldsymbol{B}\boldsymbol{u}(t)\\ \boldsymbol{y}(t)&=\boldsymbol{C}\boldsymbol{x}(t)\end{aligned}\right\}\tag{2.6}$$

式中，$\boldsymbol{x}(t)\in\mathbf{R}^n$ 为状态向量；$\boldsymbol{u}(t)\in\mathbf{R}^m$ 为控制信号；$\boldsymbol{y}(t)\in\mathbf{R}^p$ 为输出信号。

其中 $\boldsymbol{A},\boldsymbol{B},\boldsymbol{C}$ 分别为 $n\times n,n\times m$ 及 $p\times n$ 维系统阵、控制阵及输出阵，且设($\boldsymbol{A},\boldsymbol{B},\boldsymbol{C}$) 是完全可控、可观测的。希望以如下集结模型来替代上述模型(即原模型式(2.6))。

$$\left.\begin{aligned}\dot{\boldsymbol{z}}(t)&=\boldsymbol{F}\boldsymbol{z}(t)+\boldsymbol{G}\boldsymbol{u}(t)\\ \boldsymbol{w}(t)&=\boldsymbol{H}\boldsymbol{z}(t)\end{aligned}\right\}\tag{2.7}$$

式中，$\boldsymbol{z}(t)\in\mathbf{R}^r$ 为集结后的状态向量；$\boldsymbol{w}(t)\in\mathbf{R}^q$ 为集结后的输出信号；$\boldsymbol{F},\boldsymbol{G},\boldsymbol{H}$ 为具有相应维数的矩阵。

最简便的方法是令 $\boldsymbol{F}$ 的特征值与 $\boldsymbol{A}$ 的主特征值相等，并根据 $\boldsymbol{B}$ 确定 $\boldsymbol{G}$，然后求出 $\boldsymbol{H}$。为此，设

$$\boldsymbol{z}=\boldsymbol{K}\boldsymbol{x}\tag{2.8}$$

对式(2.8) 求导得，

$$\dot{\boldsymbol{z}}=\boldsymbol{K}\boldsymbol{A}\boldsymbol{x}+\boldsymbol{K}\boldsymbol{B}\boldsymbol{u}\tag{2.9}$$

又由式(2.7) 可得，

$$\dot{\boldsymbol{z}}=\boldsymbol{F}\boldsymbol{z}+\boldsymbol{G}\boldsymbol{u}=\boldsymbol{F}\boldsymbol{K}\boldsymbol{x}+\boldsymbol{G}\boldsymbol{u}\tag{2.10}$$

比较(2.10) 与式(2.9) 有

$$\boldsymbol{K}\boldsymbol{A}=\boldsymbol{F}\boldsymbol{K},\quad \boldsymbol{G}=\boldsymbol{K}\boldsymbol{B}\tag{2.11}$$

另据式(2.7) 有

$$\boldsymbol{W}=\boldsymbol{H}\boldsymbol{Z}=\boldsymbol{H}\boldsymbol{K}\boldsymbol{X}\tag{2.12}$$

为了保证 $Y=W$，故要求

$$\boldsymbol{C}=\boldsymbol{HK} \tag{2.13}$$

由于 $\boldsymbol{K}$ 不是方阵，因此一般能求出 $\boldsymbol{K}$ 的伪逆。若假定其伪逆为 $\boldsymbol{K}^{+}$，则有

$$\boldsymbol{H}=\boldsymbol{CK}^{+} \tag{2.14}$$

这里

$$\boldsymbol{K}^{+}=\boldsymbol{K}^{\mathrm{T}}\ (\boldsymbol{KK}^{\mathrm{T}}\boldsymbol{T})^{-1} \tag{2.15}$$

至此，便完成了原模型式(2.6)的集结简化。

b. 摄动法。由于复杂系统一般由许多不同类的环节及元件组成，因此反映在系统模型中的参数大小可能相差甚远，有的甚至相差好几个数量级。摄动法的基本观点就是基于上述事实，通过忽略原模型中某些小量参数的关联，从而达到降低模型阶次的目的。

摄动法通常可分为两类，即“弱耦合”模型和“强耦合”模型，它们分别称为规则摄动和奇异摄动。

ⅰ.“弱耦合”模型(规则摄动)。在许多系统中，各子系统间的动态并联影响远弱于这些子系统的内部作用，于是便可以忽略子系统间的关联而使模型简化。

若原系统是弱耦合，则状态空间表达式可表示为由 k 个线性系统构成，其原模型为

$$\begin{bmatrix}\dot{x}_1\\ \dot{x}_2\\ \vdots\\ \dot{x}_k\end{bmatrix}=\begin{bmatrix}A_{11} & \varepsilon A_{12} & \cdots & \varepsilon A_{1k}\\ \varepsilon A_{21} & A_{22} & \cdots & \varepsilon A_{2k}\\ \vdots & \vdots & \ddots & \vdots\\ \varepsilon A_{k1} & \varepsilon A_{k2} & \cdots & A_{kk}\end{bmatrix}\begin{bmatrix}x_1\\ x_2\\ \vdots\\ x_k\end{bmatrix}+\begin{bmatrix}B_{11}\\ \varepsilon B_{21}\\ \vdots\\ \varepsilon B_{k1}\end{bmatrix}\begin{bmatrix}u_1\\ u_2\\ \vdots\\ u_k\end{bmatrix} \tag{2.16}$$

式中，ε 为一个小的正耦合参数。

假定所有 A_{ij} 阵均为常阵，且为分析方便起见先考虑 $k=2$ 的情况。这时，该系统称为“ε 耦合”系统，其原模型为

$$\begin{bmatrix}\dot{x}_1\\ \dot{x}_2\end{bmatrix}=\begin{bmatrix}A_{11} & \varepsilon A_{12}\\ \varepsilon A_{21} & A_{22}\end{bmatrix}\begin{bmatrix}x_1\\ x_2\end{bmatrix}+\begin{bmatrix}B_{11} & \varepsilon B_{12}\\ \varepsilon B_{21} & B_{22}\end{bmatrix}\begin{bmatrix}u_1\\ u_2\end{bmatrix} \tag{2.17}$$

显然，若忽略各子系统间的弱关联影响，即当 $\varepsilon=0$ 时，式(2.17)可解耦成两个子系统

$$\begin{cases}\dot{\hat{x}}_1=A_{11}\hat{x}_1+B_{11}\hat{u}_1\\ \dot{\hat{x}}_2=A_{22}\hat{x}_2+B_{22}\hat{u}_2\end{cases} \tag{2.18}$$

可见，这时的每个子系统的阶次都较低。另外，从分散控制角度讲，这两个独立的子系统的仿真(或计算)模型必然是简单的，其计算工作量将大大减小。

ⅱ.“强耦合”模型(奇异摄动)。若原系统是强耦合，且当 $k=2$ 时，可将其状态空间表达式改写为

$$\begin{bmatrix}\dot{x}_1\\ \varepsilon\dot{x}_2\end{bmatrix}=\begin{bmatrix}A_{11} & A_{12}\\ A_{21} & A_{22}\end{bmatrix}\begin{bmatrix}x_1\\ x_2\end{bmatrix}+\begin{bmatrix}B_{11}\\ B_{22}\end{bmatrix}u \tag{2.19}$$

此时，系统可分解为两部分：一部分为慢系统(状态变量为 x_1)，另一部分是快系统(状态变量为 x_2)；若 $\varepsilon=0$，则上式变成

$$\begin{cases}\dot{x}_1=A_{11}^{-1}A_{12}A_{22}^{-1}A_{21}x_1\\ \dot{x}_2=A_{22}^{-1}A_{21}x_2\end{cases} \tag{2.20}$$

显然，这是一个代数方程，所以系统的阶次关系被降为$(n-1)$阶。

应该指出，利用摄动法简化模型是必然涉及采用什么判据来衡量“耦合强度”的问题以及这些方法所引起的建模误差问题。

c. Pade′ 逼近法。

ⅰ. 定义。对一函数 $f(x)=C_0+C_1x+C_1x^2+\cdots+C_nx^n$，如能找到一有理函数 $\left[\dfrac{U_m(x)}{V_n(x)}\right]$，其中 $U_m(x)$ 和 $V_n(x)$ 分别为 x 的 m 次与 n 次多项式，且 $m\leqslant n$，当且仅当 $f(x)$ 和 $\left[\dfrac{U_m(x)}{V_n(x)}\right]$ 的幂级数展开前 $(m+n)$ 项完全相同时，则称 $\left[\dfrac{U_m(x)}{V_n(x)}\right]$ 为 $f(x)$ 的 Pade′ 近似式。

ⅱ. 原理。由定义知，Pade′ 逼近法的实质是用有理函数做逼近函数的一种数值逼近法。如可用有理函数来逼近超越函数 e^x。推而广之，当用一个低阶的有理函数来逼进一个高阶的有理函数时，就变成了模型简化问题。

假定 $G(s)=\dfrac{A_{21}+A_{22}s+\cdots+A_{2m+1}s^m}{A_{11}+A_{12}s+\cdots+A_{m+1}s^n}$ 在 $s=s_0$ 处解析，并在其邻域可展开台劳级数：

$$G(s)=C_0+C_1(s-s_0)+C_2(s-s_0)^2+\cdots=\sum_{i=0}^{\infty}C_i(s-s_0)^i$$

式中
$$C_i=\frac{1}{i!}\left.\frac{d^iG(s)}{ds^i}\right|_{s=s_i}$$

若设 $s_0=0$，则有
$$G(s)=C_0+C_1s+C_2s^2+\cdots$$

假定另有一低阶模型
$$R_{lk}(s)=r_0+r_1s+r_2s^2+\cdots$$

其中
$$r_i=\frac{1}{i!}\left.\frac{d^iR_{lk}(s)}{ds^i}\right|_{s=0}$$

显然，要使该低阶模型 $R_{lk}(s)$ 能够逼近高阶模型 $G(s)$，必须使 r_i 同 C_i 相等。由于 $R_{lk}(s)$ 中有 $l+k+2$ 个系数，所以仅要求 $C_0,C_1,\cdots,C_{l+k+1}$ 与 $r_0,r_1,\cdots,r_{l+k+1}$ 对应相等。这就是模型简化中的所谓 Pade′ 逼近法。

(2) 模型修改。模型必须经过多次反复修改(或修正)方可成为有用模型。20 世纪 90 年代初期，模型特别是计算模型修正理论研究获得了很大进展，提出了多种方法，各有特色，但也有局限性。后来应用较广泛的方法包括：摄动法、灵敏度分析法、矩阵元素修正法、最佳矩阵逼近法、子结构误差修正、频率响应函数法和多水平修改过程等。其中，摄动法和灵敏度分析法尤为重要和实用。

1) 模型修改方法的选择。研究与实践表明，选择模型修改方法应着重注意以下四个方面：① 被修改的变量和参数。它包括噪声统计特性、模型系数矩阵元素、子结构误差参数、物理或几何参数等，这些变量和参数都与建模中的不确定性、随机性、模糊性有关。② 使用的测试量。它包括模态参数、响应测量、激励测量、扰动类型辨识、测试系统误差等，它们都与试验方法有关。③ 测量信息的完整性。它包括试验模态的完备程度、测量点与自由度的关系、测量位置与自由度的关系、数据的频率范围及多传感器数据融合等，所有这些通常由试验条件来决定。④ 被修改模型的自由度数。这主要取决于模型修改过程中是否必须对模型自由度的减缩。

2) 摄动法。摄动法是基于将实际系统试验数据视为在原始模型标准数据附近摄动，利用试验测得的数据估计模型修正量的一种方法。这种方法对于模型修改具有普适性，且特别适于动力学系统建模中的模型修改。如，对于 n 自由度无阻尼振动系统，修正前的质量、刚度、特征值、特征向量的矩阵分别为 $\boldsymbol{M}_0,\boldsymbol{K}_0,\boldsymbol{\Lambda}_0$ 和 $\boldsymbol{\phi}_0$，经修正后的质量、刚度、特征值和特征向量的矩阵分别为 $\boldsymbol{M},\boldsymbol{K},\boldsymbol{\Lambda}$ 和 $\boldsymbol{\phi}_0$，于是可将其表示成原模型各量的一阶摄动为

$$\left.\begin{aligned}\boldsymbol{M}&=\boldsymbol{M}_0+\Delta\boldsymbol{M}\\\boldsymbol{K}&=\boldsymbol{K}_0+\Delta\boldsymbol{K}\\\boldsymbol{\phi}&=\boldsymbol{\phi}_0+\Delta\boldsymbol{\phi}\\\boldsymbol{\Lambda}&=\boldsymbol{\Lambda}_0+\Delta\boldsymbol{\Lambda}\end{aligned}\right\}\tag{2.21}$$

式中，$\Delta\boldsymbol{M}$，$\Delta\boldsymbol{K}$ 为利用实验数据估计摄动量。

目前，摄动法已有多种，如矩阵摄动法、一阶灵敏度摄动法、模态参数一阶摄动法、频域输出一阶摄动法等。

2.2.7 模型灵敏度分析

(1) 引言。模型灵敏度反映了当模型输入变化时模型输出的响应状况，用以分析诸多输入变量中哪些对输出有重大影响，以及模型输出变化与输入变化的关系。这种分析主要解决的问题是通过某种方法计算(或估计)参数变化对系统模型的影响，从而确定出构成模型的诸因素对模型的紧密、稀疏程度，并以此作为模型设计的重要依据之一。因此，模型灵敏度理论又叫做模型灵敏度分析理论。

(2) 模型灵敏度分析概念。在数学建模时，常会得到如下形式的微分方程：

$$\left.\begin{aligned}&\dot{\boldsymbol{x}}=\boldsymbol{f}(\boldsymbol{x},t;\boldsymbol{p})\quad x\in\mathbf{R}^n,p\in\mathbf{R}^m\\&\boldsymbol{x}(t_0)=\boldsymbol{x}_0\end{aligned}\right\}\tag{2.22}$$

式中，$\boldsymbol{p}$ 是一组随时间变化的参数，或某种近似值。如，在线性模型 $\dot{\boldsymbol{x}}=\boldsymbol{A}\boldsymbol{x}$ 中，可以把矩阵 $\boldsymbol{A}$ 的元素 a_{ij} 看做实际系统里可变化的参数。这些参数变化对于模型的影响是不尽相同的。或者说，有些影响大，有的影响甚微。这就是模型对于参数变化的灵敏度概念。又如，对于线性规划模型

$$\max\phi=C_1x_1+C_2x_2+\cdots+C_nx_n\tag{2.23}$$

$$\text{s.t.}\begin{cases}a_{11}x_1+a_{12}x_2+\cdots+a_{1n}x_n\leqslant b\\\quad\vdots\\a_{m1}x_1+a_{m2}x_2+\cdots+a_{mn}x_n\leqslant b_n\\x_j\geqslant0,j=0,1,2,\cdots,n\end{cases}\tag{2.24}$$

式中，所有的 b_i 与 c_j 都是已知常数。但是，在实际问题中它们并不一定是常数，可能有所波动。譬如，当 c_j 表示产品价格，b_i 表示资源时，它们都会经常波动。当然，它们的波动对于上述模型的影响是不一样的，因此便存在着一个规划模型对于价格、资源等因素变化的敏感程度问题。

进一步讲，对于一个模型，如果任何参数改变后再重新设计和求解显然既不经济又费时间。因此，总希望尽可能通过分析研究设计出一个反映参数波动影响规律的模型，对波动限制在一定范围之内时，无需重新求解，而只需在已经求得的最优解中代入具体变化后的参数值即可。这就是模型灵敏度分析的另一层含义。

(3) 灵敏度函数。式(2.22)的解$(x,t;p)$对于参数 p 的变化的灵敏度可由下列矩阵计算：

$$\boldsymbol{S}=\left[\frac{\partial\boldsymbol{x}}{\partial\boldsymbol{p}}\right]\overset{\text{def}}{=\!=}\left[\frac{\partial x_i}{\partial p_j}\right],1\leqslant i\leqslant n,\quad 1\leqslant j\leqslant n\tag{2.25}$$

它满足方程

$$\dot{\boldsymbol{S}}=\frac{\partial\boldsymbol{f}}{\partial\boldsymbol{x}}\frac{\partial\boldsymbol{x}}{\partial\boldsymbol{p}}+\frac{\partial\boldsymbol{f}}{\partial p}=\frac{\partial\boldsymbol{f}}{\partial\boldsymbol{x}}\boldsymbol{S}+\frac{\partial\boldsymbol{f}}{\partial\boldsymbol{p}}\quad\text{和}\quad\boldsymbol{S}(t_0)=0\tag{2.26}$$

这时，所提供的参数向量 $\boldsymbol{p}$ 已不能维持初始状态 x_0。

注意到矩阵 $\boldsymbol{\varphi}=\frac{\partial f}{\partial \boldsymbol{x}}, \boldsymbol{\psi}=\frac{\partial f}{\partial \boldsymbol{p}}$ 是在解 $\boldsymbol{x}(t;\boldsymbol{p})$ 处对于标称参数 $\boldsymbol{p}$ 下计算的。因此，对于一个给定的参数 $\boldsymbol{p}$，当已知式(2.22)解 $\boldsymbol{x}(t;\boldsymbol{p})$ 后，就能够对于灵敏度矩阵 $\boldsymbol{S}=\frac{\partial \boldsymbol{x}}{\partial \boldsymbol{p}}$，给出式(2.26)的解，从而得到式(2.22)式解相对于参数 $\boldsymbol{p}$ 的变化的测量。此处，$\boldsymbol{S}$ 被称为灵敏度函数。

(4) 灵敏度分析的统计回归法。该分析法被广泛用于模型灵敏度分析，其基本过程如下：

1) 建立模型输入与输出关系的回归模型。

2) 根据复相关系数和预测残差平方和等优良指标，综合选择优良回归模型。

3) 进行回归优良模型一致性验证。

4) 通过上述计算灵敏度函数 $\boldsymbol{S}$ 的方法完成灵敏度分析。

(5) 灵敏度分析应用。模型灵敏度分析是系统建模的重要理论之一。它主要是通过估算参数变化对系统模型的影响来确定诸因素的主次程度，从而为模型设计提供科学分析依据，尤其是为模型简化提供可置信的根据。如在建立战略武器杀伤力模型时，虽然影响杀伤力的因素很多，但利用模型灵敏度分析理论可以大胆地忽略相当多的次要因素，最终获得一个有效的简化模型：$K=Y^{\frac{2}{3}}/C^2$。该模型不但是可以置信的，而且很有实用价值，因为它提供了两个重要的科学结论：

1) 对于战略武器来说，杀伤力 K 不仅决定了武器威力 Y，而且极大地取决于武器系统的精度 C。

2) 由简化模型可知，当 $Y^*=8Y$ 时，$K^*=4K$；而当 $C^*=C/8$ 时，$K^*=64K$。这充分说明，提高武器系统精度是增强战略武器杀伤力的重要途径。

2.2.8　模型的有效性及可信性

(1) 模型有效性概念。在系统建模和模型使用中，必然会引出这样一些问题：所建立的数学模型是否准确地(或满意地)描述了被研究的实际系统？由数学模型转化的仿真模型是否准确地表示数学模型的输入、输出参数和逻辑结构，以及能否按预期要求执行？如何保证放心地使用这些模型及其产生的仿真数据？这就是模型有效性问题，也是系统建模中最核心、最重要和最困难的问题。

模型的有效性问题是十分复杂的。为了获得提供人们放心使用的有效性模型就必须专门对模型有效性进行深入研究、分析和评估。这就是有关模型有效性的基本概念。

进一步讲，所谓模型有效性就是在对模型所作的预测精度为基准下，反映实际系统数据和模型数据之间的一致性，即实际系统与模型的 I/O 对偶的一致性。这种概念可用下列等式粗略而形象地描述：

$$\text{实际系统函数}=\text{模型产生数据}$$

理论上讲，因为模型本身可以通过理论研究和实物实验(在允许的条件下)在不同的水平上建立起来，所以模型的有效性可以根据获取的困难程度有强度轻重之分。一般可分为三级水平：

1) 复制有效。如果模型产生的数据与从实际系统所取得的数据相匹配，则模型被视为复制有效。这是模型有效性的最松水平。

2) 预测有效。如果从实际系统取得数据之前就能够至少看出匹配数据，则模型被视为预测有效。这属于模型有效性的稍强水平。通常,借助这样的模型可对系统未来的行为进行唯一的预测。

3) 结构有效。如果模型不仅能够复制实际系统行为,而且能够真实地反映实际系统所产生此行为的操作,这就是结构有效。结构有效是更强的模型有效性水平。在这种水平下,模型可以反映出(或表示出)真实系统的内部工作状态,而且是唯一地表示出来的。

应该指出,在某些场合下,上述各级有效性水平又被分别称为:重复性、复制程度和重构性。

(2) 模型可信性及其相关概念。可信性(Credibility)是指模型必须经过检验和确认,成为代表实际系统的有效模型。从使用者的角度讲,可信性是用户在模型中看到适合自己的性能,并且拥有对模型或仿真能够服务于他的目的的信心。更确切地说,可信性是系统研究和制造者应用模型或仿真解决具体问题及进行决策的信心。若决策者和其他关键项目人员承认模型或仿真及其数据是"正确的",则模型或仿真及其数据就具有可信性。

与此同时,经常会遇到可信度或置信度的术语。这是与可信性既有区别又有联系的概念,是对可信性的度量。具体讲,所谓可信度或置信度是指"仿真系统作为原型系统的相似替代系统在特定 M&S 的目的和意义下,在总体结构和行为水平上能够复现原型系统的可信性程度"。

可信性或置信度要解决的问题是模型和仿真系统与其被研究真实系统的一致性程度的定量评估,并最终转化为对模型研究(或仿真)结果的一致性检验,故属于检验范畴。

除此,还会遇到"逼真度"概念。所谓逼真度,就是模型或仿真以可观测或可觉察(Perceivable)方式复现真实系统的状态和行为的程度。这里,有模型逼真度和仿真逼真之分。

模型逼真度指的是"在研究目的限定条件下,模型相对于仿真对象的近似程度"。在一定程度上,模型的逼真度或近似程度可以用拟合优良度来衡量。而拟合优良度是确定实际系统与模型或原模型与简化模型 I/O 对偶一致性的优劣量度。同样可以归为检验范畴。其检验关键在于正确地选择拟合优良度判据。

理论上,拟合优良度可以表示为在整个输入、输出对偶空间中选择一种量 $d((\omega,\rho),(\omega',\rho'))$,解释为介于$(\omega,\rho)$对偶和$(\omega',\rho')$对偶之间的误差大小。

在进行拟合优良度检验时,建模者需做出如下两种判断选择:① 由数据产生的输出和系统观测数据应适度一致;② 在模型和实际系统之间的拟合性,对于近期建模目标是满意的。为了做出这种判断,必须建立一个相应"适度"和"满意的"标准和衡量准则,这就是所谓"拟合优良度判据"。

拟合优良度可用准则 L 为基准来定义。

若 $d((\omega,\rho),(\omega',\rho'))\leqslant L$,则模型对偶$(\omega',\rho')$是在实际系统对偶$(\omega,\rho)$的误差容限内,即$(\omega',\rho')$充分地逼近$(\omega,\rho)$,从而认为其间的拟合性是"适度的"或"满意的"。

普遍使用的一类拟合优良度判据是由线性空间定义的范数引申出的那些量。如绝对值时间最大值、绝对值积分、平方误差积分等判据。表 2.4 给出了这些量的范数定义。

表 2.4　几种常用拟合优良度的范数定义

判据名称	范数定义
最大值	$\lVert\rho\rVert = \max\{\rho(t)t \in dom(\rho)\}$
绝对值积分	$\lVert\rho\rVert = \int_{dom(\rho)} \lvert\rho\rvert \mathrm{d}t$
平方误差积分	$\lVert\rho\rVert = \int_{dom(\rho)} \rho^2(t)\mathrm{d}t$

范数 $\lVert\rho\rVert$ 指定了线性空间从原点 0 到每个元的距离 d，即

$$d_0(\rho,\rho') = \lVert\rho,\rho'\rVert$$

如，对于平方误差积分有

$$d_0(\rho,\rho') = \int_{(0,\tau)} [\rho(t) - \rho'(t)]\mathrm{d}t \tag{2.27}$$

式中，$(0,\tau)$ 为 ρ 和 ρ' 的公共域。

显然，因为 $e=\rho-\rho'$ 是误差轨迹，所以 $d_0(\rho,\rho')$ 就是平方误差积分。

(3) 模型有效性分析。系统建模和模型运行的整个过程都离不开模型有效性分析，分析的实质是进行模型的校核、验证与确认(见图 2.9)。校核系指仿真模型的校验，即检查计算机程序的逻辑和代码是否准确地表示数学模型的输入参数及逻辑结构。所要回答的问题是：数学模型是否按预期要求执行？仿真模型(系统)的正确性的精度如何？验证是指证实数学模型和真实对象具有相同行为。所要回答的问题是：是否正确地建立了实际系统的数学模型？该数学模型是否准确地反映了实际系统，达到了数学建模目标？确认则是指由权威机构或专家群对整个建模和模型运行做出可信性评估，从而判定其数学模型和仿真模型共同的可接受性，并最终回答：是否信赖模型和仿真结果？

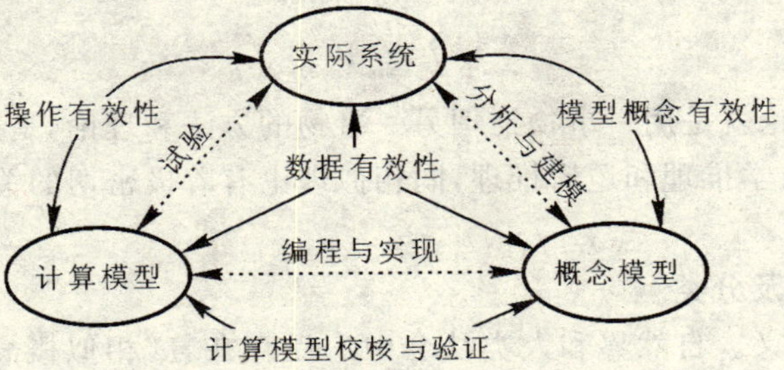

图 2.9　建模过程的模型有效性分析

上述模型校核、验证与确认简称模型的 VV&A(Verification Validation and Accreditation)。随着仿真科学与技术的发展，特别是在复杂系统建模与仿真的需求牵引下，目前的 VV&A 已经形成了一套完整的理论、技术、方法和工具，VV&A 活动的 8 个阶段被广泛的应用于系统建模与仿真的全生命周期(见图 2.10)。

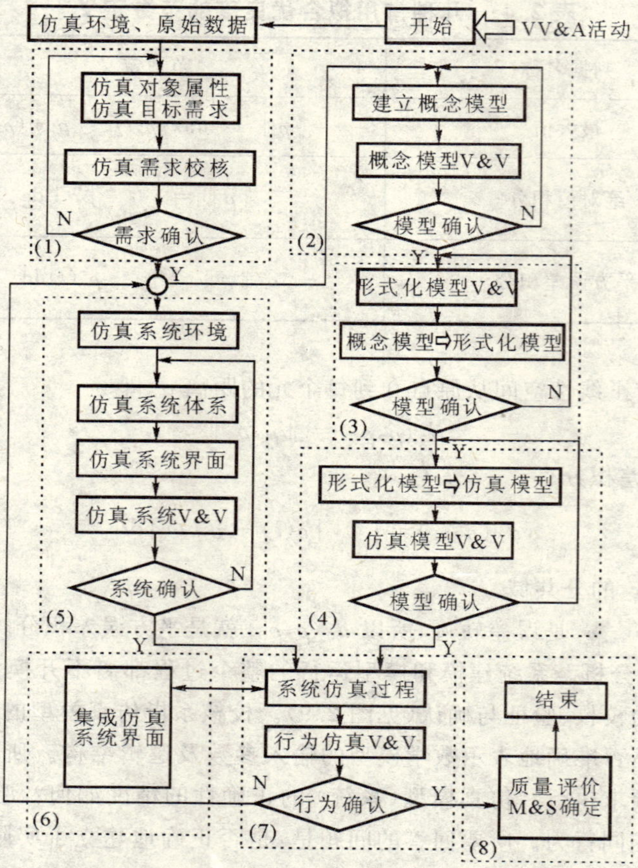

图 2.10　系统建模与仿真全生命周期 VV&A 流程

2.3　相似理论及演绎推理

2.3.1　引言

通俗地讲，相似理论就是用一事物推理另一事物的方法和理论，是系统建模最重要的基础理论。演绎推理包括数学推理和逻辑推理，同相似理论有着极密切的关系，可归属于相似理论的范畴。

2.3.2　相似概念及分类

(1) 相似概念与含义。自然界和人类社会中广泛存在着“相似概念”，最普遍的是几何相似和现象相似。几何相似最简单且直观，如平面几何中多边形相似和三角形相似等，又如三维空间的几何体相似和各轴异比相似以及图像相似等。现象相似是几何相似的延伸和扩展，时空遍布我们周围，形式五彩缤纷。如相似的物理现象就表明了一个系统中所发生的过程的各物理量与另一系统中所发生的过程的相应物理量之间存在着固定的比例系数 m_i。这表明，现象相似中必然存在着类似几何相似的关系：

$$V' = \frac{V}{m_v}, \quad t' = \frac{t}{m_t}, \quad u' = \frac{u}{m_u} \tag{2.28}$$

式中，m_v, m_t, m_u 为固定比例系数。这是"相似"的一层含义。

"相似"还具有另一层含义。这就是人们对客观事物认识上的相似性。这是由于人的感受器官在接受信息及其变化时，经过转化单元，各级神经机构的整合，每一级所得中间结果都是相似的、有局限性的。同时，人在分析解决问题时也需经过多级相似，从而丢失许多信息和产生部分失真，因此最后得到的结论自然不可能与客观存在完全相同，而只能相似。可见，在任何情况下，相似是绝对的，全单映射或完全相同几乎是不可能的。

(2) 相似分类与方式。按照相似程度，相似可分为绝对相似、完全相似、不完全相似(或局部相似)、近似相似和模糊相似等；亦可分为完全相似、基本相似、较相似、一般相似和不相似等五级。

所谓绝对相似是指所研究的两个系统(如原型与模型) 全部几何尺寸和其他相应参数在时空域上产生的全部变化(或整个过程) 都是相似的。

如果两个系统在一相应方面的过程在时空域上相似，则称为完全相似。如当在研究发电机的电流和电压问题时，所建立的发电机数学模型应保证与实际发电机在电磁现象方面是完全相似的。这时就无需追究热工或机械过程方面的相似，即没有必要强求模型与原型(实际发电机) 绝对相似。

不完全相似(或部分相似) 是一种仅保证研究部分的系统相似。而非研究和不要部分的过程可能被歪曲，这是为研究目的所容许的。

在某些简化假设下的现象相似称为近似相似。对于数学建模来说，这种近似相似必须保证其模型的有效性。

模糊相似是指在两个系统之间保证它们的隶属函数相似或各自白化后的完全相似。

相似方式是保证上述系统相似的方方面面，采用何种相似方式取决于建模目标和仿真任务。通常，有如下相似方式供选取：几何相似、参量比例相似、结构相似、性能相似、感觉相似、生理相似、心理相似、思维方法相似、行为过程相似、群体行为相似以及环境相似等。

2.3.3　相似关系和相似定理

(1) 相似关系。数学上的关系一般包括：普通数相等关系、大小关系、图形全等关系、集合之间的包含关系、对应关系(即函数关系) 以及相似关系等。

对于相似关系可如下定义：

设 X, Y 是两个非空集，如果存在一个从 X 到 Y 的关系 S_S，使得 X 中的每一个元素 x，有 Y 中的唯一确定的元素 y 与之对应，即 $X \xrightarrow{S_S} Y$，这时则称关系 S_S 是从 X 到 Y 的相似关系。

同时，有 S_S 的定义域：

$$D[S_S] = \{x; x \in X, \text{且对某一 } y \in Y, \text{有}(x, y) \in S_s\} \tag{2.29}$$

及值域：

$$R[S_s] = \{y; x \in X, (x, y) \in S_s \text{ 对某一 } x \in S_s\} \tag{2.30}$$

(2) 相似定理。系统相似理论以下列三个基本相似定理为基础：

1) 相似第一定理。相似系统应具有同样的相似判据，即相似指标应当等于"1"。

该定理的数学形式为

$$\pi = idem \tag{2.31}$$

式中，π 为相似判据符号；$idem$ 表示所观测的一系列系统是相同的。

上述第一相似定理是在研究力学问题时由牛顿提出的。

对于两个力学系统，如果用 F,M,l 和 t 分别表示力、质量、长度和时间，则有

$$\frac{F_2}{F_1}=m_F,\quad \frac{M_2}{M_1}=m_M,\quad \frac{l_2}{l_1}=m_l,\frac{t_2}{t_1}=m_t$$

可得

$$\frac{m_M m_l}{m_t^2 m_F}=1 \tag{2.32}$$

式(2.32)就是力学系统的相似指标。它进一步表明，相似系统的相似指标必然等于“1”，即任何相似系统必须满足相似第一定理。

2）相似第二定理。相似第二定理又叫 π 定理。它表明，相似系统的相似判据为 π。

假定任意物理系统是由 n 个不同量纲的物理量所组成的，物理过程的关系决定于方程 $F(j_1,j_2,\cdots,j_n)$，若式中 n 个物理量有 k 个是相互独立的，如选出 $r_1,r_2,\cdots,r_k$ 作为基本量，则其余$(n-k)$个物理量与选定的基本量所组成的$(n-k)$个无量纲的比例数 $\pi_1,\pi_2,\cdots,\pi_{n-k}$ 可以用算式完全表达出来，而这些无量纲比例数 π 就是相似判据。

可见，π 定理的实质是如何寻求相似系统的相似判据。或者说，π 定理指出了如何利用量纲分析法找到一个物理现象（或系统）的相似判据个数，并确定出这些相似判据的表达式。

应强调指出，物理过程的量纲分析必须具备两个条件：① 给出参与物理过程的物理量；② 已知各物理量的量纲式。物理量 Q 的量纲式一般形式为

$$\dim Q=\mathrm{L}^{\alpha}\mathrm{M}^{\beta}\mathrm{T}^{\gamma} \tag{2.33}$$

式中，α,β,γ 为量纲指数；L，M，T 为给定的 3 个基本量(l,m,t)的量纲。

在量纲分析中，采用哪些物理系统作为基本量系统是无所谓的。表 2.5 给出了电气系统的量纲式。

表 2.5　电气系统各物理量的量纲式

物理量名称	量纲式	物理量名称	量纲式
电流	I	电抗	$\mathrm{L^2MT^{-3}I^{-2}}$
电感	$\mathrm{L^2MT^{-2}I^{-2}}$	电压	$\mathrm{L^2MT^{-3}I^{-1}}$
电阻	$\mathrm{L^2MT^{-3}I^{-2}}$	电量	TI
电容	$\mathrm{L^2M^{-1}T^4I^2}$	功率	$\mathrm{L^2MT^{-3}}$
电导	$\mathrm{L^{-2}M^{-1}T^3I^2}$	能量	$\mathrm{L^2MT^{-2}}$

3）相似第三定理。若两个现象（系统）单值条件相似，并且从单值条件引出的相似判据相等，则这两个现象（系统）相似。

该定理是第一、第二定理的补充，它表明了判断现象（系统）相似的充要条件。

所谓单值条件是指一个现象（系统）从一群现象（系统）里区别出来的所需要的条件。通常，单值条件由现象（系统）的几何特性、物理参数、起始条件、边界条件等构成。从此角度讲，相似第三定理的实质是要求现象（系统）相似必须是单值条件相似，即几何相似、物理参数相似、起始条件相似、边界条件相似，当然还包括时间相似。

2.3.4　演绎推理

由于包括数学推理和逻辑推理在内的所有演绎推理都是依据相似物进行的，所以演绎推

理同样属于相似理论范畴。

数学推理在建模中占有相当重要的地位，可用下列实例来说明。例如，有一凸十角形，要求确定它有多少条对角线。解决这个问题的方法虽然很多，但采用数学推理更为方便，其推理过程如下：

(1) 首先写出各种多角形的角数目与对应对角线数目的关系

角数 n：3，4，5，6，7，…；对角线 L：0，2，5，9，14，…

(2) 根据上述关系构造出角数目与对角线数目关系的一般代数式

$$L=\frac{n(n-3)}{2},\quad n=3,4,5,\cdots \tag{2.34}$$

(3) 进行数学证明，得出推理结论：因为是 D_m(图形是 n 角形)，故是 E_m(该图形对角线为 L 条)。

(4) 将推理结论用于实际问题。对于本例，因为 $n=10$，所以由式(2.34) 有

$$L=\frac{10\times(10-3)}{2}=35 \text{ 条}$$

由此例可见，“因为是 D_m，所以是 E_m”的这一数学推理结论，是根据“D_1 是 E_1”，“D_2 是 E_2”等等这样的相似物推理得到的。显然，数学推理是建立在相似物基础上的。

逻辑推理也是如此。在逻辑学上，典型的逻辑推理格式是：“如果是 D_m，则是 E_m”，其数学表达式为

$$\begin{array}{l} P \\ \underline{P \supset q} \\ \therefore\quad q \end{array} \tag{2.35}$$

式中，上下位置安排表示“而且”，“$\supset$”表示“如果 ……，则 ……”；横线和“$\therefore$”表示“因为 ……，所以 ……”。

例如，若用“P”表示“系统故障”，“Q”表示“自动检修”，上下位置安排表示“而且”，“$\therefore$”表示“因为 ……，所以 ……”。这时的逻辑推理形式为

$$\begin{array}{l} P \\ \underline{P \supset Q} \\ \therefore\quad Q \end{array} \tag{2.36}$$

式(2.36) 表明，因为 D_m(现在系统发生故障，而且故障后必须自动检修)，所以 E_m(系统马上转入自动检修状态)。可见，在逻辑推理中利用 P 来推理 q，也是一种根据相似物进行推理的。

2.4　系统辨识理论

相对于模型论和相似理论，系统辨识理论是系统建模的最重要现代基础理论之一。它的主要贡献在于，把传统的实验法建模提升到了一个新水平，通过充分发挥计算机和辨识技术的作用，使辨识成为最广泛的现代系统建模手段。

2.4.1　系统辨识概念、定义及要素

(1) 概念。随着科学技术的发展，各门学科的研究方法趋于数字化和定量化，尤其是对于复杂系统的研究、分析、设计与评估，不仅需要进行理论研究和实物试验，而且必须建立研究对

象的模型，并在此基础上进行系统仿真。传统的建模方法虽然很多，但从根本上讲主要有三类，即机理分析法、实验法和定性推理法。实验法又叫实验统计法，其实质是以大量的实物试验为基础，进行数理统计，最终获得系统的统计模型。近年来系统辨识方法和技术的出现，使实验法产生了新的生机，创造了从实际系统运行和试验数据处理获得模型的条件和方法，这就是本节要讲述的系统辨识问题。

另外，人们在研究图 2.11 所示的动态问题时，通常可把问题求解归为以下三类：① 经典问题：给定 u，f 求 y。② 控制问题：给定 y，f 求 u。③ 辨识问题：给定 u，y 求 f。显然，第 ③ 类问题就是所指的系统辨识问题，其基本概念是通过实验获取输入 u 和输出 y，而求得动态系统的模型 f。

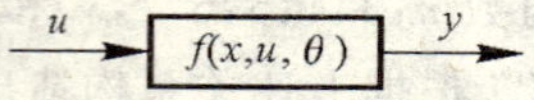

图 2.11　动态系统问题研究示意图

(2) 定义。最早的系统辨识定义是由 L. A. Zadeh 于 1962 年给出的："系统辨识是在输入-输出的基础上，从系统的一类系统范围内，确定一个与所试验系统等价的系统"。P. Eykhoff 于 1974 年又给出了一个相应定义："辨识问题可以归结为一个模型表示客观系统(或将要构造的系统)本质特征的一种演算，并用这个模型把客观系统的理解表示成有用的形式"。这种有用形式实际上就是数学结构形式，即数学模型。常用的数学模型有：代数方程、微分方程、差分方程、状态方程、传递函数、Z 传递函数、时间序列、表格、曲线、逻辑表达式及模糊函数等。

还可以通俗地讲，系统辨识就是根据被识系统的输入、输出观测信息来估计它的数学模型。

(3) 要素。由上述定义，不难发现作为系统辨识应该具有 3 个基本要素，即模型、数据和准则。这是因为：① 系统辨识的目的在于建立模型；② 输入和输出观测信息通常均以数据形式出现；③ 等价系统(或称数学模型)只能是近似的，所以必须在辨识中事先规定一个准则函数，以控制其近似度，一般简称为准则。

实际上，上述观点早已反映在 1978 年 L. Ljung 对于系统辨识的进一步定义："辨识有 3 个要素 —— 数据、模型和准则。辨识就是按照一个准则在一组模型类中选择一个与数据拟合最好的模型"。

2.4.2　系统辨识框架和内容

(1) 辨识框架。系统辨识框架系指实现系统辨识的技术系统方案、结构和环节。其框架形式决定于辨识对象及目标。辨识框架的一般结构如图 2.12 所示。

辨识环节通常包括以下主要环节：① 系统分析和辨识目标；② 先验知识(信息)获取即利用；③ 试验系统或项目设计与实现；④ 输入 / 输出观测信息采集和预处理；⑤ 辨识方案、方法和模型类的选择或确定；⑥ 辨识算法研制及应用；⑦ 模型结构和参数(或非参数)辨识；⑧ 模型校核、验证和确认。

(2) 辨识内容。辨识内容是对上述辨识框架中关键环节的进一步解释：

1) 辨识试验设计。由于辨识建立在对实际系统试验的基础上，其目的是通过试验观测数据建立数学模型，并最终用于系统控制、计算、决策、分析和设计等，因此必须事先根据辨识目标和先验知识(信息)设计一系列为辨识所需要的试验。试验的目的在于充实先验信息和获取所需要的输入-输出数据，并确定如下参量：主要时常数、输入信号形式及允许幅度和频率、过程非线性与时变性、噪声类型和水平、变量间延时等。

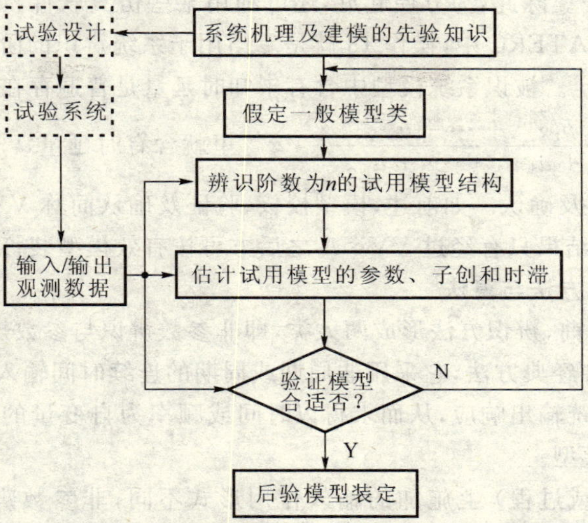

图 2.12　系统辨识框架的一般结构

2）辨识方案选择。在选择辨识方案时，通常需要考虑如下问题：开环辨识和闭环辨识；离线辨识与在线辨识（如对于自适应控制中的辨识只能选择在线辨识）；模型类与形式；权衡辨识精度、经济性及辨识周期等；试验信号形式选择；信息测量系统及信息交换的误差；噪声状况及随机因素等。

3）模型类选定。模型类的选定取决于对被识系统的综合分析和辨识目标，通常是一个复杂的递阶决策过程。这是因为被识系统的所有模型将构成一个模型群（族），而这种模型群实质是可区分的不相容模型集合，即静态模型或动态模型；连续模型或离散模型；线性模型或非线性模型；参数模型或非参数模型；时变参数模型或非时变参数模型；随机型模型或确定型模型；定量模型或定性模型；模糊模型或数值模型；等等。

待选模型类，必须满足如下基本要求：① 相似性。即在大多数情况下，必须把待选模型类同被识系统间的相似性放在首位。为了获得模型类与被识系统的相似性，应使两者满足前述相似定理，特别是相似第三定理，达到几何相似、物理参数相似、初始条件相似、边界条件相似和时间相似等。② 可辨识性。也就是由选定的模型类产生的模型结构应满足系统可辨识性条件。否则必须重新选类并重新调整其模型结构，直至可以辨识。

模型类选取的一般方法和步骤如下：① 先确定被识系统的模型框架 M_0，这是一个包括范围很大的各种模型，如随机模型等；② 再利用系统结构知识使被选择的模型类 M_0 的范围逐级减少，最终得到一个较小的模型类 M_{out}，这将是一个具有固定结构参数（阶次和延迟量等）的参数模型或非参数模型。

4）模型结构判定。模型结构的判定主要是在上述模型类 M_{out} 基础上辨识该模型的阶（次）。目前，判定模型结构的方法很多，但主要可归为两大类，即经典法和近似法。经典法又分两类：统计假定检验法（如 F 检验法等）和矩阵-奇异性判定法（如 Hankel 矩阵判定法等）。近似法亦有两类：预报法和信息度量法。

应指出，在上述判定法中，工程上应用较广泛的是：余差（残差）方差定阶；AIC 信息准则定阶；零极点对消定阶；行列式比定阶；Hankel 定阶；按残差白色定阶；这些定阶方法的原理和应用可详细参阅文献[9]。除此，为方便起见，还可利用某些仿真软件，如在《控制系统辨识、分析、仿真与设计软件》SATERC 中，操作 13 就是专门用于系统辨识的阶估计。

5) 模型时延量确定。被识系统模型中含有未知时延量是普遍存在的。如过程模型 $G_p(z)=\dfrac{y(z)}{u(z)}=\dfrac{b_1z^{-1}+\cdots+b_mz^{-m}}{1+a_1z^{-1}+\cdots+a_mz^{-m}}\cdot z^{-d}$ 里就含有时延量 d。

6) 模型校核、验证及确认。如前述，模型校核、验证及确认简称 VV&A，是系统辨识所必须完成的内容，辨识的结果只有经过 VV&A 之后方可按有效模型装订，准备使用。

2.4.3 系统辨识方法与算法

(1) 辨识方法。目前，辨识方法形成两大类，即非参数辨识与参数辨识。

非参数辨识是一种经典方法，它采用非周期或周期的连续时间输入作用激励，使被识系统产生响应，通过测定系统输出响应，从而求得以时间或频率为自变量的试验响应曲线，即所需要辨识的系统非参数模型。

按照在被识系统(或过程) 上施加的输入作用形式不同，非参数辨识被区分为阶跃响应法、脉冲响应法、相关函数法、局部辨识法、频率响应法等。

参数辨识法是针对参数模型的辨识方法。实质是对模型参数的估计，因此又称为参数估计方法。

目前，参数辨识方法相当多，但基本可归结为：多种最小二乘法、极大似然法、随机逼近法和预报误差法等四大类。

最小二乘法思想是由大数学家高斯(K. F. Gauss) 提出的。他认为："未知量的最合适值(最可能值) 是使各项实际观测值和计算值之间差的平方乘以度量其精确度的数值之后的和为最小"。目前，最小二乘法获得了高度发展，被最广泛地应用于系统辨识和参数估计，甚至在许多辨识方法失效的情况下，最小二乘仍然可提供对问题的有效解决办法。

为了适应不同辨识场合，一般最小二乘法得到了多方面改进，甚至形成了最小二乘类辨识方法，主要包括一般最小二乘法、加权最小二乘法、递推最小二乘法、广义最小二乘法、递推广义最小二乘法、增广最小二乘法、辅助变量法、递推辅助变量法以及相关函数最小二乘法等。

随机逼近法(SAT) 是在随机噪声条件下，进行函数最优化的一种通用方法。在系统辨识中，他被用于在随机环境下，当观测量受到随机噪声干扰时，递推地逼近搜索目标 —— 被辨识模型的参数估值。

随机逼近法通常有两种递推估计方法，即 Robbins-Monro 法和 Kiefer-Wolfowitz 法。为进一步改善辨识算法速度出现了随机牛顿法等。

极大似然法的本质是一类概率性贝叶斯估计方法，其基本思想仍可以追溯到高斯的观点。当时高斯就认为"根据概率的方法能够导出由观测数据来确定系统参数的一般方法"。不过作为近代极大似然法，一般公认：著名统计学家 R. A. Fisher 是极大似然法的奠基人，他于 1912 年提出了极大似然法并指出了它的性质。

总之，极大似然法是一种普遍用于随机系统(过程) 的概率性参数估计方法，包括：一般极大似然法、递推极大似然法和牛顿・莱富森(Newton-Raphson) 递推法、近似递推极大似然法等。

所谓预报误差法，就是设定预报模型，即通过历史数据 $y(k-1)$ 和参数 θ 等来给出 k 时刻的输出观测量 $y(k)$ 的预报值 $\hat{y}(k)$ 的模型，使预报误差平方和为最小，从而确定出观测量 $y(k)$

下的参数估计值。理论上讲，最小二乘法和极大似然法都可以视为预报误差法的特例。

(2) 辨识算法。为了实现上述各种辨识方法，工程上研制了各种相应辨识算法。在一定程度上讲，这些算法包含了辨识方法的原理、计算公式及辨识方法的实现流程等。如图 2.13 所示为一般递推极大似然法的计算机流程。

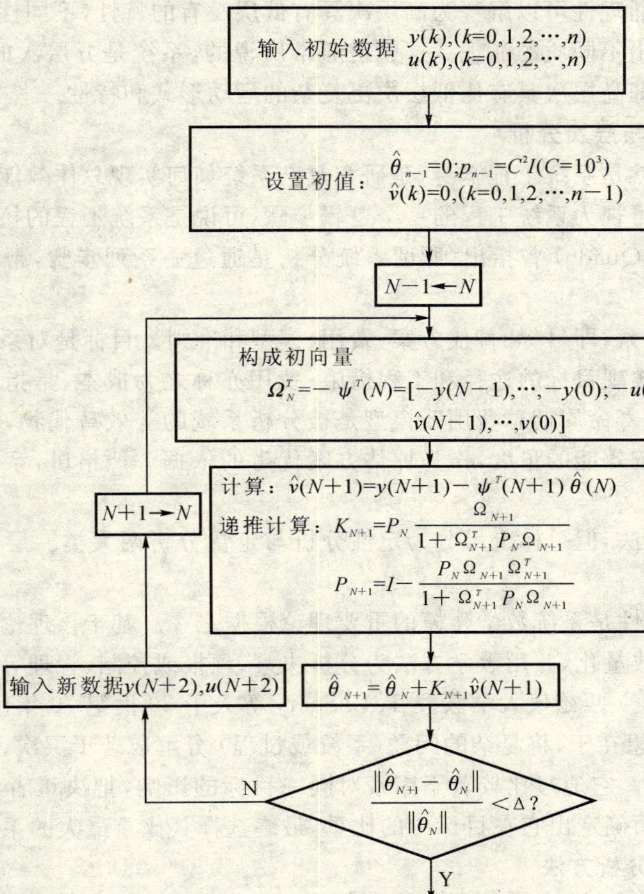

图 2.13　一般递推极大似然法的计算机流程

除此，系统辨识法还包括：闭环辨识方法、试验信号及其优化设计、先验信息利用及嵌入、观测数据采集和预处理、时变系统辨识、非线性系统辨识、多输入多输出系统辨识等，特别是非线性系统辨识和多输入多输出系统辨识对于复杂系统建模尤为重要。

2.5　系统层次分析理论

2.5.1　系统层次性概念

系统的层次性是指一个复杂系统通常包含着许多子系统，整合在同一级别上的子系统就构成系统的一个层次，它们在系统中具有同类或相似的作用。同一层次上的子系统在其结构上也往往是相同或相似的。

在系统研究或建模中，简单系统不需要划分层，而复杂系统则不然，必须按层次划分由低级到高级逐级组织整合才能成为系统整体。层次性在一定程度上反映了一个系统的复杂程度，是由低层次经过中间层次再到高层次并逐级整合，并最终形成系统整体层次的客观过程。从层次性角度讲，前述涌现性可以解释为高层次具有低层没有的特性，不同性质的涌现形成不同层次，不同层次反映出不同质的涌现。这就是通常所说的，系统是分层次的，各层次具有不同的运动形式和特性，即高层次具有比低层次更复杂的运动形式和特性。

2.5.2 系统分析与层次分析

广义讲，系统分析就是系统工程本身，是研究复杂系统如何实现总体效能最优的科学与技术。狭义讲，系统分析可视为系统工程的一个逻辑步骤，可说是系统工程的核心。系统分析的创始人(美) 奎得(E. S. Quade) 曾指出“所谓系统分析是通过一系列步骤，帮助决策者选择决策方案的一种系统方法“。

系统分析有五大要素，即目标、替代方案、费用、模型和准则。目标是对系统的要求或要追求的目的；方案是试图实现目标的途径和工程措施；费用亦称之为成本，是指实现目标所消耗的全部资源，且主要指“寿命周期总费用”；模型是被分析系统的等效替代物，用以对方案进行分析和仿真；准则是系统效能的量度，作为评估方案优劣的依据。严格讲，系统分析要求还应包括“结论” 与“建议”。

系统分析有各种方法，但总体上可分为定性分析与定量分析两大类。层次分析是两者相结合的数学方法之一。

复杂系统具有层次性是系统数学建模的重要理论根据之一。基于该理论的层次分析法把人的思维过程层次化、数量化，并用数学方法为分析决策、预报或控制、管理等提供定量依据。

层次分析方法是(美) 匹兹堡大学教授 T. L. Saaty 等人于 20 世纪 70 年代初提出来的，简称 AHP 法。其基本思想在于，将复杂的问题(系统或过程) 分解成若干层次，并在比原系统简单的多的层次逐步分析。它通过比较若干因素对同一目标的影响，把决策者的主观判断用数量形式表达和处理，从而确定出它在目标中的比重，最终选择其比重最大的系统方案。

2.5.3 系统层次分析方法

(1) 层次分析法的主要流程。明确问题 → 建立层次结构模型 → 利用成对比较法构造判断矩阵 → 进行层次单排序，获得权向量 → 进行一致性检验 → 完成层次总排序及一致性检验(必要时，重新调整判断矩阵的元素取值，再重复上述两种排序及检验) → 获得最优系统方案。

(2) 层次分析法的关键环节。层次分析法的关键环节为建立结构模型、构成判断矩阵，获得权向量和进行一致性检验。

1) 建立层次结构模型。在深入分析和明确问题的基础上，将影响系统问题的因素按其性质分为不同层次，如目标层、准则层、指标层、方案层、措施层等，并利用框图描述层次的递阶结构与诸因素的从属关系，即建立起层次结构模型。

对于一般决策问题，通常可描述成 3 个层次结构：最高层、中间层和最低层。最高层是层次分析要达到的总目标，又称目标层；中间层为实现预定目标采取的某种原则、策略、方式等中间环节，通常又被称为策略层、约束层或准则层；最低层是所选用的解决问题的各种措施、方法及方案等，故也叫方案层。

基于上述三层的层次结构模型如图 2.14 所示。

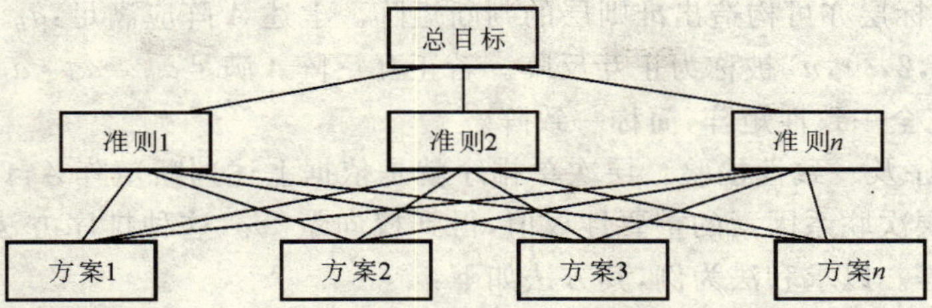

图 2.14　系统层次结构模型

2）利用成对比较法构造判断矩阵。针对上一层的某个因素对于本层次的所有因素的影响，进行两两比较，如针对图 2.14 中准则 1，进行方案 1 与方案 2，1 与 3，…，1 与 n；2 与 3，…，$n-1$ 与 n 等比较，从而得到判断矩阵 $\mathbf{A}=(a_{ij})_{n\times n}$（见表 2.6）。

表 2.6　判断矩阵 A 的诸元素值 a_{ij}

判断矩阵 **A**	C_1	C_2	…	C_n
C_1	a_{11}	a_{12}	…	a_{1n}
C_2	a_{21}	a_{22}	…	a_{2n}
⋮	⋮	⋮	⋱	⋮
C_n	a_{n1}	a_{n2}	…	a_{nn}

表 2.7 判断矩阵 **A** 的诸元素值 a_{ij} 反映了各元素（此处指方案）相对重要性的认识。为了衡量诸方案的优劣程度，一般采用能使决策者定量化判断的 1～9 级及其倒数的标度方法（见表 2.7），即 a_{ij} 的取值范围可以是 1，2，…，9 及其互倒数 1，1/2，…，1/9。其理由是：① 成对比较时，在人们头脑中总是五种明显等级：相同、稍强、强、很强、绝对强，它们相应于 a_{ij} 表示为 1，3，5，7，9；在两个等级间有一个中间状态，相应于 a_{ij} 为 2，4，6，8。② 心理学家认为，成对比较因素应适当。若太多将超出人的思维能力，从而会降低判断精确度。因此，比较因素最多 $n\pm 2$。若以 $n=9$ 为限，则 C_1，C_2，…，C_9 正好适合于人头脑中的 9 种划分优劣概念，即 a_{ij} 采用 1，2，…，9。③Saaty 曾进行过实例比较，发现一些较简单的尺度中，以 1～9 最好，且不劣于其他一些较复杂的标度方法。

表 2.7　1～9 优劣及其倒数标度法

标　度	含　义
1	表示两个因素相比，具有相同重要性（或相当）
3	表示两个因素相比，一个比另一个稍强（或稍微优于）
5	表示两个因素相比，一个比另一个强（或优于）
7	表示两个因素相比，一个比另一个很强（或很优于）
9	表示两个因素相比，一个比另一个绝对强（或极其优于）
2，4，6，8	上述两相邻判断的中值
倒数	若因素 i 与 j 比较得到判断元素 a_{ij}，则 j 与 i 比较得 $a_{ij}=1/a_{ji}$

应指出，对于每一个准则可以构造出方案层的判断矩阵，于是 m 个准则就有 m 个判断矩阵。同样，对于目标层亦可构造出准则层的判断矩阵。上述 **A** 阵应满足：$a_{ij}>0$；$a_{ij}=a_{ij}=1$；$a_{ji}=1/a_{ij}(i,j=1,2,\cdots,n)$ 被称为正互反阵。若正互反阵 **A** 满足 $a_{ij}=a_{jk}\cdot a_{kj}(i,j,k=1,2,\cdots,n)$，则 **A** 阵称为完全一致性矩阵，简称一致阵。

3）层次单排序及一致性检验。层次单排序就是依据上述判断矩阵 **A**，计算对于上一层某个因素而言的本层次联系因素的重要性权值，得到权向量 w。这种排序方法很多，如求和法、正规法及方根法等。以求和法为例，其方法如下：

首先，求出判断矩阵 **A** 的各行元素之和 V_i，即

$$V_1=\sum_{j=1}^{n}a_{1j},\quad V_2=\sum_{j=1}^{n}a_{2j},\quad \cdots,\quad V_n=\sum_{j=1}^{n}a_{nj} \tag{2.38}$$

然后，对 V_i 进行正规化，即将 $V_1,V_2,\cdots,V_n$ 相加之和再除 V_i，得

$$W_i=\frac{V_i}{\sum\limits_{i=1}^{n}V_i},\quad i=1,2,\cdots,n \tag{2.39}$$

接着，构造列向量

$$\boldsymbol{W}=[W_1\quad W_2\quad \cdots\quad W_n]^{\mathrm{T}} \tag{2.40}$$

式(2.40)就是层次单排序中的权向量。权向量的元素 W_i 表示了某一层次中各个因素对于上一层次某因素的相对重要性权值。

所谓一致性就是衡量判断矩阵判断质量的标准。一般讲，若判断矩阵 **A** 如前述满足 $a_{ij}=a_{jk}\cdot a_{kj}(i,j,k=1,2,\cdots,n)$，则判断矩阵 **A** 具有完全一致性。

根据矩阵理论，判断矩阵在满足上述完全一致性条件下，有其非零最大特征值根 $\lambda_{\max}=n$，且除 $\lambda_{\max}$ 外的其余特征根均为零。于是，层次单排序的计算问题便归结为计算判断矩阵 **A** 的最大特征根及其特征向量问题。应指出，在完全一致性条件下，判断矩阵 **A** 将满足：$\boldsymbol{AW}=\lambda_{\max}\boldsymbol{W}=n\boldsymbol{W}$。这里，特征向量 **W** 即层次单排序的系数列向量或权向量。

然而，在一般决策问题中，实际给出的判断矩阵 **A** 的元素值 a_{ij} 与理想值总会有一定偏差，这就使得到判断矩阵 **A** 一般不具有完全的一致性。于是，相应判断矩阵的特征值将发生变化。这时，可利用判断矩阵特征值的变化来检验判断的一致性程度。

按照矩阵理论，如果 $\lambda_1,\lambda_2,\cdots,\lambda_n$ 是满足 $\boldsymbol{A}x=\lambda x$ 的数，则这些数就是矩阵 **A** 的特征根，且对于所有 $a_{ii}=1$ 有 $\sum\limits_{i=1}^{n}\lambda_i=n$。这就是说，当矩阵 **A** 具有完全一致性时，$\lambda_1=\lambda_{\max}=n$，其余特征根均为零。而当矩阵 **A** 不具有完全一致性时，则有 $\lambda_1=\lambda_{\max}>n$，其余特征根 $\lambda_2,\lambda_3,\cdots,\lambda_n$ 有如下关系

$$\sum_{i=2}^{n}\lambda_i=n-\lambda_{\max}\quad \text{或}\quad \lambda_{\max}-n=-\sum_{i=2}^{n}\lambda_i \tag{2.41}$$

这样，在层次分析中，可以把判断矩阵最大特征根以外的其余特征根($\lambda_2,\lambda_3,\cdots,\lambda_n$)的负平均值作为度量判断矩阵偏离完全一致性的指标，即用

$$CI=\frac{\lambda_{\max}-n}{n-1} \tag{2.42}$$

来检验决策者判断思维的一致性。如果 $\lambda_{\max}$ 稍大于 n，且其余特征根接近于零(即 CI 接近于零)，则认为判断矩阵具有满意的一致性。而且，只有判断矩阵具有这样满意的一致性或前述完全一致性，才能保证应用层次分析得到合理的结论。

为了度量不同阶数判断矩阵是否具有满意的一致性，还需要引入判断矩阵的平均随机一致性指标 RI 值，表 2.8 给出了对于 1 ～ 11 阶判断矩阵的这种 RI 值。这是 Saaty 用 100 ～ 500 子样试验得到的。

表 2.8　平均随机一致性指标 *RI* 值

阶数 n	1	2	3	4	5	6	7	8	9	10	11
RI 值	0	0	0.58	0.90	1.12	1.24	1.32	1.41	1.45	1.49	1.51

利用表 2.9 和式(2.42) 可计算得到

$$CR = \frac{CI}{RI} \tag{2.43}$$

式(2.43)CR 称之为随机一致性比率。它表示当矩阵阶数大于 2 时，判断矩阵的一致性指标 CI 与同阶平均随机一致性指标 RI 之比。

当

$$CR = \frac{CI}{RI} < 0.1 \tag{2.44}$$

时，认为判断矩阵具有满意(或可接受) 的一致性。否则，需要重新调整判断矩阵 $\boldsymbol{B}$ 的元素取值，直至使之符合一致性要求。

4) 层次总排序及其一致性检验。层次总排序是计算同层次所有因素对最高层次相对重要性权值。也就是利用上述层次单排序结果综合出对更上一层的排队顺序。如在已得到方案层对准则层、准则层对目标层的单排序后，把寻求方案因素对目标层的优劣顺序称为方案层总排序。

若上一层(如准则层)$\boldsymbol{B}$ 包含 m 个因素 $B_1, B_2, \cdots, B_m$，对其目标层来说，层次总排序权值分别为 $b_1, b_2, \cdots, b_m$；而下一层(如，方案层) 包含 n 个因素 $F_1, F_2, \cdots, F_n$，它们对于因素 $B_1, B_2, \cdots, B_m$ 的层次单排序权值为

$$\begin{bmatrix} W_1^1 & W_1^2 & \cdots & W_1^m \\ W_2^1 & W_2^2 & \cdots & W_2^m \\ \vdots & \vdots & \ddots & \vdots \\ W_n^1 & W_n^1 & \cdots & W_n^m \end{bmatrix}$$

当 F_k 与 j 无关，且 $W_k^j = 0$ 时，F 层次的总排序权值由表 2.9 给出。

表 2.9　*F* 层次总排序权值

层次**B** \ 层次**F**	B_1	B_2	…	B_m	**F** 层次总排序权值
	b_1	b_2	…	b_m	
F_1	w_1^1	w_1^2	…	w_1^m	$\sum_{j=1}^{n} b_j w_1^j$
F_2	w_2^1	w_2^2	…	w_2^m	$\sum_{j=1}^{n} b_j w_2^j$
⋮	⋮	⋮	⋮	⋮	
F_n	w_n^1	w_n^2	…	w_n^m	$\sum_{j=1}^{n} b_j w_n^j$

层次总排序的一致性检验也是从高层到低层逐层次进行的。如果F层次某些因素对于上一层次B_i单排序的一致性指标为CI_j，相应的平均随机一致性指标为RI_j，则F层次总排序的随机一致性比率为

$$CR=\frac{\sum_{j=1}^{n}b_jCI_j}{\sum_{j=1}^{n}b_jRI_j} \tag{2.45}$$

当$CR<0.1$时，认为层次总排序结果具有满意的一致性。否则，还需要重新调整判断矩阵的元素值。

2.6 定性/模糊/云理论

2.6.1 定性理论

(1) 产生及范畴。人们用定性手法表示事物和定性方式思维问题并不少见。如人类对周围物理世界进行推理时就普遍采用了定性的方法。但定性问题的研究形成理论并应用于许多领域还只是近20多年的事情。

进入20世纪80年代，人们试图构造出一个能够按照人类思维方式推理的计算机系统来研究现实系统，从而开始了人工智能领域的定性代数研究。1983年美国XEROX实验室的学者Seely Brown和John Kleer发表了第一篇论文“A Qualitative Physics on Confluence”，首先提出了关于定性建模理论并揭开了定性仿真研究的序幕。此后，《国际人工智能》杂志于1984年和1991年先后两次出版关于定性推理问题专辑以及此后国际上每年一度的定性推理论坛都对该领域的迅速发展起了重要的推动作用。

值得指出，人工智能(AI)中的定性推理源于对物理系统的研究，因此，通常把它和定性物理视为同一概念。如果说它们有区别的话，那就是定性物理更广义一些，是关于定性建模和定性推理的理论，即一般所说的定性理论。

定性推理是定性理论的核心，对复杂系统建模有着本质地影响，在此基础上产生了定性建模方法，并广泛地用于定性仿真与定性控制等。因此，定性推理、定型建模、定性仿真和定性控制都属于定性理论的范畴。下面主要讲述定性推理与定性建模的相关理论。

(2) 定性推理。

1) 基本概念及定义。定性推理(Qualitative Reasoning)是相对于传统的定量描述和形式建模而言的。在真实世界(实际系统)中，有许多复杂现象和问题(如生物繁殖、遗传基因、生理过程、生态平衡、传染病流行、地质变迁、人工生命，等等)是很难用数学形式精确描述或表达的。也就是说，通过传统的定量方法往往不能达到预期的研究效果。于是，人们提出可否模仿人的思维方式中定性思考过程的推理方法去解决这些难题，回答是肯定的。在推理过程中，通过引入诸如归纳推理、因果推理、模糊推理、空间图形推理等一套人类思考问题的常用方法，从而得到非数字手段对系统定性行为描述，这就是定性推理的概念。

为了深入理解定性推理概念，石纯一先生进一步指出了促成推理研究的主要原因，并给出了它的明确定义。该法定性推理研究的主要原因在于：① 现实世界的常识推理。也就是采用基于定性知识和经验知识的方法去研究现实世界。② 特定领域的定性推理，即对于某些特定

领域(如生态学领域) 问题需要做出定性分析与预测。③ 从第一原则出发的基于模型的推理。所谓第一原则是指使用深层知识来建模和推理。④ 动态特性与时态推理。这就是如何解决时态推理机制和进行定性行为时态推理。⑤ 因果推理。因果推理是人类推理的主要形式之一,已成为是定性推理的重要分支。

定性推理可如下定义:定性推理是通过对物理(实际) 系统的结构、行为、功能以及它们之间的关系和因果性进行研究,以探索人类常识(定性) 推理机制为目的,从而有效地完成各项求解任务的一种跨领域的推理方法体系。

2) 定性推理系统及其要素。定性推理系统(简称定性系统) 对实际系统的描述由三部分构成,即结构描述、行为描述和功能描述。其形式均为定性的形式。

定性推理的基本要素包括:量空间、本体基元、建模原则和因果性。

量空间(Quantity Space),即定性推理研究的论域,且指论域中连续空间的离散化。最简单的量空间是 $S=\{+,0,-\}$,分别表示正数、零和负数。

本体基元(Ontological Primitives) 是实际系统结构中具有独立功能的最小单元。既能表示有意义的知识,又能描述所有物理过程。

实际系统的定性模型建立必须遵循如下 3 个原则:① 合成性。即实际系统的整体行为可通过一定方式从部件行为及它们间的相互作用推导出来。② 局部传播性。即部件的行为和状态变化只与直接相邻或直接相关的部件有关,这种传播规则就是所谓因果性。因果性反映在定性推理的各个方面,如干扰影响传播、进程定义、约束集合构成及因果顺序等。③ 功能性。该功能应是系统行为与人类目标之间的关系的反映。

3) 基本结论。区间代数和因果理论构成了定性推理的基本理论。

Allen 区间代数 A 由 2^{13} 个区间集之间的关系组成,其代数运算包括求反($^{-1}$)、求交($\cap$) 和复合($\cdot$) 等。

因果性结论是研究系统定性结构模型中的因果关系,其计算是复杂的。通常,包括变量间的因果性、时间因果性和概率因果性等。

4) 基本方法。定性推理的基本方法为:Envision 方法、定性进程理论、QSIM 方法及因果顺序法。

De Kleer 的 Envision 方法是一种定性物理的方法。它用行为的完全因果分析生成装置产生可能状态序列,再据此预测整个系统行为。可给出装置的物理结构描述、每个部件的行为规则集和装置的输入限制集等。

Forbus 的定性进程理论(QPT) 利用的物理进程和物体常识知识来推断进程的发生、对物理状况的影响及何时停止等。

Kuipers 的 QSIM 方法用定性方程描述系统和仿真系统的行为,即直接用部件的参量作为状态变量来描述物理结构,由物理定律得出约束关系,把参量随时间的变化视为定性状态序列。

Iwasaki 和 Simon 因果顺序法则是用因果顺序理论来审查物理研究中的因果性,其关键是用推理机构构造出因果性,并将其表现在系统状态的转移顺序中。

(3) 定性建模。定性建模是指模仿人类思维方式、推理系统定性行为的描述,即建立系统定性推理数学模型的过程。近年来,由于定性物理学、定性过程理论、定性仿真理论及定性推理数学的发展,给定性建模方法的完善与应用创造了良好条件,因此定性建模已成为复杂系统的主要建模方法之一。

在复杂系统建模中,采用定性建模方法主要有如下四方面的原因:① 实际系统过于复杂或缺乏信息(包括先验知识不完备、贫数据等),无法构造精确的定量模型。② 实际系统许多特性及行为具有模糊性、不确定性、严重非线性,而难以量化。③ 为建模目标仅需要得到系统定性结果,而无须做出精确而繁冗的定量计算或分析。④ 希望模仿人类思维方式,使用定性推理得到一类模型的一般解,而不是特定模型的特定解。

目前,定性建模方法已有多种。常用的方法有:基于 p-范数的近似推理建模、基于 GSPS 理论的归纳推理定性建模、基于微分方程定性理论的定性建模,以及模糊辨识定性建模等。下面以基于 p-范数近似推理建模为例,说明定性建模的基本思想:

考虑一多输入-单输出系统,可视为 m 个子系统的合成,其信息通过 m 条语义规则 $R_1, R_2, \cdots, R_m$ 描述(见图 2.15)。

R_i: if x_1 is A_1^i, x_2 is A_2^i, $\cdots$, x_n is A_n^i then

$$Z_i = \sum_{j=0}^{n} W_{ij} x_j, \quad x_0 = 1 \tag{2.46}$$

$$y = \frac{\sum_{i=1}^{m} \psi_i Z_i}{\sum_{i=1}^{m} \psi_i} \tag{2.47}$$

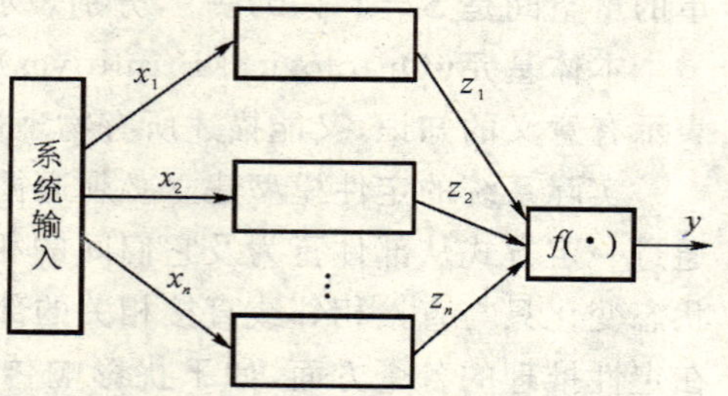

图 2.15 多输入-单输出系统的构成

式中,A_j^i 为论域 D_j 上的模糊变量;W_{ij} 为第 i 条规则 R_i 的结论参量;ψ_i 为 $\{A_j^i\}_{j=1}$。

关于 $\boldsymbol{X} = (x_1, \cdots, x_n)^{\mathrm{T}}$ 的贴近度,可利用 p-范数给出:

$$\psi_i = \left\{ \sum_{j=1}^{n} \left[A_j^i (x_j)^p \right] \right\}^{\frac{1}{p}} \tag{2.48}$$

式中,p 为实数,当 $p \to \infty$ 时,$\psi_i = \min_{j=1}^{n} A_j^i (x_j)$。

如图 2.16 所示给出了基于 p-范数近似推理下的神经网络实现。

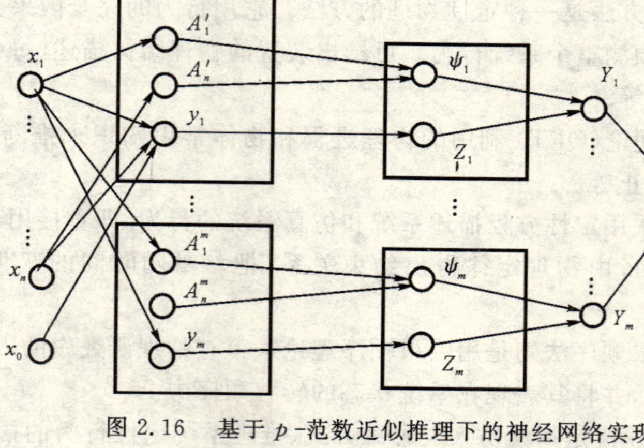

图 2.16 基于 p-范数近似推理下的神经网络实现

该网络由 5 层神经元组成:

第一层：由 $n+1$ 个单元，用于接受输入信号 $x_0,\cdots,x_n$。

第二层：由 $m(n+1)$ 个单元，对于图 2.16 的 m 个子系统，分为 m 组，每组又分为两类：一类为 n 个单元，用以获取相应规则中隶属度信息，即

$$A_j^i(x_j)=\exp\left[-(\frac{x_j-\alpha_{ij}}{\sigma_{ij}})^2\right] \tag{2.49}$$

第 i 组内，神经元 x_j 仅与 A_j^i 存在联系，其权重为 α_{ij}（此处，取 1）。

另一类仅 1 个单元，且为线性单元，其输出对应子系统的输出，它与第一层的 $(n+1)$ 个单元全部联系，相应权重为 W_{ij}，且

$$Y_j=\sum_{i=0}^{n}W_{ji}x_i \tag{2.50}$$

第三层：有 $2m$ 个单元，同样分 m 组，每组又分为两类；每类仅 1 个单元。其中，一类用于贴近度 ψ_j，神经之间的权重为 $C_{ji}=(j=1,2,\cdots,m;i=1,2,\cdots,n)$（这里，取 $C_{ji}=1$），则

$$\psi_j=\sum_{i=1}^{n}\left[C_{ij}A_i^j\ (x_i)^p\right]^{\frac{1}{p}} \tag{2.51}$$

另一类用作线性单元传递子系统的输出

$$Z_j=Y_j \tag{2.52}$$

第四层：有 m 个单元，用来计算每个子系统的加权输出

$$Y_j=\psi_j Z_j \tag{2.53}$$

第五层：仅一个单元，用于获得整个系统的输出

$$Y=\sum_{j=1}^{m}\frac{Y_j}{\varphi} \tag{2.54}$$

式中，$\varphi=\sum_{j=1}^{m}\psi_j$。

2.6.2　模糊理论

(1) 产生及范畴。客观世界是千变万化的、错综复杂的，而人们对它的观察、思维及认识却是粗略有限的。因此，就事物的相互作用、因素、表征、属性和行为而言，广泛存在着模糊概念、现象或事件等。凡属这类问题的研究只能通过模糊数学来解决。

模糊数学是模糊理论的基础和核心，主要涵盖模糊集合和模糊算法两个方面。模糊集合和模糊算法的概念是由（美）著名教授查德（L. A. Zadeh）于 20 世纪 60 年代在他的《Fuzzy sets》和《Fuzzy Algorithm》著作中首先提出的。随后他的一系列研究，如模糊映射、模糊推理等奠定了模糊建模的理论基础。

(2) 模糊集论。在数学上，模糊概念、现象或事件被描述为没有明确“边界”的子集，即模糊子集，记作 $\underset{\sim}{A}$。其严格定义为：

设论域 $E=\{e_1,e_2,\cdots,e_n\}$，E 在闭区间 $[0,1]$ 的任一映射 $\mu_{\underset{\sim}{A}}$

$$\mu_{\underset{\sim}{A}}:E\rightarrow[0,1],\quad e\rightarrow\mu_{\underset{\sim}{A}}(e)$$

它确定了 E 的一个模糊子集，简称为模糊集合（或 F 集），记作 $\underset{\sim}{A}$。

$\mu_{\underset{\sim}{A}}$ 称为模糊集合 $\underset{\sim}{A}$ 的隶属度函数，$\mu_{\underset{\sim}{A}}(e)$ 为元素 e 隶属于 $\underset{\sim}{A}$ 的程度，或简称 $\underset{\sim}{A}(e)$。所有隶属度函数均满足条件：

$$0\leqslant\mu_{\underset{\sim}{A}}(e_i)\leqslant 1 \tag{2.55}$$

$\mu_{\underset{\sim}{A}}(e_i)$ 值愈大，则 e_i 对于 $\underset{\sim}{A}$ 的隶属度愈高；对于 $\mu_{\underset{\sim}{A}}(e_i)=1$ 时，表示 e_i 肯定属于 $\underset{\sim}{A}$，而当 $\mu_{\underset{\sim}{A}}(e_i)=0$ 时，则表明 e_i 不属于 $\underset{\sim}{A}$。

对于论域 E 上的模糊集合 $\underset{\sim}{A}$，通常采用多种方法来描述，如有 Zadch 表示法、序偶表示法、矢量表示法及函数描述法等。其中，Zadch 表示法描述为

$$\underset{\sim}{A}=\sum_{i=1}^{m}\frac{\mu_{\underset{\sim}{A}}(e_i)}{e_i},\quad e_i\in E \tag{2.56}$$

若 $m\to\infty$，则

$$\underset{\sim}{A}=\int_E\frac{\mu_{\underset{\sim}{A}}(e)}{e}\mathrm{d}e,\quad e\in E \tag{2.57}$$

为了在模糊集合中明确一个元素的归属关系，可选取一个“水平”(或称“阈值”)α，$\alpha\in[0,1]$。对于模糊集合 $\underset{\sim}{A}=\left\{e_i\in E,0\leqslant\mu_{\underset{\sim}{A}}(e_i)\leqslant 1\right\}$ 选定 α 后，可得到一个对应的普通子集 A_α。

$$A_\alpha=\{ee\in E,\quad \mu(e)\geqslant\alpha\}=[\underline{e}_i,\bar{e}_i] \tag{2.58}$$

A_α 被称为 $\underset{\sim}{A}$ 的 α 水平截集，通常又叫做清晰集合。

这时，A_α 的特征函数为

$$V_{A_\alpha}(e)=\begin{cases}1, & \mu_{\underset{\sim}{A}}(e)\geqslant\alpha\\ 0, & \mu_{\underset{\sim}{A}}(e)<\alpha\end{cases}$$

(3) 模糊运算及定理。模糊集合运算包括基本运算和代数运算两类。

设论域 E 上的两个模糊子集 $\underset{\sim}{A}$ 和 $\underset{\sim}{B}$，可由隶属函数决定其模糊集合的“交”“并”“补集”与“差集”，即由模糊“交”“并”“补”“差”基本运算得到 F 交集、F 并集、F 补集及 F 差集：

1)F 交集 $\quad \underset{\sim}{A}\cap\underset{\sim}{B}\Leftrightarrow\mu_{\underset{\sim}{A}\cap\underset{\sim}{B}}(e)=\mu_{\underset{\sim}{A}}(e)\wedge\mu_{\underset{\sim}{B}}(e) \quad (2.59)$

2)F 并集 $\quad \underset{\sim}{A}\cup\underset{\sim}{B}\Leftrightarrow\mu_{\underset{\sim}{A}\cup\underset{\sim}{B}}(e)=\mu_{\underset{\sim}{A}}(e)\vee\mu_{\underset{\sim}{B}}(e) \quad (2.60)$

3)F 补集 $\quad A^C=\mu_{\underset{\sim}{A}}C(e)=1-\mu_{\underset{\sim}{A}}(e) \quad (2.61)$

4)F 差集 $\quad \underset{\sim}{A}-\underset{\sim}{B}\Leftrightarrow\underset{\sim}{A}\cap\underset{\sim}{B}^C=\mu_{\underset{\sim}{A}}(e)\wedge[(1-\mu_{\underset{\sim}{B}}(e)] \quad (2.62)$

当论域 E 是连续有限域时，上述交、并、补、差集可写成

$$\underset{\sim}{A}\cap\underset{\sim}{B}=\int_E\frac{\mu_{\underset{\sim}{A}}(e)\wedge\mu_{\underset{\sim}{B}}(e)}{e}\mathrm{d}e \tag{2.63}$$

$$\underset{\sim}{A}\cup\underset{\sim}{B}=\int_E\frac{\mu_{\underset{\sim}{A}}(e)\vee\mu_{\underset{\sim}{B}}(e)}{e}\mathrm{d}e \tag{2.64}$$

$$A^C=\int_E\frac{(1-\mu_{\underset{\sim}{A}}(e))}{e}\mathrm{d}e \tag{2.65}$$

$$\underset{\sim}{A}-\underset{\sim}{B}=\int_E\frac{\{\mu_{\underset{\sim}{A}}(e)\wedge((1-\mu_{\underset{\sim}{B}}(e))\}}{e}\mathrm{d}e \tag{2.66}$$

所谓代数运算系指代数和、代数积、有界和、有界差、有界积等算法：

1) 代数积 $\quad \underset{\sim}{A}\,\dot{\cup}\,\underset{\sim}{B}\Leftrightarrow\mu_{\underset{\sim}{A}}(e)\,\dot{\cup}\,\mu_{\underset{\sim}{B}}(e)=\mu_{\underset{\sim}{A}}(e)\mu_{\underset{\sim}{B}}(e) \quad (2.67)$

2) 代数和 $\quad \underset{\sim}{A}\uplus\underset{\sim}{B}\Leftrightarrow\mu_{\underset{\sim}{A}\overset{+}{\cup}\underset{\sim}{B}}(e)=\mu_{\underset{\sim}{A}}(e)+\mu_{\underset{\sim}{B}}(e)-\mu_{\underset{\sim}{A}}(e)\mu_{\underset{\sim}{B}}(e) \quad (2.68)$

3) 有界和 $\quad \underset{\sim}{A}\oplus\underset{\sim}{B}\Leftrightarrow\mu_{\underset{\sim}{A}\oplus\underset{\sim}{B}}(e)=[\mu_{\underset{\sim}{A}}(e)+\mu_{\underset{\sim}{B}}(e)]\wedge 1 \quad (2.69)$

4) 有界差 $\quad \underset{\sim}{A}\oslash\underset{\sim}{B}\Leftrightarrow\mu_{\underset{\sim}{A}\oslash\underset{\sim}{B}}(e)=[\mu_{\underset{\sim}{A}}(e)-\mu_{\underset{\sim}{B}}(e)]\vee 0 \quad (2.70)$

5) 有界积　$\underset{\sim}{A} \odot \underset{\sim}{B} \Leftrightarrow \mu_{\underset{\sim}{A} \odot \underset{\sim}{B}}(e) = [\mu_{\underset{\sim}{A}}(e) + \mu_{\underset{\sim}{B}}(e)] \vee 0$　(2.71)

6) 数乘　$\lambda \underset{\sim}{A} \Leftrightarrow \mu_{\underset{\sim}{A}}(e) = \lambda \mu_{\underset{\sim}{A}}(e), \quad \lambda \in [0,1]$　(2.72)

7) 加权积　$\omega_1 \underset{\sim}{A} + \omega_2 \underset{\sim}{B} \Leftrightarrow \omega_1 \mu_{\underset{\sim}{A}}(e) + \omega_2 \mu_{\underset{\sim}{B}}(e), \quad \omega_1 + \omega_2 \leqslant 1$　(2.73)

8) 绝对差　$|\underset{\sim}{A} - \underset{\sim}{B}| \Leftrightarrow \mu_{|\underset{\sim}{A} - \underset{\sim}{B}|}(e) = |\mu_{\underset{\sim}{A}}(e) - \mu_{\underset{\sim}{B}}(e)|$　(2.74)

9) λ -补集　$A_\lambda^C \Leftrightarrow \mu_{\underset{\sim}{A}_\lambda}^C = \dfrac{1 - \mu_{\underset{\sim}{A}}(e)}{1 + \lambda \mu_{\underset{\sim}{A}}(e)}, \quad -1 < \lambda < \infty$　(2.75)

其中，

$$\underset{\sim}{A}_\lambda^C = \begin{cases} \underset{\sim}{A}^C, & \text{当 } \lambda = 0 \text{ 时，补集} \\ \underset{\sim}{E}, & \text{当 } \lambda = -1 \text{ 时，全集} \\ \underset{\sim}{\varnothing}, & \text{当 } \lambda \to \infty \text{ 时，空集} \end{cases} \tag{2.76}$$

λ 为系数，表示补的程度。

对于模糊集合，有如下两个很重要的定理：

【定理 2.1】　分解定理：设论域 E 中模糊子集 $\underset{\sim}{A}$，A_α 是 A 的 α 截集，$\alpha \in [0,1]$，则下列分解式成立：

$$\underset{\sim}{A} = \bigcup_{\alpha \in [0,1]} \alpha A_\alpha \tag{2.77}$$

显然，定理 2.1 很重要，它反映了模糊集合和清晰集合的关系。

【定理 2.2】　扩展定理：设映射 $f: X \to Y$，由 f 引导一个新的映射，记作 $\underset{\sim}{f}$。

$$\underset{\sim}{f}: \Phi(X) \to \Phi(Y), \quad \underset{\sim}{A} \to \underset{\sim}{f}(A)$$

$$\mu_{\underset{\sim}{f}(A)}(y) = \begin{cases} \bigvee\limits_{f(x)=y} \mu_{\underset{\sim}{A}}(x), & \underset{\sim}{f}^{-1}(y) \neq \underset{\sim}{\varnothing} \\ 0, & \underset{\sim}{f}^{-1}(y) = \underset{\sim}{\varnothing} \end{cases} \tag{2.78}$$

由 f 引导出一个新的映射

$$\underset{\sim}{f}^{-1}: \Phi(X) \to \Phi(Y) B \to \underset{\sim}{f}^{-1}(B)$$

$$\mu_{\underset{\sim}{f}(B)}^{-1}(x) = \mu_{\underset{\sim}{B}} f(x) \tag{2.79}$$

这时，$\underset{\sim}{f}(\underset{\sim}{A})$ 叫做 $\underset{\sim}{A}$ 在 f 下的像，而 $\underset{\sim}{f}^{-1}(B)$ 叫做 B 在 $\underset{\sim}{f}$ 下的原像，于是 $\underset{\sim}{f}$ 被称为 f 的扩展。注意，$\underset{\sim}{A}$ 通过 $\underset{\sim}{f}$ 映射为像 $\underset{\sim}{f}(\underset{\sim}{A})$ 时，它的隶属度函数值应保持不变。

(4) 模糊数和模糊集特征描述。模糊数是模糊化数量的概念。可如下定义：

实数论域 **R** 上的模糊集合 $\underset{\sim}{A} \in U(\mathbf{R})$，元素 e 的隶属度函数 $\mu_{\underset{\sim}{A}}(e)$ 在 **R** 上连续且具有下列性质：① $\underset{\sim}{A}$ 是凸模糊集合，对于 $\alpha \in [0,1]$，$\underset{\sim}{A}$ 的 α 截集势闭区间；② $\underset{\sim}{A}$ 的隶属度函数 $\mu_{\underset{\sim}{A}}(e)$ 是正规的，即必定存在 $e_0 \in \mathbf{R}$，使 $\mu_{\underset{\sim}{A}}(e_0) = 1$，则 $\underset{\sim}{A}$ 被称为模糊数。

通常，模糊集合特征通过如下数字特征量描述：

1) 模糊度 $D(\underset{\sim}{A})$，其内在含义是：确定的清晰集合（含空集 $\varnothing$）无模糊性，故模糊度最小为 0；隶属度越靠近 0.5 的模糊度越大；模糊集合和它的补集具有相同模糊度。

2) 确定度 $CL_p(\underset{\sim}{A})$，是模糊度的一种反向概念，其定义如下：

设论域 U 为实数域上的有界可测集，则模糊集合 $\underset{\sim}{A}$ 对于 $\forall e \in U$，$\mu_{\underset{\sim}{A}}(e)$ 的确定度定义为

$$CL_p(\underset{\sim}{A}) = \frac{2\left(\left| \int_U \mu_{\underset{\sim}{A}}(e) - 0.5 \right|^p \mathrm{d}e \right)^{\frac{1}{p}}}{(f_U \mathrm{d}e)^{\frac{1}{p}}}, \quad p \geqslant 1 \tag{2.80}$$

3) 模糊熵 $H(\underset{\sim}{A})$。其定义如下：设论域 U 上的模糊集合 $\underset{\sim}{A}$，元素 $\{e_1, e_2, \cdots, e_n\} \in U$，则 $\mu_{\underset{\sim}{A}}(e)$ 的模糊熵定义为

$$H(\underset{\sim}{A}) = \sum S\left(\frac{\mu_{\underset{\sim}{A}}(e_i)}{n * \ln 2}\right) \tag{2.81}$$

其中，$S(\cdot)$ 为定义在[0,1]上的申农函数，即

$$S(x) = -x * \ln x - (1-x) * \ln(1-x) \tag{2.82}$$

(5) 模糊关系。两个非空集合 U 与 V 之间的直积

$$U \times V = \{< u,\ v > u \in U,\ v \in V\} \tag{2.83}$$

中的一个模糊子集 $\underset{\sim}{R}$ 被称为 U 到 V 的模糊关系，其特性可又下式描述：

$$\mu_{\underset{\sim}{R}} : U \times V \to [0,1] \tag{2.84}$$

隶属度函数 $\mu_{\underset{\sim}{R}}(u,v)$ 表示序偶 $< u,v >$ 的隶属程度，也描述了 (u,v) 间的具有模糊关系 $\underset{\sim}{R}$ 的量级。

通常，模糊关系可以用模糊矩阵、模糊图和模糊集合等方法来表示。

2.6.3 云理论

云理论是由我国著名学者李德毅院士创立的。一般讲，云理论是模糊数学中隶属度的扩展，是用语言值表示的某个定性概念与其定量表示之间的不确定性转换模型。它主要反映自然界事物或人类知识中概念的两种不确定性，即模糊性和随机性，并将两者完全集成在一起，构成定性和定量相互间的映射，从而为定性与定量相结合的信息处理和系统建模提供有力手段及有效工具。

(1) 概念及其定义。

【定义 2.6.1】 云和云滴：设 $U = \{x\}$ 是一个用数值表示的定量域，$\underset{\sim}{A}$ 是 U 域上的定性概念，若定量值 $x \in [0,1]$ 是有稳定倾向的随机数 $\mu_{\underset{\sim}{A}}(x)$，叫做 x 对 $\underset{\sim}{A}$ 的隶属度，即 $\mu: U \to [0,1]\ \forall x \in U, x \to \mu(x)$，则 x 在论域 U 上的分布称为云，记为云 $\underset{\sim}{A}(x)$。每一个 x 称为一个云滴。

定义 2.6.1 中的论域 U 可以是一维的，也可以是多维的；定义中的随机实现是概率意义下的实现，每一个实现的随机样本又具有一个随机的确定度；而这种确定度是模糊集合意义下的隶属度 $\mu_{\underset{\sim}{A}}(x)$，同时又具有概率意义下的分布。可见，云和云滴体现了模糊性和随机性的关联性。

云不是简单的随机或模糊，而是具有随机确定度的随机变量，是表示模糊性、随机性及其关联性的一种方法。它具有下列重要性质：① 云是一个随机变量 x，但它并不是概率意义下的简单的随机变量，而是对于 x 的任意一次实现 $\forall x \in U$，x 有一个确定度，并且该确定度也是一个随机变量。② 云是由许多云滴组成的，云滴之间无次序性，一个云滴是定性概念在数量上的一次实现。某一个云滴也许无足轻重，但云滴整体形状却反映了定性概念的重要特性，云滴数目越多，越能反映这个定性概念的整体特性。其所以命名为云，是因为隶属度 $\mu_{\underset{\sim}{A}}(x)$ 在论域 U 上的分布很类似天空中的云彩，远看有明确的形状，近看没有确定的边界，正好借此来比喻定性和定量之间的不确定性映射。③ 云滴的确定度可以理解为云滴能够代表该定性概念的程度。云滴出现的概率越大，云滴的确定度应当越大，这恰与人们主观理解相一致。

云理论旨在研究自然语言中的最基本的语言值(又称语言原子)所蕴含的不确定性普遍

规律，使得可能从语言值表达的定性的信息中获得定量数据的范围和分布规律，也有可能从精确数值有效转换为恰当的定性语言值，因此可为定性建模或定性与定量组合建模提供理论依据。

正态云是表征语言原子最普通而重要的工具。给定云的数字特征期望值 E_x、熵 E_n 和超熵 H_e，就可以生成正态云。一二维正态云模型可以如下定性表示：

【定义 2.6.2】 一维正态云模型的定性表示：一维正态云模型可有 3 个数字特征构成的元组 $\underset{\sim}{A}=(E_x,E_n,H_e)$ 来定性描述。E_x(Expected Value) 是云滴在论域空间分布的期望，即最能够代表定性概念的典型样本。通常，E_x 是云重心对应的 x 值，它应该 100% 地属于定性概念；E_n(Entropy) 表示熵，是定性概念的可度量粒度，熵越大通常概念越宏观，也是定性概念的不确定性概念随机性的度量，定性概念由随机性和模糊性共同决定。进一步讲，一方面 E_n 是定性概念随机性的度量，反映了能够代表这个定性概念的云滴的离散程度，反映了可以被模糊子集 $\underset{\sim}{A}$ 接受的数值范围；另一方面体现了定性概念亦此亦彼此的裕度，反映了在论域空间可被概念接受的云滴的取值范围；H_e(Hyperentropy) 表示超熵，是熵的不确定性度量，即熵的熵，由熵的随机性和模糊性共同决定。

【定义 2.6.3】 二维正态云模型的定性表示：二维正态模型的定性表示是由 6 个数字特征构成的元组 $\underset{\sim}{A}=(E_{x1},E_{x2};E_{n1},E_{n2};H_{e1},H_{e2})$。其中，$E_{x1}$，$E_{x2}$ 为期望，E_{n1}，E_{n2} 为熵，H_{e1}，H_{e2} 为超熵。

除此，还给出了云模型的如下表示：

【定义 2.6.4】 一维正态云模型的定性表示：一维正态云的定量表示 Π 是 N 个二元序偶的集合：$\Pi=\{(x_i,y_i)x_i$ 为 $\underset{\sim}{A}$ 的云滴，y_i 为云滴 x_i 的确定度，$1\leqslant i\leqslant N$。N 为序偶的个数，x_i，$y_i(1\leqslant i\leqslant N)$ 均根据正向云算子 $Ar^{\text{Forward}}(\underset{\sim}{A},N)$ 得到。

【定义 2.6.5】 正向云算子 $Ar^{\text{Forward}}(\underset{\sim}{A}(E_x,E_n,H_e))$ 是一个把云模型的定性表示变换为定量表示映射 $\pi:\underset{\sim}{A}\rightarrow\Pi$，满足：

1) $\Theta=\{t_i:Norm(E_n,H_e)$ 的一次实现 $i=1,\cdots,N$；

2) $X=\{x_i x_i$ 为 $Norm(E_x,t_i)$ 的一次实现 $t_i\in\Theta,i=1,\cdots,N$；

3) $\Pi=\{(x_i,y_i)x_i\in x,\ t_i\in\Theta,\ y_i=e^{-(x_i-E_x)^2/(2t_i^2)}\}$。

(2) 正态云运算规则。表 2.10 给出了正态云的运算规则。

表 2.10　正态云的运算规则

算　符	E_x	E_n	H_e
$+$	$E_{x1}+E_{x2}$	$\sqrt{E_{n1}^2+E_{n2}^2}$	$\sqrt{H_{e1}^2+H_{e2}^2}$
$-$	$E_{x1}-E_{x2}$	$\sqrt{E_{n1}^2+E_{n2}^2}$	$\sqrt{H_{e1}^2+H_{e2}^2}$
$\times$	$E_{x1}\times E_{x2}$	$E_{x1}E_{x2}\sqrt{\left(\frac{E_{n1}}{E_{x1}}\right)^2+\left(\frac{E_{n2}}{E_{x2}}\right)^2}$	$E_{x1}E_{x2}\sqrt{\left(\frac{H_{e1}}{E_{x1}}\right)^2+\left(\frac{H_{e2}}{E_{x2}}\right)^2}$
$\div$	$E_{x1}\div E_{x2}$	$\frac{E_{x1}}{E_{x2}}\sqrt{\left(\frac{E_{n1}}{E_{x1}}\right)^2+\left(\frac{E_{n2}}{E_{x2}}\right)^2}$	$\frac{E_{x1}}{E_{x2}}\sqrt{\left(\frac{H_{e1}}{E_{x1}}\right)^2+\left(\frac{H_{e2}}{E_{x2}}\right)^2}$

表中：设云 $A_1(E_{x1},E_{n1},H_{e1})$、$A_2(E_{x2},E_{n2},H_{e2})$，其运算结果为 $A(E_x,E_n,H_e)$。

(3) 基于云模型的定性知识推理。基于云模型的定性知识推理，以概念为基本表示，根据定性知识构造规则算子。多条定性规则构成规则库，当输入一个特定的条件激活多条定性规则时，通过推理引擎，实现带有不确定性的推理和控制。其中，定性规则逻辑算子是由前件云和后件云组合而成的。

【定义 2.6.6】 前件云算子 $Ar^x(\underset{\sim}{A}_A,\alpha)$ 为给定值 $\alpha \in U_A$ 到定性概念 $\underset{\sim}{A}_A(E_x,E_n,H_e)$ 的映射 $\pi: U_A \rightarrow [0,1]$，通过前件云算子可以得到 α 属于概念 $\underset{\sim}{A}_A$ 的确定度的分布，满足：①$\Theta=\{t_i: Norm(E_n,H_e)$ 的一次实现 $i=1,\cdots,M$；②$A=\left\{y_i t_i \in \Theta, y_i=\mathrm{e}^{-(\alpha-E_n)^2/(2t_i^2)}\right\}$。其中，$Norm(\mu,\delta)$ 是期望为 μ 方差为 δ 的正态随机变量。

【定义 2.6.7】 后件云算子 $Ar^y(\underset{\sim}{A}_B,\mu)$ 为确定度 $\mu \in [0,1]$ 到定性概念 $\underset{\sim}{A}_B(E_x,E_n,H_e)$ 的论域 U_B 上的映射 $\pi:[0,1]\rightarrow U_B$，通过后件云算子可以得到论域 U_B 上满足确定度 μ 的云滴的分布，满足：①$\Theta=\{t_i: Norm(E_n,H_e)$ 的一次实现 $i=1,\cdots,M$；②$\Gamma=\left\{x_i x_i=E_x \pm t_i\sqrt{-\ln\mu}, t_i\in\Theta, i=1,\cdots,M\right\}$。其中，$Norm(\mu,\delta)$ 为期望为 μ 方差的 δ 的正态随机变量，M 为云滴的个数。这些云滴服从期望 $EX=E_x\pm\sqrt{-2\ln y}E_n$，方差 $D_x=-2H_e^2\ln(y)$ 及 $EX=E_x-\sqrt{-2\ln y}E_n, Dx=-2H_e^2\ln(y)$ 的分布。

【定义 2.6.8】 单条件单规则逻辑算子 $Ar^{\mathrm{scsr}}(\alpha,\underset{\sim}{A}_A,\underset{\sim}{A}_B)$ 表示规则前件为定性概念 $\underset{\sim}{A}_A(E_{x_A},E_{n_A},H_{e_A})$，论域为 U_A，规则后件为定性概念 $\underset{\sim}{A}_B(E_{x_B},E_{n_B},H_{e_B})$，论域为 U_B 定性知识推理，是一个定性概念 $\underset{\sim}{A}_A$ 论域上的一点 $\alpha\in U_A$ 到定性概念 $\underset{\sim}{A}_B$ 上的映射，$\pi_R U_A \rightarrow \underset{\sim}{A}_B, \forall\alpha\in U_A, \pi(\alpha)\subset \underset{\sim}{A}_B$ 满足：①$A=Ar^x(\underset{\sim}{A}_A,\alpha)$，$A$ 为 α 属于概念 $\underset{\sim}{A}_A$ 的确定度的分布；②$\pi=\left\{(b,\mu)b\in\Gamma=Ar^y(\underset{\sim}{A}_B,\mu),\forall\mu\in A\right\}$，Π 为定性概念 $\underset{\sim}{A}_A$ 论域上的一点 $\alpha\in U_A$ 在定性概念 $\underset{\sim}{A}_B$ 上的映射，是一个云滴的集合。

2.7 灰色系统理论和马尔可夫理论

2.7.1 引言

在复杂系统建模中，灰色系统理论和马尔可夫理论均占有很重要的地位。它们对于处理普遍存在的不确定性(系统）问题和随机过程(现象）具有理论指导意义。灰色系统解决统计概率、模糊数学的“小样本、贫信息不确定性系统”的建模问题，并对定性建模方法的发展起到了推动作用；马尔可夫理论对于复杂随机动态系统建模有着特殊作用，不仅形成了动态系统马尔可夫建模理论，而且与模糊理论、蒙特卡洛方法及最优化理论相结合产生多种动态系统建模、辨识和仿真方法，被广泛用于工业、农业、生态、生物、医学、军事、社会等众多科学研究领域。

2.7.2 “灰色”系统理论

(1) 基本原理。灰色系统理论是由我国著名学者邓聚龙教授创立的。1982 年他的第一篇“灰色控制系统”论文发表，标志着灰色系统理论问世。

灰色系统理论重点研究“小子样”、“贫信息”不确定性系统或问题。他通过对部分已知信息的生成、开发寻求实际系统运行行为和演化规律。其突出特点是“少数据建模”。

灰色系统理论经过 20 多年的发展，不仅丰富了本身原理内涵，而且基本建立起了它的学科结构体系。

灰色系统基本原理可用如下诸公理来描述与概括：

【公理 2.7.1】 “差异”是信息，凡信息必有差异 —— 差异信息原理。

【公理 2.7.2】 信息不完全、不确定的解是非唯一的 —— 解的非唯一原理。

【公理 2.7.3】 灰色系统理论的特点是充分开发利用已占有的“最少信息”—— 最少信息原理。

【公理 2.7.4】 信息认知的根据 —— 认知的根据原理。

【公理 2.7.5】 新信息对认知的作用大于老信息 —— 新信息优先原理。

【公理 2.7.6】 信息不完全”(灰) 是绝对的。

(2) 体系结构。目前，灰色系统已形成如下较完善的学科体系结构：

理论体系：以灰色朦胧集、灰色代数系统、灰色矩阵、灰色方程等为理论基础。

分析体系：包括灰色关联分析、灰色聚类和灰色统计评估等。

方法体系：统一在序列算子概念下的灰色序列生成，包括：缓冲算子、均值生成算子、级比生成算子、累加生成算子和累减生成算子等。

模型体系：以灰色模型(GM) 为核心，模型按照五部建模思想来构建，即通过灰色生成或序列算子的作用弱化随机性，挖掘潜在的规律，经过灰色系统差分方程与灰色微分方程之间的互换实现利用离散的数据序列建立连续的动态微分方程。

技术体系：是以系统分析、评估、建模、预测、决策、控制、优化为主体的技术体系。其中，灰色预测是基于模型作出的定量预测，并按照其功能分为：数列预测、区间预测、突变预测、季节突变预测、波形预测及系统预测等类型。灰色决策包括灰靶决策、灰色关联决策、灰色统计决策、灰色局势决策和灰色层次决策等。灰色控制包括：本征性灰色系统控制、灰色关联控制和预测控制等。灰色优化技术包括：灰色线性规划、灰色非线性规划、灰色整数规划和灰色动态规划等。

(3) 灰数概念、运算及灰色关联度分析。

1) 灰数概念。所谓灰数是指信息不完全的数，是灰色系统的标志之一，记为 $\otimes$。其相应的白化数为 $\tilde{\otimes}$。灰数被分为离散灰色和连续灰色。

如果 $\otimes$ 是离散灰数，则有 $\forall\ \tilde{\otimes} \in \otimes \Rightarrow \tilde{\otimes} \in A = \{x(k)k \in K = (1,2,\cdots,n)\}$。

如果灰数 $\otimes$ 中的白化数 $\tilde{\otimes}$ 是按区间连续分布的，则有

$$\forall\ \tilde{\otimes} \in \otimes \Rightarrow \tilde{\otimes} \in It(a,b) \in \{[a,b](a,b)[(a,b),(a,b)]\}$$

2) 灰数运算与白化。灰数运算分离散灰数运算和连续灰数运算。

关联度是事物(系统) 之间的关联相似性的测度。所谓灰色关联度分析是指，根据序列曲线几何形状的相似程度来判断其联系是否紧密，曲线越接近，则相应序列之间的关联度就越大，反之异然。或者说，关联度分析法是一种按照待分析系统的各种特征参量序列所构成的曲线几何形状、发展变化趋势接近程度来度量待分析系统之间关联程度的方法。

在灰色系统建模中，主因素与各子因素之间的关联相似程度不同，因此需要用关联度分析来寻找这种相似程度，即关联度。关联度是根据原始数据的几何相似性通过数据处理方法求得的，它不要求数据具有某种分布。这是同统计分析法的根本区别。

关联度分绝对值关联度、速率关联度、斜率关联度等。通常采用绝对值关联度，其原理如下：

设母序列（即主因素的量化值）为 $x_0^{(0)}$，$x_i^{(0)}$ 为第 i 个子序列（即子因素的量化值），那么

$$x_0^{(0)}=\{x_0^{(0)}(1),\cdots,x_0^{(0)}(n)\}$$

$$x_i^{(0)}=\{x_i^{(0)}(1),\cdots,x_i^{(0)}(n)\}$$

式中，上标(0)为未经累加生成的原始数据；n 为采样点数。

则实数

$$\xi_i=\frac{\min\min\left|x_0^{(0)}(k)-x_i^{(0)}(k)\right|+\rho\max\max\left|x_0^{(0)}(k)-x_i^{(0)}(k)\right|}{\left|x_0^{(0)}(k)-x_i^{(0)}(k)\right|-\rho\max\max\left|x_0^{(0)}(k)-x_i^{(0)}(k)\right|} \tag{2.85}$$

$x_i^{(0)}$ 为对于 $x_0^{(0)}$ 在 k 点的关联系数，$\rho\in[0,1]$ 是给定的辨识系数，一般取 $\rho=0.5$。要比较各子序列对母序列的关联度大小，通常取共同参考点，如坐标原点。故式(2.85)的分子第一项为零，即

$$\xi_i=\frac{\rho\max\max\left|x_0^{(0)}(k)-x_i^{(0)}(k)\right|}{\left|x_0^{(0)}(k)-x_i^{(0)}(k)\right|-\rho\max\max\left|x_0^{(0)}(k)-x_i^{(0)}(k)\right|} \tag{2.86}$$

这里，称数 r_i 为对于 $x_0^{(0)}$ 的关联度，$r_i=\frac{1}{n}\sum_{k=1}^{n}\xi_i(k)$。所有的 r_i 将构成一个关联度集 R

$$R=\{r_1,r_2,\cdots,r_n\} \tag{2.87}$$

这时，根据 R 的大小顺序即可选出重要或次要影响因素。在此基础上，再根据关联度选择模型的说明标量，这就是关联度分析的全过程（见图 2.17）。

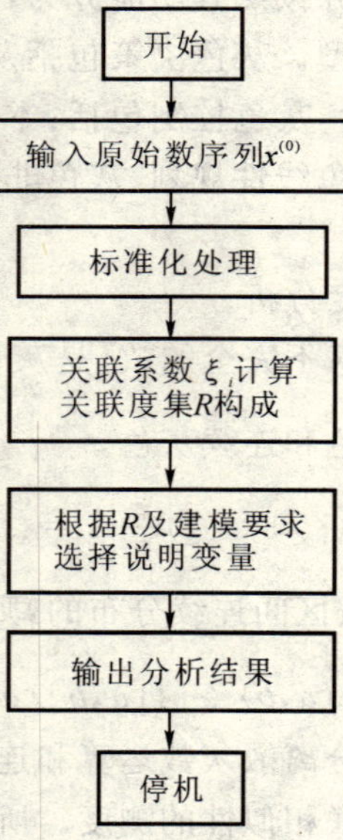

图 2.17　关联度分析程序框图

(4) 灰数系统建模。灰色系统建模是灰色系统理论的重要内容之一，也是灰色系统理论的主要应用领域。它以灰色关联度分析为基础，通过灰色生成序列算子作用，逐步建立连续动态微分方程。这里，包括建模思想、建模基本思路、灰色微分方程建立及各种典型灰色系统模型分析等五步。上述有关内容可参阅文献[11]。

2.7.3　马尔可夫理论

(1) 马尔可夫过程。马尔可夫过程(Markov Process)是马尔可夫理论的精髓，是由俄罗斯科学家马尔可夫(Markov)研究得到的，是实际应用中最重要的随机过程，在复杂随机过程(系统)建模中具有特殊的意义和作用。

具有以下特性的随机过程谓之马尔可夫过程：当过程在 t_k 时刻所处的状态为已知的条件下，过程在 $t(t>t_k)$ 时刻处的状态只与过程在 t_k 时刻的状态有关，而与过程在 t_k 时刻以前所处的状态无关。这种特性称为无后效性，它将对复杂随机过程(系统)的建模及模型简化带来极大的方便。

严格讲，马尔可夫过程用下列定义和定理来描述的：

【定义 2.7.1】　设 $\{x(t),t\in[0,+\infty]\}$ 为一随机过程，如果对任意 $n,0\leqslant t_1<t_2<\cdots,\in T$ 过程 $\{x(t),t\in[0,+\infty]\}$ 在 $t_1,t_2,\cdots,t_{n-1}$ 取值分别为 $x_1,x_2,\cdots,x_{n-1}$，并且

$$P\left\{x(t_n)\leqslant x_n x(t_1)=x_1,x(t_2)=x_2,\cdots,x(t_{n-1})=x_{n-1}\right\}=\{x(t_n)\leqslant x_n x(t_{n-1})=x_{n-1}\}\tag{2.88}$$

则称过程 $\{x(t),t\in[0,+\infty]\}$ 为马尔可夫过程，简称马氏过程。

式(2.88)有时也可用分布函数来表示

$$F\left(x_n;t_n x_{n-1},x_{n-2},\cdots,x_1;t_{n-1},t_{n-2},\cdots,t_1\right)=F\left(x_n;t_n x_{n-1};t_{n-1}\right)\tag{2.89}$$

如果条件分布密度存在，还可以表示为

$$f\left(x_n;t_n x_{n-1},x_{n-2},\cdots,x_1;t_{n-1},t_{n-2},\cdots,t_1\right)=f(x_n;t_n x_{n-1};t_{n-1})\tag{2.90}$$

式(2.88)、式(2.89)、式(2.90)均体现马氏的无后效性，即若 $t_{n-2},t_{n-3},\cdots,t_1$ 表示过去时刻，t_{n-1} 表示现在时刻，则将来时刻 t_n 的状态 $x(t_n)$ 的统计特性仅取决于现在时刻 t_{n-1} 的状态 $x(t_{n-1})$，而与过去时刻状态 $x(t_{n-2}),x(t_{n-3}),\cdots,x(t_1)$ 均无关。

【定理 2.7.1】　设 $\{x(t),t\in T\}$ 为一独立随机过程，则 $\{x(t),t\in T\}$ 为马氏过程。

【定理 2.7.2】　设 $\{x(t),t\in T\}$ 为一独立增量过程，且 $\{x(t),t\in T\}$ (x 为常数)，则 $\{x(t),t\in T\}$ 为一马氏过程。

马尔可夫过程有四种类型：参数空间和状态空间都是离散的马氏过程、参数空间连续而状态空间离散的马氏过程、参数空间离散而状态空间连续的马氏过程和参数空间和状态空间都连续的马氏过程。其中，参数空间和状态空间都离散的马氏过程称为马尔可夫链，简称马氏链。

(2) 马尔可夫链及相关定理。

【定义 2.7.2】　设随机过程 $\{x_n,n\geqslant 0\}$ 只能取可列个值 $i_0,i_1,\cdots,i_n$，并且满足条件：对任意 n 及 $i_0,i_1,\cdots,i_n$，如果 $P\{x(0)=i_0,x(1)=i_1,\cdots,x(n)=i_n\}>0$，必有

$$P\{x(n+1)=i_{n+1}x(0)=i_0,x(1)=i_1,\cdots,x(n)=i_n\}=P\{x(n+1)=i_{n+1}x(n)=i_n\}\tag{2.91}$$

则称随机过程 $\{x_n,n\geqslant 0\}$ 为时间离散和状态离散的马尔可夫链，简称马尔可夫链或马氏链。

离散时间状态的随机转移称为随机状态转移，马氏链是这种转移过程的特例，亦可用于处理许多确定性状态的转移问题，故而在经济、生态、遗传、社会、军事等领域的建模研究中得到广泛应用。

马氏链的有关概念、性质、状态、分类及状态空间分解等可以通过下列定义和定理来描述：

【定义 2.7.3】 $P\{x(n)=jx(m)=i\}$ 或 $P\{x(m+k)=jx(m)=I\}$ 称为马氏链的转移概率,记为 $P_{jk}(m,n)$ 或 $P_{jk}(m,m+k)$。

马氏链的转移概率(即条件概率)具有以下性质:

① $$P_{jk}(m,n)\geqslant 0 \tag{2.92}$$

② $$\sum_{j\in I}P_{jk}(m,n)=1 \tag{2.93}$$

③ 如果 $n>v>m\geqslant 0$,则 $$P_{jk}(m,n)=\sum_{j\in 1}P_{jk}(m,n)=1 \tag{2.94}$$

【定义 2.7.4】 设 $P_j(0)=P\{x(0)=j\}, j\in I$,如果对一切 $j\in I$ 都有 $P_j(0)\geqslant 0$,且 $\sum_{j\in I}P_j(0)=0$,则称它为马氏链的初始分布(初始概率分布)。

【定义 2.7.5】 设 $P_j(k)=P\{x(k)=j\}, j\in I$,如果对一切 $j\in I$ 和每一非负整数都有 $P_j(k)\geqslant 0$ 且 $\sum_{j=I}P_j(k)=I$,则称它为马氏链的绝对概率。

【定理 2.7.3】 马氏链有限维分布由其转移概率和初始分布决定。

【定义 2.7.6】 若转移概率 $P_{jk}(m,n)$ 中的 $n=m+1$ 为零,则称它为基本转移概率,记为 $mP_{ij}, m\geqslant 0$,即

$$P_{ij}(m,m+1)=P\{x(m+1)=jx(m)=i\}=mP_{ij} \tag{2.95}$$

显然,基本转移概率具有如下性质:

① $$mP_{ij}\geqslant 0,\quad i,j\in I \tag{2.96}$$

② $$\sum_{j\in 1}mP_{ij}=1,\quad i\in I \tag{2.97}$$

【定义 2.7.7】 如果马氏链 $\{x_n, n\geqslant 0\}$ 中有,$P_{ij}(m,m+1)=P\{x(m+1)=jx(m)=i\}=P_{ij}, i,j\in I$,即从状态 i 出发转移到状态 j 的转移概率与时间起点 m 无关,则称这类马氏链为时齐马氏链,或齐次马氏链。有时也说它最具有平稳转移概率的马氏链。P_{ij} 有时记为 $P_{ij}(1)$,称它为一步转移概率。

对于齐次马氏链,一步转移概率 $P_{ij}(1)$ 具有如下性质:

① $$P_{ij}(1)=P_{ij}(1)\geqslant 0,\quad i,j\in I \tag{2.98}$$

② $$\sum_{j\in I}P_{ij}(1)\sum_{j\in 1}P_{ij}(1)=1,\quad i\in I \tag{2.99}$$

一步转移概率的矩阵形式为

$$\boldsymbol{P}=\boldsymbol{P}(1)=(P_{ij}(1))=\begin{bmatrix} P_{11} & P_{12} & P_{13} & \cdots \\ P_{21} & P_{22} & P_{23} & \cdots \\ P_{31} & P_{32} & P_{33} & \cdots \\ \cdots & \cdots & \cdots & \cdots \end{bmatrix} \tag{2.100}$$

该矩阵称为一步转移概率矩阵,又叫做随机矩阵。

类似地可以定义 k 步转移概率为

$$P_{ij}(k)=P_{ij}(m,m+k) \tag{2.101}$$

其相应随机矩阵或 k 步转移概率矩阵为

$$\boldsymbol{P}(k)=(P_{ij}(k))_{|I|\times|I|}=\begin{bmatrix} P_{11}(k) & P_{12}(k) & P_{13}(k) & \cdots \\ P_{21}(k) & P_{22}(k) & P_{23}(k) & \cdots \\ P_{31}(k) & P_{32}(k) & P_{33}(k) & \cdots \\ \cdots & \cdots & \cdots & \cdots \end{bmatrix} \tag{2.102}$$

式中，$|I|$为集合 I 种元素的个数。

【定理 2.7.4】 对于任意整数 I,n 有 $P_{ij}(l+n)=\sum_{j\in I}P_{jk}(l)P_{kj}(n)$。

【定理 2.7.5】 设$\{x_n,n\geqslant 0\}$为时齐马氏链，则它的有限维分布函数由其初始分布和一步转移概率唯一决定。

【定义 2.7.8】 设$i,j\in I$，如果存在某一个正整数 n，使得 $P_{ij}(n)>0$，则称状态 i 可达状态 j，记为 $i\rightarrow j$。反之，如果对一切正整数 n，都有 $P_{ij}(n)=0$，则状态 i 不可达状态 j，记为$i\nrightarrow j$。

【定义 2.7.9】 设 $i,j\in I$，如果 $i\rightarrow j$ 且 $j\rightarrow i$，则状态 i 和 j 是相通的，记为 $i\longleftrightarrow j$。

【定义 2.7.10】 设 $P\{x(0)=I\}>0,i\in I$

$$f_{ij}(n)\overset{\text{def}}{=\!=}P\{T_{ij}=nx(0)=i\}=P\{x(n)=j,x(k)\neq j,k=1,2,\cdots,n-1x(0)=i\} \tag{2.103}$$

称为自状态出发，经 n 步首次转移到达状态 j 的概率，简称首达概率。首达概率可用一步转移概率表示。对于任意正整数 n，它们之间的关系为

$$f_{ij}(n)=\sum_{l=1}^{n}f_{ij}(n)P_{ji}(n-l) \tag{2.104}$$

【定义 2.7.11】 如果 $f_{ii}=1$，则称状态 i 是常返状态；如果 $f_{ii}<1$，则称状态 i 为非常返状态或滑过状态。

常返状态的判别准则为定理 2.7.6：

【定理 2.7.6】 状态 j 是常返的充要条件是$\sum_{n=1}^{\infty}P_{ji}(n)=+\infty$。

由此定理可得到两个推论：

【推论 2.7.1】 状态 j 是非常返的充要条件是$\sum_{n=1}^{\infty}P_{ji}(n)<+\infty$。

【推论 2.7.2】 如果状态 j 是非常返的，则对任意 $i\in I$，均有$\lim\limits_{n\to\infty}P_{ij}(n)=0$。

【定义 2.7.12】 设状态 i 是常返状态，如果 $\mu_i<+\infty$，则称状态 i 是一个正常返状态；如果 $\mu_i<+\infty$（或$\frac{1}{\mu_i}=0$），则称状态 i 是零常返状态，$i\in I$。

【定理 2.7.7】 设状态 i 是常返状态，则它是零常返状态的充要条件为$\lim\limits_{n\to\infty}P_{ii}=0$。

从此定理可以得到，若 j 是零常返状态，则对于任意 $i\in I$，均有$\lim\limits_{n\to\infty}P_{ij}(n)=0$。应指出，该定理仅能判别单个状态，对于多状态特别是无穷多状态则由下面定理来解决。

【定理 2.7.8】 如果 $i\longleftrightarrow j$，则它们同为常返或同为非常返；而且如果它们为同常返的，则它们同为正常返或同为零常返的。

【定义 2.7.13】 设C是状态空间 I 的一个子集，即$C\subset I$，如果对于任意的状态 $j\in C$，状态 $j\notin C$，均有 $P_{ij}(1)=0$（即从状态 i 出发，一步转移不能达到状态 j），则称状态集合 C 为闭集。

由单个状态形成一个闭集，则称为吸收状态。吸收状态的充要条件为 $P_{ij}=1$。

显然，整个状态空间构成一个最大闭集。而吸收状态是 I 中一个最小闭集。

【定理 2.7.9】 所有常返状态构成闭集。

【定理 2.7.10】 状态空间 I 必可以分解为 $I=N+C_1+C_2+\cdots+C_k+\cdots$，其中，$N$ 是非

常返状态的集合，$C_1+C_2+\cdots+C_k$ 是互不相交的由常返状态构成的闭集，而且① 对给一个确定的 k，C_k 内任意两个状态相通；②C_k 和 $C_g(k\neq g)$ 中的状态不相通。

【定理 2.7.11】 在不可约的马氏链中，所有的状态或者都是非常返状态，或者都是常返状态。又当它都是常返状态时，所有状态都是相通的，而且 $f_{ij}=1$。

所谓不可约马氏链是指一个马氏链如果除了整个状态空间构成一个闭集外，不可能再分解为较小的闭集。

【定理 2.7.12】 不可约马氏链是常返链的充要条件是下列方程组

$$Z_i=\sum_{j=1}^{\infty}P_{ij}Z_j,\quad i=1,2,\cdots \tag{2.105}$$

没有非零的有界解。

当一个马氏链的状态空间是一个有限集合时，则称它为有限马氏链。有限马氏链具有下列性质：① 所有非常返状态组成的集合不可能是闭集；② 没有零常返状态；③ 必有正常返状态；④ 其状态空间可分解为 $I=N+C_1+C_2+\cdots+C_k$。

【定义 2.7.14】 对状态如果 $P_{ii}(n)$ 除 $n=d,2d,3d,\cdots(d>1)$ 外，均为零，且没有比 d 更大的 d' 使 $P_{ii}(n)$ 除 $n=d',2d',3d',\cdots$ 均为零，则状态 i 是周期为 $d(d>1)$ 的，若不存在上述的 d 时，如 $d=1$，状态 i 称为非周期的。

【定理 2.7.13】 如果 $i\longleftrightarrow j$，那么它们或者有相同的周期，或者都是非周期的。

【定理 2.7.14】 如果状态是非周期性的正常返状态，即 j 是遍历态，则

$$\lim_{n\to\infty}P_{ij}(n)=\frac{1}{\mu_j}f_{ij} \tag{2.106}$$

式中，μ_j 为平均返回时间（即 $\mu_j=\sum\limits_{n=1}^{\infty}nf_{jj}(n)$），$f_{ij}=\sum\limits_{n=1}^{+\infty}f_{ij}(n)$。

如果所属的马氏链还是不可约的，则 $i,j\in I$，均有

$$\lim_{n\to\infty}P_{ij}(n)=\frac{1}{\mu_j} \tag{2.107}$$

【定义 2.7.15】 设 $P_{ij}(n)$ 为时齐马氏链 $\{x(n),n\geqslant 0\}$ 的 n 步转移概率，如果对 $i,j\in I$ 存在不依赖于 i 的极限 $\lim\limits_{n\to\infty}P_{ij}(n)=P_j>0$，则称时齐马氏链 $\{x(n),n\geqslant 0\}$ 具有遍历性。注意，遍历性就是各态历经的概念。

【定义 2.7.16】 设 $\{x(n),n\geqslant 0\}$ 为一时齐马氏链，如果 $\{P_j,j\in I\}$ 满足下列条件

①
$$P_j\geqslant 0,\quad j\in I \tag{2.108}$$

②
$$\sum_{j\in I}P_j=1 \tag{2.109}$$

③
$$P_j=\sum_{j\in I}P_iP_{ij} \tag{2.110}$$

则称 $\{x(n),n\geqslant 0\}$ 是平稳的。称 $\{P_j,j\in I\}$ 是以 $\{P_{ij},j\in I\}$ 为转移概率的马氏链的平稳分布。其中，式(2.110) 为平稳方程。

【定理 2.7.15】 一个不可约的非周期常返链是遍历链的充要条件是它存在平稳分布，而且这个平稳分布就是

$$\left\{\frac{1}{\mu_j},j\in I\right\} \tag{2.111}$$

通常，式(2.131) 亦称为极限分布。

【定理 2.7.16】 设$\{x(n), n \geqslant 0\}$是一有限个状态的时齐马氏链，如果存在一个正整数n，使对于一切$i, j \in I, I=\{0,1,2,\cdots,N\}$有$\{P_{ij}(S)>0\}$，则马氏链是遍历的，即存在与状态无关的极限

$$\lim_{n\to\infty} P_{ij}(n)=P_j, \quad j \in I \tag{2.112}$$

且这里的$P_j,(j \in I)$是方程组

$$P_j=\sum_{j\in I} P_i P_{ij}, \quad (j \in I) \tag{2.113}$$

满足条件$P_j>0, \sum_{j\in I} P_j=1$的唯一解。

再次强调指出，上述马尔可夫过程和马氏链的诸定义、定理及推论构成了马尔可夫理论的核心内容，为复杂随机动态系统建模、辨识和仿真奠定了重要的理论基础。

2.8　虚拟现实理论

2.8.1　引言

虚拟现实(Virtual Reality，VR)是一种模拟人类视觉、听觉、嗅觉、触觉、力觉等感知行为的高度逼真的人机交互技术，是20世纪末兴起的一门崭新的综合性信息技术。它集数字图像处理、计算机图形学、多媒体技术、人-机接口技术、传感器技术、人工智能、网络技术及并行技术等为一体，以三维空间表现能力给人们带来了身临其境的感觉和超越现实的虚拟性追求，极大地推动了计算机技术的发展，并使系统M&S环境发生了质的飞跃。

虚拟现实理论和技术已在军事、航空、航天、航海、教育、医疗、商业设计、制造、艺术、娱乐、考古等诸多领域获得了广泛应用，并带来了巨大的社会、经济、军事效益。许多权威专家认为：20世纪80年代是个人计算机的时代，90年代是网络、多媒体的时代，而21世纪初是VR技术年代，VR是潜力巨大、前景诱人和放大智慧的新工具。

2.8.2　基本概念

VR一词由美国Jaron Lanier于20世纪80年代初提出来的。其含义是：把客观世界的某一局部用电子的方式模拟出来，并且能够让你进入这个局部世界犹如身临其境。VR同时包含："虚拟"(Virtual)和"现实(Reality)"两个相反的部分。前者说明利用VR技术所产生的局部世界是非真实的、人造的、虚构的；后者是说人们进入该局部世界后在感觉上如同进入真实的世界一样，这种感觉包括视觉、听觉、嗅觉、触觉和力觉等。VR有两大特征，即沉浸感和交互性。沉浸感又叫临界感，是计算机所建立的三维虚拟环境能使操作者得到关于该环境的全身心的体验；交互性是指操作者能通过其自身的自然技能并通过专用的传感设备(如显示头盔、数据手套、数据服装、三维鼠标、耳机等)实现对虚拟环境中实体的考察并实施相应的操作。

可见，VR基本概念可归纳为如下主要三点：① 用计算机生成虚拟的逼真实体，逼真通过三维视觉、听觉、嗅觉及触觉等来实现；② 人们进入虚拟世界后可通过自身技能(头动、眼动、手势等身体动作)与虚拟环境交互；③ 通常借助一些三维传感设备(显示立体头盔、数据手套、数据服装、三维鼠标、耳机等)来完成上述交互动作。

综上述，可给出VR的一般定义：VR就是采用计算机生成的一个逼真的视觉、听觉、触觉

及嗅觉等感觉世界，使进入该世界的人们可以用自身技能与生成的虚拟实体进行交互，以获得身临其境的考察。

2.8.3 VR 系统及分类

利用 VR 技术实现具有特定应用(如虚拟战场、虚拟试飞、虚拟制造等)的计算机系统称为 VR 系统。

VR 系统通常由许多系统模块构成，主要模块为：虚拟环境、计算机环境、虚拟现实技术和交互作用方式。虚拟环境包括建模、动态特征引入、物理约束、光照及碰撞检测等；计算机环境包括图像处理器、I/O 通道、虚拟环境数据库及实时操作系统等；虚拟技术包括头部跟踪、图像显示、声音、触觉和手部跟踪等；交互作用方式包括手势、三维界面和多方式参与系统等。如图 2.18 所示给出了一般虚拟系统构成。

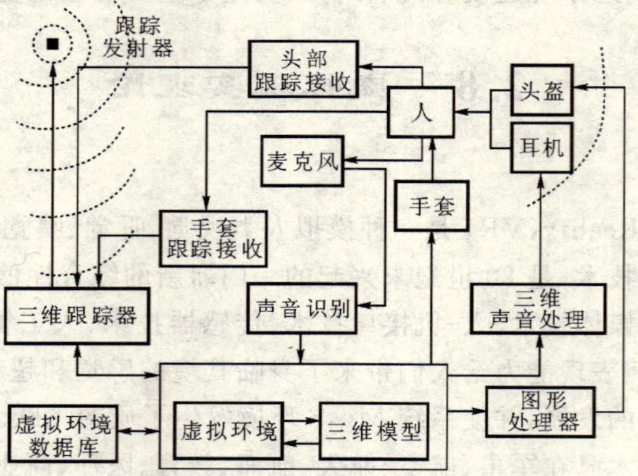

图 2.18　一般虚拟现实系统的构成

VR 系统通常可分为两类，即封闭式 VR 系统和开放式 VR 系统。封闭式 VR 系统(见图 2.19)的任何操作都不与现实世界产生直接交互作用。而开放式则可以通过传感器与现实世界构成反馈闭环，从而达到利用虚拟环境对现实世界进行直接操作或遥控操作的目的。

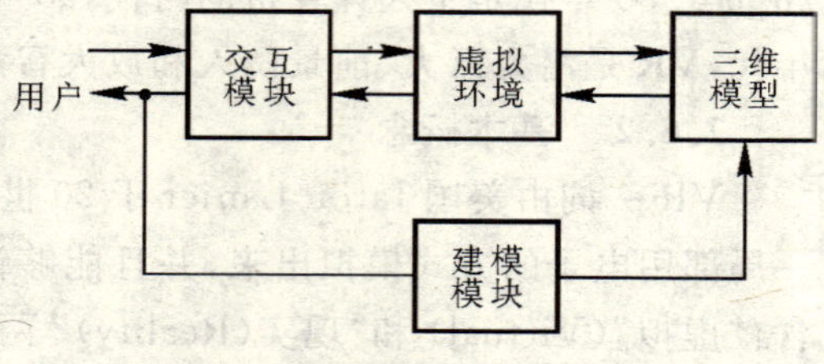

图 2.19　封闭式 VR 系统

2.8.4 VR 硬、软件工具和软件系统

(1)硬件设备。VR 硬件设备主要有传感器、视觉设备和三维声音设备。

1)传感器。应用于 VR 系统的主要传感器有：跟踪传感器、力反馈传感器和接口系统。系统跟踪传感器用于对用户头部位置和方向的精确跟踪，以及手的跟踪；力反馈传感器用以实时感知手势和虚拟环境中的反馈信息；接口系统则是施加于操作人员受上作用力的再现装置。

2)视觉设备。视觉设备又称为显示设备。用于 VR 系统的典型视觉设备是军用头盔显示器(如 Sim Eye HMD)、通用头盔显示器(如 Datavisor HMD)和吊杆设备(如 BOOM3C)。

3)三维声音设备。三维声音设备实质是能够产生实时三维声音的数字音频信号处理系统。目前代表产品是 Crystal River 公司开发的 Convolvotron Beachtron Aconstertron 和 Alphatron。

除此，集成的虚拟现实系统(如 PROVISION100，V－PC 等)反映了 VR 系统硬件设备的发展趋势。

(2)软件设备。软件是 VR 系统硬件集成的关键和处理/过程中协调任务的总体框架，被用于虚拟世界建模、物理行为仿真和支持实时环境交互。它主要包括：虚拟世界建模中的输入模型(如 AutoCAD，3Dstudio，Wavefront，ComputerVision 等)；虚拟环境物理仿真中的 dVISE，Jack，Superscape，VRT 等；虚拟现实工具箱 dVISE，World，Toolkit，VRT 等；虚拟现实开发环境 OpenGL，Vega，MultiGen，Creator 等。

2.9　复杂适应系统理论

CAS 理论的创立不仅为一大类复杂系统的研究、分析、设计、制造和管理提供了新思想，而且给复杂系统建模与仿真奠定了新的理论基础，创造了新的方法。该理论的核心是“适应性造就复杂性”。

2.9.1　基本概念

研究表明，复杂适应系统是由许许多多具有适应性的主体(Adaptive Agent)，简称“智能体”构成的，这些智能体(Agent)无论在形式上还是在性能上都各不相同。所谓具有适应性，就是指它能够与环境以及其他主体进行持续不断地交互作用，从中不断地“学习”或“积累经验”“增长知识”，并据此改变自身的结构和行为方式，以适应环境的变化及和其他主体协调一致，促进整个系统发展、演化或进化。整个宏观系统的演化或进化，包括新层次的产生、分化和多样性的出现，新的聚合以及更大主体的派生等。

霍兰把上述智能体与环境及其他主体反复地不断主动地交互作用概括为“适应性”，并认为这才是系统发展、演化或进化的基本动因。因此，智能体是 CAS 理论的最核心概念。但单独用它是无法完全表达 CAS 理论的丰富内容的。所以，霍兰进一步提出了 7 个有关概念：聚集、非线性、流、多样性、标识、内部模型及积木。在这 7 个概念中，前 4 个是个体的某种特性，它们将在适应和演化中发挥作用，而后 3 个是个体与环境及其他主体进行交互的机制。

(1) 聚集(Aggregation)，有两层含义，其一是把相似的事物聚集成类，这是简化复杂系统的一种标准方法，也是构建模型的一种主要手段。其二是指主体通过“黏合”形成较大的更高一级的介主体(Meta-Agent)。同时，再聚集将产生介介主体，几次重复就可得到 CAS 非常典型的层次组织。

(2) 非线性(Nonlinearity)，指个体及其属性变化，特别是与环境及其他主体反复交互作用时，并非遵循简单的线性关系。非线性的产生可归之于个体的主动性和适应能力，而主体行为的非线性是产生复杂性的内在根源。

(3) 流(Flow)，系指在个体相互间、个体与环境及其他主体之间存在的物质流、能量流和信息流等。系统越复杂各种流的交换就越频繁。

(4) 多样性(Diversity)，霍兰曾指出“正是相互作用和不断适应的过程造成了个体向不同方面发展变化，从而形成了个体类型的多样”。可见，多样性是在适应过程中，由于种种原因(如非线性、相互作用等)，个体之间的差别会发展与扩大，最终形成分化的必然结果。

(5) 标识(Tagging)，主体之间的聚集行为并非任意性，而是有选择的，在 CAS 中，标识提供了具有协调性与选择性的聚集体，从而可区分出对称性。更进一步讲，标识是隐含在 CAS 中具有共性的层次组织机构背后的机制。

(6) 内部模型(Internal Models),系指主体的内部模型,体现了主体在接受外部刺激(扰动),做出适应性反应的过程中能合理调整自身结构。因此,内部模型是主体适应性的内部机制的精髓。通常,内部模型可分成隐式和显式两类。前者用以指明当前行为,后者用于内部探索,指明前瞻过程。

(7) 积木块(Building Block),或称构件,是构成复杂系统的单元。CAS 的复杂程度不仅决定于积木块的多少和大小,而且取决于原有积木块的重新组合方式。应强调指出,上述内部模型的积木块机制,进一步显示了复杂系统的适应性和层次性,即主体间或同环境及其他主体相互作用就会通过内部模型产生适应性,这种适应性是通过积木块和其他积木块的相互作用和相互影响实现的,而在适应过程中一旦超越层次时,就会出现新的规律与特征。

2.9.2 CAS 树

CAS 树可形象地描述主体的适应和演化、进化过程。该树中的 7 个基本点就是霍兰提出的上述 7 个有关概念:聚集、非线性、流、多样性、标识、内部模型和积木块。因此,CAS 理论的一个重要观点在于,凡具有这 7 个基本点的系统都是复杂适应系统。如图 2.20 所示给出了基于 7 个基本点的 CAS 树。它形象地描述了某大城市的动态过程这样一个复杂适应系统。由此,将会对城市复杂系统有一个全新的认识。

2.9.3 主体的适应和学习

为了描述主体如何适应和学习,霍兰提出了建立主体基本行为模型,包括如下三方面内容:

(1) 执行系统模型。执行系统就是基于规则描述主体行为的最基本模式。最简单的一类规则为 IF(条件为真)THEN(执行动作),即刺激-反应行为模型。通常,该模型由三部分组成:探测器、IF/THEN 规则和效应器(见图 2.21)。对于实际 CAS 来说,描述与主体有关信息输入和输出的规则并不如此简单,而是一个规则系统。其中,有些规则作用于探测器产生的信息,处理环境信息,有些规则作用于其他规则发出的信息;有些规则通过主体的效应器,发出作用于环境的信息,还有些规则发出激活其他规则的信息等。如图 2.22 所示进一步给出了这种规则系统与探测器、效应器、环境及信息等之间的关系。

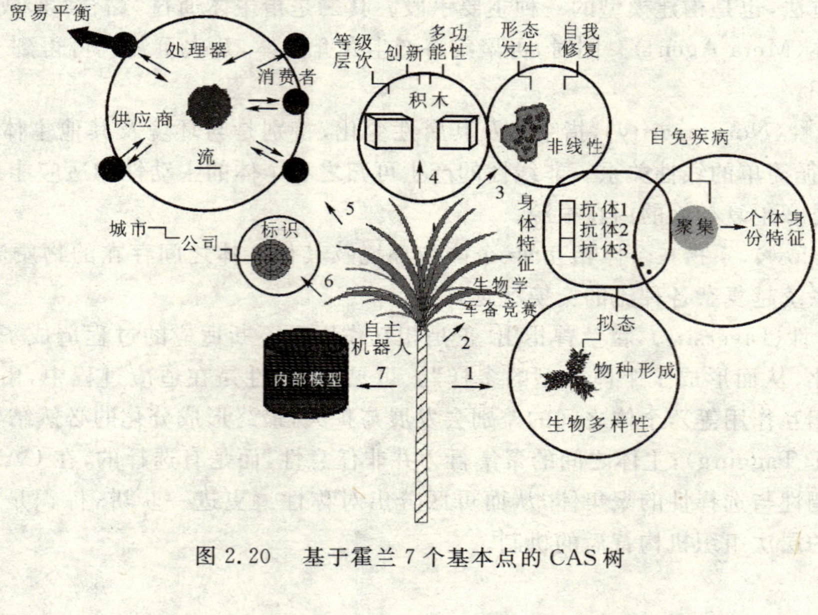

图 2.20 基于霍兰 7 个基本点的 CAS 树

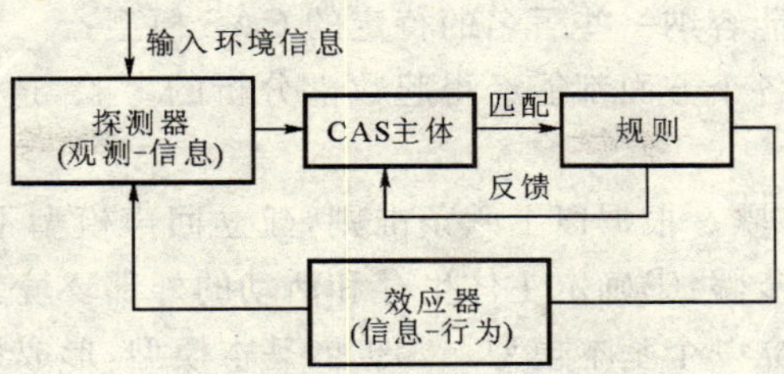

图 2.21　刺激-反应行为模型-执行系统

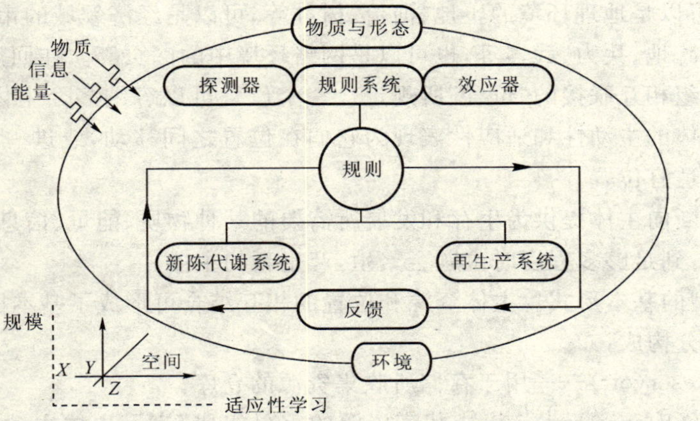

图 2.22　CAS 中规则系统与探测器、效应器、环境及信息间的关系

(2) 确立信用分派机制。为了进一步描述主体能力，必须对上述规则系统中的规则进行比较和选择，以便确定主体获得经验时改变系统行为的方式。这里，信用分派将向系统提供评价和比较规则的机制。“竞争”是信用分派的基础，对于每个规则分派都有一个“竞争”的特定数值，被称为强度或适应度。修改强度的过程谓之信用分派。每次应用规则后，个体将根据应用结果来修改强度，即适应度确认与修改，这实际上就是“学习”或“积累经验”。随着经验的积累，加入竞争的更为具体的例外规则将不断修改内部模型，从而提高个体适应环境的能力。

(3)新规则发现或产生。寻找新规则最直接的方法是利用规则(Rule String)中选定位置上的值作为潜在的积木。对于非线性问题，霍兰提出必须允许可以在字符串的多个位置上使用积木，即允许一个积木包揽 3 个位置，或者包揽 1,3,7 这 3 个位置。

值得指出，遗传算法利用交换和突变可以进一步创造出新规则。在微观层次上，遗传算法使 CAS 理论的基础。

2.9.4　CAS 宏观模型

这里系指在前述 CAS 理论基础上建立复杂适应系统的宏观模型，霍兰称这种模型为回声模型(Echo Model)，或叫做 CAS 的统一模型。

(1)构建回声模型的六条准则。为了构建回声模型，霍兰提出了下述六条准则，可做出 CAS 建模的基本原则：

1)回声模型应尽可能简单，并与其他判据相容；

2)回声模型应能够描述和解释主体在宽泛的 CAS 环境中的行为；

3)回声模型应有助于进行适应度进化实验；

4)回声模型中最基本机制应该在所有 CAS 中都有现成的对应物；

5)回声模型应该尽可能容纳一些著名的特定的 CAS 模型;

6)回声模型应尽量在各个方面都能经得起数学分析的考验,这是特定模拟达到有效推广的必由之路。

(2)建立回声模型三步骤。根据以上六条准则,建立回声模型不是一步到位,而是逐步修改的过程。大体分为三个步骤:①确定主体生存和活动的外部环境。为此,霍兰定义了资源和位置两个重要概念。②建立一个基本模型。③扩展基本模型,形成最终回声模型。

(3)位置和资源概念。回声模型给定了主体“活动”场所称为位置。位置是实际系统中抽象起来的概念,可以是地理环境的土地、河流、树林等,可以是经济领域的市场、城市等,还可以是军事作战中的阵地、兵力、武器等,也可以是网络环境中的网页等。在回声模型中,个体活动的外部环境由一组相互联接的“位置”所规定。一个位置可以容纳多个主体,主体在多个位置上交互作用。主体的主动性和适应性表现为它们在位置之间移动,或进一步选择适合于自己生存和发展的更适宜位置。

资源泛指不断向主体提供为生存和发展所需要的某种物质、能量、信息等。资源供主体消耗或使用,当丰富到足够多程度时主题会繁殖,产生新的主体。

(4)回声模型的基本形式。主体资源和位置的相互结合可形成了基本回声模型。在此,主体由 3 个基本部分构成:

1)资源库(Reservoir)——用于存储所收集资源的仓库。

2)进攻标识(Offense tag)——由代表资源的字母组成,表示主体主动与其他主体联系和接触而获得资源能力的“染色体”字符串。

3)防御标识(Defense tag)——由代表资源的字母组成,表示其他主体与主体本身联系时决定应答与否的“染色体”字符串。

在这个基本模型中,每个主体有一个染色体,该染色体只保留真正染色体的遗传物质和决定主体能力的两个特性,用以刻画进攻标识和防御标识。

由此可见,这种回声模型基本形式仅对 CAS 复杂性建模提供了一个基本框架,而不能提供具有层次结构 CAS 的涌现方式等描述。因此,需要对该模型功能加以多种扩展。

(5) CAS 回声模型。为了获得最终统一模型,在保持基本模型中主体简单形式下,对基本回声模型主要进行了如下方面功能扩展:①增加一些手段,使主体之间能够相互黏着;对边界的形成做出规定,使形成的聚集体能够构成功能不同的部分。②使主体能够转换资源,具有模仿细胞的能力。③扩展染色体字符串的定义,使其片段的开启与关闭能够在某种程度上影响相应的主体之间的交互运动,且使调节开启与关闭的过程对主体活动很敏感,能够模仿生物细胞中代谢物的效果。

除此,还给原始主体增加下述五种机制:①允许选择性交互作用的机制;②允许资源变换的机制;③确定主体相互黏着的机制;④允许选择性交配的机制;⑤条件复制的机制。

这样,扩展后的回声模型便较客观地反映了 CAS 从个体到全局的宏观动态过程,相似地描述了系统内部结构、机制对环境及其他主体的主动性与适应性等。因为在这样回声模型中,除了主体间交互外,还包括从位置吸取资源、资源交换、主体死亡和主体在位置间的迁移等。最终回声模型的计算机仿真流程如图 2.23 所示。

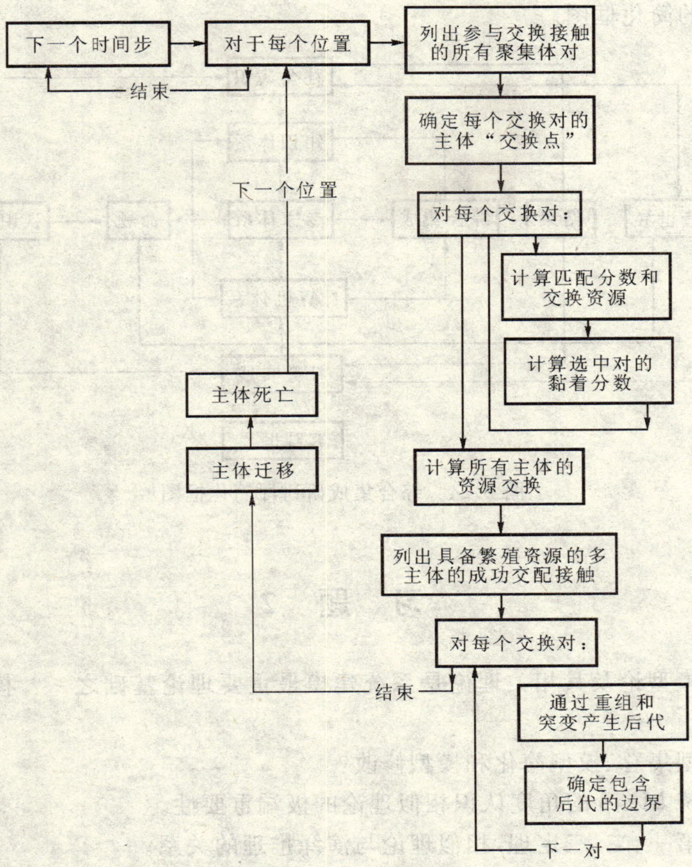

图 2.23　CAS 回声模型的仿真流程图

2.10　综合集成"研讨厅"理念

大家知道，对于复杂系统特别是开放的复杂巨系统研究及建模至今没有一个有效的的方法和技术，必须充分发挥专家群体的经验、智慧和力量。为此，我国三位科学家钱学森、戴汝为、于景元于 1990 年首次提出了综合集成方法，并在 1992 年正式确立了将用综合集成方法解决开放的复杂巨系统问题的工程技术称为"综合集成研讨厅体系(HWSME)"。对此做出重要贡献的还有崔霞、李耀东等。

综合集成研讨厅体系包括专家群体(研究人员体系)、计算机 Internet 和 Intranet。其中，计算机是硬件支撑设备；Internet 为广义专家群体(包括基于问题的特殊专家和专家群体)；Intranet 是专家与专家交互的平台。

综合集成厅体系采用高度智能化人机结合以人为主的思维和研究方法，对不同层次、不同领域的信息和知识(几乎是全人类从古至今各方面的经验和智慧)通过万维网进行高度综合集成，达到对整体的从定性到定量认识。钱学森把这种方法称为"大成智慧工程"(Meta-Synthetie Engineering)。基于综合集成研讨厅体系的复杂系统建模思想和方法，本质上是对人类经验知识，科学知识和哲学知识体系 3 个层次知识的综合集成和应用。如图 2.24 所示给出了该综合集成研讨厅的简化框图。

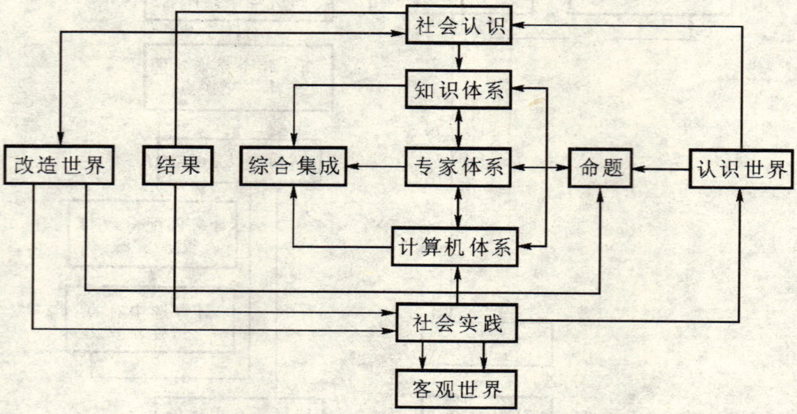

图 2.24　综合集成研讨厅简化框图

习　题　2

1. 为什么说模型论及其相关理论是系统建模最重要理论基础之一？模型论的核心内容何在？

2. 什么是模型集总、模型简化和模型修改？

3. 如何从系统 M&S 的角度认识相似理论的极端重要性。

4. 试述相似第一、二、三定理，相似理论与演绎推理的关系。

5. 什么是系统辨识？给出系统辨识的结构框架，并说明其各关键环节。

6. 何为层次分析方法？试概述层次分析主要流程，并详细解释其各关键环节。

7. 定性理论是在什么背景下产生的？它与系统建模有何关系？

8. 模糊理论包括哪些主要部分？该理论与云理论有何重要区别？

9. 何为“灰色”系统理论？该理论在系统建模中有何重要作用？

10. 试验马尔可夫过程和马氏链。

11. 试述虚拟现实(VR)对系统 M&S 的革命性作用。

12. 简述复杂适应系统(CAS)及其 CAS 理论。

13. 试述综合集成研讨厅体系理念，指出该理念对于复杂系统 M&S 的指导性作用。

第3章 常见数学建模方法与应用

3.1 数学建模方法及一般选取原则

系统数学模型的建立简称数学建模。数学建模与应用是人们对现实世界认识的飞跃，也是进行系统仿真的前提和关键所在。

系统数学建模方法的研究和选取直接决定着数学建模的质量和效率。因此，本节将首先讨论这个问题。

经过几十年的不懈努力，系统数学建模方法的研究已取得长足进步，形成了较完整的建模方法与技术体系。目前，可供人们应用的系统数学建模方法就有数十种。其中，用于一般系统数学建模的常见方法是：机理分析法、直接相似法、系统辨识法、试验统计法、层次分析法、量纲分析法、图释法、因果分析法、蒙特卡洛法、“隔舱”系统法、想定法、定性推理法、“灰色”系统法、计算机辅助法等。面向复杂系统的数学建模方法有：面向对象法、多分辨率法、模糊集论法、神经网络法、基于智能技术法、基于云理论法、基于CAS理论法、基于超高计算智能逼近法、基于混合专家系统法、混合法、组合法、基于分形理论法及综合集成法等。

应该指出，如何合理地选择上述这些建模方法获得所需要的理想、有效的数学模型，至今没有一个固定程式可循。这是因为数学建模方法的选取决定于多个因素，诸如系统状况、建模目标、模型精度、建模周期及费用以及其他一些不确定性因素等。为了提高数学建模质量和效率，根据我们的长期建模经验，这里推荐几条实用的数学建模方法选取原则，供读者参考。

(1) 对于内部结构和特性明晰的系统，即所谓的“白盒”问题，或建模目标明确而又较简单的情况，宜采用机理分析法、直接相似法、量纲分析法及比例法等。

(2) 对于内部结构和特性不很清楚或不清楚的系统，即所谓“灰盒”或“黑盒”问题，若允许进行系统实验观测，则可采用实验统计法、蒙特卡洛法、回归统计法和系统辨识法等。若不能直接进行系统实验观测，则只能采用想定法、网络分析法、图解法、因果分析法或定性推理法等。

(3) 对于具有模糊性和不确定性的系统和问题，一般宜采用模糊集论法、定性推理法或基于云理论方法。而对于随机系统或过程则采用概率统计法、蒙特卡洛法或基于马氏链方法。

(4) 对于信息缺乏的灰色系统，则需要采用“灰色”系统法，或机理分析与系统辨识相结合的方法。

(5) 对于生物、医学系统，可采用“隔舱”系统法并结合其他建模方法(如概率统计法、因果分析法及网络分析法等)。

(6) 对于市场经济、企业管理、军事作战等非工程领域的社会问题，通常采用层次分析法、网络分析法、定性推理法、因果分析法并结合博弈矩阵描述方法等。

(7) 对于复杂系统特别是开放的复杂巨系统必须采用综合集成方法，以及适于复杂系统的各种建模方法，如组合法、混合法、面向对象法、多分辨率模块法、基于CAS理论建模法、基于MAS建模法、基于云理论建模法、基于Petri网建模法及综合集成建模法等。

还应强调指出，计算机辅助法、系统辨识法、层次分析及基于智能技术的建模方法是极重要的现代数学建模方法，而混合法、组合法和综合集成法是解决复杂系统数学建模的最根本方法，它们必将获得越来越广泛的应用。

3.2 机理分析法

3.2.1 方法原理

机理分析法又叫直接分析法或解析分析法，是一种最基础、应用最广泛的理论研究数学建模方法。

建模中，以各学科专业知识为基础，在若干简化假定条件下，通过分析系统（实际的或设想的）变量间的关系和运动规律，而获得解析型数学模型。

这种建模方法的实质是应用自然科学和社会科学中已被证明是正确的理论、定理和定律或推论，对被建模系统的有关要素（变量）进行理论分析、演绎归纳，以从中寻找出个变量间的函数关系和运动规律，最终构造出该系统的数学模型。

3.2.2 建模过程

通常，机理分析法建模按如下过程进行：

(1) 分析系统性能和功能原理，并做出与建模目标相关的系统描述。

(2) 找出系统的输入变量和输出变量。

(3) 按照系统（部件、元件）所遵循的社会或物化规律，列写出各部分代数方程。微分方程（或积分）方程、传递函数或逻辑表达式。

(4) 消除中间变量，获得初步数学模型。

(5) 进行模型标准化，如对于微分方程形式的数学模型应该使：① 输入量与输出量多项式分别处于方程左、右两端；② 将变量项按降阶排列；③ 进行归一化处理，使最高阶项的系数等于1。

(6) 进行模型验证。

(7) 必要时还要修改模型。

3.2.3 应用案例

例3.1 试建立如图3.1所示天线位置随动系统的数学模型。

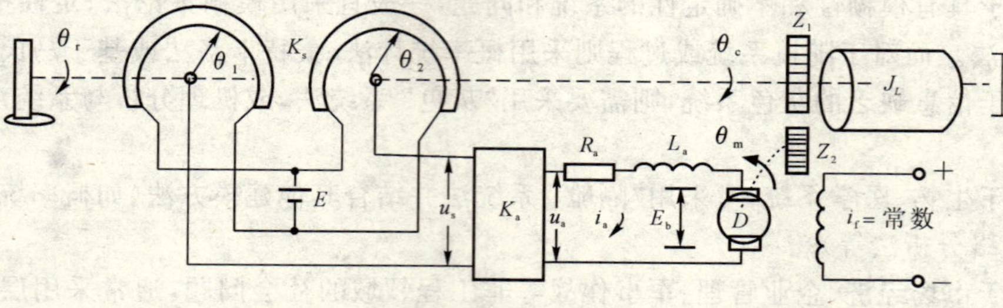

图3.1 天线位置随动系统原理示意图

可按照如下方法和步骤建立该系统的数学模型。

(1) 进行天线位置随动系统机理分析与系统描述：由图 3.1 可知，该系统是一个由综合检测元件（自整角机）、放大器、执行伺服电机、局部测速反馈装置、减速机构和机械负载等部分构成的负反馈闭环位置随动系统。

(2) 确定系统输入变量为手柄转角 θ_r，输出变量为减速机构输出轴转角 θ_c。

(3) 根据系统各部分工作原理分别列写机电元件的运动方程

1) 自整角机

$$u_s(t)=K_s[\theta_1(t)-\theta_2(t)]=K_s[\theta_r(t)-\theta_c(t)] \tag{3.1}$$

2) 放大器

$$\frac{u_a(t)}{u_s(t)}=K_a \tag{3.2}$$

式中，K_a 为放大器增益。

3) 伺服电机

$$\left.\begin{aligned} u_a &= i_a R_a + L_a \frac{\mathrm{d}i_a}{\mathrm{d}t} + E_b \\ E_b &= K_b \frac{\mathrm{d}\theta_m}{\mathrm{d}t} \\ M_m &= J_m + \frac{\mathrm{d}^2\theta_m}{\mathrm{d}t^2} + f_m \frac{\mathrm{d}\theta_m}{\mathrm{d}t} \\ M_m &= C_m i_a \end{aligned}\right\} \tag{3.3}$$

式中，L_a 和 R_a 分别为伺服电机电枢绕组的电感和电阻；C_m 为转矩系数；K_b 为反电势系数。

4) 负载。设折算至电机轴上的总转动惯量为 J，总黏性摩擦系数为 f，且忽略负载力矩，有

$$\left.\begin{aligned} J &= J_m + J_L/i^2 \\ f &= f_m + f_L/i^2 \\ i &= Z_1/Z_2 \end{aligned}\right\} \tag{3.4}$$

式中，Z_1 和 Z_2 分别为减速机构主动和从动齿轮的齿数。

(4) 对上述各式进行拉氏变换，并消去中间变量，可得到该系统的开环传递函数为

$$G(s)=\frac{K_s K_a C_m/i}{s[(L_a s+R_a)(JS+f)+C_m K_b]} \tag{3.5}$$

若略去电枢电感 L_a，又令 $K_1=R_s K_a C_m/iR_a$，$F=f+C_m K_b/R_a$，上述开环传递函数可简化为

$$G(s)=\frac{K}{s(T_M s+1)} \tag{3.6}$$

式中，$K=K_1/F$，$T_M=J/F$。

这时，相应的闭环传递函数为

$$\Phi(s)=\frac{\Theta_c(s)}{\Theta_r(s)}=\frac{K}{T_M s^2+s+k} \tag{3.7}$$

其对应的微分方程为

$$T_M \frac{\mathrm{d}^2\theta_c(t)}{\mathrm{d}t^2}+\frac{\mathrm{d}\theta_c(t)}{\mathrm{d}t}+K\theta_c(t)=K\theta_r(t) \tag{3.8}$$

3.3 直接相似法

3.3.1 方法原理

直接相似法又称比拟思考法或类比分析法，是基于相似理论的一种传统数学建模方法。根据前述三个基本相似定理和模型的普遍性(即一种模型可能与多个系统(或现象)具有相似性)，完全有理由从最容易建模的某类系统(如电子系统)入手，通过建立它的数学模型而得到与之相似的一群系统的通用数学模型。而在使用这种通用数学模型作为具体系统模型时，仅需要赋予该模型系数以相应物理量。例如，二阶微分方程 $a_1\ddot{y}+a_2\dot{y}+a_3y=x(t)$ 就是某些相似的电子系统、机械系统和动力学系统的通用数学模型。显然，在电路系统中，若 y 表示电流，则方程系数 a_1,a_2,a_3 表示电路元件参数电阻、电感和电容；在机械系统中，若 y 表示角位移，则方程系数 a_1,a_2,a_3 表示转动惯性机械之质量、惯性矩和刚度；在动力学系统中，若 y 表示位移，则方程系数 a_1,a_2,a_3 表示平动运动物体的阻尼、质量及刚度。这时，它们相应的数学模型将是 $L\dfrac{\mathrm{d}i}{\mathrm{d}t}+Ri+\dfrac{1}{c}\int_{t_0}^{t}i\mathrm{d}t=u$；$J\dfrac{\mathrm{d}\omega}{\mathrm{d}t}+\beta\omega+K\int_{t_0}^{t}\omega\mathrm{d}t=T$；$M\dfrac{\mathrm{d}v}{\mathrm{d}t}+Nv+K\int_{t_0}^{t}v\mathrm{d}t=F$。

可见，直接相似法的实质是通过系统参数类比(或比拟)分析方法，由一种系统数学模型而直接得到相似系统的模型。因此，直接相似法又叫做类比分析法或比拟思考法。

3.3.2 建模过程

通常，直接相似法建模按如下步骤进行：

(1) 分析并描述被建模对象。

(2) 选取同建模对象相似的而又容易建模的系统或模型结构形式已知的相似系统。一般选取与之相似的电子系统为宜。

(3) 写出上述相似系统的通用数学模型，并确定建模对象与被选取相似系统间的对应参数。

(4) 将建模对象的参数代入通用形式的数学模型，从而得到所需要建立的数学模型。

3.3.3 应用案例

例 3.2 人体肌肉受力数学模型的建立。为了进行人工智能、机器人和人控制等问题的研究，通常需要建立人体肌肉的受力模型。

(1) 分析人体肌肉受力的伸缩运动，不难发现肌肉将呈现弹性机械特征和摩擦元件发热效应。因此，被建模型对象很类似无源机械元件受力情况(见图 3.2(a))；

(2) 为研究方便起见，可通过力学与电路系统相似关系，可得到相应的电路模型(见图 3.2(b))

$$i(t)=\frac{1}{R}u(t)+\frac{1}{L}\int_{t_0}^{t}u(t)\,\mathrm{d}t \tag{3.9}$$

以便利用该模型进行模型求解。

(3) 显然，这些相似系统的通用数学模型为

$$F=Nv+K\int_{t_0}^{t}v\mathrm{d}t \tag{3.10}$$

(4) 用建模对象的参数，置换上式对应参数，得到人体肌肉受力的数学模型

$$f(t)=N\frac{\mathrm{d}y}{\mathrm{d}t}+Ky \tag{3.11}$$

(5) 验模(从略)

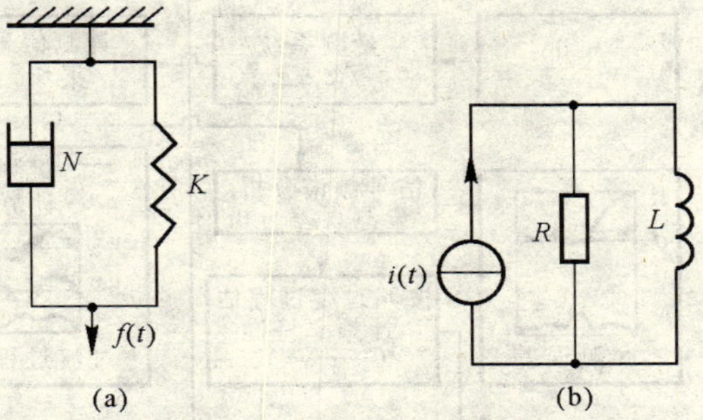

图 3.2　人体肌肉受力的相似模型

(a) 弹性阻尼机械模型；(b) 与(a) 相似的电路模型

3.4　系统辨识法

3.4.1　方法原理

系统辨识法是一种借助系统实验输入-输出观测数据对和系统辨识理论与技术建立系统数学模型的现代方法,因此又叫做实验辨识法或系统模型辨识法。

从根本上讲,系统数学模型辨识的实质是在已知系统实验输入-输出观测数据和系统部分机理先验知识的前提下,通过选定的辨识方法与设计的辨识算法不断进行计算机迭代运算过程(见图 2.9)。

3.4.2　建模过程

系统模型辨识一般按照如 2.9 所示的结构框架程序如下进行:① 根据被辨识对象、先验知识和建模目标完成试验设计,并产生试验系统;② 利用试验系统进行大量实验,从实验中获取相应输入-输出观测数据;③ 选择辨识方法和研制(或推导) 辨识算法;④ 假设模型类及其试用模型结构;⑤ 通过辨识方法及算法估计试用模型的子阶、参数和时滞量;⑥ 根据被辨识模型性能指标验证试用模型是否满足要求;⑦ 必要时,对 ④ 做出修改,并进行重新估计;⑧ 不断进行计算机迭代运算,直至模型满足要求;⑨ 后验模型装定使用。

3.4.3　应用案例

例 3.3　飞机气动特性模型辨识。为了设计与评估飞机及其系统的性能,揭示飞行物理现象或查找事故原因、深入研究人-机系统特性,开展飞行仿真试验或训练等,需要确定飞机的气动特性模型。这类模型常以气动系数(如 C_y^α, $m_y^{\bar{\omega}_y}$ 等) 来表征,模型的建立一般是在地面试验和飞行试验的基础上,通过系统辨识方法完成的。整个辨识过程是一个复杂的系统工程,涉及试飞和地面试验设计、实验数据获取和处理、模型结构确定、模型参数和阶估计、误差分析、结果显示及文件编制等。如图 3.3 所示给出了其中按飞行试验结果辨识飞机气动特性数学模型的过程框图。

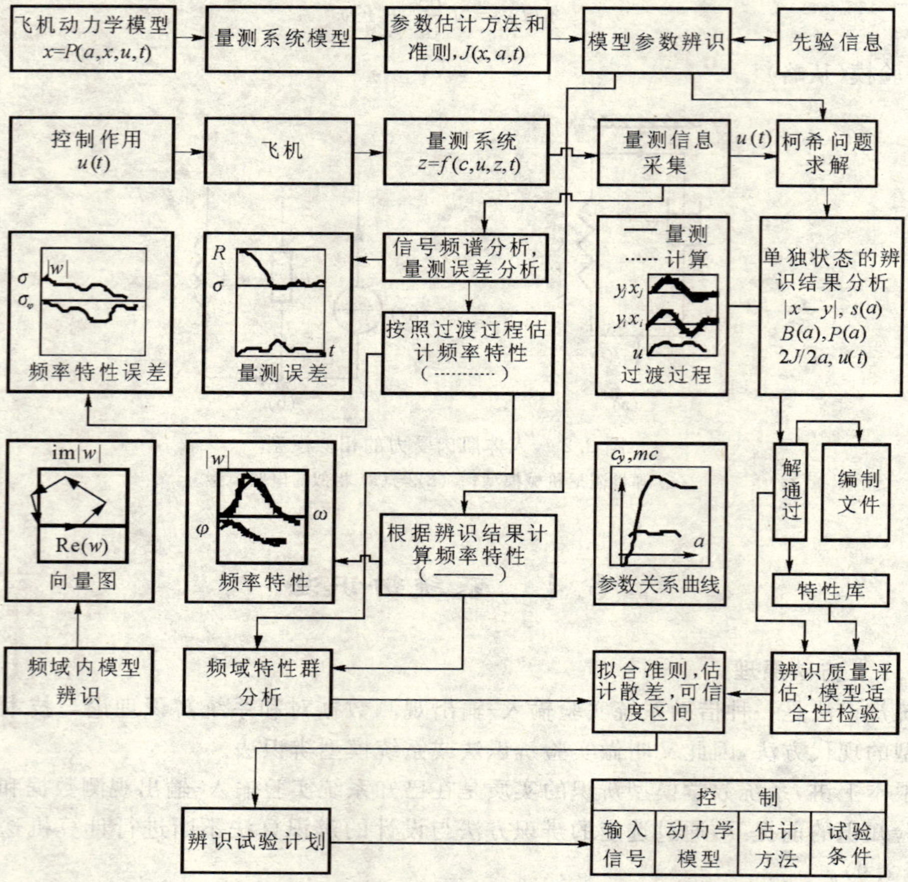

图 3.3　飞机气动特性模型辨识过程框图

以某飞机气动系数 $m_y^{\omega_y}(M,H)$ 的数学模型为例,其辨识过程大体如下:

(1) 进行飞行试验设计,构成试飞系统,完成飞行器操纵性与稳定性研究试飞,并记录 $m_y^{\omega_y}(M,H)$ 测试曲线。

(2) 整理测试曲线,得到 $m_y^{\omega_y}(M,H)$ 的试验矩阵:

$$
\boldsymbol{F}=\begin{bmatrix}
2.5754\times10^{-1} & -2.3430 & 2.2813 & -7.4803\times10^{-1}\\
-2.6298\times10^{-1} & 8.279\times10^{-1} & -8.1561\times10^{-1} & 2.5777\times10^{-1}\\
2.3925\times10^{-1} & -7.2538\times10^{-2} & 6.8464\times10^{-2} & -2.0717\times10^{-2}\\
-5.941\times10^{-4} & 1.7862\times10^{-3} & -1.6687\times10^{-2} & 4.9437\times10^{-4}
\end{bmatrix}
$$

(3) 选择最小二乘法,并研制得到双变量 (H,M) 函数的数据曲线拟合算法,即

$$\boldsymbol{F}(x,y)=\boldsymbol{XCY}^{\mathrm{T}}$$

式中,

$$\boldsymbol{X}=[1\quad x\quad x^2\quad\cdots\quad x^k]=[1\quad M\quad M^2\quad M^3]$$

$$\boldsymbol{Y}=[1\quad y\quad y^2\quad\cdots\quad y^l]=[1\quad H\quad H^2\quad H^3]$$

$$\boldsymbol{C}=[\boldsymbol{H}_2^{\mathrm{T}}\boldsymbol{H}_2]^{-1}\boldsymbol{H}_{2\,2}^{\ \mathrm{T}}\boldsymbol{F}\boldsymbol{H}_1[\boldsymbol{H}_1^{\mathrm{T}}\boldsymbol{H}_1]^{-1}=\boldsymbol{F}$$

(4) 利用上述辨识算法可得到 $m_y^{\bar{\omega}_y}$ 的数学模型:

$$m_y^{\bar{\omega}_y}=[1\quad M\quad M^2\quad M^3]\times\boldsymbol{F}\times[1\quad H\quad H^2\quad H^3]^{\mathrm{T}}$$

(5) 模型验证。利用如图 3.4 双变量函数拟合算法的计算机流程进行 $m_y^{\bar{\omega}_y}$ 仿真，并同实际试飞曲线 $m_y^{\bar{\omega}_y}(M,H)$ 比较。仿真结果表明，二者数据拟合较好，可满足模型使用要求。

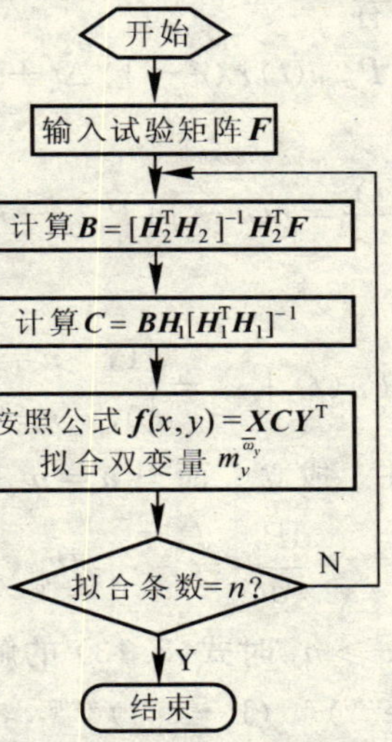

图 3.4　双变量函数拟合算法流程

3.5　试验统计法

试验统计法通常包括概率统计和回归分析法。

3.5.1　概率统计法

(1) 方法原理。实际系统中，许多系统或过程包含着随机因素和随机事件，其特征可用随机变量来描述，而概率分布是用数值表示的随机事件或因素的函数，它反映了这些随机变量的变化规律。利用概率统计学中的概率分布及其数字特征建立随机系统或过程的数学模型谓之概率统计法。这种方法的实质就是通过理论分析和实验研究寻求适合于系统随机特征的概率分布。在概率统计法建模中，贝叶斯(Bayes) 定理占有相当重要的地位。

(2) 建模过程：

1) 首先根据先验知识判断建模对象大致属于某一类理论概率分布情况，从而决定应当选择哪种概率分布或必须拒绝哪些概率分布。

2) 采集实验观测数据，并检验所选概率分布的正确性。

3) 必要时，可采用实验观测数据获得符合建模目标的经验概率分布或半经验概率分布。

4) 验模。

(3) 应用案例：

例 3.4　常见人口随机模型的建立。为了对人口进行科学预测、控制和管理，必须建立人口模型。这种模型的建立基于每个人的出生和死亡均带有随机性的事实。为此，可将 t 时刻的人口视为随机变量 $N(t)$，其建模对象应为 t 时刻的人口概率 $P_n(t)$，以及此时刻的人口数学期望 $E(t)$ 和方差 $D(t)$。根据假定条件不同，人口模型形式各异。而常见人口模型有以下三种：

【模型 Ⅰ】　若出生率远大于死亡率，可只考虑出生，忽略死亡；并假定从 t 至 $t+\Delta t$ 时间内出生一个人的概率与 t 时刻的人口成正比，记作 $rn\Delta t(r>0)$，且出生两个人以上的概率为零。

根据上述假定和全概率公式，有

$$P_n(t+\Delta t)=P_{n-1}(t)r(n-1)\Delta t+P_n(t)(1-n\Delta t) \tag{3.12}$$

于是，可得微分方程

$$\frac{dP_n(t)}{dt}=r(n-1)P_{n-1}-rnP_n(t) \tag{3.13}$$

记初始条件为$n|_{t=0}=n_0$

$$Pn(t)|_{t=0}=\begin{cases}1, & n=n_0\\0, & n\neq n_0\end{cases} \tag{3.14}$$

显然，式(3.13)对于 $n\geqslant n_0+1$ 成立。而当 $n=n_0$ 时为

$$\frac{dP_{n_0}}{dt}=-rn_0P_{n_0} \tag{3.15}$$

利用递推法可求得对于任意 $n\geqslant n_0$ 时式(3.13)的解

$$P_n(t)=C_{n-1}^{n-n_0}(e^{-rt})^{n_0}(1-e^{-rt})^{n-n_0},\quad n=n_0,n_0+1,\cdots \tag{3.16}$$

可见，模型Ⅰ就是概率论中的负二项分布。

进一步可以利用母函数法求得它的数学期望 $E(t)$ 和方差 $D(t)$：

$$E(t)=\sum_{n=n_0}^{\infty}nP_n(t)=n_0e^{rt} \tag{3.17}$$

$$D(t)=\sum_{n=n_0}^{\infty}n^2p_n(t)-E^2(t)=n_0e^{rt}(e^{rt}-1) \tag{3.18}$$

【模型Ⅱ】 若考虑死亡率，可用 λ 代替模型Ⅰ中的 r，并假定从 t 至 $t+\Delta t$ 时间内死亡人数的概率与当时的人口成正比，记作 $\mu n\Delta t(\mu>0)$，同样可忽略在 Δt 内死亡两人及两人以上的概率。由于 λ,μ 均很小，还可以忽略在 Δt 内出生1人且死亡1人的概率。

基于上述假定和全概率公式，有

$$P_n(t+\Delta t)=P_{n-1}(t)\lambda(n-1)\Delta t+P_{n+1}(t)\mu(n+1)\Delta t+P_n(t)[1-(\lambda+\mu)n\Delta t] \tag{3.19}$$

相应微分方程为

$$\frac{dP_n(t)}{dt}=\lambda(n-1)P_{n-1}(t)+\mu(n+1)P_{n+1}(t)-(\lambda+\mu)nP_n(t) \tag{3.20}$$

其初始条件仍为式(3.14)。由于式(3.20)求解相当麻烦，故这里仅给出该模型下的人口数学期望 $E(t)$ 和方差 $D(t)$：

$$E(t)=\sum_{n-1}^{\infty}nP_n(t)=n_0e^{(\lambda-\mu)t} \tag{3.21}$$

$$D(t)=n_0\frac{\lambda+\mu}{\lambda-\mu}e^{(\lambda-\mu)t}[e^{(\lambda-\mu)t}-1] \tag{3.22}$$

【模型Ⅲ】 假定人口出生率为常数，可得微分方程为

$$\frac{dP_n(t)}{dt}=aP_n(t)$$

且

$$P_n(t_0)=P_0 \tag{3.23}$$

其解为

$$P_n(t)=P_0e^{a(t-t_0)} \tag{3.24}$$

式中，$P_n(t)$ 为 t 时刻的人口；a 为人口出生率。

应指出，模型 Ⅲ 是美国经济学家马尔萨斯(Malthus)在1798年发表的《人口原理》一书中给出的，距今已有 200 多年。虽然“正确了 200 多年”，但未考虑近代人口增长形成的社会阻力。事实上，社会成员之间竞争生活空间、生活资料、就业、升学、择偶等问题都会对人口继续增长产生严重制约。因此，该模型用于长期人口预报时，应该修正成

$$\frac{dP_n(t)}{dt}=\alpha P_n(t)-\beta P_n^2(t)$$

$$P_n(t_0)=P_0 \tag{3.25}$$

式中，α 为生态系数，$\alpha=0.029$；β 为社会摩擦系数($\beta>0$)，可由人口控制获得。

3.5.2　回归分析法

(1) 方法原理。回归分析法是从一组实验观测数据出发，来确定随机变量之间的定量函数关系，即回归模型。严格讲，回归分析法的原理与前述概率统计法相同，同时需要进行显著性和拟合性检验，这里不再赘述。

(2) 建模过程。回归分析法建模步骤大致如下：

1) 描述系统，提出问题并做出模型假设。

2) 确定随机变量，建立自变量与因变量之间的函数关系，得到回归模型。

3) 判断随机变量的显著性，即进行回归模型的显著性检验。

4) 进行回归模型的拟合性检验，得出模型使用结论。

(3) 应用案例：

例 3.5　建立农林利用沼气池生成沼气的回归模型。

1) 在沼气池内一定数量植物秸秆残体的基础上，加入不同数量的水(W)和有机肥(F)，经过一段时间(T)，便可形成所需沼气。为了获得最佳配料方案，可通过试验分析沼气形成的时间与水和有机肥的添加量之间的关系。

假设每次试验，① 沼气池的大小和形状、秸秆和有机肥(及自身含水量)均相同；② 在一定适宜的温度下进行，环境温度对形成沼气的时间影响不大；③ 每次试验的独立进行，且 W,F 和 T 的试验值是准确的。

2) 为了获得生成沼气的回归模型，可采用正交化设计方法。为此，根据实验数据分布(见表 3.1)，引入两个新的变量

$$u_1=\frac{W-400}{100},\quad u_2=\frac{F-250}{50}$$

由实验数据得到相应新数据，如表 3.2 所示。

表 3.1　W,F 和 T 的实验数据

试验次数	1	2	3	4	5	6	7	8	9
W/kg	300	400	500	300	400	500	300	400	500
F/kg	200	200	200	250	250	250	300	300	300
T/h	77	68	59	66	62	52	59	55	50

表 3.2 W,F 的试验数据转换为 u_1, u_2 数据

试验次数	1	2	3	4	5	6	7	8	9	$\bar{u}_i$
u_1	-1	0	1	-1	0	1	-1	0	1	0
u_2	-1	-1	-1	0	0	0	1	1	1	0

依此可构造出正交多项式

$$\varphi_1(u)=1,\quad \varphi_2(u)=u_1,\quad \varphi_3(u)=u_1^2-\frac{2}{3}$$

$$\varphi_4(u)=u_2,\quad \varphi_5(t)=u_2^2-\frac{2}{3},\quad \varphi_6(t)=u_1u_2$$

其中,向量 $\boldsymbol{u}=(u_1u_2)^{\mathrm{T}}$,于是有回归模型的一般形式:

$$T(u)=\beta_1\varphi_1(u)+\beta_2\varphi_2(u)+\beta_3\varphi_3(u)+\beta_4\varphi_4(u)+\beta_5\varphi_5(u)+\beta_6\varphi_6(u)=$$

$$\beta_1+\beta_2u_2+\beta_3\left(u_1^2-\frac{2}{3}\right)+\beta_4u_2+\beta_5\left(u_2^2-\frac{2}{3}\right)+\beta_6u_1u_2$$

利用最小二乘估计值 $\hat{\beta}_k=\dfrac{\sum\limits_{i=1}^{n}y_i\varphi_k(u_i)}{\sum\limits_{i=1}^{n}\varphi_k^2(u_i)}, k=1,2,\cdots,m$

求出所有回归系数 $\beta_i(i=1,2,\cdots,6)$

$$\hat{\beta}_1=\frac{549}{9}=61,\quad \hat{\beta}_2=-\frac{41}{6}\approx-6.83,\quad \hat{\beta}_3=-\frac{7}{6}\approx-1.71$$

$$\hat{\beta}_4=-\frac{20}{3}\approx-6.77,\quad \hat{\beta}_5=\frac{4}{3}\approx1.33,\quad \hat{\beta}_6=\frac{9}{4}\approx2.25$$

3) 进行回归模型的显著性检验。由第 k 个解释变量的偏回归二次方和公式

$$ss_{\mathrm{E}}^{(k)}=\hat{\beta}^2\left(\sum_{i=1}^{n}\varphi_k^2(u_i)\right)=\frac{\left(\sum\limits_{i=1}^{n}y_i\varphi_k(u_i)\right)^2}{\sum\limits_{i=1}^{n}\varphi_k^2(u_i)},\quad k=1,2,\cdots,m$$

可得各变量的偏回归二次方和为

$$ss_{\mathrm{E}}^{(1)}=33367,\quad ss_{\mathrm{E}}^{(2)}=280.17,\quad ss_{\mathrm{E}}^{(3)}=2.72$$

$$ss_{\mathrm{E}}^{(4)}=266.67,\quad ss_{\mathrm{E}}^{(5)}=3.56,\quad ss_{\mathrm{E}}^{(6)}=20.25$$

又由总参差二次方和公式得

$$ss_{\mathrm{E}}=\sum_{i=1}^{9}y_i^2-\sum_{k=1}^{6}ss_{\mathrm{E}}^{(k)}\approx33944-33940.47=3.53$$,且自由度 $f_{\mathrm{E}}=9-6=3$。

可见,在所有偏回归二次方和中,$ss_{\mathrm{E}}^{(3)}=2.72$ 为最小,其对应解释变量为 $\varphi_3(u)=u_1^2-\dfrac{2}{3}$ 是否应从模型中去掉,尚需做进一步显著性检验。

由于 $Ms_{\mathrm{E}}^{(3)}=ss_{\mathrm{E}}^{(3)}=2.72$, $Ms_{\mathrm{E}}=\dfrac{ss_{\mathrm{E}}}{f_{\mathrm{E}}}=\dfrac{3.53}{3}=1.177$,故 F 统计量为

$$F(1,3)=\frac{Ms_{\mathrm{E}}^{(3)}}{Ms_{\mathrm{E}}}=\frac{2.72}{1.177}=2.31$$

若取显著水平 $\alpha=0.05$，查表后得 $F_\alpha(1,3)=10.1$，即 $F(1,3)<F_\alpha(1,3)$，显然，$\varphi_3(u)=u_1^2-\frac{2}{3}$ 在回归模型中的作用是不显著的，因此可将此项从模型中剔除。不过，应将相应的偏回归二次方和加入到总残差二次方和中去。这时，$ss_E=3.53+2.72=6.25$，$f_E=4$，均值 $Ms_E=1.5625$。

下面还需要考虑偏回归二次方和次小的解释变量的显著性。

由于次小 $ss_E^{(5)}=3.56$，$\varphi_5(u)=u_2^2-\frac{2}{3}$，于是可类似计算得

$$F(1,4)=\frac{Ms_E(5)}{Ms_E}=\frac{3.56}{1.5625}=2.784$$

对于 $\alpha=0.05$，查表得 $F_\alpha(1,4)=7.71$，即 $F(1,4)<F_\alpha(1,4)$。

可见，$\varphi_5(u)$ 在回归模型中的作用亦不显著，可以将此项从模型中剔除。剔除后的 $ss_E=6.25+3.56=9.81$，$f_E=5$，均值 $Ms_E=1.962$。类似地考虑第三小解释变量 $\varphi_6(u)=u_1u_2$ 的显著性。同样计算可以得到 $F(1,5)>F_\alpha(1,5)$，说明 $\varphi_6(u)$ 在模型中的作用是显著的。事实上，这正好反映了水(W) 和有机肥(F) 对生成沼气的交互作用。

至此，可确定回归模型为

$$T(u)=61-\frac{41}{6}u_1-\frac{20}{3}u_2+\frac{9}{4}u_1u_2$$

将 $u_1=\frac{W-400}{100}$，$u_2=\frac{F-250}{50}$ 代入上式可得到最终的回归模型，即沼气生成时间 T 与水 W 和有机肥 F 的函数关系式。

4) 进行回归模型的拟合性检验。一般可用拟合检验的统计量

$F=\frac{Ms_{Me}}{Ms_e}=\frac{ss_{Me}/k-m}{ss_e/n-k}\sim F(f_{Me},f_e)=F(k-m,n-k)$ 来检验。这里，$ss_e=\sum_{i=1}^{k}\sum_{j=1}^{m_i}y_{ij}^2-\sum_{i=1}^{k}\frac{T_i^2}{m_i}$；$ss_{Me}=\sum_{i=1}^{k}\frac{T_i}{m_i}-Y'X\hat{\beta}$。

取一个显著性水平 α(1.01 或 0.05)，对应可查表得到 $F_\alpha(k-m,n-k)$，将数值计算得到的 $F(k-m,n-k)$ 与 $F_\alpha(k-m,n-k)$ 比较，得到 $F(k-m,n-k)F_\alpha(k-m,n-k)$ 的结果，说明模型的拟合是好的，可作为生成沼气的最佳配料模型。

3.6　层次分析法

层次分析法(Analytic Hierarchy Process，AHP) 是一种符合人们对复杂问题思维过程层次化的定性与定量相结合的分析方法，属于系统分析的范畴和重要分支。

层次分析法是(美) 匹兹堡大学教授 T. L. Saaty 等人与 20 世纪 70 年代初提出来的，目前已广泛应用于工程技术、经济管理、社会生活、军事作战、冲突求解及决策预报等领域，是系统建模的重要现代方法之一。

3.6.1　方法原理

层次分析法是一种有效处理那些难以完全用定量方法来解决复杂问题的手段，其基本思想在于，将复杂问题分解成若干层次，在比原系统简单得多的层次上逐步分析它通过比较若干

因素对于同一目标的影响，把决策者的主观判断用数量形式表达和处理，从而确定出它在目标中的比重，最终选择比重最大的系统方案。

3.6.2 建模过程

经过理论研究和实际工程应用，利用层次分析法建模已成为鲜明的确定流程，即明确问题→建立层次结构模型→利用成对比较法构造判断矩阵 $\boldsymbol{A}$→进行层次单排序→获得权向量 $\boldsymbol{w}$→进行一致性检验→完成层次总排序及一致性检验（必要时，重新调整判断矩阵的元素取值，再重复上述两种排序及一致性检验）→获得最优系统方案。

层次分析法具体建模方法步骤如下：

(1) 明确问题。在分析系统中因素间关系的基础上，建立系统的递阶层次结构模型（见图 2.14）。由图可见，一般层次结构分三层，即最高层、中间层和最低层。

(2) 利用成对比较法构造判断矩阵 $\boldsymbol{A}$。成对比较就是针对上一层的某个因素对于本层次所有元素的影响，进行相对重要性的两两比较。比较中，一般采用能使决策判断定量化的 1～9 及其倒数的标度方法，即判断矩阵 $\boldsymbol{A}$ 元素 a_{ij} 的取值范围可以是 1，2，…，9 及其互倒数 1，1/2，…，1/9（见表 2.7）。所得到的判断矩阵 $\boldsymbol{A}=[a_{ij}]_{n\times n}$（见表 2.6）其元素值 a_{ij} 反映了人们对各因素（这里指方案）相对重要性的认识。

(3) 层次单排序及一致性检验。层次单排序就是依据判断矩阵 $\boldsymbol{A}$，计算对于上一层某个因素而言的本层次联系因素的重要权值，得到权向量 $\boldsymbol{W}=[w_1 \quad w_2 \quad \cdots \quad w_n]^{\mathrm{T}}$。排序方法很多，主要有求和法、正规法和方根法等。

如按求和法有：

1) 首先求出 $\boldsymbol{A}$ 阵的各行元素之和 V_i，即 $V_1=\sum_{j=1}^{n} a_{1j}, V_2=\sum_{j=1}^{n} a_{2j}, \cdots, V_n=\sum_{j=1}^{n} a_{nj}$。

2) 对 V_i 正规化，即将 $V_1, V_2, \cdots, V_n$ 相加之和再除 V_i 得

$$w_i=\frac{V_i}{\sum_{i=1}^{n} V_i}, \quad i=1,2,\cdots,n$$

3) 构造列向量 $\boldsymbol{W}$，$\boldsymbol{W}=[w_1 \quad w_2 \quad \cdots \quad w_n]^{\mathrm{T}}$。

这就是层次单排序的权向量，其元素 w_i 表示了某一层次中各个元素对于上一层次某因素的相对重要性权值。

所谓一致性检验，就是衡量判断矩阵 $\boldsymbol{A}$ 中判断质量的标准。一般讲，若 $\boldsymbol{A}$ 阵满足 $a_{ij}=a_{kj}\,(i,j,k=1,2,\cdots,n)$ 则 $\boldsymbol{A}$ 阵具有完全一致性，且满足 $Aw=\lambda_{\max} w=nw$。这里，$\lambda_{\max}$ 为 $\boldsymbol{A}$ 阵的最大特征根。它与其余特征根 λ_i 的关系为 $\sum_{i=2}^{n}\lambda_i=n-\lambda_{\max}$。于是，可将 $\lambda_{\max}$ 以外的其余特征根 $\lambda_i\,(i=2,3,\cdots,n)$ 的负平均值作为衡量 $\boldsymbol{A}$ 阵偏离一致性的指标，即采用 $CI=\frac{\lambda_{\max}-n}{n-1}$ 来检验一致性。当 CI 接近于零时，则认为 $\boldsymbol{A}$ 阵具有满意的一致性。为了度量不同阶数 $\boldsymbol{A}$ 阵是否具有满意的一致性，还需要引入 $\boldsymbol{A}$ 阵的平均随机一致性指标 RI 值（见表 2.8）。

通常，当 $CR=\frac{CI}{RI}<0.01$ 时，则认为 $\boldsymbol{A}$ 阵具有满意的一致性。否则，需要重新调整 $\boldsymbol{A}$ 阵的元素取值，直到符合一致性要求为止。

(4) 层次总排序及其一致性检验。层次总排序是计算同层次所有因素对最高层的相对重

要权值。

表 2.9 给出了 F 层次的总排序权值。

同上，若相应平均一致性指标为 RI_j，则 F 层次总排序的随机一致性比率为

$$CR = \frac{\sum_{j=1}^{n} a_j CI_j}{\sum_{j=1}^{n} a_j RI_j}$$

通常，当 $CR < 0.1$ 时，认为层次总排序结果具有满意的一致性。否则还需要重新调整阵的元素取值。

3.6.3　应用案例

例 3.6　防空导弹指挥控制中的目标威胁评估模型。对目标威胁的正确评估，是防空导弹作战中指挥控制的关键技术之一，是实现优化火力分配的主要依据，其实质在于借助层次分析法建立如下目标威胁评估模型。

(1) 分析系统，提出问题。在针对多目标作战时，随时了解来袭目标对要地(或区域)防空的威胁态势是十分重要的。它决定着如何进行火力分配，高效杀伤空中目标的关键问题。为此，必须对影响目标威胁程度的下例主要因素进行深入分析，以确定它们在目标威胁评估中的相对重要性。

1) 航程捷径：是指目标对于相控阵雷达或被保卫要地(或区域)的航程捷径。目标航程捷径越小，其攻击意图越明显，攻击后对我方要地或区域的毁伤概率越大，因此威胁程度也就越大。

2) 目标类型：通常，按其威胁程度由大到小的目标类型排序应是，战术弹道导弹(TBM)、空地导弹、反辐射导弹、巡航导弹、隐身飞机、轰炸机、歼击轰炸机、强击机、武装直升机等；除此，上级指定的目标，应按所指定的先后次序保证优先拦截；干扰载机和发现的战术弹道导弹或航空制导炸弹应保证优先拦截。

3) 机动特征：对于低空突防的飞机进入离被攻击目标约 20 km 时，一般为跃升观察，然后投弹。若发现目标爬升，即相控阵雷达输出的航迹参数 $\dot{Y} > 0$ 时，则表明攻击意图明显，威胁程度很大。

4) 达到发射区近界时间：到达发射区近界时间越短，则威胁程度越大。

(2) 建立目标威胁评估的层次结构模型。据上分析，可建立目标威胁评估的层次结构模型如图 3.5 所示。

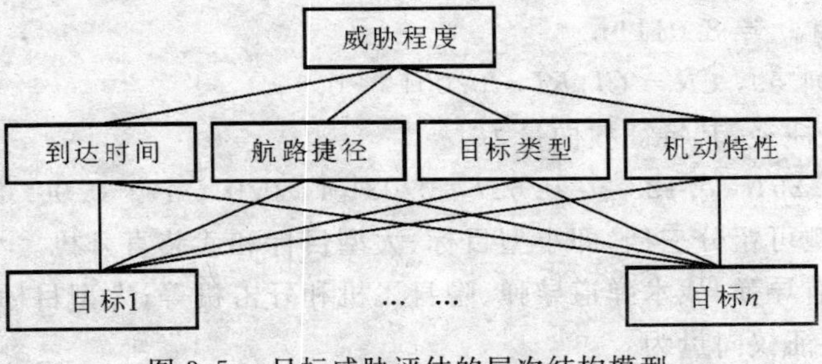

图 3.5　目标威胁评估的层次结构模型

(3) 构造判断矩阵。对于中间层(到达时间、航程捷径、目标类型及机动特征),有判断矩阵

$$
\boldsymbol{A}=\begin{bmatrix} 1 & \frac{9}{8} & \frac{9}{8} & 4 \\ \frac{8}{9} & 1 & 1 & 3 \\ \frac{8}{9} & 1 & 1 & 3 \\ \frac{1}{4} & \frac{1}{3} & \frac{1}{3} & 1 \end{bmatrix}
$$

(4) 求取特征权向量及最大特征根

$$
\boldsymbol{w}^{(0)}=[w_1^{(0)} \quad w_2^{(0)} \quad w_3^{(0)} \quad w_4^{(0)}]^{\mathrm{T}}=[0.336 \quad 0.286 \quad 0.286 \quad 0.092]^{\mathrm{T}}
$$

$$
\lambda_{\max}=4.0035
$$

(5) 进行判断矩阵 **A** 的一致性检验

$$
CI=(\lambda\max-4)/(4-1)=0.001\,153
$$

$$
CR=CI/RI=0.001\,153/0.9=0.002\,8<0.1
$$

可见,**A** 阵具有满意的一致性,即特征权向量 $\boldsymbol{w}^{(0)}=[0.336\ 0.286\ 0.286\ 0.092]^{\mathrm{T}}$ 可较客观地反映到达时间、航程捷径、目标类型和机动特征等因素对目标威胁(排序)评估的“贡献”。

(6) 进行层次总排序,并计算一致性指标。实际上是进行最低层特征权向量的确定和一致性检验。对于不同的导弹武器装备,同时跟踪目标的数目(n)是不同的,如若 $n\leqslant 8$,则到达时间和航程捷径均可取 8 个档次,于是可得到各目标对于到达时间的判断矩阵为

$$
\begin{bmatrix} 1 & 2 & 4 & 8 & 16 & 32 & 64 & 128 \\ 1/2 & 1 & 2 & 4 & 8 & 16 & 32 & 64 \\ 1/4 & 1/2 & 1 & 2 & 4 & 8 & 16 & 32 \\ 1/8 & 1/4 & 1/2 & 1 & 2 & 4 & 8 & 16 \\ 1/16 & 1/8 & 1/4 & 1/2 & 1 & 2 & 4 & 8 \\ 1/32 & 1/16 & 1/8 & 1/4 & 1/2 & 1 & 2 & 4 \\ 1/64 & 1/32 & 1/16 & 1/8 & 1/4 & 1/2 & 1 & 2 \\ 1/128 & 1/64 & 1/32 & 1/16 & 1/8 & 1/4 & 1/2 & 1 \end{bmatrix}
$$

其特征权向量为

$$
[0.500\,2 \quad 0.251 \quad 0.125\,5 \quad 0.627 \quad 0.031\,4 \quad 0.015\,17 \quad 0.007\,8 \quad 0.003\,9]^{\mathrm{T}}
$$

最大特征根是 $\lambda_{\max}=8.0111$;

故有 $CI=0.001\,59$, $CR=CI/RI=0.001\ll 0.1$;

同样,对于航程捷径,其特征权向量为

$$
[0.500\,2 \quad 0.251 \quad 0.125\,5 \quad 0.627 \quad 0.031\,4 \quad 0.015\,17 \quad 0.007\,8 \quad 0.003\,9]^{\mathrm{T}}
$$

而对于目标类型可粗分三档,即小型目标、大型目标和武装直升机。小型目标包括空地导弹、反辐射导弹、巡航导弹、战术弹道导弹、隐身飞机和歼击机等;大型目标有轰炸机、歼击轰炸机、强击机等。其特征权向量为

$$
[0.545\,5 \quad 0.363\,7 \quad 0.090\,8]^{\mathrm{T}}
$$

对于机动特征,其特征权向量为

$$[0.75 \quad 0.25]^T$$

显然，在上述层次分析法所得数据下，将容易做出对于具体目标的威胁程度评估，并完成防空作战中指挥控制所需要的目标威胁排序。

3.7　量纲分析法

3.7.1　方法原理

基于物理量都有量纲，且物理定律（物理公式）不会因量度量纲的基本单位变化而变化的事实，被建模系统或现象可以用变量之间的量纲正确的方程来描述，这就是量纲分析法建模的基本原理。

量纲分析是一种常用的定性分析工程方法，在数学建模中有如下重要作用：① 提供补充信息，有助于确定变量之间的关系；② 在通常确定一个或多个子模型时，可帮助人们在各种子模型之间进行合理选择；③ 大幅度地降低建模必备实验数据的总量，减少预测性能所需要的实验次数。

应该指出，进行量纲分析必须具备两个条件：① 给出参与物理过程的物理量；② 已知各物理量的量纲。物理量 Q 的量纲式的一般形式为

$$\dim Q = \mathrm{L}^{\alpha}\mathrm{M}^{\beta}\mathrm{T}^{\gamma} \tag{3.26}$$

式中，α,β,γ 为量纲指数，具体为实数，可以是正的、负的或为零；L，M，T 为选定的 3 个基本量 (l,m,t) 的量纲。当然，采用哪些物理系统作为基本量系统是无所谓的。

如果上述量纲式中的 α,β 和 γ 都等于零时，量纲将简化成 $\mathrm{L}^0\mathrm{M}^0\mathrm{T}^0$，这时称物理量 Q 或乘积是无量纲的。

一般地，如果方程在任何度量单位制下都是成立的，则称为是量纲齐性，该方程叫做齐性方程。由此出发，量纲分析法建模的实质是通过寻求一个适当的量纲齐性方程来确定待定方程的形式，并求解出因变量。也就是利用完备无量纲乘积组来寻找出所有的量纲齐性方程，最终确定出被建模对象（物理系统）的因变量。而从完备无量纲乘积组构造所有量纲齐性方程是建立在著名 Buckingham 定理基础上的。

Buckingham π 定理：一个方程是量纲齐性的，当且仅当它可以表示为下面的形式

$$f\left(\prod\nolimits_1,\prod\nolimits_2,\cdots,\prod\nolimits_n\right)=0 \tag{3.27}$$

其中，f 是 n 的自变量函数，而 $\left\{\prod_1,\prod_2,\cdots,\prod_n\right\}$ 是一个完备（包含变量和函数）无量纲乘积组。

3.7.2　建模过程

量纲分析法建模的方法与步骤如下：

(1) 决定建模对象的（系指物理系统）包含的各个物理变量。

(2) 在保证因变量仅出现在一个无量纲乘积中的前提下，确定变量中的一个完备无量纲乘积组 $\left\{\prod_1,\prod_2,\cdots,\prod_n\right\}$。

(3) 进一步核实上述各乘积是无量纲的和无关联的。

(4) 借助 Buckingham 定理在变量中生成所有可能的量纲齐性方程，其形式为式(3.27)。

(5) 对因变量求解量纲齐性方程。

(6) 进行必要实验和结果分析，获取系统的数学模型。

(7) 验模。

3.7.3 应用案例

例 3.7 理想单摆(不考虑空气阻力)如图 3.6 所示。已知，小球质量为 m，摆线长为 l。若单摆在有界扰动下稍偏离平衡位置后在重力 mg 作用下做出简谐运动，试采用量纲分析法建立该单摆的运动模型。

分析已知，该理想单摆运动过程中所参与的物理量包括：摆长 l，质量 m，重力加速度 g 及摆动周期 t，其中，T 为因变量与其他变量(物理量)之间的函数关系为

$$t=\varphi(l,m,g) \tag{3.28}$$

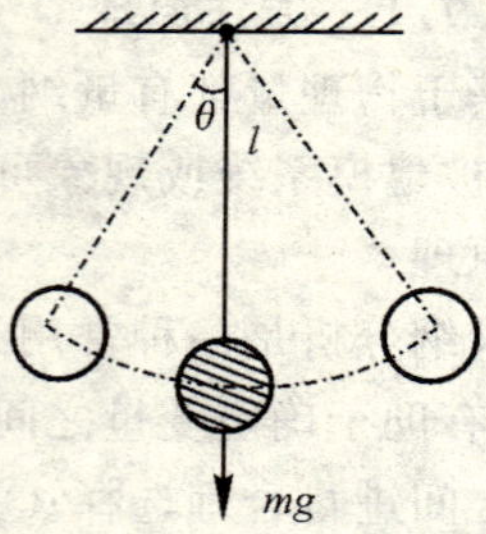

图 3.6 理想单摆运动过程示意图

假定式(3.28)可表示为如下物理量之间的关系式

$$t=\lambda l^{\alpha_1} m^{\alpha_2} g^{\alpha_3} \tag{3.29}$$

式中，λ 为无量纲比例系数；α_1，α_2 和 α_3 为待定常数。

于是，式(3.29)的相应量纲表达式为

$$T=\mathrm{L}^{\alpha_1}\mathrm{M}^{\alpha_2}(\mathrm{LT}^{-2})^{\alpha_3}=\mathrm{L}^{(\alpha_1+\alpha_3)}\mathrm{M}^{\alpha_2}\mathrm{T}^{-2\alpha_3} \tag{3.30}$$

根据等式两端量一致的原则有

$$\left.\begin{array}{l}\alpha_1+\alpha_2=0\\ \alpha_2=0\\ -2\alpha_3=1\end{array}\right\} \tag{3.31}$$

求解式(3.31)得

$$\alpha_1=\frac{1}{2},\quad \alpha_2=0,\quad \alpha_3=-\frac{1}{2} \tag{3.32}$$

将式(3.32)代入式(3.29)有

$$t=\lambda\sqrt{\frac{l}{g}} \tag{3.33}$$

利用力学定律验证模型式(3.33)，可认为利用量纲分析法建立的模型式(3.33)运行与实际结果是一致的。可见，所建模型是正确有效的。

3.8 图 解 法

3.8.1 方法原理

概括讲，图解法是一种理论分析和几何作图相结合的建模方法。它具有简便、直观的突出特点。

3.8.2 建模过程

图解法的详细原理和建模过程可通过冷战时期美苏核武器竞赛问题建模及模型求解来说明。

(1) 问题。在美苏导弹核武器竞赛中，双方都希望拥有某一最少量洲际核导弹，以保障在遭受对方突然袭击后幸存下足够导弹，以便给进攻者“致命回击”。于是，产生了两种设防的观点：一是依靠加固导弹库或者建造导弹潜艇来保护自己的核导弹；二是引入反弹道导弹和多弹

头导弹，进一步扩大实力。两种观点正确与否，效果如何，成为人们很关切的核武器竞赛问题。

(2) 图解过程。为了得出上述问题结论，可利用图解法。其图解过程如图 3.7 所示。

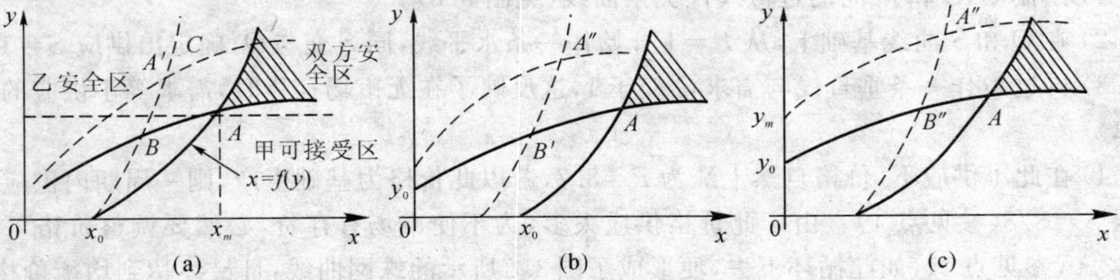

图 3.7　美苏导弹核武器竞赛问题图解过程

(a) 某方（如美国）引入反弹道导弹情况；(b) 引入多弹头导弹情况；(c) 加固核基地情况

图中：x，y 为双方拥有的核导弹数量；A 为初始平衡点。

(3) 模型分析。假设双方核导弹数量相同，且具有同样防护能力。由图 3.7(a) 可知，竞赛中必然存在连续函数 $y=g(x)$ 和 $x=f(y)$。这样，只当 $x>g(y)$ 时，甲方才会感到安全；同样，只当 $y>g(x)$ 时，乙方才会感到安全。因此，图中阴影区应该是双方均感到安全的暂时军备稳定区。但是，甲方若用某种设施，如引入反弹道导弹来防护城市，此时，乙方要对甲方进行致命打击便需要比原来 y 更多的核导弹。于是曲线 $g(x)$ 发生上移如图 3.7(a) 所示。可见，若要保持上述稳定，两国都势必需要更多的核导弹（如图 3.7(a) 中 A' 所示）。假若甲方装备多弹头导弹，情况将变得更严重。如若甲方将每枚单弹头导弹都改装为 N 个核弹头，则它需要的能逃脱偷袭的导弹数量可更多一些（大约是 X/N）。于是，$x=f(y)$ 曲线将左移（见图 3.7(b)）。此时，乙方在一次被偷袭中将面临 N 倍之多的弹头。这相当于 X 轴的比例尺变化一个因子 N，因此乙方将需要更多的导弹（见图 3.7(b) 中 A''）

综上所述，仅当甲方分别采用上述两种设防方案之一时，就会使甲乙双方导弹数量增加。对于图 3.7(c) 所示的甲方采用加固核基地方案。亦会得到同样的结果。这样，更不必说乙方为了防御和进攻也需要采取上述同样的方案，并得到同样的结果。

(4) 结论。根据上述图解模型及分析，可得到如下重要结论：

在导弹核武器军备竞赛中，美苏两国试图以最少量的核导弹保护自己，应付对方将是徒劳的。到头来只能是双方需要的核导弹数量越来越多，对本国和世界带来灾难性的后果。

3.8.3　应用案例

例 3.8　在市场无存货和生产有稳定时滞下，建立需求 Q、供应与价格 P 之间的市场经济模型。

(1) 问题提出。按照供应决定于先前市场价格，而需求会对当前价格做出强烈反应的经济规律，建立市场无存货和生产有稳定时滞下的需求、供应与价格关系的市场经济模型。

(2) 建模过程。对于单一商品市场，产品供应量 $S(t)$ 依赖于 $(t-1)$ 时的产品价格 $P(t-1)$，同时 t 时刻的需求量依赖于此时的产品价格 $P(t)$，要使市场上供应平衡，应有

$$S(t)=S(P(t-1)) \tag{3.34}$$

$$Q(t)=Q(P(t)) \tag{3.35}$$

式中，$S(t)$ 为单调增函数；$Q(t)$ 为单调减函数。

$S(t)$ 和 $Q(t)$ 交点 $P=\bar{P}$ 被称为均衡价格。

(3) 模型求解。通常，根据式(3.34)和式(3.35)可得到一个一阶线性差分方程，再利用递推关系得出产品价格 $P(t)$。为清晰起见，可采用图解法，其具体做法如下：

1) 绘制 Q，S 和 P 间的近似线性关系曲线(见图 3.8)。

2) 在 Q 和 S 曲线基础上，从 $P=1$ 开始作一条水平线，同 S 交与 O，确定出供应 $S=1.8$。

3) 再过 O 作一条垂直线与需求 Q 交于 1，这反映了在无市场存货时，需求等于供应的经济规律。

4) 在此小供应下，价格自然上涨为 $P=8.7$，若以此价格为基础生产，则一周期内供应就会跳至 $S=8.8$(参见点 1)。由于此价格供应太多，为不使市场有存货，必然要调整价格下跌为 $P=3.0$(参见点 2)，如此循环下去，便形成了图 3.8 所示的蛛网曲线，且最终达到均衡价格 $P=5.43$，从而使市场保持稳定。这就是采用图解法所得到的著名市场经济蛛网模型。

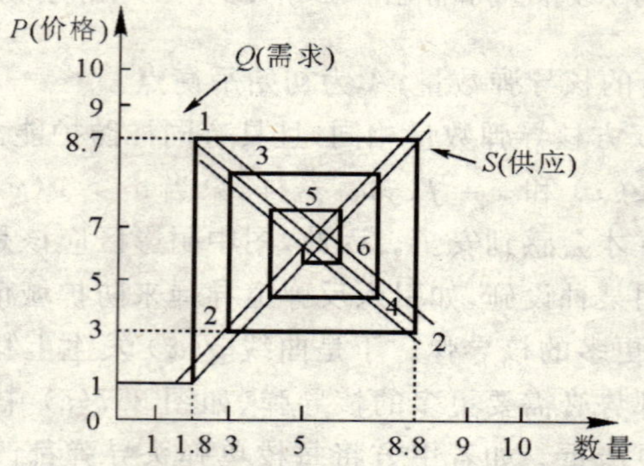

图 3.8　利用图解法获得市场经济蛛网模型

3.9　因果分析法

3.9.1　方法原理

在数学上，因果关系可简单地表示成二元组 (X,Y)，即因 X 事件导致 Y 事件地发生。还可以表达成联系图的描述方式或更加抽象的约束网络。

在因果关系分析和建模中，基于因果顺序理论的因果关系追溯和分层因果关系的定性推理是十分重要的，它是基于因果关系建模方法与技术基础的。所谓因果追溯就是从结果回溯去寻求可能导致和触发结果的原因，并依此来确定事物因果发生的链路。这种因果追溯主要体现在参数变量与结果之间的关系上，作为实验设计、统计分析及建模的工具。(美)Vensim 软件就是一个典型基于因果关系追溯的系统动力学建模分析软件。它主要以系统变量行为之间的影响程度区分存在的因果关系，使用户可从一个变量追溯到另一个变量，从而建立变量之间的因果链或者因果回路。

因果追溯方法的基本思想包括以下四部分：具备因果追溯性的仿真系统、仿真数据模型、行为模型及因果追溯的结构算法(见图 3.9)。

因果追溯方法的基本思想：

所谓分层因果关系的定性推论(LCQR)，就是将变量按约束关系分层，利用层间的约束传播，控制无序变量的组合生成，从而达到简化推理过程的目的。为此，在构造层次关系时，可通过因果决定关系图来获得变量间的合理因果关系。

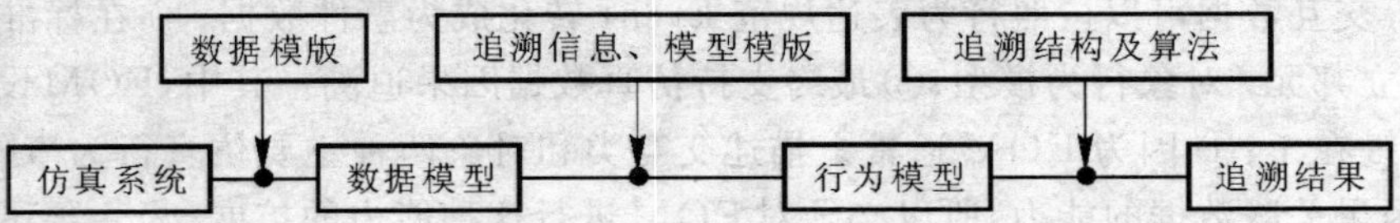

图 3.9　因果追溯方法的基本思想

3.9.2　技术特点

(1) 基于因果关系建模实质上是一种定性建模方法，因果顺序理论为重要基础。

(2) 因果关系追溯是基于因果关系建模的主要分析手段，Vensim 软件是具有代表性的因果关系建模分析软件，被广泛应用于系统动力学领域。

(3) 实现因果关系追溯的核心是建立行为模型，而关键在于如何获取行为和关联行为的数据。

3.9.3　典型应用

例 3.9　HLA 仿真系统的仿真数据因果分析。HLA 仿真系统是当今大型复杂仿真系统的典型模式。理论和实践表明，这类仿真系统发生的因果关系主要体现在数据交互，且这些数据交互是在对象模型的约束下实现的。

HLA 仿真系统的对象模型主要有两类：一类是联邦对象模型 FOM；另一类是仿真对象模型 SOM。SOM 是仿真对象能力的表述，是为仿真成员在参与联邦运行时所能提供的能力，但在仿真过程不存于数据交互中。FOM 是公共的交互基础和核心，它详细定义了交互类和对象类的内容，描述联邦执行过程中成员可共享的信息，为联邦成员提供公共数据交换规范，并建立联邦的初始运行环境、接口规范以及定义联邦成员仿真运行时所需服务(包括联邦管理、对象管理、声明管理、所有权管理、数据分发管理、时间管理等)。因此，HLA 仿真系统的因果追溯性数据分析主要集中在 FOM 设计。

HAL 仿真系统因果追溯性数据分析的总体思想如图 3.10 所示。

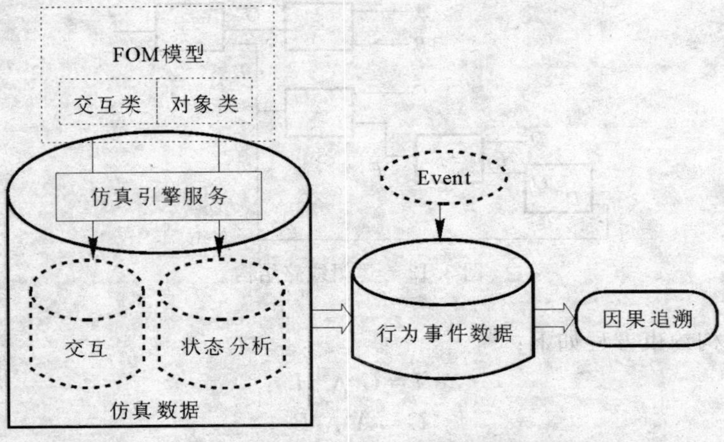

图 3.10　HAL 仿真系统的因果追溯性数据分析思想

由图所知，整个因果追溯性数据分析包括：① 对联邦对象模型 FOM 进行设计；② 按照 FOM 实现的仿真模型通过类似仿真引擎的 RTI 仿真服务连接运行；③ 仿真输出的交互类和状态更新等交互数据可以按照行为表达规范 Event 转化成为事件数据；④ 在标准化后的数据支持下，建立邦元/对象行为模型；⑤ 最终支持仿真数据因果追溯。其中，FOM设计是至关重要的，其关键在于：① 因为 FOM 通常上描述交互类和对象两种主要仿真行为事件本身；而不具备记录因果关联数据的能力，所以必须对FOM进行这种能力的扩展；② 主要围绕如何能使输出的仿真数据转化成为Event类型的数据；③ 在进行对象类设计和交互类设计时，需要分别按照图 3.11(a) 和(b) 加入一些特殊的属性和特殊的参数，以保证记录下来的状态更新事件可以满足 Event 的要求；④ 必须规范在 HLA 仿真中发生的行为事件结构：

$$\text{Event}=(\text{type},\text{id},\text{time},\text{data},\text{pre\_list}) \tag{3.36}$$

式中，type为事件类型；id为事件在仿真中的唯一标识；time为事件发生时间；date为事件的参数及其值是对事件内容的具体证明；per-list 为该事件的因事件标识列表，由一系统 id 组成。

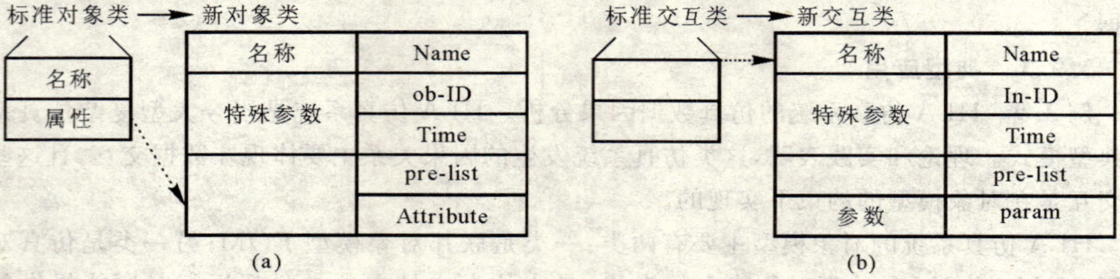

图 3.11　对象类与交互类的设计

(a) 对象类属性的扩展；（b) 交互类属性的扩展

图中：ob-ID— 更新状态事件的 ID，由邦元/对象的唯一标识、采用计算器的值、加入仿真时间等三部分组成，且组成不是唯一的。In-ID— 交互类事件的 ID，由 ob-ID 同样的三部分组成，且组成亦不是唯一的。

例 3.10　针对如图 3.12 所示逻辑电路的因果关系建模。

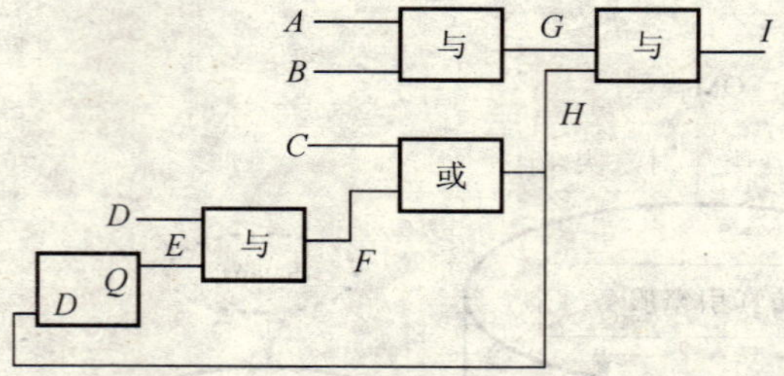

图 3.12　逻辑线路结构

图示系统结构约束方程如下：

$$I=G\wedge H \tag{3.37}$$

$$G=A\wedge B \tag{3.38}$$

$$H=C\vee F \tag{3.39}$$

$$F=D\wedge E \tag{3.40}$$

$$E=H \tag{3.41}$$

外部约束条件为：

$$A=0 \tag{3.42}$$

$$B=0 \tag{3.43}$$

$$C=0 \tag{3.44}$$

$$D=0 \tag{3.45}$$

显然，由式(3.37)～式(3.45)无法应用因果顺序理论得到变量间的因果关系，这是因为该系统出现了循环反馈情况，并且缺乏必要的信息。因此，可采用如下分层因果关系的定性推理(LCQR)方法。

(1) 按照给出的算法生成分层因果关系图 LCG(见图 3.13)。

(2) 同样，根据 LCQR 方法描述，在上述分层因果关系图基础上构成分层因果行为转移图(见图 3.14)。

(3) 上述分层因果行为序列图是对逻辑电路因果依赖关系地直观定性推理描述。

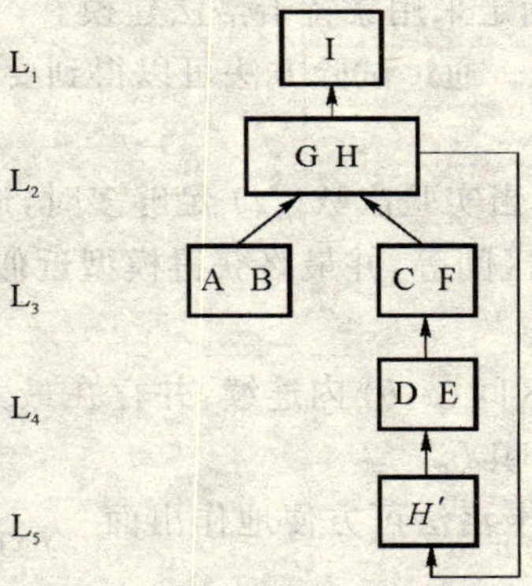

图 3.13　例 3.10 逻辑电路的 LCG 图

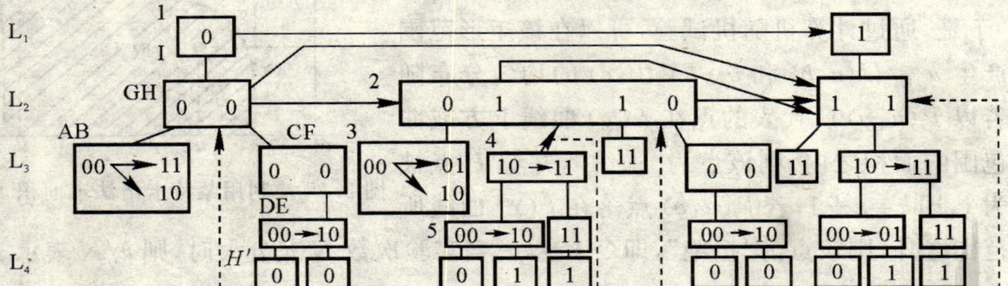

图 3.14　例 3.10 逻辑电路的分层因果行为序列

解决例 3.10 因果关系建模的基本过程：从某一状态出发找到可能的状态转移 → 找到状态转移的最终解 → 变量间的反馈作用 → 因果依赖关系。

3.10 蒙特卡罗法

3.10.1 方法原理

蒙特卡洛法亦称随机抽样法或统计实验法。该方法起始于二战期间，是继机理分析法和直接相似法之后又一种重要的建模方法。其基本原理是：当实验次数（N）充分多时，某一事物出现的频率近似的等于该事件发生的概率，即

$$n/N \approx P \quad (\text{当 } N \text{ 充分大时})$$

式中，P 为某事件发生的概率；N 为实验次数；n 为在 N 次实验中，该时间出现的次数。

可见，蒙特卡洛法是基于实验思考方法论的一种实验建模方法。这种方法普遍适用于很难建立数学模型的复杂随机系统，具有简便和建模周期短的特点。

3.10.2 建模过程

(1) 分析系统，提出问题。当所求解的问题是某种事件发生的概率或某一随机变量的数学期望，或其他数字特征时，可确定采用蒙特卡洛法建模。

(2) 针对问题进行实验设计。通过试验方法可以得到要求建模事件的样本频率或样本均值等。

(3) 实验获得模型近似解。当实验次数（N）足够多时，通过统计判断，可以获得样本参数代表总体参数的置信度，或置信区间等，并最终获得模型近似解。

3.10.3 应用案例

例 3.11 设函数 $f(x)$ 在区间 (a,b) 内连续，并存在最大峰值 c，试确定该函数曲线在区间 (a,b)，$(0,c)$ 所形成的图形面积 I。

根据理论分析知，利用蒙特卡洛法可方便地作出面积 I 的估计 $\hat{I}$，其作法如下：

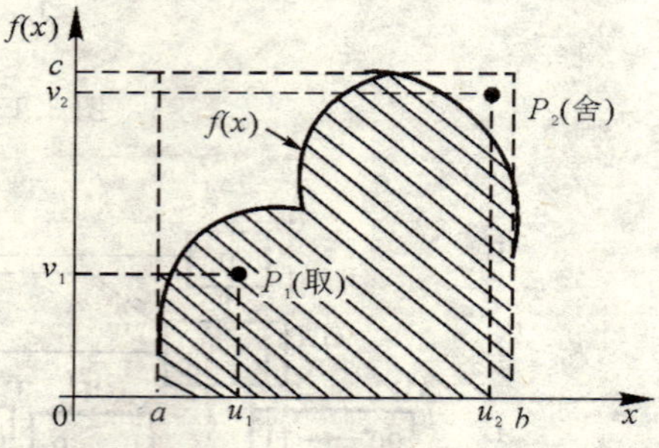

图 3.15 利用蒙特卡洛法求面积 I 的估值

由于 $x \in (a,b)$，且 $c = \max f(x)$，故由 $f(x)$ 定义的函数曲线在 $(b-a)$ 和 c 所包围的矩形之内（见图 3.15）。于是，通过计算机随机试验，可以在该矩形范围内分别产生 $u \sim U(a,b)$ 和 $v \sim V(0,c)$ 的均匀分布随机数。若以 $P(u,v)$ 所代表的点在 $f(x)$ 曲线上方或曲线下方包围的面积之内，则该点为“采纳”，并记 P 点被取次数为 1，即 $k=k+1$；若 $P(u,v)$ 点落在 $f(x)$ 曲线所包围的范围之外，则该点为“拒绝”，即令 $k=k$。当实验次数 N 充分大时，则 k/N 表示 $f(x)$ 曲线所包围面积 I 占矩形面积的百分比，即 $I=\dfrac{k}{N}(b-a)c \ (N \to \infty)$。

上述实验的计算机流程为：

(1) 置 $i=0$, $k=0$, $N=1\,000$（设样本量为 1 000）。

(2) 置 $i=i+1$，并在区间 (a,b) 和 $(0,c)$ 中分别产生均匀分布的伪随机数 u_i，v_i。

(3) 计算 $f(u_i)$，若 $v_i \leqslant f(u_i)$，则该点为“采纳”，于是置 $k=k+1$。

(4) 若 $i<N$，则返回(2)，若 $i=N$，则转向(5)。

(5) 计算 $\hat{I}=\dfrac{k}{N}(b-a)c$，停止。

3.11 “隔舱”系统法

3.11.1 方法原理

该方法借鉴大型船只内被分为若干隔舱的概念，把研究对象设想分为若干个具有不同单元而又相互联系的“隔舱”，其中每个隔舱表示所建模系统的一个状态或某一分量，然后根据守恒(包括质量、能量、和动量守恒等)原理，利用机理分析法建立系统特性的数学模型。其模型形式通常为线性微分方程组：

$$\frac{\mathrm{d}X_i}{\mathrm{d}t}=\sum_{i=1}^{n}a_{ik}X_k(t)+\sum_{j=1}^{m}b_{ij}u_{ij}(t) \tag{3.46}$$

式中，$X_i(t)$ 为储存于隔舱之内与通量有关的状态变量；$X_k(t)$ 为 $i\neq k=1,2,\cdots,n$ 时系统其余隔舱的状态变量；u_{ij} 为 $i=1,2,\cdots,m$ 时周围环境向隔舱的 i 输入；a_{ik}，b_{ij} 为与某些变量(或时间)有关的系数。

上述方程组还可改写成状态空间表达式：

$$\dot{\boldsymbol{X}}(t)=\boldsymbol{A}(t)\boldsymbol{X}(t)+\boldsymbol{B}(t)\boldsymbol{u}(t) \tag{3.47}$$

$$\boldsymbol{Y}(t)=\boldsymbol{CX}(t) \tag{3.48}$$

3.11.2 建模过程

(1) 进行系统分析，做出若干个假想“隔舱”，并在隔舱模型化前做出建模假定。

(2) 选择状态变量。

(3) 利用机理分析法建立各隔舱局部模型和舱间关系模型。

(4) 综合局部模型和关系模型，构成系统总体模型。

(5) 模型验证。

3.11.3 应用案例

例 3.12　人体中铁元素传输模型的建立。

解　(1) 系统分析。大量研究表明：① 铁(Fe)元素对人体的作用十分重要，是新陈代谢不可缺少的元素。缺乏它将导致贫血和其他血液疾病。② 通常成人体内含铁 3 ~ 4 g。其中，约 70% 的铁包含在血红细胞蛋白中，约有 1 g 铁储存在肝和脾脏内，人体其他组织含有少量铁。人体经消化道每日从食物中平均吸收 1 mg 铁，而新陈代谢损失 1 mg 铁，故基本保持平衡。③ 对于妇女，因月经排血平均每日需要 2mg 铁。④ 血红细胞的正常寿命约为 110 ~ 120 d。产生新血红细胞需要每天从血浆到骨髓通过 20 ~ 30 mg 铁。综上述，可认为短期内人体系统的铁(Fe)元素保持不变，铁的摄入量和损失量对人体扰动是极小的，可忽略不计。

(2) 构筑“隔舱”模型。基于上述分析，可将人体中铁元素分布和传输构筑三个隔舱(见图 3.16)。

(3) 模型假定(条件)：

1) 隔舱有一假想边界，设每个隔舱内的铁量为常数。

2) 隔舱内的物质是均匀而连续的。

3) 在新陈代谢中，同位素铁与普通铁无区别。

(4) 建立铁元素在人体传输微分方程。若设 $Q_i(t)$ 为第 i 个隔舱内的铁数量；$q_i(t)$ 为注入的同位素铁的数量；$R_{ij}(t)$ 为铁从隔舱 i 流到隔舱 j 的速率。则有对于每个隔舱的微分方程组：

$$\frac{\mathrm{d}Q_i(t)}{\mathrm{d}t}=\sum_{j=1}^{3}(R_{ij}-R_{ji}) \tag{3.49}$$

$$\frac{\mathrm{d}q_i(t)}{\mathrm{d}t}=\sum_{j=1}^{3}\left(\frac{R_{ij}}{Q_j}q_j-\frac{R_{ji}}{Q_i}q_i\right)+A_i(t) \tag{3.50}$$

式中，$A_i(t)$ 为加于隔舱内的任一函数（如同位素铁注射或灌入）。

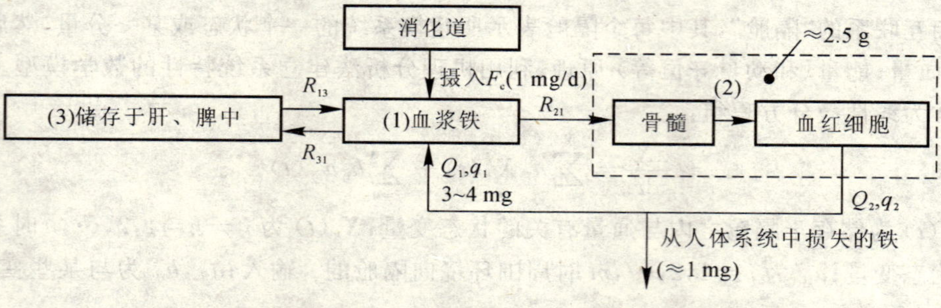

图 3.16　铁(Fe)元素在人体内的分布和传输的隔舱模型

3.12　想　定　法

3.12.1　方法原理

想定法又叫做人工假定法，是基于对系统过去行为的了解和对未来希望达到的目标，并考虑系统中有因素的可能变化，将系统中的不确定因素假定成若干确定的取值，构造出一些初步模型，并在此基础上通过这些模型运行，分析其结果，进行不断反复修改，最终建立是一个较合理的模型。

3.12.2　建模过程

(1) 采集相关资料数据。

(2) 系统分析，提出问题，确定建模目标。

(3) 设定一些不定情况，即做出认为假定。

(4) 构造出一些符合上述假定情况的相应初步模型。

(5) 在计算机上运行诸初步模型，进行结果分析和比较。

(6) 一次一次修改模型，不断反复运行，得到最终较合理模型。

可见，想定法建模是一个多次迭代的过程。

3.12.3　应用案例

例 3.13　世界动力学系统的 GLOBE6 模型和我国可持续发展动力学模型的建立。

为了预测工农业发展、环境污染和自然资源利用对于人口数量和质量的影响，需要建立世界性的动力学系统模型。

该模型建模采用了想定法，建模的部分数据采自各种统计年鉴和有关工农业发展、环境污染和自然资源利用以及人口增长的资料。在详细分析这些数据资料的基础上，做出若干条建模假定，并形成了好几种模型。GLOBE6 模型就是其中的一种，它大约采用了 110 个代数方程和微分方程来描述世界动力学系统主要环节的相互联系，如图 3.17 所示给出了 GLOBE6 模型的基本框架。在此框架下用想定法建立起来的 GLOBE6 模型分析结果，曾引起世界各国的极大关注，并促进人们对于控制人口增长和保护地球上绿色资源有了一致认识。同时，该模式对于我国可持续发展系统动力学模型的建立有重要参考价值。我国可持续发展系统动力学模型框架与 GLOBE6 模型类似，包括社会、经济的可持续发展、资源的合理利用和环境保护三大部分。社会经济的可持续发展包括人口、教育、保健、营养、经济和科技投入等。其中人口问题是我国可持续发展面临的最大问题，故人口控制被确认为基本国策；环境保护部分包括固体废物、水污染、大气污染及总污染等，是保证可持续发展的核心问题；资源合理利用部分包括矿物燃料生产、矿物燃料投资、能源需求、电能需求及生产、核能生产和可再生能源等，是国民经济和社会发展的重要的物质基础，一个可持续发展的社会将有赖于资源可持续供给的能力。

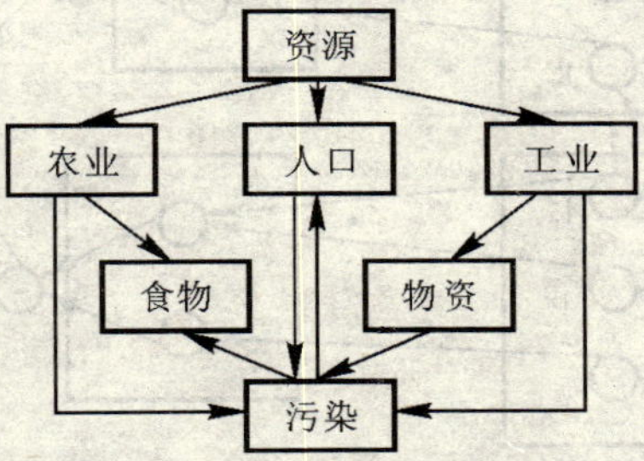

图 3.17　GLOBE6 模型的主要环节及反馈路径

3.13　定性推理法

3.13.1　基于 *P*-范数的近似推理定性建模方法

(1) 方法原理。考虑一复杂多输入-单输出系统，可视为 m 个子系统的合成。根据前述定性推理方法，该系统信息可通过 m 条语义规则 $R_1, R_2, \cdots, R_m$ 来描述(见图 3.18)：

$$R_i\text{: if } x_1 \text{ is } A_1^i,\ x_2 \text{ is } A_2^i,\ \cdots,\ x_n \text{ is } A_n^i \text{ then}$$

$$Z_i = \sum_{j=0}^{n} w_{ij} x_j \quad (x_0 = 1) \tag{3.51}$$

$$Y = \sum_{i=0}^{m} \psi_i z_i \Big/ \sum_{i=1}^{m} \psi_i \tag{3.52}$$

式中，A_j^i 为论域 D_j 上的模糊变量；w_{ij} 为第 i 条规则 R_i 的结论参数；ψ_i 为 $\{A_j^i\}_{j=1}$。

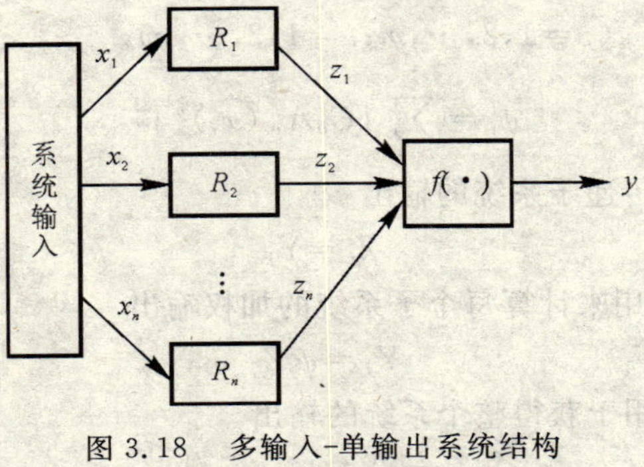

图 3.18　多输入-单输出系统结构

这里，$\boldsymbol{X} = [x_1 \quad x_2 \quad \cdots \quad x_m]^{\mathrm{T}}$ 的隶属度可利用 p-范数给出：

$$\psi_i=\left[\sum_{j=1}^{m}A_j^i\ (x_j)^p\right]^{\frac{1}{p}} \tag{3.53}$$

式中，p 为实数，当 $p\to\infty$ 时，$\psi_i=\min_{j=1}^{n}\left[A_i^j(x_j)\right]$。

这就是基于 p-范数的近似推理方法原理，进一步，这种推理可以通过神经网络来实现。图 3.19 给出了实现基于 p-范数近似推理的神经网络。

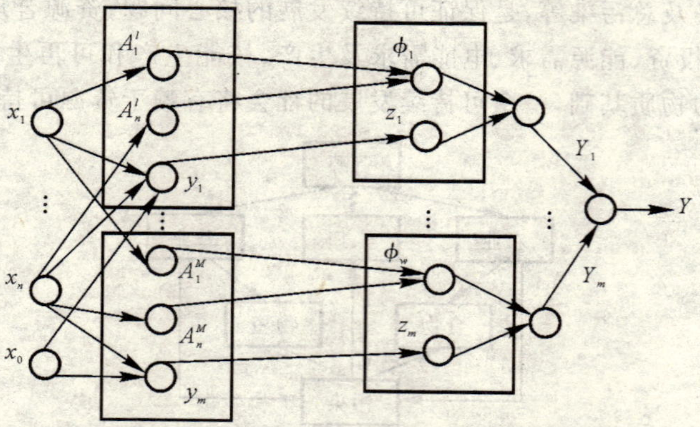

图 3.19　实现基于 p-范数近似推理的神经网络

该网络由 5 层神经元组成：

第一层：由 $n+1$ 个单元，用于接受输入信号 $x_0,x_1,\cdots,x_n$。

第二层：由 $m(n+1)$ 个单元，分为 m 组，每组分两类，一类为 n 个单元，用以获得取相应规则中的隶属度信息

$$A_i^j(x_j)=\exp\left[-\left(\frac{x_j-a_{ij}}{a_{ij}}\right)^2\right] \tag{3.54}$$

式中，a_{ij} 为重权，可取为 1。

另一类仅 1 个单元，且为线性单元，其输入对应于子系统的输出，它与第一层的 $n+1$ 个单元全部联系，相应权重为 w_{ij}。且

$$Y_j=\sum_{i=0}^{n}w_{ij}x_i \tag{3.55}$$

第三层：有 $2m$ 个单元，同样分 m 组，每组又分两类，每类仅 1 个单元。其中一类用于隶属度 ψ_j，神经元间的权重为 $C_{ji}(j=1,2,\cdots,m;i=1,2,\cdots,n)$。

$$\psi_j=\sum_{i=1}^{n}\ \left[C_{ji}A_i^j\ (x_i)^p\right]^{\frac{1}{p}} \tag{3.56}$$

另一类用作线性单元传递子系统的输出

$$Z_i=Y_j \tag{3.57}$$

第四层：有 m 个单元，用来计算每个子系统的加权输出

$$Y_j=\psi_jZ_j \tag{3.58}$$

第五层：仅一个单元，用于获得整个系统的输出

$$Y=\sum_{j=1}^{n}\frac{Y_j}{\varphi},\quad \varphi=\sum_{j=1}^{m}\psi_j \tag{3.59}$$

(2) 技术特点：① 具有可靠的数学基础；② 推理简便，易于实现；③ 有实用价值和良好的

应用价值。

(3) 典型应用。

例 3.14　轧钢加热炉能耗预测的定性建模。

轧钢加热炉能耗预测是一个复杂非线性系统，采用定量方法建模是十分困难的。然而，应用上述基于 p-范数近似推理的神经网络方法可以解决这一难题。其具体建模过程如下：

在保持其他工艺参数变化不大情况下，选取重油压力(Pa)，重油消耗(t) 和煤气消耗(刻度相对值) 作为特征变量 x_1, x_2, x_3；目标函数取为能耗(公斤标准煤吨钢)。同时选取 3 个语义值模糊集 Ps(正小)，Pm(正中)，Pb(正大) 组成语义规则。于是，可构成由下列 27 条语义规则建立的定性模型。

R_1: if x_1 is ps_1, if x_2 is ps_2, if x_3 is ps_3

这样有
$$z_1 = w_{10} + \sum_{j=1}^{3} w_{1j}$$
$$\cdots$$
$$R_{27}: \text{if } x_1 \text{ is } pB_1, \text{ if } x_2 \text{ is } pB_2, \ x_3 \text{ is } pB_3$$

这样有
$$z_{27} = w_{270} + \sum_{j=1}^{3} w_{27j} x_j$$

所利用的数据有 21 组，可选取前 15 组来训练神经网络，剩余 6 组用以检验神经网络。初始值的选取：前件参数 α_{ij} (MV)，σ_{ij} (VA) 如表 3.3 所示。

表 3.3　例 3.14 的语义值模糊集

语义值模糊集 \ 特征变量		x_1	x_2	x_3
Ps	MV	4.2	6.7	25.6
	VA	123	8.5	857
Pm	MV	8.1	16.86	40.17
	VA	2.747	12.78	8.29
Pb	MV	12.71	21.83	35.26
	VA	8.64	5.96	21.79

该定性模型仿真预测同实际轧钢加热炉能耗比较结果表明，该定性模型用于预测轧钢加热炉耗能是相当准确的(见图 3.20)。

3.13.2　基于通用系统问题求解理论的归纳推理定性建模方法

(1) 方法原理。通用系统问题求解系统(GSPS) 是一个可以精确定义系统问题类型的基本框架。它覆盖了多学科领域中众多的系统和系统问题，并能不断地扩展新概念和新问题。据此，可进行系统和系统问题的建模研究。该研究以试验为基础，包括定义源系统、数据采集、数据处理、解释，这实质上是一个基于系统辨识的不断迭代过程。这里关键在于数据采集及其处理，目的是寻求变量的某些支持不变性，即源系统变量间的约束，由生成系统来完成。在生成系统这一级上，支持不变性表现为所有变量的总体约束。该总体约束用以生成数据；邻接关系是总体约束关系的基础，称之为 Mask，通常 Mask 由变量集、支持集和转换规则来定义：

$$M \subseteq V \times R \tag{3.60}$$

式中,V 为变量集;R 为作用于 V 的转换规则集。

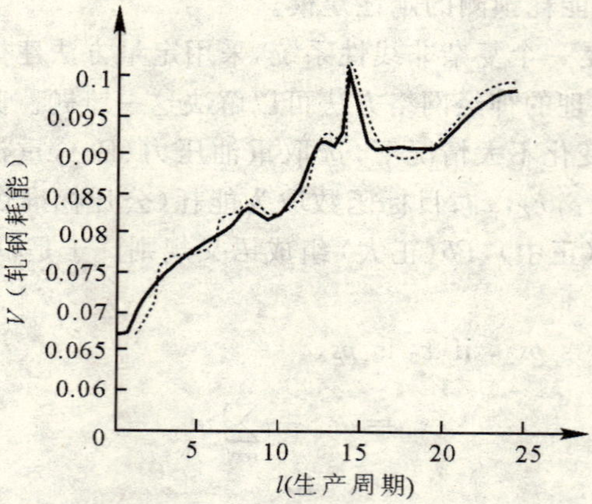

图 3.20　定性建模预测仿真结果同实际轧钢加热炉能耗的比较曲线

Mask 就是系统采样变量集 $S=(s_1,s_2,\cdots,s_n)$,每个 Mask 描述变量间地一种特定约束。生成系统通过 Mask 生成数据,使 GSPS 获得归纳推理功能,从而可由观测数据导出 Mask 形式的复杂系统定性行为模型,进而预测系统行为。这就是基于 GSPS 的归纳推理定性建模的基本思想。

如图 3.21 所示给出了利用 GSPS 进行包括建模在内的科学研究原理。

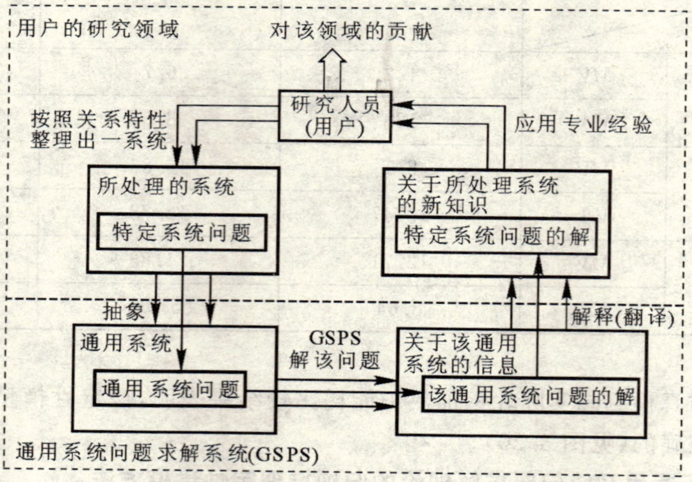

图 3.21　利用 GSPS 进行建模研究的原理

(2) 技术特点:① 基于通用系统问题求解系统(GSPS)的归纳推理建模可覆盖多个学科领域,是复杂系统的重要建模新方法之一;② 该方法实质是一个基于系统辨识的不断迭代过程;③ 关键在于由生成系统构造 Mask,并进行 Mask 优化分析。

(3) 典型应用。

例 3.15　示范定性仿真系统(GSIM)用于系统定性建模。

由中国科学技术大学研制的 GSIM 是一种典型的基于 GSPS 的归纳推理定性建模与仿真系统。如图 3.22 所示给出了 GSIM 用于归纳推理定性建模时的主算法流程。

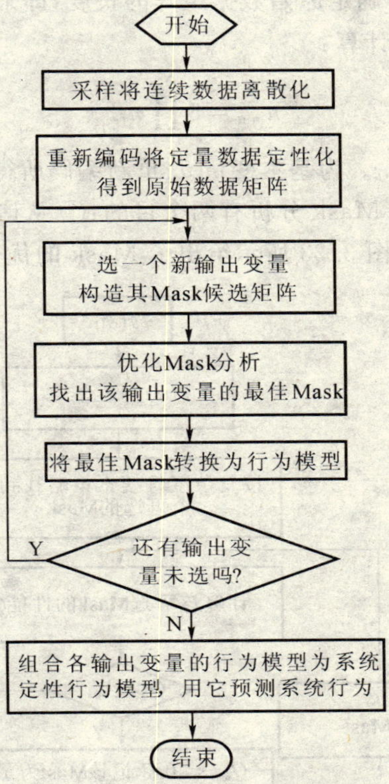

图 3.22　基于 GSPS 的归纳推理定性建模流程框图

1) 对于 GSIM 形式的 Mask，要求支持一定的时间(如采样间隔 Δt)，且转换规则为

$$r_i(w) = w + \rho \tag{3.61}$$

式中，w 为总体支持集；ρ 为整数，可正，可负，也可为 0；但 ρ 必须取 $-d \sim 0$ 之间的值，这里 d 为 Mask 的深度，为非负整数；当 $\rho = 0$ 时，r_i 称为恒等转换规则。

例如

$$\begin{array}{r} \\ t-2\Delta t \\ t-\Delta t \\ t \end{array}\begin{array}{c} \begin{matrix} u & v_1 & v_2 & v_3 \end{matrix} \\ \begin{bmatrix} 0 & -1 & 0 & 0 \\ -2 & 0 & 0 & -3 \\ 0 & -4 & 0 & +1 \end{bmatrix} \end{array}$$

显然，此处 $d = 2$，而 Mask 含义为

$$v_3 = f[v_1(t-2\Delta t), u(t-\Delta t), v_3(t-\Delta t), v_1(t)v_3(t)]$$

2) 采样速率对于建模的成功是重要的，一般用采样间隔 Δt 表示，较合理 Δt 选择应该是，Δt 与 Mask 深度 d 的乘积近似等于 Mask 应该覆盖系统最慢的时间常数。

3) 为了解决定量数据定性化问题，在归纳推理中，由测量过程对变量进行采样，再通过区间映射将采样结果离散化，此过程叫做重新编码。

重新编码需要考虑如下问题：① 确定每个连续变量重新编码后所得层次的数目 n_{1ev}。一

般要求为奇数，以使变量的变化范围为正态。通常从简单性、系统运行速度及精度等方面综合考虑，可取 $n_{1ev}=3$ 即变量分“低”、“中”、“高”3个层次。② 确定定量数据离散化的划分区间，一般要求各个区间大致相等。③ 确定原始数据矩阵的长度，即采样总次数。

通常最少采样次数按下式计算：

$$n_{\min}=5\prod_{i=1}^{N_n} n_{1ev_i} \tag{3.62}$$

式中，N_n 为基本变量 v_i 个数；n_{lev_i} 为基本变量 v_i 重新编码所得的层次数。

4）优化 Mask 分析。优化 Mask 分析有两个目的：① 从诸多 Mask 寻找最佳 Mask；② 完成系统定性行为模型转化。如图 3.23 所示给出了 Mask 的优化算法框图。

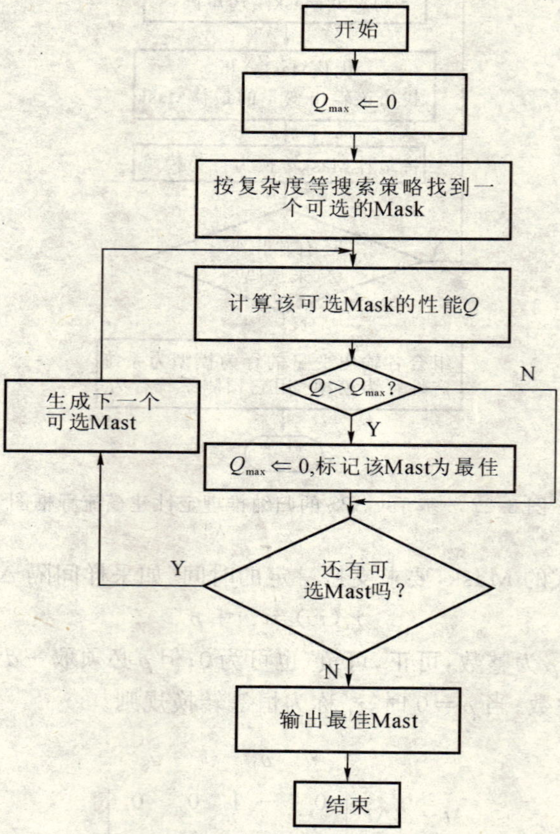

图 3.23 Mask 最优化算法框图

5）Mask 的预测能力计算。通常采用香农熵来计算 Mask 的预测能力 Q。

最简单的香农熵是生成变量总体状态 ST_i 的香农熵 H_i，有

$$H_i=-\sum_{ST_0}[p(ST_0 ST_i)\times\log_2 p(ST_0 ST_i)] \tag{3.63}$$

式中，ST_0 为被生成采样变量（即输出变量）的一个状态；$p(ST_0 ST_i)$ 为生成变量总体状态为 ST_i 时输出为 ST_0 的概率，可通过统计原始数据矩阵得到。

于是，可选 Mask 的香农熵 H_m 为

$$H_m = \sum_{ST_i} p_i H_i \tag{3.64}$$

式中，p_i 为 ST_i 出现的概率，同样可通过统计原始数据矩阵获得。

不考虑 Mask 复杂度的 Mask 衰减 H_r 为

$$H_r = 1 - \frac{H_m}{H_{max}} \tag{3.65}$$

式中，H_{max} 为 H_m 取最大值。

引入 Mask 复杂度加权系统 C_m，即

$$C_m = \frac{N_n(d_{act}+1)n_{cp1}}{d+1} \tag{3.66}$$

式中，d_{act} 为可选 Mask 的实际深度；n_{cp1} 为 Mask 的复杂度；d 为所在的 Mask 候选矩阵的深度。

这样，Mask 的预测能力 Q 为

$$Q = \frac{H_r}{C_m} \tag{3.67}$$

同时，通过优化 Mask 分析就可获得系统的定性行为模型。

3.13.3　基于范例推理的定性建模方法

(1) 方法原理。范例推理(Case-Base Reasening，CBR) 建模是一种定性与定量相结合的建模方法，也是一种利用类比推理方法进行不断迭代的建模过程。推理过程在于按照一定形式向系统描述当前范例，并按照范例属性子集相似性度量从范例库中检索出与当前建模对象相应的范例。若该范例与当前范例相似，则输出该范例的求解方案，否则修正该范例，再进行评价，直至新范例与当前范例相匹配。简而言之，范例推理建模的方法主要包括：建模问题的范例表达、范例库检索、修正相似范例的解及问题范例的学习(训练) 等。

(2) 技术特点：① 由目标范例的提示而获得记忆中的源范例，并由源范例来指导目标范例求解的一种策略；② 推理中知识表示以范例为基础，由于范例获得较之规则获取容易得多，故大大简化了知识获取；③ 过去求解结果可以复用，不再从头推导，有利于提高建模效率。

(3) 典型应用。

例 3.16　基于范例推理建模的军队后勤仿真系统。

基于范例推理建模的后勤仿真系统结构框架(见图 3.24)。

基于范例推理建模用于后勤仿真系统的主要工作：

1) 范例采集、整理及分类。根据史料战例收集有关存储、油料、营房等保障方案(如武器保障方案、弹药保障方案、给养供给方案、油料保障方案等)，并进行分析、整理和分类。按照一定分类体系和模式对这些范例进行描述，形成一定结构组织的范例库。

2) 范例描述。范例描述是确定一组特征及属性的集合，可通过选择属性来描述每个范例。用于保障方案的范例通常用多元组 $C=[E,S,R,M]$ 来表示。其中，E 表示物质保障需求特征信息；S 表示保障方案的设计信息；R 表示保障范例的特征信息及其权重；M 表示范例求解的启发信息(如方法、手段、模式、推理线路等)。这里 E 和 S 的主要内容如表 3.4 所示。

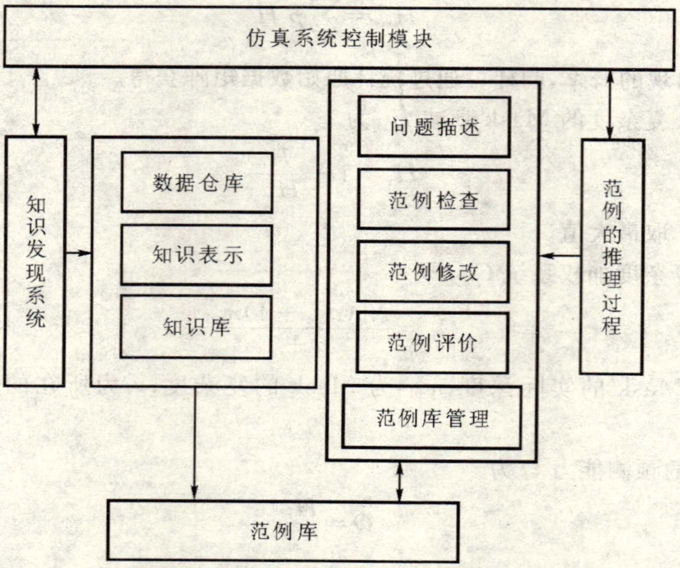

图 3.24　基于范例推理建模的后勤仿真系统结构框架

表 3.4　保障需求描述和保障设计方案的主要内容

保障需求描述(E)	保障设计方案(S)
1. 物资名称;2. 物资类别;3. 物资数量;4. 物资规格;5. 保障目标;6. 保障时间;7. 其他(如交通道路、敌情、保障实力、作业过程等)	1. 保障物资类别(武器、弹药、油料、食品等);2. 保障地域(山地、海岛、平地等);3. 保障军种(海军、空军、陆军和二炮);4. 物资环境控制预案(人员组织预案、防火预案、紧急收发预案等);5. 物资作业管理方案;6. 其他

3) 范例检索与匹配。范例检索是指从范例库(Case Base)中寻找一个或多个与当前保障最相似的范例。此任务通过范例推理(BR)系统利用相似度知识和特征索引,从范例库中找出与当前保障相关的最佳范例。在 CBR 系统中,常用三种检索方法:最相邻近策略、归纳推理策略和知识引导策略。如采用最相邻近策略检索时,其算法描述为

$$Sim_i = \sum_{i=1}^{n} \omega_j Sim_{ij} \tag{3.68}$$

式中,Sim_i 为范例库中第 i 个范例与保障方案范例的综合相似度;ω_j 为第 j 个属性或特征在匹配检索的属性或特征指标中所占的权重。

相似度计算式为

$$Sim_{ij} = \frac{|Y_j^* - Y_{ij}|}{Y_{ij}} \tag{3.69}$$

式中,Y_j^* 为范例第 j 个属性指标的值;Y_{ij} 为范例库中第 i 个旧范例的第 i 个属性指标值。

通常,各特征相似度用二维表描述。下面给出物资需求为例的二维相似度如表 3.5 所示。

表 3.5　物质保障手段相似度表

	通用装备物资需求	军械、油料物资需求	应急通用装备物资需求	应急军械、油料物资需求
通用装备物资需求	1	0.55	0.75	0.45
军械油料物资需求	0.55	1	0.55	0.55
应急通用装备物资需求	0.75	0.55	1	0.75
应急军械、油料物资需求	0.45	0.55	0.75	1

4）范例推理学习。范例推理学习是从范例库中不断获得新知识和改进旧知识的过程，被分为成功学习和失败学习两种。成功学习包括推理成功和范例库学习两层意思：前者是指相似范例的解经过调整和修正，能作为保障方案范例的解决方案；后者是指若范例库中存在相似度大于预先设定的阈值的旧范例，则保障方案范例不加入到范例库中去，反之亦然。失败学习同样有两层意思：其一是推理不成功，即保障方案范例不能在相似范例中找到适用解；其二是范例库学习，它表示若领域专家能给出保障方案范例的解，则保障方案范例作为新范例入库，否则不入库。

5）范例库的管理与维护。范例库的基本管理功能包括：范例的显示、编辑、修改、删除及添加等。

范例库维护就是以相似度确定是否保留该范例，出现问题不断反复修正。

3.14　"灰色"系统法

3.14.1　方法原理

该方法以灰色系统理论为基础，通过对原始小样本、贫数据做适当技术处理（如光滑处理、序列数据生成、数据序列关联度分析等），改善其数据的建模条件，并在模型中引入能够反映不确定性因素的变量，使得建立的模型更接近实际。在通常采用序列生成数据建立灰色模型后，模型精度可借助灰数的不同生成方式、数据取舍、序列调整、修正及不同级别的残差 $G_M(m,N)$ 模型补充得到提高。

在此，把只知道大概范围而不知其确定值的数（据）称为灰数，用记号 $\oplus$ 表示。$G_M(m,N)$ 模型是一灰色模型的简称。其中，m 为模型阶数，N 是变量数目。

通常，灰色系统模型的基本形式为

$$f=f(\otimes,x) \tag{3.70}$$

式中，$\otimes$ 为不确定因素；x 为已知因素。

3.14.2　建模过程

灰色系统建模为五步建模过程，即思想开发、因素分析、量化、动态化和优化等五个过程。其一般程序框图如图 3.25 所示。

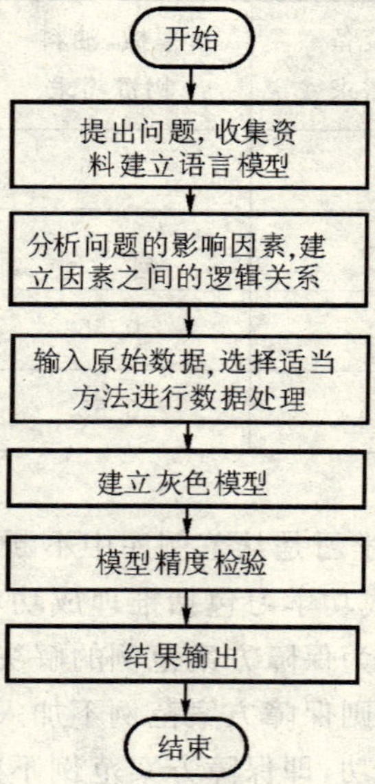

图 3.25　灰色系统建模程序框图

3.14.3　应用案例

例 3.17　战术导弹寿命周期费用（*TMLCC*）中的研制费用模型建立。

解　战术导弹寿命周期费用模型建立的目标在于寻求 *TMLCC* 规律，据此对导弹研制、生产实施有效控制，为军方采购或发展新型导弹提供经济上的依据和决策参考。对于战术导弹，有

$$TMLCC = SC + DC + OC - EC \tag{3.71}$$

式中，SC 为研制费用；DC 为生产费用；OC 为使用维护费用；EC 为退役处理费用。

通常，EC 很小可以忽略不计，且在一定条件下，采购费用和使用维护费用是相对稳定的。故式(3.71) 还可改写成

$$TMLCC = AC + OC - EC \tag{3.72}$$

显然，$AC = SC + DC$，被称为采购费用。

由于 *TMLCC* 受多种因素的影响，且这些因素中相当一部分是不确定的，同时在这些影响因素里除导弹战术技术性能参数已知外，其他因素都不清楚。可见，该建模对象属于“不确定性的贫信息”灰色系统，可采用灰色系统建模方法。

为方便又不失一般性起见，下面以美国第三代地空导弹为例来建立 *TMLCC* 中的研制费用(*SC*) 模型。

表 3.6 给出了美国一组第三代地空导弹 *TMLCC* 建模原始数据。

由于三代导弹具有各自明显特征：第一代是中高空、第二代是中低空、第三代是全空域，又三代之间存在着性能上的很大差异，因此，根据定性变量的选择原则，可将导弹“代系”作为定性说明变量用 $\otimes_{1i}$，$i=1,2,3$ 表示。由于 NikeⅡ，Imp. hawk 是 NikeⅠ 及 Hawk 的改进，所以可补充另一定性说明变量“改”，用 $\otimes_{21}$ 表示。各导弹系统对定性说明变量的反映如表 3.7 所示。

表 3.6　美国第三代部分地空导弹截至 1990 年的积累研制费用

样本序号(t)(时间因子)	系统名称(导弹型号)	单枚研制费用 SC 万美元	弹长 $\frac{ML}{m}$	弹径 $\frac{MD}{m}$	弹翼 $\frac{MLL}{m}$	有效质量 $\frac{MAW}{kg}$	导弹质量 $\frac{MW}{kg}$	速度 $\frac{MV}{m/s}$	射程 $\frac{MR}{km}$	射高 $\frac{MH}{km}$	杀伤概率 $P/(\%)$
1	Bomarl	633.4	13.7	0.88	5.5	135	7264	2.5	400	21.0	65
2	Nike Ⅰ	165.9	10.4	0.31	1.2	136	1115	2.5	48	18	80
3	Nike Ⅱ	148.7	12.6	0.8	1.9	545	4899	3.6	120	20	80
4	Hawk	146.7	5.0	0.36	1.2	74	593	2.5	41	12	80
5	Imp. Hawk	340.8	5.0	0.37	1.2	81	624	2.8	46	18	85
6	Patriot	2336.0	5.3	0.41	0.9	91	1000	6.0	69	24	85

表 3.7　样本对 $\otimes_{ij}$ 的反映表

样本序号(t)		1	2	3	4	5	6
$\otimes_{11}$	δ_{11}	1	1	1	0	0	0
$\otimes_{12}$	δ_{12}	0	0	0	1	1	0
$\otimes_{13}$	δ_{13}	0	0	0	0	0	1
$\otimes_{21}$	δ_{21}	0	0	1	0	1	0
MRH_g	45.82	14.69	24.49	7.75	14.38	20.45	

在研究各种类型导弹系统的研制费用时发现，随导弹系统产生时间的往后推移，其费用成增加趋势，它们同战术技术指标密切相关。故通常用质量、有效质量、速度及射程作为模型说明变量的定性变量。而定量变量通过光滑变换及关联度分析后的关联度值如表 3.8 所示。

表 3.8　AC_g 与可造自变量之间的关联度值

说明变量	$MLDW_g$	MLL_g	MAW_g	MV_g	MRH_g
关联系数 r_i	0.510 6	0.556 3	0.553 4	0.614 1	0.646 9

由表 3.8 可见，MRH_g 关联性最大，即导弹射程和射高与研制经费的关联性最大。

根据系数矩阵 AB

$$AB = [a_{11} \quad b_{11} \quad a_{12} \quad b_{13} \quad b_{21}]^{\mathrm{T}} \tag{3.73}$$

由于样本较少，故可令定性变量 $\otimes_{11}$ 的待定白化系数 $b_{11}=0$，应用灰色静态指数模型 $GSEM_{(1,2)}$ 模型建模。将表 3.7 的值代入下式

$$x_1^{(0)}(t) = \exp\left[\sum_{i=2}^{h_1}\sum_{j=1}^{m_i} a_{ij}\,[x_1^{(0)}(t)]^{j\cdot r_i} + \sum_{k=1}^{h_2}\sum_{l=1}^{s_k} b_{kl}\delta_{kl}(t) + e(t)\right] \tag{3.74}$$

可得研制费用 SC 的光滑模型 SC_g

$$SC_g = \exp[a_{11}MRH_g^r + b_{12}\delta_{12} + b_{13}\delta_{13} + b_{21}\delta_{21}] \tag{3.75}$$

应用逐步逼近法及最小二乘法得

$$r = 0.215 \tag{3.76}$$

$$\hat{AB} = [1.508 \quad 0.698 \quad 1.120 \quad -0.357]^{\mathrm{T}} \tag{3.77}$$

将式(3.76)与式(3.77)代入式(3.75),于是有

$$S\hat{C}_g = \exp[1.058MRH_g^{0.215} + 0.689\delta_{12} + 1.20\delta_{13} - 0.357\delta_{21}] \tag{3.78}$$

其光滑逆变换形式为

$$\hat{SC} = \exp[3.016\,(MR \cdot MH)^{0.1075} + 1.396\delta_{13} + 2.4\delta_{13} - 0.714\delta_{21}] \tag{3.79}$$

式(3.79)就是要建立的地空导弹研制费用模型,其仿真结果如表3.9所示。由表可见,该模型具有很高的精度,其相对误差绝对值的平均值为 $\bar{E} = 0.084$,后验差的检验值分别为

$$c = \frac{s_1}{s_2} = 0.597 \tag{3.80}$$

$$p = p(|e^t - \bar{e}| > 0.6745s_2) = 1 > 0.95 \tag{3.81}$$

由后验差检验指标知,模型精度等级为“好”,因此模型是可信的。又从 $b_{21} = -357$ 可知,改进型导弹的研制费用相对而言低于基本型的研制费用。

表 3.9　地空导弹研制费用模型仿真结果

样本序号	1	2	3	4	5	6
$\hat{SC}$	654.94	175.11	194.10	131.97	366.7	2236.4
$e(t)$	−21.5	−9.2	−45.4	14.03	−19.2	99.6
相对误差 E	−0.34	−0.55	−305			

3.15　计算机辅助法

3.15.1　方法原理

时至今天,可以说前述常用系统建模方法都离不开计算机的辅助作用,尤其是实验统计建模、层次分析建模、定性推理建模及系统辨识建模。这里,计算机辅助法是指除对其他独立建模方法有辅助作用外,计算机还为建模者赋予建模的新能力。从这点讲,它应该是一个为数学建模服务的人工智能方法,而基于这种方法所构成的计算机辅助建模系统将包含被建模对象的专业知识(或先验知识)、建模方法及过程知识、组织管理知识、数据采用与预处理及新数据统计分析知识,并由此产生数学建模中的数据库、算法库、知识库、推理方法等。

目前,在上述建模思想指导下,已研制出许多计算机辅助建模工具,如 MATLAB 的 Simulink 工具箱就具有指导系统数学建模、模型转换和模型简化的强大功能。

3.15.2　建模过程

计算机辅助建模过程的简化框架可以用图 3.26 来表示。

实际上,计算机辅助法是一个反复不断迭代的人工智能建模过程。如今,该过程已经实现了计算机建模运行自动化。建模中,只需要根据建模对象选择合适的建模软件或工具,通过简单的设置或修改对象属性值函数,即可得到所需要的数学模型。

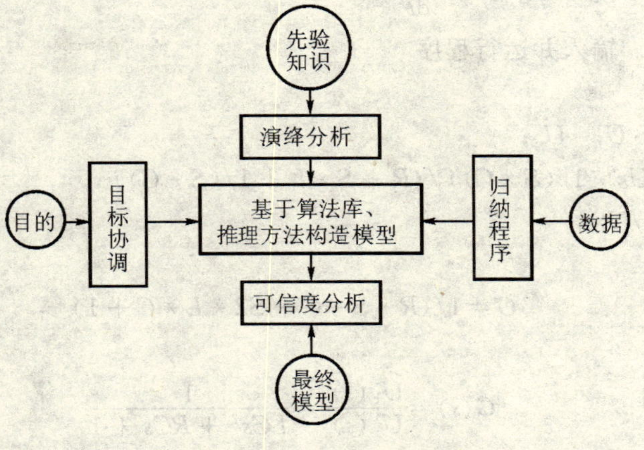

图 3.26 计算机辅助建模过程的简化框架

3.15.3 应用案例

例 3.18 RLC 网络如图 3.27 所示，试利用计算机辅助法建立以 u_c 作为输出，以 u_r 作为输入的该网络微分方程与传递函数模型。

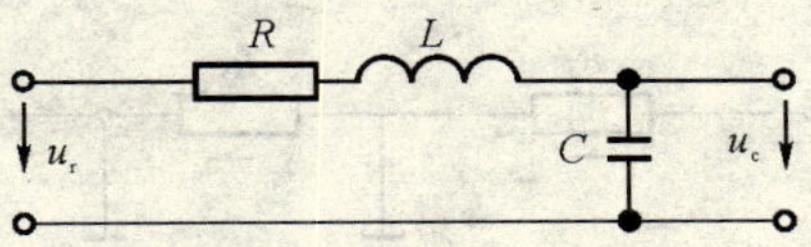

图 3.27 RLC 网络

解 因为 RLC 网络是一种控制系统电子网络，因此可选择 MATLAB 7.0 的 Simulink 工具箱作为计算机辅助建模工具。

(1) 微分方程。输入并运行程序：

```
clear
syms ai aipur ul ucpp ucp uc R L C;
aip = C * ucpp;
ul = L * aip;
ur = R * ai + ul + uc;
ur = subs(ur,ai,C * ucp)
```

程序运行结果：

```
ur = R * C * ucp + L * C * ucpp + uc
```

即显示出微分方程

$$LC\frac{d^2u_c}{dt^2}+RC\frac{du_c}{dt}+u_c=u_r$$

说明：① 电感两端的电压 ul = L * aip，即 $u_l=L\dfrac{di}{dt}$。② 有 $i=C\dfrac{du_c}{dt}$，式 $\dfrac{di}{dt}=C\dfrac{d^2u_c}{dt^2}$ 写成

aip =C * ucpp。③ucpp 即为 $u''_C=\frac{d^2u_c}{dt^2}$。

(2) 传递函数。输入并运行程序

```
clear
syms R C L S Ur  Uc;
Uc=simple(Ur*1/(S*C))/(R+S*L+1/(S*C));
G=factor(Uc/Ur)
```

程序运行结果：

$$G=1/(R*S*C+S2*L*C+1)$$

即显示出传递函数

$$G(s)=\frac{U_c(s)}{U_r(s)}=\frac{1}{LCs^2+RCs+1}$$

习　题　3

1. 在系统数学建模中，如何合理选取建模方法？

2. 分别利用机理分析法和计算机辅助法建立如图 3.28 所示电网络的微分方程与传递函数模型。

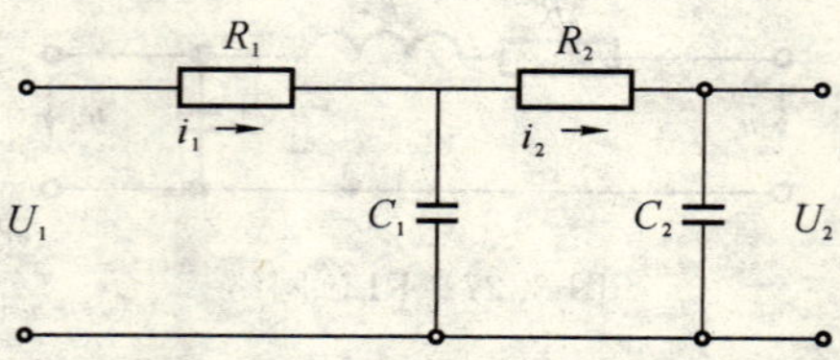

图 3.28　串联 *RC* 滤波电网络

3. 考虑如图 3.29 弹簧-质量系统，其实验数据如表 3.9，试据此建立该系统的数学模型。

表 3-9　弹簧-质量系统实验数据

质量 m/g	伸长 e/mm	质量 m/g	伸长 e/mm
50	1.000	350	5.675
100	1.875	400	6.500
150	2.750	450	7.250
200	3.250	500	8.000
300	4.875	550	8.750

4. 由气象预报得知，某周每天有 50% 下雨的可能性，据此确定在该周内连续三天下雨的可能性有多大？(提示：可采用蒙特卡洛法建模并求解)

5. 如图 3.30 所示为一小车支撑倒立摆。轮子用一个直流 DC 伺服电动机驱动，并采用齿轮连接沿轨道无滑动的移动。有两个电位计，其中一个用以测量小车位置，另一个用以测量由垂直摆产生的角度。试建立该倒立摆状态空间形式的数学模型(可忽略非线性，并假设 $\theta \leqslant 10°$)。

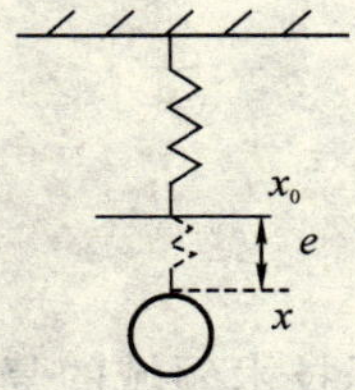

图 3.29　弹簧-质量系统

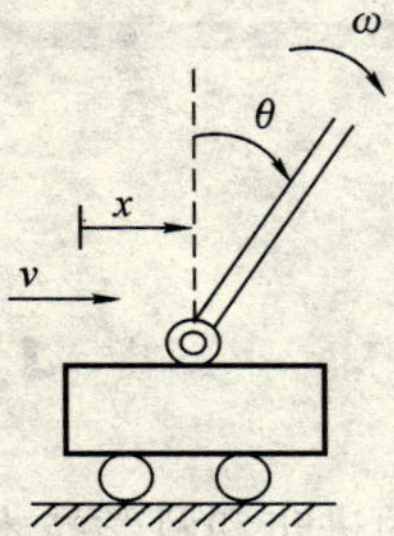

图 3.30　小车式倒立摆运动示意图

6. 利用蒙特卡洛法进行 π 值估计。
7. 系统辨识建模的计算机迭代流程，并对其中的主要环节进行说明。
8. 试述神经网络建模的机理和神经网络模型辨识过程。

第 4 章 复杂系统建模方法与技术

4.1 概 述

随着人类社会的进步和科学技术发展，科学研究和工程技术领域的复杂系统问题越来越突出，对系统数学建模提出了严峻挑战，仅仅依靠前述常见建模方法难以满足要求。因此，必须寻求和研究面向复杂系统建模的新方法与技术，这些建模方法与技术或已获得了成功应用，或正在发展之中，主要包括：面向对象建模方法、多分辨率建模方法、模糊集论建模方法、神经网络建模方法、基于智能技术建模方法、基于云理论建模方法、基于 CAS 理论建模方法、基于超高计算智能逼近建模方法、基于混合专家系统建模方法、混合建模方法、组合建模方法、基于分形理论建模方法及综合集成建模方法等。下面将针对这些建模方法与技术逐一研究和讨论。

4.2 面向对象建模方法与技术

4.2.1 引言

面向对象的方法学认为：宏观世界由各种对象所组成，任何事物都是对象，每个对象都有自己的运行规律和内部状态。通过类比，具有相同特征和功能的对象形成“对象类”，每个对象就是该“对象类”的一个实例。据此，不同对象的组合及相互作用就构成了所研究的复杂系统。于是，面向对象的问题求解可表示为：问题求解 = 模型 + 对象 + 消息响应。

这种面向对象的问题求解操作将通过对象发送消息以及消息的接收、传递和处理来实现。

对象、类是面向对象方法的核心，而消息是连接它们的纽带。其中，对象是对一组信息及其上的操作描述；类是具有相同或相似属性和行为的一组对象的共同描述；消息集合是对象之间交互服从的协议。

从模型论观点看，上述问题求解可描述为：问题求解 = 模型 + 过程 + 调用，即把问题求解看做是一个构造宏观世界模型及构造该模型的过程。可见，构模是面向对象方法与模型论在求解问题时的共同点，且基于面向对象方法的模型是按人们通常的思维方式建立的，其形式更易于理解，并能够使人在一个具有实际含义的层次上观察模型的行为。因此，面向对象技术在复杂系统特别是离散事件系统建模中获得了成功应用，但至今仍有一定的局限性。例如，面向对象方法的对象模型图远不如结构图和数据流图简单。

4.2.2 方法原理

基于面向对象技术的建模方法的主要思想和原理大体有 3 个方面：

(1) 面向对象方法支持三种基本活动：识别对象种类、描述对象种类之间的关系，以及通过描述每个类的功能定义对象行为，从而为面向对象建模奠定了理论与方法基础。

(2) 面向对象建模与连续系统的模块化建模方法一样，是通过定义对象类(即模型块) 使得建模过程变得自然、直观，从而缩小了物理模型与计算机模型之间的间隙，即模块化建模可视为一种广义的面向对象方法。为了建立系统模型，可将一个复杂系统划分成许多定义模块，每个定义模块又可划分为若干个子模型，直到不能再(或不必) 分为止，最基本的子模型称为基本模型。这样，面向对象建模就变成定义组或某一个系统的各种基本模型，然后利用面向对象的集成和协调技术将它们组成拼合模型；若干个下层模型块又可合成上层模型块，直到形成整个系统。

(3) 在面向对象技术发展背景下，出现了一种面向对象的统一建模语言(UML) 和 Rational Rose 软件。它融合了多种优秀的面向对象建模方法和软件工程方法，为面向对象计算机建模创造了优越的软件环境，并为具体复杂系统建模与仿真软件的开发提供了良好条件，成为面向对象技术领域占主导地位的建模语言。

4.2.3　技术特点

(1) 本质上类似于连续系统建模过程中的模块化思想，即模块化建模可视为一种广义的面向对象的方法，是通过定义对象类(或模型块) 使建模过程变得直观、自然，从而缩小了物理模型与计算机模型之间的间隙，提高了建模效率。

(2) 离散事件系统尤其是制造系统和大型武器系统的建模是面向对象方法最适合的应用领域之一。

(3) 面向对象是围绕着对象、类、消息、继承性、多态性、封装性和动态编联等为中心展开的。其中对象、类是核心，消息是连接它们的纽带，继承性是独特贡献，而多态性和动态编联使这一方法更加完美。

在此，继承性有两个技术含义：其一是指类层次中子类自动继承全部父类的特性；其二是指同一对象类的实例对象共享所属类的特征。封装是一种隐蔽技术，封装目的在于将对象使用者与设计者分开，即把定义模块和实现模块分开。这样既安全、可靠又便于维护、修改，这也是软件技术追求的目标之一。多态即一个名字具有多种语义，多态性表示同一种东西有多种形态，引用多态表示可以引用多个类的实例。编联就是将一个标识符和一个存储地址联系在一起，这里表示把一条消息和一个对象的方法相结合。编联分为静态编联和动态编联，它们分别是在编译时刻和运行时刻完成的。

(4) 面向对象的软件开发过程，关键是建立一个统一的模型 —— 对象模型，并最终用面向对象的语言来实现。对此，UML 和 Rational Rose 软件是目前最理想的建模环境平台与工具。

4.2.4　典型应用

例 4.1　鱼雷武器系统的面向对象仿真软件设计。

(1) 设计方法。采用面向对象分析与设计方法、规则并建立鱼雷武器仿真系统的层次结构模型及主要信息流向关系。

采用面向对象程序设计方法，通过对鱼雷武器系统仿真算法类、参数模型类、仿真模型类、试验框架类等类库设计,实现一个开放性的鱼雷武器系统仿真软件体系结构。

(2) 系统模型块划分。鱼雷武器系统的顶层模块包括:发射载体、鱼雷、目标、作战环境、试验分析和演示系统等六个子模块。每个子模块又可分解出多个子模块,如鱼雷的子模块为:总体结构、动力系统、控制系统、导航系统、自导系统、导引系统、引战系统、自噪声、信息管理等。对于鱼雷各个子模块还可以进一步划分,如总体结构子模块还可以分为结构布局子模块与动力学特性子模块等。其他模块划分与之类似。

(3) 模块间数据关系。模块间的数据用以描述信息的流动和处理情况。通常用数据流图表示。如图4.1所示给出了鱼雷武器系统顶层和鱼雷子模块的数据流图,其他基本类似。

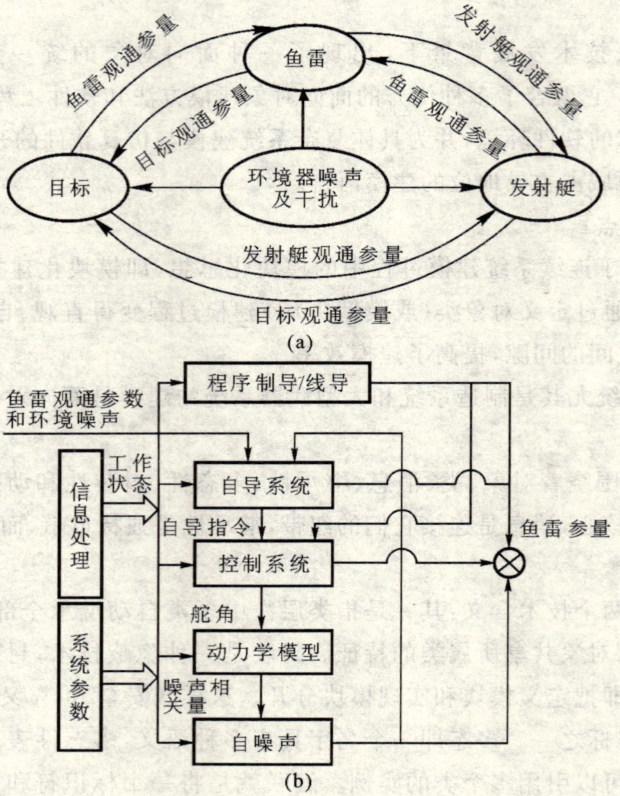

图4.1 鱼雷武器系统顶层和鱼雷子模块的数据流图

(4) 软件总体结构。鱼雷武器系统仿真软件以系统对象为基本模块,其总体结构如图4.2所示。

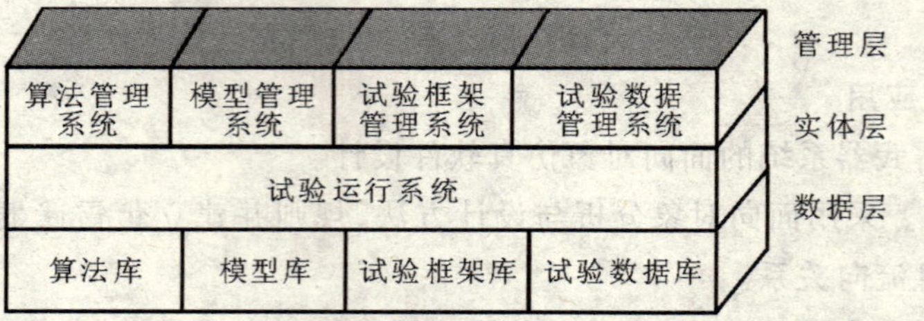

图4.2 鱼雷武器系统仿真软件总体结构

(5) 类结构设计。类结构设计主要包括仿真算法类库、参数模型类库、仿真模型类库和试验框架类库的设计。

1) 仿真算法是一个用于仿真运算的基本类，它汇集了常用的常微分方程数值解法。表 4.1 列出了用于鱼雷武器系统仿真的仿真算法类。

表 4.1　仿真算法类

方法(函数)名称	功能说明	调用参数	返回值
CSimuAlgorBase	构造函数	n,t(0),x(0)	
～CSimuAlgorBase	析构函数		
SetT(0)	设置仿真时间	t(0)	无
SetX(0)	设置系统状态初值	x(0)	无
GetT	设置当前仿真时间	无	ts
Getx	检索当前系统状态	无	xs
Getdx	检索当前系统状态的微分	无	dxs
Function	求状态微分方程	无	无
euler	全区间定步长欧拉法	step,interval,points,z	无
euler-vary	全区间变步长欧拉法	step,interval,points,z	无
witty	全区间定步长维梯法	step,interval,points,z	无
runge-kutta	全区间定步长龙格-库塔法	step,interval,points,z	无
runge-kutta-vary	全区间变步长龙格-库塔法	step,interval,points,z	无
runge-kutta-step	龙格-库塔法积分一步	step	无
adams	全区间亚当姆斯法	step,interval,points,z	无
hamming	全区间哈明法	step,interval,points,z	无
gill-vary	全区间变步长基尔法	step,interval,points,z	无

2) 参数模型类主要包括两部分：系统对象特性参数与额外参数。

3) 仿真模型类库主要用于实现各对象的仿真功能，由鱼雷仿真基类、目标仿真基类、发射艇、仿真基类、作战环境仿真基类和试验框架类等构成。

4) 试验框架类包括五个模型：观测变量、输入调度、初始化设定、终止条件即数据采集与综合说明。试验框架类是在设计仿真试验框架基类基础上扩充得到的。如图 4.3(a)(b)(c)(d) 所示分别给出了上述四类结构图。

如图 4.4 所示为所设计的鱼雷武器系统仿真软件总体流程图。

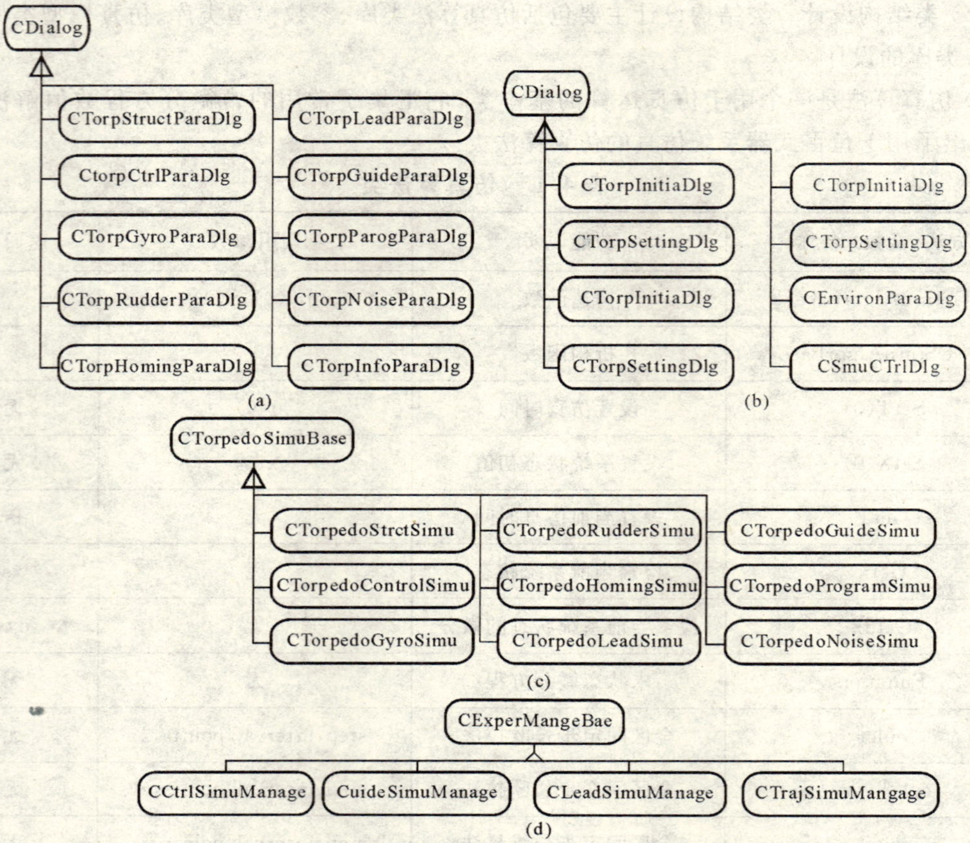

图 4.3　鱼雷参数模型仿真设定、仿真模型和试验框架的类结构图

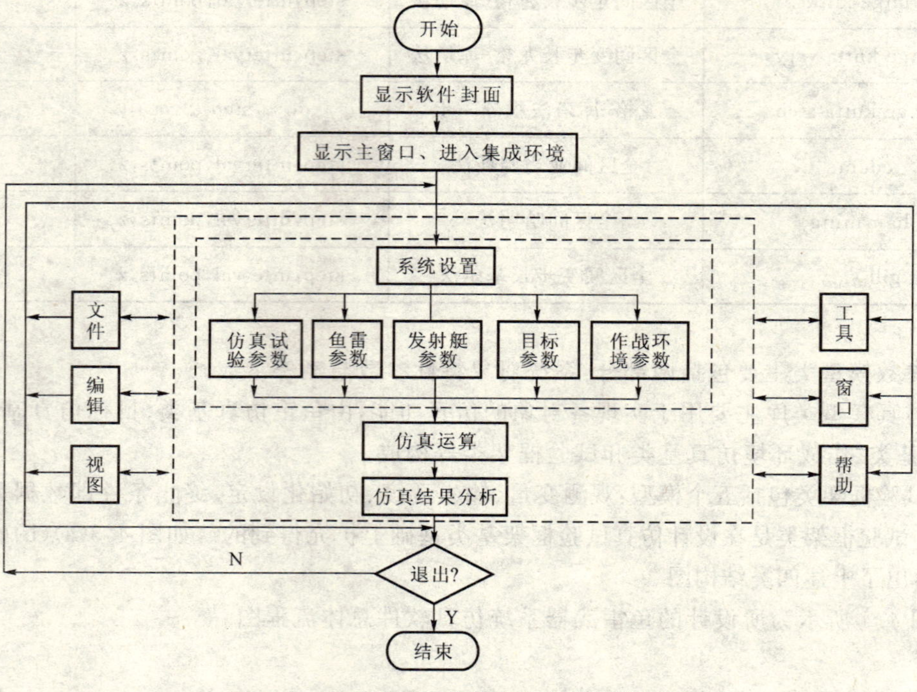

图 4.4　鱼雷武器系统仿真软件总体流程图

4.3　多分辨率建模方法与技术

4.3.1　引言

分辨率建模(Multi-Resolution Modeling,MRM) 又称混合分辨率建模或多粒度建模,是当前系统建模与仿真领域内的研究热点之一,也是复杂系统的重要普适建模方法与技术。

所谓多分辨率建模是指针对复杂系统(或过程) 的多层次结构和各层次具有不同的时间、空间及功能特征,从不同侧面分析、认识及发现问题,综合建立不同分辨率模型或实现不同分辨率模型互连。多分辨率建模不仅是复杂系统建模的普适方法,而且已成为分布交互式仿真的关键技术之一。

目前,多分辨率建模已形成基本体系结构,但应用研究尚处初级阶段,一个很重要的原因是多分辨率模型之间的一致性、相似关系和置信度问题制约着它的发展及深入应用。

4.3.2　方法原理

所谓分辨率是指可识别出来的最小尺度。分辨率可分为时间分辨率和空间分辨率、低分辨率与高分辨率、单一分辨率及多分辨率。

时间分辨率指建模与仿真系统所能识别出来的最小时间尺度,即模型运行(或仿真) 步长。它的高低将直接影响整个建模与仿真精度和速度,进而影响建模周期,模型置信度和资源消耗等。

空间分辨率指建模与仿真系统所能识别的最小尺度,即仿真网格数据。它的高低或大小将同样影响到整个建模与仿真系统精度和速度,进而影响模型的准确性、可信性和资源消耗量等。

综上所述,建模中必须综合考虑对模型与仿真的影响,合理设置其时间分辨率和空间分辨率,这对于复杂系统更为重要,其原因是它的多层结构具有不同的时间与空间特征决定了必然要采用优化的多分辨率模型,以满足高质量的仿真需求。这就是复杂系统建模的基本思想和应用多分辨率技术的必要性。

目前,多分辨率建模的实现方法主要有两种:聚合解聚法和视点选择法。在基于 HLA 的复杂仿真系统中,多分辨率建模是指在一个联邦中各仿真模型不在同一分辨率上,不同分辨率的模型在交互时需要交互处理,不一致性问题或者存在同一真实对象的不同分辨率表示,在仿真过程中可根据上下文改变模型的分辨率,以达到提高仿真效率和逼真度的目的。在分布式仿真中,多分辨率问题被等价地看做是聚合解聚问题。在此,聚合与解聚是多分辨率建模中常用的方法,它们分别是从高(低) 分辨率模型向低(高) 分辨率模型转换的过程。同时,经常需要建立同一实体的不同分辨率的并发表示,即不同分辨率模型,在仿真中视需要选用适当的模型,并考虑不同分辨率下模型之间的一致性和并发交互的处理。

4.3.3　技术特点

(1) 多分辨率建模的基本思想是一种模型优化思想,其目的在于通过模型在时间分辨率和空间分辨率上的优化,达到提高仿真效率和质量。

(2) 复杂系统的多层次结构和在各层次上的不同时间和空间数据特征产生了应用多分辨率建模的必然性和普适性。

(3) 综合考虑对建模与仿真的影响,合理的选取(设置) 时间分辨率和空间分辨率是多分辨率建模的关键。

(4) 多分辨率模型之间的一致性、相似关系及置信度问题，是当前多分辨率建模研究的主要方向，尤其是在基于 HLA 的复杂仿真系统中。

4.3.4 典型应用

例 4.2 基于置信度的卫星多分辨率建模与仿真。

卫星系统建模主要包括轨道建模和功能建模两大部分。时间分辨率和空间分辨率不仅影响轨道模型的状态空间，而且影响功能模型的实现。因此，必须针对该系统的特点采用多分辨率建模方法与技术。

(1) 在轨道建模中，通过对时间分辨率与模型置信度关系如下分析可知，必须设置特定的时间分辨率：

设 R 为卫星覆盖半径，r 为目标半径，则卫星能覆盖到的目标区域为 $R+r$。当步长为 Δt 时，设卫星星下点每个步长运动的距离为 $step$，则卫星平均每个步长的覆盖区面积为 $S_1 \cup S_2$，而在实际情况下应该覆盖的面积为 $2step(R+r)$（见图 4.5）。

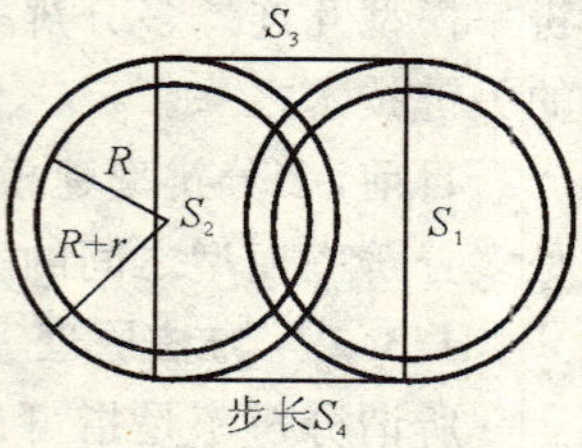

图 4.5　特定步长覆盖示意图

若认为目标在覆盖区域内任意位置出现的概率相等，则当步长为 Δt 时卫星对目标的覆盖概率 P_t 与理想情况下的覆盖概率 P 之间的关系为

$$\frac{P_1}{P} = \frac{S_1 \cup S_2}{2step(R+r)} \tag{4.1}$$

其中

$$S_1 \cup S_2 = \begin{cases} \pi(R+r)^2, & step \geqslant 2(R+r) \\ \pi(R+r)^2 - 2R^2 \arccos\left(\dfrac{step}{2(R+r)}\right) + 0.5step\sqrt{4(R+r)^2 - step^2} \\ 2(R+r) > step \geqslant 0 \end{cases} \tag{4.2}$$

假定卫星轨道为圆轨道，其轨道高度为 h，地球半径为 R_e，则

$$step = \Delta t R_e \sqrt{\mu/(R_e+h)^3} \tag{4.3}$$

若 $h = 1\,000$ km，$R+r = 100$ km，目标等效体积半径为 100 m，且当定义 P_t/P 为卫星功能模型的置信度时，则由式(4.1) ~ 式(4.3) 得到如图 4.6 所示的时间分辨率-模型置信度关系曲线。

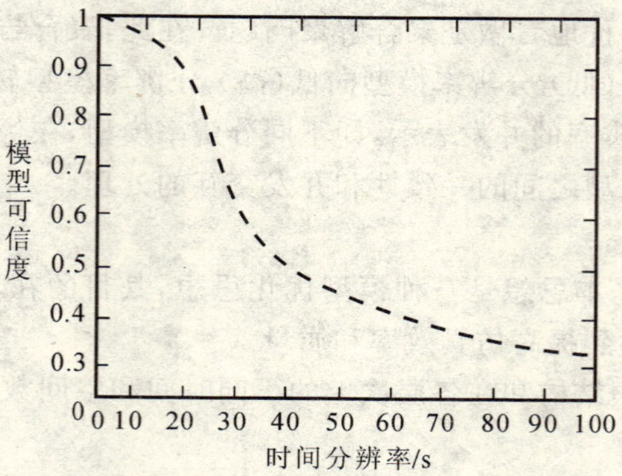

图 4.6　时间分辨率-模型置信度关系图

由图可知，当时间分辨率取 30 s 时，功能模型置信度约 80%，而取 60 s 时，将下降至 40% 左右。显然，当系统的时间分辨率高时，卫星功能模型的置信度就高，反之亦然。因此在设置时间分辨率时，要综合考虑时间分辨率对卫星模型的影响。

当仿真系统中有多颗卫星 $S_i(i=1,2,\cdots,n)$ 时，若根据给定的置信度下限，设第 i 颗卫星在给定的置信度约束下对应的时间分辨率为 T_i，则设定的时间分辨率应为 $Min(T_i)(i=1,2,\cdots,n)$，方可满足仿真系统对模型置信度的要求。

(2) 在对卫星簇进行空间系统建模时，通过从空间分辨率角度分析知，宜采用低分辨率模型. 以三星无源卫星簇为例，且假定：① 忽略目标对卫星簇的方位角对 *HDOP* 的影响，即认为对于特定构型的卫星簇，*HDOP* 仅与目标与之距离有关(此处，*HDOP* 为几何精度衰减因子)；② *HDOP* 与卫星簇与目标的距离之间服从分段线性关系。

在这种条件下得到的低分辨率模型为

$$HDOP = K \cdot D + b \tag{4.4}$$

式中，D 为目标至卫星簇的距离；$K \cdot D$ 为卫星簇几何构型因素，与卫星簇的构型形状有关。

仿真结果表明，采用该低分辨率模型，在设定的初始条件(卫星簇轨道高度为10 001 km，卫星簇最小工作仰角 20°，目标对卫星簇的方位角为 30°；三条基线长度为 150 km、150 km、100 km)下，该低分辨率模型可有效地降低仿真时的计算复杂度，提高仿真效率，并具有 90% 的置信度。

例 4.3　基于多分辨率地形格网数据优化与多分辨率三维地形动态构模。

分别提供了基于多分辨率地形格网数据优化和多分辨率地形动态构模实例，对多分辨率建模方法与技术的应用有一定的参考价值。

(1) 基于多分辨率地形格网数据的多观察点设置地优化问题。

1) 为了获得高精度地多分辨率地形数据，选取了六种不同地形特征，原始分辨率为2 m/格点，地形数据采样点数为 1 024×1 024 的地形作为仿真测试样本，其样本统计特征如表 4.2 所示。

表 4.2　测试样本统计特征

统计特征 / 样本	Min	Max	Diff	Mean	SD
Sample1	693.1	754.2	61.1	712.2	84.28
Sample2	939.3	2531.5	1592.2	1731.2	250.34
Sample3	1197.6	2452.1	1254.5	1636.8	470.6
Sample4	250.0	461.3	211.3	364.4	1272.6
Sample5	2153.5	2570.1	416.6	2372.7	2030.2
Sample6	930.4	2481.7	1551.3	2023.6	3677.1

2) 分析地形格网数据分辨率对多观察点设置的影响，其做法为：① 在原始分辨率地形数据上应用模拟退火算法(SA)，得到最高分辨率数据上的最优观察点设置的联合视域覆盖率和耗时；② 在不同分辨率地形数据上分别应用模拟退火算法，获得相应得最优观察点位置；③ 将

② 步骤得到的最优观察点组合通过双线性内插法找到最高分辨率地形中的对应点，计算这些点的联合视域覆盖率和②③两步的共耗器；④ 对同一块地形在不同分辨率数据基础上重复进行②③步骤10次，得到基于不同分辨率数据地形的平均联合视域覆盖率和平均耗时，其结果和步骤1）中得到的结果相比较，于是可获得问题的影响关系。分析结果表明，在设计基于多分辨率地形数据的处理方法时，应在仿真准确度与耗时之间进行充分平衡（或折中）。

3）优化方法描述：为了做到在上述仿真准确度与耗时之间的平衡，设计基于多分辨率格网数据观测点问题的处理过程（MRP）为：① 针对给定地形，使用双线性插值方法得到不同分辨率的地形数据；② 对于给定观察点个数，基于最低分辨率的地形数据使用模拟退火算法得到在该分辨率数据上的最优观察点集合；③ 以步骤②得到的一组最优观察点为初始值，采用双线性插值法找到其对应的高一级分辨率地形数据的对应位置。重复使用模拟退火算法在上述得到的初始值基础上计算在这一分辨率数据上的最优观察点集合；④ 重复执行步骤③最终得到原始分辨率地形数据上的最优观测点集合。

4）仿真试验与分析：使用上述MRP方法，针对6个地形样本数据，设置不同的观察点个数进行仿真试验，并与在原始分辨率数据上单纯使用模拟退火算法进行比较。结果表明，基于多分辨率处理（MRP）和模拟退火算法（SA）相结合的方法解决观察点设置问题，在确保仿真准确性下，比单纯使用SA在耗时上节省50%～60%。

5）结论：提出的基于多分辨率格网数据优化方法.对于解决地形观察点设置问题是十分有效的。

（2）多分辨率三维地形动态构模。多分辨率地形模型动态构模是指在对地形可视化浏览过程中，根据当前地形和视点状态信息，使用不同地面地形表示和不同的分辨率进行可视化，并实时调整用于可视化的地形表示。

三维地形模型的基础是数字高程模型（DEM），DEM有两种主要形式：规则格网模型（RSG）和不规则三角网模型（TIN）。TIN模型在地形表达、可视化尤其是可便分辨率方面具有显著优势，故而做为本例研究对象。

多分辨率地形模型动态构模的关键是构建地形层次三角网（HTIN），并利用包含三叉树子节点的四叉树管理HTIN，优化HTIN的形状，以提高三维地形仿真逼真度和效率。多分辨率模型动态构模中，包括：① 视野范围确定；② 视野区内HTIN的构建；③ 地形渲染分辨率的优化；④ 仿真试验与分析。结果表明，从视觉规律出发，基于视点位置和视线方向对仅基于地形自身复杂程度的多分辨率地形模型进行优化，不仅增强了模型自身表达能力和视觉表达效果，而且提高了地形场景的绘制速度，满足了某战场环境仿真中实时交互的要求。

例4.4 基于HLA的多分辨率建模框架设计与实现。

基于HLA的多分辨率建模支撑框架（MRMF/HLA）的设计与实现，不仅可以在HLA中帮助人们快速、规范地进行多分辨率联邦的开发，而且为在RTI基础上定义和实现某些扩展地公共服务提供借鉴方法。

（1）设计思想：

1）MRMF/HLA的设计目标：① 提供具有多分辨率建模能力的成员设计框架和标准的多分辨率模型实现模式；② 实现多分辨率建模的公共底层功能，使系统具有一定的通用性、易用性、可扩展性和可重用性；③ 支持不同分辨率模型运行模式；④ 支持不同的多分解率对象分布模式。

篇幅有限，这里仅讨论 ①② 的设计与实现。

2)MRMF/HLA 框架及设计原理。如图 4.7(a) 和(b) 所示分别给出了 MRMF/HLA 的框架及设计原理。

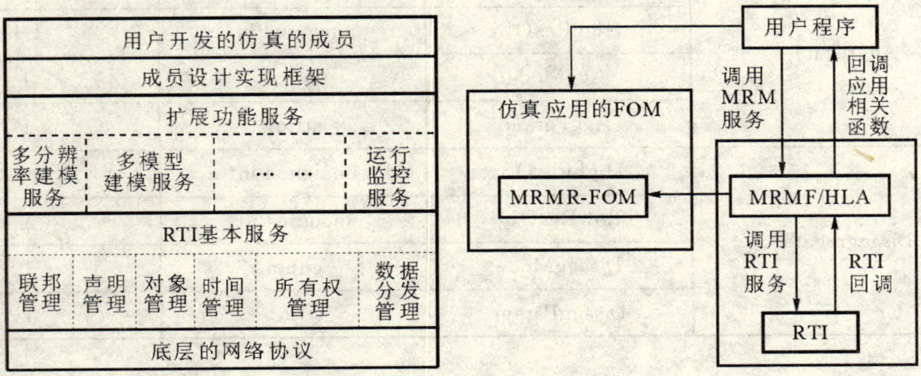

(a)　　　　(b)

图 4.7　MRMF/HLA 的框架及设计原理

(2)MRMR-FOM 的设计。为了利用 RTI 所提供的服务来实现 MRM，必须对用于多分辨率建模的标准文件 MRMR-FOM 进行设计。MRMR-FOM 主要由交互组成，包括：聚合交互、解聚交互、聚合请求交互、解聚请求交互、不同分辨率对象间交互及聚合解聚应答服务等。表 4.3 和表 4.4 分别给出了 MRMR-FOM 的交互表和参数表。

表 4.3　MRMR-FOM 交互表及其说明

Interaction1	Interaction2	Description
	Aggregate(IR)	聚合交互，由高分辨率对象向低分辨率对象发出
	Disaggregate(IR)	聚合应答交互，由低分辨率实体完成聚合后发出
	AggregateNotify(IR)	解聚交互，由低分辨率对象向高分辨率对象发出
	DisaggregateNotify(IR)	聚合应答交互，由高分辨率实体完成解聚后发出
MRM Interaction(IR)	RequireHighResObjCreate(IR)	请求建立高分辨率对象，由聚合级实体发出
	ObjRelationNotify(IR)	建立不同分辨率的对象之间的联系
	RequestAggregate(IR)	第三方请求高分辨率对象聚合
	RequestDisaggregate(IR)	第三方请求低分辨率对象解聚

表 4.4　MRMR-FOM 参数表及其说明

Interaction	Parameter	Data Type	Cardinality
Aggregate	LowResObj	unsigned int	1
	HighResObj	unsigned int	1+
	AggMode	enum	1
	AggParam	string	1
Disaggregate	HighResObj	unsigned int	1+
	LowResObj	unsigned int	1
	DisaggMode	enum	1
	DisaggParam	string	1

(3) 主要类设计。MRMF/HLA 框架主要包括两个类:MRMBase 类和 MRMServer 类。前者为多分辨率建模的功能类,后者是多分辨率建模服务的实现类。

MRMBase 类的 UML 描述如图 4.8(a) 所示,而 MRMServer 类的 UML 描述如图 4.8(b) 所示。

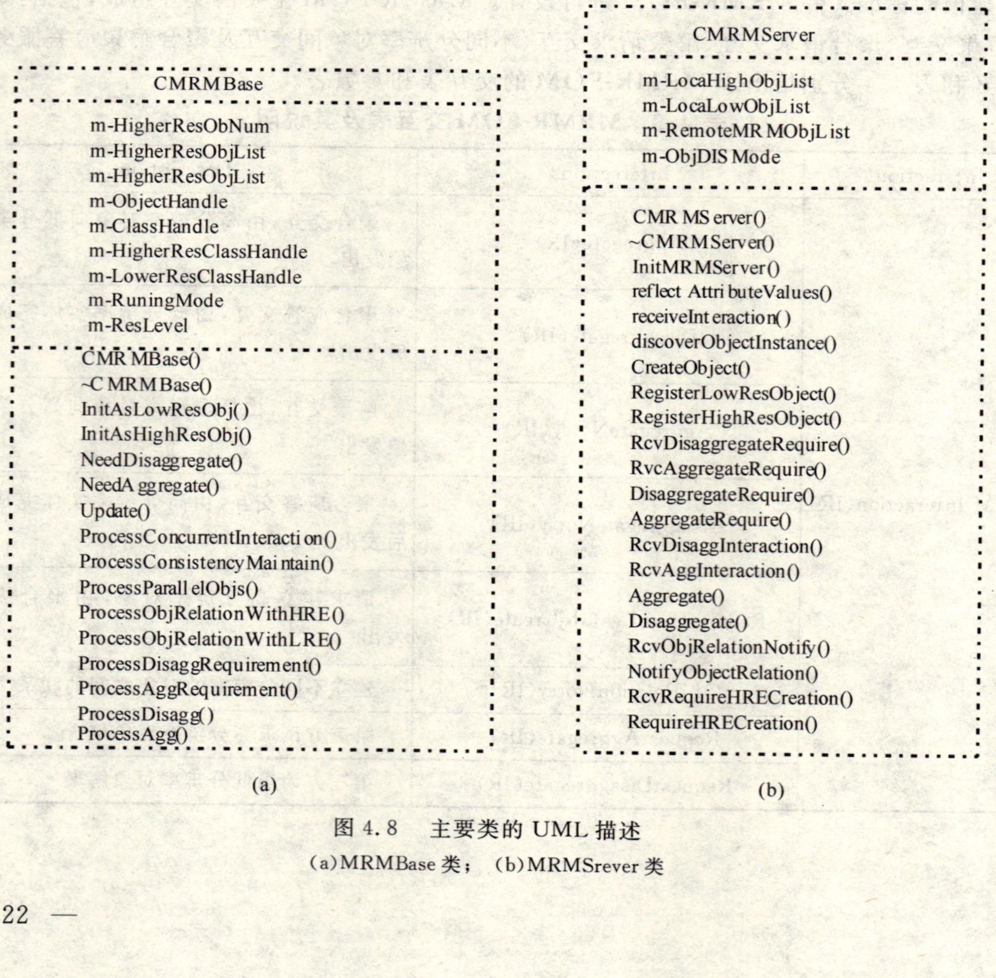

图 4.8　主要类的 UML 描述

(a)MRMBase 类；(b)MRMSrever 类

(4) 主要过程的实现。MRM 主要过程的实现为：MRM Server 的初始化工作(包括设置：RTI 代理、对象分布模式、FED 句柄值) → 多分辨率对象注册过程 → 建立不同分辨率对象之间的联系 → 聚合解聚过程。

4.4　基于模糊集论建模方法与技术

4.4.1　引言

客观世界中广泛存在着模糊概念、现象或事件，凡属这类问题的建模只能通过模糊数学来解决，建模所涉及的方法虽然很多，但都是基于模糊集合理论，故统称为模糊集论法。

通常，模糊集论法建模包括四大类，即隶属函数确定法、模糊聚类分析法、模糊模式识别法和模糊综合评判法。下面分别讨论这些方法的原理、过程。为简便起见，仅给出前两者的应用案例。

4.4.2　隶属函数确定法

(1) 方法原理。通常确定隶属函数的方法有：模糊统计法、指派法和面向对象法等。

模糊统计法是基于模糊统计试验的方法。通过 n 次模糊统计试验可计算出

$$u \text{ 对 } A \text{ 的隶属频率} = \frac{u \in A^* \text{ 的次数}}{n}$$

当 n 不断增加时，隶属频率趋于稳定，该频率的稳定值便是 u 对 A 的稳定度，即

$$\mu_{\underset{\sim}{A}}(u) = \lim_{n \to \infty} \frac{u \in A^* \text{ 的次数}}{n}$$

指派法是一种经验确定方法。可首先按经验选取某一模糊分布，再根据实际测量数据拟合出分布的参数。

面向对象法主要依据对象的实际意义来确定隶属函数。如在经济管理和社会管理中，可直接利用已有“客观尺度”作为模糊集的隶属度。又如，对于机电产品，可采用“产品完好率”或“可靠性”及“维修性”作为隶属度。

(2) 建模过程：① 针对建模对象，定义模糊系统；② 给出模糊函数 $\underset{\sim}{A}$；③ 确定隶属度函数 $\mu_{\underset{\sim}{A}}$；④ 必要时，求出选定“水平”α 下，α 水平截集 A_α 的特征函数 $V_{A_\alpha}(u)$。

(3) 应用案例：

例 4.5　试建立某长度测量结果在均值 α 附近的概率模型。

解　1) 分析知，可定义该长度测量结果是在均值 α 附近的模糊事件 $\underset{\sim}{A}$。

2) 经验和实验分布表明，该模糊事件的隶属函数为

$$\mu_{\underset{\sim}{A}}(x) = \exp\left[-\frac{(x-a)^2}{b}\right]$$

且概率密度函数

$$p(x) = \frac{1}{\sqrt{2\pi}\sigma}\exp\left[-\frac{(x-a)^2}{2\sigma^2}\right]$$

式中，$a > 0$；b 为适当选择的参数；x 为测量结果的随机变量。

3) 模糊事件 $\underset{\sim}{A}$ 的概率描述定义为

$$P(\underset{\sim}{A}) = \int_\Omega \mu_{\underset{\sim}{A}}(\omega)\, p(\omega)\, \mathrm{d}\omega$$

式中，ω 为实数。

将 $\mu_{\underset{\sim}{A}}$ 和 $p(x)$ 代入上式有

$$P(\underset{\sim}{A})=\int_{-\infty}^{\infty}\mu_{\underset{\sim}{A}}(x)p(x)\,\mathrm{d}x=\sqrt{\frac{b}{2\sigma^2+b}}$$

这就是要建立的测量系统的概率模型。

4.4.3 模糊聚类分析法

为方便研究和管理起见，常常需要对系统进行分类。如前所述，系统可从不同角度进行多种分类。其中，把系统按照某些模糊性质实施分类的数学方法称为模糊聚类分析法。

(1) 方法原理。模糊聚类分析法的原理是，依据模糊相似矩阵 $\boldsymbol{R}=(r_{ij})_{n\times m}$ 对于不同的置信水平 $\lambda\in[0,1]$ 得到不同分类结果，从而形成动态聚类图。其关键在于确定相似系数 r_{ij}。

实际中，确定相似系数的方法很多，主要有：数量积法、相关系数法、相似系数法、最大最小值法、海明距离法、主观评分法等 10 多种。各种算法公式可参阅文献[8]。

(2) 建模过程。模糊聚类分析法的建模过程大致如下：

1) 获取数据，得到原始数据矩阵 $\boldsymbol{A}=(x_{ij})_{n\times m}$ $(i=1,2,\cdots,n;j=1,2,\cdots,m)$。

2) 进行数据的标准化处理，即通过数据变换和压缩，把原始数据矩阵 $\boldsymbol{A}$ 转化为模糊相似矩阵 $\boldsymbol{R}=(x''_{ij})_{n\times m}$。

3) 建立模糊相似矩阵 $\boldsymbol{R}=(r_{ij})_{n\times m}$，其中 r_{ij} 称为相似系数，它反映了数据矩阵中 x_i 与 x_j 的相似程度，可用如上多种方法来确定。

4) 对于不同置信水平 $\lambda\in[0,1]$，进行聚类并形成动态聚类图。通常，聚类方法有两类，即直接聚类方法和基于模糊等价矩阵的聚类方法。

(3) 应用案例：

例 4.6 将测量点 x_1,x_2,x_3,x_4 和 x_5 的测量统计数据经处理后得到如下模糊关系

$$\underset{\sim}{\boldsymbol{R}}=\begin{bmatrix}1 & 0.48 & 0.62 & 0.41 & 0.47\\ 0.48 & 1 & 0.48 & 0.41 & 0.47\\ 0.62 & 0.48 & 1 & 0.41 & 0.47\\ 0.41 & 0.41 & 0.41 & 1 & 0.41\\ 0.47 & 0.47 & 0.47 & 0.41 & 1\end{bmatrix}$$

试建立该测量系统的动态聚类模型。

解 因为模糊关系 $\underset{\sim}{\boldsymbol{R}}=(r_{ij})_{5\times 5}$ 满足：$r_{ii}=1$(自反性)，$r_{ij}=r_{ji}$(对称性)，以及 $\underset{\sim}{\boldsymbol{R}}\cdot\underset{\sim}{\boldsymbol{R}}\subseteq\underset{\sim}{\boldsymbol{R}}$(传递性)，所以该 $\underset{\sim}{\boldsymbol{R}}=(r_{ij})_{5\times 5}$ 是一个模糊等价关系。据此，可对于不同水平 λ 进行如下分类：

1) 当 $0.62<\lambda<1$ 时，有

$$\boldsymbol{R}_\lambda=\begin{bmatrix}1 & 0 & 0 & 0 & 0\\ 0 & 1 & 0 & 0 & 0\\ 0 & 0 & 1 & 0 & 0\\ 0 & 0 & 0 & 1 & 0\\ 0 & 0 & 0 & 0 & 1\end{bmatrix}$$

显然，这是一个普通等价关系，故系统可分类为 $\{x_1\}$，$\{x_2\}$，$\{x_3\}$，$\{x_4\}$，$\{x_5\}$

2) 当 $0.48<\lambda\leqslant 0.62$ 时，有

$$R_\lambda = \begin{bmatrix} 1 & 0 & 1 & 0 & 0 \\ 0 & 1 & 0 & 0 & 0 \\ 1 & 0 & 1 & 0 & 0 \\ 0 & 0 & 0 & 1 & 0 \\ 0 & 0 & 0 & 0 & 1 \end{bmatrix}$$

可见，x_1，x_2 归并，其余保持，即系统可分为四类：$\{x_1, x_3\}$，$\{x_2\}$，$\{x_4\}$，$\{x_5\}$

3）当 $0.47 < \lambda \leqslant 0$ 时，有

$$R_\lambda = \begin{bmatrix} 1 & 1 & 1 & 0 & 0 \\ 1 & 1 & 1 & 0 & 0 \\ 1 & 1 & 1 & 0 & 0 \\ 0 & 0 & 0 & 1 & 0 \\ 0 & 0 & 0 & 0 & 1 \end{bmatrix}$$

此时，系统可分为三类：$\{x_1, x_2, x_3\}$，$\{x_4\}$，$\{x_5\}$

4）当 $0.41 < \lambda \leqslant 0.47$ 时，有

$$R_\lambda = \begin{bmatrix} 1 & 1 & 1 & 0 & 1 \\ 1 & 1 & 1 & 0 & 1 \\ 1 & 1 & 1 & 0 & 1 \\ 0 & 0 & 0 & 1 & 0 \\ 1 & 1 & 1 & 0 & 1 \end{bmatrix}$$

此时，系统可分为两类：$\{x_1, x_2, x_3, x_5\}$，$\{x_4\}$。

当 $0 \leqslant \lambda < 0.41$ 时，R_λ 的元素将全部为 1，故该系统只能分为一类：$\{x_1, x_2, x_3, x_4, x_5\}$。

综上所述，可得到系统 $U = \{x_1, x_2, x_3, x_4, x_5\}$ 的动态聚类模型如图 4.9 所示。

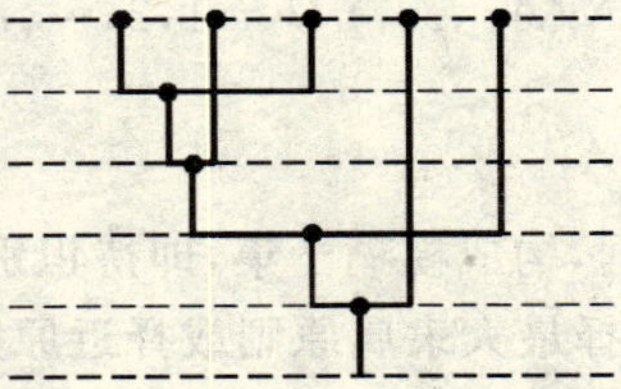

图 4.9　系统 $U = \{x_1, x_2, x_3, x_4, x_5\}$ 的动态聚类模型

4.4.4　模糊模式识别法

（1）方法原理。用模糊集表示模式识别问题叫做模糊模式识别。实际中存在着大量这类问题，如收款机对商品条码的识别、对产品等级的分类及指纹识别技术等。

模糊模式识别的基本原理是按照最大隶属原则和择近原则进行识别。通常，最大隶属原则按照相对隶属和优先隶属构成原则 Ⅰ 和原则 Ⅱ：

1）最大隶属原则 Ⅰ。设在论域 $U = \{x_1, x_2, \cdots, x_n\}$ 上有 m 个模糊子集 $A_1, A_2, \cdots, A_m$（即 m 个模式）构成一个标准模式库，若对任一个 $X^{(0)} \notin U$ 存在 $k_0 (1 \leqslant k_0 \leqslant m)$ 使 $\mu_{k_0}(X^{(0)}) = \bigvee_{k=1}^{m} \{\mu_{A_k}(X^{(0)})\}$，则可视 $X^{(0)}$ 相对隶属于 A_{k_0}；

2）最大隶属原则 Ⅱ。设在论域 $U = \{x_1, x_2, \cdots, x_n\}$ 上确定一个标准模式 A_0，对于 n 个待

识别对象$x_1, x_2, \cdots, x_n \in U$,如果有某个$X_k$满足$\mu_{A_0}(X_k) = \bigvee_{i=1}^{m}\{\mu_{A_0}(x_i)\}$ $(1 \leqslant k \leqslant n)$,则$X_k$优先隶属于$\boldsymbol{A}$。

择近原则按其研究问题的性质亦可包括两种:

1) 单个特性的择近原则。设论域U上的m个模糊子集$A_1, A_2, \cdots, A_m$(即m个模式)构成一个标准模式库$\{A_1, A_2, \cdots, A_m\}$,模糊子集$A_0$为待识别模式。若存在$k_0(1 \leqslant k_0 \leqslant m)$,使得$N(A_{k_0}, A_0) = \bigvee_{k=1}^{m} N(A_k, A_0)$,则$A_0$与$A_{k_0}$最贴近,或者说把$A_0$可归并到$A_0$类。

2) 多个特性的择近原则。对于论域U上的两个模糊向量集合族$\boldsymbol{A} = (A_1, A_2, \cdots, A_m)$,$\boldsymbol{B} = (B_1, B_2, \cdots, B_m)$,则$\boldsymbol{A}$与$\boldsymbol{B}$的贴近度可有如下多种定义:

ⅰ. $N(\boldsymbol{A}, \boldsymbol{B}) = \bigwedge_{k=1}^{m} N(A_k, B_k)$;

ⅱ. $N(\boldsymbol{A}, \boldsymbol{B}) = \bigvee_{k=1}^{m} N(A_k, B_k)$;

ⅲ. $N(\boldsymbol{A}, \boldsymbol{B}) = \sum_{k=1}^{m} a_k N(A_k, B_k)$,式中,$a_k \in [0,1]$,且$\sum_{k=1}^{m} a_k = 1$;

ⅳ. $N(\boldsymbol{A}, \boldsymbol{B}) = \bigvee_{k=1}^{m} (a_k \cdot N(A_k, B_k))$,式中,$a_k \in [0,1]$,且$\sum_{k=1}^{m} a_k = 1$;

ⅴ. $N(\boldsymbol{A}, \boldsymbol{B}) = \bigvee_{k=1}^{m} (a_k \wedge N(A_k, B_k))$,式中,$a_k \in [0,1]$,且$\sum_{k=1}^{m} a_k = 1$;

至于选择哪种形式,可视具体情况而定。由此可给出如下多特征的择近原则:

设论域上的n个模糊子集$A_1, A_2, \cdots, A_n$构成一个标准模式库$\{A_1, A_2, \cdots, A_n\}$,每个模式$A_k$都可用$m$个特性描述,即待识别的模式为$A_0 = (A_{01}, A_{02}, \cdots, A_{0m})$。若两个模糊向量集合族的贴近度最小值为$nk = \bigwedge_{i=1}^{m} N(A_{ki}, A_{0i})$ $(k = 1, 2, \cdots, n)$,并有自然数$k_0(1 \leqslant k_0 \leqslant n)$使得$n_{k_0} = \bigwedge_{k=1}^{n} n_k$,则模式$A_0$隶属于$A_k$。

(2) 建模过程:① 获取数据,构成模糊子集,即待识别模式;② 建立m个模式构成的模糊标准模式库;③ 根据识别对象选择最大隶属原则或择近原则;④ 进行模糊模式辨识,即通过系统辨识技术建立模糊模式识别模型。

4.4.5　模糊综合评判法

(1) 方法原理。影响系统(或事物)行为、性能或功能的因素$\boldsymbol{U} = \{u_1, u_2, \cdots, u_n\}$评判,往往是模糊的,它将由$m$种评判构成一种模糊评判集$\boldsymbol{V} = \{v_1, v_2, \cdots, v_m\}$,其综合评判亦应是$\boldsymbol{V}$上的一个模糊子集$\boldsymbol{B} = (b_1, b_2, \cdots, b_n) \in F(\boldsymbol{V})$。其中,$b_k$为$v_k$对$\boldsymbol{B}$的隶属度,即$\mu_B(v_k) = b_k(k = 1, 2, \cdots, m)$,反映了第$k$种评判$v_k$对综合评判的作用。而综合评判$\boldsymbol{B}$依赖于$\boldsymbol{U}$上各因素$u_i(i = 1, 2, \cdots, n)$的权重$a_i$。若当给定权重$\boldsymbol{A} = (a_1, a_2, \cdots, a_n) \in F(\boldsymbol{U})$,且$\sum_{i=1}^{n} a_i = 1$,则可确定一个综合评判$\boldsymbol{B}$。

(2) 建模过程:① 确定因素集$\boldsymbol{U} = (u_1, u_2, \cdots, u_n)$;② 确定评判集$\boldsymbol{V} = (v_1, v_2, \cdots, v_m)$;③ 确定模糊评判矩阵$\boldsymbol{R} = (r_{ij})_{n \times m}$;④ 综合评判$\boldsymbol{B} = \boldsymbol{A} \cdot \boldsymbol{R}$或$b_j = \bigvee_{i=1}^{n}(a_i \wedge r_{ij})$ $(j = 1, 2, \cdots, m)$。

4.5　基于神经网络建模方法与技术

4.5.1　方法原理

神经网络是由大量神经元广泛互相连接形成的高度复杂非线性动力学系统。神经元被作为接受或产生、传递和处理信息的基本单元,其数学描述为

$$u_i = \sum_{j=1}^{n} w_{ij} \cdot x_i - \theta_i = \sum_{j=0}^{n} w_{ij} \cdot x_j \tag{4.5}$$

$$y_i = f(u_i) \tag{4.6}$$

式中,w_{ij} 为神经元 j 到神经元 i 的连接权重,$w_{i0}=-1$,$x_0=\theta_i$;$f(u_i)$ 为神经元的特征函数,即输入与输出的关系;x_j 为神经元 j 的输出,也是神经元 i 的输入。

上述描述如图 4.10 所示,称之为简单神经元的 M－P 模型。

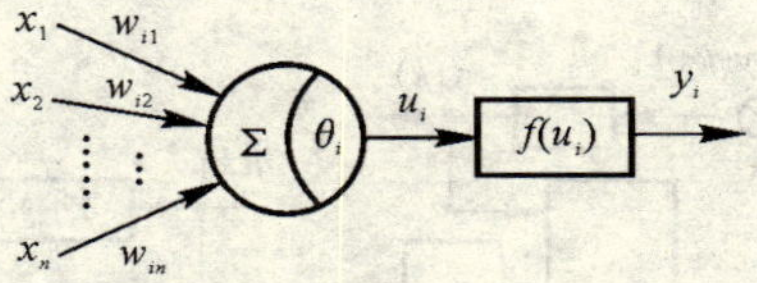

图 4.10　简单神经元的 M－P 模型

多个神经元时,可表示成矢量

$$\boldsymbol{Y} = f(\boldsymbol{XW}^{\mathrm{T}}) \tag{4.7}$$

式中,$\boldsymbol{X}$ 为输入,为 n 维行矢量;$\boldsymbol{Y}$ 为输出,为 m 维行矢量;$\boldsymbol{W}$ 为权矩阵,为 $m \times n$ 维。

多个神经元相互连接便构成了为建模所需要的神经网络,其连接模式视建模目标而定。对于描述复杂非线性动力学系统,通常采用循环型连接模式。

在构成神经网络模型时,训练是至关重要的。训练的目的是使得能用一组输入矢量 $\boldsymbol{X}$ 产生一组所期望的、能够等价描述建模对象的输出量 $\boldsymbol{Y}$。训练通常通过预先确定的算法(如辨识算法等)调整网络的权值来实现。而训练算法按照训练规则进行。目前,训练规则主要有赫布(Hebb)和 δ(Selta)训练规则。

赫布训练规则的一般形式为

$$w_{ij}(t+1) = w_{ij}(t) + \eta[x_i(t) \cdot x_j(t)] \tag{4.8}$$

式中,$w_{ij}(t+1)$ 为修正后的权值;η 为比例因子,表示训练速率;$x_i(t)$,$x_j(t)$ 为分别是 t 时刻神经元 i 和神经元 j 的状态。

δ 训练规则的一般形式是

$$w_{ij}(t+1) = w_{ij}(t) + \eta[d_i - y_i(t)] \cdot x_j(t) \tag{4.9}$$

式中,d_i,$y_i(t)$ 分别表示第 i 个神经元的期望输出与实际输出。

若训练通过辨识算法来完成,则这种神经网络建模谓之神经网络模型辨识,即利用已有输入输出数据来训练一个由神经网络构成的模型。由于目前这种神经网络建模方法在非线性复杂系统建模中得到广泛应用,因此,值得一提。

如考虑一非线性系统

$$y(k+1) = f[y(k), y(k-1), \cdots, y(k-n+1)] + g[u(k), u(k-m+1)] \tag{4.10}$$

式中，$u(k)$，$y(k)$ 分别为系统在 t 时刻的输入和输出；m，n 分别表示输入、输出时间序列的阶次，$m \leqslant n$。

建模中，可用两个神经元网络（如 BP 网络）分别代替式(4.10)中的线性函数 $f[\cdot]$ 和 $g[\cdot]$，然后根据系统输出和辨识模型的输出之差来调整神经网络的连接权值，使网络的映射和对应的非线性函数相同。于是，可得到欲辨识的模型为

$$\hat{y}(k+1)=N_f[\hat{y}(k),\hat{y}(k-1),\cdots,\hat{y}(k-n+1)]+N_g[u(k),u(k-1),\cdots,u(k-m+1)] \tag{4.11}$$

4.5.2 建模过程

(1) 根据系统建模目标，给出系统一般描述，如实验观测时间序列模型等。

(2) 选取适合的神经网络结构（常用 PB 网络），构成系统神经网络模型。

(3) 进行神经网络模型训练，一般采用辨识方法。对于不失一般的式(3.58)非线性系统，网络辨识中建议选用如图 4.11 所示辨识结构。

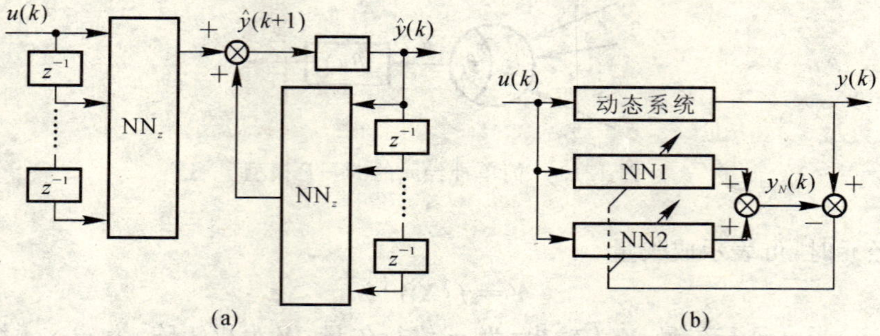

图 4.11 神经网络模型辨识结构

(a) 并列辨识结构；(b) 在线辨识结构

4.5.3 应用案例

例 4.7 基于 BP 网络的潜艇运动建模。

理论分析与实践表明，潜艇在风浪中航行是一个具有严重非线性和随意性的复杂系统，其运动模型的建立以采用神经网络法为宜，即利用神经网络，通过自学习逐步逼近系统模型。进一步讲，可将潜艇及其航行环境作为一个整体，利用 BP 神经网络的自学习、自适应功能，通过系统的输入输出数据，直接辨识其输入-输出关系，从而达到对潜艇与环境这一复杂系统的整体特性辨识。

这里，可选取三层 BP 神经网络（即输入层、隐含层和输出层）。由于输入量为潜艇的航速、航深、海浪波高和浪向角；输出量是潜艇的横摇角和纵摇角，故网络输入层有 4 个节点，而输出层有两个节点；隐含层用以逼近任何有理函数，其节点数 m 可按经验公式确定，即 $m=2n+a=q$（这里，n 为输入层节点数；a 为常数，取 $a=1$）。这时，潜艇在风浪中运动的 BP 网络结构如图 4.12(a) 所示。它的隐含层节点通过非线性函数（sigmoid 函数）传递到输出层，输出层为线性组合器。网络训练方式采用有导师的 BP 学习方法。整个系统辨识结构如图 4.12(b) 所示。利用该网络进行建模与仿真的试验结果如图 4.12(c) 所示。

仿真结果表明，采用 BP 网络对潜艇在风浪中运动建模是有效的，该网络能够很好的逼近潜艇的运动模型。

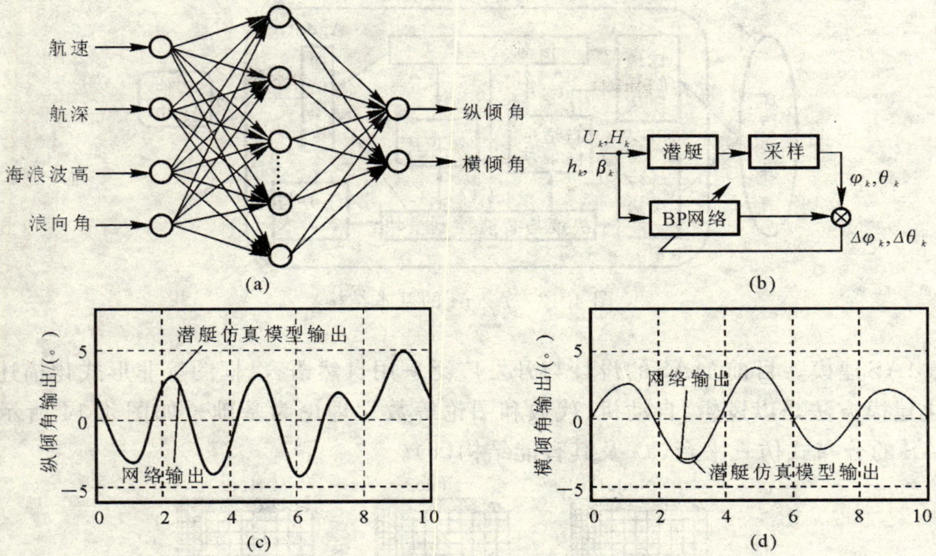

图 4.12　基于 BP 网络的潜艇运动辨识建模与仿真

(a)PB 网络结构；(b) 系统辨识结构；(c) 纵倾角仿真结果；(d) 横倾角仿真结果

4.6　基于智能技术建模方法与技术

4.6.1　引言

针对复杂系统问题研究的需求，(美)SFI(Santa FeInstitute) 学者提出了一种新思想，这就是系统复杂性特别是涌现性的出现是自上而下的，并取决于构成系统的构件(Building Block) 及其他互相间的非线性作用，这种构件被称之为主体(Agent)。20 世纪 90 年代以来，Agent 已成为计算机和人工智能领域研究的重要前沿。与此同时，许多领域(如社会科学、经济系统、生物科学、生态科学、工程技术、仿真科学等) 都依次展开了建模与仿真研究工作，并取得了重大成果。因为 Agent 和 MAS(Muti-Agent Systems) 最初来源于分布式人工智能的研究，故本节起名为“基于智能技术的 Agent/MAS 建模方法与技术”。

4.6.2　方法原理

(1) Agent 建模。在各个不同领域与学科中，Agent 具有不同的含义。起初 Agent 仅作为构成系统的构件，后来被扩展为一种智能体，它可以是智能软件、智能设备、智能机器人或智能计算机，甚至可以是人。由此概念和定义出发，Agent 不仅具有自治性、社会能力、响应性、能动性等行为特征，而且还有知识、信念、责任、承诺等精神状态特征。如图 4.13 所示给出了 Agent 的基本结构。

可见，Agent 是一个能够与外界自主交互并拥有一定知识和推理能力，能够独立完成一定任务的具有社会性的智能实体。这样，在复杂系统(如复杂工程系统、军事作战系统、社会系统、交通管制系统、电子交易系统等) 建模与仿真中，便可能由许多 Agent 按一定规则结合成局部细节模型，并利用 Agent 间的局部连接准则构造出复杂系统的整体模型，最后借助计算机系统实现模型运行，进行仿真试验研究。在基于 Agent 的建模与仿真(ABMS) 中，一般是在基于 Agent 的模型形式化框架下，采用形式化规范方法利用 Z 语言来构造 Agent 模型。

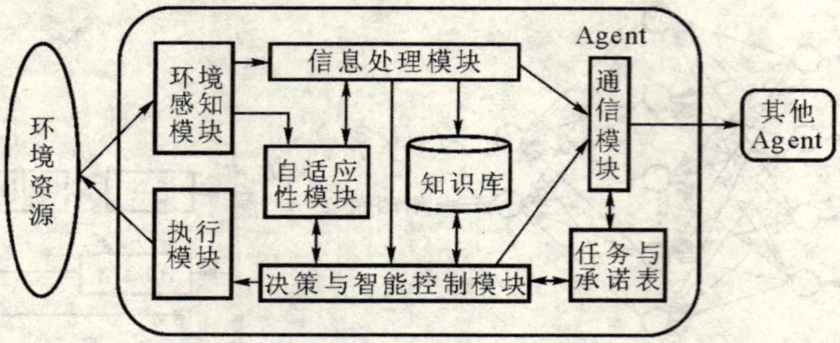

图 4.13　Agent 的基本结构

(2)MAS建模。目前MAS的设计与开发广泛采用自然语言、框图等非形式化描述方法。而形式化建模方法是以逻辑、自动机、代数和图论等数学理论为基础。如图 4.14 所示给出了基于 MAS 的分布式仿真平台(a) 及其智能结构(b)。

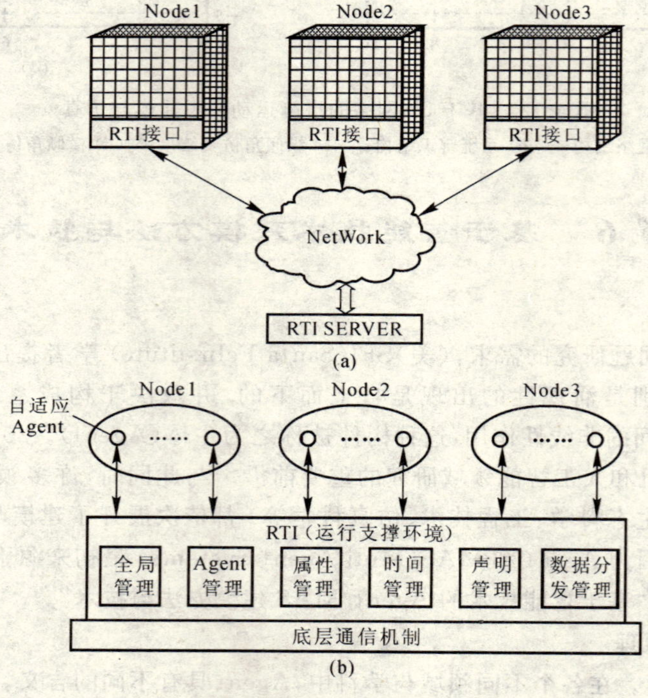

图 4.14　复杂 Muti-Agent 系统

(a) 分布仿真平台；(b) 智能结构 HAL/RTI 六大服务功能

4.6.3　技术特点

(1)Agent 建模是一种基于智能技术的新方法,对复杂系统建模有着普遍的重要作用。

(2)MAS 是多个 Agent 构成的自适应柔性动态系统与典型分布式计算机系统,通常有三种组织结构模式:完全集中式、完全分布式和混合式,可满足多种建模目标需求,可有效地解决大规模复杂系统建模问题。

(3)Agent 技术是一种先进计算机技术,特别适合用于来解决具有模块化、分散化、可变性、不良结构、复杂性等特征的应用问题。

(4)Agent 技术具有下列显然优势:

1）与传统系统（如可用数学方程描述的系统，可求解的规范系统等）方法相比较，Agent 技术不仅建模方法，可给出问题的解，还可用演示系统演化全部动力学特征，这是传统分析方法或数值方法所无法达到的。

2）对于无法求解，或没有合适方法求解，或许多参数无法计算的系统和问题，采用 Agent 技术可详尽地研究系统多种特征，并可对问题进行求解。

3）对于无法采用形式描述和数学计算的问题，仍然可通过 Agent 交互来解决，而这类问题恰恰广泛存在于经济系统、社会系统和生物系统等复杂系统。

4）已有基于 Agent 的建模和开发工具（软件）（如由 SFI 研制的 Swarm 等）被成功应用于复杂系统问题研究。

5）MAS 已成为计算机及自动化领域一项关键性主流技术和研究分布式智能控制的主要工具。MAS 形式化建模方法对于 MAS 进行描述和研究，以及对系统模型分析与验证是至关重要的，也是 MAS 理论的一个重要研究方向。

4.6.4　典型应用

例 4.8　Multi-Agent 城市交通管制建模与仿真。

进行区域协调，解决城市交通拥挤现象是城市交通管制系统的主要任务，本质上是一个排队系统的优化问题，可通过系统建模与仿真解决这个问题。建模中，采用了基于 Multi-Agent 的建模方法。这里，Multi-Agent 包括两类 Agent，即区域 Agent 和路口 Agent，而每个 Agent 均由通信层、协作层和控制层组成。

分析 Agent 间的合作与冲突机理，应用博弈论和排队论并通过大量随机交通流计算数据，进行拟合辨识后，可建立起该系统的区域协调模型

$$G=\{A,I,S,U\} \tag{4.12}$$

式中，$A=\{Agent_1, Agent_2, \cdots, Agent_n\}$；$I$ 为每个 Agent 所拥有的信息；S 为每个 Agent 所有可能的取值或行动的集合，$S=\{$东西直行，南北直行，东西双左拐，南北双左拐$\}$；U 为每个 Agent 获得的利益，为 $Q_i(t)$ 的收益函数；$Q_i(t)$ 为 t 时刻等候在第 i 路的车辆数量矢量，$Q_i(t)=\{Q_{i,E}(t), Q_{i,S}(t), Q_{i,S}(t), Q_{i,N}(t)\}$ 分别为 t 时刻等候在第 i 路口的东、南、西、北 4 个方向的车辆数。

$$U_i(tS_i^*, S_{-i}^*) \geqslant U_i(tS_i, S_{-i}^*), \quad \forall S_i \in S \tag{4.13}$$

式(4.13)表示每个 Agent 依据它所拥有的信息 I，在 S 中选择合适的策略，通过不断协调，使其盈利达到纳什均衡。整个协调过程分 3 个层次：即下层为路口 Agent 与其相临路口 Agent 间的协调；中间层是区域 Agent 与路口 Agent 之间的协调；上层是区域 Agent 与相临区域 Agent 之间的协调。纳什均衡则借助搜索如图 4.15 所示的博弈树并根据式(4.13)来达到。

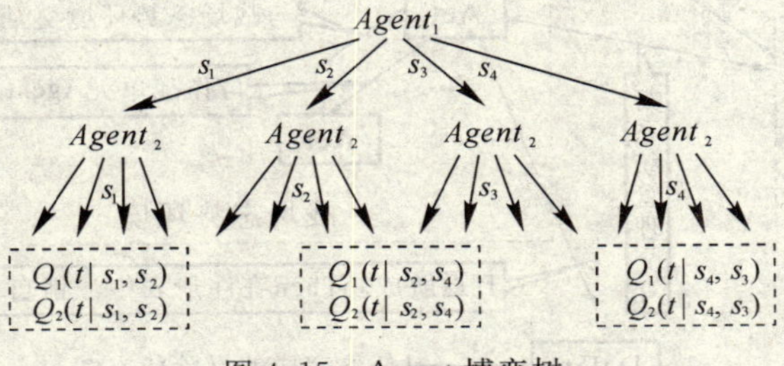

图 4.15　Agent 博弈树

例 4.9 基于 Multi-Agent 建模的协同作战计划 MAS 系统

现代战争是集陆海空天电为一体的立体信息化战争，是多兵种联合协同对抗作战。合理地制定和实现作战计划是赢得战争胜利的关键之一。对此，Multi-Agent 建模起着至关重要的作用。为简便起见，仅以海军多兵种海上协同对抗作战为例，讨论利用 Multi-Agent 理论方法及软件技术制定作战计划问题。

此作战计划的制定，由基于 Multi-Agent 建模的协同计划智能决策 MAS 系统来实现。该系统利用多个 Agent 作为战场角色（包括武器装备、支援装备、保障装备、作战人员、指挥机构、作战原则、态势评估、战场环境等实体），通过 Agent 通信语言（KQML）与 HAL/RTI 相应服务达到 Agent 间交互，从而按计划实现多兵种协同作战，直到取得胜利。

如图 4.16 所示为上述协同作战智能决策 MAS 系统体系结构框架。由图可见，该系统由系统管理、战场环境和数据管理三大部分组成，其核心是各种类型 Agent：作战单元 Agent、协商 Agent、用户 Agent、情报 Agent、集成 Agent、通信 Agent 和任务管理 Agent 等。所有 Agent 决策都应服从系统整体最优化的作战目标。数据库将作为决策的重要支持，它主要包括：平台数据库，武器数据库，战术数据库，情报数据库，环境数据库，方案数据库，军标数据库，图形／图标数据及模型库（知识库、规则库、方案库等）。

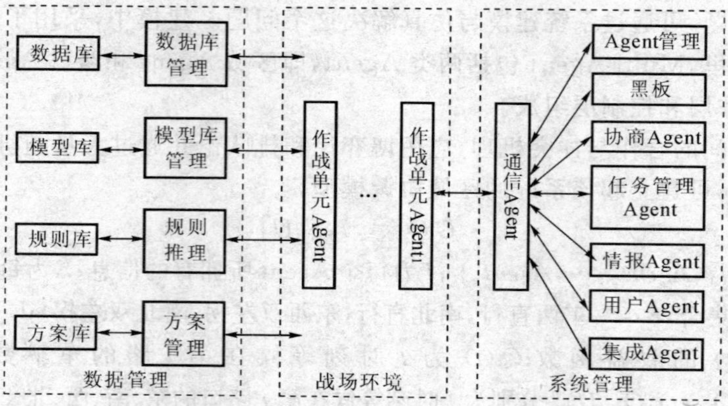

图 4.16 协同计划智能决策 MAS 系统体系结构框架

系统运行关键在于系统管理下的作战单元 Agent 状态及相应转换（见图 4.17）。

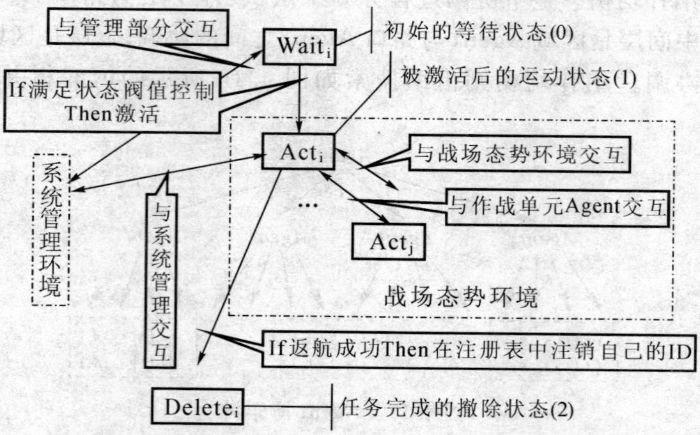

图 4.17 作战单元 Agent 状态转换图

4.7　基于云理论建模方法与技术

4.7.1　引言

云模型是我国李德毅院士提出的定性定量转换模型，是对语言值所蕴含的模糊性和随机性的一种描述。因此，被用于具有不确性复杂系统建模、控制及评估等。

4.7.2　方法原理

设 U 是一个用数值表示的定量论域，C 是 U 上的定性概念，若定量值 $x \in U$ 是定性概念 C 的一次随机实现，x 对 C 的确定度 $\mu(x) \in [0,1]$ 是有稳定倾向的随机数：$\mu: U \to (0,1)$，，$\forall x \in U: x \to \mu(x)$，则 x 在论域 U 上的分布成为云，记之云 $C(x)$。每一个 x 称为云滴。若概念对应的论域是 n 维空间，则可拓展至 n 维云。

云模型通过期望值 E_x、熵 E_n 和超熵 H_e 来表达定性概念的整体特性。其中，E_x 是云滴在论域空间分布的期望，是最具代表定性概念的点，或者说该概念是最典型样本；熵 E_n 是代表定性概念的可度量粒度。通常，E_n 越大概念越宏观；超熵 H_e 的不确定性度量，由熵的随机性和模糊性共同决定。这 3 个数字特征值 E_x，E_n，H_e($E_n \geqslant H_e \geqslant 0$) 可构成云的特征向量，并依此表示定性概念的整体特征。

通过正向云算法和逆向云算法可分别实现概念空间到数值空间和定量值到定性概念的转换。

4.7.3　技术特点

(1) 将概念的模糊性和随机性集成在一起，是实现定量与定性之间相互转换的一种新技术途径。

(2) 云模型方法在传统模糊集论的基础上，引入概率统计思想，将隶属函数的精确性拓展为具有统计分布的不确定性，因此适于具有模糊性与随机性的复杂性系统不确定性建模。

(3) 云模型方法是一种具有广阔应用前景的定量与定性结合的建模方法与技术，已成功应用于复杂系统建模、仿真、评估及控制领域。

4.7.4　典型应用

例 4.10　基于云模型的电子商务推荐系统。

随着电子商务系统规模的扩大，用户数目和项目数据急剧增加，推荐系统已成为必不可少的研究内容，而最近邻同过滤推荐是当前最成功的推荐技术之一。基于模型的概念相似性比较方法(LICM) 就是这种推荐技术的基础。为简便起见，依次 A,B,C,D4 个用户对 10 个项目的测评来研究这个问题。

通常，电子商务系统通过投票获得用户对项目满意情况的测评。设评分标准为 5 个等级{很不满意、不满意、一般、满意、很满意}，相应的分值分别是{1,2,3,4,5}；用户评分频度向量，即相应于 5 个等级的评价次数为 $U(u_1,u_2,u_3,u_4,u_5)$。表 4.5 给出了测评 A,B,C,D4 个用户对 10 个项目的评分情况，其评分频度向量分别为 $U_A(5,5,0,0,0)$，$U_B(0,0,0,4,7)$，$U_C(0,0,1,4,5)$，$U_D(4,6,0,0,0)$。

根据表 4.5，通过逆向运算法(或发生器) 可以计算出这些用户对给定 10 个项目评分特点的定性知识，从而得到用户评分特征向量 $P(E_x,E_n,H_e)$ 如表 4.6 所示。这就是用户对项目测评的云模型。

表 4.5 用户对项目的评分情况

用户 \ 项目 评分	I_1	I_2	I_3	I_4	I_5	I_6	I_7	I_8	I_9	I_{10}
A	2	1	1	1	2	2	1	2	1	2
B	5	4	5	4	5	4	5	4	5	5
C	5	5	4	4	5	5	4	4	5	3
D	2	1	2	2	1	1	2	2	1	2

表 4.6 用户评分特征向量

用户 \ 特征向量	$P(E_x, E_n, He)$
A	P_A(1.363 6, 0.725 1, 0.266 8)
B	P_B(4.181 8, 1.118 7, 0.955 1)
C	P_C(4.000, 1.399 4, 0.949 6)
D	P_D(1.454 5, 0.745 8, 0.288 9)

为了对云模型表示上述定性知识进行相似性比较,给出的 LICM 方法。通过该方法可以得到 A,B,C,D4 个用户的最相似用户(见表 4.7)。

表 4.7 LICM 方法计算得到的最相似用户(邻居)

用户	最相似邻居
A	D
B	C
C	B
D	A

这样便可从表 4.7 迅速准确地查找出相似性高的用户(A 和 D,B 和 C),并产生高质量的推荐结果。

例 4.11 云模型在电液伺服变距控制系统中的应用。

电液伺服变距控制系统常用于船舶调距浆变距、飞行模式器视景系统调焦变距等方面。该系统是一个具有本质非线性的时变系统。另外,还受到环境参数变化等不确定因素的影响,因此采用传统控制方法综合性能较差。为了获得良好的控制性能和较强的鲁棒性品质,可采用一种二维云模型控制器。

考虑一典型的电液伺服系统简化结构如图 4.18 所示。其运动方程为

$$m_t\ddot{y} + B_t\dot{y} + K_t y = A_t \cdot P_L \tag{4.14}$$

$$K_v \cdot u \cdot \sqrt{\left(\frac{P_S - P_L \cdot \operatorname{sgn}(u)}{\rho}\right)} = A_t\dot{y} + \frac{V_t}{4E_v}\dot{P}_L + C_{SI}P_L \tag{4.15}$$

式中，u 为控制信号；y 为系统输出；m_t 为活塞及负载的总质量；B_t 和 K_t 分别为阻尼系数和弹性系数；A_t 为活塞有效面积；K_v 和 C_{SI} 分别为伺服阀系数和总泄漏系数；P_S 和 P_L 分别为油源和油缸负载的压强；E_v 为油液的等效体积弹性模量；V_t 为液压缸及其连接管道的总容积。

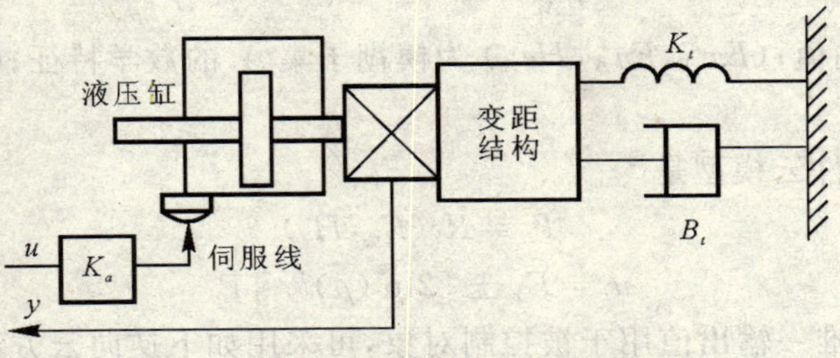

图 4.18　电液伺服系统简化结构模型

除此，该系统的不确定性表现为：① 液压油的内部泄漏及压缩性随温度等变化；② 阀具有死区及非线性，使 K_v 时变；③ 变距过程中，被控对象的非线性等。针对此控制对象可采用基于云模型的控制方法。该云模型为数据对

$$drop(x_i, y_i, \mu_i), \quad i=1,2,\cdots \tag{4.16}$$

构成的二维正态云。这里有

$$(x_i, y_i) = R_2(E_x, E_y, E_n x, E_n y) \tag{4.17}$$

$$(Px_i, Py_i) = R_2(E_n x, E_n y, H_e y) \tag{4.18}$$

$$\mu_i = \exp\left[\frac{-0.5(x_i - E_x)^2}{Px_i^2} \frac{-0.5(y_i - E_y)^2}{Py_i^2}\right] \tag{4.19}$$

其中，$drop(x_i, y_i, \mu_i)$ 为二维云滴；$R_2(E_1, E_2, E_3, E_4)$ 为服从正态分布的二维随机函数；E_1，E_2 为期望值；E_3，E_4 为标准差；E_x，E_y 为期望值；$E_n x$，$E_n y$ 为熵；$H_e x$，$H_e y$ 为超熵。

该二维云的数学特征为（E_x，$E_n x$，$H_e x$）和（$E_x y$，$E_n y$，$H_e y$）。

控制过程的智能性可以用下列产生式控制规律进行定性描述：

$$\text{if } A = A_i \text{ and } B = B_i, \quad \text{then } U = U_i; \quad i = 1, 2, \cdots, m \tag{4.20}$$

式(4.20)这种二维云多规则推理过程如图 4.19 所示。

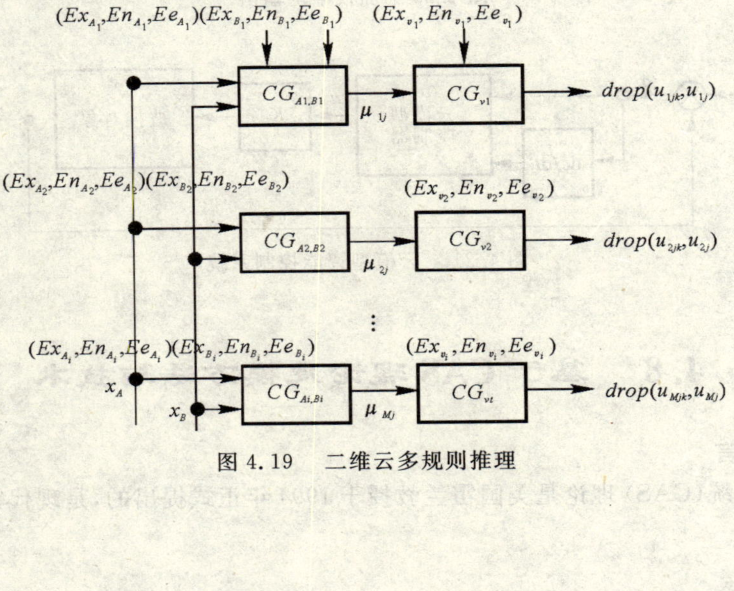

图 4.19　二维云多规则推理

二维云单规则 x 条件云模型为

$$(P_{A_i}, P_{B_i}) = R_2(En_A, En_B, He_A, He_B) \tag{4.21}$$

$$\mu_i = \exp\left[\frac{-0.5(x_A - Ex_A)^2}{P_{A_i}^2} - \left(\frac{-0.5(x_B - Ex_B)^2}{P_{B_i}^2}\right)\right] \tag{4.22}$$

式中,x_A,x_B 为定量输值;(Ex_A,En_A,He_A)为模糊子集 A_i 的数学特征;(Ex_B,En_B,He_B)为模糊子集 B_i 的数学特征。

二维单规则 y 条件云模型是

$$P_i = R_1(E_n, H_e) \tag{4.23}$$

$$u_i = E_x \pm [2\ln(\mu)^{0.5}] P_i \tag{4.24}$$

为了获取确定的唯一输出值用于被控制对象,可采用如下逆向云方法:

$$E_x = mean(x_i) \tag{4.25}$$

$$E_n = stdev(x_i) \tag{4.26}$$

$$P_i = sqrt\left(\frac{-0.5(x_i - Ex)^2}{\ln(\mu_i)}\right) \tag{4.27}$$

式中,x_i,μ_i 为一组云滴;$mean(\ )$为求均值函数;$stdev(\ )$为求标准差函数;$sqrt(\ )$为开二次方函数。

应指出,当云 $drop(x_i, \mu_i)$ 较少时,为了保证控制的实时性,可采用加权平均法。这时控制器实际输出(见图 4.19)。

$$u = \frac{\sum x_i \mu_i}{\sum \mu_i}, \quad i = 1, 2, \cdots, n \tag{4.28}$$

于是,云模型控制器便由图 4.19 和图 4.20 构成。

这样,二维云模型控制系统如图 4.21 所示。

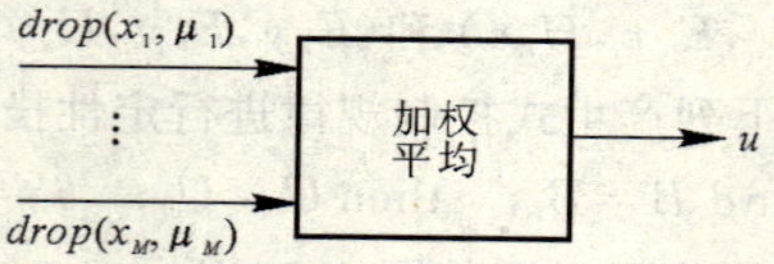

图 4.20　加权平均输出

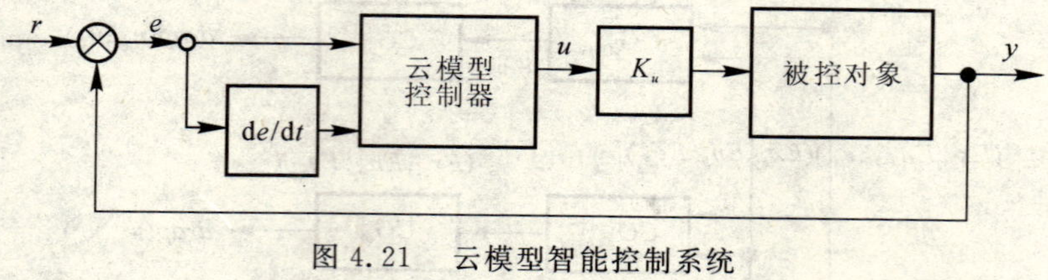

图 4.21　云模型智能控制系统

4.8　基于 CAS 理论建模方法与技术

4.8.1　引言

复杂适应系统(CAS)理论是美国霍兰教授于 1994 年正式提出的,是现代系统科学的一个新的研究方向，开辟了系统建模的新视野和新思路。

CAS 理论的基本思想是：CAS 是由大量按一定规则或模式进行非线性相互作用的行为主体所组成的动态系统。这种主体具有主动的适应能力，可根据行为效果修改自己的行为规则，以保证更好地在客观中生存；同时，由这样主体组成的系统，将在主体之间以及主体与环境的相互作用中发展，表现出复杂的演化过程。研究表明，这类 CAS 包括诸如人脑系统、人体系统、社会系统、生物系统、生态系统、免疫系统等，它们具有如下 7 个基本共同特征：聚集、标志、非线性、流、多样性、内部模型、积木块，据此可以从不同角度揭示出复杂系统的各种信息特征与功能特征，从而为上述各类 CAS 建模奠定了理论基础。

4.8.2　方法原理

基于 CAS 理论建模是新的一大类建模方法，凡是 CAS 都可以采用，如前述基于智能技术的 Agent 建模和生物进化过程建模就属于此范畴。为简便起见，这里仅讨论具有普适性的 CAS 微观刺激-响应模型和宏观回声(ECHO) 模型的建模方法原理。

(1) 刺激-响应模型。刺激-响应模型是一种微观模型，用以描述具有主动性主体的基本行为。按照现代信息处理，这里的规则包括条件和反应，都可以字符串表示，如在第一位用 0 表示没有刺激物靠近，而用 1 表示有刺激物靠近；在第二位分别用 0 和 1 表示小刺激物和大刺激物。于是，第一个刺激物就可以用“10”表示，而第二个刺激物则表示为“11”。同样，反应也可用编号和二进制表示为字符串。把两个字符串连起来，前半段是条件，后半段便是反应。这样，就可以构成如图 4.22 所示的刺激-响应行为系统，即主体执行系统。

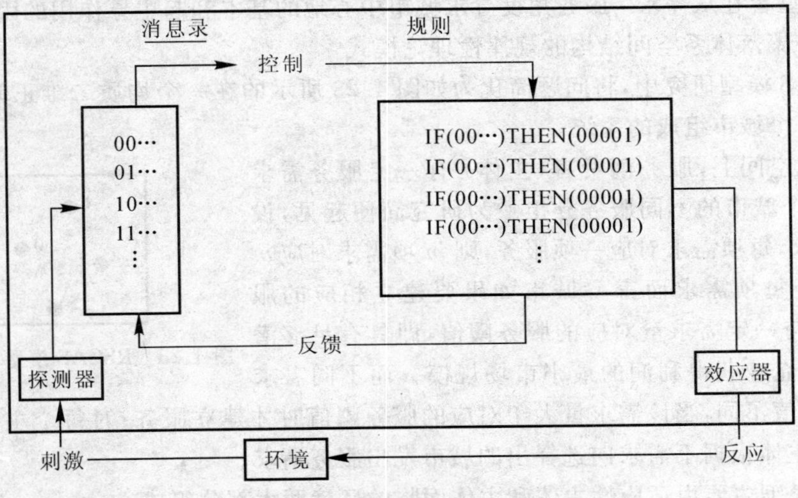

图 4.22　刺激-响应行为系统

图中：输入-环境(包括其他个体) 和刺激；输出-个体的反应(一般为动作)；规则-对什么样的刺激做出怎样反应的规则；探测器-检测刺激的单元；效应器-作出反应的单元；消息-用二进制串表示的信息。

把 IF/THEN 规则与消息结合起来，可得到表达式：IF…，THEN…。于是，就得到了用统一方式描述主体抽取环境信息的机制的能力。对于主体内部处理信息的能力，亦可同样考虑。

为解决不同规则之间存在的矛盾，还必须采用信用分派机制。如，为了提高个体适应环境的能力，而通过交叉、变异等手段创造新规则。

(2) 回声(ECHO) 模型。回声模型是在上述主体刺激-响应模型基础上建立的 CAS 宏观模型，被霍兰称之为回声模型。从方法上讲，首先定义资源和位置，然后提出一个基本模型，在此基础上补充一些更复杂的属性，形成最终模型。这种模型已在第2章CAS理论上讲过，这里不在赘述。

4.8.3 技术特点

(1) 主体是 CAS 的核心；是多层次和外界不断交互作用的、不断发展和演化的、活生生的个体；是主动的、活的实体，表现为具有主动性、适应性、智能性。

(2)CAS 是一个基于主体的、不断演化发展的演化系统。演化过程中，主体的性能参数、功能、属性及整个系统的功能、结构都将产生适应性变化，这是 CAS 和其他建模方法的本质区别；正因为如此，CAS 建模方法被用于其他方法难以应用的生物、生态、社会等复杂系统领域；

(3) 其他建模方法大都把系统个体内部属性放在主要位置，而 CAS 建模则不然，它十分重视个体之间以及个体与环境之间的相互作用，因为正是这种相互作用才给复杂系统带来了“增值”和“涌现”。

(4) 上述刺激-响应模型和回声模型是一切复杂系统模型的基础。

4.8.4 典型应用

例 4.12 城市中心地 CAS(RSCAS) 模型。

城市中心地是城镇体系形成的重要部分，也是研究城市空间组织和布局的重要内容。建立 RSCAS 模型旨在从需求 / 服务角度寻求城市中心地的基本和起主导作用的因素，以便构筑解释区域城乡聚落体系空间结构的规律性理论模式。

在 RSCAS 模型研究中，将问题简化为如图 4.23 所示的在一个均质二维正方形空间上呈六角分布的 7 个城市组成的系统。

假定在此空间上，服务消费者(主体) 有一定服务需求时，可实现 7 个城市的不同服务分担。为研究简便起见，设共有 m 项需求，每项需求对应一项服务，则 m 项需求对应 m 项服务。对于每项需求而言。城市如果要建立相应的服务，必须具有与一定需求量对应的服务阈值，即具有足够潜在买主从而使企业获得利润的最小市场规模。而不同需求对应的服务阈值不同，当该需求量大于对应的服务阈值时才建立服务；对每个主体来说，各需求均匀分配，主体根据不需求向选择出的城市发出服务请求。

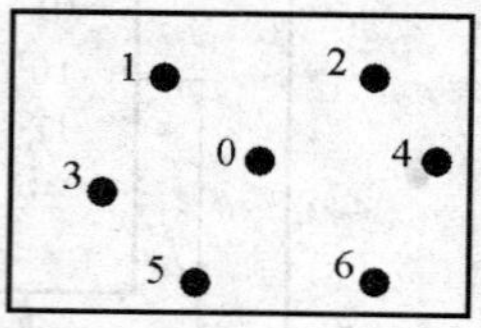

图 4.23 RSCAS 模型中的城市分布

RSCAS 模型主要由适应性主体和主体面临的环境两大部分组成。

(1) 主体。每个主体都由内部模型，随机服务发生器及状态参数构成，其中的若干规则是完成主体决策、学习、创新的主要部分。

主体的内部模型维持一个知识积累与创新的过程，并采用积累的知识进行决策；采用均匀分布随机数发生器来指定需求，通过内部模型来选择最大可能提供该服务的城市。

(2) 环境。RSCAS模型的环境包括环境参数及一个决策专家。其中环境参数由环境运行参数和适应性参数组成。前者指为了使环境正常运行而设定的固定性参数，后者则随系统的运行发生适应性变化。

模型运行及结果。程序初始在一个 200×200 的正方形空间上分布 7 各城市，共有 40 000

个主体各占据一个栅格空间，主体从 5 个不同阈值的需求中进行选择，并对城市根据信用值的大小选择。

模型运行7 000个仿真周期后，给出最终需求 / 服务结果。结果表明，7个城市必须有非常明显的职能分工；演化过程中的城市规模如图 4.24 所示。图中：横轴为仿真周期；纵轴为城市规模。

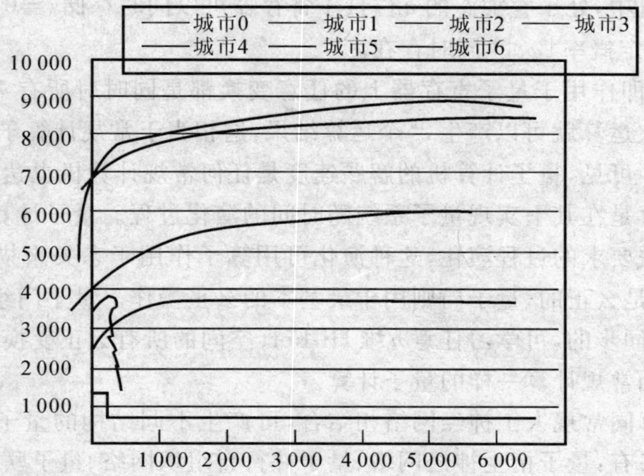

图 4.24　城市规模等级的形成

4.9　基于超高计算智能逼近建模方法与技术

4.9.1　引言

从低级到高级，以简单到复杂，不断演化是包括生命科学与工程科学领域在内的复杂系统最本质的特征。由于复杂系统的演化过程与智能的学习过程十分相似，因此启发了人们利用计算智能算法的普适逼近特征进行复杂系统建模的思想。

计算智能包括神经网络、模糊逻辑、自然计算、进化计算等。就此而言，第 3 章中的模糊集论建模法和神经网络建模法均属于基于计算智能逼近的建模方法。本节将在此基础上，讨论量子神经网络建模、协同进化计算建模及多智能体遗传算法建模的方法与技术，被统称为基于超高计算智能逼近的建模方法与技术，对于复杂系统的演化、进化过程研究和基于演化、进化算法的研究有着相当重要的意义及作用。

4.9.2　基于量子神经网络的建模方法与技术

(1) 方法原理。基于量子神经网络建模是指在量子计算机或量子器的基础上构造复杂系统的神经网络模型。在这种建模方法中，将引入量子理论，其目的在于充分利用量子计算超高速、超并行、指数级容量的特点，来改进传统神经网络的结构和性能。有关神经网络原理，前面已经讲述，这里仅就量子计算作扼要论述。

在量子计算中，量子信息的基本单位是量子位，其取值除“0”或“1”外，还可以取“0”和“1”的任意线性叠加，如 $|\Delta> = a|0> + b|+1>$，即量子位可处于叠加态。这里，a，b 为复数，且 $|a|^2 + |b|^2 = 1$，即 $|\Delta>$ 是二维 Hilbert 空间的单向向量，$\{|0>|1>\}$ 称为量子系统的计算

基态，可以表示为$\{(1,0)^T,(0,1)^T\}$。n个量子位的有序集合称为n位量子寄存器，n位量子寄存器的态$|\varphi>$是n个量子位的态$|\varphi_i>$的张量级，$=|\varphi_{n-1}>\otimes|\varphi_{n-2}>\otimes\cdots\otimes|\varphi>=|\varphi_{n-1}\varphi_{n-2}\cdots\varphi_0>\varphi_0>$，它是$N=2^n$维Hilbert空间的单位向量，有$N$各个相正交的计算基态，可写成量子叠加态形式为$\left|\varphi>=\sum_{i=1}^{N-1}\varphi_i\right|i>$，其中$\varphi_i$为复数，且$\sum_{i=1}^{N-1}|\varphi_i|^2=1$，$|i>|$为其计算基态。在量子计算机中，处于叠加态的$n$位量子寄存器可以同时存储$i=0,\cdots,2^{n-1}$的所有$N=2^n$个数，它们各以一定概率$|\varphi_i|^2$同时存在。

由于量子并行，即作用于量子寄存器上的任意变换都是同时对所有N个数进行操作，所以量子计算机的一次运算就可以产生2^n个运算结果，这相当于常规计算子2^n次操作或2^n个处理器同时并行操作。可见，量子计算机的解题速度是任何常规计算机也达不到的。另外，量子计算机的功能之一就是在其上实现量子系统随时间的演化过程。量子计算过程实质上就是控制量子态使其按算法要求的过程演化，这种演化可用算子作用于态矢来描述。为保证量子态的归一化，算子必定是幺正的，量子门则用于最基本的幺正操作。量子门组网络由多个量子门组成，它们的操作是同步的，可学习任意n维Hilbert空间的所有幺正变换，即量子门组网络在算法控制下可实现同常规计算一样的量子计算。

将上述量子计算同常规人工神经网络相结合，可产生不同结构的量子神经网络。具有代表性的量子神经网络有：量子衍生神经网络、量子并行自组织网络、量子联想记忆网络、纠缠神经网络等。

(2) 技术特点：① 是一种崭新的技术，是量子计算与人工神经网络相结合的产物；② 从结构和性能上大大改进了当前神经网络的不足，发挥了量子计算和神经网络的各自优势，是比常规神经网络更有效的复杂系统建模重要新方法；③ 量子神经网络作为一种混合的智能优化算法，可在传统计算机上实现。

(3) 典型应用：

例 4.13 对Kohonen自组织映射网络模型的改进。

自组织特征映射模型于1981年由Kohonen教授提出，包括自组织映射模型、自适应共振理论模型和对偶传播网等。其中，自组织映射模型(SOM)是一种基于生物神经细胞的神经网络，由处理单元阵列、比较选择机制、局部互连作用及自适应过程等四部分构成，其基本结构如图4.25所示。

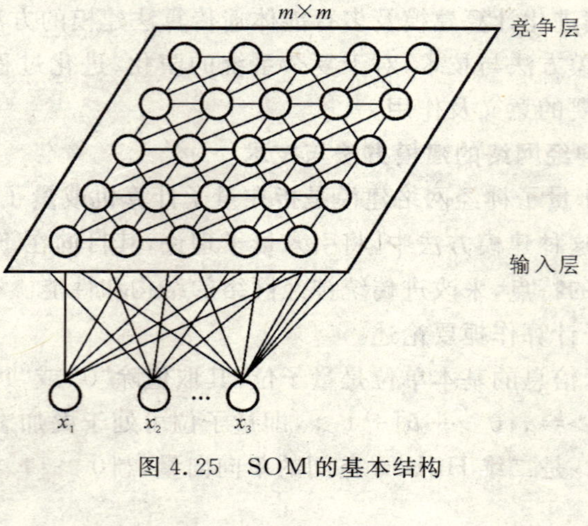

图 4.25 SOM的基本结构

该模型输入层与输出层神经元间为全互连方式。其整个算法分成两步：首先计算出输入样本矢量与各个输出点连接权的匹配值，从中找到最佳匹配输出点；然后对该节点及其相邻节点所对应的连接权矢量进行修正，使该节点的输入样本的匹配程度得以增强，而匹配程度可用式 $\| x - w_i \|$ 计算，即

$$\| x - w_y \| = \min_i \{ \| x - w_i \| \} \tag{4.29}$$

式中，x 为输入样本矢量；y 为最佳匹配节点；w_i 为修正节点 i 的权值；w_y 为最佳匹配节点的权值。

这种传统的 KoronenSOM 模型，仅是对生物脑认知机制的粗浅模拟，为了提高性能可利用量子理论对其改造，形成量子并行 SOM 模型。该模型的输入、输出层均为神经元的二维阵列，一个输入层神经元只与一个而不是多个输出层神经元相连，神经元之间的每个连接被看做一个独立的处理器，输入、输出层神经元数及它们之间的连接数均等于输入信号个数(M) 与数据可能的分类模版(P) 的乘积(见图 4.26)。由于该模型可同时进行 M 个 SOM 的训练，故适于并行处理，且在训练过程中权值矩阵和距离矩阵的所有元素同时进行计算，权值更新通过一系列同步运算完成，所以与人脑的一次学习和记忆更为相似，又由于采用量子计算方法，从而大大降低了计算复杂度。例如，当 $M = 1\ 000\ 000$，$P = 100$ 时，若采用传统算法实现并行 SOM，则所需输入输出层神经元均为 10^8 个，可见运算量极大，且要把 10^8 个神经元放在同一层上几乎是不可能的；而若采用量子计算，则只需 $\log_2 10^8 \approx 27$ 个量子神经元，更不用说量子计算具有并行计算的绝对优势。

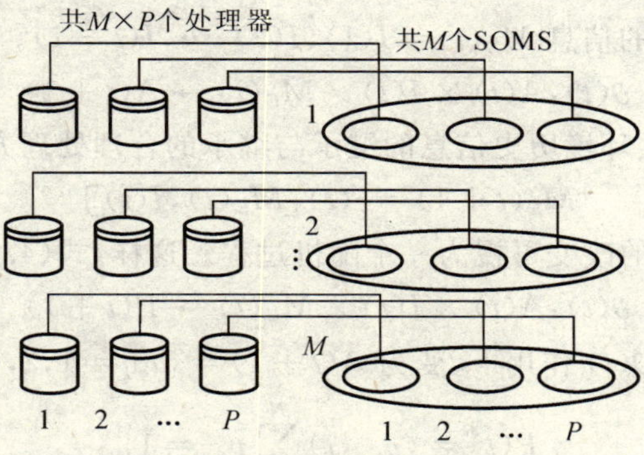

图 4.26　量子并行 SOM 模型结构

4.9.3　基于协同进化计算的建模方法与技术

(1) 方法原理。生物进化论认为，地球上最早的生命物质是由非生命物质进化而来的，进化机制的本质是一种鲁棒的搜索和优化过程，繁殖、变异、竞争和选择构成了该过程的四大要素。进化计算是一类模拟生物进化过程与自适应机制的算法，即进化算法(EA)，属于一种随机搜索方法。目前，进化算法主要有四种：遗传算法、进化规则、进化策略和遗传编程。

生物进化论还认为，在长期进化过程中，生物与生物、生物与环境之间总是相互依赖、相互调节而协同进化。在此基础上，提出了一类新的进化算法，这就是协同进化算法(或计算)。

本质上讲，是考虑种群与环境、种群与种群之间在进化中协调，对于上述进化计算的修正，而形成的如下几类协同进化算法：① 基于种群间竞争机制的协同进化算法；② 基于捕食 — 猎物机制的协同进化算法；③ 基于共生机制的协同进化算法；④ 其他类型的协同进化算法，如基

于病毒的协同进化遗传算法等。

(2) 技术特点:① 进化计算是一类模拟生物进化过程与机制求解问题的自组织、自适应人工智能技术,具有鲜明的生物背景和适于任意函数类特点;② 协同进化计算是考虑群体与环境、群体与群体间相互依赖和相互协调下进化计算的扩展产物,目前仅有算法思想而没完整框架,有待进一步研究。

(3) 典型应用:

例 4.14 生物进化过程的数学模型。

生物体系统是典型复杂系统,具有多样性、遗传性、适应性和进化性等,其进化过程往往是以生物体群体形式进行的,本质上是一个适应环境的优化过程。

设生物进化过程的时间段 $t=1,2,\cdots,T$(代)。按照遗传学理论,借鉴生物体细胞核中染色体的组成,可将生物体系统表示为基因模式结构,即长度为 L 的染色体 $A=(A_1,A_2,\cdots,A_L)$,第 i 个基因上存在一系列的等位基因$[A_i=\{a_{i1},a_{i2},\cdots,a_{ik_i}\}$ $(i=1,2,\cdots,L;k_i$ 为第 i 位等位基因的数量]。于是有结构空间为

$$A=A_1\times A_2\times\cdots\times A_L=\prod_{i=1}^{L}A_i \tag{4.30}$$

对于阶段 t 的系统结构 $A(t)$,其环境 $E(t)$ 提供的信息为 $I(t)$,在适应计划 $\vartheta(t)$ 作用下生成新的系统结构,即

$$\vartheta(t):A(t)\times I(t)\rightarrow A(t+1) \tag{4.31}$$

考虑历史上环境提供的信息 $M_E(t)=I(1),I(2),\cdots,I(t-1)$。可将式(4.31)改写成

$$\vartheta(t):A(t)\times I(t)\times M_E(t)\rightarrow A(t+1) \tag{4.32}$$

同时,适应计划应提供环境历史信息的继承与继承的合理处理方式

$$M_E(t+1)=\tau(t)[M_E(t),I(t)] \tag{4.33}$$

适应计划对系统结构的改变可视为一个随机过程。这样,式(4.32)写为

$$\vartheta(t):A(t)\times I(t)\times M_E(t)\rightarrow P(t+1) \tag{4.34}$$

式中,$P(t)$ 为在适应计划 $\vartheta(t)$ 作用下,变为 $A(t+1)=\{a_q q=1,2,\cdots,N\}$ 的概率,即

$$P(t)=\left\{p_{i,q}(t)\sum_{q=1}^{N}p_{i,q}=1\right\} \tag{4.35}$$

系统结构 $A(t)$ 对环境 $E(t)$ 的适应性测度一般采用大于等于0的实数表示,称之为支付或报酬,则

$$\mu_{E,t}:A(t)\times E(t)\rightarrow R^{+} \tag{4.36}$$

于是,在阶段 t 环境信息可表示为

$$I(t)=\mu_{E,t}[A(t)] \tag{4.37}$$

为使系统结构具有最佳适应性,适应计划必须随环境和系统结构变化而作适应性调整,调整时应考虑当前系统结构 $A(t)$、环境 $E(t)$ 和环境信息 $I(t)$,$M_E(t)$、历史选择 $M_E(t)\leqslant\tau(1)$,$\tau(2),\cdots,\tau(t-1),\tau(t)\geqslant$ 等,其一般表示为

$$\omega:A(t)\times I(t)\times M_E(t)\rightarrow\tau(t+1) \tag{4.38}$$

式中,$\tau(t+1)$ 仍然是适应计划空间 ϑ 中的一个具体形式,即 $\tau(t+1)\in\vartheta$。$\mu_{E,t}$ 表示阶段 t 系统结构 $A(t)$ 对环境 $E(t)$ 的适应性,同时反映了该阶段适应计划的有效性。

随着系统结构和环境的变化，适应性测度函数亦需要调整，即

$$\vartheta(t): \mu_{E,t} \times A(t) \times I(t) \rightarrow \mu_{E,t+1} \tag{4.39}$$

式中，$\mu_{E,t+1}$ 仍然是测度函数整 Y 的一个具体形式，即 $\mu_{E,t+1} \in Y$。在整个适应过程中，系统结构的适应性测度可表示为

$$U(t) = \sum_{t=1}^{T} \mu_{E,t} \tag{4.40}$$

显然，在适应计划 $M_{\tau_1} \leqslant \tau_1(1), \tau_1(2), \cdots, \tau_1(T) > T$ 下，适应过程的适应性测度为

$$U[T, M_{\tau_1}(T)] = \sum_{t=1}^{T} \mu_{E,t}[\tau_1(t)] \tag{4.41}$$

这样，考虑随机性时的适应性测度为

$$U(T) = \sum_{i=1}^{T} \sum_{j=1}^{N} \mu_{E,t}(a_j) p_j(t) = \sum_{t=1}^{T} \bar{\mu}_{E,t} \tag{4.42}$$

式中，$\bar{\mu}_{E,t} = \sum_{j=1}^{N} \mu_{E,t}(a_j) p_j(t)$。

若设实现适应过程获得最大累计支付的适应计划是最佳的，即

$$U^*(T) = \max_{\tau_i \in J} \{U[M_{\tau_i}(T)]\} \tag{4.43}$$

则由控制理论知，任何复杂系统的适应计划，在 $U[M_{\tau_i}(T)] =< \tau_i(1), \tau_i(2), \cdots, \tau_i(T) >$ 满足下列条件式(4.44)时，就称为满意适应计划：

$$\lim_{T \to 0} \{U[M_{\tau_i}(T)] / U^*(T)\} = 1 \tag{4.44}$$

对于给定的环境变化 $E_T =< E(1), E(2), \cdots, E(T) >, E(t) \in \varepsilon, E_T \in \varepsilon$，若

$$U[M_{\tau_i}(T)] / U^*(T) \geqslant 1 - \alpha, \quad \alpha \in [0,1] \tag{4.45}$$

是一个很小的实数，则称 $U[M_{\tau_i}(T)]$ 是一个满意适应计划。

综上所述，若给定环境变化的时间阶段 $t = 1, 2, \cdots, T$(代) 和序列 $E_T =< E(1), E(2), \cdots, E(T) >, E(t) \in \varepsilon, E_T \in \varepsilon$，则可得到生物进化适应过程的数学模型为

$$\left.\begin{aligned}
&A(t+1) = \tau_t[A(t), I(t), M_E(t)] \\
&M_E(t+1) = \tau_t[M_E(t), I(t)] \\
&\mu_E[A(t)] = \mu_{E,t}[A(t), E(t)] \\
&I(t) = \mu_{E,t}[A(t)] \\
&\mu_{E,t+1} = \tau_t[\mu_{E,t}, A(t), I(t)] \\
&\tau(t+1) = \omega[A(t), I(t), M_E(t), M_\tau(t)] \\
&U(t) = \sum_{t=1}^{T} \bar{\mu}_{E,t}
\end{aligned}\right\} \tag{4.46}$$

式中，$A(t) \in \mathrm{A}, \tau_t, \tau(t) \in J, \mu_{E,t} \in u; M_{E,t} = \langle I(1), I(2), \cdots, I(t-1) \rangle; M_\tau(t) = \langle \tau(1), \tau(2), \cdots, \tau(t) \rangle$

应强调指出，式(4.46)给出了生物进化过程的一个较完整的规范描述，是遗传算法等一类进化算法的理论基础和框架，目前各种遗传算法均可纳入该模型之列。

4.9.4　基于多智能体遗传算法的建模方法与技术

(1) 方法原理。针对超高维函数优化问题，提了将智能体对环境的感知和反作用能力与

遗传算法的搜索方法相结合的计算智能建模方法,即所谓多智能体遗传算法。其方法原理十分清晰,这就是首先由若干智能体相互作用或协同工作构成多智能体计算系统,再根据解决问题的含义与目的、生存环境、局部环境和可采取行为等四方面内容设计用于函数优化的智能体。

函数优化问题的数学模型为

$$\lim[f(x)]\,[X=(x_1,x_2,\cdots,x_n)\in S] \tag{4.47}$$

式中,$f(x)$ 为目标函数;S 为边界为 $\underline{x}_i \leqslant x_i \leqslant \overline{x}_i,\ i=1,2,\cdots,n$ 的 n 维搜索空间,$S \subseteq R^n$,即 $S=[\underline{x},\overline{x}]$, $\underline{x}=(\underline{x}_1,\underline{x}_2,\cdots,\underline{x}_n)$,$\overline{x}=(\overline{x}_1,\overline{x}_2,\cdots,\overline{x}_n)$。

用于函数优化的智能体定义如下:

【定义 4.1】 一个智能体 a 表示待优化函数的一个候选解,它的能量等于其目标函数值的相反数,即

$$a \in S,\quad Energy(a)=-f(a) \tag{4.48}$$

智能体的目的是尽可能地增大其能量。可见,每个智能体具有待优化函数地所有变量。

为了实现智能体的局部感知能力,生存环境被组织成网格结构,如图 4.27 所示,并有如下定义:

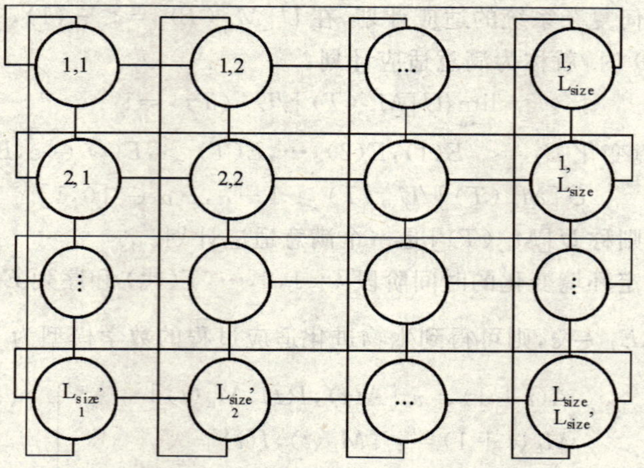

图 4.27 智能体网格

【定义 4.2】 所有智能体均生存在一个网络环境中,称为智能体网格,记为 L。网格大小为 $L_{size} \times L_{size}$。其中,L_{size} 为整数。每个智能体固定在一个格点上,即处于第 i 行、第 j 列的智能体为 $L_{i,j}$,$i,j=1,2,\cdots L_{size}$,则智能体 $L_{i,j}$ 的邻域为

$$L_{i,j}^{neighbors}=\{L_{i',j},L_{i,j'},L_{i'',j},L_{i,j''}\} \tag{4.49}$$

式中,$i'=\begin{cases} i-1, & i\neq 1 \\ L_{size}, & i=1 \end{cases}$ $j'=\begin{cases} j-1, & j\neq 1 \\ L_{size}, & j=1 \end{cases}$ $i''=\begin{cases} i+1, & i\neq L_{size} \\ 1, & i=L_{size} \end{cases}$ $j''=\begin{cases} j+1, & j\neq L_{size} \\ 1, & j=L_{size} \end{cases}$

每个智能体不能移动,只能与其邻域发生相互作用。

应指出,在智能体网格中,每个圆圈表示一个智能体,其中数字为该智能体在网格中地位置,而有连线的两个智能体方可发生相互作用。为了达到目的,每个智能体都可以采取一些行

为与其邻域间其他智能体展开竞争或合作，以便获得更多资源和增加自身能量。且在发生作用后，便将其信息传给它们，于是信息便渐渐扩散到整个智能体网格。可见，智能体网格模型更接近于自然进化机制。

在上述思想基础上，可设计出 4 个智能体遗传算子，即邻域竞争算子、邻域正交交叉算子、变异算子和自学习算子。其中，前两者分别实现智能体的竞争和合作行为，而后两者用以实现智能体利用自身知识的行为，并由此可得到多智能体遗传算法（MAGA）。对于这种算法，实验表明，即使对高达 10 000 维的函数，多智能体遗传算法也能达到快速精确求解的目的。

（2）技术特点：① 智能体是一个物理的或抽象的实体，它能作用于自身和环境，并对环境做出反应，它所具有的局部感知，竞争协作以及自学习能力给求解复杂问题，特别是高维大规模复杂系统建模提供了极好的条件和基础；② 多智能体遗传算法将多智能体系统与传统遗传算法相结合，通过设计新的算子来实现智能体行为，以形成新的、面向智能体、交叉、变异等操作，从而达到提高算法性能的目的；③ 多智能体算法是在已有进化算法模型的基础上，通过引入智能体与环境以及智能体间相互作用达到全局优化的先进算法，该算法有对高维函数快速精确优化的突出特点，即以更低的计算量获得更高质量的问题解。

（3）典型应用：

例 4.15　利用 MAGA 求解 10 000 维函数 $f_1 \sim f_{10}$ 的性能。

设 L^t 表示第 t 代的智能体网格，$L^{t+\frac{1}{3}}$ 和 $L^{t+\frac{2}{3}}$ 是 L^t 和 L^{t+1} 间的中间代智能体网格；$Best^t$ 是 $L^0, L^1, \cdots, L^t$ 中最优的智能体，$CBest^t$ 是 L^t 中最优的智能体，P_c 和 P_m 是预先设定的参数，分别控制邻域正交交叉算子和变异算子操作。在此条件下，有多智能体遗传算法（MAGA）如下：

1）初始化 L^0，更新 $Best^0$，令 $t \to 0$；

2）对 L^t 中的每个智能体执行邻域竞争算子，得 $L^{t+\frac{1}{3}}$；

3）对 $L^{t+\frac{1}{3}}$ 中的每个智能体，若 $U(0,1) < P_c$，则将邻域正交交叉算子作用在其上，得到 $L^{t+\frac{2}{3}}$；

4）对 $L^{t+\frac{2}{3}}$ 中的每个智能体，若 $U(0,1) < P_m$，则将变异算子作用在其上，得到 L^{t+1}；

5）从 L^{t+1} 中找出 $CBest^{t+1}$，并将自学习算子作用其上；

6）如果 $Energy(CBest^{t+1}) > Energy(Best^t)$，则令 $Best^{t+1} \leftarrow CBest^{t+1}$ 否则，令 $Best^{t+1} \leftarrow Best^t$，$CBest^{t+1} \leftarrow Best^t$；

7）如果终止条件满足，输出 $Best^t$ 并停止；否则，令 $t \leftarrow t+1$ 并转步骤 2）。

在此，MAGA 的终止条件为满足下式：

$$\left.\begin{array}{ll} |f_{best} - f_{\min}| < \varepsilon |f_{\min}|, & f_{\min} \neq 0 \\ f_{best}| < \varepsilon, & f_{\min} = 0 \end{array}\right\} \tag{4.50}$$

式中，$f_{\min}$ 为最优解；f_{best} 为算法的当前代所求的解。

为了保持一致，对所有函数均取 $\varepsilon = 10^{-4}$。

为了进行比较，可同时利用上述 MAGA 及 AEA（自适应演化算法）求解万维函数优化问题。表 4.8 给出了步长 500 时，随机 50 次实验，AEA 和 MAGA 对万维函数 $f_1 \sim f_{10}$ 的平均函数评价次数和 $0(n^a)$ 的逼近结果。

表 4.8　AEA 和 MAGA 优化万维函数的平均评价次数和 $O(n^a)$ 逼近结果比较

指　标		f_1	f_2	f_3	f_4	f_5
平均评价次数 ($n=10\ 000$)	AEA	1 239 098	1 458 428	841 827	1 416 717	821 632
	MAGA	195 292	14 315	7 961	28 815	27 645
$O(n^a)$	AEA	$O(n^{1.03})$	$O(n^{1.62})$	$O(n^{0.78})$	$O(n^{1.35})$	$O(n^{1.01})$
	MAGA	$O(n^{0.78})$	$O(n^{1.04})$	$O(n^{0.06})$	$O(n^{0.41})$	$O(n^{0.39})$
指　标		f_6	f_7	f_8	f_9	f_{10}
平均评价次数 ($n=10\ 000$)	AEA	3 530 502	3 198 123	5 512 354	509 812	3 098 611
	MAGA	121 370	7 784	12 233	9 672	10 219
$O(n^a)$	AEA	$O(n^{1.04})$	$O(n^{1.08})$	$O(n^{1.12})$	$O(n^{1.24})$	$O(n^{1.29})$
	MAGA	$O(n^{0.80})$	$O(n^{0.11})$	$O(n^{0.15})$	$O(n^{0.08})$	$O(n^{0.02})$

由此可见,①AEA 所用的评价次数远大于 MAGA 所用的评价次数;②10 个函数中有 9 个 AEA 的复杂度都差于 $O(n)$,只有 f_3 是 $O(n^{0.78})$,而 MAGA 对这 10 个函数的复杂度均较低,除 f_2 外,均优于 $O(n)$。

综上述,MAGA 的复杂度非常低,性能相当优越,具有很好的优化高维函数的能力。

4.10　基于混合专家系统建模方法与技术

4.10.1　引言

专家系统(expert systems,ES) 是一个集成某个领域专家知识和经验的智能计算机程序系统,适宜在不完全、不精确或不确定的信息条件下,解决缺乏算法解的复杂系统问题。

知识是人类一切智能活动的基础,知识获取自然成为 ES 的关键,也是系统 ES 设计的"瓶颈"问题,为了提高 ES 的性能和效率,人工神经网络(ANN) 通过学习算法进行自动知识获取是一条有效的技术途径。这样,将传统 ES 和 ANN 相结合,便构成一种新的混合专家系统。这种专家系统不仅克服了传统 ES 的脆弱性,知识获取困难和推理中匹配冲突等缺陷,而且为复杂系统建模提供了极好的平台。

4.10.2　方法原理

通常,混合专家系统有三种模式:基于神经网络的专家系统、基于知识的神经网络系统和基于神经网络与专家系统的混合系统。为简便起见,以基于神经网络的专家系统为例。

基于神经网络的专家系统又叫做连接专家系统,其系统全部或部分功能由神经网络实现,包括知识获取、知识表示、知识推理和知识更新等。

知识获取只需要输入领域专家解决问题的实例或范例,用以训练神经网络,使在同样输入条件下神经网络能够获得与专家给出的解答尽可能相同的输出。这里,知识获取包括确定:神经网络的结构参数、神经元特性及学习算法等;知识表示为权系统和阈值向量,是与知识获取同时进行和完成的;知识推理就是使问题从初始状态转移到目标状态的方法与途径。常用的知识推理方法有五种：正向推理、反向推理、环状推理、虚拟机推理及神经网络推理。神经网络推理是一种并行推理方法，推理过程中可视需要通过学习算法对网络参数进行训练和适应性调整。这种推理方法不仅速度快，而且不存在“冲突”问题，对于不确定知识的推理十分有效。

基于神经网络的专家系统建模一般包括：

(1) 确定神经网络结构 —— 配置系统；

(2) 收集建模对象领域知识的训练和测试样集 —— 采集信息；

(3) 用训练样本训练神经网络 —— 训练网络；

(4) 用测试样本测试网络性能 —— 验证性能。

4.10.3　技术特点

(1) 神经网络与专家系统相结合的产物，兼有神经网络和专家系统的优势，其优势在于有很强的学习和适应能力，解决了传统专家系统获取知识的困难。

(2) 知识获取、知识表示、知识推广及知识更新是该建模方法的关键环节；显然具有知识自动获取的优势，但也存在推理过程透明性差和难以实现对结论显式解释的缺陷。

(3) 基于神经网络专家系统已在工程中得到广泛应用，其关键是系统结构方案设计和软件程序开发。

4.10.4　典型应用

例 4.16　泵送混凝土混合专家系统的设计与实现。

长期以来泵送混凝土技术一直靠该领域专家的经验来解决，面对存在的复杂性和模糊性知识获取和表达是其薄弱的环节，一种基于神经网络的泵送混凝土专家系统，成功地解决了这一难题。将该系统对传统专家系统的结构加以扩展，引入了样本学习机制，构成知识获取模块，从而完成了基于神经网络地泵送混凝土专家系统结构方案设计，其模型结构如图 4.28 所示。

由图可见，系统工作过程如下：

(1) 根据训练样本进行训练，将结果权值矩阵作为知识保存在知识库中。

(2) 根据设计要求，进入数据库查询，查询成功后推荐出符合要求的一组参数值，否则利用知识库中的知识(权值矩阵)，通过推理算法给出运算结果。

(3) 对系统给出的推荐值进行实验验证及评价。若结果满意，则其存入数据库。

为了知识获取与表示，系统构造了一个三层 BP 网络。该网络通过对经验样本的学习，将知识以权值和阈值的形式存储在网络中。网络输入可以按照用户对混凝土的使用地区、混凝土类型、混凝土强度、凝结时间、泵送高度、坍落度、输送管直径等 7 个参数作为网络输入参数。归一化的特征值为($x_1,x_2,\cdots,x_7$)。系统还通过程序调试和综合分析后合理地选取了隐含层 16 个节点。因为混凝土是由水泥、水、沙子、石子、搀和料、外加剂 6 种成分组成，故网络的输出层就有 6 个输出节点($y_1,y_2,\cdots,y_6$)，可以确定输出的参数就是这 6 种成分在单位重量混凝土配制中的质量数。

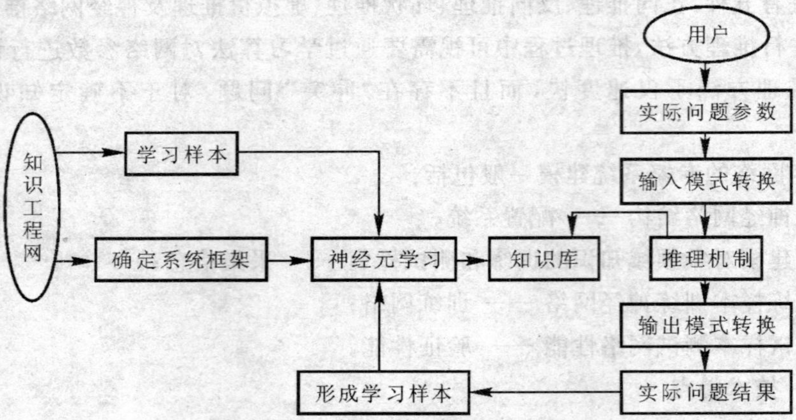

图 4.28　例 4.16 模型结构图

该网络中，选取的传递函数是 S 型函数中的 Sigmoid 函数。考虑到三层 BP 网络的收敛性和 Sigmoid 函数的特点，输出参数均设计为大于 −1 小于 1 的小数。由于石子在诸成分中占比例最大，故将石子质量定为 −1，其他成分均为石子质量的比例数。于是，就得到了一个 7-16-6 的神经网络结构。接着是对该网络进行训练。由于本系统的知识库分静态和动态两部分，所以训练亦分为相应两类。经测试表明，训练后的网络对已训练过的样本有较好的识别能力。表 4.9 给出该系统的部分网络数据。

表 4.9　部分网络数据表

混凝土的使用地区 x_1	混凝土类型 x_2	混凝土的强度 x_3	凝结时间 x_4	泵送高度 x_5	坍落度 x_6	输送管直径 x_7	水泥 y_1	水 y_2	砂子 y_3	石子 y_4	掺和料 y_5	外加剂 y_6
1	0.5	0.3	1	0.3	0.63	1	0.297	0.160	0.650	0.975	0.096	0.003
1	0.5	0.4	1	0.55	0.89	1	0.304	0.167	0.661	0.992	0.098	0.002
−1	0.5	0.5	0.5	0.8	0.89	0.8	0.361	0.167	0.599	0.977	0.117	0.005
−1	0.5	0.6	1	0.3	0.63	0.8	0.397	0.159	0.568	0.968	0.129	0.005
1	0.5	0.3	1	0.55	0.89	1	0.311	0.167	0.623	0.975	0.101	0.004
1	0.5	0.6	0.5	0.55	0.89	1	0.395	0.159	0.567	0.980	0.129	0.006
−1	0.5	0.7	0.5	0.8	0.89	1	0.362	0.150	0.573	0.975	0.103	0.007
−1	0.5	0.9	0	0.4	0.79	1	0.415	0.132	0.575	0.981	0.115	0.008
−1	0.5	0.45	0	0.4	0.79	0.8	0.335	0.164	0.629	0.985	0.109	0.004
−1	0.5	0.45	0	0.3	0.63	1	0.328	0.160	0.635	0.993	0.106	0.004
−1	0.5	0.15	1	0.3	0.63	1	0.233	0.160	0.692	0.972	0.098	0.002
1	0.5	0.2	1	0.4	0.79	1	0.242	0.164	0.685	0.986	0.103	0.002
−1	0.5	0.15	1	0.55	0.89	0.8	0.243	0.167	0.683	0.983	0.103	0.002

续表

混凝土的使用地区 x_1	混凝土类型 x_2	混凝土的强度 x_3	凝结时间 x_4	泵送高度 x_5	坍落度 x_6	输送管直径 x_7	水泥 y_1	水 y_2	砂子 y_3	石子 y_4	掺和料 y_5	外加剂 y_6
−1	0.5	0.15	1	1	1	1	0.248	0.171	0.677	0.976	0.105	0.002
−1	0.5	0.2	1	0.3	0.63	1	0.236	0.160	0.690	0.993	0.100	0.002
−1	0.5	0.2	1	0.8	0.89	1	0.247	0.167	0.680	0.979	0.105	0.002

注：在混凝土使用地区中，−1 代表沿海，1 代表寒冷；在混凝土类型中，0.5 代表钢筋混凝土；在凝结时间中，1 代表正常，0.5 代表缓凝，0 代表速凝。

4.11　混合建模方法与技术

4.11.1　引言

对于复杂系统，由于采用前述任何一种单一的建模方法往往难以奏效，故而产生了针对同一复杂系统建模任务同时采用两种或多种建模方法的思想。把利用两种或两种以上单一建模方法、相互补充、相互支持和相互协调达到同一个系统建模目标的系统建模方法叫做混合建模方法。这种建模方法产生的不是叠加效果，而是更好、更高的系统建模质量和效率。

在混合建模思想下，复杂系统各领域曾出现了许多行之有效的混合建模方法与技术。如飞行器控制系统所采用的机理分析法与系统辨识法相结合的分析-统计法与技术，具有不确定性复杂系统所采用的模糊集论法与系统辨识法相结合的模糊辨识法与技术；复杂随机（事件/过程）系统所采用的模糊集论、神经网络与系统辨识法三者相结合的基于模糊神经网络的辨识法与技术等。

4.11.2　分析-统计法

(1) 方法原理。这是一种采用机理分析、专家经验同系统辨识相结合的混合建模方法。建模中，先通过机理分析或专家经验确定出模型类和模型结构，然后再利用系统辨识方法辨识出模型的维数、阶次、参数及时滞量。

(2) 技术特点：

1) 方法灵活，适用面广。可根据各种具体复杂系统，灵活地采用相适应的混合方式（包括单一建模方法的种类和混合数目）。

2) 系统辨识法是分析 — 统计法的重要基础。从本质上讲，分析 — 统计法是一种基于系统辨识法的机理分析建模方法。

3) 可以证明，这种建模方法与单一的机理分析法或系统辨识法相比，会产生如下明显效果：① 提高了建模精度；② 可使数学建模所需信息量减少 $(1-\hat{p})\times 100\%$。这里，$\hat{p}=\sum_{i=0}^{n}\hat{p}_i$；$\hat{p}_i$ 为按照相应辨识试验获得的用来代替参数 a_i 未知真值 p_i 的估计，$p_i=p\{a=a_i\}$；p 是采用机理分析法所考虑系统部分的特性矢量 a 的分布。③ 显著提高了建模效率 K_a。

$$K_a=\frac{m_c}{m}=\frac{\left[\sum_{i=0}^{n}\hat{p}_i\sqrt{a'_i(1-a'_i)}\right]^2}{\left(A\Big/\sum_{i=0}^{n}\hat{p}_i\right)\left(1-A\Big/\sum_{i=0}^{n}\hat{p}_i\right)} \tag{4.51}$$

式中，m_c 为采用单一系统辨识法时，实现模型辨识的迭代总次数；m 为采用分析-统计法时，实现模型的迭代总次数；A 为系统有效性指数；a'_i 为系统矢量 a 在确定值下的条件有效性指标。

显然，K_a 值越大，分析-统计法的建模效率就越高。

(3) 典型应用：

例 4.17 基于混合建模法的战术导弹制导精度综合确定。

制导精确是战术导弹最主要的战技性能之一。通常采用基于系统辨识的试验统计方法，即模型打靶、实物试验与系统辨识相结合的混合建模综合确定方法(见图 4.29)。

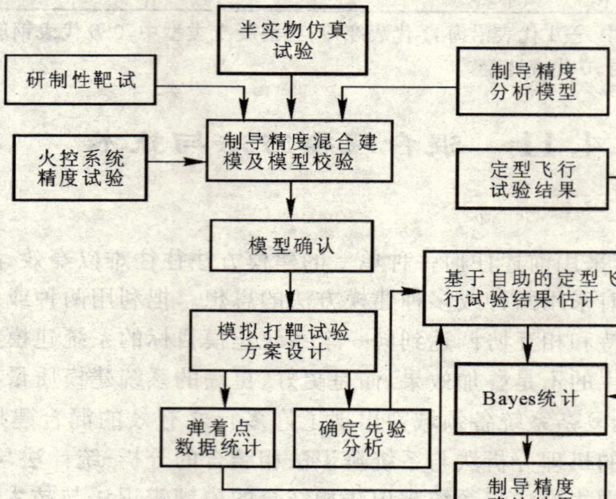

图 4.29 战术导弹制导精度综合确定流程图

图中，制导精度分析模型由机理分析法得到，研制性靶试和火控系统精度试验均为实物试验，其目的是为了利用统计法确定制导精度或误差时，获得实际弹着点样本值(y_i, z_i) $(i=1,2,\cdots,n)$；按照数理统计方法可求得制导误差的数字特征估计值$(\hat{y}, \hat{z})$，

$$\hat{y}=\bar{y}=\frac{1}{n}\sum_{i=1}^{n} y_i, \quad \hat{z}=\bar{z}=\frac{1}{n}\sum_{i=1}^{n} z_i \tag{4.52}$$

式中，$\bar{y}, \bar{z}$ 为样本值(y_i, z_i)的算术平均值。

同时，还可以得到随机误差估计值$(\hat{\sigma}_y, \hat{\sigma}_z)$

$$\hat{\sigma}_y=\sqrt{\frac{1}{n-1}\sum_{i=1}^{n}(y_i-\bar{y}_i)^2}, \quad \hat{\sigma}_z=\sqrt{\frac{1}{n-1}\sum_{i=1}^{n}(z_i-\bar{z}_i)^2} \tag{4.53}$$

及协方差和相关系数的估计值

$$\hat{\text{cov}}(y,z)=\frac{1}{n-1}\sum_{i=1}^{n}(y_i-\bar{y}_i)(z_i-\bar{z}_i) \tag{4.54}$$

$$\hat{\rho}_{y,z}=\frac{\hat{\text{cov}}(y,z)}{\hat{\sigma}_y\hat{\sigma}_z} \tag{4.55}$$

为了估计上述估计值$(\hat{y}, \hat{z})$ 和$(\hat{\sigma}_y, \hat{\sigma}_z)$ 的精度，通常可用如下近似公式

$$\hat{\Delta}_y \approx \frac{\hat{\sigma}_y}{\sqrt{n}}, \quad \hat{\Delta}_z \approx \frac{\hat{\sigma}_z}{\sqrt{n}} \tag{4.56}$$

或
$$\hat{\Delta}_y \approx \frac{\hat{\sigma}_y}{\sqrt{2n-1.4}}, \quad \hat{\Delta}_z \approx \frac{\hat{\sigma}_z}{\sqrt{2n-1.4}} \tag{4.57}$$

由式(4.56)和(4.57)可见，样本容量 n 越大，则估计值越精确。显然，为了保证预期估计精度，必须进行大量实弹打靶，这样做将是十分昂贵而费时的。为此，以模拟打靶试验作为辅助手段，通过模拟弹着点数据统计和确定先验分布，再运用基于 Bayes 统计的辨识方法便可获得较合理的制导精度确定结果。

4.11.3　模糊辨识法

(1) 方法原理。首先采用模糊理论提出(或建立)系统的模糊模型，再通过系统辨识方法进行结构辨识和参数辨识。在此，T－S 模糊模型的辨识是非常典型的，这是非线性复杂系统模糊动态模型建立的有效方法。在 T－S 模糊模型辨识中，T－S 模型由如下三部分组成：

1) 模糊规则。对于一个多输入-单输出非线性系统，T－S 模型的第 k 条模糊规则为

$$R_k: \text{if } X_1 \text{ is } \underset{\sim}{A}_{1k}\ X_2 \text{ is } \underset{\sim}{A}_{2k},\ \cdots,\ X_m \text{ is } \underset{\sim}{A}_{mk} \text{ them } y_k = p_{0k} + p_{1k}X_1 + p_{2k}X_2 + \cdots + p_{mk}X_m \tag{4.58}$$

式中，X_i 为第 i 个输入变量($i=1,2,\cdots,m$)，m 为输入变量的个数；$\underset{\sim}{A}_{ik}$ 为模糊集合，其隶属度函数中的参数就是规则前提部的辨识参数；y_k 为第 k 条模糊规则的输出；p_{ik} 为第 k 条模糊规则结论部的线性多项式函数中的变量 X_i 项的系数；p_{0k} 为常数项。

2) 推理算法：

$$|y=y_k| = |(X_1 \text{ is } \underset{\sim}{A}_{1k}\ X_2 \text{ is } \underset{\sim}{A}_{2k},\ \cdots,\ X_m \text{ is } \underset{\sim}{A}_{mk})| \wedge \underset{\sim}{R}_k = \underset{\sim}{A}_{1k}(X_1^*) \wedge \cdots \wedge \underset{\sim}{A}_{mk}(X_m^*)\underset{\sim}{R}_k \tag{4.59}$$

式中，$|*|$ 为模糊命题 $*$ 的真值；$\wedge$ 为取小运算；X_1^* is $\underset{\sim}{A}_{1k} = \underset{\sim}{A}_{ik}(X_i^*)$ ($i=1,2,\cdots,m$)，是 X_i^* 的隶属度函数等级：$\underset{\sim}{R}_k$ 相应的模糊蕴涵关系。

3) 模型输出。由所有 k 条规则($k=1,2,\cdots,N$)输出 y_k 的加权和平均值得到。若取权重为 $|y=y_k|$，则模型输出是：

$$y = \frac{\sum_{k=1}^{N} |y=y_k| \cdot y_k}{\sum_{k=1}^{N} |y=y_k|} \tag{4.60}$$

T－S 模型的结构辨识和参数辨识通常分别包括前提部和结论部。在参数辨识中，模型性能指标选择为系统输出值 $y(p)$ 与辨识估计值 $y^*(p)$ 误差平方的均方根值最小，即

$$J = \min \left\{ \sum_{j=1}^{n} [y(p) - y^*(p)]^2 \Big/ h \right\}^{\frac{1}{2}} \tag{4.61}$$

结构辨识的辨识与线性系统模型的结构辨识相类似，这里不再赘述。

(2) 技术特点：① 它是模糊建模与辨识建模相结合的混合建模方法；② 它是解决具有不确定性复杂系统建模的重要技术途径；③T-S 模型辨识是利用模糊辨识法建立模糊动态模型的新技术，对于非线性复杂系统建模、仿真与控制具有十分重要的意义。

(3) 典型应用：

例 4.18　T－S 模糊预测模型的辨识。

T－S 模糊模型作为预测模型，并结合滚动优化与反馈校正等算法，是一种实现模糊预测控制的先进控制策略，其关键在于采用模糊辨识方法对于 T－S 模糊预测模型进行辨识。

设被控对象的非线性模型为

$$y(k+1)=y(k)/[1+y(k)^2]+u(k) \tag{4.62}$$

其 T-S 模糊预测模型是

$$y(k+1)=\sum_{i=1}^{N}\lambda_i p_i y(k)+\sum_{i=1}^{N}\lambda_i q_i(k)u(k-1) \tag{4.63}$$

式中

$$\lambda_i=\mu_{\underset{\sim}{A}_i}[y(k)]\mu_{\underset{\sim}{B}_i}[u(k-1)]\Big/\sum_{i=1}^{N}\mu_{\underset{\sim}{A}_i}[y(k)]\mu_{\underset{\sim}{B}_i}[u(k-1)] \tag{4.64}$$

令模糊规则结论部辨识参数矢量 $\boldsymbol{p}=[p_1,p_2,\cdots,p_n;q_1,q_2,\cdots,q_m]$，$n$ 个输出观测数据组成的矢量为

$$\boldsymbol{Y}(k+1)=[y(k+1),y(k+2),\cdots,y(k+n)]^{\mathrm{T}} \tag{4.65}$$

系数矩阵

$$\boldsymbol{\Lambda}=\begin{bmatrix}\lambda_1(k+1)/y(k) & \cdots & \lambda_N(k+1)/y(k) & \lambda_1(k+1)/u(k) & \cdots & \lambda_N(k+1)/u(k)\\ \lambda_1(k+2)/y(k+1) & \cdots & \lambda_N(k+2)/y(k+1) & \lambda_1(k+2)/u(k+1) & \cdots & \lambda_N(k+2)/u(k+1)\\ \vdots & \cdots & \vdots & \vdots & \cdots & \vdots\\ \lambda_1(k+n)/y(k+n-1) & \cdots & \lambda_N(k+n)/y(k+n-1) & \lambda_1(k+n)/u(k+n-1) & \cdots & \lambda_N(k+n)/u(k+n-1)\end{bmatrix} \tag{4.66}$$

设 $\boldsymbol{\Lambda}_i$ 是 $\boldsymbol{\Lambda}$ 的第 i 行矢量，y_i 为 Y 的第 i 个元素，采用递推最小二乘算法进行模糊规则结论部参数辨识

$$L_i=\frac{Q_{i+1}\boldsymbol{\Lambda}_i}{1+\boldsymbol{\Lambda}_i^{\mathrm{T}}Q_{i-1}\boldsymbol{\Lambda}_i};\quad Q_i=Q_{i-1}-L_i\boldsymbol{\Lambda}_i^{\mathrm{T}}Q_{i-1} \tag{4.67}$$

$$P_i^*=P_{i-1}^*+L_i[y_i-\boldsymbol{\Lambda}_1^{\mathrm{T}}P_{i-1}^*] \tag{4.68}$$

同时，已知一组样本数据 $X=\{x_1,x_2,\cdots,x_n\}$ 及 T-S 模糊预测模型的输入量 $u(k-1)$ 和 $y(k)$ 的量化等级分别为 $\{\underset{\sim}{B}_1,\underset{\sim}{B}_2,\underset{\sim}{B}_3,\underset{\sim}{B}_4,\underset{\sim}{B}_5,\underset{\sim}{B}_6\}$ 和 $\{\underset{\sim}{A}_1,\underset{\sim}{A}_2,\underset{\sim}{A}_3,\underset{\sim}{A}_4,\underset{\sim}{A}_5,\underset{\sim}{A}_6\}$，其隶属度函数如图 4.30 所示。

辨识中，模糊规则的前提部参数和结论部参数交替进行，其具体流程如下：

1) 给定聚类数 C 的初值；

2) 采用模糊 C 划分算法对已有样本数据进行聚类计算，得到 T-S 模糊预测模型前提变量的隶属度函数；

3) 利用式(4.67)和(4.68)辨识模糊规则结论部参数矢量 $\boldsymbol{p}_i^*$；

4) 计算性能指标 $J=\sum_{i=1}^{n}\frac{|y_i-y_i^*|^2}{n}$。若 J 满足辨识精度要求，则辨识定成，否则增加聚类数 C，返回至 2)。

辨识结果可得到描述被控制对象式(4.62)的 T－S 模糊预测模型：

R_i：if $Y(k-1)$ is $\underset{\sim}{A}_i$ and $u(k)$ is $\underset{\sim}{B}_i$ then，即

R_1：if $y(k-1)$ is $\underset{\sim}{A}_1$ and $u(k)$ is $\underset{\sim}{B}_1$ then $y(k)=-0.017\,7y(k-1)+1.127\,1u(k)$

R_2：if $y(k-1)$ is $\underset{\sim}{A}_2$ and $u(k)$ is $\underset{\sim}{B}_2$ then $y(k)=-0.078\,6y(k-1)+1.251\,6u(k)$

R_3: if $y(k-1)$ is $\underset{\sim}{A}_3$ and $u(k)$ is $\underset{\sim}{B}_3$ then $y(k)=-0.8273y(k-1)+1.0231u(k)$

R_4: if $y(k-1)$ is $\underset{\sim}{A}_4$ and $u(k)$ is $\underset{\sim}{B}_4$ then $y(k)=-0.5293y(k-1)+0.9002u(k)$

R_5: if $y(k-1)$ is $\underset{\sim}{A}_5$ and $u(k)$ is $\underset{\sim}{B}_5$ then $y(k)=-0.0640y(k-1)+1.1852u(k)$

R_6: if $y(k-1)$ is $\underset{\sim}{A}_6$ and $u(k)$ is $\underset{\sim}{B}_6$ then $y(k)=-0.0305y(k-1)+1.1335u(k)$

(4.69)

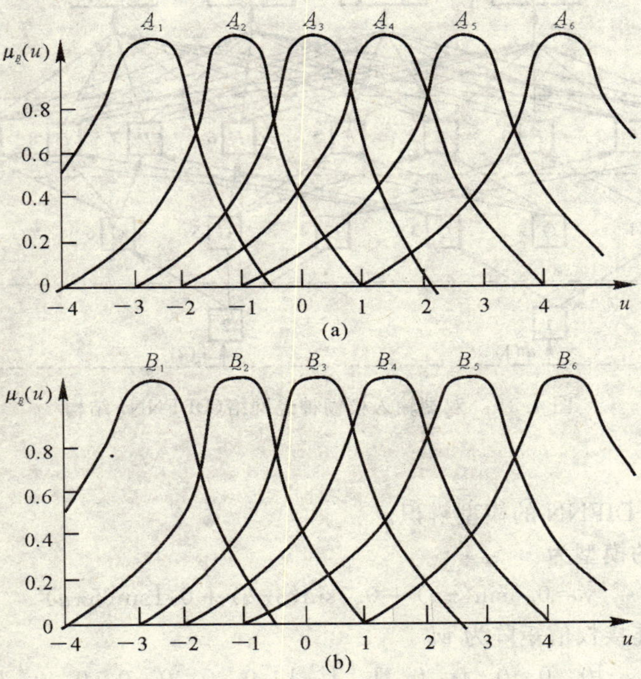

图 4.30　输入变量 y 与 u 的隶属度函数

(a) 输入变量 y 的隶属度函数；(b) 输入变量 u 的隶属度函数

最后，利用 $u(k)=\sin(2\pi R/50)$ 作为被控对象式(4.62)和 T-S 模糊预测模型式(4.69)的输入激励经仿真试验后，结果表明：两者输出响应拟合良好，借助模糊辨识法建立例 4.18 非线性系统的 T-S 模糊预测模型是成功的。

4.11.4　基于模糊神经网络的模型辨识

(1) 方法原理。利用模糊逻辑与神经网络相结合产生的模糊神经网络(如图 4.31 所示的 DIFNN) 具有自适应、自学习、自组织和多种模糊推理功能以及可逼近任意非线性函数的映射能力，为复杂系统建模提供强有力的建模技术途径，并在这种技术构成模糊神经网络模型的基础上，进行类似于 T-S 模糊模型的辨识，最终得到基于模糊神经网络的辨识模型。

(2) 技术特点：① 属于多种建模方法的结合，由于神经网络具有强有力的学习功能和逼近任意非线性函数的映射能力，所以尤其适合于复杂系统的精确建模。② 不仅为复杂系统建模提供了一种新的技术途径，而且使复杂系统智能控制成为可能。③ 模糊神经网络模型辨识与 T-S 模糊模型辨识方法类似，仍包括前提(件) 部和结论部的结构辨识与参数辨识。其结构辨识用以检验网络学习的有效性，参数辨识则针对检验学习算法的性能。

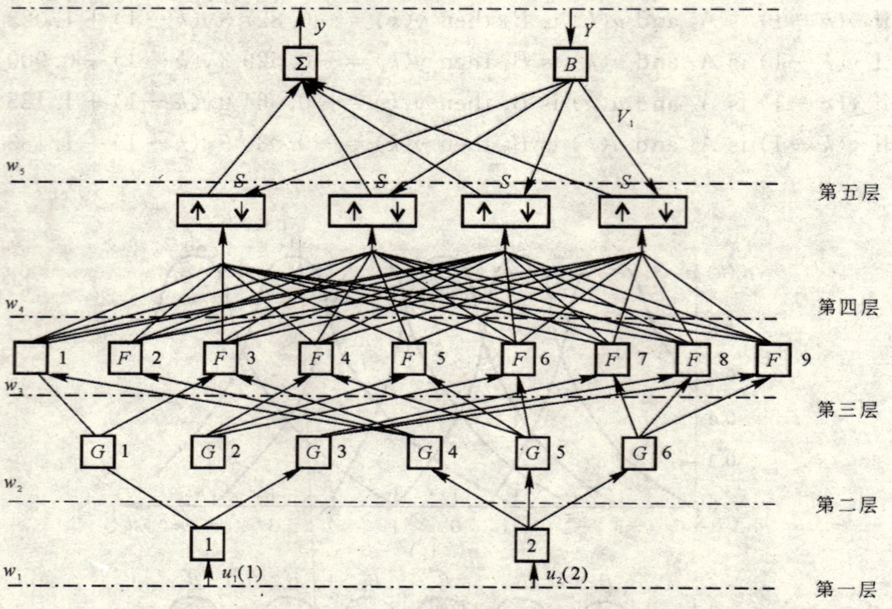

图 4.31　双端输入模糊神经网络(DI FNN)结构

(3) 典型应用:

例 4.19　基于 DIFNN 的模型辨识。

设非线性对象的模型为

$$y=0.6\sin(\pi u)+0.3\sin(3\pi u)+0.1\sin(5\pi u) \tag{4.70}$$

且已知神经元间的连接权值矩阵为 $\boldsymbol{w}_4$

$$\boldsymbol{w}_4=\begin{bmatrix}
0&0&0&0&0&1&1&1&0&0&0&0&0&0&0\\
0&0&0&1&1&1&0&0&0&0&0&0&0&0&0\\
0&0&0&1&1&0&0&0&0&0&0&0&0&0&0\\
0&0&0&0&1&0&0&0&0&0&0&0&0&0&0\\
0&0&0&0&1&0&0&0&0&0&0&0&0&0&0\\
0&0&0&0&1&0&0&0&0&0&0&0&0&0&0\\
0&0&0&1&0&0&0&0&0&0&0&0&0&0&0\\
0&0&0&0&0&0&1&0&1&0&0&0&0&0&0\\
0&0&0&0&0&0&0&0&0&0&0&1&0&0&0\\
0&0&0&0&0&0&0&0&0&0&1&0&0&0&0\\
0&0&0&0&0&0&0&0&0&0&1&0&0&0&0\\
0&0&0&0&0&0&0&0&0&0&1&0&0&0&0\\
0&0&0&0&0&0&0&0&0&0&1&1&0&0&0\\
0&0&0&0&0&0&0&0&0&1&1&1&0&0&0\\
0&0&0&0&0&0&0&1&1&1&0&0&0&0&0
\end{bmatrix} \tag{4.71}$$

采用 DIFNN 五层网络结构的节点数为(1,15,15,15,1),系统输入变量 u 相应的模糊集合 $\mathbf{A}_i(i=1,2)$,其隶属度函数的初值是[-1, -0.9, -0.75, -0.6, -0.45, -0.3, -0.15,0,0.15,0.3,0.45,0.6,0.75,0.9,1],$b_1(i)=0.15$,$b_2(i)=0.2$,$i=1,2,\cdots15$。

具体辨识包括两部分,即 DIFNN 的模型参数辨识和结构辨识。对于参数辨识通常有两种算法:平均值法和统计分析法。若选用统计分析法有:

1) 将 N 个样本数据读入。

2）任选 T_1 个初始聚类中心：$r'_1, r'_2, \cdots, r'_{T_1}$。通常取样本集以前 T_1 个样本作为初始聚类中心。

3）假设聚类过程已进入第 k 次迭代，若对某一样本 u 有 $|u - r_j^k| < |u - r_j^k|$（上角码表示寻找聚类中心时的迭代运算次数），则 $u \in s_j^k$，其中 s_j^k 是以 r_j^k 为聚类中心的样本集。以此将所有样本分配到 T_1 个聚类中。

4）计算多聚类中心的新一代矢量值

$$r_j^{k+1} = \sum_{u \in s_j^k} u / n_j \tag{4.72}$$

式中，$j = 1, 2, \cdots, T_1$，n_j 为 s_j 中所包含的样本数。

5）若 $r_j^{k+1} \neq r_j^k$，$j = 1, 2, \cdots, T_1$，则返回 3)，将全部样本重新分类，重复迭代计算；若 $r_j^{k+1} = r_j^k$，$j = 1, 2, \cdots, T_1$，则继续 6)。

6）将 r_j^k 从小到大排列，得到前件部参数均值

$$a_1(i) = \sum_{u \in s_j^k} \frac{u}{n_j} \tag{4.73}$$

式中，$i = 1, 2, \cdots, T_1$。计算各类之间的中心值

$$d_i(i) = \frac{[a_1(i+1) + a_1(i)]}{2} \tag{4.74}$$

式中，$i = 1, 2, \cdots, T_1 - 1$。根据方程

$$\exp\left\{-\left[\frac{(d(i) - a_1(i))}{b_1\ (i)^2}\right]\right\} = 0.5 \tag{4.75}$$

得到前件部参数的方差

$$b_1(i) = \frac{|a_1(i) - d_1(i)|}{\sqrt{\ln 2}} \tag{4.76}$$

$$b_1(T_1) = \frac{|a_1(T_1) - d_1(T_1 - 1)|}{\sqrt{\ln 2}} \tag{4.77}$$

式中，$i = 1, 2, \cdots, T_1 - 1$。

7）结束。

应指出，在上述算法中 N 为训练数据对的个数；$\tau \geqslant 1$ 为置信度阀值；$n(3)$，$n(4)$ 分别为 DIFNN 网络第三，四层的节点数。

同理，可求得结论部的参数 $a_2(i)$ 和 $b_2(i)$。

对于结构辨识有：

1）设中间存储单元 $P(i,j) = 0$，其中 $i = 1, 2, \cdots, n(3)$；$j = 1, 2, \cdots, n(4)$，且 $k = 0$；

2）$k = k + 1$，对于 DIFNN 网络由第 k 个训练数据对，分别计算 $z_3(i)$，u_4^*，$i = 1, 2, \cdots, n(3)$，$j = 1, 2, \cdots, n(4)$，$k = 0$；

3）计算 C_{ml} 和 μ_h；

$$C_{ml}(n) = \max[z_3(i)]; \mu_h(m) = \max[u_4^*(j)] \tag{4.78}$$

4）置 $P(m,n) = P(n,m) + 1$；

5）如果 $k \neq N$，则转至 2)，否则转下步 6)；

6）对于 $i = 1, 2, \cdots, n\ 3)$，$j = 1, 2, \cdots, n\ 4)$，如果 $P(i,j) \geqslant \tau$，则 $w_4(i,j) = 1$，否则 $w_4(i,j) = 0$；

7) 结束。

经过上述辨识可得到网络参数：

$\underset{\sim}{\boldsymbol{A}}_1=[-1.0034\quad -0.8849\quad -0.7747\quad -0.6386\quad -0.5057\quad -0.3258\quad -0.1483$
$0.0012\quad 0.1488\quad 0.3266\quad 0.5074\quad 0.6392\quad 0.7773\quad 0.8844\quad 1.0032]$

$\underset{\sim}{\boldsymbol{B}}_1=[0.0872\quad 0.0874\quad 0.0678\quad 0.1793\quad 0.2668\quad 0.1112\quad 0.1234\quad 0.0993\quad 0.1233$
$0.1170\quad 0.2661\quad 0.1827\quad 0.0691\quad 0.0863\quad 0.8760]$

$\underset{\sim}{\boldsymbol{A}}_2=[-1\quad -0.9\quad -0.75\quad -0.7067\quad -0.3949\quad -0.3070\quad -0.0841\quad 0.0025$
$0.0859\quad 0.3034\quad 0.3948\quad 0.7211\quad 0.75\quad 0.91]$

$\underset{\sim}{\boldsymbol{B}}_2=[0.2\quad 0.2\quad 0.2\quad 0.2659\quad 0.2082\quad 0.1322\quad 0.0888\quad 0.2988\quad 0.9450$
$0.13\quad 0.2140\quad 0.2703\quad 0.2\quad 0.2\quad 0.2]$

同样，仿真结果表明(见图 4.32)，该方法具有的高建模精度，是一般模糊辨识或常规神经网络难以比拟的。

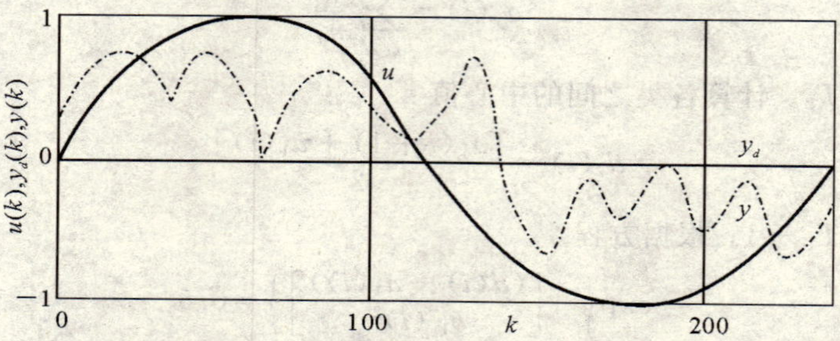

图 4.32 基于 DIFNN 网络辨识模型输出与实际系统输出的仿真比较

4.12 组合建模方法与技术

4.12.1 方法原理

组合建模的思想和方法来自于系统论的“层次性”观点和复杂系统通常具有模块化结构的客观事实，并由此而产生了分层-聚合建模与分块-集成建模法。

(1) 分层-聚合建模法。系统论认为，系统“内部是有层次的，一个层次一种运动形式，高一层次就有高一级的运动形式 ……”。因此，复杂系统可能且应当从不同层次加以描述，建立起不同层次的模型。系统“每一层次的活动或事件有着重要不同属性”，进一步提供了按照实体大小(模拟单位)、空间属性、时间属性和效能属性进行合理结构分层建模的理论根据。

模型的层次决定于建模的抽象程度，通常低层次模型分辨率高，结构较为复杂，而高层次模型分辨率低，结构相对简单。这种多层次不同分辨率模型依靠聚合原则来实现。

聚合是分层建模的基本方法。所谓聚合是指把若干个体集总成为能够表示这些个体总和的综合体。广义上讲，聚合是对事物由个别到一般的抽象。简而言之，聚合是“多到一”的变换，并具有不可逆性。

这样，对于关系或层次明显的复杂大系统或简单巨系统，便可按属性结构分层，在确定聚合特性的基础上，利用系统机理或规则模型要求建立层次模型，并最终归一为系统全局模型。

这就是组合建模方法中的层次 —— 聚合建模法，简称为层次化建模法。

(2) 分块-集成建模法。现代大系统尤其是简单巨系统的结构和环境越来越复杂，致使它们的元件（组分）数量和机理范围达到了惊人的程度。如许多系统的子系统就有成百上千甚至几十万个，其工作机理可能同时涉及光、电、磁、机械、化学、液压、气动、力学、生态、医学等多个学科领域。“阿波罗”宇宙飞船就是典型实例。对于这类系统宜采用分块-集成建模方法（简称模块化建模法或组件化建模法），其主要思想是先将系统按功能划分为若干子系统（或分子系统），在不计各子系统间关联下分别建立各子系统（或分子系统）模型（或称局部模型），然后建立它们之间的关联模型，最后通过关联模型将各子系统（或分子系统）模型集成起来，构成系统的总体模型（或称全局模型）。上述子系统（或分子系统）模型和关联模型的建立一般采用机理分析法、系统辨识法或它们的混合方法。

综上所述，在组合建模中，无论是分层-聚合建模法或是分块-集成建模法按照 Zeigler 教授的观点，从仿真角度都可以描述为：

$$N=[T,X_N,Y_N,D\{M_d\,|\,d\in D\}\{I_d\,|\,d\in D\cup(N)\}\{Z_d\,|\,d\in D\cup(N)\}] \quad (4.79)$$

式中，T 为有限变迁集，$T=\{t_1,t_2,\cdots,t_n\}$；X_N 为外部输入量；Y_N 为外部输出量；D 为内部所有组件 $d\in D$ 的实物集合集；M_d 为对所有组件 $d\in D\cup(N)$ 的输入、输出系统，$M_d=[T,X_d,Y_d,\Omega,Q,\Delta,\Lambda]$；$I_d$ 为对 d 有影响的组件模块的集合；Z_d 为 d 的接口映射；Q 为状态集；Λ 为系数输出函数；Ω 为允许的输入分割的集合；Δ 为系统全局状态转移函数。

4.12.2　技术特点

组合建模方法具有如下突出的技术特点：

(1) 建模指导思想为系统论的系统分层与聚合观点和大系统通常为模块化结构。

(2) 模型为层次化或模块化形式，其结构层次分明、容易检测、便于调整和修改。

(3) 大大降低了复杂系统特别是复杂工程系统的建模技术难度。

(4) 在组合建模方法中，层次化建模关键在于低聚合度模型与较高聚合度模型间的“接口”设计；模块化建模关键在于采用其他方法建立子系统（或分子系统）模型和关联模型。

4.12.3　典型应用

例 4.20　联合作战模拟中的兵力计划和武器装备体系层次化建模。

如图 4.33(a) 所示给出了一种兵力计划分层建模的聚合方法，即由小规模的高分辨率模型聚合成确定性的兰彻斯特微分战斗模型，进而再聚合为火力指挥战斗模型，即兵力计划模型。

如图 4.33(b) 所示给出了各武器装备体系分层建模结构，亦由小规模的高分辨率武器系统功能组件模型逐步聚合成武器装备体系并体现联合作战效能的低分辨率全局模型。

例 4.21　“阿波罗”宇宙飞船登月控制系统分块-集成建模。

在设计和制造“阿波罗”宇宙飞船登月控制系统中，进行了各子系统仿真试验和整个系统仿真试验。所用模型采用了分块-集成建模方法。如图 4.34 所示给出了用于该系统分块-集成建模的“阿波罗”飞船登月控制系统基本结构框图。同时，在建立该控制系统各子系统和子系统间关联模型时，采用了前述分析-统计法，获得了十分良好的效果。

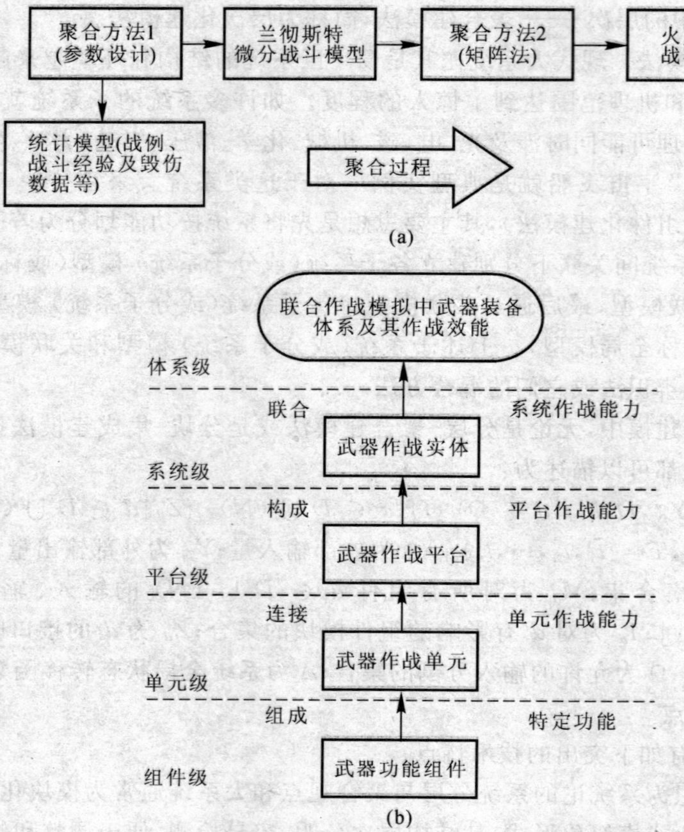

图 4.33　联合作战模拟中的兵力计划和武器装备体系层次化建模

(a) 兵力计划分层建模过程；(b) 武器装备体系分层建模过程

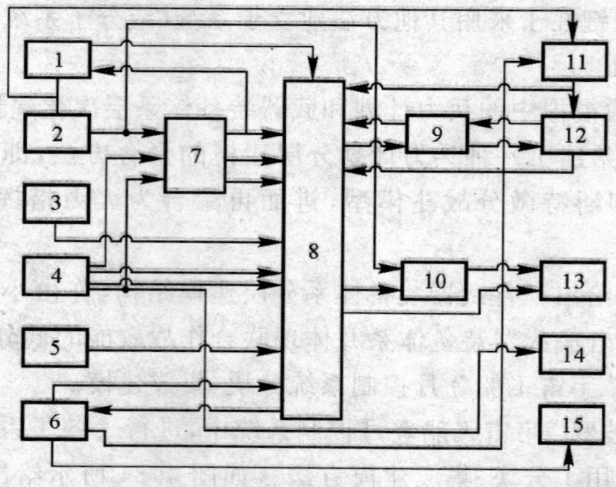

图 4.34　“阿波罗”飞船登月控制系统基本结构框图

1 -应急导引子系统；　2 -陀螺稳定器；　3 -监视望远镜；　4 -相遇和着陆雷达；　5 -仪器操纵手柄

6 -控制台和指示台；　7 -模／数转换器(A/D)；　8 -机载数字机；　9 -发动机程序装置；　10 -数／模转换器(D/A)

11 -遥测机和时间业务；　12 -爬升、着陆和稳定发动机；　13 -方向和角速度指示器

14 -水平速度指示器；　15 -应急呼号设备

例 4.22　现代战场通信网络建模。

现代战场通信网络时 C^4ISR 信息化作战系统的重要组成部分，在通信服务上具有全时空、全业务和综合性很强的特点，由于仿真的需要，要求建立网络模型。建模中，采用了分层建模思想：首先确立子网、节点和链路三类基础对象，然后利用这三类对象建立网络模型，进而产生节点的链路的派生模型，构成仿真网络的拓扑结构。这里，网络模型是高层次模型，直接反映战场上节点（子网）与链路的联接关系；节点被作为设备和资源或子网，所有与网内信息流相关处理基本都在节点内完成；链路与节点相对应，其模型将反映本身的物理特性，并有有线、无线和微波链路之分，用于确定节点间信号上的传输容量、发送时延、传输损耗、传播时延、识码率、纠检错能力、冲突检测等。如图 4.35 所示给出了基于组合建模的战场通信网络信息交互示意图。

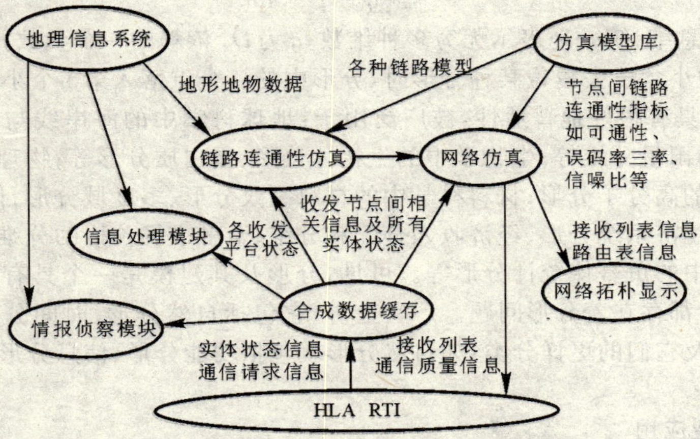

图 4.35　基于组合建模的战场通信网络信息交互示意图

4.13　基于分形理论建模方法与技术

4.13.1　引言

分形(Fractal)是一个具有复杂结构的几何对象。自然界、工程技术、社会经济等领域普遍存在着分形形态，即具有自相似性。1986 年曼德布罗特给出的分形定义：组成部分以某种与整体相似的形体叫分形。把具有自相似结构的那些几何形体称为分形体，简称分形。分形为探讨自然界的复杂事物的客观规律及内部联系，提供了新概念和方法。由于宇宙万物既有多样性表征又有相似结构性质，因此应用分形理论可对复杂系统进行建模。

由曼德布罗特创立的分形几何学是分形理论的数学基础，是研究和描述自然界中非规则对象的几何学。分形几何图形具有相似性和递归性，特别适合于计算机迭代生成，给基于分形理论的建模方法与技术创立良好的条件。

4.13.2　方法原理

深入地讲，分形是对复杂事物的形状、形态、结构与组织的分解、分割、分裂与分析，是在掌握系统整体与局部之间结构相似性的基础上，从宏观向微观逐步深化分解的过程。在基于分形理论建模中第一次分解使分解的各子系统具有相对的独立性和结构上的相似性，并给出各子系统间的相互联系，即得到第二级系统模型；第二次分解可照上述类似方法，对各二级子系统进行细化,从而获得第三级系统模型。以此类推第n次分解可得到第$(n+1)$级系统模型,直到达到建模目标为止。

4.13.3 技术特点

(1) 建模思想与元模型建模十分相似,但重点需考虑结构的相似性。

(2) 以分形几何学为数学基础,分形几何图形具有自相似性和递归性,尤其适合于计算机迭代生成。

(3) 分形中的复杂性可用分数维D来描述,对于复杂的分形,一般必须采用多种维数来描述。其多种维数的定义形式为

$$D_q = \lim_{r\to 0} \frac{1}{q-1} \frac{\ln \sum_{i=1}^{N} P_i^q}{\ln r} \tag{4.80}$$

式中,D_q为q次信息维,统一地表示无穷多种维数;q为D_q依赖的一个参数;P_i为覆盖概率,表示当用边长为r的小盒子去覆盖某种分形时,分形中的一个点落入第i个小盒子的概率。

(4) 分形建模具有很好地普适性,被广泛用于:地球科学中的海岸线与河流的分形、地震分形、矿藏分形、降雨量分维等;生物学中的生物体分形、蛋白质分形等;物理学中的结构分形、表面分形;化学中的高分子分形;材料科学中的材料裂纹分形、多度域分形;信息科学中的图像分形;经济学中的经济系统分形、经济收入分配和分维、金融市场价格的分维、语言学中的词频分布分形、情报学中的负幂律统计分形等。可见,分形及其建模是一个具有普遍意义的概念,自然界和人类社会都存在着分形问题。广义上讲,它包括自然分形、时间分形、社会分形和思维分形四大类,以及它们的更详分类,如自然分形就包括功能分形、信息分形、能量分形和几何分形。

4.13.4 典型应用

例 4.23 有限扩散凝聚(DLA)模型及其修改的 KCA 模型。

自然界中广泛存在具有分形特征的凝聚现象,如悬浮在气体中的固体颗粒或液体颗粒的凝聚;生产制备薄膜材料的凝聚成模过程;溶液中金属离子在电极上的电沉积过程等。针对模拟这些凝聚现象,1981 年美国威特思和桑德尔建立了一种有限扩散凝聚模型,简称 DLA 模型。

DLA 模型是基于分形理论的有限扩散凝聚过程模型,其基本思想是,在$d=2$维的欧氏空间中取一个正方形,将它分成若干个相同的小方格,形成方形点阵。在方形点阵中央置一静止的粒子作为种子,然后在与种子粒子较远处,随机地产生另一粒子并在点阵中随机地行走,当与种子粒子相遇时,它们就粘在一起形成凝聚态。当粒子走到点阵边时,被边界吸收而将它剔除。按周期性边界条件,使它从另一边进入方阵继续随机行走。如此循环下去,最终形成自中心向周围伸长的大大小小的分支,且具有自相似的特征。

该模型可用以预测某些实际随机凝聚过程的生长速率与时间的关系,以及它们的机制和输送性质,并用于缩聚反应凝胶化、生物分子的凝聚性质和电介质放电击穿等方面。

为扩展应用范围,描述复杂的凝聚现象,米金对上述 DLA 模型进行了修改。修改的主要方面包括:在正方形点阵中放入大量粒子,并让所有粒子同时单独地无规则随机行走,两粒子相遇后形成集团并做随机运动。集团与粒子或集团相遇后结合生成更大地集团。如此不断下去,便形成十分复杂的分形结构,就是 KCA 模型。

研究表明,该模型可以有效地描述自然界中许多更复杂的凝聚现象,如墙角上的尘絮和河口处的淤泥等。

例 4.24 CIMS 系统功能模型。

这是一个基于系统功能分形的大型离散制造企业决策与支持管理模型，已在上海锅炉厂等企业得到成功应用。该模型的第一、二、三、四级功能模型结构分别如图 4.36 的(a)，(b)，(c)，(d) 所示。

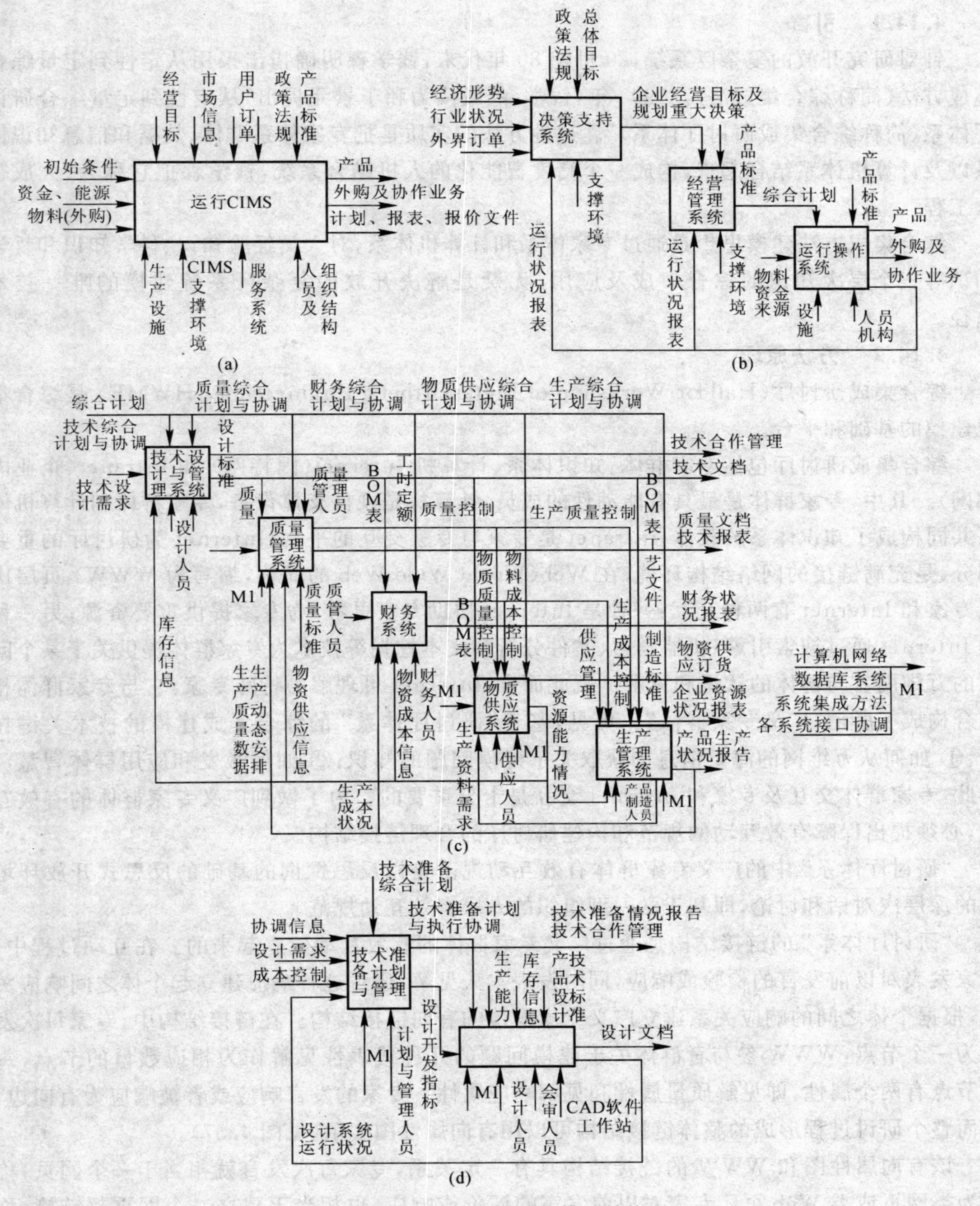

图 4.36　CIMS 系统功能模型结构图

(a) 总体功能模型结构(第一级)；(b) 系统整体运行功能模型结构(第二级)

(c) 运行操作功能模型结构(第三级)；(d) 设计与管理功能模型结构图

4.14 综合集成建模方法与技术

4.14.1 引言

针对研究开放的复杂巨系统,20世纪80年代末,钱学森明确指出采用从定性到定量综合集成方法(简称综合集成法)。1992年,钱学森、戴汝为和于景元提出"从定性到定量综合研讨厅体系(简称综合集成研讨厅体系)"。这种方法的实质是把专家体系群体、数据和信息知识体系以及计算机体系结合起来,构成一个高度智能化的人机结合系统,钱学森把它称为"大成智慧工程"。

综合集成方法建模思想是通过专家体系和计算机体系,对人类经验知识、科学知识和哲学知识等三个层次知识的综合集成及应用,无疑是解决开放的复杂巨系统建模的唯一技术途径。

4.14.2 方法原理

综合集成研讨厅(Hall for Workshop of Metasynthetic Engineering, HWME)是综合集成建模的基础和平台。

综合集成研讨厅包括专家群体、知识体系、计算机 Internet(因特网)和 Intranet(企业内部网)。其中,专家群体是最具有能动性的成员,计算机是硬件支撑设备,专家群体和计算机体系共同构成了知识体系的载体;Intranet 是专家与专家交互的平台;Internet 为研讨厅的重要部分,是充满链接的网络结构环境,在 Web(World Wide Web 的简称,缩写为 WWW) 页层次上专家和 Internet 有两种交互:一种是 Internet 协助专家思考,为专家提供重要资源;另一种是 Internet 通过搜索引擎、机器学习、文件分析和文本挖掘等技术为专家群体提供关于某个问题的万维网参与群体的认识和见解。就此而言,Internet 可理解为特殊专家,它与专家群体相结合构成了所谓"广义专家群体"。可见,基于"研讨厅体系"的综合集成建模的技术关键在于:① 如何从万维网的海量信息中获取关于建模问题的知识;② 如何激发和应用群体智慧。对此,专家群体交互及专家和 Internet 交互是十分重要的。为了做到广义专家群体的有效互动,必须提出保障有效互动的规范和构建研讨厅的合理链接结构。

"研讨厅体系"中的广义专家群体有效互动规范是以反思探询的基础的反思式开放环境中的深层次对话和讨论,即基于学习型组织的专家有效互动规范。

"研讨厅体系"的链接结构是通过广义专家群体的有效互动建立起来的。在互动过程中,专家发表对以前发言的检验或响应,同时发表本人见解,通过这种响应建立起个体之间响应关系,根据个体之间的响应关系建立广义专家群体的有向链接结构。在链接结构中,专家每次发言为一个节点,WWW 参与者群体关于建模问题的几种代表性见解作为相应数量的节点,每个节点有两个属性,即见解质量属性和见解响应属性。专家的发言响应或者被响应为有向边,从而整个研讨过程形成的整体链接结构可以用有向属性图表示(见图 4.37)。

该有向属性图和 WWW 的链接结构具有一定关系,专家每次发言就相当于一个网页,称之为类网页或类 Web 页。专家对以前发言的评价或响应,也相当于建立一个网页超链接,称之为类 Web 页链接或者类网页超链接。综上述,"研讨厅体系"有向属性图中的节点对应 WWW 中的网页节点,它的有向属性图相当于 HITS(Hypertext-Induced Topic Search, 网页分析算法)描述 WWW 的有向属性图。"研讨厅体系"的研讨相当于搜索引擎在 Web 上对问题的查询结果的集合，而有向属性图中的节点集合相当于 HITS 的网页基础集合 ——T 集合（见图 4.38）。

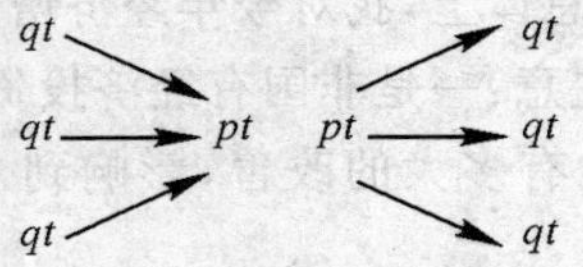

图 4.37　广义专家之间的链接关系

$pt \rightarrow qt$— 专家的发言 pt 对以前发言 qt 有响应

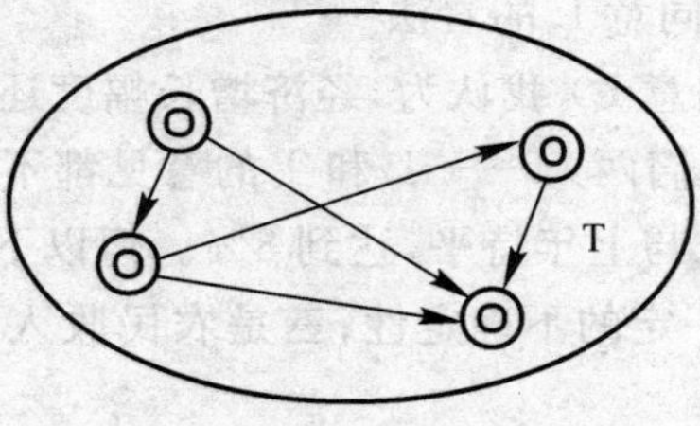

图 4.38　HITS 的 T 集合

4.14.3　技术特点

(1) 综合集成建模以综合集成研讨厅体系的基础和平台，是应用群体智慧建立开放的复杂巨系统模型的新方法。

(2) 综合集成建模的关键在于实现广义专家群体的有效互动。

(3) 为了保障广义专家群体有效互动，必须采用基于学习型组织的专家有效互动规范和通过 HWME 链接结构分析建立合理的类似 WWW 链接结构。

例 4.25　对当年经济形势的基本判断。

应用综合集成研讨厅体系解决此问题。

发言专家为一些博士生与硕士生，发言内容是由经济专业人士帮助并提出的。其中，Zh 代表主持人；T，C，G，L，M 代表不同的专家，其研讨过程与结果如下：

Zh：好，如果各位专家没有意见，现在进入研讨。首先请大家对今年的经济形势作一个基本判断。

T：在扩大内需政策影响下，经济增长幅度止跌回升。今年仍有趋好潜力。其一，除了出口增幅趋缓外，投资、消费需求增速均有所提高；其二，结构矛盾继续缓解，产销衔接较好；其三，上半年工业经济效益明显好转 ……

C：（除了 T 提出的几个因素外），另一个积极因素是工业经济在结构调整中增长加快，上半年工业增长保持了 10% 以上的增长，势必对今年经济起到积极作用 ……

G：（除了 C 和 T 提到的因素外），另外启动了一些供给政策。比如对中小企业的支持、技改贴息提高装备水平、国企改革等，对改善宏观经济发展环境是十分必要的 ……

L：（我不同意他们 3 个的分析）但我担心的是，世界经济形势会对我国经济增长产生极其不利的影响。根据世界银行估计，美国经济今年预计增长 0.7%（去年 5%）；世界经济增长 2.9%；全球贸易增长 5.2%……

T：（我不同意 L 的分析）我认为，这不必过分忧虑。实际上去年内需也起到重要作用。只要今年继续坚持积极的财政政策，加上公务员增资、提高低收入者收入水平等政策到位，内需增长会弥补出口下滑对经济增长的不利影响 ……

M：L 的意见确实值得注意。我国对美国的出口占全部出口的 21%，如果美国经济出现衰退，必将影响我国出口，还将对我国吸引外资、资本市场、投资信心等方面产生影响，因为 ……

Zh：L，按你的判断，今年的经济形势走势如何？

L:(响应 Zh) 我不太乐观,受世界经济的影响,我国今年经济增速会比上年下降,GDP 增长 7%……

M:我不同意 L 的看法 ……

T:(不同意 L) 我认为,经济增长幅度还会有所上升,达到 8.3%……

C:(对他们两人——L 和 T 的意见都不太赞同) 从总体上,我对今年经济增长还是有信心的,GDP 增长与上年持平,达到 8%。但以下问题值得注意:一是非国有经济投资问题;二是消费增长具有一定的不确定性;三是农民收入连续多年没有多大的改善,影响到总体的消费水平 ……

G:(不太同意 L,T,C 的意见) 考虑到出口会受到影响,GDP 增长幅度将比去年略有下降,达到 6.7% ~ 7.8%……

经过上面的研讨,主持人归纳出关于今年经济形势的三种不同意见:今年经济增速会比上年下降;经济增长幅度还会有所上升;经济增长还是有信心的,GDP 增长与上年持平。

现在,将 HWME 链接结构分析算法应用于上面的研讨过程。专家的每次发言为一个类网页,用专家研讨时的 ID 和发言时间或者次数标识类网页。为清楚期间,用“专家 ID+t(发言的次数)”来标识类网页。从专家的发言中按长度优先匹配的原则提取与之有响应关系的类网页名称,获取了专家个体的互动关系如下:

$Tt1$;

$Ct1 \to Tt1$; $Gt1 \to Tt1, Ct1$; $Lt1 \to Tt1, Ct1, Gt1$; $Tt2 \to Lt1$;

$Mt1 \to Lt1$; $Zht1 \to Lt1$,; $Lt2 \to Zht1$; $Mt2 \to Lt2$;

$Tt3 \to Lt2$; $Ct2 \to Lt2, Tt3$; $Gt2 \to Ct2, Lt2, Tt3$

根据个体互动关系,建立互动过程产生的群体有向链接结构如图 4.39 所示。

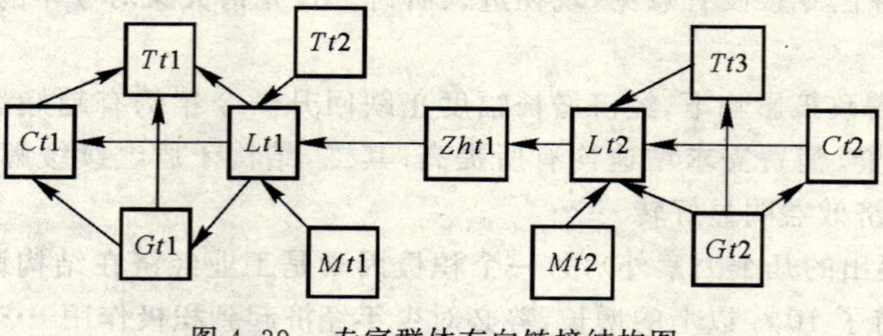

图 4.39　专家群体有向链接结构图

应用迭代公式 $a(pt):=\sum_{qt\to pt} h(qt)$,$h(pt):=\sum_{qt\to pt} a(qt)$,第三次迭代结果为

$$a(Tt1)=\frac{70}{419},\quad a(Ct1)=\frac{56}{419},\quad a(Gt1)=\frac{31}{419},\quad a(Lt1)=\frac{27}{419}$$

$$a(Tt2)=0,\quad a(Mt1)=0,\quad a(Zht1)=\frac{1}{419},\quad a(Lt2)=\frac{118}{419}$$

$$a(Tt3)=\frac{75}{419},\quad a(Ct2)=\frac{41}{419},\quad a(Mt2)=0,\quad a(Gt2)=0$$

$$h(Tt1)=0,\quad h(Ct1)=\frac{70}{1\,073},\quad h(Gt1)=\frac{101}{1\,073},\quad h(Lt1)=\frac{157}{1\,073}$$

$$h(Tt2)=\frac{27}{1\,073},\quad h(Mt1)=\frac{27}{1\,073},\quad h(Zht1)=\frac{27}{1\,073},\quad h(Lt2)=\frac{1}{1\,073}$$

$$h(Tt3)=\frac{118}{1\ 073},\quad h(Ct2)=\frac{193}{1\ 073},\quad h(Mt2)=\frac{234}{1\ 073},\quad h(Gt2)=\frac{118}{1\ 073}$$

从第三次迭代结果可以看出，类网页的见解质量属性值 anthorith 从大到小依次为：$Lt2$，$Tt3$，$Tt1$，$Ct1$，$Ct2$，$Gt1$，$Lt1$，$Zht1$。可见，针对问题的某个方面讨论时，一个人的发言虽然不同，但对同一个问题的见解在很短的的时间内变化一般不会很大，所以 $Tt3$，$Tt1$ 发言页的 anthority 值比较接近，$Ct1$，$Ct2$ 发言页 anthority 值也比较接近。随着时间的推移和有效互动的深入，每个人对问题的认识越来越深入，见解在短时间内也会变化很大，当然他们的见解质量属性值也会差别很大。因此对于同一个人的发言，如果他(她)的类网页的 anthority 值大小非常接近，排序相邻，就选取最新时间的 anthority 值达的网页为输出，即 $Lt2$，$Tt3$，$Ct2$，如下：

L：(响应 Zh) 我不太乐观，受世界经济的影响，我国今年经济增速会比上年下降，GDP 增长 7%……

T：(不同意 L) 我的意见正好相反，经济增长幅度还会有所上升。达到 8.3%……

C：(对他们两人——L 和 T 的意见都不太赞同) 从总体上，我对今年经济增长还是有信心的，GDP 增长与上年持平，达到 8%。但以下问题值得注意：一是非国有经济投资问题；二是消费增长具有一定的不确定性；三是农民收入连续多年没有多大的改善，影响到总体的消费水平……

习　题　4

1. 论述面向对象建模方法与技术的普适性。
2. 在多分辨率建模中，如何合理选取时间分辨率和空间分辨率？举例说明。
3. 分析基于云理论建模与基于模糊集论建模的本质区别。
4. 试述基于模糊集论建模方法与技术，并举例说明。
5. 试述基于神经网络建模方法与技术，并举例说明。
6. 试述基于 Agent/MAS 建模方法与技术，并举例说明。
7. 混合建模方法与组合建模方法有何不同？它们的技术特点何在？
8. 对于复杂适应系统(CAS)应采用何种建模方法与技术？
9. 综合集成建模方法的主要思想何在？
10. 试对所讲过的复杂系统建模方法与技术进行归类。

第 5 章　连续系统的数学建模技术与应用

5.1　连续系统的数学模型形式

在绪论中连续系统已作定义，广泛存在于航空、航天、动力、控制、化工等领域中。

描述连续系统的数学模型虽然很多，但大体可归为三类，即连续时间模型、离散时间模型及连续-离散混合模型。

为研究方便起见，下面分线性连续系统和非线性连续系统进行讨论。

5.1.1　线性连续系统的数学模型形式

(1) 连续时间模型。假定一个系统的输入量 $u(t)$、输出量 $y(f)$ 及内部状态变量 $z(t)$ 都是时间 t 的连续函数，常有如下四种模型形式。

1) 微分方程

$$\frac{\mathrm{d}^n y(t)}{\mathrm{d}t^n}+a_1\frac{\mathrm{d}^{n-1}y(t)}{\mathrm{d}t^{n-1}}+\cdots+a_n y(t)=c_0\frac{\mathrm{d}^{n-1}u(t)}{\mathrm{d}t^{n-1}}+c_1\frac{\mathrm{d}^{n-2}u(t)}{\mathrm{d}t^{n-2}}+\cdots+c_n u(t)$$

即

$$(p^{(n)}+a_1 p^{(n-1)}+\cdots+a_n)y(t)=(c_0 p^{(n-1)}+c_1 p^{(n-2)}+\cdots+c_{n-1})u(t) \tag{5.1}$$

式中，$p\overset{\text{dif}}{=}\frac{\mathrm{d}}{\mathrm{d}t}$ 为微分算子。

2) 传递函数

$$G(s)=\frac{Y(s)}{U(s)}=\frac{c_0 s^{n-1}+c_1 s^{n-2}+\cdots+c_{n-1}}{s^n+a_1 s^{n-1}+\cdots+a_n} \tag{5.2}$$

式中，s 为拉普拉斯算子。

3) 权函数。零初始条件下，系统对理论脉冲函数 $\delta(t)$ 输入的响 $g(t)$ 称为权函数，又叫脉冲过渡函数。

这里，$\delta(t)=\begin{cases}\infty,t=0\\0,t\neq 0\end{cases}$，且$\int_{,0}^{\infty}\delta(t)\mathrm{d}t=1$。

可以证明：$g(t)=L^{-1}[G(s)]$。

且对于任意函数 $u(t)$ 作用的系统响应 $y(t)$，可以用卷积描述

$$y(t)=\int_{,0}^{\tau}u(\tau)g(t-\tau)\mathrm{d}t \tag{5.3}$$

应该指出，以上三种模型仅描述系统的输入量与输出量之间的关系，并未涉及内部情况，故称为系统的外部模型。

4) 状态空间表达式。状态空间表达式由状态方程和输出方程构成，其矩阵形式为

$$\begin{cases}\dot{\boldsymbol{x}}=\boldsymbol{A}\boldsymbol{x}+\boldsymbol{B}\boldsymbol{u}\\ \boldsymbol{y}=\boldsymbol{C}\boldsymbol{x}\end{cases} \tag{5.4}$$

式中，**A** 为状态系数阵，$\boldsymbol{A}=\begin{bmatrix}0 & 1 & 0 & \cdots & 0\\ 0 & 0 & 1 & \cdots & 0\\ \vdots & \vdots & \vdots & \ddots & \vdots\\ 0 & 0 & 0 & & 1\\ -a_n & -a_{n-1} & -a_{n-2} & \cdots & -a_1\end{bmatrix}$；**B** 为输入系数阵，$\boldsymbol{B}=\begin{bmatrix}0\\0\\ \vdots\\0\\1\end{bmatrix}$；

C 为输出系数阵，$\boldsymbol{C}=[c_{n-1}\quad c_{n-2}\quad \cdots \quad c_0]$；**x** 为状态阵，$\boldsymbol{x}=\begin{bmatrix}x_1\\x_2\\ \vdots\\x_n\end{bmatrix}$，状态空间表达式是系统的内部模型。

(2) 离散时间模型。假定一个系统的输入量、输出量和状态变量是时间的离散函数，即分别为时间序列：$\{u(k)\}$，$\{y(k)\}$，$\{x(k)\}$，那么亦有四种模型形式：

1) 差分方程

$$a_n y(n+k)+a_1 y(n+k-1)+\cdots a_n y(k)=b_1 u(n+k-1)+\cdots+b_n u(k) \tag{5.5}$$

2) z 传递函数(脉冲传递函数)

$$H(z)=\frac{Y(z)}{U(z)}=\frac{(b_1 z^{-1}+\cdots+b_n z^{-n})}{(a_{.0}+a_1 z^{-1}+\cdots+a_n z^{-n})} \tag{5.6}$$

3) 权序列

$$y(k)=\sum_{i=0}^{k}u(i)h(k-i) \tag{5.7}$$

可以证明，$Z[h(k)]=H(z)$。

4) 离散状态空间表达式

$$\boldsymbol{x}(k+1)=\boldsymbol{F}\,\boldsymbol{x}(k)+\boldsymbol{G}\boldsymbol{u}(k)$$
$$\boldsymbol{y}(k)=\sum_{j=1}^{n}b_j q^j x(k+n)=\sum_{j=1}^{n}b_j x_{n-j+1}(k)=\boldsymbol{\Gamma}\boldsymbol{x}(k) \tag{5.8}$$

式中

$$\boldsymbol{F}=\begin{bmatrix}0 & 1 & 0 & \cdots & 0\\ 0 & 0 & 1 & \cdots & 0\\ \vdots & \vdots & & \ddots & \vdots\\ 0 & 0 & 0 & & 1\\ -a_n & -a_{n-1} & -a_{n-2} & \cdots & -a_1\end{bmatrix},\quad \boldsymbol{G}=\begin{bmatrix}0\\0\\ \vdots\\0\\1\end{bmatrix},\quad \boldsymbol{\Gamma}=[b_n b_{n-1}\cdots b_1]$$

(3) 连续-离散混合模型。假定有一系统，它的环节中有的状态变量是连续量，而有的环节状态变量是离散变量，即系统由离散和连续两部分组成，那么该系统自然要使用连续及离散时间两类模型来描述。例如，现代计算机控制系统就是典型的连续-离散混合系统，它所采用的模型必然是连续-离散混合模型(见图 5.1)。

图中，$D(Z)$ 为数字控制器的 Z 传递函数；$G_h(s)$ 为保持器的传递函数。对于零阶保持器 $G_h(s)=\dfrac{1-e^{-sT}}{s}$（$T$ 为采样周期）；$G(s)$ 为连续控制对象的传递函数；$e^*(t)$ 为离散误差信号，$e^*(t)=\sum\limits_{k=0}^{\infty}e(t)\delta(t-kT)$。

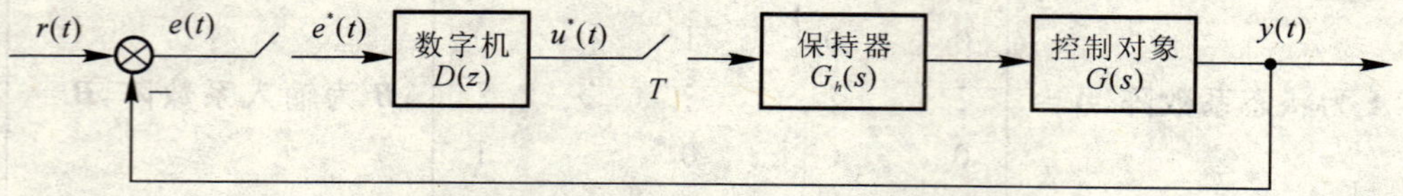

图 5.1　计算机控制系统混合模型

5.1.2　非线性系统的数学模型形式

所有系统都具有一定程度的非线性。非线性可分固有(自然)非线性和外加(人为)非线性。若一个系统的工作范围较小,且包含的非线性较光滑,那么该系统可由某个线性化系统来适当逼近,而这个线性化系统的数学模型形式可用前述任何一种线性系统模型形式来描述。

具有严重非线性不可线性化的系统称为本质非线性系统,对于这类系统,就必须引进系统非线性特性的数学描述,即建立系统的非线性模型。

非线性系统的基本数学模型是非线性方程,非线性方程可以是代数方程、微分方程和差分方程等,如表 5.1 所示给出这种些模型形式与非线性系统类型的一般关系。

除此,根据数学特性还可以把非线性分为连续非线性和断续非线性。由于断续非线性不能由线性函数局部逼近,因此又把它称为"强"非线性。这里主要有:饱和特性、间隙特性、不灵敏区特性、继电特性、干摩擦或黏性摩擦特性、变增益特性、多变量非线性等。这些特性通常可用相应的描述函数 $N(A)$ 来描述(见表 5.2)。

表 5.1　非线性系统类型与方程形式的关系

方程形式 \ 系统类型		非线性系统类型
非线性方程形式	代数方程	具有静态非线性特性的系统
	常微分方程	集中参数的非线性系统
	偏微分方程	分布参数的非线性系统
	差分方程	非线性离散时间系统

表 5.2　常见非线性描述函数 $N(A)$

断续非线性特性		描述函数 $N(A)$
饱和特性	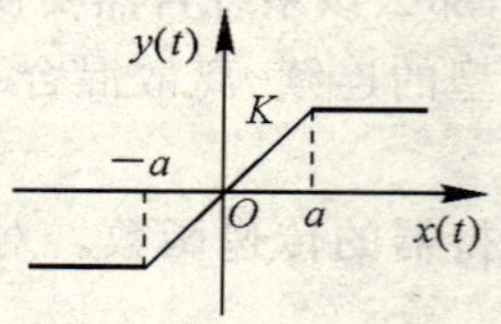	$N=\frac{2K}{\pi}\left[\arcsin\left(\frac{a}{x}\right)+\frac{a}{x}\sqrt{1-\left(\frac{a}{x}\right)^{2}}\right]$

续 表

断续非线性特性		描述函数 $N(A)$
死区特性	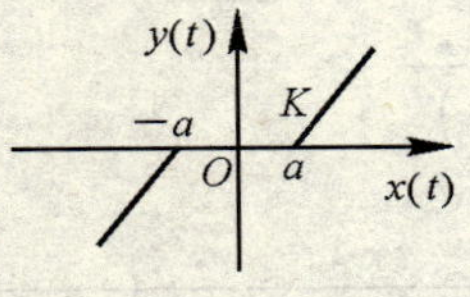	$N = K - \frac{2K}{\pi}\left[\arcsin\left(\frac{a}{x}\right) + \frac{a}{x}\sqrt{1-\left(\frac{a}{x}\right)^2}\right]$ 注意：当 $x < a$ 时，输出为 0，则 $N = 0$
黏性摩擦特性	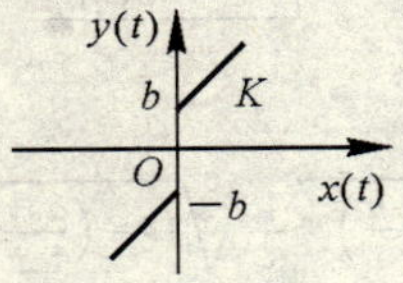	$N = K + \frac{4b}{\pi x}$
变增益特性	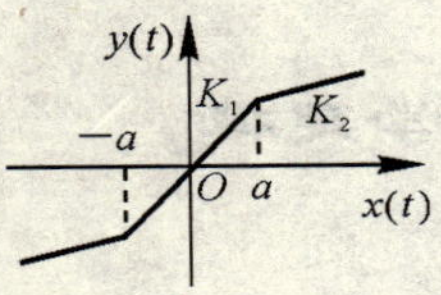	$N = K_2 + \frac{2(K_1 - K_2)}{\pi}\left[\arcsin\left(\frac{a}{x}\right) + \frac{a}{x} \times \sqrt{1-\left(\frac{a}{x}\right)^2}\right]$ $(x \geqslant a)$
理想继电特性	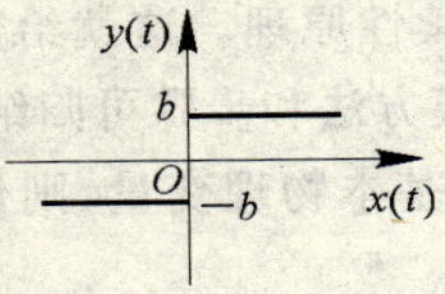	$N = \frac{4b}{\pi x}$
组合非线性特性	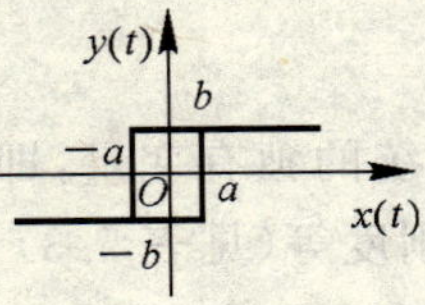	$N = \frac{4b}{\pi x}\sqrt{-\arcsin\left(\frac{a}{x}\right)}$
组合非线性特性	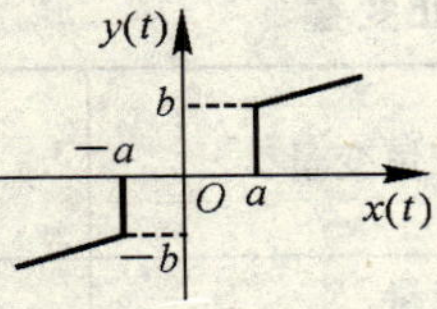	$N = k - \frac{2k}{\pi}\arcsin\left(\frac{a}{x}\right) + \frac{(4-2k)a}{\pi x} \times \sqrt{1-\left(\frac{a}{x}\right)^2}$ $(x \geqslant a)$
	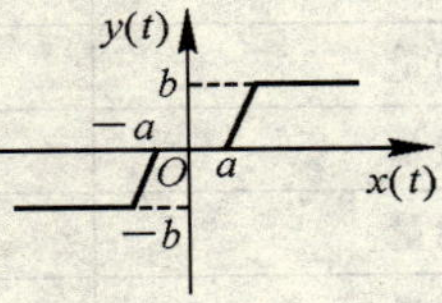	$N = \frac{4k}{\pi x}\left\{\frac{x}{2}\left[(\alpha_1 - \alpha_2) - \frac{1}{4}(\sin 2\alpha_2 - \sin 2\alpha_1)\right] + a(\cos\alpha_2 - \cos\alpha_1) - b\cos\alpha_2\right\}$ 其中，$\alpha_1 = \arcsin\left(\frac{a}{x}\right)$，$\alpha_2 = \arcsin\left(\frac{a + b/k}{x}\right)$

续 表

	断续非线性特性	描述函数 $N(A)$
组合非线性特性	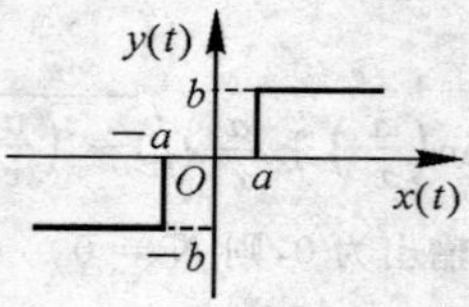	$N=\frac{4b}{\pi x}\sqrt{1-\left(\frac{a}{x}\right)^2}$
	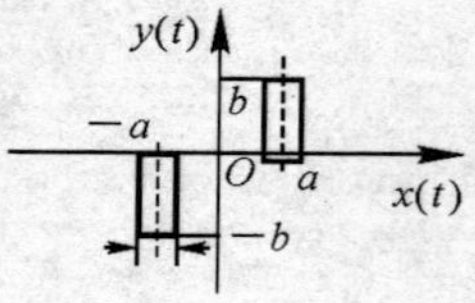	$N=\sqrt{\left(\frac{a_1}{x}\right)^2+\left(\frac{b_1}{x}\right)^2}\Big/\arctan\left(\frac{a_1}{b_1}\right)$ 其中，$a_1=-\frac{4hb}{\pi x}$ $b_1=\frac{2b}{\pi}\left[\sqrt{1-\left(\frac{a-h}{x}\right)^2}+\sqrt{1-\left(\frac{a+b}{x}\right)^2}\right]$

5.2 连续物理系统数学建模

5.2.1 物理系统的规范化建模方法

物理系统大都是连续系统。各类物理系统在信息传递规律上一般是相似的，它们都遵守基本的守恒原理（质量守恒、能量守恒和动量守恒等）和连续性原理。这就给数学建模带来了极大方便，并提供了规范化的建模方法。这种规范化的建模方法和步骤可归纳如下。

(1) 确定系统基本物理变量。设 x 代表该物理系统的基本物理变量，则任意时刻守恒原理可表述成下列模式

$$\sum(x\text{ 在系统内的净变化率})=\sum(x\text{ 流入系统的速率})-\sum(x\text{ 流出系统的速率})$$

式中，$\sum$ 为 x 各分量之代数和。

(2) 选择独立的特征变量。特征变量是指一类物理系统的独有变量，即上述基本物理变量在特定物理系统下的表征，如电流、电压、质量、作用力、刚度等（见表 5.3）。通常，基本物理量需要用一个或多个特征变量来表示。如能量可以用电流和电压来表示。

表 5.3 部分物理系统的特征变量

物理系统	特征变量		基本守恒变量	功率对偶
	纵向的	横向的		
电气的	电流 i	电压 e	能量	$i\cdot e$
机横的（直线）	作用力 f	速度 ν	动量	$f\cdot\nu$
横械的（旋转）	扭力矩 T	角速度 ω	动量	$t\cdot\omega$
流体的	流量 Q	压力 p	质量	$Q\cdot p$
热力的	热流量 Q	温度 T	能量	$Q\cdot T$
化学的	质量流 Q	浓度 C	质量	$Q\cdot C$
结构的	形变 Δ	负载 R	能量	$\Delta\cdot R$

(3) 推导数学模型。推导是以(1),(2) 为基础进行的。

例 5.1　设一简单电路系统如图 5.2 所示。试建立该物理系统的数学模型。

解　1) 该电路系统的基本变量显然是能量 E。

2) 选择特征变量有两个,即电流 i 和电压 e_s。

3) 分析知,能量的变化速度$=ie_s$,这是注入系统的功率,即$\frac{\mathrm{d}E_i}{\mathrm{d}t}=e_s\cdot i$;另外,储存在电容 C 中的电场能量为 $E_C=\frac{1}{2}Ce_s^2$;单位时间内电阻 R 的消耗功率是 $\frac{\mathrm{d}E_R}{\mathrm{d}t}=i_R^2\cdot R=\frac{e_a^2}{R}$。于是,根据电路中能量守恒规律有

$$\frac{\mathrm{d}E_i}{\mathrm{d}t}=\frac{\mathrm{d}E_C}{\mathrm{d}t}+\frac{\mathrm{d}E_R}{\mathrm{d}t}$$

又 $q=Ce$,$\frac{\mathrm{d}q}{\mathrm{d}t}=i_C=C\frac{\mathrm{d}e_s}{\mathrm{d}t}$,故可得

$$i=C\frac{\mathrm{d}e_s}{\mathrm{d}t}+\frac{e_s}{R}$$

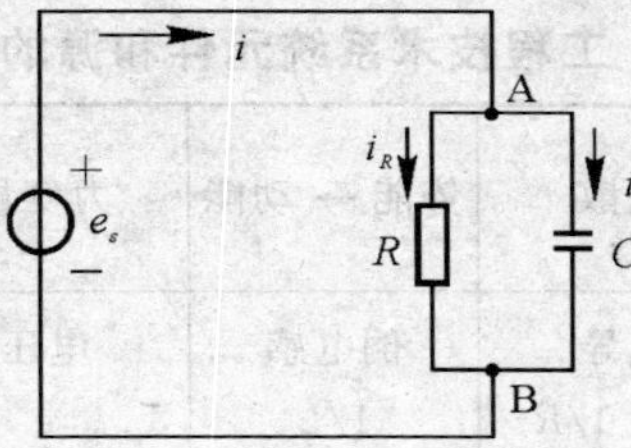

图 5.2　$e-R-C$ 电路系统

这就是按照上述物理系统规范化建模方法得到的该电路系统的数学模型。不难看出,它是节点 A 的克希霍夫电流方程式。可见,这种规范化建模方法同前机理分析法建模的结果是一致的。

5.2.2　物理系统的数学模型通式

连续物理系统所涉及的工程技术领域大部分是电子的、机械的、液体的、气动、热力的和结构等物理分支学科。由上述,这些学科的系统模型一般可用一个微分-积分方程式来描述:

$$A\frac{\mathrm{d}w}{\mathrm{d}t}+Bw+C\int_{t_0}^{t}w\mathrm{d}t=E$$

这就是连续物理系统的数学模型通用模式,简称“通式”。

对此通式可作如下说明:

(1) 通式中的系数 A,B,C 为确定系统响应特性的常系数,它构成了系统的传输集。其中,系数 A 是容性的,如电容、质量惯性等,通过这类元件的流是超前于源的;系数 B 为耗散的,如电阻和阻尼惯性等,通过这类元件的流与源是同相位的;系数 C 为感性的,如电感和柔性惯性等,通过这些元件的流相位滞后于源。

(2) 通式中的 w 和 E 分别为系统的输入与输出集合,这两个重要参数确定了通过系统的功率流。

(3) 上述 A,B,C,w 及 E 可以是单变量,也可以为一个矩阵或列向量。

(4) 借助此通式可方便地建立比较复杂物理系统的数学模型。

(5) 典型工程技术学科中的微分-积分方程式如下：

1) 电气的：$C\dfrac{\mathrm{d}e}{\mathrm{d}t}+\dfrac{e}{R}+\dfrac{1}{L}\int_0^t e\mathrm{d}t=i$；

2) 机械的：

对于直线运动有 $$M\frac{\mathrm{d}v}{\mathrm{d}t}Dv+K\int_{t_0}^t u\mathrm{d}t=f$$

对于旋转运动有 $$J\frac{\mathrm{d}w}{\mathrm{d}t}+Dw+K\int_{t_0}^t w\mathrm{d}t=T$$

3) 流体的：$\sigma\dfrac{\mathrm{d}p}{\mathrm{d}t}+\mu p+\lambda\int_{t_0}^t p\mathrm{d}t=Q$；

4) 热力的：$\psi\dfrac{\mathrm{d}\theta}{\mathrm{d}t}+r\theta=\varphi$；

5) 结构的：$K^{-1}\dfrac{\mathrm{d}R}{\mathrm{d}t}+D^{-1}R+M^{-1}\int_{t_0}^t R\mathrm{d}t=\Delta$。

如表 5.4 所示给出了上述 6 个工程技术学科的所有分支元件和源的一览表。

表 5.4 工程技术系统元件和源的一览表

元件源 / 学科	动能 → 势能	耗散	势能 → 动能	力变量	流变量
电气的	电容 C	电导 $G=1/R$	倒电感 $1/L$	电压 e	电流(电荷通量) $i=\mathrm{d}q/\mathrm{d}t$
机械的(直线)	质量 M	阻尼 D	刚性 K	速度 v	力(线性冲量通量) $F=\mathrm{d}q/\mathrm{d}t$
机械的(旋转)	转动惯量 J	阻尼 D	刚性 K	角速度 ω	转矩(角动量通量) $T=\mathrm{d}H/\mathrm{d}t$
流体的	容性 σ	传导性 μ	倒容性 λ	压力 p	流体流(容积通量) $Q=\mathrm{d}V/\mathrm{d}t$
结构的	挠性 K^{-1}	阻尼 D^{-1}	迁移率 M^{-1}	负荷 R	应力流(形变通量) $\Delta=\mathrm{d}\delta/\mathrm{d}t$
热力的	热容 φ	导热性 r		温度	熵流(熵通量) $\varphi=\mathrm{d}s/\mathrm{d}t$

5.2.3 应用实例

例 5.2 有一三自由度机械振动系统如图 5.3(a) 所示，试建立该系统的数学模型。

解 为方便起见，可首先将原系统(a) 等效为三节点网络(见图 5.3(b))。然后对照上述连续系统数学模型通式，可写出三节点网络方程组如下

$$\begin{cases} M_1 \dfrac{d}{dt}(V_1 - 0) + D_1(V_1 - V_2) + K_1\displaystyle\int_{t_0}^{t}(V_1 - V_2)dt = F \\ M_2 \dfrac{d}{dt}(V_2 - 0) + D_1(V_2 - V_1) + D_2(V_2 - V_3) + K_1\displaystyle\int_{t_0}^{t}(V_2 - V_1)dt + K_2\displaystyle\int_{t_0}^{t}(V_2 - V_3)dt = 0 \\ M_3 \dfrac{d}{dt}(V_3 - 0) + D_2(V_3 - V_2) + D_2(V_3 - 0) + K_2\displaystyle\int_{t_0}^{t}(V_3 - V_2)dt + K_3\displaystyle\int_{t_0}^{t}(V_3 - 0)dt = 0 \end{cases}$$

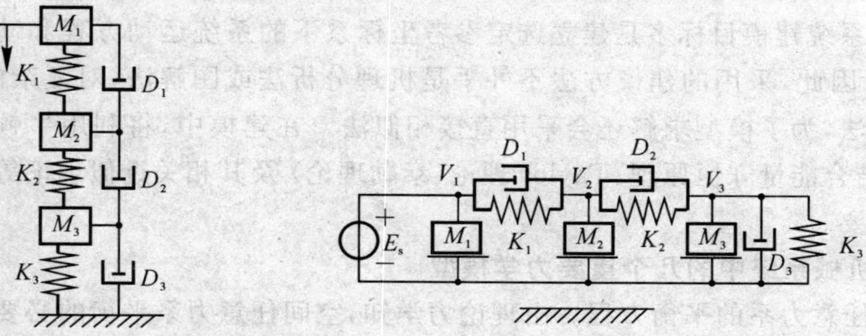

(a)　　　　　　　　(b)

图 5.3　三自由度机械振动系统

将上面方程组的 M_i 量值归一化处理，得到标准形式

$$\begin{cases} \dfrac{dV_1}{dt} + \dfrac{D_1}{M_1}(V_1 - V_2) + \dfrac{K_1}{M_1}\displaystyle\int_{t_0}^{t}(V_1 - V_2)dt = F/M_1 \\ \dfrac{dV_2}{dt} + \dfrac{D_1}{M_2}(V_2 - V_1) + \dfrac{D_2}{M_2}(V_2 - V_3) + \dfrac{K_1}{M_2}\displaystyle\int_{t_0}^{t}(V_2 - V_1)dt + \dfrac{K_2}{M_2}\displaystyle\int_{t_0}^{t}(V_2 - V_3)dt = 0 \\ \dfrac{dV_3}{dt} + \dfrac{D_2}{M_3}(V_3 - V_2) + \dfrac{D_3}{M_3}(V_3) + \dfrac{K_2}{M_3}\displaystyle\int_{t_0}^{t}(V_3 - V_2)dt + \dfrac{K_3}{M_3}\displaystyle\int_{t_0}^{t}V_3 dt = 0 \end{cases}$$

相应的矩阵形式为

$$\boldsymbol{M}\frac{d\boldsymbol{V}}{dt} + \boldsymbol{D}\boldsymbol{V} + \boldsymbol{K}\int_{t_0}^{t}\boldsymbol{V}dt = \boldsymbol{F}$$

式中，$\boldsymbol{M} = \begin{bmatrix} 1 & 0 & 0 \\ 0 & 1 & 0 \\ 0 & 0 & 1 \end{bmatrix}$，$\boldsymbol{D} = \begin{bmatrix} D_1/M_1 & -D_1/M_1 & 0 \\ -D_1/M_1 & (D_1 + D_2)/M_2 & -D_2/M_2 \\ 0 & -D_2/M_3 & (D_2 + D_3)/M_3 \end{bmatrix}$

$$\boldsymbol{K} = \begin{bmatrix} K_1/M_1 & -K_1/M_1 & 0 \\ -K_1/M_2 & (K_1 + K_2)/M_2 & -K_2/M_2 \\ 0 & -K_2/M_3 & (K_2 + K_3)/M_3 \end{bmatrix}$$

$\boldsymbol{V} = \begin{bmatrix} V_1 \\ V_2 \\ V_3 \end{bmatrix}$，　$\boldsymbol{F} = \begin{bmatrix} F/M_1 \\ 0 \\ 0 \end{bmatrix}$。

5.3 机械系统的数学建模

5.3.1 引言

机械系统遍及工程技术和社会各个领域,除机械设备与装置外,还是构成其他复杂系统的基础和基本环节,如控制系统的执行机构、飞机舵面传动装置、导弹发射架、飞行模拟器的运动平台等。这类系统建模目标多是建立选定参考坐标系下的系统运动方程和动力学方程,属于"白盒"问题。因此,采用的建模方法不外乎是机理分析法或图解法,对复杂的机械系统还可能应用辨识方法,为了模型求解还会采用直接相似法。在建模中,将利用牛顿力学定律、拉格朗日方程,并结合能量守恒原理、Taylor 理论(泰勒理论)及其相关近似理论等,拉格朗日方程的应用尤其重要。

5.3.2 机械系统中的几个重要力学模型

(1) 空间任意力系的平衡方程。由理论力学知,空间任意力系平衡的必要与充分条件是:力系中所有各力在 3 个坐标轴中每一个轴上的投影的代数和分别等于零,同时这些力对于这些轴矩的代数和也分别等于零。其数学表达式为

$$\left.\begin{array}{l}\sum F_x=0, \quad \sum F_y=0, \quad \sum F_z=0 \\ \sum m_{ax}(F)=0, \quad \sum m_{ay}(F)=0, \quad \sum m_{az}(F)=0\end{array}\right\} \tag{5.9}$$

(2) 牛顿第二定律数学表达式。由牛顿第二定律告诉知,物体受外力作用时,所获得的加速度大小与合力大小成正比,而与物体的质量成反比,加速度的方向与合外力的方向相同。其数学表达式为

$$\sum F=ma=\frac{\mathrm{d}^2 s}{\mathrm{d}t^2} \tag{5.10}$$

在直角坐标系下有

$$\left.\begin{array}{l}\sum F_x=m\dfrac{\mathrm{d}^2 x}{\mathrm{d}t^2} \\ \sum F_Y=m\dfrac{\mathrm{d}^2 y}{\mathrm{d}t^2} \\ \sum F_z=m\dfrac{\mathrm{d}^2 z}{\mathrm{d}t^2}\end{array}\right\} \tag{5.11}$$

在极坐标系中有

$$\left.\begin{array}{l}F_r=m(\ddot{r}+r\dot{\theta}) \\ F_\theta=m(r\ddot{\theta}+2r\theta)\end{array}\right\} \tag{5.12}$$

另外,在 p 个质点的力学系统中,若以 $q_1, q_2, \cdots, q_{3p}$ 标记它的广义坐标,显然它与惯性坐标 $X_i, Y_i, Z_i (1 \leqslant i \leqslant p)$ 的关系为

$$X_i=X_i(q_1,\ q_2,\ \cdots,\ q_{3p},\ t) \tag{5.13}$$

如果有 $3p-n$ 个约束,这时还可写出它的约束方程

$$C_i(q_1,\ q_2,\ \cdots,\ q_{3p},\ t)=0, \quad 1 \leqslant i \leqslant 3p-n \tag{5.14}$$

(3) 质点运动的功和能的数学描述。设力 F 作用于 a 至 b 连接路径中运动的质点 m 上,那么 F 所做的功可一般描述为

$$W=\int_a^b F\mathrm{d}s=\int_a^b (F_x \mathrm{d}x+F_y \mathrm{d}y+F_z \mathrm{d}z) \tag{5.15}$$

在惯性坐标系下有

$$W=\int_a^b m(\dot{x}\mathrm{d}\dot{x}+\dot{y}\mathrm{d}\dot{y}+\dot{z}\mathrm{d}\dot{z})=\frac{m}{2}(\dot{X}^2+\dot{Y}^2+\dot{Z}^2)\Big|_a^b \tag{5.16}$$

若质点 m 在 a 处速度为零，则有

$$T=W=\frac{1}{2}mv_b^2 \tag{5.17}$$

式中，v_b 为质点 m 在 b 处的速度。这时 T 称为质点 m 的动能。

(4) 拉格朗日方程。在假定质点位移前提下，求解使每个质点沿轨迹运动的牛顿方程时，可得到下列两种形式的拉格朗日方程，即

$$\frac{\mathrm{d}}{\mathrm{d}t}\left(\frac{\partial T}{\partial \dot{q}_j}\right)-\frac{\partial T}{\partial q_j}=F_{qj},\quad 1\leqslant j\leqslant n \tag{5.18}$$

式(5.18)中，F_{qj} 为对于广义坐标 q_j 的广义力；$F_{qj}\overset{\text{dif}}{=}\sum_{i=1}^{p}\left(F_{x_i}\frac{\partial x_i}{\partial q_j}+F_{y_i}\frac{\partial y_i}{\partial q_j}+F_{z_i}\frac{\partial z_i}{\partial q_j}\right)$，$T$ 为动能。

和

$$\frac{\mathrm{d}}{\mathrm{d}t}\left(\frac{\partial L}{\partial \dot{q}_j}\right)-\frac{\partial L}{\partial q_j}=F_{q_j}^d \tag{5.19}$$

式(5.19)中，L 为拉格朗日函数，$L=T-V$；V 为势能；$F_{q_j}^d$ 为广义坐标 q_j 下的消散力。最典型的消散力是摩擦力和黏性阻力。

(5) 刚体运动的拉格朗日方程。设有一自由运动刚体如图 5.4 所示，作平动和转动的复合运动。这时，该刚体中的某单元 $\mathrm{d}\mu$ 的惯性速度为

$$v=v_0+\omega\wedge r$$

式中，v_0 为刚体中任意固定点 O 相对于惯性轴系的速度；ω 为刚体角速度。

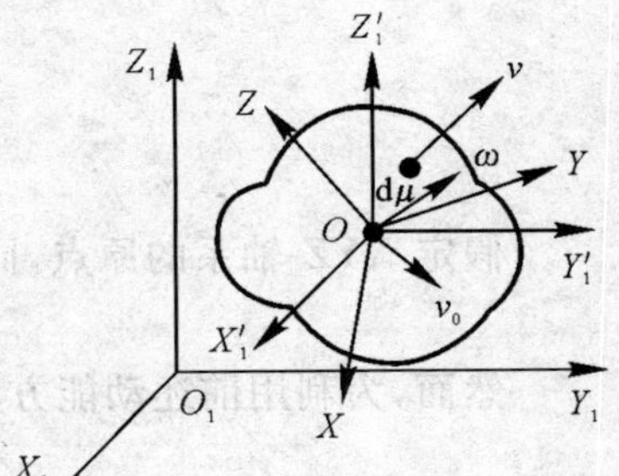

图 5.4　自由运动刚体

在以 O 为原点的机体坐标系下有

$$\begin{cases}v_x=v_{0x}+\omega_y z-\omega_z y\\ v_y=v_{0y}+\omega_z x-\omega_x z\\ v_z=v_{0z}+\omega_x y-\omega_y x\end{cases}$$

于是，刚体动能为

$$T=\frac{1}{2}\int_m (v_x^2+v_y^2+v_z^2)\mathrm{d}\mu$$

将 v_x，v_y，v_z 代入上式有

$$T=\frac{1}{2}mv_0^2+\frac{1}{2}[I_x\omega_x^2+I_y\omega_y^2+I_z\omega_z^2-2I_{xy}\omega_x\omega_y-2I_{xz}\omega_x\omega_z-2I_{yz}\omega_y\omega_z]+$$
$$m[v_{0x}(\omega_y\bar{Z}-\omega_z\bar{Y})]+v_{0y}(\omega_z\bar{X}-\omega_x\bar{Z})+v_{0z}(\omega_x\bar{Y}-\omega_y\bar{X}) \tag{5.20}$$

式中，$\bar{X}$，$\bar{Y}$，$\bar{Z}$ 为质心坐标；I_x，I_y，I_z 和 I_{xy}，I_{xz}，I_{yz} 分别是刚体的惯性矩和惯性积。

类似质点运动情况，可找到 XYZ 坐标系下的广义力，并容易地得到刚体运动的拉格朗日方程。

当研究飞机、导弹、弹丸、卫星、宇宙飞船、汽车、火车、坦克、舰船和水雷等物体的运动学和动力学问题时，通常可以忽略运动中的形变而将其当做刚体系统处理。为使用方便，刚体运动

一般可以表示成惯性轴与固定轴系关系的欧拉角(ψ,θ,φ)形式。这时,OX,OY,OZ 轴系对于 OX_I,OY_I 和 OZ_I 的方向余弦为

$$
\begin{array}{c} \\ OX_1 \\ \\ OY_1 \\ \\ OZ_1 \end{array}
\begin{array}{c}
\begin{array}{ccc} OX & OY & OZ \end{array} \\
\left[\begin{array}{ccc}
\left(\begin{array}{c}\cos\varphi\cos\psi \\ -\sin\varphi\sin\psi\cos\theta\end{array}\right) & \left(\begin{array}{c}-\sin\varphi\cos\psi \\ -\cos\varphi\sin\psi\cos\theta\end{array}\right) & \sin\theta\sin\psi \\
OY_I & \left(\begin{array}{c}\cos\varphi\cos\psi \\ +\sin\varphi\sin\psi\cos\theta\end{array}\right) & \left(\begin{array}{c}-\sin\varphi\cos\psi \\ +\cos\varphi\sin\psi\cos\theta\end{array}\right) \\
OZ_I & \sin\theta\sin\varphi & \sin\theta\sin\varphi
\end{array}\right.
\end{array}
\tag{5.21}
$$

如图 5.5 所示给出了上述欧拉角的定义。

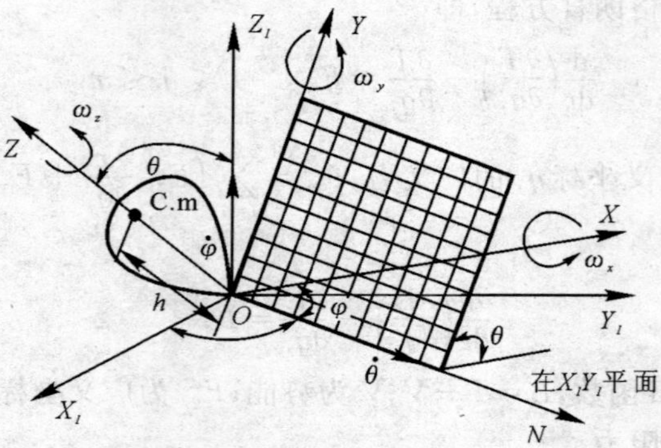

图 5.5 欧拉角 ψ,θ,φ 的定义

于是,在 XYZ 轴系下的刚体角速度分量为

$$
\left.\begin{array}{l}
\omega_x=\dot{\psi}\sin\theta\sin\varphi+\dot{\theta}\cos\varphi \\
\omega_y=\dot{\psi}\sin\theta\cos\varphi+\dot{\theta}\sin\varphi \\
\omega_z=\dot{\varphi}+\dot{\psi}\cos\theta
\end{array}\right\}
\tag{5.22}
$$

假定 XYZ 轴系的原点,同时在惯性轴系($X_IY_IZ_IO_I$)任意平动,这时有

$$v_o=(I^2+I^2+I^2)$$

然而,为利用前述动能方程,须将 v_o 转换至 $XYZO$ 轴系中。显然

$$v_o=\boldsymbol{E}^{\mathrm{T}}\ (\dot{x}_I,\dot{y}_I,\dot{z}_I)^{\mathrm{T}}$$

式中,E 为上述方向余弦矩阵(式(5.21))。

这时,广义力为

$$
\left.\begin{array}{l}
F_\theta=T_x\cos\varphi-T_y\sin\varphi \\
F_\varphi=T_z \\
F_\psi=T_x\sin\theta\sin\varphi+T_y\sin\theta\cos\varphi+T_z\cos\theta
\end{array}\right\}
\tag{5.23}
$$

(6) 刚体运动的欧拉方程。假定如图 5.4 所示的 XYZ 轴系相对于惯性轴系($X_IY_IZ_I$)以角速度 ω 转动,且质点 $\mathrm{d}\mu$ 相对此惯性轴系以任意加速度 $a_I=(a_{x_I},a_{y_I},a_{z_I})$ 运动。若以 $\boldsymbol{E}$ 表示式(5.21)矩阵,则有

$$a_I=\boldsymbol{E}^{\mathrm{T}}\ (\ddot{x}_I\ddot{y}_I\ddot{z}_I)^{\mathrm{T}}=\boldsymbol{E}^{\mathrm{T}}\ddot{r}_I$$

且有
$$r_I=r_{o_I}+E_r$$

由此
$$\ddot{r}_I=\ddot{r}_{o_I}+\ddot{E}r+E\ddot{r}+2\dot{E}\dot{r}$$

于是，利用式(5.21)和(5.22)可得

$$a_I = \ddot{r}_0 + a + 2\omega \wedge v + \dot{\omega} \wedge r + \omega \wedge (\omega \wedge r) \tag{5.24}$$

当刚体中质点 $d\mu$ 与 XYZ 轴系固结时，上式可简化成

$$\left.\begin{aligned} a_{x_I} &= a_{o_x} - x(\omega_y^2 + \omega_z^2) + y(\omega_y\omega_x - \dot{\omega}_z) + z(\omega_x\omega_z + \dot{\omega}_y) \\ a_{y_I} &= a_{o_y} - x(\omega_x\omega_y + z) + y(\omega_y^2 + \omega_z^2) + z(\omega_y\omega_z + \dot{\omega}_x) \\ a_{z_I} &= a_{o_z} - x(\omega_x\omega_z + y) + y(\omega_y\omega_x + z) - z(\omega_x^2 + \omega_y^2) \end{aligned}\right\} \tag{5.25}$$

式中，$a_{x_I}, a_{y_I}, a_{z_I}$ 为 a_I 在 XYZ 轴系下的分量。

若以 f_I 表示作用于刚体上外力所引起的单位体积力，这时有

$$d\mu a_I = f_I dv$$

当将 f_I 分解为沿 XYZ 轴系中各轴分量后得

$$\int_{\mu_0}^{\mu} (a_{z_I} y + a_{y_I} z) d\mu = \int_{v_0}^{v} (f_{z_I} y - f_{y_I} z) dv = T_x$$

这里，T_x 为对于 x 轴的力矩。同样可写出 T_y 和 T_z。从而有

$$\left.\begin{aligned} & m(a_{O_z}\bar{y} - a_{O_y}\bar{z}) + I_x\dot{\omega}_x + (I_z - I_y)\omega_y\omega_z + I_{xy}(\omega_x\omega_z - \dot{\omega}_y) - \\ & I_{xz}(\omega_x\omega_y + \dot{\omega}_z) + I_{yz}(\omega_z^2 - \omega_y^2) = T_x \\ & m(a_{O_x}\bar{z} - a_{O_z}\bar{x}) + I_y\dot{\omega}_y + (I_x - I_z)\omega_x\omega_z + I_{yz}(\omega_y\omega_x - \dot{\omega}_z) - \\ & I_{xy}(\omega_y\omega_z + \dot{\omega}_x) + I_{xz}(\omega_x^2 - \omega_z^2) = T_y \\ & m(a_{O_y}\bar{x} - a_{O_x}\bar{y}) + I_z\dot{\omega}_z + (I_y - I_x)\omega_x\omega_y + I_{xz}(\omega_y\omega_z - \dot{\omega}_x) - \\ & I_{yz}(\omega_x\omega_z + \dot{\omega}_y) + I_{xy}(\omega_y^2 - \omega_x^2) = T_z \end{aligned}\right\} \tag{5.26}$$

式中，$\bar{x}, \bar{y}, \bar{z}$ 为对于 XYZ 轴系的质心坐标。

值得指出，上述方程中的外力包括约束力，这样应用拉格朗日方法较困难。为此，可将质心设的原点 O 处。这样，方程可大大简化

$$\left.\begin{aligned} I_x^p\dot{\omega}_x + (I_z^p - I_y^p)\omega_y\omega_z &= T_x \\ I_y^p\dot{\omega}_y + (I_x^p - I_z^p)\omega_x\omega_z &= T_y \\ I_z^p\dot{\omega}_z + (I_y^p - I_x^p)\omega_x\omega_y &= T_z \end{aligned}\right\} \tag{5.27}$$

如果质点 $d\mu$ 上作用有单位体积力 f，那么有

$$d\mu \ddot{r}_I = f dv$$

和

$$\int_{\mu_0}^{\mu} \ddot{r}_I d\mu = f dv = F$$

式中，F 为作用于刚体上的合力。

这样

$$m\ddot{\tilde{r}}_I = F$$

式中，$\tilde{r}_I$ 为惯性坐标系下的质心。

因此有

$$m\tilde{a} = F \tag{5.28}$$

这里，$\tilde{a}$ 为质心加速度。

方程式(5.27)和(5.28)构成了著名的六自由度刚体运动的欧拉方程，成为研究飞机、导弹、火箭、飞船等空间运动的基础。

5.3.3　应用实例

例 5.3　有一质量-弹簧-阻尼系统如图 5.6 所示，试建立机械系统的数学模型。

解　选择 Y_1, Y_2 为广义坐标，其系统动能和势能分别为

$$T=\frac{1}{2}M_1\dot{y}_1^2+\frac{1}{2}M_2\dot{y}_2^2,\quad V=\frac{1}{2}k_1y_1^2+\frac{1}{2}k_2(y_2-y_1)^2$$

广义力为

$$F_{y1}=-f_1\dot{y}_1+f_2(\dot{y}_2-1^2)$$
$$F_{y2}=f_2(\dot{y}_2-\dot{y}_1)+F$$

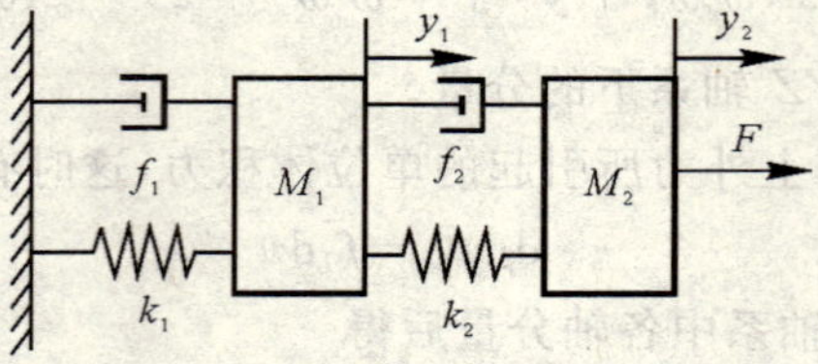

图 5.6　质量-弹簧-阻尼系统

由上述拉格朗日方程式(5.18)和(5.19)可直接写出该机械系统的数学模型

$$\begin{cases}M_1\ddot{y}_1+k_1y_1-y_2(y_2-y_1)=-f_1\dot{y}_1+f_2(y_2-y_1)\\ M_2\ddot{y}_2+k_2(y_2-y_1)=F-f_2(\dot{y}_2-\dot{y}_1)\end{cases}$$

例 5.4　试建立飞行器(飞机、导弹)的机体运动数学模型。

解　由于飞行器体运动规律基本相同，故这里以飞机机体为例。在不计弹性影响情况下，飞机机体运动可视为六自由度刚体运动。因此，可根据式(5.26)和式(5.28)写出机体六自由运动方程

$$\left.\begin{aligned}&M(\dot{u}+\omega_y w+\omega_z v)=f_x\\&M(\dot{v}+\omega_z u-\omega_x w)=f_y\\&M(\dot{w}+\omega_x v-\omega_y u)=f_z\\&I_x\dot{\omega}_x+(I_z-I_y)\omega_y\omega_z-I_{xz}(\omega_x\omega_y+\dot{\omega}_z)=T_x\\&I_y\dot{\omega}_y+(I_z-I_y)\omega_x\omega_z-I_{xz}(\omega_x^2-\omega_z^2)=T_y\\&I_z\dot{\omega}_z+(I_y-I_x)\omega_x\omega_y-I_{xz}(\omega_y\omega_z-\dot{\omega}_x)=T_z\end{aligned}\right\}\tag{5.29}$$

式中，u, v, w 为质心相对于 XYZ 轴系的惯性空间速度分量；这里，力和力矩由重力、推力及空气动力产生。重力沿 X, Y, Z 轴的分量分别为 $-mg\sin\theta\sin\varphi$，$-mg\sin\theta\cos\varphi$，$-mg\cos\theta$；推力通常沿 X 和 Z 轴，分别为 P_x 和 P_y，且绕质心的俯仰力矩为 Tp_0，空气动力包括升力 L 和阻尼 D。对于机体轴系的分量为

$$\left.\begin{aligned}&f_x^a=-L\sin\alpha+D\cos\beta\cos\alpha\\&f_y^a=D\sin\beta\\&f_z^a=L\cos\alpha+D\cos\beta\sin\alpha\end{aligned}\right\}\tag{5.30}$$

机翼和诸舵面(如平尾、副翼、襟翼、方向舵等)产生的气动力可写成如下形式

$$F=C_F\frac{1}{2}\rho v^2A\tag{5.31}$$

式中，C_F 为无量纲系数，ρ 为空气密度，v 为飞行速度，A 为舵面(或机翼)面积。

综上所述，得到的飞机六自由度运动模型，通常是一个非线性全量方程组，具体使用中需要简化，甚至可根据小扰动理论将纵向运动与横侧运动分开，从而得到一个三自由度线化

方程。

例 5.5　某行星滚动机构中有一质量为 m，半径为 r 的实心圆柱在半径为 R，质量为 M 的圆筒内无滑动地滚动。已知圆柱及圆筒对其轴心的转动惯量分别为 $1/2mr^2$，MR^2，试建立圆筒绕其轴心转动时，该系统(见图 5.7) 运动数学模型。

解　分析知，该系统为两自由度机械系统。取广义坐标分别为圆筒转角 θ 和圆柱心偏离角 φ。由于圆柱与圆筒两者无滑动滚动运动，故在接触点 A 处它们具有相同速度

$$v_A = \dot{R\theta} = (R-r)\dot{\varphi} + \omega r$$

系统动能 T 为圆柱滚动和圆筒转动所具有的动能之和

$$T = \frac{MR^2\dot{\theta}^2}{2} + \frac{1}{2}m\,(R-r)^2\dot{\varphi}^2 + \frac{1}{4}mr^2\omega^2 =$$

$$\frac{MR^2\dot{\theta}^2}{2} + \frac{1}{2}m\,(R-r)^2\dot{\varphi}^2 + \frac{m}{4}[(R-r)\dot{\varphi} - R\dot{\theta}]^2$$

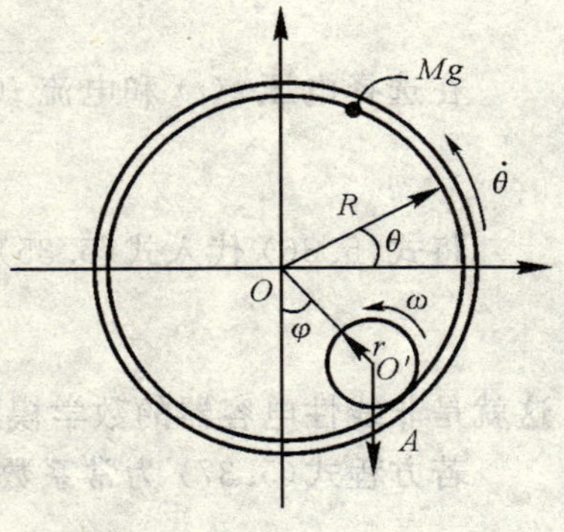

图 5.7　行星滚动机构

系统主动力为重力，它是有势力，圆筒的位能等于零，则系统的位能为

$$V = -mg(R-r)\cos\varphi$$

于是有拉格朗日函数

$$L = T - V = \frac{MR^2\dot{\theta}^2}{2} + \frac{1}{2}m\,(R-r)^2\dot{\varphi}^2 + \frac{m}{4}[(R-r)\dot{\varphi} - R\dot{\theta}]^2 + mg(R-r)\cos\varphi$$

代入前述拉格朗日方程有

$$\begin{cases}(2M+m)R\ddot{\theta} - m(R-r)\ddot{\varphi} = 0\\ 3(R-r)\ddot{\varphi} + R\ddot{\theta} + 2g\sin\varphi = 0\end{cases}$$

这就是该行星滚动机构的运动数学模型。

5.4　电子(电气)系统的数学建模

5.4.1　引言

电气(电子)系统在工程技术和社会领域中占有相当重要的地位，是构成一切现代系统的必备环节。该系统问题基本属于白盒问题，其数学建模目标也自然是很明确的。为方便起见，本节首先给出主要电器元件的数学模型，在简述一些重要电路理论的基础上重点研究集总电路系统的数学建模，特别阐明拉格朗日方程和复阻抗理论在电子(电气)系统数学建模中的应用。

5.4.2　电器元件及其数学模型

构成电气(电子)系统的主要元件有电阻器、电容器、电感器等，它们的数学描述分别如下。

(1) 电阻器

$$a[e(t),\ i(t)] = 0 \tag{5.32}$$

若式(5.32)为常系数线性齐次方程，即

$$e(t) = Ri(t) \quad 或 \quad i(t) = Ge(t) \tag{5.33}$$

式中，R，G 分别表示电阻器的电阻和电导。这时，电阻器称为线性定常电阻。

若式(5.32)为变系数线性齐次方程,即

$$e(t)=R(t)i(t) \quad 或 \quad i(t)=G(t)e(t) \tag{5.34}$$

这时,电阻器 $R(t)$ 为线性时变电阻。

(2) 电容器

$$f[q(t),\ e(t)]=0 \tag{5.35}$$

在选择电压 $e(t)$ 和电流 $i(t)$ 为电路状态变量的一般情况下有

$$q(t)=q_0(t_0)+\int_{t_0}^{t} i(t)\mathrm{d}t \tag{5.36}$$

将式(5.36)代入式(5.35)可得

$$f\left[q_0(t_0)+\int_{t_0}^{t} i(t)\mathrm{d}t,\ e(t)\right]=0 \tag{5.37}$$

这就是非线性电容器的数学模型。

若方程式(5.37)为常系数线性齐次方程,即

$$q(t)=Ce(t) \quad 或 \quad i(t)=C\frac{\mathrm{d}e(t)}{\mathrm{d}t}$$

或

$$e(t)=e(t_0)+\frac{1}{C}\int_{t_0}^{t} i(t)\mathrm{d}t \tag{5.38}$$

其中,常系数 C 称为电容。而满足式(5.38)的电容器称为线性定常电容器。

若方程(5.37)为变系数线性方程,即

$$q(t)=C(t)\cdot e(t)$$

或

$$i(t)=\frac{\mathrm{d}C(t)}{\mathrm{d}t}e(t)+C(t)\frac{\mathrm{d}e(t)}{\mathrm{d}t} \tag{5.39}$$

这时,电容器为线性时变电容器。

(3) 电感器

$$g[\varphi(t), i(t)]=0 \tag{5.40}$$

由法拉第电磁感应定律知

$$\frac{\mathrm{d}\varphi(t)}{\mathrm{d}t}=e(t) \tag{5.41}$$

若方程式(5.40)是常系数线性齐次方程,即

$$\varphi(t)=Li(t) \quad 或 \quad e(t)=L\frac{\mathrm{d}i(t)}{\mathrm{d}t}$$

或

$$i(t)=i(t_0)+\frac{1}{L}\int_{t_0}^{t} e(t)\mathrm{d}t \tag{5.42}$$

式中,常数 L 称为电感。这时,电感器叫做线性定常电感器。

若方程式(5.40)是变系数线性齐次方程,即

$$\varphi(t)=L(t)i(t)$$

或

$$e(t)=L(t)\frac{\mathrm{d}i(t)}{\mathrm{d}t}+\frac{\mathrm{d}L(t)}{\mathrm{d}t}i(t) \tag{5.43}$$

则此电感器为线性时变电感器。

应指出,相对于 $R(t)$,$C(t)$ 与 $L(t)$ 是"有记忆"的。

5.4.3 集总电路系统的数学建模及实例

(1) 电路系统基本定理的数学表达式:

1）克希霍夫第一定律

$$E_j = \sum_{k=1}^{N} L_{jk} \frac{\partial i_k}{\partial t} + i_j R_j + \frac{q_j}{C_j} \tag{5.44}$$

式中，$i_j(t)=\frac{\mathrm{d}q_j}{\mathrm{d}t}$ 为第 j 条回路的电流；L_{jk} 为 j 和 k 回路间的互感；E_j 为第 j 条回路的电动势；R_j 为总电阻；C_j 为总电容；q_j 为第 j 条回路的电荷。

式(5.44)表示，任何回路的瞬时电动势等于通过该回路中诸元件的电压降。

2）克希霍夫第二定律

$$\sum_{k=1}^{N} i_k = 0 \tag{5.45}$$

式(5.45)说明了电路系统中一个节点上的电荷是守恒的，即在一个节点上的电流代数和始终为零。

3）戴维南定理

$$[Z_{\mathrm{int}}(s) + Z_L(s)] I_N(s) = E_{\infty}(s) \tag{5.46}$$

式中，$Z_{\mathrm{int}}(s)=\frac{1}{Y_{NN}}=\frac{E_{\infty}}{I_{SC}}$ 为内阻抗；$Z_L(s)=Ls+R+\frac{1}{sC}$ 为负载阻抗；Y_{NN} 为导纳。

式(5.46)说明，任何一个线性有源两面端网络 N，总可用一个电压源一串联电阻支路来代替。

4）诺顿定理。该定理是戴维南定理的孪生定理，其数学模型为

$$[Y_{\mathrm{int}}(s) + Y_L(s)] V_N(s) = I_{sc}(s) \tag{5.47}$$

式中，$Y_{\mathrm{int}}=1/Z_{\mathrm{int}}$。

（2）集总电路系统的模型建立实例。集总电路系统的数学模型建立是以上述诸定律和定理为基础，利用机理分析法进行的。

例 5.6　某无源电路系统中，回路 m 和回路 n 共同形成的支路如图5.8所示。试建立该支路元件形式下的回路 m 的数学模型。

解　根据克希霍夫第一定律，对于 m 回路有

$$\sum_{j=1}^{N} e_{mj}(t) = \sum_{j=1}^{N} u_{mj}(t)$$

这里

$$u_{mj} = L_{mj}^{s}(i_m - i_n) + R_{mm}(i_m - i_n) + \frac{1}{C_{mn}} \int_{t0}^{t} (i_m - i_n)\mathrm{d}t, \quad m \neq i$$

和

$$u_{mm} = L_m^{s} \frac{\mathrm{d}i_m}{\mathrm{d}t} + R_{mm} i_m + \frac{1}{C_{mm}} \int_{t_0}^{t} i_m \mathrm{d}t, \quad m = j$$

式中，L_{mn}^{s} 表示自感。

如果定义算子

$$Z_{kk}(t) = \sum_{\substack{\text{所有回路}n \\ \text{相邻回路}k}} \left\{ L_{kn}^{s} \frac{\partial}{\partial t} + R_{kn} + \frac{1}{C_{kn}} \int_{t_0}^{t} \mathrm{d}t \right\}$$

$$Z_{kj}(t) = -\left\{ L_{kj}^{s} \frac{\partial}{\partial t} + R_{kj} + \frac{1}{C_{kj}} \int_{t_0}^{t} \mathrm{d}t \right\}, \quad k \neq j \tag{5.48}$$

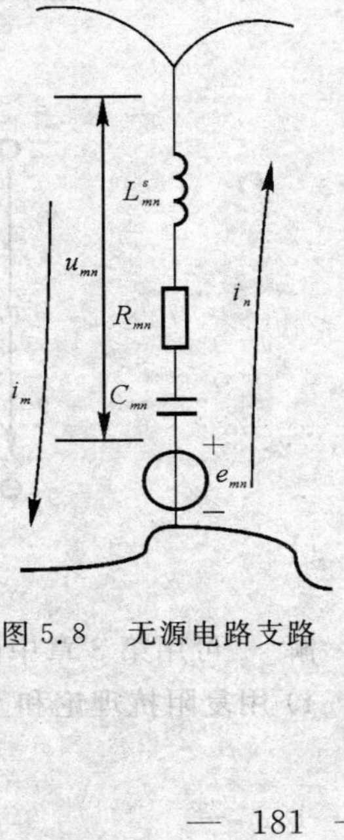

图5.8　无源电路支路

于是有
$$\sum_{n=1}^{N} e_{mn}(t) = \sum_{n=1}^{N} Z_{mn}(t) i_n(t)$$

若 e_m 是 m 回路的总电动势，则

$$\boldsymbol{e} = \boldsymbol{Z}\boldsymbol{i} \tag{5.49}$$

这里，$\boldsymbol{e}=[e_1,\cdots,e_m]^{\mathrm{T}}$，$\boldsymbol{i}=[i_1,\cdots,i_n]^{\mathrm{T}}$ 和 $\boldsymbol{Z}=[Z_{ij}]$。

此模型还可以推广到更一般电路(见图 5.9)，该电路仅有电压源和无源元件。其总支路阻抗可表示为 $Z_{ij}(s)$，这样具有一般电路模型

$$\begin{bmatrix} Z_{11}(s) & Z_{12}(s) & \cdots & Z_{1N}(s) \\ \vdots & \vdots & & \vdots \\ Z_{N1}(s) & Z_{N2}(s) & \cdots & \{Z_{NN}(s)+Z_L\} \end{bmatrix} \begin{bmatrix} I_1(s) \\ \vdots \\ I_N(s) \end{bmatrix} = \begin{bmatrix} E_1(s) \\ \vdots \\ E_N(s) \end{bmatrix} \tag{5.50}$$

式中，$Z_{ii}(s)=\sum\limits_{\text{所有}k} Z_{ik}(s)$ 及 $Z_{ij}(s)=-Z_{ij}(s)\ (i\neq j)$。

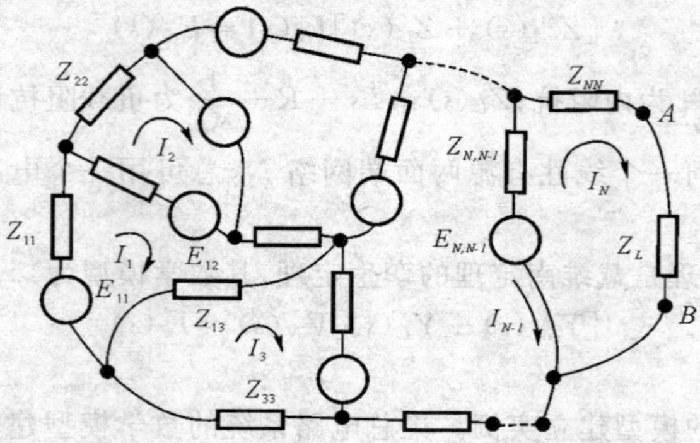

图 5.9　一般无源电路

例 5.7　已知滤波电网络如图 5.10 所示。试建立该电网络的数学模型 $G(s)=\dfrac{U_c(s)}{U_r(s)}$。

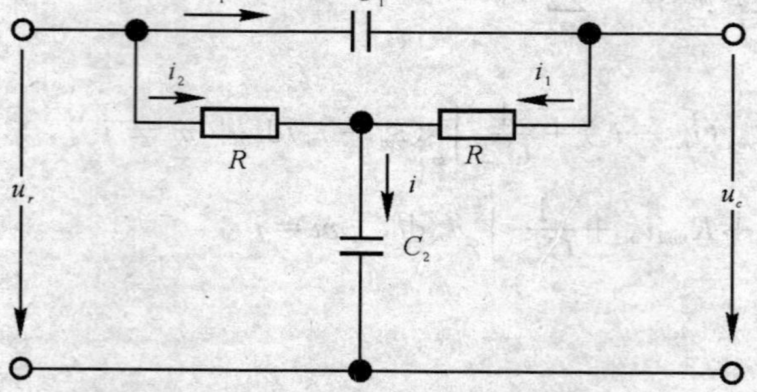

图 5.10　滤波电网络

解　可用第 3 章中的机理分析法建立该网络模型。

1) 用复阻抗理论和上述集总电路建模方法直接列写出网络各支路方程

$$
\begin{cases}
U_r(s) - U_c(s) = \dfrac{1}{C_1 S} I_1(s) \\
\dfrac{1}{C_1 s} I_1(s) = I_2(s) R - I_1(s) R \\
U_r(s) = I_1(s)\left(R + \dfrac{1}{C_1 S}\right) + I(s)\,\dfrac{1}{C_2 s} \\
U_c(s) = I_1(s) R + \dfrac{1}{C_2 s} I(s) \\
I(s) = I_1(s) + I_2(s)
\end{cases}
$$

2) 消去中间变量 $I_1(s)$，$I_2(s)$ 和 $I(s)$ 得

$$
G(s) = \frac{U_c(s)}{U_r(s)} = \frac{R^2 C_1 C_2 s^2 + 2RC_1 s + 1}{R^2 C_1 C_2 s^2 + (C_2 + 2C_1) Rs + 1}
$$

5.4.4　电子网络的广义拉格朗日方程及应用

若在电子网络中选择电荷量 Q_i 作为广义坐标，这时 $\dot{q}_i$ 和 $\ddot{Q}_i$ 将分别为广义速度和加速度。

对于电子系统(具有 S 个线圈) 的磁能可以表示成

$$
T_e = \frac{1}{2} \sum_S L_{ij} \dot{q}_i \ddot{Q}_j \tag{5.51}
$$

式中，L_{ij} 为线圈互感。

系统的势能一般是能源(电池、发电机等) 和电容上储存的电荷能量产生的。若 E 是电压源，则施加给系统的能量为 EQ(Q 为电源产生的电荷量)。这时，系统的总势能为

$$
V_e = \frac{1}{2} \sum_{i=1}^{l} \frac{Q_i^2}{C_i} - \sum_{j=1}^{m} E_i Q_j \tag{5.52}
$$

系统的广义力 F_{Q_i} 包括来自式(5.52) 中的“保守力” $-\partial V_e / \partial Q_i$ 和电阻器产生的消散力 $(FQ_i)_r$。电荷 Q_i 流过 R_i 时所做的虚功为 $-R_i \dot{Q}_i \delta Q_i$，其总虚功为

$$
\delta W = -\sum_{i=1}^{n} R_i \dot{Q}_i \delta Q_i
$$

综上所述，类似机械系统可得到单纯电子网络的拉格朗日方程

$$
\frac{\mathrm{d}}{\mathrm{d}t}\left(\frac{\partial L_t}{\partial \dot{Q}_i}\right) - \frac{\partial L_e}{\partial \dot{Q}_i} = (FQ_i)_r \tag{5.53}
$$

例 5.8　试建立如图 5.11 所示的电子网络的数学模型。

解　分析知，该系统具有两个自由度(因为 $Q_1 = Q_2 + Q_3$) 其动能为(假定线圈间存在互感，并消去 $\dot{Q}_3$)，有

$$
\begin{aligned}
T_e = \frac{1}{2} [& L_{11} \dot{Q}_1^2 + L_{22} \dot{Q}_2^2 + L_{33} (\dot{Q}_1 - \dot{Q}_2)^2 + 2L_{12} \dot{Q}_1 \dot{Q}_2 + \\
& 2L_{13} \dot{Q}_1 (\dot{Q}_1 - \dot{Q}_2) + 2L_{33} \dot{Q}_2 (\dot{Q}_1 - \dot{Q}_2)]
\end{aligned}
$$

且，显然势能为

$$
V_e = \frac{1}{2}\left[\frac{Q_1^2}{C_1} + \frac{Q^2}{C_2} + \frac{(Q_1 - Q_2)^2}{C_3}\right] - E_1 Q_1 + E_2 Q_2 + E_3 (Q_1 - Q_2)
$$

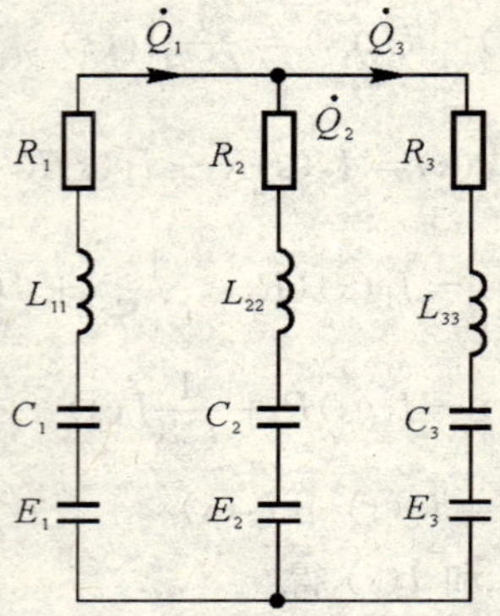

图 5.11 RLC 电子网络

消去 Q_3 后得

$$\delta W = -R_1\dot{Q}_1\delta Q_1 - R_2\dot{Q}_2\delta Q_2 - R_3\dot{Q}_3\delta Q_3 = [R_3\dot{Q}_2 - (R_1 + R_3)\dot{Q}_1]\delta Q_1 + [R_3\dot{Q}_1 - (R_2 + R_3)\dot{Q}_2]\delta Q_2$$

同时有

$$(FQ_1)_r = R_3\dot{Q}_2 - (R_1 + R_3)\dot{Q}_1,\quad (FQ_2)_r = R_3\dot{Q}_1 - (R_2 + R_3)\dot{Q}_2$$

由此,可容易得到如式(5.53)形式的数学模型

$$\frac{\mathrm{d}}{\mathrm{d}t}\left(\frac{\partial L_e}{\partial \dot{Q}_i}\right) - \frac{\partial L_e}{\partial Q_i} = (FQ_i)_r,\quad i = 1,2$$

5.5 机电系统的数学建模

5.5.1 引言

机电系统主要是由电子系统和机械系统构成的。通常,该系统的数学建模可分电子与机械两部分进行。然后按其各部分的联接状况综合。在这种系统建模中,拉格朗日方程更显得重要。对于线性机电系统宜采用传递函数、结构图或信号流图等模型形式较为合适、方便。

5.5.2 机电系统的拉格朗日方程

可以证明,机电系统的拉格朗日算子(函数)是组成该系统的单独电子系统和机械系统的拉格朗日算子之和。即

$$L = L_e + L_m = (T_e - V_e) + (T_m - V_m) \tag{5.54}$$

式中,下标“e”和“m”分别代表构成机电系统的电子系统与机械系统部分。

如果以 $Q_i(1 \leqslant i \leqslant n)$ 和 $q_j(1 \leqslant j \leqslant m)$ 表示电气(子)系统和机械系统部分的非冗余广义坐标,F_{Qi},F_{qj} 分别为两部分的广义力,于是可得机电系统的拉格朗日方程

$$\begin{aligned} &\frac{\mathrm{d}}{\mathrm{d}t}\left(\frac{\partial L}{\partial \dot{Q}_i}\right) - \frac{\partial L}{\partial Q_i} = (F_{Q_i})_r,\quad 1 \leqslant i \leqslant n \\ &\frac{\mathrm{d}}{\mathrm{d}t}\left(\frac{\partial L}{\partial \dot{q}_{ij}}\right) - \frac{\partial L}{\partial q_i} = (F_{qi})_d,\quad 1 \leqslant j \leqslant m \end{aligned} \tag{5.55}$$

式中,$(F_{qj})_d$ 是 F_{qj} 的消散部分。

例 5.9 试建立如图 5.12 所示的直流电动机的数学模型。

解　显然，直流电动机是一个由电子和机械两部分构成的简单机电系统。按照式(5.45)很容易写出转子的拉格朗日算子：

$$L=\frac{1}{2}J\dot{\theta}^2+\frac{1}{2}L_a\left(\dot{Q}_a\right)^2-u_aQ_a-e_aQ_a$$

又知电动势 e_a 和感应力矩 T 为

$$e_a=Ki_e\omega,\quad T=Ki_ei_a$$

式中，K 为常系数。

其广义力为　$F_{Q_a}=-R_a\dot{Q}_a=-R_ai_a,\quad F_\theta=Ki_ei_a$

于是，可得到该直流电动机的拉格朗日方程，即所要建立的数学模型为

$$\frac{\mathrm{d}i_a}{\mathrm{d}t}=-\frac{R_a}{L_a}i_a+\frac{1}{L_a}u_a+Ki_e\omega,\quad \frac{\mathrm{d}\omega}{\mathrm{d}t}=-\frac{F\omega}{J}+\frac{K}{J}i_ai_e$$

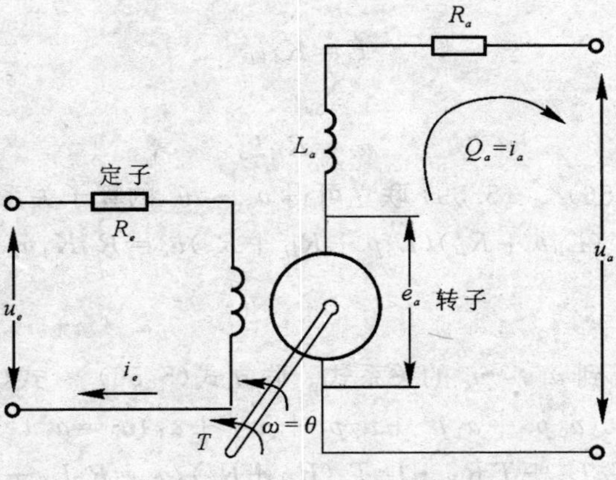

图 5.12　直流电动机简化图

5.5.3　机电系统数学建模的工程实例

例 5.10　有一发电机自动稳压系统如图 5.13 所示。试建立该机电系统的数学模型。

解　这里采用机理分析法：

(1) 分析系统工作原理。该系统由综合电位计 R，放大器 K、电动机 D、控制电位计 B、三相异步电动机 S、发电机 F 及负载 R_H 等组成。其自动稳压原理可简述如下。

当负载波动时，会引等效负载 R_H 变化，若 $R_H\uparrow\rightarrow u_c\downarrow$（因为 $u_c=E-I_sR_H$）$\rightarrow\Delta u\uparrow$（$\Delta u=u_r-u_c$）$\rightarrow u_1\uparrow\rightarrow n\uparrow\rightarrow\theta\uparrow\rightarrow u_2\uparrow\rightarrow i_B\uparrow\rightarrow\varphi_B\rightarrow E\uparrow\rightarrow u_c\uparrow$，可见，由于系统会使 u_c 增加，经过一段调整后系统将很快自动稳定下来，即保持 u_c 基本恒定。

(2) 找出输出量 u_c 和输出量 u_r。

(3) 按照支配系统的电气和机械基本规律列写各部分微分方程或代数方程。

1)
$$L_S\frac{\mathrm{d}I_S}{\mathrm{d}t}+R_SI_S+R_HI_S=E\tag{5.56}$$

2) 反电势

$$E=C_e\phi n_1\tag{5.57}$$

式中，n_1 为发电机转速。

3) 磁通。因为 $\phi\propto i_B$，故有

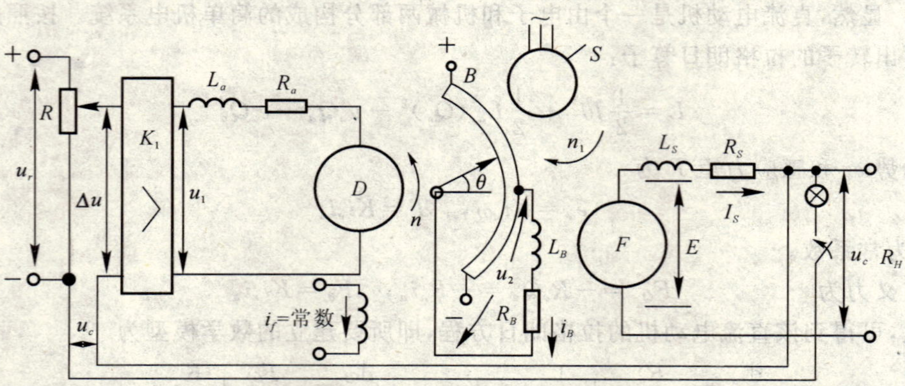

图 5.13　发电机自动稳压系统原理图

$$E=K_4 i_B \tag{5.58}$$

4）负载

$$u_c=R_H I_S \tag{5.59}$$

将发电机部分式(5.56)～(5.59)联立可得 $u_2 \sim u_c$ 的算子关系式

$$(L_B p+R_B)(L_S p+R_H+R_S)u_c=R_H K_4 u_2 \tag{5.60}$$

式中，$p \overset{\text{dif}}{=} \dfrac{\mathrm{d}}{\mathrm{d}t}$ 为微分算子。

(4) 消去中间变量得到 $u_r \sim u_c$ 的关系式。联立式(5.56)～式(5.60)整理后得

$$(a_0 p^4+a_1 p^3+a_2 p^2+a_3 p+a_4)u_c=a_4 u_r$$

式中，$a_0=L_B T_j L_s$，$a_1=L_B L_S+T_j R_B+L_B T_j(R_H+R_S)$，$a_2=R_B L_S+(R_H+R_S)(L_B+T_j R_B)$，$a_3=R_B(R_H+R_S)$。

1）综合电位计

$$\Delta u=u_r-u_c \tag{5.61}$$

2）放大元件

$$u_1=K_1 \Delta u \tag{5.62}$$

3）电动机。按照前例，忽略电感的情况下可写成如下形式

$$T_j \frac{\mathrm{d}n}{\mathrm{d}t}+n=K_2 u_1$$

或

$$T_j \frac{\mathrm{d}^2\theta}{\mathrm{d}t}+\frac{\mathrm{d}\theta}{\mathrm{d}t}=K_2 u_1 \tag{5.63}$$

式中，T_j 为机电时间常数；K_2 为电动机传递系数。

4）控制电位计

$$u_2=K_3\theta \tag{5.64}$$

式中，K_3 为电位计比例系数。

5）发电机。假定 L_B，R_B，L_S，R_S 均为常数，有

激磁回路

$$L_B \frac{\mathrm{d}i_B}{\mathrm{d}t}+R_B i_B=u_2 \tag{5.65}$$

电枢回路

$$a_4=R_HK_4K_3K_2K_1$$

例 5.11　用于红外目标仿真装置中进行光路位置误差补偿的扫描镜如图 5.14 所示。3 台直流力矩电机直接驱动轴 1，轴 2 和轴 O，传动轮 1，2，3 空套在轴上。轴 3 上安装扫描镜。试建立该三轴扫描镜机电系统的数学模型。

解　设轴 1，轴 2，轴 3 和底座绕各自轴的转角分别为 $\theta_1,\theta_2,\theta_3,\theta_0$；转动惯量为 J_1,J_2,J_3,J_0；质量为 m_1,m_2,m_3；镜体的质量为 m_{31}；关于自身对轴 X,Y,Z 的转动惯量为 J_{31X},J_{31Y},J_{31Z}（见图 5.14）。同时设传动轮 2 和 3 的质量均为 m_4，每轮质心到 1 轴的距离是 l_4，每个轮对自身转轴和直径的转动惯量是 J_{4Y} 和 J_{4z}；轴 3 中的传动质量为 m_{32}，质心与 1 轴相距 l_{32}，关于自身转轴和直径的转动惯量分别为 J_{32Y},J_{32Z}；3 轴本身的质心距 1 轴为 l_{33}，关于自身轴和过质心直径的转动惯量为 J_{33Y} 和 J_{33Z}；1 轴到质心距离为 l_1，1 轴和 O 轴的距离为 r，轴 1 做平面运动等。

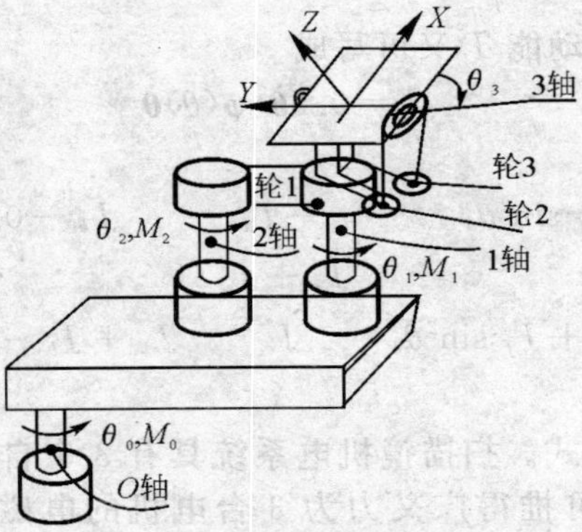

图 5.14　三轴扫描镜机电系统

(1) 在上述条件下，写出扫描镜各机械部分的动能 T_i

轴 1：

$$T_1=0.5m_1[(r_1\dot{\theta}_0)^2+l_1^2(\dot{\theta}_1+\dot{\theta}_0)^2-2r_1l_1\dot{\theta}_0(\dot{\theta}_0+\dot{\theta}_1)\cos\theta_1]+0.5(J_1-l_1^2m_1)(\dot{\theta}_1+\dot{\theta}_0)^2 \tag{5.66}$$

轴 2：

$$T_2=0.5m_2(r_2\dot{\theta}_0)^2+0.5J_2(\dot{\theta}_0+\dot{\theta}_2)^2 \tag{5.67}$$

镜体：

$$T_{31}=0.5m_{31}(r_1\dot{\theta}_0)^2+0.5[J_{31Z}+(J_{31X}-J_{31Z})\sin^2\theta_3](\dot{\theta}_0-\dot{\theta}_0)^2+0.5J_{31Y}\dot{\theta}_3^2 \tag{5.68}$$

轴 3 中传动轮

$$T_{32}=0.5_{m32}[(r_1\dot{\theta}_0)^2+l_{32}^2(\dot{\theta}_1+\dot{\theta}_0)^2-2r_1l_{32}\dot{\theta}_0(\dot{\theta}_0+\dot{\theta}_1)\cos\theta_1]+$$
$$0.5J_{32Z}(\dot{\theta}_1+\dot{\theta}_0)^2+0.5J_{32Y}\dot{\theta}_3^2 \tag{5.69}$$

轴 2 本身：

$$T_{33}=0.5m_{33}[(r_1\dot{\theta}_0)^2+l_{33}^2(\dot{\theta}_1+\dot{\theta}_0)^2-2r_1l_{33}\dot{\theta}_0(\dot{\theta}_0+\dot{\theta}_1)\cdot\cos\theta_1]+$$
$$0.5J_{32Z}(\dot{\theta}_1+\dot{\theta}_0)^2+0.5J_{33Y}\dot{\theta}_3^2 \tag{5.70}$$

传动轮 2 和 3：

$$T_4=m_4[(r_1\dot{\theta}_0)^2+l_4^2(\dot{\theta}_1+\dot{\theta}_0)^2-2r_1l_4\dot{\theta}_0(\dot{\theta}_0+\dot{\theta}_1)]+J_{4Z}(\dot{\theta}_1+\dot{\theta}_0)^2+J_{4Y}\dot{\theta}_3^2 \tag{5.71}$$

传动轮 1：

$$T_5=0.5m_5(r_1\dot{\theta}_0)^2+0.5J_5(\dot{\theta}_0+\dot{\theta}_2)^2 \tag{5.72}$$

(2) 扫描镜机械装置的总动能 T 为

$$T = T_1 + T_2 + T_3 + T_4 + T_5$$

其中

$$T_3 = T_{31} + T_{32} + T_{33} \tag{5.73}$$

即

$$T = 0.5(J_a + J_b + J_c - J_e\cos\theta_1 + J_f\sin^2\theta_3)0^2 + 0.5(J_b + J_d + J_f\sin^2\theta_3)1^2 + 0.5(J_c + J_d)2^2 + (J_b - 0.5J_e\cos\theta_1 + J_f\sin^2\theta_3)\dot{\theta}_0\dot{\theta}_1 + J_c\dot{\theta}_0\dot{\theta}_2 - J_d\dot{\theta}_1\dot{\theta}_2 \tag{5.74}$$

其中

$J_a = J_0 + m_2 r_2^2 + (m_1 + m_{31} + m_{32} + m_{33} + 2m_4 + m_5)r_1^2$；

$J_b = J_1 + J_{31Z} + J_{32Z} + J_{33Z} + 2J_{42} + m_{32}l_{32}^2 + m_{33}l_{33}^2 + 2m_4 l_4^2$；

$J_c = J_2 + J_5$；

$J_d = J_{31Y} + J_{32Y} + J_{33Y} + 2J_{4Y}$；

$J_e = 2r_1(m_1 l_1 + m_{32}l_{32} + m_{33}l_{33} + 2m_4 l_4)$；

$J_f = J_{31X} - J_{31Z}$。

设 $\boldsymbol{\theta} = [\theta_1 \quad \theta_2 \quad \theta_3]^{\mathrm{T}}$，则动能 T 又可写成

$$T = 0.5\dot{\boldsymbol{\theta}}^{\mathrm{T}}\boldsymbol{\varphi}(\theta)\dot{\boldsymbol{\theta}} \tag{5.75}$$

其中

$$\boldsymbol{\varphi}(\theta) = \begin{bmatrix} J_b + J_d + J_f\sin^2\theta_3 & -J_d & J_b - 0.5J_e\cos\theta_1 + J_f\sin^2\theta_3 \\ -J_d & J_c + J_d & J_c \\ J_b - 0.5J_e\cos\theta_1 + J_f\sin^2\theta_3 & J_c & J_a + J_b - J_c - J_e\cos\theta_1 + J_f\sin^2\theta_3 \end{bmatrix} \tag{5.76}$$

(3) 推导出系统运动方程式。扫描镜机电系统具有 3 个自由度，可取广义坐标为 $\theta_1, \theta_2, \theta_0$，忽略各轴上的摩擦力矩，可推得广义力为 3 台电机的电磁力矩 M_1, M_2, M_0。若令 $\boldsymbol{M} = [M_1 \quad M_2 \quad M_0]^{\mathrm{T}}$，根据力学的拉格朗日方程，有

$$\frac{\mathrm{d}}{\mathrm{d}t}\left(\frac{\partial T}{\partial \dot{\boldsymbol{\theta}}}\right) - \frac{\partial T}{\partial \boldsymbol{\theta}} = \boldsymbol{M} \tag{5.77}$$

将式(5.75) 代入式(5.77) 得

$$\boldsymbol{\varphi}(\theta)\ddot{\boldsymbol{\theta}} + \sum \dot{\boldsymbol{\theta}}_i \frac{\partial \boldsymbol{\varphi}(\theta)}{\partial \boldsymbol{\theta}_i}\dot{\boldsymbol{\theta}} - 0.5\begin{bmatrix} \boldsymbol{\theta}^{\mathrm{T}} & 0 & 0 \\ 0 & \boldsymbol{\theta}^{\mathrm{T}} & 0 \\ 0 & 0 & \boldsymbol{\theta}^{\mathrm{T}} \end{bmatrix} \frac{\partial \boldsymbol{\varphi}(\theta)}{\partial \theta}\dot{\boldsymbol{\theta}} = \boldsymbol{M}, \quad i = 1,2,0 \tag{5.78}$$

应该说式(5.78) 仅是扫描镜部分机电装置的运动方程。该装置若再加上串联校正环节、功率放大器、直接电机速度反馈校正环节、位置反馈校正环节后，就形成一个典型闭环反馈系统。设串联校正环节是一个比例环节，并忽略电机电枢电感，由前述电机模型可得

$$K_1(\boldsymbol{\theta}_r - \boldsymbol{\theta}) - K_2\dot{\boldsymbol{\theta}} = \boldsymbol{M} \tag{5.79}$$

式中，$\boldsymbol{\theta}_r = [\theta_{r1} \quad \theta_{r2} \quad \theta_{r0}]^{\mathrm{T}}$ 为参考输入；$K_1 \in R^{3\times3}, K_2 \in R^{3\times3}$ 为对角阵，其元素是由电机参数、校正环节能数决定的正数，故为正定矩阵。

由式(5.78) 和(5.79) 可得到三轴扫描闭环系统的数学模型

$$\boldsymbol{\varphi}(\theta)\ddot{\boldsymbol{\theta}} + \sum \dot{\boldsymbol{\theta}}_i \frac{\partial \boldsymbol{\varphi}(\theta)}{\partial \boldsymbol{\theta}_i}\dot{\boldsymbol{\theta}} - 0.5\left[\begin{bmatrix} \boldsymbol{\theta}^{\mathrm{T}} & \mathbf{0} & \mathbf{0} \\ \mathbf{0} & \boldsymbol{\theta}^{\mathrm{T}} & \mathbf{0} \\ \mathbf{0} & \mathbf{0} & \boldsymbol{\theta}^{\mathrm{T}} \end{bmatrix}\right] \frac{\partial \boldsymbol{\varphi}(\theta)}{\partial \boldsymbol{\theta}}\dot{\boldsymbol{\theta}} + K_2\dot{\boldsymbol{\theta}} + K_1(\boldsymbol{\theta} - \boldsymbol{\theta}_r) = 0 \tag{5.80}$$

应该指出，实际工程中该模型还须进行稳定性评估、进一步线性化和验模工作，方可最终确认为有效模型。

5.6　流体力学系统的数学建模

5.6.1　引言

流体动力学系统是典型而又复杂的连续系统。它广泛应用于飞行器运动、火箭推进、舰船航行、液压传动、气压控制、滑动摩擦、仪表和设备阻尼及机械减震等各个方面。帕斯卡原理、伯努利方程、牛顿黏性定律等是这类系统数学建模的理论基础和有力工具。

5.6.2　描述流体运动的基本模型

(1) 气体状态方程。对于单位质量(或重量)的完全气体，其状态参数间有如下函数关系，即气体状态方程

$$p=\rho gRT \tag{5.81}$$

式中，p 为压强；ρ 为密度；T 为绝对温度(K)；R 为气体常数，$R=29.27\ \mathrm{m/K}$；g 为重力加速度($9.81\ \mathrm{m/s^2}$)。

(2) 连续方程。对于一般流动，根据流体质量守恒有

$$\frac{\partial\rho}{\partial t}\nabla\cdot(\rho v)=0 \tag{5.82}$$

若为定型流动，则 ρ 不随时间变化，即$\frac{\partial\rho}{\partial t}=0$，有

$$\frac{\partial(\rho v_x)}{\partial x}+\frac{\partial(\rho v_y)}{\partial y}+\frac{\partial(\rho v_z)}{\partial z}=0 \tag{5.83}$$

对于管道中流动，因经任意截面的质量流量均相等，故有

$$\rho vF=\text{常数} \tag{5.84}$$

对于不可压缩流体，因 $\rho=$常数，故有

$$vF=\text{常数} \tag{5.85}$$

(3) 动量和角动量方程。流体动量方程为

$$f_s+\int_v B\mathrm{d}v=\frac{\partial}{\partial t}\int_v v\rho\mathrm{d}v+\int_s v\rho v\mathrm{d}s \tag{5.86}$$

式中，f_s 和 B 分别为总表面力(由压力和剪力所产生)和单位体积的物体力。

流体角动量方程为

$$\int_s r\wedge df_s+\int_v r\wedge B\mathrm{d}v=\frac{\partial}{\partial t}\int_v v\rho\mathrm{d}v+\int_s r\wedge v\rho v\mathrm{d}s \tag{5.87}$$

式中，r 为流体单元对于某惯性轴系的位置矢量。

(4) 伯努利方程。对于不可压缩流体($\rho=$常数)有

$$\frac{v^2}{2}+p+gz=\text{常数}$$

该式通常可写成

$$p+\frac{1}{2}\rho v^2=C \tag{5.88}$$

这就是著名的伯努利方程。该方程表明，在不可压缩流体运动中，单位质量的流体的压力

能和动能之和是一常数。因此，速度增高时，压强降低，反之亦然。

(5) 能量方程。假定流动是定型、理想和绝热的，且略去位能变化。根据能量守恒定律有运动流体的能量方程

$$\frac{1}{2}v^2+\frac{K}{K-1}\frac{p}{\rho}=\text{常数} \tag{5.89}$$

在空气动力学中，常用的能量方程为

$$\frac{K}{K-1}PT+\frac{v^2}{2g}=\text{常数} \tag{5.90}$$

这个方程表明，在绝热流动中，若气流速度增加，则温度降低，反之迹然。

1) 在绝热流动中，若速度降至零，则温度最高，被称为滞止温度 T_0。显然有

$$\frac{K}{K-1}PT+\frac{v^2}{2g}=\frac{K}{K-1}PT_0 \tag{5.91}$$

这时，滞止气体处的音速为

$$a_0=\sqrt{KgRT_0} \tag{5.92}$$

2) 由于音速 $a^2=KgRT$，因此式(5.91) 又可改写成

$$\frac{1}{2}v^2+\frac{a^2}{K-1}=\frac{a_0^2}{K-1}=\text{常数} \tag{5.93}$$

这表明，流速增加对应音速减小。速度从小到大，流管中必有一截面处流速与其对应音速相等，此时为临界状态。临界状态下的音速称为临界音速，记为 a^*。

3) 在绝热流动中，可能达到的气流量大速度为

$$v_{\max}=\sqrt{\frac{2K}{K-1}\frac{p_0}{\rho_0}} \tag{5.94}$$

式中，p_0，ρ_0 分别为气体滞止时的压强及密度。

4) 等熵流动中，常引入 Ma 数(即马赫数) 概念。这时 $Ma=\frac{v}{a}$；有时还引入速度系数 λ，这里，$\lambda=\frac{v}{a^*}$。

5)λ 与 Ma 数的关系为

$$\lambda^2=\left(\frac{K+1}{2}Ma^2\right)\Big/\left(1+\frac{K-1}{2}Ma^2\right) \tag{5.95}$$

因此，可通过 λ 来判断其流动状态，即亚声速时，$Ma<1$ $\lambda<1$；声速时，$Ma=1$ $\lambda=1$；超声速时，$Ma>1$ $\lambda>1$。

显然，在等熵流动中气体参数可用 λ 描述

$$\frac{T}{T_0}=\frac{a^2}{a^{*2}}=1-\frac{K-1}{K+1}\lambda$$

$$\frac{p}{p_0}=\left(1-\frac{K-1}{K+1}\lambda^2\right)^{K/(K-1)}$$

$$\frac{\rho}{\rho_0}=\left(1-\frac{K-1}{K+1}\lambda^2\right)^{1/(K-1)}$$

(6) 柯希-黎曼方程。在研究不可压缩流体的两维流动时，可通过求对任一封闭曲线 r 的

环量Γ，得到无旋流体的拉普拉斯方程$\nabla^2\varphi=0$，然后在定义流函数$\psi\left(u=-\frac{\partial\psi}{\partial y},v=\frac{\partial\psi}{\partial x}\right)$的基础上，方便地获得柯希-黎曼方程

$$\left.\begin{aligned}u&=-\frac{\partial\psi}{\partial x}=-\frac{\partial\psi}{\partial y}\\v&=-\frac{\partial\psi}{\partial y}=\frac{\partial\psi}{\partial x}\end{aligned}\right\}\tag{5.97}$$

5.6.3　流体动力学系统数学建模工程实例

例 5.12　儒可夫斯基翼型(Joukowski acrofoil)升力系数模型的建立。

解　柯希-黎曼方程(5.97)告诉我们，应研究复势$F(z)=\varphi(x,y)+\mathrm{j}\psi(x,y)$，这里$z=x+\mathrm{j}y$。由此可得到势

$$F(z)=-U_0\left(z+\frac{a^2}{z}\right)\tag{5.98}$$

显然

$$\psi=-U_0y+\frac{a^2U_0y}{r^2}$$

$$\varphi=-U_0x\left(1+\frac{a^2}{r^2}\right)$$

$$r^2=x^2+y^2$$

可以证明，$F(z)$是一个绕无限圆柱流动的复势。进一步研究这种绕圆柱的均匀流动，并注意复势$\frac{\mathrm{j}\Gamma}{2\pi}\ln\frac{z}{a}$有

$$\varphi=-\frac{\Gamma}{2\pi}\theta,\quad\psi=-\frac{\Gamma}{2\pi}\ln\frac{r}{a},\quad z=r\exp(\mathrm{j}\theta)$$

和$r=a$时，$\psi=0$，于是，可得到反映绕圆柱体均匀流动同一个涡旋相叠加的完全复势

$$F(z)=-U_0\frac{z+a^2}{z}+\mathrm{j}\frac{\Gamma}{2\pi}\ln\frac{z}{a}\tag{5.99}$$

考虑到$z=\zeta+\frac{l^2}{\zeta}$，可将$\zeta$平面上的圆柱保角映象成$z$平面上的儒可夫斯基翼型(见图5.15)。

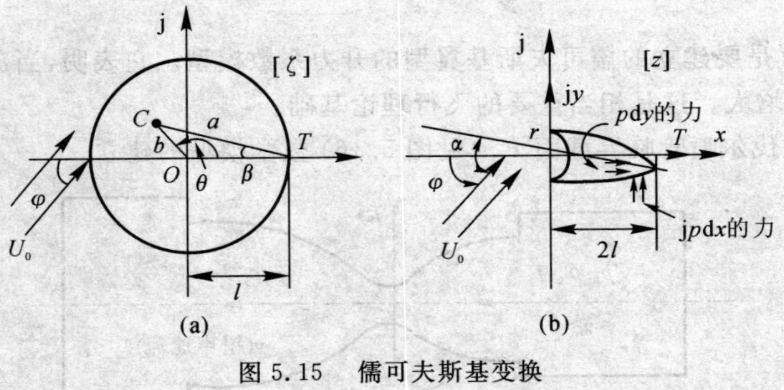

图 5.15　儒可夫斯基变换

下面讨论作用于这种翼型上的力。由伯努利方程有

$$p=p_0-\frac{1}{2}\rho v^2=p_0-\frac{1}{2}\rho\frac{dF}{dz}\frac{d\bar{F}}{dz}$$

式中，F 为流动复势，由于翼型上的力 $X-jY$ 决定于表面压力，故有

$$X-jY=-\oint_r(p\mathrm{d}y+jp\mathrm{d}x)=\frac{j}{2}\rho\oint_r\left(\frac{dF}{dz}\right)^2dz$$

又$\frac{-dF}{dz}=U_0\exp(-j\varphi)+\frac{A}{z}+\frac{B}{z^2}+\cdots$，积分后得

$$F=-U_0\exp(-j\varphi_z)-A\ln z+B/z+\cdots$$

$$A=-\frac{j\Gamma}{2\pi}$$

利用勃拉休斯定理 Blasius 和柯西积分定理得

$$X-jY=\frac{1}{2}j\rho\left\{2\pi\left[\frac{-j\Gamma U_0\exp(j\varphi)}{\pi}\right]\right\}=j\rho\Gamma\dot{U}_0\exp(-j\varphi)$$

再根据儒可夫斯基变换有

$$F=-U_0\left\{[\zeta-b\exp(j\theta)]\exp(-j\varphi)+\frac{a^2}{[\zeta-b\exp(j\theta)]\exp(-j\theta)]}+j\frac{\Gamma}{2\pi}\ln\left[\frac{\zeta-b\exp(j\theta)}{a}\right]\right\}$$

又在尾沿处 $dF/d\zeta=1-l^2/\zeta^2$，当 $z=-2l$ 时 $dF/d\zeta$ 必为零，所以 $dF/d\zeta$ 在 Γ 处有限。这样

$$\frac{dF}{d\zeta}=-U_0\left\{\exp(-j\varphi)-\frac{a^2\exp(j\varphi)}{[\zeta-b\exp(j\theta)]^2}\right\}+j\frac{\Gamma}{2\pi}\frac{1}{[\zeta-b\exp(j\theta)]}=0,\quad \zeta=l$$

由于$[\zeta-b\exp(j\theta)]=\{\zeta-l+a\exp[j(\pi-\beta)]\}$，因此

$$-U_0\{1-\exp[-2j(\pi-\beta)+2j\varphi]\}+j\frac{\Gamma}{2\pi a}\exp[-j(\pi-\beta)+j\varphi]=0$$

于是

$$\Gamma=-4\pi aU_0\sin(\beta+\varphi)$$

经进一步推导，若令 $C_L=\frac{L}{C\rho u^2/2}$—— 升力系数，最终可得

$$C_L\approx\frac{\rho U_0(4\pi aU_0)\sin\alpha}{4a\rho U_0^2/2}=2\pi\sin\alpha \tag{5.100}$$

式中，$\alpha=\beta+\varphi$ 为迎角；C 为翼型弦长，对于儒可夫斯基翼型 $C\approx4a$；L 为单位长度翼型的升力。

式(5.100)就是要建立的儒可夫斯基翼型的升力系数模型。它表明，当 α 很小时升力系数 C_L 随迎角 α 线性增大。这是相当重要的飞行理论基础。

例 5.13 拉伐尔喷管临界截面 F_*（见图 5.16）数学模型的建立。

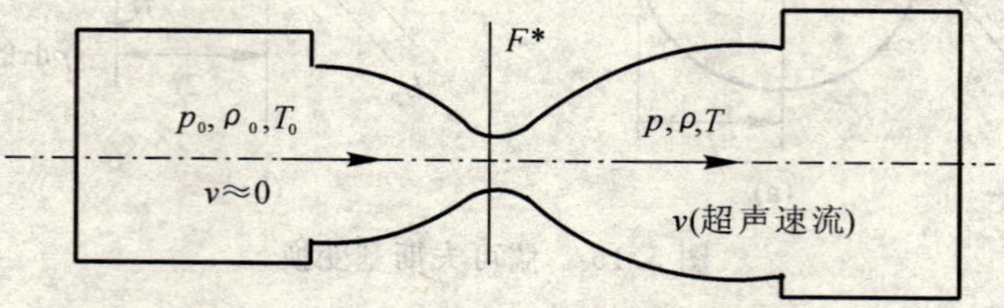

图 5.16 拉伐尔喷管

解　对于一维定型等熵管流，有连续方程

$$\frac{d\rho}{\rho}+\frac{dv}{v}+\frac{dF}{F}=0 \tag{5.101}$$

和伯努利方程

$$v dv+\frac{1}{\rho}dp=0 \tag{5.102}$$

或

$$\frac{d\rho}{\rho}=-Ma^2\frac{dv}{v} \tag{5.103}$$

将式(5.103)代入式(5.101)，消去$\frac{d\rho}{\rho}$可得流速与截面积变化的关系式

$$\frac{dF}{F}=(Ma^2-1)\frac{dv}{v} \tag{5.104}$$

由式(5.104)，知：当 $Ma<1$ 时，$\frac{dv}{v}\sim\left(-\frac{dF}{F}\right)$；当 $Ma>1$ 时，$\frac{dv}{v}\sim\frac{dF}{F}$。

这表明，亚声速流时，流管截面扩大，则流速就降低，流管截面收缩，流速就增大；而超声速时，则发生本质变化，适得其反。

进一步由式(5.104)知，当 $Ma=1$ 时，$dF=0$。这表明，$Ma=1$ 的流动状态只可能发生在管截面最大或最小之处。又因为若原流速低于声速，则到达最大截面处将更低于声速。若原流速高于声速，则到达最大截面处将更大于声速。因此，唯一发生 $Ma=1$ 之处，就是最小管截面处。称此截面为临界截面，并记之为 F_*。正因为如此，欲想把气流加速到超声速，就必须把流管做成先收缩后扩张的形状，这就是如图 5.16 所示的拉伐尔喷管。

由式(5.84)得

$$\rho v F=\rho_* v_* F_* \tag{5.105}$$

或

$$\frac{F}{F_*}=\frac{\rho_* v_*}{\rho v} \tag{5.106}$$

由式(5.96)知

$$\rho_0=\rho\left(1+\frac{K-1}{2}Ma^2\right)^{1/(k-1)}=\rho_*\left(\frac{K+1}{2}\right)^{1/(K-1)} \tag{5.107}$$

又因为

$$v=Ma\cdot a=Ma\sqrt{KgRT} \tag{5.108}$$

$$v_*=\sqrt{KgRT_*} \tag{5.109}$$

$$T_0=T\left(1+\frac{K-1}{2}Ma^2\right)=T_*\left(\frac{K+1}{2}\right) \tag{5.110}$$

将式(5.107)～(5.110)代入式(5.106)，即得

$$\frac{F}{F_*}=\frac{2^{\frac{K+1}{2(K-1)}}}{(K+1)}\cdot\frac{\left(1+\frac{K-1}{2}Ma^2\right)^{\frac{k+1}{2(K-1)}}}{Ma} \tag{5.111}$$

这就是要建立的拉伐尔喷管临界截面数学模型。

5.7 集中参数连续系统的数学建模

5.7.1 引言

连续系统按照输入和输出是否与系统各质点位置有关而分为集中参数系统和分布参数系统。大多数系统严格讲属于分布参数系统，其输出不仅是时间连续函数，而且也是系统各点位置的函数。因此，分布参数系统可视为由无限多个独立单元(或元件)构成，其特性决定于各个单元。显然，用前述有限维拉格朗日方程来描述这类系统是不合理的。然而，根据建模目标的不同，往往许多分布参数系统可按照集中参数来处理。如一个物体是由无数个质点组成，如果研究该物体的质心运动，便可假设成一个刚体，且认为每个质点的运动状态相同，整个物体的质量均集中在质心处。这样所得到的质心运动模型就是一个集中参数模型。像这样的集中参数问题建模在实际工程技术中是非常普遍的。如追踪问题、航天器发射与运行问题、汽车越野问题及高层建筑振动问题等。对于这类集中参数问题建模，一般是首先根据实际现象和大量试验数据作出适当假定，并构筑出它们的结构模态，然后在此基础上利用直接分析法建立起该系统的数学模型。

5.7.2 集中参数系统的数学建模工程实例

例 5.14 拦截问题数学模型。

以导弹拦截目标为例。为讨论方便，把导弹和目标限制在同一平面 XY 内。这时，导弹拦截目标的几何关系如图 5.17 所示。

拦截问题数学模型由三部分组成。

(1) 导弹运动学及动力学方程

$$\ddot{v}+a_1\dot{v}+a_2\alpha+a_3\delta=0$$

$$\dot{\theta}=a_4\alpha+a_5\delta-57.3g\cos\theta/V_m$$

$$\dot{V}_m=(P\cos\alpha-D)-0.707g\sin\theta$$

$$n=\theta V_m/(57.3g)$$

$$\alpha=v-\theta$$

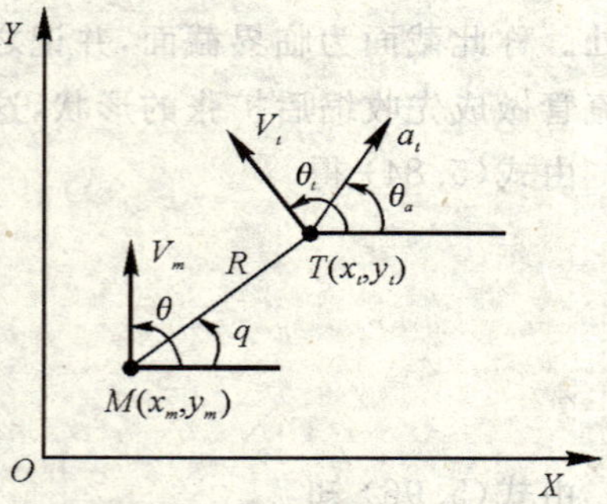

图 5.17 导弹拦截机动目标的几何关系

式中，v 为姿态角(俯仰角)；θ 为弹道倾角(航迹角)；δ 为舵偏角；α 为迎角；P 为发动机推力；m 为质量；D 为阻力；V_m 为速度；g 为重力加速度。

而 a_1,a_2,a_3,a_4,a_5 均为导弹飞行速度、转动惯量、质量、空气密度等的函数，称为气动系数。

(2) 目标运动模型。可给出几种目标运动方案。

1) 目标不机动时的运动方程：$a_t=0, V_t=$ 常数，$\dot{\theta}_t=0, \theta_t=$ 常数(其中，a_t 为目标机动过载)。

2) 目标以最大机动加速度进行最优逃逸飞行的运动模型。

ⅰ. 目标作 S 型圆弧机动运动方程：$a_t=a_{t_0}\mathrm{sign}(1,\sin\omega t)$，$\dot{V}_t=0$，，$V_t=$ 常数，$\dot{\theta}=57.3a_t/V_t$，$\theta=\int_{t_0}^{t}\dot{\theta}_t\mathrm{d}t$。

ⅱ. 目标作破裂 S 型机动运动方程：$a_t=a_{t_0}$，$\dot{V}_t=0$，，$V_t=$常数，$\dot{\theta}_t=57.3a_tV_t$，$\theta_t=\int_{t_0}^{t}\dot{\theta}_t\mathrm{d}t$。

ⅲ. 目标机动轨迹方程：$\dot{x}_t=V_t\cos\theta_t$，$\dot{y}_t=V_t\sin\theta_t$。

ⅳ. 目标机动过载设置；高度 = 1 km 时，$a_{t_0}=\pm g$；高度 = 10 km 时，$a_{t_0}=\pm 7g$；高度 = 13 km 时，$a_{t_0}=\pm 3g$。

ⅴ. 目标机动开始时间：随机。

(3) 弹目标对运动方程。由图 5.17 可知，导弹与目标之间的相互运动关系为

$$
\begin{aligned}
R&=\sqrt{(x_t-x_m)^2+(y_t-y_m)^2}\\
q&=\arctan[(y_t-y_m)/(x_t-x_m)]\\
\dot{R}&=V_t\cos(q-\theta_t)-V_m\cos(q-\theta)\\
\dot{q}&=[-V_t\sin(q-\theta_t)-V_m\sin(q-\theta)]/R
\end{aligned}
$$

式中，R 为相对距离，$\dot{R}$ 为相对速度，q 为视线角，$\dot{q}$ 为视线旋转角速度。

除此，还有气动系数模型

$$
\begin{aligned}
a_1&=-57.3m_z^{\omega_z}qSb/(JV_m)\\
a_2&=-57.3m_z^{\alpha}qSb/J\\
a_3&=-57.3m_z^{\delta}qSb/j\\
a_4&=(57.3C_y^{\alpha}qS+p)/(mV_m)\\
a_5&=57.3C_y^{\delta}qS/(mV_m)
\end{aligned}
$$

式中，$m_z^{\omega_z}$，m_z^{α}，m_z^{δ}，m_y^{α}，m_y^{δ} 为气动导数，可由吹风或计算得到；q 为速压；S 为弹翼面积；b 为弹翼弦长。

例 5.15　航天器发射和运行问题模型。

解　航天器包括航天飞机、飞船和人造卫星等，是人类征服宇宙的重要工具。航天器运动可视为质点在牛顿引力场作用下的运动。

假定星体（如地球）由匀质圆心球层所构成，则计算它对任一质点（如人造卫星）的万有引力时，可认为质量集中于球心。这样，根据万有引力定律有质点 m 在固定中心 O 的牛顿引力 $F=-\dfrac{fm_0m}{r^2}r$ 作用下运动。将比耐公式

$$
\frac{\mathrm{d}^2}{\mathrm{d}\varphi^2}\left(\frac{1}{r}\right)+\left(\frac{1}{r}\right)=\frac{-r^2F_r}{mc^2}
$$

代入 F 的投影 $F_r=-\dfrac{fm_0m}{r_0}$，得

$$
\frac{\mathrm{d}^2}{\mathrm{d}\varphi^2}\left(\frac{1}{r}\right)+\left(\frac{1}{r}\right)=\frac{fm_0}{c^2}=\frac{1}{p}
$$

式中，f 为万有引力常数，$f=6.67\times10^{-8}\,\mathrm{g^{-1}\cdot cm^3\cdot s^{-2}}$；$c/2$ 为质点 m 的径掠面积速度 = 常数；r 为质点 m 的矢径；φ 为矢量 r 掠过角度。

求解上式得质点运动轨迹方程

$$
r=\frac{p}{1+e\cos w}
$$

式中，$w=\varphi-\delta$；δ 为积分常数，由初始条件可确定出 $\delta=\arctan\dfrac{pc\tan\alpha}{r_0-p}$；$e$ 为偏心率。

对于

$$r=\frac{p}{1+e\cos w}\begin{cases}\text{椭圆}, & e<1\\ \text{抛物线}, & e=0\\ \text{双曲线}, & e>1\end{cases}$$

当此质点有足够动能借以克服引力而沿上述抛物线轨迹动运至无穷远时，认为质点具有脱离速度

$$V_e=\sqrt{\frac{2fm_0}{r_0}}$$

若地球质量 $m_0=5.974\times10^{27}$ g，相当于高斯常数 $fm_0=3\ 986\times10^2\ \text{km}^3/\text{s}^2$，对于地面上的物体，$r_0=6\ 378$ km，根据上式可求得该处的脱离速度

$$V_{\text{I}}\doteq\sqrt{\frac{2fm_0}{r_0}}=11.19\ \text{km/s}$$

亦称为第二宇宙速度。还可以求出物体在该处绕地球作圆周运动所需要的速度，即第一宇宙速度

$$V_{\text{II}}=\frac{\sqrt{2}}{2}V_{\text{I}}=7.91\ \text{km/s}$$

在此基础上，研究人造地球卫星的发射和运行问题。

(1) 最低速度。若使人造卫星沿椭圆(或圆周)绕地球运动，其发射速度显然将小于第二宇宙速度 V_{I}，但必须有一最低速度 $V_{\min}$。

经推导，对于由任一高度 h 处水平发射，其最低发射速度为

$$V_{\min}=\frac{V_1}{\sqrt{1+\frac{h}{2R}}}$$

(2) 运行时间。将 $r=\dfrac{p}{1+e\cos w}$ 代入面积定理公式 $r^2\dfrac{\mathrm{d}\varphi}{\mathrm{d}t}=C$ 得

$$p^2\left(\frac{1}{1+e\cos w}\right)^2\frac{\mathrm{d}w}{\mathrm{d}t}=C$$

从而

$$\frac{C^3}{f^2m_0^2}\frac{\mathrm{d}w}{(1+e\cos w)^2}=\mathrm{d}t$$

上式积分有

$$t=\frac{C^2}{f^2m_0^2}\int_0^w\frac{\mathrm{d}w}{(1+e\cos w)^2}$$

为完成此积分，可引入变量 z，设

$$\cos w=\frac{1-z^2}{1+z^2},\quad \sin w=\frac{2z}{1+z^2}$$

于是

$$t=\frac{2C^3}{f^2m_0(1+e^2)}\int_0^z\frac{(1+z^2)}{(1+\alpha z^2)^2}\mathrm{d}z$$

式中，$\alpha=\dfrac{1-e}{1+e}$。

对于椭圆轨道 $e<1$，$\alpha>0$，故得人造卫星绕地球运动周期的数学模型

$$t=\frac{C^2}{f^2m_0^2\ (1+e)^2}\left[\frac{\alpha-1}{\varepsilon}\frac{\tan\frac{w}{2}}{1+\alpha\tan^2\frac{w}{2}}+\frac{\alpha+1}{\alpha^{3/2}}\arctan\left(\sqrt{\alpha}\tan\frac{w}{2}\right)\right]$$

其中，偏心率 e、近点 p，面积速度 $\frac{C}{2}$ 均由运动的初始条件确定。

5.8　分布参数连续系统的数学模型

5.8.1　引言

如果建模对象的每个微小部分的状态都不一样（如研究物体弹性振动，大气中污染物扩散等），那么这些系统就必须视为无限多个微小部分组成。这时，系统的输出将为多元函数，它不仅是时间的函数，而且是系统各点位置的函数。这种系统被称为分布参数系统。描述分布参数系统的数学模型通常是偏微分方程。模型的建立一般要比上述集中参数连续系数复杂，多采用机理分析法和系统辨识方法。

5.8.2　分布参数系统的数学建模工程实例

例 5.16　大气污染数学模型的建立。

解　物质由高浓度处向低浓度处移动现象称为扩散。根据扩散定理可知，通过一个曲面的扩散流强度与浓度函数的法向导数成正比，即

$$q = -D\frac{\mathrm{d}u}{\mathrm{d}n} \tag{5.112}$$

式中，D 为扩散系数，u 为物质（气体、液体或固体）浓度。

基于这个定理来建立由于工厂烟囱、汽车等排出有害烟尘随大气扰动而扩散造成的大气污染数学模型。

设 $u(x,y,z,t)$ 是有害烟尘的浓度，任取空间中一闭曲面 S，所围区域 Ω。由于扩散，通过 S，t 到 Δt 时间内流入 Ω 的质量为

$$M_1 = \int^{t+\Delta t}\iint_S \left(D_1\frac{\partial u}{\partial x}\cos\alpha + D_2\frac{\partial u}{\partial y}\cos\beta + D_3\frac{\partial u}{\partial z}\cos\gamma\right)\cdot \mathrm{d}S\mathrm{d}t$$

由高斯公式得

$$M_1 = \int^{t+\Delta t}\iint_\Omega \left(D_1\frac{\partial^2 u}{\partial x^2} + D_2\frac{\partial^2 u}{\partial y^2} + D_3\frac{\partial^2 u}{\partial z^2}\right)\mathrm{d}x\mathrm{d}y\mathrm{d}z \tag{5.113}$$

式中，D_1，D_2，D_3 为 x，y，z 方向上的扩散系数。

由于吸收衰减，在 t 到 $t+\Delta t$ 时间内烟尘的减少为

$$M_2 = \int^{t+\Delta t}\iiint_\Omega ku\,\mathrm{d}x\mathrm{d}y\mathrm{d}z \tag{5.114}$$

式中，K 为吸收衰减系数，$K>0$。

由于空气流动，烟尘随风从 t 到 $t+\Delta t$ 时间内流动飘出 S 的质量为

$$M_3 = \int^{t+\Delta t}\iint_S (cu\cos\alpha + vu\cos\beta + wu\cos\gamma)\mathrm{d}S\mathrm{d}t \tag{5.115}$$

式中，$\cos\alpha$，$\cos\beta$，$\cos\gamma$ 为外法向余弦；(c,v,w) 为不变的风向量。

由高斯公式得

$$M_4 = \int^{t+\Delta t}\iiint_\Omega Q(x,y,z,t)\mathrm{d}x\mathrm{d}y\mathrm{d}z\mathrm{d}t \tag{5.116}$$

由于浓度变化引起的 Ω 内质量之增加量为

$$M_5=\iiint_{\Omega}[u(x,y,z,t+\Delta t)-u(x,y,z,t)]\mathrm{d}x\mathrm{d}y\mathrm{d}z=\int_t^{t+\Delta t}\iiint_{\Omega}\frac{\partial u}{\partial t}\mathrm{d}x\mathrm{d}y\mathrm{d}z\mathrm{d}t \quad (5.117)$$

由质量守恒知，

$$M_5=M_1-M_2-M_3+M_4$$

于是

$$\frac{\partial u}{\partial t}=D_1\frac{\partial^2 u}{\partial x^2}+D_2\frac{\partial^2 u}{\partial y^2}+D_3\frac{\partial^2 u}{\partial z^2}-ku-c\frac{\partial u}{\partial x}-v\frac{\partial u}{\partial y}-w\frac{\partial u}{\partial z}+Q(x,y,z,t) \quad (5.118)$$

其初始条件为

$$u(x,y,z,0)=\varphi(x,y,z) \quad (5.119)$$

式(5.118) 和式(5.119) 就是所建立的大气污染数学模型。

例 5.17　飞行器气动弹性数学模型的建立。

解　考虑结构弹性振动的飞行器运动数学模型的建立问题很复杂，可以采用系统辨识方法。(美) 卡尔斯本中心曾成功地利用频率扫描法建立了飞机气动弹性模型。其大体做法是：以等间距的离散频率的正弦振荡舵激励飞机的弹性响应，求得频率响应的波德图，再由波德图辨识输入-输出的传递函数，从而求出飞机的弹性模态和气动弹性参数。如图 5.18 所示给出了弹性模态参数的辨识流程。图中各框内容及算法如下：

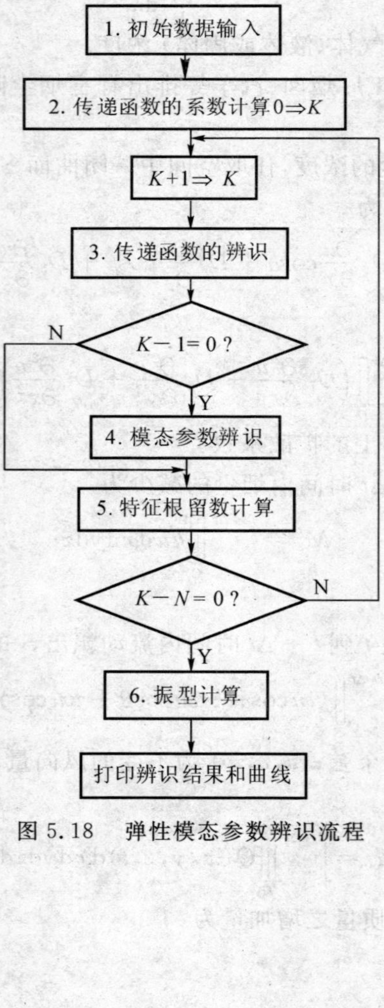

图 5.18　弹性模态参数辨识流程

(1) 输入初始数据：

1) 自变量 $x_i(i=1,2,\cdots,N)$，激振位置 x_l，测量响应位置 x_k。

2) 激振频率 ω_r 和相应的响应数据 $\widetilde{R}_{kl}(\omega_r)$ 和 $\widetilde{I}_{kl}(\omega_r)(k=1,,2,\cdots,N;l=$ 常数)。

3) 特征根 s_i 的预估计值 s_{i0}。

4) σ_r^2 的先验值。

(2) 传递函数的系数计算。由 $T_{kl}(j\omega)=\dfrac{\boldsymbol{w}_R(\omega)\boldsymbol{\theta}+jw_I(\omega)\boldsymbol{\theta}}{\boldsymbol{I}+\boldsymbol{F}_R(\omega)\boldsymbol{\theta}+j\boldsymbol{F}_I(\omega)\boldsymbol{\theta}}=\boldsymbol{R}_{kl}(\omega,0)+\mathrm{j}\boldsymbol{I}_{kl}(\omega,0)$ 计算 $\boldsymbol{w}_R(\omega_r),\boldsymbol{w}_I(\omega_r),\boldsymbol{F}_R(\omega_r),\boldsymbol{F}_I(\omega_r)(r=1,2,\cdots,p)$。式中

$$\boldsymbol{w}_R(\omega)=(10\quad 0\quad -\omega^2\quad 0\quad \omega^2\quad 0\quad \cdots\quad 0\quad \vdots\quad 0\quad 0\quad 0\quad 0\quad 0\quad 0\quad \cdots\quad 0)$$
$$\boldsymbol{w}_I(\omega)=(0\quad \omega\quad 0\quad -\omega^3\quad 0\quad 0\quad \cdots\quad 0\quad \vdots\quad 0\quad 0\quad 0\quad 0\quad 0\quad 0\quad \cdots\quad 0)$$
$$\boldsymbol{F}_R(\omega)=(0\quad 0\quad 0\quad 0\quad 0\quad 0\quad \cdots\quad 0\quad \vdots\quad 0\quad -\omega^3\quad 0\quad \omega^4\quad 0\quad \cdots\quad 0)$$
$$\boldsymbol{\theta}=(b_0\quad b_1\quad \cdots\quad b_{2(N-1)}\quad \vdots\quad a_1\quad a_2\quad \cdots\quad a_{2N})^{\mathrm{T}}$$

式中，θ 为待辨识参数。由输入-输出谐振形式和量测数据估计。

输入谐振形式

$$u_i=a_u\sin\omega_k t_i+b_u\cos\omega_k t_i$$
$$y_i=a_y\sin\omega_k t_i+b_y\cos\omega_k t_i+v_i$$
$$i=1,2,\cdots,N;\quad k=1,2,\cdots,p$$

(3) 传递函数辨识：

1) 利用极大似然法进行参数 θ 的迭代估计，求得最优估计 $\hat{\theta}$。其准则函数为

$$J_2(\theta_i)=\sum_{r=1}^{m}([\widetilde{R}_{kl}(\omega_r)-R_2(\omega_r)\theta_i]^2+[\widetilde{I}_{kl}(\omega_r)-I_2(\omega_r)\theta_i]^2 w_{r,i-1}/F_l^2(i\omega_r,\theta_{i-1})$$

式中，$R_2(\omega_r)=w_R(\omega_r)+\widetilde{I}_{kl}(\omega_r)F_I(\omega_r,\theta_i)-\widetilde{R}_{kl}(\omega_r)F_R(\omega_r,\theta_i)$；

$I_2(\omega_r)=w_I(\omega_r)+\widetilde{I}_{kl}(\omega_r)F_R(\omega_r,\theta_i)-\widetilde{R}_{kl}(\omega_r)F_I(\omega_r,\theta_i)$。

2) 由 $T_{kl}(s)=\dfrac{W_k(s)}{F_t(s)}=\dfrac{b_0+b_1s+\cdots+b_{2(N-1)}s^{2(N-1)}}{1+a_1s+a_2s^2+\cdots+a_{2N}s^{2N}}$ 和 $T_{kl}(j\omega)=\dfrac{w_R(\omega)\theta+\mathrm{j}w_I(\omega)\theta}{1+F_R(\omega)\theta+\mathrm{j}F_I(\omega)\theta}$，求出 $F_l(j\omega_r),w_k(j\omega_r)$ 和 $T_{kl}(j\omega_r)$。

(4) 模态参数辨识：

1) 求 $F_l(s)$ 多项式的根 $s_i=-\alpha_i+\mathrm{j}\beta_i(i=1,2,\cdots,N)$；

2) 用 $s_i=-\alpha_i+\mathrm{j}\beta_i=-\zeta_i\omega_i+\mathrm{j}\sqrt{1-\zeta_i^2\omega_i}(i=1,2,\cdots,N)$ 计算结构系统的固有频率 ω_i，阻尼比 $\zeta_i(i=1,2,\cdots,N)$。

(5) 特征根 s_i 的留数计算

按照
$$T_{kl}(s)=\frac{1}{Q_{2N}}\sum_{i=1}^{N}\left(\frac{A_{kli}}{s-s_i}+\frac{A_{kli}^*}{s-s_i}\right)$$

和
$$A_{kli}=[T_{kl}(s)(s-s_i)]\big|_{s=s_i}=\frac{W_k(s_i)}{\prod\limits_{\substack{r=1\\ r\neq 1}}(s_i-s_r)(s_i-s_r^*)}=u_{kli}+\mathrm{j}v_{kli}$$

计算 A_{kli},u_{kli},v_{kli}。其中，A_{kli} 为 s_i 的留数。

(6) 振型计算。由 $\varphi_i(x_k)\varphi_i(x_l)=-2v_{kli}\beta_i$ 或 $\varphi_i(x_k)\varphi_i(x_l)=2(\mathrm{j}\omega_i u_{kli}+u_{kli}\alpha_i-v_{kli}\beta_i)$ 解算 $\varphi_i(x_k)$ $(i=1,,2,\cdots,N;k=1,2,\cdots,N)$。

5.8.3　分布参数边界条件的数学模型

在分析和研究系统(包括系统建模)时，通常需要考虑周围环境的影响和作用。这些环境

影响和作用可以采用边界状态来表示，即所谓系统的边界条件。分布参数系统的边界条件尤其重要而复杂。这里仅作简要讨论。

通常，边界条件分为三类。各类边界条件的数学模型分别如下：

(1) 第一类边界条件。这类边界条件是直接给出被研究量在边界 Ω 上的值。

$$u(t,x,y,z)\mid_{(x_0,y_0,z_0)\in\Omega}=f(t,x_0,y_0,z_0)$$

例如，在建立绝缘细棒的热传导模型时，若边界点 $x=l$ 处保持恒温 u，则该边界条件为

$$u(x,t)\mid_{x=l}=u$$

若边界点 $x=l$ 处与某一热源相接触，其温度按 $f(t)$ 变化，这时的边界条件便是

$$u(t,x)\mid_{x=l}=f(t)$$

(2) 第二类边界条件。这类边界条件给出的是系统变量在边界 Ω 上的外法线上的系数，即

$$\left.\frac{\partial u}{\partial n}\right|_{(x_0,y_0,z_0)\in\Omega}=g(t,x_0,y_0,z_0)$$

如在研究上述绝缘细棒的热传导时，若边界点 $x=l$ 处是绝热的，由此得知该处热流强度 $\frac{\partial\theta}{\partial t}=0$ 于是，根据热传导公式 $\frac{\partial\theta}{\partial t}=-K_A\frac{\partial u}{\partial n}$，且对一维棒有 $\frac{\partial u}{\partial n}=\frac{\partial u}{\partial x}$，从而可推导出边界条件为

$$\left.\frac{\partial u}{\partial n}\right|_{x=l}=\left.\frac{\partial u}{\partial x}\right|_{x=l}=0$$

(3) 第三类边界条件。这类边界条件用系统变量在边界 Ω 上的数值与它在边界上法向导数之间的线性关系式来描述，即

$$\left[u(t,x,y,z)+\lambda\frac{\partial u(t,x,y,z)}{\partial n}\right]_{(x_0,y_0,z_0)\in\Omega}=h(t,x_0,y_0,z_0)$$

如研究一维绝缘细棒热传导时，若在该棒边界点 $x=l$ 处为自由冷却，则这时端点上的热量交换应遵循冷却定律：热流强度与温度成正比。当假定棒端周围介质温度为零，其边界条件显然是

$$-K_A\left.\frac{\partial u}{\partial n}\right|_{x=l}=h[u(t,l)-0]$$

即

$$\left[u(t,x)+\lambda\frac{\partial u(t,x)}{\partial n}\right]_{x=l}=0$$

式中，$\lambda=\frac{K_A}{n}$。

对于两端均为自由冷却情况，因两端法向方向相反，故两端的边界条件分别为

$$\left(u+\lambda\frac{\partial u}{\partial x}\right)_{x=l}=0$$

$$\left(u-\lambda\frac{\partial u}{\partial x}\right)_{x=0}=0$$

应该指出，上述三种边界条件仅为常见形式，而实际系统的边界条件远不止此。如对于物体边界的周围辐射热量，其边界条件就是另一种数学形式。

$$\left.\frac{\partial u}{\partial n}\right|\Omega=-C(u^4\mid\Omega-u_0^4)$$

习　题　5

1. 试归纳并写出线性连续系统的主要数学模型形式。

2. 为什么连续物理系统可以采用规范化的数学建模方法？写出这类系统的数学模型通式，并对其通式中各参数和变量进行说明。

3. 在机械系统数学建模中，常采用哪些建模方法？机械系统有哪些典型的模型？

4. 试述拉格朗日方程和复阻抗理论对电子（电气）系统数学建模的重要作用，并举例说明。

5. 利用机理分析法建立发电机自动稳压系统的数学模型，并从中总结出机电系统的数学建模过程。

6. 举例说明集中参数系统数学建模在航空、航天器运动研究中的重要作用。

7. 对于分布参数连续系统常采用哪些数学建模方法。写出典型分布参数边界条件的数学模型。

第6章　离散事件系统的数学建模技术与应用

6.1　引　　言

如前述，根据状态变量随时间的变化特征或取值情况，系统被分为连续系统和离散事件系统。

离散事件系统的突出特点是系统性能状态变量只在随机的时间点上发生跃变，而在两个时间点之间不发生任何变化。这是这类系统区别于连续时间系统的主要方面，也是数学建模的重要根据。

但应指出，离散事件系统与连续时间系统在一定条件下是可相互转化的，有时甚至必须转化。如研究群体数量增长或衰减时，虽然群体数量为离散变量，但当数量极大时，便可利用微分概念进行连续化处理，从而建立起群体连续增长数学模型。又如，在进行连续系统数字仿真时，就必须将连续系统的数学模型进行离散化，即把连续时间模型转化为离散型时间模型。更不用说由于系统结构日益复杂，出现了离散性和连续性存在于同一系统的情况，则需要建立既包含离散型随机变量又包含连续时间变量的数学模型。因此，所谓离散和连续的分类并不是绝对的。不过，本章的建模技术将主要围绕离散事件系统讲述。

6.2　离散事件系统的数学描述方法

离散事件系统存在广泛，亦有许多类型。但它们的基本构成是相同的，即主要由实体和设备两部分组成。实体在系统中是“活动的”，被称为事务；设备是广义的，也叫做“站”，离散事件系统的工作过程，实质上是实体活动和接受处理、服务的过程。在此过程中，实体或设备的状态将发生变化，从而引起整个系统状态的变化，结果产生随机事件。

为描述离散事件系统，根据这类系统的上述特点和工作过程，提出了与系统状态变化有关的主要要素：实体、事件、活动及进程。实体已作解释，不再赘述。事件是引起系统状态变化的行为。在一定程度上讲，离散事件系统是由事件驱动的。活动通常用于表示两个可以区分事件之间的过程，它标志着系统状态的转移。进程则是由若干个事件及若干个活动组成的。一个进程描述了它所包括事件及活动间的相互逻辑关系和时序关系。如图6.1所示给出了以排队服务系统为例的上述各要素之间的关系。

所谓离散事件系统的数学建模，就是利用随机过程理论和概率统计学对上述诸要素作数学描述。这种描述的结果将产生一个离散型数集，即离散事件系统的数学模型。

应指出，离散事件系统的数学建模总是同离散系统仿真联系在一起的。迄今为止，时钟推进和事件调度机制仍然是离散事件系统模型运行的核心。在此，离散事件系统可以进一步被表示为外部事件(X)，输出事件(Y)，序贯状态(S)，状态转移描述函数(δ)，输出函数(λ)和时

间推进函数(t_0)的逻辑集合 $M=(X,Y,S,\delta,,\lambda,t_0)$

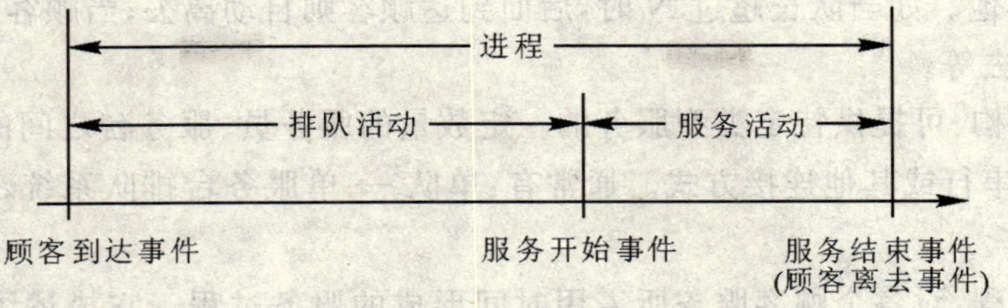

图 6.1　离散事件系统中的实体、事件、活动及进程

6.3　排队服务系统的数学建模

6.3.1　排队服务系统的概念

(1) 拥挤现象与排队。拥挤现象又叫阻塞现象,这是离散事件中极普遍的现象。拥挤现象是实体到达要求服务与系统服务能力不相适应的结果。这种结果形成了服务中的等待线,即"排队"。如何科学地解决排队问题是人们十分关心的问题,这是因为在社会活动、生产过程、科学研究和实验工程等方面均大量地存在着需要解决的排队问题,如顾客买货、旅客等车、机场调度、医生就诊、加工流程、交通管理、电话交换、市场供应、军事作战、线路设计、计算机控制,等等。

(2) 排队服务系统定义及组成:

1) 定义:由一个式多个服务员(台)构成为随机到达顾客提供某些服务,而顾客视服务员(台)"闲"、"忙",并按其排队律被服务或者等待的系统叫做排队(服务)系统。这里,顾客和服务员(台)是广义的。

2) 组成:排队服务系统一般由顾客源、排队结构和服务机构构成(见图 6.2)。

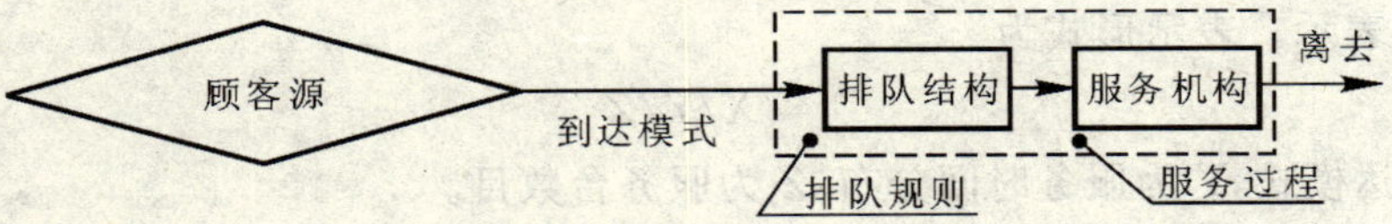

图 6.2　排队服务系统的组成及其基本要素

6.3.2　排队服务系统的基本要素

排队服务系统模型描述的基本要素为:到达模式、排队规则、服务机构及服务过程。

(1) 到达模式。描述随机地来到服务机构,要求某种类型服务的顾客的分布模式。到达模式又叫做系统输入过程,以随机到达时间表示。常见的到达模式有:定长分布、泊松分布、爱尔朗分布、指数分布及超指数分布等。

(2) 排队规则。排队规则是指在服务员完成对当前顾客服务时,从队列中(如果有排队的话)选取下一个顾客的规则。由于顾客到达和服务时间的随机性而产生了多种排队规则。排队规则简称排队律。

常见的排队律有:① 先到先服务(或先进先出)律,以 FIFO 表示。② 后到先服务(或后进先出),以 LIFO 表示。③ 优先服务律(优先级者先服务)。④ 随机律(以同等机会随机选择服务对象)。⑤ 其他。如当队长超过 N 时,后面到达顾客则自动离去;当顾客等待时间大于“T”时,顾客自动离去等。

(3) 服务机构:可提供特定类型服务的一定数量的服务员、服务台之间的配置形式。如几个服务台并行、串行或其他连接方式。通常有:单队 — 单服务台排队系统,单队 — 多服务台并联排队系统等。

(4) 服务过程:对各个顾客服务所需用时间形成的服务过程。它描述了服务过程的统计特性,同样具有一定分布特性。通常有如下分布:

1) 定长分布服务时间。所有顾客服务时间均为常数,以 D 表示。

2) 负指数分布服务时间。各个顾客服务时间彼此独立,具有相同负指数分布,其均值 $\frac{1}{\mu}$ 为平均服务时间,以 M 表示。

3) 爱尔朗分布服务时间。如果顾客的服务必须经过 K 个相串联服务台,每个服务台的服务时间 T_i 彼此相互独立,且均服从均值为 $1/k\mu$ 的负指数分布,则该顾客的总服务服务时间为 $T=\sum_{i=1}^{k}T_i$。显然,它将服从于均值为 $\frac{1}{\mu}$、方差为 $\frac{1}{k\mu^2}$ 的爱尔朗分布,以 E_k 表示。这就是爱尔朗分布服务过程的实际意义。

4) 一般随机分布服务时间。各个顾客的服务时间相互独立,具有相同分布的非负随机变量,对分布函数的分布形式未作进一步假定,以 G_I 表示。

5) 其他分布服务时间。如各服务员可具有不同的服务时间分布,服务时间分布依赖队长等。

6.3.3 排队服务系统模型的分类及符号表示

(1) 分类。排队服务系统分类方法甚多,应用较广泛的是 D. G. Kendall 分类法。这是一种按照上述排队系统三大组成特征要素的分类方法。

(2) 符号表示。表示形式为

$$X/Y/Z$$

式中,X 为到达模式,Y 为服务时间分布,Z 为服务台数目。

各种到达模式和服务时间分布的符号为:M—— 负指数分布;D—— 确定型分布(定长分布);E_k——K 阶爱尔朗分布;G_I—— 一般相互独立随机分布;G—— 一般随机分布。

(3) 举例:

例 6.1 $D/M/C$ 模型:表示具有确定到达时间间隔,服务时间为负指数分布,且具有 C 个服务台的排队服务系统。

例 6.2 $G_I/G/S$ 模型:描述了一个具有互相独立随机分布到达时间间隔,一般随机分布服务时间和 S 个服务员平行服务的排队服务系统。

6.3.4 排队服务系统的数学建模方法

排队服务常用数学建模方法有两种,即一般描述法和仿真语言描述法。一般描述法是排队服务系统建模的根本方法,其实质是对系统的基本要素进行如下具体数学描述:

(1) 到达模式的数学模型。借助相互到达时间来描述。所谓相互到达时间是指相邻两个实体(顾客)到达服务机构的先后间隔时间。若到达是恒定的,则时间间隔为常数;若到达是随机的,则采用概率函数来描述。此概率函数有两种:① 到达分布函数 $A_0(t)$—— 到达时间间隔大于一个给定时间 t 的概率;② 累积分布函数 $F(t)$—— 到达时间间隔小于给定时间 t 的概率。这里,$A_0(t)=1-F(t)$,且 $A_0(0)=1$ 随着 t 的增大,$A_0(t)$ 将减小。

常见到达分布函数及数学描述如下:

1) 定长到达分布:实体(顾客)在等距离时间间隔到达称为定长到达分布。其数学表达式为

$$A_0(t)=P\{T\leqslant \mathrm{t}\}=\begin{cases}0, & t\geqslant a\\ 1, & t\leqslant a\end{cases}$$

2) 泊松到达分布:实体(顾客)在给定时间长度为 t 的时间内发生有 n 个到达的概率。这是排队服务系统中典型的到达分布,其数学表式为

$$P(n)=\frac{(\lambda t)^n \mathrm{e}^{-\lambda t}}{n\,!},\quad n=0,1,\cdots$$

3) 指数到达分布:是一种有普遍实用意义的到达分布,其累积函数为

$$F(t)=y=1-\mathrm{e}^{-\lambda t}$$

若随机数 y 均匀分布,上式可简化为 $t=\dfrac{-\ln(y)}{\lambda}=T_a\ln(y)$,式中,$T_a$ 为平均相互达到时间。

4) 爱尔朗到达分布:这种到达分布常用于电话和通信交换系统中,其密度函数是

$$f(t)=(k\lambda)^k\left[\frac{\mathrm{e}^{-k\lambda t}}{(k-1)\,!}\right]t^{k-1}$$

到达分布函数为　$A_0(t)=\mathrm{e}^{-k\lambda t}\sum\limits_{n=0}^{k-1}\dfrac{(k\lambda t)^n}{n\,!}$,　k 为大于零的正整数

5) 超指数到达分布:这是方差大于均值的一类分布。其主要特点是数据更频繁地出现低值和高值。一般讲,当变异系数 C_v 大于 1 时,该数据即可用超指数分布拟合。它的分布函数为

$$A_0(t)=S\mathrm{e}^{-2S\lambda t}+(1-S)\mathrm{e}^{-2(1-S)\lambda t},\quad 0<S\leqslant\frac{1}{2}$$

其方差为 $S=KT^2$;变异系数是 $C_v=K^{\frac{1}{2}}$。式中,$K=\dfrac{(1-2S-2S^2)}{2S(1-S)}$。

6) 一般独立随机到达分布:这类分布的特点是:到达时间间隔互相独立,分布函数 $A(t)$ 是任意随机分布的。

(2) 服务过程的数学描述:服务过程以时间表示,通常考虑为常数。若作随机变量考虑时,需要用概率来描述。

在实际排队服务系统中,服务时间有如下规律:

1) 若服务时间是随机的,则可以用上述指数分布表示;

2) 若求得变异系数 C_v 与 1 差别很大,则服务时间可用爱尔朗分布或超指数分布描述;

3) 最普遍的随机服务时间为正态(高斯)分布,其密度函数为

$$f(z)=\frac{1}{(2\pi)^{1/2}}\mathrm{e}^{-x^2/2}$$

(3) 排队律描述。排队律就是排队服务系统的等待体制。如前所述，主要有如下四种：

1) 先人先出律。这是一种常规服务方式。在这种方式下，服务将首先提供给等待时间最长的一个顾客。

2) 后入先出律。这是一种就近规律，犹如计算机控制中的堆栈概念。在这种方式下，服务将首先提供给最后一个到达的顾客。

3) 随机律。在提供服务时间内，对所有等待顾客均进行随机选择服务。在这种方式下，被选择者具有均等被服务的机会，且服从正态分布。

4) 优先服务律。亦是一种常见排队律，又称为中断服务或强占服务。例如，计算机中通信网络的优先级，交通管理中的专车、警车、救火车，医务就诊中的急诊，电话交换中的火警、匪警、战备通信等都享有优先服务权。

综上述，排队服务系统的数学建模关键在于利用大量观测数据获得概率分布函数，并借助该函数正确地描述到达模型和服务过程。如何通过观测数据建立分布函数将在下章讲述。

除上述一般描述法建模外，还有仿真语言描述法。在面向结构的仿真语言中(如 GPSS, GSIMAN 等)，排队是由语言实现程序自动处理完成统计运算的。对于排队线来说，它只有两个基本操作，即入队和离队操作。这时，排队模型的确切形式将取决于服务员的个数和排队线的个数。不过，最基本的模型是单队线、单服务设备系统，更复杂的系统可通过对这种模型的修改、增强加以描述。

下面举两个典型排队服务系统利用一般描述法建模的实例。

例 6.3 某汽车加油站设有两台加油泵。车辆随时刻到达加油站，若两油泵被同时占用，使形成排队或等待线，每辆车的加油时间亦是随机的。为了建立这种离散事件系统的数学模型，进行了较长时间的观测，所得观测结果如表 6.1 所示。由此而求得的车辆到达模式为泊松公布，即 $P\{x=k\}=\dfrac{\lambda^k e^{-\lambda}}{k!}$。若本站采用先到先服务的排队规则，又两台加油泵加油时间的统计概率分布曲线分别为 $f(t)$ 和 $g(t)$。于是，所建立的该系统模型如图 6.3 所示。

表 6.1　某加油站服务系统的离散事件和系统状态

事件发生时刻(t_i)	车辆到达(E_A)	离散事件	系统状态		
			泵 1(E_{W1})	泵 2(E_{W2})	排队(长)
0		0	0	0	0
t_1	1	E_{A1}	1	0	0
t_2	1	E_{A2}	1	1	0
t_3	1	E_{W1}	3	2	4
t_4	0	E_{W2}	3	2	0
⋮	⋮	⋮	⋮	⋮	⋮
备　注	$E_A=0$ 表示无车辆到达，$E_A=1$ 为有车辆到达；随机离散事件有：车辆到达(E_A)，泵 1 加油完毕车辆离去(E_{W1})，泵 2 加油完毕车辆离去(E_{W2})				

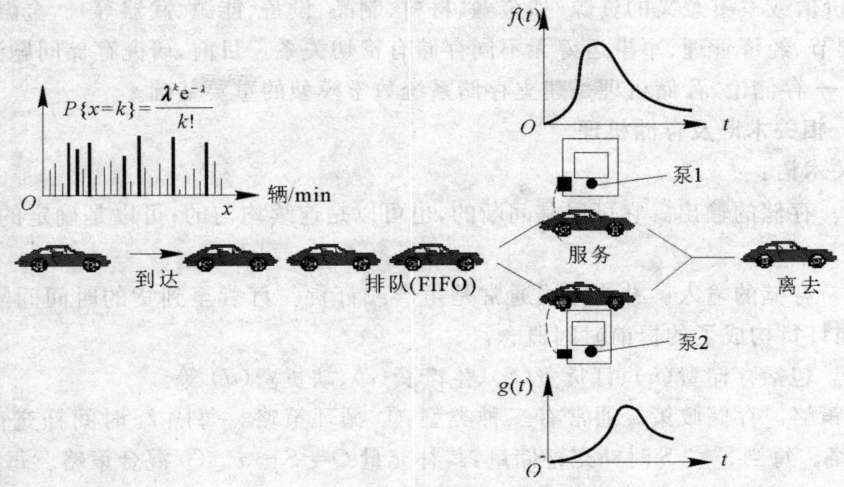

图 6.3　加油站服务系统模型

例 6.4　某防空导弹武器系统的排队服务问题。

某防空导弹武器系统，均配备有自动化指挥控制系统。在此情况下，发现跟踪目标、目标识别及飞行参数计算、目标威胁判断及火力分配等战斗过程由自动化指挥控制系统完成，而在火力分配后不再对各火力通道(单元)实施控制，各火力单元进行射击诸元计算并实施导弹发射与制导。于是该系统可当做串联的随机服务系统来描述(见图 6.4)。即目标流先接受自动化指挥控制系统的“服务”，从而形成串联状态的两个“服务台”。

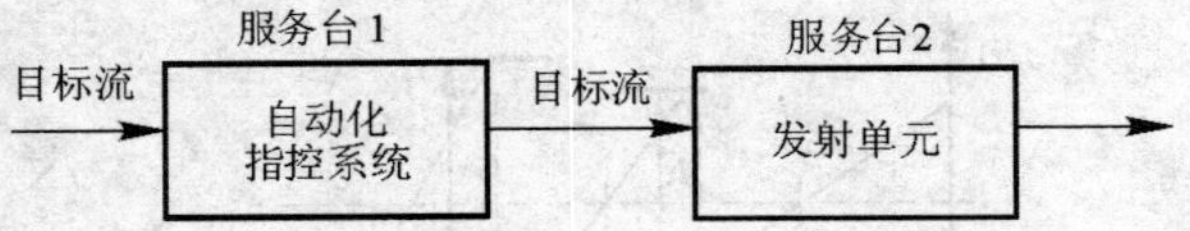

图 6.4　某防空导弹武器系统排队服务系统

若目标在某防空导弹武器系统发射区的停留时间较短，与武器发现、跟踪及处理目标数据、进行威胁判断、目标分配及发射制导弹所需的时间总和基本相等，则该服务系统是消失制随机服务系统。这时，来袭敌机可当做平均强度为 λ 的最简单流。指挥系统从发现目标到火力分配所需的时间服从参数为 μ_1 的指数分布律，而各发射单元射击目标所需要的时间服从参数为 μ_2 的指数分布律。其整个武器系统对目标的服务时间亦服从于指数分布律，分布函数为 $F(t)=1-e^{-(\mu_1+\mu_2)t}$。

这里，最简单流是指 λ 为常数时的平稳泊松事件流。一般讲，服务系统最难适应最简单流，按最简单流设计目标到达模式，无疑是从最困难的条件出发来考虑的。另外，大量的、互相独立的小强度随机流之和接近于最简单流。

6.4　存储系统的数学建模

6.4.1　引言

存储是极普遍的社会生活和产品供求现象，也是一种重要的技术手段。所谓存储是指存放具有经济价值或军事意义的资源(如金融、材料、制品、设备、能源、武器等)。金融周转、市场供求、水库调节、经济管理、军事运筹无不同存储有密切关系。目前,研究存储问题已形成一门独立学科 —— 存储论,存储机理是建立存储系统数学模型的重要基础。

6.4.2 相关术语及存储机理

(1) 相关术语:

1) 需求。存储的输出。它可以是间断的,也可以是连续均匀的;可以是确定的,也可以是随机的。

2) 补充。存储的输入。补充方式通常是生产或订货。订货至到货的时间间隔为拖后时间(L)。提前订货构成了的提前时间概念。

3) 费用。包括存储费(h)、订货费(S)、生产费(c)、缺货费(d) 等。

4) 存储策略。存储政策。通常有三种类型:① 循环策略。每隔 t_0 时间补充存储量 Q。②(x,S) 策略。每当 $x \leqslant S$ 时补充存储量,其补充量 $Q=S-x$。③ 混合策略。每隔 t 时间检查存储量,然后实行(x,S) 策略。这种策略以(t,x,S) 表示。

5) 需求率。单位时间内需要的物品数量,以 $r(t)$ 表示。

6) 订货点。订货的规定存储量,以 p 表示。

7) 订货量。一次订货的物品数量,用 q 表示。

8) 订货周期。相邻两次订货时间间隔,以 T_i 表示,$T_i = t_{i+1} - t_i$。

(2) 存储机理。一般地,存储机理为存储量因为需求而减少,由于补充而增加。但实际存储问题远非如此简单,它是一个复杂的存储量变化过程。如图 6.5 所示给出了存储量变化和补充的机理。

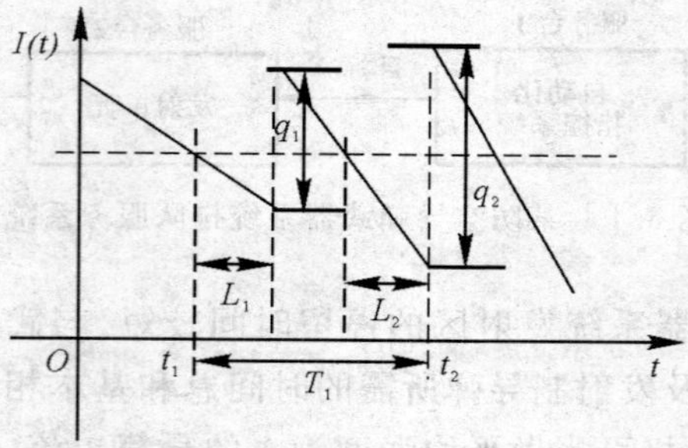

图 6.5　存储量变化 $I(t)$ 机理

6.4.3 存储系统数学模型的建立

在存储问题上,建模目标通常是使订货与存货费用之和最小。具体解决应何时订货和订货量为多少的问题。

这里有两类存储模型,即确定性存储模型和随机性存储模型。

(1) 确定性存储模型的建立。模型分两种情况,即不允许缺货和允许缺货。

【模型 Ⅰ】确定性需求,不允许缺货。

假定:① 需求率 R,订货费 S,存储费 h 均为常数;② 拖后 $L=0$ 时间 $L=0$(立即补充);③ 不容许缺货;④ 订货周期 T,每次订货量 q 为常数。

该模型建立过程如下:

1) 确定费用函数 $C(T)$。由假定已知：订货量 $Q=RT$；T 时间的平均订货费为 $\frac{C_1}{T}$；T 时间的平均存储最为 $\frac{1}{T}\int_0^T Rt\,\mathrm{d}t=\frac{1}{2}RT$，其平均存储费用为 $\frac{1}{2}RTC_2$。于是，T 时间内的总平均费用将是

$$C(T)=\frac{C_1}{T}+\frac{1}{2}C_2RT \tag{6.1}$$

式中，C_1 为订货费用；C_2 为存储费用。

2) 制订最优存储策略。可归结为求 T 使 $C(T)$ 最小。利用 $\frac{\mathrm{d}C(T)}{\mathrm{d}T}=0$ 得

$$T=\sqrt{\frac{2C_1}{RC_2}} \tag{6.2}$$

$$Q=\sqrt{\frac{2C_1R}{C_2}} \tag{6.3}$$

式(6.3)就是经济学中著名的经济订货批量公式(简称 E.O.Q 公式)。该公式表明，订货费越高，需求量越大，则每次订货批量应越大；储存费越高，则每次订货批量应越小。

【模型 Ⅱ】生产需要一定时间，确定性需求，不允许缺货。

假定条件除生产需要一定时间外，其余同模型 Ⅰ。

利用上述相同建模方法可得到该模型的基本方程如下：

经济订货批量
$$Q=\sqrt{\frac{2C_1PR}{C_2(P-R)}} \tag{6.4}$$

最优订货周期
$$T=\sqrt{\frac{2C_1P}{C_2R(P-R)}} \tag{6.5}$$

式中，P 为订货点。

【模型 Ⅲ】确定性需求，允许缺货。

假定条件除在单位时间内短缺单位数量的物品，需要支付短缺费 d 外，其余同模型 Ⅰ。

允许短缺货物的存储量 $I(t)$ 变化如图 6.6 所示。由图可见，在 T_1 期间 $I(t)>0$，需要支付全部存储量。而在 $(T-T_1)$ 内存储量 $I(t)<0$，需支付短缺费。若以 C_3 表示单位缺货费，则一个订货周期(T)的总费用为

$$C_1+C_2\frac{1}{2}RT_1^2+C_3\frac{1}{2}R(T-T_1)^2$$

而平均每天费用为

$$C(T,Q)=\frac{1}{T}\left[C_1+\frac{C_2}{2R}Q^2+\frac{C_3}{2R}(RT-Q)^2\right] \tag{6.6}$$

同样，最优策略为使 $C(T,Q)$ 最小的 T 和 Q。于是，由 $\frac{\partial C}{\partial T}=0$ 和 $\frac{\partial C}{\partial Q}=0$，求出

$$T=\sqrt{\frac{2C_1}{2C_2}\,\frac{C_2+C_3}{C_3}} \tag{6.7}$$

$$Q=\sqrt{\frac{2C_1R}{C_2}\,\frac{C_3}{C_2+C_3}} \tag{6.8}$$

由式(6.7)和(6.8)显而易见，当 $C_3\gg C_2$ 时，即缺货损失很大时，式(6.7)和(6.8)将变为

不允许缺货模型 Ⅰ 的式(6.2)和(6.3)。

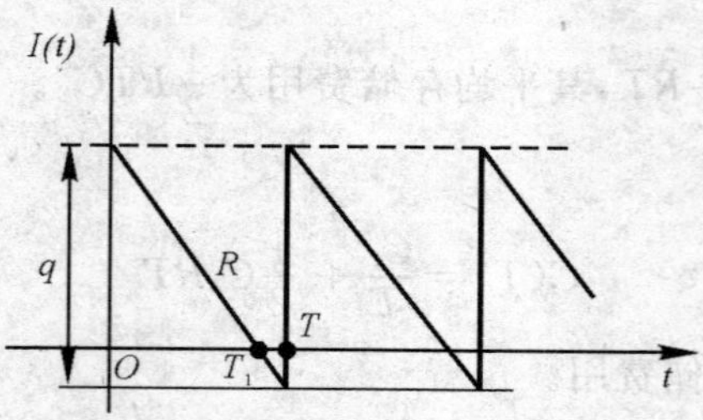

图 6.6 确定性需求,允许缺货时存储量 $I(t)$ 变化

【模型 Ⅳ】离散需求的存储模型。

假定需求时间为离散时,即在单位时间的需求次数为 n 次,每次需求量为 a。

这时,模型建立目标是,确定一次订货的最优数量 $Q=Ka$,使单位时间内的总存储费用 $C(K)$ 最少。模型建立的过程如下:

单位时间的总需求量为 na;最大存储量为 $(K-1)a$;订货周期 $T=\dfrac{Ka}{na}=\dfrac{K}{n}$;

总存储费用 $C(K)=\dfrac{a(K-1)}{2}h+\dfrac{Sn}{K}$($K$ 为正整数);将 K 当做实变量 x,对 $C(x)$ 求导有 $\dfrac{\mathrm{d}C(x)}{\mathrm{d}x}=\dfrac{1}{2}ah-\dfrac{Sn}{x^2}=0$,可解得

$$x^*=\sqrt{\frac{2Sn}{ah}} \tag{6.9}$$

取 $\hat{K}=[x^*]$ 并比较 $C(\hat{K})$ 及 $C(\hat{K}+1)$。若 $C(\hat{K})\leqslant C(\hat{K}+1)$,则 $\hat{K}a$ 为最优订货量;若 $C(\hat{K})>C(\hat{K}+1)$,则 $(\hat{K}+1)a$ 为最优订货量。

(2) 随机存储模型的建立。实际中,需求率 R,拖后时间 L,订货量 Q,订货周期 T 等都可能是随机变量。对此,作如下讨论。

1) 确定订货点 p。假定各单位时间的需求量 $R_i(i=1,2,\cdots)$ 是独立同分布的随机变量序列,且 R_i 的分布函数为 $F(x)$,分布密度函数为 $f(x)$,于是可分两种情况:

ⅰ. 拖后时间 L 为确定已知正整数。L 期间的需求量为 $R_L=R_1+R_2+\cdots+R_i$。由假定知,R_L 分布应是 $F(x)$ 的 n 次卷积。其中,$R_L\sim(F*\cdots)$,$G(x)$,$F^*G(x)=\int_{-\infty}^{\infty}F(x-y)\mathrm{d}G(y)$。

若假定 R_i 近似服从均值为 S,方差为 σ^2 的正态分布 $N(S,\sigma)$,可立即得知 $R_L\sim N(L_S,\sqrt{L}\sigma)$,从而求出风险水平为 α 的订货点 R_0($\alpha>0$ 的充分小正数)

$$P(R_L<R_0)=P\left(\frac{R_L-L_S}{\sqrt{L}\sigma}<\frac{R_0-L_S}{\sqrt{L}\sigma}\right)$$

这时,由 $Z\overset{\text{dif}}{=}\dfrac{R_L-L_S}{\sqrt{L}\sigma}$ 查表知 $P(Z<Z_\alpha)=1-\alpha$ 的 Z_α。于是,$R_0=L_S+\sqrt{L}\sigma Z$。

ⅱ. L 为整值随机变量。若已知 L 的概率函数为 $\{P(n),n\geqslant 0\}$,则 R_L 的分布函数为

$$P(R_L\leqslant R)=\sum_{n=0}^{\infty}P(R_n\leqslant R)P(n)=\sum_{n=0}^{\infty}F_n(R)P(n),\quad R\geqslant 0$$

式中，F_n 为 F 的 n 次卷积。

期望值　　$$E(R_L)=\int_0^{\infty}P\cdot\sum_{n=0}^{\infty}P(n)\mathrm{d}F_n(P)=\sum_{n=0}^{\infty}P(n)\int_0^{\infty}P\mathrm{d}F_n(P)$$

2) 确定订货量。不失一般，若订货周期 T 是随机变量，其概率分布为 $G(t)$，在 t 期间需求次数 $n(t)$ 服从泊松分布，则在 T 期间的需求量 $Y(T)$ 的分布函数为

$$H(y)=P(Y(T)<y=\int_0^{\infty}\sum_{n=0}^{\infty}F_n(y)\frac{(\lambda t)^n}{n!}\mathrm{e}^{-\lambda t}\mathrm{d}G(t)$$

给定风险水平 α 后，从 $H(R_0)=1-\alpha$ 可能确定 R_α，R_α 称为具有风险水平 α 的订货量。

(3) 单周期随机存储模型。假定需求量 R 是一个随机变量，分布函数 $F(r)$，分布密度为 $f(r)$。这里，单周期随机存储系指一次性订货。问题是：确定最优订货量 Q，使总损失的期望值达到最小。这时，订购费 S 与订货量 Q 无关，故无须考虑订购费，订货量 Q 大于需求量 R 则付损失费，否则付短缺费。由此，可得总费用的期望值为

$$E[(Q)]=h\int_0^{Q}(Q-r)f(r)\mathrm{d}r+d\int_0^{\infty}(r-Q)f(r)\mathrm{d}r$$

为使 $E[(Q)]$ 为最小，必须满足

$$\frac{\mathrm{d}E[(Q)]}{\mathrm{d}Q}=H\int_0^{Q}f(r)\mathrm{d}r-d\int_0^{\infty}f(r)\mathrm{d}r=0$$

于是，有　　$$F(Q^*)=\int_0^{Q^*}f(r)\mathrm{d}r=\frac{d}{d+h}$$

式中，d 为短缺每单位物品的损失费。

由此可见，最优订货量 Q^* 是 F 分布的 $\frac{d}{d+h}$ 一分点。

6.5　采样数据系统的数学建模

6.5.1　引言

有一个或多个变量仅在采样瞬时(kT) 变化的系统称采样数据系统，简称采样系统。计算机控制系统就是典型的采样系统。在实际研究和分析这种系统时，可近似当做线性离散系统来处理。因此，本节将主要讨论线性离散系统数学模型的建立。

6.5.2　线性离散系统的主要模型形式

描述线性离散系统的主要模型形式有：差分方程、Z 传递函数和离散状态空间表达式。

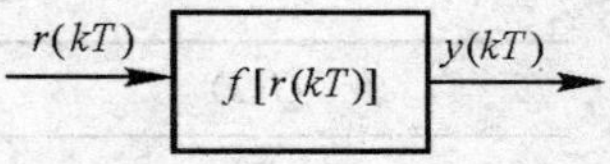

图 6.7　线性离散系统

(1) 差分方程。对于如图 6.7 所示的线性离散系统，其输入与输出之间的关系可用如下线性常系数方程描述：

$$\begin{aligned}&y(kT)+a_1y(kT-T)+a_2y(kT-2T)+\cdots+a_{n-1}y(kT-nT+T)+\\&\quad a_ny(kT-nT)a_{n-1}y(kT-nT+T)+a_ny(kT-nT)=\\&\quad b_0r(kT)+b_1r(kT-T)+b_2r(kt-2T)+\cdots+\\&\quad b_{m-1}r(kT-mT+T)+b_mr(kT-mT)\cdots\end{aligned}\tag{6.10}$$

或表示成
$$y(kT)=\sum_{i=0}^{m}b_i r(kT-iT)-\sum_{i=1}^{n}a_i y(kT-iT) \tag{6。11}$$

(2) Z 传递函数。在线性离散系统中，Z 传递函数定义为：在零初始条件下，一个环节(或系统)的输出脉冲序列的 Z 变换 $Y(z)$ 与输入脉冲序列的 Z 变换 $R(z)$ 之比。即

$$G(z)=\frac{Z[y(kT)]}{Z[r(kT)]}=\frac{Y(z)}{R(z)} \tag{6.12}$$

由于采样系统通常由线性离散环节和连续环节两部分构成，所以 z 传递函数对采样系统有着特殊的作用，这就是它常常作为上述两部分的统一数学模型形式。因此，存在对连续环节(或系统)进行离散化的问题。离散化方法很多，但常用的有冲激不变法，部分分式法和留数法等。

(1) 冲激不变法。其步骤为：① 求 $g(s)$ 的脉冲过渡函数 $h(t)=L^{-1}[g(s)]$；② 按采样周期 T，对 $h(t)$ 采样，得到单位冲激响应 $h(kT)$；③ 由 z 变换定义及 $G(z)=Z[h(kT)]$ 得到 Z 传递函数 $G(z)$。

例 6.5 试求如图 6.8 所示带零阶保持器对象的 Z 传递函数 $G(z)$。

解 由图知，该对象的传递函数为 $G(s)=\dfrac{a(1-e^{-T})}{s(s+a)}$，相应的脉站过渡函数为

$$y(t)=L^{-1}[G(s)]=L^{-1}\left[(1-e^{-Ts})\left(\frac{1}{s}-\frac{1}{s-a}\right)\right]=u(t)-u(t-T)-e^{-aT}+e^{-a(i-T)}$$

对 $y(t)$ 采样、离散化后，得 $y(kT)=u(kT)-u(kT-T)-e^{akT}+e^{-a(kT-T)}$，于是

$$G(z)=Z[y(kT)]=\frac{z}{z-1}-\frac{1}{z-1}-\frac{z}{z-e^{-aT}}+\frac{1}{z-e^{-aT}}=\frac{1-e^{-aT}}{z-e^{-aT}}$$

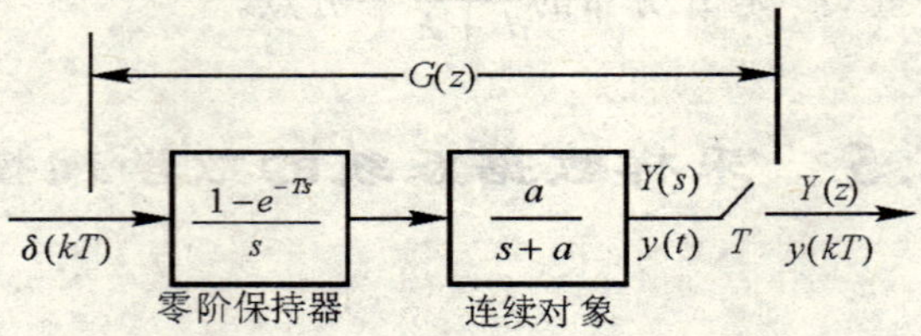

图 6.8 带零阶保持对象的 Z 传递函数

为方便读者，表 6.2 给出了典型环节 $G(s)$ 带零阶保持器的 Z 传递函数。

表 6.2 典型环节的传递函数和 Z 传递函数

$G(s)$	$G(z)$
$\dfrac{K}{T_1 s+1}$	$\dfrac{K(1-e^{-T/T_1})z^{-1}}{1-e^{-T/T_1}z^{-1}}$
$\dfrac{K}{T_1 s}$	$\dfrac{KTz^{-1}}{T_1(1-z^{-1})}$
$\dfrac{K}{s(T_1 s+1)}$	$\dfrac{Kz^{-1}(T-T_1e^{-T/T_1})+(T_1-Te^{-T/T_1}-T_1e^{-T/T_1})z^{-1}}{1-(1+e^{-T/T_1})z^{-1}+e^{-T/T_1}z^{-2}}$

续 表

$G(s)$	$G(z)$
$\frac{K}{(T_1s+1)(T_2s+1)}$	$\frac{K(b_0+b_1z^{-1})z^{-1}}{(T_2-T_1)(1+a_1z^{-1}+a_2z^{-2})}$ 其中，$b_0=T_1(e^{-T/T_1}-1)-T_2(e^{-T/T_2-1})$ $b_1=T_2e^{-T/T_1}(e^{-T/T_2-1})-T_1e^{-T/T_2-1}(e^{-T/T_1}-1)$ $a_1=-(e^{-T/T1}+e^{-T/T_2})$ $a_2=e^{-(T/T_1+T/T_2)}$
$\frac{Ke^{-\tau s}}{T_1s+1}$	$\frac{K(1-e^{-T/T_1})z^{-\tau/T-1}}{1-e^{-T/T_1}z^{-1}}$
$\frac{Ke^{-\tau s}}{T_1s}$	$\frac{KTz^{-\tau/T-1}}{T_1(1-z^{-1})}$
$\frac{Ke^{\tau s}}{s(T_1s+1)}$	$\frac{Kz^{-\tau/T-1}[(T-T_1+T_1e^{-T/T_1})+(T_1-Te^{-T/T_1}-T_1e^{-T/T_1})z^{-1}]}{1-(1+e^{-T/T_1})z^{-1}+e^{-T/T_1}z^{-2}}$
$\frac{Ke^{-\tau s}}{(T_1s+1)(T_2s+1)}$	$\frac{K(b_0+b_1z^{-1})z^{-1}}{(T_2-T_1)(1+a_1z^{-1}+a_2z^{-2})}$ 其中，$b_0=T_1(e^{-T/T_1}-1)-T_2(e^{-T/T_2-1})$ $b_1=T_2e^{-T/T_1}(e^{-T/T_2-1})-T_1e^{-T/T_2-1}(e^{-T/T_1}-1)$ $a_1=-(e^{-T/T_1}+e^{-T/T_2})$；　$a_2=e^{-(T/T_1+T/T_2)}$

2) 部分分式法。若 $G(s)=M(s)\Big/\prod_{i=1}^{n}(s+s_i)=\sum_{i=1}^{n}\frac{A_i}{(s+s_i)}$，则

$$G(z)=\sum_{i=1}^{n}(s+s_i)G(s)z/(z-e^{sT})\Big|_{S=-S_I} \tag{6.13}$$

例 6.6　已知 $G(s)=\frac{K}{(s+a)(s+b)}$，求 $G(z)$。

解　将 $n=2,s_1=-a,s_2=-b$ 代入式(6.13)式，得

$$\begin{aligned}G(z)=&(s+a)Kz/(s+a)(s+b)(z-e^{sT})\,|_{S=-a}+\\&(s+b)\times Kz/(s+a)(s+b)(z-e^{sT})\,|_{s=-b}=\\&Kz(e^{-aT}-e^{-bT})/(b-a)(z-e^{-aT})(z-e^{-bT})\end{aligned}$$

3) 留数法。若 $G(s)$ 已知，具有 N 个不同极点，且有 l 个重极点，则

$$G(z)=\sum_{i=1}^{N}[1/(l-1)!\,]\frac{d^{l-1}}{ds^{l-1}}[(s+s_i)^lG(s)z/(z-e^{sT})]\,|_{s=-s_i} \tag{6.14}$$

例 6.7　已知 $G(s)=\frac{K}{s^2(s+a)}$，求 $G(z)$。

解　将 $N=2,l_1=2,s_1=0,s_2=-a$，代入式(6.14)得

$$G(z)=\frac{d}{ds}\{s^2[K/s^2(s+a)]z/(z-e^{sT})\}\Big|_{s=0}+$$

$$\frac{d^0}{ds^0}\{(s+a)\times[K/s^2(s+a)]z/(z-e^{sT})\}\Big|_{s=-a}=$$

$$\frac{Kz[(e^{-aT}+aT-1)z+1-aTe^{-aT}-e^{-aT}]}{a^2(z-1)^2(z-e^{-aT})}$$

有关 Z 传递函数与差分方程的相互转换，开环 Z 传递函数和闭环 Z 传递函数的求法读者可参考有关文献。

(3) 离散状态空间表达式。与线性连续系统类似，线性离散系统的离散状态空间表达式可表示成

$$x(kT+T)=Fx(k)+Gu(kT) \tag{6.15}$$

$$y(kT)=Cx(kT)+Du(kT) \tag{6.16}$$

式中，F 为状态阵，G 为输入阵，C 为输出阵，D 为传输阵。

式(6.15) 称为状态方程，式(6.16) 称为输出方程。

该表达式的相应状态变量图如图 6.9 所示。

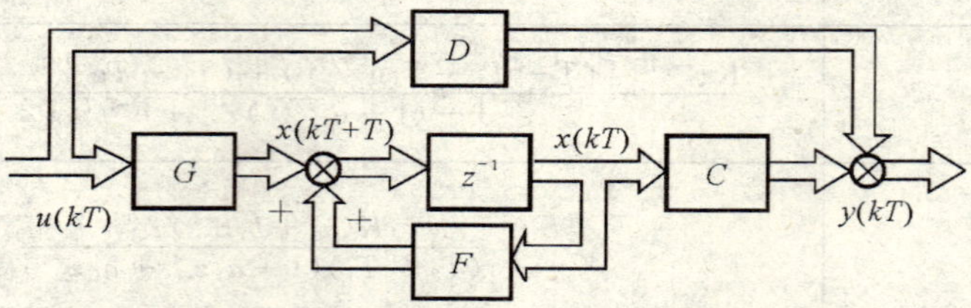

图 6.9　线性离散系统的状态变量图

离散状态空间表达式可由差分方程导出，亦可由 Z 传递函数建立。

1) 由差分方程导出离散状态空间表达式。

若对于单输入-单输出的线性离散系统可用 n 阶差分方程来描述

$$y(kT+nT)=\sum_{i=0}^{m}b_iu(kT+mT-iT)-\sum_{i=1}^{n}a_iy(kT+nT-iT) \tag{6.17}$$

为了得到状态空间表达式，则可适当选择状成变量，将高阶差分方程化为一阶差分方程组，然后表示成向量形式，最终便得到离散状态空间表达式

$$\left.\begin{aligned}x(kT+T)&=\boldsymbol{F}x(kT)+\boldsymbol{G}u(kT)\\ y(kT)&=\boldsymbol{C}x(kT)+\boldsymbol{D}u(kT)\end{aligned}\right\} \tag{6.18}$$

式中

$$\boldsymbol{F}=\begin{bmatrix}0&1&0&\cdots&0&0\\0&0&1&\cdots&0&0\\\vdots&\vdots&\vdots&&\vdots&\vdots\\0&0&0&\cdots&0&1\\-a_n&-a_{n-1}&-a_{(n-2)}&\cdots&-a_2&-a_1\end{bmatrix},\quad \boldsymbol{G}=\begin{bmatrix}h_1\\h_2\\\vdots\\h_{n-1}\\h_n\end{bmatrix}$$

$$\boldsymbol{C}=[1\quad 0\quad 0\quad \cdots\quad 0\quad 0],\quad \boldsymbol{D}=[h_0]$$

$$\left.\begin{aligned}&h_0=b_0,\quad h_1=b_1-a_1h_0,\quad h_2=b_2-a_1h_1-a_2h_0,\cdots\\&h_n=b_n-a_1h_{n-1}-a_2h_{n-2}-\cdots-a_nh_0\end{aligned}\right\} \tag{6.19}$$

系统的初始条件 $x_1(0),x_2(0),\cdots,x_n(0)$ 可由下式决定

$$\left.\begin{aligned}x_1(0)&=y(0)-h_0u(0)\\x_2(0)&=y(T)-h_0u(0)-h_1u(0)\\&\vdots\\x_n(0)&=y(nT-T)-h_0u(nT-T)-h_1u(nT-2T)-\cdots-h_{n-1}u(0)\end{aligned}\right\}\tag{6.20}$$

例 6.8　设线性离散系统的差分方程为 $y(kT+2T)+y(kT+T)+0.16y(kT)=u(kT-T)+2u(kT)$，试导出离散状态空间表达式。

解　设状态变量为

$$x_1(kT)=y(kT)$$
$$x_2(kT)=x_1(kT+T)-u(kT)$$

有

$$\begin{cases}x_1(kT+T)=x_2(kT)+u(kT)\\x_2(kT+T)=-0.16x_1(kT)-x_2(kT)+u(kT)\\y(kT)=x_1(kT)\end{cases}$$

这时，离散状态空间表达式为

$$\begin{bmatrix}x_1(kT+T)\\x_2(kT+T)\end{bmatrix}=\begin{bmatrix}0&1\\-0.16&-1\end{bmatrix}\begin{bmatrix}x_1(kT)\\x_2(kT)\end{bmatrix}+\begin{bmatrix}1\\1\end{bmatrix}u(kT);y(kT)=\begin{bmatrix}1&0\end{bmatrix}\begin{bmatrix}x_1(kT)\\x_2(kT)\end{bmatrix}$$

初始条件为

$$\begin{bmatrix}x_1(0)\\x_2(0)\end{bmatrix}=\begin{bmatrix}y(0)\\y(T)-u(0)\end{bmatrix}$$

当然，亦可直接利用式(6.18)，(6.19)，(6.20)得到。这时，显然有

$$n=2,\ a_0=1,\ a_1=1,\ a_2=0.16,\ b_0=0,\ b_1=1,\ b_2=2$$
$$h_0=b_0=0,\ h_1=b_1-a_1h_0=1,\ h_2=b_2-a_1h_1-a_2h_2=1$$

$$\boldsymbol{F}=\begin{bmatrix}0&1\\-0.16&-1\end{bmatrix},\quad \boldsymbol{G}=\begin{bmatrix}h_1\\h_2\end{bmatrix}=\begin{bmatrix}1\\1\end{bmatrix},\quad \boldsymbol{C}=[1\quad 0],\quad \boldsymbol{D}=[h_0]=[b_0]=0$$

2) 由 Z 传递函数建立离散状态空间表达式。通常可采用直接程序法、分式展开法、迭代程序法和嵌套程序法等。

例 6.9　设线性离散系统的 Z 传递函数法为 $G_c(z)=\dfrac{2z^2+5z+1}{z^2+3z+2}$，试建立离散状态空间表达式。

解　可采用迭代程序法。将原 Z 传递函数改写成 $G_c(z)=2+\dfrac{1}{z+1}\cdot\dfrac{-z-3}{z+2}$ 相应系统状态变量图如图 6.10 所示。

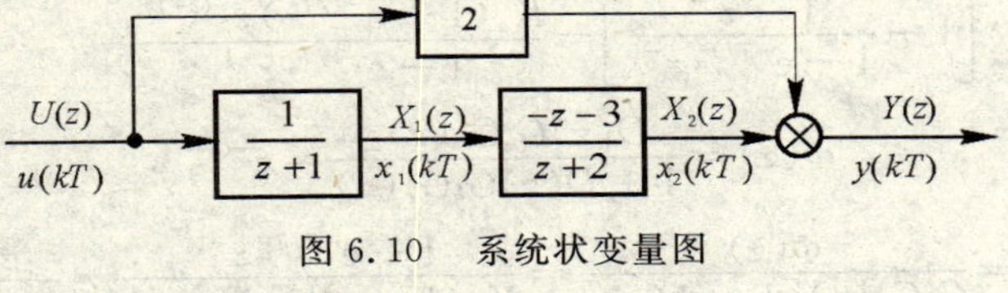

图 6.10　系统状变量图

由图可得
$$\begin{cases}X_1(z)=\dfrac{1}{z+1}U(z)\\X_2(Z)=\dfrac{-Z-3}{Z+2}X_1(z)\\Y(z)=X_2(z)+2U(z)\end{cases}$$

于是有
$$\begin{cases}x_1(kT+T)=-x_1(kT)+u(kT)\\x_2(kT+T)=-x_1(kT+T)-3x_1(kT)-2x_2(kT)=\\\qquad -2x_1(kT)-2x_2(kT)-u(kT)\\y(kT)=x_2(kT)+2u(kT)\end{cases}$$

由上式可得离散状态空间表达式
$$\begin{cases}\begin{bmatrix}x_1(kT+T)\\x_2(kT+T)\end{bmatrix}=\begin{bmatrix}-1 & 0\\-2 & -2\end{bmatrix}\begin{bmatrix}x_1(kT)\\x_2(kT)\end{bmatrix}+\begin{bmatrix}1\\-1\end{bmatrix}u(kT)\\y(kT)=[0\quad 1]\begin{bmatrix}x_1(kT)\\x_2(kT)\end{bmatrix}+[2]u(kT)\end{cases}$$

6.5.3 计算机控制系统建模实例

例 6.10 某计算机控制系统如图 6.11 所示。若 $G_h(s)$ 为零阶保持器，且已知 $\tau=\alpha T$（其中，α 为正整数，T 为采样周期），欲使系统在单位阶跃输入下（即 $R(s)=\dfrac{1}{s}$），输出量 $C(z)$ $\dfrac{z^{-(\alpha+1)}}{1-z^{-1}}$，试建立数字控制器 $D(z)$ 的数学模型。

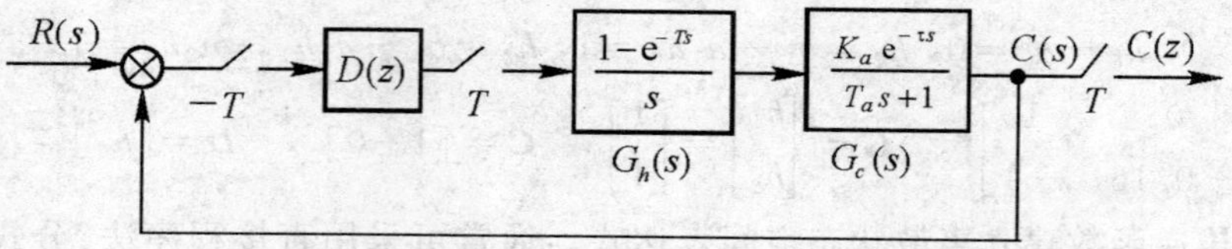

图 6.11 某计算机控制系统结构图

解 由题知，
$$C(z)=\Phi(z)R(z)=\frac{z^{-(\alpha+1)}}{1-z^{-1}}$$

式中，$\Phi(z)$ 为系统闭环脉冲传递函数，且 $\Phi(z)=z^{-(\alpha+1)}$。因为

$$G_hG_c(z)=Z[(G_h(s)]=Z\left[\frac{K_a(1-e^{-Ts})e^{-\tau s}}{s(T_as+1)}\right]=(1-z^{-1})z^{-\alpha}Z\left[\frac{K_a}{s(T_as+1)}\right]=$$
$$(1-z^{-1})z^{-\alpha}\left[\frac{K_a}{1-z^{-1}}-\frac{K_a}{1-e^{-T/T_a}z^{-1}}\right]=$$
$$K_az^{-\alpha}\left[1-\frac{1-z^{-1}}{1-e^{-T/T_a}z^{-1}}\right]=\frac{K_a(1-e^{-T/T_a})z^{-(\alpha+1)}}{1-e^{-T/T_a}z^{-1}}$$

且
$$\Phi(z)=\frac{D(z)G_zG_c(z)}{1+D(z)G_hG_c(z)}=z^{-(\alpha+1)}$$

故可解得
$$D(z)=\frac{\Phi(z)}{G_hG_c(z)[1-\Phi(z)]}=\frac{1-e^{-T/T_a}z^{-1}}{K_a(1-e^{-T/T_a})z^{-(\alpha+1)}}\cdot\frac{z^{-(\alpha+1)}}{1-z^{-(\alpha+1)}}=$$
$$\frac{1-e^{-T/T_a}z^{-1}}{K_a(1-e^{-T/T_a})(1-z^{-(\alpha+1)})}$$

例 6.11　计算机控制系统如图 6.12 所示。若采用数字 PID 控制，试建立数字控制器 $D(z)$ 的数学模型。已知该模型的形式为 $D(z)=K_p+\frac{K_i}{1-z^{-1}}+K_d(1-z^{-1})$。

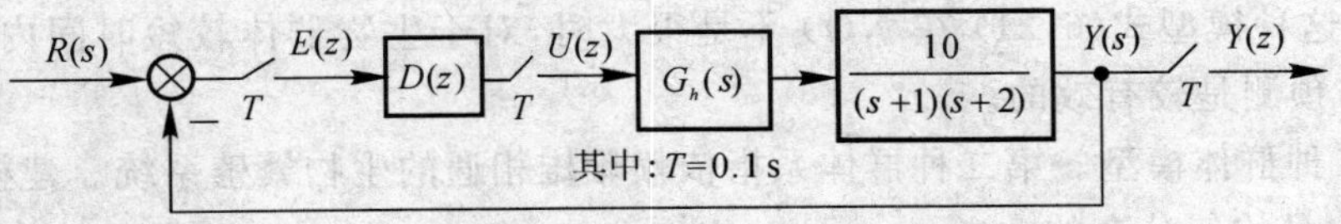

图 6.12　带数字 PID 控制器的计算机控制系统

解　显然，广义对象的 Z 传递函数为

$$HG(z)=Z\left[\frac{1-e^{-sT}}{s}\cdot\frac{10}{(s+1)(s+2)}\right]=\frac{0.0453(z+0.904)}{(z-0.905)(z-0.819)}$$

由题知

$$D(z)=K_p+\frac{K_i}{1-z^{-1}}+K_d(1-z^{-1})=$$

$$\frac{(K_p+K_i+K_d)\left(z^2-\frac{K_p+2K_d}{K_p+K_i+K_d}z+\frac{2K_d}{K_p+K_i+K_d}\right)}{z(z-1)}$$

根据自动控制理论，假设 $K_p=1$ 已定，并使 $D(z)$ 的两个零点对消 $HG(z)$ 的两个极点，$z_1=0.905$ 和 $z_2=0.819$，则有

$$z^2-\frac{K_p+2K_d}{K_p+K_i+K_d}z+\frac{K_d}{K_p+K_i+K_d}=(z-0.905)(z-0.819)$$

由上式得

$$\begin{cases}\frac{K_p+2K_d}{K_p+K_i+K_d}=1.724\\ \frac{K_d}{K_p+K_i+K_d}=0.7412\end{cases}$$

于是，可解出 $K_i=0.069$，，$K_d=3.062$。

最终获得数字 PID 控制器的数学模型——Z 传递函数为

$$D(z)=\frac{4.131(z-0.905)(z-0.819)}{z(z-1)}$$

6.6　增长或衰减过程的数学建模

6.6.1　引言

生长、发展到死亡往复不止是事物发展的基本规律之一。在此，事物几乎都要经历增长或衰增的过程。这类过程统称为群体增长或衰减过程，其数学建模按说是离散事件系统问题。但通常在群体数量较大，而又变化数量相对微小时，可近似当做连续系统处理。

6.6.2　群体增长理论模型及应用

(1) 第一种群体模型。第一种群体系指数某些原始有机群体。这种群体模型建立的假定条件是：群体数量变化率与该群体现有数量成正比。

设该群体数量为 $N=N(t)$，它的变化规律可用微分方程描述

$$\frac{dN(t)}{dt}=rN(t),\quad N\geqslant 0 \tag{6.21}$$

式中，r 为常数，$r=b-d$，b 为出生率，d 为死亡率。

显然，N 的增减将决定于 r。若 $r>0$，则 $N(t)$ 是指数增长；若 $r<0$，则 $N(t)$ 为指数衰减。

应指出，这种模型式(6.21) 在 $N(t)$ 不是很大时，对于生物群体较短时间内内部增长(或衰减)过程作预测是较有效的。

(2) 第二种群体模型。第二种群体系指依赖雌雄相遇的生物繁殖系统。建模假定条件是群体在环境中是均匀分布的。

设雌雄相遇次数与群体总数 $N(t)$ 第二次方成正比。这时有

$$\frac{\mathrm{d}N(t)}{\mathrm{d}t}=bN(t)^2-aN(t),\quad a,b>0 \tag{6.22}$$

解此模型，不难发现：① 当 $t\to\infty$，$N(t)=N_\infty=\frac{a}{b}$；② 若 $N_0<N_\infty$，且 $N_0<\frac{a}{b}$ 时，$N(t)$ 为单调递增函数。这里，$N_0=N(t)|_{t=0}$；③ 若 $N_0>N_\infty$，且 $N_0>\frac{a}{b}$ 时，$N(t)$ 为单调递减函数。

在此基础上，韦赫斯特提出了一个重要人口模型，即

$$\frac{\mathrm{d}N(t)}{\mathrm{d}t}=aN-bN^2,\quad a,b>0 \tag{6.23}$$

据此，生态学估计，以现阶段的生产力和技术水平，世界人口的总数上限将是 $N_\infty\approx100$ 亿(人)。人口统计表明，迄今为止的 200 多年中，世界人口处于加速增长期，目前人口已达到 $N_\infty/2$。因此，人类必须自觉调节人口数量，控制人口的过快增长。

(3) 第三种群体模型。这种群体系指两个相互依赖、相互制约的群体。模型假定条件是：① 甲群体有充分生存食物，而乙群体以甲为食物；② 甲乙相遇是偶然的，其机遇与两个群体规模乘积成正比；③ 乙有效出生率与两类群体规模成正比，死亡率与本群规模成正比。这里，以 $x(t)$，$y(t)$ 分别表示甲、乙群体 t 时的规模(总数)。

在此假定下有描述这两种群体增长(或衰减)的微分方程组

$$\left.\begin{aligned}\frac{\mathrm{d}x}{\mathrm{d}t}&=ax-bxy\\\frac{\mathrm{d}y}{\mathrm{d}t}&=-cy+dxy\end{aligned}\right\} \tag{6.24}$$

由分析式(6.24) 可得出重要结论：

在无人扼杀情况下：① 任意 t 时，$x(t)$ 和 $y(t)$ 均大于零，即两群体都不会绝迹；② 对于任意 t，$x(t)$ 和 $y(t)$ 都有上限，即两群体不可能无限制地增长。这就是群体自然生存竞争的特点。

如果引入人类扼杀因素，并假定两类群体是均匀分布，人类扼杀它们的数量与两类群体的自然数成正比，则模型式(6.24) 可改写成

$$\left.\begin{aligned}\frac{\mathrm{d}x}{\mathrm{d}t}&=ax-bxy-\mathrm{e}x\\\frac{\mathrm{d}y}{\mathrm{d}t}&=-cy+dxy-\mathrm{e}y\end{aligned}\right\} \tag{6.25}$$

式中，e 为人类扼杀两群体的水平系数。

分析式(6.25)表明，当扼杀量不大时($a>e$)，人类扼杀将会使甲群体和乙群体的数量平均值 $\bar{y}=\frac{a-e}{b}$，$\bar{x}=\frac{c+e}{d}$ 均减小，但将使乙群体在两群体总量的百分比增加。这无疑具有普遍实用意义。如研制和使用农药时必须十分注意不致危害害虫的天敌，否则农药既杀死害虫亦杀害天敌，天敌的减少会使害虫的数量有所增加。

6.6.3　离散增长过程模型的建立

银行复利和分期偿还问题是一种典型的离散增长过程。下面就以此为例建立离散增长过程的数学模型。

(1) 银行复利问题的数学模型。设银行按如下规则进行存户储蓄：

1) 储蓄的年利率为 $r\%$；

2) 所付利息 1 年内复合 n 次，即把 1 年分成 n 个相等时间段，所付利息为每一时间段的末尾；

3) 任何时间都可以存款，但存款利息只从下一时期开始计算，在时间段开始第一天的存款立即开始计算利息；

4) $n=2$ 是相应于半年复利，而 $n=365$ 则相应于逐日计算复利。

复利问题的建模目标是预测任意给定时间的账目余额。

设 $y(k)$ 为第 k 期结束时的总存款；$u(k)$ 为第 k 期内的新存款。

显然，前一时期余下的本金为 $y(k-1)$；在$(k-1)$时期内由本金 $y(k-1)$ 得到的利息为 $(r/n)y(k-1)$；在第 k 期内新存入的存款为 $u(k)$。于是，按上述规则有

$$y(k)=y(k-1)+\left(\frac{r}{n}\right)y(k-1)+u(k)=\left(1+\frac{r}{n}\right)y(k-1)+u(k) \tag{6.26}$$

例 6.12　设银行半年复利为 3.6%，初始存款 1 000 元，某存户的半年存款数如下：476 元，355 元，－217 元，727 元。试求两年后的余额。

解　对照模型式(6.26)有参数 $r=0.036$，$n=2$，$u(0)y=y(0)=1\,000$，$u(1)=476$，$u(2)=355$，$u(3)=-217$，$u(4)=727$，将上述参数值代入式(6.26)可求得各时间段结束时的余额

$$y(1)=(1+0.036/2)y(0)+u(1)=1\,494\text{ 元}$$

$$y(2)=1.018y(1)+355=1\,875.89\text{ 元}$$

$$y(3)=14.018y(2)-217=1\,692.66\text{ 元}$$

最后两年后的总余额为 $y(4)=1.018y(3)+727=2\,450.13$ 元。

(2) 分期偿还问题的数学模型。

例 6.13　设某企业为了技术改造向银行贷款 d 元，借款按定期支付偿还。每次支付一部分以减少未付本金，而余下部分支付利息。若计划每次借还 p 元，N 次还完。试建立分期偿还计划的数学模型。

解　令 $y(k)$ 为第 k 段时间后未清债务，$u(k)$ 为第 k 次支付的款额，r 为每次支付期的利率，则有如下差分方程

$$y(k)=y(k-1)+ry(k-1)-u(k)=(1+r)y(k-1)-u(k) \tag{6.27}$$

按照题知，$K=N$ 和 $y(N)=0$，求解方程式(6.27)可得

$$y(N)=(1+r)^N d-p\,\frac{(1+r)^N-1}{r}$$

于是有
$$p=\frac{r\,(1+r)^N}{(1+r)^N-1}d$$

这就是分期偿还的数学模型。显然，每次计划偿还款 p 是贷款额 d、每次支付期利率 r 和计划偿还次数 N 的函数。

6.7 离散型输入-输出问题的数学建模

6.7.1 引言

离散型输入-输出问题是一类重要的离散系统。例如，投入-产出、电网络问题、化工混合物浓度等就属此类系统。这类问题的数学建模目标是描述输入-输出间的数量关系。其模型形式可以是差分方程、微分方程组及函数表格等。

6.7.2 电网模型的建立

下面以实例来说明这类模型的建立方法与过程。

例 6.14 设有一电阻网络如图 6.13(a) 所示，(b) 为一段支路情况。试建立该网络以回路电流为输出的数学模型。

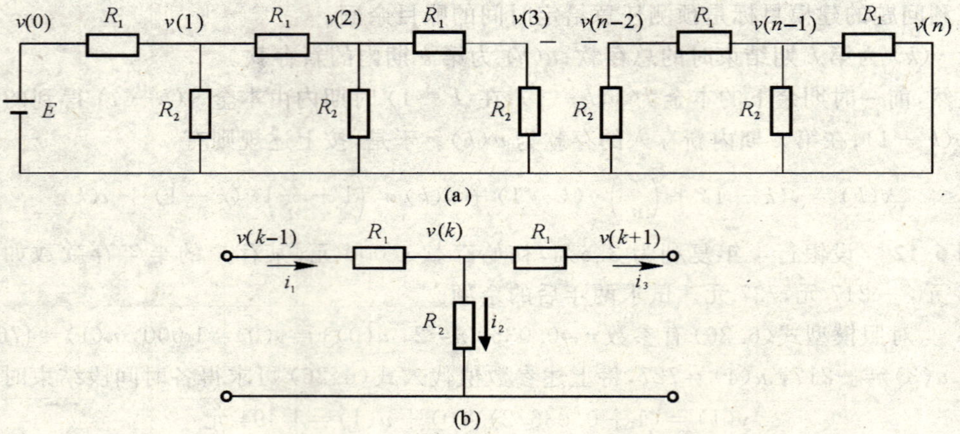

图 6.13 T 型电阻网络及分析支路

(a) 模型电阻电路； (b) 第 k 个支路

解 任取网络中一段支路 k(见图 6.13(b))。由克希霍夫电流定律有：$i_1=i_2+i_3$。将节点电压关系式代入得
$$\frac{v(k-1)-v(k)}{R_1}=\frac{v(k)-v(k+1)}{R_1}+\frac{v(k)}{R_2}$$

经整理上式得
$$v(k+1)-\left(\frac{2a-1}{a}\right)v(k)+v(k-1)=0 \tag{6.29}$$

式中，$a=R_2/R_1$。

边界条件为
$$v(0)=E,\quad v(n)=0 \tag{6.30}$$

令 $i(k)$ 为第 k 个回路中的回路电流，类似地有

$$[i(k)-i(k-1)]R_1+i(k)R_2+[i(k)-i(k+1)]R_1=0$$

整理后得$(2R_1+R_2)i(k)-R_1i(k-1)-R_1i(k+1)=0$，即

$$(2+a)i(k)-i(k-1)-i(k+1)=0 \tag{6.31}$$

边界条件为

$$\left.\begin{aligned} &i(1)=I \\ &(2+a)i(n)=i(n-1) \end{aligned}\right\} \tag{6.32}$$

式中，I 为电流强度。

式(6.31)和式(6.32)就是所建立的该电网络以回路电流 $i(k)$ 为输入的输入-输出型数学模型。

6.7.3　投入-产出模型的建立

投入-产出模型一般具有多种描述形式，但通常以表格 R 形式出现。在分析经济系统动态行为时，还采用微分方程。如表 6.3 所示给出了投入-产出模型的表格形式。

(1) 投入产出表。

表 6.3　投入-产出表(货币形式)

产出 投入		中间产品				合计	消费	储备	出口	合计	总产出
		1,	2,	…	n						
部门	1	x_{11}	x_{12}	…	x_{1n}					y_1	x_1
	2	x_{21}	x_{22}	…	x_{2n}					y_2	x_2
	⋮	⋮	⋮	…	⋮					⋮	⋮
	n	x_{n1}	x_{n2}	…	x_{nn}					y_n	x_n
折　旧		d_1	d_2	…	d_n						
新的创造价值	工资	v_1	v_2	…	v_n						
	利润	m_1	m_2	…	m_n						
	合计										
总产出		x_1	x_2	…	x_n						

投入-产出表中的基本方程为：

1) 产出分配方程

$$x_i=\sum_{j=1}^{n}x_{ij}+y_i,\quad i=1,2,\cdots,n \tag{6.33}$$

2) 产值方程：第 i 部门的总成本 C_i 和总产值分别为

$$C_i=\sum_{j=1}^{n}x_{ji}+d_i+v_i,\quad i=1,2,\cdots,n \tag{6.34}$$

$$x_i=C_i+m_i \quad 或 \quad x_i=\sum_{j=1}^{n}x_{ji}+z_i,\quad i=1,2,\cdots,n \tag{6.35}$$

式中，$z_i=d_i+v_i+m_i$。

3) 投入产出方程：对于同一部门有

$$\sum_{n} x_{ij} + y_i = \sum_{n} x_{ij} + z_i, \quad i = 1, 2, \cdots, n \tag{6.36}$$

4) 直接消耗系数(技术系数)

$$a_{ij} = \frac{x_{ij}}{x_j}, \quad i, j = 1, 2, \cdots, n \tag{6.37}$$

矩阵 $\mathbf{A} = (a_{ij})_{n \times n}$ 称为直接消耗系数矩阵。

5) x_i, y_i, z_i 换算关系

$$x_j = \frac{z_j}{1 - \sum_{i=1}^{n} a_{ij}}, \quad j = 1, 2, \cdots, n \tag{6.38}$$

$$x_i = \sum_{j=1}^{n} a_{ij} x_j + y_i, \quad i = 1, 2, \cdots, n \tag{6.39}$$

6) 完全消耗系数。完全消耗包括直接消耗和间接消耗。$\boldsymbol{B} = (b_{ij})_{n \times n}$ 称为完全消耗系数矩阵。可以证明 $\boldsymbol{B} = (\boldsymbol{I} - \mathbf{A})^{-1} - \boldsymbol{I}$。

7) 直接综合能耗系数与完全综合能耗系数。直接综合能耗系数是以标准煤折合的部门单位产品生产过程中所消耗的各种能源数量之和。完全综合能耗系数的折合与上相同。但不仅包括生产过程中能源的直接消耗,而且包括材料、厂房、机器、设备等在生产过程中的间接消耗。能耗系数一般均有各产品的对照表可查。

8) 劳动力分配方程:劳动力分配可用劳动力消耗方程描述

$$T = \sum_{i=1}^{n} l_i = \sum_{i=1}^{n} t_i x_i \tag{6.41}$$

式中,t_i 为劳动量消耗系数。表示第 i 部门生产一个单位产品 x_j 所需劳动量。显然 $t_i = \dfrac{l_i}{x_j}$。

(2) 投入-产出微分方程。为方便起见,在不考虑外贸经济且只生产同一产品的情况下,其投入-产出关系为

$$Y = F(K, L) \tag{6.42}$$

式中,$Y = Y(t)$ 为产品的产量;F 为生产函数;K, L 为投入资金,劳动力。

设 F 是线性齐次的,即

$$F(aK, aL) = aF(K, L) \tag{6.43}$$

这表示投入要素均扩大 a 倍,产出亦扩大同样的倍数。

若令 $a = \dfrac{1}{L}$,且规定每个工人的产量为 $y = Y/L$,资金为 $k = K/L$,则有

$$y = Y/L = F(k, L)/L = F(k, 1) \tag{6.44}$$

令 $F(k, 1) = f(k)$,有 $y = f(k)$。

这是一种呈拱形的单调增长的生产函数。此时,产出产品或用于消费或用于投入,因而

$$Y(t) = C(t) + I(t) \tag{6.45}$$

式中,C, I 为消费与投资速率,投资用于增加的资金的储备。故有

$$\frac{\mathrm{d}k}{\mathrm{d}t} = I \tag{6.46}$$

联立式(6.43)~(6.46)得 $y = \dfrac{C(t)}{L} + \dfrac{1}{L} \cdot \dfrac{\mathrm{d}k}{\mathrm{d}t}$,令 $c = C(t)/L$ 为每个工人的消费,又 $\dfrac{\mathrm{d}k}{\mathrm{d}t} =$

$$\frac{\mathrm{d}}{\mathrm{d}t}\left(\frac{k}{L}\right)=\frac{1}{L}\frac{\mathrm{d}k}{\mathrm{d}t}\frac{1}{L}k$$

假定劳动力按指数增长，即 $L=L_0\exp(\lambda t)$，代入上式得

$$\frac{\mathrm{d}k}{\mathrm{d}t}=f(k)-\lambda k-C \tag{6.47}$$

这就是经济增长的基本模型。该模型表明，对于一定的消费类型 $c=C(t)$，方程式(6.47)便确定了投资方针。

如总消费随时间线性增长，即 $c=at+b$，又设生产函数亦是线性，即 $f=\mu k$，则式(6.47)变成

$$\frac{\mathrm{d}k}{\mathrm{d}t}-(\mu-\lambda)k=-(at+b) \tag{6.48}$$

(3)“瓶颈”过程的数学模型。在研究影响或制约经济发展的众多因素问题时，所得到的模型往往是一组微分方程。求解这些微分方程组不难发现，其中生产率的提高取决于最缺乏的资源或最薄弱的环节，这种广泛存在于工业和经济中的现象，叫做“瓶颈”过程。描述此过程的数学模型为

$$\frac{\mathrm{d}S_c}{\mathrm{d}t}=\min[K_aS_a,TF,MP,IA,\cdots] \tag{6.49}$$

式中，$\frac{\mathrm{d}S_c}{\mathrm{d}t}$ 为生产率；S_a 为生产能力或生产条件；TF 为运输设施；MP 为人力资源；IA 为企业管理；… 为其例子因素；min 为诸因素中取最小值。

习　题　6

1. 什么是离散事件系统？有何突出特点？如何用数学方法来描述离散事件系统？
2. 试述排队服务系统及其基本要素，以及模型分类与符号表示方法。
3. 如何用数学方法来描述排队服务系统，并举例说明。
4. 存储系统有哪几类主要模型，如何建立？
5. 线性离散系统有哪几种主要模型形式？试写出它的数学表达式。
6. 举例说明计算机控制系统的数学建模方法和过程。
7. 举例说明离散增长过程数学建模的方法及过程。
8. 在经济系统中，如何描述投入-产出规律，其主要模型形式有哪些？

第7章　随机(过程)系统的数学建模技术与应用

7.1 引　　言

众所周知,一切随时间变化的过程,往往都要受到某些不确定因素的作用。这些不确定因素常常又服从某种统计规律,这种具有统计规律的不确定因素称为"随机因素"。如飞行器的飞行过程,不仅受到人为控制量的作用,同时还会受到大气扰动、电子干扰等随机因素的影响。所有经济问题、军事作战等同样也会受到某些随机因素(如供求变化、政策出台、兵力部署、武器效能等)的影响。

所谓随机系统,就是指受上述随机因素作用的时间过程。一般说,对于任何一个随机系统,应包含用以描述系统与外部联系的输入-输出对,以及用以描述随机因素作用于系统的随机干扰。从这点讲,随机系统数学建模的目标在于,建立与实际随机过程在统计意义下的等价输入-输出关系和因果关系。因此,随机系统的数学建模将以随机系统理论和概率统计学为基础。

应该指出,随机(过程)系统是十分广泛的,这里仅讨论输入随机过程、科学试验中的典型概型、系统可靠性、灰色系统及某些军事作战系统等问题。

7.2 系统输入随机过程及其概率分布描述

7.2.1 系统输入随机过程数学建模概述

由于计算机仿真的需要,系统输入随机过程的数学建模在随机系统建模中显得更为突出。这类系统建模,常采用两种工程方法:一是按独立数据选择或确定系统输入的概率分布;二是对相关数据建立时间序列模型。本节将主要讲述第一种方法。

在选择或确定输入随机变量概率分布时,有三种方法供采用:理论分布拟合法、经验分布拟合法和半经验分布拟合法。

当数据不独立时,可建立时间序列模型。但应指出,它仅适于数据服从正态分布的情况。有关时间序列模型的建立将在下节讲述。

7.2.2 输入随机变量的概率分布选择与确定

系统输入随机过程数学模型的建立实质上是如何选择与确定系统输入的概率分布。这里,有如下三种方法。

(1)理论分布拟合法。如前所述,在概率统计法建模中,由于理论分布形式简明,且可以提供所选用概率分布的附加信息,也可以在无法获得数据的区间,特别是概率分布的尾部得到合理的插值。因此,在可能的情况下,尤其是根据实际输入随机过程的特征、性能等可以初步认定它属于某一类型理论分析的情况下，应当选择理论分布去拟合观测数据。

理论分布选择的具体方法是，首先选定一种类型的理论分布，如正态分布、指数分布等，然后估计其分布的参数，最后进行概率分布拟合性检验。

1)连续理论分布类型的选择。理论分布类型，除按照上述输入随机过程的特征、性能等直接判断进行选择外，通常还可以借助一些数学方法来确定。对于连续理论分布有：点统计法、直方图法和概率图法。

ⅰ. 采用点统计法选择连续分布。设 X 为连续随机变量，则 $\delta_c=\sqrt{\dfrac{Var(X)}{E(X)}}$ 称为分布的方差系数。其中，$Var(X)$ 和 $E(X)$ 分别为该分布的主差和均值。如表 6.1 所示给出了许多典型连续分布的方差系数。由表可知，这些分布的方差系数是其分布参数的函数，具有显著的特征，如指数分布最有特色，其 $\delta_c=1$。这样，按给定观测数据便可估计其方差系数：$\delta_c=\dfrac{\sqrt{S^2}}{X}$，式中 S^2 和 $\overline{X}$ 分别为样本方差和样本均值。这里，$S^2=\dfrac{1}{N}(\sum_{i=1}^{N}X_i^2-N\overline{X})$，$\overline{X}=\dfrac{1}{N}\sum_{i=1}^{N}X_i$。于是，根据方差系数的估值 $\hat{\delta}_c$ 按照表 7.1 便可确定出概率分布的类型。

表 7.1　几种典型理论连续概率分布的方差系数 δ_c

分　布	δ_c	δ_c 取值范围
均匀分布 $U(a,b)$	$(b-a)/[\sqrt{3}(a+b)]$	$(-\infty,\infty)^*$
指数分布 $E(\beta)$	1	1
伽玛分布 $\Gamma(\alpha,\beta)$	$a^{-1/2}$	$\begin{cases}>1,\alpha<1\\=1,\alpha=1\\<1,\alpha>1\end{cases}$
韦伯分布 $W(\alpha,\beta)$	$\left\{\dfrac{\Gamma[(2/\alpha)+1]}{[\Gamma(1/\alpha+1)^2]}-1\right\}^{1/2}$	$\begin{cases}>1,\alpha<1\\=1,\alpha=1\\<1,\alpha>1\end{cases}$
正态分布 $N(\mu,\sigma^2)$	σ/μ	$(-\infty,\infty)^*$
对数分布 $LN(\mu,\sigma^2)$	$(e^{\sigma^2}-1)^{1/2}$	$(0,\infty)$
贝塔分布 $\beta(\alpha_1,\beta_2)$	$[\dfrac{\alpha_1}{\alpha_2}(\alpha_1+\alpha_2+1)]^{-1/2}$	$(0,\infty)$
三角分布 $T(a,b,c)$	$\dfrac{(a^2+b^2+c^2-ab-ac-bc)^{1/2}}{\sqrt{2}(a+b+c)}$	$(-\infty,\infty)^*$

注：* 不包含零

例 7.1　为提高基础设施公路交通的利用率，要求设计出某站汽车随机到达的数学模型。特作了如下统计：在 90 min 期间，有 220 辆汽车到达，如表 7.2 所示给出了 $N=219$ 辆汽车到达的时间间隔。设第 i 辆汽车和第 $(i+1)$ 辆汽车到达的时间间隔 X_i $(i=1, 2, \cdots, 219)$。试用点统计法确定该数学模型的理论分布类型。

解 由于 $\bar{X}=\dfrac{\sum\limits_{i=1}^{219}X_i}{N}=0.399$，$S^2=\dfrac{1}{N-1}\sum\limits_{i=1}^{N}(X_i-\bar{X})^2=0.144$

故有方差系统数 $\hat{\delta}_c=\dfrac{\sqrt{S^2}}{\bar{X}}=0.95\approx 1$，对照表 7.1 中的 δ_c，显然可以选择指数分布。

表 7.2 按增序排列的 $N=219$ 辆汽车到达时间间隔(min)统计

0.10	0.06	0.10	0.20	0.28	0.45	0.56	0.88
0.01	0.06	0.11	0.21	0.29	0.45	0.57	0.90
0.01	0.06	0.11	0.21	0.30	0.46	0.57	0.93
0.01	0.06	0.11	0.21	0.31	0.47	0.60	0.95
0.01	0.07	0.11	0.21	0.31	0.47	0.61	0.97
0.01	0.07	0.11	0.21	0.32	0.47	0.61	1.03
0.01	0.07	0.12	0.21	0.35	0.48	0.63	1.05
0.01	0.07	0.12	0.22	0.35	0.49	0.63	1.05
0.02	0.07	0.12	0.22	0.35	0.49	0.64	1.06
0.02	0.07	0.12	0.22	0.36	0.49	0.65	1.09
0.03	0.07	0.13	0.23	0.36	0.49	0.65	1.10
0.03	0.07	0.13	0.23	0.36	0.50	0.65	1.11
0.03	0.07	0.14	0.23	0.37	0.50	0.69	1.12
0.04	0.07	0.14	0.23	0.37	0.50	0.69	1.17
0.04	0.08	0.14	0.23	0.38	0.51	0.70	1.18
0.04	0.08	0.14	0.24	0.38	0.51	0.72	1.24
0.04	0.08	0.15	0.25	0.38	0.51	0.72	1.24
0.04	0.08	0.15	0.25	0.38	0.51	0.72	1.28
0.04	0.09	0.15	0.25	0.38	0.52	0.74	1.33
0.05	0.09	0.15	0.25	0.39	0.52	0.75	1.38
0.05	0.10	0.15	0.25	0.40	0.53	0.76	1.44
0.05	0.10	0.15	0.26	0.40	0.53	0.77	1.51
0.05	0.10	0.17	0.26	0.41	0.53	0.79	1.72
0.05	0.10	0.18	0.26	0.41	0.54	0.84	1.83
0.05	0.10	0.19	0.26	0.43	0.54	0.86	1.96
0.05	0.10	0.19	0.27	0.43	0.55	0.87	
0.05	0.10	0.19	0.28	0.43	0.55	0.88	
0.05	0.10	0.20	0.28	0.44	0.56	0.88	

ⅱ. 采用直方图法选择连续分布。直方图是一种将观测数据转换成反映概率密度函数的图形。利用直方图可完成对任何连续概率分布的选择。直方图构成及随机变量密度函数确定如下：

a. 求出数据最大值 $X_{\max}$ 和最小值 X_{mix}，选择两个界点 a(稍小于 X_{mix})和 b(稍大于 $X_{\max}$)，并将所有样本的数值范围划分为 k 个相邻接的等长离散区间，其分界点为：$a=a_0<a_1<a_2<\cdots<a_i<\cdots<a_k=b$，其中，$a_i-a_{i+1}=\dfrac{b-a}{k}(i=1,2,\cdots,k)$。

b. 统计落入每个子区间的数据的频率 f_i，$f_i=M_i/N$，式中，M_i 为数据落入每个子区间的频数。

显然，当 N 很大时，f_i 可近似地表示随机变量 $X=\{x_i\}$ 在$\{a_{i+1},a\}$区间内取值的概率。

c. 在 x，y 平面上的每个子区间$[a_{i+1},a_i]$上画一个长方形，其高度为

$$y=\frac{f_i}{a_{i+1}-a_i}$$

该长方形面积显然等于 f_i，此即直方图。

d. 过每一长方形“顶边”画一条曲线。这条曲线便近似地代表了该随机变量的密度函数 $F(x)$，若同表 7.1 中的分布 $F(x)$ 比照，便可确定相应的理论分布。如图 7.1 所示给出了一般直方图的基本形状。

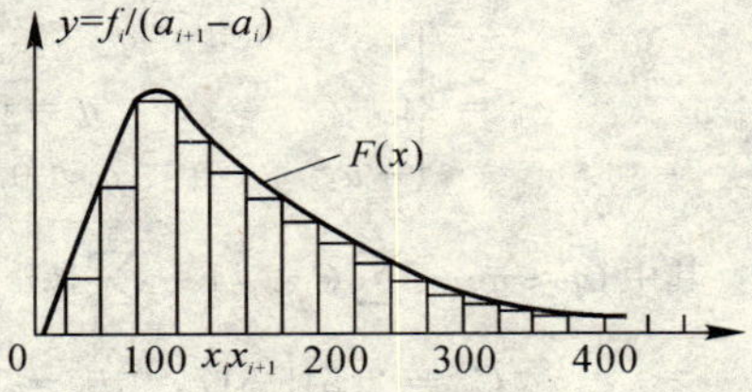

图 7.1　直方图绘制及密度函数 $F(x)$ 的确定

例 7.2　对于例 7.1，亦可采用直方图法选择其理论分布。这里，由 $a_0=0$，$\triangle a=0.050$，0.075 和 0.100 可作出三种不同的直方图。显然，$\triangle a=0.100$ 时，其直方图是较平滑的(见图 7.2)，其形状同指数密度函数相似，故仍以选择指数分布为宜。

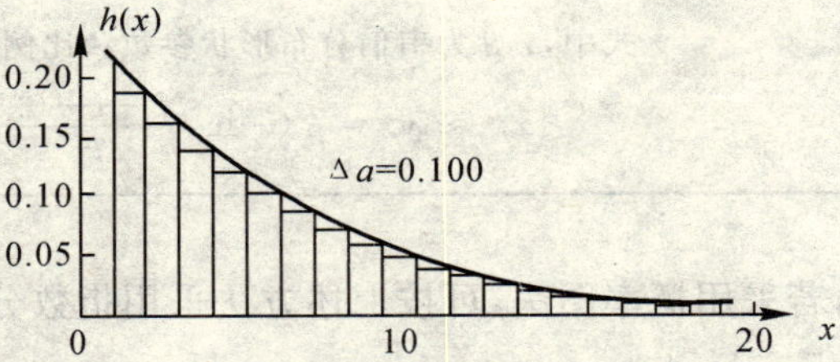

图 7.2　按表 7.2 到达时间间隔数据绘制的直方图

ⅲ. 采用概率图法选择连续分布。概率图为已有数据 $x_1,x_2,\cdots,x_n$ 的分布函数的一个估计．同样是通过与被考虑为数据模型的标准分布函数图形相比较而得到的。

利用概率图法对给定数据选择概率分布的做法如下：

a. 先取一种理论分布 $G(x)$，然后经验分布函数值 $F_N(x_i^*)$ 取 $q=\dfrac{i-0.5}{N}$　$(i=1,2,\cdots,$

N)，其要应理论分布 $G(y)$ 的分位数为 $y_q = G^{-1}(\frac{i-0.5}{N})(i=1,2,\cdots,N)$。

b. 由$(x_i, G^{-1}(\frac{i-0.5}{N}))(i=1,2,\cdots,N)$，组成概率图。

c. 判断：若上述图形为直线（无论截距和斜率为何数值），均可认为给定数据大致属于所选择之理论分布类型。否则，应予以拒绝而重新选择。

注意，通常在计算理论分布的分位数时，取位置参数 $\gamma=0$，比例参数 $\beta=1$。

如表 7.3 所示给出了几种理论分布的实用分位数公式。

表 7.3　几种理论分布的分位数 y_q 的计算公式

y_q ／ 分布类型	计　算　公　式
均匀分布	$y_q = \frac{i-0.5}{N},\quad i=1,2,\cdots,N$
指数分布	$y_q = \ln(\frac{N+0.5-i}{N}),\quad i=1,2,\cdots,N$
正态分布	$y_q = \Phi^{-1}(\frac{i-0.5}{N})$ 亦可采用近似公式（其最大绝对误差 0.000 44） $y_q = \begin{cases} u, & 0.5<q<1,\quad v=1-q \\ 0, & q=0.5 \\ -u, & 0<q<0.5, v=q \end{cases}$ 其中，$u \approx w - \sum_{i=0}^{2} C_i w^i / 1 + \sum_{i=1}^{3} d_i w^i, w = (-2\ln v)^{-1/2}$ $C_0 = 2.515\,517,\quad d_1 = 1.432\,788$ $C_1 = 0.802\,853,\quad d_2 = 0.189\,269$ $C_2 = 0.010\,328,\quad d_3 = 0.001\,308$
对数正态分布	按正态分布处理，即同上
韦伯分布	$y_q = \beta(-\ln\frac{N-i+0.5}{N})^{1/\alpha},\quad i=1,2,\cdots,N$ 式中，α,β 为韦伯分布形状参数和比例系数，并取 $x_i^* \approx y_g = \beta(-\ln\frac{N-i+0.5}{N})^{1/\alpha}$

例 7.3　对于例 7.1，若采用概率图法，可按上述方法采用指数分布绘制出一概率图，其成对点是$(x_q, -\ln\frac{(N+0.5-i)}{N})$，其图的形状近似为直线，亦可证明确属指数分布。

综上三例可见，所要求汽车随机到达的模式可采用指数分布类型。

2）离散理论分布类型的选择。离散理论分布选择基本与连续分布类似，主要有两种方法，即点估计法和线图法。

ⅰ. 点估计法。与连续分布的点统计法相同，仍采用方差系数作为分布特征量。离散方差系数定义为

$$\delta_d = \frac{Var(X)}{E[X]}$$

其估计公式为

$$\hat{\delta}_d = \frac{S^2}{\quad}$$

式中，S^2，$\overline{X}$ 分别是样本方差和样本均值。

如表 7.4 所示给出了部分离散理论分布的方差系数。

表 7.4　几种离散理论分布的方差系数

分　　布	δ_d	δ_d 取值范围
伯努利分布(p)	$1-p$	(0,1)
离散均匀分布(i,j)	$\frac{(j-i+1)^2-1}{6(i+j)}$	$(-\infty,\infty)$
二项分布(N,p)	$1-p$	(0,1)
几何分布(p)	$1/p$	$(1,\infty)$
负二项分布(s,p)	$1/p$	$(1,\infty)$
泊公分布(λ)	1	{1}

ⅱ. 线图法。离散分布的线图相应于连续分布的直方图。图中直线长度代表出现该值的概率。

例 7.4　如表 7.5 所示给出了 $N=87$ 个一天里某仓库所需要的物品项数的观测数据(按增序排列)。试据此选择适合的概率分布类型。

表 7.5　$N=87$ 时，库存系统的需求物品数量

1	3	4	4	5	6	6	7	8	8	9	11
1	3	4	5	5	6	6	7	8	8	9	12
1	3	4	5	5	6	7	7	8	9	9	12
2	3	4	5	5	6	7	7	8	9	9	
3	4	4	5	5	6	7	7	8	9	10	
3	4	4	5	5	6	7	7	8	9	11	

解　可采用点统计法或线图法。

若采用点统计法：由点统计法知，因为 $\overline{X}(87)=6.115$，$S^2(87)=5.777$，所以 $\hat{\delta}_d=S^2/X=0.945$。对照表 7.4，由于 $\hat{\delta}_d$ 略小于 1，所以可首先考虑选择泊松分布。

若采用线图法：可首先类似前述直方图构成方法，作出表 7.5 中数据的线图(见图 7.3)。因为该数据的线图形状与泊松分布相似，故应选择泊松分布。

综上述，选择泊松分布是较合理的。

3) 分布参数估计。仅凭概率分布类型是不能描述具体输入随机过程的，还必须通过独立观测数据对已选择的理论分布进行参数估计。常用的参数估计方法有矩估计法和极大似然估计法。

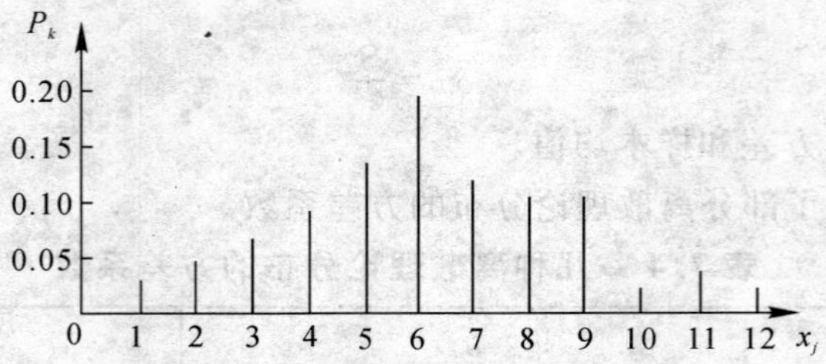

图 7.3　某仓库所需求物品数据的线图

ⅰ. 矩估计法。设给定的数据 $x_1,x_2,\cdots,x_N$ 是随机变量 X 的样本，且已知随机变量 X 的密度函数为 $f(x,\theta_1,\theta_2,\cdots,\theta_m)$。其中，$\theta_1,\theta_2,\cdots,\theta_m$ 是待估计的参数。显然，X 的 k 阶原点矩 $\mu_k=E(X^k)$ 亦是 $\theta_1,\theta_2,\cdots,\theta_m$ 的函数。可写成

$$\begin{cases} g_1(\theta_1,\theta_2,\cdots,\theta_m)=\mu_1 \\ g_2(\theta_1,\theta_2,\cdots,\theta_m)=\mu_2 \\ \vdots \\ g_m(\theta_1,\theta_2,\cdots,\theta_m)=\mu_m \end{cases}$$

在实际中，可用样本 k 阶原点矩作为总体 k 阶原点矩的估计，即

$$\hat{\mu}_k=\frac{1}{N}\sum_{i=1}^{N}X_i^k$$

联立以上两式求解，便可求出参数 $\theta_1,\theta_2,\cdots,\theta_m$。

例 7.5　已知随机变量 X 为正态分布 $N(\mu,\sigma^2)$，且 $x_1,x_2,\cdots,x_N$ 是样本，试求分布参数 μ 和 σ^2 的估值。

解　应用矩估计法。正态分布 $N(\mu,\sigma^2)$ 的一阶和二阶原点矩为

$$\mu_1=E(X)=\mu,\qquad \mu_2=E(X^2)=\sigma^2+\mu^2$$

μ_1,μ_2 的估计量为

$$\hat{\mu}_1=\frac{1}{N}\sum_{i=1}^{N}x_{\mathrm{i}},\qquad \hat{\mu}_2=\frac{1}{N}\sum_{i=1}^{N}x_i^2$$

代入上式，并解方程组便可得正态分布的参数 μ,σ^2 的估值

$$\hat{\mu}=\frac{1}{N}\sum_{i=1}^{N}x_{\mathrm{i}}=\overline{X}$$

$$\hat{\sigma}^2=\hat{\mu}_2-1^2=\frac{1}{N}\sum_{i=1}^{N}x_i^2-\left(\frac{1}{N}\sum_{i=1}^{N}x_i^2\right)^2=\frac{1}{N}\sum_{i=1}^{N}(x_i-\overline{X})^2$$

应指出，用矩估计法估计参数较方便，但在大样本下其精度一般不如下列极大似然估计。

ⅱ. 极大似然估计法。设给定数据 $x_1,x_2,\cdots,x_N$ 是随机变量 X 的一个样本，且密度函数 $f(x,\theta_1,\theta_2,\cdots,\theta_m)$ 为已知，其中 $\theta_1,\theta_2,\cdots,\theta_m$ 为待估计参数，这时

$$L_N(x_1,x_2,\cdots,x_N;\theta_1,\theta_2,\cdots,\theta_m)=\prod_{i=1}^{N}f(x_1,\theta_1,\theta_2,\cdots,\theta_m)$$

称为 $x_1,x_2,\cdots,x_N$ 的似然函数。若似然函数 L_N 在 $\hat{\theta}_1,\hat{\theta}_2,\cdots,\hat{\theta}_m$ 处取极大值，则 $\hat{\theta}_1,\hat{\theta}_2,\cdots,\hat{\theta}_m$ 分

别称为参数 $\theta_1,\theta_2,\cdots,\theta_m$ 的极大似然估计。

这样，用诸参数对似然函数 L_N 求一阶偏导数并令其等零，可得到一组联立似然方程组。解该方程组可得到各待定参数的极大似然估计值。又由于似然函数的极大值点同似然函数对数的极大值点是相同的，因此，为计算方便起见，通常先将似然函数 L_N 取自然对数，然后再求其极值点。

例 7.6　已知 $x_1,x_2,\cdots,x_N$ 是一个样本，试求出正态分布 $N(\mu,\sigma^2)$ 各参数的估值。

解　可采用极大似然估计。由题知，有似然函数

$$L_N(x_1,x_2,\cdots,x_N;\mu,\sigma^2)=\left(\frac{1}{\sqrt{2}\pi\sigma}\right)^N\prod_{i=1}^{N}e^{-\frac{1}{2\sigma^2}}(x_i-\mu)^2=$$

$$(2\pi)^{-N/2}\sigma^{-N}e^{-\frac{1}{2\sigma^2}}\sum_{i=1}^{N}(x_i-\mu)^2$$

取自然对数，有

$$\ln\left[L_N(x_1,x_2,\cdots,x_N;\mu,\sigma^2)\right]=-\frac{N}{2}\ln(2\pi)-\frac{N}{2}\ln\sigma^2-\frac{1}{2\sigma^2}\sum_{i=1}^{N}(x_i-\mu)^2$$

取一阶偏导数并令其为零，得似然方程组

$$\begin{cases}\dfrac{\partial}{\partial\mu}=\dfrac{1}{\sigma^2}\displaystyle\sum_{i=1}^{N}(x_i-\mu)=0\\[2ex]\dfrac{\partial}{\partial\sigma^2}=-\dfrac{N}{2}\dfrac{1}{\sigma^2}+\dfrac{1}{2\sigma^4}\displaystyle\sum_{i=1}^{N}(x_i-\mu)^2=0\end{cases}$$

解方程组，得极大似然估计为

$$\hat{\mu}=\frac{1}{N}\sum_{i=1}^{N}x_i=\overline{X},\quad \hat{\sigma}^2=\frac{1}{N}\sum_{i=1}^{N}(x_i-\overline{X})^2$$

对照例 7.3 可见，正态分布的极大似然估计量与矩估计量是相等的。

4) 拟合性检验。拟合性检验是理论分布选择的最后一步工作。目的是检验所选择的具体分布是否符合给定的数据样本。检验包括定性观察和定量的拟合性统检验。

定性观察通常是将数据直方图与所选择的密度函数作直接比较，看是否接近。另一种做法是比较每个分组区间里理论频数与实际频数是否接近。下面主要介绍两种定量的拟合性检验方法。

ⅰ. χ^2 检验。这种方法用于检验直方图或线图与所选择的密度函数之间的差异程度。它适于大样本情况。

设样本数据 $x_1,x_2,\cdots,x_N$ 落人第 i 个区间的频率数为 M_i，所选择的理论分布在第 i 个区间的取值概率为 p_i，即理论数据 $T_i=p_i$，则 χ^2 的检验统计量为

$$\chi^2=\sum_{i=1}^{k}\frac{(M_i-T_i)^2}{T_i}=\sum_{i=1}^{k}\frac{(M_i-Np_i)^2}{Np_i}\tag{7.1}$$

可以证明，当 $N\to\infty$ 时，χ^2 统计量渐近服从 $\chi^2(k-l-1)$ 分布。其中$(k-l-1)$ 为自由度，l 是选择分布时被估计参数的个数。

例 7.7　对于例 7.1 的汽车到达模式已选择指数连续分布，并估计其参数 $\beta=0.399$。试作 χ^2 拟合性检验。

解　取 $k=20$，即 20 个子区间，在每个子区间取值的理论概率为 $p_i=1/20=0.05(i=1,$

2,…,20)。由于样本容量为219,故理论频率 $T_i = Np_i = 219 \times 0.05 = 10.950$。每个等概率子区间的分界点分别为

$$a_i = \begin{cases} 0, & i = 0 \\ F^{-1}(i/20), & i \in (1,2,\cdots,19) \\ \infty, & i = 20 \end{cases}$$

式中,$F^{-1}(\cdot)$ 为所选理论分布的反函数。此处 $a_i = F^{-1}(i/20) = -0.399\ln(1 - i/20)$ $(i = 1, 2, \cdots, 219)$,按(7.1)式计算 χ^2 的统计量,其过程和数值如表 7.6 所示。

表 7.6　χ^2 统计量计算过程和数值

i	子区间	M_i	Np_i	$\frac{(M_i - Np)^2}{Np_i}$
1	[0,0.020)	8	10.950	0.795
2	[0.020,0.042)	11	10.950	0.000
3	[0.042,0.065)	14	10.950	0.850
4	[0.065,0.089)	14	10.950	0.850
5	[0.089,0.115)	16	10.950	2.329
6	[0.115,0.142)	10	10.950	0.082
7	[0.142,0.172)	7	10.950	1.425
8	[0.172,0.204)	5	10.950	3.233
9	[0.204,0.239)	13	10.950	0.384
10	[0.239,0.277)	12	10.950	0.101
11	[0.277,0.319)	7	10.950	1.425
12	[0.319,0.366)	7	10.950	1.425
13	[0.366,0.419)	12	10.950	0.101
14	[0.419,0.480)	10	10.950	0.082
15	[0.480,0.553)	20	10.950	7.480
16	[0.553,0.642)	9	10.950	0.347
17	[0.642,0.757)	11	10.950	0.000
18	[0.757,0.919)	9	10.950	0.347
19	[0.919,1.195)	14	10.950	0.850
20	[1.195,∞)	10	10.950	0.082
				$\chi^2 = 22.188$

由表 7.6 可见,检验统计量为 22.188,它近似服从(18)分布。因为显著水平为 0.1 的临

界点值,故检验统计量小于临界值。于是,可认为选用指数分布 拟合给定数据是可置信的。

ⅱ. 柯尔莫哥洛夫-斯米尔诺夫检验(简称K-S检验)。K-S检验用以检验理论分布函数与所拟合的分布函数之间的差异程度,适于小样本情况。如果 $F_N(x)$ 为选择的理论分布,$F(x)$ 是所拟合的分布函数,将两者比较,其最大偏差就是K-S检验统计值 D_N

$$D_N = \max\ (D_N^+, D_N^{-1}) \tag{7.2}$$

式中,$D_N^+ = \max\ [\frac{i}{N} - F(x_i)], D_N^- = \max\ [F(x) - \frac{i-1}{N}], 1 \leqslant i \leqslant N$。

如图 7.4 所示给出了计算 D_N 的情况。这里,$N=4, D_N = D_N^+$。

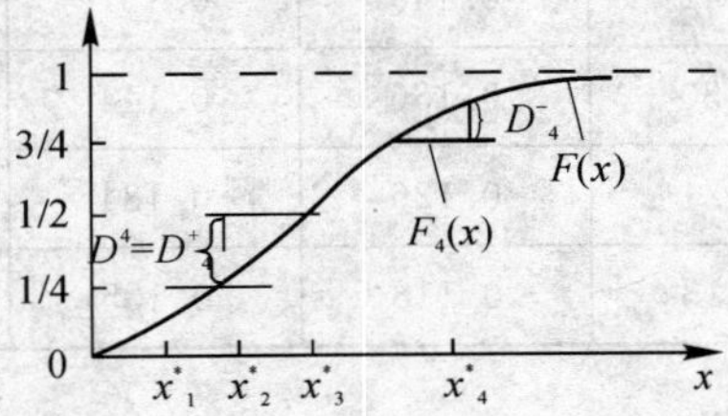

图 7.4 K-S检验统计量

计算出K-S检验统计量后,便可以利用临界值 d_n 作拟合性检验。下讨论几种情况下的K-S检验:

a. $F(x)$ 参数已知的K-S检验。在此情况下,可用一般的K-S检验临界值表。为方便起见,可将检验统计量略加修正,修正后的K-S检验统计量为

$$(\sqrt{N} + 0.12 + \frac{0.11}{\sqrt{N}}) D_N$$

若其值大于显著水平为 α 的临界值(见表 7.7),则应在显著水平 α 下拒绝原假设。

表 7.7 不同情况的K-S检验统计量及临界值

情　况	检验统计量	α				
		0.150	0.100	0.050	0.025	0.010
参数已知	$(\sqrt{N} + 0.12 + \frac{0.11}{\sqrt{N}}) D_N$	1.138	1.224	1.358	1.480	1.628
$N(\bar{X}, \sigma^2)$	$(\sqrt{N} + 0.01 + \frac{0.85}{\sqrt{N}}) D_N$	0.775	0.819	0.895	0.955	1.035
$E(\bar{X})$	$(D_N - \frac{0.2}{N})(\sqrt{N} + 0.26 + \frac{0.5}{\sqrt{N}})$	0.926	0.996	1.094	1.190	1.308

b. $F(x) \sim N(\mu, \sigma^2)$,但 μ 和 σ^2 未知的K-S检验。此情况下,可用样本均值 $\bar{X}$ 和样本方差 S^2 作为 μ 和 σ^2 的估计,认为所拟合的分布函数为 $N(\bar{X}, S^2)$。同样计算出 D_N 并取检验统计量为 $(\sqrt{N} - 0.01 + \frac{0.85}{\sqrt{N}}) D_N$。若其值大于临界值(见表 7.8),则拒绝原假设。

表 7.8　分布参数未知的 K－S 检验统计量临界值

N	α				
	0.20	0.15	0.10	0.05	0.01
10	0.218	0.228	0.240	0.260	0.300
15	0.181	0.190	0.201	0.217	0.251
20	0.158	0.165	0.175	0.191	0.220
25	0.142	0.149	0.157	0.170	0.195
30	0.130	0.136	0.144	0.156	0.179
35	0.121	0.126	0.134	0.146	0.173
40	0.113	0.118	0.125	0.136	0.158

c. $F(x)\sim E(\beta)$，但参数 β 未知的 K－S 检验。此时，用 β 的极大似然估计 $\overline{X}$ 作为指数分布的参数，即认为所拟合的分布函数为 $E(\overline{X})$。同样计算出 D_N，并取检验统计量为 $(D_N-\frac{0.2}{N})(\sqrt{N}+0.26+\frac{0.5}{\sqrt{N}})$，若其值大于临界值(见表 7.5)，则拒绝原假设。

d. $F(x)\sim W(\alpha,\beta)$，但 α 和 β 未知的 K－S 检验。此时，以极大似然估计 $\hat{\alpha}$ 和 $\hat{\beta}$ 作为韦伯分布的参数，即认为所拟合的分布函数为 $W(\hat{\alpha},\hat{\beta})$。同样计算出 D_N，并取它为检验统计量，其临界值如表 7.8 所示。若其值大于临界值，则拒绝原假设。

例 7.8　试用 K－S 检验对例 7.1 中的概率分布模型 $E(0.399)$ 进行拟合性检验。

解　属 c. 情况。利用上述公式分别计算出 D_{219}^{+} 和 D_{219}^{-}，求得 $D_{219}=0.047$。

由表 7.7 知，此时检验统计量为

$$(D_{219}-\frac{0.2}{219})(\sqrt{219}+0.26+\frac{0.5}{\sqrt{219}})=0.696$$

同样由表 7.7 可见，显著水平为 0.1 的临界值为 0.996。由于此检验统计量小于该临界值，故认为所选择的指数分布 $E(0.399)$ 在 0.1 的显著水平下是可以接受的。

(2) 经验分布确定。在不少情况下，很难简单地找到一种理论分布使其合适地拟合给定的独立数据 $x_1,x_2,\cdots,x_N$。为此。可运用给定数据直接地去确定一个分布，这种分布称为经验分布。产生经验分布的方法很多，下面介绍几种。

1) 阶梯形经验分布。将给定数据大小排序，有 $x_1^*<x_2^*<\cdots<x_N^*$，则

$$F_N(x)=\begin{cases}0, & x<x_1^*\\ i/N, & x_i^*\\ 1, & x_N^*\end{cases} \tag{7.4}$$

式中，$i=1,2,\cdots,N-1$，该分布为一种经验分布，呈阶梯形曲线(见图 7.5)。

2) 逐段性连续经验分布为了获得连续的经验分布，可将上述阶梯形经验分布进行逐段性插值，从而可获得如下两种逐段性连续经验分布。

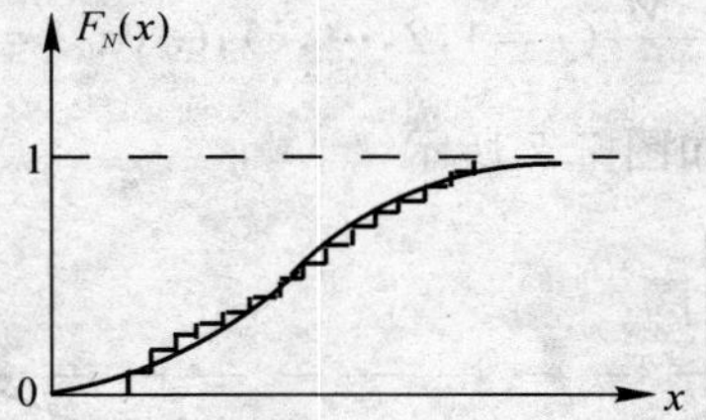

图 7.5　阶梯形经验分布函数

ⅰ. 设 $x_0^*=0$,按式(7.4)作出逐段线性连续分布为

$$F_N(x)=\begin{cases} i/N+\dfrac{x-x_i^*}{N(x_{i+1}^*-x_i^*)}, & x_i^*\leqslant x\leqslant x_{i+1}^* \\ 1, & x_N^*\leqslant x \end{cases} \tag{7.5}$$

式中,$i=0,1,2,\cdots,N$。

ⅱ. 若在 $x<x_1^*$ 时 $F_N(x)=0$,内插从 x_1^* 点开始,这时有连续经验分布

$$F_N(x)=\begin{cases} i/N+\dfrac{x-x_i^*}{N(x_{i+1}^*-x_i^*)}, x_i^* \\ 1 \end{cases} \tag{7.5}$$

若在 $x<x_1^*$,时 $F_N(x)=0$,内插从 x_i^* 点开始,这时有连续经验分布

$$F_N(x)=\begin{cases} 0, & x<x_1^* \\ \dfrac{i-1}{N-1}+\dfrac{x-x_i^*}{(N-1)(x_{i+1}^*-x_i^*)}, & x_i^* \\ 1, & x_N^* \end{cases} \tag{7.6}$$

式中,$i=0,1,2,\cdots,N-1$。这时的曲线如图 7.6 所示。

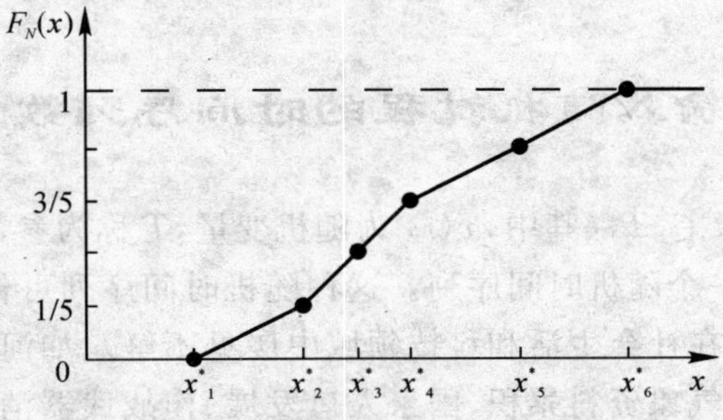

图 7.6　逐段性连续经验分布

ⅲ. 成组数据的经验分布。设给定数据 $x_1,x_2,\cdots,x_N$ 在相邻 k 个区间 $a_0<a_1<a_2<\cdots<a_k$ 的个数分别 $M_1,M_2,\cdots,M_k$,其中 $M_1+M_2+\cdots+M_K=N$。这时,组成数据的逐段性连续分布为

$$G_k(x)=\begin{cases} 0, & x<a_0 \\ G(a_j-1)+\dfrac{x-a_{j-1}}{a_j-a_{j-1}}[G_k(a_j)-G_k(a_{j-1})], & a_{j-1}\leqslant x<a_j \\ 1, & a_k\leqslant x \end{cases} \tag{7.7}$$

式中，$G_k(a_j)=\dfrac{M_1+M_2+\cdots+M_j}{N}(j=1,2,\cdots,k)$，$G_k(a_0)=0$。

成组数据的经验分布曲线如图 7.7 所示。

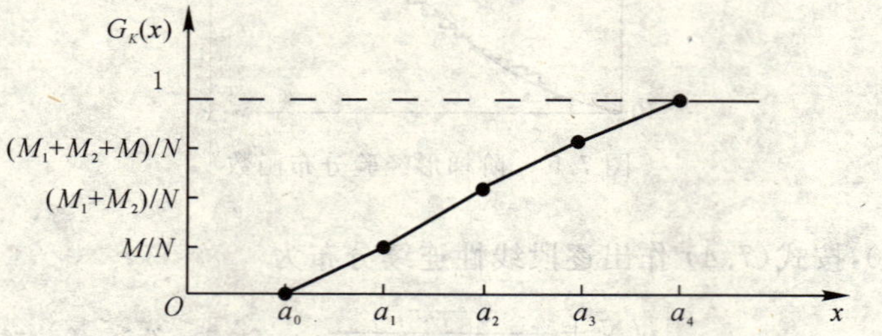

图 7.7　成组数据的经验分布

(3) 半经验分布确定。

上述经验分布函数的右尾部往往拟合不够理想。为此，提出了半经验分布。这是一种采用折衷方法获得的分布，在概率分布的左、中段采用上述经验分布，而在右尾段选用某种理论分布。如在第$(N-k)$个数据之前用逐段性经验分布，其后用指数分布来拟合数据，并使半经验分布均值与样本均值相等。设 $x_0^*=0$，则

$$F_N(x)=\begin{cases} i/N+\dfrac{(x-x_i^*)}{N(x_{i+1}^*-x_i^*)}, & x_i^*\leqslant x\leqslant x_{i+1}^* \\ 1-\dfrac{k}{N}\exp\left[-\dfrac{x-x_{N-k}^*}{\theta}\right], & x>x_{N-k}^* \end{cases}$$

式中，$i=0,1,2,\cdots,N-k-1$。通常，k 取 5 以下的整数便可使右尾段拟合方差较小。

应指出，上述半经验分布不但拟合精度高、使用方便，且产生随机数时所产生的大值的范围不受原数据范围限制。

7.3　系统输入随机过程的时间序列数学模型建立

对于随机过程$\{x(t),t\in T\}$(其中，$x(t)$为随机变量，T 称为参数集)，若只在离散时刻取值，则该随机过程可视为一个随机时间序列。这种随机时间序列可作为描述系统输入随机过程的数学模型。它的建立在社会生活和科技领域中屡见不鲜。如河流年流量统计、电力需求增长、国民经济产值变化、气象资料累积、国家人口发展、作战武器消耗、兵员伤亡状况，等等，都需要建立这样的数学模型，以便作出相应的预测、统筹或决策等。

随机时间序列模型虽然有多种形式，但大致可归为常见的几类，即回归模型(R)、自回归模型(AR)、移动平均模型(MA)、自回归移动平均模型(ARMA)和自回归积分移动平均模型(ARIMA)等。

随机时间序列模型的建立实质上就是确定上述某种模型形式并进行其参数估计。所追求的建模目标是获取精度较高、参数较少的随机时间序列模型。下面，主要讲述几种典型随机时间序列模型的建立方法。

7.3.1　回归模型(Regresslve model，R)

该模型以符号 R 表示，通常采用线性回归方法建立，其模型的准则函数为估计误差的方差

最小,故又称线性平稳模型。回归模型主要有两种形式,即一阶线性回归模型和多项式回归模型。

(1) 一阶线性回归模型。设 $y(k)$ 为随机序列,可用如下回归模型表示

$$y(k)=a+bk+\{w(k)\}, \qquad k=1,2,\cdots,N \tag{7.9}$$

式中,$\{w(k)\}$ 为均值为零的白噪声序列。

若 $y(k)$ 的估值为

$$\hat{y}(k)=\hat{a}+\hat{b}k \tag{7.10}$$

其估计误差为

$$e(k)=y(k)-\hat{y}(k) \tag{7.11}$$

则按照准则函数为估计误差的方差最小有

$$J=\frac{1}{N}\sum_{k=1}^{N}e^2(k)=\frac{1}{N}\sum_{k=1}^{N}[y(k)-\hat{a}-\hat{b}k]^2\rightarrow \min \tag{7.12}$$

即

$$\left.\begin{aligned}\frac{\partial J}{\partial \hat{a}}=-\frac{1}{N}\sum_{k=1}^{N}[y(k)-\hat{a}-\hat{b}k]=0\\ \frac{\partial J}{\partial \hat{b}}=-\frac{1}{N}\sum_{k=1}^{N}[y(k)-\hat{a}-\hat{b}k]=0\end{aligned}\right\} \tag{7.13}$$

于是

$$\hat{a}=\bar{y}-\hat{b}\bar{k} \tag{7.14}$$

式中

$$\hat{a}=\bar{y}-\frac{\bar{k}[\sum\limits_{k=1}^{N}ky(k)-N\overline{ky}]}{\sum\limits_{k=1}^{N}k^2-N\bar{k}^2} \tag{7.15}$$

$$\hat{b}=\bar{y}-\frac{\sum\limits_{k=1}^{N}[ky(k)-N\overline{ky}]}{\sum\limits_{k=1}^{N}k^2-N\bar{k}^2} \tag{7.16}$$

式中

$$\bar{y}=\frac{1}{N}\sum_{k=1}^{N}y(k), \quad \bar{k}=\frac{1}{N}\sum_{k=1}^{N}k, \quad \overline{ky}=\frac{1}{N}\sum_{k=1}^{N}ky(k)$$

将式(7.15)和(7.16)代入式(7.10)便可得到所需要的一阶线性回归模型。这时

$$J_{\min}=\frac{1}{N}\sum_{k=1}^{N}[y^2(k)-\hat{a}^2-(N+1)\hat{b}-\frac{1}{6}(N+1)(2N+1)\hat{b}^2] \tag{7.17}$$

(2) 多项式回归模型。设 $y(k)$ 为随机序列,可描述成如下多项式回归模式

$$y(k)=a_0+a_1k+a_2k^2+\cdots+a_mk^m+\{w(k)\} \tag{7.18}$$

式中,$a_0,a_1,\cdots,a_m$ 为待估计参数;$\{w(k)\}$ 意义同前。

若 $y(k)$ 之估值为

$$\hat{y}(k)=\hat{a}_0+\hat{a}_1k+\hat{a}_2k^2+\cdots+\hat{a}_mk^m \tag{7.19}$$

同样可按下列准则函数为最小确定待估计参数有

$$J_{\min}=\frac{1}{N}\sum_{k=1}^{N}[y(k)-\hat{a}_0-\hat{a}_1k-\hat{a}_2k^2-\cdots-\hat{a}_mk^m]^2\rightarrow \min \tag{7.20}$$

即

$$\left.\begin{aligned}&\frac{\partial J}{\partial \hat{a}_0}=0\\&\frac{\partial J}{\partial \hat{a}_1}=0\\&\vdots\\&\frac{\partial J}{\partial \hat{a}_m}=0\end{aligned}\right\} \tag{7.21}$$

则得

$$\left.\begin{aligned}&\hat{a}_0+\bar{k}\hat{a}_1+\bar{k}^2a_2+\cdots+\bar{k}^m\hat{a}_m=y(k)\\&\bar{k}\hat{a}_0+\bar{k}^2\hat{a}_1+\cdots+\bar{k}^{m+1}\hat{a}_m=\overline{ky}(k)\\&\vdots\\&\bar{k}^m\hat{a}_0+\bar{k}^{m+1}\hat{a}_1+\cdots+\bar{k}^{2m}\hat{a}_m=\overline{k^my}(k)\end{aligned}\right\} \tag{7.22}$$

其矩阵形式为

$$\begin{bmatrix}1 & \bar{k} & \cdots & \bar{k}^m\\ \bar{k} & \bar{k}^2 & \cdots & \bar{k}^{m+1}\\ \bar{k}^2 & \bar{k}^3 & \cdots & \bar{k}^{m+2}\\ \vdots & \vdots & \vdots & \vdots\\ \bar{k}^m & \bar{k}^{m+1} & \cdots & \bar{k}^{2m}\end{bmatrix}\begin{bmatrix}\hat{a}_0\\ \hat{a}_1\\ \hat{a}_2\\ \vdots\\ \hat{a}_m\end{bmatrix}=\begin{bmatrix}\bar{y}(k)\\ \overline{ky}(k)\\ \overline{k^2y}(k)\\ \vdots\\ \overline{k^my}(k)\end{bmatrix} \tag{7.23}$$

此时

$$J_{\min}=\frac{1}{N}\sum_{k=1}^{N}\left[y(k)-\sum_{i=0}^{m}\hat{a}_ik^i\right]^2 \tag{7.24}$$

7.3.2 自回归模型(Autoregressive model,AR)

该模型以符号 AR 表示,其建立过程如下:

若时间序列$\{y(k)\}$的平均值为零,则该序列可用下列模型描述

$$y(k)=a_1y(k-1)+a_2y(k-2)+\cdots+a_ny(k-n) \tag{7.25}$$

设 $y(k)$ 的最优估计值为

$$\hat{y}(k)=\hat{a}_1y(k-1)+\hat{a}_2y(k-2)+\cdots+\hat{a}_ny(k-n) \tag{7.26}$$

显然,$y(k)$ 的估量计值退回到了 $y(k)$ 的过去值,故模型式(7.26) 谓之自回归模型。

若时间序列$\{y(k)\}$的平均值不为零,而为 $\bar{y}$,则式(7.25) 两边的每个 $y(i)$ 必须减去 $\bar{y}$,这时有

$$\begin{aligned}y(k)=&a_1y(k-1)+a_2y(k-2)+\cdots+a_ny(k-n)+\\&(1-a_1-a_2-\cdots-a_n)\bar{y}\end{aligned} \tag{7.27}$$

设 $y(k)$ 的估计值为

$$\begin{aligned}\hat{y}(k)=&\hat{a}_1y(k-1)+\hat{a}_2y(k-2)+\cdots+\hat{a}_ny(k-n)+\\&(1-\hat{a}_1-\hat{a}_2-\cdots-\hat{a}_n)=\bar{y}=\sum_{i=1}^{n}\hat{a}_iy(k-i)+(1-\sum_{i=1}^{n}\hat{a}_i)\bar{y}\end{aligned} \tag{7.28}$$

且估计误差为 $e(k)=y(k)-\hat{y}(k)$,于是,误差方差为

$$J=\frac{1}{N}\sum_{k=1}^{N}e^2(k)=\frac{1}{N}\sum_{k=1}^{N}\left[y(k)-\sum_{i=1}^{n}\hat{a}_iy(k-i)-(1-\sum_{i=1}^{n}\hat{a}_i)\bar{y}^2\right]^2 \tag{7.29}$$

为了估计参数,设$\{y(k)\}$的自相关系数为

$$r_i = R_i / R_0 \tag{7.30}$$

式中
$$R_i = \lim_{N\to\infty} \frac{1}{N-i}\sum_{k=1}^{N-i}[y(k)-\bar{y}][y(k-i)-\bar{y}] \tag{7.31}$$

求 J 关于参数的偏导数,并令其等于零得

$$\frac{1}{N}\sum_{k=1}^{N}\{[y(k)-\bar{y}][y(k-i)-\bar{y}]-(\sum_{i=1}^{n}\hat{a}_i[y(k-i)-\bar{y}][y(k-i)-\bar{y}]\}=0 \tag{7.31}$$

即　$R_i-\hat{a}_1R_{i-1}-\hat{a}_2R_{i-2}-\cdots-\hat{a}_iR_0-a_{i+1}R_1-\cdots-\hat{a}_nR_{ni}=0$。

用 R_0 除上式并考虑到 $r_0=R_0/R_0=1$,可得到以相关系数表示的方程组

$$\left.\begin{aligned}&\hat{a}_1+r_1\hat{a}_2+r_2\hat{a}_3+\cdots+r_{n-1}\hat{a}=r_1\\&r_1\hat{a}_1+\hat{a}_2+r_1\hat{a}_3+\cdots+r_{n-2}\hat{a}_n=r_2\\&\vdots\\&r_{n-1}\hat{a}_1+r_{n-2}\hat{a}_2+r_{n-3}\hat{a}_3+\cdots+\hat{a}_n=r_n\end{aligned}\right\} \tag{7.32}$$

其矩阵形式为

$$\begin{bmatrix}1 & r_1 & \cdots & r_{n-1}\\ r_1 & 1 & \cdots & r_{n-2}\\ r_2 & r_1 & \cdots & r_{n-3}\\ \vdots & \vdots & & \vdots\\ r_{n-1} & r_{n-2} & \cdots & 1\end{bmatrix}\begin{bmatrix}\hat{a}_1\\ \hat{a}_2\\ \hat{a}_3\\ \vdots\\ \hat{a}_n\end{bmatrix}=\begin{bmatrix}r_1\\ r_2\\ r_3\\ \vdots\\ r_n\end{bmatrix} \tag{7.33}$$

求解上述方程组可得估计参数 $\hat{a}_1,\hat{a}_2,\cdots,\hat{a}_n$。此外,为了获得稳定模型,必须使方程

$$z^n-\hat{a}_1z^{n-1}-\hat{a}_2z^{n-2}-\cdots-\hat{a}_{n-1}z-\hat{a}_n=0 \tag{7.34}$$

的根在 z 平面的单位圆内。这时,估计误差方差为

$$\sigma^2=(1-r_1\hat{a}_1-r_2\hat{a}_2-\cdots-r_n\hat{a}_n)\sigma_y^2 \tag{7.35}$$

对于自回归模型(AR),按照 n 的数值不同,可分为一阶自回归模型(AR 1),二阶段自回归模型(AR 2)及 n 阶自回模型(AR n)。不过,通常 $n\leqslant 5$。

显然,AR 1 为

$$\left.\begin{aligned}&y(k)=a_1y(k-1)+(1-a_1)\bar{y}\\&\hat{a}_1=r_1\end{aligned}\right\} \tag{7.36}$$

此时,$\sigma^2=(1-1^2)\sigma_y^2$。 AR 2 为

$$\left.\begin{aligned}&y(k)=a_1y(k-1)+a_2y(k-2)+(1-a_1-a_2)\bar{y}\\&\hat{a}_1=\frac{r_1(1-r_2)}{1-r_1^2}\\&\hat{a}_2=\frac{r_2-r_1^2}{1-r_1^2}\end{aligned}\right\} \tag{7.37}$$

另外,要求 $z^2-\hat{a}_1z-\hat{a}_2=0$ 的根必须在 z 平面的单位圆内,故须满足 $\hat{a}_1+\hat{a}_2<1$ 和 $\hat{a}_2-\hat{a}_{\_}<$ 及 $-1<\hat{a}_2<1$ 这时,$\sigma^2=(1-\hat{a}_1r_1-\hat{a}_2r_2)\sigma_y^2$。

AR n 见前述。

7.3.3　移动平均模型(Moving－Average model,MA)

移动(或滑动)平均模型以符号 MA 表示,其建立过程如下:

设时间序列$\{y(k)\}$的均值为$\bar{y}$，其MA模型有

$$y(k)=\bar{y}+b_1e(k-1)+b_2e(k-2)+\cdots+b_ne(k-n) \tag{7.38}$$

式中，$\{e(k)\}$为均值为零的白噪声序列，具有相同方差。

若$e(k)$以$y(k)-\hat{y}(k)$代替，则$y(k)$的估计值为

$$\hat{y}(k)=\bar{y}+\bar{b}_1[y(k-1)-\hat{y}(k-1)]+\hat{b}_2[y(k-2)]-\hat{y}(k-2)+\cdots+\hat{b}_n[y(k-n)-\bar{y}(k-n)] \tag{7.39}$$

将上式改写成

$$y(k)-\bar{y}=y(k)-\hat{y}(k)+\hat{b}_1[y(k-1)-\hat{y}(k-1)]\cdots+\hat{b}_n[y(k-n)-\hat{y}(k-n)] \tag{7.40}$$

于是，$y(k-i)-\bar{y}=y(k-i)-\hat{y}(k-i)-\hat{b}_1[y(k-i-1)-\hat{y}(k-i-1)]+\cdots+\hat{b}_n[y(k-i-n]-\hat{y}(k-i-n)]$ (7.41)

由于当估值$\hat{y}(k)$较准确时，可视$\{y(k)-\hat{y}(k)\}$为均值是零的白噪声序列，具有相同的方差σ_e^2，故有

$$E\{y(k)-\hat{y}(k)][y(j)-\hat{y}(j)]\}=\begin{cases}\sigma_e^2, & k=j\\ 0, & k\neq j\end{cases} \tag{7.42}$$

这样，以式(7.41)两边分别乘式(7.40)两边，并对乘积取数学期望，且考虑(7.42)，从而有

$$R_i=\hat{b}_i\sigma_e^2+\hat{b}_{i+1}\hat{b}_1\sigma_e^2+\cdots+\hat{b}_{n-1}\hat{b}_n\sigma_e^2=(\hat{b}_i+\hat{b}_{i+1}\hat{b}_1+\cdots+\hat{b}_{n-i}\hat{b}_n)\sigma_e^2 \tag{7.43}$$

式中，$i=0,2,\cdots,n$，显然

$$r_i=R_i/R_0=\frac{\hat{b}_i+\hat{b}_{i+1}+\hat{b}_{i+2}\hat{b}_2+\cdots+\hat{b}_{n-i}\hat{b}_n}{1+b_1^2+b_2^2+\cdots+b_n^2} \tag{7.44}$$

式中，$i=0,2,\cdots,n$，可见，式(7.44)为n个非线性方程。求解方程组可得$\hat{b}_1,\hat{b}_2,\cdots,\hat{b}_n$。

同理，其参数估值必须满足方程$z^n+\hat{b}_1z^{n-1}+\hat{b}_2z^{n-2}+\cdots+\hat{b}_{n-1}z+\hat{b}_n=0$的根在$z$平面的单位圆内。又因为$R_0=\sigma_y^2$，将$i=0$代入式(7.43)可得$y(k)$的估计误差方差

$$\sigma_e^2=\frac{\sigma_y^2}{1+b_1^2+b_2^2+\cdots+b_n^2} \tag{7.45}$$

由上述讨论，可以看出$y(k)$的数学模型是在$\{e(k)\}$序列上移动着运算获得的，故称之为移动平均模型。它的一、二阶模型分别如下：

(1) 一阶移动平均模型(MA1)

$$y(k)=\bar{y}+b_1e(k-1) \tag{7.46}$$

其估计值为

$$\hat{y}(k)=\bar{y}+\hat{b}_1[y(k-1)-\hat{y}(k-1)]$$

式中，$\hat{b}_1$是方程$b_1^2+\frac{1}{r_1}\hat{b}_1+1=0$的根。

此时，$y(k)$的估计误差方差为

$$\sigma_e^2=\frac{\sigma_y^2}{1+b_1^2} \tag{7.47}$$

(2) 二阶移动平均模型(MA2)

$$y(k)=\bar{y}+b_1e(k-1)+b_2e(k-2) \tag{7.48}$$

$$\hat{y}(k)=\bar{y}+\hat{b}_1[y(k-1)-\hat{y}(k-1)]+\hat{b}_2[y(k-2)-\hat{y}(k-2)]$$

式中,$\hat{b}_1$ 和 $\hat{b}_2$ 由下列求得

$$2^2-(\frac{1}{r_2}-2)\hat{b}_2+(2-\frac{2}{r_2}+\frac{r_1^2}{r_2^2})1^2-(\frac{1}{r_2}-2)\hat{b}_2+1=0,\quad \hat{b}_1=\frac{-r_1\hat{b}_2}{r_2(1+b_2)}$$

而 $y(k)$ 的估计误差方差为

$$\sigma_e^2=\frac{\sigma_y^2}{1+1^2+2^2} \tag{7.49}$$

其他各阶移动平均模型可依此类推。

7.3.4　自回归移动平均模型(ARMA)

该模型的符号用 ARMA 表示。它是自回归模型与移动平均模型相结合的结果,即

$$\begin{aligned}y(k)=\bar{y}&+a_1[y(k-1)-\bar{y}]+a_2[y(k-2)-\bar{y}]+\cdots+\\&a_n[y(k-n)-\bar{y}]+b_1e(k-1)+b_2e(k-2)+\cdots+\\&b_ne(k-n)\end{aligned} \tag{7.50}$$

式中,$\{e(k)\}$ 为均值为零的白噪声序列,具有相同方差。

若以 $y(k)-\hat{y}(k)$ 代替 $e(k)$,可得 $y(k)$ 的估计值 $\hat{y}(k)$

$$\begin{aligned}\hat{y}(k)=\bar{y}&+\hat{a}_1[y(k-1)-\bar{y}]+\hat{a}_2[y(k-2)-\bar{y}]+\cdots+\\&\hat{a}_n[y(k-n)-\bar{y}]+\hat{b}_1[y(k)-\hat{y}(k)]+\\&\hat{b}_2[y(k-1)-\hat{y}(k-1)+\cdots+\\&\hat{b}_n[y(k-n)-\hat{y}(k-n)]\end{aligned} \tag{7.51}$$

当估值 $\hat{y}(k)$ 较准确时,可视$\{y(k)-\hat{y}(k)\}$为均值等于零的白噪声序列,具有相同的方差 σ_e^2。这时,可按式(7.33) 和式(7.43) 分别求出 $\hat{a}_i$ 和 $\hat{b}_i(i=1,2,\cdots,n)$。

对于一阶自回归移动平均模型 ARMA(1,1) 有

$$\hat{y}(k)=\bar{y}+\hat{a}_1[y(k-1)-\bar{y}]+\hat{b}_1[y(k-1)-\hat{y}(k-1)] \tag{7.52}$$

式中

$$\hat{a}_1=\frac{r_2}{r_1},\quad 1^2-\frac{1-2r_2+1^2}{r_2-\hat{a}_1}b_1+1=0$$

$y(k)$ 的估计值误差方差为

$$\sigma_e^2=\frac{(1-1^2)\sigma_y^2}{1+2\hat{a}_1\hat{b}_1+1^2}$$

7.3.5　非平稳时间序列模型(ARIMA)

该模型以符号 ARIMA 表示。对于常见的非平稳时间序列,若可认为时间序列的差是平稳的,则可采用自回归积分移动平均模型。其中,一阶自回归 —— 单重积分 —— 一阶移动平均模型[ARIMA(1,1,1)] 表达式为

$$\hat{y}(k)-\hat{y}(k-1)=\hat{a}_1[y(k-1)-y(k-2)]+\hat{b}_1[y(k-1)-\hat{y}(k-1)]$$

或

$$\hat{y}(k)=(\hat{a}_1+\hat{b}_1)y(k-1)-\hat{a}_1y(k-2)+(1-\hat{b}_1)\hat{y}(k-1) \tag{7.53}$$

式中,$\hat{a}_1$ 和 $\hat{b}_1$ 的计算方法同 *ARMA*(1,1),只不过这里应该按照时间序列差计算。

例 7.9　已知 1949—1971 年的美国人口统计数据(见表 7.9),试据此建立美国的人口数学模型。

解 根据表7.9的统计数据，可利用上述各种方法建立美国的人口数学模型。如表7.10所示给出了这种模型建立的不同方法、相应模型方程及模型误差。由此例可见，对同一时间序列可有各种不同的模型，其模型精度自然各不相同，应该选用一个精度高而参数较少的模型。对于此例，选择ARIMA(1,1,0)较为适宜。

表7.9 美国(1949—1971年)人口统计资料及计算结果

（人口单位：10^5 人）

年份	实际人口	线性回归	ARMA(1,1)	ARIMA(1,1,0)
1948	1472	1475		
1949	1498	1502	1504	
1950	1523	1529	1525	1524
1951	1549	1556	1548	1548
1952	1576	1582	1571	1575
1953	1602	1609	1596	1608
1954	1630	1630	1620	1628
1955	1659	1663	1640	1658
1956	1689	1690	1672	1688
1957	1720	1717	1700	1719
1958	1749	1744	1728	1715
1959	1778	1770	1755	1778
1960	1807	1797	1781	1807
1961	1837	1824	1808	1836
1962	1865	1851	1835	1867
1963	1892	1870	1861	1893
1964	1919	1905	1885	1919
1965	1943	1932	1910	1946
1966	1966	1959	1931	1967
1967	1987	1985	1952	1989
1968	2007	2015	1971	2008
1969	2027	2039	1990	2027
1970	2049	2066	2008	2047
1971	2070	2028	2028	2071

表 7.10　美国人口模型及模型误差

序号	模型类型	模型方程	平均误差	均方误差
1	线性回归	$\hat{y}(k)=144.813+6.287k$	0	0.985
2	ARMA(1,1)	$\hat{y}(k)=1.0125y(k-1)-0.1072\hat{y}(k-1)+0.097\bar{y}$	2.71	6.55
3	ARIMA(1,1,0)	$\hat{y}(k)=2.007153y(k-1)-1.007153y(k-2)$	−0.038	0.020
4	ARIMA(2,1,0)	$\hat{y}(k)=2.056214y(k-1)-1.007153y(k-2)+0.0487126y(k-3)$	−0.038	0.020
5	ARIMA(1,1,1)	$\hat{y}(k)=1.05623y(k-1)-1.00785y(k-2)-0.04848\hat{y}(k-1)$	−0.038	0.020

7.4　科学试验中的几种典型概率模型

7.4.1　引言

科学试验是人类的最基本活动之一，是人们认识社会改选自然的根本方方和重要手段。然而，科学试验过程及其观测数据总是带有很大的随机性。为了正确认识这种随机性规律，建立这方面的数学模型是必要的。

由于试验条件或试验类型不同，实际科学试验的随机规律是不同的。也就是说，科学试验中存在着各种不同的概率模型(简称概型)。下面仅讨论几种常见的典型概型。

7.4.2　伯努利试验概型

实际科学试验中经常会遇到符合如下 3 个条件的试验类型：① 每次试验结果只有两种可能，即发生事件 A 或事件 $\bar{A}$；② 每次试验中，A 出现在概率(因而 $\bar{A}$ 不出现的概率)是相等的。③ 各项试验是相互独立的，即每次试验结果与其他次试验结果是无关的。

这类试验称为伯努利试验，而伯努利概型就是描述在相同条件下重复进行同一试验的模型。这里，重复试验的次数 n 称为伯努利试验的重数。

上述伯努利试验随机现象是很多的，如飞机、导弹等飞行器的飞行试验，产品故障复现试验，生化检验、能源供给、零件检测、重复性仿真试验，等等。

在伯努利概型中，随着各类问题的差异和描述随机变量的不同，可形成不同概率分布下的伯努利概型，主要有以下几种。

(1) 二项分布。在 n 重伯努利试验中，设随机变量 ξ 为在 n 次试验中事件 A 出现的次数。显然，ξ 的取值范围为 $0,1,2,\cdots,n$。ξ 在这些取值下的概率为二项式 $(p+q)^n$ 的通项公式，即二项分布

$$P\{\xi=k\}=C_n^k p^k q^{n-k} \tag{7.54}$$

式中，p 为事件 A 在一次试验中出现的概率。q 为事件 $\bar{A}$ 在一次试验中出现在概率，$q=1-p$。二项分布记为 $B(k,n,p)$。

如图7.8所示给出了 $p=0.1$ 时不同 n 值下的几条二项分布曲线。由图可见：① n 越大，二项分布越趋于对称。可以证明：当 $n\to\infty$ 时，它将趋向正态分布。② 在 n,p 固定时，随着 k 的增大，$P=\{\xi=k\}$ 的值先上升，后下降，存在着最大值。且当 $(n+1)p$ 为整数时，则在 $k=(n+1)p$ 及 $k=(n+1)p-1$ 处 P_k 取得最大值；当 $(n+1)p$ 不是整数时，则在 $k=[(n+1)p]$ 处，P_k 取得最大值。

服从二项分布的随机变量 ξ 的数学期望为

$$E(\xi)=\sum_{k=0}^{n}KC_n^k p^k q^{n-k}=\sum_{k=0}^{n}\frac{kn!}{k!\ (n-k)!}p^k q^{n-k}=\sum_{k=0}^{n}\frac{kn!}{k!\ (n-k)!}p^k q^{n-k}=$$

$$np\sum_{k=1}^{n}\frac{(n-1)!}{(k-1)!\ (n-1)!}p^{k-1}q^{n-k}=np\ (p+q)^{n-1}=np \tag{7.55}$$

同样，可推得随机变量 ξ 的方差为

$$D(\xi)=npq \tag{7.56}$$

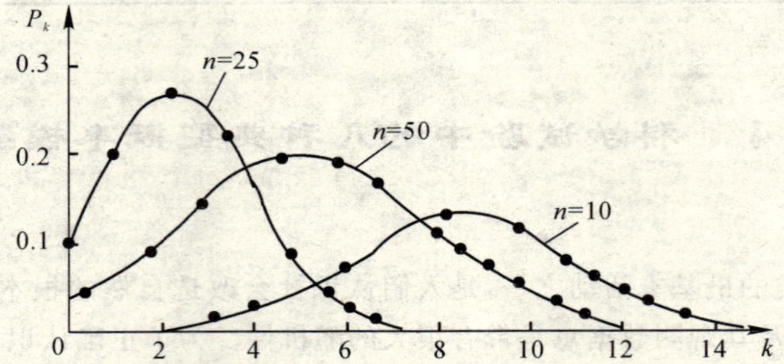

图7.8　几条二项分布曲线

(2) 几何分布。考察许多件努利试验得知，事件 A 仅在第 k 次试验时才发生，若以随机变量 ξ 表示首次发生事件 A 的试验次序数，则由 ξ 的定义和各次试验的独立性有

$$P\{\xi=k\}=q^{k-1}p \tag{7.57}$$

式中，p，q 分别为事件 A，$\bar{A}$ 的概率。式(7.57)是几何级数通项，称为几何分布，记为 $q(k,n)$。

服从几何分布的随机变量 ξ（ξ 的取值范围为 $1,2,\cdots,k,\cdots$）的数学期望为

$$E(\xi)=\frac{1}{p} \tag{7.58}$$

方差为

$$D(\xi)=q/p^2 \tag{7.59}$$

(3) 巴斯卡分布。在一系列伯努利试验中，设 ξ 表示第 r 次发生事件 A 的试验次数，$\xi=k$ 表示在第 k 次试验时正好第 r 次发生事件 A（ξ 的取值范围 $r,r+1,r+2,\cdots$）。在此情况下，ξ 取这些值的概率为

$$P\{\xi=k\}=C_{k-1}^{r-1}p^r q^{k-r} \tag{7.60}$$

式(7.60)称为巴斯卡分布，记为 $f(k,r,p)$。

服从巴斯卡分布的随机变量 ξ 的数学期望为

$$E(\xi)=r/p \tag{7.61}$$

方差为

$$D(\xi)=\frac{rq}{p^2} \tag{7.62}$$

由式(7.60) 知,当 $r=1$ 时可得到几何分布。可见,巴斯卡分布是几何分布的特例。

(4) 扩展的伯努利概型。实际问题中,若考察其 n 次重复独立试验有多个结果:$A_1,A_2,\cdots,A_r$,发生这些事件的概率分别为 $p(A_i)=p_i(i=1,\cdots,r)$,且 $\sum_{i=1}^{r}p_i=1$。显然,在 n 次伯努利试验中,事件 A_1 发生 k_1 次,事件 A_2 发生 k_2 次,…,事件 A_r 发生 k_r 次$(k_1+k_2+\cdots+k_r=n)$的概率为

$$P\,\frac{n!}{k_1!\;k_2!\;\cdots k_r!}p_1^{k_1}\cdot p_2^{k_2}\cdots p_r^{k_r} \tag{7.63}$$

因为式(7.63) 是多项式$(p_1+p_2+\cdots+p_r)^n$ 的通项公式,所以被称为多项式分布。显然,$r=2$ 时多项式分布将变为二项分布。

例 7.10　某车间配电容量为 32 kW,现有 10 台机床,每台耗电为 5 kW,且使用时各自独立、间隙地工作,平均每台每小时工作 12 min。试求该车间配电设备超载的概率。

解　由题知,对于所有机床每次观察均有两个可能结果:正在工作或停止工作。又因各自工作相互独立,故每台机床正在工作的概率是相等的,为 $p_i=12/60=1/5$。另外,观察 10 台完全相同的机床在同一时刻的工作情况,与观察 1 台机床在 10 个时刻的工作情况是一样的。可见,这种观察试验满足上述伯努利试验的 3 个条件,所以应该属伯努利概型。

是否超载问题实质是要考虑在同一时刻有 7 台或 7 台以上的机床同时在“工作”概率大小的问题。这显然属于伯努利概型中的二项分布。由式(7.54) 有

$$P=B(7,10,\frac{1}{5})+B(8,10,\frac{1}{5})+B(9,10,\frac{1}{5})+B(10,10,\frac{1}{5})\approx 0.000\,86$$

可见,该车间设备超载的可能性是很小的,其概率仅为 0.000 86。

7.4.3　泊松试验概型

在考查一系列随机试验中,若满足如下条件,则称为泊松试验:① 每次试验只有两个可能的结果,即 A 事件或 $\overline{A}$ 事件。② 在第 k 次试验中,事件 A 发生的概率为 p_k。显然,事件 $\overline{A}$ 发生的概率是 $q_k=1-p$。③ 各次试验相互独立。

同样泊松试验亦有几种主要概型。

(1) 广义二项分布。设随机变量 ξ 为 n 次泊松试验中事件 A 发生的次数,称 ξ 服从广义二项分布,其分布形式为 $\xi=\xi_1+\xi_2+\cdots+\xi_n$,其中随机变量 $\xi_i(i=1,2,\cdots,n)$ 是相互独立的,且服从伯努利(两点) 分布。这时,$\xi=k$ 的概率 $P=\{\xi=k\}$ 等于有 r 个 ξ_i 取 1,$(n-r)\xi_i$ 个取零时的概率之和。对于某些具体的广义二项分布,其 p_k 遵循一定的规律,此时 ξ 的概率分布可用数学式来描述。

(2) 十里耶(pklya) 分布。十里耶分布是一种具体问题(如抽取两种不同颜色的小球、传染病传播等) 的分布。例如,布袋内有 N 个球,其中包括 b 个白球,c 个黑球。若从中任意摸取一球观察其颜色。然后将该球及 s 个同样颜色的球放入袋中,再做一次抽取,如此抽 n 次,试问前 k 次连续抽到 k 个白球,接着又连续抽到$(n-k)$ 个黑球的概率是多少?

经分析,这时有

$$P\{\xi=k\}=\mathrm{C}_n^k\frac{b(b+S)\cdots[b+(k-1)S]c(c+S)\cdots[c+(n-k-1)S]}{N(N+S)\cdots[N+(n-1)S]} \tag{7.64}$$

这就是十里耶分布。

服从十里耶分布的随机变量 ξ 的数学期望为

$$E(\xi)=nb/N \tag{7.65}$$

方差为

$$D(\xi)=\frac{nbc}{N^2}\frac{N+nS}{N+S} \tag{7.66}$$

这种概型对于研究传染病传播很有意义。因为在此问题里，传染病患者增加一个，就会使疾病传染概率增大。

(3) 超几何分布。当式(7.64) 中 $S=-1$，即抽球不再放回时，所得分布称为超几何分布

$$P\{\xi=k\}=C_n^k\frac{b(b-1)\cdots(b-k+1)c(c-1)\cdots(c-n+k+1)}{N(N-1)\cdots(N-n+1)}=\frac{C_b^kC_c^{n-k}}{C_N^n} \tag{7.67}$$

服从此分布的数学期望为

$$E(\xi)=nb/N \tag{7.68}$$

方差为

$$D(\xi)=\frac{nbc}{N^2}\cdot\frac{N-n}{N-1} \tag{7.69}$$

这种分布在产品检验、质量控制等方面有广泛应用。

(4) 推广超几何分布。上述超几何分布，假定总体中含有两种不同元素。而在实际中是总体含多种元素，要从里面抽出一部分元素的情况，其概率分布可由推广超几何分布描述。

例如，总体中含三种元素，其个数分别为 n_1,n_2,n_3。若从中抽取一部分元素，那么第一类元素抽到 r_1 个，第二、三类元素分别为 r_2,r_3 个的概率可以类似推出为

$$P=C_{n_1}^{r_1}C_{n_2}^{r_2}C_{n_3}^{r_3}/C_{n_1+n_2+n_3}^{r_1+r_2+r_3} \tag{7.70}$$

例 7.11 设有 3 个零件箱，第一箱零件的废品率为 $p_1=0.02$，第二、三箱零件的废品率分别为 0.05，0.01。现依次从 3 个箱子中各任意抽取一个零件，试讨论抽到零件的废品情况。

解 视从 3 个箱子抽取零件为 3 次独立抽取试验，每次试验有两种结果，即抽到正品或废品，且各次抽到废品的概率不相等。显然，这种试验符合泊松试验条件。

设随机变量 ξ 为在 3 个箱子里抽到的废品数，取值范围为 0,1,2,3。若 ξ_1,ξ_2,ξ_3 分别为在一、二、三箱里抽到的废品数，由题设有

$$P\{\xi_1=1\}=0.02,\quad P\{\xi_1=0\}=0.98$$
$$P\{\xi_2=1\}=0.05,\quad P\{\xi_2=0\}=0.95$$
$$P\{\xi_3=1\}=0.01,\quad P\{\xi_3=0\}=0.99$$

于是，由各次抽样检查的独立性有

$$P\{\xi=0\}=P\{\xi_1=0\}P\{\xi_2=0\}P\{\xi_3=0\}=0.921\,69$$

$$\begin{aligned}P\{\xi=1\}=&P\{\xi_1=1\}P\{\xi_2=0\}P\{\xi_3=0\}+P\{\xi_1=0\}\times\\&P\{\xi_2=1\}P\{\xi_3=0\}+P\{\xi_1=0\}P\{\xi_2=0\}\times\\&P\{\xi_3=1\}=0.076\,63\end{aligned}$$

$$\begin{aligned}P\{\xi=2\}=&P\{\xi_1=1\}P\{\xi_2=1\}P\{\xi_3=0\}+P\{\xi_1=1\}\times\\&P\{\xi_2=0\}P\{\xi_3=1\}+P\{\xi_1=0\}P\{\xi_2=1\}\times\\&P\{\xi_3=1\}=0.001\,67\end{aligned}$$

$$P\{\xi=3\}=P\{\xi_1=1\}P\{\xi_2=1\}P\{\xi_3=1\}=0.000\ 01$$

这就得到了 ξ 的概率分布，即泊松抽样试验的概型。

例 7.12　设有 $N=10\ 000$ 件零件，已知其废品率为 10%，试讨论若从中任取 20 件零件时含废品的情况。

解　对于一次从中任抽取 20 件零件可视为作 20 次不放回的连续抽样试验。由于抽取后的零件不再放回，故每次抽到的废品概率是不相等的，它应该为超几何分布。

设随机变量 ξ 为抽样 20 个零件中的废品个数，它的取值范围为 0,1,2,…,20；由式(7.67)得

$$P\{\xi=0\}=\frac{C_{100}^{0}C_{9\ 900}^{20}}{C_{10\ 000}^{20}}\approx 0.121\ 3$$

这个问题还可以如下分析和解决。按题知，由于 $N=10\ 000$ 与 $n=20$ 相比要大得多，虽然每次试验抽取到的废品的概率不相等，但改变毕竟不多，因此可近似地视为二项分布，低于二项分布有

$$P\{\xi=0\}=B(20,0,\frac{10}{100})=0.121\ 6$$

可见，上述认为同超几何分布的结果是相吻合的。故类似地有

$$P\{\xi=0\}=B(20,k,\frac{10}{100})$$

其具体数值可查二项分布表得到。

由本例可得出一个重要结论，即当 N 比 n 大得多时，实际上可用二项分布来近似地代替超几何分布，以简化计算。

7.4.4　随机散点概型

雷达跟踪中的目标散射特性，射击武器命中目标的散布特性、通信话务强度、轻纺产品的疵点分布、热电子发射、生物细胞检查等都可以抽象成下面将讨论的随机散点概型。因此，随机散点概型具有如下主要 3 个特征(即理想化条件)：① 平稳性。在某个区间 $(l,l+\Delta l)$，l 出现 ξ 个散点的概率与 l 无关，只与 Δl 有关，也就是说，它的随机规律与区间的位置无关。② 独立性。独立性又叫无后效性，是指在不重叠的两个区间上出现的散点数 ξ 是相互独立的随机变量。③ 普通性。在充分小的区间，出现多于 1 个散点的概率是非常小的，可略去不计。即在这样的小的区间出现两个以上的散点是不可能的。

凡是符合上述 3 个条件的随机现象，都可以用如下空间散点概型来描述。

(1) 泊松分布。设随机变量 ξ 为在给定空间上出现散点的数量，其取值范围 0,1,2,….

$$P\{\xi=k\}=\frac{\lambda^k}{k!}e^{-\lambda} \tag{7.71}$$

式中，λ 为分布参数。式(7.71) 被称为泊松分布，记为 $P(k,\lambda)$。

可以证明，服从此泊松分布的随机变量 ξ 的数学期望及方差均为 λ，即

$$E(\xi)=D(\xi)=\lambda \tag{7.72}$$

由式(7.71) 知，确立泊松分布的关键在于找出参数 λ 值。而由式(7.72) 知，λ 等于随机变量 ξ 的数学期望，即等于在讨论区间上出现散点的平均数。

如图 7.9 所示给出了泊松分布的几何图形。由图可见：① 对于固定 λ，$P(k,\lambda)$ 值随着 k 的

增大是先上升后下降，且有最大值；② 由式(7.71)有$\dfrac{P(k,\lambda)}{P(k-1,\lambda)}=\lambda/k(k=1,2,\cdots)$。显然，当$\lambda>k$时，$P(k,\lambda)>P(k-1,\lambda)$；当$\lambda<k$时，$P(k,\lambda)<P(k-1,\lambda)$。故$\lambda$不为整数时，在$k=\lambda$处，$P_k$达到最大值；若$0<\lambda<1$，在$k=0$处，$P_k$达到最大值，即$P_k$为单调递减的。

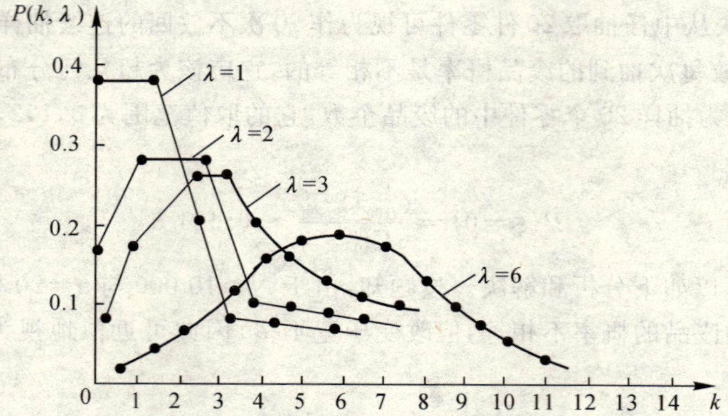

图 7.9　泊松分布几何图形

(2) 泊松定理。设有二项分布序列$B(k,n,p_1),B(k,n,p_2),\cdots$，若参数满足$p_n=\dfrac{\lambda}{n}(\lambda>0)$，则有

$$\lim_{n\to\infty}B(k,n,p)=P(k,\lambda) \tag{7.73}$$

这就是泊松定理。该定理表明，当$n\to\infty$时，且$np=$常数的情况下，二项分布趋向于泊松分布，参数$\lambda=np$。

在实际应用中，若二项分布的n较大，p较小，而np值适中时，就可以用泊松分布来近似地代替二项分布。显然，n越大，逼近程度就愈好。当$n\geqslant 100$时，这两种分布基本上重合。

例 7.13　在对某放射性物质放射α粒子的个数观测中，观测间隔时间为7.5 s，共观测$n=2\,608$次，其试验结果如表7.11所示。试按此试验数据建立放射性物质的蜕变概率模型。

解　显然放射物质放射出α粒子是一种随机现象，T时间内达到某处的粒子点数ξ为一个随机变量，可视为在区间T内某处的1个散点。显然，该随机事件亦满足泊松分布的3个特征条件。因为放射性物质在蜕变过程中，虽然不断减少，放射的α粒子亦不断减少，但是对于半衰期相当长的放射性物质来说，在观测短时间间隔内，α粒子的减少究竟微乎其微，可略而不计，因此可以认为放射α粒子数量与时间间隔长度有关，而与时间间隔的位置无关，即满足平稳性。至于独立性和普遍性也是满足的。故ξ服从泊松分布。

表 7.11　例 7.13 的试验数据

k	0	1	2	3	4	5
n_k	57	203	383	525	532	408
$P(k,3.87)$	54.399	210.523	407.361	525.496	508.418	393.515
k	6	7	8	9	$\geqslant 10$	
n_k	273	139	45	27	16	
$P(k,3.87)$	253.817	140.325	67.882	29.189	17.075	

根据表 7.11 的试验数据，对于泊松分布有

$$\lambda=\frac{\sum in_i}{n}=\frac{10\ 094}{2\ 608}=3.87$$

由式(7.71) 可知随机变量 ξ 的概率分布为

$$P(k,3.87)=\frac{(3.87)^k}{k!}e^{-3.87}$$

这就是该放射性物质蜕变，放射出 α 粒子的概率模型。

7.4.5　随机误差概型

随机误差是科技问题及工农业产生过程中广泛存在一种试验(量测) 误差，如零件测量误差、检测偏差、射击偏差、印染着色度误差等。

利用概率论的中心极限定理可以证明，如果描述随机现象的随机变量是由大量相互独立的随机因素引起的，而每个因素所起的作用又很小，那么这种随机变量将服从正态分布。上述列举的随机误差正是多种相互独立而各自影响均甚微的随机变量，因此它们的概型应该是正态分布。

(1) 正态分布。正态分布是一种应用极广的连续型随机变量分布，其密度函数为

$$f(x)=\frac{1}{\sqrt{2\pi}\,\sigma}e^{-\frac{(x-a)^2}{2\sigma^2}},\quad -\infty<x<\infty \tag{7.74}$$

式中，a，σ 为常数，且 $\sigma>0$。相应的分布函数是

$$F(x)=\frac{1}{\sqrt{2\pi}\,\sigma}\int_{-\infty}^{x}e^{-\frac{(x-a)^2}{2\sigma^2}}dt,\quad (-\infty<x<\infty) \tag{7.75}$$

正态分布被记为 $N(a,\sigma^2)$。称 $a=0$，$\sigma=1$ 时的正态分布为标准正态分布。其密度函数和分布函数分别为

$$\varphi(x)=\frac{1}{\sqrt{2\pi}}e^{\frac{-x^2}{2}},\quad -\infty<x<\infty$$

$$F(x)=\frac{1}{\sqrt{2\pi}}\int_{-\infty}^{x}e^{-t^2/2}dt,\quad -\infty<x<\infty \tag{7.76}$$

正态分布(概型) 具有如下很有用的性质。结于任意实数 x 有

1)
$$\left.\begin{aligned}F(x)&=\varphi\left(\frac{x-a}{\sigma}\right)\\ \varphi(x)&=F(\sigma x+a)\end{aligned}\right\} \tag{7.77}$$

2)
$$\left.\begin{aligned}\varphi(x)&=1-\varphi(-x)\\ F(a+x)&=1-F(a-x)\end{aligned}\right\} \tag{7.78}$$

3) 若 ξ 服从正态分布 $N(a,\sigma^2)$，有

$$\left.\begin{array}{l}P(\xi<x)=P(\xi<x)=F(x)=\varphi(\frac{x-a}{\sigma})\\P(\xi<x)=P(\xi>x)=1-F(x)=1-\varphi(\frac{x-a}{\sigma})=\varphi(-\frac{x-a}{\sigma})\\P(x_1<\xi<x_2)=F(x_2)-F(x_1)=\varphi(\frac{x_2-a}{\sigma})-\varphi(\frac{x_1-a}{\sigma})\\P(|\xi-a|<x)=2\varphi(\frac{x}{\sigma})-1\\P(|\xi-a|>x)=2[1-\varphi(\frac{x}{\sigma})]\end{array}\right\}\tag{7.79}$$

设 $\xi_1,\xi_2,\cdots$ 是相互独立分布相同的随机变量序列，且有有限的数学期望及方差，即

$$E(\xi_k)=a,\quad D(\xi_k)=\sigma^2,\quad k=1,2,\cdots$$

若 $\eta_n=\frac{1}{n}\sum_{k=1}^{n}\xi_k$，则

$$E(\eta_n)=\frac{1}{n}\sum_{k=1}^{n}E(\xi_k)=a,\quad D(\eta_n)=\frac{1}{n^2}\sum_{k=1}^{n}D(\xi_k)=\frac{\sigma^2}{n}$$

(2) 林德贝格 — 勒维定理。林德贝格 — 勒编定理即是上述中心极限定理。

若 $0<D(\xi_n)=\sigma^2<+\infty$，则对于任一实数 x 有

$$\lim_{n\to}P(\xi_n<x)=\frac{1}{\sqrt{2\pi}}\int_{-\infty}^{x}e^{-\frac{t^2}{2}}dt\tag{7.80}$$

式中

$$\xi_n=\frac{\eta_n-E(\eta_n)}{\sqrt{D(\eta_n)}}=\frac{\eta_n-a}{\sigma/\sqrt{n}}\tag{7.81}$$

ξ_n 称为 η_n 的标准化变量。

该定理表明，只要 n 足够大，随机变量 η_n 的标准化变量 ξ_n 将近似地服从正态分布(0,1)，即服从正态分布 $N[a,(\frac{\sigma}{\sqrt{n}})^2]$。

7.4.6 三种概型的渐近关系

考察三种分布：

二项分布 $B(k,n,p)=C_n^k p^k q^{n-k}$；

泊松分布 $P(k,\lambda)=\frac{\lambda^k}{k!}e^{-\lambda}$；

正态分布 $N(a,\sigma^2)=\frac{1}{\sqrt{2\pi}\sigma}e^{-\frac{(x-a)^2}{2\sigma^2}}$。

在一定条件下它们具有相应的渐近关系。

关面已经讨论泊松定理，它表明当 $n\to\infty$ 时，$p_n\to 0$，且 $np=$ 常数情况下，二项分布将趋近泊松分布，参数 $\lambda=np$。

若参数满足 $p_n=\lambda/n(\lambda>0)$，则有 $\lim\limits_{n\to\infty}B(k,n,p)=P(k,\lambda)$，下面讨论在一定条件下，泊松分布或二项分布趋近于正态分布。

定理 1 $\lambda\leftarrow\infty$，有 $P(k,a)\to N(\lambda,\lambda^2)$，即

$$\frac{\lambda^k}{k!}e^{-\lambda}\to\frac{1}{\sqrt{2\pi}\lambda}e^{\frac{(k-\lambda)^2}{2\lambda^2}}\tag{7.82}$$

该定理表明，当 λ 足够大时(通常在 $\lambda > 6$ 时)，可用正态分布近似地代替泊松分布。

定理2　当 $n \to \infty, p \to \frac{1}{2}$ 时，有 $B(k,n,p) \to N(np,npq)$，即

$$C_n^k p^k q^{n-k} \to \frac{1}{\sqrt{2\pi}\sqrt{npq}} e^{-\frac{(k-np)}{npq}} \tag{7.83}$$

这说明在此极限条件下，二项分布将趋近正态分布，故可用正态分布近似地代替二项分布。

由定理1,2得知，在一定条件下一些其他分布可能趋向正态分布。另外，正态分布有各种数值表可查，这将给实际概型的近似计算带来极大方便。可见，正态分布无论在理论上，或是在实际应用上都是十分重要的。

定理3　当 $n \to \infty, p \to 0, np \to \lambda =$ 常数时，有 $B(k,n,p) \to P(k,np)$，即

$$C_n^k p^k q^{n-k} \to \frac{(np)^k}{k!} e^{np} \tag{7.84}$$

该定理给出了在另一种条件下，二项分布趋向泊松分布。

例7.14　电话交换台 A 通过交换台 B 为2 000个用户服务。因为不是每台电话在每时刻都占线，所以不需在要在 A,B 之间安齐2 000条线路。假定在最忙的时间内，每台电话平均占线2 min/h，试问在 A,B 之间最少要安装多少条线路，才能使平均100次呼唤中至多有一次不能接通？

解　按照题知，问题归结为某台电话上线概率为1/30，对它作2 000次传呼试验。通常可认为这些试验是相互独立的。可见，应属于伯努利试验。

设 A,B 之间最少要安装 m 条线路，才使用户占线次数超过 m 的概率小于1/100，即

$$P = B(m+1, 2\,000, \frac{1}{30}) + \cdots + B(2\,000, 2\,000, \frac{1}{30}) < \frac{1}{100}$$

因为 $m = 2\,000$(次) 较大，故可选用泊松分布来近似，这时有

$$\lambda = np = 2\,000 \times \frac{1}{30} = 66.67$$

于是　$$P(k,\lambda) = P(2\,000, 66.67) = \frac{66.67^{2\,000}}{2\,000!} e^{-66.67} < P(2\,000, 87) = 0.009\,7$$

显然，只要在 A,B 之安装87条线路就可以满足要求。

为了进行对比，还可以用正态分布 $N(np,npq)$ 来近似。由题意和式(7.77)有

$$1 - \varphi\frac{(N-np)}{\sqrt{npq}} < 0.01$$

查表可得 $\frac{N-np}{\sqrt{npq}} > 2.327$，即 $N > np + 2.327\sqrt{npq} \approx 85.3$ 条。

可见，按正态分布近似，A,B 之间最少需要安装86线路。它同按照泊松分布近似的结果基本吻合。不过，实际上这类通话系统问题通常采用泊松分布近似。

7.5　系统可靠性的数学建模及应用

7.5.1　引言

系统可靠性问题是目前科学技术和生产过程中的一个突出问题。它不仅涉及面广而且十

分复杂。可以说，普遍存在而重要的系统可靠性问题贯穿于系统规划、设计、制造、使用、维护等过程。本节作为研究实际系统可靠性问题的人门，仅讨论系统可靠性的一般概念、数学建模方法及简单应用。

系统可靠性是典型的随机性问题，因此，概率模型应该是它的基本数学型形式。下面将在介绍系统可靠性概念及其描述参数的基础上，讨论系统联结形式建立系统可靠性模型的方法，并给出一些实用的系统可靠性模型。

7.5.2 系统可靠性概念、术语及参数

系统的可靠性是指系统在规定条件下和规定时间内完成既定功能的能力。

描述系统要靠性的指标特征量主要有：可靠度、故障率或失效度、故障时间、维修度与修复率、有效度等。这些特征量可分别解释如下。

(1) 可靠度。系统在规定条件下和规定时间内完成既定功能的概率被称为系统的可靠度，以 $R(t)$ 表示

$$0 \leqslant R(t) \leqslant 1$$

(2) 故障率或失效度。故障率是指系统工作到某一刻 t，在单位时间内发生故障的概率。故障率可定义如下

$$\lambda(t)=\frac{f(t)}{R(t)}=\frac{-\mathrm{d}R(t)}{\mathrm{d}t}/R(t)=\frac{\mathrm{d}F(t)}{\mathrm{d}t}/R(t)$$

式中，$f(t)$ 为故障密度函数，$f(t)=\frac{-\mathrm{d}R(t)}{\mathrm{d}t}F(t)$ 为系统的不可靠度。显然，$F(t)+R(t)=1$。若已知 $\lambda(t)$，则可求出

$$R(t)=\mathrm{e}^{-\int_0^t \lambda(t)\mathrm{d}t}$$

故障率一般用时间单位表示。对于高可靠性系统（或元件），其单位取 fit，$\mathrm{fit}=10^{-9}\,\mathrm{h}$。如目前国内固体组件的故障率大约是 100 fit。故障率可分为瞬时故障率和平均故障率。

$$\text{平均故障率}=\frac{\text{其段时间故障率}}{\text{该段时间}}$$

(3) 故障时间。故障时间系指系统平均无故障的工作时间。

$$MTBF=\frac{\sum_{i=1}^{n}\Delta t_i}{n}$$

式中，Δt_i 为相邻两次故障的间隔时间。$MTBF$ 可简记为 θ，$\theta=\int_0^{\infty}R(t)\mathrm{d}t$。当 $R(t)=\mathrm{e}^{-\lambda t}$ 时，有 $\theta=\frac{1}{\lambda}$，或 $R(t)=\mathrm{e}^{-t/\theta}$。这就是说，当故障率 $\lambda(t)$ 为常数时，平均无故障的工作时间 θ 是系数故障率 $\lambda(t)$ 的倒数。例如，某小型计算机系统平均工作 1 000 h 发生 4 次故障，它的平均无故障工作时间 θ 将是 $\theta=1\,000/4=250$ h；这时系统连续工作 100 h 的可靠度必然是 $R(t)=\mathrm{e}^{-t/\theta}=\mathrm{e}^{-100/250}=0.67$。

(4) 维修度与修复率：

1) 维修度。维修度是指系统（或元件）于规定条件维修下，在规定时间内完成维修工作的概率，记之 $M(t)$。$\mathrm{d}M(t)/\mathrm{d}t=m(t)$ 称为维修密度函数。

2) 修复率。修复率是指系统在维修中，单位时间内修复的概率，记之为 $\mu(t)$。

显然

$$\mu(t)=\frac{m(t)}{1-M(t)}=\frac{\mathrm{d}M(t)}{\mathrm{d}t}\cdot\frac{1}{1-M(t)}$$

若 $\mu(t)=$ 常数,则 $M(t)=1-\mathrm{e}^{-\mu t}$,即这时维修度 $M(t)$ 服从指数分布规律。

3) 平均修复率。其定义为

$$\mu=\frac{1}{\overline{M}}$$

式中,$\overline{M}$ 为平均维修时间。

(5) 维修时间:

1) 平均维修时间 $\overline{M}$;维修所需时间的平均值;

2) 中值维修时间 $\widetilde{M}$:当维修度函数 $M(t)=0.5$ 时的维修时间;

3) 最大维修时间 $M_{\max}$:取 $\alpha=(5\sim10)\%$,当维修度函数 $M(t)=1-\alpha$ 时的维修时间。

(6) 有效度。有效度相当于运转率。其定义为 $A=$ 若可靠度和维修度均服从指数分布时有

$$A=\frac{\mu}{\mu+\lambda}=\frac{1}{1+\rho}$$

式中,$\rho=\lambda/\mu$ 为维修系数,它表示系统(或元件)每单位工作时间的平均维修时间。

7.5.3　系统可靠性数学建模

系统总是由多个元件(环节)构成的。按照联接方式不同可建立不同类型的系统可靠性数学模型。

(1) 串联系统:

1) 定义:如果组成系统的任何一个元件(环节)失效,都会导致整个系统发生故障,这种系统称为串联系统。

2) 模型:设串联系统由 n 个元件(环节)构成(见图 7.10),若第 i 个元件的可靠度 $R_i=\mathrm{e}^{-\lambda_i t}$,则系统的可靠度为

$$R=R_1\cdot R_2\cdots R_n=\prod_{i=1}^{n}R_i\quad 或\quad R=\mathrm{e}^{-\lambda_1 t}\cdot\mathrm{e}^{-\lambda_2 t}\cdots\mathrm{e}_n^{-\lambda t}=\mathrm{e}^{-\sum\limits_{i=1}^{n}\lambda t}$$

系统的故障率为

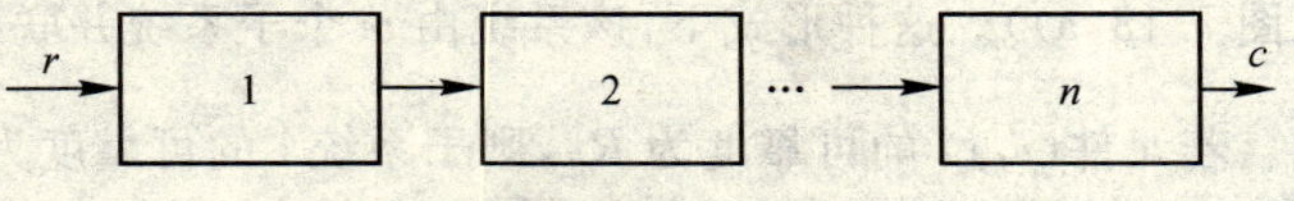

图 7.10　串联系统

(2) 并联系统:

1) 定义:如果仅当给成系统的全部元件(环节)都失效时,整个系统才发生故障,这种系统称为并联系统。

2) 模型:设并联系统由 n 个元件组成(见图 7.11)。若第 i 个元件的可靠度 $R_i=\mathrm{e}^{-\lambda_i t}$(亦不可靠度 $F_i=1-R_i=1-\mathrm{e}^{-\lambda_i t}$),则系统的可靠度为

$$R=1-\prod_{i=1}^{n}(1-R_i)=1-\prod_{i=1}^{n}(1-\mathrm{e}^{-\lambda_i t})$$

同样,不可靠度为

$$F=\prod_{i=1}^{n}(1-R_i)=\prod_{i=1}^{n}(1-e^{-\lambda_i t})$$

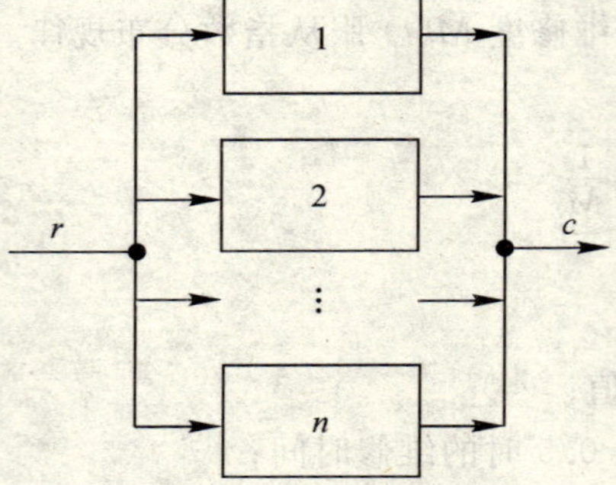

图 7.11　并联系统

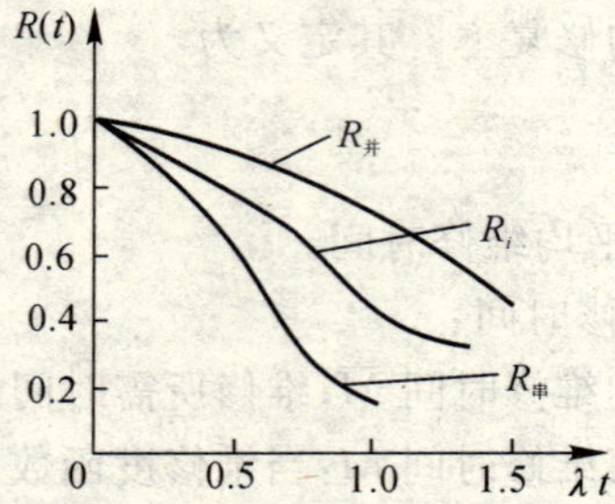

图 7.12　可靠度曲线比较

例 7.15　设系统元件的可靠度 $R_i=e^{-\lambda t}$，$i=1,2$，取 $n=2$，试比较串联系统与并联系统的可靠度。

解　系统单独元件的可靠度由题知有

$$R_i=e^{-\lambda t}$$

对于串联系统其可靠度为

$$R_{串}=\prod_{i=1}^{2}e^{-\lambda t}=e^{-2\lambda t}$$

对于并联系统

$$R_{并}=1-\prod_{i=1}^{2}(1-e^{-\lambda t})=2e^{-\lambda t}-e^{-2\lambda t}$$

按照上述模型可分别绘制单独元件、串联系统和并联系统的可靠度曲线，如图 7.12 所示，由图可清楚看出

$$R_{并}>R_i>R_{串},\qquad \lambda t\neq 0$$

(3) 复合系统。复合系统具有多种形式，其系统的可靠性模型自然视具体形式而定。下面分绍两种典型形式。

1) 形式Ⅰ(见图 7.13(a))。这种形式下，该系统由 m 个子系统并联，第 i 个子系统又由 n_i 个元件串联而构成。若元件 (i,j) 的可靠度为 R_{ij}，则子系统 i 的可靠度为 $R_i=\prod_{j=1}^{n}R_{ij}$；整个系统的可靠度为

$$R=1-\prod_{i=1}^{m}(1-R_i)=1-\prod_{i=1}^{m}\left(1-\prod_{j=1}^{n_i}R_{ij}\right)$$

2) 形式Ⅱ(见图 7.13(b))。对于这种形式，该各系统由 n 个子系统串联，第 j 个子系统又由 m_j 个元件并联构成，若元件 (i,j) 的可靠度 R_{ij}，则子系统的可靠度为 $R_j=1-\prod_{i=1}^{m_j}(1-R_{ij})$。整个系统的可靠度为

$$R=\prod_{j=1}^{n}R_j=\prod_{j=1}^{n}\left[1-\prod_{i=1}^{n}(1-R_{ij})\right]$$

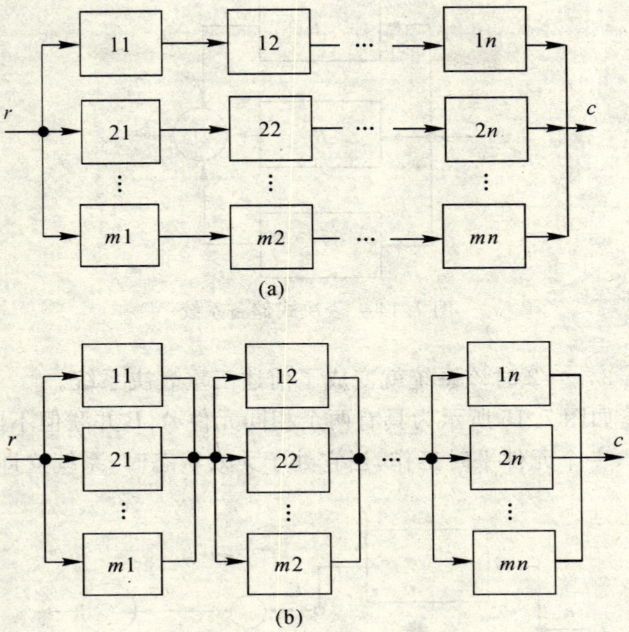

图 7.13　混合系统典型形式

(4) 冗余技术系统：

1) 冗余技术：冗余技术又叫余度技术。具有冗余技术的系统称为冗余技术系统或余度技术参统。它是为了提高系统可靠性而采用并联备份元件构成的、有储备的系统。按照备份元件参加工作的时机，可分为“热储备”与“冷储备”两大类。

2) 热储备系统：热储备系统又可分为如下三种形式：

ⅰ. 并联热储备系统。这种系统同并联系统，应用十分广泛，如图 7.11 所示。计算机控制系统中的“双机双工制”、飞机控制系统中的双助力装置等都属于这类系统。

ⅱ. 表决式储备系统。如图 7.14 所示给出了 3 个相同元件 A,B,C 并联(执行同一功能)和在汇合点 D 进行多数表决的三重表决储备系统。该系统的可靠度为

$$R = 3\left(e^{-\lambda t}\right)^2 - 2\left(e^{-\lambda t}\right)^3$$

其平均无故障工作时间为

$$\theta = \frac{3}{2\lambda} - \frac{2}{3\lambda} = \frac{5}{6\lambda}$$

ⅲ. (r,n) 储备系统(“r 出于 n”系统)。该系统以 n 个相同元件并联，只要 r 个元件工作，系统便可以正常工作。此系统的可靠度为

$$R = R_e^n + nR_e^{n-1}(1-R_e) + \cdots + \frac{n!}{r!\,(n-r)}R_e^r\,(1-R_e)^{n-r}$$

式中，R_e 为元件的可靠度。若 $R_e = e^{-\lambda t}$，则该系统的平均无故障工作时间为

$$\theta = \frac{1}{n\lambda} + \frac{1}{(n-1)\lambda} + \frac{1}{(n-2)\lambda} + \cdots + \frac{1}{r\lambda}$$

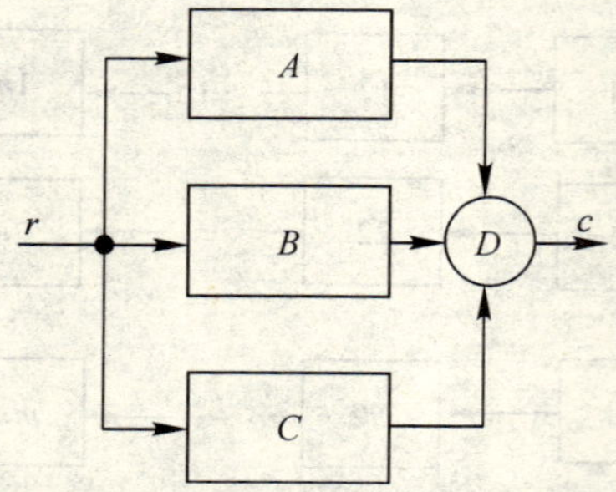

图 7.14　表决式储备系统

不难看出，当 $n=3$，$r=2$ 时该系统就变成了前述三重表决系统。

3) 冷储备系统。如图 7.15 所示为具有两个相同元件 A，B 并联但不同时参与工作的冷储备系统。在该系统中，一个元件平时工作，当它处于无效状态时，系统立即切换至备份元件上，使备份元件开始工作。

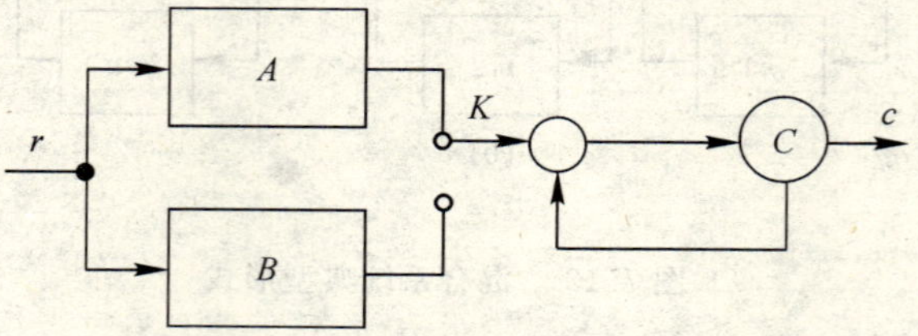

图 7.15　冷储备系统

K— 切换开关；C— 故障检测器

假定 C 与 K 的可靠度为 1，则系统的可靠度为 $R=\mathrm{e}^{-\lambda t}(1+\lambda t)$，这时，系统平均无故障工作时间 θ 为单个元件的两倍。须指出，对于由 n 个相同元件组成的冷储备系统，若只需要一个元件工作，$(n-1)$ 个元件备份，则该系统的可靠度将为

$$R=\mathrm{e}^{-\lambda t}(1+\lambda t)+\frac{(\lambda t)^2}{2!}+\cdots+\frac{(\lambda t)^{n-1}}{(n-1)!}$$

系统平均无故障工作时间为 $\theta=n/\lambda$。

7.5.4　系统的可靠度分配模型

(1) 系统的可靠度分配概念。所谓系统的可靠度分配就是指把技术指标中规定的系统可靠度或容许故障合理地分配给子系统和系统元件。这种分配，通常以可靠度作为约束条件，使成本、重量、体积等参数在限定值下，作到系统可靠度尽可能高。

系统可靠度分配有多种方法。常见的是：代数分配法、加权分配法、拉格朗日乘子法和动态规划法等。

(2) 系统可靠度分配模型。上述各种分配方法下的系统可靠度分配数学模型如下。

1) 代数分配法。代数分配法可分为简单分配法和按比列分配法。

ⅰ. 简单分配法：

a. 串联系统分配模型。设串联系统由 n 个子系统组成。若给每个子系统都分配以相同的可靠度，则有

$$R_i = n\sqrt{R}, \qquad i=1,2,3,\cdots,n$$

式中,R 为系统可靠度;R_i 为第 i 个子系统的可靠度。

b. 并联系统分配模型。设并联系统由 n 个子系统组成。若给每个子系统都分配以相同的可靠度,则有

$$R_i = 1 - n\sqrt{R}, \qquad i=1,2,\cdots,n$$

式中 R,R_i 意义同上。

ⅱ. 按比例分配法。这是一种按子系统现有不同可靠度成比例地分配允许不可靠度的方法。在此分配原则下,对于串联系统有分配模型为

$$R = R_1 \cdot R_2 \cdots R_n$$

$$1 - F = (1-F_1)(1-F_2)(1-F_3)\cdots(1-F_n) \approx 1 - F_1 - F_2 - F_3 - \cdots - F_n$$

即 $F \approx F_1 + F_2 + \cdots + F_n$,式中,$F$ 为系统现有允许不可靠度;$F_1, F_2, \cdots, F_n$ 为各子系统现有允许不可靠度。

2) 加权分配法。加权分配法是依据各子系统对整个系统的重要程度来分配子系统可靠的一种方法。设系统由 k 个子系统组成,每个子系统由独立的标准组件构成,子系统的可靠度服人指数分布,考虑对整个系统的影响程度后,若第 i 个子系统的实际可靠度为 R'_i,则有

$$R'_i = 1 - w_i(1-R_i) \quad 或 \quad R'_i = 1 - w_i(1 - \mathrm{e}^{-t_i/\theta_i})$$

于是,整个系统的可靠度模型为

$$R = \prod_{i=1}^{k} R'_i = \prod_{i=1}^{k} [(1 - w_i(1 - \mathrm{e}^{-t_i/\theta_i}))]$$

式中,θ_i 为第 i 个子系统的平均寿命(或平均无故障工作时间);t_i 为系统需要第 i 个系统工作的时间;w_i 为第 i 个子系统的故障引起系统发生故障的概率。

由于经 i 个子系统由 n_i 个组件组成,这些组件不论是用在哪个系统上,带给整个系统的可靠度都是相等的,所以有

$$R'_i = R^{n_i/n}$$

即

$$1 - w_i(1 - \mathrm{e}^{-t_i/\theta_i}) = R^{n_i/n}$$

解方程有

$$\theta_i = \frac{1 - t_i}{\ln\left[1 - \dfrac{1}{w_i}(1 - R^{n_i/n})\right]}$$

因为当 x 很小时,有 $\mathrm{e}^{-x} \approx 1 - x$,故上式可简化为

$$\theta_i = \frac{n w_i t_i}{n_i(-\ln R)}$$

这样,可得到第 i 个子系统的可靠度近似模型 $R_i = 1 - 1 - R^{n_i/n}/w_i$。

例 7.16　某飞机机载电子设备要求工作 12 h 的可靠度 $R=0.923$。又知该设备各子系统的有关数据如表 7.12 所示。试建立该机载电子设备的可靠度分配模型,并计算出各子系统的工作可靠度 R_i。

表 7.12　飞机机载电子设备子系统数据

序　号	子系统 i	组件数 n_i	工作时间 t_i/h	权因子 w_i
1	发射机	102	12	1.0
2	接收机	91	12	1.0
3	控制设备	242	12	1.0
4	起飞用自动器	95	3	0.3
5	电源	40	12	1.0
合　计		$n=570$		

解　将表 7.12 中数据代入 $\theta_i=\dfrac{nw_it_i}{n_i(-\ln R)}$，其中 $R_i=1-e^{-\alpha_i(x_i-\beta_i)}$，$R=0.923$，可得 $\theta_1=837(\text{h})$，$\theta_2=938(\text{h})$，$\theta_3=353(\text{h})$，$\theta_4=68(\text{h})$，$\theta_5=2\,134(\text{h})$。显然，这时子系统可靠度模型可采用，$R_i=1-R^{n_i/n}/w_i$ 为简化计算亦可使用模型 $R_i=-e^{-t_i/\theta_i}$，将 $\theta_1\sim\theta_5$ 代入上式，可得到各了系统的工作可靠度为

$$R_1=e^{-12/837}=0.985\,8,\quad R_2=e^{-12/938}=0.987\,3$$

$$R_3=e^{-12/353}=0.966\,6,\quad R_4=e^{-3/68}=0.956\,8$$

$$R_5=e^{-12/2134}=0.994\,4$$

可以证明，在此种可靠度分配下，可保证系统可靠度为

$$P=-\frac{R_i}{R}\cdot\frac{1}{\alpha_i(1-R_i)}$$

故可以认为上述系统可靠度分配模型 $R_i=-e^{-t_i/\theta_i}$ 是正确的。

3) 拉格朗日乘子法。设函数 $z=F(x,y)$，欲在 $G(x,y)=0$ 约束条件下求其极值。为此，可建立一新函数 $H(x,y)=F(x,y)+PG(x,y)$，式中，P 为拉格朗日乘子。

该函数满足下列方程

$$\frac{\partial F}{\partial x_0}+P\frac{\partial G}{\partial x_0}=0,\quad \frac{\partial F}{\partial y_0}+\frac{\partial G}{\partial y_0}=0$$

式中，点(x_0,y_0)为函数 $F(x,y)$ 及 $H(x,y)$ 的极值点。

下面举例说明拉格朗日乘子法在建立系统可靠度分配模型中的应用。

例 7.17　设子系统 i 的可靠度 R_i 与它的制造费用 x_i 间的关系为 $R_i=1-e^{-\alpha_i(x_i-\beta_i)}$，式中，$\alpha_i,\beta_i$ 为子系统 i 的已知常数。

若该系统由 k 个子系统串联而成，又系统可靠度为 R，试建使制造费用 $X=\sum\limits_{i=1}^{k}x_i$ 为最小的系统可靠度分配模型。

解　问题的实质是在此 $R=\prod\limits_{i=1}^{k}R_i$ 或 $G=R-\prod\limits_{i=1}^{k}R_i$ 的约束条件下，求函数 $\sum\limits_{i=1}^{k}x_i$ 的最小值。

按照上述拉格朗日乘子法，可引入拉格朗日乘子 P，作新函数

$$H=\sum_{i=1}^{k}x_i+P(R-\prod_{i=1}^{k}R_i,\quad i=1,2,\cdots,k$$

求解 $\partial H/\partial x_i=0$ 时的 P 值,则有

$$P=-\frac{R_i}{R}\cdot\frac{1}{\alpha_i(1-R_i)},\quad i=1,2,\cdots,k$$

将上式与 $R=\prod_{i=1}^{k}R_i$ 联立,可解得 R_i,即

$$x_i=\beta_i-\frac{\ln(1-R_i)}{\alpha_i}$$

这就是使制造费用 $X=\sum_{i=1}^{k}x_i$ 为最小的系统可靠度分配模型。

对于此例,若 $n=2,R=0.72,\alpha_1=0.9,\alpha_2=0.4,\beta_1=4.0,\beta_2=0.0$ 可得到 $x_1=6.56,x_2=4.02$ 和 $X=x_1+x_2=10.58$。可见,利用拉格朗日乘子法可获得实际系统的可靠度分配模型,进而得到系统的最小制造费用 $X=10.58$。

4) 动态规划法。设子系统之中有 u_i 个并联元件时,其可靠度为 $R_i(u_i)$,且子系统 i 中单个并联元件的成本为 C_i,重量为 W_i 系统的总费用限制在 C,总重量限制为 W,则可以建立模型

$$\begin{cases}\max\ \{R=\prod_{i=1}^{n}R_i(u_i)\}\\ \text{s.t}\quad \sum_{i=1}^{n}C_iu_i\leqslant C\\ \sum_{i=1}^{n}W_iu_i\leqslant W,\quad u_i\geqslant 0\text{ 且为整数},i=1,2,\cdots,n\end{cases}$$

这是一个非线性整数规则,通常求解较困难,故可改用动态规划,其代表性模型有

状态转移方程　　　$x_{k+1}=x_k-C_ku_k,\quad y_{k+1}=y_k-W_ku_k$

允许决策集合

$$D_k(x_k,y_k)\{u_k\mid 0\leqslant u_i\leqslant\min\left(\frac{x_k}{C_k},\frac{y_k}{W_k}\right),u_k\text{ 为整数}\}$$

指标函数

$$J_k=\prod_{i=k}^{n}R_i(u_i)$$

求其极大值。

其递推方程为

$$J_{n+1}^*=1,J_k^*=\max_{u_k\in D_K}\{R_k(u_k)J_{k+1}^*\},\quad k=1,2,\cdots,n$$

式中,x_k 为从子系统 k 到 n 所允许使用的费用之和,$x_1=c$;y_k 为从子系统 k 到 n 所允许具有重量之和,$y_1=W_1$;u_k 为决策变量,为子系统 k 中的关联元件数目。

7.6　随机状态转移与马氏链模型及应用

7.6.1　引言

离散时间状态的随机转移为随机状态转移。马氏链是这种转移过程的特例,主要研究无后效条件下的离散时间状态的随机转移问题,亦可用于处理许多确定性状态转移问题,故而在经济、生态、遗传、社会、军事作战等领域的建模及研究中得到广泛应用。本节重点讨论马氏链

概念及重要结论、马氏链中的正则链和吸收链的数学描述及其应用。

7.6.2 马氏链概念及重要结论

(1) 马氏链。若在系统 S 中进行一系列实验，具有如下性质：

1) 在任何给定时间，系统处于下列状态中的一种：$S_1,S_2,\cdots,S_i,\cdots,S_n$，且每次试验结果或是未发生改变，或是 S 集合 $\{S_1,S_2,\cdots S_n\}$ 中的一种状态变为另一种新状态。

2) 系统由一种状态 S_i 变化到另一种状态 S_j 仅依赖于实验结果。

3) 系统由状态 S_i 变到状态 S_j 的概率 P_{ij} 仅取决于 S_i 与 S_j，(即系统在实验期间的状态)，而与系统更早处的状态无关。或者说对于一个离散时间随机状态过程，若从 t 时刻的状态 S_i 转移至时间 $(t+1)$ 的状态 S_j 的概率 a_j 只与时刻 t 所处状态 $S_i(t)$ 的概率 $a_i(t)$ 和转移概率 P_{ij} 有关，而与 $(t-1)$ 及 $(t-1)$ 以前的状态无关，即具有无后效性或马氏性。

那么，把这样的状态随机转移过程称为马尔可夫过程，简称马氏链。这里，把 P_{ij} 排成的矩阵 $\boldsymbol{P}=[P_{ij}]$ 称为状态转移矩阵。

在此，显然有

$$\sum_{i=1}^{n} a_i(t)=1,\quad t=0,1,2,\cdots$$

和

$$P_{ij}\geqslant 0,\quad \sum_{j=1}^{n} P_{ij}=1,\quad i=0,1,2,\cdots,n$$

(2) 正规马氏链。若马尔可夫过程具有如下特性，则被称为正规马氏链：① 随着 N 变大，N 步转移矩阵 $\boldsymbol{P}^N$ 趋向于一个矩阵 T；② 矩阵 T 的各行是同一概率向量 $\boldsymbol{P}_i$；③$\boldsymbol{P}_i$ 皆大于零，且 $\boldsymbol{P}_i=\sum_{j=1}^{N} P_{ij}=1(i=1,2,\cdots)$。

可以证明，通过正规马氏链转后系统将达到稳定状态。此外，马氏链进入状态 (i,j) 时，在该状态的停留时间 t 服从指数分布，而期望值为 λ^{-1}。

(3) 吸收马氏链。$\boldsymbol{P}_i=1$ 的状态称为吸收状态。若马氏链中至少含有一个吸状态，并且从每个非吸收状态出发都可以达到某个吸收状态，则被称为吸收马氏链。

对于具有 m 个吸收状态和 $(n-m)$ 个非吸收状态的吸收链，其转移概率矩阵标准式为

$$\boldsymbol{P}_{m\times n}=\begin{bmatrix}\boldsymbol{I}_{m\times n} & \boldsymbol{0}\\ \boldsymbol{R} & \boldsymbol{Q}_{(n-m)\times(n-m)}\end{bmatrix}$$

式中，$\boldsymbol{I}$ 为单位阵；$\boldsymbol{R}$ 为具有非零元素的矩阵。

可以证明，对上述具有标准形转移概率矩阵的吸收链有如下性质：

1) $t\to\infty$ 时，$\boldsymbol{Q}^t\to\boldsymbol{0}$；

2) $(\boldsymbol{I}-\boldsymbol{Q})$ 可逆，且 $(\boldsymbol{I}-\boldsymbol{Q})^{-1}=\sum_{s=0}^{\infty}\boldsymbol{Q}^S$；

3) 从非吸收状态 i 出发，被某吸收状态吸收之前的平均转移次数是 N 的第 i 行元素之和，这时，$\boldsymbol{N}=(\boldsymbol{I}-\boldsymbol{Q})^{-1}$；

4) 从非吸收状态 i 出发，被吸收状态 j 吸收的概率是 $\boldsymbol{B}$ 的元素 b_{ij}，这里，$\boldsymbol{B}=\boldsymbol{NR}$。

(4) 半马尔可夫过程。半马尔可夫过程进入状态 (i,j) 时，在该状态的停留时间 t 服从任意的分布。可见它比正规马氏链具有更广泛的意义。

研究用状态 $\{S_1,S_2,\cdots S_j\}$ 构成一个半马尔可夫过程，其状态 S_i 重复出现时间的期望值 I_{ij}

由下式确定

$$I_{ij}=\frac{1}{w_i}\sum_{j=1}^{j}w_j\mu_j$$

式中，μ_j 为状态 S_j 的无条件等待平均时间；w_j 为嵌入马氏链平稳分布的一个元素（对应于状态 S_j）；其中 $w_j=\sum_{i=1}^{J}w_i p_{ij}$　$\mu_j=\sum_{i=1}^{J}p_{ij}\mu_{jk}$，此处，$p_{ij}$ 为系统由状态 i 转移到状态 j 的转移概率；μ_{jk} 为系统在状态 S_j 转移到状态 S_k 所逗留的平均时间。

例 7.18　微量元素磷的状态过程转移如图 7.16 所示 。且此处，状态概率 $a_i(t)(i=1,2,3)$ 表示磷处于三种状态的比例；转移概率 p_{ij} 表示状态 i 中磷转移到状态 j 中去的比例。又知状态转移过程具有无后效性和 $t=0$ 时磷全在土壤里。试据此建立磷状态过程转移的马氏链模型。

解　由图 7.16 可写出磷状态转移概率矩阵

$$\boldsymbol{P}=\begin{bmatrix}0.5 & 0.3 & 0.2\\ 0.4 & 0.2 & 0.4\\ 0 & 0 & 1\end{bmatrix}$$

这时，磷状态概率向量为　$\boldsymbol{a}(t)=[a_1(t)\quad a_2(t)\quad a_3(t)]$

状态转移方程为　$\boldsymbol{a}(t+1)=\boldsymbol{a}(t)\boldsymbol{P}$

初始条件为　$\boldsymbol{a}(0)=[1\quad 0\quad 0]$

上述矩阵、向量、方程及初始条件便构成了微量元素磷的状态过程转移数学模型。求解模型可得如表 7.13 所示的磷状态概率表。

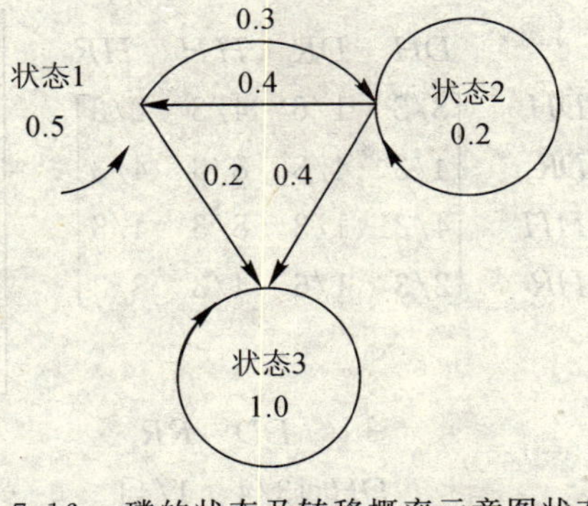

图 7.16　磷的状态及转移概率示意图状态

状态 1 -磷在土壤里；状态 2 -磷在草、牛、羊等生物体内；状态 3 -磷在上述系统外

表 7.13　磷状态概率表

t	0	1	2	3	…	10	→	∞
$a_1(t)$	1	0.5	0.37	0.27		0.027	→	0
$a_2(t)$	0	0.3	0.21	0.15		0.015	→	0
$a_3(t)$	0	0.2	0.42	0.58		0.958	→	1

由表可见清楚看出，当 $t\to\infty$ 时，$\boldsymbol{a}(t)\to[0\quad 0\quad 1]$，这表示磷终将转移出系统。

例 7.19 近亲繁殖后代演变模型分析。生物外部表征由它的体内相应基因决定。研究表明，基因从一代到下一代的遗传(或转移)具有马氏性。因此，马氏链模型可有效用于近亲繁殖后代演变的遗传学研究。

近亲繁殖大体过程是：最初的父母可以是优种、混种或劣种，它们有大量的后代；从中随机选取一男一女接合，如此继续下去。由于父亲和母亲都可能是 D，H 和 R 中的一种，故组合应有 DD，RR，DH，DR，HH 和 HR 等六种状态。若每次取一种任意状态(如 DH 状态)接合，可得到如下转移概率矩阵

$$\boldsymbol{P}=\begin{matrix} & \begin{matrix} DD & RR & DH & DR & HH & HR\end{matrix} \\ \begin{matrix} DD \\ RR \\ DH \\ DR \\ HH \\ HR\end{matrix} & \begin{bmatrix} 1 & 0 & 0 & 0 & 0 & 0 \\ 0 & 1 & 0 & 0 & 0 & 0 \\ \frac{1}{4} & 0 & \frac{1}{2} & 0 & \frac{1}{4} & 0 \\ 0 & 0 & 0 & 0 & 1 & 0 \\ \frac{1}{16} & \frac{1}{16} & \frac{1}{4} & \frac{1}{8} & \frac{1}{4} & \frac{1}{4} \\ 0 & \frac{1}{4} & 0 & 0 & \frac{1}{4} & \frac{1}{2} \end{bmatrix}\end{matrix}$$

可见，DD 和 RR 是两个听收状态，因此这是一个吸收马氏链。这表明，在近亲繁殖下，无论最初选哪一对(状态)终将被 DD 和 RR 吸收，即变成全是优种或全是劣种。假若从状态 DH 出发，利用转移概率矩阵 $\boldsymbol{P}$，由前述吸收马氏链计算公式有

$$\boldsymbol{N}=\begin{matrix} & \begin{matrix} DH & DR & HH & HR\end{matrix} \\ \begin{matrix} DH \\ DR \\ HH \\ HR\end{matrix} & \begin{bmatrix} 8/3 & 1/6 & 4/3 & 2/3 \\ 4/3 & 4/3 & 8/3 & 4/3 \\ 4/3 & 1/3 & 8/3 & 4/3 \\ 2/3 & 1/6 & 4/3 & 8/3 \end{bmatrix}\end{matrix} \quad \begin{bmatrix} 4\frac{5}{6} \\ 6\frac{2}{3} \\ 5\frac{2}{3} \\ 4\frac{5}{6} \end{bmatrix}$$

$$\boldsymbol{B}=\begin{matrix} & \begin{matrix} DD & RR\end{matrix} \\ \begin{matrix} DH \\ DR \\ HH \\ HR\end{matrix} & \begin{bmatrix} 3/4 & 1/4 \\ 1/2 & 1/2 \\ 1/2 & 1/2 \\ 1/4 & 3/4 \end{bmatrix}\end{matrix}$$

根据吸收马氏链性质可知，$\boldsymbol{N}$ 和 $\boldsymbol{B}$ 分别表示：① 从状态 DH 出发，平均经过 $4\frac{5}{6}$ 代后就会变成优种或劣种；② 从状态 DH 出发，后代终变成全优种概率是 3/4。

由上分析可得出重要结论：为了避免后代全演变为优种或劣处，必须在大约 4 代时就应该重新选种。

7.6.3 马氏链型在军事作战中的应用

军事作战是马氏链模型应用的重要方面。由于军事作战过程可视为状态转移过程，且所

有武器的发现和毁伤是相互独立的随机过程，因此可应用状态随机转移理论进一步扩展前述兰彻斯特方程，并通过马氏链模型来描述双方战斗的损耗问题。

(1) 兰彻斯特方程的转移概率模型：

1) 按照线性律。在线性律情况下，蓝方于一次交战中遭受失败的概率 P_{B_1} 可用下式表述

$$P_{B_1}=[\mathrm{d}B(t)/\mathrm{d}t]/[\frac{\mathrm{d}B(t)}{\mathrm{d}t}+\frac{\mathrm{d}R(t)}{\mathrm{d}t}]=\beta/(\beta+\alpha)=[1+\alpha/\beta]^{-1} \tag{7.85}$$

同样，红方于一次交战中遭受失败的概率为

$$P_{R_1}=\alpha/(\beta+\alpha)=[1+\beta/\alpha]^{-1} \tag{7.86}$$

显然，方程式(7.85) 给出了在线性律下，从状态 $\{B(t),R(t)\}$ 向状态 $\{B(t)-1,R(t)\}$ 的转移概率。同样式(7.86) 给出了在线性律下，从状态 $\{B(t),R(t)\}$ 向状态 $\{B(t),R(t)-1\}$ 的转移概率。

2) 按照平方律。由于

$$\frac{\mathrm{d}B(t)}{\mathrm{d}t}=-\beta R(t),\quad \frac{\mathrm{d}R(t)}{\mathrm{d}t}=-\alpha B(t)$$

因此有

$$P_{B_1}=\beta R(t)/[\beta R(t)+\alpha B(t)]=[1+\alpha B(t)/\beta R(t)]^{-1} \tag{7.87}$$

和

$$P_{R_1}=\alpha \mathrm{B}(t)/[\beta R(t)+\alpha B(t)]=[1+\beta R(t)/\alpha B(t)]^{-1} \tag{7.88}$$

3) 按照对数律。因为

$$\frac{\mathrm{d}B(t)}{\mathrm{d}t}=-\beta \mathrm{B}(t)$$

$$\frac{\mathrm{d}R(t)}{\mathrm{d}t}=-\alpha \mathrm{R}(t)$$

所以有

$$P_{B_1}=\beta \mathrm{B}(t)/[\beta \mathrm{B}(t)+\alpha \mathrm{R}(t)]=[1+\alpha \mathrm{R}(t)/\beta \mathrm{B}(t)]^{-1} \tag{7.89}$$

$$P_{R_1}=\alpha \mathrm{R}(t)/[\beta \mathrm{B}(t)+\alpha \mathrm{R}(t)]=[1+\beta \mathrm{B}(t)/\alpha \mathrm{R}(t)]^{-1} \tag{7.90}$$

4) 彼特森通用模型

$$P_{B_1}(k)=[1-(\alpha/\beta)\,(B(t)/R\,(t)^k]^{-1},\quad k=-1,0,1 \tag{7.91}$$

式中，若 $k=-1$，为对数律情况；若 $k=0$，为平方律情况；若 $k=1$，为线性律情况。

(2) 随机性兰彻斯特损耗方程。将随机过程理论，特别是马氏链引入兰彻斯特方程是现代军事作战的需要，这不仅适于通常战争，而且适于具有 $\mathrm{C^3I}$ 系统参与的现代化战争的作战行为数学描述。下面讨论各种随机损耗算法模型。

在对武器分类和若干假定条件下，令 $E=S^{M+N}$ 是由状态 $\alpha=(x,y)$ 组成的状态空间。其中，α 为某瞬时生存兵力的一个数对 (x,y)；x,y 为蓝、红方兵力。这时，损耗问题的相应随机过程为 $\{\{(B(t),R(t);\ t\geqslant 0\}$；这里，蓝方生存兵力 $B(t):\Omega\rightarrow S^M$；红方生存兵力 $R(t):\Omega\rightarrow S^N$。其中，$\Omega$ 为蓝、红方武器类别。

进一步定义作战过程直到 t 时刻的历程为

$$F_t=\sigma\{(B_u,R_u);0\leqslant u\leqslant t\}$$

以 P^α 表示给出的损耗过程在 (Ω,F) 上的概率。其中，F— 过程进入历史情况，$F=\sigma\{(B_u,R_u),u\geqslant 0\}$，其初始条件为 $P^\alpha\{(B_0,R_0)=\alpha\}=1$。

可以证明，在上述条件下，随机过程 $\{B,R\}=\{\Omega,F,F_t,(B(t),R(t),P^\alpha\}$ 是在状态空间 E

中的一个马氏链。从而可获得在 t 时蓝方（红方亦如此）的一般平均生存兵力模型

$$E^{(i,j)}[B(t)] \approx I - t\sum_{k=0}^{i} k \sum_{k=0}^{j} [A(i,j);(k,1)]$$

利用上式还可得到以下四种具体作战情况下的近似概率模型：

1）独立射击情况下的单一杀伤近似算法：

a. 一阶近似 $E^{(i,j)}[B(t)] \approx I - jr_R P_R t$。

b. 二阶近似 $E^{(i,j)}[B(t)] \approx I - ir_R P_R t + Ir_B P_B r_R P_R \dfrac{t^2}{2}$。

2）平行射击情况下的单一杀伤近似算法：

a. 一阶近似 $E^{(i,j)}[B(t)] \approx I - ijd_R K_R t$。

b. 二阶近似 $E^{(i,j)}[B(t)] \approx I - ijd_R K_R t + I^2 jd_B K_B d_R K_R \cdot \dfrac{t^2}{2} + ij^2 d_R^2 K_R^2 \dfrac{t^2}{2}$。

c. 齐射交战对单一目标杀伤近似算法 $E^{(i,j)}[B(t)] \approx I - ijd_R K_R t$。

d. 独立齐射的二项式杀伤分布近似算法 $E^{(i,j)}[B(t)] \approx I - ijr_R^* q_R t$。

式中，q_R 为现在还生存的蓝方武器被击毁的概率，$(0 < q_R < 1)$。

(3) 考虑应用 C^3I 系统下的随机损耗模型：

1）随机损耗系数模型。如若考虑下列三种状态：S_1 为摧毁状态；S_2 为命中状态；S_3 为脱靶状态，且这些状态和相应的系统状态变化及转移概率为

$$P_{11} = P_1 P(K/H), \quad P_{21} = P(H/H)P(K/H)$$

$$P_{31} = P(H/M)P(K/H), \quad P_{12} = P_1[1 - P(K/H)]$$

$$P_{22} = P(H/H) - [1 - P(K/H)], \quad P_{32} = P(H/M)[1 - P(K/H)]$$

$$P_{13} = 1 - P_1, \quad P_{23} = 1 - P(H/H), \quad P_{33} = 1 - P(H/M)$$

因为每一个状态期望的等待时间与下一次状态访问时间是相互独立的，且如下给出：

$$\mu_1 = E(T_a) + E(T_{fr}) + E(T_f), \quad \mu_2 = E(T_h) + E(T_f), \quad \mu_3 = E(T_m) + E(T_f)$$

式中，T_a 为捕捉目标所需要时间；T_h 为射出一发后，一次命中时间；T_m 为射击一次后，一次脱靶时间；T_f 为弹头飞行时间；T_{fr} 为第一次开火后，一次命中时间。

所以，摧毁一个目标的期望时间 $E(T)$ 为

$$E(T) = I_{11} = \frac{1}{w_1}\sum_{j=1}^{3} w_j \mu_j$$

这里，稳定状态概率由以下方程组给出

$$w_j = \sum_{j=1}^{3} w_i p_{ij}, \qquad i = 1,2,\cdots$$

由于计算 I_{11} 对于 $j=1,2,3$ 不是一个平稳的概率 w_j，但它们呈比例 (w_j/w_i)，因此可定义 $r_1 = w_j/w_i$，于是，$E(T) = I_{11} = \mu_1 + r_2\mu_2 + r_3\mu_3$，其中，$r_2, r_3$ 可由下列线性方程组求出

$$\begin{cases}(P_{22} - 1)r_2 + P_{32} r_3 = -P_{12} \\ P_{23} r_2 + (P_{33} - 1)r_3 = -P_{13}\end{cases}$$

这样

$$r_2 = \frac{P_{21}(1 - P_{33}) - P_{12}P_{32}}{(1 - P_{22})(1 - P_{33}) - P_{23}P_{32}}, \quad r_3 = \frac{P_{13}(1 - P_{22}) - P_{12}P_{32}}{(1 - P_{22})(1 - P_{33}) - P_{23}P_{32}}$$

将前述 $P_{12}, P_{22}, \cdots$ 等代入上式有

$$r_2=\frac{[1-P(K/H)]}{P(K/H)},\quad r_3=\frac{1}{P(H/M)}\{\frac{[1-P(H/H)]}{P(K/H)}+P(H/H)-P_1\}$$

最终得到

$$E(T)=I_{11}=\mu_1+\mu_2\frac{[1-P(K/H)]}{P(K/H)}+\mu_3/P(H/M)\{\frac{(1-P(H/H)]}{P(K/H)}+P(H/H)-P_1\}$$

由损耗系数定义$\frac{1}{E(T)}$知,它表示在单位时间内一件武器平均击毁目标的数目。可引入符号

$$a=\frac{1}{E(T_{ij})}$$

这就是损耗系数的数学模型。式中 T_{ij} 为一件 i 类武器射击时,击毁 j 类目标所需要的时间。

2) 随机损耗模型。由半马尔可夫随机过程可以推导出如下形式的损耗系数算法

$$a((i,j,B(t),R(t))=P\{y_t=K_j\}/\bar{G}(K_j)$$

式中,$\bar{G}K_j$ 为目标被消灭过程中所需时间的期望值;$P\{y_t=K_j\}/G(K_j)$ 为目标正在被消灭的速率。

此处,半马尔可夫过程状态空间 E 的定义为

$$E=\{K_1,K_2,\cdots,K_N;I_1,I_2,\cdots,I_N\}$$

式中,K_j 为该交交战将消灭一个最终捕获的或主动射击的 j 型目标的状态;I_j 为该次交战中,将不消灭一个被捕获和射击的 j 型目标的状态(由于目标视线消失或被另一个开火武器消灭);$\boldsymbol{P}$ 为嵌入半马尔可夫过程$[y_t]\geqslant 0$ 中的转移矩阵;$P(y_t=K_j)$ 为过程处状态 K_j 中的概率。

由正规马氏链地果与半马氏链的极限定理有:① 在 E 上存在唯一的概率分布 r,使 $rP=r$ 成立;② $\lim\limits_{t\to\infty}P\{y_t=x\}=r(x)G(x)[\sum\limits_{y\in E}r(y)\bar{G}(y)]-1$。

综上述,红方(蓝方形式亦如此)随机损耗模型为

$$R(t)=\sum_{j=1}^{M}\{R_j(t-\Delta t)-\sum_{i=1}^{N}a[i,j,R(t),B(t),B_j(t)]\Delta t\}$$

习　题　7

1. 何为随机系统或过程?通常,这类系统或过程的数学建模目标是什么?

2. 如何建立系统输入随机过程的概率模型,举例说明。

3. 描述系统中输入随机过程的时间序列模型有哪些主要形式?举例说明非平稳时间序列模型(ARIMA)的建立方法和过程。

4. 在科学试验中,有哪些典型的概率模型?试述几种典型概率分布的主要特点。

5. 试推导二项分布、泊松分布和正态分布三种随机误差概率模型的渐近关系。

6. 解释系统的可靠性、可靠度、故障率、维修度、修复率、维修时间及有效度等科学术语。

7. 给出系统不同类型的可靠性模型,并叙述系统可靠度的常见分配方法。

8. 何为马氏链?试举例说明马氏链在随机系统数学建模中的应用。

第 8 章　科技与工程和军事领域的实用数学模型

8.1 引　　言

前面讲述了系统建模的理论、方法和技术，深信读者已初步领会到面对具体问题建立数学模型的思路与技巧。但是，现实世界中纷纭复杂的实际系统究竟是十分广泛的，为了提高建模效率和质量，需要给出一些典型的实用数学模型作为参照，特别是科技与工程和军事领域的常见数学模型实例。

8.2 直接确定型模型及其建立过程

8.2.1 直接确定型模型概念

用以直接描述一个系统某种属性（性状和特征）的数学表达式称为直接确定型模型。反映客观事物运动基本规律和几何特征的所有物理、化学及其他学科中的理论公式都属于直接确定型模型。因此，它是最常见、最重要的一类数学模型，而且总是以函数的形式出现。例如，物理学中的牛顿第二定律模型：$F=ma$；物体动能模型：$E_K=(1/2)mv^2$；理想气体方程：$pV=RT$（其中，R 为气体常数，T 为气体温度），热电偶电热方程：$E=\alpha t+(1/2)\beta t^2$（其中，$t$ 为热电偶两端温差，α,β 为决定于材料特性的系数）等。电学中的欧姆定律：$V=IR$，克希霍夫节点电流方程：$\sum_{k=1}^{N} I_k=0$ 等。控制理论中的梅逊增益公式：$P=\dfrac{1}{\Delta}\sum_k P_k\Delta_k$（$\Delta$ 为流图特征式，P_k 为第 k 条前向通道增益或传输，Δ_k 为余子式）；卡尔曼滤波预测方程：$\hat{x}(k\mid k-1)=\varphi(k,k-1)\hat{x}(k-1)$ 等。

8.2.2 直接确定型模型的建立

直接确定模型的建立有两条途径：其一是通过大量实验获得一系列观测数据，采用系统辨识或其他方法推导出各变量间的函数关系式。其二是以经验公式为基础，经过多次修正和实践验证获得最终的函数关系式。应该说各学科的每一条定律、定理或推论的数学模型都是通过上述方法建立的。因此，从某种意义上讲，直接确定型模型的建立是最具学术意义和实用价值的，它将成为进一步探索自然规律（或社会规律）的基础。例如，可用数学建模方法推导出开普勒三定律。

例 8.1　行星运动三大定律 —— 开普勒三定律模型的建立。

解　设三维直角坐标系原点的地心，卫星在(x,y,z)点，$r^2=x^2+y^2+z^2$。由牛顿万有引力定律知

$$\left.\begin{aligned}&\frac{\mathrm{d}^2x}{\mathrm{d}t^2}+\mu x(^{x2}+y^2+z^2)-3/2=0 \quad (8.1)\\&\frac{\mathrm{d}^2y}{\mathrm{d}t^2}+\mu x(^{x2}+y^2+z^2)-3/2=0 \quad (8.2)\\&\frac{\mathrm{d}^2z}{\mathrm{d}t^2}+\mu x(^{x2}+y^2+z^2)-3/2=0 \quad (8.3)\end{aligned}\right\}$$

式中，μ 为万有引力系数乘以地球质量。由式(8.2)$\times z-$式(8.3)$\times y$，得

$$y\frac{\mathrm{d}^2z}{\mathrm{d}t^2}-z\frac{\mathrm{d}^2y}{\mathrm{d}t^2}=0$$

进而有

$$y\frac{\mathrm{d}z}{\mathrm{d}t}-z\frac{\mathrm{d}y}{\mathrm{d}t}=A \tag{8.4}$$

同理得

$$z\frac{\mathrm{d}x}{\mathrm{d}t}-x\frac{\mathrm{d}z}{\mathrm{d}t}=B \tag{8.5}$$

$$x\frac{\mathrm{d}y}{\mathrm{d}t}-x\frac{\mathrm{d}y}{\mathrm{d}t}=C \tag{8.6}$$

式(8.4)$\times x-$式(8.5)$\times y+$式(8.6)$\times z$，得

$$Ax+By+Cz=0 \tag{8.7}$$

这表明卫星轨道是平面曲面，适当取 z 轴方向，可使其轨道在 xOy 平面内，于是运动方程简化为

$$\frac{\mathrm{d}^2x}{\mathrm{d}t^2}=-\frac{\mu x}{r^3} \tag{8.8}$$

$$\frac{\mathrm{d}^2y}{\mathrm{d}t^2}=-\frac{\mu y}{r^3} \tag{8.9}$$

式中，$r^2=x^2+y^2$。式(8.8)$\times 2\frac{\mathrm{d}x}{\mathrm{d}t}+$式(8.9)$\times 2\frac{\mathrm{d}y}{\mathrm{d}t}$，得

$$2\left(\frac{\mathrm{d}x}{\mathrm{d}t}\frac{\mathrm{d}^2x}{\mathrm{d}t^2}+\frac{\mathrm{d}y}{\mathrm{d}t}\frac{\mathrm{d}^2y}{\mathrm{d}t^2}\right)=-\frac{\mu}{r^3}\frac{\mathrm{d}(x^2+y^2)}{\mathrm{d}t}=-\frac{2\mu\mathrm{d}r}{r^2\mathrm{d}t}$$

积分得

$$\left(\frac{\mathrm{d}x}{\mathrm{d}t}\right)^2+\left(\frac{\mathrm{d}y}{\mathrm{d}t}\right)^2=\frac{2\mu}{r}+D \tag{8.10}$$

引入极坐标　$x(t)=r(t)\cos\theta(t)$，　$y(t)=r(t)\sin\theta(t)$

代入式(8.10)与式(8.6)，得

$$\left(\frac{\mathrm{d}r}{\mathrm{d}t}\right)^2+r^2\left(\frac{\mathrm{d}\theta}{\mathrm{d}t}\right)-\frac{2\mu}{r}=D \tag{8.11}$$

$$r^2\frac{\mathrm{d}\theta}{\mathrm{d}t}=C \tag{8.12}$$

若卫量自 P_0 点发射，发射角和 P_0 点的向径成角 α，初速度为 v_0，P_0 点的极坐标为(r_0,θ_0)。在式(8.11)和式(8.12)中令 $t=0$，得

$$D=v_0^2-\frac{2\mu}{r_0},\quad C=r^2\left(\frac{\mathrm{d}\theta}{\mathrm{d}t}\right)_{t=0}=r_0^2\frac{1}{r_0}v_0\sin\alpha=r_0v_0\sin\alpha$$

于是

$$r^2\frac{\mathrm{d}\theta}{\mathrm{d}t}r_0v_0\sin\alpha \tag{8.13}$$

$$\left(\frac{\mathrm{d}r}{\mathrm{d}t}\right)^2+r^2\left(\frac{\mathrm{d}\theta}{\mathrm{d}t}\right)^2=\frac{2\mu}{r}+v_0^2-\frac{2\mu}{r_0} \tag{8.14}$$

由式(8.13)与式(8.14)解得

$$\frac{\mathrm{d}r}{\mathrm{d}\theta}=\frac{r^2}{v_0r_0\sin\alpha}\sqrt{v_0^2-\frac{2\mu}{r_0}+\frac{2\mu}{r}-\frac{v_0^2r_0^2\sin^2\alpha}{r^2}} \tag{8.15}$$

$$r=\frac{v_0^2r_0^2\sin^2\alpha/\mu}{1+\dfrac{v_0r_0\sin\alpha}{\mu}\sqrt{v_0^2-\dfrac{2\mu}{r_0}+\dfrac{\mu^2}{v_0^2r_0^2\sin^2\alpha}}\cos(\theta-\theta_0)} \tag{8.16}$$

令
$$p=\frac{v_0^2r_0^2\sin^2\alpha}{\mu},\quad e=\frac{v_0r_0\sin\alpha}{\mu}\sqrt{v_0^2-\frac{2\mu}{r_0}+\frac{\mu^2}{v_0^2r_0^2\sin\alpha}} \tag{8.17}$$

由式(8.17)知,卫星轨道是一条以地心为焦点的平面二次曲线。

若将离心率改写成

$$e=\sqrt{1-\frac{v_0^2r_0^2\sin^2\alpha}{\mu^2}\left(\frac{2\mu}{r_0}-v_0^2\right)}=\sqrt{\left(1-\frac{v_0^2r_0^2\sin^2\alpha}{\mu}\right)^2+\frac{v_0^4r_0^2\sin^2\alpha\cos\alpha}{\mu^2}} \tag{8.18}$$

由此知初速度 v_0 是小于、等于或大于$\sqrt{\frac{2\mu}{r_0}}$,卫星的轨道分别是椭圆、抛物线或双曲线,又 $\mu=gR^2(R=6\ 370\ \text{km})$,故 $v_0^*=\sqrt{\frac{2gR^2}{r_0}}=\sqrt{\frac{R}{r_0}}\times11.18(\text{km/s})$ 是离地心 $r_0\geqslant R$ 处的脱离速度。当 $v_0=v_0^*$ 时,卫星轨道是抛物线;当 $v_0>v_0^*$ 时,轨道是双曲线;仅当 $v_0<v_0^*$ 时,卫星轨道可能是圆或椭圆。但必须使卫星与地心的最小距离 $r_{\min}\geqslant R$,否则将与地球相撞。

由上可知,人造卫星的轨道是以地心为一个焦点的椭圆,对于太阳系则为“每颗行星的轨道都以太阳为一个焦点的椭圆”,这就是天体力学中的开普勒第一定律。

由式(8.13)知,“卫星在单位时间内扫掠的面积是一个常数”,此即天体力学中的开普勒第二定律。进而知周期为

$$T=\frac{\text{椭圆面积}}{\frac{1}{2}r_0v_0\sin\alpha}=\frac{2\pi ab}{v_0r_0\sin\alpha} \tag{8.19}$$

式中,a,b 分别为椭圆轨道的长、短半轴。又由于 $\theta=\theta_0$ 时,r 取极小值 $r_1=p/(1+e)$;$\theta=\theta_0+\pi$ 时,r 取极大值 $r_2=p/(1-e)$,故得

$$a=\frac{r_1+r_2}{2}=\frac{p}{1-e^2}=\frac{\mu}{\dfrac{2\mu}{r_0}-v_0^2},\quad b=a\sqrt{1-e^2}=\frac{v_0r_0\sin\alpha}{\sqrt{\dfrac{2\mu}{r_0}-v_0^2}}$$

代入式(8.19)得

$$T=\frac{2\pi\mu}{\left(\dfrac{2\mu}{r_0}-v_0^2\right)^{3/2}}=\frac{2\pi a^{3/2}}{\sqrt{gR^2}} \tag{8.20}$$

$$T^2=\frac{4\pi^2}{gR^2}a^3 \tag{8.21}$$

这表明,“行星运动周期之平方与平均距离之立方成正比”。此即天体力学中的开普勒第三定律。这里,平均距离指 $a=\frac{1}{2}(r_1+r_2)$。

8.3　经验公式及其确定方法

8.3.1　经验公式概念

经验公式是人们经过多次试验观测或长期试验后对系统(过程)规律性的初步理论总结，它往往是上述许多定律、定理或推论的数学模型的雏形，有待于严格数学证明或实践检验和修正，才可确认为直接确定型模型。

因此，经验公式的确立通常分为三步：① 决定经验公式(函数)的形式；② 确定公式中的待定系数；③ 检验与修正。

8.3.2　经验公式形式的确定

经验公式形式确定通常采用如下方法。

(1) 先验知识法。利用先验知识来确定系统经验公式的形式，称先验知识法。这种方法适于所研究系统的问题在理论上已有成熟结论。例如，放射性蜕变问题，确定性群体增长问题是按指数规律变化的，因此，它们的有关经验公式可选择为指数函数形式；又如，一般测量误差问题、弹点散布问题通常服从正态分布规律，故而有关经验公式可选择正态分布函数形式；再如，弹性体应变与应力总是服从虎克定律，所以它的有关经验公式，则可认定为齐次线性函数形式；等等。

(2) 数据分析对比法。在实际系统的经验公式形式确定中，更多的情况是事先不知其被研究系统问题的理论结论。这时，可采用数据分析法，并将分析的初步结果同已知函数的特征进行比较，从而确定出经验公式的形式。这种方法的实质是一种辨识建模方法。

(3) 辅助作图法。对于无法从实验观测数据分析中获得经验公式形式的问题，可考虑采用辅助作图法。作图法是把实验数据进行描点，然后连接成光滑曲线，并与已知函数作比较，找出同实验数据曲线最接近的函数曲线，从而确定出经验公式的形式。

(4) 多项式拟合法。对于难以采用上述方法完成先验公式选择的问题，一般将使用多项式拟合方法。应该说，这种方法是确定经验公式形式的最普遍、最有效的方法。一定程度上，它可以较顺利地解决各类问题的经验公式形式。

为了方便确定经验公式形式，如表 8.1 所示给出了常用函数式的特征图形及其判定方法。

表 8.1　常用函数式的特征图形及判别准则

符号	函数式 $y=f(x)$	曲线名称	特征及判别准则
A	$y=a_0+a_1x+\cdots+a_nx^n$	普通曲线	$\Delta^n y_i=$ 常数，n 阶差商为常数，$\frac{d^n y}{dx^n}=$ 常数
A_0	$y=kx$	直线	正比例
A_1	$y=a+kx$	直线	$\Delta y_i=$ 常数，一阶差商为常数
A_2	$y=a+bx+cx^2$	抛物线	$\Delta^2 y_i=$ 常数，二阶差商为常数
A_4	$y=a_0+a_2x^2+a_4x^4+\cdots+a_{2n}x^{2n}$	曲线	对称 y 轴

续表

符号	函数式 $y=f(x)$	曲线名称	特征及判别准则
A_5	$y=a_1x_1+a_3x^3+\cdots+a_{2n+1}x^{2n+1}$	曲线	对称原点
B	$y=a_0+\frac{a_1}{x}+\cdots+\frac{a_n}{x^n}$		将 A 式中的 x 变为 $\frac{1}{x}$
B_0	$y=k/x$	双曲线	反比例，$\frac{\Delta \lg y_i}{\Delta \lg x_i}=-1$
B_1	$y=a+b/x$	双曲线	$\frac{\Delta \lg(y_i-a)}{\Delta \lg x_i}=-1$
B_3	$y=a+b/x+c/x^2$		
B'_0b	$y=k(x+a)$	双曲线	$\frac{\Delta \lg y_i}{\Delta \lg(x_i+a)}=-1$
B'_1	$y=b+k/(x+a)$		$\frac{\Delta \lg(y_i-b)}{\Delta \lg(x_i+a)}=-1$
C	$\frac{1}{y}=a_0+a_1x+\cdots+a_nx^2$	双曲线	$\Delta^n(\frac{1}{y_i})=$ 常数，$\frac{1}{y}$ 的 n 阶差商为常数
C_0	$\frac{1}{y}=kx$		$\Delta(\frac{1}{y_i})=$ 常数，$\frac{1}{y}$ 的一阶差商为常数
C_1	$\frac{1}{y}=a+bx$	双曲线	$\Delta(\frac{1}{y_i})=$ 常数，$\frac{1}{y}$ 的一阶差商为常数
C_2	$\frac{1}{y}=a+bx+cx^2$		$\Delta^2(\frac{1}{y_i})=$ 常数，$\frac{1}{y}$ 的二阶差商为常数
C'_0	$\frac{1}{y-c}=kx$	双曲线	$\frac{\Delta(x_iy_i)}{\Delta x_i}=$ 常数
D	$y^2=a_0+a_1x+\cdots+a_nx^2$		$\Delta^n(y^2)=$ 常数，y^2 的 n 阶差商为常数
D_0	$y^2=kx$	抛物线	$\Delta(y^2)=$ 常数，y^2 的一阶差商为常数
D_1	$y^2=a+kx$	抛物线	$\Delta(y^2)=$ 常数
D_2	$y^2=a+kx+cx^2$		$\Delta^2(y^2)=$ 常数
E	$x/y=a_0+a_1x+\cdots+a_nx^n$		$\Delta^n(x/y)=$ 常数
E_1	$y=x/(a+bx)$	饱和曲线	$\Delta(x/y)=$ 常数
E_2	$y=x/(a+bx+cx^2)$		$\Delta^2(x/y)=$ 常数
E'_1	$y=(ax+b)/(cx+d)$		
F	$y=a_0+a_1\ln x+\cdots+a_n(\ln x)^n$		将 A 中的 x 变为 $\ln x$

续 表

符号	函数式 $y=f(x)$	曲线名称	特征及判别准则
F_0	$y=k\ln x$		$\dfrac{\Delta y_i}{\Delta(\ln x_i)}=$ 常数
F_1	$y=a+b\ln x$		$\dfrac{\Delta y_i}{\Delta(\ln x_i)}=$ 常数
F_2	$y=a+b\ln x+c(\ln x)^2$		
G	$\ln y=a_0+a_1x+\cdots+a_nx_n$		$\Delta^{n-1}\lg y_i$ 成等差数列，$\Delta^n\lg y_i=$ 常数
G_0	$y=e^{\lambda x}, y=c^x$	指数曲线	$\Delta\lg y_i=$ 常数，$\dfrac{\Delta\lg y_i}{\Delta x_i}=$ 常数
G_1	$y=be^{\lambda x}, y=bc^x, y=bc^{dx}$	指数曲线	$\Delta\lg y_i=$ 常数，$\dfrac{\Delta\lg y_i}{\Delta x_i}=$ 常数
G'_1	$y=a+be^{\lambda x}, y=a+bc^x$	指数曲线	
G_2	$y=ae^{-bc+cx^2}$		$\Delta^2\lg y_i=$ 常数，等价于 $G(n=2)$
H	$\ln y=a_0+a_1\ln x+\cdots+a_n(\ln x)^n$		
H_0	$y=x^m$	幂函数曲线	$\dfrac{\Delta\lg y_i}{\Delta\lg x_i}=$ 常数
H'_1	$y=a(b+x)^m$	幂函数曲线	
H''_1	$y=a/(1+bx)^m$	幂函数曲线	
H'''_1	$y=ax^m+c$	幂函数曲线	
I	$y=a+bx+cd^x$	修正的指数曲线	
J	$y=ax^n+bx^n$		
J_1	$y=ae^{\lambda x}+be^{\mu x}$		
J_2	$y=a\cos nx+b\sin nx$	振动曲线	
K	$y=(a+bx)e^{\lambda x}$		
L	$y=ax^m e^{\lambda x}$		
M	$y=e^{\lambda x}(a\cos nx+b\sin nx)$	振动曲线	

例 8.2　实验观测时得到某铜导线的一组电阻 R 与温度与 t 的数据如表 8.2 所示，试找出该铜线的电阻 —— 温度关系经验公式。

表 8.2　例 8.2 的实验观测数据

$t/(℃)$	19.1	20.5	30.1	36.0	40.0	45.1	50.0
$R/\mu\Omega$	76.30	77.80	79.75	80.80	82.35	83.90	85.10
ΔR		1.50	1.95	1.05	1.55	1.55	1.20
Δt		5.9	5.1	5.9	4.0	5.1	4.9
$\Delta R/\Delta t$		0.254	0.382	0.172	0.387	0.304	0.245
$\widetilde{R}$	76.40	78.09	79.55	81.27	82.13	83.84	85.2
$v=\widetilde{R}-R$	+0.10	+0.29	−0.20	+0.47	+0.03	−0.06	+0.14

解　计算出差商(见表 8.2 中 $\Delta R/\Delta t$)，大部分波动值均小于 0.137，可认为一阶差商为常数，故可确定其经验公式为线性函数形式。由作图计算知，最接近所有观测值的直线斜率为 $K=\tan\theta=8/28\approx 0.286$，且截距 $a=77$。于是，可得直线方程为

$$R=K(t-t_0)+R_0=0.286(t-19.1)+77=0.286t+70.994$$

这就是初步确定的经验公式。

将 t_i 数值代入上面经验公式，计算得到理论值 $\widetilde{R}_i$，并与测量值 R 进行比较(见表 8.2)得到误差 $v=\widetilde{R}-R$。由于误差 v 并不太大，因此可确认上述初步获得的经验公式 $R=0.286t+70.994$ 是较为理想的。

例 8.3　由实验测得某单摆振幅随时间变化的一组数据如表 8.3 所示。试确定该单摆振幅 A 随时间变化的经验公式。

表 8.3　例 8.3 的实验观测数据

t/min	0	1	2	3	4	5	6
A/cm	9.00	4.47	2.22	1.10	0.55	0.27	0.13
$\lg A$	0.954	0.650	0.346	0.041	−0.260	−0.569	−0.886
$\Delta\lg A$	−0.304	−0.304	−0.305	−0.301	−0.309	−0.317	
$\widetilde{A}$	9.00	4.46	2.21	1.09	0.54	0.27	0.13
v	0	−0.01	−0.01	−0.01	−0.01	0	0

解　由先验知识可知，单摆振幅与时间的关系，通常可能是条指数曲线形式，即$y=a_0b^{a_1x}$。

为了进一步作出判断，可对上式两端取对数，有 $\lg y=\lg a_0+a_1\lg b\cdot x$。这样，便将指数曲线转换成了关于 x 和 $\lg y$ 的线性函数。于是，原问题被转化成判断线性方程问题。

考察差分(见表 8.3)$\Delta\lg A$，由于它几乎等于常数，故可判断其经验公式确系为指数函数

$$A=a_0\mathrm{e}^{a_1t}$$

对方程两边取对数，有 $\lg A=\lg a_0+a_1(\lg \mathrm{e})t$。采用上例中同样方法，由作图可求得两点式直线方程

$$\frac{y-\lg 9}{x-0}=\frac{\lg 0.1-\lg 9}{6.4-0}$$

即

$$y=\frac{1}{6.4}\lg \frac{0.1}{9}x+\lg \theta$$

与上式比较，得

$$\begin{cases}\lg 9=\lg a_0\\ a_1\lg \mathrm{e}=\dfrac{1}{6.4}\lg \dfrac{0.1}{9}\end{cases}$$

解方程组得

$$a_0=9,\quad a_1=\frac{1}{6.4}\lg \frac{0.1}{9}\ln 10=-0.703$$

将 a_0 和 a_1 代入 $A=a_0\mathrm{e}^{a_1 t}$ 可得经验公式 $A=9\mathrm{e}^{-0.703t}$。

同上例中的方法一样，最后需要检验。由表 8.3 可知，误差 $v=\widetilde{A}-A$ 甚小(其中，$\widetilde{A}$ 为理论值，A 为测定值)，故可以确认上述经验公式是较理想的。

8.3.3　经验公式中待定系数的确定

(1) 一般确定方法。设函数形式为 $y=f(x_1,\cdots,x_k;\ a_1,\cdots,a_m)$ 含有 k 个自变量，m 个待定系数。若有 m 组 $(x_1,\cdots,x_k,y)$ 精确值，将它代入上式可得到 m 个方程，解方程组便可确定出 m 个待定系数 $a_1,\cdots,a_m$。

(2) 利用辨识法确定待定系数。在实际工作中，对于上述方程组 $(x_1,\cdots,x_m,y)$ 大多数是测量得到的。它们必然存在测量误差(包括系统误差和偶然误差)。因此，在确定待定系数时也必然会引入这些误差。为此，必须采用辨识方法确定待定系数。下面讨论借助其中的最小二乘法确定待定系数。

1) 辨识原理。设 x 的 m 次测量值为 $l_1,l_2,\cdots,l_m$，其相应的测量误差(随机的)为

$$x_1=l_1-x,\quad x_2=l_2-x,\quad \cdots,\quad x_m=l_m-x$$

由前述科学试验观测误差理论可知，该误差 x_i 应服从正态分布 $N(0,\sigma^2)$，其分布密度函数为

$$p_i=\frac{1}{\sigma\sqrt{2\pi}}\mathrm{e}^{-x_i^2/2\sigma^2},\quad i=1,2,\cdots,m$$

且在相同测量条件下，σ 均相等，有

$$p=p_1\cdot p_2\cdot p_3\cdots p_m=\frac{1}{\sigma^m\ (\sqrt{2\pi})^m}\mathrm{e}^{\frac{1}{2\sigma^2}(x_1^2+x_2^2+\cdots+x_m^2)}$$

显然，在测量值“最可信赖”情况下，应使该概率为最大，即

$$\sum_{i=1}^{m}x_i^2=x_1^2+x_2^2+\cdots+x_m^2=\sum_{i=1}^{m}(l_i-x)^2$$

为最小。令 $v_i=l_i-x$(残差)，上式可改写成

$$\sum_{i=1}^{m}v_i^2=v_1^2+v_2^2+\cdots+v_m^2\rightarrow \min$$

这表明，从 x 的各测定值中求得最可信赖值是通过使残差的二次方和最小实现的。这就是利用最小二乘法辨识经验公式待定系数的基本原理。

2）正规方程，设经验公式为 $y=f(x_1,x_2,\cdots,x_k,a_1,a_2,\cdots,a_m)$，有测定值残差的二次方和

$$\sum_{i=1}^{m}[l_i-f(x_{1i},x_{2i},\cdots,x_{ki},a_1,\cdots,a_m)]^2=\sum_{i=1}^{m}v_i^2$$

为使该残差平方和取得最小值，必须使待定系数的最可信赖值满足如下正规方程组

$$\begin{cases}\dfrac{\partial\sum\limits_{i=1}^{m}v_i^2}{\partial a_1}=0\\ \dfrac{\partial\sum\limits_{i=1}^{m}v_i}{\partial a_2}=0\\ \quad\vdots\\ \dfrac{\partial\sum\limits_{i=1}^{m}v_i}{\partial a_m}=0\end{cases}$$

显然，由此方程组即可求出 m 个待定系数的最可信赖值（通常称为最优值）。

例如，对于线性函数 $y=a_1x_1+a_2x_2+\cdots+a_mx_m$，其残差二次方和为

$$\sum_{i=1}^{m}[l_i-(a_1x_{1i}+a_2x_{2i}+\cdots+a_mx_{mi})]^2$$

式中，x_{k_i} 为自变量 x_k 的第 i 次测量值。由正规方程组有

$$\frac{\partial\Sigma}{\partial a_1}=2\sum_{\mathrm{i}=1}^{\mathrm{m}}[l_{\mathrm{i}}-(a_1x_{1\mathrm{i}}+a_2x_{2\mathrm{i}}+\cdots+a_mx_{m\mathrm{i}})]x_{1\mathrm{i}}=0$$

即

$$\sum_{i=1}^{m}x_{1i}^2a_1+\sum_{i=1}^{m}x_{2i}x_{1i}a_2+\cdots+\sum_{i=1}^{m}x_{mi}x_{1i}a_m=\sum_{i=1}^{m}l_ix_{1i}$$

同样，可得第二个 ～ 第 m 个类似方程。于是，便构成上述线性函数（经验公式）的具体正规方程组

$$\begin{cases}\sum\limits_{i=1}^{m}x_{1i}^2a_1+\sum x_{2i}x_{1i}a_2+\cdots+\sum x_{mi}x_{1i}a_m=\sum\limits_{i=1}^{m}l_ix_{1i}\\ \sum\limits_{i=1}^{m}x_{1i}x_{2i}a_1+\sum x_{2i}^2a_2+\cdots+\sum x_{mi}x_{2i}a_m=\sum\limits_{i=1}^{m}l_ix_{2i}\\ \quad\vdots\\ \sum\limits_{i=1}^{m}x_{1i}x_{mi}a_1+\sum x_{2i}x_{mi}a_2+\cdots+\sum x_{mi}^2a_m=\sum\limits_{i=1}^{m}l_ix_{mi}\end{cases}$$

由此，线性方程组便可容易地求出待定系数 $a_1,a_2,\cdots,a_m$ 的最优值。

例 8.4 实验得到某油液黏度 y 与温度 x 的关系观测数据如表 8.4 所示，试求其 y 与 x 关系的经验公式。

表 8.4　例 8.4 的实验观测数据

i	x	y	$x' = \ln x$	$y' = \ln y$	$(x')^2$	$x'y'$
1	10	4.224	2.302 6	1.446	5.301 90	3.326 23
2	20	2.92	2.995 7	1.071 6	8.744 1	3.210 18
3	30	2.20	3.401 2	0.788 5	11.568 14	2.681 70
4	40	1.81	3.688 9	0.593 3	13.607 83	2.188 71
5	50	1.60	3.912 0	0.470 0	15.303 92	1.838 67
6	60	1.43	4.094 3	0.357 7	16.763 66	1.464 44
7	70	1.32	4.248 5	0.277 5	18.049 71	1.179 52
8	80	1.25	4.382 0	0.223 1	19.202 16	0.977 82
$\sum$			29.052	5.226 4	108.717 73	16.867 27

解　利用辅助作图法作出测量数据的光滑曲线，如图 8.1 所示。由图可见，该曲线相似于双曲线，故可初步取经验公式为 $y = ax^b$。两边取对数得 $\ln y = \ln a + b\ln x$，令 $y' = \ln y$，$x' = \ln x$，$a_0 = \ln a$，于是有 $y' = a_0 + bx'$

对于该一性函数可利用前述正规方程组求出待定系数 a_0 和 b。

于是，根据表 8.4 中所列出的 $\sum x'$，$\sum (x')^2$，$\sum y'$，y' 之计算结果，可构成正规方程组

$$\begin{cases} 8a_0 + 29.025\,2b = 5.226\,4 \\ 29.025\,2a_0 + 108.771\,73b = 16.867\,27 \end{cases}$$

解方程组可得经验公式 $y = 17.246\,3x^{-0.604\,8}$ 类似例 8.2，8.3 进行检验，其结果为

$$\sum v^2 = 0.014\,6$$

由于误差甚小，因此可认为所确定的经验公式是较好的。

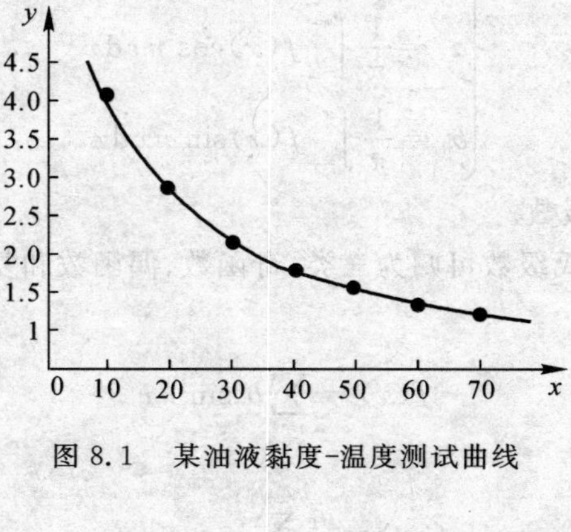

图 8.1　某油液黏度-温度测试曲线

8.4 周期性现象的数学模型

8.4.1 引言

周期性现象是科技与工程中最常见的现象之一，如万有引力作用、行星运动、交流电路中的电流和电压变化、电台发射的电磁波传播、广泛存在的机械振动和电子振荡、海洋潮落规律、天气温度的长期分布、单摆周期运动，等等。这类现象构成的系统数学模型，一般可用周期函数和傅氏指数直接描述。基础周期函数是正(余)弦函数和频域指数函数。但实际中遇到的大多数周期现象是非正弦型的，须利用狄里赫里条件进行函数分解，甚至要依据测量数据确定出周期性经验公式作为它们的数学模型。

8.4.2 周期现象的一般数学描述

(1) 用周期函描述周期现象。周期现象可用周期函数来描述，其数学定义如下。

函数 $y=f(x)$ 若对何任意一个 x 恒满足

$$f(x)=f(x+T) \tag{8.22}$$

则称 y 是 x 的周期函数。式中 T 为常数。显然，$2T$，$3T$，…，均满足式(8.22)，其中 T 称为周期函数的周期。

正(余)弦函数是最简而常见的周期函数，即 $y=\sin(\omega x+\varphi)$，$y=\cos(\omega x+\varphi)$。

同样，复域中的指数函数 $\omega=\mathrm{e}^z$ 亦是常见的周期函数。这是因为

$$\mathrm{e}^z=\mathrm{e}^{x+\mathrm{j}y}=\mathrm{e}^x(\cos y+\mathrm{j}\sin y)=\mathrm{e}^{z+2\pi\mathrm{j}}$$

(2) 用傅氏级数描述周期现象。如前所述，实际中遇到的周期现象大多数是非正(余)弦型。但是，若一个周期函数满足一定条件(如狄里赫里条件)时，是可以分解成正弦和余弦级数的。

对于周期为 2π 的周期函数可展开为如下三角级数

$$f(x)=\frac{a_0}{2}+\sum_{n=1}^{\infty}(a_n\cos nx+b_n\sin nx) \tag{8.23}$$

式中

$$\begin{cases} a_0=\dfrac{1}{\pi}\displaystyle\int_{-\pi}^{\pi}f(x)\mathrm{d}x \\ a_n=\dfrac{1}{\pi}\displaystyle\int_{-\pi}^{\pi}f(x)\cos nx\,\mathrm{d}x \\ b_n=\dfrac{1}{\pi}\displaystyle\int_{-\pi}^{\pi}f(x)\sin nx\,\mathrm{d}x \end{cases}$$

式(8.23)就是常说的傅氏级数。

按照函数性质不同，傅氏级数可归为三类：奇函数、偶函数和复数形式。

对于奇函数有

$$f(x)=\sum_{n=1}^{\infty}b_n\sin nx \tag{8.24}$$

对于偶函数有

$$f(x)=\frac{a_0}{2}\sum_{n=1}^{\infty}a_n\cos nx \tag{8.25}$$

对于复数形式有

$$f(x)=\sum_{-\infty}^{\infty}c_n e^{jn\pi x/l} \tag{8.26}$$

式中

$$c_n=\frac{a_n-jb_n}{2}=\frac{1}{2l}\int_{-l}^{l}f(x)e^{-jn\pi lx/l}dx,\quad n=0,\pm1,\pm2,\cdots \tag{8.27}$$

应指出,傅氏级数在电子学和机械振动中的周期性描述方面应用尤其广泛。

8.4.3　周期函数的经验公式

自然界和社会环境中的许多周期现象是可以按上述方法直接利用周期函数或傅氏级数描述的。但是大多数实际问题,只能根据测量数据建立其周期性近似经验公式。经验公式的确立如同上节所述,自然是首先选择其经验公式类型,然后进行参数估计。

(1) 周期函数经验公式类型的选择。周期函数 $f(x)$ 若满足狄里赫里条件,当 $n\to\infty$ 时,傅氏级数部分和 S_n 将趋向级数的和函数,并可以作为周期函数 $y=f(x)$ 的经验公式形式,即

$$\varphi(x)=a_0+a_1\cos x+\cdots+a_k\cos kx+b_1\sin x+\cdots+b_n\sin k \tag{8.28}$$

对于周期为 2π 的函数 $y=f(x)$,相应测量值如表 8.5 所示。将表中各对应值($i\frac{2\pi}{n},y_i$)($i=0,1,2,\cdots,n-1$) 代入式(8.28) 可得得到 n 个方程

$$\begin{aligned}
&y_0=a_0+a_1\cos 0+\cdots+a_k\cos k0+b_1\sin 0+\cdots+b_k\sin k0\\
&\qquad\vdots\\
&y_i=a_0+a_1\cos i\frac{2\pi}{n}+\cdots+a_k\cos ki\frac{2\pi}{n}+b_1\sin i\frac{2\pi}{n}+\cdots+b_k\sin ki\frac{2\pi}{n}\\
&\qquad\vdots\\
&y_{n-1}=a_0+a\cos(n-1)\frac{2\pi}{n}+\cdots+a_k\cos k(n-1)\frac{2\pi}{n}+\\
&\qquad b_1\sin(n-1)\frac{2\pi}{n}+\cdots+b_k\sin k(n-1)\frac{2\pi}{n}
\end{aligned} \tag{8.29}$$

表 8.5　函数 $y=f(x)$ 的相应测量值

x	0	$\frac{2\pi}{n}$	$2\frac{2\pi}{n}$	…	$i\frac{2\pi}{n}$	…	$(n-1)\frac{2\pi}{n}$
y	y_0	y_1	y_2	…	y_i	…	$y_{(n-1)}$

可见,方程组式(8.29) 中有($2k+1$) 个待定系数 $a_0,a_1,\cdots,a_k;b_0,b_1,b_2,\cdots,b_k$。

实际应用中,n 常取偶数,又为了使方程组个数与未知数个数相同,将减少一个未知数 b_k。这时,式(8.28) 可改写成

$$\varphi(x)=a_0+a_1\cos x+\cdots+a_k\cos kx+b_1\sin x+\cdots+b_k\sin(k-1)x \tag{8.30}$$

(2) 待定系数 a_j 和 b_j 的确定。解方程组式(8.29) 可得

$$a_j=\begin{cases}\dfrac{2}{n}\sum\limits_{i=1}^{n-1}y_i\cos ij\dfrac{2\pi}{n}, & j\neq\dfrac{n}{2},\\[2ex] \dfrac{1}{n}\sum\limits_{i=1}^{n-1}y_i\cos i\pi=\dfrac{1}{n}\sum\limits_{i=1}^{n-1}(-1)^i y_i, & j=\dfrac{n}{2}\end{cases} \tag{8.31}$$

$$b_j=\begin{cases}\dfrac{2}{n}\sum\limits_{i=1}^{n-1}y_i\sin ij\dfrac{2\pi}{n}, & j\neq\dfrac{n}{2}\\ 0, & j=\dfrac{n}{2}\end{cases} \tag{8.32}$$

于是，利用式(8.28)、(8.31)和式(8.32)及测量数据便可以直接求出所需要的经验公式。

(3)$n=6,n=12,n=24$时的系数算法。为方便读者，下面给出周期现象经验公式按照上述计算方法得到的$n=6,n=12,n=24$的系数算法。

1）当$n=6$时，设周期性经验算法为

$$y=a_0+a_1\cos x+a_2\cos 2x+a_3\cos 3x+b_1\sin x+b_2\sin 2x$$

其系数公式为

$$\left.\begin{aligned}6a_0&=y_0+y_1+y_2+y_3+y_4+y_5\\3a_1&=y_0+0.5(y_1+y_5)-0.5(y_2+y_4)-y_3\\3a_2&=y_0-0.5(y_1+y_5)-0.5(y_2+y_4)+y_3\\6a_3&=y_0-(y_1+y_5)+(y_2+y_4)-y_3\\3b_1&=0.866(y_1-y_5)+0.866(y_2-y_4)\\3b_2&=0.866(y_1-y_5)-0.866(y_2-y_4)\end{aligned}\right\} \tag{8.33}$$

2）当$n=12$时，有

$$\left.\begin{aligned}12a_0&=p_0+p_1+p_2+p_3\\6a_1&=q_0+0.866q_1+0.5q_2\\6a_2&=p_0+0.5(p_1-p_2)-p_3\\6a_3&=q_0-q_2\\6a_4&=p_0-0.5(p_1+p_2)+p_3\\6a_5&=q_0-0.866q_1+0.5q_2\\12a_0&=p_0-p_1+p_2-p_3\\6b_1&=0.5r_1+0.866r_2+r_3\\6b_2&=0.866(s_1+s_2)\\3b_3&=r_1+r_3\\6b_4&=0.866(s_1-s_2)\\6b_s&=0.5r_1-0.866r_2+r_3\end{aligned}\right\} \tag{8.34}$$

式中

	v_0	v_1	v_2	v_3		ω_1	ω_2	ω_3
	v_6	v_5	v_4			ω_5	ω_4	
$\sum$：	p_0	p_1	p_2	p_3	$\sum$：	r_1	r_2	r_3
差：	q_0	q_1	q_2		差：	s_1	s_2	

其中

	y_0	y_1	y_2	y_3	y_4	y_5	y_6
		y_{11}	y_{10}	y_9	y_8	y_7	
$\sum$：	v_0	v_1	v_2	v_3	v_4	v_5	v_6
差：		ω_1	ω_2	ω_3	ω_4	ω_5	

3）当 $n=24$ 时，若定义

	y_0	y_1	y_2	…	y_{11}	y_{12}
		y_{23}	y_{22}	…	y_{13}	
$\sum$：(v_i)	v_0	v_1	v_2	…	v_{11}	v_{12}
差(ω_i)：		ω_1	ω_2	…	ω_{11}	

	v_0	v_1	…	v_5	v_6
	v_{12}	v_{11}	…	v_7	
$\sum$：(p_i)		v_2	…	v_{11}	v_{12}
差：(q_i)	q_0	q_1	…	q_5	

	ω_1	ω_2	…	ω_5	ω_6
	ω_{11}	ω_{10}	…	ω_7	
$\sum$：(r_i)	r_1	r_2	…	r_5	r_6
差：(s_i)	s_1	s_2	…	s_5	

	p_0	p_1	p_2	p_3
	p_6	p_5	p_4	
$\sum$：(l_i)	l_0	l_1	l_2	l_3
差：(m_i)	m_0	m_1	m_2	

	s_1	s_2	s_3
	s_5	s_4	
$\sum$：(k_i)	k_1	k_2	k_3
差：(n_1)	n_1	n_2	

又设

$$q_0=l_0+l_2,\qquad q_1=l_1+l_3$$

$$t_0=q_0-q_4,\qquad t_1=q_1-q_3-q_5$$

$$u_1=r_1+r_3-r_5,\qquad u_2=r_2-r_6$$

于是，经验公式的系数算法为

$24a_0=q_0+q_1$

$12a_1=q_0+0.966q_1+0.866q_2+0.707q_3+0.5q_4+0.259q_5$

$12a_2=m_0+0.866m_1+0.5m_2$

$12a_3=t_0+0.707t_1$

$12a_4=l_0+0.5l_1-0.5l_2-l_3$

$12a_5=q_0+0.259q_1-0.866q_2-0.707q_3-10.5q_4+0.966q_5$

$12a_6=m_0-m_2$

$12a_7=q_0-0.259q_1-0.866q_2+0.707q_3+0.5q_4-0.966q_5$

$12a_8=l_0-0.5l_1-0.5l_2-l_3$

$12a_9=t_0-0.707t_1$

$12a_{10}=m_0-0.866m_1+0.5m_2$

$12a_{11}=q_0-0.966q_1-0.866q_2-0.707q_3+0.5q_4-0.259q_5$

$12a_{12}=q_0-q_1$

$12b_1=0.259r_1+0.5r_2-0.707r_3-0.866r_4+0.259r_5+r_6$

$12b_2=0.5k_1+0.866k_2+k_3$

$12b_3=0.707u_1+u_2$

$12b_4=0.866n_1+0.866n_2$

$12b_5=0.966r_1+0.5r_2-0.707r_3-0.866r_4+0.259r_5+r_6$

$12b_6=k_1k_3$

$12b_7=0.966r_1-0.5r_2-0.707r_3+0.866r_4+0.259r_5-r_6$

$12b_8=0.866n_1-0.866n_2$

$12b_9=0.707u_1-u_2$

$12b_{10}=0.5k_1-0.866k_2+k_3$

$12b_{11}=0.259r_1-0.5r_2+0.707r_3-0.866r_4+0.966r_5-r_6$

同时，还会给出上述算法的检验公式：

当 $n=6$ 时，有

$$\left.\begin{aligned}&y_0=a_0+a_1+a_2+a_3\\&y_1/y_5=1.732(b_1+b_2)\end{aligned}\right\}\tag{8.35}$$

当 $n=12$ 时，有

$$\left.\begin{aligned}&y_0=a_0+a_1+\cdots+a_5\\&y_1-y_{11}=(b_1+b_5)+1.732(b_2+b_4)+2b_3\\&y_0=a_0+a_1+a_2+\cdots+a_{12}\end{aligned}\right\}\tag{8.36}$$

当 $n=24$ 时，有

$$\left.\begin{aligned}\frac{1}{2}(y_1-y_{23})=0.259(b_1+b_{11})+0.5(b_2+b_{10})+&\\0.707(b_3+b_9)+0.866(b_4+b_3)+&\\0.966(b_5+b_7)+b_6&\end{aligned}\right\}\tag{8.37}$$

8.4.4 微分方程的周期性等价或近似

周期性模型中有一大类是含周期系数的微分方程，这种模型往往是通过一般微分方程转化得到的，下面仅讨论两种情况。

(1) 具有周期解的定常微分方程。设定常微分方程

$$\frac{\mathrm{d}x_i}{\mathrm{d}t}=f_i(x_1,x_2,x_n),\quad i=1,2,\cdots,n\tag{8.38}$$

具有一个周期为 T 的周期解 $\varphi_i(t)(i=1,2,\cdots,n)$。令 $x_i=y_i+\varphi_i(t)$ 代入式(8.38)并展成台劳级数有

$$\begin{aligned}\frac{\mathrm{d}y_i}{\mathrm{d}t}&=\frac{\mathrm{d}x_i}{\mathrm{d}t}-\frac{d\varphi_i}{\mathrm{d}t}=f_i(y_1+\varphi_i(t)+\cdots+y_n(t)-f_i(\varphi_i(t),\cdots,\varphi_n(t))=\\&\sum_{i=1}^{n}\frac{\partial f_i}{\partial x_i}y_i+R_i(t,y_1,\cdots,y_n)\end{aligned}\tag{8.39}$$

式中，$i=1,2,\cdots,n$。若略去高次项 R_i，仅保留一次项可得近似系统

$$\frac{\mathrm{d}y_i}{\mathrm{d}t}=\frac{\partial f_i}{\partial x_i}y_i+\cdots+\frac{\partial f_i}{\partial x_n}y_n,\quad i=1,2,\cdots,n\tag{8.40}$$

式
$$\frac{\partial f_i}{\partial x_i}=\frac{\partial f_i(\varphi_1(t),\cdots,\varphi_n(t)}{\partial x_i}$$

显然，$\frac{\partial f_i}{\partial x_i}$为周期性函数。方程式(8.40)被称为方程式(8.38)的关于解 $\varphi_i(t)$ 的变分或线性系统，即近似等价系统。

(2) 某些特殊的非定常系统。例如，对于 f_i 可微且是 t 的周期函数的非定常系统$\frac{\mathrm{d}x_i}{\mathrm{d}t}=f_i(t,x,\cdots,x_n),(i=1,2,\cdots,n)$，是可以化为含周期系数微分方程的。又如，通过分离变量可分离成若干个常微分方程的偏微分方程，亦可以转化为若干个具有周期系数的微分方程。

8.4.5　周期性模型及其转换实例

例 8.5　某地区气象台测得当地各月份平均气温如表 8.6 所示。试就此建立全年温的经验公式。

表 8.6　例 8.5 的测量数据

月　份	1	2	3	4	5	6	7	8	9	10	11	12
平均气温 T/℃	3.1	3.8	6.9	12.5	16.8	20.5	24.5	25.9	22.0	16.1	10.7	5.4

解　按照常规，地区气温应是月份 x 的周期性函数，其周期为 12，设该周期函数为 $T=T(x)$，作变是代换，令 $z=\frac{\pi}{6}x$，则函数可改写成 $T(x)=T(\frac{6}{\pi}z)=T^*(z)$。于是，$T^*(z)$ 的周期为 2π，这样便可采用前述经验公式系数算法。

首先由表 8.5 中测量数据求得 v_i 和 ω_i 值

		3.1	3.8	6.9	12.7	16.8	20.5	24.5
			5.4	10.7	16.1	22.0	25.9	
$\sum$：	(v_i)	3.1	9.2	17.6	28.8	38.8	46.4	24.5
差：	(ω_1)		−1.6	−3.8	−3.4	−5.2	−5.4	

再由 v_i,ω_i 求出 p_i,q_i,r_i 和 s_i 值

		3.1	9.2	17.6	28.8		−1.6	−3.8	−3.4
		24.5	46.4	38.8			−5.4	−5.2	
$\sum$：	(p_i)	27.6	55.6	56.4	28.8	$\sum$：(r_i)	−7	−9	−3.4
差：	(q_i)	−21.4	−37.2	−21.2		差：(s_i)	3.8	1.4	

将所得 p_i,q_i,r_i 和 s_i 值代入式(8.34)，可求得系数

$$a_0=14.033\,33,\ a_1=-10.703\,55,\ a_2=-0.266\,67,\ a_3=-0.033\,33$$
$$a_4=0.066\,67,\ a_5=0.035\,88,\ a_6=-0.033\,33,\ b_1=-2.449\,0$$
$$b_2=0.750\,53,\ b_3=-0.6,\ b_4=0.346\,4,\ b_5=0.149\,0$$

根据式(8.36)检验

$$a_0+a_1+a_2+a_3+a_4+a_5+a_6=3.099,\quad y_1=3.100$$
$$(b_1+b_5)+1.73(b_2+b_4)+2b_3=-1.600\,1,\quad y_1-y_{11}=-1.6$$

由此可见，计算是准确的(具体计算见表 8.7)。

表 8.7 例 8.5 的计算过程

系数 算式	cos 项的系数				sin 项的系数		
$-0.5x$	-21.2	$-56.4,55.6$		-7	$3.8,1.4$		
$0.866x$	-37.2	$27.6,-28.8$		-9			
$1x$	-21.4			-3.4			
A	-32	0.6	-21.4	84	-6.9	$3.290\ 8$	-7
B	$-32.215\ 2$	-1	-21.2	84.4	-7.794	$1.212\ 4$	-3.4
$A+B$	$-64.215\ 2$	-1.6	-0.2	168.4	-14.694	$4.503\ 2$	-8.5
$A-B$	0.2152	0.4		-0.4	0.894	$2.078\ 4$	

最终可求得经验公式

$$y=14.033\ 3-10.703\ 55\frac{\pi}{6}x-0.266\ 67\cos\frac{\pi}{6}2x-0.033\ 33\cos\frac{\pi}{6}3x+$$

$$0.066\ 67\cos\frac{\pi}{6}x+0.035\ 88\cos\frac{\pi}{6}5x-0.033\ 3\cos\frac{\pi}{6}6x-$$

$$2.449\sin\frac{\pi}{6}x+0.750\ 5\sin\frac{\pi}{6}2x-0.6\sin\frac{\pi}{6}3x+$$

$$0.346\ 4\sin\frac{\pi}{6}4x+0.149\sin\frac{\pi}{6}5x$$

例 8.6 有一变摆长单摆，其摆长变化规律为 $l=l_0+a\cos pt$。试建立该单摆的数学模型。

解 该单摆的动能为 $T=1/2ml^2\dot{\varphi}^2$(φ 为摆角)。设 $\varphi=\pi/2$ 时，质点的势能为零，于是任意摆角 φ 时的重力势能为 $V=mgl\cos\varphi$。由此可列写出单摆的拉格朗日函数为

$$L=T-V=\frac{1}{2}ml^2\dot{\varphi}^2+mgl\cos\varphi \tag{8.41}$$

其关于 φ 的拉格朗日方程为

$$\frac{\mathrm{d}}{\mathrm{d}t}(\frac{\partial t}{\partial\dot{\varphi}}-\frac{\partial L}{\partial\varphi})=0 \tag{8.42}$$

将式(8.41)代入式(8.42)，并整理后得

$$ml^2\ddot{\varphi}+2ml\dot{l}\dot{\varphi}+mgl\sin\varphi=0 \tag{8.43}$$

再将 $l=l_0+a\cos pt$ 代入式(8.43)，可得变摆长单摆的数学模型

$$\ddot{\varphi}-\frac{2ap\sin pt}{l_0+a\cos pt}\dot{\varphi}+\frac{g\sin\varphi}{l_0+a\cos pt}=0 \tag{8.44}$$

在很小摆角($\varphi\leqslant 5^\circ$)情况下，有 $\sin\varphi\approx\varphi$，则式(8.44)可改写成

$$\ddot{\varphi}-\frac{2ap\sin pt}{l_0+a\cos pt}\dot{\varphi}+\frac{g\varphi}{l_0+a\cos pt}=0 \tag{8.45}$$

可见该变摆长的单摆在微小摆角下的运动模型是一个具有周期系数的二阶线性微分方程。

例 8.7　试求如下方程组的变分系统。

$$\begin{cases}\dfrac{\mathrm{d}x}{\mathrm{d}t}=-y+\dfrac{x}{\sqrt{x^2+y^2}}(1-x^2-y^2)\\[2mm]\dfrac{\mathrm{d}y}{\mathrm{d}t}=-y+\dfrac{x}{\sqrt{x^2+y^2}}(1-x^2-y^2)\end{cases}$$

解　很易证明该方程组具有周期解 $x=\cos t, y=\sin t$，引入新变量 $\begin{cases}u=x-\cos t\\ v=y-\sin t\end{cases}$，于是由式(8.42)可得原方程组的变分系统为

$$\begin{cases}\dfrac{\mathrm{d}u}{\mathrm{d}t}=-(1+\cos t)u-(1+\sin t)v\\[2mm]\dfrac{\mathrm{d}v}{\mathrm{d}t}=(1-\sin t)u-(1-\cos t)v\end{cases}$$

例 8.8　试将拉普拉斯方程

$$\nabla^2 u=\left(\frac{\partial^2}{\partial x^2}+\frac{\partial^2}{\partial y^2}+\frac{\partial^2}{\partial z^2}\right)u=0$$

转化为具有周期系数的微分方程。

解　在球坐标 $\begin{cases}x=r\sin\theta\cos\varphi\\ y=r\sin\theta\sin\varphi\\ z=r\cos\theta\end{cases}$ 系下，拉普拉斯方程可以改写为

$$\frac{1}{r^2}\frac{\partial}{\partial r}\left(r^2\frac{\partial u}{\partial r}\right)+\frac{1}{r^2\sin\theta}\frac{\partial^2 u}{\partial\varphi^2}+\frac{1}{r^2\sin\theta}\frac{\partial}{\partial\theta}\left(\sin\theta\frac{\partial u}{\partial\theta}\right)=0$$

又设 $u(r,\theta,\varphi)=R(r)\theta(\theta)\varphi(\varphi)$，代入上式得

$$\theta\varphi\frac{\mathrm{d}^2R}{\mathrm{d}r^2}+\frac{2\theta\varphi}{r}\frac{\mathrm{d}R}{\mathrm{d}r}+\frac{R\theta}{r^2\sin^2\theta}\frac{\partial^2\varphi}{\partial\varphi^2}+\frac{R\varphi\cos\theta}{r^2\sin\theta}\frac{\mathrm{d}\theta}{\mathrm{d}\theta}+\frac{R\varphi}{r^2}\frac{\mathrm{d}^2\theta}{\mathrm{d}\theta^2}=0$$

以 $\dfrac{r^2}{R\theta\varphi}$ 乘上式两边，有

$$\left(\frac{r^2}{R}\frac{\mathrm{d}^2R}{\mathrm{d}r^2}+\frac{2r}{R}\frac{\mathrm{d}R}{\mathrm{d}r}\right)+\frac{1}{\varphi\sin^2\theta}\frac{\mathrm{d}^2\varphi}{d\varphi^2}+\frac{\cos\theta}{\theta\sin\theta}\frac{\mathrm{d}\theta}{\mathrm{d}\theta}+\frac{1}{\theta}\frac{\mathrm{d}^2\theta}{\mathrm{d}\theta^2}=0$$

可见，该方程前部分只与 r 有关，而后部分仅与 θ,φ 有关。显然，两部分应分别等于相反的常数，即

$$\begin{cases}\dfrac{r^2}{R}\dfrac{\mathrm{d}^2R}{\mathrm{d}r^2}+\dfrac{2r}{R}\dfrac{\mathrm{d}R}{\mathrm{d}r}=a\\[2mm]\dfrac{1}{\varphi\sin^2\theta}\dfrac{\mathrm{d}^2\varphi}{d\varphi^2}+\dfrac{\cos\theta}{\theta\sin\theta}\dfrac{\mathrm{d}\theta}{\mathrm{d}\theta}+\dfrac{1}{\theta}\dfrac{d^2\theta}{\mathrm{d}\theta^2}=-a\end{cases}$$

对第二个方程，可利用分离变量法得到

$$\begin{cases}\dfrac{1}{\varphi}\dfrac{\mathrm{d}^2\varphi}{d\varphi^2}=b\\[2mm]\dfrac{\mathrm{d}^2\theta}{\mathrm{d}\theta^2}+\dfrac{\cos\theta}{\sin\theta}\dfrac{\mathrm{d}\theta}{\mathrm{d}\theta}+\left(a+\dfrac{b}{\sin^2\theta}\right)\theta=0\end{cases}$$

于是，拉普拉斯方程可以球坐标下通过分离变量法转化为如下 3 个常微分方程。其中，第 3 个子方程具有周期系数

$$\begin{cases}\dfrac{r^2}{R}\dfrac{d^2R}{dr^2}+\dfrac{2r}{R}\dfrac{dR}{dr}=a\\ \dfrac{1}{\varphi}\dfrac{d^2\varphi}{d\varphi^2}=b\\ \dfrac{d^2\theta}{d\theta^2}+\dfrac{\cos\theta}{\sin\theta}\dfrac{d\theta}{d\theta}+(a+\dfrac{1}{\sin^2\theta})\theta=0\end{cases}$$

8.5 几种重要的系统工程模型

8.5.1 引言

系统工程是研究复杂系统如何实现包括经济效益在内的总体效果最优的复杂的工程技术问题，是现代科学的重要组成部分。系统工程作为组织与管理系统和综合最优化设计的先进技术紧紧与线性规划、决策技术、动态规则、系统评估等相联系，这些都属于重要的系统工程问题，下面仅讨论这些方面的数学模型。

8.5.2 线性规则及其数学模型

(1) 线性规划问题与模型形式。所谓线性规划就是包括目标函数和约束条件所构成的一个完整的最优化数学模型，其目标函数与约束条件都是线性代数式。在生产管理、政策制订、作战行动、物资分配、线路设计等方面都会经常遇到线性规划问题。例如，对于给定人力、物力、财力等资料进行规划以实现利润最大；对于给定任务进行规划力求用最少的人力、物力和财力等资源，即实现成本最低。

线性规划模型形式虽然很多，但可归结为标准式和典范式。

1) 标准式 $\max(\text{或}\ \min)\ \{\varphi=c_1x_1+c_2x_2+\cdots+c_nx_n\}$

$$\text{s.t.}\begin{cases}a_{11}x_1+a_{12}x_2+\cdots+a_{1n}x_n\\ a_{21}x_1+a_{22}x_2+\cdots+a_{2n}x_n\\ \vdots\\ a_{m1}x_1+a_{m2}x_2+\cdots+a_{mn}x_n\end{cases}$$

式中，n 为维数；m 为阶次；x_j 为决策变量($j=1,2,\cdots,n$)。

2) 典范式

$$\max\ \{\varphi=\boldsymbol{C}^{\mathrm{T}}\boldsymbol{x}\}\qquad\qquad \min\ \{Q=\boldsymbol{C}^{\mathrm{T}}\boldsymbol{x}\}$$
$$\text{s.t.}\ \boldsymbol{Ax}=\boldsymbol{b}\qquad \text{或}\qquad \text{s.t.}\ \boldsymbol{Ax}=\boldsymbol{b}$$
$$\boldsymbol{x}\geqslant\boldsymbol{0},\boldsymbol{b}\geqslant\boldsymbol{0}\qquad\qquad \boldsymbol{x}\geqslant\boldsymbol{0},\boldsymbol{b}\geqslant\boldsymbol{0}$$

式中 $\boldsymbol{C}^{\mathrm{T}}=[C_1C_2\cdots C_m],\quad \boldsymbol{x}=[x_1x_2\cdots x_n],\quad \boldsymbol{b}=[{}^{b}_{1}b_2\cdots b_m]^{\mathrm{T}}$

$$\boldsymbol{A}=[\boldsymbol{A}_1\boldsymbol{A}_2\cdots\boldsymbol{A}_n]=\begin{bmatrix}a_{11}&a_{12}&\cdots&a_{1n}\\a_{21}&a_{22}&\cdots&a_{2n}\\\vdots&\vdots&&\vdots\\a_{m1}&a_{m2}&\cdots&a_{mn}\end{bmatrix}$$

值得提出的是运输问题，即如何制订调运方案总的运输费用最小，它属于一类特殊的线性规划问题，具有更简单的求解方法。因此，可专门提出它的数学模型

$$\min\ \{Z=\sum_{i=1}^{n}\sum_{j=1}^{n}C_{ij}x_{ij}\}$$

$$\text{s. t}\begin{cases}\sum_{j=1}^{n} x_{ij}=a_i\\ \sum_{i=1}^{m} x_{ij}=b_j\\ x_{ij}\geqslant 0\end{cases}$$

式中，$i=1,2,\cdots,m$；$j=1,2,\cdots,n$，m 为资产地个数；a 为产物供应量；n 为消费地个数；b 为销售地需求量；C_{ij} 为第 i 产地运到第 j 销地的物资运价；x_{ij} 为第 i 产地调运到第 j 销地的物资数量。

例 8.9　处污环保问题。

某河流附近有两个化工厂（见图 8.2），流过甲厂的河水量为 $500\times10^4\ \mathrm{m^3/d}$；两厂间的河流支流流量为 $200\times10^4\ \mathrm{m^3/d}$。已知由甲厂排出的水流到乙厂之前有 20% 可自然净化。按照环保要求，河流中工业污水的含量不应大于 0.2%。若两个工厂都各自处理部分污化，甲厂处理污水费用是1 000 元 /$10^4\ \mathrm{m^3}$，乙厂处理污水费用为 800 元 /$10^4\ \mathrm{m^3}$。试问在环保要求下，每厂各应处理多少污水，才能使两厂总的处理污水费用最少？就此建立该系统的数学模型。

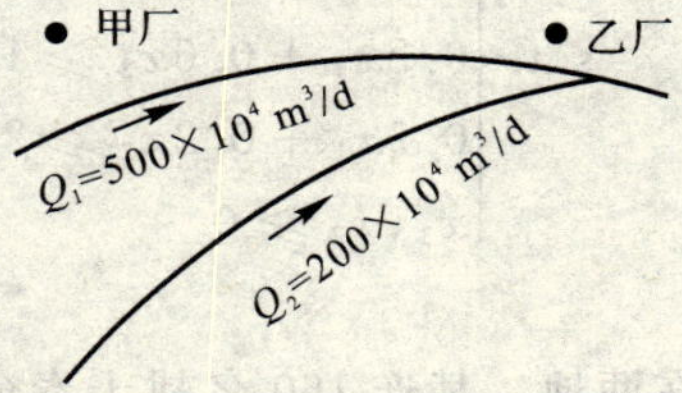

图 8.2　某河流（支流）流量图

解　设甲、乙二厂分别处理污水量 $x_1,x_2(\times10^4\ \mathrm{m^3})$，按环保要求对甲厂至乙厂间有

$$\frac{2-x_1}{500}\leqslant\frac{2}{1\ 000}$$

流经乙厂后有

$$\frac{0.8\times(2-x_1)+(1.4-x_2)}{700}\leqslant\frac{2}{1\ 000}$$

又因为每天处污量必小于排污量所以有 $x_1\leqslant 2, x_2\leqslant 1.4$，根据处污费用最少的要求有$Z=1\ 000x_1+800x_2$。

综上述，整个系统的数学模型为

$$\min\{Z=1\ 000x_1+800x_2\}$$

$$\text{s. t.}\begin{cases}x_1\geqslant 1\\ 0.8x_1+x_2,\quad x_1\leqslant 2\\ x_1\geqslant 2\\ x_2\leqslant 1.4\end{cases}$$

例 8.10　药品生产问题。

某制药厂计划生产一种维生素胶丸，需追求总成本为最低。在生产中，采用甲、乙两种原料。甲、乙每单位的各种维生素含量单位成本及其最低含量如表 8.8 所示。试据此建立该药品生产的线性规划模型。

表 8.8　各种维生素含量单位成本及其最低含量

维生素类型＼含量	甲	乙	最低含量
维生素 A	0.5	0.5	0.2
维生素 B_1	1.0	0.3	3.0
维生素 B_2	0.2	0.6	1.2
维生素 D	0.5	0.2	2.0
单位成本	0.3	0.5	

解　设每粒胶丸的总成本为 ϕ，两种原料各用 x_1 和 x_2 单位，按题知可建立该药品生产线性规划模型为

$$\min\{\varphi=0.3x_1+0.5x_2\}$$

$$\text{s.t.}\begin{cases}0.5x_1+0.5x_2\geqslant 2\\ x_1+0.3x_2\geqslant 3\\ 0.2x_1+0.6x_2\geqslant 1\\ 0.5x_1+0.2x_2\geqslant 2\\ x_1,x_2\geqslant 0\end{cases}$$

例 8.11　兵力分配问题。

有敌士兵 100 名，分别部署在两地。某连 160 名战士奉命攻击敌此两目标。攻击甲目标时，每个敌士兵需花 10 个单位代价对付我一个战士（单位代价可任定）；攻击乙目标时，敌士兵需花费 20 个单位对付我 4 个战士。此外，我军装备折合 1 100 个代价单位。若攻击甲目标我军一个战士可获 40 个代价单位，而攻击乙目标一个战士可获 60 个代价单位。试建立使敌人造成最大损失下的我军兵力分配模型。

解　显然，此问题亦属于线性规划问题。为建立最优兵力分配模型，设我军攻击敌甲、乙两地的兵力分别为 x_1,x_2，且战斗敌人造成的损失代价单位为 F。由题知，可列写出兵力分配模型为

$$\min\{F=40x_1+60x_2\}$$

$$\text{s.t.}\begin{cases}x_1+x_2\leqslant 100\\ x_1+x_2\leqslant 160\\ 10x_1+20x_2\leqslant 1\,100\\ x_1,x_2\geqslant 0\end{cases}$$

例 8.12　利润最大管理问题。

今有两台机器 M_1 和 M_2，生产 X_1 与 X_2 两种产品，每个产品 X_1 需要用 $M_1$30 h，$M_2$0.5 h，每个产品 X_2 需要用 $M_1$2 h，$M_2$1 h，M_1 可用的时间共 6 h，M_2 可用的时间共 4 h；每单位 X_1 产品可产生 12 元利润，每单位 X_2 产品可产生 4 元利润。试问如何管理安排生产，才使利润最大？

解　设生产 x_1 个单位的第一种产品，x_2 个单位的第二种产品，由题意可知

$$\min \{p = 12x_1 + 4x_2\}$$

$$\text{s.t.} \begin{cases} 3x_1 + 2x_2 \leqslant 6 \\ \dfrac{1}{2}x_1 + x_2 \leqslant 4 \\ x_1 \geqslant 0, x_2 \geqslant 0 \end{cases}$$

以上几例表明，线性规划是一种数学技术，许多实际问题其数学模型是一个定义于某区域的线性函数，需要求此函数的最值（max 或 min），这一函数称为目标函数，定义域由一些不等式给出，这些不等式亦称约束条件。

8.5.3　科学决策及其数学模型

(1) 科学决策概念与过程。科学决策问题是系统工程研究的重要课题之一。所谓科学决策就是为实现系统的预期目标，从多个备选方案中选择一个最优的或满意的方案付诸实践。

不少专家认为，管理的核心是科学决策。在某种程度上讲，管理就是科学决策。决策正确与否，小则关系到能不达到预期目的，大则决定着国家政治、经济的强衰。

按照性质不同，科学决策问题通常可分为三类：确定型、风险型和不确定型。

科学决策过程大体可分四个阶段，即准备阶段、计划阶段、选择阶段和实施与控制阶段。这种过程可用如图 8.3 所示。

(2) 科学决策的基本模型。在决策论中，广泛采用的基本模型结构形式为

$$a = F(A_i, \theta_i)$$

式中，a 为价值，是 A_i 和 θ_i 的函数；A_i 为决策变量，即决策者可控制的因素，或者行动方案；θ_i 为状态变量，即决策者不可控制的因素，或自然状态。

在一定程度上讲，A_i 可视为决策者应付 θ_i 所采取的对策方案，其关系可用益损矩阵表示。

设 $\boldsymbol{A} = \{\boldsymbol{A}_1, \boldsymbol{A}_2, \cdots, \boldsymbol{A}_n\}$ 为决策者所有可能行动方案之集合，通常称为方案向量；$\boldsymbol{\theta} = \{\theta_1, \theta_2, \cdots, \theta_n\}$ 叫做状态向量；$\boldsymbol{P} = (P(\theta_1), P(\theta_2), \cdots, P(\theta_n))$ 叫做状态概率向量或概率矩阵，其中 $P(\theta_j) = P_j$ 为状态 θ_j 的发生概率。显然，$\sum\limits_{j=1}^{n} P_j = 1$。当实际自然状态是 θ_j，采取方案 A_i 的益损值为 $a(A_i, \theta_i)$，可记作 $a_{ij} = a(A_i, \theta_j)$；$\boldsymbol{A}_i$ 的益损期望值为 $\boldsymbol{E}(\boldsymbol{A}_i) = \sum\limits_{j=1}^{n} P_j a_{ij}$，其矩阵形式为

$$\boldsymbol{E}(\boldsymbol{A}) = \begin{bmatrix} E(\boldsymbol{A}_1) \\ \vdots \\ E(\boldsymbol{A}_m) \end{bmatrix}, \quad \boldsymbol{A} = \begin{bmatrix} a_{11} & a_{12} & \cdots & a_{1n} \\ a_{21} & a_{22} & \cdots & a_{2n} \\ \vdots & \vdots & & \vdots \\ a_{m1} & a_{m2} & \cdots & a_{mn} \end{bmatrix}$$

被称为益损矩阵或风险矩阵。因为

$$\boldsymbol{AP}^{\mathrm{T}} = \begin{bmatrix} a_{11} & a_{12} & \cdots & a_{1n} \\ a_{21} & a_{22} & \cdots & a_{2n} \\ \vdots & \vdots & & \vdots \\ a_{m1} & a_{m2} & \cdots & a_{mn} \end{bmatrix} \begin{bmatrix} P_1 \\ P_2 \\ \vdots \\ P_n \end{bmatrix} = \begin{bmatrix} \sum\limits_{j=1}^{n} P_{1j} a_{1j} \\ \vdots \\ \sum\limits_{j=1}^{n} P_{h} a_{nj} \end{bmatrix} = \begin{bmatrix} E(\boldsymbol{A}_1) \\ E(\boldsymbol{A}_2) \\ \vdots \\ E(\boldsymbol{A}_m) \end{bmatrix}$$

所以，$\boldsymbol{AT}^{\mathrm{T}} = \boldsymbol{E}(\boldsymbol{A})$。

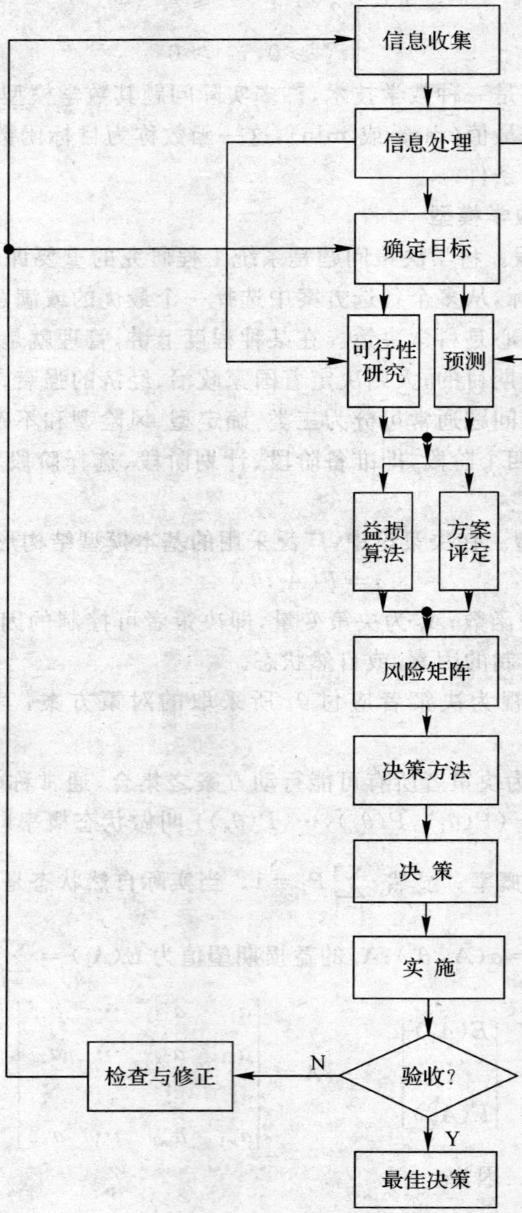

图 8.3　科学决策过程示意图

可见，科学决策实际上是求 $A_r = \max\,[E(\boldsymbol{A})]$ 或 $A_s = \max\,[E(\boldsymbol{A})]$，它们分别表示决策目标为收益大或损失小的最优方案。

为决策方便起见，常在决策中给出决策表(见表 8.9)，它表示了上述方案、状态、概率、期望值之间的关系。

表 8.9 决策表

状态 益损和矩阵 / 状态概率 / 方案	$\theta_1, \theta_2, \cdots, \theta_j, \cdots, \theta_n$ $P_1, P_2, \cdots, P_j, \cdots, P_n$	益损期值 $E(\boldsymbol{A})$
A_1	$a_{11}, a_{12}, \cdots, a_{1j}, \cdots, a_{1n}$	$E(\boldsymbol{A}_1)$
A_2	$a_{11}, a_{12}, \cdots, a_{2j}, \cdots, a_{2n}$	$E(\boldsymbol{A}_2)$
$\vdots$	$\vdots$	$\vdots$
A_m	$a_{m1}, a_{m2}, \cdots, a_{mj}, \cdots, a_{mn}$	$E(\boldsymbol{A}_m)$
决策 →	$A_r = \max\limits_{A}[E(\boldsymbol{A})]$ 或 $A_s = \min\limits_{A}[E(\boldsymbol{A})]$	

例 8.13 防空指挥自动化系统中的辅助决策模型。

现代信息技术在武器系统和军事作战中的应用产生了 $\mathrm{C^3I}$ 系统，亦称军队指挥自动化系统。该系统一般由若干个分系统组成，其最基本的部分是探测预警分系统、指挥控制分系统和通信分系统。其中的指挥控制分系统承担着综合、处理和显示敌我双方的各种情报，包括目标数据、威胁分析、战场态势、战备情况和作战计划与方案等，并支援指挥人员作出决策，实施指挥。对于防空指挥自动化系统是由优化处理系统来提供辅助决策的。该系统可对情报信息进行综合分析，找出最佳的火力分配方案，辅助旅(团) 指挥员作出分配决策；通过对目标飞行诸元与火力单位的射击诸元的比较，找出最优射击方案，从而为营(边) 指挥员提供下定射击决心的依据。上述辅助决策的模型框架如图 8.4 所示。

例 8.14 某单位对工程方案进行决策，已知决策表如表 8.10 所示，试选取最优方案。

表 8.10 决 策 表

状态 益损和矩阵 / 状态概率 / 方案	θ_1	θ_2	θ_3	θ_4	方案益损期望值 $\boldsymbol{E(A)}$	D_i
	0.2	0.4	0.1	0.3		
$\boldsymbol{A}_1$	4	5	6	7	5.5	1.5
$\boldsymbol{A}_2$	2	4	6	9	5.3	3.3
$\boldsymbol{A}_3$	5	7	3	5	5.6	2.6
$\boldsymbol{A}_4$	3	5	6	8	5.6	2.6
$\boldsymbol{A}_5$	3	5	5	5	4.6	1.6

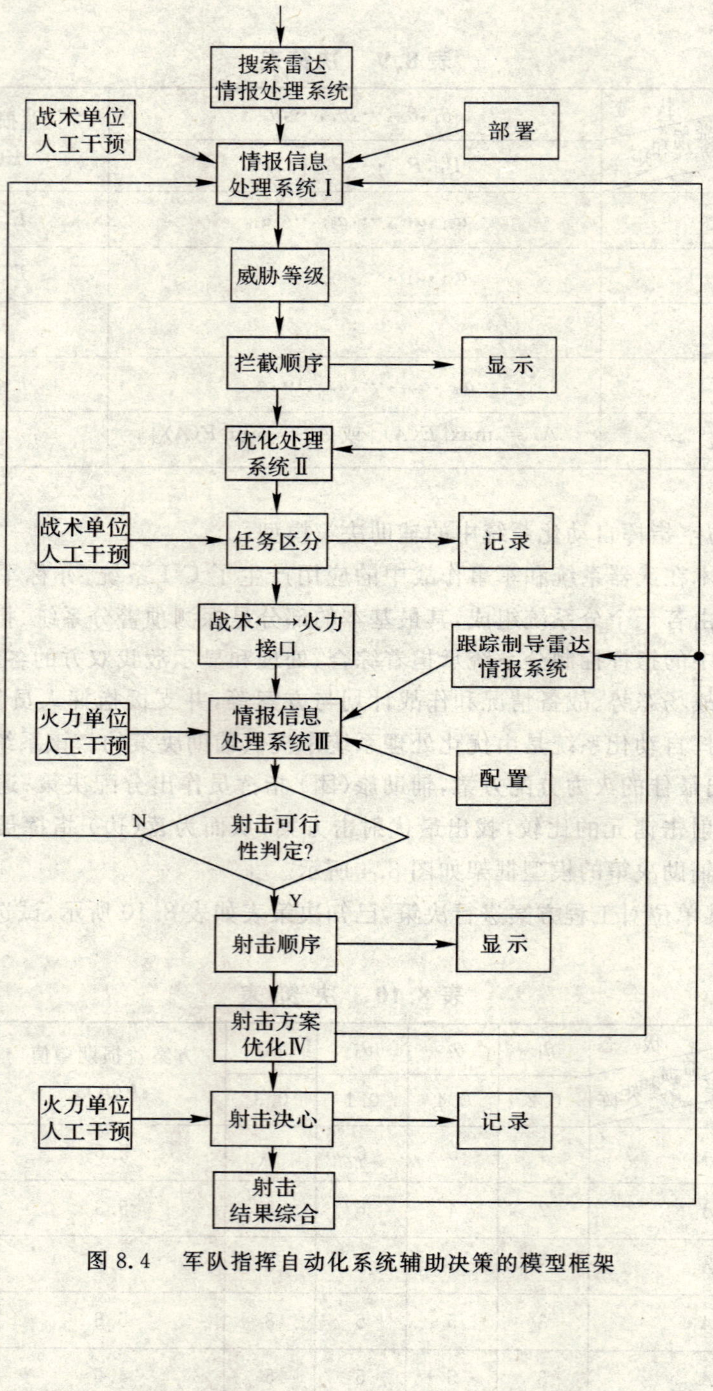

图 8.4　军队指挥自动化系统辅助决策的模型框架

解　由题知：

因为

$$\boldsymbol{A}=\begin{bmatrix}4&5&6&7\\2&4&6&9\\5&7&3&5\\3&5&6&8\\3&5&5&5\end{bmatrix},\quad \boldsymbol{P}=[0.2\quad 0.4\quad 0.1\quad 0.3],\quad \text{所以}$$

$$\boldsymbol{E}(\boldsymbol{A})=\begin{bmatrix}E(\boldsymbol{A}_1)\\E(\boldsymbol{A}_2)\\E(\boldsymbol{A}_3)\\E(\boldsymbol{A}_4)\\E(\boldsymbol{A}_5)\end{bmatrix}=\boldsymbol{AP}^{\mathrm{T}}=\begin{bmatrix}2.5\\5.3\\5.6\\5.6\\4.6\end{bmatrix}$$

可见
$$\max[5.5\quad 5.3\quad 5.6\quad 5.6\quad 4.8]=5.6$$

这里，有 $E(\boldsymbol{A}_3)=E(\boldsymbol{A}_4)=5.6$。因此，要选取 $\boldsymbol{A}_3$ 和 $\boldsymbol{A}_4$。究竟选择其中的哪个方案？需要再比较一个指标，即期望与下界差（也就是每个方案期望值与它的益损值的下界之差）

$$D(\boldsymbol{A}_i)=E(\boldsymbol{A}_i)-\min\,(a_{ij})$$

在决策中，若两方案 $E(\boldsymbol{A}_i)$ 相同，就需要比较 $D(\boldsymbol{A}_i)$。若 $D(\boldsymbol{A}_i)$ 不同，可取小的；若 $D(\boldsymbol{A}_i)$ 相同，则可任选其一。由表 8.10 可知 $D(\boldsymbol{A}_3)=D(\boldsymbol{A}_4)$，故选取方案 $\boldsymbol{A}_3$ 或 $\boldsymbol{A}_4$ 均可。

应指出，解决决策问题的方法很多，通常有：最大可能法、期望值法、决策树法、乐观系数法、等可能性法、“后悔”值法、最大最小决策法及决策矩阵法等，上面仅讨论了决策矩阵法及其模型。

8.5.4　动态规划及其数学模型

(1) 动态规划方法。动态规划是解决多段决策问题的一种运筹学方法，其理论基础是动态规划最优化原理。动态规划的最优化原理是美国 R. Bellman 提出的，他提出：作为整个过程的最优策略具有这样的性质，即无论过去的状态和决策如何，对前面的决策所形成的状态而言，余下的诸决策必须构成最优策略。

动态规划方法应用相当广泛，如最短线路设计、物资优化分配、最佳生产计划实现及军事战术研究等。

(2) 动态规划基本模型。动态规划模型的建立可归结为 3 个方面工作：① 应用 Bellman 最优化原理。该原理的主要思想是用一个基本递推公式使过程连续运转，即从终点开始，逐段向起点寻求最优途径，在寻优中它把原问题分成许多相互联系的可简单优化的子问题，每个子问题求解均利用它的后部子问题的寻优化结果，依此下去，最后一个子问题的最优解就是整个问题的最优解。② 分析函数方程 $f_k(x)=\min\,[d_k(x,u_k(x)+f_{k+1}(u_k(x))]$。式中 $u_k(x)$ 为决策；$d_k(x,u(k))$ 为阶段距离。③ 每个阶段的最优化决策应该是阶段的初始状态函数，如 $u_k(x_k)$ 就是第 k 段的初始状态 x_k 的函数。

基于上述工作可建立起动态规划模型，其基本形式如下：

1) 逆序解法基本方程：

$$\begin{cases}f_k(x_k)=optV_{t,n}(x_k,p_{k,m})=opt\{v_k(x_k,u_k)+f_{k+1,n}(x_{k+1})\}\\ \qquad u_k\in D_k(x_k),\ k=n,n-1,\cdots,1\\ f_{n+1}(x_{n+1})=0\end{cases}$$

注意：逆推过程由 $k=n$ 开始，逐段前推，直至求得 $f_1(x_1)$。

2）顺序解法基本方程：

$$\begin{cases} f_k(x_k)=opt\{v_{k-1}(x_k,u_{k-1})+f_{k-1}(x_{k-1})\} & u_{k-1}\in D^r_{k-1}(x_k),\ k=2,3,\cdots,n+1 \\ f_1(x_1)=0 \end{cases}$$

式中，$x_{k-1}=\Gamma^r_{k-1}(x_k,u_{k-1})$。

注意：递推从 $k=2$ 开始，逐段后推，直到求出 $f_{n+1}(x_{n+1})$。

例 8.15 已知一个线路网络如图 8.5 所示，欲从 A 点铺设一条管道到 G 点。试选择点距离为最短的线路。

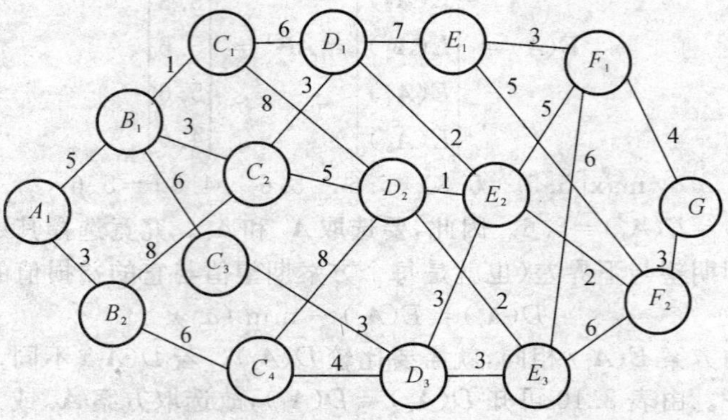

图 8.5 线路网络

图中两点间连线上的数字为两点间的距离。

解 可借助上述动态规划最优化原理建立起它的动态规划函数的基本方程

$$\begin{cases} f_k(x_k)=\min\{d_k(x,u_k(x_k))+f_{k+1}(u_k(x_k))\} \\ f_7(x_7)=0 \quad 或 \quad f_6(x_6)-d_6(x_6,G),\quad k=6,5,\cdots,1 \end{cases}$$

然后，利用此方法从终点逐段向始点方向寻找最短路线。

8.5.5 网络规划问题及其数学模型

网络规划是运筹学的重要分支。主要研究网络决策问题并通过网络分析优化生产和日程计划等。这里将重点讨论其中的三类问题，即最大流问题、最短路问题和最小代价问题的数学模型。

(1) 最大流问题及数学模型。广泛存在的流量问题，如公路系统中的车辆流、控制系统中的信息流、供水系统的管流及金融系统中的现金流等，以其中的最大流尤为重要。最大流问题的解决以网络流为基础。为此，首先需要了解这方面的有关概念，然后给出最大流算法及最大流通用模型。

1）网络流概念：

ⅰ. 网络和容量。图论中，设 V 是一个项点集，$V=\{v_1,v_2,\cdots,v_k\}$，S,t 是 V 中两个不同顶点，E 是有向边集合 $E=\{e_1,\cdots,e_n\}$，则赋权有向图 $N=(V,E,C,S,t)$ 被称为网络（见图 8.6）。其中，S 称为 N 的源；t 称为 N 的汇；而 E 中每条有向边 e 都对应一个正整数 $C(e)$ 被称为 e 的容量。

ⅱ. 可行流和流量。如果网络 N 代表一个输油管道网，那么源 S 和汇 t 分别表示网中的油井和库。若 $f(e)$ 表示以某种输油方案输油中单位时间沿输油管 e 实际输送的石油数量，应有

$$0 \leqslant \leqslant C(e), \quad e \in E$$

对于中间非源汇顶点 v 来讲，送入油量 $f^{+}(v)$ 和输出油量 $f^{-}(v)$ 的关系为

$$f^{+}(v) = f^{-}(v), \quad v \in V - \{S,t\}$$

据此可给出网络流概念。

设 f 是网络 N 的边集 E 的一个非负整数函数，满足如下两个条件：

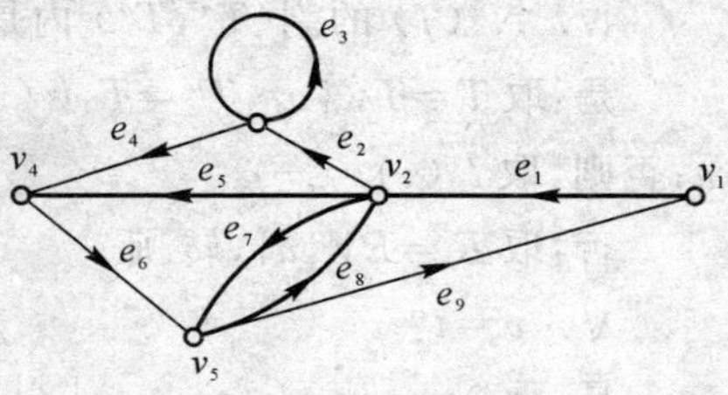

图 8.6　网络图

$$0 \leqslant f(e) \leqslant c(e), \quad e \in E$$
$$f^{+}(v) = f^{-}(v), \quad v \in V - \{S,t\}$$

则称 f 是网络 N 上的一个流，或称可行流，此外，称 $f^{+}(S) - f^{-}(S)$ 为流 f 的流值或流量，记为 $|f|$。

ⅲ. 最大流和最小割。网络 N 中，流值 $|f|$ 最大的流 f^{*} 称为网络最大流。

除此，如果 A 是 V 的一个子集，$\overline{A} = V - A, S \in A, t \in A$，则称边集 $(A,\overline{A})$ 为网络 N 的一个割，而 $C(A - \overline{A}) = \sum C(e), e \in (A,\overline{A})$，称为割 $(A,\overline{A})$ 的容量。其中容量最小的割 (A^{*}, A^{*}) 称为最小割。

ⅳ. 截集、截量和增广链。从发点 v_s 到收点 v_t 的必经之道称为截集。

截集中，所有容量之和叫做截量。

在从 v_t 和 v_t 的诸条链中，如果每条向边 e 既非饱和又非零(即 $0 < f(e) \leqslant C(e)$，则该链被称为可行流 $f(e)$ 的增广链。

ⅴ. 增广网络有关重要定理：一般地，设 f 为网络 $N = (V,E,C,S,t)$ 上一个流 f，网络 $N^{\mu}(f) = (V^{\mu}, E^{\mu}, C^{\mu}, S^{\mu}, t^{\mu})$ 称为 N 关于流 f 的增广网络。

网络 N 中，流和割的关系定理：

【定理一】　设 f 和 $(A,\overline{A})$ 分别为网络 N 的流和割，那么

ⅰ. $|f| \leqslant C(A,\overline{A})$。

ⅱ. 若 $|f| \leqslant C(A,\overline{A})$，则 f 和 $(A,\overline{A})$ 分别为 N 的最大流和最小割。

ⅲ. $|f| \leqslant C(A,\overline{A})$ 成立的充要条件为：在 $N^{\mu}(f)$ 中，$(A^{\mu}, A^{-\mu}) = \Phi$。

网络 N 中，最大流和最小割定理：

【定理二】　设 f 为网络 N 的流，那么

ⅰ. f 为 N 的最大流的充要条件是 $N^{\mu}(f)$ 中不存在一条 S 到 t 的路径 P。

ⅱ. N 的最大流 f^{*} 和最小割集 $(A^{*}, \overline{A}^{*})$ 均存在，且 $|f^{*}| = C(A^{*}, \overline{A}^{*})$。

2) 最大流算法：

ⅰ. 取初始流 f，并计算流值 $|f|$(通常可取 $f \equiv 0$)。

ⅱ. $|f| = \lambda$?

是：f 即为所求之流，算法终止。

否：作增广网络 $N^{\mu}(f)$，取 $T = \{S\}, T^{\mu} = T, l_1(S) = \infty, l_2(S) = S, R = \Phi$。

ⅲ. $T^{\mu} - R = \Phi$?

是：N 中不存在流值为 λ 之流，当前 f 已是 N 之最大流，$(T,\overline{T})$ 为 N 之最小割，算法终止。

否：取 $T^{\mu} - R$ 中第一个顶点 μ。

ⅳ. $N^{\mu}(f)$ 的割$(T^{\mu},\bar{T}^{\mu})$ 内是否存在以 μ 为起点的有向边(u,v)?

是:取 $T=TV\{v\}, T^{\mu}=T, l_1(v)=\min\{l_1(u), C^{\mu}(u,v)\}$,如果$(u,v)\in E^{\mu}$,则取 $l_2(v)=+u$;否则,取 $l_2(v)=-\mu$。

否:取 $R=RV\{u\}$,转 ⅲ.

ⅴ. $v=t$?

是:取$\delta=\min\{l_1(t),\lambda-|f|\}$,从 t 的标号 $l_2(t)$ 出发,通过逐步回追求得 P_t 和修改流 $\hat{f}_\delta$,取 $f=\hat{f}_\delta$, $|f|=|f|+\delta$ 转 ⅱ;

否:转 ⅳ.

上述算法中,T^{μ} 为确定以 S 为根的有序树的一个有序集;R 为有序树中已被作过生长结的顶点集。

3) 最大流问题通用模型。最大流问题就是求一个流$\{f\}$使其流量$|f|$达到最大。因此,它的数学模型应是 max $|f|$,且满足

$$0\leqslant f(e)\leqslant C(e), \qquad e\in E$$

$$f^{+}(v)-f^{-}(v)=\begin{cases}|f|, & i=S\\ 0, & i\neq S,t\\ -|f|, & i=t\end{cases}$$

式中,$f^{+}(v)=\sum f_{ij}$, $f^{-}(v)=\sum f_{ji}$。其中,f_{ij} 为网络中,函数 $f(v_i,v_j)$ 为有向边(v_i,v_j)上的流量;f_{ji} 亦有同上解释。

(2) 最短路概念及算法:

1) 最短路概念。设 $D=(V,E)$ 为赋权有向图,P 为 D 中一条路(或回路),其路 P 之权为 $W(P)=\sum\limits_{e\in P}W(e)$,其中 $W(e)$ 为 P 上各条有向边 e 的权。若 u,v 为 D 中任意两个顶点,则称 u 到 v 的权是最小路 P^{*},谓之 D 中 u 到 v 的最短路。

2) Floyd 算法。逆向追踪下的最短路 P_{ij}^{*}(v_i 到 v_j 的路)的 Floyd 算法如下:

ⅰ. 若$(v_i,v_j)\in E$,按式 $d_{ij}^{0}=\begin{cases}W(v_i,v_j)\\ +\infty\end{cases}$ 取定 d_{ij}^{0},并取 $\theta_{ij}^{0}=i(i,j=1,2,\cdots,n)$, $k=1$。其中,d_{ij} 为从 v_i 到 v_j 的距离;θ_{ij} 为 v_j 紧前顶点 v_i 之下标。

ⅱ. 按式 $d_{ij}^{k}=\min\{d_{ij}^{k-1}, d_{ik}^{k-1}+d_{kj}^{k-1}\}(i,j,k=1,2,\cdots)$。取 d_{ij}^{k},按式

$$\theta_{ij}^{k}=\begin{cases}\theta_{ij}^{k-1}, & d_{ij}^{k-1}\leqslant d_{ik}^{k-1}+d_{kj}^{k-1}\\ \theta_{kj}^{k-1}, & k_{ij}^{k-1}\leqslant k_{ik}^{k-1}+k_{kj}^{k-1}\end{cases},\quad \theta_{ij}=i(i,j=1,2,\cdots,n)$$

ⅲ. 是否存在一个 $d_{ii}^{k}<0(1\leqslant i<n)$?

是:转 ⅵ。

否:转 ⅳ。

ⅳ. $k=n$?

是:取 $d_{ij}=d_{ij}^{n}(i,j,=1,2,\cdots,n)$ 转到 ⅴ。

否:取 $k=k+1$,转 ⅱ。

ⅴ. 对于 D 中指定顶点 v_s, v_t,若 $d_{st}=+\infty$,则说明 D 中不存在从 v_s 到 v_t 的路;否则可由

$\theta_{ij}^{n}(i,j=1,2,\cdots,n)$。应用逆向追踪法求其 D 中 v_s 到 v_t 的一条最短路 P_{st} 算法终止。

ⅵ. D 中存在一条含有顶点 v_i 的权为负的回路 θ，由 $\theta_{ij}^{n}(i,j=1,2,\cdots,n)$ 应用逆向追踪法求出此回路 θ，算法终止。

(3) 最小代价流概念及其算法：

1) 最小代价流概念。设网络 N 中，每条有身边 (u,v) 除对应一个容量 $C(u,v)$ 外，还对应一个它的代价 $w(u,v)$，这样的网络称为具有代价网络，记之为 $N=(V,E,W,S,t)$，而 $W(f)=\sum_{(u,v)\in E} f(u,v)W(u,v)$ 称为流 f 的代价。

上述代价可以是相应的费用、时间、距离等。实际中运输费用问题就是一个具有代价的网络。

设 N 为一个具有代价的网络，f^* 为 N 的一个流，流值 $|f^*|=\lambda$，且 $W(f^*)=\min\{W(f) \mid f$ 为 N 的流，$|f|=\lambda\}$，则称 f^* 为 N 中流值为 λ 的最小代价流。

2) 最小代价流定理。

【定理三】　设 f 为网络 N 的流，$|f|=\lambda$，那么

ⅰ. f 为 N 中流值为 λ 的最小代价流的充要条件为：$N^{\mu}(f)$ 中不存在 $W^{\mu}(\theta)<0$ 的回路。

ⅱ. 如果 f 为 N 中流值 λ 的最小代价流，P,δ 的修改流 $\tilde{f}_{\delta}$ 为 N 中流值为 $\lambda+\delta$ 的最小代价流。其中，$N^{\mu}(f)=(V^{\mu},E^{\mu},C^{\mu},W^{\mu},S^{\mu},t^{\mu})$。

ⅲ. 应用 Floyd 算法找出 $N^{\mu}(f)$ 中 $W^{\mu}(\theta)<0$ 的回路。这种 Q 是否存在？

是：作修改流 $\tilde{f}$，取 $f=\tilde{f}$，转 ⅱ。

否：f 已为所求最小代价流，此时算法终止。

(4) 网络计划模型。借助网络方法编制计划是工程技术和管理中的重要手段。网络方法编制的计划为网络计划，或称网络计划模型。

1) 网络计划图。如图 8.7 所示为绘制的一张生产网络计划图，由如下主要元素构成：① 工序：事项(事件) 转换过程，以文字 $a,\cdots,n$ 等表示。② 事项：生产活动，以圆圈表示。③ 路线：从初始点沿箭头方向连续不断到达终点的一条通路。④ 关键路线：完成多道工序需要时间的最长路线，又称主要矛盾线；图中以粗线表示。⑤ 工序时间：完成某一工序所需时间。一般讲，工序时间用如下三种估计时间的平均时间表示。⑥ 最乐观时间：顺利条件下的完工最短时间 a。⑦ 最保守时间：不利条件下的完工最长时间 b。⑧ 最可能时间：正常条件下的完工时间 m。

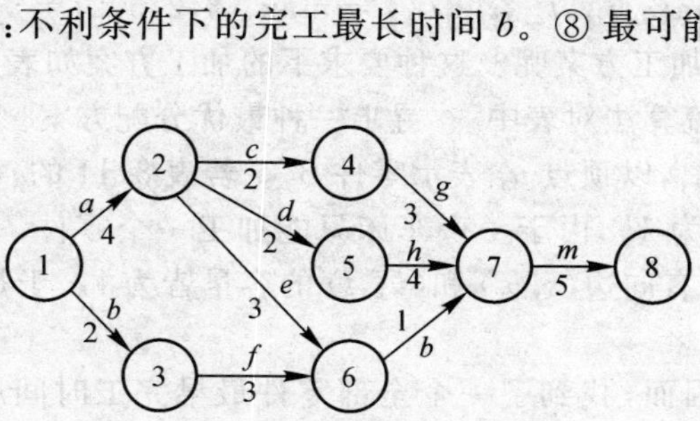

图 8.7　生产网络计划图

2) 平均工序计算时间模型　　$t=\dfrac{a+4m+b}{6}$

方差 $$\delta^2=(\frac{b-a}{b})^2$$

均方差 $$\sigma=\frac{b-a}{b}$$

3）工程完工时间模型：

ⅰ. 工程完工时间模型 $$T_E\sum_{i=1}^{s}\frac{a_i+4m_i+b_i}{6}$$

均方差正态分布为 $$\sigma=\sqrt{\sum_{i=1}^{s}(\frac{b_i-a_i}{b})^2}$$

ⅱ. 若已知 T_E 和 σ，则具有一定概率的工程完工时间为

$$T_k=T_E+\sigma_1 \quad 或 \quad \lambda=\frac{T_k-T_E}{\sigma}$$

式中，T_k 为目标时间，即规定完工时间；λ 为 σ 的系数。

(5) 工程实例：

例 8.16 最大流问题。

某车间现有四部车床 $A_i(i=1,\cdots,4)$ 和 4 个被加工零件 $B_j(j=1,\cdots,4)$。车床 A_i 加工零件 B_j 所需时间 t_{ij}(h) 如表 8.11 所示。试问如何安排生产计划，使每部车床加工一个零件，一个零件只由一部车床加工时，全部零件加工完成的时间最早？

表 8.11 车床加工零件所需时间 单位：h

t_{ij} \ A_i	B_j			
	B_1	B_2	B_3	B_4
A_1	3 * V	5	4 *	1 * V
A_2	7	2 * V	1 * V	3 * V
A_3	3 * V	4 *	5	1 * V
A_4	6	7	5	2 * V

解 显然，车床 A_1,A_2,A_3,A_4 分别加工 B_1,B_2,B_3 和 B_4 是一种可行加工方案，其零件最早完工时间为

$$\max\{t_{11},t_{22},t_{33},t_{44}\}=\max\{3,2,5,2\}=5\ \text{h}$$

是否存在完工早于 5 h 的加工方案呢？这种要求下的加工方案如表中“ * ”所示。为此可建立一个网络模型，并用最大流算法对表中 * 寻求一种最优分配方案。

以顶点 v_i 代表车床 A_i，以顶点 u_j 表示零件 B_j。若表 8.11 的 * 中 A_i 加工 B_j，则在网络中有向边 (v_i,u_j)，其容量为 1。由于一产车床只能加工一个零件，一个零件只要一部车床加工，所以网络源 s 和汇 t 的有向边 (s,v_i) 和 (u_j,t) 的容量皆为 1。于是，该网络及其最大流如图 8.8 所示。

图中最大流值为 4，因而，找到了一个全部零件最早完工时间小于 5 h 的加工方案：A_1，A_2，A_3 和 A_4 分别加工 B_3,B_2,B_1 和 B_4。其最大完工时间为 $\max\{t_{12},t_{22},t_{31},t_{44}\}=\max\{4,2,3,2\}=4$ h。

是否还可以再提前呢？这时加工时间 t_{ij} 小于 4 h 的加工方案如表 8.11 中“V”给出。同理，可画出网络并求其最大流(见图 8.8)。

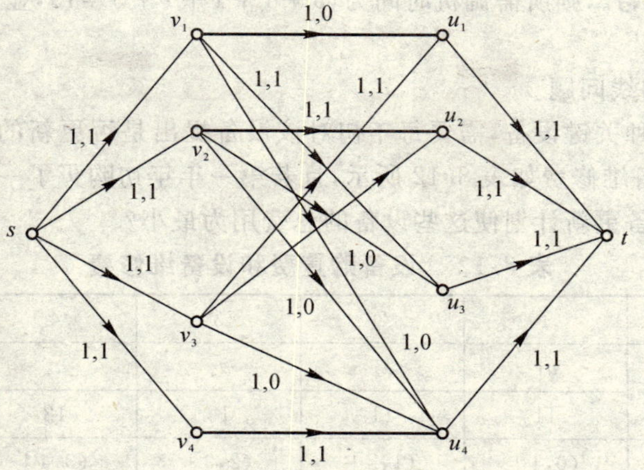

图 8.8　网络及其最大流

由于图8.8的最大流流值为3，故不存在完工时间早于4 h的可行加工方案。因此，最早完工时间仍然为 4 h，其方案仍是车床 A_1,A_2,A_3 和 A_4 分别加工零件 B_3,B_2,B_1 和 B_4。

例 8.17　工序问题。

今有工作 $J_1,J_2,\cdots,J_n$ 要在同台机器上进行，从 J_i 到 J_j 机器调整时间为 t_{ij}，试把这 n 项工作排队，使得 $\sum t_{ij}=\min$ 。

解　该问题的性质与上例类同。但可以采用另一种做法，其数学模型为：以 $V=\{J_1,J_2,\cdots,J_n\}$ 为顶集，构作一个有向图 $G(V,E)$，$\forall J_i,J_j\in \vee$，$J_i\neq J_j$，则 $J_iJ_j\in E(G)$，$J_jJ_i\in E(G)$，且边权 $W(J_iJ_j)=t_{ij}$；求 $G(V,E)$ 上的一条有向 Hamilton 轨 P，使得

$$W(P)=\sum_{e=P}W(e)=\min$$

此问题至今尚无有效算法，但可给出近似解的数学模型。把每边皆定向的完全图称为竞赛图。近似解法如下：

以 $V(G)=\{v_1,v_2,\cdots,v_n\}$ 为顶集，构作有向图，当且仅当 $t_{ij}\leqslant t_{ji}$ 时，作有向边 v_iv_j。于是此图 G 中含有顶集为 $V(G)$ 的竞赛图。在此子图 G 中求有向 Hamilton 轨，并依此 Hamilton 轨上的顺序来安排工作顺序，得到工序问题的近似解。如这时机器调整时间为

$$\boldsymbol{T}=\begin{array}{c} \\ J_1\\J_2\\J_3\\J_4\\J_5\\J_6\end{array}\begin{array}{c}\begin{array}{cccccc}J_1&J_2&J_3&J_4&J_5&J_6\end{array}\\ \begin{bmatrix}0&5&3&4&2&1\\1&0&1&2&3&2\\2&5&0&1&2&3\\1&4&4&0&1&2\\1&3&4&5&0&5\\4&4&2&3&1&0\end{bmatrix}\end{array}$$

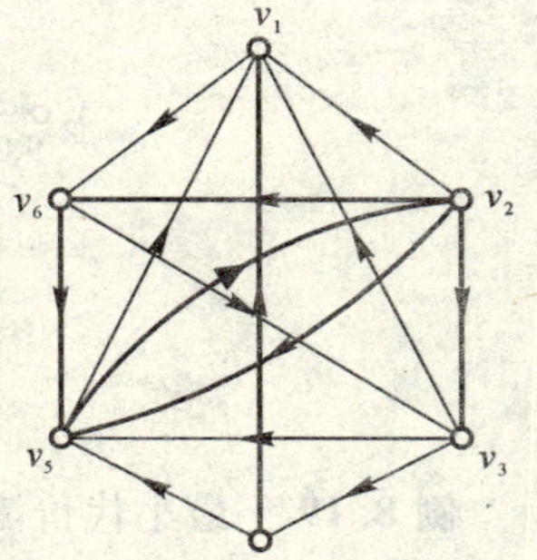

图 8.9　工序问题的有向图

这六项工作安排，要使总加工时间最短，应该是：以 $\{v_1,v_2,v_3,v_4,v_5,v_6\}$ 为顶集，仅当 $t_{ij}\leqslant t_{ji}$ 时，连一有向边 v_iv_j，得有向图 $G(V.E)$ 如图 8.9 所示，从图 $G(V,E)$ 中求得 Hamilton 轨为 $v_1v_6v_3v_4v_5v_2$。所需调机时间（以 J_1,J_6,J_3,J_4,J_5,J_2 为序）为 $1+2+1+1+3=8$，若用自然

顺序 $J_1, J_2, J_3, J_4, J_5, J_6$，则所需调机时间为，5＋1＋1＋1＋5＝13，显然，前者可获得总加工时间最短。

例 8.18 最短路线问题。

某研究院使用一种关键设备，需要每年初对该设备提出是否更新的决策。已知新设备在 5 年内的购置费和设备维修费如表 8.12 所示，且若第一年年初购买了一台新设备。试问，5 年内应如何制定一个设备更新计划使这些设备的总费用为最小？

表 8.12 设备购置费和设备维修费

年份 i/ 年	1	2	3	4	5
购置费用 a_i/ 万元	a_1	a_2	a_3	a_4	a_5
	11	11	12	12	13
使用寿命 / 年	(0,1]	(1,2]	(2,3]	(3,4]	(4,5]
维修费用 b_i/ 万元	b_1	b_2	b_3	b_4	b_5
	5	6	8	11	18

解 用顶点 v_i 代表 i 年份初购买一台新设备；v_j 代表该设备一直使用至 $(j-1)$ 年末。这时，有向边 $(v_i, v_j)(i=1,\cdots,5; j=2,\cdots,6)$。据此和表 8.12 建立计划网络模型如图 8.10 所示。

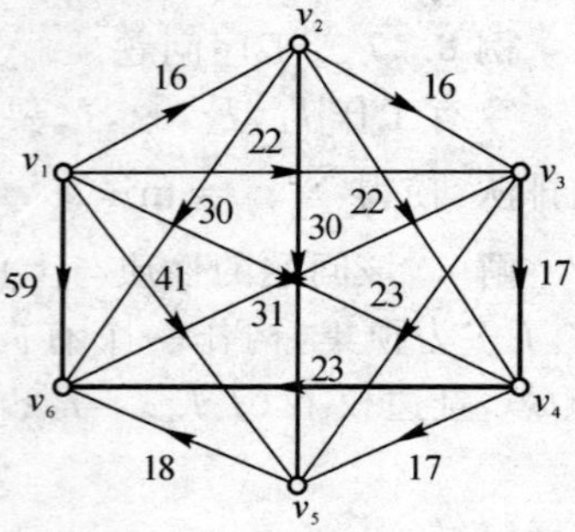

图 8.10 计划网络模型

该网络权值如下：

$$W(v_i, v_j) = \text{第 } i \text{ 年设备购置费} + (j-i) \text{ 年里设备维修费} = a_i + (b_1 + b_2 + \cdots + b_{j-2})$$

如 $W(v_2, v_5)$＝第 2 年年初购买一台新设备的费用＋使用至第四年初的维修费＝11＋(5＋6＋8)＝30 万元。

于是，问题归结为寻求如图 8.11 所示的 v_1 至 v_6 的最短路线问题。由前述最短路线算法可求的 v_1 至 v_6 的最短路线为：$v_1v_3v_6$ 或 $v_1v_4v_6$，即第 1,3 年购买新设备，或第 1,4 年购新设备。这两种方案的 5 年总费用为最少，均为 53 万元。

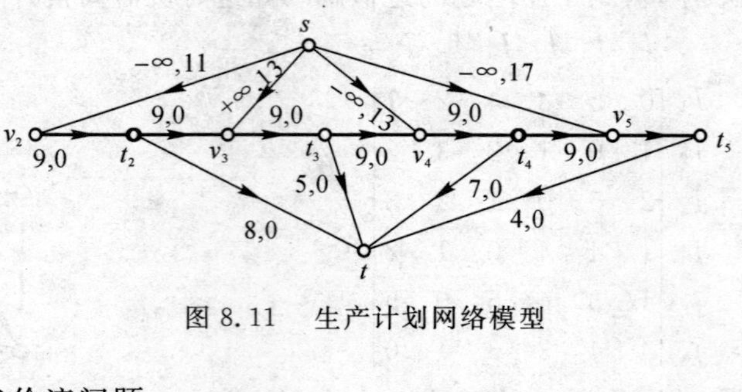

图 8.11 生产计划网络模型

例 8.19 最小代价流问题。

某工厂部件车间每月生产部件必须存入备品库，以备各组装车间每月月初在该库领取一个数量部件。由于生产条件变化，该部件车间在各个月份中生产每个部件所需工时不同。设第 2～5 月期间各个月初组装车间对部件需求量及各个部件车间生产每个部件所需工时如表

8.13 所示(又设 1 月初和 5 月末备品库库存量为零,平时备品库容量限制为 9)。试建立使 1～5 月总耗费工时最少的逐月生产计划的网络模型。

表 8.13　部件需求量及生产每个部件所需工时

月份 k/ 月	1	2	3	4	5
需求量 h_k/ 个		8	5	7	4
工时 d_k/h	11	16	13	17	/

解　设部件车间 S 为源,组装车间 t 为汇,且 v_k 为第 k 月月初部件的汇储点(备品库)。按照题意和表 8.13 可作出网络图如图 8.11 所示。图中有向边为 (v_i, v_j),有向边参数为 $C(e)$, $W(e)$。利用该网络图并借助前述最小代价最大流算法便可迅速得到最优生产计划。其网络模型由读者练习给出,这里不再赘述。

8.6　交通问题的数学模型

8.6.1　引言

交通是国民经济和国防建设共同关心的战略问题之一。其数学建模涉及面广泛而复杂,主要应用数学规划和现代图论等工具来解决。这里仅进行一些基本讨论,如交通流模型的基本方程、红绿灯模型、交通流间断现象的数学描述、交通量分布模型以及超饱和交通网络控制模型等。所有这些知识,将为进一步研究复杂交通问题提供参考。

8.6.2　交通流模型的基本方程

(1) 交通流基本函数。对于无穷长路上沿单一方向运动的车流有如下 3 个基本(描述)函数:① 流量 $q(x,t)$ 为 t 时刻,单位时间内通过 x 点的车辆数(辆 /h);② 密量 $\rho(x,t)$ 为 t 时刻,x 点的单位长度内的车辆数(辆 /km);③ 速度 $v(x,t)$ 为 t 时刻,通过 x 点的车辆速度(km/h)。

q, ρ, v 又有如下关系:

$$q(x,t) = v(x,t)\rho(x,t)$$

经验表明,前后两辆车速度差越大,后一辆车的加速度越大。若假设两者成正比,且同时记为两车越靠近,司机反应越灵敏,即灵敏系数 λ 与前后两车的距离成反比。于是有

$$\frac{\mathrm{d}v_i(t+T)}{\mathrm{d}t} = \frac{\lambda_0}{x_i - x_{i+1}}[v_i - v_{i+1}] \tag{8.46}$$

式中,$v_i(t)$ 为第 i 辆车速;T 为由于司机动作反应时间引起的加速度延迟;λ_0 为反映司机动作反应灵敏度的系数(通常为常数);$x_i(t)$ 为第 i 辆车的位置。

求解方程式(8.46)有

$$q = \lambda_0 \rho \ln \frac{\rho_m}{\rho} \tag{8.47}$$

若在式(8.46)中以 $(x_i - x_{i+1})^2$ 代替 $(x_i - x_{i+1})$,便可得到既简单又符合实际的如下关系

$$u = u_m(1 - \rho/\rho_m) \tag{8.48}$$

$$q = v_m[\rho(1 - \rho/\rho_m] \tag{8.49}$$

式中，v_m 为 $\rho=0$ 时达到最大速度。

(2) 车量守恒基本方程。假定 $q(x,t)$ 和 $\rho(x,t)$ 均是 x,t 的连续、可微函数，且偏导数连续，那么在区间$[a,b]$ 内的车量守恒，于是有

$$q(a,t)-q(b,t)=\frac{\mathrm{d}}{\mathrm{d}t}\int_a^b\rho(x,t)\mathrm{d}x \tag{8.50}$$

在上述 q 和 ρ 连续下

$$q(a,t)-q(b,t)=-\int_a^b\frac{\partial}{\partial x}q(x,t)\mathrm{d}x$$

$$\frac{\mathrm{d}}{\mathrm{d}t}\int_a^b\rho(x,t)\mathrm{d}x=\int_a^b\frac{\partial}{\partial x}\rho(x,t)\mathrm{d}x$$

这样，式(8.50) 可写成 $\int_a^b(\frac{\partial\rho}{\partial t}+\frac{\partial q}{\partial x})\mathrm{d}x=0$

由于区间$[a,b]$ 是任意的，故有

$$\frac{\partial\rho}{\partial t}+\frac{\partial q}{\partial x}=0 \tag{8.51}$$

这就是车量守恒方程。

当 q 表示为 p 的已知函数 $q(p)$ 时，式(8.51) 还可以改写为

$$\frac{\partial\rho}{\partial t}+\frac{\mathrm{d}q}{\mathrm{d}\rho}\frac{\partial q}{\partial x}=0 \tag{8.52}$$

满足上述方程的密度函数 $\rho(x,t)$ 描述了任意时刻公路上车流的分布状态。

借助特征线方法求解方程式(8.52) 得

$$\rho(x,t)=\rho_0+\varepsilon f_1(x-ct) \tag{8.53}$$

式中，$f_1(x-ct)$ 为初始扰动 $f_1(x)$ 以波速 c 沿 x 轴传播结果；c 为波速，$c=\frac{\mathrm{d}q}{\mathrm{d}\rho}\big|_{\rho=\rho_0}$；$\varepsilon$ 为标志小扰动的微小量。

若以 ρ^* 表示达到最大流量 q_m 的车流密度，则有定义：稀疏流即 $\rho<\rho^*$；拥挤流即$\rho<\rho^*$。

(3) 交通流的间断现象及描述方程。密度 $\rho(x,t)$ 出现从 $f(x_1)$ 至 $f(x_2)$ 的跳跃现象谓之交通流间断现象。经推导，这种情况下的 $\rho(x,t)$ 和 $q(x,t)$ 在间断线上 $x=x_s(t)$ 处(见图 8.12) 满足方程

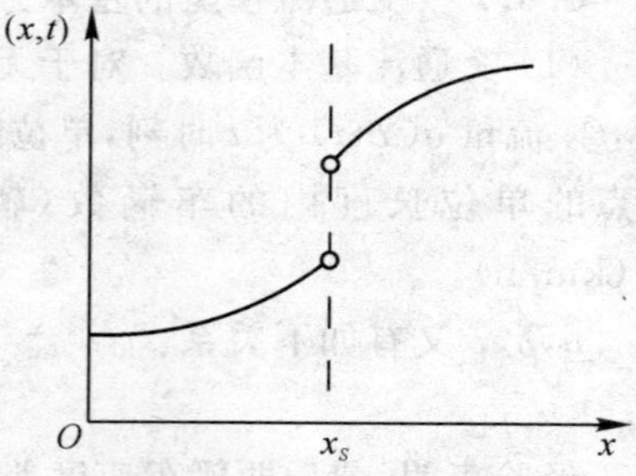

图 8.12 $\rho(x,t)$ 间断现象平面图

$$q(x_s^-(t),t)-q(x_s^+(t),t)=[\rho(x_s^-(t),t)-\rho(x_s^+(t),t)]\frac{\mathrm{d}x_s}{\mathrm{d}t}$$

即

$$[q]=[\rho]\frac{\mathrm{d}x_s}{\mathrm{d}t} \tag{8.54}$$

而在连续处满足方程式(8.51)。

(4) 红绿灯模型。所谓红绿灯模型就是研究如何解除交通拥挤现象的模型。该模型可用密度函数 $\rho(x,t)$ 来描述。

1) 红灯过程。设 $0\leqslant t<\tau$(τ 为红灯时间) 时 $\rho(x,t)$ 的变化过程如图 8.13 所示。图中，ρ_m 是在红灯后面车辆堵塞形成的最大车流密度，相应于 ρ_m 的速度，v 和流量 q 均等于零。左间

隔线记作 $x=x_{sl}(t)$，表示由于堵塞停车长龙的尾部随时间向后的延伸过程；右间断线记作 $x=x_{sr}(t)$，表示继续前进的前后一辆车随时间变化的位置，当 $x=0$ 亦是一条间断线。

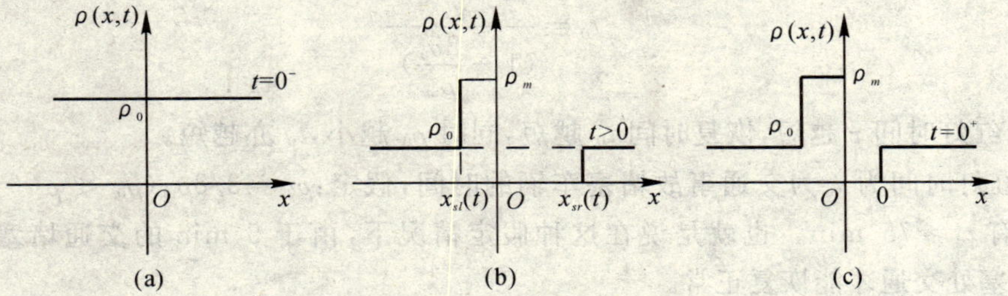

图 8.13　$0\leqslant t<\tau$ 时 $\rho(x,t)$ 的变化过程

对于 $x=x_{sl}(t)$，$[\rho]=\rho_m-\rho_0$，$[q]=q(\rho_m)-q(\rho_0)=-q(\rho_0)$，由式(8.54)得

$$\frac{\mathrm{d}x_{sl}}{\mathrm{d}t}=-\frac{q(\rho_0)}{\rho_m-\rho_0} \qquad (8.55)$$

$$x_{sm}(0)=0$$

其解为

$$x_{sr}(t)=-\frac{q(\rho_0)}{\rho_m-\rho_0}t \qquad (8.56)$$

对于 $x=x_{sr}(t)$，$[\rho]=\rho_m-0=\rho_0$，$[q]=q(\rho_0)-q(0)=-q(\rho_0)$，由式(8.54)得

$$\left.\begin{aligned}&\frac{\mathrm{d}x_{sr}}{\mathrm{d}t}=\frac{q(\rho_0)}{\rho_0}\\&x_{sm}(0)=0\end{aligned}\right\} \qquad (8.57)$$

其解为

$$x_{sr}(t)=\frac{q(\rho_0)}{\rho_0}t \qquad (8.58)$$

由上述分析可知，式(8.56)和(8.58)表明左右间断线分别以速度 $\frac{q(\rho_0)}{\rho_m-\rho_0}$ 和 $\frac{q(\rho_0)}{\rho_0}$ 向左右两方推移。而由图 8.13 可见，任何时刻 $t(0<t<\tau)$，在连续点处的密度 $\rho(x,t)$ 均为常数

$$\left.\begin{aligned}&\rho=\rho_0, && x<x_{sl}(t)\ \text{或}\ x>x_{sr}(t)\\&\rho=\rho_m, && x_{sl}(t)<x<0\\&\rho=0, && 0<x<x_{sr}(t)\end{aligned}\right\} \qquad (8.59)$$

2) 红灯又变绿。设 $t\geqslant\tau$，$x_1(t)$ 为被阻塞的第一辆车位置，$x_2(t)$ 为被阻塞的最后一辆车位置；v_m 为向前追赶远离车队的最大速度。经推导，可得任一时刻 t，x 处的 $P(x,t)$ 的变化为

$$\rho(x,t)=\frac{\rho_m}{2}\left[1-\frac{x}{v_m(t-\tau)}\right],\quad x_2(t)\leqslant x_1(t) \qquad (8.60)$$

并可计算出原被堵塞的第一辆追上车队的时刻 t_v 为

$$t_v=\frac{\rho_m}{\rho_0}t \qquad (8.61)$$

堵塞消失时刻 t_d 为

$$t_d=\frac{\rho_m}{\rho_m-\rho_0} \qquad (8.62)$$

当 $\rho_0 < \rho^* = \rho_m/2$ 时，$t_d < t_v$。

同时，还可求解出 $x = x_0$ 处的交通恢复正常($\rho = \rho_0$)的时间 t_0 为

$$t_0 = \frac{\tau}{\left(1 - \frac{2\rho_0}{\rho_m}\right)^2} \tag{8.63}$$

显然，红灯时间 τ 越短，恢复时间 t_0 越短，同时 ρ_0 越小，t_0 亦越短。

若视红灯时间为 τ 为交通事故堵塞车辆的时间，假定：$\rho_0 = 3/8\rho_m(\rho_0 < \rho^* = \rho_m/2)$，$\tau = 5\ \text{min}$，则有 $t_0 = 75\ \text{min}$。也就是说在这种假定情况下，由于 5 min 的交通堵塞事故，需要 75 min 堵塞处交通才能恢复正常。

8.6.3 交通量分布模型(系指城市公共交通)

(1) 术语解释：① 交通生成量 —— 考察时间段内，从每个点出行人数及达到每个点的人数；② 交通分布量 —— 各点间的来往人数；③ 交通量分配 —— 按最优原则将交通分布分配到现有或规划的路网上；④ 基本对称系统 —— 状态受到许多相互独立的、均匀的随机因素影响的系统。

(2) 最大熵原理。熵概念最初来自分子热力学，后来被引用于衡量随机试验得到的信息量大小。在此，对于概率分布为连续型的随机试验，若以 $p(x)$ 表示分布密度，则熵定义为

$$H[p(x)] = -\int_{-\infty}^{\infty} p(x)\ln p(x)\mathrm{d}x \tag{8.64}$$

可以证明，当 $p(x)$ 为常数时，$H[p(x)]$ 最大。显然，均匀分布的熵为最大。

还可以证明，在方差一定的连续型概率分布中，以正态分布的熵为最大。

对于任何一个基本对称系统，其状态的概率分布应在表征这个系统状态的约束条件下，使这个分布所定义的熵为最大。这就是最大熵原理。

(3) 利用最大熵原理建立交通量分布模型。

1) 基本思路。将所研究的交通网络看成一个基本对称系统，利用交通生成量及其分布定义系统状态的概率分布及此分布的熵。然后在关于系统状态的约束条件下，求使熵最大的那个分布，作为要预测的交通量分布。

2) 模型建立。设区域内共 s 个点，出地总人数 n；第 i 点出行人数为 O_i，到达第 j 点的人数为 d_j。显然有

$$\sum_{i=1}^{s} O_i = \sum_{j=1}^{s} d_j = n \tag{8.65}$$

若从第 i 点出行到达第 j 点的人数为 n_{ij}，矩阵 $(n_{ij})_{s\times s}$ 称为 $O-D$ 矩阵，其 n_{ij} 应满足

$$\left.\begin{aligned} &\sum_{j=1}^{s} n_{ij} = O_i, \quad i = 1,2,\cdots,s \\ &\sum_{i=1}^{s} n_{ij} = d_j, \quad j = 1,2,\cdots,s \end{aligned}\right\} \tag{8.66}$$

令

$$a_i = \frac{O_i}{n}, b_j = \frac{d_j}{n}, p_{ij} = \frac{n_{ij}}{n}, \quad i,j = 1,2,\cdots,s \tag{8.67}$$

这时，a_i，b_j 可分别视为每个人从第 i 点出行和到达第 j 点的概率，p_{ij} 可看做每个从第 i 点出行且到达第 j 点的概率。由式(8.65)、(8.66) 和(8.67) 有

$$\left.\begin{aligned}\sum_{j=1}^{s} p_{ij} = a_i, \quad i=1,2,\cdots,s \\ \sum_{i=1}^{s} p_{ij} = b_j, \quad j=1,2,\cdots,s\end{aligned}\right\} \tag{8.68}$$

且

$$\sum_{i=1}^{s} a_i = \sum_{j=1}^{s} b_j = 1 \tag{8.69}$$

于是，概率分别为 p_{ij} 的熵是

$$H(p_{ij}, 1 \leqslant i,j \leqslant s) = -\sum_{i=1}^{s}\sum_{j=1}^{s} p_{ij} \ln p_{ij} \tag{8.70}$$

在无约束条件下，可使 H 最大的概率分布 p_{ij} 可用 Lagrange 在式(8.68) 和(8.69) 下求式(8.70) 的极值得到。

故设

$$L = H + \sum_{i=1}^{s}\lambda_i \sum_{j=1}^{s} p_{ij} + \sum_{j=1}^{s} u_j \sum_{i=1}^{s} p_{ij} \tag{8.71}$$

由 $\dfrac{\partial L}{\partial p_{ij}} = 0$，有

$$p_{ij} = e^{\lambda_i + u_j - 1} \tag{8.72}$$

最终得到

$$p_{ij} = a_i \cdot b_j \tag{8.73}$$

这可视为"均匀" 分布状况。

在实际交通量模型中应增加一个如下约束条件

$$\sum_{i=1}^{s}\sum_{j=1}^{s} c_{ij} p_{ij} \leqslant c \tag{8.74}$$

式中，c_{ij} 为广义费用系数；c 为总费用最大限额。

在这种情交下

$$L = H + \sum_{i=1}^{s}\lambda_i \sum_{j=1}^{s} p_{ij} + \sum_{j=1}^{s}\mu_j \sum_{i=1}^{s} p_{ij} - r\sum_{i=1}^{s}\sum_{j=1}^{s} c_{ij} p_{ij} \tag{8.75}$$

$$p_{ij} = \alpha \frac{e^{\lambda_i} e^{\mu_j}}{e^r c_{ij}} \tag{8.76}$$

应指出，c_{ij} 和 c 的确定是十分复杂的，已不属该教材范畴。

8.6.4　超饱和交通网络控制模型

所谓超饱和交通网络控制模型是指交通网络中交叉路口绿灯持续时间的最优调节模型。

以如图 8.14 所示典型交通网络为例。

设 t 为绿灯变化周期，$t=1,2,\cdots,N$；$x_i(t)$ 为第 t 周期初在第 i 路口等待的车队队长；$y_i(t)$ 为第 t 周期内到达第 i 路口的车队队长；$z_i(t)$ 为第 t 周期的绿灯持续时间内通过第 i 路口的车队队长。这些队长是可以通过每个路口每个周期的绿灯持续时间来控制的。显然有

$$x_i(t+1) = x_i(t) + y_i(t) - z_i(t), \quad i=1,2,\cdots,8 \tag{8.77}$$

在超饱和情况下，$z_i(t)$ 与绿灯持续时间成正比，有

$$z_i(t) = \alpha_i u_i(t) \tag{8.78}$$

式中，$u_i(t)$ 为绿灯持续时间在整个周期中所占的比例($0 \leqslant u_i(t) \leqslant 1$)；$\alpha_i$ 为饱和车流长度，即在一个周期长时间内超饱和的情况下，通过第 i 路口的车队队长。

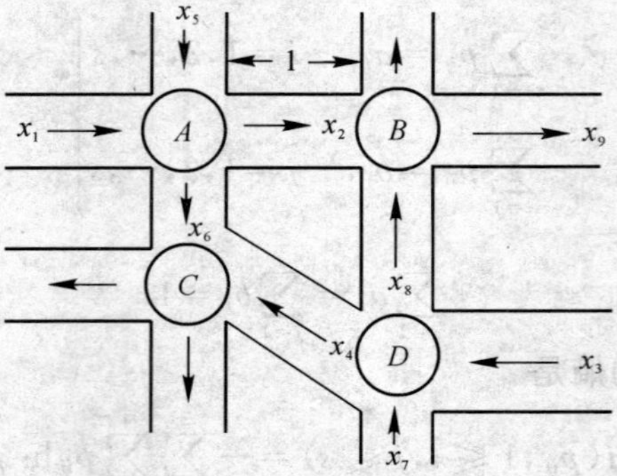

图 8.14　典型交通网络

经分析可写出如下向量矩阵方程

$$x(t+1)=x(t)+y(t)+b+B_0u(t)+B_1u(t-1)+B_2u(t-2) \tag{8.79}$$

式中

$$\boldsymbol{B}_0=\begin{bmatrix} -\alpha_1 & 0 & 0 & 0 \\ 0 & -\alpha_2 & 0 & 0 \\ 0 & 0 & -\alpha_3 & 0 \\ 0 & 0 & 0 & -\alpha_4 \\ \alpha_5 & 0 & 0 & 0 \\ 0 & 0 & 0 & \alpha_6 \\ 0 & 0 & \alpha_7 & 0 \\ 0 & \alpha_8 & 0 & 0 \end{bmatrix},\quad \boldsymbol{B}_1=\begin{bmatrix} 0 & 0 & 0 & 0 \\ \alpha_1 & 0 & 0 & 0 \\ 0 & 0 & 0 & 0 \\ 0 & 0 & 0 & 0 \\ 0 & 0 & 0 & 0 \\ -\alpha_5 & 0 & 0 & 0 \\ 0 & 0 & 0 & 0 \\ 0 & 0 & 0 & 0 \end{bmatrix}$$

$$\boldsymbol{B}_2=\begin{bmatrix} 0 & 0 & 0 & 0 \\ 0 & 0 & 0 & 0 \\ 0 & 0 & 0 & 0 \\ 0 & 0 & \alpha_3 & 0 \\ 0 & 0 & 0 & 0 \\ 0 & 0 & 0 & 0 \\ 0 & 0 & 0 & 0 \\ 0 & 0 & -\alpha_7 & 0 \end{bmatrix},\quad \begin{aligned} &\boldsymbol{b}=[0,0,0,0,\alpha_5-\alpha_6,0,\alpha_7-\alpha_3] \\ &\boldsymbol{x}(t)=[x_1(t),x_2(t),\cdots,x_8(t)]^{\mathrm{T}} \\ &\boldsymbol{y}(t)=[y_1(t),0,y_3(t),0,y_5(t),0,y_7(t),0]^{\mathrm{T}} \\ &\boldsymbol{u}(t)=[u_1(t),\cdots,u_4(t)]^{\mathrm{T}} \end{aligned}$$

显然，这是一个常延迟的线性差分方程组，可以采用递推方法求解出 $x(t)$。

在实际交通网络情况下，状态向量 $\boldsymbol{x}(t)$ 和控制量 $\boldsymbol{u}(t)$ 通常有如下约束条件

$$\begin{gathered} 0\leqslant \boldsymbol{x}(t)\leqslant x_{\max} \\ u_{\min}\leqslant \boldsymbol{u}(t)\leqslant u_{\max} \end{gathered} \tag{8.80}$$

为使整个网络等待车队队长尽可能短，常采用二次型函数作为实现最优化调节。如采用指标函数

$$J[\boldsymbol{x}(t)]=\sum_{i=1}^{N}\boldsymbol{x}^{\mathrm{T}}(t)\boldsymbol{Q}\boldsymbol{x}(t) \tag{8.81}$$

式中，$\boldsymbol{Q}$ 为对角形加权阵。

8.7　军事领域的常见数学模型

8.7.1　军事概念模型

(1)引言。军事领域的系统 M&S 活动，首先遇到的就是军事概念模型的描述与设计。

大家知道，概念是最小的知识单元，包括所指、外延和内涵 3 个要素。所指是概念能够为人们认识的特征；外延是概念所具有的具体对象实例；内涵则是某概念区别于其他概念的内在本质特征。概念模型自然是对研究对象相关概念以及诸概念之间相互关系的抽象化描述。或者说概念模型是为了特定研究，对于问题实在(领域)的数学、逻辑的或语言的表征。对于军事系统而言，最基础又最重要的就是军事概念模型。

(2)军事概念模型定义与描述方法。简而言之，军事概念模型是对现实军事作战行动做出的规范化一致描述。军事概念模型定义在不断发展，历史上曾出现过多种定义，如 Sargent 定义；Pace 定义；VV&A RPC 定义；MSMP 定义等。在对这些定义研究和对比之后(见表 8.14)，可给出军事概念模型较为科学而完整的定义：军事概念模型是为了支持 M&S 资源的重用、仿真系统互操作和 VV&A，在技术人员和开发工具的支持下，由军事人员提取的、独立于应用实现的真实作战世界的结构、功能、行为过程、信息交换以及相关的数据和算法。

概念模型通常从动态、静态和功能等 3 个方面来描述系统的特征。动态特征表达组成概念模型的各个实体、过程和组件的动态交互；静态特征表示概念模型的结构和信息传递关系；功能特征描述系统的任务集和组件的运行操作要求，如输入/输出要求等。为了使所建立的模型有效而实用，必须选用适用的描述方法和描述形式。一般，概念模型有三种基本描述方法：①专用方法；②科学报告方法；③设计融合方法。

表 8.14　概念模型各种定义比较

特征/定义	Sargent 定义	Pace 定义	VV&A RPG 定义	MSMP 定义
终止阶段	取决于应用	仿真空间	综合表示空间	使命空间
描述内容	问题域对象数学或逻辑模型	假设、算法、特性、关系和数据	可建模元素、数据、算法以及相关的假设和影响	构成使命相关的实体、任务、动作与交互
形式化要求	否	否	是	否
主要用途和目标	VV&A	仿真模型开发	VV&A	可重用仿真资源、VV&A 互操作
开发人员	军事专家	军事专家、科学家、仿真人员	军事专家、科学家	军事专家

(3)军事概念建模及其要求。军事概念建模是对作战系统的第一次简化和抽象过程，其核心内容是对作战过程和战争现象的数学、逻辑描述。

在建模中，方法的选取是至关重要的。通常采用的建模方法有：实体关系图建模方法(ERD)、数据流程图建模方法(DFD)、用例图方法和 IDEF 族方法等。除此，还常采用军事概念模型建模语言，如 MSMP 可通过实体、任务、动作和交互 4 个方面的建模元素来描述军事概念模型。军事概念建模过程往往是复杂，它涉及到收集权威信息、任务空间分解、仿真组件描述、以及考虑边界和约束的限制等问题。为了规范军事概念建模过程，使建模者掌握实用的可操作性，国防科技大学谢卫军博士提出了一种三阶段军事概念建模过程，可供读者参考，如图 8.15 所示。

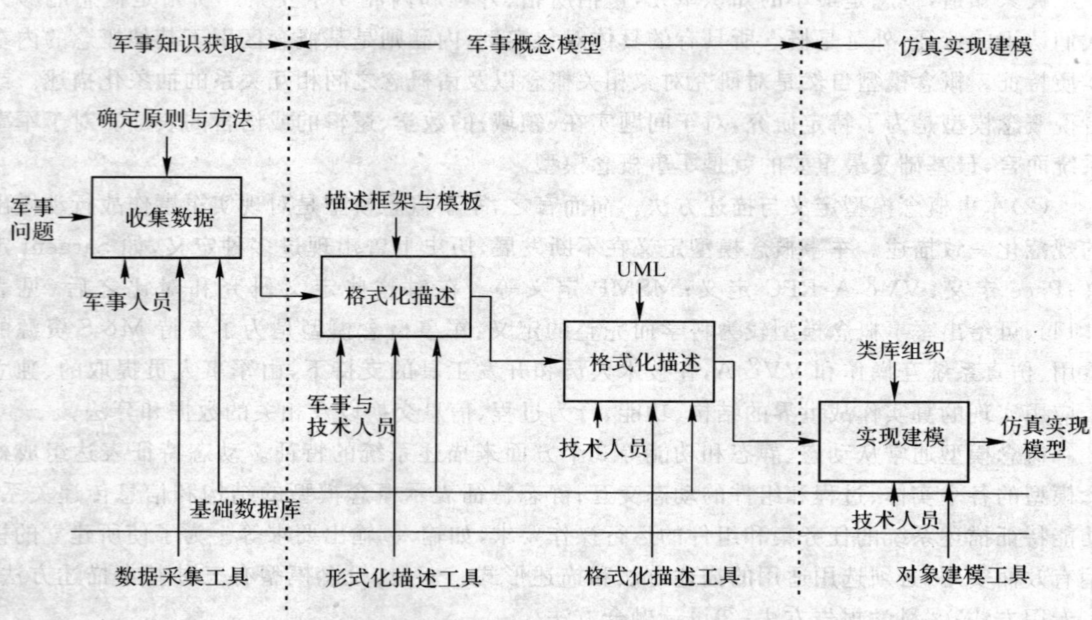

图 8.15　三阶段军事概念建模过程

对于军事概念建模，通常必须遵循如下基本要求：①正确合理。系指对于作战系统的假定必须做到科学、合理，且对于作战实体的特性和行为描述符合军事规则和习惯约定。②规范一致。系指实体/行为/属性等仿真元素的含义和表达形式必须遵守规范标准的语义和语法。③类比相似。建模以相似原理为基础，使军事概念模型与军事作战系统具有同构性和同态性，表现为二者组成结构、行为、功能等方面做到比拟相似。④独立实现。系指所建立的军事概念模型独立于仿真实现，对于仿真平台、仿真语言和程序设计等具有普遍的适应性。⑤容易验证。系指建模过程易于开展 VV&A 活动，从而保证军事概念模型的可信度。

(4)使命空间概念模型(CMMS)：

1)概念。CCMS 是最基本的军事概念模型。该模型是对军事使命、行动和任务实体、过程、环境因素、相互关系和交互等功能的描述，也是系统 M&S 人员与军事专家沟通的桥梁及一切军事建模的基础和公共起点。

CCMS 的重要作用表现在以下五方面：①获取仿真的军事使命和任务的知识，并提供 M&S 的规律性进程；②提供信息标准集合，以支持军事仿真 M&S 者与相关军事专家交流，并获取信息反馈；③为军事仿真的分析、设计、发布和 VV&A 活动提供真实世界和军事活动的基础；④通过确定相关的真实世界活动的共同性，为仿真实现提供模型资源的可重用性；⑤提供可重用的使命空间模型(MSM)资源库。

2)CMMS 组成。CMMS 主要由下列四部分组成：①使命空间模型；②公共资源库；③技术框架；④支撑工具软件。

3)CMMS 的描述方法与形式。CMMS 通常采用专用方法、科学报告方法和设计融合方法等来进行描述。其中，专用方法是针对具体情况(如特定使命或任务)进行的，从通用性角度讲，既无法获得概念模型的充分信息，又难以实现模型的可重用性，所以此种方法存在严重的局限性。科学报告方法通过使用科学报告的标准结构使模型描述清晰、规范，并具有严格的科学性，故得到了广泛应用。这些描述方法在形式上，一般包括九大部分：①模型鉴别；②模型联系人；③模型需求和目的；④模型概述；⑤模型前提和假定；⑥确定实体/过程状态，任务/动作/行为，关系/交互，事件和参数/要素；⑦确定算法；⑧模型开发计划；⑨总结/结论。设计融合方法通常使用统一建模语言(UML)结构、Rose 图表和相关的文本来描述概念模型，是一种先进的仿真设计手段。

4)典型的 CMMS 系统。CMMS 的重点在于获取和形式化军事领域的面向过程的知识，美军一直处于该领域的世界前列，创建了先进的 CMMS 系统，其中最典型的有：联合仿真系统(JSIMS)的 CMMS 和联合作战系统(JWARS)的 CMMS。

JSIMS 是美军支持任务级仿真的系统，其使命空间是联合军事力量可执行的过程、功能和任务的集合，它的 CMMS 称为 JCMMS。该 CMMS 系统由 12 个开发代理相互协作，开发出1 903个形式化数据产品(FDP)及一个不同开发代理间交互的列表。在这些 FDP 中，有 571 个过程 FDP，557 个组织 FDP，545 个装备 FDP，198 个信息项目 FDP，4 个公共装备交互 FDP，3 个环境因素 FDP。

JWARS 是美军设计并开发的最先进的构造仿真系统，用以描述联合活动、过程和军事行动，亦可描述未来战争，辅助概念开发、军事力量分析和活动过程分析等。JWARS 的概念模型被称为 JMSM。JMSM 被划分为 6 个使命域：移动和机动、ISR、开火、支持、C^4 及防护。

8.7.2　军事作战体系对抗模型框架

从机械化时代向信息化时代转变过程中，军事体系对抗是不可避免的，它既是现代战争的客观需要，也是军事高技术发展的必然结果。因此，在美苏冷战结束后的 20 世纪 90 年代中期，世界上提出了军事体系对抗概念。军事体系对抗主要包括作战体系对抗和武器装备体系对抗。为了深入研究军事作战体系对抗，系统 M&S 是一种较重要的技术手段，而体系对抗模型框架的创建是这类 M&S 的基础和前提。

根据这几次高技术局部战争的实践和未来信息化战争的发展趋势，可以预计未来战争必然是海、陆、空、电、信息及认知的多方位一体化联合作战。而空天一体信息作战系统应是最典型的一体化联合作战系统，也是一个相当庞大的复杂技术系统。它将由多个分系统构成，主要包括：空天侦察预警系统、空天一体信息系统、空天指挥系统、空天信息传递系统、各类信息对抗系统、以及空天一体信息作战力量等。由此，可创建出军事作战体系对抗模型框架，如图 8.16所示。

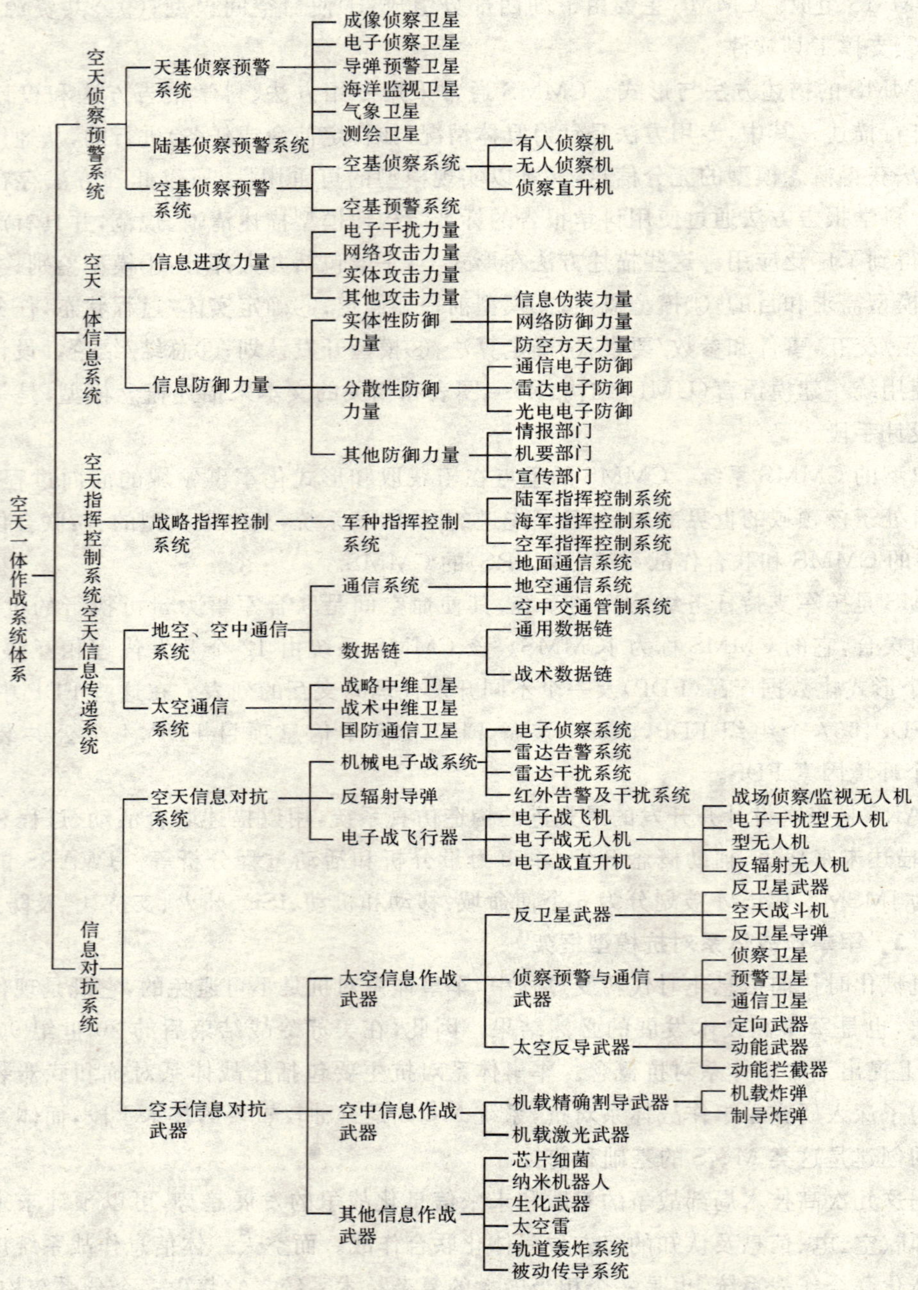

图 8.16　军事作战体系对抗模型框架

8.7.3　军事作战系统基本模型

(1) 引言。随着军事科学技术的发展和计算机技术的广泛应用，模型研究成了探索未来作战理论、确定军队编制、发展武器装备和进行军作战训练和演习的重要技术手段，并给作战指挥、军事训练和战法研究带来重大变革。特别是海湾战争以后，美军公布了在对伊拉克作战过程中，在战略战术的制订和在战役、战术上对兵力部署和调动以前，采用模型研究辅助作战的成功案例，给予各国领导层及军事部门以重要启示，使人们对军事作战系统的模型研究倍受高度重视。虽然目前这种研究已发展到相当高的程度，甚至分布交互式虚拟五维（陆、海、空、天、电）作战环境已展现在人们面前，但是，有关军事作战系统的基本模型建立仍然是重要的，不可缺少的。应该说，它是上述军事作战研究中任何高新技术系统的基础。

虽然军事作战系统是典型的离散事件系统，但为了研究方便起见，一些基本模型往往采用连续系统模型形式。

大家知道，军事作战系统模型是众多的，本节主要讨论著名的兰彻斯特（F. W. Lanchoster）作战模型，因为其他作战模型大都是在此基础上发展起来的。另外，有关兰彻斯特作战模型的转移概率、战斗取胜概率以及随机兰彻斯特损耗方程等将在下章讲述。

(2)经典兰彻斯特作战模型的建立。

兰彻斯特首次应用数学方法定量分析了军事对抗中交战胜负与兵力多少、火力经弱间的关系，并建立了著名的兰彻斯特作战模型。该模型在现代战争中获得了广泛应用，已成为军事运筹学的重要课题之一。

1) 兰彻斯特第一线性律。兰彻斯特第一线性律（模型）如下

$$\left.\begin{aligned}\frac{\mathrm{d}B(t)}{\mathrm{d}t}&=-\beta, &&t,\beta,\alpha\geqslant 0\\ \frac{\mathrm{d}R(t)}{\mathrm{d}t}&=-\alpha, &&B_0\geqslant B(t),\quad R_0\geqslant R(t)\end{aligned}\right\}\tag{8.82}$$

式中，$R(t)$，$B(t)$ 为红方、蓝方武器系统（或兵力）在 t 时刻的数量；R_0，B_0 为红方、蓝方在 $t=0$（开战初始）时的武器系统（或兵力）数量；α，β 为红方被蓝方和蓝方被红方消耗的不变速率，统称为损耗系数，亦叫毁伤率。其中，

$$\beta=P_R(h)P_R(h/k)\cdot r_R\tag{8.83}$$

这里，$P_R(h)$ 为红方武器命中蓝方目标（或武器）的概率；$P_R(h/k)$ 为红方武器在命中蓝方目标条件下的击毁蓝方目标的概率；r_R 为红方武器的射击射率，即每单位时间的发射发数。

应指出，兰彻斯特第一线性律仅适用于同兵种及兵器十分相似的直接瞄准射击作战情况下。

显然，方程组(8.82) 的解为

$$\left.\begin{aligned}R(t)&=R_0-\alpha t\\ B(t)&=B_0-\beta t\end{aligned}\right\}\tag{8.84}$$

由式(8.84) 可见，无论对红方或蓝方，都为 t 的线性函数，故称为线性律。由式(8.84) 还容易得到兵力方程

$$u=(B_0-\beta t)/(R_0-\alpha t)\tag{8.85}$$

和兵力比变化方程

$$\frac{\mathrm{d}u}{\mathrm{d}t}=(\alpha B_0-\beta R_0)/(R_0-\alpha t)^2\tag{8.86}$$

它们是分析战斗态势和对战结果的重要依据。

2) 兰彻斯特第二线性律。第一线性律虽限于消耗系数为常数的直接瞄准射击情况，但对更复杂的函数 $F(B(t),R(t),t)$ 线性解仍然成立。据此可得到面射击模型，即第二线性律

$$B(t)=\frac{-B_0(k-1)\exp[-\alpha B_0(k-1)t]}{\exp[-\alpha B_0(k-1)t]-k}$$
$$R(t)=\frac{-B_0(k-1)}{\exp[-\alpha B_0(k-1)t]-k} \tag{8.87}$$

式中，k 为红、蓝方最初战斗力比

$$k=\beta R_0/\alpha B_0 \tag{8.88}$$

由式(8.87) 和式(8.88) 可得到任何时刻 t 的蓝方与红方的兵力比

$$\frac{B(t)}{R(t)}=\frac{B_0}{R_0}\exp[-\alpha B_0(k-1)t] \tag{8.89}$$

显然，当 $k<1$ 时，蓝方取胜。反之当 $k>1$ 时红方取胜。

3) 兰彻斯特二次方律。对于现代战争来说，按照平均计算每个人在特定时间内都会有效地命中一定数量的目标。因此，在单时间内消灭敌人的数量与我军人数成正比，反之亦然。这就是“二次方律”的概念。据此，可获得类似式(8.83) 的两个二次方律

$$\left.\begin{aligned}\frac{dB(t)}{dt}&=-\beta R(t)\\ \frac{dR(t)}{dt}&=-\alpha\beta(t)\end{aligned}\right\} \tag{8.90}$$

式中，$\alpha,\beta,t>0$；$B\leqslant B_0$；$R\leqslant R_0$。

由式(8.88) 得 $\alpha B(t)dB(t)=\beta R(t)dR(t)$。在初始条件 $t=0$ 时，$B(t)=B_0$，$R(t)=R_0$ 下，积分上式得

$$\alpha[B_0^2-B^2(t)]=\beta[R_0^2-R^2(t)]$$

这就是兰彻斯特二次方律的数学表达式。

由此可做出如下简要结论：

ⅰ. 式(8.86) 表示，蓝、红双方的最初“战斗力”都取决于各自兵力数量的二次方。这时蓝方战斗力为 aB_0^2，而红方战斗力是 B_0^2；若 $aB_0^2<\beta R_0^2$，则蓝方占优势，在战斗结束时蓝方剩余兵力为

$$B(t)=\sqrt{B_0-(\beta/\alpha)R_0^2} \tag{8.91}$$

ⅱ. 当 $\alpha B_0^2=\beta R_0^2$ 时，双方势均力敌，总有

$$\left.\begin{aligned}\alpha B^2(t)&=\beta R^2(t)\\ B(t)\sqrt{\varepsilon}&=R(t)\sqrt{\beta}\end{aligned}\right\} \tag{8.92}$$

ⅲ. 当 $\alpha=\beta$ 时，则表示蓝、红双方在技术上相等，那么战斗力仅取决于双方兵力，即总是

$$B^2(t)-R^2(t)=B_0^2-R_0^2 \tag{8.93}$$

应指出，与线性律相比，兰彻斯特二次方律模型更符合作战情况。

ⅳ. 作为时间函数的兰彻斯特二次方律表明了蓝、红方双方的剩余兵力均可列方程求解

$$\left.\begin{aligned}B(t)&=B_0\cosh\sqrt{\alpha\beta}\,t-\sqrt{\beta/\alpha}\,R_0\sinh\sqrt{\alpha\beta}\,t\\ R(t)&=R_0\cosh\sqrt{\alpha\beta}\,t-\sqrt{\alpha/\beta}\,R_0\sinh\sqrt{\alpha\beta}\,t\end{aligned}\right. \tag{8.94}$$

利用式(8.94) 可以证明：

ⅰ. 若蓝胜红，则红方被消灭(即 $R(t)=0$) 的时间为

$$t_R=[1/2\sqrt{\alpha\beta}]\ln[(\sqrt{\alpha}B_0+\sqrt{\beta}R_0)/(\sqrt{\alpha}B_0+\sqrt{\beta}R_0)] \tag{8.95}$$

ⅱ. 若红胜蓝，则蓝方被消灭的时间为

$$t_R = [1/2\sqrt{\alpha\beta}]\ln[(\sqrt{\alpha}B_0 + \sqrt{\beta}R_0)/(\sqrt{\alpha}B_0 + \sqrt{\beta}R_0)] \tag{8.96}$$

(3) 改进型兰彻斯特作战模型的建立：

1) 推广的兰彻斯特二次方律。一种推广的兰彻斯特方程为

$$\left.\begin{aligned}\frac{\mathrm{d}B(t)}{\mathrm{d}t} &= P - \frac{G(t)R(t)}{1+E} - cB(t)\\ \frac{\mathrm{d}R(t)}{\mathrm{d}t} &= Q - \frac{EB(t)}{1+E}G(t) - \mathrm{d}R(t)\end{aligned}\right\} \tag{8.97}$$

若令 $a = \dfrac{G(t)}{1+E}, b = \dfrac{EG(t)}{1+E}$，可求得方程式(8.97)的解

$$\left.\begin{aligned}B(t) &= \frac{Qa - Pd}{ab - cd} + D_1^{(\mu-\lambda)t} + \frac{\mu+k}{b}F_1^{(\mu+\lambda)1}\\ R(t) &= \frac{Pd - Qc}{ab - cd} + D_1^{(\mu-\lambda)1} + \frac{\mu+k}{b}F_1^{(\mu+\lambda)t}\end{aligned}\right\} \tag{8.98}$$

式中

$$\left.\begin{aligned}F_1 &= \frac{ab}{2\mu(\mu+k)}\{\frac{\mu+k}{a}[B_0 + \frac{d-\mu+k}{ab-cd}P] + [R_0 + \frac{c-\mu-k}{ab-cd}Q]\}\\ D_1 &= \frac{ab}{2\mu(\mu+k)}\{[B_0 + \frac{d-\mu+k}{ab-cd}P] - \frac{\mu+k}{a}[R_0 + \frac{c-\mu-k}{ab-cd}Q]\}\end{aligned}\right\} \tag{8.99}$$

其中，$\lambda = \dfrac{1}{2}(c+d)$，$k = \dfrac{1}{2}(c-d)$，$\mu = \sqrt{k^2 + ab}$；$G(t)$ 为 t 时廖的战斗强度，通常取为常数，如 $G(t) = 1$；$E = \dfrac{P_B}{P_R}$，此处，P_B，P_R 分别为蓝方和红方一次连射中的击毁敌方战斗单位的概率。

2) 威斯和彼特森对数律。H. K. 威斯和 R. H. 彼特森研究了美国南北战争和第二次世界大战期间的西欧坦克作战，在兰彻斯特战模型的基础上提出了威斯和彼特森对数律。其数学形式为

$$\frac{\mathrm{d}B(t)}{\mathrm{d}t} = -\beta B(t)\ln R(t) \tag{8.100}$$

该定律表明，每一方的兵力按复指数规律减员或消耗，而对于对方兵力的依赖程度是相当小的。这点，可由式(8.100)的简化方程求解看得很清楚。式(8.100)的简化方程为

$$\left.\begin{aligned}\frac{\mathrm{d}B(t)}{\mathrm{d}t} &= -\beta B(t)\\ \frac{\mathrm{d}R(t)}{\mathrm{d}t} &= -\alpha B(t)\end{aligned}\right\} \tag{8.101}$$

求解式(8.101)，有

$$\left.\begin{aligned}B(t) &= B_0\exp(-\beta t)\\ R(t) &= R_0\exp(-\alpha t)\end{aligned}\right\} \tag{8.102}$$

可见，双方的损失和剩余兵力仅取决于本身的初始兵力及消耗系数 β 和 α。

由式(8.102)可得兵力比为

$$B(t)/R(t) = (B_0/R_0)\exp[(\alpha-\beta)t] \tag{8.103}$$

显然，若 $\alpha < \beta$，则 $B(t)/R(t)$ 将随战斗时间推移而增大，红方会很快被蓝方消灭。反之亦然。但若 $\alpha = \beta$，则 $B(t)/R(t) = B_0/R_0$，于是，双方将僵持下去，或战斗可能迅速停止。

3) 曲曼混合律。曲曼混合律可用如下混合型兰彻斯特方程描述。若令蓝方为正规军(防

御方)，红方为游击队(攻击方)，于是有

$$\left.\begin{aligned}\frac{\mathrm{d}B(t)}{\mathrm{d}t}&=-\beta B(t)\\\frac{\mathrm{d}R(t)}{\mathrm{d}t}&=-\alpha B(t)R(t)\end{aligned}\right\}\tag{8.104}$$

这种线性律和二次方律混合型兰彻斯特方程亦称为 S.T.曲曼游击战模型。

在 $t=0, B=B_0$ 和 $R=R_0$ 的条件下解方程式(8.104)可求得战斗过程中任意时刻 t 的蓝、红方兵力。分析知：

ⅰ. 若 $\alpha B_0^2=2\beta R(t)$ 时，双方呈均势，总有

$$\alpha B^2(t)=2\beta R(t)\tag{8.105}$$

ⅱ. 若 $\alpha B_0^2>2\beta R_0$，有 $\alpha B_0^2-2\beta R(t)>0$，则正规军(蓝方)取胜，其胜利后保持下来的兵力为

$$B_e=[(\alpha B_0^2>2\beta R_0)/\alpha]^{1/2}\tag{8.106}$$

ⅲ. 若 $\alpha B_0^2<2\beta R_0$，则游击队(红方)取胜，这时保持下来的兵力为

$$R_e=(2\beta R_0-\alpha B_0^2)2\beta\tag{8.107}$$

由以上分析可见，比率 $\alpha/2\beta$ 是十分重要的作战参数。

4) 扩展兰彻斯特方程。实战中，需要不断补充兵力，同时可能发生事故、疾病等引起的非战斗损耗。为此，，需要对原始兰彻斯特模型进行扩展。扩展的方法之一是增添阶加值。以二次方律为例，可获得如下扩展兰彻斯特方程

$$\begin{aligned}\frac{\mathrm{d}B(t)}{\mathrm{d}t}&=-\beta B(t)-rB(t)+K\\\frac{\mathrm{d}R(t)}{\mathrm{d}t}&=-\alpha B(t)-\delta R(t)+L\end{aligned}\tag{8.108}$$

式中，L,K 为红、蓝方补充兵力速率；δ,r 为红、蓝非战斗损失速率。

5) 诸兵种合成作战兰彻斯特方程组。截至目前，上述讨论仅针对单一兵种的军事对抗。现代战争不可避免地要采用诸兵种合成作战。在合成作战中，首先遇到的武器一目标分配问题，应该是优化分配以求最大限度地发挥武器作战效能。当然还有其他问题。下面给出的诸兵种合成作战兰彻斯特方程组，将作为解决这些问题的重要理论基础

$$\left.\begin{aligned}\frac{\mathrm{d}B_i(t)}{\mathrm{d}t}&=-\sum_{i=1}^{m}\beta_{ji}r_{ji}R_i(t),\quad i=1,2,\cdots,m\\\frac{\mathrm{d}R_j(t)}{\mathrm{d}t}&=-\sum_{j=1}^{n}\alpha_{ji}\delta_{ii}B_i(t),\quad j=1,2,\cdots,n\end{aligned}\right\}\tag{8.109}$$

式中，$B_i(t)$ 为蓝方 i 类武器(或战斗单位)在任意时刻 t 的数量(或兵力)；$R_j(t)$ 为红方第 j 类武器(或战斗单位)在任意时刻的 t 的数量(或兵力)；β_{ji} 为蓝方战斗单位损耗系数(红方一件 i 类武器在单位时间内平均击毁蓝方第 j 类目标(武器或战斗单位)的数量)；α_{ij} 为红方战斗单位损耗系数，它具有与 β_{ji} 相同的物理意义；r_{ji} 为红方武器分配系数(红方用第 j 类武器或作战单位向蓝方第 i 类目标射击的比例或概率，即 j 类武器中有百分之几分配给 i 类目标)；δ_{ij} 为蓝方武器分配系数，具有与 r_{ji} 相同的物理意义。

6) 考虑指挥艺术的兰彻斯特方程。战争中指挥艺术往往起很重要的作用。因此，现代高技术局部战争尤其强调实现军队指挥自动化。作战指挥自动化系统发展很快，有 C^3I，C^4I，甚

至出现 C^4IRS(指挥控制、通信、计算机、情报及监视与侦察）系统。这些系统对作战效能和效率有很大影响，其影响程度可用我军火力及时地从已消灭目标上转移到消灭目标上的能力来衡量，即采用火力甩开敌已毁战斗单位数与敌已毁战斗单位总数的比值来度量。此值被称为“指挥效率”。

在如下假定条件下，考虑指挥艺术对军事作战的影响：① 指挥效率在整个战斗过程中保持不变；② 战斗持续时间足够长，使一些战斗单位至少有几发射击机会；③ 双方战斗单位初始数量足够大。

这样，被修正的兰彻斯特方程（或称斯赖伯方程）为

$$\left.\begin{aligned}\frac{dB(t)}{dt}&=-\beta B(t)/[B_0-e_R(B_0-B)]\\\frac{dR(t)}{dt}&=-\alpha B(t)/[B_0-e_B(R_0-R)]\end{aligned}\right\}\tag{8.110}$$

式中，e_R，e_B 为红、蓝方的指挥和情报效率。

分析方程组式(8.110)，可得出下列重要结论：

ⅰ. 战斗结局在很大程度上取决于蓝、红方的情报和指挥系统的相对效率。

ⅱ. 若双方势均力敌，则有

$$\beta R_0^2/(2-e_R)=\alpha B_0^2/(2-e_B)\tag{8.111}$$

ⅲ. 若情报和指挥效率的数值有一增量，由此可得到相当于兵力的百分增量

$$F=\sqrt{[(2-e_0)/(2-e)]-1}\times 100\%\tag{8.112}$$

由上式可知，准确的目标情报和正确的指挥控制对作战效果贡献很大，其价值最大可达总兵力的 41%。

ⅳ. 若蓝方取胜红方，战斗中蓝方的损失可由下式给出

$$(B_0-B)/B_0=\{1-[1-(2-e_B)e_R\beta R_0^2/(\alpha\beta_0^2)]^{1/2}\}e_R\tag{8.113}$$

8.7.4　信息化高技术兵器体系对抗模型框架

信息化高技术兵器体系对抗是当代军事体系对抗的重要组成部分。所谓信息化高技术兵器体系是指由多个相互联系、互相制约的信息化武器装备系统所构成的复杂有机整体。通常，多个零部件构成单件武器或武器平台，多种武器装备构成武器装备系统，而多个武器装备系统才可能构成武器装备体系。

就武器装备本身来讲，当前信息化武器装备包括软硬杀伤武器和非杀伤武器。软杀伤武器（或非杀伤武器）诸如：摧毁 / 偷窃计算机、信息设施、通信节点和线路及与作战对抗直接相关的各种信息库、数据库等。硬杀伤武器有：动能武器、弹道导弹、巡航导弹、精确制导导弹、精确制导水雷、反辐射武器、激光武器、高功率微波武器、离子束武器、电磁脉冲武器、生物炸弹、气象武器、纳米武器、地震武器、新生化武器、基因武器、临近空间武器、太阳武器、军事卫星、以及各种信息化综合武器作战平台（如战机、预警机、轰炸战、加油机、军用运输机、武装直升机、航船、潜艇、航母、坦克、无人机、导弹防御系统等）。

显然，信息化高技术兵器体系是由所有涉及上述信息化武器装备构成的多元一体化陆海空天力量体系。据此，可以创建出信息化高技术兵器体系对抗模型框架，如图 8.17 所示。

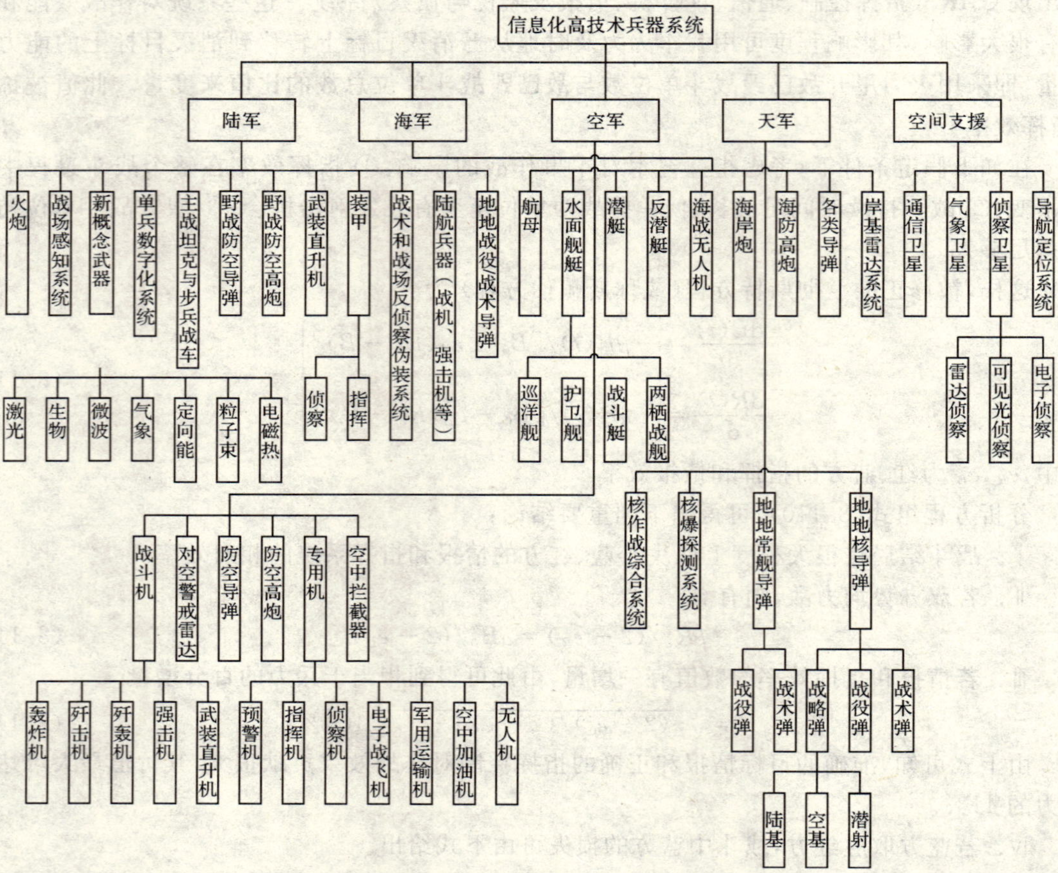

图 8.17　信息化高技术兵器体系对抗模型框架

8.7.5　武器装备作战效能评估模型

(1) 武器装备作战效能的基本要素。它通常由三部分构成：武器有效性、武器可信赖性和武器能力。

1) 武器有效性。武器有效性是指武器开始执地任务时，武器系统状态的定量测度。其数学描述形式为

$$A = f(R, M, S)$$

式中，R 为组成武器的部件可靠性，M 为使用人员的素质，S 为使用武器的程序。

当然，武器的有效性还要以用武器系统在规定条件下随时使用时正常工作的概率 P_E 来衡量。

2) 武器可信赖性。武器可信赖性是对武器系统在执行任务过程中状态的测度，亦要用概率 P_F 来近似地描述。

3) 武器能力。武器能力系指武器系统达到任务目标程度的测度，它是确定系统诸性能的重要依据，同样可用概率 P_W 来描述。

(2) 武器作战效能方程。该模型是上述三个基本要素构成的矢量积，其结构形式为

$$\boldsymbol{E} = \boldsymbol{ADC}$$

式中，$\boldsymbol{A}=[a_1,a_2,\cdots a_n]$ 为武器有效性向量；其中 $a_i(i=1,2,\cdots,n)$ 是开始执行任务时，系统处于状态之中的概率；$\boldsymbol{D}$ 可信赖矩阵，即

$$\boldsymbol{D}=\begin{bmatrix} d_{11} & d_{12} & \cdots & d_{1n} \\ d_{21} & d_{22} & \cdots & d_{2n} \\ \vdots & \vdots & & \vdots \\ d_{n1} & d_{n2} & \cdots & d_{nn} \end{bmatrix}$$

式中，d_{ij} 是在给定时期内，系统由 i 状态转移至 j 状态的概率；C 武器能力的列向量，即

$$\boldsymbol{C}=\begin{bmatrix} c_1 \\ c_2 \\ \vdots \\ c_n \end{bmatrix}$$

式中，c_j 是武器系统在 j 状态中完成任务的能力，同样以概率表示。

由于上述结构模式通常不便实用，所以需进行如下处理：

若把 $\boldsymbol{D}(t_r,t_s)$ 定义成在时间区间 (t_r,t_s) 上的可信赖矩阵，且假定满足马尔可夫过程，对于所在 $t_i\in(t_r,t_s)$ 有 $\boldsymbol{D}(t_r,t_s)=(t_r,t_s)\boldsymbol{D}(t_r,t_s)$，则在时刻 t_k 时，武器的效能可描述为 $\boldsymbol{E}(t_k)=\boldsymbol{A}[\boldsymbol{D}(0,t_k)]\boldsymbol{C}(t_k)$。若任务是连续的且武器系统在执行过程时间 t_M 上能很好地完成任务，则武器系统效能可定量地描述为 $E(t_k)$ 的时间平均值，即

$$\boldsymbol{E}=\frac{1}{t_M}\int_0^t \boldsymbol{E}(t)\mathrm{d}t$$

(3) 武器平均杀伤概率模型。武器平均杀伤概率是武器综合作战效能评估中的重要测度之一。

以步兵使用步枪作战为例。假定一个处于防御的步兵使用步枪对付敌步兵的进攻。若攻方以匍匐姿态接近防御一方，但又时刻处于防方视野之内，而防方则根据地形、地物、武器情况和其他因素，在某一交战距离上向敌人开火。

在上述情况下，任何距离 R 上的命中概率可取

$$P_h(R)=1-\exp\{r_T^2/[2\sigma_0^2/(R/1\,000)^2]\}=1-\exp[-500\,000r_T^2/(\sigma_0^2R^2]$$

式中，r_T 为目标半径；σ_0 为总射击误差；R 为到达目标距离。

对于防方向攻方射击的交战距离的概率分布上可取

$$f(R)=(4\beta^{-3/2}/\sqrt{\pi})R^2\exp(-R^2/\beta)$$

式中，β 为参数。$\beta=(\pi/4)[E(R)]^2=(\frac{\pi}{4})\times(\text{平均距离})^2$。

这样，另外假定命中即为杀伤的条件概率 $P(k/h)$，在可能的交战距离上是一个常数。于是，便可以建立起如下平均杀伤概率模型

$$\overline{P}_k=\int_0^\infty P(k/h)h(R)P_h(R)\mathrm{d}R$$

对于常数 $P(k/h)$，上式可改写成

$$\overline{P}_k=P(k/h)\left\{1-\{1-[2\times10^6r_T^2/(\sigma_0^2\beta)]\times\frac{1}{2}\times\exp[-2\times10^6r_T^2/(\sigma_0^2\beta)]\times\frac{1}{2}\right\}$$

式中，r_T 为目标半径(m)。σ_0 为总的射击误差(密位)；β 为$(\pi/4)\times(\text{平均距离})^2(\mathrm{m}^2)$

例 8.20　假定我军步兵的射击误差为 0.8 密位，瞄准误差为 1 密位，命中即杀伤的条件概

莫能外率为 0.9，目标半径为 1/3 m，据地形，地物等期望交战的平均距离为 150 m。试确定在上述条件下的可能交战距离上的平均杀伤概率 $\bar{P}_k$。另若期望交战平均距离为 300 m，其 $\bar{P}_k$ 又是如何？

解 由题知，$r_T = 0.333$ m，$\sigma_0 = \sqrt{1^2 + 0.5^2} = 1.12$ 密位，$\beta = (\pi/4) \times 150^2 = 17671$ m² 又因为 $E(R) = 150$ m，故可利用式 $f(R) = (4\beta^{-3/2}/\sqrt{\pi})R^2 \exp(-R^2/\beta)$ 计算概率密度函数 $f(R)$，然后代入上述平均杀伤概率模型，计算得到 $\bar{P}_k = 0.742$。

同理，当 $E(R) = 300$ 时，有 $\bar{P}_k = 0.422$。

由此例可见，实际平均交战距离是影响武器平均杀伤概率的重要因素之一。

(4) 导弹制导精度和落入概率模型。制导精度和落入概率是导弹武器系统的最重要战术技术指标之一，也是评定导弹杀伤效果的重要标志。

制导精度，即导弹武器系统对同一空域点相同目标多次射击所得到的制导误差的统计结果。

若定义过目标且垂直于弹-目连线的平面为落入平面，在落入平面内，以目标为圆心，以导弹战斗部的威力半径(m) 为半径的圆为落入圆，则导弹射入落入圆内的概率为落入概率。

为计算制导精度和落入概率，必须对系统的一些重要参数如制导偏差和脱靶距离(量) 进行近似统计，并对其相应的估计均值 $\hat{m}(t)$ 和 $\hat{\sigma}(t)$ 的估计均方差值 $\hat{\sigma}(t)$ 进行精度评定，求出其置信区间。$\hat{m}(t)$ 和 $\hat{\sigma}(t)$ 的计算模型为

$$\hat{m}_x(t) = \frac{1}{n}\sum_{i=1}^{n} x_i(t), \quad \hat{\sigma}(t) = \left[\frac{1}{n-1}\sum_{i=1}^{n}(x_i(t) - \hat{m}_x(t)^2\right]^{1/2}$$

当给出置信度时，要求出相应置信区间的上、下限

$$\bar{\sigma} = \frac{\hat{\sigma}}{\sqrt{1 - n_\sigma\sqrt{\dfrac{\lambda - 1}{n}}}} = \bar{\rho}\hat{\sigma}, \quad \underline{\sigma} = \frac{\hat{\sigma}}{\sqrt{1 - n_\sigma\sqrt{\dfrac{\lambda - 1}{n}}}} = \underline{\rho} \cdot \hat{\sigma}$$

$$\bar{m} = \hat{m} + n_\sigma\bar{\rho}\bar{\sigma}/\sqrt{n}, \quad \underline{m} = \hat{m} - n_\sigma\bar{\rho}\bar{\sigma}/\sqrt{n}$$

式中，$\bar{\rho}$，ρ 为置信度极限乘数；n_σ 为标准差 $\hat{\sigma}$ 的数目(对应一定的置信度)；λ 为随机变量峭度。

实践表明，对于地空导弹，当 $n > 60$ 次时统计值 $m_x(t)$ 和 $\hat{\sigma}_x(t)$ 趋于稳定，λ 值取决于状态变量，如控制线偏差和脱靶量 h。不过，λ 可如下近似确定，即

$$\lambda = \hat{u}^4/\hat{p}^2 \overset{\text{dif}}{=} \hat{\lambda}$$

$\hat{u}^4 = E[(h_i - \hat{m})^4]$ $(i = 1, 2, \cdots, n)$。当 h 服从高斯分布时，$\lambda = 3$。

综上述，在确定 n 和 λ 后，便可根据要求的置信度 n_σ，计算出 $m_x(t)$ 和 $\hat{\sigma}_x(t)$ 置信区的上限及下限，并由此得出相应点的落入概率。

目前在对空-空导弹杀伤效果的仿真评估中常用两种方法，并由此得到对目标的杀伤概率模型。

1) 由脱靶量计算杀伤概率为

$$P_k = \frac{R_L^2}{R_L^2 + \dfrac{CEP^2}{1.368}} \exp\left[\frac{-R_{CA}^2}{R_L^2 + \dfrac{CEP^2}{1.368}}\right]$$

式中，P_k 为导弹对目标的杀伤概率；R_L 为导弹战斗部杀伤半径；R_{CA} 为计算得出的脱靶量(同

前述 h)；CEP 为圆概率误差，用以描述系统制导误差，其物理意义是：能包含 1/2 系统制导误差的圆半径的大小。

应该指出，采用这种方法仿真空-空导弹对目标的杀伤效果是比较精确的，但必须具备该导弹的攻击轨迹模型及相应各种数据。

此外，可借助近似公式(相对误差 $<1\%$) 计算脱靶量

$$R_{CA}=\frac{1}{57.3}\dot{q}\left(\frac{R^2}{\dot{R}}\right)+\frac{1}{2}(n_{zM}-n_{zT})g\left(\frac{R}{\dot{R}}\right)^2$$

式中，$(R\dot{q})$，R，$\dot{R}$，n_{zM} 和 n_{zT} 为分别为导弹接近目标末段某瞬时 t_{g0}(剩余飞行时间通常取 $t_{g0}\leqslant 0.5$ s) 的视线切向速度、接近距离、接近速度、横向过载及目标的横向机动过载；R_{CA} 为导弹距离目标的最小距离，即脱靶量(m)。

2) 根据标称杀伤概率，考虑影响因素，直接计算杀伤概率

$$p_k=(PKSS\cdot WRF\cdot GRF\cdot ASP\cdot ENV)[1-(1-K)\lambda]$$

式中，P_k 为导弹实际杀伤概率；$PKSS$ 为导弹标称杀伤概率；WRF 为导弹各部分工作可靠性系数；GRF 为系统各部分工作可靠性系数；ASP 为目标方位效能因子，即从不同方位对目标攻击的效果不一样；ENV 为环境影响系数；K 为导弹抗干扰能力系数；λ 为被攻击机实施干扰的效果因子。

8.7.6　导弹作战模型体系

几次高技术局部战争表明，在现代战争中精确制导武器总是“首当其用，首当其冲”，已成为高技术战场武器的主角，而导弹是最典型、最重要的精确制导武器之一，其中心任务是精确命中和毁伤敌方各种目标(包括战术、战役和战略目标)。

随着战争需求变化和科学技术进步，导弹武器系统不断发展。从 20 世纪 40 年代到现在，各国发展的导弹已达数百种，其数量为精确制导武器之最。因此，导弹武器系统的论证仿真、研制仿真、训练仿真、作战仿真等足以可作为各种武器装备 M&S 的代表，尤其是导弹作战仿真。

在导弹作战仿真中，通常以联合作战为背景，以攻防对抗为主要作战模式，其模型已形成体系，主要包括 5 个模块：作战组织模块、防卫作战模块、突击作战模块、作战保障模块、辅助决策模块。下面从这些作战模块出发，讨论导弹作战模型体系问题。

(1)作战组织模块。作战组织模块被称为作战指挥的组织模型，包括作战指挥和兵力规划两大部分：

1)作战指挥是为特定作战目的而制定的作战行动方案和作战中所实施的指挥决策。因此，作战指挥模型将包括：战时编成模型、战时部署模型、指挥权限模型及兵力管理与指挥关系设置模型等。

2)导弹作战中的兵力规划是指对导弹作战单位(元)进行合理的部署与运用，通常包括兵力布势、兵力机动和快速反应等。兵力布势模型分阵地部署优化模型与阵地选择优化模型，兵力机动模型分机动方式选择模型、机动时间选择模型和机动路线选择模型，快速反应能力模型分导弹测试优化模型和导弹机动时间最短路模型。

(2)防卫作战模块。导弹防卫作战是使导弹武器具有战场生存能力的根本保障，也是制定作战方案的基本根据。防卫作战模块即战场生存力模块，其主要功能是对战场目标进行综合性生存概率评估，相应的模型应包括：总体生存能力模型(通常为：集伪装生存能力模型、防护

生存能力模型、机动生存能力模型和综合生存能力模型为一体),伪装生存能力模型(主要决定于目标、侦察设备、侦察方式的相互制约关系)、防护生存能力模型(主要决定于载机和导弹本身的攻击模式及战场防护设施)、机动生存能力模型(主要决定于机动时间、方式和过程,以及侦察方式等)。

(3)突击作战模块。导弹突击作战是导弹作战获得战效的主要模式,其关键取决于突防能力、火力规划和毁伤性能等因素。因此,突击作战模块一般包括:突防能力模型、火力规划模型和毁伤效果模型等,这些模型又包括着它的子模型。

(4)作战保障模块。作战保障是包括导弹作战在内的任何现代化作战顺利实施并取得战争胜利的基础和前提。作战保障涉及的面很广,影响因素亦很多,故作战保障行动模型非常复杂,通常包括侦察情报保障模型、通信保障模型、气象保障模型、工程保障模型、防护模型等。

(5)辅助决策模块。联合作战是一个复杂的大型军事系统,导弹作战是其中必不可少的重要组成部分,要想实现有机地运行并最终获得理想的作战效能,现代化的辅助决策手段起着至关重要的作用。导弹作战辅助决策系统担负着辅助指挥员进行作战预测与准备,评估作战态势与作战方案,以实现态势评估与威胁分析、作战意图量化、任务分配、火力计划实施以及作战M&S等功能任务。该辅助决策系统以系统工程、军事运筹学、人工智能为工具,以专家系统、数据库和系统M&S为基础,采用定量模型决策分析为主,定性推理决策为辅的方法。基于这种方案下的辅助决策模型也已形成体系,包括态势评估模型、方案评估模型、打击火力计划模型等。

综上述,可创建出综合集成的导弹作战模型体系框架,如图8.18所示。

8.7.7 C^4ISR/C^4KISR系统及其体系结构模型框架

(1)概述。1997年美军把监视和侦察与C^4I系统合并,升级为C^4ISR系。该系统实质上是一种以C^3I系统为基础、计算机为核心,集指挥、控制、通信、计算机、情报、监视和侦察于一体的分布式综合电子信息系统,是整个现代军事系统的神经中枢系统。一体化的C^4ISR系统能够将传感器、武器系统和各级指挥员与战斗员无缝隙地联成一个有机整体,增强对战场态势的感知能力,加速优化决策,最大限度地分散(或集中)配置作战力量,大幅提高联合/协同作战部队的独立作战能力和支援能力,从而发挥信息优势下的整体作战效能,因此被誉为现代战场的兵力倍增器。

C^4KISR系统是C^4ISR系统的发展和创新,是进一步同杀伤综合集成的结果,整个系统由探测器网、交战网和信息网相互交接耦合而成,如图8.19所示。

C^4KISR系统支持美军网络中心战,并能集成到全球信息栅格(GIG)中去,以便形成完整的全球作战体系,实现作战优势新概念。因此,对于该系统的模型研究是极为重要的。

(2)C^4ISR系统的体系结构与描述视图。C^4ISR系统是一个复杂的互联网大型综合电子信息系统,也是一个人机频繁交互、协同工作的复杂大系统,其体系结构包括作战体系结构、系统体系结构与技术体系结构3个部分。作战体系结构是作战要素、任务和行动以及军事作战行动信息流的描述,通常以作战概念模型的形式表征;系统体系结构是对C^4ISR系统内部的物理结构和系统运行状态的描述,一般采用逻辑关系模型来表达;技术体系结构是用来确定系统众多部件、组件之间相互配合、相互依存最低限度的一组规则,包括系统实现必须遵循的工程标准、惯例、规则和准则等。

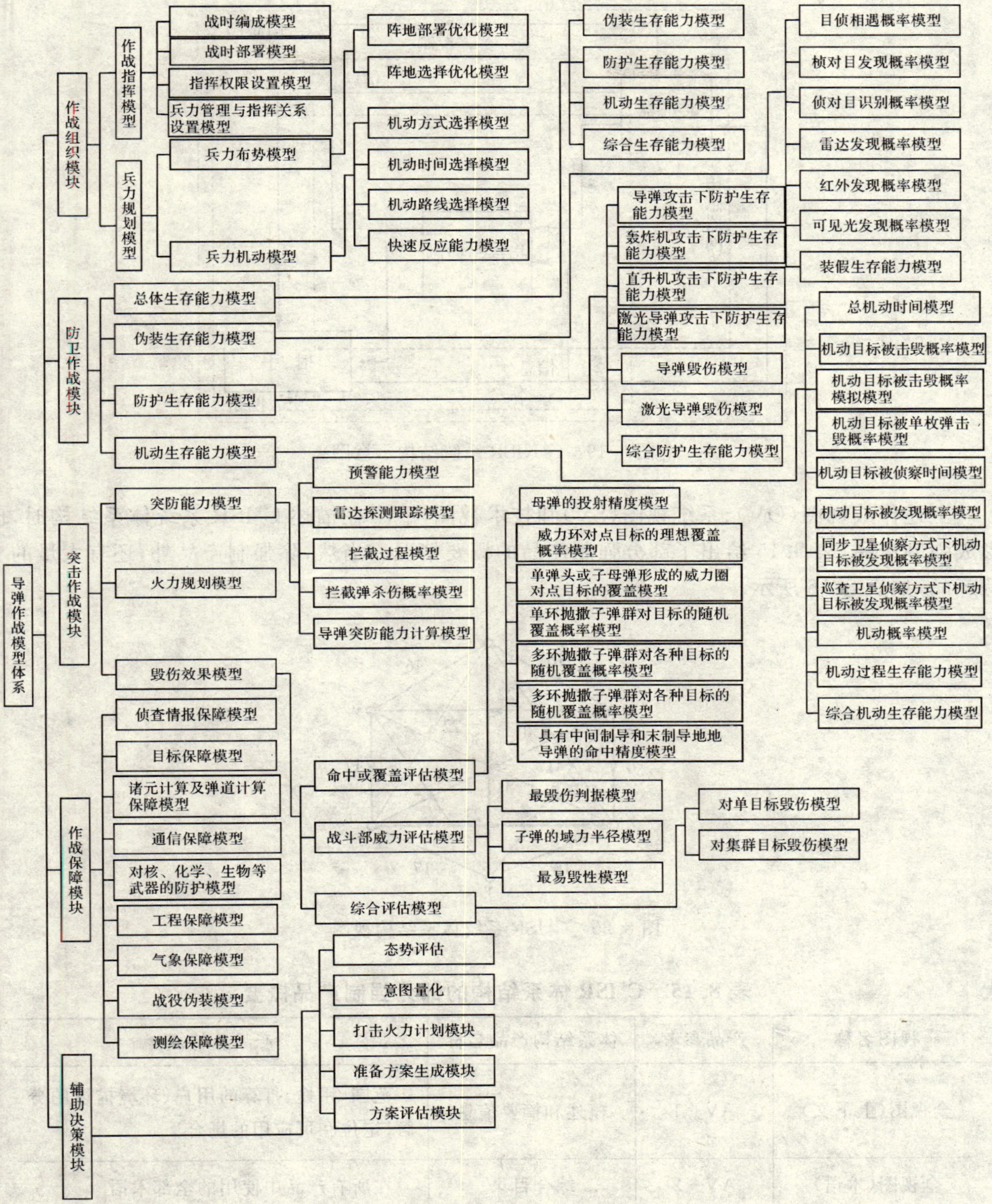

图 8.18　综合集成的导弹作战模型体系框架

在描述实际 C^4ISR 系统的体系结构时，为方便、直观起见，常采用映射透射图的方法，分别由作战系统结构视图、系统体系结构视图和技术体系结构视图来描述。而这些视图由若干图、表、文本或数据库所表示，它们在逻辑上组合在一起，为系统研发和应用人员提供一个“统一的和概念”的描述，如图 8.20 所示。

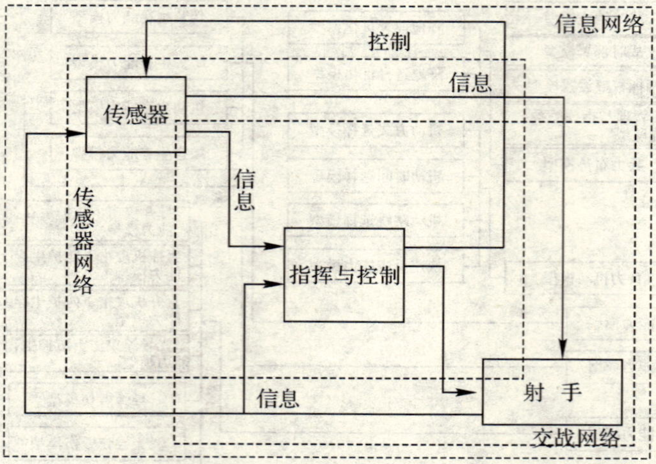

图 8.19　C^4KISR 系统结构示意图

上述作战视图(OV)、系统视图(SV)和技术视图(TV)在描述 C^4ISR 系统体系结构时,已形成强制产品,表 8.15 给出了部分强制产品的概要情况。当然,除强制产品外,还有大量的支持产品,如表 8.16 所示。

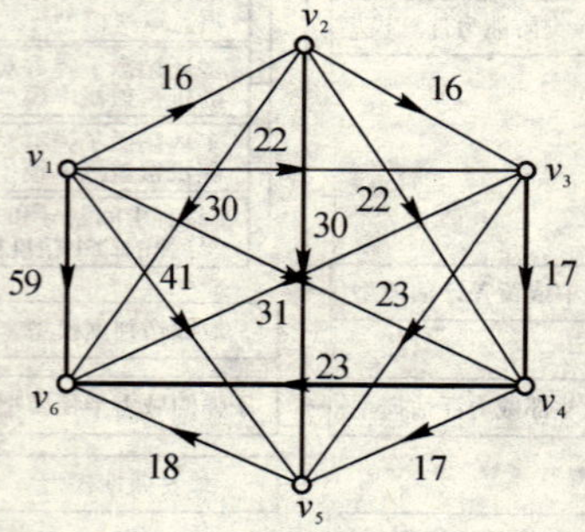

图 8.20　C^4ISR 系统体系结构视图

表 8.15　C^4ISR 体系结构的部分强制产品概要

视图名称	产品参考	体系结构产品名称	产品总特征
全视图(上下文)	AV—1	概述和摘要信息	范围、用途、打算的用户、环境描述的分解、定位和可应用的场合
全视图(术语)	AV—2	综合目录	在所有产品中使用的全部术语
技　术	TV—1	技术体系结构轮廓	应用于指定体系结构所提供的标准
作　战	0V—1	高级作战概念描述	作战概念的高级图形、文字(必需)描述、高级作战、使命、地理配置、连接能力等

续表

视图名称	产品参考	体系结构产品名称	产品总特征
作　战	0V—2	作战节点 连接能力描述	作战节点，每一个节点上实现的活动，节点之间的连接能力与信息流
作　战	0V—3	作战信息交换矩阵	节点间交换的信息和该交换的有关属性(媒体、质量、数量和要求的互操作等级)、信息交换的威胁(天气、地形、客攻击等)和信息交换的条件(如陆上、海上、空中)
作　战	0V—5	活动模型	活动、活动之间的关系，I/O，局限(例如政策、指南)及执行那些活动的机制，并叠加可给出的其他有关信息
系　统	SV—1	系统接口描述	确定系统与系统部件以及它们在节点内和节点间的接口。

表 8.16　C^4ISR 体系结构的部分支持产品

视图名称	产品参考	体系结构产品名称	产品总特征
全视图	AV—3	能力成熟度	用于指导如何从当前的体系结构演化到未来的体系结构，有助于合理化投资计划，确保 C^4ISR 系统的能力满足军事人员的要求
作　战	0V—1	组织关系图	各组织之间指挥、控制、协调的关系
作　战	0V—6a	作战规则模型	用于描述作战活动序列和时间的三种产品之一，它确立事件、事务规则
作　战	0V—6b	作战状态转移描述	用于描述作战活动序列和时间的三种产品之一，它确立限制事件事务进程的响应
作　战	0V—7	逻辑数据模型	数据需求和构造作战视图事务进程规则的文件
系　统	SV—2	系统通信描述	物理节点和它有关的通信设置
系　统	SV—3	系统平方矩阵	指定体系结构中系统间的关系；能够设计给出有关的关系，例如系统型式接口、计划的对现有的接口
系　统	SV—4	系统功能描述	系统所执行的功能和系统功能之间的信息流

续表

视图名称	产品参考	体系结构产品名称	产品总特征
系　统	SV—5	作战活动对系统功能跟踪能力矩阵	把系统功能变换为作战活动
系　统	SV—6	系统数据交换矩阵	细化系统单元之间信息交换、应用及系统单元的硬件配置
系　统	SV—7	性能参数矩阵	定义系统的硬件和软件元素，在适当时间内的性能特性
系　统	SV—8	系统发展描述	把系统过渡到更为有效的，或发展为未来的实现所计划增加的步骤
系　统	SV—9	系统技术预测	给定的时间内可以采用的技术和软/硬件产品及其对未来体系结构的影响
系　统	SV—11	物理数据模型	逻辑数据模型信息的物理实现，如报文格式、文件格式，物理图表
技　术	TV—2	标准技术预测	在适当的时间内期望应用于指定体系结构的有关标准描述

在构建 C^4ISR 系统体系结构视图时，为了适应联合作战要求，美军还提出了九种通用参考资源，作为开发各种体系结构的共同基础。它们分别是：《核心体系结构数据模型(CADM)》、《国防数据字典系统(DDDS)》、《信息系统互操作等级(LISI)》、《国防信息基础设施通用操作环境(COE)》、《通用联合任务清单(UJTL)》、《联合作战体系结构(JOA)》、《技术参考模型》、《共享数据环境(SHADE)》和《联合技术体系结构》。利用这些通用参考资源，便可将 C^4ISR 系统体系结构的三种视图以及三视图的各自组成产品很好地集成起来。

(3)C^4ISR 系统体系结构建模与模型框架。C^4ISR 系统体系结构建模是一个复杂的过程，宜采用基于 UML/RUP 的面向过程建模方法。建模时，RUP 把系统的生命周期划分为若干阶段和一系列循环重复，从而产生九种模型：①业务模型；②领域模型；③UseCase 模型；④分析模型；⑤设计模型；⑥过程模型；⑦配置模型；⑧实现模型；⑨测试模型。

以某防空 C^4ISR 系统体系结构建模为例，可建立如图 8.21 所示模型框架。

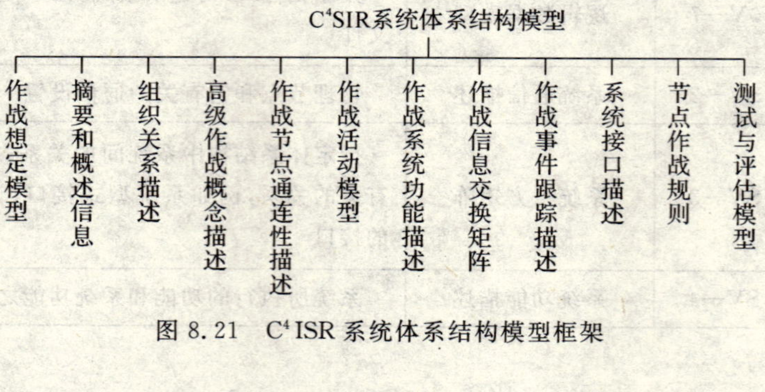

图 8.21　C^4ISR 系统体系结构模型框架

习　题　8

1. 什么是直接确定型模型？试述这类模型对于科技与工程发展的重要作用和意义。

2. 试利用直接确定型模型建立方法推导开普勒三大定律。

3. 何为经验公式？通常采用哪些方法来获得经验公式？举例说明获得经验公式的过程。

4. 举例说明自然界中广泛存在的周期性现象，给出这种现象的一般数学描述方法，并推导变摆长的单摆数学模型。

5. 举出你所熟知的系统工程问题，并建立相应的数学模型。

6. 给出交通流模型的基本方程，以及交通量分布模型和交通网络控制模型。

7. 何为军事概念模型？试述军事概念模型的建立方法及过程。

8. 为何使命空间概念模型（CMMS）？指出 CMMS 的通常描述方法，列举出典型的 CMMS 系统。

9. 给出军事作战体系对抗模型框架和作战系统的基本模型。

10. 给出信息化高技术兵器体系对抗的模型框架和武器装备作战效能评估模型。

11. 导弹作战模型体系主要包括哪些模块，并分别加以说明。

12. 试述综合电子信息系统对于信息化战争的重要性，并给出 C^4ISR 系统结构模型框架。

下篇　计算机仿真方法、技术与应用

在综述计算机仿真及其支撑环境与工具的基础上，重点讨论和研究连续系统、离散事件及复杂系统的数学仿真技术及应用；论述仿真系统开发/运行的监测、分析与评估技术，以及 VV&A 技术与应用；讨论各类军用仿真技术及工程。

第 9 章　计算机仿真及其支撑环境与工具

9.1　概　　述

计算机仿真是一项基于模型运行，以仿真计算机系统为核心的科学及工程活动。仿真计算机系统通常包括仿真计算机及其支撑环境与工具。系统建模、模型校核与验证、仿真系统开发及运行、仿真结果分析与评估等，是计算机仿真活动的主要内容。

目前，计算机仿真已成为整个系统仿真技术的基础和主流。按照所采用的模型形式不同，计算机仿真通常被分为：实物仿真、数学仿真和半实物仿真；按照使用的仿真计算类型各异，计算机仿真一般可分为：模拟仿真、数字仿真和混合仿真；还可以根据仿真运行环境不同，将计算机仿真分为：实在（实况）仿真、虚拟仿真、构造仿真，以及它们的综合集成仿真等。受篇幅限制，为方便起见，本章仅讨论和研究模拟仿真、数字仿真和混合仿真，以及它们的支撑环境与工具。

模拟仿真具有并行高速运算、适宜于进行实时和超实时仿真、采用模拟变化量、显示直观、连接方便、技术成熟、使用简单等优点。但模拟仿真存在着致命弱点，即精度低、无逻辑判断功能，且难以实现自动化。因此，大有被数字仿真取代的趋势。

尽管如此，模拟仿真目前仍在广泛使用。它不仅是教学中不可缺少的部分，还是混合仿真中一个重要的组成环节。

20 世纪 90 年代后，数字仿真迅猛崛起，以性能价格比最佳而成为计算机仿真的主流，特别是进入 90 年代全数字仿真在众多军事需求和复杂系统研究的牵引以及分布式仿真（DIS）、虚拟仿真、协调仿真、反向对象仿真等新技术地推动下，如鱼得水发展异常迅速。它不仅在航空、航天、航海、核能、信息等工程领域得到越来越广泛的应用，而且已渗透到社会、经济、文教、娱乐等非工程领域。

混合仿真具有模拟仿真和数字仿真的共同仿真性能优势，当前在大型复杂系统仿真中仍然受到关注，特别是在航空、航天、核能领域至今影响不浅，但由于结构复杂和费用昂贵而很难普及。

9.2　模拟仿真方法、技术及其应用

9.2.1　模拟计算机的组成

模拟计算机是一种由运算放大器组成的模拟计算装置。其基本组成如图 9.1 所示。图中，各部分的功能如下：

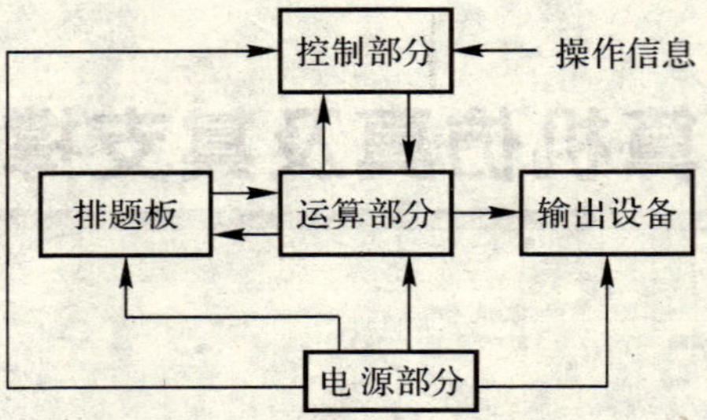

图 9.1 模拟计算机的基本组成框图

(1)控制部分。用以控制计算机的各种工作状态。

(2)运算部分。能实现各种运算功能的运算部件。它们是以运算放大器为核心的各种运算部件。

(3)排题板:根据模拟结构图连接被仿真的系统,即根据设计好的模拟排题图,在排题板上用导线连接成仿真模型。

(4)输出设备。包括电压表、示波器和记录仪等,用于显示、记录模拟仿真结果。

(5)电源部分。提供所需要的各种电源。

9.2.2 模拟计算机的基本运算部件

(1)运算放大器。运算放大器是模拟计算机的核心和基本部件。它实质上是一个放大倍数极大、输入放大器的电流很小,零点漂移很小,线性度很好的直流放大器。例如,国产DMJ—3A 型模拟计算机的运算放大器性能指标为

开环放大倍数	$\mu=10^7\sim10^8$
输入电流	$I_g<10^{-10}$ A
零点漂移	$\Delta e_\Sigma<100\ \mu$V/8h

具有 n 个输入端的运算放大器电路图如图 9.2 所示。图中,$e_{i_1},\cdots,e_{in}$ 为各支路输入电压;$I_{i_1},\cdots,I_{in}$ 为各支路输入电流;$Z_{i_1},\cdots,Z_{in}$ 为各支路输入阻抗;e_0 为输出电压;I_f 为反馈电流;Z_f 是反馈阻抗;e_Σ 是虚地电压;μ 为运算放大器放大倍数。

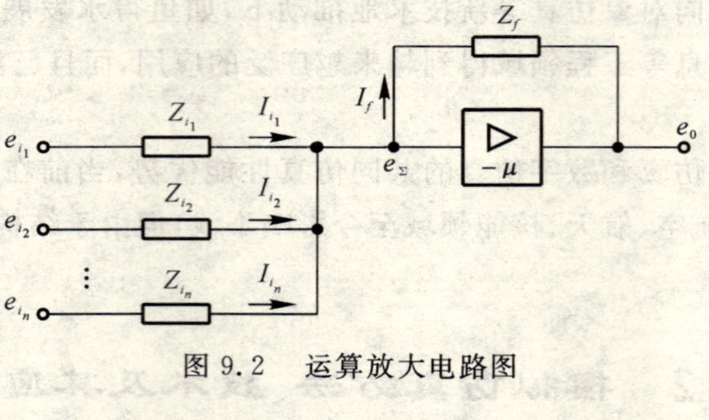

图 9.2 运算放大电路图

由于 $e_\Sigma\approx0$,利用节点电流定律可得

$$e_0=-\sum_{j=1}^{n}\frac{Z_f}{Z_{ij}}e_{ij} \tag{9.1}$$

式中的负号表示运算放大器的输出电压与输入电压极性相反。

式(9.1)是利用运算放大器构成模拟计算机各种运算部件的基本关系式。根据此式，只要采用不同形式的输入阻抗和反馈阻抗，就可以对输入电压 e_i 进行各种数学运算。

(2) 比例加法器。比例加法器简称加法器，用来完成对输入变量乘以某一常数后再进行加运算的部件。它的输入阻抗和反馈阻抗均为电阻。其原理图及符号如图 9.3 所示。根据式(9.1) 可以写出加法器的运算关系式为

$$e_0=-\sum_{j=1}^{n}\frac{R_f}{R_{ij}}e_{ij}=-\sum_{j=1}^{n}K_je_{ij} \tag{9.2}$$

式中，$K_j=\dfrac{R_f}{R_{ij}}$ 为加法器各输入端的传递系数。

当 $n=1$ 时，$e_0=-K_1e_i$，即为比例器。当 $n=1$ 时，且 $K=1$ 时，$e_0=-e_i$，即为反号器。

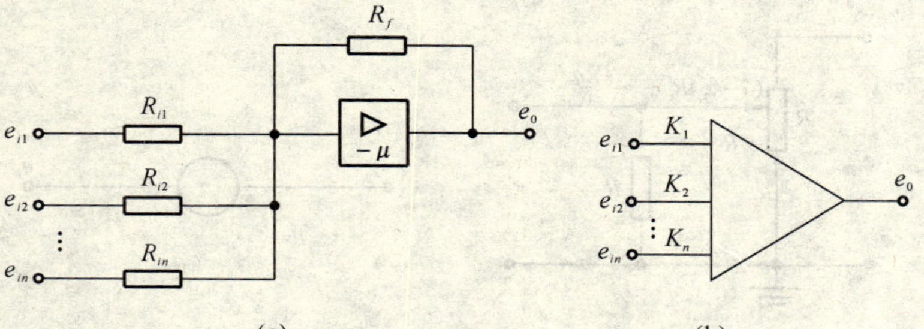

图 9.3　比例加法器

(a) 原理图；(b) 符号

(3) 比例积分器。将加法器的反馈电阻 R_f 换成电容 C_f，就构成了比例积分器，简称积分器。积分器可以同时完成加法和积分运算，是模拟机中最主要的运算部件。其原理图和符号如图 9.4 所示。

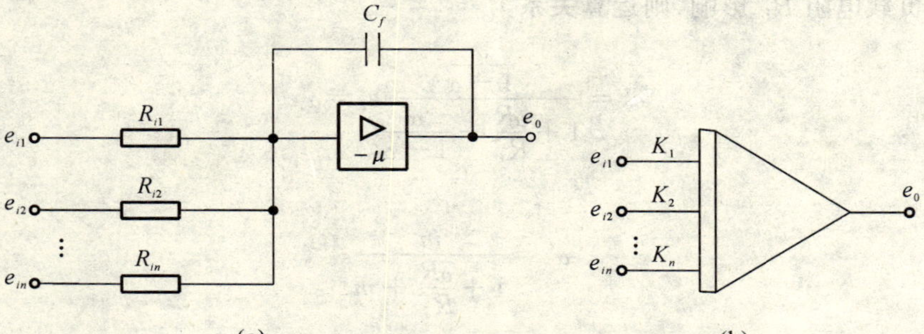

图 9.4　比例积分器

(a) 原理图；(b) 符号

当 $n=1$ 时，由复阻抗法，可写出积分运算的拉氏变换式。此时，输入阻抗 $Z_i=R_i$，反馈阻抗 $Z_f=\dfrac{1}{C_fs}$，根据式(9.1) 得

$$E_0(s)=-\frac{1}{R_iC_fs}E_i(s)=-K\frac{E_i(s)}{s} \tag{9.3}$$

对上式进行拉氏反变换，得

$$e_0=-K\int_0^t e_i\mathrm{d}\tau \tag{9.4}$$

式中，$K=\dfrac{1}{R_iC_f}$ 称为积分器的传递系数。

同理，当有多个信与输入时，积分器的运算关系为

$$e_0=-\sum_{j=1}^{n}K_j\int_0^t e_{ij}\mathrm{d}\tau \tag{9.5}$$

式中，$K_j=\dfrac{1}{R_{ij}C_f}(j=1,2,\cdots,n)$，为积分器各输入端的传递系数。

(4) 常系数器。常系数器是用来给某一变量乘以一个小于1的系数的专用部件，它实际上是一个可调电位计。其原理图及符号如图 9.5 所示。

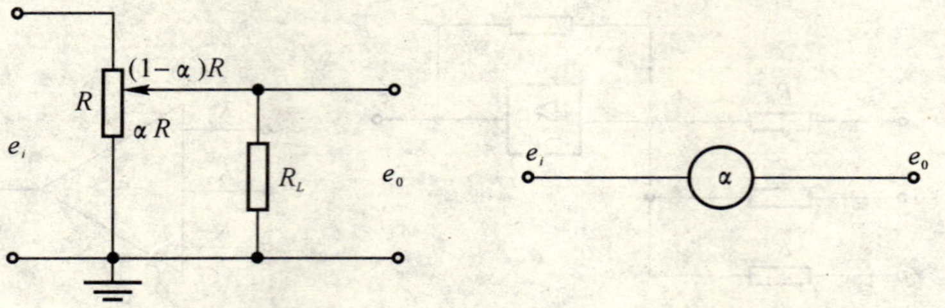

(a)　　　　(b)

图 9.5　常系数器

(a) 原理图；(b) 符号

常系数器空载时的运算关系为

$$e_0=\alpha e_i,\quad 0\leqslant\alpha\leqslant 1 \tag{9.6}$$

式中，α 为分压比。

若考虑负载电阻 R_L 影响，则运算关系为

$$e_0=\frac{\dfrac{\alpha}{1-\alpha}}{1+\dfrac{\alpha R}{R_L}+\dfrac{\alpha}{1-\alpha}}e_i=\alpha' e_i \tag{9.7}$$

式中

$$\alpha'=\frac{m}{1+\dfrac{\alpha R}{R_L}+m} \tag{9.8}$$

$$m=\frac{\alpha}{1-\alpha} \tag{9.9}$$

由式(9.8)可知 $\alpha'\leqslant 1$。因此，常系数器只能实现小于1的系数。通常，将比例器或积分器的传递系数与常系数器配合使用，就可以设置不同的传递系数。例如，欲设置比例器的传递系数为 $K=5.5$，可以取常系数器的系数 $\alpha=0.55$ 及比例器的固定传递系数为10，就能实现 $K=0.55\times10=5.5$，如图 9.6 所示。

9.2.3　模拟仿真原理和方法

(1) 模拟仿真原理。自然界的物理现象千变万化，它们的本质也各不相同，但它们的变化规律却有某些相似之处，具体表现为用来描述这些物理过程的数学模型具有相同的形式。这

种相似性的存在，构成了采用模拟仿真技术的基础。

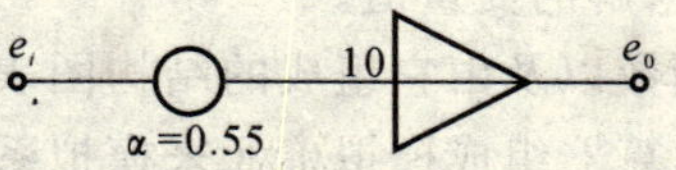

图 9.6　非整数系数的实现

按照相似原理，相似系统不仅具有同构性和同态性，而且它们的参数存在着对应关系。因此，在仿真研究中，相似系统是可以相互比拟和替代的。如图 9.7(a) 所示的典型二阶系统，无论是电气系统、机电系统、机械系统或是流体动力学系统，都可以用与之相似的如图 9.7(b) 所示的电子模型替代。这时，只要适当地选择电子模型的参数 $R_1, R_2, R_3, R_4, R_5, C_2$ 和 C_3，使其满足二阶系统的参数 ξ 和 ω_n 即可。由于使用模拟机构成上述电子模型是非常容易的(见图 9.7(c)，所以利用它便能方便地实现系统的模拟仿真。

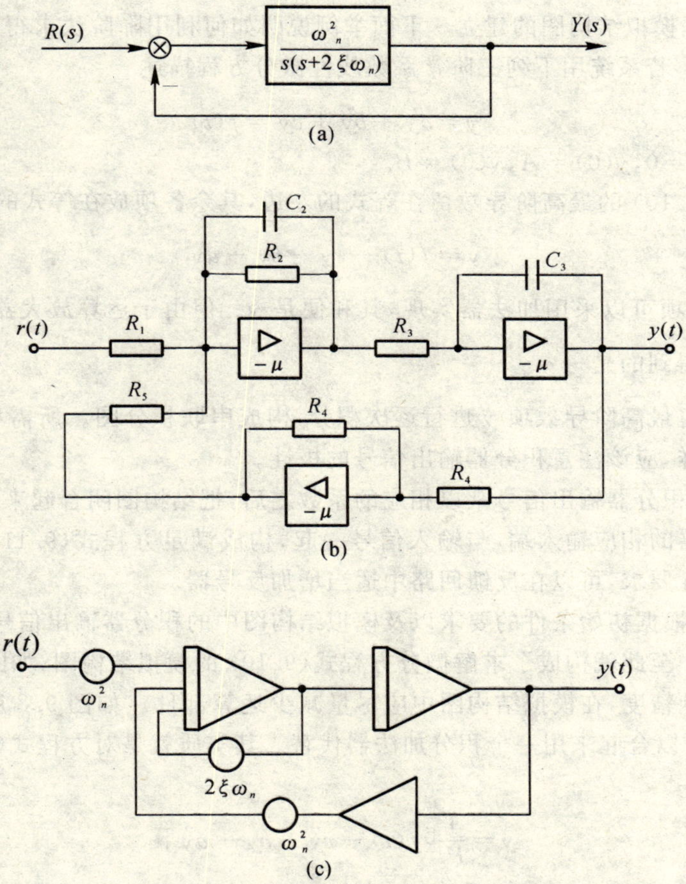

图 9.7　二阶系统模拟仿真原理

(a) 结构图；(b) 电子模型；(c) 模拟仿真结构图

(2) 模拟仿真方法。在模拟仿真中，根据系统数学模型的不同，通常采用逐次降阶积分法和结构模拟法。

逐次降阶积分法简称降阶法。若系统的数学模型为线性常系数微分方程，可采用降阶法进行模拟仿真。此法的基本原理是:对系统微分方程中变量的最高阶导数进行逐次积分,最后得到系统变量的零阶导数,即要求解的变量值。

当系统的数学模型以传递函数以及由它组成的结构图表示时,宜采用结构模拟法进行模拟仿真研究。结构模拟法是用运算器组成模拟单元来模拟系统的各个典型环节,再将模拟单元按系统的结构图关系联接起来,便可构成整个系统的仿真模型,即模拟结构图。这种方法的最大优点是可以直接观察到各典型环节某个参数的变化对系统性能的影响,从而容易实现系统的参数优化。

模拟仿真的核心是根据被研究系统的数学模型(微分方程或传递函数),建立适合于模拟机上排题的模拟结构图。

9.2.4 线性微分方程的模拟仿真

模拟计算机的主要特长是求解微分方程。当线性系统的微分方程已经获得时,即可用降阶法求解。

(1) 微分方程模拟结构图的建立。下面举例说明如何利用降阶法求得线性常系数微分方程的模拟结构图。若系统用下列三阶常系数线性微分方程描述

$$\dddot{y}=a\ddot{y}+b\dot{y}+cy=f(t) \tag{9.10}$$

初始条件为 $\ddot{y}(0)=0,\dot{y}(0)=A,y(0)=B$。

首先,将式(9.10)的最高阶导数留在等式的左边,其余各项放在等式的右边,得到

$$\dddot{y}=f(t)-cy-b\dot{y}-a\ddot{y} \tag{9.11}$$

显然,上式右端各项可以采用加法器实现,其和便是 $\dddot{y}$。但由于运算放大器本身的反号特性,故加法器输出端得到的是 $-\dddot{y}$。

利用积分器将最高阶导数项 $\dddot{y}$ 进行逐次积分,构成串联积分图。所需积分器的数目等于方程的阶数。同样,应该注意积分器输出信号的极性。

最后,将各个积分器输出信号乘以相应的系数之后,把结构图闭合起来。即将积分器输出信号反馈到加法器的相应输入端,与输入信号一起,构成满足方程式(9.11)的闭合回路。为了符合信号的极性要求,可以在反馈回路中适当增加反号器。

此外,还应当根据初始条件的要求以及模拟结构图中的积分器输出信号的极性,在积分器上加上初始电压。至此就构成了求解微分方程式(9.10)的模拟结构图,如图 9.8 所示。

为了提高解题精度,在模拟结构图中应尽量减少运算部件。如图 9.8 所示中的 1 号加法器和 2 号积分器可以合起来用一个积分加法器代替。其实质就是对方程式(9.11)进行一次积分从而得到

$$\ddot{y}=\frac{1}{P_t}[f(t)-cy-b\dot{y}-a\ddot{y}] \tag{9.12}$$

式中,$P_t=\frac{\mathrm{d}}{\mathrm{d}t}$ 为微分算子。简化后的模拟结构图如图 9.9 所示。

以上建立的模拟结构图称为无比例尺模拟结构图,因为它并没有考虑真实系统变量和模拟机中机器变量的比例关系。

(2) 比例尺的选择。模拟仿真中,被仿真的物理量及其各阶导数均由运算放大器的输出电压表示,且模拟机的运算部件只能在一定的输出幅度和频率范围内才有良好的运算性能。

而被仿真系统中的各物理量有不同的量纲及变化范围。故解题之前，需要进行比例变换，它通过确定比例尺实现。

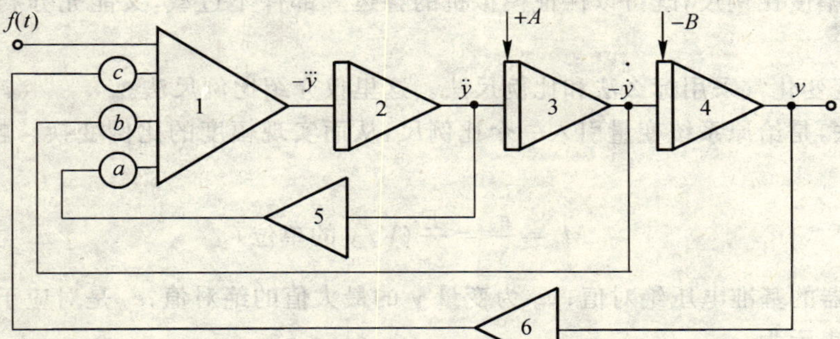

图 9.8　方程式(9.10)的模拟结构图

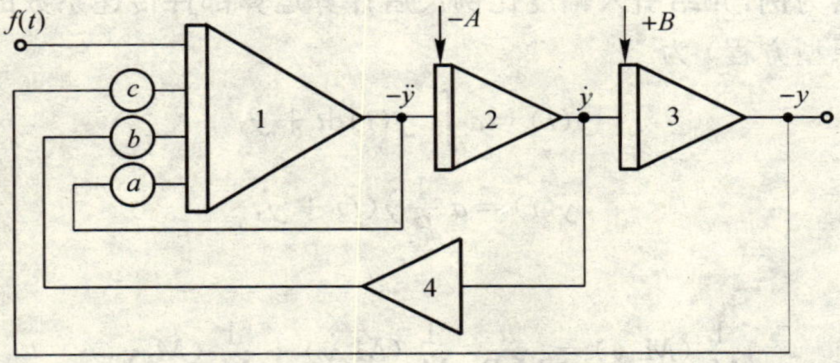

图 9.9　图 9.8 的简化结构图

1）时间比例尺。时间比例尺用以确定模拟机的解题速度。为了提高解题精度以及观察和记录方便起见，需要对系统方程进行时间比例变换。时间比例尺的关系式为

$$\text{时间比例尺}(M_t)=\frac{\text{仿真时间}(\tau)}{\text{实际时间}(t)}=\frac{\text{机械过程时间}}{\text{系统方程过程时间}} \tag{9.13}$$

仿真时间与实际时间一致或不一致完全由解算题目的性质决定。当仿真系统中接有实物时，要求取 $M_t=1$，称为实时仿真。对运动过程长的系统，如人造卫星，其过程时间通常以小时计，若以同样速度模拟这种运动，既费时，记录亦不方便。为此，需要在仿真时加快其过程，应取 $M_t<1$，称为超实时模拟(仿真)。反之，对于周期太短的运动，例如液压传动系统的动态响应时间在几十毫秒数量级，对它进行观察和记录也不方便，因而在仿真时需要减慢其过程，则取 $M_t>1$，称为减速模拟(仿真)。应该指出，加法器的运算与时间没有关系，但进行积分运算时，积分速度与比例尺有关，当 $M_t\neq 1$ 时，就必须考虑 M_t 的影响。

由式(9.13)可得 $\tau=M_t\cdot t$，则 P_t 可以表示为

$$P_t=\frac{\mathrm{d}}{\mathrm{d}t}=\frac{\mathrm{d}}{\mathrm{d}(\tau/M_t)}=M_t\frac{\mathrm{d}}{\mathrm{d}\tau}=M_tP_\tau$$

即

$$P_t=M_tP_\tau \tag{9.14}$$

式(9.14)给出了方程变量算子 P_t 与模拟变量算子 P_τ 之间的关系。

2）幅度比例尺。模拟计算机各运算放大器的最大输出电压都不能超过机器的基准电

压。此外，如果输出信号过小，则有用信号与噪声信号混在一起分辨不出有用信号，造成精度下降。因此，需要通过选择合适的幅度比例尺，使模拟机中各运算部件充分发挥其效应。亦即，通过引入幅度比例尺，既可以保证模拟机的各运算部件不过载，又能充分利用它们的线性工作范围。

进行幅度变化常采用标么法和比例尺法。这里仅介绍比例尺法。

比例尺法，是给原系统变量引入一个比例尺，从而实现幅度的比例变换。幅度比例尺 M_y 定义为

$$M_y = \frac{e_y}{y} = \frac{E}{y_m} (V/y \text{ 的单位}) \tag{9.15}$$

式中，E 为机器的基准电压绝对值；y_m 为变量 y 的最大值的绝对值；e_y 是对应于变量 y 的机器电压，它可以表示为

$$e_y = M_y \cdot y \tag{9.16}$$

显见，M_y 是一个有量纲的因子，量纲"V/y 的单位"，表示单位物理量相应的电压值。

下面，以积分器为例，介绍引入幅度比例尺后计算运算部件传递系数的方法。

若系统方程（原型方程）为

$$y(t) = a\int_0^t \dot{y}(t)\,\mathrm{d}t + y_0 \tag{9.17}$$

$$y(t) = a\,\frac{1}{P_t}\dot{y}(t) + y_0 \tag{9.18}$$

对上式进行变换

$$\frac{1}{M_y}(M_y y) = \frac{a}{M_t P_\tau}\,\frac{1}{M_{\dot{y}}}(M_{\dot{y}}\dot{y}) + \frac{1}{M_y}(M_y y_0)$$

式中，$M_y = \dfrac{E}{y_m}$ 和 $M_{\dot{y}} = \dfrac{E}{\dot{y}_m}$，分别为变量 y 和 $\dot{y}$ 的幅度比例尺。从而得到模拟机实现式(9.17)运算的机器方程

$$e_y = K\,\frac{e_{\dot{y}}}{P_\tau} + e_{y_0} \tag{9.19}$$

式中，K 为积分器的传递系数，即

$$K = \frac{M_y}{M_{\dot{y}}} \cdot \frac{a}{M_t} \tag{9.20}$$

用比例尺法标注式(9.17)积分运算的模拟结构图如图 9.10 所示。

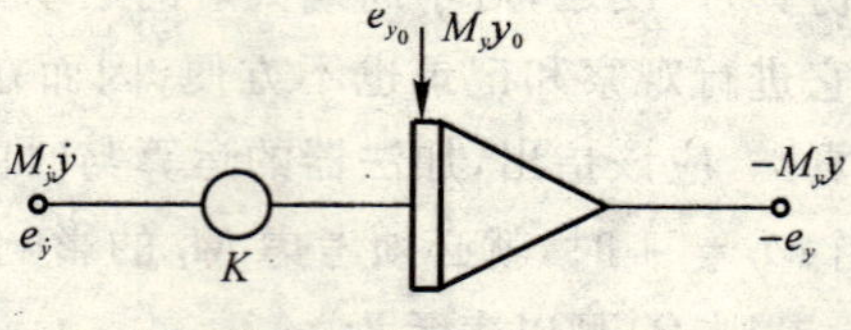

图 9.10　用比例尺法标注积分运算的模拟结构图

用同样的方法，可导出比例器的传递系数。现将用比例尺法表示时，确定运算部件传递系数的关系式归纳如下

$$\left.\begin{aligned}&\text{比例器 } K_P=\frac{\text{输出变量的幅度比例尺}}{\text{输入变量的幅度比例尺}}\times\text{原方程系数}\\&\text{积分器 } K_I=\frac{\text{输出变量的幅度比例尺}}{\text{输入变量的幅度比例尺}}\times\frac{\text{原方程系数}}{\text{时间比例尺}}\end{aligned}\right\}\tag{9.21}$$

(3) 线性微分方程模拟仿真举例。为了使读者系统地掌握模拟仿真的方法和步骤，下面举一个简单的例子，将前面所介绍的内容进行系统的概括和运用。

例 9.1　假设给定的系统微分方程为

$$\ddot{y}+a\dot{y}+by=0\tag{9.22}$$

已知 $a=3, b=16, y_0=2\ \text{m}, \dot{y}_0=-0.64\ \text{m/s}, y_m=2\ \text{m}, \dot{y}_m=10\ \text{m/s}, \ddot{y}=40\ \text{m/s}^2$ 试用模拟仿真方法求解系统变量 $y, \dot{y}$ 和 $\ddot{y}$。

解　利用 DMJ—3A 型模拟机求解系统变量 $y, \dot{y}$ 和 $\ddot{y}$ 的步骤如下：

1) 根据系统方程画出模拟结构图由式(9.22) 及求解所有变量的要求，并引入时间比例尺和幅度比例尺，作出系统的模拟结构图如图 9.11 所示。

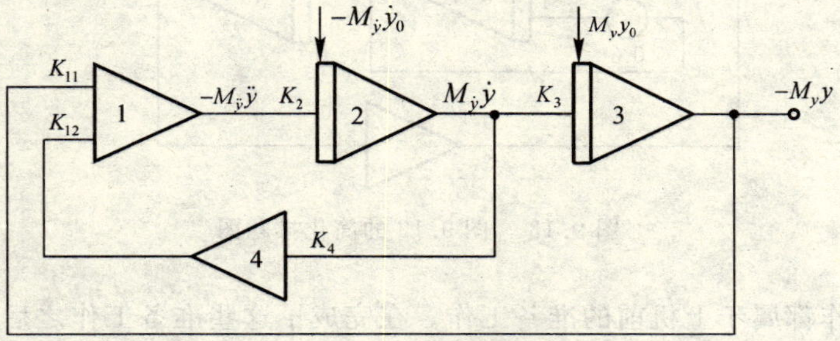

图 9.11　式(9.22) 所示系统的模拟结构图

2) 计算传递系数。先计算幅度比例尺，由于机器采用 100 V 制，由式(9.15) 得

$$M_y=E/y_m=100/2=50\ \text{V/m}$$

$$M_{\dot{y}}=E/\dot{y}_m=100/10=10\ \text{V}\cdot\text{m}^{-1}\cdot\text{s}$$

$$M_{\ddot{y}}=E/\ddot{y}_m=100/40=2.5\ \text{V}\cdot\text{m}^{-1}\cdot\text{s}^2$$

再利用式(9.21) 计算传递系数，则有

$$K_{11}=\frac{M_{\ddot{y}}}{M_y}\times b=\frac{2.5}{50}\times 16=0.8,\quad K_{12}=\frac{M_{\ddot{y}}}{M_{\dot{y}}}\times a=\frac{2.5}{10}\times 3=0.75$$

$$K_2=\frac{M_{\dot{y}}}{M_{\ddot{y}}}\frac{1}{M_t}=\frac{10}{2.5}\times\frac{1}{5}=0.8,\quad K_3=\frac{M_y}{M_{\dot{y}}}\frac{1}{M_t}=\frac{50}{10}\times\frac{1}{5}=1$$

$$K_4=\frac{M_{\dot{y}}}{M_{\dot{y}}}=1$$

3) 计算初始电压。由图 9.11 可以看出，积分器 2 和 3 的初始电压分别为

$$M_{\dot{y}}\dot{y}_0=10\times(-0.64)=-6.4\ \text{V},\quad M_y y_0=50\times 2=100\ \text{V}$$

4) 画排题图。计算出传递系数的初始电压之后，根据模拟机的机型，取用必要的系数器，然后把它们统统标注在模拟结构图上，形成如图 9.12 所示的排题图。

若将图 9.12 中的 1 号加法器和 2 号积分器合并，可得到简化的模拟结构图，如图 9.13 所示。显见，图 9.13 只能求出变量 e_y 及 $e_{\dot{y}}$。

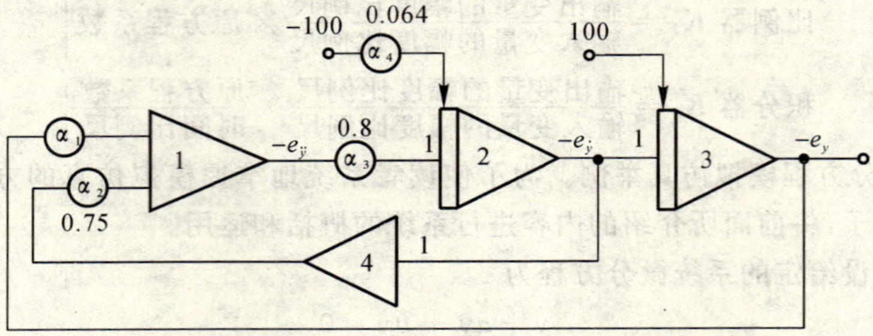

图 9.12　式(9.22)所示系统的排题图

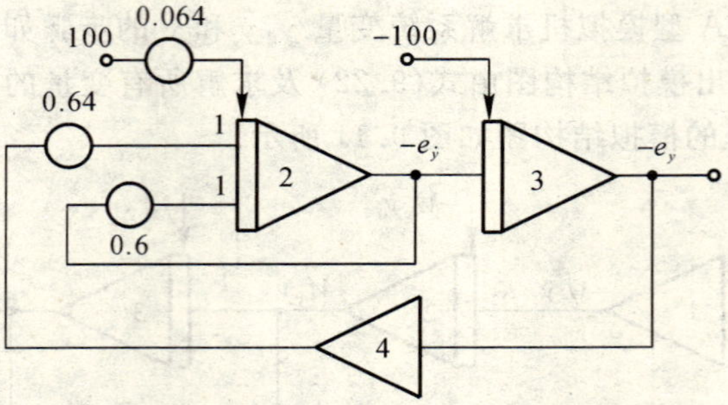

图 9.13　图 9.12 的简化排题图

上述四项工作都属于上机前的准备工作。在完成了这些准备工作之后，就可以到模拟机上进行排题和运算了。

5）排题与校验。按照排题图，在排题板上选取相应的运算部件，并逐个连接，从而在模拟机上组成了系统的仿真模型。然后，调整运算放大器的零点，设置系数器的系数，引入初始条件，并检查排题和系数设置是否正确。

6）解题运算。在做完上述工作之后，就可以进行正式运算，并记录输出曲线。

7）仿真曲线的坐标变换。为进行数据分析，必须将模型变量的实验曲线转换成原型变量的变化曲线，因此要对仿真曲线进行坐标变换。即，根据变量的比例变换关系，将实验曲线的坐标轴标尺进行相应的变换。具体为，时间坐标轴根据 $t=\tau/M_t$ 的关系进行转换；纵坐标依照幅度变换关系进行转换，即

$$\ddot{y}=\frac{e_{\ddot{y}}}{2.5},\quad \dot{y}=\frac{e_{\dot{y}}}{10},\quad y=\frac{e_y}{50}$$

8）仿真结果分析。根据实验仿真曲线，分析系统的动态响应性能。若仿真目的是求系统的最佳特性或确定满足性能指标的参数取值范围，可改变实验条件，反复进行仿真运算。通过对一系列仿真实验结果的分析，找出满足要求的一组参数和结构形式。

9.2.5　模拟仿真中的结构模拟法

结构模拟法是研究线性系统的重要方法。这种方法的实质是利用模拟运算器构成系统的各个典型环节的结构模拟单元，然后按照结构图关系构成模拟仿真系统，从而实现仿真的目的。

(1) 结构模拟单元的建立。模拟自动控制系统典型环节的线路称为结构模拟单元。它是

通用运算部件的组合。下面只介绍两个具有代表性的典型环节的模拟单元建立过程,其他环节不再介绍。

1）惯性环节。惯性环节的传递函数为

$$G(s)=\frac{X_2(s)}{X_1(s)}=\frac{K}{Ts+1} \tag{9.23}$$

将上式写成算子形式,则有

$$G(P_t)=\frac{x_2(P_t)}{x_1(P_t)}=\frac{K}{TP_t+1} \tag{9.24}$$

设时间比例尺为 M_t, $x_1(t)$, $x_2(t)$ 的幅度比例尺分别为 M_1 和 M_2,于是有

$$P_t=M_tP_\tau,\quad u_1=M_1x_1,\quad u_2=M_2x_2$$

将上述关系式代入式(9.24),得

$$\frac{u_2/M_2}{u_1/M_1}=\frac{K}{TM_tP_\tau+1}$$

则

$$\frac{u_2}{u_1}=\frac{M_2/M_1\ K}{TM_tP_\tau+1} \tag{9.25}$$

将式(9.25)变成降阶法排题的形式,即

$$P_\tau u_2=\frac{M_2}{M_1M_t}\frac{K}{T}u_1-\frac{1}{M_tT}u_2 \tag{9.26}$$

由式(9.26)可画出模拟结构图如图 9.14 所示。根据图 9.14,可列出下述方程(称为传递方程)

$$P_\tau u_2=K_1u_1-K_2u_2 \tag{9.27}$$

比较式(9.26)与(9.27),可求出传递系数 K_1, K_2 为

$$K_1=\frac{M_2K}{M_tM_1T},\quad K_2=\frac{1}{M_tT}$$

若幅度比例尺 $M_1=M_2$,则

$$K_1=\frac{K}{M_tT},\quad K_2=\frac{K}{M_tT}$$

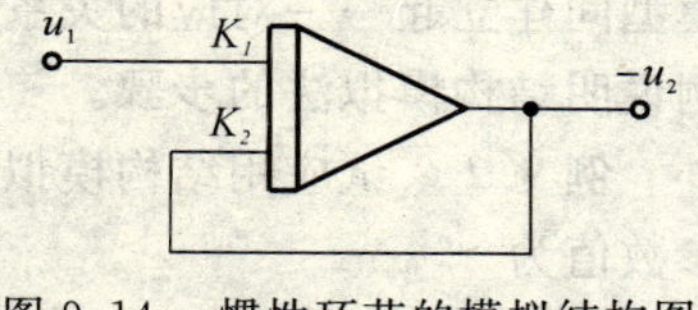

图 9.14　惯性环节的模拟结构图

2）振荡环节。振荡环节的传递函数为

$$G(s)=\frac{X_2(s)}{X_1(s)}=\frac{K}{T^2s^2+2\xi Ts+1} \tag{9.28}$$

将上式转化为用算子表示的微分方程

$$P_t^2x_2+\frac{2\xi}{T}P_tx_2+\frac{1}{T^2}x_2=\frac{K}{T^2}x_1 \tag{9.29}$$

取时间比例尺为 M_t,幅度比例尺为 M_1, M_2,代入式(9.29),得到

$$P_\tau^2u_2=\frac{M_2K}{T^2M_t^2M_1}u_1-\frac{2\xi}{TM_t}P_\tau u_2-\frac{1}{T^2M_t^2}u_2 \tag{9.30}$$

式(9.30)的模拟结构图如图 9.15 所示。

根据图 9.15 得传递方程

$$P_\tau^2u_2=K_1u_1-K_2K_5u_2-K_3\dot{u}_2 \tag{9.31}$$

式(9.31)中没有反映出传递系数 K_4,为此,将式(9.31)改写成 $P_\tau\dot{u}_2=K_1u_1-K_2K_5u_2-K_3\dot{u}_2$,由图 9.15 可得

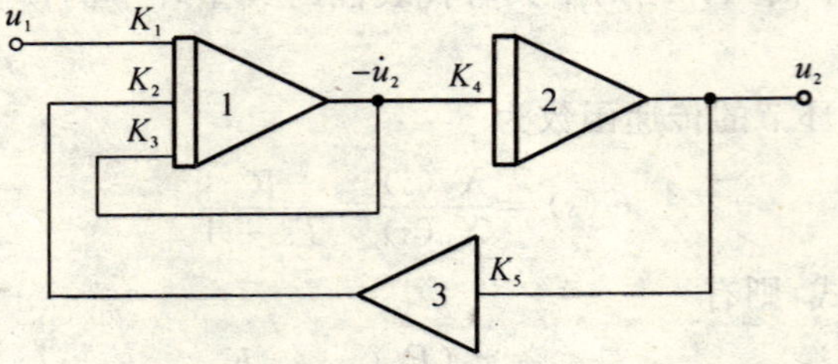

图 9.15　振荡环节的模拟结构图

$$\dot{u}_2=\frac{P_\tau}{K_4}u_2 \tag{9.32}$$

将式(9.32) 代入式(9.31) 并进行整理得

$$P_\tau^2 u_2=K_1K_4u_1-K_2K_4K_5u_2-K_3\dot{u}_2 \tag{9.33}$$

比较式(9.30) 与(9.33),得传递系数

$$K_1K_4=\frac{M_2K}{M_1M_t^2T^2},\quad K_2K_4K_5=\frac{1}{M_t^2T^2},\quad K_3=\frac{2\xi}{M_tT}$$

各传递系数的数值取定,只要满足上式即可。

通过上述两个典型环节结构模拟单元的建立,可以归纳出建立结构模拟单元的方法为:① 将传递函数转换成用算子 P_t 表示的微分方程;② 引入幅度比例尺和时间比例尺得到模拟方程;③ 绘制模拟结构图;④ 利用对比法求出传递系数 K_i。

(2) 利用结构模拟法进行实际系统的模拟仿真。应用结构模拟法可以在系统模型和仿真模型间建立起一一对应的关系,从而达到以结构图形式直接进行模拟仿真的目的。下面,以实例说明结构模拟法的步骤。

例 9.2　试应用结构模拟法对如图 9.16 所示的小功率随动系统进行模拟仿真。图中各参数值为

$$K_\theta=1\ \text{V/(°)},\quad K_1=200\ \text{V/V},\quad K_2=2(°)\cdot\text{V}$$
$$T_1=0.01\ \text{s},\quad T_2=0.04\ \text{s},\quad K_t=0.06\ \text{V}\cdot(°)^{-1}\cdot\text{s}$$

且已知图中各变量最大值为

$$\theta_{im}=5°,\quad E_m=5\ \text{V},\quad u_m=1\ 000\ \text{V},\quad \dot{\theta}_m=1\ 000\ °/\text{s},\quad \theta_{om}=10°$$

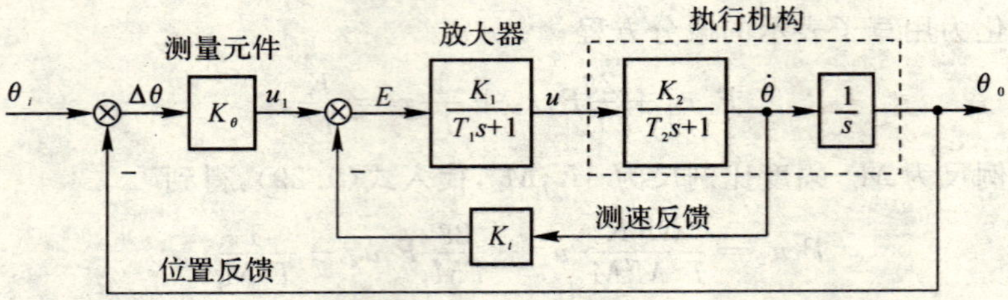

图 9.16　小功率随动系统结构图

解　应用结构模拟法模拟该系统的基本步骤如下:

1) 对原系统结构图进行适当的等效变换。在给出的系统结构图中,各传递函数的模拟单元可在"常用传递函数结构模拟单元表"中查到。若查不到,就需要进行结构图的等效变换。

比外，若结构图中有微分环节，也应通过结构图的等效变换将其消除掉。

为计算传递系数方便起见，将图 9.16 等效变换如图 9.17 所示。

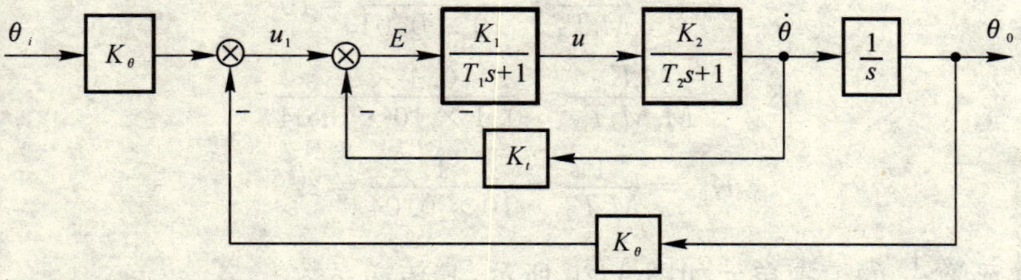

图 9.17　图 9.16 的等效结构图

2）确定比例尺。若事先对各个环节输入、输出的最大值很难估计，可先取所有的幅度比例尺在数值上均相等。本例已给出了各环节输入、输出的最大值，则相应变量的幅度比例尺可确定为

$$M_{\theta_I}=\frac{100}{\theta_{im}}=\frac{100}{50}20\ \text{V}/(^\circ),\quad M_E=\frac{100}{E_M}=\frac{100}{5}=20\ \text{V/V}$$

$$M_u=\frac{100}{u_m}=\frac{100}{1\,000}=0.1\ \text{V/V},\quad M_{\dot{\theta}}=\frac{100}{\dot{\theta}_m}=\frac{100}{1\,000}=0.1\ \text{V}\cdot(^\circ)^{-1}\cdot\text{s}$$

$$M_{\theta_0}=\frac{100}{\theta_{om}}=\frac{100}{10}=10\ \text{V}/(^\circ)$$

由于小功率随动系统响应速度较快，通常 M_t 在 5 ～ 10 范围内取值。这里取 $M_t=10$。

3）选择模拟单元并计算传递系数：

ⅰ. 综合点的模拟单元可用加法器实现，如图 9.18 所示。图 9.18(b) 中各传递系数的计算可直接应用式(9.21)，则有

$$K_{11}=\frac{M_E}{M_{\theta_i}}\times K_\theta=\frac{20}{20}\times 1=1,\quad K_{12}=\frac{M_E}{M_{\theta_0}}\times K_\theta=\frac{20}{10}\times 1=2$$

$$K_{13}=\frac{M_E}{M_{\dot{\theta}}}\times K_t=\frac{20}{0.1}\times 0.06=12$$

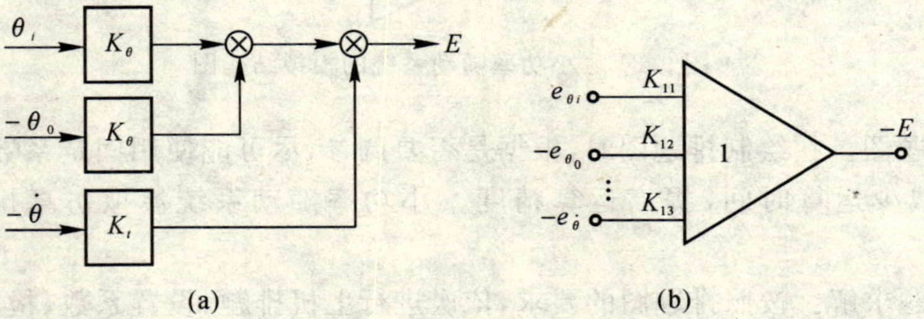

图 9.18　综合点的结构模拟单元

(a) 综合点；(b) 模拟结构图

ⅱ. 传递函数。$\frac{K_1}{T_1s+1}\frac{K_2}{T_2s+1}$ 为两个惯性环节串联，其模拟结构图亦为两个惯性环节的模拟单元相串联，如图 9.19 所示。图中，各传递系数分别计算如下

$$K_{21}=\frac{M_uK_1}{M_EM_tT_1}=\frac{0.1\times200}{20\times10\times0.01}=10$$

$$K_{22}=\frac{1}{M_tT_1}=\frac{1}{10\times0.01}=10$$

$$K_{31}=\frac{M_{\dot\theta}K_2}{M_uM_tT_2}=\frac{0.1\times2}{0.1\times10\times0.04}=5$$

$$K_{32}=\frac{1}{M_tT_2}=\frac{1}{10\times0.04}=2.5$$

ⅲ. 传递函数$\frac{1}{s}$的模拟单元如图 9.20 所示,其传递系数

$$K_{41}=\frac{M_{\theta_0}}{M_{\dot\theta}}\frac{1}{M_t}=\frac{10}{0.1}\times\frac{1}{10}=10$$

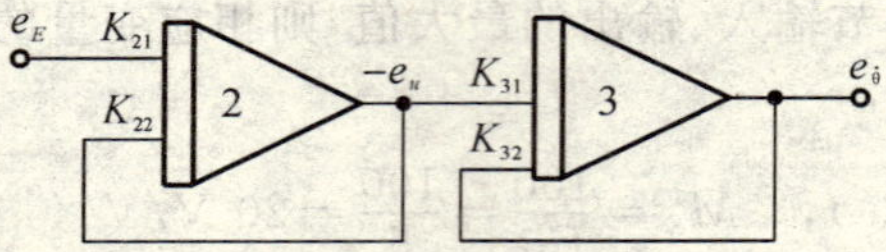

图 9.19　$\frac{K_1K_2}{(T_1s+1)(T_2s+1)}$的模拟结构图

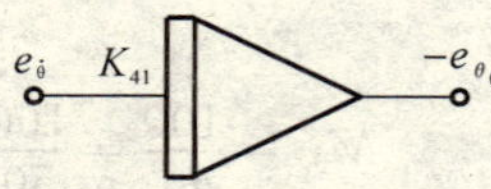

图 9.20　$\frac{1}{s}$的模拟结构图

4) 绘制模拟结构图。将各模拟单元按照结构图的功能关系连接起来,即构成小功率随动系统的模拟结构图,如图 9.21 所示。图中,为了保证系统为负反馈,在主反馈回路中设置了一个反号器,其传递系数 $K_{51}=1$。

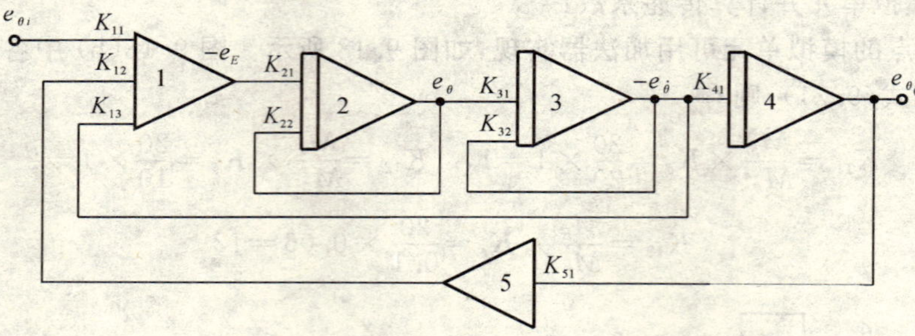

图 9.21　小功率随动系统的模拟结构图

5) 绘制排题图。在绘制排题图时,根据是否要调参,尽可能使用固定系数,以减少系数器的数量,从而减少运算时间,提高运算精度。小功率随动系统模拟仿真排题图如图 9.22 所示。

6) 上机排题求解。按照排题图的要求,依次进行上机排题、设置系数、检验和试运算等工作。试运算完成之后,就可以正式解题并记录。将测得的输出电压除以幅度比例尺,即可得到实际系统相应变量的输出值。详细过程与上节所取例子类同,这里不再重复。

模拟仿真的内容非常丰富,其应用领域也很宽阔,除了可以用来研究线性和非线性控制系统外,还可以用来求解偏微分方程系统、多变量控制系统等问题。此外,应用模拟仿真技术还可以进行系统参数优化和函数优化,担负部分非工程性问题的仿真研究工作等。鉴于篇幅有限,本书只介绍了模拟仿真中两种最基本的方法。

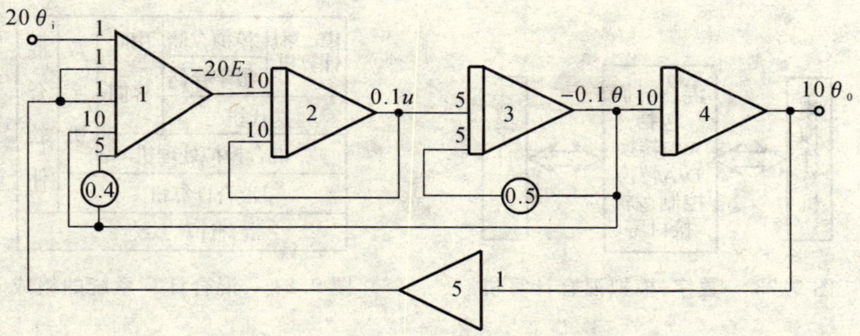

图 9.22 小功率随动系统排题图

9.3 混合仿真技术及其应用

9.3.1 混合计算机及组成

混合计算机是将模拟计算机及数字计算机结合起来构成的混合仿真系统。它有两种形式:一种是在普通模拟计算机的基础上,增加一些数字逻辑功能和存储元件,使之成为混合模拟计算机;另一种是通过一个中间界面将一台数字机与一台模拟机连接起来,组成一个新的计算系统,称为数字-模拟混合计算机。

(1) 混合模拟计算机。混合模拟计算机由于采用了数控技术和模拟存储技术,从而改进了普通模拟机的两个突出弱点(缺乏逻辑和数据存储功能),工作状态切换为手动控制。

混合模拟计算机的主要部件包括:可独立数字控制积分器和开关加法器、模拟存储器(跟踪保持器)、模拟比较器、模拟开关、通用数字逻辑部件(如门电路、解发器)等。

混合模拟计算机像数字计算机一样按程序工作。它包含一组按时序操作的子程序,这些子程序可以实现一次或多次模拟循环。典型的模拟运算循环是由下列操作组成的。① 转换一组数控积分状态(例如由设置到计算);② 转换一组模拟存储状态(例如由跟踪到保持);③ 修改参数值或设置新的初始值;④ 切换内部连接,即改变被仿真系统的结构。

混合模拟计算机具有普通模拟机所没有的两个优点:其一,因为它增加了存储电路,可将一次仿真试验运算结果存储起来,并在下一次仿真时用来"自动"改变参数。这样,就克服了每次试验中普通模拟机手动调参的缺点,充分发挥了模拟机高速运算的特点,实现了迭代运算。高速迭代运算是混合模拟计算机的主要优点,故又称混合模拟计算机为迭代模拟计算机。其二,混合模拟计算机不仅在两次仿真试验间可高速自动改变系统参数,而且在仿真试验过程中可以改变动态系统的参数与结构。因而很适于进行时变系统及自适应控制系统的仿真研究。

(2) 数字-模拟混合计算机。数字-模拟混合计算机由 3 个部分组成:数字计算机、模拟计算机及中间界面,其系统框图如图 9.23 所示。

为了保证数字-模拟混合计算机能高效地工作,一般都配置有相应的混合系统软件。这种模拟机、数字机硬件和软件有机组合构成了混合计算系统,如图 9.24 所示。

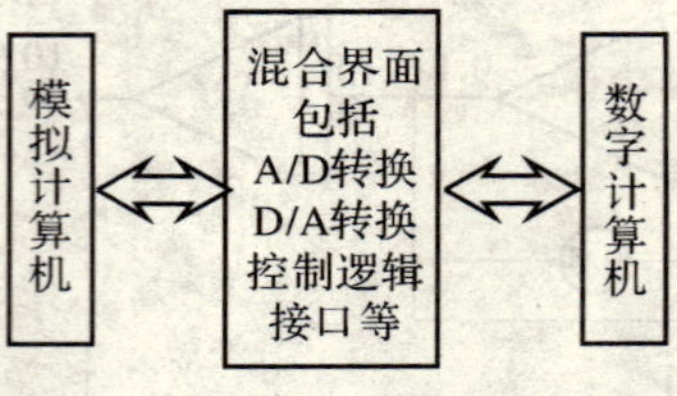

图 9.23　数字-模拟混合计算机

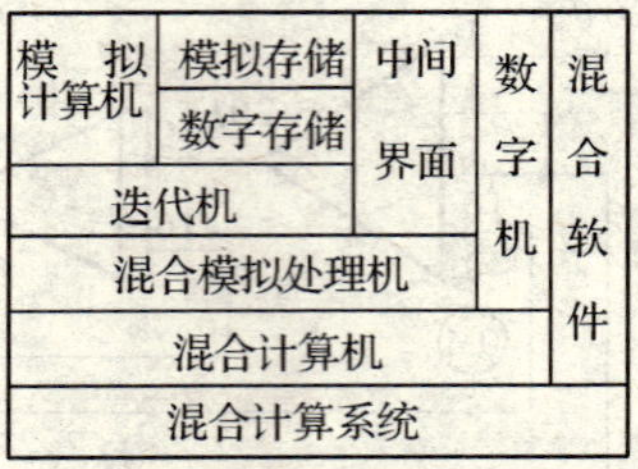

图 9.24　混合计算系统的组成

现代混合计算机已发展成为一种混合多处理机系统，它包含一台超小型计算机、一至多台外围阵列处理机、几台具有自动排题能力的模拟处理机。在各类处理机之间，通过一个混合分时接口完成数据和控制信号的通信。

9.3.2　混合仿真过程及实例

(1) 混合仿真的一般执行过程。混合仿真的大致过程如下。

1) 分析确定问题，选择求解方法：① 建立系统数学模型；② 确定仿真研究中的变化参数；③ 选择混合求解方法；④ 确定在模拟机和数字机上的任务配置。

2) 脱机准备：① 选择比例尺；② 确定静态较准值；③ 设计模拟程序框图并进行模拟计算元件的配置；④ 中间界面的连接及配置；⑤ 数字程序设计。

3) 联接准备和操作：① 编排模拟程序，进行界面连接；② 输入数字程序；③ 读入数字部分的计算参数及模拟部分的系统设置子程序；④ 对模拟编排及界面连接进行校验。

4) 仿真研究：① 混合运算、改变参数、问题终结；② 运算过程的监视和诊断；③ 运算过程的数据处理及文件整理。

5) 仿真结果分析：① 模型应用评价；② 计算方法评价；③ 调整模型及计算方法，视需要重复至第 2) 或第 3) 步骤。

(2) 混合仿真应用举例。

例 9.3　热连轧机张力计算机控制系统的混合仿真。

假定热连轧机由若干个机架组成，每个机架由一台直流电动机驱动，每台轧辊上装有一个测压器，用以量测轧制力。轧制时的张力控制由一台过程控制计算机来完成。其控制原理图如图 9.25 所示。

图中：G 为轧制力矩；P 为轧制力；“A”为钢材进入第 1 机架时无前张力，又无后张力的情况；“B”为钢材进入第 2 机架时，具有无张力情况。试用混合仿真方法对上述控制过程进行仿真。

解　对该系统进行混合仿真的步骤如下。

1) 建立系统的数学模型。它主要包括：轧制力 P、轧制力矩 G 张力 T 的计算模型，轧机电机速度控制系统的数学模型，钢型在机架之间的传递延滞模型。这里仅列出部分模型。

轧制力矩

$$G_{1D}=K_1\,\frac{u-IR}{n}I-K_2\,\frac{\mathrm{d}n}{\mathrm{d}t}-K_3n-K_4$$

式中，R 为电动机电枢电阻；u,n,I 为分别为第一台电动机的电压、转速和电流；$K_1,K_2,K_3,$

K_4 为常系数。

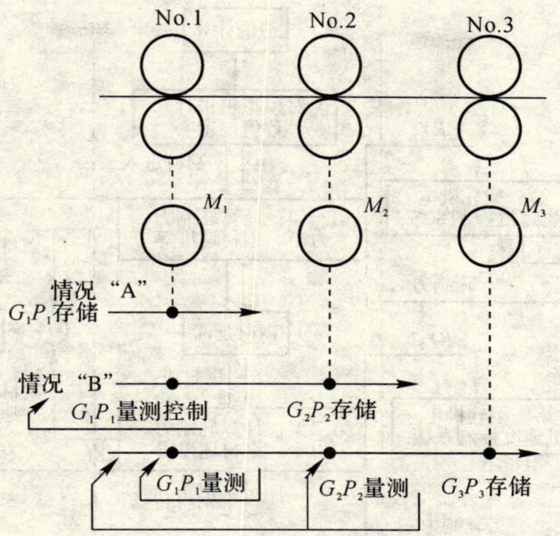

图 9.25　张力计算机控制原理图

电动机速度调整

$$\Delta n_1 = g_1(G_{1M}P_{1D}/P_{1M} - G_{1D}),\quad \Delta n_2 = g_2(G_{2M}P_{2D}/P_{2M} - G_{2D})$$

式中，G_{1M}，P_{1M} 为“A”情况下的轧制力矩 G_{1D} 和轧制力 P_{1D} 的存储值；G_{2M}，P_{2M} 为钢材进入第 2 架时的 P_{2D}，G_{2D} 的存储值。P_{1D}，G_{2D} 为分别为“A”情况和钢材进入第 3 架时的轧制力。

2）分配模拟机和数字机所承担的任务。根据模拟机“并行”高速运算的特点，其担负的任务为：① 对各台轧机的电机速度控制系统微分方程的求解；② 计算各机架间的张力。

数字计算机可完成如下任务：① 不断计算轧制力 P 和轧制力矩 G（为非线性代数方程）；② 计算钢材任务；③ 计算钢材的机架间的传递延滞；④ 控制模拟机状态；⑤ 轧机电机速度调整；⑥ 模拟机初始值设置及参数修改。

3）绘制两个机架张力控制的混合仿真流程图（如图 9.26 所示）。

4）按照仿真流程图编制混合仿真程序。

5）运行仿真程序。

6）输出仿真结果并进行分析研究。

3．实用混合仿真系统及应用

（1）系统配置及其功能。实用混合仿真系统由 Compaq 486/50M 微型机、国产 DMJ—3B 模拟机、中间界面（中间接口）、外围设备以及支持软件适配而成，它的组成框图如图 9.27 所示。

系统硬件包括模拟机、中间接口（实时接口）、数字机及外设四大部分。中间接口是 A/D，D/A，DI 和 DO 及端子箱的统称。中间接口组成框图如图 9.28 所示。

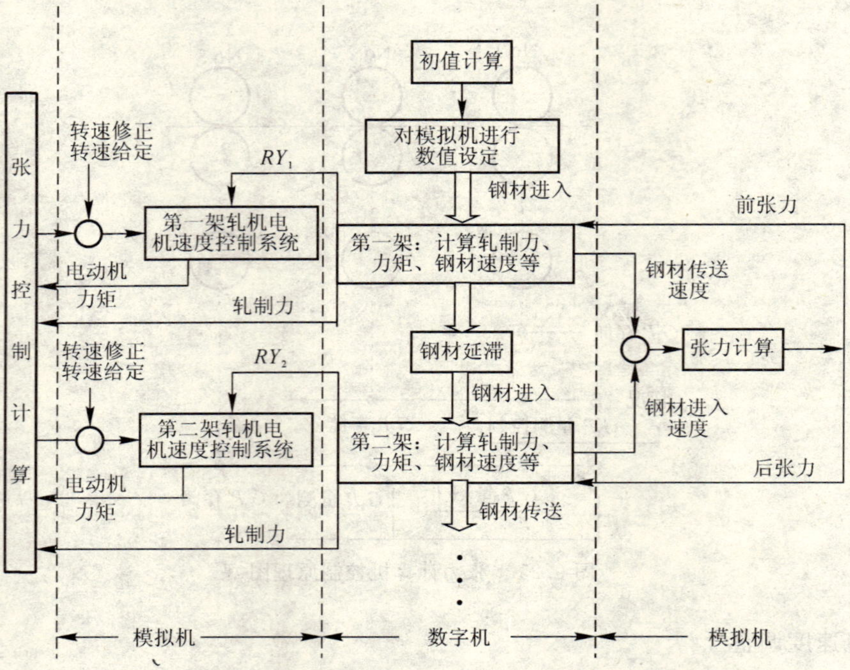

图 9.26　张力计算机控制的混合仿真流程图

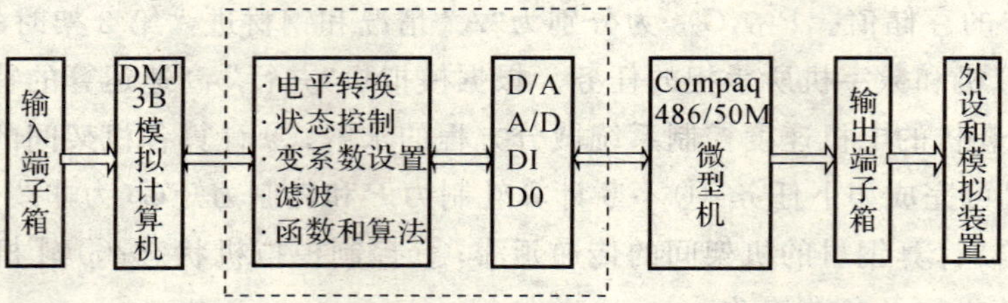

图 9.27　实用混合仿真系统组成框图

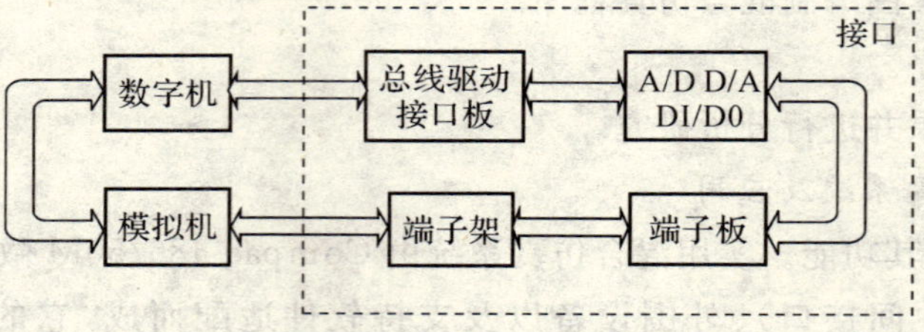

图 9.28　实用混合仿真系统中间接口组成框图

系统软件包括管理软件和应用软件两大部分：① 管理软件由管理窗口和管理函数构成，采用彩色页面下拉式菜单技术设计，具有较强的人-机交互方式。管理软件实现对整个系统的管理控制和调度。② 应用软件的功能是进行仿真运算，仿真方法采用面向框图的模块化设计方法。应用软件不仅为系统提供标准仿真模块，还能完成模型与中间接口之间的数据传递和转换。此外，应用软件还提供了标准输入信号供用户选择。

整个系统软件全部采用 C 语言编写，其设计流程图如图 9.29 所示。

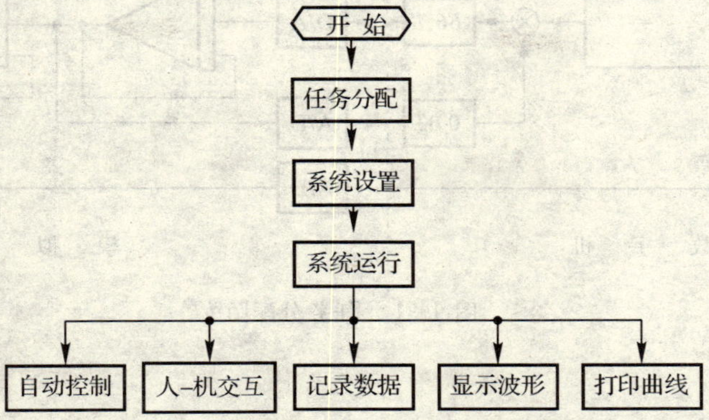

图 9.29　实用混合仿真系统软件设计流程图

实用混合仿真系统依靠软件和硬件的合理配置，使系统具有较强的功能。即，能单独进行数字仿真、模拟仿真和混合仿真；能实现时变系统、多速率采样系统以及多变量控制系统的仿真；尤其是能直接连接物理系统，方便地构成半实物仿真系统。

(2) 应用举例：

例 9.4　已知数字调速系统如图 9.30 所示。图中 ω_i 及 ω_0 分别为系统的给定速度和实际输出速度。当 $\omega_i(t)=1(t)$ 时，应用混合仿真方法求其响应结果。

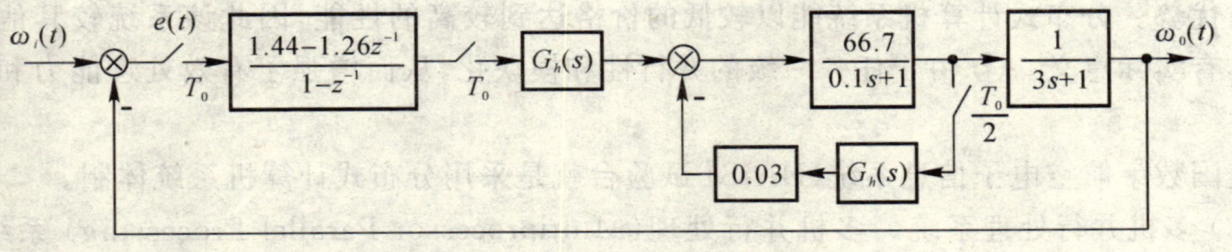

图 9.30　多速率调速系统结构图

解　本题为多速率采样数字控制系统混合仿真，求解步骤如下：

1) 任务分配：根据数字控制系统的特点，数字机和模拟机在混合仿真中承担的任务分配如下：数字机主要承担数字控制器(即离散部分)的解算任务，而模拟机则负责进行连续部分的计算(即对具有模拟量输入与输出的调速系统进行模拟)。其混合仿真任务分配框图如图 9.31 所示。

2) 模拟机排题，设置参数，系统检查。

3) 数字机排题，即建立系统数字部分的仿真模型。

4) 设置采样周期。由于实用混合仿真系统具有多速率选择的功能，可以很容易地确定相应模块的采样周期。

5) 混合仿真系统运行，输出仿真结果。

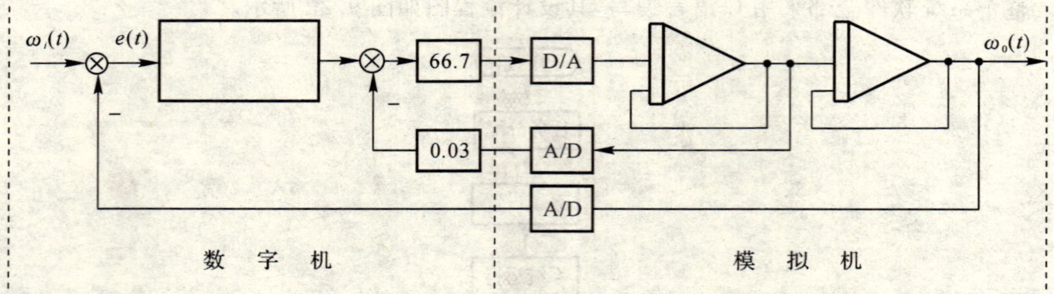

图 9.31　任务分配图

9.4　数字仿真及应用

9.4.1　仿真数字机的结构体制

目前,仿真数字机系统的结构体制有:分布式计算机系统,并行处理机系统,超小型十外围阵列处理机(PAP)及混合计算机系统等。

(1) 分布式计算机系统。分布式计算机系统是分布式计算机与仿真技术相结合的产物。其主要特点是:① 可以实现资源共享,包括程序和数据的共享。② 可靠性高。当系统内部出现故障时,可用增加冗余度的方法来解决。这样可使系统故障由于足够的冗余度而进一步减少或以功能降级方式运行。同时,还可以对故障加以隔离,以达到高可靠性。③ 性能价格比明显占优势。分布式计算机系统能以较低的价格达到较高的性能,因此该系统较其他常用方法更具有实际意义。④ 由于任务一级的并行性和模块化,从而增强了有效处理能力和规模灵活性。

美国数字航空电子信息系统(DAIS) 试验台就是采用分布式计算机系统体制。

(2) 多机并行处理系统。多机并行处理(Multiprocessor Parallel Processing) 系统,是指用两部或多部独立的处理机同时执行两个以上的程序,以达到高速完成同一处理任务的计算机系统。这里的处理机一般定义为能译码和执行指令的部件。若处理机功能结构相同,则称为同构的,否则称为异构的。多机并行处理系统的结构如图 9.32 所示,它实现了各处理机间用高速总结连接,一台控制机实施全面控制、管理和调用程序,其余各处理机是相互独立并行工作的。

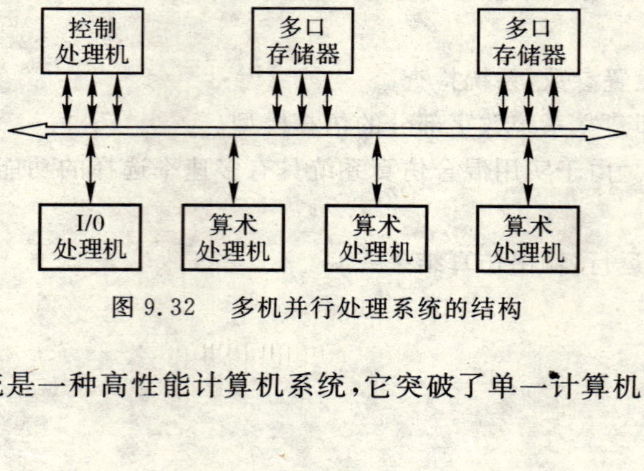

图 9.32　多机并行处理系统的结构

多机并行处理系统是一种高性能计算机系统,它突破了单一计算机的速度极限,具有高的性价比、灵活的系统扩充性、良好的可靠性和容错性等优点。自 20 世纪 70 年代以来，这种系统引起了国内外的高度重视，已在实时仿真和实时控制等方面取得了极好的应用效果。

值得提及的是，我国国防科技大学于 1993 年研制的银河 Ⅱ 型仿真计算机 YH—F2 就是一种典型的异构多机系统，该系统以其高性能的硬件系统和内容丰富、功能强大的软件系统，保证了实时或超实时仿真的快速性，提供了一个优良的实时仿真环境。

(3) 超小型计算机＋外围阵列处理机。自 1978 年 DECVAX 超小型计算机问世以来，由于它在体系结构上引进了大型机中的高速缓存、高速浮点运算部件、虚拟存储等先进技术，采用了 32 位字长，因此在处理能力、精度及应用覆盖面上都超过了经典的小型计算机，得到了迅速的发展。

外围阵列处理机(PAP) 具有用于阵列处理或采用阵列结构的特点，同时又都要求一个常观计算机支持，类似于两个处围设备，由此得名。

实践证明，用超小型计算机加上外围阵列处理机(Supermini ＋ PAP) 组成的仿真计算机系统具有很好的性价比，因而被广泛采用。

美国 ADI 实时仿真公司的 AD—10(1978 年研制) 产品，是第一台 PAP 型仿真计算机。它是一个多处理机系统，具有很强的功能。可用于求解 200 阶以上的微分方程，自然频率为 1 ～ 10^5 Hz，算术运算操作速度可达 3 000 万次 /s。而该公司于 1980 年推出 System 10，是一种全并行数字仿真机计算系统，它由 AD—10 和超小型计算机 VAX 11/780 以及模拟程序设计系统 MPS 10 组成。System 10 的仿真能力和速度可与巨型亿次机相匹敌，而价格仅为它们的 1/6 ～ 1/10。为了克服 System 10 的缺点，ADI 公司于 1986 年又开发出了 System 100，该系统具有通用的科学计算能力，为该系统配置的 Fortran/AD，使用户如同使用通过计算机一样，可利用 FORTRAN 语言进行科学计算。

(4) 混合计算机系统。现代混合计算机是一种混合的多处理机系统。它的体制是一台或多台超小型计算机＋外围阵列处理机＋模拟处理机以及它们之间的混合分时接口。这种混合计算机处理系统速度可达 10^8 操作次数 /s，性能高，功能强，但系统复杂而价格昂贵。因此，目前仅用于一些复杂的大型系统仿真。如美国大型飞行仿真实验室于 1982 年就安装了一套混合计算机系统，它包括超小型机 SEL 32/7780(双处理机)、外围阵列处理机 CSPIVP 3300 以及三台模拟处理机 EA 2781。该系统的采样周期 40 ms，在一个采样周期内完成 200 个系统变量的处理和近 200 个气动函数的计算能力。

9.4.2　仿真数字机的选型

仿真计算机系统的选型对于仿真质量和经济效益尤为重要。整个选型过程始终围绕着仿真逼真度、实时性要求并取决于仿真对象及任务的具体情况。下面，以典型飞行控制系统仿真为例，说明这个问题。

(1) 飞行控制系统数字仿真对计算机的要求。飞行控制系统通常是包括飞行员在内的半物理仿真。它要求计算机的执行时间与被仿真的飞行过程时间一致，即必须能够连续重复确定飞机的位置、姿态、速度、加速度、气动及环境参数，并能实时地复现飞机姿态随舵偏角的变化。典型飞行控制系统数字仿真框图如图 9.33 所示。

为满足上述实时要求，除开发软件外，还必须充分提高数字机的运算速度，以改善频率响应特性。由于数字机的操作是串行的，则在分时仿真系统操作方式下，给定微分方程的所需处理时间 T_s 为

$$T_s = N_i T(I) + \sum_{j=1}^{N_F} T(F_i) \tag{9.34}$$

式中，N_i 为积分操作任务数；N_F 为其他操作任务数；$T(I)$ 为积分操作所需时间；$T(F_i)$ 为其他操作所需时间。

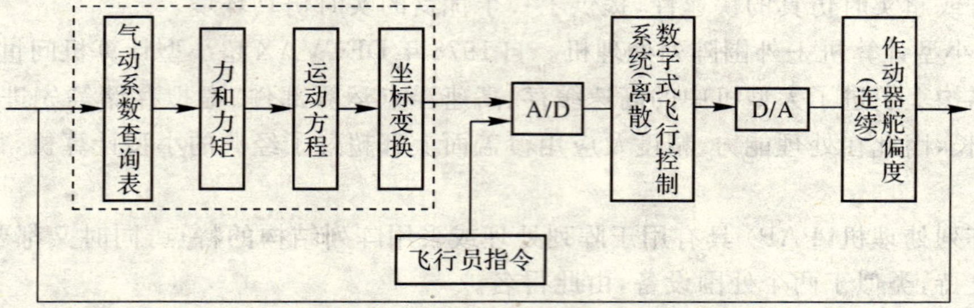

图 9.33　典型飞行控制系统数字仿真框图

超小型和微处理的发展运用了并行处理技术，使多任务操作方式下的仿真得以实现。这时，微分方程可以划分为积分和导数计算两部分，其处理时间 T_P 可表达成可用计算机性能，即

$$ACP = R \cdot O \cdot I \cdot S \cdot F(\text{次基本操作}/\text{s}) \tag{9.35}$$

式中，R 为实时系数(全实时为 1)；O 为每个积分步长所要求的操作数，$O = n^{3/2}$(n 为微分方程的阶数)；I 为积分方法要求求导数的计算次数；S 为 0.1% 动态精度所要求的每周采样次数；F 为系统最高频率。

对于典型的主动控制、数控电传、参数优化的飞行控制系统，上述各参数分别为 $n = 200$，$F = f_{\max} = 100$ 周/s，取 $R = 1$，$I = 4$，$S = 20$，根据式(9.35)得系统的可用计算机性能

$$ACP = 2.3 \times 10^7 \quad \text{次基本操作}/\text{s}$$

所求出的可用计算机性能 ACP，就是上述典型飞行控制全实时数字仿真选择机型的依据，即对仿真计算机的最终要求。

(2)电传飞行控制系统的仿真计算机系统配置。根据以上分析，对于电传飞行控制系统，可初步提出以下四种仿真计算机系统配置方案：①超小型机 VAX—11/782＋外围阵列机 System 10 plus；②超小型机 VAX—11/780＋外围阵列机 System 10 plus；③超小型机 VAX—11/780＋外围阵列机 AP120B；④超小型机 Harris 1000＋外围阵列机 AP120B。

将四种方案进行分析比较后，选择第二种配置方案比较理想。这是因为这种方案不仅性价比比较合适(主机处理速度 3×10^7 操作次数/s，大于可用计算机性能 ACP)，而且其硬件和软件的配套也很成熟。

当然，上述选型主要是按照性价比进行的。除此之外，还应当考虑计算机精度、存储容量、软件配制、仿真计算机的利用率以及国产化等因素。

9.4.3　分布式仿真与高层体系结构

(1)引言分布式仿真是一种发展较晚的计算机仿真方法与技术。从 1983 年美国制定的 SIMNET 研究计划启动至今，分布式仿真走过了 4 个发展阶段(SIMNET 研制和使用、DIS 研制及应用、ALSP 研制与使用和 HLA 研究使用)，目前已进入 HLA 拓展阶段。

(2)SIMNET。SIMNET 是按在 SIMNET，在 SLAM 基础上发展起来的支持分布式仿真的一种仿真语言和系统，其突出特点是可将分散在异地的各仿真器用计算机网络联接起来，进

行各种复杂任务的模拟训练，演示验证实时联网的人在回路中的作战仿真和作战演习的可行性，以及为其他分布式仿真创建良好的仿真环境。到 20 世纪 80 年代末 SIMNET 计划结束时，已发展成具有 260 个地面车辆仿真器和飞机飞行仿真器、通信网络、指挥所和数据处理设备等互联的网络，分布在美国和德国的 11 个城市。

SIMNET 的应用过程基本可分四部分：①问题的提出和制定目标及项目计划；②建立对象的仿真模型，搜集数据建立 SIMNET 仿真模型，进行验证和确认；③确定试验条件，运行模型并进行性能测度；④判断是否进一步运行和实现。

(3)DIS。在 20 世纪 80 年代后期，在 SIMNET 的基础上发展了异构性网络互联的分布式交互仿真技术，即 DIS。所谓分布式交互仿真就是通过计算机网络将分散在不同地点的软、硬设备及有关人员联系起来，在人工合成的电子环境中交互地进行仿真试验的一种综合性仿真环境。在这个仿真环境中，参与者可以自由地交互作用，完成军事人员的训练、战术演练的有效性验证与评估武器系统性能分析与评价等任务。

从物理构成来看，DIS 系统由仿真节点和计算机网络两大部分组成。仿真节点的功能为：实现本节点的仿真功能，计算各节点内部的一个或多个仿真实体的状态，并把这些状态及其内部事件通知其他节点；接收其他节点发送来的状态和事件信息，并计算这些信息对本对点的影响。计算机网络则将分布在不同地域的仿真结构连接起来，通常采用的互联设备有局域网、广域网、网桥、路由器及网关等。

若根据组成单元的性质来划分，DIS 系统包括下述三部分：①虚拟部分：指有人参与的各种仿真器(包括 CGF)；②构造部分：指完全由计算机生成的仿真应用，如模型、模拟军事演习、分析工作等；③真实部分：指真实的武器装备和人员，如实际的靶场、各种真实武器系统及仪表显示系统等。

DIS 具有如下显著特点：

1)分布性。“分布”首先体现在 DIS 系统在地域上是分布的，通过网络连接实现共享一个综合环境。其次，DIS 系统在功能和计算能力上也是分布的，系统中没有中央计算机，各仿真节点在地位上的平等的。此外，DIS 系统的各仿真节点还具有自治性，既可以交互地运行，也可以独立地运行各自的仿真功能。

2)交互性。交互性指人在回路中仿真系统的互操作性。包括各武器平台之间以及武器平台与环境之间的交互作用。实现交互性需要协调一致的结构、标准和协议。

3)实时性。实时是指由于 DIS 系统中存在由物理系统构成的节点及包含人的行为的节点，要求仿真系统必须在时间上和空间上与现实世界的时间具有一致性。实时性是 DIS 系统运行的前提。

4)仿真性。仿真是指 DIS 系纺中的虚拟节点和构造点必须通过仿真实现。

由上述内容不难看出，DIS 的重要支撑就是计算机网络技术，而高速计算技术、高速网络通信技术、动态图形显示技术、动态数据库技术、系统仿真技术、人工智能技术及虚拟现实技术等则是 DIS 的支持技术。

(4)ALSP。聚合级仿真是指军团、营、连等部队单元级的构造仿真(Contractive Simulation)，而不是平台级仿真。在聚合级作战仿真系统中，每个仿真模型(仿真器)能描述众多的或许是数以千计的仿真实体(士兵、装备)等。

1990 年，美军提出了聚合级仿真协议 ALSP(Aggregate Level Simulation Protocol)的概

念，主要研究聚合级的分布构造仿真系统的体系结构、标准和应用的关键技术，以满足 DIS 的不断发展和仿真规模越来越大的需求。

ALSP 仿真协议支持聚合级作战仿真，它允许不同的参加者（仿真应用）作为一个整体进行工作。它可以通过共同的基于消息的协议使各个不同战场的仿真应用来进行交互，达到多战场仿真的目的，增加各个独立仿真应用的效用。ALSP 体系统结构如图 9.34 所示。图中，ACM 和 ABE 是构成 ALSP 的基础支撑软件。

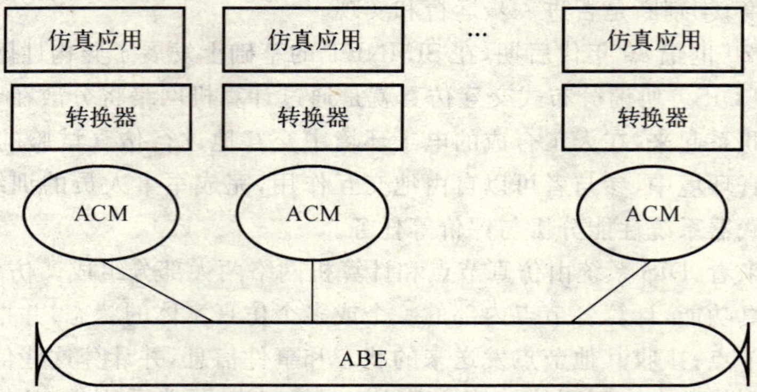

图 9.34　ALSP 体系结构

值得指出，ALSP 的应用范围远没有 DLS 广泛，ALSP 是主要针对离散事件和逻辑时间的仿真系统，局限于军事演习领域的构造仿真，而不能实现与实物仿真和虚拟仿真间的互操作。这就是为什么 ALSP 仅是由 DIS 向 HLA 发展的过渡阶段。

(5) HLA。由于 DLS 和 ALSP 在互操作及重用性方面很难满足国防领域对分布式交互仿真的新需求，因此美国国防部建模与仿真办公室（DMSO）于 1995 年提出了一个 M&S 的高层体系结构（High Level Archiecture, HLA）。

与 DIS 和 ALSP 不同的是，HLA 是一个通用的仿真技术框架，它定义了构成仿真各部分的功能与相互间的关系，而非一系列数据交换标准，从更高层次上规划了在仿真开发、建模及设计的整个过程中应遵循的规则，被认为是新一代分布交互式仿真体系结构。

HLA 包括 3 个部分：①框架与规则集 IEEE P1516；②联邦接口规范 IEEE P1516.1；③对象模型模板（OMT）IEEE P1516.2。三者相互作用，紧密联系，共同支撑仿真应用间的互操作性和仿真部件的重用性。

HLA 的基本思想是使用面向对象的方法设计、开发和实现系统的对象模型，从而获得仿真联邦（Federation）的高层次的互操作和重用。这里，联邦指的是由仿真应用或仿真部件、支撑软件及其他相关软件组成的系统。而所有参与到一个联邦中应用系统被称为联邦成员（Federate）。一个联邦中的各个成员之间的交互作用通过运行时间支撑机构（RTI）提供的服务来实现。所有联邦成员按照 HLA 的接口规范说明所要求的方式同 RTI 进行数据交换，实现成员间的交互作用。HLA 的联邦构成采用对称的体系结构，如图 9.35 所示。

值得指出，RTI 是 HLA 体系结构的运行支撑系统，它将应用层同其底层支撑环境功能分开，即将具体的仿真功能实现、仿真运行管理和底层传输三者分开来，可使各部分相对独立开发，尽可能地利用各个不同领域的最先进技术，同时方便地集成和管理新的仿真系统。RTI 可提供如下六大服务：联邦管理、声明管理、对象管理、所有权管理、时间管理和数据分布管理。

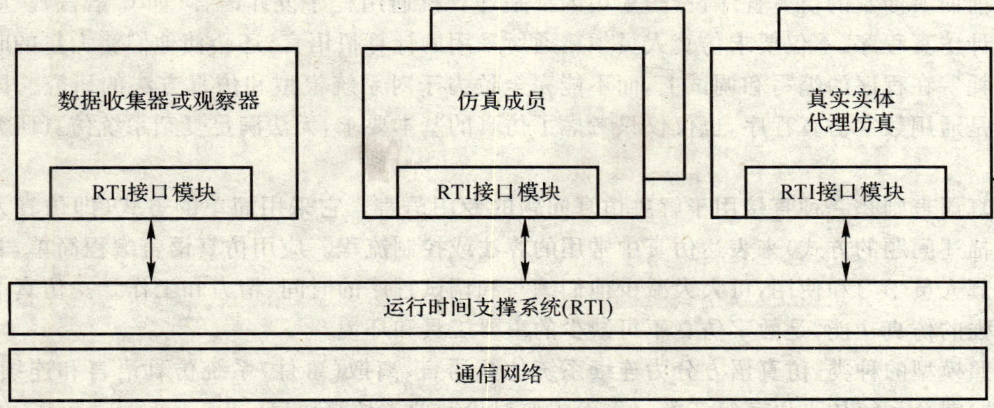

图 9.35　HLA 体系结构

HLA 与 DIS 和 ALSP 相比，具有许多显著特点及优势，如表 9.1 所示。

表 9.1　DIS 与 ALSP 和 HLA 的综合比较

DIS	ALSP	HLA
平台级建模（以连续系统为主）	聚合级建模（以离散事件系统为主）	平台级和聚合级建模（包括离散事件系统和连续系统）
虚拟仿真/实况仿真	构造仿真	虚拟仿真/构造仿真/实况仿真
广播式通信/点对点通信	广播式通信	一点对多点通信
数据通信 PDU 规范（IEEE1278—1）	规定联邦的数据交换，在接口控制文件中说明，但没有标准格式	在 SOM 和 FOM 中定义数据通信格式
网络接口按 IEEE1278—2 标准	由 AIS(ALSP Infrastructure Software)提供网络接口	由 RTI(Run-Time-Infrastructure)提供网络接口
实时仿真	守恒的时间管理模式	多种时间的管理服务

目前，国外基于 HLA 的典型分布交互仿真系统主要有：STOW 2000，WARSIM 2000 等。

(6)DLS/HLA 的组合能力。HLA 是建立在 DIS 和 ALSP 经验基础上，从体系结构对 DIS 不足的完善。但是，HLA 只是构造 M&S 通用技术框架的一个起点和基础，也是实现所有类型仿真之间互操作和重用的必要基础。因此，为了进一步发展 HLA 和继续发挥 DIS 在原领域内的作用，特别是突出的重用性优势，并将 DIS/HLA 进行组合往往是需要的。组合中，两种体系结构的互联通常有两种方法，即封装法和转换法。我国研制的防空多武器平台仿真示范系统就采用了基于转换法的 DLS/HLA 组合体系结构。

9.4.4　仿真语言

(1) 概述。仿真程序设计是仿真研究与开发的一项基本任务，也是仿真模型实现的最终步骤。前面所涉及的仿真程序设计，采用的都是计算机通用程序设计语言（如 C 语言）。应用此法设计仿真程序，不仅要求仿真人员须精通所采用的计算机语言，还会使他们将大量的时间和精力耗费在程序的编写和调试上，而不能完全致力于对系统模型和仿真方法的研究。即使设计的是通用数字仿真程序，也仅仅只考虑了仿真的基本要求，无法满足复杂系统仿真研究的需要。

仿真语言则是一种直接用于解决仿真问题的专用语言。它采用简单的方式（即仿真人员熟悉的描述问题的方式）来表达仿真中常用的算法或控制流程。应用仿真语言编程简单，非常便于仿真人员学习和使用，可大大减少他们编写和调试程序的时间、精力和工作量。仿真语言具有极强的仿真功能，是数字仿真不可缺少的重要工具和环境。

按照模型的种类，仿真语方分为连续系统仿真语言、离散（事件）系统仿真语言和连续/离散（事件）混合系统仿真语言等三类。下面主要讨论前两类仿真语言。

（2）连续系统仿真语言。

1）连续系统仿真语言特点：①是面向仿真问题的专用语言。即，该语言可面向结构图或微分方程（状态方程）。②具有多种运算模块，书写程序简单、方便，只须将有关变量及参数填入模块即可。③具有多种可供用户选择的积分方法子程序。④具有多种输出功能。如打印表格、曲线及绘图。⑤具有很强的人-机对话功能。⑥能方便地修改参数（在两次仿真运行中间），并留有方便用户自定义、补充程序的窗口。⑦可以同某种计算机通用程序设计语言并用。⑧具有足够快的仿真速度。

在面向连续系统问题的仿真语言中，比较有代表性的是 CSSL，ACSL 及 ICSL。其中，ICSL 是我国仿真工作者在引进和消化国外仿真语言的基础上，研究开发的一种通用的高级仿真语言，它的早期版本是 ICSLⅠ，目前已有 ICSLⅡ和 ICSLⅢ＋＋。下面，简要介绍 ICSLⅡ仿真语言的功能、程序设计及实验运行环境。

2）ICSLⅡ仿真语言：

ⅰ. ICSLⅡ功能：①连续系统、采样系统及非线性系统仿真功能。支持用户的多段串、并行仿真方式、实时仿真主式和串行仿真方式。②控制系统分析与设计功能。③仿真模型参数优化和系统分析参数优化功能。

ⅱ. ICSLⅡ程序结构。ICSLⅡ程序分为模型描述部分（模型块）和实验控制部分（实验块）。前者用来定义被仿真系统的模型，模型描述这种类有微分方程、差分方程、s 域（z 域）传递函数及概率模型等，用模型描述语句实现；后者用来定义仿真运行控制过程，通过模型参数访问和输出语句、过程性语句及实验控制命令等完成。

ⅲ. ICSLⅡ实验运行环境。ICSLⅡ系统提供一个强交互性的实验运行环境，用户不仅要以运行实验块中定义的实验运算过程，还可以使用系统提供的交互命令完成多种辅助操作。

ⅳ. ICSLⅡ应用实例：

例 9.5 已知二阶控制系统的状态方程为

$$\begin{cases}\dot{x}_1 = x_2 + u \\ \dot{x}_2 = -x_1 - 2x_2 - u\end{cases}$$

且 $x_1(0)=x_2(0)=0, u=1(t)$。

应用 ICSLⅡ编写的该系统的仿真程序如下：

```
%SECOND ORDER CONTROL SYSTEM
```

```
PROGRAM SIMUL
CMODEL EX11_1(U,X1,X2)
INIT  U=1.0

DEF
  D/DT  X1=X2+U
  D/DT  X2=-X1-2.0*X2-U
END

EXPER
  SYSVAR  $TMAX=10.0;  $DT=0.01;  $ALGO='CRKMV'
DEF
  $RUN
  $PRINT:U,X1,X2
  $GRAPH:U,X1,X2
END
```

在该程序中，前面冠以“%”的为注释语句，仅起说明作用。PROGRAM SIMUL 语句表示仿真执行开始。CMODEL EX11_1(U,X1,X2)为模型块开始语句，而 EXPER 为实验块开始语句。仿真参数：仿真时间为 10 s，仿真步长为 0.01 s；数值积分方法为四阶龙格-库塔法；输出方式为显示、图形输出。

(3) 离散事件系统仿真语言。

1)离散事件系统仿真语言特点：离散事件系统仿真语言的特点与其建模方法有关。由于事件、活动和进程是离散事件系统的三个最基本的概念，因此在仿真建模方法上，除了面向事件方法外，还有面向活动和面向进程的建模方法。通常，将这三种方法分别称之为事件调度法、活动扫描法和进程交互法。

事件调度法通过确定所有可能影响系统状态的事件来描绘出相应模型产生的各种变化，如 SIMAN，SIMSCRIPTⅡ·5，SLAM 等。活动扫描法主要关注活动随时间的变化，如 ECSL，HYOCUS 等。进程交互法则着眼于系统中各进程之间的相互关系，使模型更接近实际系统。较多仿真系统用基于此法的离散事件系统语言建模，如 GPSS，SIMAN，SLAM，SIMSCRIPTⅡ·5，IHSL 等。

当然，离散事件系统仿真语言都具有以下基本特点：①产生随机数和随机变量；②仿真钟推进；③资源建模和实体建模；④修改事件表；⑤统计数据收集与分析；⑥产生仿真结果报告；⑦出错检查与诊断。

2) IHSL 仿真语言：

ⅰ. IHSL 的功能。IHSL 也是我国仿真工作者开发的一种连续/离散(事件)混合仿真语言。它主要用于离散事件系统的仿真，也可以进行连续系统及连续/离散(事件)混合系统仿真。IHSL 除了具有一般离散事件系统仿真语言的功能外，还具有队列动态排序功能，特别适合于进行防空武器系统仿真。

ⅱ. IHSL 的程序结构。IHSL 的程序由下述三大部分组成：①模型描述部分(模型文件)。由模型语句描述的系统模型。IHSL 主要支持用户使用面向进程的方法建模，当有此法难以描述或无法描述的情况时，允许用户采用面向事件的方法，作为对面向进程方法的补充。此时，用户需要用 C 语言编写一段事件函数，IHSL 在仿真运行时自动调用这些函数。IHSL 为用户提供了两大类模型描述语句。第一类是说明性语句，用来定义系统中的资源、设备和实体属性的含义；第二类是处理性语句，每个语句都对应某一特定的事件或进程。②实验定义部分(实验文件)。由实验控制语句定义的实验进程。实验控制语句的功能主要是：提供形成输出报告表头的有关信息、初始化系统、定义观测和纪录变理、定义仿真运行参数等。而使用 IHSL 提供的交互式命令，可以控制仿真的运行。③参数赋值部分(参数文件)。由参数语句给出实体流、数据表、形式参数的值等。参数语句实现了将系统动态模型和静态模型分别定义的功能。

9.4.5　一体化仿真技术

(1)仿真的基本概念框架。仿真的基本概念框架对一体化仿真技术的起源与发展有着十分重要的影响。

有关仿真的定义，大多数的仿真文献和书籍基本上基于一个观点："为了分析和研究已经存在的或尚未建成的系统，首先建立该系统的模型，并将它放到计算机上进行实验，这一过程就称为仿真。"其中，1984 年 Oren 提出："仿真是一种基本模型的活动"，并给出了仿真的基本概念框架："建模-实验-分析"。

Oren 认为，仿真包含了如下 3 个基本要素：①对问题的描述：定义模型与实验。②行为产生器(仿真)，支持模型的实验活动，即是一套对模型进行实验的软件。③模型行为(仿真结果)及处理，模型行为可分为点行为、轨迹行为和结构行为三类。行为处理包括对模型行为的存储、分析和显示。

由此看出，整个仿真过程包含了 3 个主要步骤(活动)：建模、实验及分析，它们分别对应于上述三个要素，从而形成了仿真的基本概念框架。

(2)一体化仿真环境。基于仿真基本概念框架，一个仿真全生命周期应包括仿真建模、仿真实验及仿真结果分析 3 个阶段。这 3 个阶段不仅都与模型有关，而且密切相关，不可分割。

但传统的仿真软件比较侧重于仿真全过程中的实验阶段，而忽视了其他阶段，尤其是建模和实验结果分析阶段。随着对仿真的不断研究与认识及仿真应用的深度及广度的提高，由传统仿真软件构成的仿真环境已经满足不了仿真的需求。换句话说，要求仿真的软件不应再是由仿真组成的简单系统，而是定义了一个建模、分析和全过程仿真的环境。这就是一体化仿真环境。

所谓一体化仿真环境，指的是一个软件工具的集合，它包括设计、编制及校验模型，编写及证实仿真程序，准备模型及输入数据，分析模型及输出数据，设计及执行模型的实验。由此可参看出，一体化仿真环境就是将若干个具有不同功能的软件集成为一个多功能的软件系统，它支持仿真研究的全过程，包括模型描述、实验框架描述、实验运行、统计分析、输出报告及图形显示，并能对仿真资源(模型、参数集、实验框架、算法和实验结果)进行统一的管理。

一体化仿真环境的构成可以有以下几种实现方式：①不同功能软件通过一个管理软件利用数据转换接口实现一体化。这是最初级的一体化方式。②以数据库为中心，实现仿真全过程不同阶段活动的数据信息共享，支持各类活动的集成，实现一体化。③开发仿真操作系统，通过仿真操作系统实现对仿真关联资源的有效管理，并支持这些资源的匹配与运行，实现整个仿真软件的高度一体化。④基于软总结的即插即用集成方式，通过仿真实现仿真全生命周期各类活动的集成优化。

(3) 典型一体化仿真环境：

1)一体化仿真环境 TESS。一体化仿真环境 TESS(The Extended Simulation System)是美国 Pritsker 公司于 1985 年研制成功的，主要用于支持 SLAMⅡ语言进行离散系统建模与仿真。该环境首次将仿真建模、仿真实验的执行与控制和仿真结果分析等不同模块通过数据库系统集成在一个环境下，构成了一个有机的完整系统。TESS 系统结构图如图 9.36 所示。

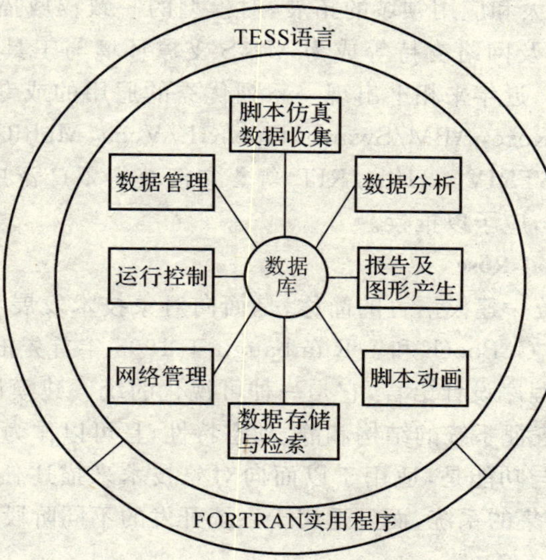

图 9.36　TESS 系统结构图

在图 9.36 中，TESS 系统又分成 8 个子系统，各自完成仿真全过程中不同阶段的任务，它们均可通过中心数据库来交换数据，共享信息。除数据存储及检索模块外，其余各部分均可通过 TESS 提供的非过程语言进行联系。TESS 系统中各子系统的功能如下：①网络管理部分用于 SLAMⅡ网络模型的建立和修改；②运行控制部分规定仿真的条件，如运行长度、初始条件等；③数据管理部分管理仿真软入、仿真结果及用户定义的其他数据；④脚本仿真部分应用 TESS 的核心语言 SLAMⅡ中的仿真处理器完成，仿真结果自动存入数据库，但于分析处理；⑤数据分析部分包括统计值计算、频率分析及置信区间估计等；⑥报告及图形产生部分用于对仿真结果处理，并生成报告及图形，格式由用户规定或系统自动缺省；⑦脚本动画部分用于建立称为“设置布置图”的系统框图，并可将仿真的运行情况反映的在图上。

此外，系统还包括一个用户可用的 FORTRAN 程序库，用于从数据库中存储和检索任一行数据，以便作各种特殊的处理。

2)一体化建模/仿真环境 IMSE。自一体化仿真技术出现以来，我国的仿真工作者就一直致力于这方面的研究工作，并取得了一些成果。IMSE 就是由北京计算机应用与仿真技术研究所研制开发的一体化建模/仿真环境。

该环境主要由 7 个部分组成，分别是：建模支持工具、模型代码转换和编译工具、仿真运行动态控制和通信支持环境、结果分析和显示工具集、系统模型库、系统数据库和环境管理系统等。系统操作的主要框架由环境管理系统确定。整个操作过程围绕着系统的主要处理对象模型展开。

IMSE 的显著特点是具有面向武器系统的功能，因而，可实现复杂的武器系统的仿真。

9.5 系统 M&S 常用支撑环境与工具

9.5.1 引言

随着 M&S 规模的扩大和应用领域的拓展，对模型的一致权威描述、模型的标准件化、重用性、互操作性、可扩展性及网络支持等成为 M&S 支撑环境与工具研究和开发的关键与热点。顺应这种潮流和趋势，近年来相继出现一系列优秀的通用的或专业的 M&S 支撑环境与工具，如 UML/Rational Rose，ABM/Swarm，OpenGL/Vega，MultiGen/Creator，MATLAB/Simulink，ADMS，Stage/STRIVE，HLA/RIT，等。它们获得了广泛应用和实践考验，并产生了举世瞩目的效益及成果，应予以推崇。

9.5.2 UML/Rational Rose

(1) 引言。UML 是统一建模语言的简称，是面向对象技术发展和软件系统描述标准化、可视化、文档化的产物，由 G. Booch 和 J. Rumbaugh 于 1995 年首先推出。

UML 不同于传统的程序设计语言，它是一种可视化的统一建模语言标准，用以从不同角度描述模型，通过模型来表征系统的结构和静、动态特性，且可以作为系统测试阶段的依据。

UML 最突出的特点与功能是，适用于以面向对象技术来描述任何类型的系统特别是复杂离散事件系统和软件密集的系统，而且适用于系统开发的不同阶段，直至系统完成后的测试和维护。

Rational Rose 是目前最好的基于 UML CASE 工具，是用 UML 快速开发应用程序的工具之一，它支持各种图，如 Use Case，Sequence，Collaboration，State Chart，Component Deploynent 等；可视化建模是该软件的特点之一；它通过正向和逆向转出工程代码特性，可以支持 C ＋＋，Java，Visual Basic 和 Oracle 8 的代码正向产生和逆向转出工程代码等。

(2)UML/Rational Rose 简述。UML 是一种用以详细描述系统的可视化语言，实际上只是在词汇表中出现的一组图形符号，有三种构造块，即事物、关系和图。

事物是提取系统模型中最具代表的成分抽象而成，被分为四种：结构事物、行为事物、分组事物和注释事物。结构事物主要描述概念或物理元素，表示系统模型中的静态部分。基本结构事物有七种，这就是类、接口、协作、用况、主动类、构件及节点。行为事物是系统模型中的动态部分，主要有交互和状态机制两种。分组事物是由系统模型分解成的组织结构，其中最主要的是包，包是把模型元素分解成组的机制。注释事务用以描述说明、解释和标准模型内的任何元素。最主要的注释事务是注解，它是依附于一个元素或一组元素之上并对其进行解释或约束的简单符号。

关系指把系统中的事物结合在一起。UML 有四种基本关系：依赖、关联、泛化和实现。其中泛化关系是指从特殊到一般的关系，实现这种关系是类元之间的语义关系；图系指把相关事物聚集在一起。UML 中的图是从不同视角观察的系统画图，称之为 UML 视图。UML 最常用的图有 10 种：类图、对象图、用况图、交互图、状态图、活动图、构件图、实施图、用例图和逻辑图。除此，还有并发图、展开图、序列图、协作图、配置图等。

UML 中贯穿始终且一直应用的公共机制亦非常重要，它包括：通用机制（注释、修饰、通用划分）和扩展机制（版型、加标签、约束等）。

Rational Rose 属于一种高端建模分析软件，其功能非常强大，主要包括：①生成代码；②逆向转出工程代码，其目的在于显示出现有系统的组织与结构，收集元素信息（类、属性、操作、关系、包、组件等），并利用这些信息生成或更新对象模型；③进行可视化建模，将模型中的信息用标准图形元素直观地显示，使建模及研究人员对模型的重要信息与交互一目了然。

9.5.3　ABM/Swarm

（1）引言。Agent 是复杂系统研究和 M&S 的重要手段，基于 Agent 的建模（ABM）方法及其开发工具 Swarm 早就受到了普遍推崇和采用。对于 ABM 的方法原理、技术特点和典型应用已在上章里讨论过，这里不再赘述。本节只就 Swarm 平台作以说明。

（2）Swarm 平台概述：

1）基本思想和方法。Swarm 是一个基于 ABM 的开放式开发平台，目的在于为复杂系统研究人员和 M&S 工作者提供一个标准的、可靠的软件工具集，用于具有多层次、高度分散体系结构特征的各种复杂系统 M&S，特别是用于 Multi-Agent 系统的设计、实现、运行和分析。在 Swarm 系统中，“Swarm”为仿真的基本单位，是执行事件表的 Agent 集合，Swarm 采用层次建模方法建立 Agent 的嵌套模型。

Swarm 平台的基本思想来自于人工生命复杂适应系统的基本特征：分散的、相对自治的实体之间及与动态环境间相互交互，没有一个指挥这些个体行为的中央机构，而每个个体均根据对环境的适应来决定本身的行为、内部状态及与其他个体和环境的通信。根据这种思想，Swarm 把一个个体（包括它的部件和时间表）封装起来，一个“Swarm”代表一个个体的集合和它们的行为时间表，并在模块化和组件化思想下形成一个为动态建模所需要的复杂嵌套式 Swarm 层次结构。该结构以 Agent 为基础，从底层向上层组装形成整个系统的模型（见图 9.37）。

总之，Swarm 是基于 CAS 理论开发的多主体（Agent）软件工具集。它采用基于 Agent、自下而上面向对象的建模方法，通过直接模拟组成复杂系统的观微主体行动，以及主体与主体和主体与环境之间的相互作用，研究宏观系统的整个行为，以达到对复杂适应系统 M&S 试验研究的目的。目前被广泛应用于社会、经济、军事、生态等领域的研究。

2）体系结构。Swarm 系统的基本组成为个体、时间表、程序库及 Java 接口等，其中：①个体定义了 Swarm 系统中的基本对象。一个典型的个体是一个包括一系列规则、反映和刺激的模型，Agent 和 Swarm 本身都可以作为一个个体。②时间表规定了这些对象独立事件发生的流程，不同 Swarm 的时间表的执行是并行的，它体现了复杂系统中并发性的特点。③程序库大部分是用 objective C 语言编写的类库，这些类库组成了 Swarm 开发工具，包括内存管理、提供 Activity 类库、Agent 信息提取、探测器与对象的实时通信、提供 GUI 图形化用户界面等。Java 是 Swarm 的重点支持编程语言，Java 接口可直接调用 Swarm 内核中的功能。

9.5.4　HLA/RTI

（1）引言。针对原先分布交互式仿真（DIS）主要提供连续、实时和人在回路的平台级仿真，而对于具有不同时间管理策略、不同精度和不同粒度的复杂大系统仿真不能提供模型重用与互操作联合仿真的局限性，1996 年美国国防部建模与仿真办公室（DMSO）提出了国防系统 M&S 高层体系结构，简称 HLA。这是 DIS 的一种新的体系结构，标志着 DIS 一次质的飞跃。

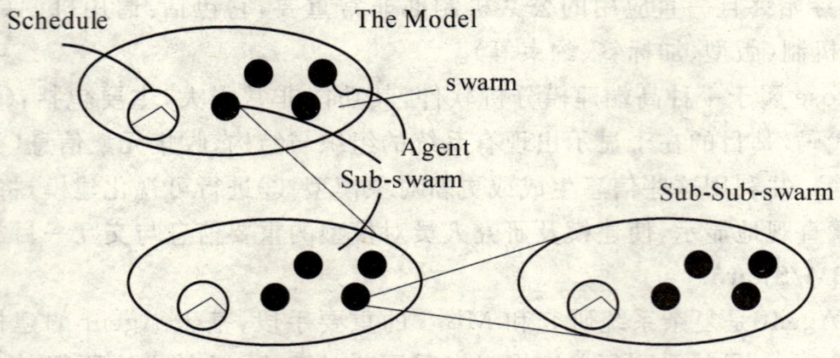

图 9.37 Swarm 的嵌套式层次结构

HLA 重点解决了两个关键问题：①实现了仿真系统之间的互操作；②有利于仿真模型在不同应用中的重用，从而为大规模复杂仿真应用特别是大型军用仿真提供一种理想的集成方法和通用技术框架。

(2) 基本思想及开发过程：

1) HLA 的基本思想。①HLA 的基本思想之一，是使用面向对象方法与技术设计、开发和实现系统的对象模型，以获得仿真联邦的高层次的互操作和重用。按照 HLA 的规则规定，所有联邦和联邦成员必须按照 OMT 提供各自的联邦对象模型(FOM)和联邦成员的仿真对象模型(SOM)，被存入相应的数据库，供联邦执行开发过程使用或重用。②HLA 的基本思想之二，是正式将分布仿真的开发、执行同相应的支撑环境分离开。

2) HLA/RTI 的统一建模。RTI 是 HLA 仿真的核心部件，其功能类似分布式操作系统，是 HLA 接口规范的具体体现。为了实现 HLA/RTI 的统一建模，如图 9.38(a)和(b)所示，分别给出了 RTI 系统的用况图和 HLA/RTI 系统类图。

3)开发过程。为了快速地开发基于 HLA 的仿真系统，DMSO 提出了联邦开发和执行过程模型 FEDEP，给开发提供了一个通用步骤。

该模型将联邦开发和执行过程分成如下 6 个主要步骤：①定义联邦目标；②开发联邦概念模型，包括联邦剧情开发、抽象概念分析和确定联邦需求；③设计联邦，包括确定联邦成员数目及功能，制定详细开发计划；④开发联邦，依据联邦成员设计，开发个联邦成员，包括开发 SOM、开发 FOM 和编写程序；⑤集成和测试联邦；⑥运行联邦并分析结果。联邦运行通常是按照设计好的基于 HLA 仿真程序进行的(见图 9.39)。

9.5.5 OpenGL/Vega

(1)Open GL。开放性图形库(Open Graphics Library, OpenGL)是美国 SGI 公司开发的一套高性能图形处理系统，目前被公认为是高性能图形和交互式视景处理的行业标准。

OpenGL 不仅是一种硬件图形发生器的软件接口，而且是与设备无关的图形开发平台，它可以提供：115 个核心库函数 API、43 个实用库函数 GLU、31 个编程辅助库函数 GLAUX 及若干个专用库函数 GLX/WGL。开发者可利用这些库函数构造视景模型，进行三维图形交互软件开发。

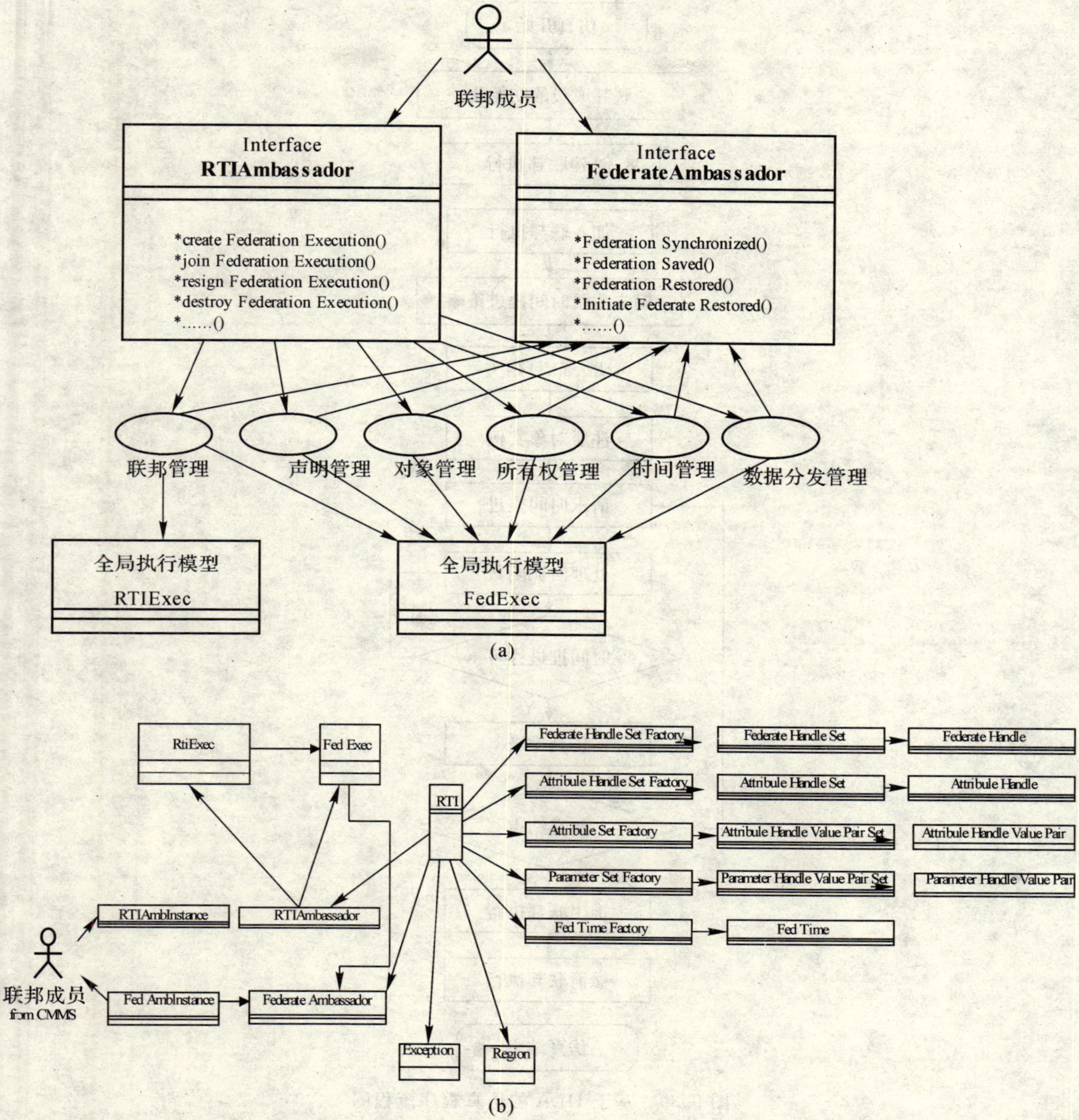

图 9.38　RTI 系统用况图和 HLA/RTI 系统类图

OpenGL 及其支持系统是一种可选的图形生成环境，能够以函数库的形式被 C 语言或其他高级语言调用，也可以被窗口系统调出，目前的工作站和 PC 机几乎都支持 OpenGL。

OpenGL 可提供多种绘图方式：①线框绘制方式；②深度优先方式；③反走样方式；④平面明暗处理方式；⑤阴影和纹理方式；⑥光滑明暗处理方式；⑦运动模糊方式；⑧大气环境效果；⑨深度或效果等。

因此，可实现逼真的三维绘制效果，建立高质量的交互式三维场景的视景动画。

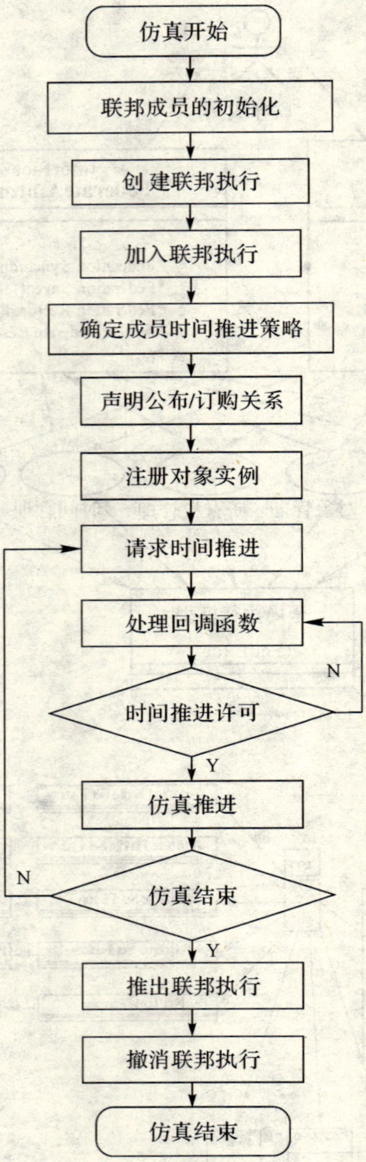

图 9.39　基于 HLA 的仿真程序流程图

OpenGL 对三维图形操作可归纳为：描述场景（建模）→设置视点→计算光照→光栅化→屏幕。可见，该操作与人观察外部世界的过程是一致的。其具体步骤为：①根据基本图形建立景物模型，并对所建模进行数学描述；②把景物模型放在三维空间中合适的位置，并设置视点，以观察场景；③计算模型中的所有物体的色彩，同时确定光照条件、纹理映射方式；④把景物模型的数学描述及其色彩信息转换之屏幕上像素，即光栅化。

除此，还需要对像素进行操作、自动消隐处理等。

OpenGL 工作的基本流程如图 9.40 所示。如图 9.41 所示还给出了它的显示流程。

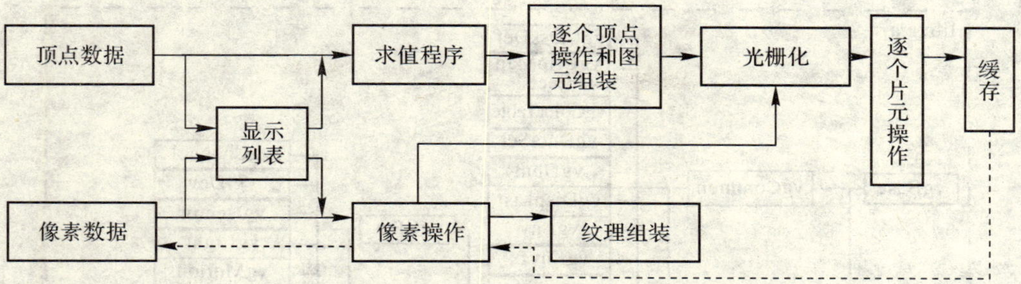

图 9.40　OpenGL 的基本工作流程

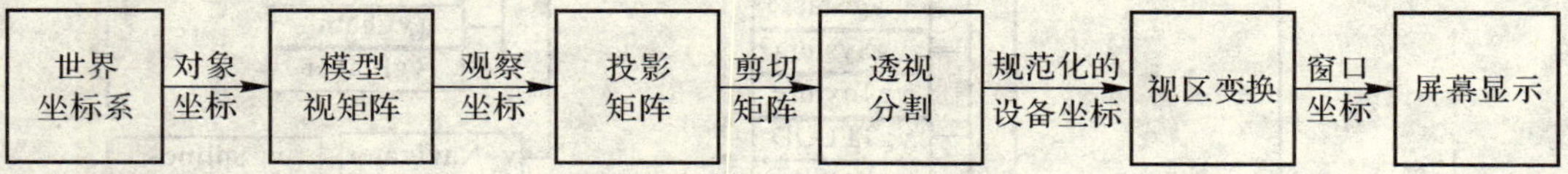

图 9.41　OpenGL 的三维图形显示流程

由图可见，为了获得高质量的三维图形显示，必须进行图形变换和图像处理。图形变换包括：几何变换、投影变换、剪取变换、视区变换。图像处理有颜色、光照、纹理、效果、隐藏面消除、显示列表、帧缓存和动画等。

（2）Vega。Vega 是美国 Multige－Paradigm 公司用于虚拟现实、实时视景仿真、声音仿真以及其他可视化领域的世界领先级应用工具。它支持快速复杂的视觉仿真程序，是能为用户提供一种处理复杂仿真事件的便捷平台。

Vega 是在 SGI Performer 软件基础上发展起来的。从底层实现讲，Vega 是基于场景图的，而场景图管理又是基于 OpenGL 标准图形库的。

Vega 的突出优势是，可大幅度地减少了源代码的编程，并使用 Vega 提供的库函数迅速地创建各种实时交互的 3D 环境，以满足不同行业需要。

Lynx 图形环境是点击式的，Vega 使用 Lynx 设定和预览应用程序，而这些 Vega 应用程序可以是用户在开发环境下建立的程序，也可以是 Vega 软件包执行的一个基本 Vega 应用程序。

Vega 的模块是十分丰富的，可供用户选用或扩展。这些模块可归纳为如下 15 类：①声音模拟模块（Audio Works）；②海洋模块（Marine）；③动态仪表和动态字符模块（Symbology）；④导航信号灯模块（NSL）；⑤光束模块（Light Lobes）；⑥非线性失真矫正模块（NLDC）；⑦记录及重放模块（VCR）；⑧云景模块（Cloud Scope）；⑨人体模拟模块（DI－Guy）；⑩载体对象管理模块（SSVO）；⑪浸入式环境模块（Immersive）；⑫传感器模拟模块（Sensors）；⑬特殊效果模块（Special Effects）；⑭分布交互仿真模块（DIS/HLA）；⑮大规模数据库管理模块（LADBM）。

Vega 是一个类库，它以语言的 API 形式出现。每个类都是一个 API 的集合，可在其中进行变量设置、变量获取及专用函数调用。一个类的完整 API 包括一些由公共 API 执行的函数，如图 9.42 所示。表 9.2 还给出了 Vega 的核心类及其功能。

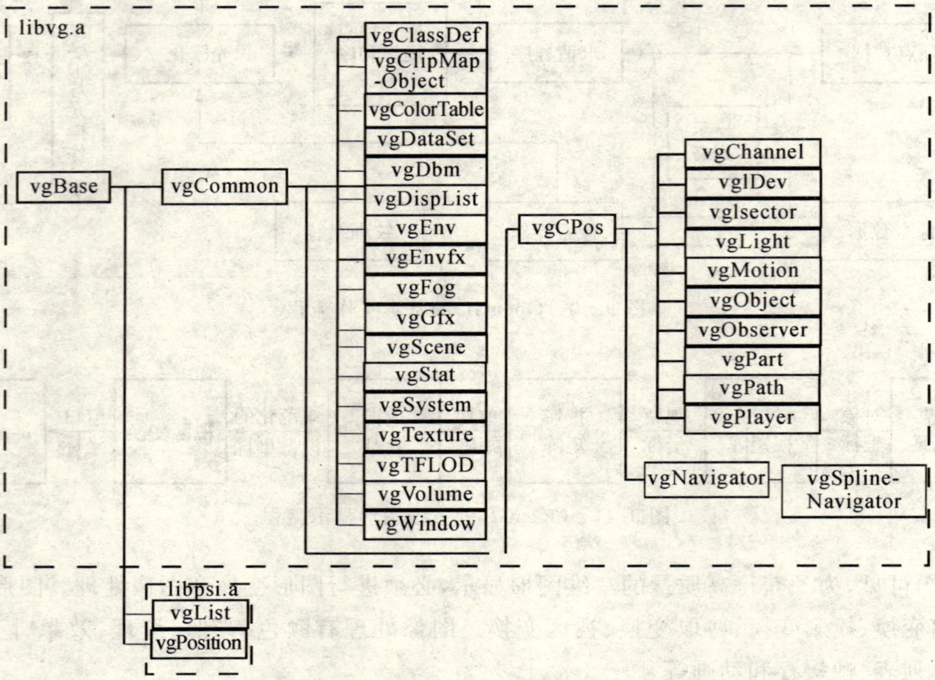

图 9.42 Vega 类的结构

表 9.2 核心类及其功能

序	类	功 能	序	类	功 能
1	vgClassDef	用户类定义	2	vgColorTable	颜色表
3	vgDataSet	装入对象物的方法	4	vgDbm	数据库管理器
5	vgDisplist	显示列表	6	vgEnv	自然现象的控制
7	vgEnvfx	自然现象	8	vgFog	雾控制
9	vgGfx	通道的图形控制	10	vgScene	对象体的集合
11	vgStat	定制的统计表	12	vgSystem	Vaga 系统
13	vgTexture	纹理	14	vgTELOD	地形细节等级的淡入淡出
15	vgVolume	体	16	vgWindow	图形处理过程
17	vgChannel	窗口中的视点	18	vgIDev	输入设备
19	vgIsector	交叉方法	20	vgLight	光源
21	vgMotion	动态运动	22	vgObject	可见几何体
23	vgObserver	模拟中的视点	24	vgPart	对象物部件
25	VPath	路径参数	26	vgPlayer	场景运动体
27	vgSplineNavigator	样条导航器			

9.5.6　MATLAB/Simulink

(1) 引言。矩阵实验室(Matrix Laboratory)简称 MATLAB,是 20 世纪末至今大型科学工程计算软件的优秀代表,也是当今世界上最优秀的数值计算软件。MATLAB/ Simulink 对于自动控制及其仿真有着特殊的功能,是目前国内外控制领域内计算、M&S 和计算机辅助设计的最顶尖、最优秀、最流行软件。

(2) MATLAB/Simulink 简介。MATLAB 程序设计语言是美国 Math works 公司于 80 年代中期推出的高性能数值计算软件,当初只是为线性代数的矩阵运算提供一个运算工具,主要针对控制系统领域。经过 20 多年的开发、扩充和不断完善,已发展成为适合多学科、功能特强、特全的大型系统软件,该公司在 2004 年 9 月推出了 MATLAB 7.0(R14)版。

1)MATLAB 软件与 Simulink 仿真工具具有如下许多优势特点:①功能特强大,适用多学科。可用于线性代数的向量、数组、矩阵计算、高次方程求根、插值与数值微商运算、数值积分运算、常微分方程的数值积分运算、数值逼近、最优化方法等。几乎所有科学研究和工程技术所需的计算都可以用 MATLAB 来解决。因此,它被广泛应用于航空、航天、航海、自动控制、生物医学工程、语音处理、图像信息处理、雷达工程、信号分析、计算机技术、建筑业、物理学、化学、制造业、环境工程等各个领域。②编程效率高。MATLAB 提供了极其丰富的库函数,既有常用的基本库函数,又有种类齐备、功能丰富的专用库函数。这些库函数是预先编制好的子程序,均可直接调用,故极大地提高了编成效率。实践证明,在科学与工程应用领域里,它比使用 Basic Fortran 和 C 等语言进行程序设计的编程效率要高好几倍。③界面友好,使用简便。它具有友好的用户界面与易学易用的帮助系统,可通过 help 命令查询任何库函数的功能及用法,而命令格式又极为简单(即 help＋命令或函数);它将编辑、编译、执行、调试等多个步骤融为一体,并可通过人机对话,调用不同的子程序(即库函数),实现交互功能。另外,MATLAB 的编程运算十分贴近人的思维方式,因此非常简便。④语句简单,内涵丰富,扩充能力强。MATLAB 最基本的语句结构是赋值语句,其一般形式为:变量名列表＝表达式;最重要的成分是函数,函数调用的一般形式为:(a,b,c,…)＝fun (d,e,f,…)。这样,不仅使库函数功能更加丰富,且大大减少了所需磁盘空间,同时使编写的 M 文件简单、精练而高效。⑤强大方便的图形功能。既能提供多种“高级”图形函数,又能开发面向图形对象的“低级”图形函数,且绘图函数调用简单易行。⑥具有活笔记本功能。它的 Notebook 成功地把 Microsoft word 与 MATLAB 集成为一个整体,从而为文件处理、科学计算、工程设计构造了一个完美统一的工作环境,只要在命令窗口中执行 Notebook 或在 Word 环境中建立 M－book 模版,即可进入一个新环境。⑦最先进的强大自动控制软件工具包。工具包集成了国际上著名自动控制专家智慧和成果,构成了目前最先进的强有力自动控制工具,包括:控制系统工具箱、信号处理控制箱、系统识别工具箱、鲁棒控制工具箱、μ 分析与综合工具箱、定量反馈理论工具箱、神经网络工具箱、多变量频域设计工具箱、最优控制工具箱等,且还在不断开发和完善。可以说,每个工具箱都是该控制领域里的最权威、最先进的计算与仿真程序软件。

2)控制系统的 MATLAB 计算与仿真。由于 MATLAB 的控制工具箱里软件内容丰富、系统门类齐全,已覆盖了控制系统的各个领域,从而使控制系统计算与仿真的传统方法发生了革命性变化,几乎所有的控制系统计算与仿真问题只要通过 MATLAB 实现都可以迎刃而解。

3)MATLAB 7.0 的安装使用。MATLAB 7.0 是 MATLAB 的新近版本，比之前版本提供了更多、更强的新功能和更全面、更方便的联机帮助信息。故本书优先推崇安装与使用 MATLAB 7.0。它可以安装到 IBM 或与之完全兼容的带数学协处理器的 Intel 486、奔腾及其以上的 PC 机上。

4)Simulink 仿真工具。Simulink 是 MATLAB 的重要工具箱之一，主要功能是实现动态系统建模、仿真与分析。它既支持连续系统与离散系统及它们的混合系统，也支持线性系统与非线性系统及多采样频率系统。

Simulink 作为仿真工具有如下特色：①可将微分方程或差分方程直接绘制成控制系统的动态模型结构图——方框图；②可将模块库中提供的各种标准模块连接成与实际控制系统相对应的 Simulink 动态结构图，形成一个完整的控制系统模型；③通过 Simulink 菜单或 MATLAB 命令窗口键输入命令进行控制系统仿真及动态分析。

利用 Simulink 建模是很简便的，建模过程只是从 Simulink 模块库中选择所需要的基本功能模块，不断复制到模型窗口“untitled”里，再用 Simulink 的特殊连续方法把多个基本模块连接成描述控制系统的结构框图。可见，Simulink 是完全采用标准模块方块图的复制方法来构造动态系统结构图模型的，构建时仅需要进行鼠标操作，其主要工作是：模块查找、选择、复制、移动、删除、粘贴和连接等。在动态系统建模、仿真与分析中，目前建议采用 Simulink 6.1。

9.5.7 ADAMS/View

(1) 引言。ADAMS(Automatic Dynamic Analysis of Mechanical System)是由美国 Mechanical Dynamic Inc 研制的集建模、求解、可视化技术为一体的虚拟样机软件，是世界上目前使用范围最广、最负盛名的机械系统分析软件。

虚拟样机技术(Virtual Prototype Technology)是设计制造领域的重大革新，在一定程度上改变了人们的传统观念和习惯，虚拟样机可实现拥有几十万零部件高性能飞机的设计与制造而不用图纸，这在过去简直是不可想象的。就此而言，ADAMS 软件的作用和意义就可想而知了，目前，它已被广泛应用于航空、航天、航海、汽车、铁道、兵器、化工、机械制造等领域的产品设计、系统分析及科学研究，是这些领域内复杂系统特别是复杂机械系统 M&S 的重要支撑环境及工具。

(2)ADAMS 简介。ADAMS 是世界上目前应用最广泛、最具权威性的机械系统动力学仿真分析软件，用以建立和测试虚拟样机，实现在计算机上分析复杂机械系统的动力学与运动学性能。该软件在多个领域内的部分应用(见表 9.3)。

表 9.3 ADAMS 软件的部分应用

工程领域	应 用	工程领域	应 用
航空航天	发射系统动力学研究、制导系统设计与研究、弹道和姿态动力学、模拟零重量和微重量环境	工业机械	涡轮机和发动机设计、传送带和电梯仿真、卷扬机和起重机设计、机器人仿真、包装机械工作过程模拟、压缩机设计、洗衣机振动模拟、动力传动装置模拟

续 表

工程领域	应　用	工程领域	应　用
汽车工程	悬架设计、汽车动力学仿真、发动机仿真、动力传动系仿真、噪音、振动和冲击特性预测、操纵舒适性和乘坐舒适性、控制系统设计、驾驶员行为仿真、轮胎道路相互作用仿真	工程机械	履带式或轮式车辆动力学分析、车辆稳定性分析、重型工程机械的动态性能预测、工程效率预测、振动载荷谱分析、部件和发动机载荷预测、部件和发动机尺寸确定、耐久性研究、挖掘功率预测、研究蛮石碰撞效应
铁路车辆及装备	悬挂系统设计、磨耗预测、轨道载荷预测、货物加固效果仿真、物料运输设备设计、事故再现、车辆稳定性分析、临界车速预测、乘员舒适性研究		

1) 主要特点。ADAMS 软件的特点可主要归纳如下：①利用交互式图形环境和零件、约束、力库，快速、方便地创建参数化的机械系统三维几何模型；②在计算机上实现复杂机械系统(包括刚体和柔性体)的运动学、静力学以及性能和非线性动力学分析；③具有先进的数值分析技术和强有力的求解能力；④可提供多种"虚拟样机"方案、辅助机械系统设计和帮助改进设计；⑤具有丰富、强大的函数库，供用户自定义力和运动发生器；⑥具有开放式结构，允许用户集成自己的子程序；⑦能够以动画和曲线图形显示系统状态过程和自动输出结果(包括位移、速度、加速度及反作用力等)；⑧可预测机械系统的性能、运动范围、碰撞、包装、峰值载荷和计算有限元的输入载荷；⑨支持同大多数 CAD、FEA 和控制设计软件之间的双向通信等。

2)基本组成。ADAMS 软件由若干模块组成，包括核心模块、功能扩展模块、专业模块、工具箱和接口模块等 5 类，如图 9.43 所示。其中最主要的模块为用户界面模块 ADAMS/View、求解器 ADAMS /Solver 及专用后处理模块 ADAMS/Post Processor。

3)虚拟样机 M&S。虚拟样机创建是 ADAMS 的一个独立功能，可在 ADAMS/View 环境下类似物理样机来实现。如图 9.44 所示给出了虚拟样机 M&S 的基本流程。

ADAMS/View 提供了丰富的几何体(刚体、柔性体和质点)建模工具，包括作图几何元素、简单几何实体、连接、布尔运算及模型修饰工具等。采用点击方式从 Build 菜单中选择并获得所需要的建模工具。

4)ADAMS/Hydraulics 模块。该模块是 ADAMS 中一个极具代表性的实用模块，用以建造机械系统与液压回路之间相互作用的模型，并可在计算机里设置机械-液压系统的运行特性。使用很方便，可在ADAMS/View界面中随时调用。

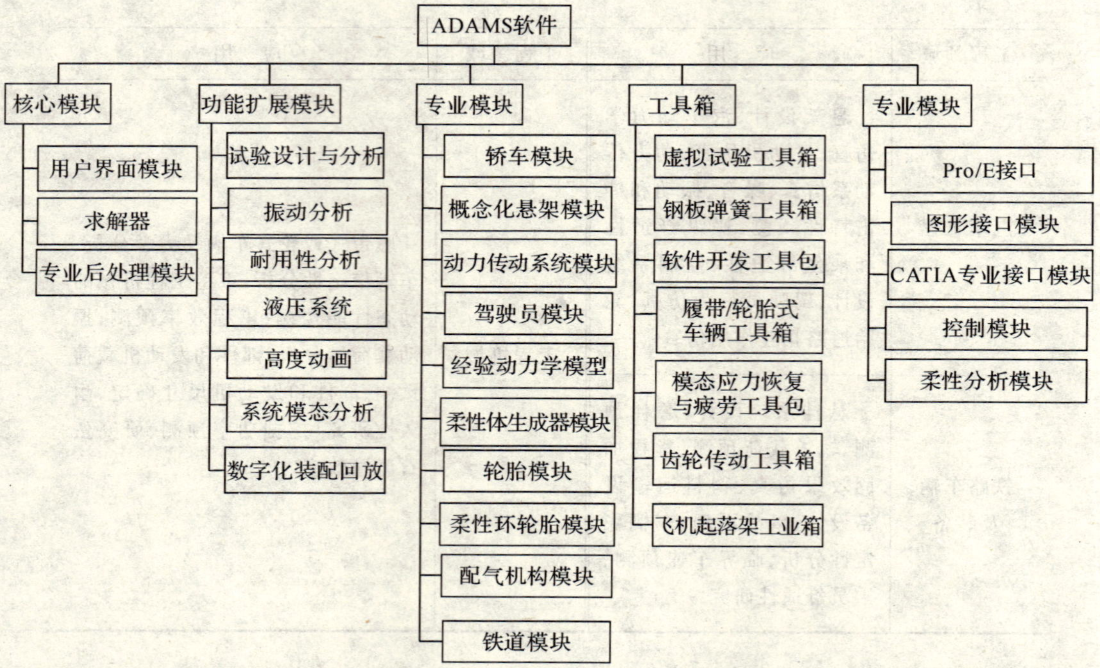

图 9.43 DAMS 软件模块图

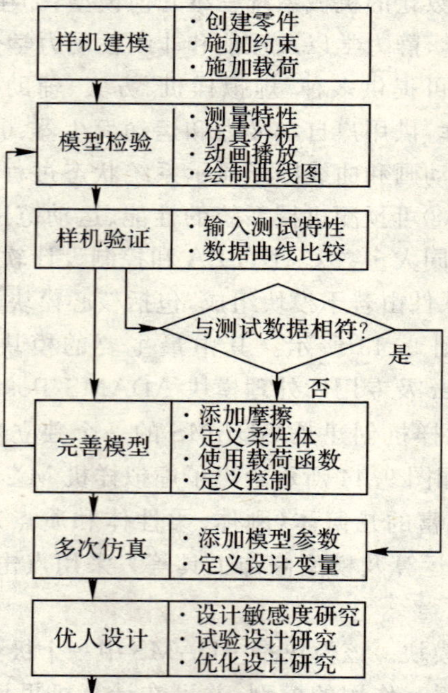

图 9.44 虚拟样机 M&S 的基本流程

9.5.8　STAGE/STRIVE

(1) 引言。想定工具与环境生成(Scenario Toolkit and Generation Environment, STAGE)是顺应军事采购向非定值产品发展趋势，由 Virtual Prototypes 公司开发的 COTS 工具软件。它是一个用于作战指挥、仿真机模拟训练等的高度灵活开放平台。

STRIVE 是加拿大 CAE 公司的新一代战术仿真和训练系统开放环境，也是一个可提供完备的战术环境和面向对象的 C ++应用程序接口(API)的软件包。它被用作战术仿真系统、战机、潜艇、坦克、电子战模拟器和分布式模拟训练系统的开发平台；同时可用作新概念武器仿真论证、装备试验、作战方案论证、联合演习预演等想定生成系统；还可用于人在回路的实时仿真和大型构造仿真。

总之，STAGE/STRIVE 为现代军事作战、训练和演练提供了一个完整的、优秀的 M&S 开发平台和知识库。

(2) STAGE 简介：

1) 概述。STAGE 是一个构造想定并实现作战环境的开发工具。想定包括：作战环境(如气象环境、海洋环境、地理环境、电磁环境等)、作战实体(如各级指控机构、飞机、舰船、导弹、火炮、鱼雷等)，以及这些实体通过战术手段(如侦察、攻击、防御、毁伤、作战计划、兵力部署等)进行的交互作用。想定环境以图形、窗口、表格等形式为用户提供一个观察和监控作战仿真全方位、全时空和全过程的手段。

2)体系结构。STAGE 具有较完整的体系结构(见图 9.45)，由集成开发环境(IDE)、想定管理器(SE)、仿真引擎(SIM)、仿真记录器(logger)、想定脚本编辑器(Scenario Script Editor)、地图编辑(Genmap)、XML 数据库等组成。其主要部分为 IDE，SIM，SE、实用工具(logger，Genmap)和开发工具包(SDK)。想定管理器 SE 包括：数据库编辑、想定编辑、运行环境、脚本编辑及其他相关应用。

3)主要部件。STAGE 的主要部件包括：作战区域、大气原型、海洋原型、平台示例和平台原型等。这里，原型系指战术环境中真实对象的特性集合，可用来描述平台、特殊区域、大气和海洋等实体的属性；平台是作战环境中可独立存在的 Profile。平台可容纳武器、传感器、电子干扰等不同的 Profiles。比如，一个平台 Profile 可以用来描述 F—16 战斗机性能；一个武器 Profile 可以用来描述 Seasparrow 导弹。STAGE 支持以下平台类型：固定翼飞机、直升飞机、水面舰艇、潜艇、陆地基站等；示例(或称实例)为想定中平台的具体实现。例如，某想定有多架 F—16 战斗机，每架 F—16 战斗机都是其 Profile 的一个示例。应指出，每个实体都是一个示例，并且与某个 Profile 相关联；一个传感器如果不附着在一个平台上，将不能单独存在于仿真环境中；特殊区域指陆地或海上雷区，或数据库编辑中定义的原型(Profile)的海上区域。

4)仿真数据库及其管理。STAGE 的仿真数据库是十分丰富和强大的，大体可分为 3 类，即环境仿真数据库、装备仿真数据库和作战仿真数据库。每类数据库均通过 STAGE DBE 进行分层管理和维护。如环境仿真数据库管理大气模型、海洋模型、地形模型和特殊区域模型；装备仿真数据库管理平台模型、传感器模型、武器模型、电子干扰模型、水声参数模型、接合部模型；作战仿真数据库管理编队队形模型、战术编组模型、作战想定模型。

5)HLA 和 STAGE 的集成。由于 STAGE 具有模块化、非面向对象和集中是软件的特点，它虽然在 STAGE 5.0 种实现了 DIS 连接，但本身并未采用 HLA 体系结构，为了扩展 STAGE 体系结构，应付大规模军事作战仿真的需求，对 STAGE 和 HLA 集成是十分必要的。

为此,可采用如图 9.46 所示的基于共享内存的扩展软件结构,并通过 RTI 实现其扩展功能。

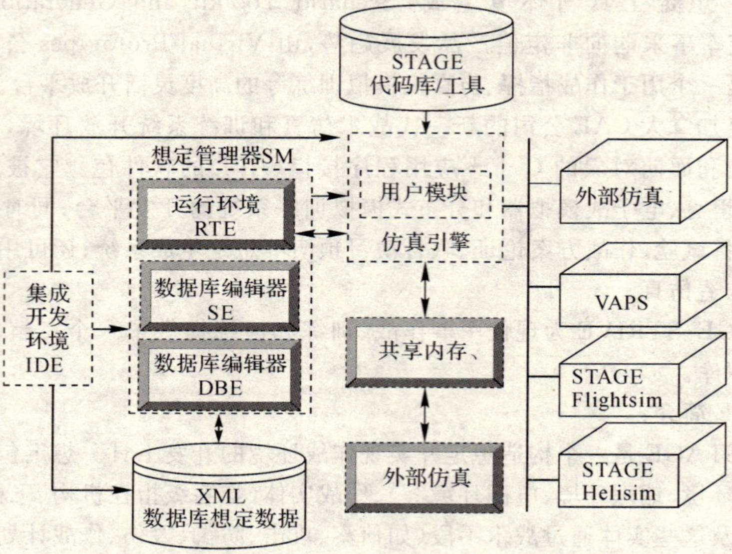

图 9.45　STAGE 5.0 的体系构架

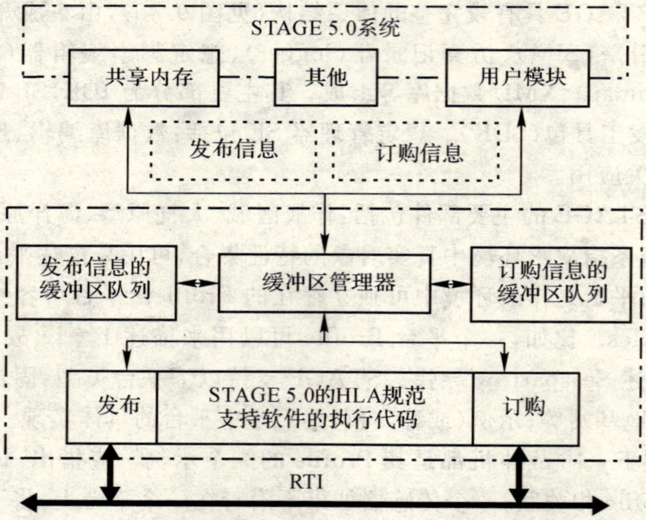

图 9.46　具有 HLA 规范适应能力的扩展 STAGE 5.0 系统结构

(3) STRIVE 简介:

1)概述。STRIVE 为开放式结构,它包括一个通用仿真框架,当新武器、传感器、平台等被设计和开发后,就可在此基础上建立高精度的仿真对象模型,并被集成到此框架中。模型被存放在模型库中,以备仿真演习中调用。另外,STRIVE 中还包含大量现成模型(如已验证的装备和武器模型),软件安装后即可用于仿真演习。这些演习运行在 PC 机上。

STRIVE 库中存放的模型、行为条例、想定、角色、样本等可通过电子方式进行传送、复制、修改或输出到文件。

2)主要特点:①可快速建立仿真、训练应用。②具有友好的用户界面。③完全基于 HLA 结构和组件化结构。④以 Plugin 概念作为应用基础。所谓 Plugin 就是一种扩展应用功能的机制,即一个 Plugin 作为一个扩展软件模块,集各种 Plugin 为一起来增加对于整体的服务和功能。⑤完整的数据库。由多个模块组成,不仅包括可直接使用的已验证的装备和武器模型,而且可提供包括作战条例、气象、地形、水声、导航、通信和声音等方面的大量最新数据。如气象模块提供全球最新气象数据,标准导航库提供全球覆盖数据,水声数据库提供完整的水声数据等。⑥分布式负荷处理。⑦标准的软件和硬件平台。基于 Windows 和 V＋＋软件平台及标准 PC 硬件。

3)诸多的 STRIVE 开发环境与工具。加拿大 CAE 公司研制的新一代战术仿真和训练系统开发环境与工具是十分丰富、强大和实用的。它们包括:①STRIVE—CGF 计算机兵力生成开发框架,是下一代合成战术环境和计算机生成兵力生成工具包,可提供具有高真实度 CGF 的陆、海、空、天交互合成实时虚拟战场环境;①STRIVE—SFX 仿真开发框架,是新一代仿真开发工具和运行环境,用于开发面向对象的基于 HLA 的分布式应用(如大规模仿真演习等)。②STRIVE—IOS 导演台,是一个图形工具包,用于教员控制和监视仿真环境,以便及时掌握仿真的关键因素;③STRIVE—NAVX 导航服务器,是一个导航数据库系统,为本地和分布式仿真系统提供导航数据的管理和接入服务;④STRIVE—COMMS 通信服务器,是新一代通信系统仿真工具,为陆、海、空应用提供完整的模块化的通信训练解决方案。⑤STRIVE—WX 气象服务器,是气象仿真软件包,用于产生和仿真气象环境条件及其效应。⑥STRIVE—TERRAINX 地形服务器,是新一代 HLA 兼容的地形服务器,用于多种地形设置和推理,产生实时虚拟处理环境;⑦STRIVE—SOUND 声音服务器,是新一代数字声音仿真系统,用于提供多频道、高保真度的音响效果。

9.5.9　Globus Toolkit

(1)引言。目前,M&S 正朝着以“数字化、虚拟化、网络化、智能化、集成化、协同化和普适化”为特征的现代化方向迅猛发展,基于 INTERNET 技术(网格技术)的 M&S 支撑技术及应用是其重要方面。在此领域,我国起步晚、差距大,故应积极跟踪和研究网格技术发展的国外最新动态。当前,国际上一个重要发展趋势是 Globus Toolkit 为主的网格标准成为网格技术发展的主流。

网格的本质思想是使资源(包括计算资源、存储资源、数据资源、知识资源和专家资源等)在更广泛意义上的全面共享和协同应用,而实现这种思想的途径、方法和网格设施服务就是网格技术。M&S 对网格技术的需求和依赖性主要来自以下 3 个方面:①随着 M&S 领域的扩展和不同 M&S 与仿真粒度需求的增加,仿真节点及其计算任务将大幅度增大,必须通过基于网格技术的高性能计算节点的共享计算资源来满足这种需求;②将网格中负载平衡技术、资源动态调度技术、容错技术等引入基于网络的 M&S,以解决当前不能根据各节点实际情况动态分配资源的缺陷;③在海量存储和数据密集(如军用 M&S 中的数字化地球、数字天空和各种探测设备获取的数字,基本上为天文数字)成为制约 M&S 发展的瓶颈下,借助网格技术可帮助走出困境。

(2) 网格技术发展概况。国际上对于网格技术及其在 M&S 的应用研究较早,近年来发展尤其迅速。较知名的有:美国地震工程仿真网格 NEES Grid、全球信息网格 GIG、复杂系统仿真与应用的网格项目 SF Express;欧洲的 Gross Grid 项目,并在 2003 年开发出了一系列应用原型系统,被用于外科手术的交互式仿真和可视化、洪水预报决策支持系统、高能物理的分布式数据分析、天气预报及空气污染分析等。

值得指出,美国对于网格技术及其应用是最为重视的,并取得了一系列重大成果。例如,在 1998 年,SF Express 项目使用了跨多个时区的 13 台超级计算机和 1 386 个处理器,成功地模拟了 100 298 个战斗实体,实现了当时历史上最大规模的战争模拟。又如,从 1999 年开始美国国防部投入数百亿美元组建全球信息网格 GIG。GIG 集成了全球各种军事信息,包括侦察、职能、战斗信息、后勤、运输、医疗等,并通过实时计算和通信完成信息的收集、处理、存储、分发管理和安全保障等功能。

我国亦十分重视发展网格技术,不仅已能生产基于网格技术的高性能计算机,如曙光超级服务器、银河巨型机和神威巨型机等,同时实施了相关网格技术研究项目,如 CHINA GRID 计划、E－Science、织女星网格等。

在所有这些网格技术研究和基础设施建设中,从技术上讲,以 Globus Toolkit 最为典型,下面作简要介绍。

(3) Globus Toolkit 简介:

1)概述。Globus Toolkit 3. x 由多个模块组成,主要包括:核心模块、安全服务模块、资源管理服务模块、信息服务模块和数据服务模块等;COG(Commodity Grid Toolkit)提供了一个跨平台的客户端工具来访问远端 Globus 和进行通信;基于 Globus 和 Java COG 提供的功能模块,可用于研究仿真网格支撑平台技术,并可在此基础上搭建起支撑分布式系统的协同建模/仿真支撑环境(见图 9.47)。

2)Globus 应用开发。Globus 具有很大的开发空间,它与仿真相结合不仅可以便捷地构造如图 9.47 所示的协同建模/仿真支撑环境,给传统 M&S 带来新的生机,而且能够有效地改造广泛应用的 HLA 仿真系统,克服这类系统现存的许多缺陷(如资源的动态分配较为困难;仿真运行的安全性与容错性较差;缺乏对大型并行仿真应用的支持等)。改造后基于网格的 HLA 仿真系统如图 9.48 所示。它既克服了传统 HLA 仿真上述缺陷,又是新一代 HLA 仿真系统具有良好的扩展性、便于支持仿真的全生命周期和能够自动收集仿真结果。如图 9.49 所示还给出了基于仿真网格服务典型运行模式。

值得指出,在 Globus 应用开发中,国内不少单位如航天二院、北京航空航天大学、北京理工大学、国防科技大学、解放军理工大学取得不少成果,做出了重要贡献。

9.5.10 DVENET

(1)引言。系统 M&S 需要计算机朝着速度快、智能化和人机交互、和谐的方向不断发展。人机界面、人机交互和人机环境越来越受到人们的关注。在这方面,几次新概念和新交互设备(如窗口系统、图形/图像系统、鼠标等)的出现,使得人机界面的友好性得到很大改善,虚拟现实技术大幅度提高了人机环境的质量,从而使系统 M&S 增添了新的巨大活力。DVENETS 是我国自主研发的基于计算机广域网的分布式虚拟现实应用支撑环境,在 DVENET 上实现了高级概念演示系统“XX2000”,研制出了分布式交互仿真和虚拟环境开发工具等。

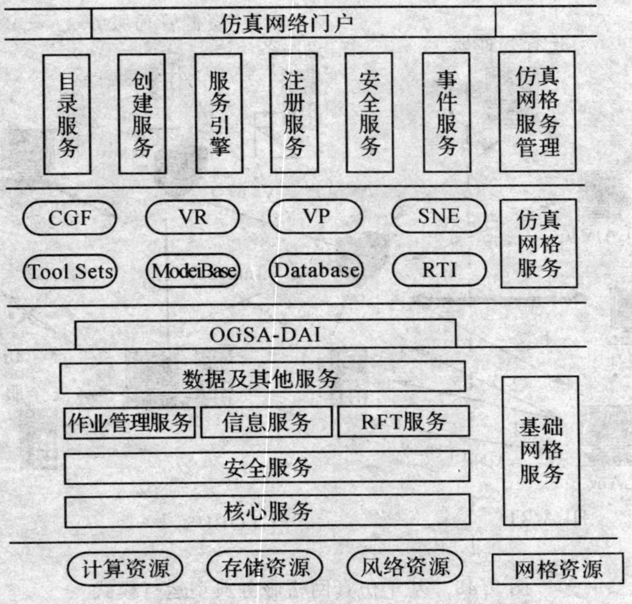

图 9.47　基于网格的协同建模/仿真支撑环境体系结构

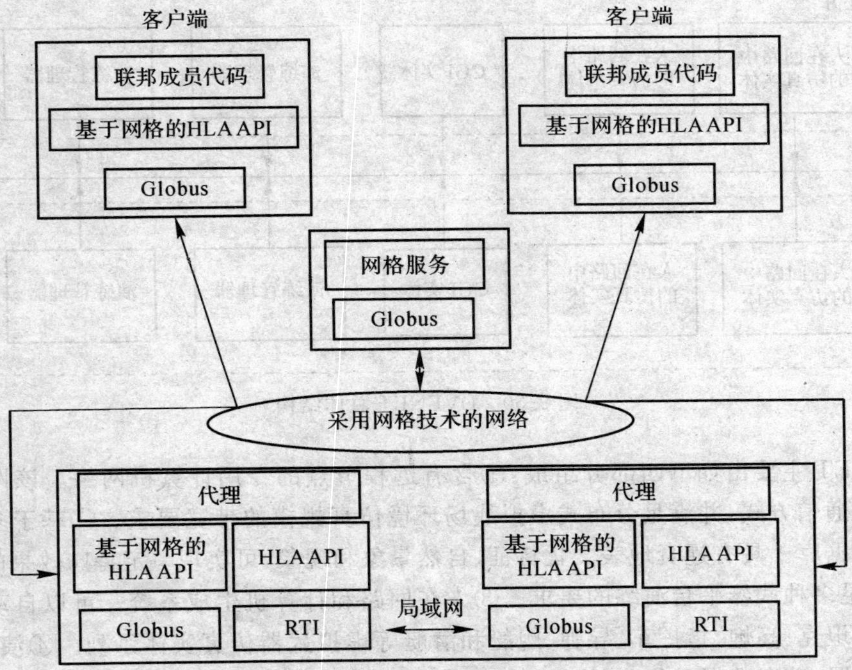

图 9.48　基于网格的 HLA 仿真系统

(2)DVENET 的总体构成与系统组成。DVENET 是我国自主研发的第一个基于远程计算机网络的面向虚拟现实研究与应用的分布式虚拟环境，也是一个支持异地联合军事仿真演练的分布式虚拟环境，其总体结构如图 9.50 所示。

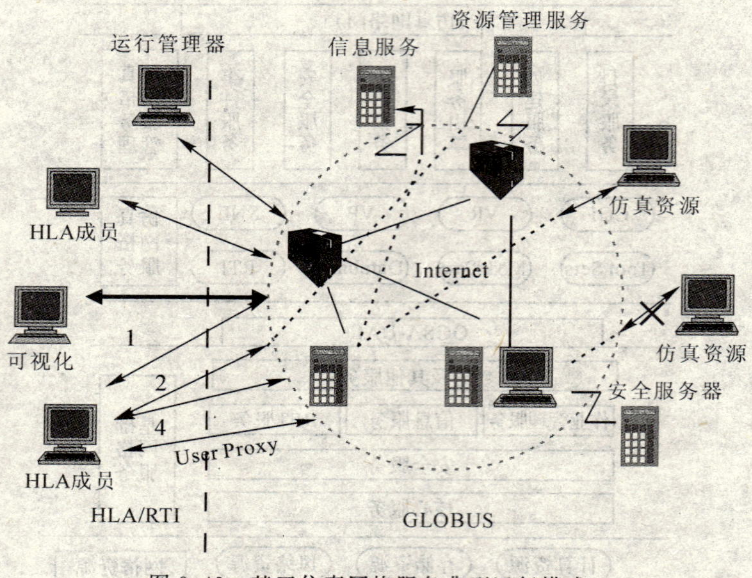

图 9.49　基于仿真网格服务典型运行模式

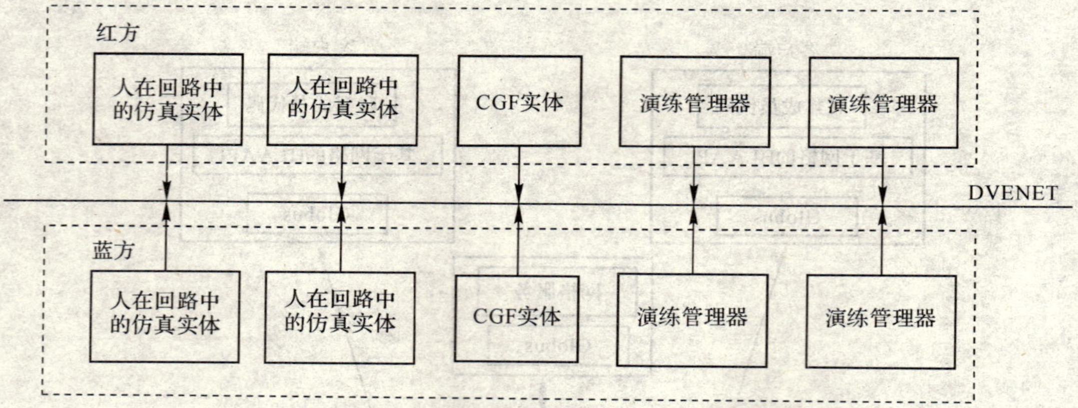

图 9.50　DVENET 总体结构

DVENET 主要由如下四部分组成:①含有远程节点的专用计算机网络。该网络支持广播和组播等通信方式,并满足分布式虚拟战场环境仿真规模的带宽要求。②基于多种精度的真实地形数据库。具有逼真地表文化特征、自然景象和现象,可实现一定特殊效果的虚拟战场环境,能满足多种武器平台演练的要求。③人在回路和计算机生成系统。可以自动生成歼击机、直升机、坦克、高炮、指挥车、导弹、舰艇和潜艇等虚拟武器仿真实体系列。④演练管理器。具有实体配置、动态数据采集、二维/三维显示和演练回放等功能。

(3)DVENET 开发工具。DVENET 主要研制了如下 9 类开发工具:①分布式交互仿真应用程序开发工具DVE-link;②基于 DIS 的应用程序开放框架 DVE-DF;③基于 HLA 的应用程序开发框架 DVE-HF;④虚拟环境快速建造工具 DVE-Builder;⑤数据格式转换工具 DVE-Transfer;⑥虚拟环境漫游引擎 DVE-Walk;⑦演练管理器 DVE-Manager;⑧多媒体虚拟环境监视器DVE-Monitor;⑨多视口虚拟战场环境观察器 DVE-Viewer。

习　题　9

1. 何为计算机仿真？试述计算机仿真的主要方法与技术。

2. 何为分布式仿真(DIS)和仿真高层体系结构(HLA)？试述它们对系统仿真特别是复杂系统仿真的重要作用。

3. 为什么要研制及应用仿真语言？仿真语言通常有哪几种类型，各自有何特点？

4. 指出系统 M&S 的常用支撑环境及工具。进一步论述 UML/Ration Rose 的重要性及实际工程应用。

第 10 章　连续系统的数字仿真技术与应用

10.1　连续系统数字仿真的数值积分法

10.1.1　数值积分法的基本原理

连续系统数字仿真原理类似于模拟仿真。不同之处仅在于需要构筑数字积分器，并依此进行数值积分。

在连续系统数字仿真中，主要的数值计算工作是对一阶微分方程(或状态方程)求解。设一阶微分方程及初值为

$$\begin{aligned} \dot{y}(t) &= f(t,y) \\ y(t)\big|_{t=t_0} &= y(t_0) \end{aligned} \tag{10.1}$$

为求解上述方程，在$[t_0,t_{n+1}]$区间内对方程两端积分，即

$$\int_0^{t_{n+1}} \dot{y}(t)\mathrm{d}t = \int_0^{t_{n+1}} f(t,y)\mathrm{d}t$$

则有

$$y(t_{n+1}) = y(t_0) + \int_0^{t_{n+1}} f(t,y)\mathrm{d}t$$

即

$$y(t_{n+1}) = y(t_n) + \int_0^{t_{n+1}} f(t,y)\mathrm{d}t$$

由于上式中有定积分项，故用其近似值表示其连续解，得

$$y_{n+1} = y_n + Q_n \tag{10.2}$$

式中，y_{n+1}，y_n，Q_n 分别是 $y(t_{n+1})$，$y(t_n)$ 及 $\int_0^{t_{n+1}} f(t,y)\mathrm{d}t$ 的近似解，即数值解。称 $h=t_{n+1}-t_n$ 为计算步距或仿真步长。

综上所述，数值积分法的基本原理为：通过对具有初值问题的微分方程离散化，将连续变量问题转化为离散变量问题；根据已知的初始条件，由式(10.2)逐步递推求出以后各时刻的数值 y_i。

递推公式(10.2)的核心就是如何对 Q_n 进行数值求解，即如何对 $f(t,y)$ 进行积分。

10.1.2　常用数值积分算法

本节将讨论在应用数字计算机求解微分方程时常用的数值积分法。

数值积分法通常分为 3 类，即单步法、多步法和预报-校正法。

(1) 欧拉法与改进欧拉法。

1) 欧拉(Euler)法。为了用递推式(10.2)求式(10.1)的数值解，在积分区间$[t_n,t_{n+1}]$取得足够小的情况下，用矩形面积近似代替 $Q_n=\int_0^{t_{n+1}} f(t,y)\mathrm{d}t$ 所表示的曲边梯形面积，如图10.1所示，则有

$$\int_0^{t_{n+1}} f(t,y)\mathrm{d}t \approx (t_{n+1}-t_n)f(t_n,y_n)$$

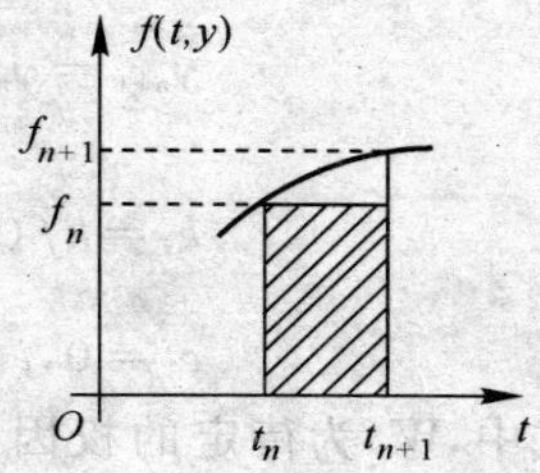

图 10.1　欧拉法原理图

上式可表示为
$$\int_0^{t_{n+1}} f(t,y)\mathrm{d}t = hf_n \tag{10.3}$$
式中，$f_n=f(t_n,y_n)$。将式(10.3)代入式(10.2)得到
$$y_{n+1}=y_n+hf_n \tag{10.4}$$

上式称为欧拉公式。欧拉法的特点是算法简单，计算量小。可由 y_n 一步估计出 y_{n+1}，故是一种单步法。且算法可由初值 y_0 自行启动，为自启动算法。但欧拉法的计算精度较低。在对仿真精度要求高的场合很少采用。

下面对欧拉法的确误差作一简单分析。设微分方程的精确解在 t_n 附近是解析的，则可用台劳级数展开式求得 t_{n+1} 处的精确解。即将 $y(t_n+h)$ 在 t_n 附近展开，得
$$y(t_n+h)=y(t_n)+h\dot{y}(t_n)+\frac{1}{2}h^2\ddot{y}(t_n)+\cdots$$
上式可写成
$$y(t_{n+1})=y(t_n)+h\dot{y}(t_n)+O(h^2) \tag{10.5}$$
式中
$$O(h^2)=\frac{h^2}{2}\ddot{y}(\xi_n),\quad t_n\leqslant\xi_n\leqslant t_{n+1} \tag{10.6}$$
$O(h^2)$ 称为余项。

显见，欧拉公式正好是式(10.5)的前两项。因此，与精确解相比，它必然存在误差 $O(h^2)$，亦称为截断误差。欧拉法的载断误差 $O(h^2)$ 正比于 h^2。

2) 改进欧拉法。为提高计算精度，在求定积分 $\int_0^{t_{n+1}} f(t,y)\mathrm{d}t$ 时，可用区间 $[t_n,t_{n+1}]$ 内的梯形面积代替曲边梯形法的原理，如图 10.2 所示，则有
$$\int_0^{t_{n+1}} f(t,y)\mathrm{d}t=\frac{h}{2}(f_n+f_{n+1}) \tag{10.7}$$

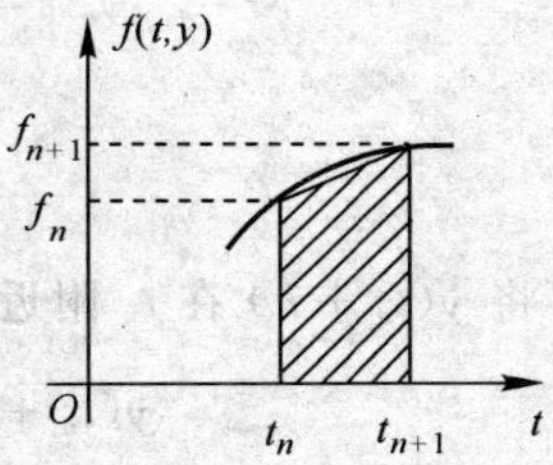

图 10.2　梯形法原理图

进而得到如下梯形法公式
$$y_{n+1}=y_n+\frac{h}{2}(f_n+f_{n+1}) \tag{10.8}$$

注意：式(10.8)右端隐含着待求量 y_{n+1}，梯形法公式为一个隐式，不能自行起步计算，需要借助于其他算法启动，通常采用欧拉法。即用欧拉法先求出 $y(t_n+1)$ 的近似值(称为预报值)。然后将其代入原微分方程，计算出 f_{n+1} 的近似值 $f(t_{n+1},y^p_{n+1})$，最后利用梯形法公式求出修正后 y^c_{n+1}(称为预报值)。这就是改进欧拉法，亦称为预报-校正法，其公式为
$$\left.\begin{aligned}&\text{预报}\quad y^p_{n+1}=y_n+hf_n\\&\text{校正}\quad y^c_{n+1}=y_n+\frac{h}{2}(f_n+f^p_{n+1})\end{aligned}\right\} \tag{10.9}$$
式中，$f^p_{n+1}=f(t_{n+1},y^p_{n+1})$。

改进欧拉法是一种多步法，每次算一步 y_n，都要计算两次导数，其计算量比欧拉法多 1 倍。但计算精度比欧拉法高。改进欧拉法仿真程序框图如图 10.3 所示。

(2) 龙格-库塔公式。

1) 显式龙格-库塔法的一般公式为

$$\left.\begin{aligned} y_{n+1} &= y_n + \sum_{i=1}^{r} W_i k_i \\ k_i &= hf(t_n + c_i h, y_n + \sum_{j=1}^{i-1} a_{ij} k_i \\ c_1 &= 0, i = 1,2,3,\cdots,r \end{aligned}\right\} \quad (10.10)$$

式中,W_i 为待定的权因子;r 为解公式的阶数(使用的 k 值个数);k_i 为不同点的导数和步长的乘积;c_i,a_{ij} 为待定系数。

2) 二阶龙格-库塔法计算公式。根据式(10.10)可导出不同阶次的龙格-库塔公式。

当 $r=1$ 时,只有一个 $k_1 = hf(t_n, y_n)$,若 $W_1 = 1$,则由式(10.10)即可得到一阶龙格-库塔公式

$$y_{n+1} = y_n + hf(t_n, y_n)$$

这正是欧拉公式。

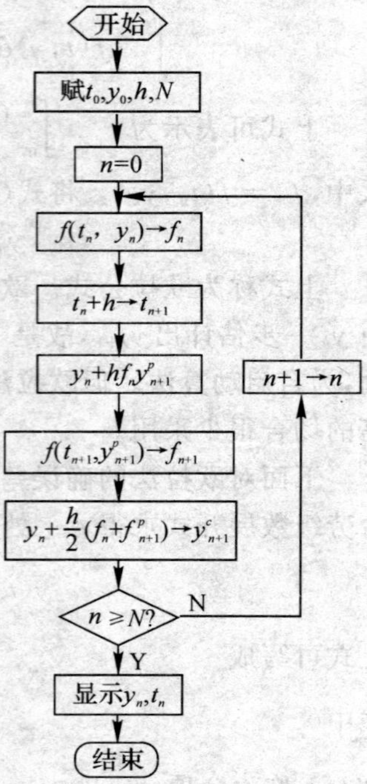

图 10.3 改进欧拉法仿真程序框图

当 $r=2$,式(10.10)变为

$$\left.\begin{aligned} y_{n+1} &= y_n + W_1 k_1 + W_2 k_2 \\ k_1 &= hf(t_n, y_n) \\ k_2 &= hf(t_n + c_2 h, y_n + a_{21} k_1) \end{aligned}\right\} \quad (10.11)$$

将 k_2 在(t_n, y_n)处展开成台劳级数,并保留 h,h^2 项,得

$$k_2 = hf(t_n, y_n) + h^2 \left[c_2 \frac{\partial f}{\partial t} + a_{21} f(t_n, y_n) \frac{\partial f}{\partial y}\right]$$

将 k_1,k_2 代入式(10.11),整理得

$$y_{n+1} = y_n + (W_1 + W_2) hf(t_n, y_n) + W_2 c_2 h^2 \left.\frac{\partial f}{\partial t}\right|_{\substack{t=t_n \\ y=y_n}} + W_2 a_{21} k^2 f(t_n, y_n) \left.\frac{\partial f}{\partial y}\right|_{\substack{t=t_n \\ y=y_n}} \quad (10.12)$$

再将 $y(t_n + h)$ 在 t_n 附近展开成台劳级数,亦保留 h,h^2 项,则有

$$y(t_n + h) = y(t_n) + hf(t_n, y_n) + \frac{h^2}{2}\left[\frac{\partial f}{\partial t} + f(t_n, y_n)\frac{\partial f}{\partial y}\right] \quad (10.13)$$

比较式(10.12)与(10.13),得到 3 个等式

$$W_1 + W_2 = 1, \quad W_2 c_2 = \frac{1}{2}, \quad W_2 a_{21} = \frac{1}{2}$$

取 $c_2 = 1$,得

$$W_1 = W_2 = \frac{1}{2}, \quad a_{21} = 1$$

由此得到二阶龙格-库塔法计算公式

$$\left.\begin{aligned} y_{n+1} &= y_n + \frac{1}{2}(k_1 + k_2) \\ k_1 &= hf(t_n, y_n) \\ k_2 &= hf(t_n + h, y_n + k_1) \end{aligned}\right\} \quad (10.14)$$

3) 三阶龙格-库塔法公式。由于计算中只保留了 h 和 h^2 项,故二阶龙格-库塔法的截断误

差 $O(h^3)$ 正比于 h^3。利用式(10.10)，按照上述相同的方法，可得出三阶和四阶龙格-库塔公式。

三阶龙格-库塔公式为

$$\left.\begin{aligned}
&y_{n+1}=y_n+\frac{1}{4}(k_1+3k_2)\\
&k_1=hf(t_n,y_n)\\
&k_2=hf(t_n+\frac{h}{3},y_n+\frac{1}{3}k_1)\\
&k_3=hf(t_n+\frac{2}{3}h,y_n+\frac{2}{3}k_2)
\end{aligned}\right\}\tag{10.15}$$

4）四阶龙格-库塔公式。四阶龙格-库塔公式为

$$\left.\begin{aligned}
&y_{n+1}=y_n+\frac{1}{6}(k_1+2k_2+2k_3+k_4)\\
&k_1=hf(t_n,y_n)\\
&k_2=hf(t_n+\frac{h}{2},y_n+\frac{1}{2}k_1)\\
&k_3=hf(t_n+\frac{h}{2},y_n+\frac{1}{2}k_2)\\
&k_4=hf(t_n+h,y_n+k_3)
\end{aligned}\right\}\tag{10.16}$$

在龙格-库塔法中，尤以四阶龙格-库塔法最常用。因为，对于大部分实际工程问题，其精度已可以满足要求，它的截断误差 $O(h^5)$ 正比于 h^5。除了仿真精度高的优点外，四阶龙格-库塔法还具有能自启动、稳定性好、编程容易及计算量适中等优点，因而在系统仿真中获得了广泛的应用。因为四阶龙格-库塔法既能保证数值解具有较高的精度，还能使总的计算量比二阶方法小，而高于四阶的方法每步计算量增加较多，精度却提高不快。所以，一般的系统进行数字仿真时，都采用四阶龙格-库塔法。

假定系统的数学模型是用向量形式描述的一阶微分方程组(例如状态方程)，即

$$\left.\begin{aligned}
&\dot{\boldsymbol{Y}}(t)=\boldsymbol{F}(t,\boldsymbol{Y})\\
&\boldsymbol{Y}(t_0)=\boldsymbol{Y}(0)
\end{aligned}\right\}\tag{10.17}$$

则，对应四阶龙格-库塔法的向量形式为

$$\left.\begin{aligned}
&\boldsymbol{Y}_{n+1}=\boldsymbol{Y}_n+\frac{1}{6}(\boldsymbol{K}_1+2\boldsymbol{K}_2+2\boldsymbol{K}_3+\boldsymbol{K}_4)\\
&\boldsymbol{K}_1=h\boldsymbol{F}(t_n,\boldsymbol{Y}_n)\\
&\boldsymbol{K}_2=h\boldsymbol{F}(t_n+\frac{h}{2},\boldsymbol{Y}_n+\frac{1}{2}\boldsymbol{K}_1)\\
&\boldsymbol{K}_3=h\boldsymbol{F}(t_n+\frac{h}{2},\boldsymbol{Y}_n+\frac{1}{2}\boldsymbol{K}_2)\\
&\boldsymbol{K}_4=h\boldsymbol{F}(t_n+h,\boldsymbol{Y}_n+\boldsymbol{K}_3)
\end{aligned}\right\}\tag{10.18}$$

式中

$$\boldsymbol{K}_1=[k_{11},k_{12},\cdots,k_{1N}]^{\mathrm{T}},\quad \boldsymbol{K}_2=[k_{21},k_{22},\cdots,k_{2N}]^{\mathrm{T}}$$

$$\boldsymbol{K}_3=[k_{31},k_{32},\cdots,k_{3N}]^{\mathrm{T}},\quad \boldsymbol{K}_4=[k_{41},k_{42},\cdots,k_{4N}]^{\mathrm{T}}$$

而 k_{ij} 表示第 j 个方程式中的第 i 个龙格-库塔法计算系数($i=1,2,3,4;j=1,2,\cdots,N$)，N 为系统阶数。

四阶龙格-库塔法仿真子程序有不同的编写方法，这里介绍一种直观的编写方法，其仿真程序流程图如图 10.4 所示。仿真程序编写如下。

首先，先对式(10.18) 作一变形，即令

$$\left.\begin{aligned} rk_1(i) &= \mathrm{d}(i) \cdot \mathrm{d}t/2 \\ rk_2(i) &= \mathrm{d}(i) \cdot \mathrm{d}t/2 \\ rk_3(i) &= \mathrm{d}(i) \cdot \mathrm{d}t \end{aligned}\right\} \tag{10.19}$$

式中，d(i) 表示变量的导数，dt 表示步长 h，则式(10.18) 变为

$$y(i) = ys(i) + \frac{1}{6}[2(rk_1(i) + rk_3(i)) + 4rk_2(i) + \mathrm{d}(i) * \mathrm{d}t] \tag{10.20}$$

另外，由图 10.4 知，在一步计算过程中，要重复计算四次给定方程的导数。因此，计算导数部分也应编成一个子程序，以供积分程序调用。

用 C 语言编写的对应如图 10.4 所示的四阶龙格-库塔法子程序采用无参函数 ruk4()实现，其程序清单如下：

```
ruk4( )
{
   int i;
   float rkl[5],rk2[5],rk3[5],ys[5],dt02;
   dt02=0.5 * dt;
   dif( );
   for(i=0;i<n;i++)
   {
    rkl[i]=d[i] * dt02;
    ys[i]=y[i];
    y[i]=ys[i]+rkl[i];
   }
  t=t+dt02;
  dif( );
  for(i=0;i<n;i++)
  {
    rk2[i]=d[i] * dt02;
    y[i]=ys[i]+rk2[i];
  }
  dif( );
  for(i=0;i<n;i++)
  {
   rk3[i]=d[i] * dt;
   y[i]=ys[i]+rk3[i];
  }
  t=t+dt02;
```

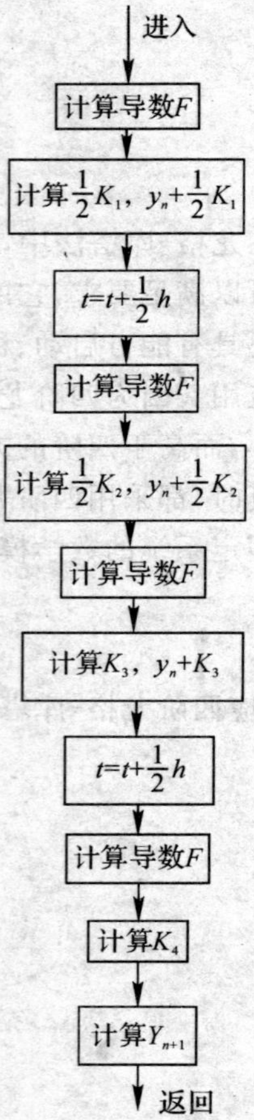

图 10.4　四阶龙格-库塔法仿真子程序框图

```
dif( );
for(i=0;i<n;i++)
{
  y[i]=ys[i]+0.16666667*(2*(rk1[i]+rk3[i])+4*rk2[i]+d[i]*dt);
  }
}
```

程序中所用的变量和数组说明如下：n 为系统阶数；t 为当前仿真时间(积分时间)；dt 为积分步长；d[i]为变量导数；y[i]为状态变量。

(3) 线性多步法。多步法的基本思想是，在逐步递推计算过程中，充分利用前面多步的信息 $y_0,y_1,\cdots,y_n$ 及 $f_0,f_1,\cdots,f_n$ 来计算 y_{n+1}，达到既可加快仿真速度，又能获得较高精度的目的。亚当姆斯(Adams)法是线性多步法中最常使用的一种方法。

1) 亚当姆斯显式公式。为了计算数值积分法基本递推式(10.2)中的积分项，可用一个插值多项式近似代替 $f(t,y)$。已知 $t_n,t_{n-1},\cdots,t_{n-k}$ 处理数据 $f_n,f_{n-1},\cdots,f_{n-k}$，根据牛顿后插公式，可构造出插值多项式为

$$P(t)=\sum_{j=0}^{k}(-1)^j\binom{s}{j}\nabla^j f_n \tag{10.21}$$

式中，$s=\dfrac{t-t_n}{h}$，∇^j 是 j 阶后向插分算子，且

$$\nabla^j=\frac{s(s-1)(s-2)\cdots(s-j+1)}{j!},\quad \binom{s}{0}=1$$

若用 $P(t)$ 近似代替 $f(t,y)$，并代入式(10.2)，经过推导即可得出亚当姆斯显式公式

$$y_{n+1}=y_n+h\sum_{k=0}^{k}\gamma_j\nabla^j f_n \tag{10.22}$$

式中

$$\left.\begin{aligned}&\gamma=0\\&\gamma_j=\frac{1}{j!}\int_0^1 s(s+1)\cdots(s+j-1)\mathrm{d}s,\quad j\geqslant 1\end{aligned}\right\} \tag{10.23}$$

在式(10.22)中，当 $k=1$ 时，可得欧拉公式 $y_{n+1}=y_n+hf_n$。

当 $k=2$ 时，就得到二阶亚当姆斯(两步法)公式

$$y_{n+1}=y_n+\frac{h}{2}(3f_n-f_{n-1}) \tag{10.24}$$

当 $k=4$ 时，即得四阶亚当姆斯(四步法)公式

$$y_{n+1}=y_n+\frac{1}{24}h(55f_n-59f_{n-1}+37f_{n-2}-9f_{n-3}) \tag{10.25}$$

由上述各亚当姆斯公式可以看出，若已知 t_n 点的 y_n 及 $f_n,f_{n-1},f_{n-2},\cdots,f_{n-k}$，所求出的 y_{n+1} 值是 k 步以前各导数的线性组合，且各导数均以显式形式出现在公式的右端，故称为显式线性多步法。

2) 亚当姆斯隐式公式。亚当姆斯显式公式是外推公式，根据插值理论，同样阶数的内插公式比外推公式更为精确。若用牛顿前插公式近似代替 $f(t,y)$，可以求得亚当姆斯隐式公式

$$y_{n+1}=y_n+h\sum_{i=0}^{k}\beta_{ki}f_{n-i+1} \tag{10.26}$$

式中系数 β_{ki} 的值如表 10.1 所示。

表 10.1 亚当姆斯隐式公式的 $\boldsymbol{\beta}_{ki}$ 系数表

k \ i	β_{ki}	0	1	2	3	4	方法的阶数
0	β_{0i}	1					
1	$2\beta_{1i}$	1	1				2
3	$12\beta_{2i}$	5	8	-1			3
3	$24\beta_{3i}$	9	19	-5	1		4
4	$720\beta_{4i}$	251	646	-246	106	-19	5

当 $k=1$ 时,可得一步亚当姆斯隐式公式

$$y_{n+1}=y_n+\frac{1}{2}h(f_{n+1}+f_n)$$

这正是梯形法公式。

当 $k=3$ 时,即得常用的四阶亚当姆斯(三步法)隐式公式

$$y_{n+1}=y_n+\frac{1}{24}h(9f_{n+1}+19f_n-5f_{n-1}+f_{n-2}) \tag{10.27}$$

将亚当姆斯显示公式与隐式公式比较可以看出,在相同阶数下,隐式精度高于显式,而显式的计算量又小于隐式,且隐式需要计算 f_{n+1}。因此,可将显式与隐式联合起来使用,由前者提供 y_{n+1} 的首次近似值,后者对预报值加以校正。这种方法称为亚当姆斯预报-校正法。

3) 亚当姆斯预报-校正法。最简单的亚当姆斯预报-校正法采用欧拉法预报,梯形法校正,这正是前面讨论过的改进欧拉法。当精度要求较高时,则最常应用四阶亚当姆斯预报-校正法,它由四阶亚当姆斯显式公式进行预报,由四阶隐式公式对预报值进行校正。其计算公式为

$$\left.\begin{aligned}&\text{预报}\quad y_{n+1}^{p}=y_n+\frac{h}{24}(55f_n-59f_{n-1}+37f_{n-2}-9f_{n-3})\\&\text{校正}\quad y_{n+1}^{c}=y_n+\frac{h}{24}(9f_{n+1}^{P}+19f_n-5f_{n-1}+f_{n-2})\end{aligned}\right\} \tag{10.28}$$

上式是一个四步法,除给定的初始值 y_0 外,其他的 y_1,y_2,y_3 通常由四阶龙格-库塔法提供。

四阶亚当姆斯预报-校正法仿真子程序框图如图 10.5 所示。

10.1.3 实时仿真算法

(1) 实时仿真的概念。在进行计算机仿真时,若仿真系统中没有实际的物理系统,即无实物介入,则仿真时间与被仿真系统的实际运行时间不相等,称这种仿真为非实时仿真。若仿真系统中除了有装载在计算机里的数学模型外,还有一部分是实物,则称为半实物仿真。显见,在半实物仿真中,由于实物介入整个仿真系统,这就要求计算机中仿真模型的仿真时间必须与实际系统运行时间相一致,这就是实时仿真。

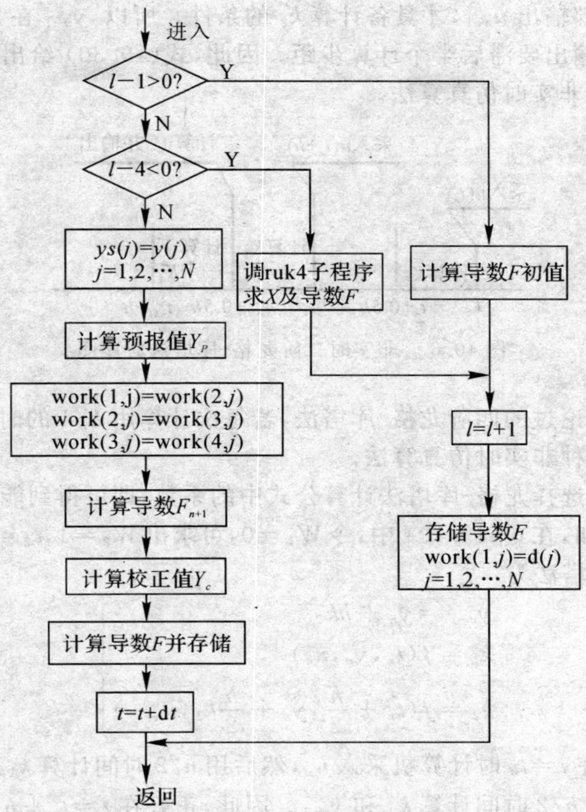

图 10.5　四阶亚当姆斯预报-校正法仿真子程序框图

设在计算机上仿真的连续系统数字模型由下列微分方程描述

$$\left.\begin{aligned}\dot{y}&=f(t,y,u)\\ y(t_0)&=y_0\end{aligned}\right\}\qquad(10.29)$$

式中，u 为来自实物的输出，即仿真模型的输入，它也是计算机的输入序列。u 由实物经计算机的输入接口输入给计算机，且 $u=u(kh)$，$k=0,1,2,\cdots$。计算机从时刻 kh 开始，根据用户所采用的不同仿真算法，利用 $y(kh)$，$u(kh)$ 和 kh 时刻以前的数值计算出 $y_{k+1}=y(kh+h)$。

显见，实时仿真应满足两个条件：① 计算机求解方程式(10.29)的 y_{k+1} 所需时间必须等于或小于步长 h(s)，以便与实物的实际运行时间同步；② 计算机的输入数据 $u(kh)$ 都能实时地获得，即计算机在 kh 时刻求解方程时，必须从实物上能取得该时刻的 $u(kh)$ 值。

(2) 实时仿真算法分析。设采用前面讨论过的二阶龙格-库塔法求解方程式(10.29)，其递推方程为

$$\left.\begin{aligned}y_{n+1}&=y_n+\frac{1}{2}(k_1+k_2)\\ k_1&=hf(t_n,y_n,u_n)\\ k_2&=hf(t_n+h,y_n+k_1,u_{n+1})\end{aligned}\right\}\qquad(10.30)$$

式中，由于算法在一个步长中两次计算右导数，可假定在 $h/2$ 时间内计算一次右导数，则整个计算时序图如图 10.6 所示。

由图知，在 $t=t_n$ 时，计算机采入 u_n，再用 $h/2$ 时间计算 k_1，只有当 $t=t_n+h=t_{n+1}$ 时，计算

机才能真正地采入外部输出 u_{n+1}，才具备计算 k_2 的条件。所以，y_{n+1} 在 $t=t_{n+1}+h/2$ 时才能计算出来。表明计算机输出要滞后半个计算步距。因此，式(10.30) 给出的二阶龙格-库塔法不适合实时仿真，是一种非实时仿真算法。

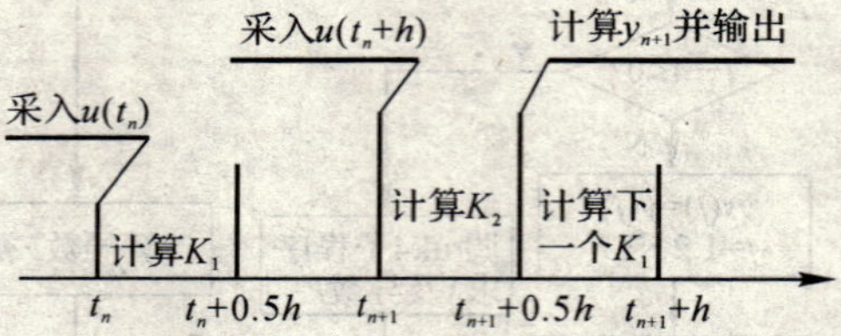

图 10.6　非实时二阶龙格-库塔法时序图

同理可知，前面讨论过的四阶龙格-库塔法，若每次计算用 $h/4$ 的时间，则输出将会有 $h/4$ 的延迟，因而它也是一种非实时仿真算法。

但是，若能合理地选择龙格-库塔法计算公式中的系数，即可得到能用于实时仿真的龙格-库塔法计算公式。例如，在式(10.10) 中，令 $W_1=0$，可求出 $W_2=1$，$c_2=1/2$，$a_{21}=1/2$，从而得到另一种二阶龙格-库塔法为

$$\left.\begin{aligned}&y_{n+1}=y_n+hk_2\\&k_1=f(t_n,y_n,u_n)\\&k_2=f\left(t_n+\frac{h}{2},y_n+\frac{h}{2}k_1,u_{n+\frac{1}{2}}\right)\end{aligned}\right\}\tag{10.31}$$

根据式(10.31)，在 $t=t_n$ 时计算机采入 u_n，然后用 $h/2$ 时间计算 k_1。在 $t=t_n+h/2$ 时，计算机可采入 $u_{n+\frac{1}{2}}$，再用 $h/2$ 时间计算 k_2 和 y_{n+1}。因此，正好在 $t=t_n+h$ 时输出 y_{n+1}，完全没有时间延迟，如图 10.7 所示。所以，式(10.31) 称为二阶龙格-库塔实时仿真算法。

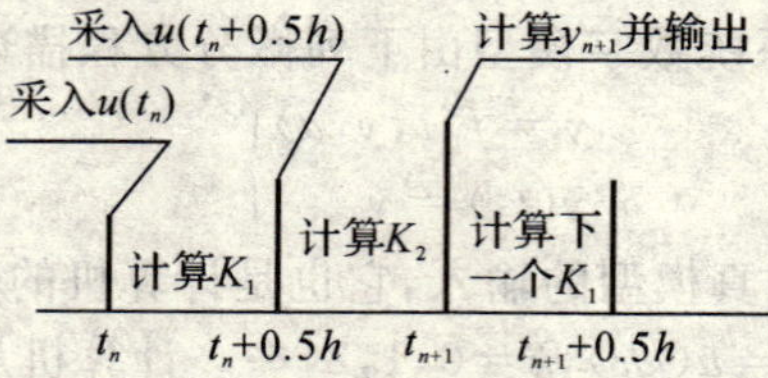

图 10.7　实时二阶龙格-库塔法时序图

同理，可得出四阶龙格-库塔实时仿真算法如下

$$\left.\begin{aligned}&y_{n+1}=y_n+\frac{h}{24}(-k_1+15k_2-5k_3+5k_4+10k_5)\\&k_1=f(t_n,y_n,u_n)\\&k_2=f\left(t_n+\frac{h}{5},y_n+\frac{h}{5}k_1,u_{n+\frac{1}{5}}\right)\\&k_3=f\left(t_n+\frac{2}{5}h,y_n+\frac{2}{5}hk_2,u_{n+\frac{2}{5}}\right)\\&k_4=f\left(t_n+\frac{3}{5}h,y_n-\frac{2}{5}hk_1+hk_2,u_{n+\frac{3}{5}}\right)\\&k_5=f\left(t_n+\frac{4}{5}h,y_n+\frac{3}{10}hk_1+\frac{1}{2}hk,u_{n+\frac{4}{5}}\right)\end{aligned}\right\}\tag{10.32}$$

10.1.4　有关数值积分法的讨论

(1) 数值解的稳定性问题。前面讨论过的数值积分法，无论哪一种，其实质都是将微分方程差分化，并进行迭代计算。因此，要保证迭代计算正常进行，首先必须保证数值解的稳定性，即在扰动影响下，其计算误差不应随时间无限增大。若在算法的迭代过程中，所求数值解能收敛到精确解，则称该算法是稳定的。反之，称算法是不稳定的。

在应用数值积分法进行连续系统数字仿真时，为保证数值解的稳定性，除了必须满足被仿真系统是稳定系统的条件外，数值积分法本身还应满足算法稳定的条件。下面以欧拉法为例，讨论这个问题。

考虑到高阶系统微分方程数值计算的稳定性分析比较复杂，故可用一个一阶微分方程作为测试方程进行分析，所得结论同样适用于高阶系统。一阶测试方程如下

$$\left.\begin{aligned}\dot{y}(t)&=\lambda y(t)\\ y(t_0)&=y_0\end{aligned}\right\} \tag{10.33}$$

式中，λ 是微分方程的特征根。应用欧拉法求解方程式(10.33) 的数值积分公式为

$$y_{n+1}=y_n+\lambda h y_n \tag{10.34}$$

上式进行 z 变换，得 $zY(z)=(1+\lambda h)Y(z)$，上述差分方程的特征方程为 $z-(1+\lambda h)=0$，特征方程的特征根为 $z=1+\lambda h$，由 z 域稳定条件，式(10.34) 稳定应满足不等式 $|z|=|1+\lambda h|<1$，则有

$$|\lambda h|<2 \quad 或 \quad h<2T \tag{10.35}$$

式中，$T=\dfrac{1}{|\lambda|}$ 为系统式(10.33) 的时间常数。

由此可以看出，要保证采用欧拉法进行的数值计算是稳定的，积分步长(h) 必须小于系统时间常数的 2 倍。由此可见，步长的选择直接影响数值积分法的稳定性。

对于高阶系统，欧拉法稳定的条件为

$$h<2T_{\min}=2\frac{1}{|\lambda_{\max}|} \tag{10.36}$$

式中，$T_{\min}$ 和 $\lambda_{\max}$ 分别是系统的最小时间常数和最大特征根。

按照与欧拉法分析类似的方法，可求出其他数值积分法的稳定条件。表 10.2 和 10.3 分别给出了使用龙格-库塔法和亚当姆斯法公式时，λh 在实轴上的取值范围，即实数稳定区域(稳定条件)，供读者使用时参考。

表 10.2　龙格-库塔法公式实数稳定区域

方法阶次	1	2	3	4
稳定条件	(−2,0)	(−2,0)	(−2.51,0)	(−2.78,0)

表 10.3　亚当姆斯法公式实数稳定区域

方法阶次	1	2	3	4
显式稳定条件	(−2,0)	(−1,0)	(−6/11,0)	(−3/10,0)
隐式稳定条件	(−∞,0)	(−∞,0)	(−6,0)	(−3,0)

(2) 积分步长的选择。h 的选择，首先应保证数值积分的稳定性。即应在数值积分法的稳定域内选择 h，这是 h 应满足的必要条件。

其次，h 的选择应保证数值积分的精度。即在满足算法稳定的前提下，选择合适的 h。数值解的精度与计算误差有关，计算误差越小，数值解的精度越高。而计算误差主要由截断误差与舍入误差构成。通过前面的讨论已经知道，各种数值积分法的截断误差与积分方法的阶次和步长有关，在同样的步长下，算法的阶次越高，截断误差越小；在同一种算法下，步长越小，截断误差越小。而舍入误差是由于计算机的字长有限，计算只能在有限位数内，从而产生的误差。相同的算法在一定的时间范围内，步长越小，其计算次数就增加，舍入误差的积累就增加。舍入误差和截断误差与积分步长的关系如图 10.8 所示。由图可知，两种误差对步长的要求是矛盾的，但两者之和有一个最小值，步长最好选择在最小值中。

最后，选择 h 时还应考虑计算速度。计算速度由给定积分时间内的积分次数和每次积分所需时间决定。每一次的积分计算时间与积分方法的计算工作量有关，主要决定于计算右端函数的次数。为加快计算速度，在确定的积分方法和保证计算精度及稳定性的条件下，应尽量选择大步长以减少积分次数。

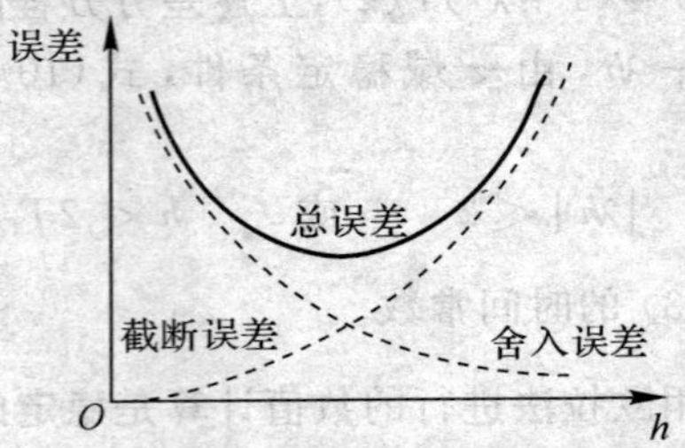

图 10.8　误差与 h 的关系曲线

工程实际中选择积分步长时，可按下述方法进行，先将 h 限制在系统最小时间常数的数量级范围内，然后在保证计算稳定性及计算精度要求的前提下，选取最大步长。

此外，步长还可按下述经验公式选择

$$h = \left(\frac{1}{5} \sim \frac{1}{20}\right) T_{\min}$$

$$h = \frac{1}{(5 \sim 20)\omega_c} \tag{10.37}$$

式中，ω_c 为实际系统的截止频率。

10.2　连续系统数字仿真的离散相似法

10.2.1　离散相似法

(1) 离散相似法的基本原理。所谓离散相似法，就是将连续系统数学模型进行离散化处理，求得其等价的离散模型。

设连续系统如图 10.9(a) 所示。现用一周期为 T 的采样开关将其输入、输出分别离散化，如图 10.9(b) 所示。T 称为仿真步长，它是虚拟采样开关的采样周期。

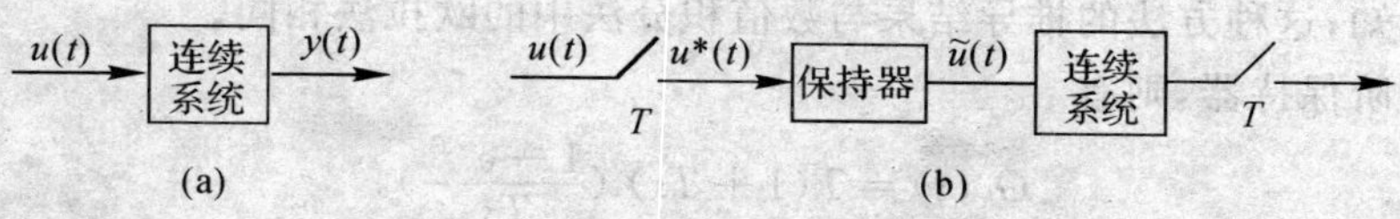

图 10.9　连续系统离散化示意图

(a) 连续系统模型；(b) 离散化模型

若仅在原系统输入、输出端人为加上一个采样开关，则离散化后的系统输出（即仿真模型的输出）$y^*(t)$ 在采样时刻的值就不能等同于原系统的输出 $y(t)$。这是因为系统输入 $u(t)$ 经采样开关离散化后为 $u^*(t)$，若直接输入原系统，其输出当然不会保持原来的变化规律。

为使输入信号 $u(t)$ 不失真，必须在 $u^*(t)$ 后加一个保持器，从而使输入信号的采样间隔仍保持连续性。但保持器所能延续的规律并不一定能和原系统输入信号 $u(t)$ 完全一致，故实际加到连续系统的输入信号 $\tilde{u}(t)$ 一般并不等同于 $u(t)$，而只是接近于 $u(t)$，因而输出为 $y(t)$ 的近似值 $\tilde{y}(t)$。

综上所述，连续系统经过上述离散化处理后，就得到与其相似的离散化模型，离散相似法由此得名。

(2) 离散相似模型。离散相似法可以对传递函数和状态空间表达式两种数学模型进行离散化，得到对应的离散相似模型，也称为仿真模型。

1) z 域离散相似模型。即对传递函数离散化得到的仿真模型。其离散化过程如图 10.10 所示。图中，$G(s)$ 为连续系统的传递函数，$G_h(s)$ 为保持器的传递函数。

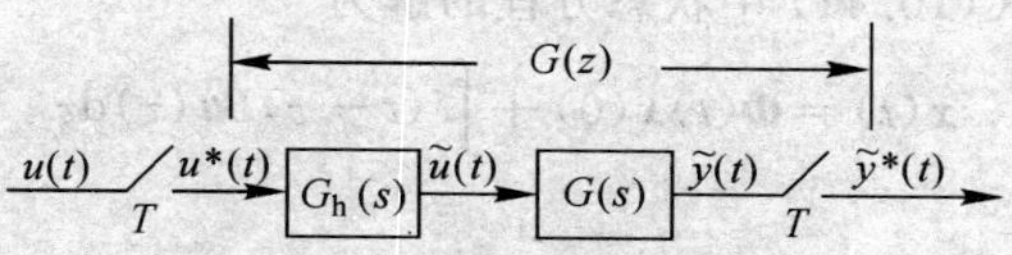

图 10.10　传递函数的“离散相似”

根据采样控制系统理论，从 $u^*(t)$ 到 $y^*(t)$ 之间的脉冲传递函数为

$$G(z)=\frac{Y(z)}{U(z)}=Z[G_h(s)G(s)] \tag{10.38}$$

有了 $G(z)$ 后，通过 Z 反变换，即可求出差分方程形式的仿真模型。

例 10.1　求传递函数 $G(s)=\dfrac{1}{s}$ 的离散相似模型。

解　先设保持器为零阶保持器，其传递函数为

$$G_h(s)=\frac{1-e^{-Ts}}{s}$$

由式(10.38)得

$$G(z)=\frac{Y(z)}{U(z)}=Z\left(\frac{1-e^{-Ts}}{s}\,\frac{1}{s}\right)=(1-z^{-1})Z\left(\frac{1}{s^2}\right)=(1-z^{-1})\frac{Tz}{(z-1)^2}=\frac{T}{z-1}$$

即
$$\frac{Y(z)}{U(z)}=\frac{Tz^{-1}}{1-z^{-1}}$$

上式两边 Z 反变换，得差分方程 $y(k)-y(k-1)=Tu(k-1)$，或写成

$$y(k+1)=y(k)+Tu(k) \tag{10.39}$$

由上式可知，这种方法的推导结果与数值积分法中的欧拉法相同。

若选用一阶保持器，则有

$$G_h(s)=T(1+Ts)\left(\frac{1-e^{-Ts}}{Ts}\right)^2$$

$$G(z)=Z\left[T(1+Ts)\left(\frac{1-e^{-Ts}}{s}\right)^2\frac{1}{s}\right]=\left(\frac{z-1}{z}\right)^2Z\left(\frac{1}{Ts^2}+\frac{1}{s^2}\right)=\frac{T}{2}\left[\frac{3z-1}{z(z-1)}\right]$$

对上式进行 Z 反变换，得

$$y(k+1)=y(k)+\frac{T}{2}[3u(k)-u(k-1)] \tag{10.40}$$

由式(10.40) 可知，这种方法推导的结果与数值积分中的二阶亚当姆斯法相同。

2) 时域离散相似模型。指对状态空间表达式离散化后的仿真模型。设连续系统状态空间表达式为

$$\begin{aligned}\dot{\boldsymbol{x}}&=\boldsymbol{Ax}+\boldsymbol{Bu}\\ \boldsymbol{y}&=\boldsymbol{Cx}+\boldsymbol{Du},\quad \boldsymbol{x}(t_0)=\boldsymbol{x}(0)\end{aligned} \tag{10.41}$$

现对系统采用离散相似法进行离散化处理，如图 10.11 所示。

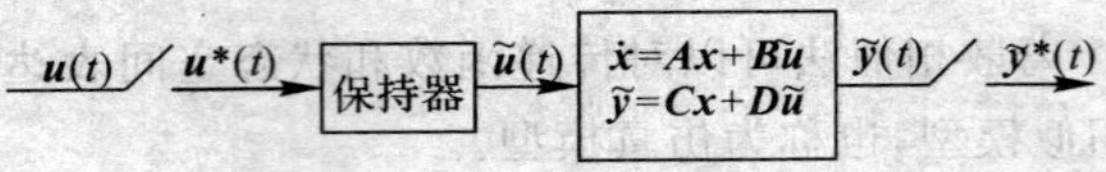

图 10.11　状态空间模型的“离散相似”

根据线性系统理论，式(10.41) 中状态方程的解为

$$\boldsymbol{x}(t)=\boldsymbol{\Phi}(t)\boldsymbol{x}(0)+\int_0^t(t-\tau)\boldsymbol{B}\tilde{\boldsymbol{u}}(\tau)\mathrm{d}\tau \tag{10.42}$$

式中

$$\boldsymbol{\Phi}(t)=e^{\boldsymbol{A}t}=L^{-1}[(s\boldsymbol{I}-\boldsymbol{A})^{-1}] \tag{10.43}$$

对“离散相似”后的系统，在 kT，$(k+1)T$ 两个采样瞬时有

$$\boldsymbol{x}(kT)=e^{\boldsymbol{A}kT}x(0)+\int_0^{kT}e^{\boldsymbol{A}(kT-\tau)}\boldsymbol{B}\tilde{\boldsymbol{u}}(\tau)\mathrm{d}\tau \tag{10.44}$$

$$\boldsymbol{x}[(k+1)T]=e^{\boldsymbol{A}(k+1)T}\boldsymbol{x}(0)+\int_0^{(k+1)T}e^{\boldsymbol{A}[(k+1)T-\tau]}\boldsymbol{B}\tilde{\boldsymbol{u}}(\tau)\mathrm{d}\tau \tag{10.45}$$

式(10.45) $-$ (10.44) $\times\, e^{\boldsymbol{A}T}$，可得

$$\boldsymbol{x}[(k+1)T]=e^{\boldsymbol{A}T}\boldsymbol{x}(kT)+\int_{kT}^{(k+1)T}e^{\boldsymbol{A}[(k+1)T-\tau]}\boldsymbol{B}\tilde{\boldsymbol{u}}(\tau)\mathrm{d}\tau \tag{10.46}$$

上式右端积分与 k 无关，故可令 $k=0$，则有

$$\boldsymbol{x}[(k+1)T]=e^{\boldsymbol{A}T}\boldsymbol{x}(kT)+\int_0^T e^{\boldsymbol{A}(T-\tau)}\boldsymbol{B}\tilde{\boldsymbol{u}}(\tau)\mathrm{d}\tau=\boldsymbol{\Phi}(T)\boldsymbol{x}(kT)+\int_0^T\boldsymbol{\Phi}(t-\tau)\boldsymbol{B}\tilde{\boldsymbol{u}}(\tau)\mathrm{d}\tau \tag{10.47}$$

按照所用保持器的不同，有以下两种情况。

若保持器为零阶保持器，则在两个采样时刻之间，$\tilde{u}(t)$ 可用一矩形近似(见图 10.12)。即

$$\tilde{\boldsymbol{u}}(t)\approx\boldsymbol{u}(kT),\quad kT\leqslant t\leqslant(k+1)T \tag{10.48}$$

代入式(10.47) 得

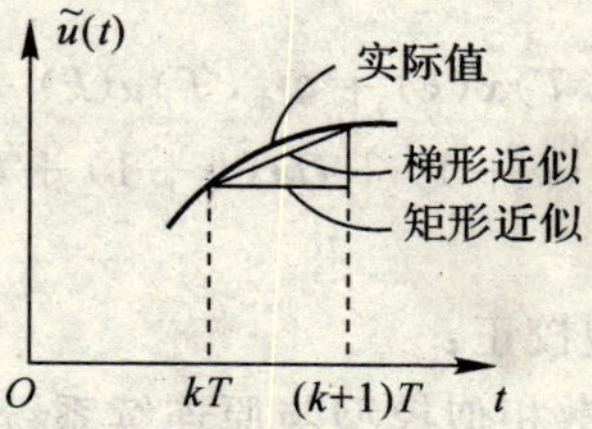

图 10.12　矩形近似与梯形近似

$$x[(k+1)T]=e^{AT}x(kT)+\int_0^T e^{A(T-\tau)}Bd\tau u(kT)=$$

$$\Phi(T)x(kT)+\int_0^T\Phi(T-\tau)Bd\tau u(kT) \tag{10.49}$$

上式中，令 $\Phi_m(T)=\int_0^T\Phi(T-\tau)Bd\tau$，则有

$$x[(k+1)T]=\Phi(T)x(kT)+\Phi_m(T)u(kT) \tag{10.50}$$

由此可得离散化输出方程为

$$y[(k+1)T]=Cx[(k+1)T]+Du[(k+1)T] \tag{10.51}$$

式(10.50)与式(10.51)构成了连续系统状态空间表达式的离散化模型，两式可简写为

$$\left.\begin{aligned}x(k+1)&=\Phi(T)x(k)+\Phi_m(T)u(kT)\\y(k+1)&=Cx(k+1)+Du(k+1)\end{aligned}\right\} \tag{10.52}$$

若采用三角形保持器，则在两个采样时刻之间 $\tilde{u}(t)$) 为一斜坡函数，即用梯形近似(见图 10.12)，则有

$$\tilde{u}(t)\approx u(kT)+\frac{u[(k+1)T]-u(kT)}{T}t=u(kT)+\Delta u(t),\quad kT\leqslant t\leqslant(k+1)T \tag{10.53}$$

式中

$$\Delta u(t)=\frac{u[(k+1)T]-u(kT)}{T}t\approx\dot{u}(kT)t \tag{10.54}$$

由式(10.53)可看出，相对于矩形近似，在 kT 与 $(k+1)T$ 之间有一个 $\Delta u(t)$ 存在，它引起 $x[(k+1)T]$ 发生变化的变化量为

$$\Delta x[(k+1)T]=\int_0^T\Phi(T-\tau)B\Delta u(\tau)d\tau\approx\int_0^T\tau\Phi(T-\tau)Bd\tau\dot{u}(kT) \tag{10.55}$$

若令

$$\int_0^T\tau\Phi(T-\tau)Bd\tau=\hat{\Phi}_m(T) \tag{10.56}$$

则总的离散状态方程与输出方程为

$$\left.\begin{aligned}x(k+1)&=\Phi(T)x(k)+\Phi_m(T)u(k)+\hat{\Phi}_m(T)\dot{u}(k)\\y(k+1)&=Cx(k+1)+Du(k+1)\end{aligned}\right\} \tag{10.57}$$

$\Phi(T)$，$\Phi_m(T)$ 和 $\hat{\Phi}_m(T)$ 统称为离散系统矩阵。

由于 $\dot{u}(t)\approx\dfrac{u(k+1)-u(k)}{T}$，则有

$$u(k+1)=u(k)+T\dot{u}(k) \tag{10.58}$$

故式(10.57)还可写成

$$\left.\begin{aligned} \boldsymbol{x}(k+1) &= \boldsymbol{\Phi}(T)\boldsymbol{x}(k) + \boldsymbol{\Phi}_{\mathrm{m}}(T)u(k) + \hat{\boldsymbol{\Phi}}_{\mathrm{m}}(T)\dot{\boldsymbol{u}}(k) \\ \boldsymbol{y}(k+1) &= \boldsymbol{C}\boldsymbol{x}(k+1) + \boldsymbol{D}\boldsymbol{u}(k+1) + \boldsymbol{D}T\dot{\boldsymbol{u}}(k) \end{aligned}\right\} \tag{10.59}$$

通常采用式(10.59)。

(3) 离散相似法的精度及模型校正：

1) 离散相似法的精度是指离散相似模型与原连续系统模型等效(近似)的程度，它与虚拟采样开关的采样周期 T 及所用保持器有关。为使离散相似模型有足够的精度要求，应满足下述两个条件。首先，采样开关使连续信号离散化为离散信号后，该离散信号中应包含原连续系统的全部信息；其次，保持器应能无失真地从离散信号中将原连续信号的信息取出并重新恢复该连续信号。

第一个条件由采样定理即可满足。这就是

$$\omega_{\mathrm{s}} \geqslant 2\omega_{\mathrm{m}} \quad 或 \quad T \leqslant \frac{\pi}{\omega_{\mathrm{m}}} \tag{10.60}$$

在满足采样定理的前提下，只需用一个理想的滤波器，就能保留主频谱，滤掉附加的高频分量，使采样信号无失真地复现连续信号，从而满足上述的第二个条件。但由于这种理想的滤波器实际上是不存在的，因此只能用近似滤波器实现，这就是保持器。

保持器分为三种，分别是零阶保持器、一阶保持器和三角形保持器。其中，零阶保持器无失真地复现阶跃输入，且结构简单，容易实现，但其具有相位滞后特性，对仿真模型的稳定性有一定的影响。一阶保持器虽然能较好地复现斜坡输入，但也有相位滞后。三角形保持器既有较好的低通滤波特性，又无相位滞后，其特性最好，但不容易实现。

各种保持器与理想滤波器都有差别，故要采样后的信号完全无失真地复现连续信号是不可能的。但若采样频率足够高(仿真步长 T 足够小)，又采用了较合适的保持器，信号的失真就会很小，也就能保证离散相似模型具有较高的精度。

2) 离散相似模型的校正。这里，着重讨论 z 域离散相似模型的校正。为补偿用保持器代替理想滤波器引起的误差，可在离散模型中加入校正环节，适当调整校正参数，以使离散模型尽可能接近原型。这就是模型校正。具体方法是，在保持器后加一个补偿校正装置，如图 10.13 所示。

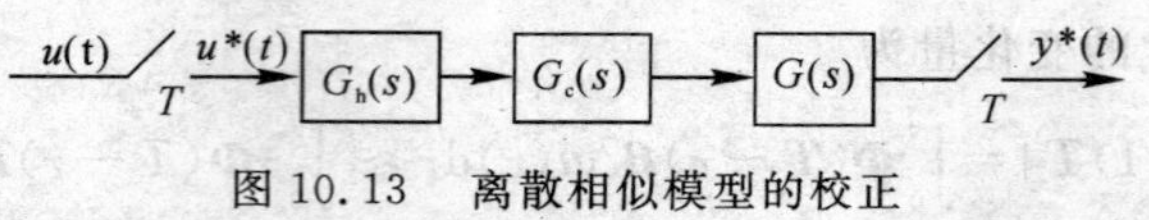

图 10.13　离散相似模型的校正

图中，$G_{\mathrm{c}}(s)=\lambda \mathrm{e}^{\gamma Ts}$ 为校正元件的传递函数，且 λ 为增益补偿参数，γ 为相位补偿参数。通常，取

$$G_{\mathrm{c}}(s)=\lambda \mathrm{e}^{\gamma Ts} \approx \lambda(1+\gamma Ts) \tag{10.61}$$

例如，在图 10.13 中，若保持器为零阶保持器，即 $G_{\mathrm{h}}(s)=\dfrac{1-\mathrm{e}^{-Ts}}{s}$，$G(s)=\dfrac{1}{s}$，则有

$$G(z)=[G_{\mathrm{h}}(s)G_{\mathrm{c}}(s)G(s)]=\left[\lambda\frac{(1-\mathrm{e}^{-Ts})(1+\gamma Ts)}{s^2}\right]=\lambda T\left[\frac{\gamma z+(1-\gamma)}{z-1}\right] \tag{10.62}$$

即

$$\frac{Y(z)}{U(z)}=\lambda T\,\frac{\gamma+(1-\gamma)z^{-1}}{1-z^{-1}} \tag{10.63}$$

对应的差分方程为

$$y(k+1)=y(k)+\lambda T[\gamma u(k+1)+(1-\gamma)u(k)] \tag{10.64}$$

上式称为可调数值积分公式。

若取 $\lambda=1,\gamma=0$,式(10.64) 变为 $y(k+1)=y(k)+Tu(k)$。这正是欧拉公式。

若取 $\lambda=1,\gamma=\frac{1}{2}$,则式(10.64) 变为 $y(k+1)=y(k)+\frac{T}{2}[u(k+1)+u(k)]$。这是数值积分法中的梯形法。

由此可见,选取不同的 λ,γ 值,可以从式(10.64) 推出数值积分法中常用的一些方法。

10.2.2　典型环节的离散相似模型

应用离散相似法对连续系统进行数字仿真研究时,通常采用面向结构图的仿真方法。由于控制系统结构图往往是由若干个典型环节按照一定的联接方式构成,因此,有必要建立典型环节的离散相似模型。

(1) 典型环节。一般控制系统通常由以下典型环节组成:

1) 积分环节:$\frac{K}{s}$;

2) 比例积分环节:$\frac{K_1 s+K_2}{s}$;

3) 惯性环节:$\frac{K}{Ts+1}$;

4) 一阶超前(或滞后) 环节:$K\,\frac{T_1 s+1}{T_2 s+1}$;

5) 二阶环节:$\frac{K}{T^2 s^2+2\xi Ts+1}$。

为使典型环节具有代表性,这里选用

$$G(s)=\frac{Y(s)}{U(s)}=\frac{cs+d}{as+b} \tag{10.65}$$

作为典型环节。

显见,式(10.65) 是各种一阶环节的通用表达式,通过改变 a,b,c 和 d 的数值,便可组成各种典型一阶环节。而二阶环节可转化为一阶环节表示。

(2) 典型环节的 z 域离散相似模型。这里,建立式(10.65) 表示的一阶传递函数离散相似模型。设选用零阶保持器,则有

$$G(z)=[G_h(s)G(s)]=\frac{1-\mathrm{e}^{-Ts}}{s}\,\frac{cs+d}{as+b}=\frac{z-1}{z}\left[\frac{c}{as+b}+\frac{d}{s(as+b)}\right]=$$

$$\frac{cb(z-1)+ad(1-\mathrm{e}^{-\frac{b}{a}T})}{ab(z-\mathrm{e}^{-\frac{b}{a}T})} \tag{10.66}$$

对式(10.66) 进行 Z 反变换,得差分方程

$$y(k+1)=\mathrm{e}^{-\frac{b}{a}T}y(k)+\frac{c}{a}u(k+1)+\frac{(ad-ad\,\mathrm{e}^{-\frac{b}{a}T}-cb)}{ab}u(k)=$$

$$a_1 y(k)+a_2 u(k+1)+a_3 u(k) \tag{10.67}$$

式中，$a_1 = e^{-\frac{b}{a}T}$，$a_2 = \frac{c}{a}$，$a_3 = (ad - ad e^{-\frac{b}{a}T} - cd)/ab$，称为离散化系数。

(3) 型环节的时域离散相似模型。即对典型环节的状态方程离散化。

1) 积分环节。传递函数为$\frac{Y(s)}{U(s)} = \frac{d}{as}$，其结构图如图 10.14 所示。由图要列出积分环节的状态方程与输出方程为

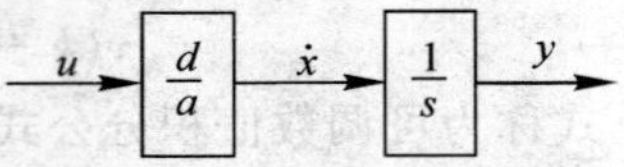

图 10.14 积分环节结构图

$$\begin{cases} \dot{x} = \frac{d}{a}u \\ y = x \end{cases}$$

与式(10.41)相比可知，$A=0$，$B=\frac{d}{a}$，故

$$\Phi(T) = e^{AT} = 1$$

$$\Phi_m(T) = \int_0^T e^{A(T-\tau)} B d\tau = \int_0^T \frac{d}{a} d\tau = \frac{d}{a}T$$

$$\hat{\Phi}_m(T) = \int_0^T \tau e^{A(T-\tau)} B d\tau = \int_0^T \frac{d}{a} d\tau = \frac{d}{2a}T^2$$

离散状态方程与输出方程为

$$\left.\begin{aligned} x(k+1) &= \Phi(T)x(k) + \Phi_m(T)u(k) + \hat{\Phi}_m(T)\dot{u}(k) \\ y(k+1) &= x(k+1) \end{aligned}\right\} \tag{10.68}$$

状态变量初值

$$x(0) = y(0) \tag{10.69}$$

2) 比例-积分环节。传递函数为

$$\frac{Y(s)}{U(s)} = \frac{cs+d}{as} = \frac{d}{as} + \frac{c}{a}$$

其结构图如图 10.15 所示。其状态方程与输出方程为

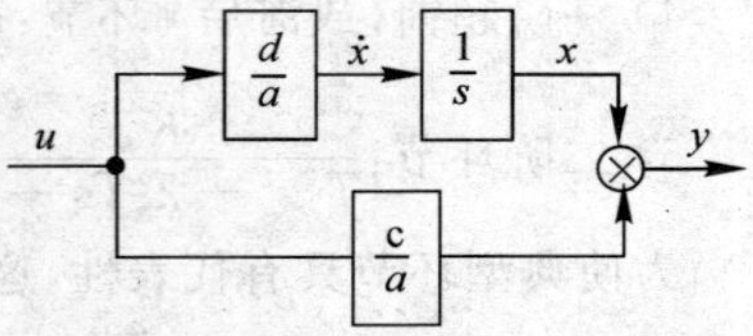

图 10.15 比例-积分环节结构图

$$\begin{cases} \dot{x} = \frac{d}{a}u \\ y = x + \frac{c}{a}u \end{cases}$$

离散系数为

$$\Phi(T) = 1$$

$$\Phi_m(T) = \frac{d}{a}T, \quad \hat{\Phi}_m(T) = \frac{dT^2}{2a}$$

显见，与积分环节完全相同。离散状态方程与输出方程为

$$\left.\begin{aligned} x(k+1) &= \Phi(T)x(k) + \Phi_m(T)u(k) + \hat{\Phi}_m(T)\dot{u}(k) \\ y(k+1) &= x(k+1) + \frac{c}{a}u(k+1) + \frac{c}{a}T\dot{u}(k) \end{aligned}\right\} \tag{10.70}$$

状态变量初值

$$x(0) = y(0) \tag{10.71}$$

3) 惯性环节。传递函数为

$$\frac{Y(s)}{U(s)} = \frac{d}{as+b}$$

其结构图如图 10.16 所示。由图知，状态方程与输出方程为

$$\begin{cases}\dot{x}=-\dfrac{b}{a}x+\dfrac{d}{a}u\\ y=x\end{cases}$$

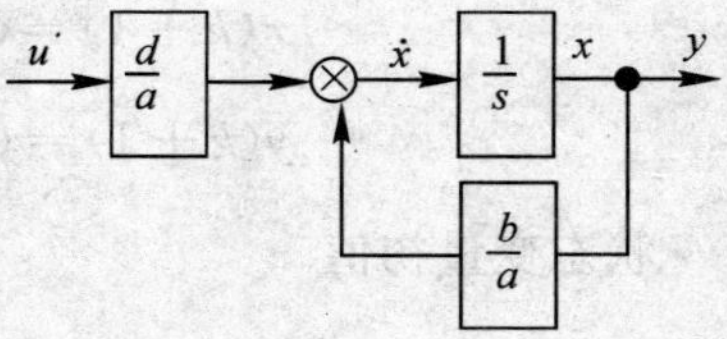

图 10.16　惯性环节结构图

离散系数

$$\Phi(T)=\mathrm{e}^{-\frac{b}{a}T}$$

$$\Phi_m(T)=\frac{d}{b}(1-\mathrm{e}^{-\frac{b}{a}T})$$

$$\hat{\Phi}_m(T)=\frac{d}{b}T+\frac{ad}{b^2}(\mathrm{e}^{-\frac{b}{a}T}-1)$$

离散状态方程与输出方程为

$$\left.\begin{aligned}x(k+1)&=\Phi(T)x(k)+\Phi_{\mathrm{m}}(T)u(k)+\hat{\Phi}_{\mathrm{m}}(T)\dot{u}(k)\\ y(k+1)&=x(k+1)\end{aligned}\right\}\qquad(10.72)$$

状态变量初值

$$x(0)=y(0)\qquad(10.73)$$

4) 一阶超前(或滞后) 环节。 传递函数为

$$\frac{Y(s)}{U(s)}=\frac{cs+d}{as+b}$$

其结构图如图 10.17 所示。由图知，状态方程与输出方程为

$$\begin{cases}\dot{x}=-\dfrac{b}{a}x+\dfrac{c}{a}u\\ y=(\dfrac{d}{c}-\dfrac{b}{a})x+\dfrac{c}{a}u\end{cases}$$

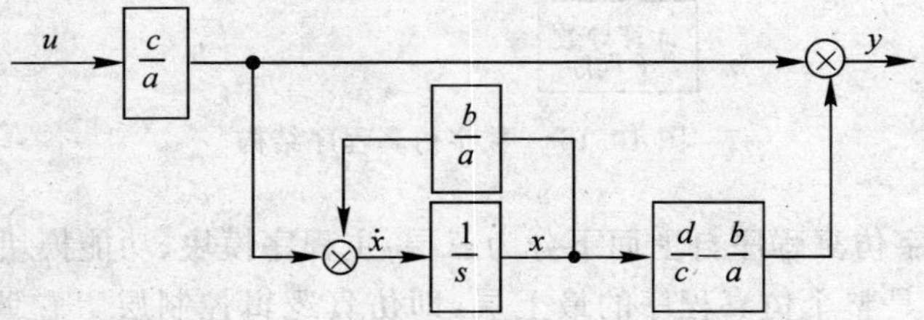

图 10.17　一阶超前(或滞后) 环节结构图

离散系数

$$\Phi(T)=\mathrm{e}^{-\frac{b}{a}T}$$

$$\Phi_m(T)=\frac{d}{b}(1-\mathrm{e}^{-\frac{b}{a}T})$$

$$\hat{\Phi}_m(T)=\frac{d}{b}T+\frac{ad}{b^2}(\mathrm{e}^{-\frac{b}{a}T}-1)$$

与惯性环节完全相同。离散状态方程与输出方程为

$$
\left.\begin{aligned}
x(k+1) &= \Phi(T)x(k) + \Phi_{\mathrm{m}}(T)u(k) + \Phi_{\mathrm{m}}(T)\dot{u}(k) \\
y(k+1) &= \left(\frac{d}{c} - \frac{b}{a}\right)x(k+1) + \frac{c}{a}u(k) + \frac{c}{a}T\dot{u}(k)
\end{aligned}\right\} \tag{10.74}
$$

状态变量初值

$$
x(0) = \frac{c}{d}y(0) \tag{10.75}
$$

10.3 面向微分方程的仿真程序设计

10.3.1 仿真程序设计方法

尽管目前已有许多专门用于系统分析和仿真研究的软件包及各种仿真语言供工程技术人员使用，但在许多情况下，常常需要工程技术人员自己来编写一些仿真程序。所以，掌握编写仿真程序的基本技术是非常必要的。

(1) 数字仿真程序的结构。根据仿真进程及仿真程序要完成的功能，数字仿真程序具有如图 10.18 所示的结构。

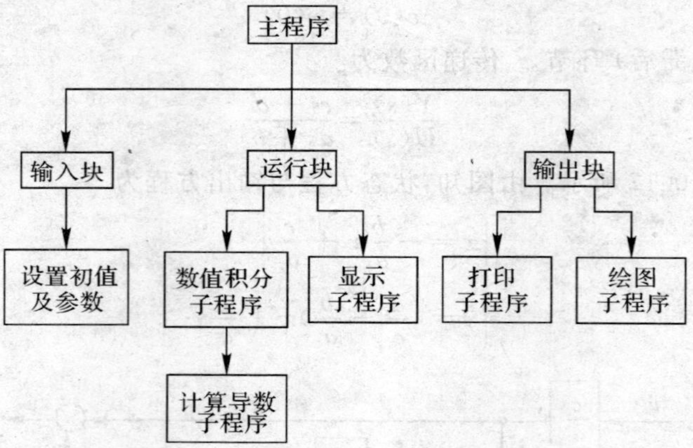

图 10.18 数字仿真程序结构

由图知，整个数字仿真程序自上而下分为三层：主程序模块、功能模块和基本子模块。

1) 主程序模块，是整个仿真程序的最上层，即仿真逻辑控制层。它调用下面的各个功能模块，实现对整个仿真过程的逻辑控制。

2) 功能模块，由若干个独立的基本子模块(小功能模块)组成，包括输入块、运行块和输出块：① 输入块。负责完成初始值的设置、模型参数和仿真参数的设置及修改。② 运行块。是整个仿真程序的核心，负责对系统的运动状态进行计算。它反复调用数值积分子程序并按输出步距向显示器输出结果。③ 输出块。以列表文本、图表曲线及数据文件等形式输出仿真结果。

3) 基本子模块，处于仿真程序系统中的最下层，如运行块中的数值积分子模块，输出块中的绘图子模块等。它们完成仿真过程中某一阶段的任务。

(2) 面向微分方程的仿真程序设计。按照被仿真系统数学模型的不同形式，数字仿真程序为面向微分方程和面向结构图两种。其中，面向微分方程的数字仿真，被仿真系统既可以是线性系统，也可以是非线性系统，其数学模型为微分方程或状态方程。

数字仿真程序设计最重要的工作就是绘制仿真流程图。一旦有了仿真流程图，只要选用合适的计算机语言，即可编写仿真程序，面向微分方程的数字仿真流程图如图 10.19 所示。显见，该流程图概括了数字仿真要做的所有工作。

10.3.2　应用实例

为使读者掌握数字仿真程序的基本编写方法和利用数值积分法对控制系统进行数字仿真的技术。下面通过一个实例，详细说明如何根据系统和仿真要求及如图 10.19 所示流程，编写一个数字仿真程序的过程。数值积分法采用最常用的四阶龙格-库塔法。

例 10.2　已知双输入双输出系统的状态空间表达式为

$$\begin{bmatrix}\dot{x}_1\\ \dot{x}_2\\ \dot{x}_3\\ \dot{x}_4\end{bmatrix}=\begin{bmatrix}1 & 1 & -5 & -1\\ 0 & -2 & 0 & 0\\ 2 & 1 & -6 & -1\\ -2 & -1 & 2 & -3\end{bmatrix}\begin{bmatrix}x_1\\ x_2\\ x_3\\ x_4\end{bmatrix}+\begin{bmatrix}1 & 1\\ 0 & 1\\ 0 & 1\\ 0 & -1\end{bmatrix}\begin{bmatrix}u_1\\ u_2\end{bmatrix}$$

$$\begin{bmatrix}y_1\\ y_2\end{bmatrix}=\begin{bmatrix}3 & 2 & -3 & 2\\ 1 & 2 & 1 & 3\end{bmatrix}\begin{bmatrix}x_1\\ x_2\\ x_3\\ x_4\end{bmatrix}$$

其中，$u_1=u_2=1$，初始条件均为零。给定仿真参数：积分步长为 0.01 s；打印步长（打印间隔）为 0.5 s；仿真时间为 10 s。

试用四阶龙格-库塔法对系统进行仿真，并求系统输出 y_1 与 y_2 的动态响应。

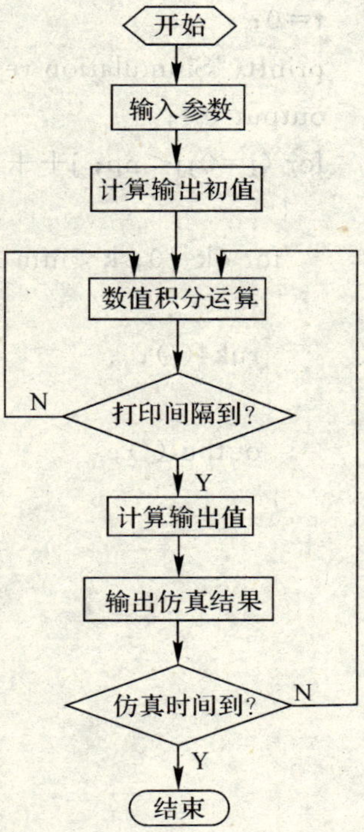

图 10.19　面向微分方程的数字仿真流程框图

解　(1)绘制仿真程序流程图。根据仿真要求及被仿真系统的特性，确定数值积分方法和仿真计算参数、输入输出方式以及仿真计算的控制方法，在图 10.19 的基础上，画出本例的数字仿真程序流程图，如图 10.20 所示。

(2)编写仿真程序。仿真程序采用 C 语言编写。为简单起见，所有子程序也都采用无参函数实现，两个或两个以上函数共用的变量均定义为全局变量。

1)编写主程序。根据图 10.20 所示，可以很容易地编写出主程序，其程序清单如下：

```
          /* Differential equation-oriented simulation program */
/* * * * * * * * * * * * * * deos. c * * * * * * * * * * * * * * */
   #include <math. H>
   int n, mm, np;
   float dt, prdt, tmax, t;
   float y[5],c[5],u[5],d[5];
   main ( )
    {
```

```
int j, k;
input( );
mm-(int)(prdt/dt);
np=(int)(tmax/prdt);
t=0;
prinft("Sinmulation results:\mn");
output ( );
for (j=0;j<np; j++)
 {
  for (k=0; k<mm; k++)
   {
   ruk4( );
    }
   output( );
  }
}
```

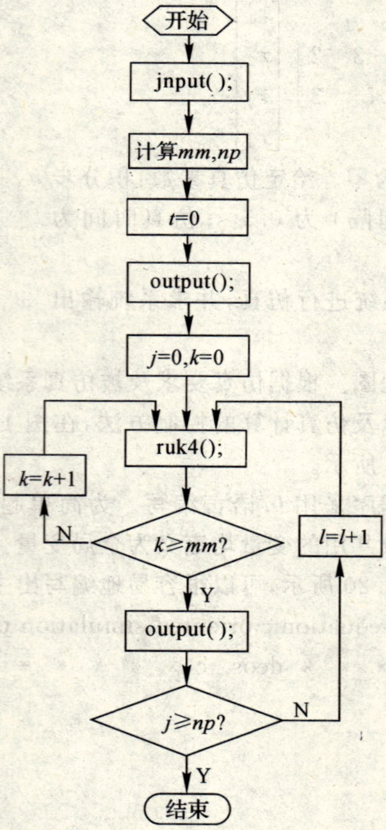

图 10.20　例 10.2 的数字仿真程序框图

程序中变量含义按顺序说明如下：$prdt$，$tmax$ 为分别为打印步长和仿真时间；$mm=\frac{prdt}{dt}$为打印间隔内的积分步数；$np=\frac{tmax}{prdt}$为仿真时间内的打印点数。

2)编写输入子程序。输入子程序完成仿真参数、模型参数、初始条件及输入变量等的设置。它用函数 input()实现，其程序清单如下：

```
input ()
{
  u[0]=u[1];
  dt=0.01;prdt=0.5,tmax=10;
  y[0]=y[1]=y[2]=y[3]=0;
}
```

其中，u(i)表示输入变量。

3)编写数值积分子程序。本例要求数值积分法采用四阶龙格-库塔法，故主程序中直接调用了 ruk4 ()函数。

4)编写计算导数程序。前面已讲过，ruk4 ()函数运行过程中要调用计算导数子程序。由于本例被仿真系统以状态方程形式给出，仿真时应化成微分方程形式。该子程序用 dif ()函数实现，其程序清单如下：

```
dif ()
  {
    d[0]=y[0]+y[1]-5*y[2]-y[3]+u[0]+u[1];
    d[1]=-2*y[1]+u[1];
    d[2]=2*y[0]+y[1]-6*y[2]-y[3]+u[1];
    d[3]=-2*y[0]-y[1]+2*y[2]-3*y[3]-u[1];
  }
```

5)编写输出子程序。输出子程序对输出方程进行计算，并显示仿真输出结果。该子程序用函数 output()实现，其程序清单如下：

```
output ()
  {
    c[0]=3*y[0]+2*y[1]-3*y[2]+2*y[3];
    c[1]=y[0]+2*y[1]+y[2]+3*y[3];
    printf("t=%4.1f  c(0)=%2.8f   c(1)=%2.8f\n",t,c[0],c[1]);
    getch ();
  }
```

其中，c(i)表示输出变量。

6)编写绘图子程序。绘图子程序能根据输出子程序的计算地果，生成可视化的图形曲线，该子程序由 plot()函数实现，其程序清单如下：

```
plot ()
 {
  int j;
```

```
  cleardevice ();
  setbkcolor (BLUE);
  chart ();
  setcolor (RED);
  for (j=0;j<np;j++)
   {
     line(50+r0x*t0 [j], 280-r0y*y0 [j],50+r0x*t0 [j-1],280-r0y*y0 [j-1];
     line(50+r0x*t0 [j],280-r0y*y1 [j],50+r0x*t0[j-1],280-r0y*y1 [j-1];
   }
  setcolor (YELLOW);
  outtextxy (60+r0x*t0 [np-1],275-r0y*y0[np-1],"y1 (t)");
  outtextxy (60+r0x*t0[np-1],275-r0y*y1[np-1],"y2 (t)");
  getch ();
  closegraph ();
}
  chart ()
 {
  int i;
  char *yzb [5]={"-1","0","1","2", "3"};
  char *xzb [10]={ "1", "2", "3", "4", "5", "6", "7", "8", "9", "10"};
  int px[3*2]={600,280,593,278,593,282};
  int py[3*2]={50,150,48,157,52,157};
  setcolor (15);
  line (50,280,600,280);
  line (50,150,50,350);
  outtextxy (60,150,"Simulation results");
  for (i=0;i<=3;i++)
   {
    line (50,280-r0y*(i-1),53,280-r0y*(i-1));
    if (i==0)
     {
      outtextxy (30,279-r0y*(i-1),yzb [i];
     }
    else
     {
      outtextxy (35,279-r0y*(i-1),yzb [i];
     }
    }
    for (i=1;i<11;i++)
```

```
    {
      line (50+r0x*i,277,50+r0x*i,280);
      outtextxy (48,+r0x*i,285,xzb [i-1];
    }
  setfillstyle (CLOSE-DOT-FILL,14);
  fillpoly (3,px);
  fillpoly (3,py);
  setcolor (YELLOW);
  }
```

需要说明的是,前面给出的主程序中没有函数 plot( )的调用语句。必须对主程序作相应的修改,才能使用 plot()函数,修改后的主程序清单如下:

```
          /* Differential equation-oriented simulation program */
  /* * * * * * * * * * * * * * deos. c * * * * * * * * * * * * * * /
  #include <math. h>
  #include <graphics. h>
int n,mm,np;
  float dt, prdt, tmax, t;
float y[5],c[5],u[5],d[5];
  float t0[100],y0[100],y1[100],r0x=50,r0y=50;
  main ()
{
  int j, k;
  int graphdriver=DETECT,graphmode;
  initgraph (&graphdriver, &graphmode," ");
  intput();
  mm=(int)(prdt/dt);
  np=(int)(tmax/prdt);
  t=0;
  output();
  for (j=0;j<np;j++)
   {
    for (k=0,k<mm,k++)
    {
      ruk4();
    }
    output();
    t0[j]=t;
    y0[j]=c[0];
    y1[j]=c[1];
```

```
    }
  plot ();
}
```

利用以上程序和数据进行计算，可得如下仿真结果：

$t=0.0$	$c(0)=0.00000000$	$c(1)=0.00000000$
$t=0.5$	$c(0)=0.91138256$	$c(1)=0.57501692$
$t=1.0$	$c(0)=1.26559591$	$c(1)=0.74906999$
$t=1.5$	$c(0)=1.43612909$	$c(1)=0.80473632$
$t=2.0$	$c(0)=1.52967834$	$c(1)=0.82334912$
$t=2.5$	$c(0)=1.58421338$	$c(1)=0.82978034$
$t=3.0$	$c(0)=1.61679912$	$c(1)=0.83205336$
$t=3.5$	$c(0)=1.63645053$	$c(1)=0.83286892$
$t=4.0$	$c(0)=1.64834905$	$c(1)=0.83316416$
$t=4.5$	$c(0)=1.65555906$	$c(1)=0.83327168$
$t=5.0$	$c(0)=1.65992963$	$c(1)=0.83331060$
$t=5.5$	$c(0)=1.66258061$	$c(1)=0.83332515$
$t=6.0$	$c(0)=1.66418695$	$c(1)=0.83332986$
$t=6.5$	$c(0)=1.66516292$	$c(1)=0.83333206$
$t=7.0$	$c(0)=1.66575384$	$c(1)=0.83333224$
$t=7.5$	$c(0)=1.66611314$	$c(1)=0.83333224$
$t=8.0$	$c(0)=1.66633105$	$c(1)=0.83333224$
$t=8.5$	$c(0)=1.66646290$	$c(1)=0.83333224$
$t=9.0$	$c(0)=1.66654205$	$c(1)=0.83333200$
$t=10.0$	$c(0)=1.66659045$	$c(1)=0.83333200$
	$c(0)=1.66661978$	$c(1)=0.83333200$

10.4 面向结构图的线性系统数字仿真及程序设计

结构图是控制系统中常见的一种数学模型形式。直接根据结构图建立控制系统仿真模型的方法称为面向结构图的数字仿真方法。应用此法，不仅能直观地考察系统中各环节参数对系统性能的影响，方便地求出各环节的动态响应，还能很容易地进行非线性系统的数字仿真。

10.4.1 连接矩阵的建立

首先，以如图 10.21 所示系统结构图为例，说明系统连接矩阵的概念及建立方法。

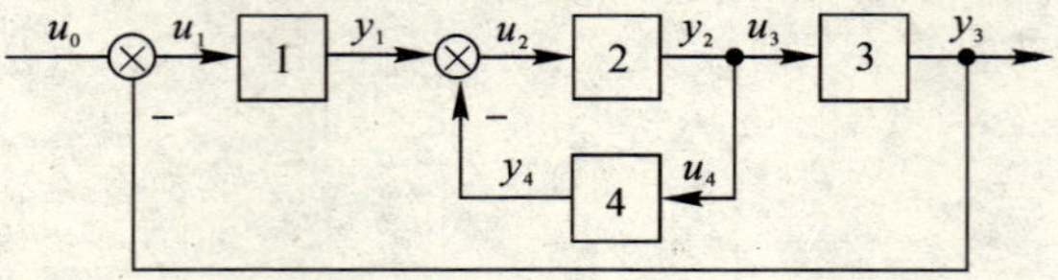

图 10.21 控制系统结构图

设系统均由典型一阶环节组成，每个环节的输入为u_i，输出为y_i，$i=1,2,3,4$，且u_0为系统的外部输入量。由图可得下列代数方程

$$\left.\begin{aligned}u_1&=u_0-y_3\\u_2&=y_1-y_4\\u_3&=y_2\\u_4&=y_2\end{aligned}\right\}\tag{10.76}$$

将上式写成矩阵形式，则有

$$\boldsymbol{U}=\boldsymbol{W}\boldsymbol{Y}+\boldsymbol{W}_0u_0\tag{10.77}$$

其中

$$\boldsymbol{U}=[u_1\quad u_2\quad u_3\quad u_4]^{\mathrm{T}},\quad \boldsymbol{Y}=[y_1\quad y_2\quad y_3\quad y_4]^{\mathrm{T}}$$

$$\boldsymbol{W}=\begin{bmatrix}0&0&-1&0\\1&0&0&-1\\0&1&0&0\\0&1&0&0\end{bmatrix},\quad \boldsymbol{W}_0=[1\quad 0\quad 0\quad 0]^{\mathrm{T}}$$

$\boldsymbol{W}$称为系统的连接矩阵，它描述了系统内部各环节之间的连接情况，即各环节之间的输入输出关系。

$\boldsymbol{W}_0$称为系统的外部输入连接矩阵，它描述了外部输入u_0对系统的作用情况。

对于由n个典型一阶环节构成的系统，其连接矩阵为$n\times n$方阵，即

$$\boldsymbol{W}=\begin{bmatrix}w_{11}&w_{12}&\cdots&w_{1n}\\w_{21}&w_{22}&\cdots&w_{2n}\\\vdots&\vdots&&\vdots\\w_{n1}&w_{n2}&\cdots&w_{nn}\end{bmatrix}\tag{10.78}$$

$\boldsymbol{W}$矩阵中的每一个元素w_{ij}，表示第j个环节对第i个环节的连接系数，或第j个环节的输出第i个环节的输入之间的连接方式。若i与j之间无连接关系，则$w_{ij}=0$。

在图10.21中，$w_{13}=-1$，$w_{11}=w_{12}=w_{14}=0$，表示第3个环节对第一个环节的连接系数为-1，而1，2，4这3个环节对第一个环节无连接关系。

此外，对于有p个外部输入的n阶系统，其外部输入连接矩阵$\boldsymbol{W}_0$为$n\times p$维矩阵。

10.4.2　面向结构图的数字仿真及程序设计

面向结构图的数字仿真，是指以系统结构图作为数学模型，按结构图中的环节进行离散化的一种仿真方法。其中，按环节离散化（建立环节的仿真模型），除了能应用已介绍过的离散相似法外，还可以采用本章后面要介绍的快速数字仿真方法。这里着重讨论应用离散相似法对环节离散化，系统仿真模型的建立及程序设计方法。

(1) 系统仿真模型的建立。按环节离散化，首先应将系统分成若干个环节（通常为一阶典型环节），然后对每个环节离散化，求出其仿真模型。显然，系统仿真模型的结构由被仿真系统的结构决定，而仿真模型的形式则与环节离散化方法有关。

现采用离散相似法对环节离散化。为此，在每个环节的输入端和输出端各加上一个采样开关，并在输入采样开关后再加上一个保持器。而各环节之间及外部输入与各环节之间的信息，通过系统的连接矩阵$\boldsymbol{W}$和外部输入连接矩阵$\boldsymbol{W}_0$进行综合。

正如前面所述，采用离散相似法，既可以对环节的传递函数离散化，也可以对其状态方程离散化。但通常都是建立环节的时域离散相似模型，以便进行通用数字仿真程序的设计。有关建立环节离散相似模型的问题，10.2节已作了详细讨论，读者在建立系统仿真模型时，可直

接引用讨论结果。

需要指出的是，在按环节离散化的过程中，每个环节的输入实际上都是使用了它们的近似值。如零阶保持器为矩形近似，三角形保持器为梯形近似，故此法只有一阶、二阶精度，从而带来了一定的计算误差。环节愈多，误差愈大，同时运算速度降低。因此，在仿真精度要求比较高的情况下，应在便于修改环节参数及引入非线性环节的前提下，尽可能减少环节数。

(2) 仿真程序的设计。面向结构图按环节离散化数字仿真程序的结构与面向微分方程数字仿真程序结构完全相同，其仿真流程图如图 10.22 所示。

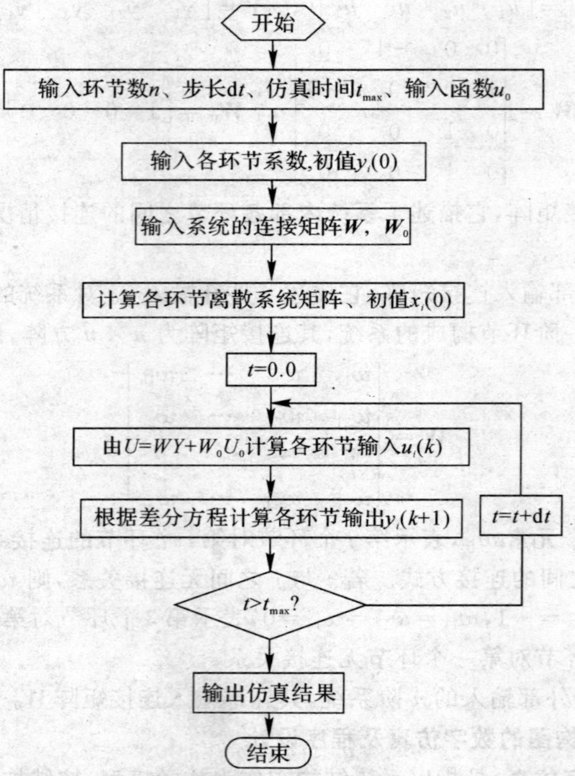

图 10.22　面向结构图离散相似法数字仿真流程图

由于不同类型典型环节的时域离散相似模型在形式上完全相同，唯有离散系统数不同。在仿真步长 T 取定后，典型环节的离散系统 $\Phi(T)$，$\Phi_{\mathrm{m}}(T)$ 和 $\hat{\Phi}_{\mathrm{m}}(T)$ 仅是典型环节参数（时间常数和放大系数）的函数。因此，对于曲较多典型环节构成的高阶系统，在进行仿真程序设计时，可以将不同类型环节的离散系统成子程序，而在主程序中引入一个表示典型环节类型的标志参数 $h(i)$。仿真时，根据 $h(i)$ 方便地调用计算典型环节参数子程序。

例如，若被仿真系统包含四种典型环节，则可设 $h(i)$ 与典型环节的对应关系如下：$h(i)=0$ 表示第 i 个环节为积分环节 d/as；$h(i)=1$ 表示第 i 个环节为比例－积分环节 $(cs+d)/as$；$h(i)=2$ 表示第 i 个环节为惯性环节 $d/(as+b)$；$h(i)=3$ 表示第 i 个环节为一阶超前（或滞后）环节 $(cs+d)/(as+b)$。

最后，需要特别指出的是，按环节离散化进行数字仿真时，为保证仿真精度不低于 0.5%，要求仿真步长 T 不能选得过大，比数值积分法的步长选择还要严格。实际应用时，可按下列经

验公式选择 T，即

$$T=\frac{1}{100} \tag{10.79}$$

$$t=\frac{t_s}{400} \tag{10.80}$$

$$T=\frac{1}{(30\sim50)\omega_c} \tag{10.81}$$

10.5　面向结构图的非线性环节数字仿真及程序设计

本节主要讨论含有非线性环节的连续控制系统数字仿真及程序设计主法。

10.5.1　常用非线性环节仿真

(1) 饱和非线性环节。如图 10.23 所示为饱和非线性环节的输入输出特性，其仿真流程图如图 10.24 所示。

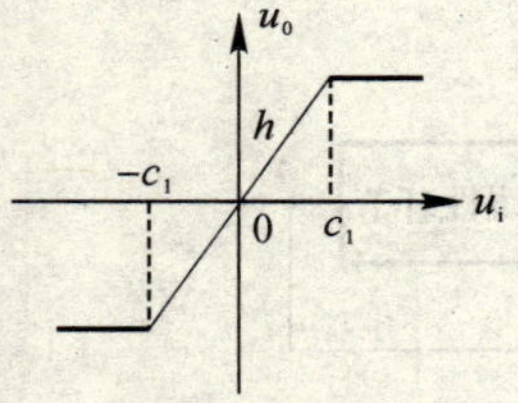

图 10.23　饱和非线性特性

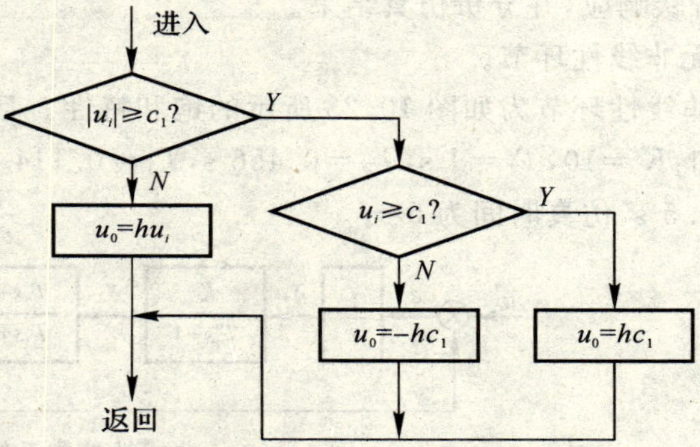

图 10.24　饱和非线性环节仿真流程图

(2) 死区非线性环节。如图 10.25 所示为具有死区非线性环节的输入输出特性，其仿真流程图如图 10.26 所示。

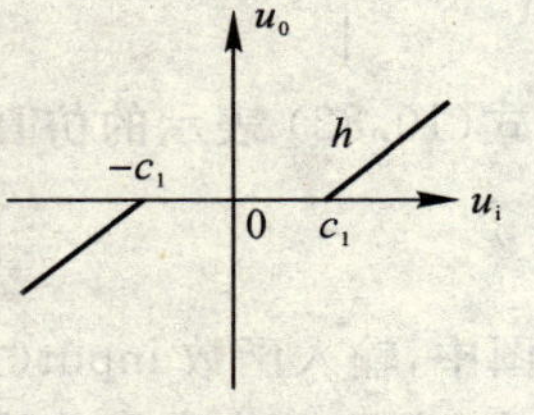

图 10.25　死区非线性特性

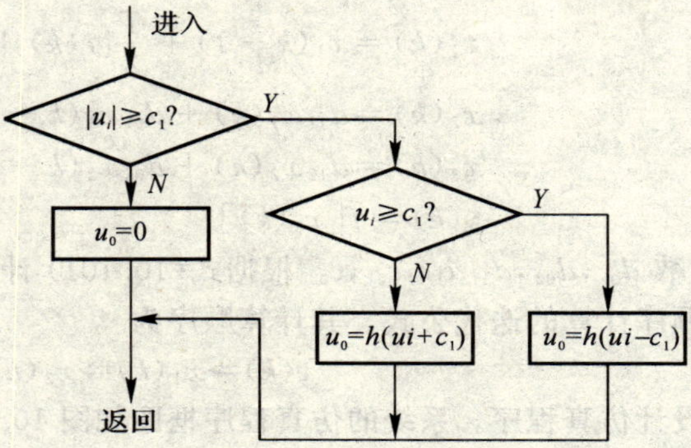

图 10.26　死区非线性环节仿真流程图

(3) 继电非线性环节。如图 10.27 所示为具有死区的继电非线性特性，其仿真流程图如图 10.28 所示。

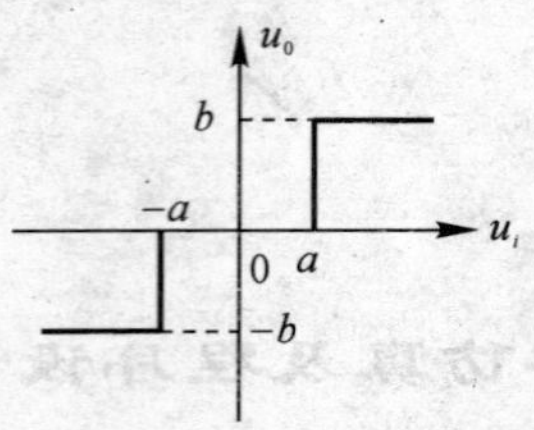

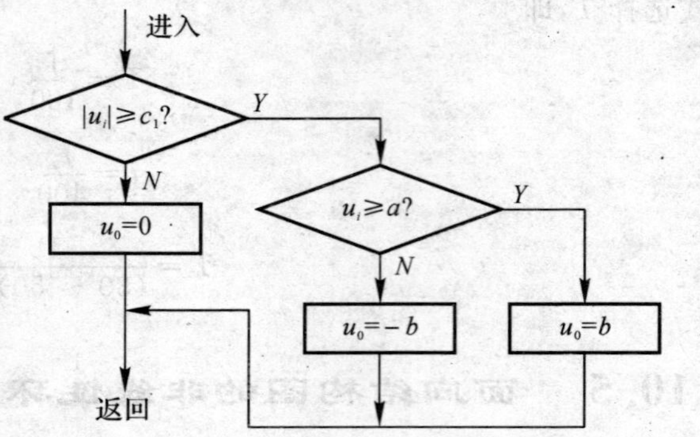

图 10.27 具有死区的继电非线性特性 图 10.28 具有死区继电特性的非线性环节仿真流程图

10.5.2 非线性控制系统数字仿真程序设计

这里,以一个高阶非线性控制系统数字仿真程序设计为例进行说明。

例 10.3 已知非线性控制系统结构如图 10.29 所示。要求在下述两种情况下求出系统的单位阶跃响应,并分析仿真结果。

1) 无非线性环节。

2) 非线性环节为如图 10.23 所示的饱和特性。且 $c_1=1, h=0.5, 1.5$。

已知:$K=10, T_1=1$ s, $T_2=0.456$ s, $T_3=0.114$ s, $u(t)=1(t)$。仿真步长为 0.05 s,打印间隔为 0.5 s,仿真时间为 5 s。

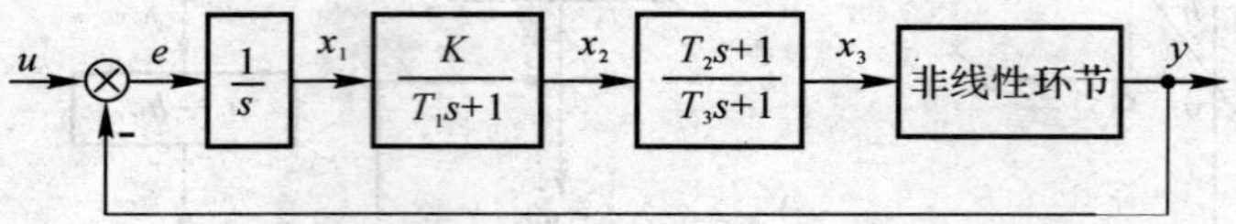

图 10.29 非线性控制系统的结构图

解 1) 建立仿真模型。本例仍采用按环节离散化方法建立系统的仿真模型。其中,线性部分采用双线性替换法(见 10.6.1 节)对环节离散化。根据图 10.29,得到一组差分方程如下

$$\left.\begin{aligned} &e(k)=u-y(k-1)\\ &x_1(k)=x_1(k-1)+\frac{T}{2}[e(k)+e(k-1)]\\ &x_2(k)=d_{11}x_1(k)+d_{01}x_1(k-1)-c_{01}x_2(k-1)\\ &x_3(k)=d_{12}x_2(k)+d_{02}x_2(k-1)-c_{02}x_3(k-1)\\ &y(k)=f[x_3(k)] \end{aligned}\right\} \tag{10.82}$$

式中,系数 $d_{01}, d_{02}, d_{11}d_{12}, c_{01}, c_{02}$ 根据式(10.101)计算。显见,式(10.82)表示的仿真模型是一组按顺序计算的迭代公式。其计算顺序为

$$e(k)\Rightarrow x_1(k)\Rightarrow x_2(k)\Rightarrow y(k)$$

2)设计仿真程序。系统的仿真程序框图如图 10.30 所示。图中,输入函数 input()和运行函数 run ()的程序框图如图 10.31 和 10.32 所示。在图 10.32 中,变量 Z 为有无非线性环节的标志,当 $Z=1$ 时,系统中有非线性环节。否则,无非线性环节。hnl()为饮和非线性函数。

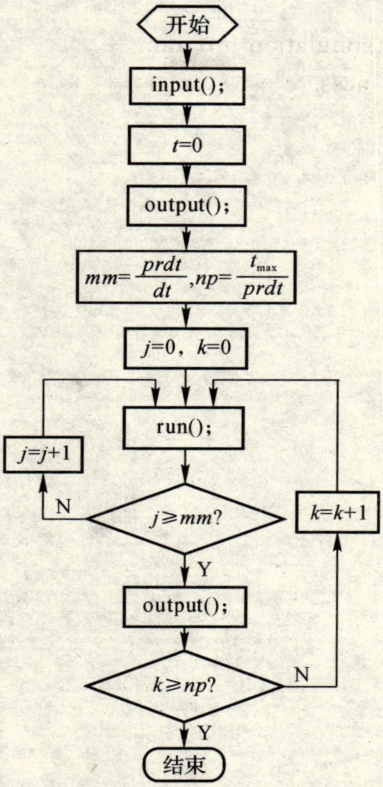

图 10.30　例 10.3 的仿真程序框图

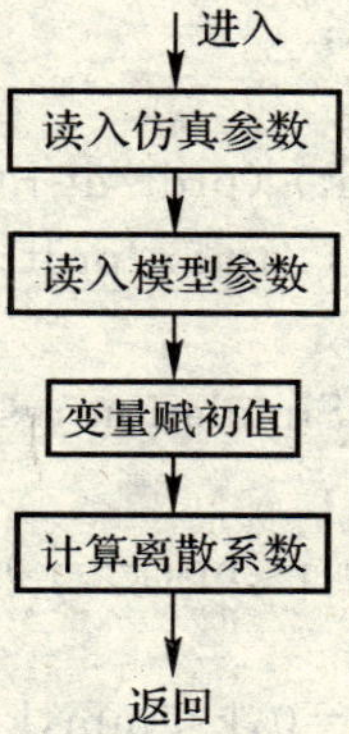

图 10.31　输入函数 input()程序框图

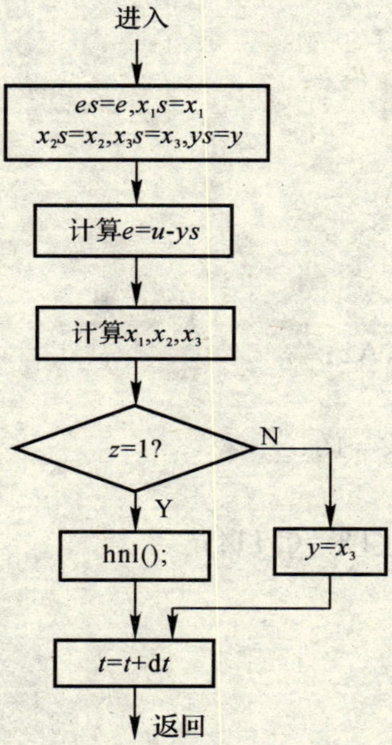

图 10.32　运行函数 run()程序框图

例 10.3 的仿真程序清单如下：

```
              /＊ Nonlinear control system simulation program ＊/
           /＊ ＊ ＊ ＊ ＊ ＊ ＊ ＊ ＊ ＊ ＊ ＊ ncss. c ＊ ＊ ＊ ＊ ＊ ＊ ＊ ＊ ＊ ＊ ＊ ＊/
    # include <math. h>
    int mm, np, z;
    float dt, prdt, tmax, t;
    float dll,d01,c01,d12,d02,c02,cl,h;
    float u,e,xl,x2,x3,y;

main()
  {
    int j, k;
   input();
   mm=(int) (prdt/dt+0.5);
   np=(int) (tmax/prdt+0.5);
   t=0;
   printf ("Simulation results: \n");
   output();
   for (j=0;j<np;j++)
     {
      for (k=0,k<mm,k++)
       {
         run()
        }
         output();
}
  }

    input()
     {
    float K,T1,T2,T3,c,A1,A2;
    u=1;
    dt=0.05,prdt=0.5,tmax=10;
    e=x1=x2=x3=y=0;
    k=10,T1=1,T2=0.456,T3=0.114;
    cl=1, h=2, z=1;
    c=2/dt;
    A1=1+T1*c;
    d11=K/A1;
    d01=(1-T1*c) /A1;
    A2=1+T3*c;
```

```
    d12=(1+T2 * c) /A2;
    d02=(1-T2 * c) /A2;
    c02=(1-T3 * c) /A2;
      }

      run()
     {
    float es, x1s, x2s, x3s, ys;
    es=e;
    x1s=x1;
    x2s=x2;
    x3s=x3;
    ys=y;
    e=u-ys;
    x1=x1s+0.5 * dt * (e+es);
    x2=d11 * x1+d01 * x1s-c01 * x2s;
    x3=d12 * d02 * x2s-c02 * x3s;
    if (z= =1)
      hnl();
    else
     y=x3;
     t=t+dt;
      }

  hnl()
   {
  if (abs (x3)<c1)
  y=h * x3;
  else if (x3<=c1)
    y=h * c1;
  else
    y=h * c1;
  }

output()
  {
printf ("t=%4.1f y=%2.8f\n", t, y);
getch();
  }
```

部分仿真结果数据如下($z=1, c_1=1, h=2$)：

$t=0.0$	$y=0.00000000$
$t=0.5$	$y=1.52892280$
$t=1.0$	$y=0.91714364$
$t=1.5$	$y=0.95764369$
$t=2.0$	$y=1.05204439$
$t=2.5$	$y=0.97589290$
$t=3.0$	$y=1.00523913$
$t=3.5$	$y=1.00191188$
$t=4.0$	$y=0.99760389$
$t=4.5$	$y=1.00120294$
$t=5.0$	$y=0.99972105$
$t=5.5$	$y=0.99992388$
$t=6.0$	$y=1.00011289$
$t=6.5$	$y=0.99994123$
$t=7.0$	$y=1.00001454$
$t=7.5$	$y=1.00000322$
$t=8.0$	$y=0.99999470$
$t=8.5$	$y=1.00000262$
$t=9.0$	$y=0.99999934$
$t=9.5$	$y=1.00000036$
$t=10.0$	$y=0.99999988$

10.6　快速数字仿真方法

前面介绍的应用数值积分法和离散相似法对控制系统进行数字仿真的方法，适合于进行控制系统非实时仿真研究。这两种方法的共同特点是，为使仿真达到一定精度，仿真步长不能过大，因而使计算量加大，计算速度降低，以至于存在快速性要求与精度之间的矛盾。所以，不适合对精度和计算速度都有要求的仿真场合，特别是不适合对快速性和实时性要求很高的实时仿真。

解决数字仿真速度的措施主要有 3 个。首先，从硬件上可考虑应用高速计算机；其次在软件上的措施，是采用执行速度快的计算机语言，如汇编语言；还有就是改进仿真算法，研究并采用适合于快速仿真的仿真算法，即快速数字仿真方法。

本节介绍三种常用的快速数字仿真方法。

10.6.1　替换法

传递函数 $G(s)$ 是连续控制系统最常见的数学模型，而脉冲传递函数 $G(z)$ 则是连续控制系统离散化后的数学模型。替换法的基本思想是，设法找到 s 域与 z 域的某种对应关系，然后将 $G(s)$ 中的变量 s 替换成变量 z，由此得到与 $G(s)$ 相对应的 $G(z)$，进而由 z 反变换得到差分方程形式的仿真模型。

s 域和 z 域的基本关系是 $z=e^{Ts}$，这是一个超越函数，直接替换时计算会很复杂，必须寻求其他近似关系。由于近似公式的不同，形成了各种替换方法。

(1) 简单替换法。简单替换中 s 域与 z 域的关系是一种最简单的替换关系，它可由一阶差分中得到。以积分环节为例进行推导，而其他环节可直接利用这个替换关系。

设积分环节的传递函数为

$$G(s)=\frac{Y(s)}{U(s)}=\frac{1}{s} \tag{10.83}$$

在时域内可用一阶微分方程表示为

$$\frac{\mathrm{d}y(t)}{\mathrm{d}t}=u(t) \tag{10.84}$$

将上式中的导数计算用一阶前向差分来近似，则有

$$\left.\frac{\mathrm{d}y(t)}{\mathrm{d}t}\right|_{t=kT}=\frac{y[(k+1)T]-y(kT)}{T}=u(kT) \tag{10.85}$$

式中，T 为仿真步长(采样周期)。

式(10.85) 可改写为

$$y[(k+1)T]=y(kT)+Tu(kT)$$

或简写为

$$y(k+1)=y(k)+Tu(k) \tag{10.86}$$

对上式进行 z 变换，可得脉冲传递函数为

$$G(z)=\frac{Y(z)}{U(z)}=\frac{T}{z-1}=\frac{1}{\frac{z-1}{T}} \tag{10.87}$$

比较式(10.83) 和(10.87) 得

$$s=\frac{z-1}{T} \tag{10.88}$$

或

$$z=Ts+1 \tag{10.89}$$

式(10.88) 或(10.89) 就是一种简单替换公式。由式(10.86) 可以看出，简单替换正是数值积分法中的欧拉法。

下面讨论简单替换的稳定性。由式(10.89) 和 $s=\sigma+\mathrm{j}\omega$ 得 $z=1+T\sigma+\mathrm{j}T\omega$，则有

$$|z|^2=(1+T\sigma)^2+\omega^2T^2$$

对于 z 平面上的单位圆，$|z|^2=1$，故有 $(1+T\sigma)^2+\omega^2T^2=1$，即

$$\left(\frac{1}{T}+\sigma\right)^2+\omega^2=\left(\frac{1}{T}\right)^2 \tag{10.90}$$

式(10.90) 在 s 平面上表示的图形，是一个以 $(-\frac{1}{T},0)$ 为圆心，$\frac{1}{T}$ 为半径的圆，如图 10.33 所示。

上述分析表明，z 平面上的单位圆按 $s=z-1/T$ 映射到 s 平面上，只是 s 平面的单位圆内(见图 10.33)。若某个系统 $G(s)$ 的 3 个极点 s_1，s_2 和 s_3 均在 s 左半平面，即系统稳定(见图 10.33)。显见，通过简单替换，只有 s_1，s_2 两个极点能映射到 z 平面的单位圆内，s_3，极点则映射到 z 平面的单位圆外了。这就说明，有些原本稳定的系统，通过简单替换，会使其仿真模型变得不稳定，模型失真太大。

所以，简单替换法尽管简单，但不实用。比较实用的是双线性替换法。

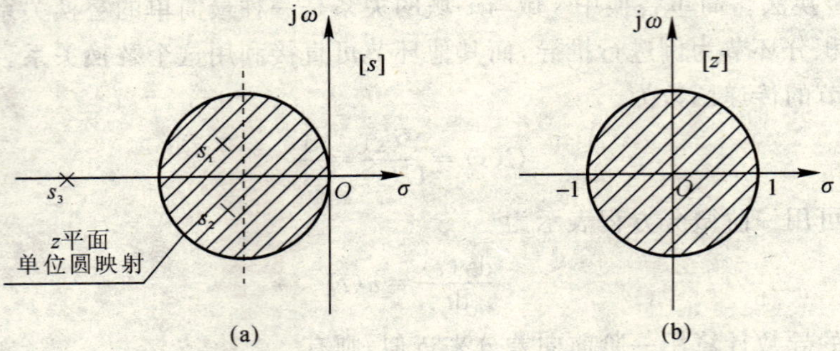

图 10.33　简单替换的映射关系

(2) 双线性替换(Tustin)法：

1) 双线性替换。根据定义，s 域和 z 域的准确映射关系是

$$z = e^{Ts} \tag{10.91}$$

或

$$s = \frac{1}{T}\ln z \tag{10.92}$$

将式(10.92)展开成无穷级数，则有

$$s = \frac{1}{T}\ln z = \frac{1}{T}\left[2\frac{z-1}{z+1} + \frac{1}{3}\frac{(z-1)^3}{(z+1)^3} + \cdots\right]$$

现只取上述级数的第一项，得

$$s = \frac{2}{T}\frac{z-1}{z+1} \tag{10.93}$$

或

$$z = \frac{1+Ts/2}{1-Ts/2} \tag{10.94}$$

式(10.93)或(10.94)称为双线性替换公式。

若对式(10.83)的积分环节进行双线性替换，得脉冲传递函数

$$G(z) = \frac{Y(z)}{U(z)} = \frac{1}{s}\bigg|_{s=\frac{2}{T}\frac{Z-1}{Z+1}} = \frac{T}{2}\frac{z+1}{z-1}$$

对上式进行 z 反变换，求得差分方程为

$$y(k+1) = y(k) + \frac{T}{2}[u(k+1) + u(k)]$$

从上式可以看出，双线性替换法相当于数值积分中的梯形法。

2) 双线性替换的特性：

ⅰ. 在 s 域里稳定的系经 $G(s)$，通过双线性替换后所得脉冲传递函数 $G(z)$ 也一定是稳定的。证明如下。

将 $s=\sigma+j\omega$ 代入式(10.94)中得

$$z = \frac{1+\frac{T}{2}(\sigma+j\omega)}{1-\frac{T}{2}(\sigma+j\omega)}$$

$$|z|^2=\frac{(1+\frac{\sigma T}{2})^2+(\frac{\omega}{2}T)^2}{(1-\frac{\sigma T}{2})^2+(\frac{\omega}{2}T)^2} \tag{10.95}$$

由上式知，$\sigma=0(s=\mathrm{j}\omega)$，$|z|=1$；$\sigma>0$，$|z|>1$；而 $\sigma<0$，$|z|<1$。这说明，双线性替换能将 s 平面左半部准确地映射到 z 平面的单位圆内，如图 10.34 所示。亦即，若原系统 $G(s)$ 地稳定的，通过比线性替换后所得脉冲传递函数 $G(s)$ 也一定是稳定的。

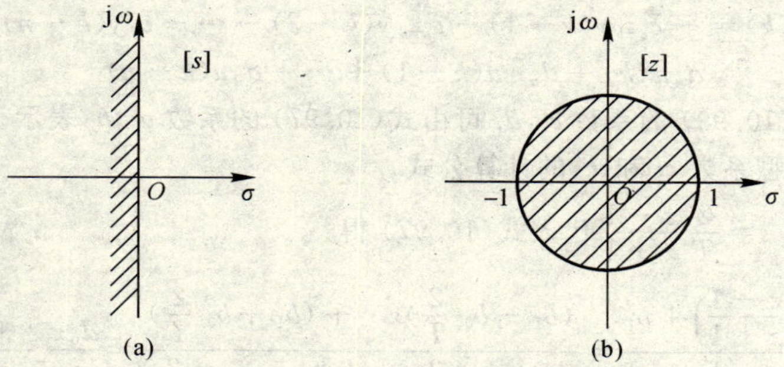

图 10.34　双线性替换的映射关系

上述特性是双线性替换的一个重要优点，也是它被广泛应用的主要原因。

ⅱ．双线性替换具有串联性，设 $G(s)=G_1(s)G_2(s)$，有

$$G_1(z)=G_1(s)\Big|_{s=\frac{2}{T}\frac{z-1}{z+1}},\quad G_2(z)=G_2(s)\Big|_{s=\frac{2}{T}\frac{z-1}{z+1}}$$

$$G(z)=G(s)\Big|_{s=\frac{2}{T}\frac{z-1}{z+1}}=G_1(z)G_2(z) \tag{10.96}$$

式(10.96)可以很容易证明。这是因为双线性替换是一个代数替换，连续系统的传递函数 $G(s)$ 通过代数置换直接得到脉冲传递函数 $G(z)$，没有破坏原拉氏变换的串联性。

上述特性是双线性替换的又一个重要优点。根据此特性，可以用简单的低阶环节的串联等效地实现高阶复杂系统，特别适用于面向结构图按环节离散化的数字仿真。

ⅲ．双线性替换后的稳定增益不变。设连续系统的传递函数为

$$G(s)=\frac{b_0s^m+b_1s^{m-1}+\cdots+b_{m-1}s+b_m}{a_0s^n+a_1s^{n-1}+\cdots+a_{n-1}s+a_n}$$

$G(s)$ 的稳态增益为 b_m/a_n。若对 $G(s)$ 进行双线性替换，则有

$$G(z)=\frac{b_0(\frac{2}{T}\frac{z-1}{z+1})^m+b_1(\frac{2}{T}\frac{z-1}{z+1})^{m-1}+\cdots+b_{m-1}(\frac{2}{T}\frac{z-1}{z+1})+b_m}{a_0(\frac{2}{T}\frac{z-1}{z+1})^n+a_1(\frac{2}{T}\frac{z-1}{z+1})^{n-1}+\cdots+a_{n-1}(\frac{2}{T}\frac{z-1}{z+1})+a_n}$$

显见，$G(s)$ 的稳态增益也是 b_m/a_n。

ⅳ．双线性替换后 $G(z)$ 的频率特性和 $G(s)$ 的频率特性是近似的。可以证明，$G(z)$ 秘 $G(s)$ 的频率特性在低频段相差较小，高频段差别较大。这说不得明双线性替换法具有一定的精度。

正是由于双线性替换法的上述特点，才使其成为一种不但计算速度快，还能满足稳定性要求和一定计算精度要求的非常实用的仿真算法。

(3) 典型环节的双线性替换。设连续系统或环节的传递函数为

$$G(s)=\frac{Y(s)}{U(s)}=\frac{b_0s^n+b_1s^{n-1}+\cdots+b_{n-1}s+b_n}{a_0s^n+a_1s^{n-1}+\cdots+a_{n-1}s+a_n} \tag{10.97}$$

对上式进行双线性替换,相应的脉冲传递函数记为

$$G(s)=\frac{Y(s)}{U(s)}=\frac{d_0z^{-n}+d_1s^{-(n-1)}+\cdots+d_{n-1}z^{-1}+d_n}{c_0z^{-n}+c_1z^{-(n-1)}+\cdots+c_{n-1}z^{-1}+1} \tag{10.98}$$

对上式 z 反变换即得如下递推公式

$$\begin{aligned}y(k)=&-c_{n-1}y(k-1)-c_{n-2}y(k-2)-\cdots-c_0y(k-n)+\\&d_nu(k)+d_{n-1}u(k-1)+\cdots+d_0u(k-n)\end{aligned} \tag{10.99}$$

式(10.98)和(10.99)的系数 c_i,d_i 可由式(10.97)的系数 a_i,b_i 表示。这里,仅推导一阶和二阶环节仿真模型系数 c_i 和 d_i 的计算公式。

当 $n=1$ 时,将 $s=\dfrac{2}{T}\dfrac{z-1}{z+1}$ 代入式(10.97)得

$$G(z)=\frac{b_0\left(\frac{2}{T}\frac{z-1}{z+1}\right)+b_1}{a_0\left(\frac{2}{T}\frac{z-1}{z+1}\right)+a_1}=\frac{(b_1-b_0\frac{2}{T})z^{-1}+(b_1+b_0\frac{2}{T})}{(a_1-a_0\frac{2}{T})z^{-1}+(a_1+a_0\frac{2}{T})}=\frac{d_0z^{-1}+d_1}{c_0z^{-1}+1} \tag{10.100}$$

式中

$$\left.\begin{aligned}c_0&=(a_1-a_0c)/a\\d_0&=(b_1-b_0c)/a\\d_1&=(b_1+b_0c)/a\\a&=a_1+a_0c\\c&=\frac{2}{T}\end{aligned}\right\} \tag{10.101}$$

同理,可推导出二阶环节仿真模型系数的计算公式为

$$\left.\begin{aligned}c_0&=(a_2-a_1c+a_0c^2)/a\\c_1&=(2a_2-2a_0c^2)/a\\d_0&=(b_2-b_1c+b_0c^2)/a\\d_1&=(2b_2-2b_0c^2)/a\\d_2&=(b_2+b_1c+b_0c^2)/a\\a&=a_2+a_1c+a_0c^2\\c&=\frac{2}{T}\end{aligned}\right\} \tag{10.102}$$

10.6.2 增广矩阵法

(1) 增广矩阵法的基本思想。设连续系统的状态方程为 $\dot{\boldsymbol{x}}=\boldsymbol{Ax}+\boldsymbol{Bu}$,根据式(10.42),它的解为

$$\boldsymbol{x}(t)=\mathrm{e}^{\boldsymbol{A}t}\boldsymbol{x}(0)+\int_0^t\mathrm{e}^{\boldsymbol{A}(t-\tau)}\boldsymbol{Bu}(\tau)\mathrm{d}\tau$$

若系统的输入 $\boldsymbol{u}=\boldsymbol{0}$,则状态方程为齐次方程,即

$$\dot{\boldsymbol{x}}=\boldsymbol{Ax} \tag{10.103}$$

它的解为

$$x(t)=e^{At}x(0) \tag{10.104}$$

根据式(10.52)，上式的离散化方程为

$$x[(k+1)T]=e^{AT}x(kT)=[\sum_{i=0}^{\infty}(AT)^i/i!]x(kT) \tag{10.105}$$

可以证明，e^{AT} 用其幂级数的前五项来近似，其计算精度与四阶龙格-库塔法相同。为此，取式(10.105)的前 5 项得

$$x[(k+1)T]=(I+AT+\frac{A^2T^2}{2}+\frac{A^3T^3}{6}+\frac{A^4T^4}{24})x(kT) \tag{10.106}$$

式(10.106)是一个递推公式，在给定步长 T 后，括号内的系数只需计算一次(A, A^2, A^3, A^4 可在仿真前算出)，递推计算时，只需做一次乘法就可前进一步，因此计算速度非常快。

但一般系统的状态方程都是非齐次的，故应设法将非齐次项(即输入变量)"增广"成为新的状态变量(增广状态变量)，使非齐次状态方程变为齐次状态方程，从而进行快速计算。

(2) 典型输入作用下的增广矩阵。设单输入单输出系统的状态表达式为

$$\begin{cases}\dot{x}(t)=Ax(t)+Bu(t)\\ y(t=Cx(t)\end{cases}$$

式中 A 为 n 阶方阵。

1) 阶跃输入。设 $u(t)=U_0\cdot 1(t)$，定义第 $n+1$ 个状态变量为 $x_{n+1}(t)=u(t)=U_0\cdot 1(t)$，则 $\dot{x}_{n+1}(t)=0$。

可得增广后的状态空间表达式为

$$\begin{bmatrix}\dot{x}(t)\\ \dot{x}_{n+1}(t)\end{bmatrix}=\begin{bmatrix}A & B\\ 0 & 0\end{bmatrix}\begin{bmatrix}x(t)\\ x_{n+1}(t)\end{bmatrix}$$

$$y(t)=[C \;\vdots\; 0]\begin{bmatrix}x(t)\\ x_{n+1}(t)\end{bmatrix}$$

初始条件为

$$\begin{bmatrix}x(0)\\ x_{n+1}(0)\end{bmatrix}=\begin{bmatrix}x_0\\ U_0\end{bmatrix}$$

2) 斜坡输入。设 $u(t)=U_0t$，定义

$$x_{n+1}(t)=u(t)=U_0t$$

$$x_{n+2}(t)=\dot{x}_{n+1}(t)=U_0$$

$$x_{n+1}(0)=0,\quad x_{n+2}(0)=U_0$$

据此可得增广后的状态空间表达式为

$$\begin{bmatrix}\dot{x}(t)\\ \dot{x}_{n+1}(t)\\ \dot{x}_{n+2}(t)\end{bmatrix}=\begin{bmatrix}A & B & 0\\ 0 & 0 & 1\\ 0 & 0 & 0\end{bmatrix}\begin{bmatrix}x(t)\\ x_{n+1}(t)\\ x_{n+2}(t)\end{bmatrix}$$

$$y(t)=[C \;\vdots\; 0 \quad 0]\begin{bmatrix}x(t)\\ x_{n+1}(t)\\ x_{n+2}(t)\end{bmatrix}$$

初始条件为

$$\begin{bmatrix} \boldsymbol{x}(0) \\ \cdots\cdots \\ \boldsymbol{x}_{n+1}(0) \\ \boldsymbol{x}_{n+2}(0) \end{bmatrix} = \begin{bmatrix} \boldsymbol{x}_0 \\ \cdots \\ \boldsymbol{0} \\ \boldsymbol{U}_0 \end{bmatrix}$$

3）加速度输入。设 $\boldsymbol{u}(t)=\dfrac{1}{2}\boldsymbol{U}_0 t^2$，定义

$$\boldsymbol{x}_{n+1}(t)=\boldsymbol{x}(t)=\frac{1}{2}\boldsymbol{U}_0 t^2$$

$$\boldsymbol{x}_{n+2}(t)=\dot{\boldsymbol{x}}_{n+1}(t)=\boldsymbol{U}_0 t$$

$$\boldsymbol{x}_{n+3}(t)=\dot{\boldsymbol{x}}_{n+2}(t)=\boldsymbol{U}_0$$

初值为 $\boldsymbol{x}_{n+1}(0)=\boldsymbol{0},\quad \boldsymbol{x}_{n+2}(0)=\boldsymbol{0},\quad \boldsymbol{x}_{n+3}(0)=\boldsymbol{U}_0$

则增广后的状态空间表达式为

$$\begin{bmatrix} \dot{\boldsymbol{x}}(t) \\ \cdots\cdots \\ \dot{\boldsymbol{x}}_{n+1}(t) \\ \dot{\boldsymbol{x}}_{n+2}(t) \\ \dot{\boldsymbol{x}}_{n+3}(t) \end{bmatrix} = \begin{bmatrix} \boldsymbol{A} & \boldsymbol{B} & \boldsymbol{0} & \boldsymbol{0} \\ \cdots & \cdots & \cdots & \cdots \\ \boldsymbol{0} & \boldsymbol{0} & 1 & \boldsymbol{0} \\ \boldsymbol{0} & \boldsymbol{0} & \boldsymbol{0} & 1 \\ \boldsymbol{0} & \boldsymbol{0} & \boldsymbol{0} & \boldsymbol{0} \end{bmatrix} \begin{bmatrix} \boldsymbol{x}(t) \\ \cdots\cdots \\ \boldsymbol{x}_{n+1}(t) \\ \boldsymbol{x}_{n+2}(t) \\ \boldsymbol{x}_{n+3}(t) \end{bmatrix}$$

$$y(t)=[\boldsymbol{C} \ \vdots \ \boldsymbol{0} \quad \boldsymbol{0} \quad \boldsymbol{0}] \begin{bmatrix} \boldsymbol{x}(t) \\ \cdots\cdots \\ \boldsymbol{x}_{n+1}(t) \\ \boldsymbol{x}_{n+2}(t) \\ \boldsymbol{x}_{n+3}(t) \end{bmatrix}$$

初始条件为

$$\begin{bmatrix} \boldsymbol{x}(0) \\ \boldsymbol{x}_{n+1}(0) \\ \boldsymbol{x}_{n+2}(0) \\ \boldsymbol{x}_{n+3}(0) \end{bmatrix} = \begin{bmatrix} \boldsymbol{x}_0 \\ \cdots \\ \boldsymbol{0} \\ \boldsymbol{0} \\ \boldsymbol{U}_0 \end{bmatrix}$$

4）指数输入 $\boldsymbol{u}(t)=\boldsymbol{U}_0 \mathrm{e}^{-t}$，定义

$$\boldsymbol{x}_{n+1}(t)=\boldsymbol{U}_0 \mathrm{e}^{-t},\quad \dot{\boldsymbol{x}}_{n+1}(t)=-\boldsymbol{U}_0 \mathrm{e}^{-t}=-\boldsymbol{x}_{n+1}(t)$$

初值为 $\boldsymbol{x}_{n+1}(0)=\boldsymbol{U}_0$，增广后的状态空间表达式为

$$\begin{bmatrix} \dot{\boldsymbol{x}}(t) \\ \cdots\cdots \\ \dot{\boldsymbol{x}}_{n+1}(t) \end{bmatrix} = \begin{bmatrix} \boldsymbol{A} & \boldsymbol{B} \\ \cdots & \cdots \\ \boldsymbol{0} & -1 \end{bmatrix} \begin{bmatrix} \boldsymbol{x}(t) \\ \cdots\cdots \\ \boldsymbol{x}_{n+1}(t) \end{bmatrix}$$

$$\boldsymbol{y}(t)=[\boldsymbol{C} \ \vdots \ \boldsymbol{0}] \begin{bmatrix} \boldsymbol{x}(t) \\ \cdots\cdots \\ \boldsymbol{x}_{n+1}(t) \end{bmatrix}$$

10.6.3 零、极点匹配法

连续系统的动态、静态特性取决于传递函数 $G(s)$ 的零、极点分布及增益。同样，离散系统的动态、静态特性由脉冲传递函数 $G(z)$ 的零、极点分布及增益决定。为了对连续系统进行快速数字仿真，可以从保证 $G(s)$ 与 $G(z)$ 的动态、静态特性相一致（相匹配）入手，求出与 $G(s)$ 等价的 $G(z)$。这就是零极点匹配的基本思想。

根据这一思想，可利用基本关系式 $z=\mathrm{e}^{sT}$，直接由 $G(s)$ 的零、极点（z_i，p_j）确定与之相匹配

的 $G(z)$ 的零、极点（e^{z_iT}，e^{p_jT}），再根据 $G(s)$ 的其他特征确定 $G(z)$ 的增益，进而求出 $G(z)$。这就是零、极点匹配法。

设被仿真系统的传递函数为

$$G(s)=\frac{Y(s)}{U(s)}=\frac{K(s-z_1)(s-z_2)\cdots(s-z_m)}{(s-p_1)(s-p_2)\cdots(s-p_n)},\quad n\geqslant m \tag{10.107}$$

式中，z_i，$p_j(i=1,2,\cdots,m;j=1,2,\cdots,n)$ 分别为 $G(s)$ 的零点和极点，K 为增益。

零、极点匹配法步骤如下：

(1) 利用 $z=e^{sT}$ 公式替换 $G(s)$ 的零点与极点得

$$G(z)=\frac{K_z(z-e^{z_1T})(z-e^{z_2T})\cdots(z-e^{z_mT})}{(z-e^{p_1T})(z-e^{p_2T})\cdots(z-e^{p_nT})} \tag{10.108}$$

式中，K_z 为增益。

(2) 给 $G(z)$ 再配置 $(n-m)$ 个附加零点。因为，根据经典控制理论的根轨迹法，当式(10.107) 的极点数大于零点数 $(n>m)$ 时，在 s 平面的无穷远处，还存在着 $(n-m)$ 个无限零点，所以必须在 $G(z)$ 中再配以 $(n-m)$ 个相应的零点，才能与 $G(z)$ 完全匹配。通常，是将 s 平面的无限零点映射到 z 平面的 $[0,1]$ 之间，则有

$$G(z)=\frac{K_z(z-e^{z_1T})(z-e^{z_2T})\cdots(z-e^{z_mT})\ (z-\delta)^{n-m}}{(z-e^{p_1T})(z-e^{p_2T})\cdots(z-e^{p_nT})} \tag{10.109}$$

式中，$0\leqslant\delta\leqslant1$。

在一般情况下取 $\delta=0$，即认为 $G(s)$ 的无限零点为负实数，对应于 $G(z)$ 就是 $z=0$ 的零点。此时 $G(z)$ 的形式最简单，但精度较差，当 δ 在 $(0,-1)$ 之间取值时，$G(z)$ 与 $G(s)$ 更为接近。当 $\delta=-1$ 时，有助于消除标准 z 变换中产生的频率混叠现象。

(3) 根据 $G(s)$ 的特征确定 K_z。通常有两种方法：

1) 选择适当的输入函数，由 $y(s)$ 和 $y(z)$ 分别求出输出终值 $y(\infty)$，并令两者相等，从而求出 K_z。若求出 $y(\infty)=0$，则另选输入函数。

2) 使 $G(s)$ 与 $G(z)$ 的频率特性在某个关键频率处相等，从而确定 K_z。此法也可以用来求式(10.108) 中的 δ。

例 10.4　设控制系统的传递函数为

$$G(s)=\frac{Y(s)}{U(s)}=\frac{K}{s+a}$$

试用零、极点匹配法求出系统的仿真模型。

解　$G(s)$ 的极点为 $p_1=-a$，对应 z 平面的零点 $z_1=e^{-aT}$。而 $G(s)$ 有 $n-m=1$ 个无限零点。故 $G(z)$ 的附加零点为 $z=\delta$。若取 $\delta=0$，则根据式(10.108) 可求出

$$G(z)=\frac{Y(z)}{U(z)}=\frac{K_z z}{z-e^{-aT}} \tag{10.110}$$

为求出增益 K_z，令输入 $u(t)=1(t)$，则有

$$y(\infty)=\lim_{s\to0}\left(s\,\frac{K}{s+a}\,\frac{1}{s}\right)=\frac{K}{a}$$

和

$$y(\infty)=\lim_{s\to 0}\left((z-1)\frac{K_z z}{z-\mathrm{e}^{-aT}}\frac{1}{z-1}\right)=\frac{K_z}{1-\mathrm{e}^{-aT}}$$

由此可得

$$\frac{K}{a}=\frac{K_z}{1-\mathrm{e}^{-aT}}$$

故

$$K_z=\frac{K}{a}(1-\mathrm{e}^{-aT}) \tag{10.111}$$

代入式(10.110)得

$$G(z)=\frac{Y(z)}{U(z)}=\frac{K}{a}(1-\mathrm{e}^{-aT})\frac{z}{z-\mathrm{e}^{-aT}} \tag{10.112}$$

对上式进行 z 反变换,求出系统的仿真模型为

$$y(k+1)=\mathrm{e}^{-aT}y(k)+\frac{K}{a}(1-\mathrm{e}^{-aT})u(k+1) \tag{10.113}$$

10.7 计算机控制系统的数字仿真及程序设计

10.7.1 计算机控制系统的特点

如图 10.35 所示是一个典型的计算机控制系统的组成框图。

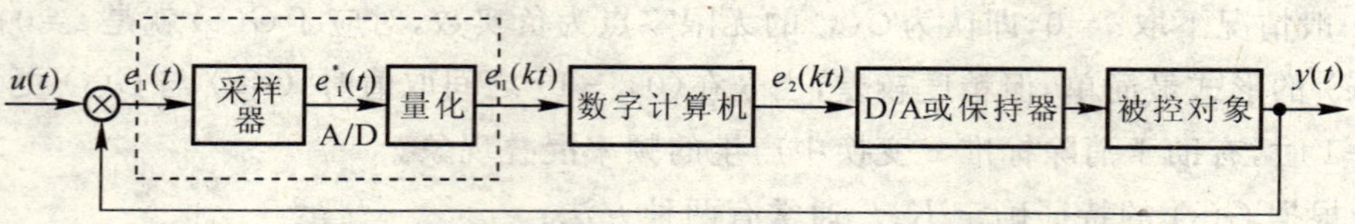

图 10.35 计算机控制系统的组成框图

由图知,系统由离散和连续两大部分组成。其中,离散部分包括:数字计算机,A/D 转换器,而连接部分则有:D/A 转换器或保持器和被控对象。图中,误差信号 $e_1(t)$ 经 A/D 转换(包括采样和量化),输入给数字计算机,数字计算机对其进行了某种控制规律的运算,运算结果经 D/A 转换后,加到被控对象上。

图 10.35 可用如图 10.36 所示的结构图表示。图中,$G_p(s)$ 为被控对象的传递函数,$G_h(s)$ 为保持器的传递函数,$D(z)$ 为数字控制器的脉冲传递函数,T_s 为计算机控制系统的实际采样周期。

综上,计算机控制系统有如下两个特点:

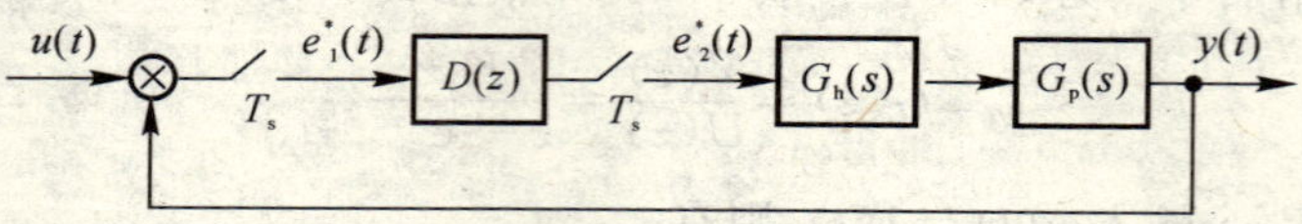

图 10.36 计算机控制系统的结构图

(1) 由于系统由连续部分和离散部分组合而成,故在信号传递过程中,既有时间连续信

号，又有离散信号。

(2) 系统中的采样开关和保持器是真实存在的。而应用离散相似法建立仿真模型时，采样开关和保持器是人为加入的，是虚拟的。

10.7.2　计算机控制系统数字仿真主要注意的问题

针对计算机控制系统的上述特点，在对其进行数字仿真时，应注意下述两个问题。

(1) 建立系统仿真模型，离散部分和连续部分应分开处理：① 对于离散部分，可直接根据 $D(z)$ 求出其差分方程形式的仿真模型；② 对于连续部分，可采用前面介绍的按环节离散化方法（如离散相似法、双线性替换法）建立相应的仿真模型。

(2) 连续部分与离散部分仿真模型的连接。这指的就是计算机控制系统采样周期（T_s）与连续部分的仿真步长（T）之间的关系。因为，任何一种连续系统的仿真算法，都必须按所选取的计算 T 进行计算，而计算机控制系统自身又有固定的 T_s，T_s 与 T 必须保持一定的关系才能协调离散部分 $D(z)$ 与连续部分 $G_h(s)$ 和 $G_p(s)$ 的计算。

通常，T_s 根据被控对象的反应快慢事先选定。这样，确定 T 时，应从被控对象的结构，T_s 的大小、保持器的类型、仿真精度和速度等方面综合考虑，选取合适的 T。

10.7.3　计算机控制系统的数字仿真方法

根据 T_s 与计算 T 的关系，可采用下述两种仿真方法。

(1) 当 $T_s = T$ 时，将计算机控制系统近似看成连续系统，按连续系统的仿真方法进行仿真。

此法应用的条件为：①T_s 足够短，即采样频率（f_s）足够高；② 系统阶数较低，连续部分无非线性环节，脉冲传递函数 $[G_h(s)G_p(s)]$ 容易求出；③ 仿真只需观察输出 $y(t)$，不需要观察中间状态变量。

在满足上述条件的情况下，可选 T_s 与计算 T 相同，使得实际采样开关与虚拟采样开关在仿真过程中同步工作。因此，这种仿真与连续系仿真完全相同，可大大简化仿真模型，提高仿真速度。

需要说明的是，为了提高 $T = T_s$ 时的仿真精度，一般宜采用只在连续部分的入口处加采样开关和保持器，即将实际采样开关和保持器与虚拟采要开关及保持器统一起来。这样，连续部分的仿真模型应为 $[G_h(s)G_p(s)]$。

(2) 当 $T_s > T$ 时，采用将连续部分和离散部分分开进行仿真计算的方法。这是工程实际中最常见的情况，一般出现在下述情况中：① 由于控制算法比较复杂，计算控制算法需要的计算时间较长等，因此 T_s 较大；② 连续部分存在非线性环节，不宜求出其他脉冲传递函数 $[G_h(s)G_p(s)]$。

因此，为保证仿真有足够的精度，必须缩小仿真 T，使 $T < T_s$。此时，系统仿真模型中存在两种频率的采样开关：离散部分的 T_s 和连续产分的仿真 T。为便于仿真程序的实现，通常取 T_s 为 T 的整数倍。即

$$T_s = NT \tag{10.114}$$

N 为正整数。一般，N 取 5 ～ 10。

对此类系统进行仿真，必须分两部分分别进行仿真计算。对离散部分用 T_s 进行仿真，而

对连续部分则用仿真 T 进行仿真。离散部分每计算一次差分模型，将其输出按保持器的要求保持。然后对连续部分的仿真模型计算 N 次，将第 N 次的计算结果作为连续部分该采样周期的输出。此种情况的仿真程序框图如图 10.37 所示。

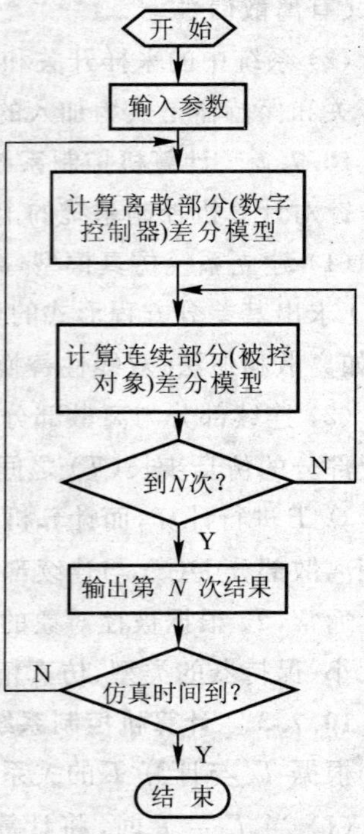

图 10.37 计算机控制系统数字仿真程序框图

10.7.4 计算机控制系统数字仿真程序设计及实例

这里，以如图 10.36 所示的计算机控制系统为例进行说明。

(1) 数字控制器的仿真程序设计。设数字控制器的一般形式为

$$D(z)=\frac{b_0+b_1z^{-1}+b_2z^{-2}+\cdots+b_mz^{-m}}{1+a_1z^{-1}+a_2z^{-2}+\cdots+a_nz^{-n}} \tag{10.115}$$

相应的差分方程为

$$e_2(k)=-\sum_{i=1}^{n}a_ie_2(k-i)+\sum_{j=0}^{m}b_je_1(k-j) \tag{10.116}$$

式中，e_1 为数字控制器的输入值；e_2 为输出值；n,m 分别为数字控制器 $D(z)$ 的分母、分子阶次；k 为采样时刻。

由式(10.116) 知，计算 $e_2(k)$ 及 k 时刻之前 $e_1(k)$ 在时刻之前各采样时刻的值：$e_2(k-1),e_2(k-2),\cdots,e_2(k-n)$ 和 $e_1(k)$ 及 k 时刻之前 $e_1(k)$ 在各采样时刻的值：$e_2(k-1),e_2(k-2),\cdots,e_t(k-m)$。为此，可在内存中设置若干个存储单元，将这些数据存储起来，以便在计算时使用。

设存放输出变量 $e_2(k-1),e_2(k-2),\cdots,e_2(k-n)$ 的数组为 qe_2，其维数为 $(n+1)$；存放输入变量 $e_2(k-1),e_2(k-2),\cdots,e_t(k-m)$ 的数组为 qe_1，其维数为 $(m+1)$。qe_2 和 qe_1 数组存放单元的结构如图 10.38 所示。

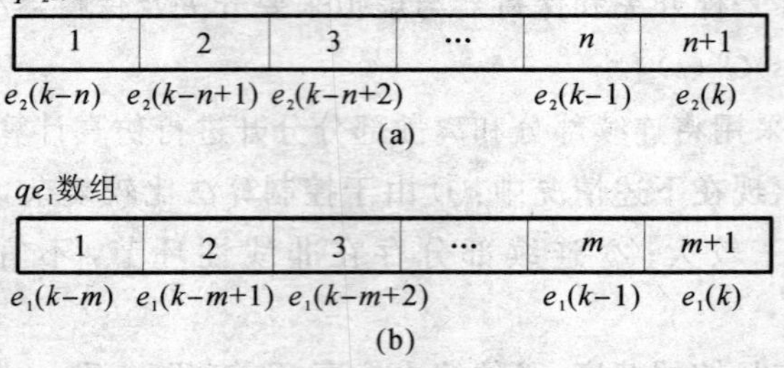

图 10.38 qe_2 数组和 qe_1 数组存放单元的结构

由式(10.116) 和图 10.38 可得输出变量的操作程序为：计算时，先从 qe_2 数组的第 $1\sim n$ 单元依次取出 $e_2(k-n),e_2(k-n+1),\cdots e_2(k-1)$ 参加计算，再把计算结果 $e_2(k)$ 存入 $qe_2(n+1)$ 单元，然后将整个数组(qe_2 的第 $2\sim n+1$ 单元) 左移一位，准备下一个采样时刻使用即，取出 — 存入 — 平移。

同理，输入变量 e_1 的操作程序为：计算时先将 $e_1(k)$ 存入 qe_1 数组的 $qe_1(m+1)$ 单元，再从 qe_1 数组第 $1\sim m$ 单元取出 $e_1(k-m)$，$e_1(k-m+1)$，…，$e_1(k-1)$ 参加计算，然后将数组（qe_1 的第 $2\sim m+1$ 单元）左移一位，准备下一个采样时刻使用。即存入 — 取出 — 平移。

由此得出计算 k 时刻 $e_2(k)$ 的步骤为：

1) 计算 $e_1(k)$，并存入 $qe_1(m+1)$ 单元中；

2) 计算 $e_2(k)$，并存入 $qe_2(n+1)$ 单元中；

3) qe_1 的第 $2\sim m+1$ 数据单元左移一位；

4) qe_2 的第 $2\sim n+1$ 数据单元左移一位；

根据上述方法编制的数字控制器 C 语言程序可参见例 9.5 仿真程序中的函数 controller()。

(2) 仿真程序设计实例。

例 10.5　计算机控制系统结构如图 10.39 所示。已知：输入 $u(t)=1(t)$，采样周期为 $T_s=1$ s；连续部分仿真步长为 $T=0.05$ s，打印间隔为 0.2 s，仿真时间为 10 s。试求系统输出的动态响应 $y(t)$。

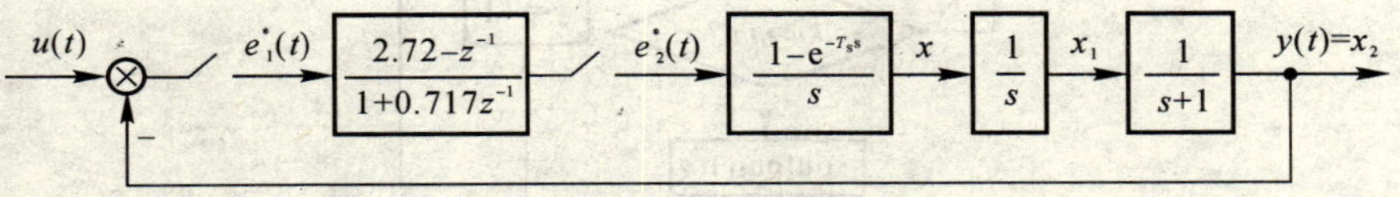

图 10.39　例 10.5 的系统结构图

解　1) 数字控制器与连续部分的连接问题。

由图 10.39 知，数字控制器的输出 $e_2^*(t)$ 即为零阶保持器的输入，且由于零阶保持器的常值外推功能，使得在一个采样周期内，连续部分的输入为常值（相当于阶跃信号）。

2) 系统仿真模型的建立。离散部分的仿真模型直接由 $D(z)$ 求出，而连续部分可采用双线性替换法离散化。系统的仿真模型如下

$$e_1(k)=u-y(k-1)$$

数字控制器　$$e_2(k)=-0.711e_2(k-1)+2.72e_1(k)-e_1(k-1)$$

连续部分　$$\begin{cases}x_1(k_1)=x_1(k_1-1)+\dfrac{T}{2}[e_2(k)+e_2(k)]\\x_2(k_1)=d_1x_1(k_1)+d_0x_1(k_1-1)-c_0x_2(k_1-1)\end{cases}$$

式中，$d_0=d_1=\dfrac{1}{1+\dfrac{2}{T}}$，$c_0=\dfrac{1-\dfrac{2}{T}}{1+\dfrac{2}{T}}$，$N=\dfrac{T_s}{T}=20$，$k=Nk_1$。

3) 绘制仿真程序流程图。本例的仿真程序流程图如图 10.40 所示。

图中，$mm=\dfrac{prdt}{dt}$ 为连续部分打印间隔内的计算步数；$np=\dfrac{t_s}{prdt}$ 为采样周期 T_s 内的输出次数；$ns=\dfrac{t_{max}}{t_s}$ 为离散部分的计算步数；函数 $plant()$ 为连续部分（被控对象）的计算子程序。

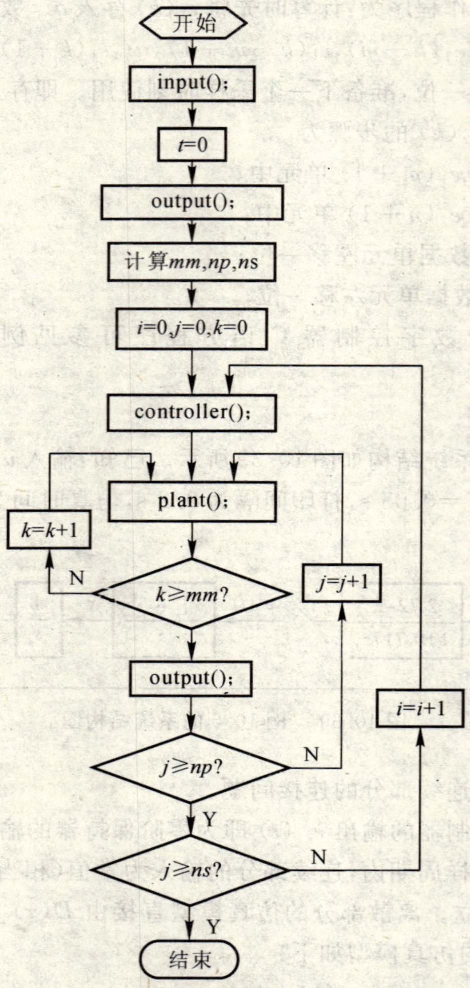

图 10.40　例 10.5 的仿真程序流程图

仿真程序清单如下：

```
        / * Computer control system simulation program * /
      / * * * * * * * * * * * ccss. C * * * * * * * * * * * /
#include <math. h>
int n, m, ns, np, mm;
float ts, dt, prdt, tmax, t;
float u, x1, x2, y, ys, x;
float bz [10], az[10], d0, d1, c0;

main()
  {
  int i, j, k;
  input();
```

```
  mm=(int)(prdt/dt+0.5);
  np=(int)(ts/prdt+0.5);
  ns=(int)(tmax/ts);
  t=0;
  printf("Simulation results: \n");
  output();
  for (i=0; i<ns; i++)
   {
    comtroller();
    for (j=0,j<np, j++)
     {
      for (k=0; k<mm; k++)
       {
        plant();
       }
      output();
     }
   }
  }

input();
  {
int i, j;
float K, T1, c, a;
ts=1, u=1;
dt=0.05, prdt=0.5, tmax=10;
x1=x2=y=0;
K=1; T1=1;
n=m=1;
bz[0]=2.72; bz[1]=-1;
az[0]=0.717;
for (i=0; i<m+1; i++)
    {
  qel[i]=0;
    }
for (j=0; j<n; j++)
    {
  qe2[j]=0;
    }
c=2dt;
a=1+T1*c;
```

```
d1=K/a;
d0=K/a;
c0=(1-T1*c) /a;
   }

controller()
   {
int i, j;
float el, e2;
ys=y;
qel[m]=u-ys;
el=e2=0;
for (i=0; i<m+1; i++)
     {
   el=e2+bz[i] *qel[m-i];
     }
   for (i=0; i<n; j++);
     {
e2=el+e2;
qe2[n]=e2;
for (i=0; i<m; i++)
     {
   qel[i]=qel[i+1];
     }
   for (j=0; j<n; j++)
     {
   qe2[j]=qe2[j+1];
x=e2;
  }

plant()
 {
 float xls, x2s;
 x1s=x1;
 x2s=x2;
 x1=x1s+0.5*dt*(x+x);
 x2=d1*x1+d0*x1s-c0*x2s;
 y=x2;
 t=t+dt;
}
```

```
output()
 {
 printf("t=%4.1f y=%2.8f\n", t, y);
 gerch();
 }
```

仿真结果如下：

$t=0.0$	$y=0.00000000$
$t=0.5$	$y=0.28959146$
$t=1.0$	$y=1.00042343$
$t=1.5$	$y=1.36290514$
$t=2.0$	$y=1.00200438$
$t=2.5$	$y=0.74138820$
$t=3.0$	$y=0.99873012$
$t=3.5$	$y=1.18485558$
$t=4.0$	$y=1.00096893$
$t=4.5$	$y=0.86797452$
$t=5.0$	$y=0.99933034$
$t=5.5$	$y=1.09433389$
$t=6.0$	$y=1.00048673$
$t=6.5$	$y=0.93261200$
$t=7.0$	$y=0.99965554$
$t=7.5$	$y=1.04814482$
$t=8.0$	$y=1.00024724$
$t=8.5$	$y=0.96560568$
$t=9.0$	$y=0.99982381$
$t=9.5$	$y=1.02457190$
$t=10.0$	$y=1.00012589$

习　题　10

1. 试述连续系统数字仿真的数值积分法原理和常用数值积分算法。
2. 试述连续系统数字仿真的离散相似法和离散相似相似模型。
3. 在面向微分方程的连续系统数字仿真研究中，如何设计数字仿真程序，并举例说明。
4. 在面向结构图的线性系统数字仿真中，如何设计数字仿真程序，并举例说明。
5. 实现快速数字仿真应考虑哪些主要方面，通常采用哪些方法？
6. 试述计算机控制系统的数字仿真方法，仿真中应主要注意哪些问题，如何解决？
7. 举例说明计算机控制系统数字仿真的程序设计方法及过程。

第11章　离散事件系统的数字仿真技术与应用

11.1　概　　述

前面讨论的都是关于连续系统仿真内容，此类系统状态变量的取值是连续变化的，而在时间上也是连续的。本章将讨论与连续系统性质完全不同的离散事件系统。这类系统的状态仅在离散时间点上发生变化，且这些离散时间点一般是不确定的。

以最常见的单人理发馆系统为例。在理发馆开门直到关门这段时间内，顾客到达的时间一般都是随机的，而理发员(服务台)为每个顾客服务的时间也是随机的。描述该系统的状态可用理发员的忙或闲状态及顾客排队等待的排队队长来表示。显见，系统这些状态量的变化只能在随机离散时间点上发生。

类似的例子还有银行系统，交通管制系统。库存管理系统，市场系统，通信网络系统，计算机控制系统，社会经济系统及军事指挥、作战系统等。

研究离散事件系统的理论基础是经典的概率及数理统计理论和随机过程理论，但只能求出一些简单系统的解析解。至于对实际中大量的离散事件系统的研究，只有借助于计算机仿真才能完成，即离散事件系统仿真。

11.1.1　离散事件系统仿真的有关概念

下面，仅介绍离散事件系统仿真中所用到的一些概念。

(1)实体。组成系统的具体对象为实体。实体又分为临时实体和永久实体。

1)临时实体。在系统中只存在一段时间的实体称为临时实体。这类实体由系统外部到达系统，最终又离开系统。如单人理发馆系统的顾客为临时实体，它按一定的规律到达系统，经过理发员服务(可能要排队等待一段时间)后即离开系统。对于虽然进入理发馆，但未接受服务也未参加排队的顾客，不能称为临时实体。

2)永久实体。永久驻留在系统中的实体称为永久实体。例如，单人理发馆系统中的理发员为永久实体。只要系统处于活动状态，永久实体就存在于系统中，它是系统处于活动状态的必要条件。

总之，临时实体按一定规律不断到达系统(产生)，在永久实体的作用下通过系统，最后又离开系统，使整个系统呈现出动态过程。

(2)事件。引起系统状态发生变化的行为称为事件。例如，单人理发馆系统，在无顾客排队时，若理发员的状态闲变忙，必然意味着有一个顾客到达系统。或者，若顾客排队等待的队长增加1次，则必然意味着有一个新顾客到达系统。因此，顾客到达系统可定义成一类事件，即顾客到达事件。而当顾客接受服务完毕离开系统时，也会引起系统状态发生变化，或者理发员状态由忙变闲，或者排队队长减1。因此，顾客离开系统也可定义成一类事件，即顾客离开事件，上述两类事件是单人理发馆系统内部的固有事件，统称为系统事件。

一个系统中往往有许多类事件。为了实现对系统中的事件进行管理，仿真模型中应建立事件表。在事件表中记录每一发生事件或将要发生事件的发生时间、事件类型及与该事件相联系的实体有关属性等。

(3)活动。两个可以区分的事件之间的过程称为活动。它是系统状态转移的标志。在单人理发馆系统中，顾客到达事件与顾客开始接受服务事件之间可以称为一个活动，即排队活动，该活动使系统的状态(排队队长)发生变化。顾客开始接受服务到该顾客服务完毕后离去也可视为一个活动，即服务活动。它使队长减 1 或服务台由忙到闲。

(4)进程。进程由若干个事件及活动组成。一个进程描述了它所包括的事件及活动之间的相互逻辑关系与时序关系。在单人理发馆系统中，一个顾客到达系统，经过排队，直到理发员为其服务完毕后离去可称为一个进程。

(5)仿真钟。仿真钟是离散事件系统仿真中的基本组成部分，是随仿真的进程而不断更新的时间推进机构，用来表示仿真时间的变化。

在连续系统仿真中，仿真时间的变化是基于仿真步长确定的，可以是定步长，也可以是变步长。在离散事件系统仿真中，由于引起状态变化的事件发生时间的随机性，仿真钟的推进步长完全是随机的。此外，系统的状态在两个相邻发生的事件之间不会发生任何变化，这使得仿真钟可以由一个事件发生时刻一步推进到下一个事件发生时刻，即仿真钟的推进呈现跳跃性。

11.1.2　离散事件系统仿真特点

与连续系统仿真相比，离散事件系统仿真具有如下特点：

(1)连续系统仿真，主要是研究系统的动态过程，并以此分析系统的性能，故模型一般由表征系统变量之间关系的方程来描术，如微分方程、差分方程等。离散事件系统中的系统变量是反映系统各部分之间相互作用的一些事件，系统模型则是反映这些事件状态的集合。离散事件系经统的仿真，是研究状态变量的动态变化过程，模型为稳态模型，一般用概率模型或表示数量关系和逻辑关系的流程图描述。

(2)连续系统的仿真结果为系统变量随时间变化的时间历程，仿真目的通过一次或若干次仿真运行即可达到。离散事件系统中的变量大多数是随机的，如实体的“到达”和接受“服务“的时间都是随机变量，仿真的目的是力图用大量抽样试验的统计结果来逼近总体分布的统计特征值，仿真结果是产生处理系统事件的时间历程。因此，需要进行多次仿真，且仿真时间较长。

(3)连续系统仿真通常采用固定步长(或变步长)推进原则。而离散事件系统仿真中，时间的推进是不确定的，它决定于系统的状态条件和事件发生的可能性。

11.2　离散事件系统仿真原理

11.2.1　蒙特卡洛(Monte-Carlo)仿真

蒙特卡洛法的基本思想是，当实验次数充分多时，某一事件出现的频率近似于该事件发生的概率。所以，蒙特卡洛方法是一种随机抽样法或统计实验法，在应用此法求解问题时，必须做大量的独立重复实验。对于大型复杂系统而言，不仅价格昂贵，而且在时间上也不可行。

电子计算机的出现，使人们可以模仿复杂随机系统的行为，在不做假设或做很少假设的情况下，通过建立仿真模型，用蒙特卡洛方法，在计算机上进行独立、重复实验，经过统计推断得到系统参数的解。这就是蒙特卡洛仿真，其仿真方法如图 11.1 所示。而系统仿真，尤其是离散事件系统仿真，则是在蒙特卡洛方法支持下的实验思考的方法论。更进一步说，是在计算机支持下，对蒙特卡洛方法的应用和发展。

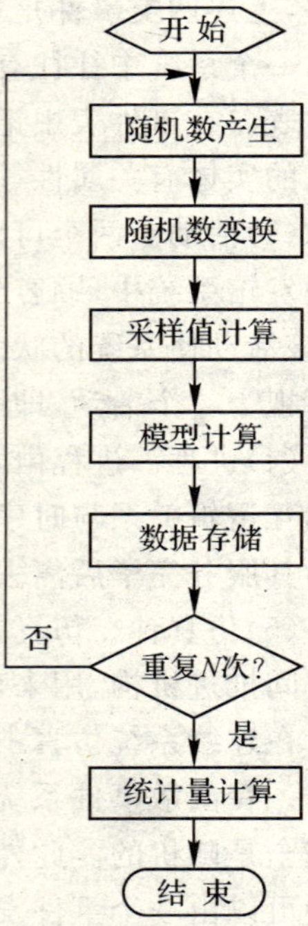

图 11.1　蒙特卡洛仿真方法

11.2.2　离散事件

(1) 仿真机制。实体、事件和活动是离散事件系统的重要组成部分，其中最能反映系统本质属性的对象就是随机离散事件。所以，离散事件系统仿真过程的核心，就是完排和处理离散事件和仿真钟的推进。因此，离散事件系统仿真具有事件安排和时间推进的基本仿真机制，这种仿真机制亦称为面向事件的仿真方法，如图 11.2 所示。

图中，TIME 表示仿真进行的当前时间。由图可以看出，离散事件系统仿真就是在“产生事件、安排事件、时间推进、处理事件、再产生新的事件”这样的循环过程中实现的。

(2)仿真钟推进方式。离散事件系统仿真中，仿真钟推进方式有两种。

1)面向事件的仿真钟推进方式。在这种方式中，仿真钟按下一最早发生事件的发生时间推进。即时间控制部件从事件表中始终选择具有最早发生时间的事件记录，然后将仿真钟修订到该事件发生的时刻。

对每一类事件，仿真模型应建立相应的事件子程序(称为事件例程)，并根据最早发生事件的类型调用相应的事件子程序，进行事件处理，然后返回时间控制部件。

这样，事件的选择与处理不断地进行，仿真钟就从一个事件发生时间推进到下一个最早发生事件的发生时间上，直到仿真运行满足规定的终止条件为止。

下面，通过一个具体的例子，进一步说明面向事件的仿真钟推进方式的特点。

例 11.1　单服务台排队系统，如单窗口的售票站。设

$A_i=t_i-t_{i-1}$ 为第 $i-1$ 个顾客与第 i 个顾客到达系统时间间隔；

S_i 为服务员为第 i 个顾客服务的时间长度；

D_i 为第 i 个顾客排队等待的时间长度；

$C_i=t_i+D_i+S_i$ 为第 i 个顾客离开系统的时间；

t_i 为第 i 个顾客到达系统的时间；

b_i 为第 i 个任何一类事件发生的时间；

q_i 为第 i 个事件发生时的队长，即在时间区间$[t_{i-1},t_i]$上的排队人数(排队线)；

z_i 为第 i 个事件发生时服务员的状态，其中 $z_i=1$ 表示忙，$z_i=0$ 表示闲。

定义系统事件类型为：

类型 1，顾客到达事件；

类型 2，顾客服务完毕并离去事件。

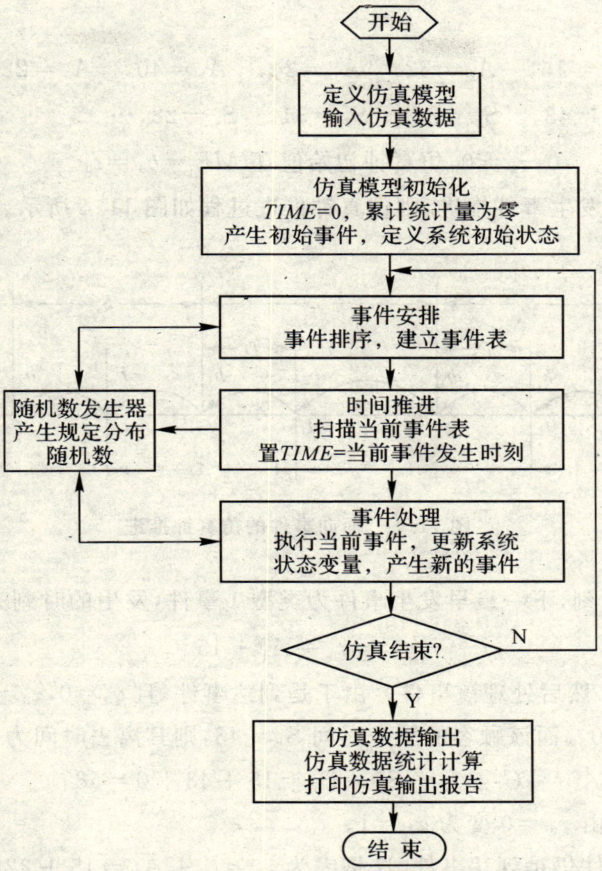

图 11.2　离散事件系统基本仿真机制框图

该系统的模型可用如图 11.3 所示的流程图描述。

下面来具体分析面向事件的仿真钟推进过程。

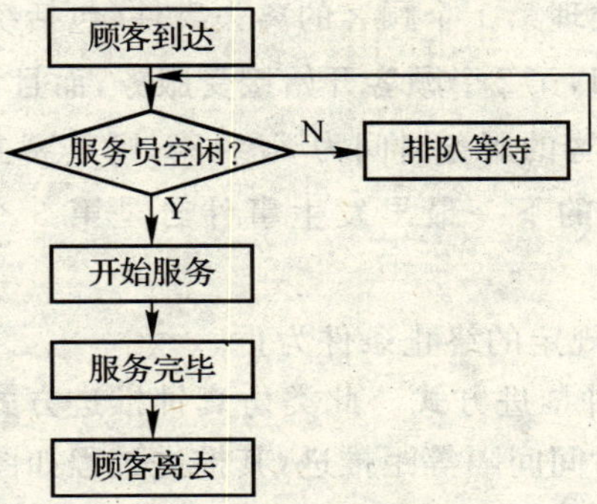

图 11.3　单服务台排队系统模型

通常，A_i 和 S_i 是随机变量，需要根据其分布函来产生。假定已获得这些随机变量的样本值为

$$A_1=15,\quad A_2=32,\quad A_3=24,\quad A_4=40,\quad A_5=22,\cdots$$
$$S_1=43,\quad S_2=36,\quad S_3=34,\quad S_4=28,\cdots$$

系统初始状态：$q_0=0$，$z_0=0$，仿真钟初始值 $TIME=b_0=t_0$。

若模型按下最早发生事件推进，则仿真钟推进过程如图 11.4 所示。

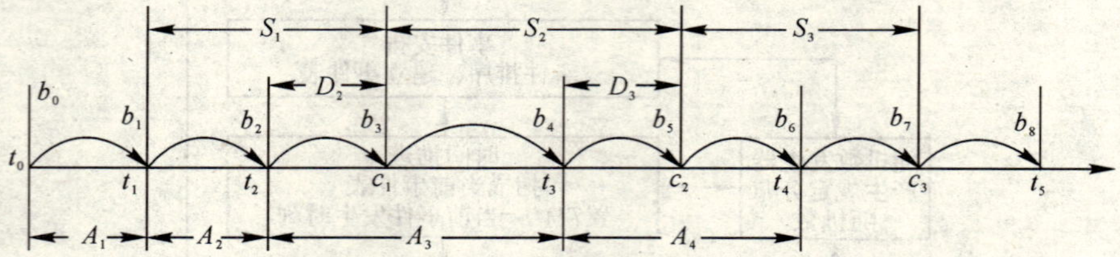

图 11.4　面向事件的仿真钟推进

在 $TIME=t_0$ 时刻，下一最早发生事件为类型 1 事件，发生的时刻为 b_1，即 $t_1=b_1$，且

$$t_1=t_0+A_1+15$$

仿真钟推进到 t_1，然后处理该事件。由于是到达事件，且 $q_0=0$，$z_0=0$，系统立即为刚到达的顾客服务，即 $D_1=0$。而该顾客的服务时间 $S_1=43$，则其离去时间为

$$C_1=t_1+S_1+D_1=15+43+0=58$$

此时服务台状态由 $z_0=0$ 变为 $z_1=1$。

下一最早发生事件仍是到达事件，这是因为 $t_2=t_1+A_2=15+32=47<C_1$，所以 $b_2=t_2=47$，仿真钟推进到 t_2，处理该到达事件。由于 $z_1=1$，该顾客必须排队等待，使队长 $q_2=q_1+1=0+1=1$，该顾客开始等待的时间为 t_2。

紧接着，下一最早发生事件应该是第一个顾客离去事件，因为下一到达事件发生的时间 t_3 为 $t_3=t_2+A_2=47+24=71>C_1$，所以 $b_3=C_1$。

仿真钟推进到 $C_1=58$，处理第 1 个顾客的离去事件(包括统计服务人数，观察队列中是否有顾客排队等待)。由于 $q_2=1$，第 2 个顾客开始接受服务，而且该顾客的排队等待时间为 $D_2=C_1-t_1=58-47=11$。该顾客的服务时间为 $S_2=36$，则其离去时间为 $C_2=C_1+S_2=94$。

由于 $C_2>t_3$，则接下去的下一最早发生事件必是第 3 个顾客到达事件，仿真钟推进到$b_4=t_3$。

依次下去，直到仿真满足规定的终止条件为止。

2) 面向时间间隔的仿真钟推进方式。此类仿真钟推进方式类似于连续系统仿真的等步长策略。即仿真钟以固定的时间间隔等距推进，其推进过程如图 11.5 所示。

对于大多数离散事件系统来说，由于一般都具有较强的随机性，故最常采用面向事件的仿真钟推进方式。而面向时间间隔的仿真钟推进方式则主要用于系统事件发生时间具有较强周期性的模型，如定期订货的库存系统、以年月为单元的经济计划系统等。

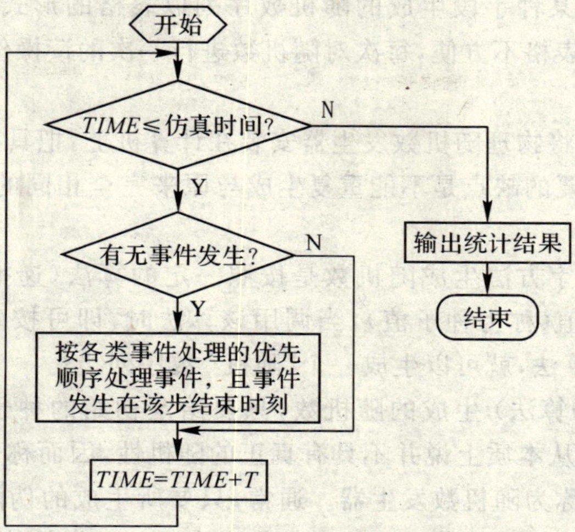

图 11.5　面向时间间隔的仿真钟推进流程图

11.3　均匀分布随机数的生成

离散事件系统属于复杂随机系统，无论是各种随机离散事件的发生时刻，或是实体的到达及其在服务台的逗留时间等，都是各种概率分布的随机变量。

在仿真过程中，要生成规定分布的随机数，通常先要生成均匀分布的(0,1)随机数。因为均匀分布的(0,1)随机数是生成其他分布随机数的基础。在大多数系统仿真文献中，称前者为随机数，后者为随机变量。

11.3.1　(伪)随机数的生成

(1) 均分分布随机数概念。若连续型随机变量 U 在有限区间 $[a,b]$ 内取值，其概率密度函数为

$$f(x)=\begin{cases}\dfrac{1}{b-a}, & a\leqslant x\leqslant b\\ 0, & \text{其他}\end{cases} \tag{11.1}$$

则称 U 在区间 $[a,b]$ 上服从均匀分布，记为 $U\sim U(a,b)$。均匀分布是指随机变量 U 落在 $[a,b]$ 区间内的每一点概率，都有相等的可能性。

$U(0,1)$ 分布的概率密度函数为

$$f(x)=\begin{cases}1, & 0\leqslant x<1\\ 0, & \text{其他}\end{cases} \tag{11.2}$$

均值和方差分别为

$$E(U)=\int_0^1 x\mathrm{d}x=\frac{1}{2} \tag{11.3}$$

$$D(U)=\int_0^1 [x-E(U)]^2\mathrm{d}x=\frac{1}{12} \tag{11.4}$$

(2)(伪)随机数的生成。随机数的生成最早采用手工实现，如抽签、掷骰子等。随着计算机和蒙特卡洛法的广泛应用，人们逐渐采用计算机来生成随机数，通常有以下三种方法。

1）表格法。把利用某种手段生成的随机数序列以表格的形式存入计算机，供仿真时调用。此法的缺点是准备表格不方便，每次对随机数进行一次的读操作非常浪费时间，并需要占用大量的内存空间。

2）物理法。此法是将物理随机数发生器安装在计算机上，把具有随机性质的物理过程变换为随机数。此法最主要的缺点是不能重复生成与原来完全相同的随机数，故无法核对计算结果，且生成过程复杂。

3）数学方法。用数字方法生成随机数是按照一定的算法（递推公式）来生成“随机”数列。只要给定一个初始值（称为种子值），当调用该算法时，即可按确定的关系计算出下一个“随机”数，多次调用该算法，就可以生成一个“随机”数序列。

这种用数学方法（即算法）生成的随机数，只要给定初始的种子值，则以后所生成的“随机”数都是确定的数值，从本质上说并不具有真正的随机性，因而称为伪随机数。而将用数学方法生成随机数的算法称为随机数发生器。通常，只要所生成的伪随机数能通过一系统统计检验（如独立性、均匀性检验等），就可以把它们作为真正的随机数使用。

用数学方法生成均匀分布的随机数，是目前发展较快、使用最广泛的一种方法。下面重点介绍几种常用的随机数发生器。

11.3.2 常用随机数发生器

在计算机上生成随机数的方法很多，如平方取中法、线性同余法、组合法等。其中，尤以线性同余法最常用。下面，就对此法作一介绍。

线性同余发生器是离散事件系统仿真中应用最广泛的随机数发生器之一，它是莱默尔（Lehmer）在1951年提出的，其递推公式为

$$\left.\begin{aligned} x_n &= (ax_{n-1} + c) \bmod m \\ u_n &= x_n / m,\ n = 1, 2, \cdots \\ &\text{初值 } x_0 \end{aligned}\right\} \tag{11.5}$$

式中，x_n 是第 n 个随机数，a 为乘子（乘数），c 为增量（加数），m 为模数，u_n 是[0,1]区间上的随机数。$N\mathrm{mod}m$ 表示对 N 进行模数为 m 的求余运算，即

$$N\mathrm{mod}m = N - \left[\frac{N}{m}\right] \times m \tag{11.6}$$

由式(11.6)可以得出

$$0 \leqslant x_n \leqslant m - 1 \tag{11.7}$$

例 11.2 设 $a=5, c=5, m=8, x_0=5$，利用线性同余法产生随机数序列。

解 由线性同余法递推公式可求出 x_n, u_n，并列于表 11.1 中。

表 11.1 例 11.2 的计算结果

n	1	2	3	4	5	6	7	8	9	10	…
$5x_n+5$	30	35	20	25	10	15	40	5	30	35	…
x_n	6	3	4	1	2	7	0	5	6	3	
u_n	0.75	0.375	00.5	0.125	0.25	0.875	0	0.625	0.75	0.375	…

由表 11.1 可以看出，线性同余发生器有如下几个特点：

(1) x_n 值确实位于$[0, m-1]$区间内，而 u_n 位于$[0,1]$区间内。

(2) 适当选择 m, a, c 可使 x_n 产生循环，其循环周期称为发生器周期，记为 T。若 $T=m$，称为满周期。

(3) 适当地选择 m, a, c，可保证 x_n 在$[0, m-1]$区间上的均匀性。即 x_n 在该区间上一个周期内每个整数正好出现一次。

如果 m 取得足够大，且发生器具有满周期，可以预计，u_n 在$[0,1]$区间上是均匀分布的，且取值相当的密。

实际使用中，线性同余发生器又有两种形式，即混合乘同余法（$c>0$）及乘同余法（$c=0$）。

由于一般的计算机语言都提供产生均匀分布随机数的专门语句或函数，因此，并不要求使用者涉及和通晓随机数生成的全部数学问题。

11.3.3　随机数发生器的性能检验

正如前面(伪)随机数的生成中所指出的，随机数发生器产生的随机数是伪随机数，它们的性能只能在一定程序上近似于 $U(0,1)$ 分布。因此，在进行离散事件系统仿真时，必须对所使用的随机数发生器的性能进行检验，检验的内容主要包括均匀检验和独立性检验。

(1) 均匀性检验。均匀性指随机数发生器产生的伪随机数 $\{u_n\}$ 能“均匀”地分布在$[0,1]$区间内，它是评价随机数发生器性能的指标之一。最常使用的均匀性检验方法是频率检验，此法实际上是检验实际频率与理论频率的差异是否显著，一般采用 χ^2 检验。

随机数发生器 χ^2 检验步骤如下：

1) 原假设 $H_0: u_1, u_2, \cdots, u_n$ 是随机数发生器产生的独立同分布 $U(0,1)$ 的随机变量。

2) 将$[0,1]$区间分成 m 个互不相交的小区是 $\left[\dfrac{i-1}{m}, \dfrac{i}{m}\right]$ $(i=1,2,\cdots,m)$。

3) 按照均匀性要求，随机数落在每一个子区间上的概率为 $\dfrac{1}{m}$，即落在第一个子区间上的随机数的个数理论值为 $\mu = n\quad\dfrac{1}{m} = \dfrac{n}{m}$，称为理率频数。

4) 统计计算 $\{u_j\}$ 落在区间$[\dfrac{i-1}{m}, \dfrac{i}{m}]$中的个数 $n_i (i=1,2,\cdots,m)$，称为实际频数。

5) 构造 χ^2 统计量

$$\chi^2 = \sum_{i=1}^{m} \frac{(n_i-\mu)^2}{\mu} = \frac{m}{n}\sum_{i=1}^{m}(n_i - \frac{n}{m})^2 \tag{11.8}$$

并计算出 χ^2 的值。

6) 在原假设条件下，χ^2 接近 $m-1$ 自由度的 x^2 分布。规定显著度 α(置信水平)，若

$$\chi^2 \leqslant \chi^2_{m-1,1-\alpha}$$

实际频数与理论频数没有显著差异，假设 H_0 成立；否则，拒绝 H_0。

(2) 独立性检验。检验独立性的常用方法之一是相关系数检验法。由于相关系数反映了随机变量之间的线性相关程度，而两个随机变量相互独立的必要条件是相关系数为零，故可用相关系数检验随机变量的独立性。

设 $u_1, u_2, \cdots, u_n$ 是随机数发生器产生的 n 个随机数，则前后相隔为 j 个数的相关系数为

$$\hat{\rho}_j = \frac{\frac{1}{n-j}\sum_{i=1}^{n-j}(u_i-\bar{u})(u_{i+j}-\bar{u})}{\frac{1}{n-i}\sum_{i=1}^{n-j}(u_i-\bar{u})^2},\quad j=1,2,\cdots,m \tag{11.9}$$

当$(n-j)$充分大，且$\rho_j=0$成立时，$v_j=\hat{\rho}_j\sqrt{n-j}\,(j=1,2,\cdots,m)$渐近服从正态分布$N(0,1)$。

随机数发生器独立性检验步骤如下：

1) 原假设$H_0:u_1,u_2,\cdots,u_n$是随机数发生器产生的独立同分布$U(0,1)$的随机变量，即$\rho_j=0(j=1,2,\cdots,m)$。

2) 根据式(11.9)计算$\hat{\rho}_j$的值。

3) 计算统计量$v_j=\hat{\rho}_j\sqrt{n-j}\,(j=1,2,\cdots,m)$的值。

4) 给定显著度α，记$Z_{1-\alpha}$为$N(0,1)$上的$1-\alpha$临界点，则当$|v_j|\leqslant Z_{1-\alpha}$，接受$\rho_j=0$的假设；否则，拒绝假设。

11.4 随机变量的生成

随机变量的生成就是根据均匀分布的随机数生成非均匀分布的随机数(即随机变量)的过程，也称抽样过程。

11.4.1 随机变量的生成方法

生成随机变量的方法有多种，对于给定分布的随机变量，应根据其特点选择其中的一种或几种方法。在仿真中，对随机变量的产生方法有两个要求：首先是准确性要求，即所产生的随机变量应准确地具有所要求的分布；其次是快速性要求，应在较短时间内能产生大量的随机变量，以满足仿真过程的需要，提高仿真运行的效率。

下面介绍两种最常用的随机变量抽样方法及相应分布的随机变量的生成。

(1) 反变换法。反变换法是以概率积分变换定理为基础的一种最常用、最简单的抽样方法。

设随机变量X有严格单调递增连志的分布函数$F(x)$，F^{-1}为其反函数。为得到X的抽样值x，先产生在$[0,1]$区间上均匀分布的独立随机变量u，并令

$$u=F(x) \tag{11.10}$$

则由反分布函数$F^{-1}(u)$即可得到所需随机变量x，即

$$x=F^{-1}(u) \tag{11.11}$$

由于此法是对分布函数进行反变换，故称为反变换法。

如图11.6所示，随机变量根率分布函数$F(x)$的取值范围为$[0,1]$。现在以$[0,1]$上均匀分布的独立随机变量作为$F(x)$的取值规律，则落在Δx内的样本个数的概率就是ΔF，从而随机变量x在区间Δx内出现的概率密度函数的平均值为$\Delta F/\Delta x$。当Δx趋于0时，其概率密度函数就等于dF/dx，符合给定的密度分布函数，满足正确性要求。

利用反变换法，可得如下几种典型分布的随机变量。

1) 均匀分布。$[a,b]$区间上均匀分布$U(a,b)$的概率密度函数为

$$f(x)=\begin{cases}\dfrac{1}{b-a}, & a\leqslant x\leqslant b\\ 0, & \text{其他}\end{cases}$$

由 $f(x)$ 可得到 x 的分布函数为

$$F(x)=\int_0^x\frac{1}{b-a}\mathrm{d}t=\frac{x-a}{b-a},\quad a\leqslant x\leqslant b$$

用随机数发生器产生 $U(0,1)$ 随机变量 U,令

$$u=F(x)=\frac{x-a}{b-a},\qquad a\leqslant x\leqslant b$$

则有

$$x=a+(b-a)u \tag{11.12}$$

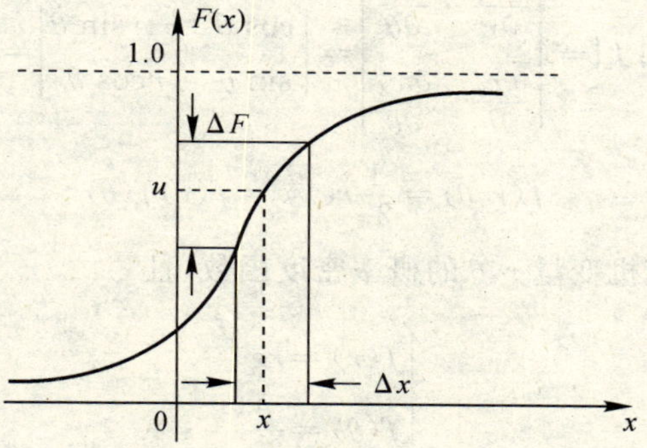

图 11.6　连续分布函数的反变换法原理

2) 指数分布。指数分布 $E(\lambda)$ 的概率密度函数为

$$f(x)=\begin{cases}\lambda\mathrm{e}^{-\lambda x}, & x>0\\ 0, & x\leqslant 0\end{cases} \tag{11.13}$$

式中,参数 $\lambda>0$。

在排队系统中,若顾客到达时间服从泊松分布,则顾客到达时间间隔服从式(11.13) 的指数分布,参数 λ 则表示单位时间内平均到达速率。

指数分布随机变量的分布函数为

$$F(x)=\int_0^x\lambda\mathrm{e}^{-\lambda x}\mathrm{d}t=1-\mathrm{e}^{-\lambda x},\quad x>0$$

则由反变换法得

$$x=-\frac{1}{\lambda}\ln(1-u)$$

由于 u 与$(1-u)$ 均服从 $U(0,1)$ 分布,抽样公式常取为

$$x=-\frac{1}{\lambda}\ln u \tag{11.14}$$

3) 正态分布。正态分布 $N(\mu,\sigma^2)$ 是最重要、最常用的一种概率分布,其概率密度函数为

$$f(y)=\frac{1}{\sqrt{2\pi}\sigma}\exp\left\{-\frac{(y-\mu)^2}{2\sigma^2}\right\} \tag{11.15}$$

这是一种非标准正态分布,它可以通过标准正态分布随机变量 $X\sim N(0,1)$ 求得,其关系式为 $Y=\sigma X+\mu$。故这里只介绍生成标准正态分布 $N(0,1)$ 随机数的方法.

标准正态分布随机变量的分布函数没有直接的封闭形式,但若将其转换到极坐标后,就可

以得到其封闭形式，进而应用反变换法。

设 x_1, x_2 是两个独立的 $N(0,1)$ 随机变量，它们的联合概率密度函数为

$$f(x_1, x_2) = \frac{1}{2\pi} e^{-(x_1^2+x_2^2)/2}$$

将上式转换成极坐标形式，即

$$\begin{cases} x_1 = r\cos\theta \\ x_2 = r\sin\theta \end{cases}$$

则

$$f(r,\theta) = f(x_1, x_2)|J|$$

其中，$|J|$ 为雅可比行列式，即

$$|J| = \begin{vmatrix} \dfrac{\partial x_1}{\partial r} & \dfrac{\partial x_1}{\partial \theta} \\ \dfrac{\partial x_2}{\partial r} & \dfrac{\partial x_2}{\partial \theta} \end{vmatrix} = \begin{vmatrix} \cos\theta & -r\sin\theta \\ \sin\theta & r\cos\theta \end{vmatrix} = r$$

从而可得

$$f(r,\theta) = \frac{1}{2\pi} r e^{-\frac{r^2}{2}} = f(r) f(\theta)$$

其中，$f(r), f(\theta)$ 分别为随机变量 r, θ 的概率密度函数，且

$$\begin{cases} f(r) = r e^{-\frac{r^2}{2}} \\ f(\theta) = \dfrac{\theta}{2\pi} \end{cases}$$

据此可求出相应的分布函数为

$$\begin{cases} F(r) = 1 - e^{-\frac{r^2}{2}} \\ F(\theta) = \dfrac{\theta}{2\pi} \end{cases}$$

由此就得到了随机变量 r 和 θ 封闭形式的分布函数。应用反变换法，先独立地产生两个 $[0,1]$ 区间上均匀分布的随机数 u_1 和 u_2，并令

$$\begin{cases} u_1 = 1 - e^{-\frac{r^2}{2}} \\ u_2 = \dfrac{\theta}{2\pi} \end{cases}$$

得到

$$\begin{cases} r = \sqrt{-2\ln(1-u_1)} \\ \theta = 2\pi u_2 \end{cases}$$

由于$(1-u_2)$ 也是 $U(0,1)$ 随机变量，故可令

$$r = \sqrt{-2\ln u_1}$$

最后，根据 x_1, x_2 与 r, θ 之间的变换关系，得到

$$\left.\begin{aligned} x_1 &= (-2\ln u_1)^{\frac{1}{2}} \cos 2\pi u_2 \\ x_2 &= (-2\ln u_1)^{\frac{1}{2}} \cos 2\pi u_2 \end{aligned}\right\} \tag{11.16}$$

4) 任意离散分布。生成离散分布随机变量时，反变换法的形式略有不同，这是因为离散随机变量的分布函数也是离散的，不能直接利用反函数来获得随机变量的抽样值。

设离散随机变量 X 分别以概率 $P(x_1),P(x_2),\cdots,P(x_n)$ 取值 $x_1,x_2,\cdots,x_n$，其中，$0<P(x_i)<1(i=1,2,\cdots,n)$，且

$$\sum_{i=1}^{n} P(x_i)=1$$

则分布函数可以写为

$$F(x)=\sum_{x_i \leqslant x} P_i \tag{11.17}$$

$p(x)$ 如图 11.7 所示。

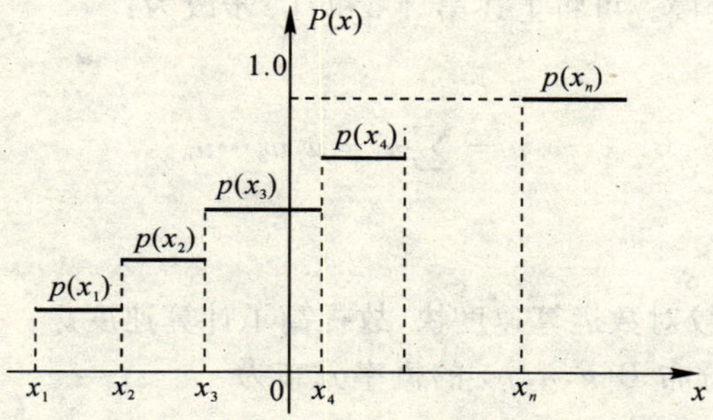

图 11.7　离散分布的反变换法

为了能根据均匀分布的独立随机数 u 确定离散随机变量，应将[0,1] 区间按 $P(x_1)$，$P(x_2),\cdots,P(x_n)$ 分为 n 个区间，根据 u 值落入的区间所对应的 x_i 即为所需要的随机变量 x_i。

离散分布反变换法步骤为：

ⅰ．按 x_i 的递增顺序排列 $P(x_i)$；

ⅱ．产生(0,1) 区间上均匀分布的随机数 u；

ⅲ．求非整数 k，使得下式成立

$$\sum_{i=1}^{k-1} P(x_i)<u \leqslant \sum_{i=1}^{k} P(x_i)$$

令 $x=x_i$，即为所求的随机变量的值。

5) 伯努利分布。伯努利分布也称 0－1 分布，其概率分布为

$$P\{X=k\}=p^k (1-p)^{1-k}, \quad k=0,1, \quad 0<p<1 \tag{11.18}$$

生成伯努利分布随机变量的算法为：① 生成 $U(0,1)$ 随机数 u；② 若 $u \leqslant P$，令 $x=1$；否则 $x=0$。

(2) 卷积法。设随机变量 Y 可表示为若干个独立同分布的随机变量 $X_1,X_2,\cdots,X_n$ 之和，即

$$Y=X_1+X_2+\cdots+X_n \tag{11.19}$$

则 Y 的分布函数 $\sum\limits_{i=1}^{n} X_i$ 的分布函数相同，称 Y 的分布为 X_i 分布的 n 重卷积。这样，要产生随机变量 Y，这就是卷积法。

应用卷积法，可求出如下几种类型分布的随机变量。

1) 爱尔朗分布。n 阶爱尔朗(Erlang) 分布 $E_n(\lambda)$ 的概率密度函数为

$$f(x)=\frac{\lambda (\lambda x)^{n-1}}{(n-1)!} e^{-\lambda x}, \quad x>0, \quad \lambda>0 \tag{11.20}$$

若 $X_1, X_2, \cdots, X_n$ 独立且服从指数分布 $E_n(\lambda)$，令 $Y=X_1, X_2, \cdots, X_n$，则 Y 服从 n 阶爱尔朗分布。由此，可得出产生 n 阶爱尔朗分布随机变量的算法为：

ⅰ. 生成独立的 $U(0,1)$ 随机数 $u_1, u_2, \cdots, u_n$；

ⅱ. 用反变换法产生 x_i

$$x_i = -\frac{1}{\lambda}\ln u_i, \quad i=1,2,\cdots,n$$

ⅲ. $y=\sum_{i=1}^{n} x_i = -\frac{1}{\lambda}\sum_{i=1}^{n}\ln u_i$。

由于对数运算速度较慢。可将上述第 ⅱ. 和 ⅰ. 步改为：

ⅱ′. 计算

$$u=\sum_{i=1}^{n} u_i = u_1 u_2 \cdots u_n$$

ⅲ′. $y=-\frac{1}{\lambda}\ln u_i$。

显见，乘法运算速度较对数运算速度快，故提高了计算速度。

2) 二项分布。二项分布 $B(k,n,p)$ 的概率分布为

$$P\{X=k\}=\binom{n}{k} p^k (1-p)^{n-k}; \quad k=0,1,2,\cdots,n; \quad 0<p<1 \tag{11.21}$$

当 $n=1$ 时的二项分布就是伯努利分布。

若 $X_1, X_2, \cdots, X_n$ 独立且同服从 0 - 1 分布，则 $Y=X_1, X_2, \cdots, X_n$，则 Y 服从 $B(k,n,p)$ 分布。

产生二项分布随机变量的算法为：

ⅰ. 独立产生 n 个伯努利随机变量 $x_1, x_2, \cdots, x_n$；

ⅱ. 令 $y=x_1+x_2+\cdots+x_n$。

3) 泊松分布。泊松分布 $P(k,\lambda)$ 的概率分布为

$$P\{Z=k\}=\frac{e^{-\lambda}\lambda^k}{k!}, \quad k=0,1,2,\cdots \tag{11.22}$$

设 $X_1, X_2, \cdots, X_k$ 表示发生事件之间的时间间隔（如排队系统的顾客到达时间），假定它们独立同服从指数分布，则在单位时间间隔中所发生的事件数 Z（顾客数）服从泊松分布 $P(k,\lambda)$，即

$$P\{Z=k\}=P\{\text{单位时间间恰好到达 } k \text{ 个随机事件}\}=P\{Y_k \leqslant 1 < Y_{k+1}\}=\frac{e^{-\lambda}\lambda^k}{k!} \tag{11.23}$$

式中，$Y=X_1, X_2, \cdots, X_k$。注意到 Y_k 服从 k 阶爱尔朗分布，式(11.23)很容易证得。

进一步，由 $Y_k \leqslant 1 < Y_{k+1}$，得

$$\sum_{i=1}^{k} x_k \leqslant 1 < \sum_{i=1}^{k+1} x_{k+1}$$

将 $x_i=-\frac{1}{\lambda}\ln u_i$ 代入即得 $\prod_{i=1}^{k+1} u_i < e^{-\lambda} \leqslant \prod_{i=1}^{k} u_i$，且

$$Z=\max\left[k: \sum_{i=1}^{k} x_k \leqslant 1\right]$$

综上所述，产生泊松分布随机变量的算法为：

ⅰ. 生成独立的 $U(0,1)$ 随机数 $u_1, u_2, \cdots, u_n$；

ⅱ. 若 $u_1 < e^{-\lambda}$，令 $Z=0$；

ⅲ. 若整数 k 满足

$$\prod_{i=1}^{k+1} u_i < e^{-\lambda} \leqslant \prod_{i=1}^{k} u_i$$

令 $Z=k$，则 Z 为泊松分布随机变量。

11.4.2　随机向量的生成

上一节介绍了从单变量分布中产生单一随机变量的方法。在很多实际的仿真问题中，常常需要从所规定的联合分布中产生随机向量 $\boldsymbol{X}=[X_1 \quad X_2 \quad \cdots \quad X_n]^{\mathrm{T}}$。下面介绍几种产生随机向量的方法。

(1) 反变换法。随机向量生成的反变换法是随机变量反变换法的直接推广。分两种情况讨论。、

1) 随机向量 $\boldsymbol{X}$ 的各分量相互独立。

设随机变量 $X_1, X_2, \cdots, X_n$ 彼此统计独立，其联合概率密度函数为

$$f(x_1, x_2, \cdots, x_n) = \prod_{i=1}^{n} f_i(x_i) \tag{11.24}$$

式中，$f_i(x_i)$ 是 X_i 的概率密度函数。

为了产生随机向量 $\boldsymbol{X}=[X_1 \quad X_2 \quad \cdots \quad X_n]^{\mathrm{T}}$，可以应用反变换法，先独立地生成 $U(0,1)$ 分布随机数 $u_1, u_2, \cdots, u_n$，然后依次产生

$$x_i = F_I^{-1}(u), \quad i=1,2,\cdots,n \tag{11.25}$$

式中，$F_i(x_i)$ 为 X_i 的分布函数。

2) 随机向量 $\boldsymbol{X}$ 的各分量是相关的。设随机变量 $X_1, X_2, \cdots, X_n$ 是相关的，其联合概率密度函数为

$$f(x_1, x_2, \cdots, x_n) = f_1(x_1) f_2(x_2 \mid x_1) \cdots f_n(x_n \mid x_1, x_2, \cdots, x_{n-1}) \tag{11.26}$$

式中，$f_1(x_1)$ 是 X_1 的概率密度函数；…；$f_k(x_k \mid x_1, x_2, \cdots, x_{k-1})$ 是在给定 $X_1=x_1, X_2=x_2, \cdots, X_{k-1}=x_{k-1}$ 条件下 X_k 的条件概率密度函数，其中，$k=2,3,\cdots,n-1$。

为了产生随机向量 $\boldsymbol{X}$，应用反变换法，先生成独立的 $U(0,1)$ 分布随机数 $u_1, u_2, \cdots, u_n$，并建立下列方程组

$$\begin{gathered} F_1(x_1) = u_1 \\ F_2(x_2 \mid x_1) = u_2 \\ \vdots \\ F_n(x_n \mid x_1, x_2, \cdots, x_{n-1}) = u_n \end{gathered} \tag{11.27}$$

则生成随机向量 $\boldsymbol{X}=[X_1 \quad X_2 \quad \cdots \quad X_n]^{\mathrm{T}}$ 的步骤如下：

ⅰ. 生成具有分布函数 $F_1(x_1)$ 的 x_1；

ⅱ. 以 x_1 为已知参数，生成具有分布函数 $F_2(x_2 \mid x_1)$ 的 x_2；

ⅲ. 以 x_1, x_2 为已知参数，生成具有分布函数 $F_3(x_3 \mid x_1, x_2)$ 的 x_3；

ⅳ. 依次类推以已有随机数 $x_1, x_2, \cdots, x_{n-1}$ 为已知参数，生成具有分布函数 $F_n(x_n \mid x_1, x_2, \cdots, x_{n-1})$ 的 x_n；

ⅴ. 令 $\boldsymbol{x}=[x_1 \quad x_2 \quad \cdots \quad x_n]^{\mathrm{T}}$。

(2) 正态随机向量的抽样法。n 维正态分布随机向量 $\boldsymbol{x}$ 的概率密度函数为

$$f(x_1,x_2,\cdots,x_n)=\frac{1}{2\pi^{n/2}\ |\boldsymbol{\Sigma}|^{1/2}}\exp\left[-\frac{1}{2}(\boldsymbol{x}-\boldsymbol{\mu})^{\mathrm{T}}\boldsymbol{\Sigma}^{-1}(\boldsymbol{x}-\boldsymbol{\mu})\right] \tag{11.28}$$

式中，$\boldsymbol{\mu}=[\mu_1 \quad \mu_2 \quad \cdots \quad \mu_n]^{\mathrm{T}}$ 为 $\boldsymbol{x}$ 的均值向量；$\boldsymbol{\Sigma}$ 是 $\boldsymbol{x}$ 的协方差矩阵，即

$$\boldsymbol{\Sigma}=\begin{bmatrix} R_{11} & R_{12} & \cdots & R_{1n} \\ R_{21} & R_{22} & \cdots & R_{2n} \\ \vdots & \vdots & & \vdots \\ R_{n1} & R_{n2} & \cdots & R_{nn} \end{bmatrix} \tag{11.29}$$

式中，$R_{ij}=E[(x_i-\mu_i)(x_i-\mu_j)]$。

由于 $\boldsymbol{\Sigma}$ 对称且正定，故存在一个唯一的三角矩阵

$$\boldsymbol{C}=\begin{bmatrix} c_{11} & & & \\ c_{21} & c_{22} & & \\ \vdots & \vdots & \ddots & \\ c_{n1} & c_{n2} & \cdots & c_{nn} \end{bmatrix} \tag{11.30}$$

使得 $\boldsymbol{\Sigma}=\boldsymbol{C}\boldsymbol{C}^{\mathrm{T}}$。

若设随机向量 $\boldsymbol{Y}=[Y_1 \quad Y_2 \quad \cdots \quad Y_n]$ 的各分量独立且同服从 $N(0,1)$ 分布，则以式(11.28)为随意联合概率密度函数的 n 维正态随机向量 $\boldsymbol{X}$ 可表示成

$$\boldsymbol{X}=\boldsymbol{\mu}+\boldsymbol{C}\boldsymbol{Y} \tag{11.31}$$

关于矩阵 $\boldsymbol{C}=(c_{ij})$，可按下述迭代公式计算

$$c_{ij}=\frac{R_{ji}-\sum\limits_{k=1}^{j-1}c_{ik}c_{jk}}{\left(R_{jj}-\sum\limits_{k=1}^{j-1}c_{jk}^2\right)^{\frac{1}{2}}} \tag{11.32}$$

生成 n 维正态随机向量的算法为：

ⅰ. 生成独立的 $N(0,1)$ 随机数 $y_1,y_2,\cdots,y_n$；

ⅱ. 按式(11.32)计算 c_{ij}，并构成以下三角矩阵 $\boldsymbol{C}$；

ⅲ. 令 $x_k=\mu_k+\sum\limits_{i=1}^{k}c_{ki}y_i$，$(k=1,2,\cdots,n)$；

ⅳ. 令 $\boldsymbol{x}=[x_1 \quad x_2 \quad \cdots \quad x_n]^{\mathrm{T}}$。

11.5 排队服务系统仿真

排队是日常生活中经常遇到的现象，如顾客在大型超市购买物品时到收银台付款、病人到医院就诊就常常要排队。通常，当人、物体或信息的到达速率大于完成服务的速率时，即出现排队现象。排队愈长，意味着浪费的时间愈多，系统的效率也愈低。

排队系统仿真的目的，就是要寻找服务对象与服务设置之间的最佳配置，保证系统具有最佳的服务效率与最合理的配置。

下面就以单服务排队系统仿真为例，讨论排队服务系统仿真的内容。

例 11.3　单服务排队系统仿真。已知在单服务排队系统中，顾客到达时间服从泊松分布，即两位顾客到达的时间间隔服从指数分布，平均 5 min 来一位顾客；服务员为每位顾客服务的时间也服从指数分布，平均服务时间为 4 min。顾客按单队排队，采用先进先出服务方式。

要求通过仿真估计服务 n 个顾客后的顾客平均队长（服务台的利用率）及平均排队等待时间间隔不久（等待服务的拥挤程度）。

解　(1) 仿真模型的建立。包括随机变量的产生、事件表的建立及性能指标的估计公式。

1) 随机变量的抽样模型。设顾客到达时间间隔为 A_i 服务员的服务时间为 S_i，则 A_i 服从均值为 $\beta_A=5$ min 的指数分布，其概率密度函数为

$$f(A)=\frac{1}{\beta_A}\mathrm{e}^{-A/\beta_A},\quad A\geqslant 0$$

S_i 服从均值为 $\beta_s=4$ min 的指数分布，即

$$f(S)=\frac{1}{\beta_S}\mathrm{e}^{-S/\beta_S},\quad S\geqslant 0$$

应用反就换法，得

$$A=-\beta_A\ln u_1,\quad S=-\beta_S\ln u_2$$

式中，u_1，u_2 为 $U(0,1)$ 分布随机数。

2) 建立事件表。由于采用面向事件的仿真方法，仿真钟按最早发生事件的发生时间推进，必须对引起系统状态发生变化的系统事件加以定义，并建立相应的事件表。

单服务排队系统的状态有两个：顾客排队队长 q 和服务员忙闲状态 z；与这两个状态对应引起状态发生变化的事件也有两个：顾客到达系统和顾客接受服务后离开系统；而事件类型及发生时间是必不可少的事件属性。据此可建立如表 11.2 所示的事件表。

表 11.2　事　件　表

事件类型	事件描述	事件属性
第一类	顾客到达系统	到达时间
第二类	顾客离开系统	离去时间

3) 性能指标估计公式。仿真的目的在于分析系统的性能，故必须有一个统计计数器来搜集仿真过程的有关数据并进行统计分析，即计算系统的性能指标。

根据题目要求，本例的性能指标为服务 n 个顾客后的顾客平均队长 $\overline{Q}(n)$ 的估计值 $\hat{Q}(n)$ 及平均排队等待时间 $\overline{d}(n)$ 的估计值 $\hat{d}(n)$。$\hat{Q}(n)$ 和 $\hat{d}(n)$ 的计算公式为

$$\hat{Q}(n)=\overline{Q}(n)=\frac{1}{T}\int_0^T Q(t)\,\mathrm{d}t,\quad \hat{d}(n)=\overline{d}(n)=\sum_{i=1}^{n}D_i/n$$

式中，D_i 为第 i 个顾客排队等待时间，$Q(t)$ 为 t 时刻排队等待的顾客数，T 为完成 n 个顾客服务所需时间。

为计算方便，$\hat{Q}(n)$ 的积分算式可用累加形式等价代替，即

$$\hat{Q}(n)\approx\frac{1}{T}\sum_{i=1}^{m}R_i \tag{11.33}$$

式中，$R_i=q_i(b_i-b_{i-1})$，其中，q_i 为时间区间$[b_{i-1},b_i]$上的排队人数，即队长；b_i 为第 i 个任何一类事件发生的时间；m 为在区间$[t_0,t_0+T]$上发生事件的总数；t_0 为初始仿真时间。

(2) 仿真程序设计：

1) 仿真模型的执行机制。采用事件表后，面向事件仿真模型的算法有两步。

第一步：时间扫描：① 扫描事件表，确定下一事件发生时间；② 推进仿真钟至下一事件发生时间；③ 从事件表中产生当前事件表，它包含了所有当前发生事件的事件记录。

第二步：事件执行。面向事件仿真模型的执行机制如图 11.8 所示。

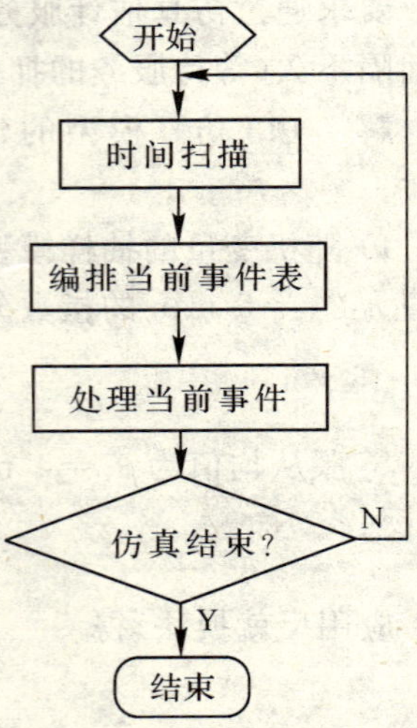

图 11.8　面向事件仿真模型的执行机制

2) 仿真程序结构。根据如图 11.8 所示，单服务排队系统仿真程序结构如图 11.9 所示。

1) 主程序模块。调用各个子模块，实现对整个仿真过程的逻辑控制。仿真停止规则可以有两种，即按仿真运行服务固定数目顾客和仿真运行固定时间两种规则停止仿真。

2) 参数设置模块。对仿真计算所用参数实现输入或预先设置。这些参数包括模型参数（如到达时间间隔，服务时间）和仿真参数（如仿真运行次数，终止仿真规则等）。

3) 初始化模块，实现对仿真钟、系统状态、事件表和统计计数器的初始化，并产生第一个发生事件，启动仿真运行模块。

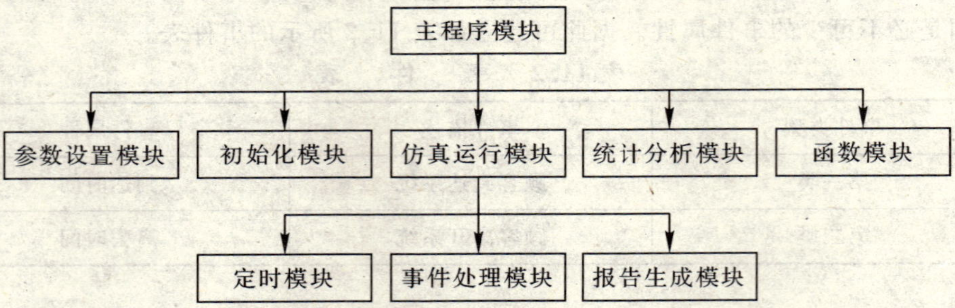

图 11.9　仿真程序结构

4) 仿真运行模块，是仿真程序的核心，充分体现了面向事件仿真方法的实质：① 定时子模块。是仿真钟推进的控制部件。其功能是进行时间扫描和事件表扫描，确定下一最早发生事件的时间及类型，推进仿真钟。② 事件处理子模块，根据事件表中下一最早发生事件的类型，对顾客到达事件或顾客离去事件进行处理。③ 报告生成子模块，产生并显示输入仿真结查报告。④ 统计分析模块。对仿真结果进行统计分在析、处理。⑤ 函数模块。产生指数分布的随机变量，即随机数发生器。

(3) 仿真程序设计。单服务排队系统仿真程序流程图如图 11.10 所示。

图中，到达事件处理子程序和离去事件处理子程序流程图如图 11.11 和图 10.12 所示。

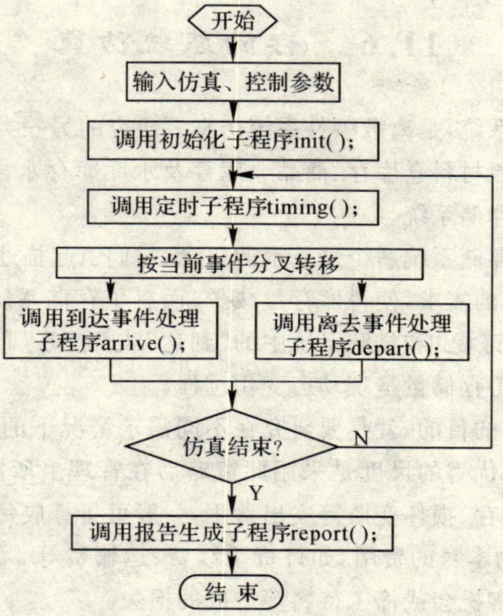

图 11.10　单服务排队系统仿真程序流程图

根据图 11.10 ~ 图 11.12，可以采用计算机高级语言（如 C 语言）编写仿真程序。尤其是可以应用 Microsoft Excel 的宏和 VBA。

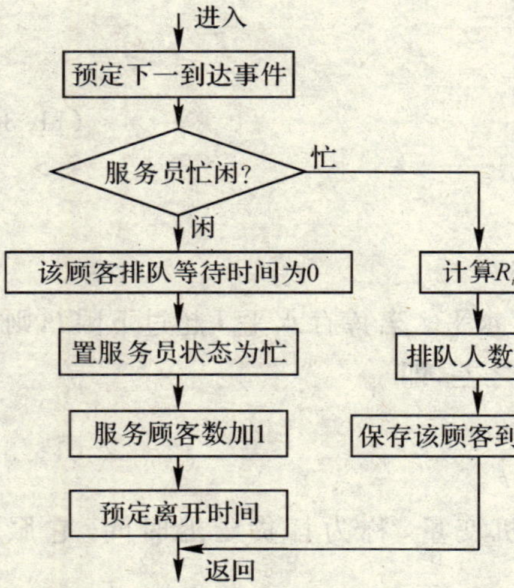

图 11.11　顾客到达事件处理子程序流程图

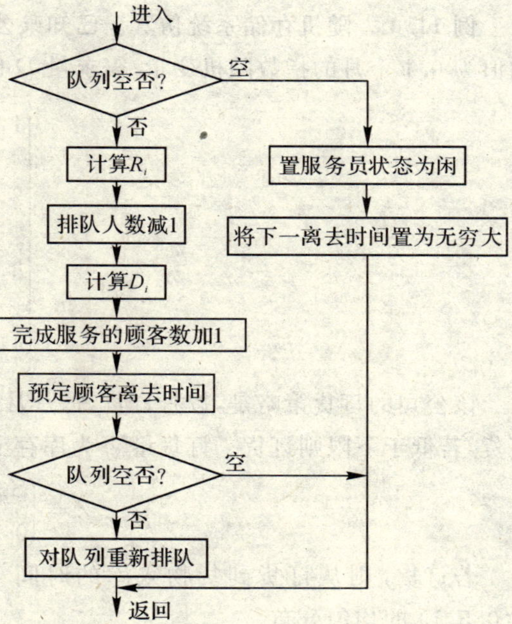

图 11.12　顾客离去事件处理子程序

当然，与连续系统相比，编写离散事件系统仿真程序通常并不是一项简单的工作，尤其是一些复杂的离散事件系统。故常采用离散事件系统仿真语言进行仿真研究。

11.6 存储系统仿真

存储系统，亦称库存系统，是离散事件系统仿真要研究的另一类重要系统。它不仅包括一般意义下的存储系统，如原材料仓库存、商品仓库存及水库库存水量的管理和控制，还包括人才储备、经济管理等广义存储系统。

“需求”和“订货”是存储系统两个最基本的概念，它们引起描述存储系统状态存储量发生变化。由于有了存储系统的需求，使得库存量减少，而有了存储系统的订货，才使得存储量得到补充，所以，“需求”与“订货”和排队系统中的“到达”与“服务”的作用是类似的，正是需求与订货的不断发生，才使得存储量呈现动态变化过程。

对存储系统进行仿真的目的，就是要研究在不同需求情况下的存储策略，包括订货时间、订货量等。衡量存储策略优劣的尺度是采用此策略后在管理上所需的费用，它包括：① 存储费。指设备、人力、货物保存、损坏变质等支出费用，一般可折算成每件每日费用或每件每月费用等。② 订货费。指货物本身的费用，如订货手续费、运输费等。③ 缺货费。指因货物不足而造成供不应求，错过销售机会或停工待料等造成的损失。

随机存储系统根据需求与订货的规律，分为确定性存储系统和随机存储系统两大类。通常，确定性存储系统可通过解析方法进行研究。而随机存储系统较确定性存储系统复杂，系统中的随机因素多，必须借助于计算机仿真对其进行深入的研究。下面通过一个例子，介绍随机存储系统仿真方法。

例 11.4 随机存储系统仿真。已知某公司经销单类产品，顾客需求时间间隔 D_m 为服从均值为 0.1 个月的指数随机变量；需求量 D 也是随机变量，其概率质量函数为

$$D=\begin{cases}1, & 概率为\dfrac{1}{6}\\ 2, & 概率为\dfrac{1}{3}\\ 3, & 概率为\dfrac{1}{3}\\ 4, & 概率为\dfrac{1}{6}\end{cases} \tag{11.34}$$

该公司的订货策略是，按月订货，每月月初检查库存水平。若库存水平 I 超过下限 l，则不订货，若低于下限则订货。订货量 Z 为库存上限 S 与 I 之差，即

$$Z=\begin{cases}S-I, & I<l\\ 0, & I\geqslant l\end{cases} \tag{11.35}$$

若订货，则从订货到货物入库的时间 M 也是随机变量，称为订货延迟时间，它服从 $U(0.5,1)$ 的均匀分布。

已知如表 11.2 所示的九种订货策略，试通过仿真确定何种订货策略的费用最少。

表 11.2 随机存储系统的订货策略

l	20	20	20	20	40	40	40	60	60
S	40	60	80	100	60	80	100	80	100

解 (1) 建立费用数学模型。包括订货费、存储费及缺货损失费。

1) 订货费。设每个订货费用为 m，订货附加费用为 K($K=0$，表示未订货)，则每月订货费 C_1 为

$$C_1 = K + mZ \tag{11.36}$$

2) 存储费。设 h 为每件每月的存储费，C_2 为平均每月的保管费，n 为仿真运行的月数。因为只有当库存水平 $I(t)>0$ 时才需要计算 C_2，所以有

$$C_2 = \int_0^n hI(t)\mathrm{d}t/n \tag{11.37}$$

3) 缺货损失费。设 P 为每件缺货损失费，C_3 为每月缺货损失费，当 $I(t)<0$ 时才需要计算 C_3，则有

$$C_3 = \int_0^n P \mid I(t) \mid \mathrm{d}t/n \tag{11.38}$$

(2) 系统仿真模型的建立。包括随机变量模型的建立和事件的定义。

1) 随机变量仿真模型。本系统有 3 个随机变量，它们是需求时间间隔、需求量及订货延迟时间。

ⅰ. 需求时间间隔 D_m。由题意，D_m 服从均值为 0.1 个月的指数分布，其概率密度函数为

$$f(D_m) = \frac{1}{0.1}\mathrm{e}^{-D_m/0.1}$$

应用反变换法可得 $D_m=-0.1\ln u$，其中，u 为 $U(0,1)$ 分布随机数。

ⅱ. 需求量 D。由于 D 为离散型随机变量，应由任意离散分布反变换法产生 D。具体方法为：① 首先由式(11.34) 画出 D 的分布函数，见图 11.13 所示。② 产生 $U(0,1)$ 分布的随机数 u。③ 用 u 对 D 的分布函数进行抽样：如果 $u \leqslant \frac{1}{6}$，令 $D=1$；如果 $\frac{1}{6} < u \leqslant (\frac{1}{6}+\frac{1}{3}) = \frac{1}{2}$，令 $D=2$；如果 $\frac{1}{2} < u < (\frac{1}{6}+\frac{1}{3}) = \frac{5}{6}$，令 $D=3$；如果 $u > \frac{5}{6}$，令 $D=4$。

ⅲ. 订货延迟时间 M。M 服从 $U(0.5,1)$ 的均匀分布，其概率密度函数为

$$f(M) = \begin{cases} \dfrac{1}{1-0.5}, & 0.5 \leqslant M \leqslant 1 \\ 0, & \text{其他} \end{cases}$$

其分布函数为

$$F(M) = \begin{cases} 0, & M < 0.5 \\ \dfrac{M-0.5}{1-0.5}, & 0.5 \leqslant M \leqslant 1 \\ 1, & M > 1 \end{cases}$$

根据反变换法，可得 M 的抽样公式为 $M=0.5+(1-0.5)u=0.5+0.5u$。

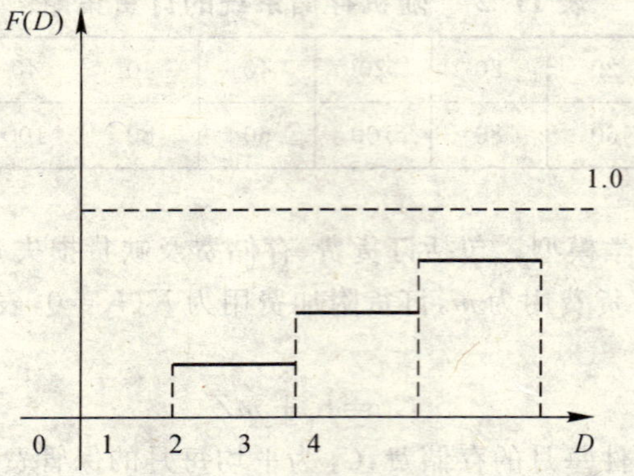

图 11.13　需求量 D 的分布函数

2）模型中事件的定义。按照面向事的离散事件系统仿真机制建立存储系统的仿真模型时，必须对系统中的事件进行定义：在离散事件系统中，正是由于事件的产生，才引起系统状态发生变化，故事件定义依赖于对系统状态的描述。存储系统中，可描述的状态为库存量，则货物入库及需求到达都会引起库存量发生变化及各类费用的变化。此外，货物入库的条件必须是首先订货，由此可定义三类系统事件：① 货物入库事件。指货物到达仓库。该事件发生，引起库存量增加，记其类型为 1。② 需求到达事件。指顾客对货物的需求产生。该事件的发生引起库存量减少，记其类型为 2。③ 订货事件。指每月月初进行库存计算，根据库存量及订货策略决定是否订货。显见，该事件为条件事件，记其类型为 4。

此外，在仿真模型中还可以将仿真控制定义为程序事件。本例中，可以将仿真运行长度定义为程序事件。若对每钟策略仿真运行 120 个月，则当仿真钟的值等于 120 个月时，该事件发生，记为第 3 类事件。将程序事件定义为第 3 类事件的原因如下：在一个存在许多类事件的复杂系统中，由于事件发生时间的随机性，可能出现多个事件同时发生的情形。因此，必须规定同时发生事件的处理顺序，一般按事件类型从低到高的顺序处理。本例中，“仿真运行 120 个月结束”的程序事件与“每月月初计算库存以决定订货”的系统事件可能同时发生，则应先执行“仿真结束”事件，因为此时再计算库存已无实际意义可言了。

(3) 确定统计变量。本例的仿真目的是比较九种不同的库存策略，从而确定出费用最少的库存策略。评价指标即为每月平均总费用 C，包括每月平均订货费用 C_1，每月平均保管费用 C_2 以及每月平均缺货损失费用 C_3。

(4) 仿真程序设计。随机存储系统程序结构仍如图 11.9 所示，其仿真程序分为参数输入和仿真流程控制两大部分。参数输入包括模型参数和仿真参数输入，分别是：初始库存水平、最大需求量、平均需求时间、需求的分布函数值、每件订货费用、保管费、缺货损失加费及仿真运行长度和策略数等。仿真流程控制部分与单服务排队系统仿真流程控制基本相同。

初始化子程序除了要将模型中的所有变量进行必要始化操作外，还具有仿真启动的功能。按照订货策略，将第 4 类事件（订货事件）安排为系统的第一个事件（置该事件发生时间等于初始仿真钟），并将第 1 类事件（货物入库事件）的发生时间安排为无穷大。这是因为月初应进行库存计算，以决定本月是否需要订货。而货物入库事件不可能发生在尚未确定是否订货的开始时间。定时子程序结构与例 11.3 完全相同。四种类型的事件处理子程序流程图分别如图 11.15 ～ 图 11.18 所示。

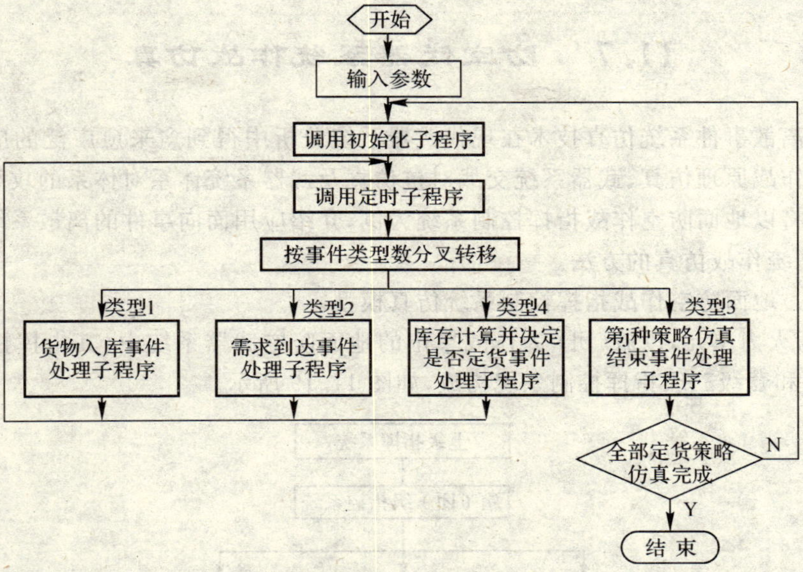

图 11.14　存储系统仿真程序框图

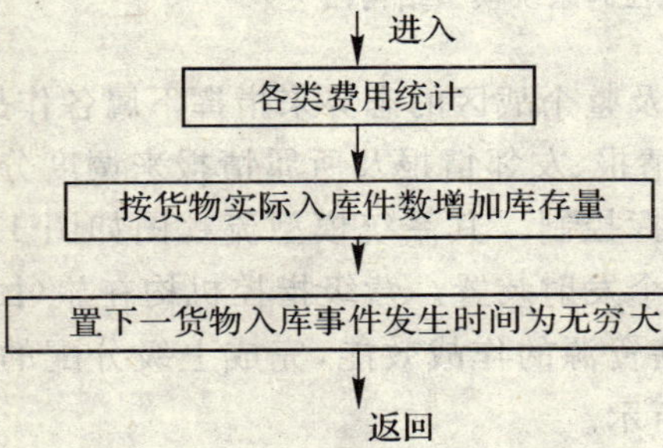

图 11.15　货物事件处理子程序流程图

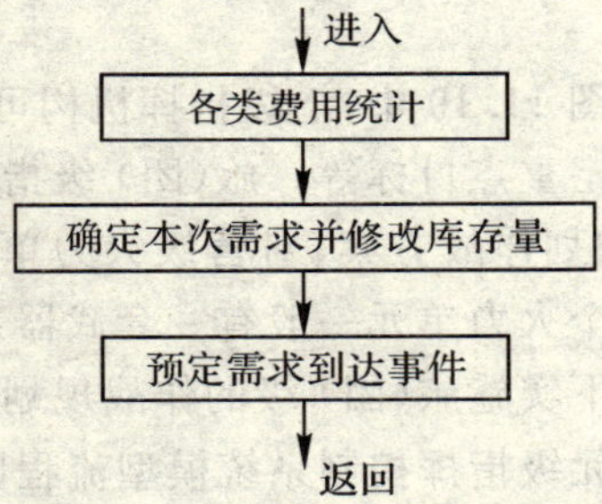

图 11.16　需求到达事件处理子程序流程图

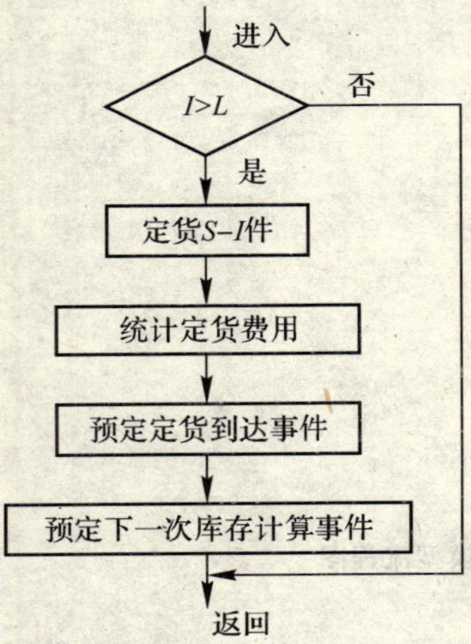

图 11.17　订货到达事件处理子程序流程图

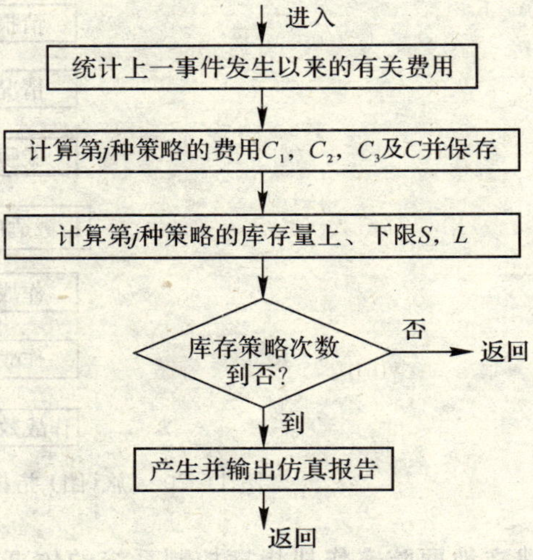

图 11.18　仿真结束事件处理子程序流程图

11.7 防空武器系统作战仿真

近年来，离散事件系统仿真技术在现代武器系统分析中得到愈来愈广泛的应用。主要包括：武器系统作战原理仿真、武器系统交战对抗仿真及武器系统体系对体系的攻防对抗仿真。在这一节中，将以地面防空作战指挥控制系统为例，介绍应用面向事件的离散系统仿真机制进行防空武器系统作战仿真的方法。

例 11.5 地面防空作战指挥控制系统仿真模型。

在以营为火力单元，以旅(团)为作战单位的地面防空武器系统中，其指挥控制系统由上级、旅(团)级和营级三级指挥控制系统构成，如图 11.19 所示。

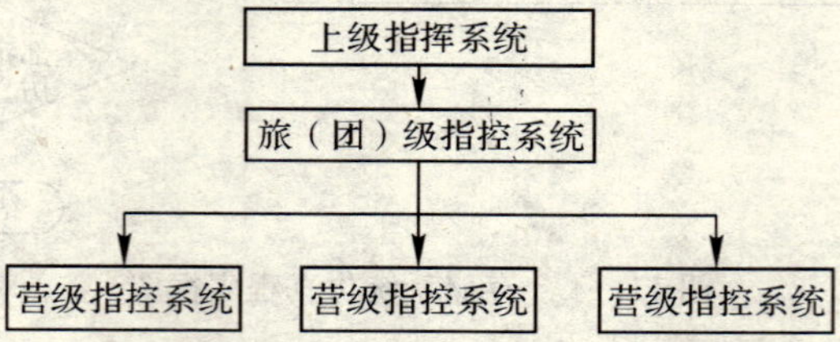

图 11.19 地面防空作战指挥控制系统模型结构图

在图 11.19 中，上级指挥机构可根据远方情报及整个战区的态势来指挥下属各作战单位，例如指定重点目标等。旅(团)级指控可根据上级情报、友邻情报及所属情报来调度分配所辖资源，规划作战方案，对营级火力单元直接实施指挥控制。其系统模型流程图如图 11.20 所示。一个火力单元一般有一套武器系统，其中有多个发射装置。营级指控机构在旅(团)级指挥控制下实施旅(团)级的作战规划，充分发挥所辖资源的作战效能，完成上级分配的任务。火力单元级指挥控制系统模型流程图如图 11.21 所示。

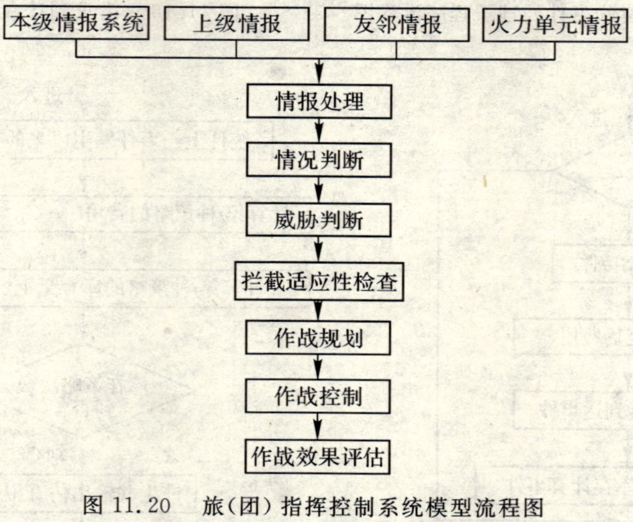

图 11.20 旅(团)指挥控制系统模型流程图

试建立地面防空作战指挥控制系统的仿真模型。

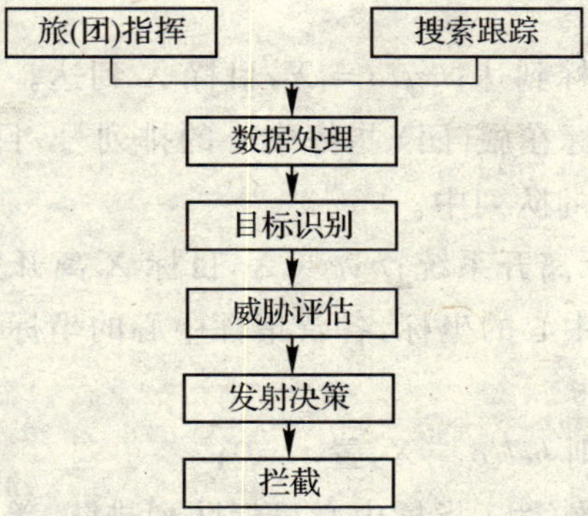

图 11.21　火力单元级指挥控制系统模型流程图

显见，上述的地面防空作战指挥控制系统是具有分布式和多层次的大规模复杂离散事件系统。为此，可以采用分层建立仿真模型的方法，将火力单元级指挥控制系统看做是旅(团)级指挥控制系统的一个子系统。并采用非形式语言描述之，应用面向事件的仿真机制建立仿真模型。为此，先对模型的非形式语言描述所用术语作一介绍。

11.7.1　模型的非形式语言描述术语

(1) 成分。相应于系统中的实体，用于构造模型中的各个部分。根据其在模型中的作用，又分为两大类：① 主动成分：可以主动产生活动的成分。如排队系统中的顾客。它的到达将产生排队活动或服务活动。② 被动成分：本身不能激发活动，只有在主动成分作用下才产生状态变化。如排队系统中的服务员。

(2) 描述变量。描述变量是成分的状态、属性的描述。如排队系统中，顾客的到达时间是一个描述变量，它是成分 —— 顾客的一个属性；服务台状态是一个描述变量，它描述了成分 —— 服务员的状态(闲或是忙)。

(3) 成分间的相互关系。这指描述成分之间相互影响的规则。在一个模型中，主动成分对被动成分可能产生作用，而主动成分之间也可能产生作用。例如，排队系统中，顾客这个成分与服务员这个成分之间，顾客是主动成分，服务员是被动成分。服务台的状态受顾客的影响(作用)。其作用规则为：若服务员闲，顾客的到达则改变当前状态，使其由“闲”变为“忙”；若服务员“忙”，则对服务员不起作用，而作用到自身 —— 顾客进入排队状态或取消到达。

11.7.2　仿真模型的建立

(1) 旅(团) 级指挥控制系统的仿真模型：

1) 描述成分：

ⅰ. 主动成分：目标；

ⅱ. 被动成分：入口，旅(团) 指控中心，出口。

2) 描述变量：

ⅰ. 主动成分的变量：目标的状态，包括：目标未被发现、目标被发现、目标被跟踪、目标被分配、目标被拦截、目标被击伤及目标未被击伤。

目标的属性，包括：目标的类型、目标的敌我属性、目标的威胁程度、目标的干扰类型、目标的批号及目标的速度。

ⅱ. 被动成分的变量：

a. 入口。$hello=\Phi$，无目标到达；$hello=X$，目标 X 到达。

b. 旅(团) 指控中心。目标在旅(团) 指挥中心的排列号，目标在旅(团) 指挥中心的队列中，目标不在旅(团) 指挥中心的队列中。

c. 出口。$bye=\Phi$，无目标离开系统；$bye=X$，目标 X 离开系统。

d. 参变量。旅(团) 指挥中心的坐标，各营指挥中心的坐标。

ⅲ. 成分相互关系：

在首批目标到达入口后，则 $hello=X$，置 $t=0$；

在目标 1 到达系统后，在旅(团) 指挥中心目标队列排队，等修处理。经过时间 t_1 后，系统开始处理目标 1，这时 $t=t_1$，系统处理目标的时为 $t=t_1+t_2$，目标到达出口，离开旅(团) 指控中心。

(2) 火力单元级指挥控制系统的仿真模型：

1) 描述成分：

ⅰ. 主动成分：目标；

ⅱ. 被动成分：入口、警戒雷达、火力单元指控中心、发射单元、出口。

2) 描述变量：

ⅰ. 主动成分的变量：

目标的状态，包括：目标未被发现、目标被发现、目标被跟踪、目标被处理、目标被分配但未拦截、目标被拉截、目标被击伤及目标突防。

目标的属性，与旅(团) 级指控系统完全相同。

ⅱ. 被动成分的变量：

a. 入口。$hello=\Phi$，无目标到达；$hello(i)=X$，目标 X 到达 $i=1,2,\cdots,n$；n 为火力单元数。

b. 雷达。$radio(i)=\Phi$，没有发现目标；$radio(i)=X$，发现目标 X。

c. 指挥中心。

$line(i)=X'_1,\cdots,X'_m$，表明第 i 个火力单元指挥中心有 m 个目标等待处理。X'_i 为队列中的第 i 个目标。队列排队规则是按到达分配终线的时间大小从低到高排列。

$busy(i)=Y$，第 i 个火力单元分配中心处于忙态；$busy(i)=N$，第 i 个火力单元分配中心处于闲态。

d. 发射单元。$fbusy(i,j)=Y$，第 i 个火力单元的第 j 个发射单元处于忙态；$fbusy(i,j)=\Phi$，第 i 个火力单元第 j 个发射单元处于故障或无弹状态；$fbusy(i,j)=N$，第 i 个火力单元的第 i 个发射单元处于闲状态。

ⅲ. 成分相互关系：

a. 目标 l 达到第 i 个火力单元指挥控制系统时，$hello(i)=l$，时间 $t=0$。

b. 经过一段时间 t_1，目标 l 首次到达雷达作用范围边界，雷达对其搜索，若发现目标 l，则 $t=t+t_1$；若未发现目标，继续搜索，$t=t_1+$搜索周期。在雷达发现目标后，随即对其跟踪，直到不能跟踪的 t_2 时刻为止。

c. 跟踪的目标在指控中心排队等待处理，等待时间为 t_2，则开始处理目标 l 的时刻 $t=t+t_2$；处理时间为 t_3，则对目标 l 完成分配的时刻为 $t=t+t_3$。若将目标 l 分配给第 j 个发射单元，第 j 个发射单元在 t 时刻开始拦截，拦截时间为 t_4，则结束拦截时刻为 $t=t+t_4$。而火力单元指挥中心对目标 1 损伤情况评估花费时间为 t_5，则在 $t=t+t_5$ 时刻，目标离开系统。

d. 目标到达出口，$ByeBye(i)=X$，目标离开系统。

对上述两级指挥控制系统的仿真模型进行有机结合，即可得到防空作战指挥控制系统的仿真模型。在此基础上，可采用离散事件系统仿真语言（如 SIMAN）对系统进行仿真研究。

习　题　11

1. 试述离散事件系统的数字仿真原理和基本仿真机制。
2. 试述均匀分布随机数、随机变量及随机向量的生成方法。
3. 试述排队服务系统的数字仿真方法，并举例说明它的仿真过程。
4. 试述存储系统的数字仿真方法，并举例说明其仿真过程。

第 12 章　复杂系统仿真方法、技术及应用

12.1　引　　言

仿真是一项基于模型运行的科学及工程活动。从方法学和技术层面上讲，对于复杂系统仿真最关键、难度最大的应是前述数学建模及其模型的校核、验证与确认。通常，只要有数学模型，再经过仿真建模（亦称二次建模），便可以在所构建的仿真平台或仿真环境下进行所需要的复杂系统仿真试验与结果分析，达到对复杂系统研究、研制、试验、训练和评估等目的。因此，复杂系统仿真的主要工作将是在数学建模的基础上，应用仿真环境及工具完成二次建模和构建满足特定仿真目标的复杂仿真系统或仿真平台（模拟器），进行相应的数学仿真、实物仿真、虚拟仿真、构造仿真、半实物仿真，以及它们的联合仿真。在此，仿真方法与技术的选取和应用仍然是至关重要的。下面将逐节研究这方面的问题。

12.2　复杂系统仿真方法与技术的选取

复杂系统在仿真方法与技术上同前述一般连续系统和离散事件系统相比，有相同之处，更有其自身的特殊性。这种特殊性是由复杂系统的特点特别是复杂性所决定的。

所有的系统仿真都以计算机仿真为基础和核心，并有着数学仿真、实物仿真和半实物仿真之分，这就是复杂系统和一般系统在仿真方法与技术上相同的地方。但是，复杂系统在有的场合下将更强调必须采用半实物仿真的方法与技术，甚至还需要应用一些特殊的方法与技术，如面向对象仿真、并行与分布式仿真、虚拟仿真、构造仿真、网格/协同仿真，以及一体化仿真和综合集成仿真等。

同系统建模一样，采用何种仿真方法与技术没有固定的程式，要视具体仿真目标和任务而定。如，对于复杂工程系统的研制仿真来说，在设计阶段常采用数学仿真，以进行计算机辅助多学科优化设计；在部件及子系统研制阶段多采用半实物仿真，以完成部件及子系统的半实物仿真试验，以及特定的技术研究；在系统鉴定和定型研制阶段，一般采用实物仿真，其仿真试验通常是在靶场实物或模拟器上进行的。应该指出，这种仿真方法的选取只不过是按照研制阶段大致划分的。实际上，由于复杂工程系统的研制过程非常复杂，所以上述三种仿真方法常常是交叉或者混合使用的。如，部件及子系统研制仿真中就包含着“铁鸟台”实物仿真和数学仿真，而系统鉴定和定型的靶场实物仿真也同样会应用到数学仿真作为重要的辅助手段。

为了便于读者理解复杂系统仿真方法的选取，如图 12.1 所示给出了导弹制导控制系统不同研制阶段所采用的仿真方法。

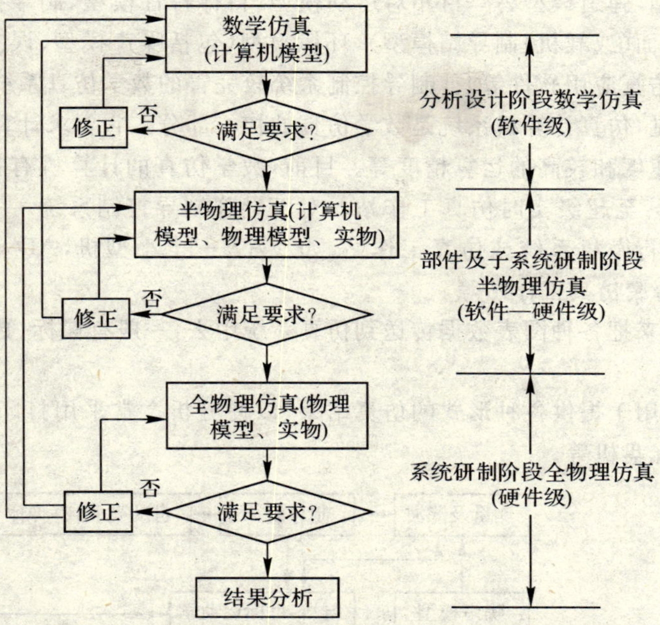

图 12.1　导弹制导控制系统研制仿真中所采用的仿真方法

12.3　数学仿真与应用

以导弹制导控制系统的数学仿真为例。

12.3.1　特点及目的

数学仿真由于不涉及实际系统的任何部件，所以具有经济性、灵活性及通用性的突出特点，在制导控制系统仿真中占有相当重要的地位。就其仿真任务而言，制导控制系统的设计指标提出、方案论证以及各部分设计中的参数优化等都离不开数学仿真。数学仿真的主要目的是利用详细的数学模型，通过仿真系统初步检验系统在各飞行段、全空域内的性能，包括稳定性、快速性、抗干扰性、机动能力和容差等，发现设计问题，及时修改并完善系统设计。

12.3.2　数学建模和验模

应用前述数学建模方法建立系统数学模型是进行导弹制导控制系统数学仿真的首要环节。常用的数学模型形式主要有：微分方程、传递函数、状态方程、差分方程、Z 传递函数、逻辑关系式及模糊矩阵等，采用何种模型形式应视仿真任务而定。对于导弹制导控制系统研制仿真，可在如图 12.2 所示的模型框架基础上，采用以微分方程为主要形式的数学模型。

所建立的数学模型包括：①弹体动力学及运动学模型；②导弹-目标相对运动模型；③目标运动学模型；④跟踪及控制指令形成装置模型；⑤自动驾驶仪模型；⑥干扰噪声模型；⑦误差模型等。

12.3.3　数学仿真系统构成

同一般数学仿真系统一样，制导控制系统的数学仿真系统由硬件和软件两大部分构成。硬件包括仿真计算机系统、输入/输出设备及其他辅助设备；软件主要有：各种有关模型如导弹动力学、运动学模型，弹道模型、弹-目相对运动模型，目标特性模型、制导控制系统模型（包括弹上设备模型和地面（或载机）制导站模型），环境模型（包括噪声模型、误差模型、量测模型以及管理控制软件、仿真应用软件等）。制导控制系统较完善的数学仿真系统如图 12.3 所示。

由图 12.3 可见，仿真计算机系统是数学仿真的核心部分。它要求计算机具有较大的计算容量，较快的运算速度和较高的运算精度等。目前，数学仿真的计算机有很宽的谱型，可从一般微机到巨型机，甚至超级实时仿真工作站。对于导弹制导控制系统，一般采用高性能小型机、专用仿真机、并行微机系统或仿真工作站，如 VAX—11 小型机，AD—100 仿真机、YH—F2 银河仿真机及海鹰仿真工作站等。

输入设备常用来把各种图表数据传送到仿真系统中去，一般有鼠标、数字化仪、图形/图像扫描仪等。

输出设备主要用于提供各种形式的仿真结果，以便分析。常采用打印机、绘图机、数据存储设备、磁带机及光盘机等。

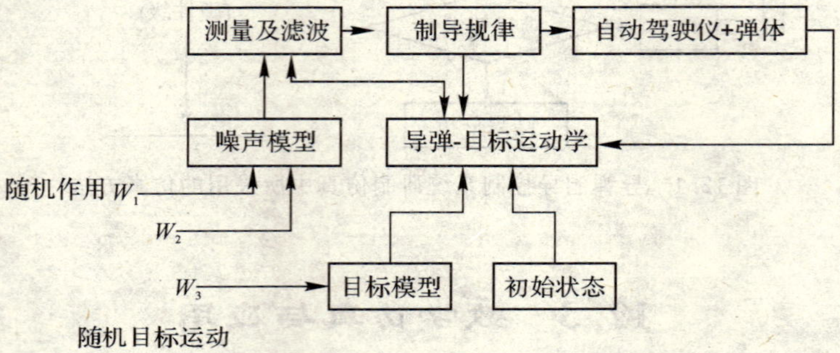

图 12.2　导弹制导控制系统模型框架

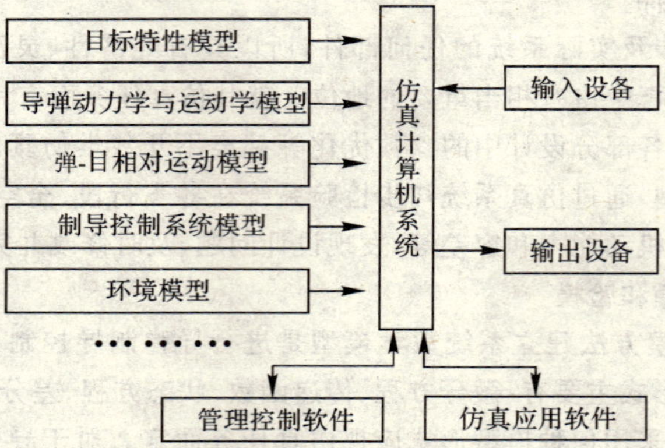

图 12.3　导弹制导控制系统数学仿真系统构成示意图

除此，需要指出的是仿真应用软件。仿真应用软件用于仿真建模、仿真环境形成以及信息处理和结果分析等方面。截止目前，仿真软件已相当丰富，但可归结为：程序包和仿真语言。如，GAPS，CSSL，ICSL，IHSL，GPS，SIMULA 等。除此，还有许多应用开发软件。如 MATRIXx，MATLAB/Simulink，MeltiGen，Vega 等。

如图 12.4 所示给出了以防空导弹为例的导弹向目标制导时的闭合运动方程组框图。利用该框图可方便地进行防空导弹的全弹道数字仿真。

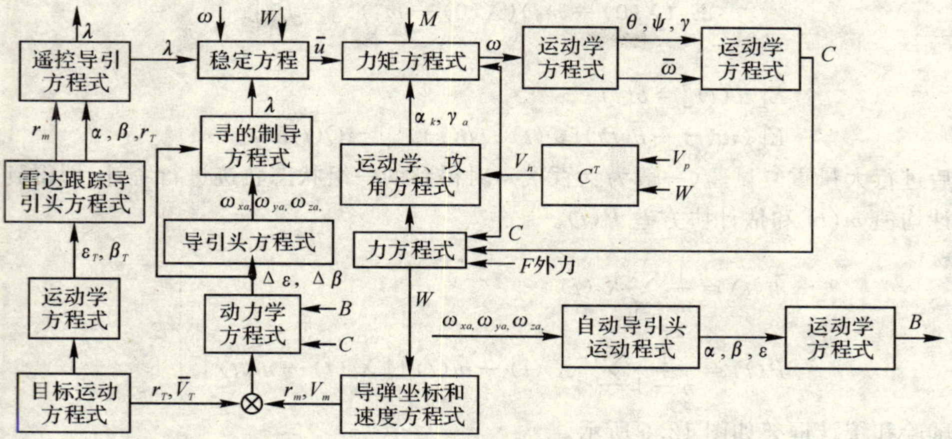

图 12.4　防空导弹向目标制导时的闭合运动方程组框图

12.3.4　仿真过程和内容

(1)仿真过程。仿真过程系指数学仿真的工作流程,它包括如下基本内容:系统定义(或描述)、数学建模、仿真建模、计算机装载、模型运行及结果分析等,其中数学建模是它的核心内容。所谓数学建模就是通过数学方法来确定系统(这里系指导弹制导控制系统)的模型形式、结构和参数,以得到正确描述系统表征和性状的最简数学表达式。其次是仿真建模。仿真建模就是实际系统的二次模型化,它将根据数学模型形式、仿真计算机类型及仿真任务通过一定的算法或仿真语言将数学模型转变成仿真模型,并建立起仿真试验框架,以便在计算机上顺利、正确地运行仿真模型。

(2)仿真内容。对于导弹制导控制系统,数学仿真是初步设计阶段必不可少的设计手段,亦是某些专题研究的重要工具。为此,数学仿真应包括以下 4 方面主要内容:①制导控制系统性能仿真;②制导系统精度仿真;③系统故障分析仿真;④专题研究仿真。

12.3.5　仿真结果分析及处理

(1)仿真结果分析。系统数学仿真的目的是依据仿真输出结果来分析和研究系统的功能和性能。因此,仿真结果分析非常重要。按照仿真阶段不同有终态仿真输出结果分析和稳态仿真输出结果分析。其分析方法大致相同,一般采用统计分析法、系统辨识法、贝叶斯分析法、相关分析法及频谱分析法等。由于导弹制导控制系统是在随机变化环境和随机干扰作用下工作的,且存在许多非线性,所以采用合适的统计方法是适宜的,而最基本的统计分析方法是蒙特卡罗法。

蒙特卡罗法是根据给定的统计特性,选择不同的随机初始条件和随机输入函数,对仿真系统做大量的统计计算,并得到系统变量的统计特性。在进行蒙特卡罗方法统计时,首先要给出导弹制导控制系统的状态向量方程:

$$\dot{\boldsymbol{X}} = f(\boldsymbol{X}, t) + \boldsymbol{G}(t)w(t) \tag{12.1}$$

式中,w 为白噪声过程,$\boldsymbol{X}$ 为系统状态向量,f 为系统的非线性时变动力学关系。

初始均值向量和协方差矩阵:

$$\left.\begin{aligned} &E[\boldsymbol{X}(0)]=m_0 \\ &E[(\boldsymbol{X}(0)-m_0)(X(0)-m_0)^{\mathrm{T}}]=P_0 \end{aligned}\right\} \tag{12.2}$$

并且

$$\left.\begin{aligned} &E[w(t)]=b(t) \\ &E[(w(t)-b(t))(w(t)-b(\tau))^{\mathrm{T}}]=Q(t)\delta(t-\tau) \end{aligned}\right\} \tag{12.3}$$

然后进行大量重复试验(一般为上百次),对得到的一组状态轨迹进行统计,即得到状态变量的估计均值 $\hat{m}(t)$ 和估计协方差 $\hat{P}(t)$。

$$\left.\begin{aligned} &\hat{m}(t)=\frac{1}{n_i}\sum_{i=1}^{n}X_i(t) \\ &\hat{P}(t)=\frac{1}{n-1}\sum_{i=1}^{n}[X_i(t)-\hat{m}(t)][X_i(t)-\hat{m}(t)]^{\mathrm{T}} \end{aligned}\right\} \tag{12.4}$$

其试验和统计框架如图 12.5 所示。

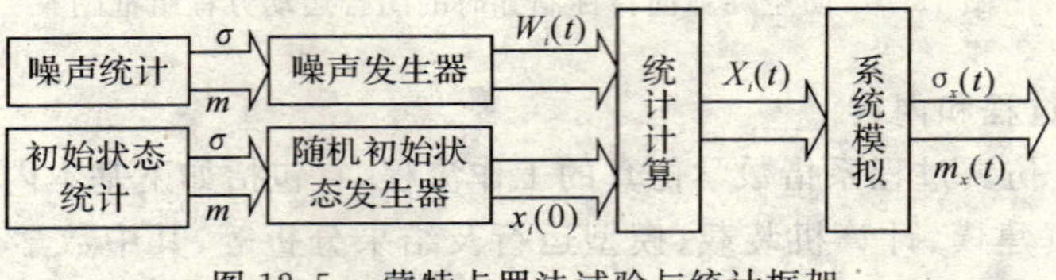

图 12.5 蒙特卡罗法试验与统计框架

应该指出,应用蒙特卡罗统计必须满足两个假设条件:① 随机输入的各元素为具有非零的确定性分量的相关随机过程;② 状态变量均为正态分布。另外,为了作出精确统计,必须进行大量统计计算,甚至几百次之多。因此,这种方法更适合用于对系统性能进行少量分析或对少数靶试点进行预测和靶试后的故障分析。显然,它不适合于灵敏度分析、选择控制系统参数或对全空域进行精度分析。因此,在数学仿真结果分析方面,一般还用到了协方差分析描述函数技术(ADET) 和统计线性化伴随方法(SLAM)。

(2) 数学仿真结果处理。对数学仿真结果的处理主要是解决对仿真结果的置信度问题。这里包括两层含义:其一是数学模型相对于真实系统的准确度;其二是所采用统计分析方法的置信度。前者在建模与验模中解决,这里仅指后者。在制导控制系统仿真中,数学仿真结果处理通常涉及如下问题:

1) 遭遇时间的判定。对于同一(仿真) 靶试点,每次发射至遭遇时间 t_{mz} 是不同的。理论上讲,遭遇时间的判定是根据导弹与目标相对距离 $\Delta R=0$ 所对应的时刻为遭遇时间。但实际上用 $\Delta R\leqslant\Delta$(如 $\Delta\leqslant 0.1$ m) 来判断遭遇时间。当 $\Delta R\leqslant\Delta$ 不恰好在采样点上时,应当由三点插值求出 t_{mz}。

2) 脱靶距离的计算。脱靶距离可按公式计算,但是必须明确计算条件和计算对象。如以指令制导的角偏差制导控制系统为例,有

$$\left.\begin{aligned} &h_{\varepsilon\mathrm{mz}}=R_{\mathrm{D}}(t_{\mathrm{mz}})\cdot\Delta\varepsilon_{\mathrm{T}}(t_{\mathrm{mz}}) \\ &h_{\beta\mathrm{mz}}=R_{\mathrm{D}}(t_{\mathrm{mz}})\cdot\Delta\beta_{\mathrm{T}}(t_{\mathrm{mz}}) \\ &h_{\mathrm{mz}}=\sqrt{h_{\varepsilon\mathrm{mz}}^2+h_{\beta\mathrm{mz}}^2} \end{aligned}\right\} \tag{12.5}$$

式中,$R_{\mathrm{D}}(t_{\mathrm{mz}})$ 为遭遇时刻的导弹斜矩;$\Delta\varepsilon_{\mathrm{T}}(t_{\mathrm{mz}})$,$\Delta\beta_{\mathrm{T}}(t_{\mathrm{mz}})$ 为遭遇时刻未经滤波的高低、方位

焦偏差；$h_{\varepsilon mz}$，$h_{\beta mz}$，h_{mz} 为分别为测量坐标系上高低、方位和合成的脱靶距离。

3）随机变量和随机输入函数的处理。作用于制导控制系统的随机误差分两类：一类为慢变误差；另一类为起伏噪声。前者误差在一次发射计算中只取一个随机数，加在系统相应位置上。后者在做蒙特卡罗统计时可将实测噪声信号直接输入仿真系统，也可以按其频谱，将白噪声通过成形滤波器，再经过起伏噪声计算处理成 $m=0$，$\sigma=$要求值后加入仿真系统。这样可保证进行 n 次统计计算都是有效的。

4）仿真结果的统计方法和精度评定。根据数理统计原理，由 n 次试验得到近似统计值——估计均值 $\hat{m}(t)$ 和估计均方差 $\hat{\sigma}(t)$。该估计值亦是随机变量，受若干个相互独立的随机因素影响。根据中心极限定理，这种随机变量近似地服从正态分布，且统计次数 n 越大，其 $\hat{m}_x(t)$ 和 $\hat{\sigma}_x(t)$ 越接近真实值 $m_x(t)$ 和 $\sigma_x(t)$。同时，当置信度区间给定后，其精度评定将主要取决于试验次数 n 和随机变量峭度 λ。据此，为了利用制导偏差和脱靶距离的估计值 $\hat{m}_x(t)$ 和 $\hat{\sigma}_x(t)$ 进行精度评定，首先就要确定试验次数 n 和状态变量的峭度 λ 值。理论与实践表明，一般来说，射击近界、低速目标时，由于目标起伏噪声影响小，统计次数 n 取 30 次即可满足要求；而射击高空、高速目标时，随机干扰影响大，加之系统性能较差，需统计次数较多，通常取 $n=60\sim100$ 次。

λ 值取决于状态变量，对于控制线偏差和脱靶距离 h 的统计值，可用下式近似确定

$$\lambda \cong \hat{\mu}_4/\hat{p}^2 \triangleq \hat{\lambda} \tag{12.6}$$

$$\hat{\mu}_4 = E[(h-\hat{m})^4], \quad i=1,2,\cdots,n \tag{12.7}$$

当 h 服从高斯分布时，$\lambda=3$。

在确定 n 和 λ 后，便可根据要求的置信度计算出估计值 $\hat{m}_x(t)$ 和 $\hat{\sigma}_x(t)$ 的置信区上、下限，进而得到相应点上的落入概率。

12.4　半实物仿真与应用

12.4.1　特点及作用

半实物仿真的最显著特点是可以实现人和硬件在回路的仿真，且在三种仿真方法中模拟逼真度相对较高，能够最大限度地逼真复现系统的工作机理、运行环境和使用过程。因此，半实物仿真是复杂系统仿真的最主要方法和技术手段。

半实物仿真技术及系统的重要作用在于，通过人和实物（试件）在回路的技术手段解决上述数学仿真难以解决的人工模拟环境问题，使其更加贴近现实世界（系统），从而提高了复杂系统仿真的可信性，并在同数学仿真互补下充分发挥数学模型的作用。如制导控制系统半实物仿真所起的重要作用可归结为：① 检验制导控制系统更接近实战环境下的功能；② 研究某些部件和环节特性对制导控制系统的影响，提出改进措施；③ 检验各子系统特性和设备的协调性及可靠性；④ 补充制导控制系统建模数据和检验已有数学模型。

12.4.2　半实物仿真系统的构成

半实物仿真系统与数学仿真系统的主要区别在于：用制导控制设备实物代替该部分的数学模型，目标特性用模拟器代替，弹体特性和目标运动学特性由仿真计算机实现，增加许多模拟环境的物理效应装置。

制导控制系统的半实物仿真系统组成在很大程度上取决于导弹采用的制导体制和目标探

测方式。据此，常见的半实物仿真系统有指令制导半实物仿真系统、射频制导半实物仿真系统、红外（成像）制导半实物仿真系统和光电制导半实物仿真系统等。它们在系统组成方面虽然有较大差别，但亦有许多共同之处。制导控制系统的半实物仿真系统一般由下列五部分组成：① 仿真设备。主要包括仿真计算机系统、飞行模拟转台、目标模拟器、舵负载模拟器、数据库及仿真软件等。② 参试设备和模型。系指制导控制系统的部件、设备和有关数学模型，如导引头、自动驾驶仪、舵面传动装置、导弹动力学与运动学模型、各种干扰模型以及系统评估模型等。③ 通信系统和专用实时接口。④ 中央控制台。⑤ 支持服务系统（包括记录、测试、显示、数据处理系统及分析设备等）。

如图 12.6 所示给出了一种典型导弹制导控制系统的半实物仿真系统基本组成。

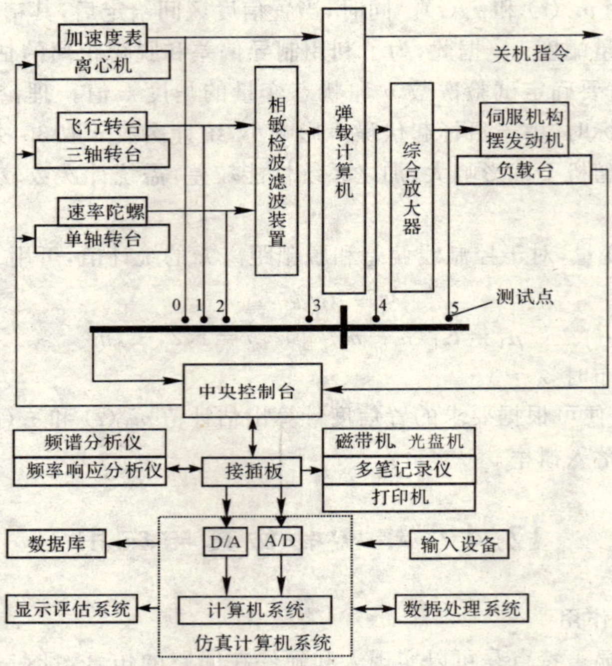

图 12.6　导弹制导控制系统的半实物仿真系统基本组成

12.4.3　半实物仿真系统的主要设备

(1) 仿真计算机系统及其软件。仿真计算机系统是半实物仿真系统的核心部分，主要担负着导弹动力学与运动学计算、目标特性计算、图形 / 图像生成、数据处理等。除此，还具有调用数据库和仿真软件及控制其他设备之功能。

目前，仿真计算机有三种形式，即模拟机、数字机和混合机。模拟机具有高速实时、便于联结实物设备、适于连续系统、特别善于求解系导弹动力学与运动学常微分方程的优势。但存在精度低、无逻辑判断和存储能力，且处理非线性困难的严重缺陷。在 20 世纪 50 年代的导弹武器系统仿真中曾风云一时，后逐渐失去来头。60 年代至 70 年代，空间技术的发展推动了模拟机与数字技术的结合，出现了混合机用于导弹仿真的黄金时代。确实它在仿真性能上兼具模拟机和数字机的优点，是包括导弹制导控制系统在内的复杂系统仿真的强有力工具。然而，由于结构复杂、价格昂贵，因而妨碍了它的广泛应用，尤其是随着微电子技术的发展，全数学仿真性能价格比不断改善并突破了实时大关后，数字机在导弹制导控制系统半实物仿真中已成为主流，且形成了一个相当宽的使用型谱(见图 12.7)。除此，超级实时仿真工作站，如 AD RTS，YHS(新一代银河仿真工作站) 等已经进入了半实物仿真系统领域。

所需要计算任务做出估计，其估算公式为

$$ACP = R \cdot O \cdot I \cdot S \cdot F = R \cdot n^{\frac{3}{2}} \cdot I \cdot S \cdot F \tag{12.8}$$

式中，n 为微分方程阶数；F 为系统最高频率，$f_{\max}$；R 为实时系数，全实时(半实物仿真必须是全实时的)$R=1$；S 为 0.1% 动态精度所要求的每周采样次数；I 为积分方法要求导数的计算次数。

仿真计算机系统	能力(次/秒)	价格(万美元)	编程能力	代表机型
微机	10^4 ~10^5	0.5 ~2	• FORTRAN • 高性能软件 • MICRODARE • EARLYDESIRE	• APPLE • DEC LSI • IBM PC
超小型机	~10^6	10 ~20	• FORTRAN • CSMP CSSL • GASP	• DEC YAR • GOULD SEL
超小型机+外围阵列机	~10^7	20 ~30	• FORTRAN • CSMP • 仿真程序库	• FPS AP120B • SYSTEM10100 • CSPLMAP
混合多处理机(超小型机+外围阵列机+模拟机)	~10^8	300 ~400	• FORTRAN • 自动编排系统	• EAL • SIMSTAR

图 12.7　现代仿真计算机系统使用谱型(20 世纪 90 年代的水平)

对于导弹制导控制系统，不失一般，可取 $n=200$，$f_{\max}=100$ Hz，$S=20$，$I=4$，于是可得，$ACP=2.3\times10^7$(次基本操作 /s)。

按照此计算结果并参照图 12.7，显然选择超小型机＋外围阵列处理机的仿真计算机系统是比较合理的。当然，针对具体仿真对象亦有选择其他类型仿真计算机系统的，如 AD/RTS 620，AC—1000，Power HawK Model 640，YH—F2 银河仿真机，System 100，HRT1000，dsPACE 及混合机等。

另外，在仿真计算机运行中，可按将质心运动和绕质心运动的采样周期分开，这样可减少运算时间。通常绕质心运动频率较高，若系统最高频率为 f_r，则采样周期 T_c 取 $T_c \leqslant \dfrac{1}{nf_r}$(一般取 $n=5\sim10$)。因此，要做到实时仿真，通常要求仿真计算机的速度为 1 亿次左右。仿真计算机的字长，可按照对脱靶量计算误差要求提出。若误差不大于 1 m，则应用 32 位字长。如果计算机字长为 16 位，则积分等影响精度的计算应采用双字长。

自从半实物仿真系统广泛应用数字计算机仿真以来，仿真软件就已成为系统的重要组成部分。为保证系统能够正确可靠和高效地运行，通常对仿真软件提出如下基本要求：①必须满足实时运算和计算精度要求；②能够提供支持半实物仿真系统的各类库：模型库、图形/图像库、算法库、数据库和文档库等；③具有高效的管理系统；④建立完善的支持服务系统。

仿真软件的发展趋势经历了 5 个阶段，已经进入了智能化仿真软件时期。在众多仿真软件中，拥有通用仿真算法和语言以及提供丰富的软件工具和开发环境是十分重要的。典型的仿真语言、一体化建模与仿真环境和智能化仿真软件有：ICSL，IHSL，TESS，MAGEST，SMEXS，NESS，SESSA，SIMAN，SEEWHY，IIMSE，MeltiGen，MATLAB/Simulink，MATRIXx，Vega，Stage 等。

(2)专用实时接口。半实物仿真系统中有种类繁多的仿真设备，参试部件及仿真模型。它们结构、型式相距甚远、通信方式各不相同，但又要联成一个有机整体，互通信息，协同工作，因此通过适当的接口，实现实时仿真系统各部分间的信息交互是至关重要的。

半实物仿真系统对接口的要求很高，其基本要求为：实时性、精确性、抗干扰性和可靠性。理想的情况是：接口传递函数为 1，没有延时，没有衰减，无噪声干扰。当然这实际上是做不到的。但必须采取技术措施基本满足上述要求。例如，为了抑制噪声干扰而采用了隔离传输技术、平衡电路连接技术和屏蔽技术等。为保证实时性，提高仿真精度，采用了专用仿真实时数字通信接口技术。如图 12.8 所示为这种接口的系统结构。该接口主要由微机和插在 ISA 总线上的四种插件板(FIFO 数字通信从控板、双端口存储器输出板、双端口存储器输入板及存储器控制板)组成。显然，这种通信方式是通过微处理机和接口电路把仿真机的数据分配给各仿真设备和制导部件的。

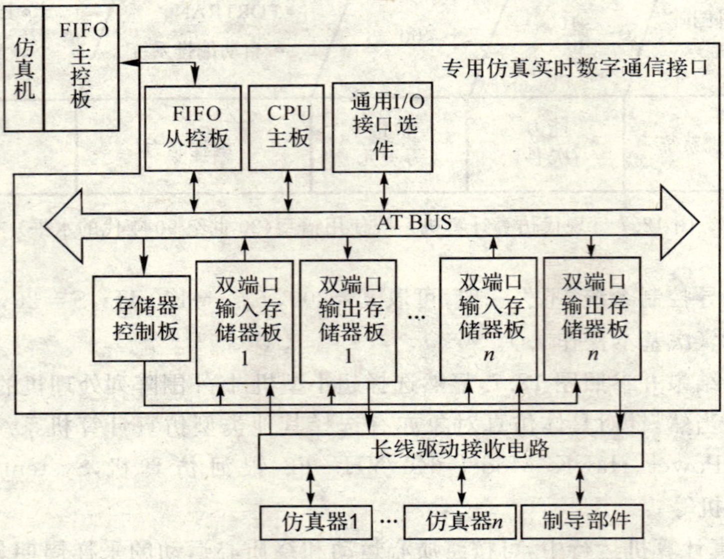

图 12.8　一种采用专用通信处理机管理的实时数字接口技术

(3)飞行模拟转台。飞行模拟转台又叫运动模拟器，分三轴转台和角速率转台，且主要是三轴转台。

三轴转台是安放惯性器件、寻的导引头并响应弹体姿态运动的仿真设备。它能够承受所加的负载，并对制导控制仿真计算机所输出的角位置、角速度、角加速度在允许误差范围内作出响应。

为了保证三轴转台的工作性能，通常要求它应满足如下方面的技术指标：

1)负载尺寸：能够安装整个导引头或惯性器件。

2)负载重量：应使转台设计负荷大于导引头和惯性器件质量。

3)系统频响：是转台的最主要指标之一。设计中应考虑：制导回路的等效带宽、系统信号及噪声的功率谱密度、弹体的振动频率等。为此，目前一般提出满足双十指标和双三指标，即分别为：

$$\text{横滚}\begin{cases}12\ \text{Hz}\\3\ \text{Hz}\end{cases}\qquad \text{俯仰}\begin{cases}10\ \text{Hz}\\3\ \text{Hz}\end{cases}\qquad \text{方位}\begin{cases}8\ \text{Hz}\\3\ \text{Hz}\end{cases}$$

4)各框转角范围：根据导弹飞行过程中 3 个姿态角变化的最大角度决定。其典型值为：横滚$\pm 165°$，俯仰$\pm 160°$，方位$\pm n$圈。

5)最大角加速度：根据导弹飞行中制导指令和噪声产生的最大角加速度和转台所需要的频响而定。目前，转台可达到值为：内框 $40\ 000°/s^2$，中、外框 $7\ 000°/s^2$；一般要求横滚 $3\ 500°/s^2$，俯仰 $2\ 500°/s^2$，方位 $1\ 500°/s^2$。

6)最大角速度：转台的最大角速度应大于导弹飞行可能的最大角速度。目前可做到：内框$\geqslant 400°/s$；中框$\geqslant 200°/s$；外框$\geqslant 200°/s$。一般要求横滚：$350°/s$；，俯仰 $200°/s$，方位 $150°/s$。

7)位置精度：根据导弹类型而定，对于战术导弹，要求达到 10^{-3} 度的量级。典型值为 $0.002°$，$0.001°$(即 $4''$)。

8)速率平稳度：一般为 5×10^{-4}。

9)机械误差：一般要求三轴不垂直度 $15''$；三轴不相交度$\not> 0.5$ mm，安装台面水平误差 $10''$。

10)其他：如保护功能、电磁兼容性、可靠性及工作环境等。

三轴转台按动力源可有液压转台和电动转台，按框架配置形式分卧式和立式两种。目前，一般采用电动三轴转台，并施行数字式控制，由无刷交流力矩电机驱动。典型的三轴电动转台电控系统如图 12.9 所示。

(4) 舵负载模拟器。舵负载模拟器实现给参试舵机施加力矩，用以模拟导弹飞行过程中作用于舵面上的气动铰链力矩。有液压、电动和弹簧机械负载模拟器之分。目前，广泛应用的是电动舵负载模拟器。

对这种模拟器的主要要求是：①结构上正确实现导弹舵面的力矩加载；②负载力矩大小和方向应同飞行状态一致；③负载力矩频带应大于舵系统带宽。为此，对舵负载模拟器提出如下技术指标：

1)最大加载力矩(N·m)：决定于舵面最大铰链力矩，应大于此值的 30%左右。典型值为 50～80 N·m。

2)最大转角：应大于舵面最大偏度，通常取$\pm 30°$。

3)最大角速度：相应于舵面偏转角速度，一般取 $200°/s$。

4)加载梯度：一般根据舵面铰链力矩随飞行状态变化的梯度而定。通常取值范围为 0.5～5 N·m/(°)。

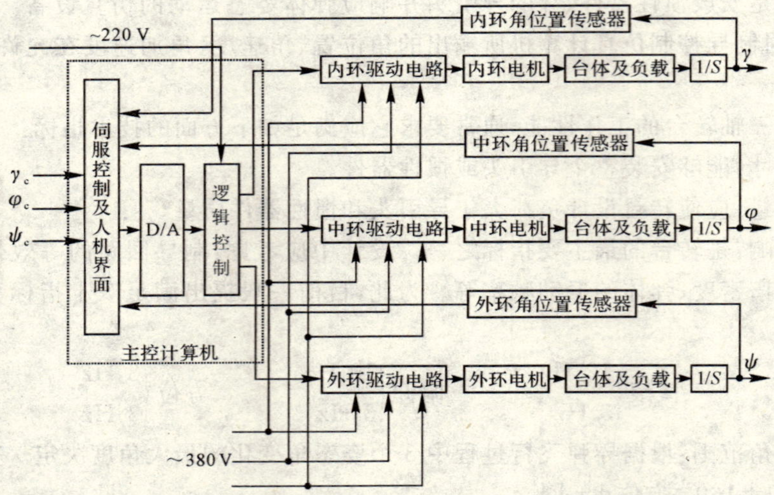

图 12.9 三轴电动转台电控系统框图

5)加载精度:有一定精度要求,但不宜过高。一般取 1%。

6)零位死区:可取 0.5 N·m。

7)多余力下降幅度:可取 80%。

8) 带宽:10 Hz 时,$\frac{\Delta A}{A}<10\%$, $\Delta\varphi<10°$,5 Hz 时,$\frac{\Delta A}{A}<5\%$, $\Delta\varphi<5°$。

9) 通道数:视具体导弹舵面数而定,一般为 4。

(5) 线加速度模拟台。线加速度模拟台实质上是一个离心机,用于线加速度计的静态、标定、动态性能检测和加速度计接入制导回路的系统半实物仿真。当离心机以角速度 ω 稳定旋转时,便在位于半径为 R 的随动台中心产生向心加速度 a 为

$$a=\omega^2 R \tag{12.9}$$

若将被试加速度计安装在单轴转动台上,以与工作半径 R 垂直方向为转角 $\varphi=0$,则加速度计敏感到的轴向角速度为 a_1,且有

$$a_1=\omega^2 R\sin\varphi \tag{12.10}$$

线加速度模拟台的结构型式如图 12.10 示。为了有效地产生线加速度效应,对离心机和随动台必须提出技术指标要求。

离心机的技术指标:

1) 线加速度范围:0.1 ~ 50 g,亦有 > 100 g 的离心机;

2) 线加速度精度:$\Delta a\leqslant 5\times10^{-5}$g, $a<1$g,$\Delta a/a\leqslant 5\times10^{-5}$, $a<1$ g;

3) 角加速度 $\geqslant 10°/s^2$;

4) 工作半径:$R=500$ mm;

5) 驱动方式为直流力矩电机直接驱动;

6) 控制方式采用脉冲调相伺服控制,引入测速反馈,并加入前馈控制。

随动台的技术指标:

1) 负载 1 ~ 3 kg;

2) 最大角速度 500 °/s;

3）最小角速度 0.015 °/s；

4）最大角加速度 2 000 °/s^2；

5）最小角加速度±0.002 °/s^2；

6）静态位置精度±0.002°；

7）频响 4 Hz(5° 相移)。

应该强调指出，线加速度模拟台除用于线加速度仿真外，可以用于导弹气动力和飞行加速度复合物理效应的仿真工具，这时必须施行对离心机和气囊随动装置的协调控制。

(6) 气压高度模拟器。气压高度模拟器又被称为总、静压模拟器。根据气压式高度表的机理，只要能使气压高度模拟器实现使固定容腔内的压力随高度及飞行速度变化而变化，就可以在实验室条件下使用该模拟器进行半实物仿真试验。为此，可设计出如图 12.11 所示的气压高度模拟器。由图可见，该模拟器主要由气源装置、电气伺服装置、真空发射装置、静压封闭容腔、压力传感器及计算机等部分组成。其工作原理如下：计算机装定着气压高低随导弹飞行状态变化的数据库，在计算机控制下，电-气伺服装置将通过 D/A 接口送出与电信号成比例的气体流量至静压封闭容腔，产生气压变化，从而获得与之反应的气压高度和通过压力传感器的压力反馈，以构成闭环。真空发生装置用来对封闭容器腔进行抽真空，以产生负气压信号。当计算机输出信号越大时，通过电-气伺服装置的气体流量越大，真空装置抽真空度越大，产生的负气压便越大。

通常，气压高度模拟器的技术指标如下：

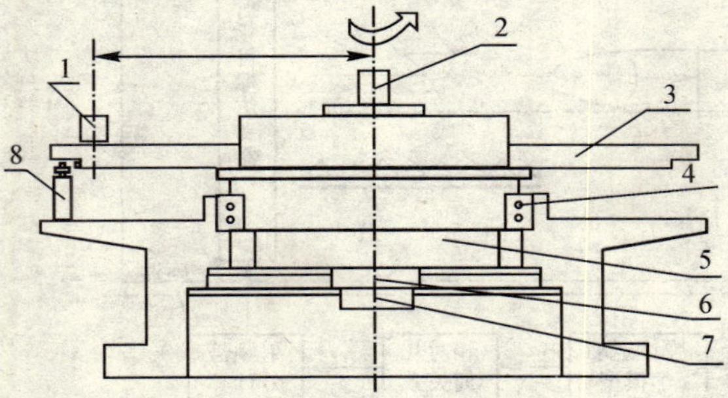

图 12.10　线加速度模拟台结构框图

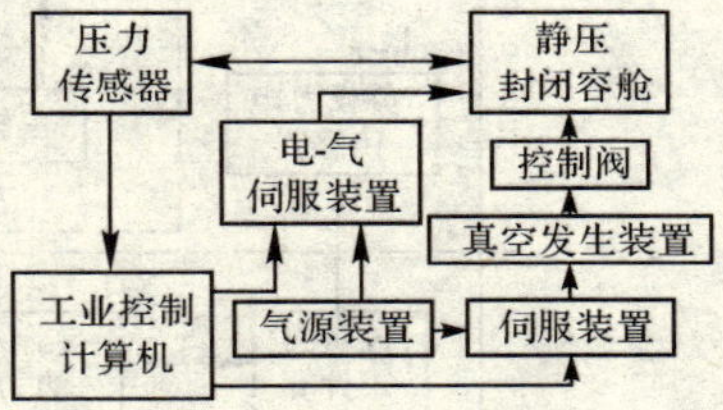

图 12.11　气压高度模拟器结果框图

1）模拟范围：－500 m～11 km，110～22.6 kPa。

2）静态精度：0.2%。

3）动态精度：在 11～22.6 kPa 内任一基础上输入正弦信号。$p=A\sin(2\pi ft)$，$f=0\sim1$ Hz，$A=\pm129$ Pa，允许幅值误差$\dfrac{\Delta A}{A}\leqslant5\%$，允许相位误差 $\varphi\leqslant5°$。

4）最大垂直精度：－70～80 ms。

(7) 目标模拟器。目标模拟器用以仿真目标的物理效应，可能是射频的、红外的、成像的，也可能是光电的；还用以提供目标运动学的各种信息，如飞行速度、高度、加速度和机动能力以及目标的散射特性、角闪烁、振幅起伏、背景及各种有源或无源干扰等。

所有目标模拟器的仿真都基于“相对等效原理”，即仿真目标与真实目标相对于导弹的空间运动特性相同；射频或红外辐射空间特性的仿真等效为仿真目标在导引头上形成的效应与真实目标相等；射频或红外辐射光谱特性等效在工作波段内，真实目标与仿真目标在导引头接收系统入瞳处的辐射通量相等。

目标模拟器有各种型式。按目标信号的馈入方式分辐射式和注入式；按辐射信号的物理性质分微波、毫米波、红外、紫外、红外图像等；按结构分机械式、阵列式、机电混合式、平行光管和复合扩束式等；按注入频率分为中频、视频和低频注入等。通常，指令制导半实物仿真系统采用注入式目标模拟器，而寻的制导半实物仿真系统采用辐射式目标模拟器。目前，获得广泛应用的较先进的目标模拟器，在射频寻的仿真中有阵列式目标模拟器；在红外寻的仿真中，有复合扩束目标模拟器及更先进的红外成像目标模拟器。

12.4.4 半实物仿真系统的典型工程应用

以射频制导系统半实物仿真为例。

(1)引言。射频仿真系统的根本任务是将雷达目标及环境的数学模型，通过计算机及有关射频仿真设备，转化为雷达目标及环境的射频物理效应。射频仿真系统有两种工作方式，即闭环仿真和和开环仿真。前者由导弹制导回路通过射频目标仿真系统和导引头形成闭环仿真系统，用于仿真中检验整个导弹制导控制系统功能和性能。后者仿真时导弹制导回路不闭合，主要用于研究导引头性能，还可以作为闭环仿真前的准备。如图 12.12 所示为闭环射频制导半实物仿真示意图。

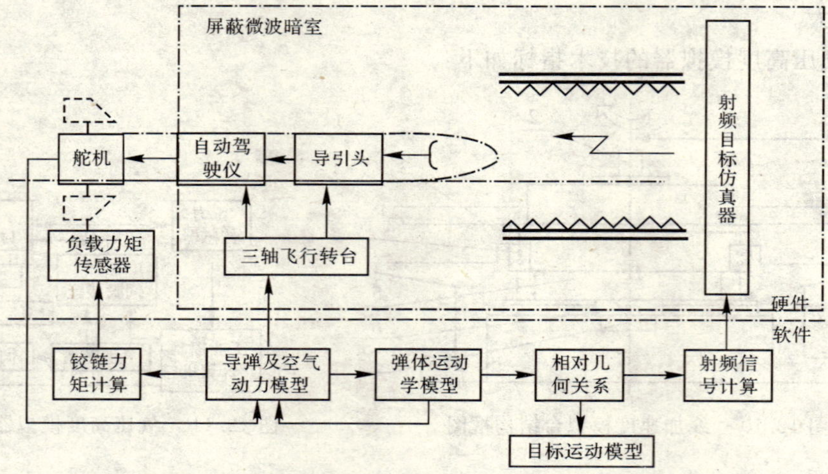

图 12.12 闭环射频制导半实物仿真示意图

(2)系统设计、参数及性能要求：

1)系统设计要求。系统设计要求视仿真实验室性质和任务不同而各异，实验室应用范围及试验内容覆盖面亦显著影响对系统的要求。一般讲，所设计的射频仿真系统，通过制导回路的仿真试验，应达到以下目标：①为研究中的导弹制导控制系统性能验证、评定和修改设计提供依据。②对正在服役的导弹制导控制系统进行性能评估和改进发展提供依据。③辅助新型导弹的制导控制系统设计，并为研究复杂部件及其交联影响的数学模型提供充分的试验数据。④系统应能开展以下仿真试验：用于末制导雷达抗干扰仿真试验，并对末制导雷达的性能进行评估；用于导弹在复杂干扰环境下的模拟打靶试验；开展反辐射导弹攻防对抗仿真试验。

2)基本技术参数及性能要求。射频仿真系统的基本技术参数及性能要求如下：①工作频率范围。一般重点考虑厘米波段，通常能覆盖 0.5～18 GHz 整个微波频段，同时又要兼顾 18～40 GHz 毫米波段。②瞬时带宽和频率捷变能力。通常瞬时带宽要求大于 600 MHz，而频率跟踪精度至少达到 0.5～1 MHz。③暗室尺寸及静区特性。④视场角。系指阵列天线的视场角，通常大一些试验方便，但造价高，应折衷处理。⑤模拟目标数。一般至少要能模拟 2～4 个活动目标，其中一个目标是导弹制导系统的优选攻击目标，其余 1～3 个目标用来模拟次要目标和干扰。如果仿真近距大目标闪烁效应，则需要模拟 6～10 个甚至更多活动目标。⑥模拟目标至转台回转中心的距离。⑦目标位置精度。⑧射频信号形式、极化形式及信号谱纯度。为了节省经费，目标通道和干扰通道一般采用线极化。⑨目标模拟信号的最大有效辐射功率电平、动态范围及分辨力。⑩目标模拟信号的多普勒频率范围及分辨力。⑪目标及环境模型。⑫电子干扰模拟能力。⑬目标模拟信号的更新率（包括目标位置更新率、功率电平更新率、多普勒频率更新率等），其中目标位置更新率一般要求小于 3～5 ms。

(3)系统组成及原理。射频仿真的核心是以射频形式复现雷达导引头的目标信号，包括它的空间属性（距离、距离变化率、角度、角度变化率）和信号特征（幅度、相位、幅度起伏、角闪烁、极化等）。实现射频仿真的方法有 3 类：及机械式、阵列式和机电混合式。目前，世界各国普遍采用阵列式射频目标仿真方法。

阵列式射频目标仿真系统的基本设计思想是采用电路控制的方法实现目标空间角度运动的仿真。其具体方法和原理如下：① 将若干个射频辐射单元按照一定的规律排列成一个阵列（可有 2 元、3 元或 4 元组阵）；② 目标模拟器所模拟的目标信号是以阵列上相邻的 2 个（3 个或 4 个）单元辐射的合成信号来表示；③ 元组阵的等效辐射中心位置可通过一定公式（如米德公式）计算得到，它决定于两辐射元的夹角、信号幅度比和相位差等；④ 利用数控衰减器和数控移相器来分别控制元组内单元的射频信号相对幅度和相位，从而达到控制目标模拟信号在元组内的精确位置的目的；⑤ 借助射频开关矩阵控制射频信号，可使目标模拟信号由一个元组转移到另一个元组，从而实现目标位置的粗略控制。

基于上述方法和原理，如图 12.13 所示给出了阵列式射频仿真系统的基本组成。

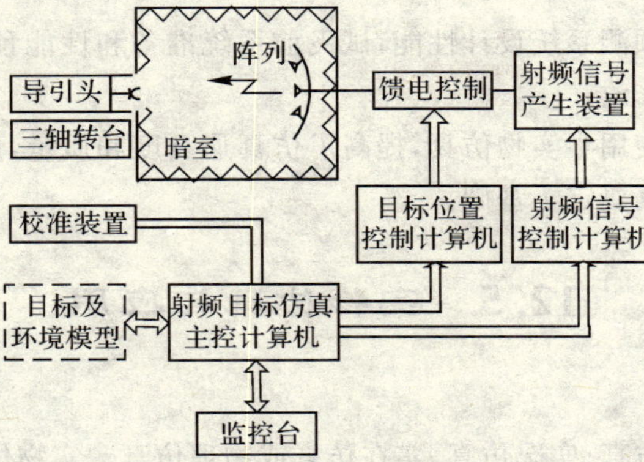

图 12.13　阵列式射频仿真系统的基本组成

由图可知，阵列式射频仿真系统主要由屏蔽微波暗室、目标阵列及阵列馈电控制系统、射频信号生成系统、计算机及接口、目标及环境模型数据库、监控台与记录、显示设备、校准系统等 7 部分组成。

(4)应用范例。在射频制导半实物仿真及其系统构建与应用方面,(美)“爱国者”防空导弹是一个范例。如图 12.14 所示是专门为“爱国者”防空导弹设计与建造的射频半实物仿真系统。

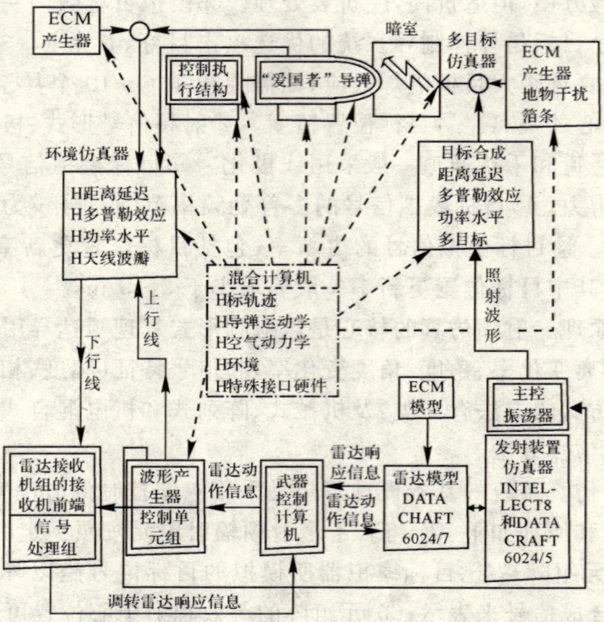

图 12.14 (美)“爱国者”导弹的射频半实物仿真系统

图中,双线实框为接入仿真回路的“爱国者”导弹实物:弹载制导系统、控制执行机构、武器控制计算机、引信装置等。单线实框为仿真硬件或模型。单线虚框是仿真系统所采用的混合仿真计算机系统(包括混合机及其软件、目标模型、导弹动力学与运动学模型、环境模型、专门接口等)。

利用该系统仿真来预测系统设计性能,试飞前系统准备和性能预测,试飞后的结果分析,并进行数学模型验证和修改。

“爱国者”导弹率先使用半实物仿真,提高了仿真逼真度和质量,解决了许多建模难题,为后面相继采用半实物仿真奠定了基础。

12.5 实物仿真与应用

12.5.1 引言

实物仿真又称实体仿真、实况仿真、实在仿真或物理仿真。实物仿真是一种基于真实系统(或试件)和物理效应装置(工程模拟器)的系统仿真方法,也是广泛用于复杂系统仿真的重要方法与技术手段。

12.5.2 特点及作用

实物仿真的显著特点是针对实物进行的,具有真实性和直接性,容易得到期望的物理试验效果,为复杂系统问题研究和系统研发提供可靠地科学依据。

通常，实物仿真对于复杂系统问题研究和系统研发是必不可少的，它的最大作用是作为工程研制、试验、训练和评估的重要技术手段，并对复杂工程系统的有效性进行验证。

12.5.3　主要设备

工程模拟器是实物仿真的专用设备。工程模拟器的类型很多。典型的工程模拟器有：地面“铁鸟台”、“挂飞”实体比例模型和空中飞行模拟器等。

(1)地面“铁鸟台”。地面“铁鸟台”是为复杂工程系统研制所建造的一种全尺寸实物仿真试验设施。如图 12.15 所示为某飞机飞行控制系统“铁鸟台”。由图可见，该“铁鸟台”主要由下列系统构成：①铁鸟试验台架；②模拟驾驶舱（及仪表系统）；③视景系统；④仿真计算机系统；⑤舵面铰链力矩模拟系统；⑥飞行控制系统反馈传感器驱动设备；⑦压力动力源；⑧试验监控与记录系统；⑨系统地面试验器等。

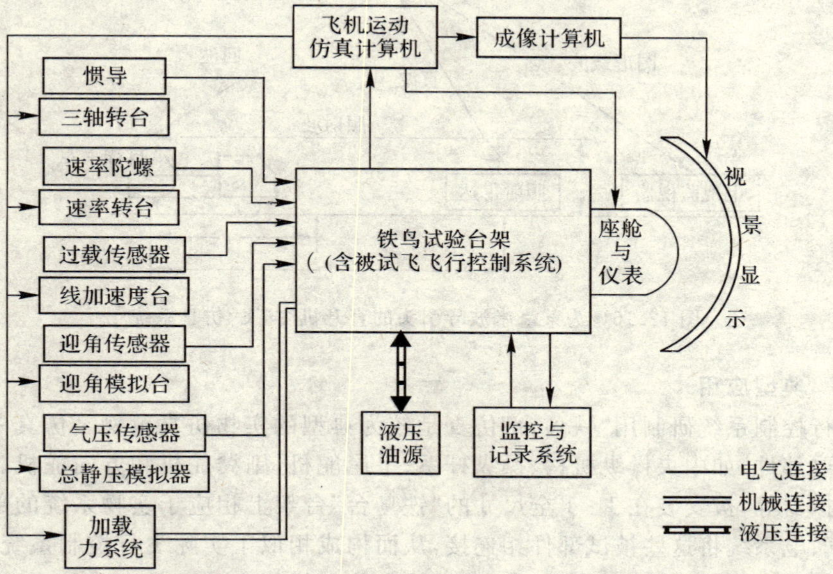

图 12.15　典型的飞行控制系统“铁鸟台”实验设施构成示意图

(2)空中飞行模拟器。空中飞行模拟器又叫空中飞行变稳试验机，俄罗斯称它为空中飞行模拟实验室。

飞行员通过驾驶杆（蹬）来传递控制信息，杆（蹬）的偏移将引起控制对象（飞机）的响应。除上述驾驶外，飞行员还将完成一些附加任务，如调谐无线电波和用无线电通话，观察外部环境等。

这样，按照相似原理人们完全可以在地面实验室条件下，构筑出一个同上述实际飞行中的人-机系统相似的飞行模拟系统，使其动态过程与飞机实际空间运动变化及效应相似。

从系统学和信息论的观点讲，两个系统相似根本上在于保证它们的信息相似，而对于人-机系统，关键在于保持他们间的几何信息、动力学信息及环境信息相似。为此，在设计和建造地面飞行模拟器时，必须保证它同实际飞机和飞行在如下方面相似。

(3)“挂飞”实体比例模型。挂飞试验主要是针对寻的导引头所进行的外场飞行试验。寻的头的动态挂飞试验室利用运动载体，把寻的头吊挂其上，研究寻的头在动态飞行条件下，对实际背景中真实目标的截获跟踪能力，检验寻的头工作的稳定性和可靠性。

挂飞试验可用许多方法吊挂寻的头，但最理想的办法是采用通用吊舱，它包括以下几个部分：①光学同步监视系统；②伺服系统；③记录采样系统；④微机系统；⑤电源系统；⑥头罩；⑦吊舱整体结构等。

以毫米波半主动导引头动态挂飞试验为例。它的目的是检验导引头在运动状态下，在杂波背景中检测运动目标的能力，检验导引头的截获距离，评估导引头对目标的跟着精度。如图12.16所示给出了某毫米波导引头的直升机“挂飞”仿真系统构成图。

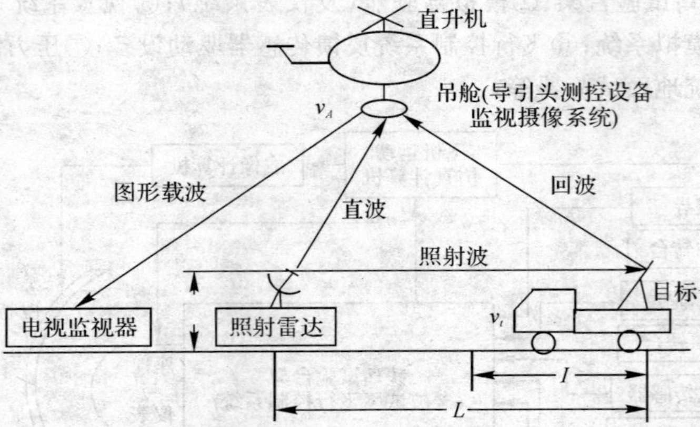

图 12.16　为某毫米波导引头的直升机“挂飞”仿真系统

12.5.4　典型应用

飞机飞行控制系统研制用“铁鸟台”仿真是较为典型的实物仿真范例。仿真中，被试飞行控制系统主要部件，如中央操纵机构、操纵杆系、平尾舵机、副翼舵机和方向舵机、控制面及传动装置的模拟器等，被安装在1∶1全尺寸的“铁鸟台”台架上相应于实物系统的部位，并利用真实的液、气、电系统将这些被试部件相连接，从而构成相似于实际飞行控制系统的“铁鸟台”实物仿真系统。该系统除“铁鸟台”架外，还设计安装着模拟座舱及其飞行仪表、视景、音响等模拟装置。

模拟驾驶舱要尽量与被模拟飞机的驾驶舱一致，座舱内装有真实的驾驶杆组件、脚蹬组件、油门操纵机构和飞行控制系统控制显示组件等。模拟驾驶舱中安装的仪表主要是分析参数的指示仪表，一般有地平仪指示器、空速—Ma数组合指示器、高度组合表、综合航向指示器、升降速度—转弯侧滑仪、过载表、迎角指示器、发动机转速表及飞行控制系统专用指示器等。有平视显示器和下视显示器的飞机还应有相应的模拟装置。

各飞行仪表是由相应的传感器提供指令信号，其信号来自安装在机体上的垂直陀螺会惯导平台。

视景系统用于飞机驾驶窗外的景象模拟，给飞行员提供实时地景象。视景系统的图像生成几乎都被计算机成像技术所取代。成像计算机生产地图像要通过显示装置(如彩色显示器)显示出来。采用虚拟现实技术后，景象在驾驶员所戴的特制头盔内显示，图像生成的指令由特制的数据手套给出。音响系统是通过分布在座舱周围的扬声器向驾驶员提供声响感觉。音响系统用于模拟飞机发动机开车的噪声，收放起落架噪声和机轮接地的撞击声等。

飞行控制铁鸟综合试验中用仿真计算机实时解算飞机六自由度非线性运动方程发动机推

力方程来模拟飞机的飞行过程。仿真计算机有足够大的存储能力，在试验中可在线存储各种飞行参数。还具备优良的 A/D 接口，来接受外部传感器模拟电量的输入和优良的 D/A 接口以便驱动速率台、迎角台、三轴转台、加速度转台、总静态模拟器和舵面铰链力矩模拟器等模拟设备。

在试验中，按规定的载荷谱施加相应的力给液压舵机来实现气动铰链力矩的模拟。模拟飞行控制面气动铰链力矩的电液伺服系统是一个强位置运动干扰的力系统，由加载作动筒、电液伺服阀、力传感器和电子控制器构成。

在铁鸟试验中飞机运动是由计算机仿真实现，各类传感器安装在相应的驱动设备上，仿真计算机算出飞机运动参量指令相应地驱动设备，使传感器能够参与铁鸟试验。各种传感器的驱动设备主要有：单轴速率转台、线加速度模拟台、三轴伺服转台、迎角模拟器、总静压模拟器等。

飞行控制铁鸟试验需要多种油源系统，其中有飞机液压油源和地面设备专用油源。

为了试验安全和协调工作，在试验的中央控制室设有电视监控系统。试验记录系统式飞行控制铁鸟综合试验的重要子系统。在试验中进行动态响应测量的主要设备室频率响应分析仪和专用的控制系统分析仪。

在铁鸟试验必须设置一个完善的试验器。试验器最基本的功用是放行和截断流进飞行控制计算机和流出飞行控制计算机的各类信号；国外称为“Break—Box”、PBIT 检测试验、参数调节正确性检查、伺服作动系统性能测试、系统开环特性测试、系统稳定性试验、闭环频率响应试验、时域响应试验、开环余度管理试验、闭环余度管理试验、驾驶员感觉评定试验及软件信任性试验等。

12.6　面向对象仿真与应用

12.6.1　引言

面向对象的方法学认为：宏观世界由各种对象所组成，任何事物都是对象，每个对象都有自己的运行规律和内部状态。通过类比，具有相同特征和功能的对象形成“对象类”，每个对象就是该“对象类”的一个实例。据此，不同对象的组合及相互作用就构成了所研究的复杂系统。于是，面向对象的问题求解可表示为：问题求解＝模型＋对象＋消息响应。

这种面向对象的问题求解操作将通过对象发送消息以及消息的接收、传递和处理来实现。

面向对象的基本原则是封装、继承和多态，从而改为传统仿真方法，在仿真数据结构、运行和调用等方面都提供了新机型，使其符合人的思维方式，并为软件的模块化和重用奠定了良好基础。因此，面向对象仿真技术已成为研发大型复杂系统分布式仿真的重要手段。

12.6.2　主要思想和原理

基于面向对象技术的仿真主要思想和原理体现在如下 4 个方面：

1)面向对象方法支持三种基本活动：识别对象种类、描述对象种类间的关系，以及通过描述每个类的功能定义对象行为；

2)将复杂系统按层次划分，通过模块建模和集成与协调技术形成整个仿真系统；

3)利用面向对象的统一建模语言（UML）和 Rationa/Rose 软件创建出复杂系统仿真

环境；

4)采用模型—视图—控制者架构(MVC)使所使用的数据与显示和操纵数据的用户接口相分离，并通过消息传递进行通信，以实现典型的标准交互和人在回路的仿真设计(见图12.17)。

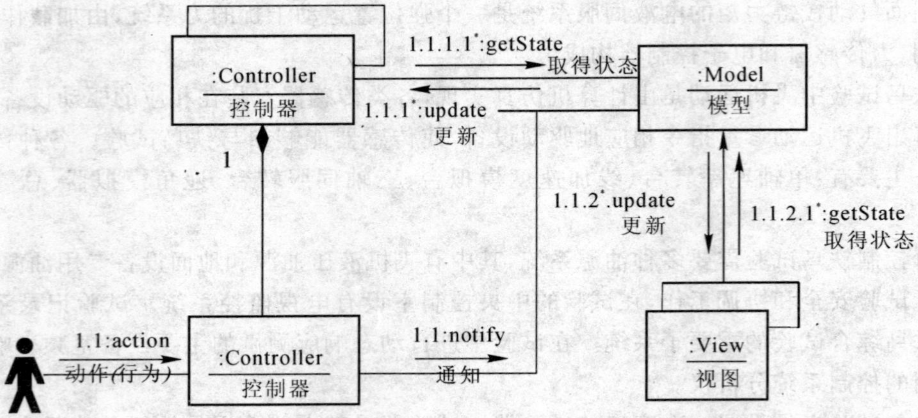

图 12.17　MVC 架构中的信息交互

12.6.3　应用实例

例 12.1　某水下武器的面向对象仿真。

(1) 设计方法。采用面向对象分析与设计方法，并建立该武器仿真系统的层次结构模型及主要信息流向关系；采用面向对象程序设计方法，通过对该武器系统仿真算法类、参数模型类、仿真模型类、试验框架类等类库设计，实现一个开放性仿真软件体系结构。

(2) 系统模型块划分。仿真系统的顶层模块包括：发射载体、武器、目标、作战环境、试验分析和演示系统等 6 个子模块。每个子模块又可分解出多个子模块，如武器的子模块为：总体结构、动力系统、控制系统、导航系统、自导系统、导引系统、引战系统、自噪声、信息管理等。对于武器各个子模块还可以进一步划分，如总体结构子模块还可以分为结构布局子模块与动力学特性子模块等。其他模块划分与之类似。

(3)模块间数据关系。模块间的数据用以描述信息的流动和处理情况。通常用数据流图表示。如图 12.18(a)和(b)所示给出了武器系统顶层和子模块的数据流图，其他基本类似。

(4) 软件总体结构。该武器系统仿真软件以系统对象为基本模块，其总体结构如图 12.19 所示。

(5)类结构设计。类结构设计主要包括仿真算法类库、参数模型类库、仿真模型类库和试验框架类库的设计。

(6)仿真总流程。该武器系统的仿真总流程如图 12.20 所示。

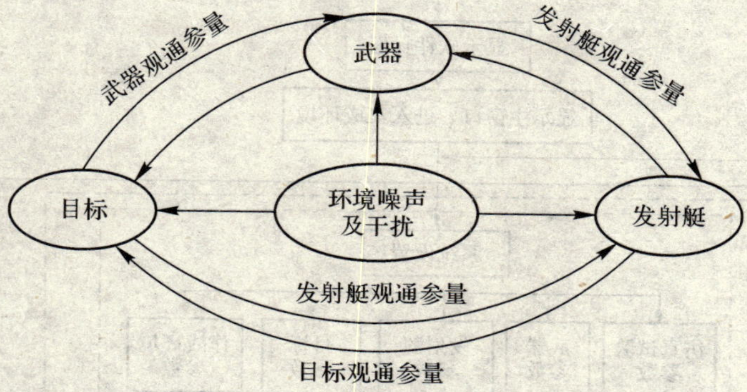

(a)

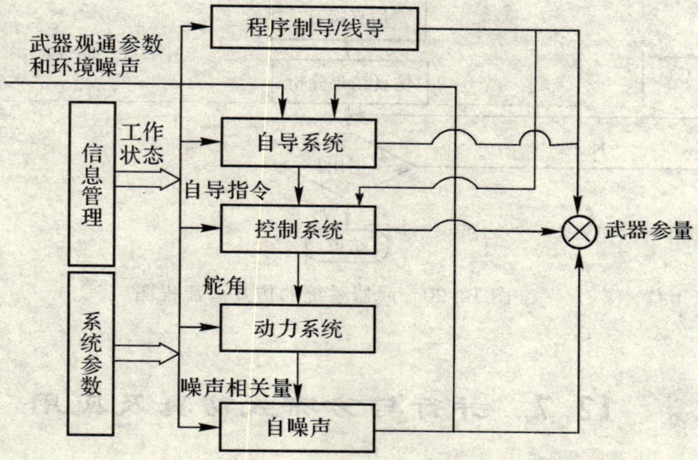

(b)

图 12.18　武器系统顶层和子模块的数据流图

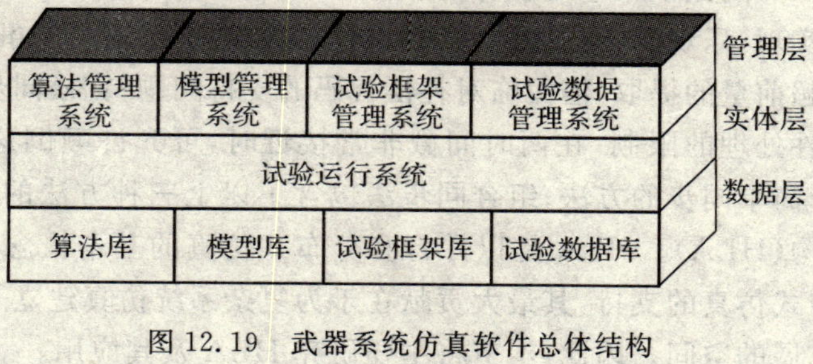

图 12.19　武器系统仿真软件总体结构

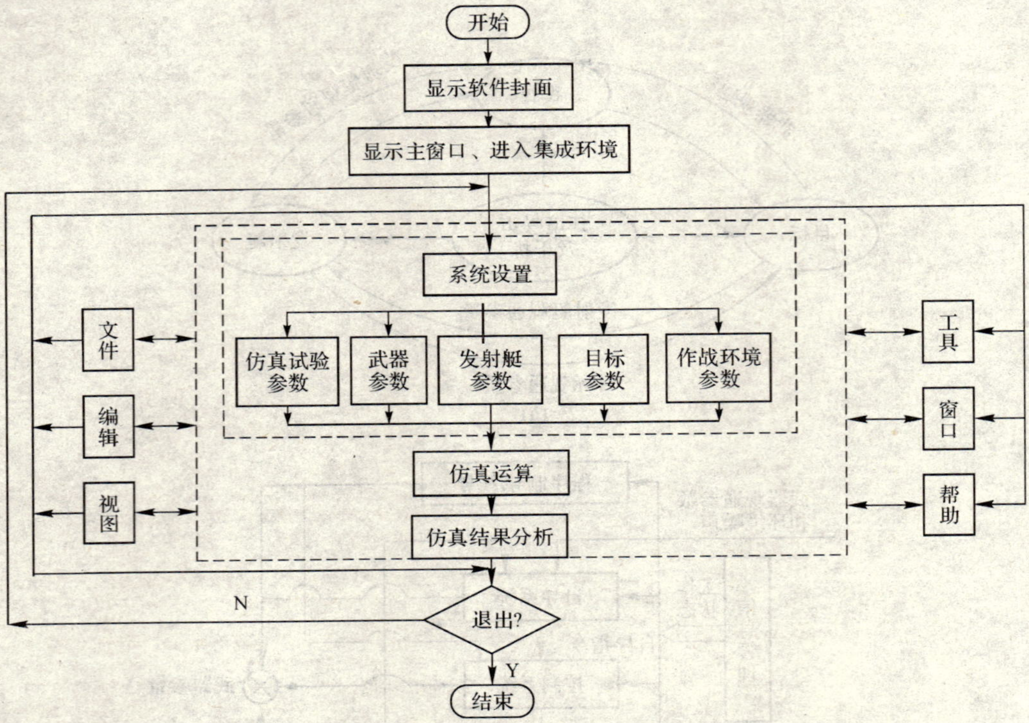

图 12.20　武器系统的仿真总流程图

12.7　并行与分布式仿真及应用

12.7.1　引言

并行与分布式仿真(PADS)是解决复杂系统特别是分布式系统仿真最有效的技术途径，也是实现并行控制和计算的最佳方法之一。因此，PADS 在仿真领域得到了广泛应用。

并行仿真方法可大致分为空间并行和时间并行两种模式。在并行仿真中，通常使用四种方法，即保守同步法、乐观同步法、宽松同步法及组合同步法。保守同步法总是确保在每个逻辑进程内都稳妥地以时间戳顺序来处理仿真事件，其突出优点在于，若规定了超前量值，则比乐观同步法更易于实现；乐观同步法通过乐观地处理溢出超前量窗口的事件来规避阻塞等待。这种方法消除了对超前量的提取，但面临对补偿代码的支持问题；宽松同步放宽了严格按照时间戳顺序来进行事件处理的限制，在两时间戳非常接近时，可允许颠倒这两个事件的处理顺序，从而提供了一个简单同步的方法；组合同步法包含了以上三种方法的各个元素，其实际应用就是高层体系结构(HLA)。HLA 是以并行和分布式仿真的基本概念为基础的，包括对时空同步的并行/分布式仿真的支持，其最大贡献在于为复杂系统仿真建立了一个通用标准技术框架，并给于不断扩展的空间。因此，本节将主要研究 HLA 及其应用。

12.7.2　HLA 的基本术语、组成与核心

(1)基本术语：

1)联邦(Federation)——在 HLA 中，实现某种特定仿真目的，彼此间需要交互作用的仿

真系统，支撑软件及其他相关部件组成的整个仿真系统。联邦是个层次概念，它可以是更复杂系统的一个联邦成员。

2)联邦成员(Federates)——所有参与联邦的仿真应用系统、支撑软件和相关部件。

3)对象(Objects)——联邦对某一应用领域内所要仿真的实体建立的模型。

4)联邦系统——开放式的分布交互仿真系统，具有开放性和可拓展性。

5)规则(Rules)——描述符合 HLA 规范的联邦及联邦成员应遵循的基本原则。

6)对象模型(FOM)——描述联邦执行中联邦成员之间进行交互的全部共享信息。

7)对象模型模板(SOM)——描述单个成员加入联邦时对联邦其他成员信息的需求及其向联邦其他成员提供信息的能力。

8)接口规范说明——联邦运行过程中支持联邦成员之间互操作的标准服务。

9)联邦运行支撑系统(RTI)——HLA 接口规范的具体实现管理系统。

(2)体系组成。HLA 是一个开放的、支持面向对象仿真的体系结构。HLA 体系规范由上述规则、对象模型模板和接口规范说明等 3 部分组成。它采用面向对象的方法学与技术来分析系统，建立不同层次和粒度的对象模型，按照对象模型模板提供信息，通过联邦运行支撑系统运行，从而促进了复杂仿真系统和仿真部件的重用。

(3)核心部件 RTI。联邦运行支撑(RTI)系统是基于 HLA 仿真的核心部件。它使仿真应用与底层通信相分离，为仿真应用提供通用的、相对独立的支撑服务，包括联邦管理、声明管理、对象管理、所有权管理、时间管理和数据分发管理等六大服务，其功能类似于计算机分布式操作系统。

12.7.3　HLA 的突出特点

与分布交互式仿真(DIS)相比，HLA 具有如下突出特点：

(1)在体系结构上，定义了一种基于联邦成员(或组件)的框架体系结构，其中联邦成员是构建联邦的基本单元，也是软件重用的基本单元。

(2)通信机制上，主要采用组播通信方式，从而减少网络流量，更节省带宽，并易于实现互操作和可重用。

(3)时间机制上，支持多种时间管理策略，可保证各联邦成员机制协调运行。

(4)采用面向对象的组件框架体系结构和公布/定购机制及使用 OMT 来进行 FOM/SOM 设计，从而促进了仿真系统的开放性、互操作性和扩展性。

(5)基于 HLA 的仿真环境具有互操作性、可重用性等主要分布式特征，其设计实现由联邦开发执行过程(FEDEP)来支持。FEDEP 是一个可扩展的系统工程，它提供了高层的概念框架，以组织联邦整个生命周期中从联邦开发活动到联邦执行的全过程。该过程模型由 6 个基本部分构成，如图 12.21 所示。

图 12.21　FEDEP 模型框架

12.7.4 基于 HLA 的复杂系统仿真过程及主要环节

如图 12.22 所示给出了基于 HLA 的复杂系统仿真一般过程：

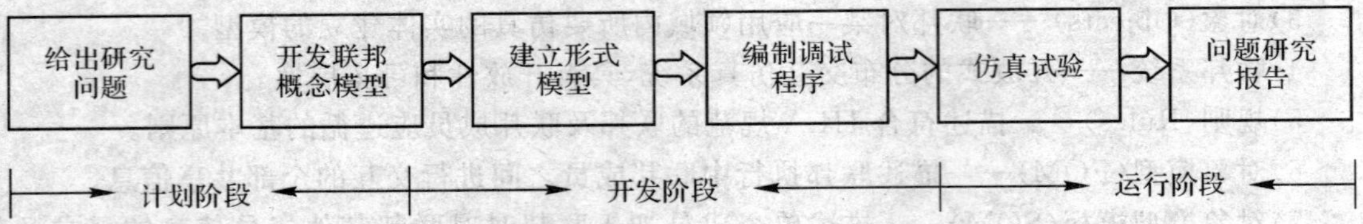

图 12.22 基于 HLA 的复杂系统仿真过程

该仿真过程的主要环节包括：开放式应用体系结构设计、仿真系统数学模型建立、FOM/SOM 设计、仿真联邦成员的应用框架设计、联邦管理系统设计、系统集成与应用运行分析等。

(1)开放式应用系统结构设计。这一阶段的主要任务是：开发联邦的概念模型，进行想定开发，选择和定义联邦成员，并构建具体联邦应用的技术实施方案等。

(2)仿真系统数学模型建立与 FOM/SOM 设计。复杂系统设计的模型复杂、多样，大致可概括为 5 类：实体模型、想定模型、环境模型、管理模型及分析与评估模型。这些模型建立可采用前述合适的建模方法。HLA 中想定联邦必须按照 OMT 定义联邦两类对象模型 FOM 和 SOM 作为联邦运行的基本元素。FOM/SOM 设计通常在系统详细设计之前完成，是联邦进行交互的基础。设计中，可采用 HLA 建模工具 Lab Works 的对象建模工具 OMDT 来服务于 FOM/SOM 的设计。

(3)仿真联邦成员的应用框架设计。基于 RTI 应用编程接口(API)开发方式是开发 HLA 联邦成员的最基本方法。但是，利用这种方法时开发者既要花费很大精力，又需要 HLA 知识和 RTI 接口编程技能。因此，针对仿真领域，设计联邦成员软件应用框架是一条简便而快捷的途径。通常，采用面向对象的应用框架设计方法，大体分为实践法和系统法两类。如图 12.23(a)和(b)所示分别给出了这两种设计框架的过程。在应用框架设计中，根据仿真领域特点和设计策略，可建立联邦成员软件层次化框架结构，一般分为 3 层：仿真应用层、可重用层和底层 RTI。同时，还应注重 RTI 接口组件设计与实现，而框架的动态行为通常可以使用例图和对象交互图来描述。

(4)联邦管理系统设计与实现。实际仿真应用需要参与联邦运行的个联邦成员间保持同步。对此，HLA 接口规范中的联邦管理服务，以标准化的方式来协调联邦成员间的同步。设计的联邦运行管理子系统完成联邦执行的创建/销毁、动态控制、监测联邦及联邦成员的状态信息等功能。

除此，基于 HLA 的复杂仿真系统还包括监控子系统和数据采集与回放子系统等。前者将创建一种可视化环境，用于二／三维显示和动态实体信息处理；后者主要负责采集仿真运行过程中的 FOM 表中对应的所有实体对象属性及事件交互信息，并在电子设备的支持下完成仿真过程回放。

(5)系统集成与应用分析。在上述个部分设计与实现的基础上，为了构成完整的仿真系统并达到应用目标，进行系统集成与应用分析是很关键的环节。这阶段的主要工作是基于软件工程化原则和局域网环境下，创建由多联邦成员计算机组成仿真综合环境，实现与二维/三维显示系统及有关 DIS 分系统(若采用 DIS/HLA 混合系统)的连接，进行以仿真应用为例的集成、测试与运行，并分析系统运行效果。

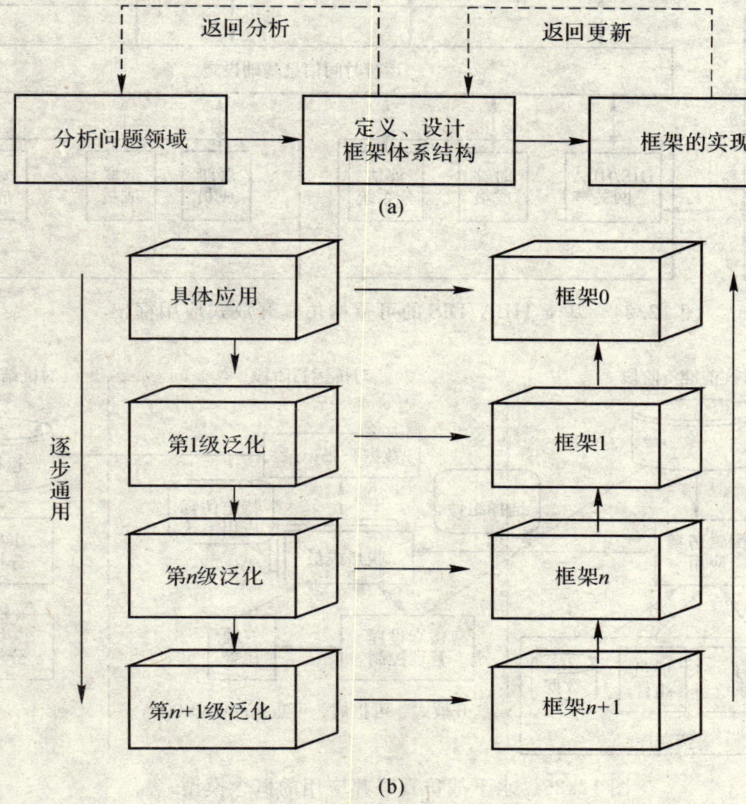

图 12.23　实践法和系统法设计框架过程

(a)实践性；(b)系统法

12.7.5　应用实例

例 12.2　基于 HLA 的水下战仿真系统。

该系统从水下战应用需求出发，采用面向对象设计方法，开发了一个基于 HLA/DIS 的水下战应用仿真平台。无论从对象系统 M&S 的复杂性，还是从先进的并行与分布交互仿真技术应用看，它都是一项典型范例。

该例首先根据水下对抗仿真应用系统和具体的仿真实验任务，构建了一个基于 HLA/DIS 的仿真开放式应用体系结构，如图 12.24 所示。

然后在此基础上，开发出水下战仿真联邦应用的概念模型，如图 12.25 所示。

接着在完成数学模型及 FOM/SOM 设计、想定生成、联邦管理与监控等工作之后，通过组件重组方式和局域网，实现了系统集成，构建出不同配系的水下战分布交互式仿真应用系统，并进行多种对抗样式的仿真实验(见图 12.26)。

利用仿真试验平台的运行结果，进行仿真分析是该仿真系统的最终目标。

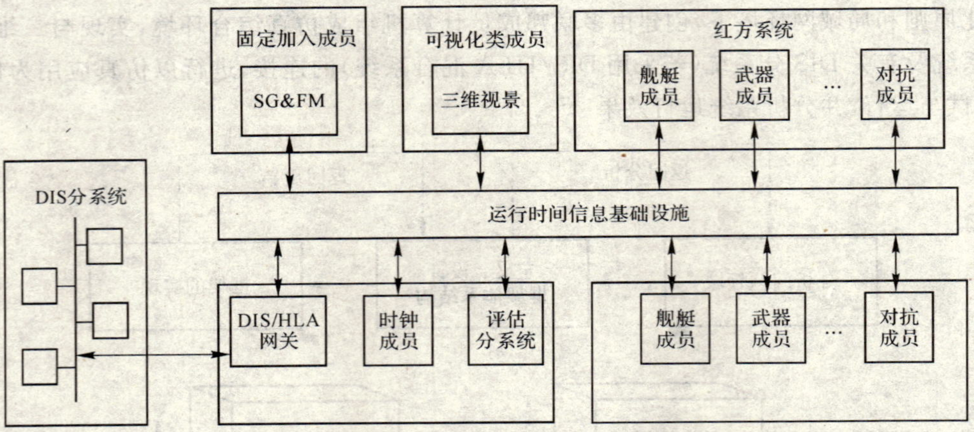

图 12.24　基于 HLA/DIS 的可重构仿真开放式应用框架

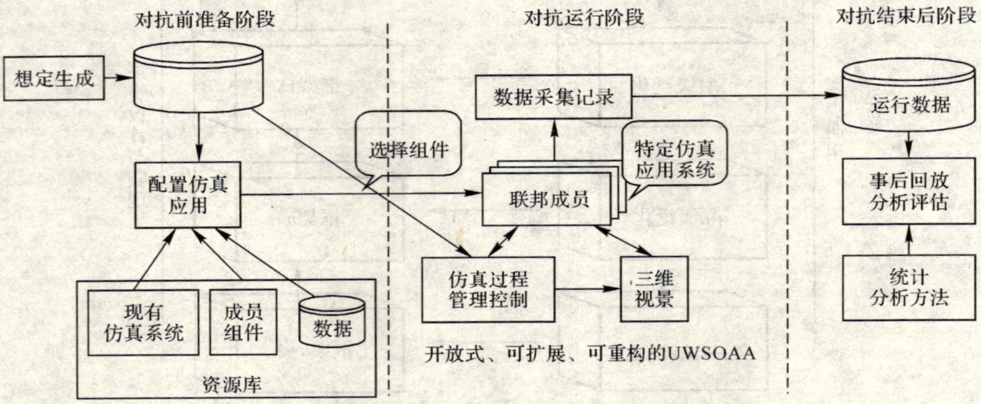

图 12.25　水下战仿真联邦应用的概念模型

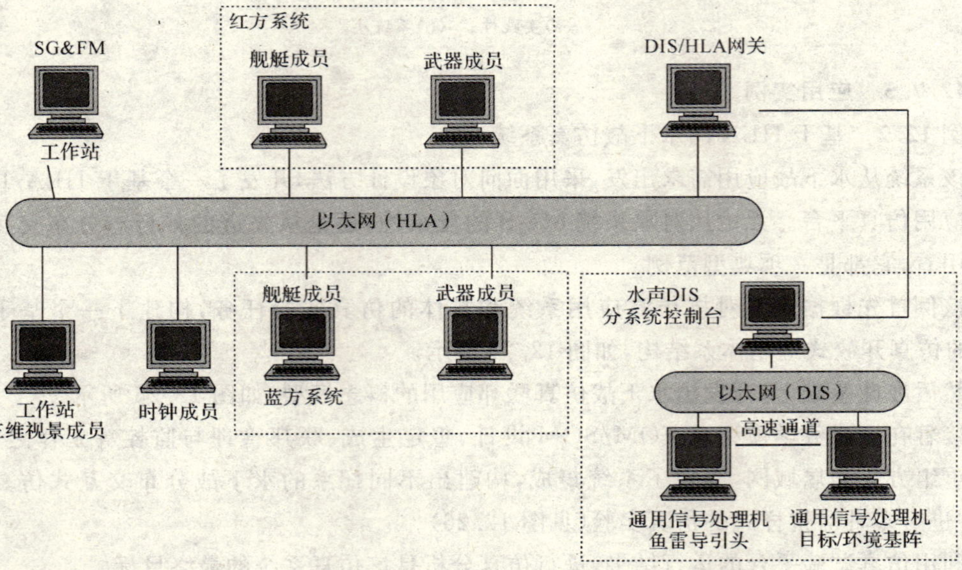

图 12.26　仿真试验运行环境的网络拓扑图

12.8　多媒体/虚拟仿真与应用

12.8.1　多媒体仿真概念

所谓多媒体仿真，是指采用不同媒体形态描述不同性质的模型信息，建立反映系统内在运动规律和外在表现形式的多媒体仿真模型，并在多媒体计算机上运行，产生定性、定量相结合的系统动态演变过程，从而获取关于系统的感性和理性认识。

与 VR(虚拟现实)技术一样，多媒体仿真的目标也是为了减少人类和技术之间的障碍。因而，多媒体仿真属于感受计算的一种，它试图通过将仿真所产生的信息和数据转变成为可视感受的场景、图示和过程(历史的和未来的)，以辅助人们进行决策。

为仿真过程及结果增加文本提示，图形、图像乃至动画表现的仿真，称为可视化仿真。与可视化仿真相比，多媒体仿真技术充分地利用了视觉和听觉媒体的处理与合成技术，更加强调头脑、视觉和听觉的体验，使得仿真过程中人-机交互手段更加丰富。所以，多媒体仿真完全可以取代可视化仿真，因为前者的多媒体化已经包含了可视化的全部内容。

广义地说，多媒体仿真系统是一种桌面型、低价位的虚拟仿真系统，是虚拟仿真系统在低档次计算机平台上的一种实现。多媒体仿真充分利用了文本、图表、图片、二维/三维动画、影像和声音等多媒体手段，将可视化、临场感、义互、引导结合到一起来产生一种沉浸感，使仿真中的人-机交互方式向自然更靠近一步。但多媒体仿真不像虚拟仿真系统强调仿真实体的虚拟化，而是允许将实景图像与虚拟景象相结合来产生"半虚拟"环境。不强求人机交互要达到运用身体动作等自然技能程度，而更强调具体的仿真应用背景。

12.8.2　多媒体仿真的研究方法与应用

(1)MSP 一体化方法论。多媒体仿真遵循建模—仿真—表现(MSP)一体化的方法论，简称 MSP 方法论。在 MSP 方法论中，多媒体仿真模型由下述三部分组成：①数学逻辑模型(MLM)。描述实体的各种属性和系统变化的数学逻辑规律。②仿真执行模型(SEM)。描述仿真借以执行的事件-状态影响链路。③表现与交互模型(PIM)。描述系统状态变化时伴随发生的感观体验及仿真过程中的人-机交互影响关系。

多媒体仿真建模环境支持用户建立系统的仿真模型、仿真器根据仿真策略及 SEM 和 MLM 推进仿真模型的运行并产生模型的动态行为，多媒体表现服务器则根据 PIM 实时完成实体行为的多媒体表现。基于 MSP 方法论的多媒体仿真系统层次结构如图 12.27 所示。

按照多媒体仿真 MSP 方法论，可以建立称为"自治的多媒体对象仿真"自治的多媒体对象仿真"建模概念框架，简称为 Auto Studio 方法论。其核心是多媒体仿真对象(MOS)，它是指一个 MLM，SEM，PIM 三位一体的建模单元。该建模概念框架具体包含 3 个方面的内容，即面向对象、面向媒体及面向自治。这里不再介绍。

(2)多媒体仿真研究方法特点。多媒体仿真研究方法有如下特点：

1)对象模型属性的多媒体化。建模者不仅要对实体对象的量化属性(参数和状态)进行定义和描述，还要对其多媒体属性进行定义和描述。如定义导弹对象时，除了要定义其外形尺寸、发动机推力等参数和描述导弹运动的状态变量外，还要定义导弹的二维图标/三维造型和发射爆炸的声音等多媒体属性。

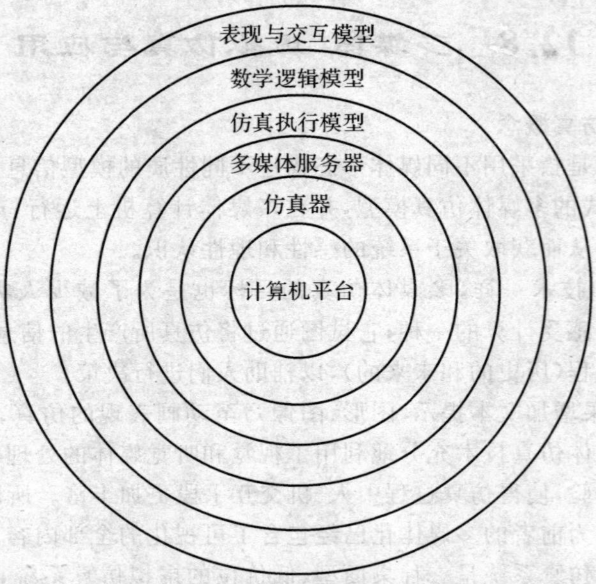

图 12.27　多媒体仿真系统的层次结构

2)仿真模型的二重性。多媒体仿真模型具有系统模型和表现模型的二重性。亦即,多媒体仿真模型既是产生仿真数据的计算模型,又是进行仿真动态结果多媒体演示的表现模型。

3)抽象时空与形象时空的一致性。多媒体仿真中的抽象时空和形象时空具有一一对应的映射关系。因此,参与仿真的人员可以不必对抽象的数学逻辑模型有太多的了解。即可从形象、生动的仿真演示中得到对仿真结果的充分认识,并对仿真模型的某些方面进行干预。

4)人的感官和思维活动进入仿真回路中。用户可在形象时空中获得生动的感观体验,即人的感官和思维进入了仿真回路。

多媒体仿真技术的研究与开发正在我国展开,并取得了一些成果。例如,国防科技在学研制的多媒体仿真环境 Simstudio 1.0。该仿真环境运行在 SGI Indy 工作站上,采用 MSP/Auto Studio 建模方法论和对象 Euler 网建模方法,以图形化的建模工具支持用户建立多媒体仿真对象模型,支持将多媒体仿真表现脚本嵌入对象模型中,可以进行连续/离散事件混合系统的多媒体仿真。

12.8.3　VR 与分布式虚拟现实(DVR)仿真技术与应用

(1)概述。虚拟现实仿真与分布式虚拟现实仿真统称为虚拟仿真。虚拟仿真是基于 VR 理论和在 VR 与 DVR 硬、软工具开发的虚拟环境(VE)下进行的仿真方法与技术。这种仿真方法对于系统仿真 M&S 起着变革性的重大作用,发展非常迅速,应用范围不断扩大。

VR 仿真起源于航空、航天部门,在军事仿真领域中首先得到应用。例如,美国在 20 世纪 90 年代初研制的 SIMNET 项目,就利用了 VR 技术和 DIS 技术将 6 万多辆坦克、战车仿真器运行在同一虚拟战场中,使位于德国的仿真器和位于美国的仿真器进行攻防对抗作战演习;又如,海湾战争期间,美军应用 DVR 技术进行攻击前的模拟演练,以验证其作战计划和提高攻击效果。

截至目前,VR 仿真应用已相当广泛,飞行模拟器、虚拟战场、虚拟样机、虚拟制造、虚拟采办等都是 VR 仿真技术应用的重要领域。

(2)VR 仿真的硬、软工具。在第 2 章中，已讲过虚拟现实技术及其系统的构成，这是 VR 仿真的重要基础。除此，对于 VR 仿真来说，支撑它的硬、软件工具是至关重要的。

1)硬件设备。VR 硬件设备主要有传感器、视觉设备和三维声音设备：①传感器。应用于 VR 系统的主要传感器有跟踪传感器、力反馈传感器和接口系统。系统跟踪传感器用于对用户头部位置和方向的精确跟踪，以及手的跟踪；力反馈传感器用以实时感知手势和虚拟环境中的反馈信息；接口系统则是施加于操作人员受上作用力的再现装置。②视觉设备。视觉设备又称为显示设备。用于 VR 系统的典型视觉设备是军用头盔显示器(如 Sim Eye HMD)、通用头盔显示器(如 Datavisor HMD)和吊杆设备(如 BOOM3C)。③三维声音设备。三维声音设备实质是能够产生实时三维声音的数字音频信号处理系统。目前代表产品是 Crystal River 公司开发的 Convolvotron Beachtron Aconstertron 和 Alphatron。

除此，集成的虚拟现实系统(如 PROVISION100，V—PC 等)反映了 VR 系统硬件设备的发展趋势。

2)软件环境。软件是 VR 系统硬件集成的关键和处理/过程中协调任务的总体框架，被用于虚拟世界建模、物理行为仿真和支持实时环境交互。它主要包括：虚拟世界建模中的输入模型(如 AutoCAD，3Dstudio，Wavefront，ComputerVision 等)；虚拟环境物理仿真中的 dVISE，Jack，Superscape，VRT 等；虚拟现实工具箱 dVISE，World，Toolkit，VRT 等；虚拟现实开发环境 OpenGL，Vega，MultiGen，Creator 等。除此，还有我国自主研发的分布式虚拟环境 DVENET。

(3)典型应用。

例 12.4　虚拟战场。

虚拟仿真技术与计算机网络技术相结合，从而创建了虚拟战场。它突破了作战、训练和武器装备研究相互独立的传统方法，为大规模联合、协同作战提供了迄今为止最理想的战场仿真环境。

虚拟战场是一种涉及网络管理、人-机交互、环境渲染、行为生成、系统监控等多部分建模与仿真技术的复杂仿真系统。它通常由核心子系统、辅助支撑环境、管理与维护环境三大部分组成。核心子系统是虚拟战场的主框架，包括计算机生成兵力(CGF)、武器系统仿真、合成环境仿真、C^4ISR 仿真系统等；辅助支撑环境主要包括用于监测和控制系统运行的辅助软件工具和分布式仿真协议(如 HLA，DIS，ALSP 等)；管理与维护环境主要包括想定维护、模型维护、系统评估和管理机构等。

综上述，整个虚拟战场的构成如图 12.28 所示。

虚拟战场技术及系统作为军事系统分析领域的新技术手段，应用范围和前景是相当广阔的，主要体现在：①军事教育训练(包括武器操作训练、辅助军事教学等)；②作战模拟(作为陆、海、空及联合作战实验室的作战模拟的主要手段和工具)；③国防系统分析与战略决策(主要进行指挥控制作战系统仿真、研究作战软件、协同作战决策分析、优化作战方案等)；④武器系统分析与评估(在对武器系统全生命周期开发中提供完整、理想的试验环境，并探索未来武器系统)；⑤实施虚拟采办(变革传统的武器采办方法，提出基于仿真的采办思想、建立虚拟采办(SBA)环境等)；⑥后勤建模与仿真(包括在虚拟战场环境下的任务建模、系统建模、保障资源建模和使用与维护工作建模，以及后勤信息化仿真等)。

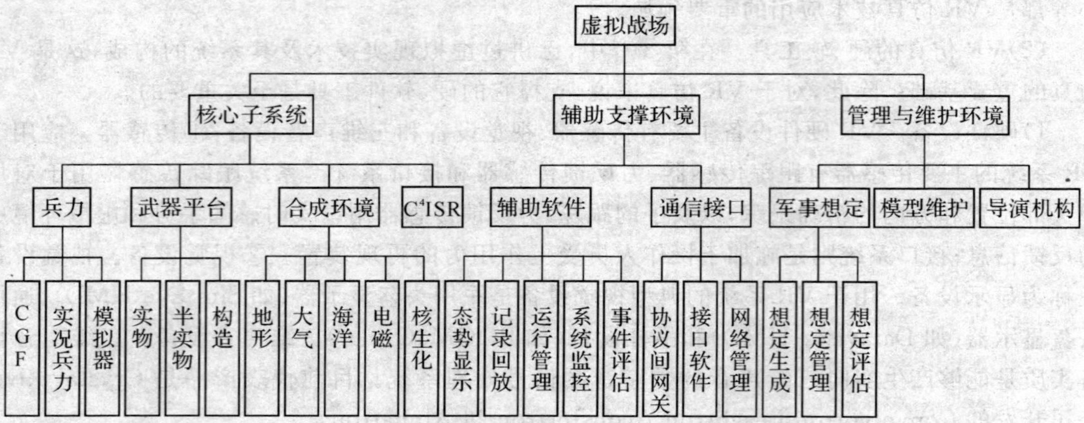

图 12.28 虚拟战场构成示意图

美军是虚拟战场研究和应用最早、最先进的,所研制和实施的典型虚拟战场有:联合建模仿真系统(JMAAA)、联合仿真系统(JSIMS)及联合作战系统(JWARS)。它们分别用于支持武器装备的采办、部队的训练和战场/战役分析。

12.9 网格/协同仿真与应用

12.9.1 引言

前述并行与分布式仿真技术应用中存在着动态共享、系统容错,仿真资源协同和安全机制等方面的不足,网格/协同仿真技术正好可补偿这些缺陷,从而使研究和开发应用这类仿真技术成为仿真领域的热点之一。

仿真网格式以应用领域特别是军事领域仿真的需求为背景,综合应用复杂系统模型技术、先进分布仿真技术、虚拟现实技术、网格技术、管理技术、系统工程技术及其应用领域有关的专业技术,实现仿真网格/联邦中各类资源(包括模型资源、计算资源、存储资源、网络资源、数据资源、信息资源、知识资源及仿真器等)安全地共享与应用、协同互操作、动态优化调度运行,从而成为复杂系统进行论证、研究、分析、设计、生产、试验、运行、评估、维护和报废活动的一门多学科的综合技术与重要工具。仿真网格与传统的协同环境类似,但又不大相同。两者相比较,它具有更大的开放性、动态性、灵活性和可扩展性。近年来,仿真网格发展相当迅速。国际上知名的仿真网格有:NEESGrid,GIG,SF-Express 等。

协同仿真技术是指异地、分布的 M&S 人员可在一个协同、互操作的环境下,方便、快捷和友好地采用各自领域的专业分析工具,对构成系统的各分(子)系统进行 M&S 分析,或从不同技术视图进行功能、性能的单点分析,并透明地支持他们参与整个系统的联合仿真,协作完成对系统 M&S 的一种复杂系统仿真分析方法及手段。

网格/协同仿真技术是对系统 M&S 的应用模式、管理模式和支撑技术上的重大变革与创新,必将产生巨大的社会、经济和军事效益。

12.9.2 仿真网格的体系结构及关键技术

仿真网格包括:协同仿真应用网格应用层、仿真网格应用门户层、面向仿真应用核心服务中间件层、仿真资源服务中间件层和仿真资源层。其整个体系结构如图 12.29 所示。

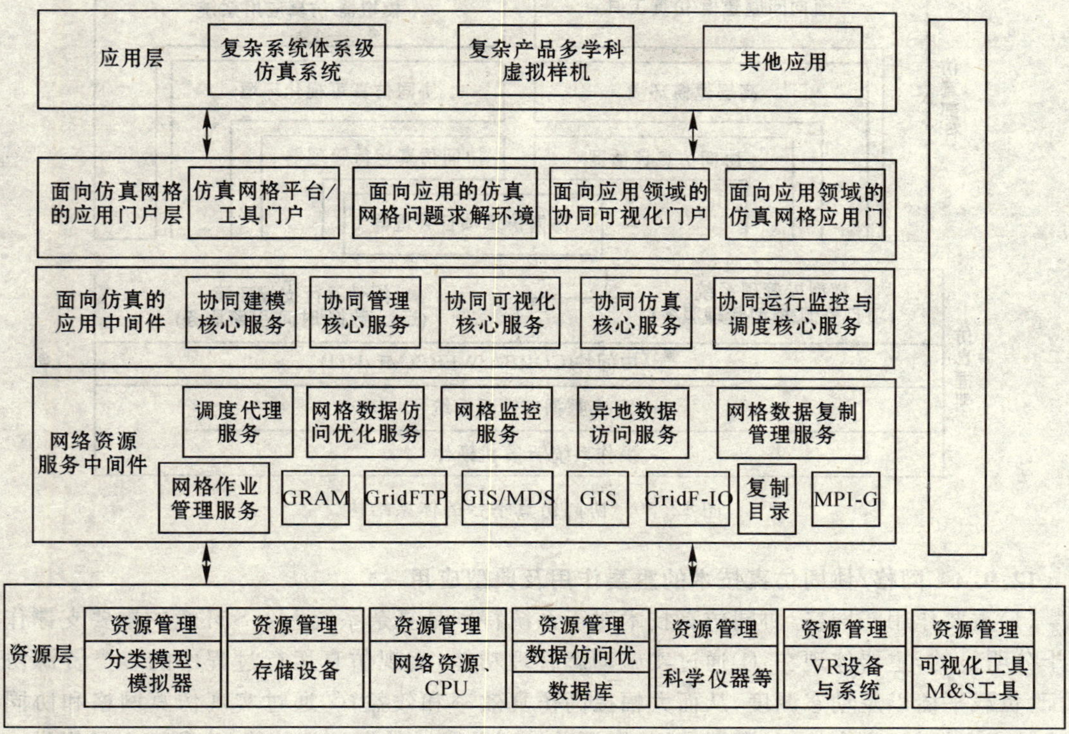

图 12.29　仿真网格体系结构

仿真网格技术研究、开发与应用涉及一系列关键技术，主要包括：①仿真网格问题求解环境技术；②HLA/RTI 网格化技术；③资源服务中间件 GOS 技术；④仿真资源服务化技术；⑤基于语义的仿真模型资源发现技术；⑥仿真模型资源服务组合技术；⑦仿真网格的安全机制与用户管理技术等。

12.9.3　基于 HLA 标准的 COSIM(协同仿真平台)及应用

COSIM 是一种基于协同仿真技术、面向复杂分布仿真系统通用的组件化协同仿真的平台，是复杂系统 M&S 发展的必然产物。它通过提供一个综合的仿真环境来支持复杂系统的分布、交互、协同仿真需求，由一个开放的、基于标准的(WEB，XML，HLA/RTI)仿真集成框架和几个可灵活组装的、支持复杂系统协同建模与分布式仿真运行的仿真部件构成。COSIM 体系结构如图 12.30 所示。它包括想定编辑工具、系统高层建模工具、组件自动生成和测试工具运行管理工具、测试评估工具和模型库等工具。

由图可知，协同仿真框架是运行计算机网络环境的一组软件，它将各仿真部件组成仿真系统并支持该系统运行，整个框架由支撑软件与服务程序组成。

应指出，协同仿真技术是指异地、分布的建模，仿真分析人员可在一个协同、互操作的环境中，方便、快捷和友好地采用各自领域的专业分析工具对构成系统的各子系统进行 M&S 分析，或从不同技术视图进行功能、性能的单点分析，并透明地支持它们参与整个系统的联合仿真，协作完成对系统的仿真的一种复杂系统仿真分析方法。

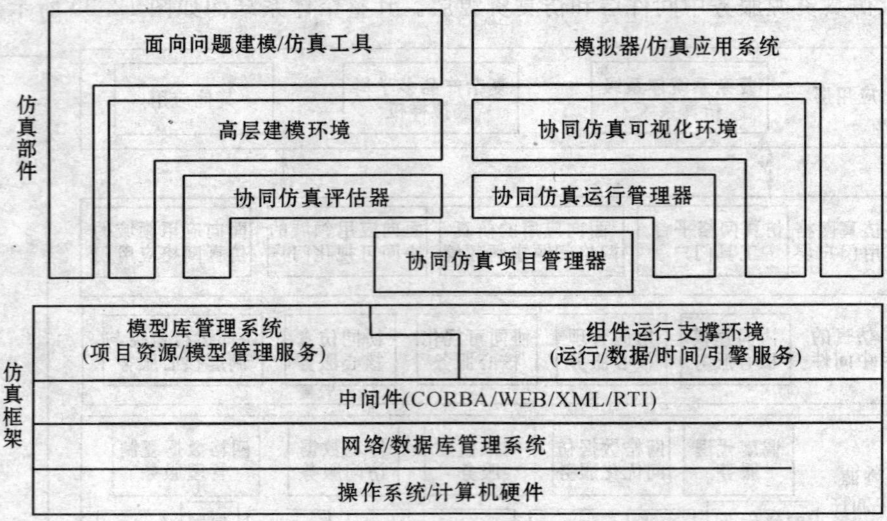

图 12.30　协同仿真平台的体系结构

12.9.4　网格/协同仿真技术的重要作用及典型应用

(1)重要作用。网格/协同仿真技术对于系统特别是复杂系统 M&S 环境的重要支撑作用是十分明显的,主要体现在:①通过实施动态管理功能,实现仿真运行过程中的多类资源协同分配,负载平衡以及动态调度,从而大幅提高仿真效率和效益;②通过实现仿真网格和协同平台中的安全授权、安全认证、资源发现、资源监控以及统一数据访问功能,为研究人员提供一个远程共享各类实验设备(仿真设备)、数据的协同仿真环境和交互平台,从而将仿真领域的专家知库、各种大型专业数据库、大型仿真设备、模型库和算法库等充分地集成起来,进行协同研究;③通过构建信息互通、融合的基础设施,实现语音、视频和数据等信息资源的连通,提供跨地域、跨系统的信息分布服务、计算和网络管理服务以及信息安全服务等。

由此可见,网格/协同仿真技术的发展为系统 M&S 技术进步提供了一个新的方向,为各种 M&S 资源基于广域网的分布式共享提供了灵活、规范的新模式。

(2)典型应用。网格/协同仿真技术的典型应用在前述 3 个知名的网格/协同仿真环境中得以充分体现。

例 12.5　NEESGrid 网格/协同仿真环境。

NEESGrid 是一种用于地震工程研究的先进仿真网格环境,也被称为“没有墙限”的实验室,如图 12.31 所示。

它将美国国家地震工程团体与近 20 个实验室连接在一起,构成地震研究网格/协同仿真平台,实现通过 Internet 远程操作和远程观察试验设备,访问试验设备产生的数据,并进行物理仿真和数学仿真。

NEESGrid 主要由物理元素、功能模块和软件组构成,具有极强的协同能力。它可以:①连接科学家与设施;②连接科学家与数据;③连接设施与数据;④连接科学家与科学家。

例 12.6　SF Express 同 Globus 的结合。

SF Express 是美国国防部先进研究计划处(DARPA)与(美)加利福尼亚理工学院共同研制开发的基于网格技术的战争模拟系统。1998 年 SF Express 集合 13 台并行计算机,使用

1 386个处理器成功模拟了 100 298 个战斗实体，实现了历史上最大规模的战争模拟。为了进一步发挥网格/协同仿真的作用，有必要将该系统与 Globus 相结合，搭建起更先进的协同 M&S 支撑环境，以支撑分布式战争系统仿真。SF Express 与 Globus 结合情况如图 12.32 所示。

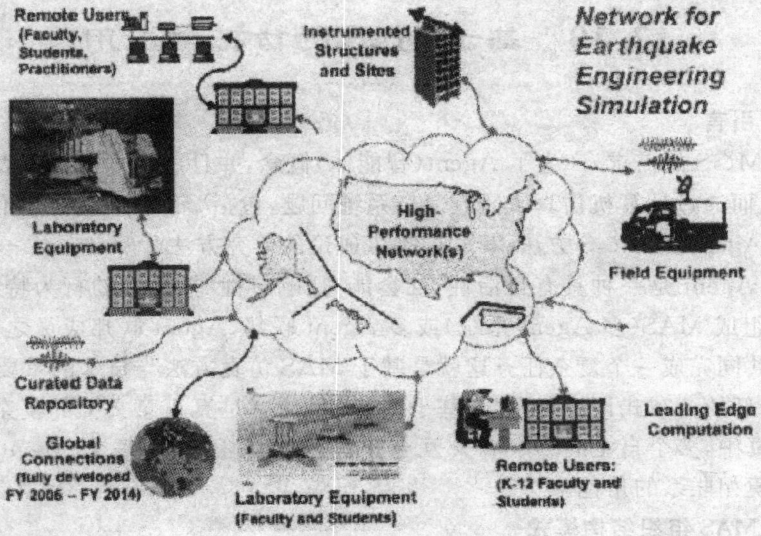

图 12.31　NEESGrid 网格/协同仿真环境

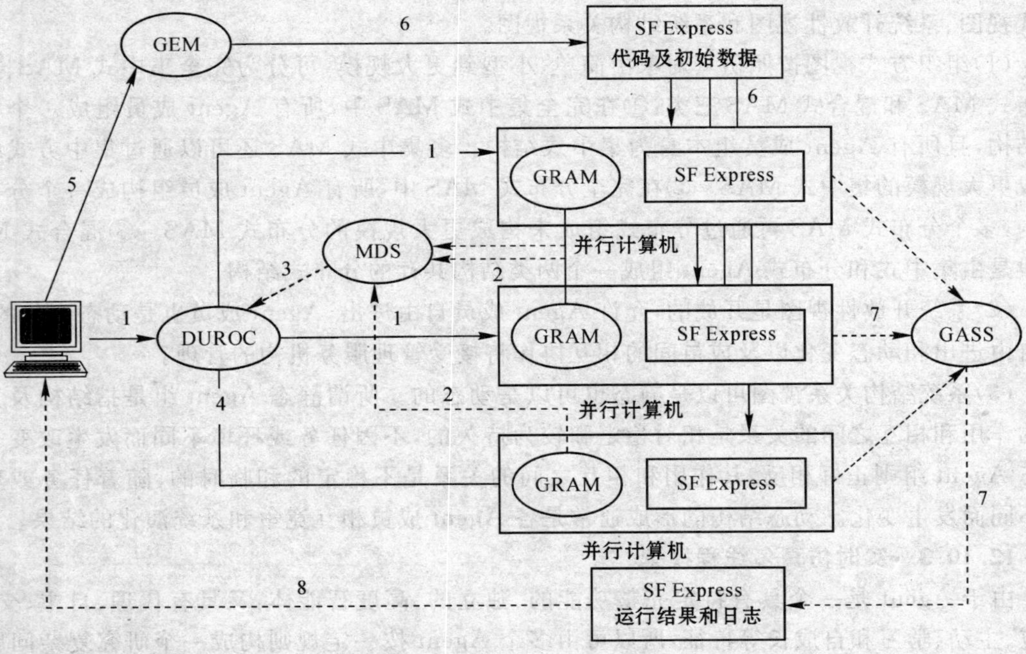

图 12.32　SF Express 与 Globus 结合示意图

图中，椭圆部分是 Globus 的功能模块，它们分别为：DUROC 为动态更新请求在线协同分配器;GRAM 为 Globus 资源分配器;MDS 为元计算目录服务;GEM 为执行管理;GASS 为全局访问二级存储器。

在 SF Express 和 Globus 的协调有机工作下,该系统实现了自动转存、实时监控、调节仿真状态和通过可视化工具将战争场景实时展现出来的重要功能。

12.10 基于 MAS 的仿真与应用

12.10.1 引言

复杂系统 M&S 的需求,产生了 Agent(智能体)概念,并且用计算机程序表述 Agent 相互作用的规则,进而通过计算机仿真来研究复杂系统问题,包括"涌现"行为和演化规律等。这种新思路是基于 Agent 的 M&S 方法,其实质是生成论的研究方法。

如前所述,Agent 是一种具有自治性、社会能力、响应性、能动性的行为特征的智能实体。多个 Agent 可组成 MAS(多 Agent 系统)或多 Agent 联邦,Agent 联邦成员之间相互协同、相互服务便能够共同完成一个复杂任务这就是基于 MAS 仿真方法与技术的重要理论基础。

MAS 是典型的分布式计算机系统,基于 MSA 的仿真是真正意义上的复杂系统仿真方法与技术。在仿真中,多个自主的 Agent 交互合作执行仿真任务,而每个 Agent 都有自己的能力和与公共环境相联系的角色。

12.10.2 MAS 组织结构模式

为了完成基于 MAS 的复杂系统仿真,必须在 Agent 基本结构的基础上设计适合于特定研究目标的 MAS 组织结构模式。这些结构模式(或模型)通常可用三种视图来描述,即组织方式视图、系统开放性视图和系统结构关系视图。

(1)组织方式视图按照仿真对象由简单、小型到更大规模,可分为完全集中式 MAS、完全分布式 MAS 和混合式 MAS 三类:①在完全集中式 MAS 中,所有 Agent 成员组成一个集中式结构,且所有 Agent 成员组本身为集中式结构。多集中式 MAS 还可以通过集中方式组合构成更大规模的集中式 MAS。②在完全分布式 MAS 中,所有 Agent 成员组构成一个分布式结构,多个分布式 MAS 再通过分布式组成来构成更大规模的分布式 MAS。③混合式 MAS 一般是由集中式和分布式 Agent 组成一个两类结构共存的分布式结构。

(2)系统开放性视图是开放的,允许 Agent 成员自由进出,Agent 成员也是动态变化的,这种自由进出和动态变化以及成员间的相互协作将接受管理服务机构的管理。

(3)系统结构关系视图可以是静态也可以是动态的。所谓静态 Agent 组是指结构及其成员的作用和相互之间的关系是相对稳定和较为持久的,不因任务或环境不同而发生改变。而动态 Agent 组则正好相反,其作用和相互之间的关系是不稳定的和临时的,随着任务或环境的不同而发生变化。动态结构的形成通常是各 Agent 成员相互竞争和系统演化的结果。

12.10.3 实时仿真多线程模型

由于 Agent 是一个具有特定完整功能的、独立的、高度智能体,又具有代理、自主、交互、反应、主动、学习和自成长等特征,所以可由多个 Agent 按一定规则构成一个研究复杂问题的仿真系统。要对该多 Agent 复杂系统进行实时仿真,必需解决如何有效处理多 Agent 的并行计算问题。实现方法和手段可以是多种多样的,其中采用多线程技术是一种既经济又实用的手段。所谓多线程技术是指若多个 Agent 复杂系统在某个事件需要同时完成多个任务,并且需要实时交互信息时，可将每个任务放在计算机不同的线程中同时运行，以达到实时模拟的目的。在复杂仿真系统中，Agent 线程模型是指将复杂仿真系统中的每个 Agent 的功能和行为放在一个相对独立的线程中运行，从而形成 Agent 实时仿真模型，是用以完成该 Agent 功能和行为的一条计算机执行路径。

Agent 线程由系统主线程创建，主线程起着整合各 Agent 线程的作用，它与各 Agent 线程的关系如图 12.33 所示。

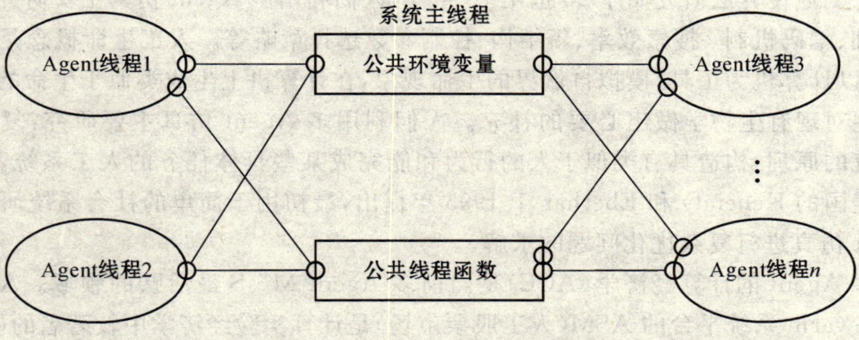

图 12.33　由主线程和多个 Agent 线程构成的复杂系统实时仿真模型

12.10.4　复杂系统多 Agent 分布仿真平台

为了从微观到宏观深入地研究复杂系统，形成了系统仿真、人工智能和分布计算机相结合的分布智能仿真技术，以及复杂系统各种分布智能仿真平台。

复杂系统分布智能仿真平台是典型的复杂系统多 Agent 分布仿真平台，通常有三种主要形式：单机自适应 Agent 仿真平台、分布智能仿真 DIS 平台、基于 HLA/RTI 的分布智能仿真平台。

复杂系统多 Agent 分布仿真平台采用混合 Agent 结构，如 MAPE 混合结构（见图 12.34）。该平台为复杂仿真系统 M&S 创建了符合人类思维方式的仿真环境，将其反应、慎思和协作能力结合起来，大幅提高了复杂系统仿真效果与效率。

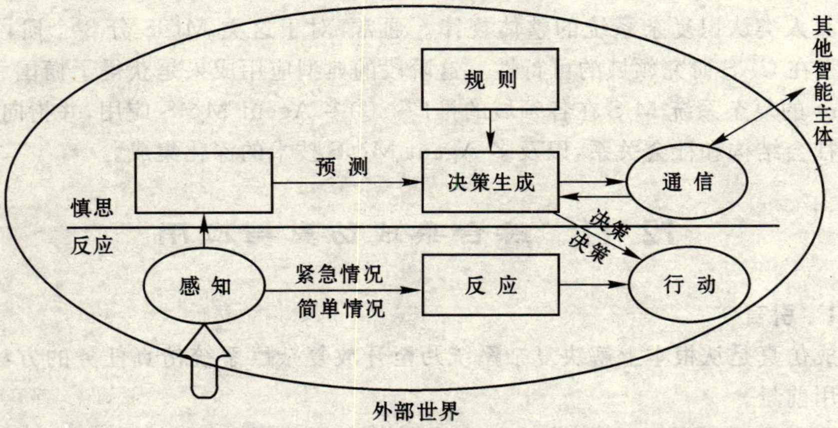

图 12.34　用于复杂系统多 Agent 分布仿真平台的 MAPE 混合结构

12.10.5 实际应用

多 Agent 仿真应用不断扩展，前景十分宽广。目前已广泛用于仿生优化、计算经济学、战争复杂系统、社会认识复杂系统等领域。

仿生优化学指仿生优化算法。仿生优化算法也称群智能算法，它以生物社会系统（也就是由简单个体组成的群落与环境及个体之间的互动行为）为依托，利用这种生物社会性的模拟系统产生难以估量的群体行为。著名的仿生算法包括：遗传算法、人工生命、粒子群算法和人工神经网络等。遗传算法研究始于 20 世纪 70 年代，人们利用多 Agent 仿真主要研究：遗传算法的数学基础、编码机制、搜索效率、新结构、控制参数选择策略等。人工生命概念是 1987 年提出来的，它以计算机为工具，模拟自然界的生命现象，在计算机上生成类似于生命的行为，以生命分析为主对现有生物学做出必要的补充。人们利用多 Agent 仿真主要研究：复杂、动态自然生命系统的原理，构造具有类似于人的行为和能完成某些具体任务的人工系统。粒子群优化算法由美国的 Kenendy 和 Eberhar 于 1995 年提出，最初用于简单的社会系统研究，后来通过多 Agent 仿真进行复杂优化问题的求解。

基于多 Agent 的计算经济学（ACE）是当前多 Agent M&S 最活跃的领域。ACE 最早期源于基于 Swarm 系统平台的 ASM（人工股票市场）是计算实验经济学中较著名的研究股票市场的实验系统。在 ASM 中，投资者和做市商等交易个体均为 Agent，每个 Agent 通过遗传算法进行学习，改进交易规则，并通过遗传算法实现个体学习和交易规则的演化等。

由于人们认识到战争是一个开放的复杂自适应系统，因此便研制出了一些基于多 Agent 的战争仿真系统，如美国海军的 ISACC 及 EINSTAIN，新西兰国防局的 MANA，澳大利亚的 CROCADILE 和 WISDOM 等。ISAAC 是分析陆战中非线性动力学特性的通用复杂系统平台，其基本元素是作战 Agent。EINSTAIN 是对 ISAAC 的扩展；MANA 类似于 ISSAC；CROCADILE 是基于 Agent 规则抽象的战争复杂系统仿真，实现了战场的 3D 环境模型，并开发了抛射物理模型；WISDOM 被应用于网络中心战的关键原则。

社会认知复杂系统研究人类认知过程的整体规律，由于个体认知过程具有极大的不确定性、无序、非线性等混沌特性，所以必须通过 CAS 理论和描述底层个体混沌行为衍生系统的整体复杂性思路，使用 Agent 概念对人类个体认识进行建模，并在此基础上采用多 Agent 仿真方法来研究其人类认识复杂系统的整体规律。通常，对于这类 M&S 分 3 个阶段：①验证多 Agent 方法学在 CAS 研究领域的可行性。这阶段的典型应用成果是获得了糖国和蚁群模型。②基于 Agent 的复杂系统 M S 在各领域的推广。③多 Agent M&S 应用，并指向高级认知能力个体构成社会结构和社会关系，以及多 Agent M&S 技术的深化集成。

12.11 综合集成仿真与应用

12.11.1 引言

综合集成仿真是从根本上解决复杂系统乃至开放复杂巨系统仿真任务的方法与技术，具有广阔的应用前景。

就仿真原理和机制而言，综合集成仿真有两种主要类型，即实在—虚拟—构造（LVC）联合仿真和基于“研讨厅”体系理念的综合集成仿真。前者产生于军事模拟训练对合成作战环境的需求，后者则来自对于开放复杂巨系统问题的研究。

12.11.2　LVC 联合仿真与应用

实在仿真，即实况仿真和实物仿真，是一种实际系统或模拟装置的仿真，其方法与技术无须多言；虚拟仿真是基于 VR 理论的仿真方法与技术，可对实在仿真起到辅助和补充的作用，进一步增强实在仿真效果；构造仿真是一种组件化和模块化仿真方法与技术，原理上类似于“隔舱”系统法建模，对于具有层次性的复杂系统仿真有着特殊的作用。就军事模拟训练而言，由于这三类仿真在与作战环境和作战系统之间缺少全面的互操作性，限制了各自许多优势的发挥，故而提出了通过实在、虚拟、构造集成体系结构（LVC－IA）来提高模拟训练环境性能和互操作性，更加精确的反映作战环境的要求，这就是所谓的 LVC 联合仿真。事实上，这种联合仿真，可利用虚拟和构造训练对真实训练起到补充、增强和扩展作用，尤其是虚拟训练场景，可以提供同现实中敌人一样的动作和反应，增强训练的真实度和关联度，从而能够训练出更有适应能力和创新能力的士兵和领导者。

在 LVC 联合仿真中，最关键的部分是合成环境内核，这是通用虚拟环境的驱动源，能够将虚拟系统、模拟器和仿真连接成一个集成虚拟训练，使得在虚拟训练环境中训练的士兵/部队通过 LVC－IA 与构造训练环境中的士兵/部队进行连接。同时，合成环境内核能将 One-SAF（新一代计算机生成兵力）目标系统（OOS）集成到近战战术训练器和航空联合战术训练器。除此，合成环境内核还提供以下虚拟仿真使用的组件：快速开发和关联虚拟地形数据库，动态地形，大气效应，化学、生物、放射、核和高爆效应，通用可视模型，同时期作战环境（COE）的训练支援服务包（TSP_S）；网络准备性能；持久网络连接；综性事后评估（AAR）等。

12.11.3　基于“研讨厅体系”理念的综合集成仿真与应用

针对复杂巨系统的“研讨厅体系”包括：专家群体、计算机 Interanet 和 Internet。其中，Intranet 是专家与专家交互的平台。专家和 Internet 的交互有两种：一种是 Internet 协助专家思考，为专家提供重要的资源；另一种是 Internet 为专家群体提供关于某个问题的万维网参与群体的认识和见解。专家群体之间的互动是动态复杂的，是在反思式开放环境中的深层次对话和讨论，同时可共享经验和心智模式，主动观察个人和群体对复杂问题（如仿真任务）的思维过程，增强思维敏感度，产生创新的思维成果，凝聚群体的求真力量，从而实现对复杂问题认识自我超低，创造性地扩大群体共同认识的汇集，涌现出群体智慧。因此，在这种“研讨厅体系”理念下，专家研讨过程既是知识产生的过程，又是群体智慧不断涌现的过程，同时也是面向复杂研究任务综合集成仿真的过程。这就是基于“研讨厅体系”理念的综合集成仿真的基本原理。

上述基于“研讨厅体系”理念的综合集成仿真方法与技术已用于经济形势走向和战争体系对抗分析等方面。

习　题　12

1. 复杂系统与一般连续系统、离散事件系统及随机（过程）系统相比较，在仿真方法和技术上有何显著不同？举例说明如何选取复杂系统仿真方法。

2. 试述数学仿真的基本过程及典型应用。

3. 半实物仿真有何重要特点和作用？举例说明半实物仿真系统的构成与半实物仿真技术的典型工程应用。

4. 实物仿真有何显著特点和重要作用？在实物仿真中经常使用哪些主要设备或设施？通过实例说明这些实物仿真设备或设施的工程应用。

5. 试述面向对象仿真方法和技术的主要思想及原理，举例说明这种仿真技术与方法的实际应用。

6. 何为并行与分布式仿真(PADS)？通常 PADS 有哪些主要方法？

7. 指出 HLA 的突出特点及在复杂系统仿真中的重要作用。举例说明基于 HLA 的复杂系统仿真方法与过程。

8. 何为虚拟仿真？举例说明这种仿真方法与技术的典型应用。

9. 何为仿真网格和协同仿真？试述网格/协同仿真技术在复杂系统仿真中的重要地位，并举例说明网格/协同仿真技术的典型应用。

10. 试述基于 MAS 的仿真原理，指出 MAS 的组织结构模式，并举例说明基于 MAS 的仿真应用。

11. 试述一体化仿真技术和综合集成仿真技术及其应用。

第 13 章　仿真系统开发/运行的监测、分析、评估技术

13.1　概　　述

仿真是借助模型运行预测未来、辅助设计、研发产品和进行科学研究的全过程。它既区别于客观真实事物又不同于已往的理论研究和实验研究,而是基于模型运行的科学及工程活动。因此,仿真必须严肃地回答和证实如下 3 个主要问题:①从源头上,模型是否正确地描述实际系统(过程)的特征和特性?②在运行中,仿真是否有效地反映着模型数据、性状和行为?③事后分析,仿真结果是否真正实现了应用目标与用户需求?这些问题必须通过对仿真系统监测、分析、评估及校核、验证与确认(VV&A)活动来解决。解决上述 3 个问题的本质和核心是获得对于仿真系统的可信性和可信度,这是由于 M&S 总是不可能完全准确地描述和复现真实系统(或过程),而缺乏可信性或可信度的模型和仿真系统是没有任何价值与意义的。因此,仿真界一致认为:仿真的可信度是系统 M&S 最重要的性能指标,也是仿真科学与技术发展的生命线。这不仅是对于一般中小仿真系统,就是对于大型复杂仿真系统也尤为重要。

综上所述,仿真系统的监测、分析、评估及 VV&A 活动是确保仿真系统特别是大型复杂仿真系统可信性或可信度必不可少的工作过程和技术,其意义和作用是十分重要的,主要体现在如下几个方面:①可以有效地提高仿真结果的正确性,增强应用仿真系统的信心;②可以降低构建和应用仿真系统的风险,尤其避免灾难性风险,从而做到缩短研制周期,提高开发效率;③可能降低仿真系统的总投资,提高应用效益和效率;④有利于对科学研究问题进行全方位分析;⑤扩大仿真系统应用范围,提高仿真系统的重用性;⑥可以促进仿真系统的全面质量管理,提高管理水平和效率(见图 13.1)。

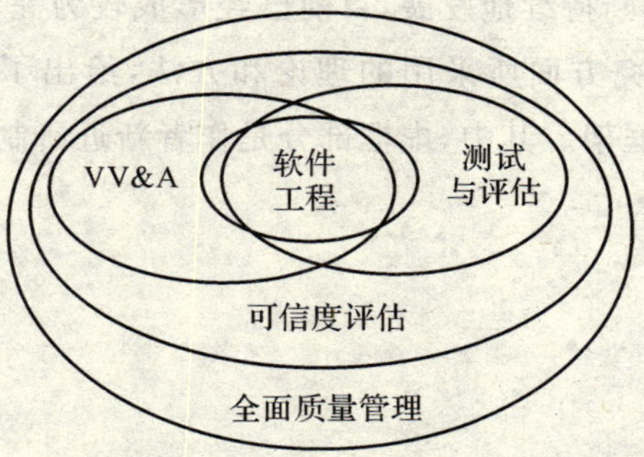

图 13.1　仿真系统可信度评估与 VV&A、软件工程、系统测试与评估及全面质量管理的关系

总之，系统 M&S 的 VV&A 是系统仿真领域中非常重要的共用技术，是评估和确保大型复杂仿真系统特别是军用复杂仿真系统可信度必不可少的工作过程和方法。

13.2 仿真系统的 T&E 技术

13.2.1 综述

建立一个满足应用目标、可信的仿真系统是仿真用户的基本要求，仿真系统开发/运行中的数据检测与评估是满足这种要求所必需的技术手段和根本保障。

实践证明，大型复杂仿真系统的数据监测与评估往往是十分困难的。困难主要来自于仿真系统开发/运行中存在的不确定性(包括随机性、模糊性和粗糙性等)、严重的非线性及信息的多样性等。为了高效、可靠地进行数据监测与评估，以提供有效、正确的可信度依据，利用人工智能技术和计算机辅助分析是至关重要的。

国外尤其是美国对于仿真系统监测与评估研究一直相当重视，并始终走在世界前列。早在 1993 年，美国国防系统管理学院就拟制了“测试与评估(T&E)管理指南”，美国国防部建模与仿真办公室(DEMO)列举了可用于仿真校核与验证 V&V 的 76 种软件测试和系统评估方法及 18 种统计技术。近年来，还研制出许多计算机辅助 V&V 与 T&E 工具，如 FVT，EE，Osman and Robin2002 及 VV&A Turbo 工具等。目前，T&E 正在朝着集成化、自动化、智能化及商业化的方向发展。

我国是发展和应用 T&E 技术较早的国家，特别是在航空、航天领域，20 世纪六七十年代就开始了这方面的研究及应用，不少单位(如中国飞行试验研究院、618 所，623 所等)较早就采用了先进的频谱分析仪和可编程频率特性测试仪等对仿真系统运行进行实时监测与评估。目前，这方面的智能化和虚拟化研究已成为热点。

13.2.2 T&E 的理论和方法体系

对于任何科学研究，建立相应的理论研究和方法体系是必不可少的，仿真系统开发/运行的 T&E 研究亦不例外。从美国 Osman Balci 教授率先提出校核、验证与测试(VV&T)概念至今，T&E 技术及应用在不断持续地发展，目前已经形成较为完善的理论和方法体系。作者高度概括了前人在 T&E 研究方面所采用的理论和方法，给出了如图 13.2 所示的仿真系统 T&E 理论和方法体系结构框架。其中，虚框部分是作者新近研制的两种评估方法。

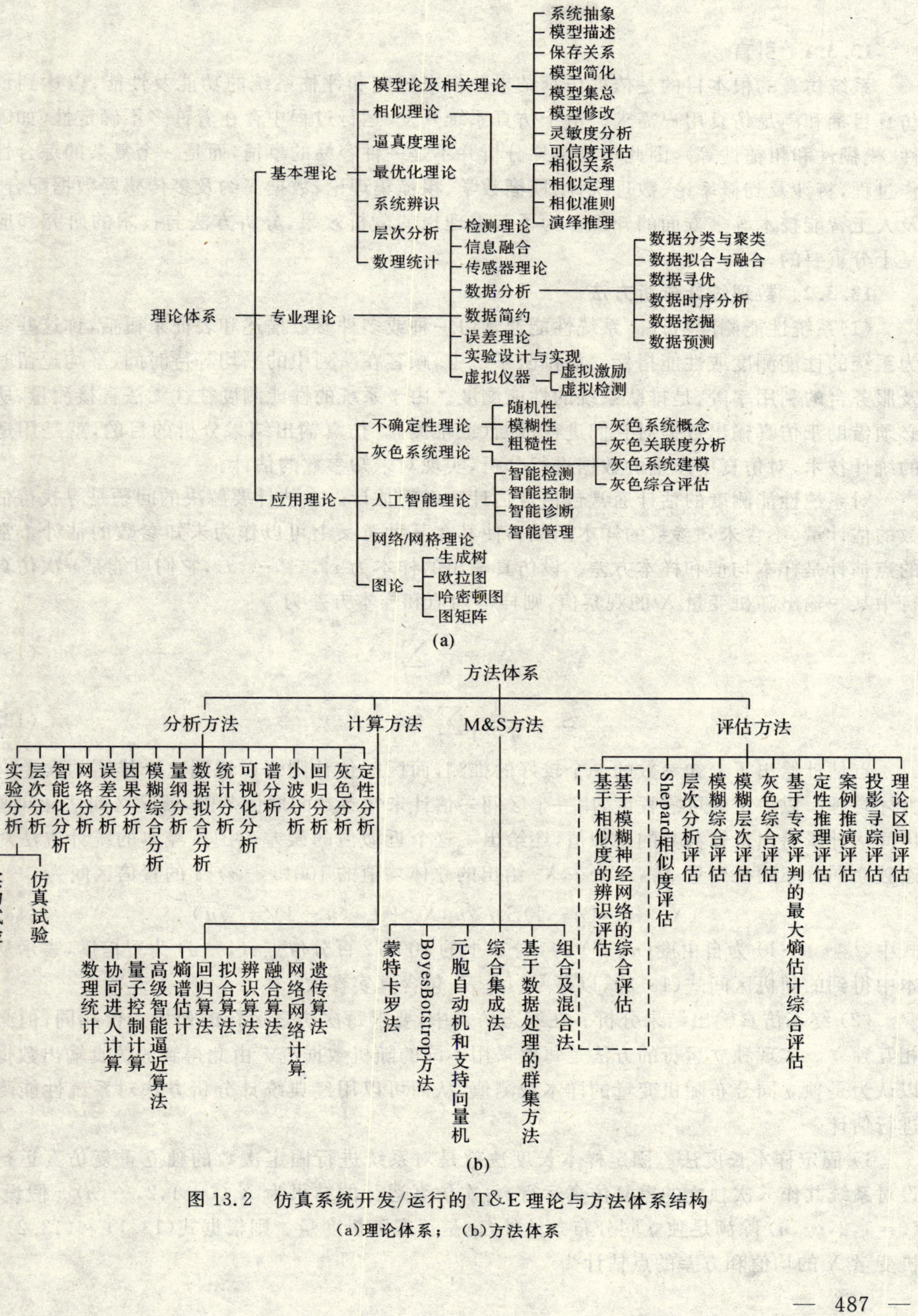

图 13.2　仿真系统开发/运行的 T&E 理论与方法体系结构

(a)理论体系；(b)方法体系

13.3 仿真结果分析与评估技术

13.3.1 引言

系统仿真的根本目的是依据仿真结果分析来研究和评估系统的功能及性能，以达到预先仿真目标和满足仿真用户需求。由于仿真系统开发/运行过程中存在着许多不确定性（如随机性、模糊性和粗糙性等），因此仿真结果分析并不是一件容易的事情，而是一个复杂的综合性工作过程，将涉及到概率论、数理统计、模糊数学、粗糙集理论、数据简约及多传感器数据配合，以及人工智能技术等多方面的知识。为了获得理想的分析效果，分析方法与技术的研究和应用是十分重要的。

13.3.2 数理统计分析方法

（1）系统性能测度估计。系统性能通常由一种或多种参数描述和表征来概括，称这些参数为系统的性能测度或性能指标。如排队系统中，顾客在队列中的平均等待时间、平均逗留时间及服务台的利用率等，是排队系统的性能测度。由于系统的性能测度往往无法直接测量，所以必须借助于仿真输出数据对它们进行推断（或推测）。仿真输出结果分析的目的，就是用适当的统计技术，对仿真中产生的数据进行分析，实现对未知参数的估计。

对系统性能测度的估计通常包括点估计和区间估计。点估计要解决的问题是寻找待估参数的估计量（不含未知参数的样本函数），使其在某种意义上可以作为未知参数的估计。常用的点估计是样本均值和样本方差。设仿真输出的样本为 $x_1, x_2, \cdots, x_n$，它们可能是 n 次仿真运行中某一输出随机变量 X 的观察值，则样本均值和样本方差为

$$\overline{X}_n = \frac{1}{n}\sum_{i=1}^{n} x_i \tag{13.1}$$

$$S_n^2 = \frac{1}{n-1}\sum_{i=1}^{n} (x_i - \overline{X}_n)^2 \tag{13.2}$$

点估计给出了未知参数的一个较好的推测，而区间估计则可以说明这个推测的误差有多大才合理。以一定的可靠程度，用一个区间去估计未知参数的取值范围，就是区间估计问题。区间估计既给出未知参数的近似值，还给出了这个近似值的误差范围。经典的统计方法对正态独立同分布随机变量 $X_1, X_2, \cdots, X_n$ 给出的总体均值的 $100(1-\alpha)\%$ 的置信区间为

$$(\overline{X}_n - t_{\alpha/2}(n-1)S_n/\sqrt{n}, \overline{X}_n + t_{\alpha/2}(n-1)S_n/\sqrt{n}) \tag{13.3}$$

式中，$t_{\alpha/2}(n-1)$ 为自由度 $(n-1)$ 的 t 分布上的 $100\alpha/2$ 百分位点；$(1-\alpha)$ 为置信度，表示从样本中得到的随机区间式(13.3)，以概率 $(1-\alpha)$ 包含真实参数。

（2）终态仿真输出结果分析。在终态仿真中，要求每次仿真运行的初始条件相同，但必须相互独立。实现独立运行的方法是每次采用不同的随机数据流。由此得到的仿真输出数据可以认为是独立同分布随机变量的样本观测值，从而可以用经典统计分析方法对系统性能测度进行估计。

1）固定样本长度法。固定样本长度法就是对系统进行固定次数的独立重复仿真运行。设对系统共作 n 次独立的重复仿真运行，每次仿真运行的结果为 $X_i (i=1,2,\cdots,n)$。假设 $X_i (i=1,2,\cdots,n)$ 除满足独立同分布条件外，也是正态随机变量。则根据式(13.1)和(13.2)，随机变量 X 的均值和方差的点估计为

$$\overline{X}=\frac{1}{n}\sum_{i=1}^{n}X_i,\quad S^2=\frac{1}{n-1}\sum_{i=1}^{n}(\overline{X}-X_i)^2$$

再根据式(13.3)得 $E(X)$ 的 $100(1-\alpha)\%$ 置信区间为

$$(\overline{X}-t_{\alpha/2}(n-1)S/\sqrt{n},\overline{X}+t_{\alpha/2}(n-1)S/\sqrt{n})$$

例 13.1　对单服务排队系统在相同的初始条件下独立运行 10 次，每次长度为 200(服务 200 个顾客后结束仿真)，初始条件为初始队长 $l(0)=0$，服务员状态为闲。仿真结果如表 13.1 所示。

表 13.1　单服务排队系统仿真结果

运行次数 i	1	2	3	4	5	6	7	8	9	10
平均等待时间 $\overline{d}_i(200)$	16.053	17.879	13.536	14.731	6.865	22.096	11.382	9.392	15.544	31.095
平均队长 $\overline{Q}_i(200)$	2.834	3.874	2.735	3.366	1.357	4.798	2.137	2.008	3.258	6.466

试计算平均等待时间和平均队长的置信区间。

解　a. 平均等待时间 $\overline{d}(200)$ 的点估计值为

$$\overline{d}(10)=\frac{1}{10}\sum_{i=1}^{10}\overline{d}_i(200)=15.857\ \text{min}$$

$\overline{d}(10)$ 的方差的点估计为 $S_d^2(10)=\frac{1}{9}\sum_{i=1}^{10}[\overline{d}(10)-\overline{d}_i(200)]^2=47.186$

若取 90% 的置信度，即 $\alpha=0.1$，查表得 $t_{0.05}(9)=1.833$，则平均排队等待时间的期望值 $d[200,\ \ l(0)]=0$ 的 90% 置信区间为

$$\overline{d}(10)\pm t_{0.05}(9)S_d(10)/\sqrt{10}=15.857\pm 4.914$$

若取 $\alpha=0.05$，$t_{0.025}(9)=2.262$，则 $d[200,\ \ l(0)]=0$ 的 95% 置信区间为

$$\overline{d}(10)\pm t_{0.025}(9)S_d(10)/\sqrt{10}=15.857\pm 5.184$$

上述计算结果表明，$d[200,\ \ l(0)]=0$ 以将近 90% 的置信度位于区间[10.943,20.771]上，或以将近 95% 的置信度位于区间[10.73,21.041]上。

b. 平均队长 $\overline{Q}(200)$ 的点估计为

$$\overline{Q}(10)=\frac{1}{10}\sum_{i=1}^{10}\overline{Q}_i(200)=3.274$$

方差为

$$S_Q^2(10)=\frac{1}{9}\sum_{i=1}^{10}[\overline{Q}(10)-\overline{Q}_i(200)]^2=2.204$$

平均队长的期望值 $Q[200,l(0)]=0$ 的置信区间为

$$(\overline{Q}(10)\pm t_{0.05}(9)S_Q(10)/\sqrt{10})=[2.413,4.134]$$

而 $Q[200\ l(0)]=0$ 的 95% 置信区间为

$$(\overline{Q}(10)\pm t_{0.025}(9)S_Q(10)/\sqrt{10})=[2.413,4.335]$$

由此例可以看出，当提高置信度时，置信区间将变大。

2) 取得规定精度的置信区间。固定样本长度法得到的估计值依赖于 X_i 是正态随机变量的假设。根据中心极限定理，若产生 X_i 的样本点数越多，即每次仿真运行的长度越长，则 X_i

越接近正态分布。故终态仿真每次仿真运行的长度不能太短，否则 X_i 的分布可能不对称造成歪斜，从而由 X_i 建立的置信区间覆盖真值的程度将会降低。

给定置信度后，固定样本长度法所得到的置信区间长度不仅与 X_i 的方差有关，而且与仿真运行次数有关。这里，X_i 的方差主要决定于仿真模型，而仿真运行次数由用户规定。在某些方面的仿真研究中，往往需要有较短的置信区间，由于置信区间长度与$\sqrt{n}$ 成反比。因而，为减少置信区间长度，就必须加大独立运行次数 n。根据这一特点，即可得到有规定精度的置信区间。

先给出两个估计量的精度概念，这就是绝对精度和相对精度。一个估计量 $\hat{\theta}$ 的绝对精度是指该估计量与待估参数真值Q之差的绝对值，即$|\hat{\theta}-\theta|$。如果置信区间式(13.3)包含真实参数 $E(X)$，则估计量 $\overline{X}_n$ 的绝对精度就是这个置信区间的半长。相对精度是指估计量的绝对精度与待估参数的比值，而待估参数用估计量近似代替。这里，估计量 $\overline{X}_n$ 的相对精度可用置信区间的半长与 $\overline{X}_n$ 的比值近似。

ⅰ. 试算法。设实际问题中要求绝地精度不超过β，则 $P\{\overline{X}-E(X)\leqslant\beta\}=1-\alpha$。先对系统作 n_0 次独立重复运地，如 $n_0=4\sim5$ 次，由此可得方差估计 S_0^2。则满足精度要求至少应作的独立重复运行次数为

$$n_\alpha(\beta)=\min\{i\geqslant n_0: t_{\alpha/2}(i-1)S_0/\sqrt{i}\leqslant\beta \tag{13.4}$$

这样，在已完成 n_0 次重复运行的基础上，再作$[n_\alpha(\beta)-n_0]$ 次补充的独立重复运行，用 $n_\alpha(\beta)$ 次仿真运行的数据建立的置信区间即满足其精度要求。该方法称为试算法，其步骤如下：① 对系统作 n_0 次独立重复仿真运行，计算 S_0 和 $\beta_0=t_{\alpha/2}(n_0-1)S_0/\sqrt{n_0}$；② 若 $\beta_0\leqslant\beta$，则所得区间估计已满足精度要求；否则由式(13.4) 计算 $n_\alpha(\beta)$；③ 作 $\Delta n=n_\alpha(\beta)-n_0$ 次补充独立重复仿真运行，则用 $n_\alpha(\beta)$ 次仿真输出数据建立的置信区间即满足精度要求。

同理，应用上述的试算法，对实际问题中要求相对精度不超过 γ 的情况，满足精度要求时至少应作的独立重复仿真运行次数为

$$n_\alpha(\gamma)=\min\{i\geqslant n_0: t_{\alpha/2}(i-1)S_0/\overline{X}_0\sqrt{i}\leqslant\gamma\} \tag{13.5}$$

例 13.2 单服务排队系统采用固定样本长度法仿真运行 10 次，得到的顾客排队平均等待时间如表 13.2 所示。现构造 90% 置信区间，使其绝对精度 $\beta=0.5$，相对精度 $\gamma=0.15$。

表 13.2 顾客排队平均等待时间

i	1	2	3	4	5	6	7	8	9	10
$\overline{d}_i$	1.051	6.438	2.646	0.805	1.505	0.546	2.281	2.822	0.414	1.307

解 根据表 13.2，10 次仿真运行得到的总均值及总方差为

$$\overline{D}(10)=\sum^{10}\overline{d}_i/10=1.982,\quad S_0^2(10)=\frac{1}{9}\sum_{i=1}^{10}[\overline{D}(10)-\overline{d}_i]^2=3.172$$

若取 $n_0=10$，根据式(13.4)，计算 $n_\alpha(\beta)$ 的公式为

$$n_\alpha(\beta)=n_{0.1}(0.5)=\min\{i\geqslant 10: t_{0.05}(i-1)\sqrt{\frac{3.172}{i}}\leqslant 0.5\}$$

由于 $t_{0.05}(9)\sqrt{\dfrac{3.172}{10}}=1.032>0.5$，故需要增加 n。经试算，当 $n=37$ 时

$$t_{0.05}(36)\sqrt{\frac{3.172}{37}}=0.494<0.5$$

从而求出，$n_{0.1}(0.5)=37$。附加仿真运行次数 $n_{0.1}(0.5)-n_0=27$。

同理可求出 $n_\alpha(\gamma)=n_{0.1}(0.15)=\min\{i\geqslant 10: t_{0.05}(i-1)\sqrt{\frac{3.172}{i}}/1.982\leqslant 0.15\}=99$。则附加仿真运行次数为 $n_{0.1}(0.15)-10=89$。

ⅱ. 序贯法。试算法中，由式(13.4)和(13.5)计算 $n_\alpha(\beta)$ 和 $n_\alpha(\gamma)$ 是假定了 $\overline{X}_0$ 和 S_0 不随仿真次数的增加而变化。但实际上，利用 n_0 次仿真运行的样本均值和方差代替 $n_\alpha(\beta)$ 或 $n_\alpha(\gamma)$ 次仿真运行的样本均值和方差，会使计算得出的 $n_\alpha(\beta)$ 或 $n_\alpha(\gamma)$ 值偏大，序贯法可以解决这一问题。

序贯法的基本思想是每次增加重复运行次数，并进行检验，直到结果满足精度要求为止。这种方法的步骤如下：① 预定独立仿真运行次数 n_0，并置 $n=n_0$，独立运行 n 次；② 计算该 n 次运行的 $X_1,X_2,\cdots,X_n$，以及相应的 $\overline{X}(n)$ 及 $S^2(n)$；③ 按式(13.4)或式(13.5)计算出 β_n 或 γ_n；④ 若 $\beta_n\leqslant\beta$ 或 $\gamma_n\leqslant\gamma$，则置信度为$(1-\alpha)$的满足精度要求的置信区间为$[\overline{X}(n)-\beta_n,\overline{X}(n)+\beta_n]$，从而确定了相应的仿真次数 n；⑤ 否则，令 $n=n+1$，再进行一次独立的仿真运行得到 X_{n+1}；⑥ 返回第 ② 步。

(3) 稳态仿真输出结果分析。除了对终态仿真进行研究外，稳态仿真也是仿真研究的重要内容，它主要是通过执行一次长度很大的仿真运行，来估计系统的稳态性能测度。

设 $Y_1,Y_2,\cdots,Y_m$ 是运行长度为 m 的仿真输出对过程，则随机序列 $\{Y_i\}$ $(i\geqslant 1)$ 的稳态平均值定义为

$$v=\lim_{m\to\infty}\frac{1}{m}\sum_{i=1}^{m}Y_i \tag{13.6}$$

若 v 的极限存在，则 v 与仿真的初始值无关。

对稳态仿真输出结果进行分析的方法很多，这里仅介绍其中的两种，即批均值法和稳态型序贯法。

1) 批均值法。批均值法的基本思想是以单次且仿真长度很大的仿真运行为基础，寻找获得独立同分布随机变量观测值的方法，从而应用经典统计理论方法获得置信区间的估计。批均值法具体如下。

设仿真运行长度 m 足够大，则得到的观测值 $Y_1,Y_2,\cdots,Y_m$ 也足够多。将 $Y_i(i=1,2,\cdots,m)$ 分成 n 批，每批有 l 个观测值，即 $m=nl$，则每批观测数据为

第一批：$Y_1,Y_2,\cdots,Y_l$

第二批：$Y_{l+1},Y_{l+2},\cdots,Y_{2l}$

⋮

第 n 批：$Y_{(n-1)l+1},Y_{(n-1)l+2},\cdots,Y_{nl}$

设 $Y_i(l)(i=1,2,\cdots,n)$ 是第 i 批中 l 个观测值的样本均值，即

$$\overline{Y}_i(l)=\frac{1}{l}\sum_{j=1}^{l}Y_{(i-1)l+j},\quad i=1,2,\cdots,n \tag{13.7}$$

$\overline{Y}_i(l)$ 称为批平均值，则总的样本均值为

$$\overline{Y}(n,l)=\frac{1}{n}\sum_{i=1}^{n}\overline{Y}_i(l)=\frac{1}{m}\sum_{i=1}^{m}Y_i \tag{13.8}$$

这里，$\bar{Y}(n,l)$ 即为式(13.6)中 v 的点估计。

进一步，假定批平均值 $\bar{Y}_1(l),\bar{Y}_2(l),\cdots,\bar{Y}_n(l)$ 是独立且同服从正态分布的随机变量（只要批长度 l 足够大），并具有相同的均值和方差，则 v 的近似 $100(1-\alpha)\%$ 置信区间为

$$\bar{Y}(n,l) \pm t_{\alpha/2}(n-1)\sqrt{S^2_{Y(l)}(n)/n} \tag{13.9}$$

式中，$S^2_{Y(l)}(n)=\dfrac{1}{n-1}\sum\limits_{i=1}^{n}\left[\bar{Y}_i(l)-\bar{Y}(n,l)\right]^2$。 (13.10)

批均值法的缺点是，用户必须能恰当地确定批长度 l 的大小和批数 n，以满足批平均值 $\bar{Y}_i(l)$ 独立且服从正态分布的条件。此外，批均值法无法控制所获得置信区间的精度。

基于批均值法的稳态序贯法，不仅较好地解决了批长度的确定及仿真运行总长度的确定问题，并能求出满足现定精度要求的置信区间。

2) 稳态序贯法。设稳态仿真运行的输出观测值为 $Y_1,Y_2,\cdots,Y_m$，其批长度为 l，共 n 批；批平均值为 $\bar{Y}_i(l)(i=1,2,\cdots,n)$，总体样本均值为 $\bar{Y}(n,l)$。

基于批均值法的稳态序贯法基本思想是：假设某次仿真运行的批长度为 l，共有 fn 批（$f\geqslant 2$），则可根据批均值法的相隔 i 批的相关系数 $\rho_i(l)$ 来推断 n 批、长度为 fl 的数据是否接近不相关。

由相关系数的定义，任意两个批平均值的相关系数为

$$\rho_i(l)=\mathrm{cov}\left[\bar{Y}_i,\bar{Y}_{i+1}(l)\right],\quad i=1,2,\cdots,n-1 \tag{13.11}$$

式中，$\rho_i(l)$ 随 l 的变化规律有三种情况，即：①$\rho_i(l)$ 为递减函数，如图13.3所示；②$\rho_i(l)$ 的值一次或多次改变方向，然后严格地减小到零，如图13.4所示；③$\rho_i(l)<0$ 或者随 l 变化无一定规律。

根据 $\rho_i(l)$ 的上述三种特性，稳态序贯法步骤如下：

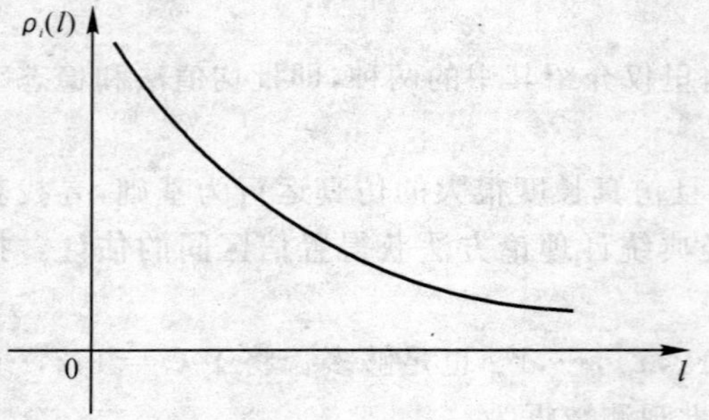

图13.3　$\rho_i(l)$ 为单调递减函数

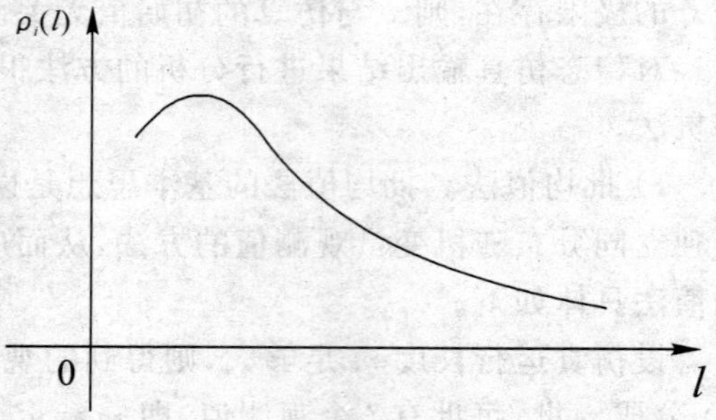

图13.4　$\rho_i(l)$ 多次改变方向然后递减

ⅰ. 给定批数因子 n,f 及仿真长度 m_i（m_i 是 fn 的整数倍），并给定 $\rho_i(l)$ 的判断值 u，置信区间的相对精度 γ 及置信水平 α。令 $i=1$。

ⅱ. 进行长度为 m_i 的仿真运行，得到 m_i 个输出观测值 $Y_1,Y_2,\cdots,Y_{mi}$。

ⅲ. 令 $l=m_i/(fn)$，计算 $\bar{Y}_k(l)(k=1,2,\cdots,fn)$ 及 $\rho_i(fn,l)$（可以取 $j=1$）。

ⅳ. 若 $\rho_i(fn,l)\geqslant u$，说明 m_i 太小，需要加大 m_i，则可令 $i=i+1$；$m_i=2m_{i-1}$，返回第 ⅱ 步，进行长度为 m_{i-1} 的仿真运行，得到其余 m_{i-1} 个输出观测值。

ⅴ. 若 $\rho_i(fn,l)\leqslant 0$，表明是第 ⅱ 类特征的相关系数，增加仿真长度无助于 $\rho_i(l)$ 的判断，直接到第 ⅷ 步。

ⅵ. $0<\rho_i(fn,l)<u$,计算 $\bar{Y}_k(2l)$,$(k=1,2,\cdots,fn/2)$ 及 $\rho_i(fn/2,2l)(j=1)$,判断 $\rho_i(l)$ 是否具有第②类特征。若 $\rho_i(fn/2,2l)\geqslant\rho_i(fn,l)$,则说明该 $\rho_i(l)$ 的确具有第②类特征,需进一步加大 m_i。令 $i=i+1$,$m_i=2m_{i-1}$,返回第ⅱ步获取其余 m_{i-1} 个观测值。

ⅶ. 若 $\rho_i(fn/2,2l)<\rho_i(fn,l)$,则说明 $\rho_i(l)$ 具有第①类特征,且到达 $\rho_i(l)$ 判断值 u 的 l 已得到,则可以相信 $\rho_i(n,fl)$ 的值满足独立性的要求。用批均值去计算该 n 批长度 fl 的置信区间。

ⅷ. 计算 $\bar{Y}_k(n,fl)$,$\bar{Y}(n,fl)$ 以及置信区间的半长

$$\delta=t_{\alpha/2}(n-1)\sqrt{S^2_{\bar{Y}(n,fl)}(n)/n}$$

得到

$$\bar{\gamma}=\delta/\bar{Y}(n,fl)$$

ix. 如果 $\hat{\gamma}>\gamma$,说明精度不满足要求,$i=i+1$,$m_i=2m_{i-1}$,返回第ⅱ步获取其余 m_{i-1} 个观测值。

x. 如果 $\hat{\gamma}\leqslant\gamma$,则达到精度要求,令估计值 $v=\bar{Y}(n,fl)\pm\delta$,停止仿真。

实际使用时,可选择 $n=40$,$f=10$,$u=0.4$,$\gamma=0.075$,m_1 根据系统的具体情况进行初选。由此可得到比较理想的效果。

13.3.3　基于模糊集论的分析方法与技术

就其事物相互作用、因素、表征、属性和行为而言,广泛存在着模糊概念、现象或事件等。凡属这类问题的研究只能通过模糊数学来解决。模糊数学主要涵盖模糊集合和模糊算法两个方面。

在数学上,模糊概念、现象或事件被描述为没有明确"边界"的子集,即模糊子集,记作 $\widetilde{A}$。其严格定义为:

设论域 $E=\{e_1,e_2,\cdots,e_n\}$,E 在闭区间 $[0,1]$ 的任一映射 $\mu_{\widetilde{A}}$

$$\mu_{\widetilde{A}}:E\rightarrow[0,1],e\rightarrow\mu_{\widetilde{A}}(e)$$

它确定了 E 的一个模糊子集,简称为模糊集合(或 F 集),记作 $\widetilde{A}$。

$\mu_{\widetilde{A}}$ 称为模糊集合 $\widetilde{A}$ 的隶属度函数,$\mu_{\widetilde{A}}(e)$ 为元素 e 隶属于 $\widetilde{A}$ 的程度,或简称 $\widetilde{A}(e)$。所有隶属度函数均满足条件:

$$0\leqslant\mu_{\widetilde{A}}(e_i)\leqslant 1 \tag{13.12}$$

$\mu_{\widetilde{A}}(e_i)$ 值愈大,则 e_i 对于 $\widetilde{A}$ 的隶属度愈高;对于 $\mu_{\widetilde{A}}(e_i)=1$ 时,表示 e_i 肯定属于 $\widetilde{A}$,而当 $\mu_{\widetilde{A}}(e_i)=0$ 时,则表明 e_i 不属于 $\widetilde{A}$。

为了在模糊集合中明确一个元素的归属关系,可选取一个"水平"(或称"阈值")α,$\alpha\in[0,1]$。对于模糊集合 $\widetilde{A}=\{e_i\in E,0\leqslant\mu_{\widetilde{A}}(e_i)\leqslant 1\}$ 选定 α 后,可得到一个对应的普通子集 A_α。

$$A_\alpha=\{e\mid e\in E,\mu(e)\geqslant\alpha\}=[\bar{e}_i,\bar{e}_i] \tag{13.13}$$

A_α 被称为 $\widetilde{A}$ 的 α 水平截集,通常又叫做清晰集合。

为方便研究和管理起见,常常需要对系统或数据从不同角度进行分类。其中,把系统按照某些模糊性质实施分类的数学方法称为模糊聚类分析法。

模糊聚类分析法的原理是,依据模糊相似矩阵 $\boldsymbol{R}=(r_{ij})_{n\times m}$ 对于不同的置信水平 $\lambda\in[0,1]$ 得到不同分类结果,从而形成动态聚类图。其关键在于确定相似系数 r_{ij}。

分析过程大致如下:① 获取数据,得到原始数据矩阵 $\boldsymbol{A}=(x_{ij})_{n\times m}(i=1,2,\cdots,n;j=1,2,\cdots,m)$;② 进行数据的标准化处理,即通过数据变换和压缩,把原始数据矩阵 $\boldsymbol{A}$ 转化为模糊相

似矩阵$\boldsymbol{R}=(x''_{ij})_{n\times m}$；③ 建立模糊相似矩阵$\boldsymbol{R}=(r_{ij})_{n\times m}$，其中$r_{ij}$称为相似系数，它反映了数据矩阵中$x_i$与$x_j$的相似程度，可用如上多种方法来确定；④ 对于不同置信水平$\lambda\in[0,1]$，进行聚类并形成动态聚类图。通常，聚类方法有两类，即直接聚类方法和基于模糊等价矩阵的聚类方法。

例如，将测量点x_1,x_2,x_3,x_4和x_5的测量统计数据经处理后得到如下模糊关系

$$\widetilde{\boldsymbol{R}}=\begin{bmatrix}1 & 0.48 & 0.62 & 0.41 & 0.47\\0.48 & 1 & 0.48 & 0.41 & 0.47\\0.62 & 0.48 & 1 & 0.41 & 0.47\\0.41 & 0.41 & 0.41 & 1 & 0.41\\0.47 & 0.47 & 0.47 & 0.41 & 1\end{bmatrix}\tag{13.14}$$

据此，可对于不同水平λ进行如下分类：

① 当$0.62<\lambda<1$时

$$\boldsymbol{R}_\lambda=\begin{bmatrix}1 & 0 & 0 & 0 & 0\\0 & 1 & 0 & 0 & 0\\0 & 0 & 1 & 0 & 0\\0 & 0 & 0 & 1 & 0\\0 & 0 & 0 & 0 & 1\end{bmatrix}$$

系统可分类为$\{x_1\},\{x_2\},\{x_3\},\{x_4\},\{x_5\}$。

② 当$0.48<\lambda\leqslant 0.62$时

$$\boldsymbol{R}_\lambda=\begin{bmatrix}1 & 0 & 1 & 0 & 0\\0 & 1 & 0 & 0 & 0\\1 & 0 & 1 & 0 & 0\\0 & 0 & 0 & 1 & 0\\0 & 0 & 0 & 0 & 1\end{bmatrix}$$

系统可分为四类：$\{x_1,x_3\},\{x_2\},\{x_4\},\{x_5\}$

③ 当$0.47<\lambda\leqslant 0$时

$$\boldsymbol{R}_\lambda=\begin{bmatrix}1 & 1 & 1 & 0 & 0\\1 & 1 & 1 & 0 & 0\\1 & 1 & 1 & 0 & 0\\0 & 0 & 0 & 1 & 0\\0 & 0 & 0 & 0 & 1\end{bmatrix}$$

可分为三类：$\{x_1,x_2,x_3\},\{x_4\},\{x_5\}$。

④ 当$0.41<\lambda\leqslant 0.47$时

$$\boldsymbol{R}_\lambda=\begin{bmatrix}1 & 1 & 1 & 0 & 1\\1 & 1 & 1 & 0 & 1\\1 & 1 & 1 & 0 & 1\\0 & 0 & 0 & 1 & 0\\1 & 1 & 1 & 0 & 1\end{bmatrix}$$

系统可分为两类：$\{x_1,x_2,x_3,x_5\},\{x_4\}$。

当 $0 \leqslant \lambda < 0.41$ 时，R 的元素将全部为 1，故该系统只能分为一类：$\{x_1, x_2, x_3, x_4, x_5\}$。

综上所述，可得到系统 $U=\{x_1, x_2, x_3, x_4, x_5\}$ 的动态聚类模型如图 13.5 所示

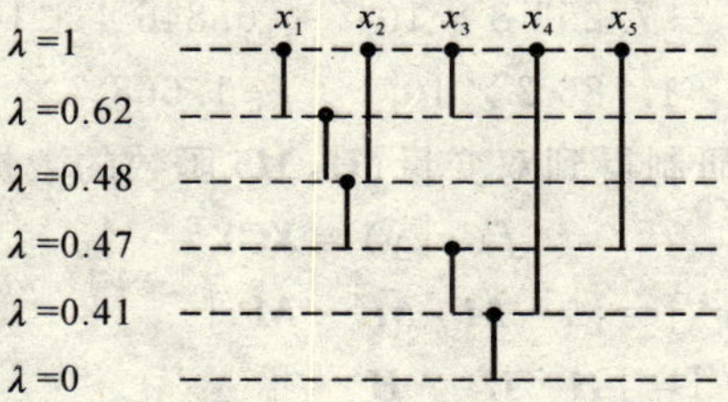

图 13.5　系统 $U=\{x_1, x_2, x_3, x_4, x_5\}$ 的动态聚类模型

13.3.4　基于系统辨识的分析方法与技术

系统辨识方法是现代数据分析的重要工具和应用领域。从根本上讲，系统辨识就是根据被识系统的输入、输出观测数据，利用辨识技术和算法，通过计算机迭代运算被识系统数学模型的过程（见图 13.6）。

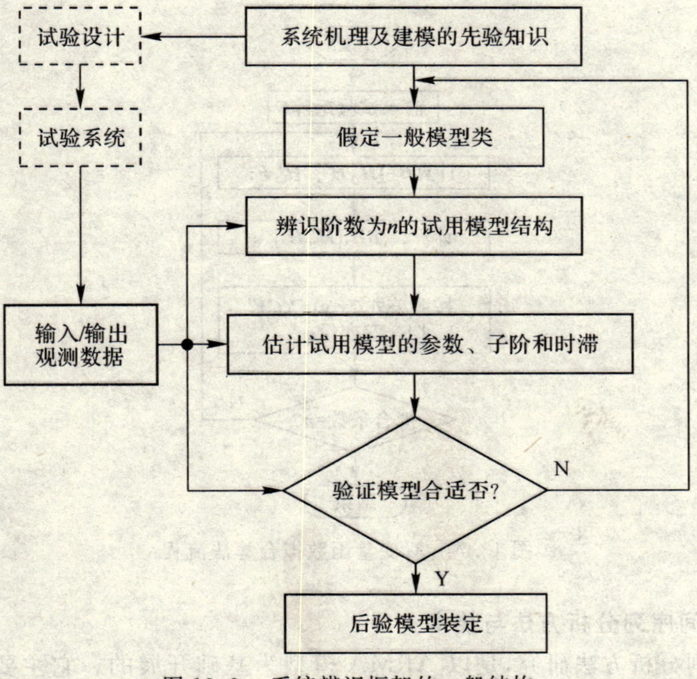

图 13.6　系统辨识框架的一般结构

以某飞机气动系数 $m_y^{\bar{\omega}_y}(\boldsymbol{M},\boldsymbol{H})$ 的数学模型为例，其辨识过程大体如下：

(1) 进行飞行试验设计，构成试飞系统，完成飞行器操纵性与稳定性研究试飞，并记录 $m_y^{\bar{\omega}_y}(\boldsymbol{M},\boldsymbol{H})$ 测试曲线。

(2) 整理测试曲线，得到 $m_y^{\bar{\omega}_y}(\boldsymbol{M},\boldsymbol{H})$ 的试验矩阵

$$F=\begin{bmatrix} 2.5754\times10^{-1} & -2.3430 & 2.2813 & -7.4803\times10^{-1} \\ -2.6298\times10^{-1} & 8.279\times10^{-1} & -8.1561\times10^{-1} & 2.5777\times10^{-1} \\ 2.3925\times10^{-1} & -7.2538\times10^{-2} & 6.8464\times10^{-2} & -2.0717\times10^{-2} \\ -5.941\times10^{-4} & 1.7862\times10^{-3} & -1.6687\times10^{-2} & 4.9437\times10^{-4} \end{bmatrix}$$

(3) 选择最小二乘法，并研制得到双变量($\boldsymbol{H},\boldsymbol{M}$)函数的数据曲线拟合算法，即

$$f(x,y)=\boldsymbol{XCY}^{\mathrm{T}}$$

式中，$\boldsymbol{X}=[1\quad x\quad x^2\quad \cdots\quad x^k]=[1\quad \boldsymbol{M}\quad \boldsymbol{M}^2\quad \boldsymbol{M}^3]$

$\boldsymbol{Y}=[1\quad y\quad y^2\quad \cdots\quad y^l]=[\boldsymbol{H}\quad \boldsymbol{H}^2\quad \boldsymbol{H}^3\quad]$

$\boldsymbol{C}=[\boldsymbol{H}_2^{\mathrm{T}}\boldsymbol{H}_2]^{-1}\boldsymbol{H}_2^{\mathrm{T}}\boldsymbol{F}\boldsymbol{H}_1[\boldsymbol{H}_1^{\mathrm{T}}\boldsymbol{H}_1]^{-1}=\boldsymbol{F}$

(4) 利用上述辨识算法可得到 $m_y^{\bar{\omega}_y}$ 的数学模型

$$m_y^{\bar{\omega}_y}=[1\quad \boldsymbol{M}\quad \boldsymbol{M}^2\quad \boldsymbol{M}^3\quad]\times\boldsymbol{F}\times[1\quad \boldsymbol{H}\quad \boldsymbol{H}^2\quad \boldsymbol{H}^3]^{\mathrm{T}}$$

(5) 模型验证。利用如图 13.7 所示双变量函数拟合算法的计算机流程进行 $m_y^{\bar{\omega}_y}$ 仿真，并同实际试飞曲线 $m_y^{\bar{\omega}_y}(M,H)$ 比较。仿真结果表明，二者数据拟合较好，可满足模型使用要求。

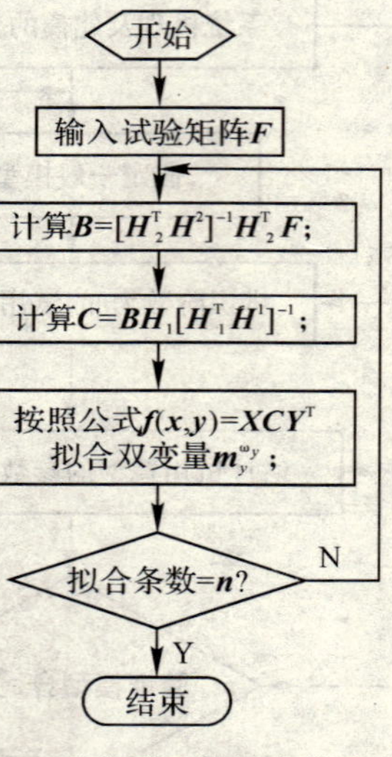

图 13.7　双变量函数拟合算法流程

13.3.5　时间序列分析方法与技术

现代时间序列分析方法研究，是以 ARMA 模型为基础开展的。它主要包括 3 个方面内容：① 概率统计分析；② 回归分析；③ 最优滤波分析。

实际系统中，许多系统或过程包含着随机因素和随机事件，其特征可用随机变量来描述，而概率分布是用数值表示的随机事件或因素的函数，它反映了这些随机变量的变化规律。利用概率统计学中的概率分布及其数字特征建立随机系统或过程的数学模型谓之概率统计法。这种方法的实质就是通过理论分析和实验研究寻求适合于系统随机特征的概率分布。在概率统计法建模中，贝叶斯(Bayes)定理占有相当重要的地位。其分析方法与过程大致如下：① 首先根据先验知识判断建模对象大致属于某一类理论概率分布情况，从而决定应当选择哪种概率分布或必须拒绝哪些概率分布；② 采集实验观测数据，并检验所选概率分布的正确性；③ 必

要时，可采用实验观测数据获得符合建模目标的经验概率分布或半经验概率分布；④ 验模。

回归分析法是从一组实验观测数据出发，来确定随机变量之间的定量函数关系，即回归模型。严格讲，回归分析法的原理与前述概率统计法相同，同时需要进行显著性和拟合性检验。

回归分析方法及过程大致如下：① 描述系统，提出问题并做出模型假设；② 确定随机变量，建立自变量与因变量之间的函数关系，得到回归模型；③ 判断随机变量的显著性，即进行回归模型的显著性检验；④ 进行回归模型的拟合性检验，得出模型使用结论。

滤波的最基本含义为滤掉或过滤噪声还原系统状态或信号本来面目，而最优滤波则进一步用于解决系统状态或信号的最优估计问题，即由被噪声污染的观测信号求在某种性能指标（准则）下状态或信号的最优估计值，又称最优滤波器。

解决最优滤波问题一般有三种方法，即维纳（Wiener）滤波、卡尔曼滤波（Kalman）滤波和时序分析滤波。维纳滤波有着在工程上难以实现的缺陷，且和时序分析滤波仅适用于定常系统的稳态最优滤波，而卡尔曼滤波的显著优点是可处理时变系统的最优滤波问题，但其严重缺陷是需要精确已知系统的数学模型和噪声方差阵，对于带有这方面误差的系统，这种滤波将失去最优性，从而导致滤波精度下降，甚至滤波发散。于是，产生了其他更先进的滤波方法，如自校正滤波理论和技术。

自校正滤波是一种基于系统辨识的最优滤波方法。对于带未知模型参数和／或未知噪声方差阵系统，可在线辨识 ARMA（自回归滑动平均）信息模型（如采用最小二乘法等），进而可得到未知模型参数和／或未知噪声方差阵的在线估值，并用以在最优滤波中近似代替相应的真实值，便得到自校正滤波器（如自校正 Kalman 滤波器等）。

自校正 Kalman 滤波理论是由我国学者邓自立教授提出来的。

考虑带未知噪声方差阵的线性离散定常随机系统

$$\boldsymbol{X}(t+1)=\boldsymbol{\Phi X}(t)+\boldsymbol{\Gamma W}(t)$$

$$\boldsymbol{Y}(t)=\boldsymbol{HX}(t)+\boldsymbol{V}(t)$$

式中，$\boldsymbol{X}(t)\in \mathbf{R}^n$，$\boldsymbol{Y}(t)\in \mathbf{R}^m$，$\boldsymbol{W}(t)\in \mathbf{R}^r$ 和 $\boldsymbol{V}(t)\in \mathbf{R}^m$ 分别为状态、观测、输入噪声和观测噪声，$\boldsymbol{\Phi}$，$\boldsymbol{\gamma}$，$\boldsymbol{H}$ 为已知的适当维数常阵。

自校正滤波器的形成可按如下三步完成：

(1) 采用 MA 新息模型 $\boldsymbol{Z}(t)=\boldsymbol{D}(\boldsymbol{q}^{-1})\boldsymbol{\varepsilon}(t)$ 的一种递推辨识器，可得到在时刻 t 的参数估计值 $\hat{\boldsymbol{D}}_j$ 和 $\hat{\boldsymbol{Q}}_\varepsilon$；

(2) 由估计值 $\hat{\boldsymbol{D}}_j$ 和 $\hat{\boldsymbol{Q}}_\varepsilon$ 从式 $\hat{\boldsymbol{Q}}_\varepsilon=\frac{1}{t}\boldsymbol{\Sigma}\hat{\boldsymbol{\varepsilon}}(j)\hat{\boldsymbol{\varepsilon}}^{\mathrm{T}}(j)$ 可得到在时刻 t 处估值 $\hat{\boldsymbol{Q}}$ 和 $\hat{\boldsymbol{R}}$，由 $\boldsymbol{M}_i=-\boldsymbol{A}_1\boldsymbol{A}_{i-1}+\cdots-\boldsymbol{A}_{n_a}+\boldsymbol{D}_i$ 可得到在时刻 t 处估值 $\hat{\boldsymbol{M}}_j$，进而由 $\boldsymbol{\psi}_f=[\boldsymbol{I}_n-\boldsymbol{K}_f\boldsymbol{H}]$ 和 $\boldsymbol{M}_i=-\boldsymbol{A}_1\boldsymbol{A}_{i-1}+\cdots-\boldsymbol{A}_{n_a}+\boldsymbol{D}_i$ 可得到在时刻 t 处的估值 $\hat{\boldsymbol{K}}_f$ 和 $\hat{\boldsymbol{\Psi}}_f$；

(3) 由 $\hat{\boldsymbol{X}}_s(t\mid t)=\boldsymbol{\psi}_f\hat{\boldsymbol{X}}_s(t-1\mid t-1)-+\boldsymbol{K}_f\boldsymbol{y}(t)$ 可得到在时刻 t 处的自校正 Kalman 滤波器的值 $\hat{\boldsymbol{X}}^s(t|t)$ 为

$$\hat{\boldsymbol{X}}^s(t\mid t)=\hat{\boldsymbol{\Psi}}_f\hat{\boldsymbol{X}}_s(t-1|t-1)+\hat{\boldsymbol{K}}_f\boldsymbol{y}(t) \tag{13.15}$$

上述三步在时刻 t 重复进行。

13.3.6　数据智能化分析方法与技术

传统的数据分析方法以统计法为主，但统计法不适合从海量数据中抽取有用的信息，而需要运用更先进的计算分析方法。联机分析处理（OLAP）等技术可以快速地从数据仓库中检索出数据。许多从数据中抽取信息的先进计算方法采用了神经网络、决策树、遗传算法、贝叶斯网络、模式识别等技术。这些技术为智能数据分析提供了良好的基础。其他的智能数据分析方法还包括基于范例的推理法、模糊和粗糙集、关联规则提取、归纳逻辑编程法、支持向量机、以及可视化技术等。

(1)神经网络方法。神经网络建立在有自学习能力的数学模型基础上,可以对大量复杂的数据进行分析,并完成对人脑或其他计算机来说极为复杂的模式抽取及趋势分析。神经网络的典型应用是建立分类模型、进行数据预测和数据寻优等。

(2)决策树。决策树学习是应用最广的归纳推理算法之一。它是一种逼近离散目标函数的方法,在这种方法中学到的知识被表示成一颗决策树。学到的决策树也能表示为多个 IF—THEN 的规则,以提高可读性。决策树已被成功的应用到医疗诊断、评估贷款申请的信用分析等广泛领域。

(3)遗传算法。遗传算法是在 20 世纪 70 年代初期由美国密执根大学的 Holland 教授发展起来的一种软计算方法。它主要用于优化领域。它借鉴了很多生物进化的特征。遗传算法是一种大致基于模拟进化的学习方法,其中个体常被描述为二进位串,称为染色体。搜索合适的个体是从若干初始假设的群体或集合开始的。当前群体的成员通过模仿生物进化的方式来产生下一代群体,比如说随机变异和交叉。每一步,根据给定的适应度评价当前群体中的个体,然后使用概率方法选出适应度最高的个体作为产生下一代的种子。

遗传算法主要处理步骤为:①优化问题编码;②适应函数的的构造和应用;③染色体的结合;④变异。遗传算法的主要优点为:①适合数值求解那些带有多参数、多变量、多目标和在多领域但连通信较差的 NP—hard 优化问题;②在求解很多组合优化问题时,不需要有很强的技巧和对问题有非常深入的了解;③同求解问题的其他启发式算法有较好的兼容性。

(4)粗集理论方法。粗集是近年来提出的对于不完整数据进行分析、学习的方法。该方法与传统的统计分析和模糊集理论不同的是:后者需要依赖先验知识对不确定性的定量描述,如统计分析中先验概率、模糊集理论中的模糊度等;而前者只依赖数据内部的知识,用数据之间的近似来表示知识的不确定性。

(5)贝叶斯。贝叶斯分析是统计学方法。它们可以预测类成员关系的可能性,如给定样本属于一个特定类的概率。贝叶斯分析主要是基于贝叶斯定理,通过计算给定样本属于一个特定类的概率来对给定样本进行分类。人们基于贝叶斯方法,提出了朴素贝叶斯方法和贝叶斯网络方法以及其他改进的用于分析的方法。

(6)关联规则提取。关联规则就是描述这种在一个事务中物品之间同时出现的规律的知识模式。更确切地说,关联规则通过量化的数字描述物品甲的出现对物品乙的出现有多大的影响。

如果不考虑关联规则的支持度和可信度,那么在事务数据库中存在无穷多的关联规则。事实上,人们一般只对满足一定的支持度和可信度的关联规则感兴趣。一般称满足一定要求的(如较大的支持度和可信度)的规则为强规则。因此,为了发现出有意义的关联规则,需要给定两个阈值:最小支持度和最小可信度。前者即用户规定的关联规则必须满足的最小支持度,它表示了一组物品集在统计意义上的需满足的最低程度;后者即用户规定的关联规则必须满足的最小可信度,它反应了关联规则的最低可靠度。

(7) 可视化方法。可视化方法是数据库中发现模型一种非常有用的方法。感知是人们认识和了解世界的主要方式，人们在正常情况下不会根据数据来思考，通常是受到图像的启发并根据已有的心理图像来思考。人们从这种可视化图像中吸取信息比从文本或表格形式吸取信息要更有效，更快。随着技术的快速发展，人们要处理的数据也迅速发展，存储这些数据的数据库中可能会有几百万种数据对象，而这些数据对象的维度可能会达到几十甚至几百。数据是如此的庞大，而有些数据分析技术让决策者感到难于理解和使用，可视化就可以使数据和数据分析结果更容易理解。

13.3.7　多传感器数据融合分析方法与技术

至今，多传感器数据融合方法已不在少数，但从本质上讲，有三种基本方法：①直接进行传感器数据融合，简称直接融合方法；②进行表示传感器数据的特征向量融合，或称基于信息论方法；③对每个传感器数据进行处理，获得高层推论或决策，再进行决策级融合。

直接融合用于多传感器数据匹配的情况下，常采用经典估计方法，如卡尔曼滤波等。特征向量融合或决策层融合用于传感器数据不匹配的场合。前者关键在于传感器数据典型特征的提取，其次是利用神经网络方法、聚类算法或模版方法等模式识别方法进行识别；后者需要在每个传感器初步确定一个实体的位置、属性、身份后，再进行这些信息的融合，通常采用表决法、经典推理法、贝叶斯推理法和证据理论(D－S)方法。

从技术上看，多传感器数据融合方法，还可以大致归类为：贝叶斯方法、证据组合法、基于信息论方法及基于人工智能方法等。下面做简要讨论。

(1)贝叶斯方法。最早的多传感器数据融合方法基于贝叶斯理论，被称为贝叶斯方法。贝叶斯方法曾是历史上最佳的多数据融合方法，主要用于目标跟踪。由于它存在难以给出精确可信度表示而逐渐出现了其他融合方法。

作为贝叶斯方法的最主要特征在于，先验分布、似然函数、后验分布都是该方法的基本要素。所谓先验分布就是对目标运动特征描述的先验概率分布，它通常根据目标运动的随机过程来确定；似然函数用来描述传感器量测、观测或有效观测中的信息；后验分布为贝叶斯跟踪器的输出，是基于(联合)目标状态的后验概率分布。该 t 时刻的后验分布通过组合 t 时刻的目标运动的先验和该时刻的观测的似然函数，利用贝叶斯定理计算得到。

贝叶斯方法用于目标跟踪时，一般分两种情况，即单目标跟踪和多目标跟踪，它们都有较成熟的批处理和递推算法，这里不再赘述。

(2)证据组合方法。在多数据融合研究中，普遍认为采用概率方法进行证据积累是合适的，但事实上概率论往往不适合复杂问题应用，且解决结果会有较大争议。由此而产生了一些证据组合方法，其中较成熟的是可能性理论(或模糊逻辑方法)和证据理论(D－S)方法。

模糊逻辑方法以模糊集理论为基础，模糊集理论对于数据融合的实际价值在于它外延到模糊逻辑。模糊逻辑方法多用于指挥控制系统的多数据融合场合。模糊逻辑是一种多值逻辑，因此多传感器融合过程中存在的不确定性可以直接用模糊逻辑表示，然后使用多值逻辑推理，根据各种模糊演算对各传感器提供的数据进行合并，从而实现数据融合。通常，模糊逻辑的建立是通过模糊概率来实现的。

证据理论方法是一种贝叶斯推理扩充 D－S 的推理技术。为了保证精确的可信度，D－S 方法一般有自上而下的三级推理结构，即合成、推断和更新。合成是把来自多传感器的报告合成一个总输出(ID)；推断是获取各独立传感器报告，并进行推断，将传感器报告扩展成目标报告；更新就是在推断和合成前组合传感器级的信息。多传感器数据融合的 D－S 推理过程如

图 13.8 所示。证据理论方法是一种成熟的多传感器数据融合方法,已在目标识别和军事指挥和控制中得到了广泛应用。

(3)基于信息论方法。为了对事物(如目标)进行标识和分类,在多数据融合中常依赖观测参数与事实身份之间的映射关系,这类方法称为基于信息论方法。基于信息论的方法越来越多,但主要包括模板法、聚类分析法、自适应神经网络法、表决法和熵法等。聚类分析法是用于目标识别和分类的最主要方法之一,亦有各种算法,算法过程大体类似,其步骤为:①从观测数据中选择样本数据;②定义表征样本中实体的特征变量集合;③计算数据的相似性,并划分数据集;④检验被划分类的实用性,并合并相似子集;⑤反复将产生的子集加以划分,并将划分结果按④检验,直至再无细分结果。

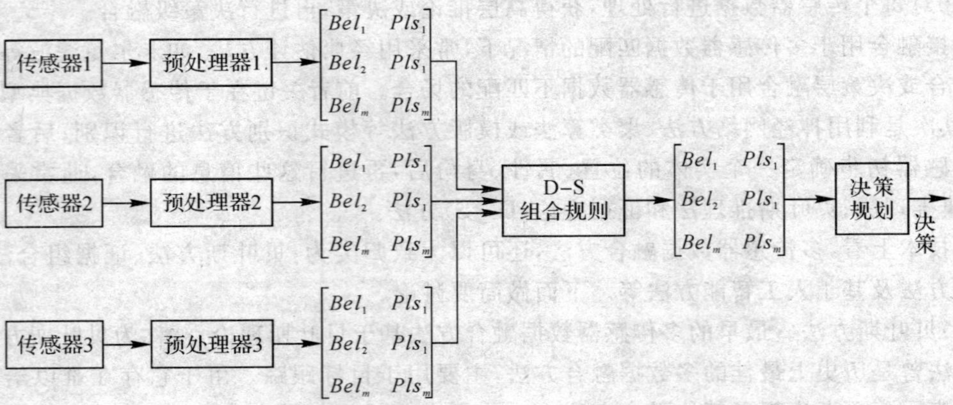

图 13.8　多传感器数据融合中的 D-S 推理过程

自适应神经网络法是一种基于神经网络理论的较新数据融合方法,在性能上优于传统的聚类分析方法,尤其是当输入数据带有噪声或数据不充分时。它多用于指挥与控制系统。近年来在先进武器装备的应用也越来越多。

表决法以技术相当简单而见长,对实时融合很有吸引力。它主要用于没有准确先验统计数据的场合。

(4)基于人工智能(AI)方法。基于人工智能方法主要体现在 AI 技术对于多传感器数据融合(MSF)各层次功能的增强作用。通常,用于军事领域的多传感器数据融合为 3 个层次,即位置/身份估计、态势评定和威胁评估。在第一层位置和身份估计中,主要是处理各种数值数据,选用适合的估计方法。位置估计和身份估计一般以最优化估计技术和参数匹配技术为基础,包括使用卡尔曼滤波、多数表决法、贝叶斯方法和 D-S 方法等。为了增强此层次功能可采用 ES(专家系统),以辅助传统的分类方法,进行更有效的身份估计,当然 ES 方法还可以进一步用于将分类过程与位置估计过程的最优耦合方面。在第二层态势评定中,AI 技术一是可提供实现或支援模式匹配(或样板匹配),从而把战场实体和事件与作战命令或任务更紧密地联系在一起;二是提供解释各种性能模型结果的智能辅助方法;三是可提供辅助决策和支援包括整个态势评定过程的各个功能的性能等。在第三层威胁评估中,AI 技术的应用潜力更大,如使用多个相互协作的 ES,进行多领域信息综合、使用学习系统自适应态势瞬息万变、采用先进的数据库管理技术支援该系统推理过程等。

13.4　仿真系统的 VV&A 活动

13.4.1　VV&A 概念

(1)基本概念。如前所述,仿真系统(包括 M&S)存在一个可信性问题,或者说可信度评估问题。仿真系统的可信度可以通过校核与验证加以测量和评判,通过确认来正式地加以认证,从而使仿真系统可以为某一特定的应用目的服务,这个过程就是仿真系统的校核、验证与确认,简称 VV&A。

美国 DoD5000.61 指令对校核、验证与确认进行了如下严格定义:①校核(Verification):确定仿真系统准确地代表了开发者的概念描述和技术要求的过程;②验证(Validation):从仿真系统应用目的出发,确定仿真系统代表真实世界正确程度的过程;③确认(Accreditation):官方正式地接受一个仿真系统为专门的应用服务的过程。

进一步讲,校核、验证和确认要解决的问题分别是:

1)校核是确定仿真系统模型及其仿真实现是否准确地表达了开发者需求的迭代过程,侧重于对仿真建模过程的检验,即检查仿真模型代码和逻辑是否正确,是否准确地完成了仿真系统的预期功能。

2)验证是证实仿真系统的真实性,是对数学模型和逻辑模型输出进行的彻底检查,应用从真实世界或一个可信源数据与仿真系统的输出行为和结果进行比较而得到仿真系统是否逼真的结论。因此,验证的最根本方法是实验、观测和比较,最鲜明的目的是提供一组支持模型或仿真对特殊应用的可信性证据。

3)确认是解决仿真系统是否适合特定应用的问题,由官方或权威机构做出仿真系统对某一特定应用是否接受的最终决策。它建立在上述 VV&A 结果的基础上,并与一个可接受性标准/规范进行比较来完成。

由此可知,校核涉及"是否正确地建立了仿真系统"的问题,验证涉及"是否建立了正确的系统模型"的问题,确认涉及"是否可以使用仿真系统"的问题,三者既独立又密切联系,且为仿真系统的功能评估、性能评估、有效性评估和可信度评估奠定了基础,提供了科学依据,如图 13.9 所示。

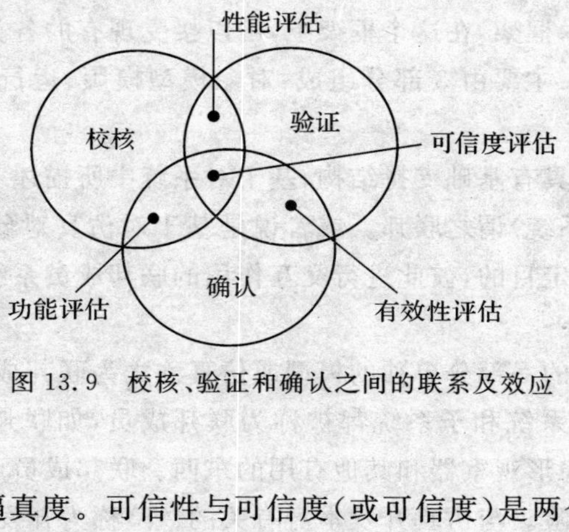

图 13.9　校核、验证和确认之间的联系及效应

(2)相关概念:

1)可信性、可信度与逼真度。可信性与可信度(或可信度)是两个不同的概念。可信性是

一个定性而非定量的术语，系指用户在模型中看到适合自己使用的性能，并且拥有对模型或仿真能够服务于他的目的的信心，即仿真系统使用者应用仿真解决具体问题和行为决策的信心。具体讲，如果决策者和其他关键项目人员承认模型或仿真及其数据是“正确地”，则该模型或仿真及其数据就具有可信性。

可信度（或可信度）是一个定量的术语，目前有多种定义，较为确切的是“仿真系统的使用者对应与仿真系统在一定环境、一定条件下仿真试验的结果，解决所定义问题正确性的信任程度”，或者说“仿真系统作为原型系统的相似替代系统在特定的建模与仿真的目的和意义下，在总体结构和行为水平上能够复现原型系统的可信性程度”。

所谓逼真度就是模型或仿真以可测量或可察觉方式复现真实世界对象的状态和行为的程度。逼真度分为模型逼真度和仿真逼真度。

模型逼真度是指“在研究目的的限定条件下，模型相对于仿真对象的近似程度”。

仿真逼真度则是“仿真对仿真对象某个侧面或整体的外部状态和行为的复现程度”。

2）VV&A 原则与工作模式。原则是一种可接受的或称被承认的行为或规则。VV&A 原则是人们在 VV&A 实践中应该力求遵循的行为，是 VV&A 工作的指导方针，也是 VV&A 概念体系的基础。

仿真系统的 VV&A 工作模式是指仿真系统生命周期 VV&A 过程模型，具体讲，就是仿真系统生命周期中的 VV&A 活动内容或工作框架，是对 VV&A 迭代工作过程特点的描述。一般 VV&A 过程模型应包括如下内容：①需求校核；②制定 VV&A 计划；③概念模型验证；④设计校核；⑤实现校核；⑥仿真结果验证；⑦系统确认等。

3）准确性与精度。建模与仿真中，准确性与精度是同一概念，系指在一个模型或仿真内，一个参数或变量、或者一系列参数或变量准确地符合事实或某个所选择的标准、讨论的目标的程度。具体讲：①是仿真系统能够达到的静、动态技术指标与规定或期望的静、动态性能指标之间的误差或允许误差；②是描述参数值在仿真或联邦中可能偏离其预期值的最大数值。

4）DIS 与 HLA。DIS(Distributed Interactive Simulation)是分布式交互仿真的英文缩写，是指采用协调一致的结构、标准、协议和数据，通过局域网或广域网将分散在各地的仿真设备互联，形成可参与的综合性仿真环境。HLA（High Level Architecture）是高层体结构的英文缩写，系指一个通用的技术框架，在这个框架下，可以接受现有的各类仿真过程的共同加入，并实现彼此的互操作。HLA 主要由 3 部分组成：对象模型模版、运行支撑系统和 HLA 相容性规则。

5）联邦及联邦成员。具有基础支持结构，基于对系统中所描述对象的共同理解，彼此进行交互作用的模型（或仿真系统）谓之联邦。或者说是基于对仿真对象的共同理解，并且作为一个整体使用以完成一个特定目的，彼此进行交互作用的联邦成员系统、一个共同的联邦对象模型和基础支持结构。

构成模型和仿真联邦的一部分单独的模型或仿真称之为联邦成员。具体讲，在 HLA 中，参与到一个联邦中的所有系统和子系统都被称为联邦成员，如联邦管理器、数据收集器、C^4I 系统、传感器、仿真应用、隐形观察器和其他有用的东西。联邦成员可以是分布式的。

6）开发风险与使用风险。与仿真开发本身有关的风险称为开发风险。这种风险与仿真开发和修改计划中的技术、进度或花费中存在的一些潜在问题有关。

使用一个模型或仿真的不正确结果所引起的风险称使用风险。

7)仿真系统可信度评估。为获得可信的仿真系统及其仿真结果，对模型有效性和仿真系统对模型运行的影响做出的认真分析和定量评价。这既是一个理论问题，又是一个工程方法和技术问题。

8)校核与验证代理及确认代理。对于一个模型、仿真或 M&S 联邦，由 M&S 发起人(用户)制定进行校核和验证的组织被称为校核与验证代理，简称 V&V 代理。该代理的职责是通过确保完成所有的 V&V 工作向确认代理提供仿真应用适切性证据。

确认代理系指负责进行确认评估的个人、团体或组织，或者说确认主持方指派对建模与仿真应用实施确认评价的机构。

9)概念模型。是对真实世界的一种规范描述和抽象，是与实现无关的仿真系统开发者关于将要开发系统的概念性描述。它可以是描述性文档，也可以是物理模型、数学模型或其他形式。

10)原则与平台。原则是一个基本的、主要的或普遍的法则或真理，从中可派生出其他的法则和真理。亦可以说是一个可接受的或被承认的行为或实施规则，或一个独特的起支配作用的观点。

平台系指在表示可能性的体系(层次)中，用来描述和汽车、飞机、导弹、舰船、固定场所等相当的一种表示级别，其他的表示级别包括个体、基本组成部件或模型组(它们组成了平台)。

11)交互作用、互操作性及可重用性：①交互作用系指相互作用的行为或过程。或者说是对象、组成部分、系统、模型或仿真影响或改变彼此行为的方式。②对于 M&S 互操作性是指一个模型或仿真向其他模型和仿真提供服务和接受其他模型和仿真服务的能力，并且利用这样的交换服务可以使这些 M&S 完全没有异常的在一起有效操作的能力。对于联邦而言，互操作性是一个联邦成员能像其他成员提供的服务。HLA 通过规则，OMT，RTI 来保证联邦成员的互操作。③可重用性系指为了某个特定仿真应用而开发的一个仿真或为了其他目的可以被重新使用的能力。

12)仿真系统的测试。为了验证仿真系统工作是否正常和提供可信度评估依据，而对仿真系统各部分进行的联机测试谓之仿真系统测试。

13.4.2　VV&A 活动模式

VV&A 工作是同仿真系统开发同步进行的，并贯穿于仿真系统全生命周期。与软件生命周期概念类似，仿真系统生命周期是指仿真系统从提出问题开始，通过完成需求分析、设计、实现、测试等开发工作，直到仿真系统运行(即使用)、维护及管理的全过程，如图 13.10 所示。

VV&A 工作模式就是上述仿真系统生命周期 VV&A 过程模型。它描述了 VV&A 活动的踪迹、内容和工作框架，如图 13.11 所示。

(1)定义需求。需求是说明一个特定仿真应用的详细需要的功能、表达、条件、约束和假定的集合，它包括问题(系统)需求、用户需求和仿真需求。表 13.3 给出了以某飞行仿真系统为例的需求定义。

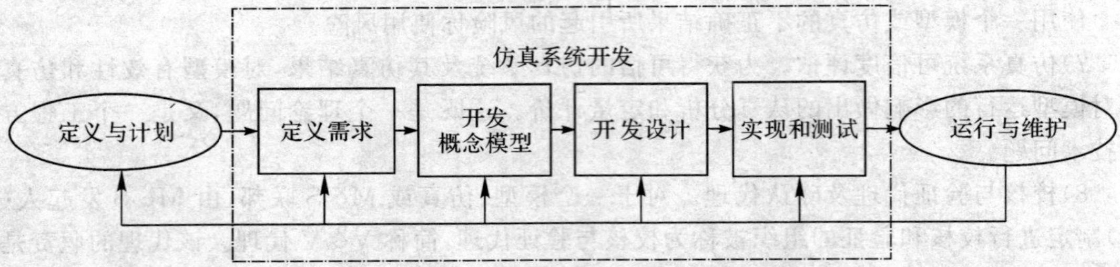

图 13.10 仿真系统全生命周期

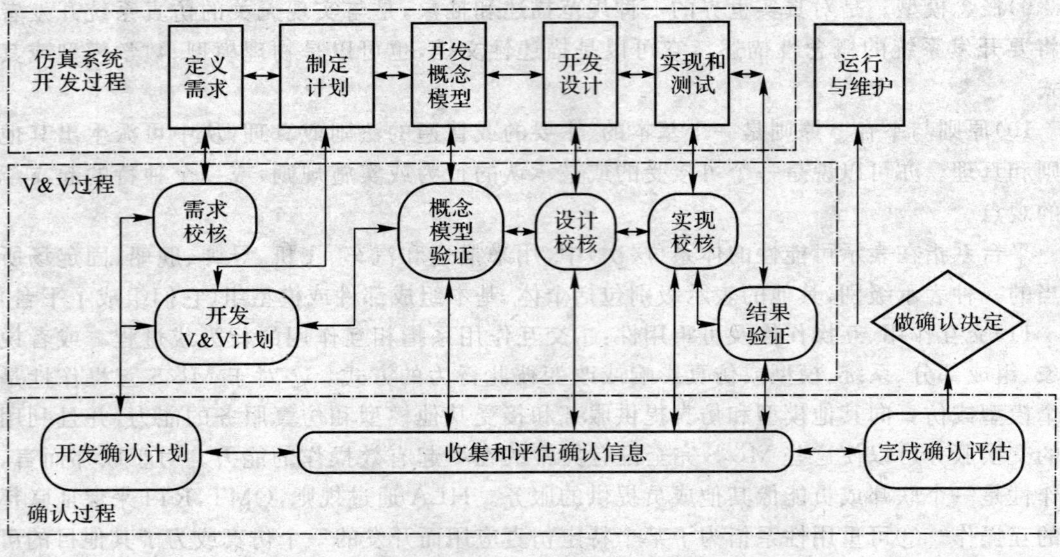

图 13.11 仿真系统全生命周期 VV&A 活动

表 13.3 某飞行仿真系统的需求定义

问题：在仿真飞行环境中训练某战机飞行员核武器操作手		
问题需求	用户需求	仿真需求
某战机特性 某战机座舱配置图 开关、按钮及仪表的功能 ……	威胁描述 季节、时间、气象等 通信与控制接口 位置、地形等 战术 ……	计算机系统（软、硬件） 软件编码类型 DBMS，数据格式 仿真器体系结构 仿真器接口 仿真输入、输出及结果显示 ……

注：DBMS——数据管理系统（Data Base Management System）.

(2) 需求校核。需求校核亦称需求分析，其任务是确定需求是否是完全的、清晰的、可测试的，并且是相互一致的。

(3) 制定 VV&A 计划。VV&A 计划包括 V&V 计划和确认计划两大部分。V&V 计划拟制了所有同仿真系统校核与验证有关的活动，而确认计划则规定了与系统确认有关问题和可接受性标准。

(4) 概念模型验证。概念模型验证是要确定概念模型中显示的能力是否包括了满足需求所必须的全部能力。通常要完成如下两项主要工作：①确保需求在概念模型中得到了充分正确的体现；②检查概念模型是否充分满足了仿真的预期用途和仿真目标。

(5) 设计校核。设计校核要解决的问题是仿真系统设计是否清晰、正确，是否与概念模型中定义和描述的需求相一致；目的在于保证所有特征、功能、行为、算法以及交互作用被正确和完整地包含在设计表达和文件中；主要工作包括：①校核需求映射；②评估算法；③校核接口；④评估时间和空间；⑤校核数据转换方法；⑥校核已转换的数据；⑦校核测试计划。

(6)仿真实现校核。仿真实现校核要解决的问题是确定仿真实现与仿真运行是否符合设计要求；主要工作包括：①检查是否满足设计要求；②校核代码；③校核软/硬件的映射；④校核硬件；⑤校核初始数据；⑥校核系统性能。

(7)仿真结果验证。仿真结果验证亦称为运行验证，是 VV&A 工作中最重要的内容。它将通过仿真系统测试（包括功能测试、性能测试、互操作测试等）来检查仿真系统整体工作能力，并与真实系统（过程）进行比较，做出相应评估。

仿真结果验证的主要工作包括：①将测试映射到需求；②验证必须的行为、表示法、算法及模型；③验证数据；④判定错误等。

(8) 系统确认。确认过程是仿真系统 VV&A 工作过程的重要组成部分，它建立在 V&V 工作基础上，两者关系如图 13.12 所示。仿真系统确认过程包括如下工作：①制订确认计划；②收集和评估确认信息；③进行确认评估；④做出确认决定。其中前三项任务由确认代理完成，而第四项工作在确认代理做出建议的基础上由用户完成。

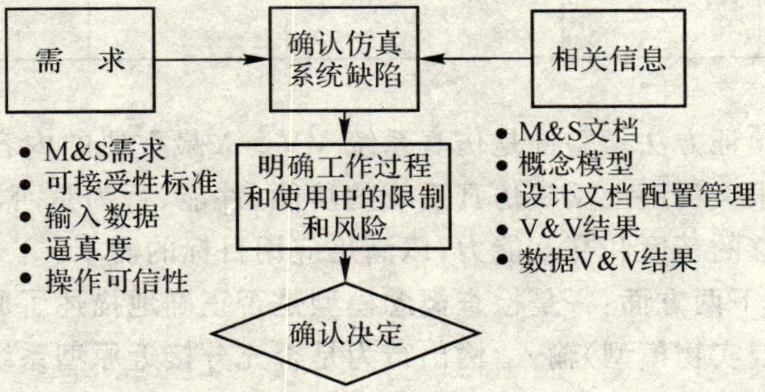

图 13.12　确认概念及与 V&V 的关系

13.4.3　仿真系统 V&V 方法

(1)仿真系统的校核方法。校核是 VV&A 的基础，实质是检验仿真系统开发者是否正确地实现了设计目标要求的过程。对于计算机仿真，最常见的是校核程序模型的逻辑和代码，因此校核方法基本上是将软件检验方法修改后用于仿真模型的校核。校核将从仿真模型建立过程中如下的不同环节和不同角度进行：

1)仿真误差源校核。理论和实践证明，系统仿真误差源主要包括：仿真模型误差、仿真方法误差、计算机计算误差和仿真硬件误差等。

仿真模型实际上是基于系统数学模型的二次简化模型，二次化建模过程中将不可避免的引入各种误差，同时建模中受随机噪声干扰、数据长度限制和测试与采样系统精度影响，都会带来各种计算误差。仿真方法和算法误差来自截断误差、舍入误差和信号重构误差等方面。硬件误差对于计算机仿真来说主要涉及由于计算机字长有限而引起的舍入误差。总之，仿真误差源校核将主要针对上述二次建模误差、计算误差、截断误差、舍入误差等进行。

2)仿真程序校核。原则上，软件工程领域的所有软件校核方法都可以用于仿真程序(即仿真模型)的校核。表 13.4 给出了目前仿真模型的各种校核方法。

表 13.4　仿真模型校核方法分类

分类	非正规方法	静态分析	动态分析	符号分析	结束分析	理论证明
方法名称	程序员自查 概念执行 代码会审 设计审核 过程审核	词法分析 语义分析 结构分析 数据流分析 一致性检查	自上而下的测试 自下而上的测试 黑箱测试 白箱测试 临界测试 调试 运行跟踪 运行监控 运行描绘 符号测试 递归测试	符号分析 路经分析 原因-效果分析 分区分析	断言分析 归纳断言 边界分析	正确性证明 Lamda 微积分 微词微积分 微词变换 推理 逻辑演绎 归纳

(2)仿真系统的验证方法。验证是仿真系统 VV&A 最重要的内容，它总是同预期应用目标紧密相联的，将在很大程度上反映仿真系统的功能、性能、行为是否满足所有提出的可接受性标准，是否具有足够的精度和交互能力，以满足应用目标的需求。

验证主要包括如下两方面：一是检查概念模型是否正确地描述了原型系统(即实际系统)；二是检查数学模型(或实物模型)输入/输出行为是否充分接近原型系统的输入/输出行为。目前，用于仿真系统验证的方法很多，可视具体仿真对象和应用目标而选用，亦可采用它们相结合的混合方法。如表 13.5 所示给出了仿真系统的验证方法及分类。下面仅重点讨论一般最大熵谱估计法和新的基于神经网络的最大熵谱估计法，供读者参考使用。

表 13.5 仿真系统的验证方法及分类

<table>
<tr><td rowspan="10">仿真系统验证方法</td><td>定性</td><td colspan="3">外观验证法、图示比较法、图灵法、检验法</td></tr>
<tr><td rowspan="9">定量</td><td rowspan="7">静态性能一致性验证方法</td><td>参数检验法</td><td>正态分布法（F 检验法、T 检验法）、非正态总体分布法、区间估计法、假设检验法、点估计法</td></tr>
<tr><td>分布拟合检验法</td><td>指数分布的拟合检验法、正态分布检验法（W 检验法、D 检验法、偏度检验法、峰度检验法）、Pearsonχ^2 检验法、Kolmogorov 检验法</td></tr>
<tr><td>非参数检验法</td><td>Smirnov 检验法、秩和检验法、游程检验法、Mood 法</td></tr>
<tr><td>自助法</td><td></td></tr>
<tr><td>稳健统计法</td><td>均值和方差的稳健估计法、M 检验法</td></tr>
<tr><td rowspan="2">Bayes 方法</td><td rowspan="2">数据有效性检验法、检验分布参数法（正态总体的方差检验法、正态总体的均值检验法）</td></tr>
<tr></tr>
<tr><td rowspan="2">动态性能一致性验证方法</td><td>时域法</td><td>一般时域法（判断比较法、Theil 不等式系数法、回归分析法、误差分析法、灰色关联分析法、相似系数法、正态总体一致性验证法、用 Bayes 理论法、自相关函数检验法）、时序建模比较法（平稳时序建模法）、非平稳时序建模法等</td></tr>
<tr><td>频域法</td><td>经典谱估计法（直接法、间接法）、窗谱估计方法（加窗谱估计法）、最大熵谱估计（Yule－Walker 法、Burg 递推法）、瞬时谱估计、交叉谱估计、演变谱估计等</td></tr>
</table>

13.4.4 VV&A 设计与开发

（1）VV&A 方案设计。VV&A 工作是一个复杂而又艰难的系统工程，其成功与否在很大程度上取决于所制定的 VV&A 方案。为此，在方案制定中必须遵循如下原则：①VV&A 方案应覆盖整个仿真系统全生命周期；②综合考虑对仿真系统 VV&A 有影响的诸因素，这些因素如表 13.6 所示；③VV&A 方案必须是切实可行的。因此，VV&A 方案设计应将 VV&A 过程模型与具体仿真系统开发紧密结合，既要避免一味追求 VV&A 活动的全面性，又要避免过分压缩 VV&A 工作；④在有限经费投入下，应重点保证对可信性影响最大的一些 VV&A 工作，以提高它的有效性；⑤充分理解 VV&A 工作的极端重要性，根据仿真系统实际制定最有效的 VV&A 方案；⑥应以 VV&A 标准过程模型为基础，根据特定需求进行剪裁。

表 13.6 各种因素对 VV&A 的影响

影响因素	仿真系统实际情况	
关键技术	已知的关键技术	未经验的关键技术
应用需求	已知的确定需求	经常变化的需求
组成部件	可重用的经过 VV&A 的部件	绝大部分新开发的部件

续表

影响因素	仿真系统实际情况	
设计情况	不变的设计方案	变化的设计方案
网络结构	确定的通信要求和网络结构	不确定的通信要求和网络结构
性能指标	可预测的性能指标	未知的性能指标
工具库	强有力的工具库支持	零星的工具支持
数据资源	经过 VV&C 的数据来源	未经过 VV&C 的数据来源
操作要求	已知的操作要求	模糊的操作要求
开发队伍	训练有素的开发队伍	非专职的开发队伍
对 VV&A 工作要求	最少	最大

仿真系统 VV&A 方案设计通常按下列步骤进行：收集信息→进行风险分析→确定 VV&A 任务→进行 VV&A 活动剪裁→VV&A 方案详细设计→VV&A 方案评审→VV&A 方案修改→提交 VV&A 计划文档等。对于 VV&A 方案设计的有用信息包括：①仿真系统需求分析；②软、硬件接口标准；③仿真系统开发计划；④质量保证/配置管理计划；⑤设计标准和技术要求；⑥测试计划；⑦数据采集、产生计划和步骤；⑧内部安全校核；⑨问题报告/差异报告历史研究和分析等。VV&A 计划的基本内容包括 V&V 和确认两部分。对于 V&V 有：①应用目的及描述；②仿真系统背景；③定以及参考文献；④V&V 相关人员及职责；⑤仿真系统的预期使用；⑥实施 VV&A 的信息源；⑦计划完成的 V&V 活动描述；⑧工具；⑨预算；⑩V&V 报告；⑪附录。对于确认有：①目的；②仿真系统背景；③定以及参考文献；④V&V 相关人员及职责；⑤进度、里程碑和资源；⑥仿真系统的预期使用；⑦实施 VV&A 的信息源；⑧可接受标准；⑨确认方法等。

(2)VV&A 典型开发过程：

1)DIS 系统生命周期 VV&A 开发过程。分布交互式仿真(DIS)系统是美国已宣布停止而在我国有些部门还在继续使用的典型复杂仿真系统，这种系统的生命周期 VV&A 开发过程本体如下：计划演练和定义需求→设计、开发和测试演练→执行演练→演练分析与评价→反馈仿真演练结果。其模型框架如图 13.13 所示。

这里，演练系指仿真系统开发中，某个仿真系统地执行，而仿真具有特定的参数、特征数据、初始条件、工作人员和外部系统，用来表示特殊的或普通的想定。

2)HLA 仿真系统生命周期 VV&A 开发过程。该系统生命周期 VV&A 开发可抽象为 6 个阶段或步骤：①定义联邦目标；②开发联邦概念模型；③设计联邦；④开发联邦；⑤集成和测试联邦；⑥执行联邦并分析结果。这实际上就是 FEDEP 模型——基于 HLA 仿真系统生命周期 VV&A 开发过程模型，如图 13.14 所示。

3)DIS/HLA 仿真系统生命周期 VV&A 开发过程。如前所述，DIS/HLA 仿真系统是 DIS 和 HLA 两种技术和体系结构共存条件下的一种混合体系复。

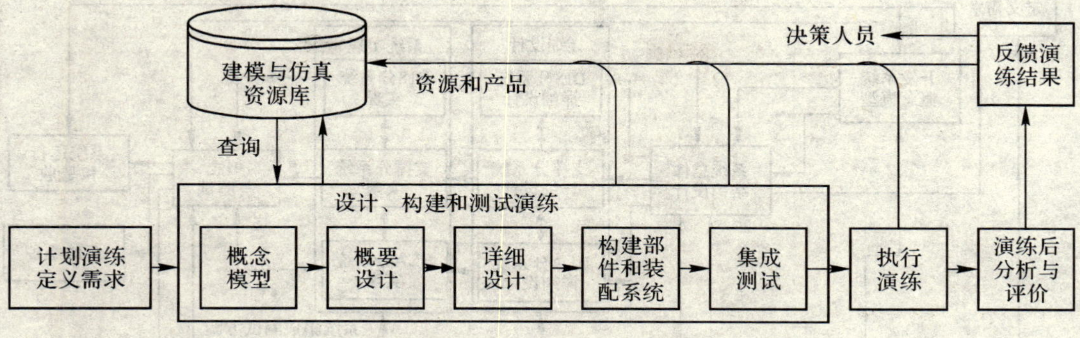

图 13.13　DIS 系统生命周期 VV&V 开发过程模型

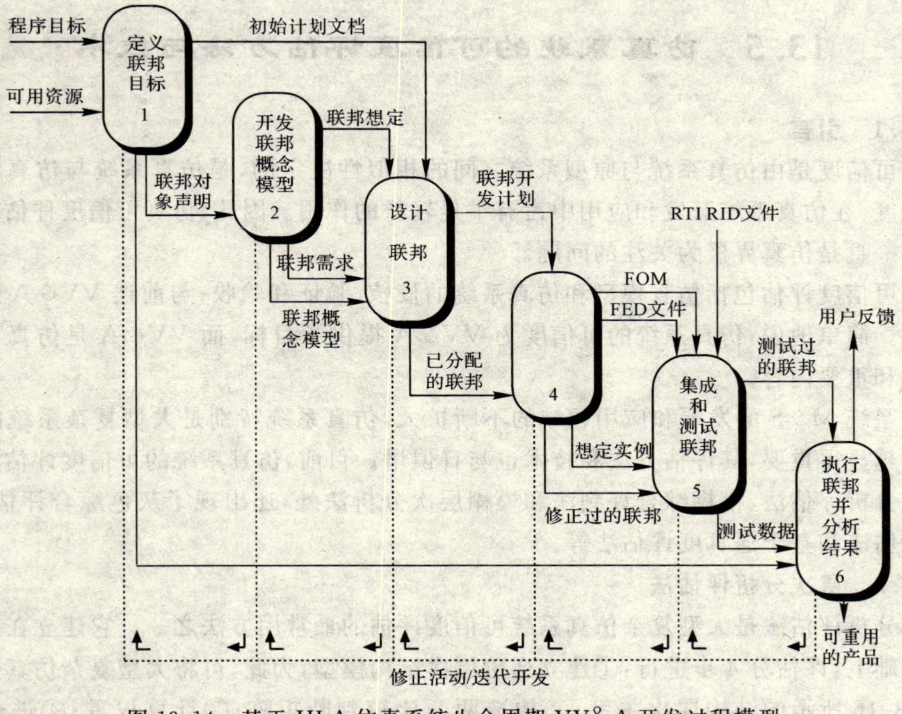

图 13.14　基于 HLA 仿真系统生命周期 VV&A 开发过程模型

杂仿真系统。这种系统 VV&A 开发关键是 DIS 系统与 HLA 系统的集成，其核心问题在于它们之间的信息传递与交互。基于 DIS/HLA 混合体系结构仿真系统生命周期 VV&A 开发过程模型如图 13.15 所示。

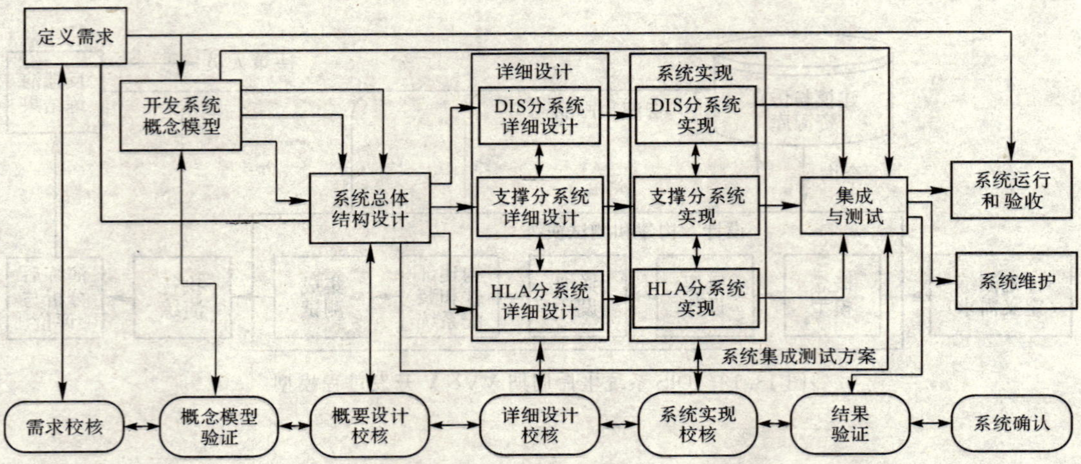

图 13.15　DIS/HLA 仿真系统生命周期 VV&A 开发过程模型

13.5　仿真系统的可信度评估方法与技术

13.5.1　引言

仿真可信度是由仿真系统与原型系统之间的相似性决定的，是仿真系统与仿真应用的相适应的程度，在仿真系统开发和应用中占有举足轻重的作用。因此，仿真可信度评估方法的研究及应用一直是仿真界极为关注的问题。

仿真可信度评估包括仿真模型和仿真系统的校核、验证和验收，与前述 VV&A 是两个不同的概念。简单地说，仿真系统的可信度为 VV&A 提供了目标，而 VV&A 是仿真可信度评估的基础和重要内容。

随着系统 M&S 的发展和应用领域的不断扩大，仿真系统特别是大型复杂系统的可信度评估越来越显得重要，其评估方法和技术也与日俱增。目前，仿真系统的可信度评估方法除常用的层次分析评估法、模糊综合评判法和模糊层次分析法外，还出现了灰色综合评估法、相似度辨识评估法和基于逼真度评估法等。

13.5.2　层次分析评估法

层次分析评估法是大型复杂仿真系统可信度评估的最常用方法之一。它建立在层次分析理论的基础上，评估分 4 步进行：①建立递阶层次结构模型，为此，可将大型复杂仿真系统分解成如图 13.16 所示的结构层次关系；②构造两两比较判断矩阵；③计算权重；④进行一致性检验。

13.5.3　模糊综合评判法

模糊综合评判基于模糊集理论。可对被评估的系统建立评价因素集、各因素权重集、各种评价结果组成的评价集，采用一定的合成算子进行综合运算和评价。评估中大概亦分 4 个步骤：

(1) 建立模糊评判初始模型。该模型有 3 个基本要素：因素集 $\boldsymbol{U}=\{u_1,u_2,\cdots,u_n\}$；评判集 $\boldsymbol{V}=\{v_1,v_2,\cdots,v_m\}$；模糊映射 $f:\boldsymbol{U}\rightarrow\boldsymbol{F}(\boldsymbol{V}),u_i\rightarrow f(u_i)=(r_{i1},r_{i2},\cdots,r_{im})\in\boldsymbol{F}(\boldsymbol{V})$；由 f 诱导出

一个模糊关系。

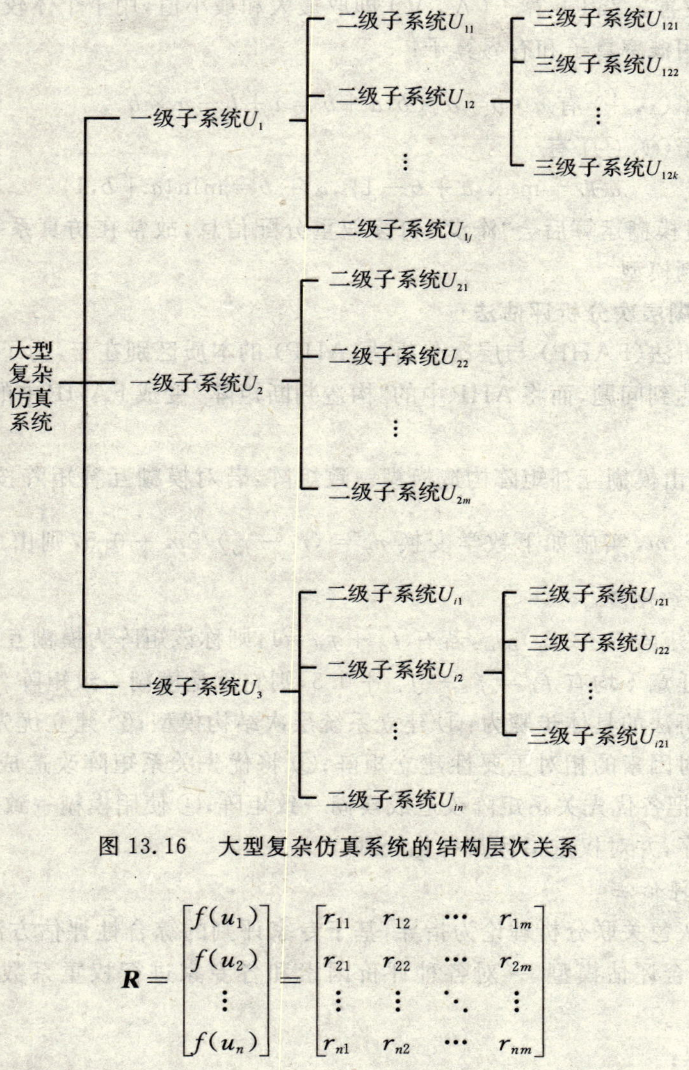

图 13.16　大型复杂仿真系统的结构层次关系

$$\boldsymbol{R}=\begin{bmatrix} f(u_1) \\ f(u_2) \\ \vdots \\ f(u_n) \end{bmatrix}=\begin{bmatrix} r_{11} & r_{12} & \cdots & r_{1m} \\ r_{21} & r_{22} & \cdots & r_{2m} \\ \vdots & \vdots & \ddots & \vdots \\ r_{n1} & r_{n2} & \cdots & r_{nm} \end{bmatrix} \tag{13.16}$$

由 $\boldsymbol{R}$ 诱导出一个模糊变换

$$T_{\boldsymbol{R}}:\boldsymbol{F}(\boldsymbol{U})\rightarrow \boldsymbol{F}(\boldsymbol{V})\boldsymbol{A}\mid\rightarrow T_R(\boldsymbol{A})=\boldsymbol{A}\cdot\boldsymbol{R} \tag{13.17}$$

于是，三元体$(\boldsymbol{U},\boldsymbol{V},\boldsymbol{R})$便构成一个模糊综合评判模型。它像一个“转换器”，若输入一个权重分配 $\boldsymbol{A}=(a_1,a_2,\cdots,a_n)$，则输出一个综合评判 $\boldsymbol{B}=\boldsymbol{A}\cdot\boldsymbol{R}=(b_1,b_2,\cdots,b_m)$，即

$$(b_1,b_2,\cdots,b_m)=(a_1,a_2,\cdots,a_n)\cdot\begin{bmatrix} r_{11} & r_{12} & \cdots & r_{1m} \\ r_{21} & r_{22} & \cdots & r_{2m} \\ \vdots & \vdots & \ddots & \vdots \\ r_{n1} & r_{n2} & \cdots & r_{nm} \end{bmatrix} \tag{13.18}$$

若使用 Zadeh 算子(∧，∨)则

$$b_j=\bigvee_{i=1}^{n}(a_i\wedge r_{ij}),j=1,2,\cdots,m \tag{13.19}$$

(2) 确定权重。为了确定权重，可以采用隶属度计算方法(如绝对比较法、二元比较法、模

糊统计法等)。

(3) 算子的改善。Zadeh 算子($\wedge$, $\vee$) 即取最大和最小值,用于个体较多的对象评判相对较为粗糙。可采用概率算子和有界算子:

对于概率算子($\cdot$, $\dot{+}$) 有 $a \cdot b = a \times b, a \dot{+} b = a + b - a \times b$ (13.20)

对于有界算子(Θ, $\oplus$) 有

$$a \Theta b = \max\{a + b - 1\}, a \oplus b = \min\{a + b, 1\} \tag{13.21}$$

(4) 鉴于经过模糊运算后会"淹没"许多权重分配信息,故常在仿真系统可信度评估中采用多层次模糊评判模型。

13.5.4 模糊层次分析评估法

模糊层次分析法(FAHP) 与层次分析法(AHP) 的本质区别在于,为了解决 AHP 存在的一致性指标难以达到问题,而将 AHP 中的"构造判断矩阵"变成 FAHP 中的"构造模糊一致性判断矩阵"。

定理 13.1 由模糊互补矩阵构造模糊一致矩阵:若对模糊互补矩阵按行求和,记作 $r_i = \sum_{k=1}^{m} f_{ik}, i = 1, 2, \cdots, m$,实施如下数学变换 $r_{ij} = (r_i - r_j)/2m + 0.5$,则由此建立的矩阵 $\boldsymbol{R} = (r_{ij})_{m \times m}$ 是模糊一致矩阵。

这里,设模糊矩阵 $\boldsymbol{F} = (f_{ij})_{m \times m}$,若有 $f_{ij} + f_{ji} = 1$,则称该矩阵为模糊互补矩阵。若这个模糊互补矩阵对于任意 k 均有 $f_{ij} = f_{ik} - f_{jk} + 0.5$,则它就是模糊一致矩阵。

模糊层次分析法的具体步骤为:① 建立系统层次结构模型;② 建立优先关系矩阵,即每一层次中的因素针对因素的相对重要性建立矩阵;③ 将优先关系矩阵改造成模糊数一致矩阵,即按照定理 13.1 把各优先关系矩阵改造成模糊一致矩阵;④ 使用模糊一致的判断矩阵去推算各因素的重要次序,并对权重指标归一化处理。

5. *灰色综合评估法*

这是一种以灰色关联分析理论为指导,基于专家评判的综合性评估方法。其主要评估过程是:建立灰色综合评估模型 → 对各种评价因素和各专家进行权重系数选择 → 进行综合评估。

(1) 评估过程:

1) 建立灰色综合评估模型。该模型的建立分为三步:① 建立评价树子系统。仿真系统可信度评估树的层次结构如图 13.17 所示。其中,树的根节点为整个仿真系统的总体可信度评价指标,树的叶节点为影响该指标的各个因素子系统,其他节点为抽象的影响根节点的因素。② 专家评判。通常由 5 ~ 6 名 VV&A 工作所需专业领域的权威专家组成评判小组,进行按项目内容"打分"评价。③ 根据专家评判结果,建立灰色评估矩阵。灰色评估矩阵的建立与前述基于灰色系统理论建模方法相同,包括 ①;确定评价指标矩阵;② 数据处理;③ 确定灰色评估矩阵。

$$\boldsymbol{R} = \begin{bmatrix} L_1(1) & L_2(1) & \cdots & L_n(1) \\ L_1(2) & L_2(2) & \cdots & L_n(2) \\ \vdots & \vdots & \ddots & \vdots \\ L_1(m) & L_2(m) & \cdots & L_n(m) \end{bmatrix} \tag{13.22}$$

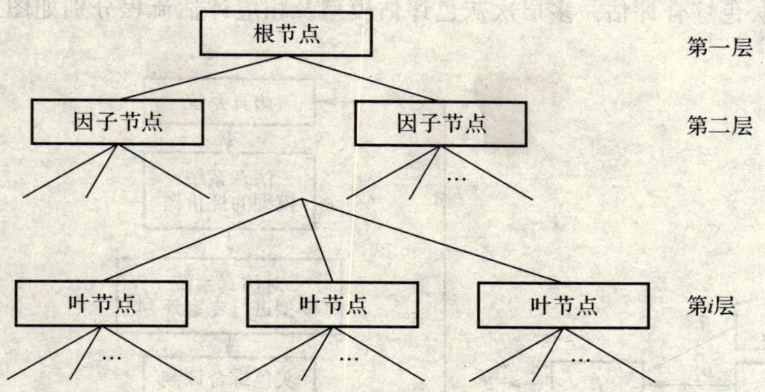

图 13.17　仿真系统可信度评估树层二次结构图

其中，

$$L_i(k)=\frac{\min\limits_i\min\limits_k|\gamma_k^*-\gamma_k^i|+\rho\max\limits_i\max\limits_k|\gamma_k^*-\gamma_k^i|}{|\gamma_k^*-\gamma_k^i|+\rho\max\limits_i\max\limits_k|\gamma_k^*-\gamma_k^i|} \tag{13.23}$$

式中，ρ 为分辨系数，在[0,1]中取值，通常取 0.5；$\min\limits_i\min\limits_k|\gamma_k^*-\gamma_k^i|$ 为两级最小差；$\max\limits_i\max\limits_k|\gamma_k^*-\gamma_k^i|$ 为两级最大差。

2）选择权重系数。无论是评价因素或是专家评判，都有一定的权重。权重以系数值表示，通过计算得到。计算方法可以是直接给出法、层次分析法、重要性排序法和模糊子集法等。在灰色综合评估法中，常采用多种权系数赋值方法综合运用，其流程如图 13.18 所示。

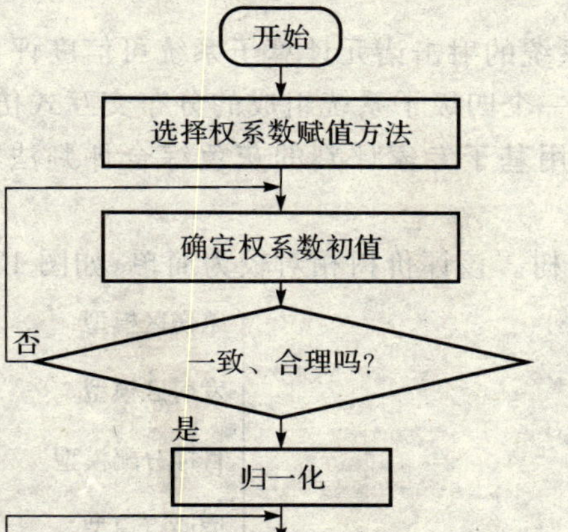

图 13.18　综合赋值方法应用流程

3）多层次灰色综合评估。多层次灰色评估模型及相应评估流程分别如图 13.19(a) 和(b)所示。

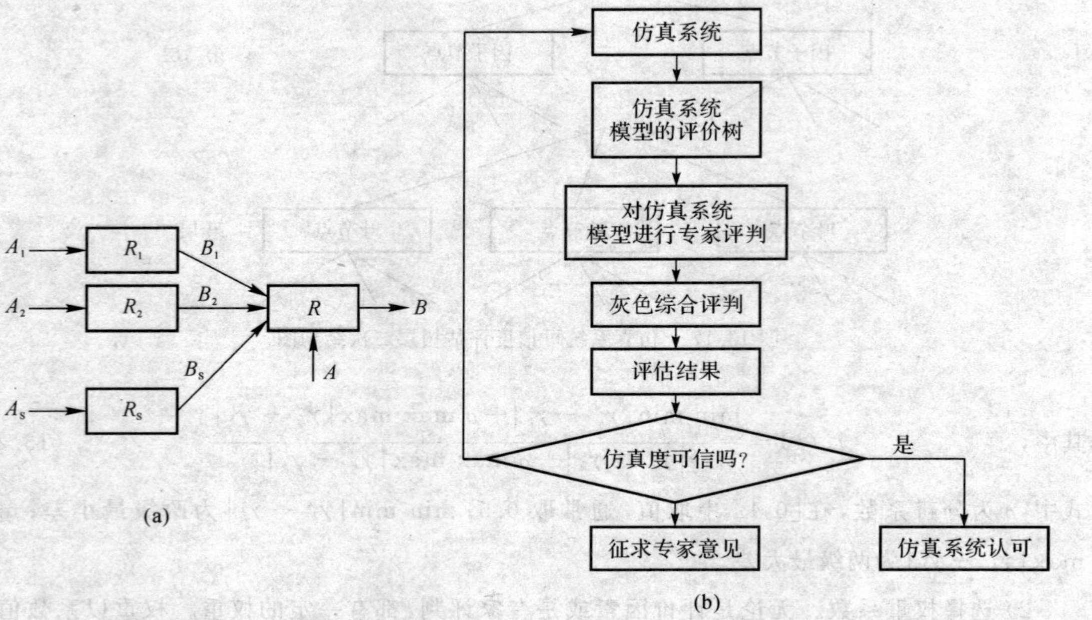

图 13.19　多层次灰色综合评估模型及流程

(2) 应用实例。

例 13.6　某大型仿真系统的射击诸元计算子系统可信度评估。

某大型复杂仿真系统是一个四级子系统组成的分布交互式仿真系统。其中射击诸元计算子系统属三级子系统。可采用基于专家评判的灰色综合评判法对该子系统可信度进行如下评估：

1）建立该子系统的评价树。该评价树相对较为简单，如图 13.20 所示。

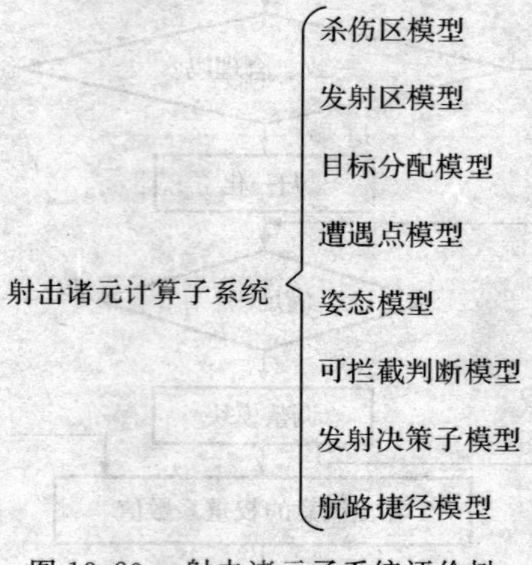

图 13.20　射击诸元子系统评价树

2）专家评判。由多个学科专家进行评判，采用打分方法（满分为 100）。评判值如表 13.7 所示。

表 13.7　射击诸元计算子系统的专家评判

评估值	SME1	SME2	SME3	SME4	SME5	SME6	SME7	SME8	SME9	SME10
杀伤区模型	80	89	80	85	85	82	81	81	81	82
发射区模型	82	85	82	80	82	87	85	80	82	78
目标分配模型	85	80	84	79	78	80	85	82	81	80
遭遇点模型	79	82	78	88	80	82	76	86	80	84
姿态模型	80	78	81	82	82	79	84	78	84	85
可拦截判断模型	83	81	85	78	85	85	83	80	79	83
发射决策模型	84	83	80	82	80	83	80	83	82	86
航路捷径模型	81	79	83	78	84	81	82	82	80	81

3）建立灰色评估矩阵。可根据专家评判结果采用灰色关联度建立：

ⅰ．确定评价指标矩阵 ***D***

$$\boldsymbol{D}=\begin{bmatrix}100 & 100 & 100 & 100 & 100 & 100 & 100 & 100\\ 80 & 82 & 85 & 79 & 80 & 83 & 84 & 81\\ 89 & 85 & 80 & 82 & 78 & 81 & 83 & 79\\ 80 & 82 & 84 & 78 & 81 & 85 & 80 & 79\\ 85 & 80 & 79 & 88 & 82 & 78 & 82 & 78\\ 85 & 82 & 78 & 80 & 82 & 85 & 80 & 84\\ 82 & 87 & 80 & 82 & 79 & 85 & 83 & 81\\ 81 & 85 & 85 & 78 & 84 & 83 & 80 & 82\\ 81 & 80 & 82 & 86 & 78 & 80 & 83 & 82\\ 81 & 82 & 81 & 80 & 84 & 79 & 82 & 80\\ 82 & 78 & 80 & 84 & 85 & 83 & 86 & 81\end{bmatrix}$$

ⅱ．进行数据处理．对 ***D*** 进行均值化处理后得

$$\boldsymbol{D}=\begin{bmatrix}1.1879 & 1.1918 & 1.2036 & 1.1996 & 1.2048 & 1.1931 & 1.1918 & 1.2075\\ 0.9503 & 0.9773 & 1.023 & 0.9477 & 0.9902 & 0.9902 & 1.0011 & 0.9781\\ 1.0572 & 1.013 & 0.9623 & 0.9836 & 0.9664 & 0.9664 & 0.9892 & 0.9539\\ 0.9503 & 0.9773 & 1.0109 & 0.9357 & 1.0141 & 1.0141 & 0.9534 & 1.0022\\ 1.0097 & 0.9534 & 0.9508 & 1.0556 & 0.9306 & 0.9306 & 0.9773 & 0.9418\\ 1.0097 & 0.9773 & 0.9387 & 0.9597 & 1.0141 & 1.0141 & 0.9534 & 1.0143\\ 0.9741 & 1.0368 & 0.9628 & 0.9836 & 1.0141 & 1.0141 & 0.9892 & 0.9781\\ 0.9622 & 1.013 & 1.023 & 0.9357 & 0.9902 & 0.9902 & 0.9534 & 0.9901\\ 0.9622 & 0.9534 & 0.9869 & 1.0316 & 0.9545 & 0.9545 & 0.9892 & 0.9901\\ 0.9622 & 0.9773 & 0.9748 & 0.9597 & 0.9425 & 0.9425 & 0.9773 & 0.966\\ 0.9741 & 0.9296 & 0.9628 & 1.0076 & 0.9902 & 0.9902 & 1.0249 & 0.9781\end{bmatrix}$$

ⅲ. 确定灰色评估矩阵。由式(13.23)可计算出第 i 个专家对第 k 因素的灰色关联系数

$$\min_i \min_k |\gamma_k^* - \gamma_k^i| = 0.130\,67, \max_i \max_k |\gamma_k^* - \gamma_k^i| = 0.229\,42$$

再由式(13.22)得到灰色评估矩阵 $\boldsymbol{R}$

$$\boldsymbol{R} = \begin{bmatrix} 0.696\,5 & 0.745\,3 & 0.831\,1 & 0.669\,3 & 0.689\,9 & 0.772\,8 & 0.803\,5 & 0.713\,1 \\ 1 & 0.836\,1 & 0.690\,4 & 0.742\,2 & 0.646\,1 & 0.718\,8 & 0.773\,3 & 0.666\,3 \\ 0.696\,5 & 0.745\,3 & 0.798\,6 & 0.648\,1 & 0.714\,1 & 0.835\,6 & 0.695 & 0.766\,9 \\ 0.837\,8 & 0.695 & 0.667\,8 & 0.948\,7 & 0.7 & 0.650\,6 & 0.745\,3 & 0.645\,1 \\ 0.837\,8 & 0.745\,3 & 0.646\,6 & 0.691\,9 & 0.7 & 0.835\,6 & 0.695 & 0.796\,9 \\ 0.746\,9 & 0.91 & 0.904\,1 & 0.742\,2 & 0.667\,3 & 0.835\,6 & 0.773\,3 & 0.713\,1 \\ 0.720\,8 & 0.836\,1 & 0.831\,1 & 0.648\,1 & 0.798 & 0.772\,8 & 0.695 & 0.739 \\ 0.720\,8 & 0.695 & 0.740\,6 & 0.868\,1 & 0.646\,1 & 0.694\,5 & 0.773\,3 & 0.739 \\ 0.720\,8 & 0.745\,3 & 0.714\,6 & 0.691\,9 & 0.798 & 0.671\,8 & 0.745\,3 & 0.69 \\ 0.746\,9 & 0.651\,1 & 0.690\,4 & 0.800\,2 & 0.830\,6 & 0.772\,8 & 0.871\,5 & 0.713\,1 \end{bmatrix}$$

4)权重选择。子系统进行评估时,组成因素指标的权重系数值为

$$\boldsymbol{A} = [0.15, 0.1, 0.1, 0.1, 0.2, 0.15, 0.15, 0.05]$$

10 位专家权重系数值为

$$\boldsymbol{A} = [0.05, 0.11, 0.07, 0.12, 0.08, 0.14, 0.15, 0.13, 0.06, 0.11]$$

5)灰色综合评估。由评价公式

$$\boldsymbol{B} = \boldsymbol{R} \times \boldsymbol{A},\ b_i = \sum_{k=1}^{m} a_k \cdot L_i(k) \tag{13.24}$$

可得各专家的射击诸元子系统的评估结果

$\boldsymbol{B} = \boldsymbol{R} \times \boldsymbol{A} =$

$$\begin{bmatrix} 0.696\,5 & 0.745\,3 & 0.831\,1 & 0.669\,3 & 0.689\,9 & 0.772\,8 & 0.803\,5 & 0.713\,1 \\ 1 & 0.836\,1 & 0.690\,4 & 0.742\,2 & 0.646\,1 & 0.718\,8 & 0.773\,3 & 0.666\,3 \\ 0.696\,5 & 0.745\,3 & 0.798\,6 & 0.648\,1 & 0.714\,1 & 0.835\,6 & 0.695 & 0.766\,9 \\ 0.837\,8 & 0.695 & 0.667\,8 & 0.948\,7 & 0.7 & 0.650\,6 & 0.745\,3 & 0.645\,1 \\ 0.837\,8 & 0.745\,3 & 0.646\,6 & 0.691\,9 & 0.7 & 0.835\,6 & 0.695 & 0.796\,9 \\ 0.746\,9 & 0.91 & 0.904\,1 & 0.742\,2 & 0.667\,3 & 0.835\,6 & 0.773\,3 & 0.713\,1 \\ 0.720\,8 & 0.836\,1 & 0.831\,1 & 0.648\,1 & 0.798 & 0.772\,8 & 0.695 & 0.739 \\ 0.720\,8 & 0.695 & 0.740\,6 & 0.868\,1 & 0.646\,1 & 0.694\,5 & 0.773\,3 & 0.739 \\ 0.720\,8 & 0.745\,3 & 0.714\,6 & 0.691\,9 & 0.798 & 0.671\,8 & 0.745\,3 & 0.69 \\ 0.746\,9 & 0.651\,1 & 0.690\,4 & 0.800\,2 & 0.830\,6 & 0.772\,8 & 0.871\,5 & 0.713\,1 \end{bmatrix} \times$$

$$\begin{bmatrix} 0.15 \\ 0.10 \\ 0.10 \\ 0.10 \\ 0.20 \\ 0.15 \\ 0.15 \\ 0.05 \end{bmatrix} = \begin{bmatrix} 0.739\,13, 0.763\,22, 0.734\,22, 0.746\,46, 0.751\,49, \\ 0.756\,74, 0.756\,38, 0.724\,84, 0.729\,93, 0.774\,61 \end{bmatrix} \tag{13.25}$$

再由公式 $K=\boldsymbol{B}\times\boldsymbol{E}$，可得到专家对整个射击诸元计算子系统的可信度的评估值 $K=0.74927$，其中，$\boldsymbol{E}^{\mathrm{T}}=[0.05,0.1,0.07,0.12,0.08,0.14,0.35,0.13,0.06,0.1]$。

由此可见，利用灰色综合评估方法对该子系统的评估结果是可接受的，可信度较高。

13.5.6　基于逼真度评估法

(1) 主要思想。如前所述，所谓逼真度就是模型或仿真以可测量或可觉察方式复现真实系统(过程)状态和行为的程度。逼真度被分为模型逼真度和仿真逼真度，可从两个不同角度给出相对于仿真对象的近似(或复现)程度，这正是仿真系统可信度的重要依据和基础。基于这种客观事实，有足够理由将逼真度评估作为仿真系统可信度评估的一种基本方法和技术，这种评估方法对于视景仿真系统尤为重要。

(2) 方法原理。逼真度评估常用基于 Fuzzy AHP 方法，这种方法不是可信度而是间接的逼真度。

在此，将借助模糊三角函数确定权重，并利用模糊综合评判方法对仿真系统进行逼真度评估，从而得到可信度评估结论。

为了确定权重集，设因素集为 $\boldsymbol{U}(u_1,u_2,\cdots,u_m)$，权重分配采用 Fuzzy AHP 法，可分四步进行：

1) 专家填写因素权重比较表。其中，第一准则层因素权重比较表如表 13.8 所示。

表 13.8　第一准则层项目权值比较表(9 等级制)

比较因素(两两比较) \ 指标	重要度比较									可信度比较		
	极为次要	明显次要	次要	略次要	同等重要	略重要	重要	明显重要	极为重要	很有把握	较有把握	把握一般
$\boldsymbol{U}_1$ 与 $\boldsymbol{U}_2$ 比较												
$\boldsymbol{U}_2$ 与 $\boldsymbol{U}_3$ 比较												
……												

模糊数采用 9 等级制，分别取值为 0.1，0.2，…，0.9。可信度 δ 分为 3 等级，分别取值为 0.05，0.1，0.15。于是专家打分对应三角模糊数为 $\boldsymbol{a}=(a_1,a_2,\cdots,a_n)$，其中 $a_1=m-\delta$，$a_m=m$，$a_n=m+\delta$。

2) 构造第 k 位专家的三角模糊互补判断矩阵

$$\boldsymbol{A}^{(k)}=\begin{bmatrix} a_{11} & a_{12} & \cdots & a_{1n} \\ a_{21} & a_{22} & \cdots & a_{2n} \\ \vdots & \vdots & \ddots & \vdots \\ a_{n1} & a_{n2} & \cdots & a_{nn} \end{bmatrix} \tag{13.26}$$

式中，$\boldsymbol{a}_{ij}=(a_{lij},a_{mij},a_{nij})=\begin{cases}(a_{lij},a_{mij},a_{nij}), & i>j,i\neq j \\ (1-a_{lij},1-a_{mij},1-a_{nij}), & i<j,i\neq j \\ (0.5,0.5,0.5), & i=j\end{cases}$

3) 计算第 k 位专家的归一化权重向量，

$$\overline{\boldsymbol{w}}^{(k)}=[\overline{w}_1\quad \overline{w}_2\quad \cdots\quad \overline{w}_n]^{\mathrm{T}} \tag{13.27}$$

$$式中，\bar{w}_i=\frac{\sum_{i=1}^{n}a_{ij}}{\sum_{i=1}^{n}\sum_{j=1}^{n}a_{ij}}=\left[\frac{\sum_{i=1}^{n}a_{lij}}{\sum_{i=1}^{n}\sum_{j=1}^{n}a_{nij}},\frac{\sum_{i=1}^{n}a_{mij}}{\sum_{i=1}^{n}\sum_{j=1}^{n}a_{mij}},\frac{\sum_{i=1}^{n}a_{nij}}{\sum_{i=1}^{n}\sum_{j=1}^{n}a_{lij}}\right]$$

将 $\bar{w}_i$ 进行两两比较，可求得 $\bar{w}_i \geqslant \bar{w}_j$ 的可能度 p_{ij}

$$p_{ij}=\lambda\max\left\{1-\max\left(\frac{\bar{w}_{jm}-\bar{w}_{il}}{\bar{w}_{im}-\bar{w}_{il}+\bar{w}_{jm}-\bar{w}_{jl}},0\right),0\right\}+$$
$$(1-\lambda)\max\left\{1-\max\left(\frac{\bar{w}_{jn}-\bar{w}_{im}}{\bar{w}_{in}-\bar{w}_{im}+\bar{w}_{jn}-\bar{w}_{jm}},0\right),0\right\} \tag{13.28}$$

式中，$\lambda\in[0,1]$。

建立可能度矩阵 $$\boldsymbol{P}=(p_{ij})_{n\times m} \tag{13.29}$$

求出 $\boldsymbol{P}$ 的行和并归一化，得到权重向量

$$\boldsymbol{w}^{(k)}=[w_1\quad w_2\quad\cdots\quad w_n]^{\mathrm{T}} \tag{13.30}$$

4) 设共有 k 位专家参评，则对 k 位专家集值统计：通过分别给出各专家的判断矩阵 $\boldsymbol{A}^{(k)}$，可求得各自权重向量 $\boldsymbol{w}^{(k)}$，并求其平均值得到最终权重向量为

$$w=\sum_{k=1}^{k}\bar{w}^{(k)}\Big/K \tag{13.31}$$

逼真度综合评价如下：设专家给出的评价集为 $\boldsymbol{S}(s_1,s_2,\cdots,s_n)$，对每个因素 u_i 都有个模糊评价 $\boldsymbol{R}(r_{i1},r_{i2},\cdots,s_{in})$，其矩阵形式为

$$\boldsymbol{R}=\begin{bmatrix}r_{11} & r_{12} & \cdots & r_{1n}\\ r_{21} & r_{22} & \cdots & r_{2n}\\ \vdots & \vdots & \ddots & \vdots\\ r_{n1} & r_{n2} & \cdots & r_{nn}\end{bmatrix}_{m\times n} \tag{13.32}$$

式中，$\boldsymbol{R}$ 为单因素评价矩阵；r_{ij} 为因素 u_i 对评价集 s_j 的隶属度。

设权重向量为 $\boldsymbol{w}=(a_1,a_2,\cdots,a_m)$，则综合评价为

$$D=W\cdot R \tag{13.33}$$

式中，$(\cdot)$ 为表示某种合适的模糊算法，记为 $M(+,*)$。

常见模糊运算模型如表 13.9 所示。

表 13.9 常见模糊运算模型

序号	模型	算子	运算公式
Ⅰ	$M(\wedge,\vee)$	$\wedge\vee$	$b_j=\overset{m}{\underset{i=1}{\vee}}(w_i\wedge r_{ij})$
Ⅱ	$M(\cdot,\vee)$	$\cdot\vee$	$b_j=\overset{m}{\underset{i=1}{\vee}}(w_i\cdot r_{ij})$
Ⅲ	$M(\wedge,\oplus)$	$\wedge\oplus$	$b_j=\sum_{i=1}^{m}(w_i\wedge r_{ij})$
Ⅳ	$M(\cdot,\oplus)$	$\cdot\oplus$	$b_j=\min\left[1,\sum_{i=1}^{m}(w_i\cdot r_{ij})\right]$
Ⅴ	$\cdot+$	$\cdot+$	$b_j=\sum_{i=1}^{m}(w_i\cdot r_{ij})$

若选择加权平均模型 $M(,\oplus)$，则副真度计算为

$$\boldsymbol{D}=\boldsymbol{W}\cdot\boldsymbol{R}=\left[b_1=\sum_{i=1}^{m}(w_i\cdot w_{i1}),\cdots,b_n=\sum_{i=1}^{m}(w_i\cdot w_{in})\right] \tag{13.34}$$

式中，$\boldsymbol{R}$ 由专家评分表得到(见表 13.10)。

表 13.10 专家评分表

指标 / 因素	属性描述								
	最差 S_1	很差 S_2	差 S_3	较差 S_4	一般 S_5	较好 S_6	好 S_7	很好 S_8	最好 S_9
$\boldsymbol{U}_1$									
$\boldsymbol{U}_2$									
……									

(3) 仿真系统逼真度评估指标体系有效的指标体系，对于逼真度评估时必不可少的。通常，不同仿真系统其逼真度评估指标体系不尽一样。逼真度评估对于听觉 / 视觉仿真系统尤其重要，故这里以此为例。

如图 13.21 所示给出了音效仿真系统逼真度指标体系。如图 13.22 所示给出了视景仿真系统逼真度指标体系。

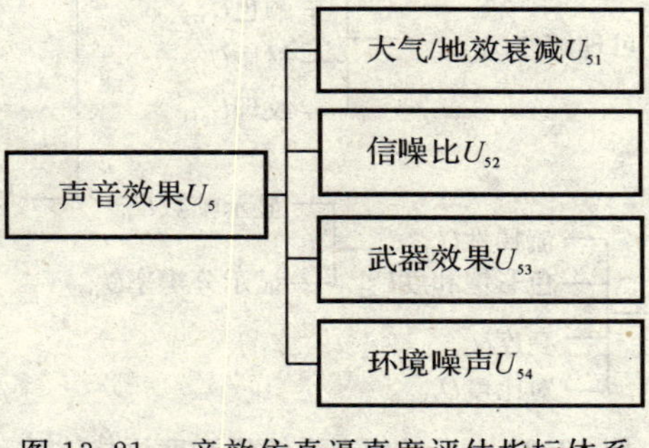

图 13.21 音效仿真逼真度评估指标体系

(4) 应用实例。

例 13.7 某武器系统对抗视景仿真系统的逼真度评估。

依据本小节(2) 和(3) 提出的视景仿真逼真度评估算法及指标体系对该系统的逼真度进行评估。为简便起见，仅以三维模型逼真度 U_1 的评估为例。

1) 指标层次如前述图 13.39 所示。

2) 确定分级指标的权重。请 10 位专家对其权重进行评估，其中第 k 位专家的权重评判为

$$\begin{bmatrix} (0.5,0.5,0.5) & (0.65,0.7,0.75) & (0.6,0.7,0.8) & (0.75,0.8,0.85) \\ (0.25,0.3,0.35) & (0.5,0.5,0.5) & (0.25,0.3,0.35) & (0.55,0.75,0.85) \\ (0.2,0.3,0.4) & (0.65,0.7,0.75) & (0.5,0.5,0.5) & (0.7,0.8,0.9) \\ (0.15,0.2,0.25) & (0.15,0.3,0.45) & (0.1,0.2,0.3) & (0.5,0.5,0.5) \end{bmatrix}$$

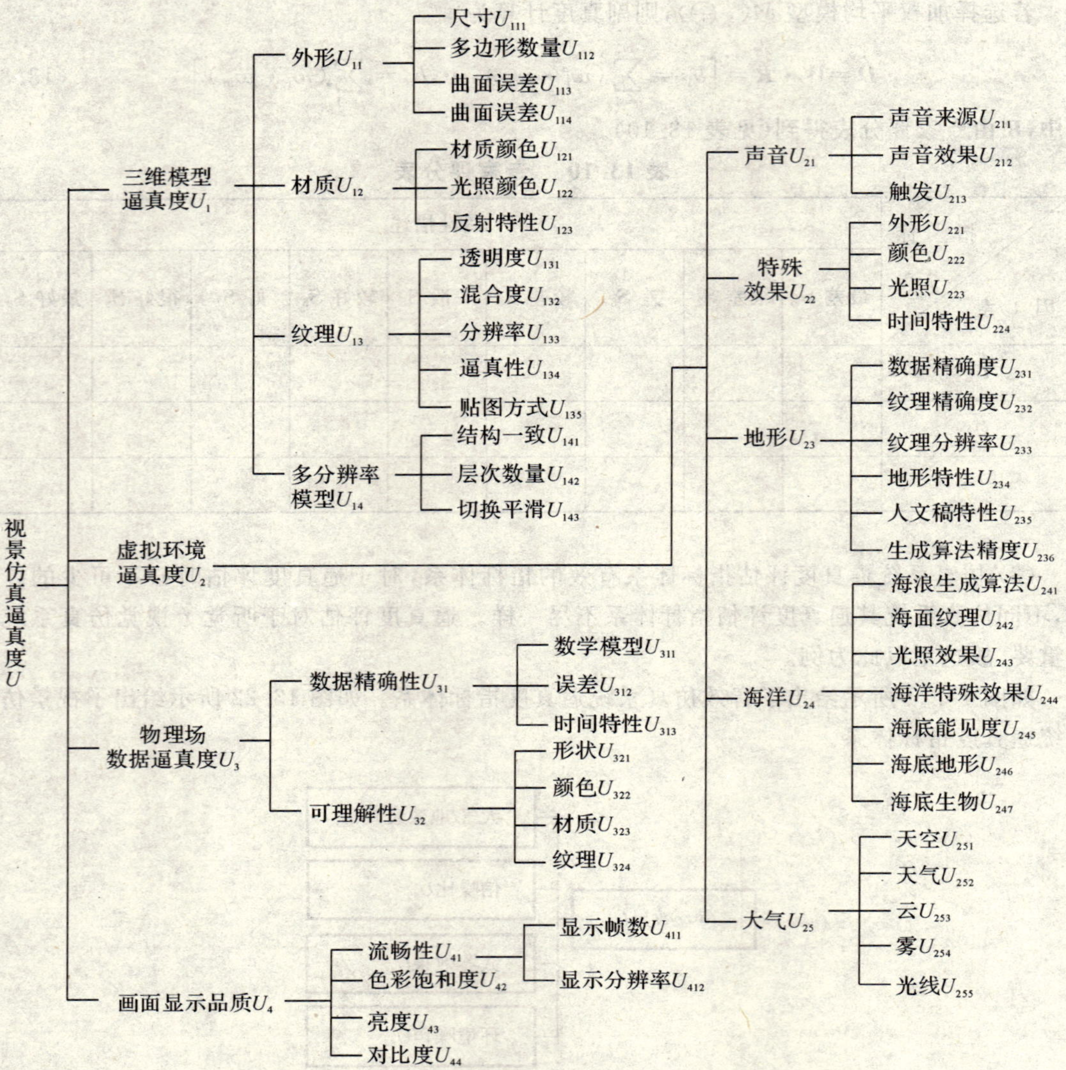

图 13.22　视景仿真系统逼真度评估体系

其三角模糊数权重向量为

$$\overline{w}^{(k)}=\begin{bmatrix}(0.278, & 0.338, & 0.414)\\(0.172, & 0.225, & 0.293)\\(0.228, & 0.288, & 0.364)\\(0.100, & 0.150, & 0.214)\end{bmatrix}$$

相应可能度矩阵 $\boldsymbol{P}$ 为

$$\boldsymbol{P}=\begin{bmatrix}0.500 & 1.000 & 0.872 & 1.000\\0.000 & 0.500 & 0.019 & 1.000\\0.128 & 0.981 & 0.500 & 1.000\\0.000 & 0.000 & 0.000 & 0.500\end{bmatrix}$$

可得权重向量为

$$w_{U_1}^{(k)} = [0.422 \quad 0.190 \quad 0.325 \quad 0.063]^{T}$$

同理可得其他专家对 U_{11}，U_{12}，U_{13}，U_{14} 的权重评分，最后利用加权平均法得到这 4 个二级指标权重向量为：

$$w_{U_1} = [0.412 \quad 0.144 \quad 0.363 \quad 0.081]^{T}$$

同样也可得到 U_{11}，U_{12}，U_{13}，U_{14} 各因素子指标相对于它们的权重向量，最终求得的三维模型逼真度的各因素的权重如表 13.11 所示。

表 13.11　三维模型逼真度的各级因素权重

二级因素	权　重	三级因素	权　重
外形 U_{11}	0.412	尺寸 U_{111}	0.361
		多边形数量 U_{112}	0.376
		曲面误差 U_{113}	0.211
		曲线误差 U_{114}	0.052
材质 U_{12}	0.144	材质颜色 U_{121}	0.372
		光照颜色 U_{122}	0.435
		反射特性 U_{123}	0.193
纹理 U_{13}	0.563	透明度 U_{131}	0.043
		混合度 U_{132}	0.102
		分辨率 U_{133}	0.297
		逼真性 U_{134}	0.331
		贴图方式 U_{135}	0.227
LODU$_{14}$	0.081	结构一致 U_{141}	0.539
		层次数量 U_{142}	0.135
		切换平滑 U_{143}	0.526

3）计算模糊综合评价值。组织 10 位视景仿真评估专家对该视景仿真系统的各项因素打分，得到评估矩阵，以其中某种武器模型为例，其模型外观因素 U_{11} 结果如表 13.12 所示。

表 13.12　专家对二级因素指标的评价表

指标＼专家序号	1	2	3	4	5	6	7	8	9	10
U_{111}	7	9	8	8	8	6	7	8	8	9
U_{112}	6	7	7	6	7	5	6	8	7	7
U_{113}	8	8	9	8	7	7	8	7	9	7
U_{114}	6	7	7	8	7	6	7	7	7	9

由此可得评价矩阵 $\boldsymbol{R}$ 为

$$\boldsymbol{R}=\begin{bmatrix}0&0&0&0&0&0.1&0.2&0.5&0.2\\0&0&0&0&0.1&0.3&0.5&0.1&0\\0&0&0&0&0&0&0.4&0.4&0.2\\0&0&0&0&0&0.3&0.6&0.1&0\end{bmatrix}$$

相应综合评估结果为

$$\boldsymbol{D}_{11}=\boldsymbol{W}_{11}\cdot\boldsymbol{R}_{11}=[0,0,0,0,0.038,0.164,0.376,0.308,0.114]^{\mathrm{T}}$$

同理可得

$$\boldsymbol{D}_{12}=\boldsymbol{W}_{12}\cdot\boldsymbol{R}_{12}=[0,0,0,0,0.017,0.142,0.375,0.411,0.055]^{\mathrm{T}}$$

$$\boldsymbol{D}_{13}=\boldsymbol{W}_{13}\cdot\boldsymbol{R}_{13}=[0,0,0,0,0.0143,0.221,0.242,0.346,0.048]^{\mathrm{T}}$$

$$\boldsymbol{D}_{14}=\boldsymbol{W}_{14}\cdot\boldsymbol{R}_{14}=[0,0,0,0,0.03,0.113,0.33,0.423,0.104]^{\mathrm{T}}$$

综合上述因素评估结果，可得外形评估向量为

$$\boldsymbol{D}_1=\boldsymbol{W}_1\cdot\boldsymbol{R}_1=[0.412,0.144,0.363,0.081]^{\mathrm{T}}\begin{bmatrix}0&0&0&0&0.038&0.164&0.376&0.308&0.114\\0&0&0&0&0.017&0.142&0.375&0.411&0.055\\0&0&0&0&0.143&0.221&0.242&0.346&0.048\\0&0&0&0&0.03&0.113&0.33&0.423&0.104\end{bmatrix}=$$
$$[0,0,0,0,0.072,0.117,0.323,0.346,0.081]$$

为了便于评价，可以用百分制给出各评价等级赋值，从“最差”到“最好”9 个等级分别赋值为 20 ～ 100，这样便可得到外形的综合评价得分为：

$$\boldsymbol{H}=[0,0,0,0,0.072,0.117,0.323,0.346,0.081][20,30,40,50,60,70,80,90,100]^{\mathrm{T}}=81.98$$

显然，由评价结果可知，该武器三维模型的外形与实物基本相符，能满足视景仿真需求。

习　题　13

1. 试述仿真系统开发/运行中监测、分析与评估的重要性。
2. 给出仿真系统的 T&E 理论和方法体系。
3. 仿真结果分析通常采用哪些主要方法与技术？对这些方法与技术的适用场合做简要说明。
4. 举例说明数理统计分析方法及技术的应用。
5. 举例说明基于模糊集论分析方法与技术的应用。
6. 举例说明基于系统辨识分析方法与技术的应用。
7. 举例说明时间序列分析方法与技术的应用。
8. 举例说明数据智能化分析方法与技术的应用。
9. 举例说明多传感器数据融合分析方法与技术的应用。
10. 什么是仿真系统全生命周期 VV&A 活动，它对仿真系统开发/运行有何重大意义？
11. 试述 VV&A 活动的工作模式。
12. 试对仿真系统的 V&V 方法进行归类。
13. 如何进行 VV&A 设计与开发，并举例说明。
14. 仿真系统的可信度评估通常采用哪些主要方法与技术？它们各自适用哪些场合？
15. 举例说明层次分析评估法、模糊综合评判法、模糊层次分析法、灰色综合评估法、相似度辨识评估法及基于逼真度评估法等的应用。

第 14 章　军用仿真技术及工程综述

14.1 概　　述

仿真科学与技术的发展历史表明，军事需要是牵引系统仿真发展的不竭动力源，军事高技术是系统仿真技术进步的强大支柱。军用仿真技术及工程是系统 M&S 最早、最活跃的主要应用领域，它已成为系统仿真的一个独立学科分支，并始终居于该领域的前列，代表着系统仿真发展与进步的最高技术学术水平。

军用仿真技术及工程是系统 M&S 应用于军事系统（或军事目的）的军事仿真理论、方法、技术和装备的总称。军用仿真领域很广，但主要包括：军事科学技术研究仿真、武器装备研制仿真、军事训练仿真和作战仿真等，可概括为武器装备仿真和军事作战仿真。

军用仿真理论不仅包括前述系统 M&S 的基础理论，而且涵盖传统军事理论和新军事变革理论；数学推理、演绎、沙盘兵棋、计算机生成兵力、实物仿真、虚拟仿真、构造仿真及其它们的联合仿真是军用仿真的主要方法及手段；军事高技术特别是信息技术和计算机技术是军用仿真的技术支撑；军事训练模拟化和虚拟化是军队现代化的主要目标之一，也是武器装备形成战斗力的重要技术途径；嵌入战争运行仿真和高级作战实验（AWE）代表着军用仿真的最新发展领域，而高级军事研究和作战实验室被视为军用仿真当前最先进的 M&S 环境平台；原来局部、分散的 VV&A 研究及活动走向 VV&A 系统是军用 M&S 不断增强的必然结果。

14.2 军用仿真发展现状与趋势

14.2.1 军用仿真的意义和作用

仿真是一项基于模型运行的科学及工程活动。它以学科面广、综合性强、应用领域宽、无破坏性、可多次重复使用、安全、经济、可控、不受气候条件和场地空间限制等独特优势，迅速发展成为国民经济、科学研究和国防建设的共用技术及战略性技术，作为战略性技术通常是指军用仿真而言的。事实上，在仿真科学技术及工程中，军用仿真倍受各国领导层和军方的高度重视与信赖，世界发达国家如美、俄、英、法、德等，一直把军用仿真列为国防关键技术项目和战略性首选技术。

实践证明，军用仿真是武器装备战技指标论证、方案选择、研制、试验、鉴定/定型、改进提高必不可少甚至是唯一的技术手段；军用仿真是实现军队训练现代化的重要技术途径和根本保障；军用仿真已嵌入现代战争运行，成为赢得战争胜利的关键因素之一；军用仿真对于新军事变革的技术支撑作用更是十分明显的，新的军事体系对抗、实现多军兵种联合作战是赋予军用仿真的战略性任务。总之，军用仿真在国防和军队现代化建设中有着不可替代的重大作用和意义，其应用前景十分广阔。

14.2.2 军用仿真技术发展现状

伴随着科学技术特别是军事高科技的发展，军用仿真始终处于仿真科学与技术发展的最前列，无论是在理论上、方法上、技术上还是在装备上都取得了长足进步，并获得了举世瞩目的效益。

美军一直十分重视军用仿真的发展与应用，把军用M&S看做是“军队和经费效率的倍增器”。当前，美军军用仿真技术总体处于世界一流水平，并广泛应用于军事研究与开发、试验与鉴定、作战分析等领域，取得了很好的效果和军事、经济效益。可以说，美国目前的先进军用仿真技术无可非议地代表着该领域的发展现状，其主要标志如下：

(1)建立了较为完善的标准体系，部分标准已经成为世界性公用标准，在各国广泛应用。

1)体系结构标准。到目前为止，分布式仿真技术经历了DIS，ALSP，HLA发展到可扩展M&S框架(XSMF)，用来扩展HLA以支持基于WEB的仿真。另外，在试验与鉴定领域，美军建立了“试验和训练使能体系结构(TENA)，它以扩展的C^4ISR体系结构框架为基础，可提供一体化的仿真机制、过程和程序，是组合最好、最适合的M&S系统，大幅提高了试验与训练中应用M&S技术时的互操作性、可重用性及可组合性等。

2)数据标准。美军逐步建立了多种数据标准，如综合环境数据表示与接口规范(SEDRIS)。

3)其他标准。除目前维护IEEE1278(DIS)和IEEE1516(HLA)两个标准系列外，还发布了下列标准：①实时平台参考联邦对象模型；②Link16仿真；③基础对象模型(BOM)模板规范、实现与使用；④HLAAPI标准等。

(2)开发了性能先进的仿真系统和体系结构框架，广泛用于采办、试验与训练领域。

1)先进的仿真系统。典型的先进仿真系统有：扩展的防空仿真系统(EADISM)、网络战仿真系统(NET WARS)、新一代计算机生成兵力(OneSAF)、战役级军事行动模型(JWARS)等。这些系统已用于“沙漠盾牌”、“沙漠风暴”作战计划制订和作战方案拟定，或用于监测和评估美军通信网络、政府网络预算，或用于军事训练、演习、军事行动及系统采办分析等。

2)体系结构框架。如联合建模与仿真系统(JMASS)、统一M&S体系结构(MATREX)等。

(3)成功完成大规模体系对抗仿真演练，为军事转型提供重要支持。

1)成功完成了多仿真系统分布式集成。如“千年挑战”军事演习，“施里弗—2”空间战仿真演习等。

2)支持复杂巨系统的发展。如在弹道导弹防御系统(BMDS)全寿命周期的各阶段建立仿真体系结构，提供三类模型，完成硬件在回路(HWIL)仿真试验。

14.2.3 军用仿真发展趋势

在军用仿真技术及工程领域内，以美国为首的西方发达国家一直处于国际领先地位。针对当前传统的M&S技术及系统已不能完全适应信息化战争和新军事变革的新环境和新对手挑战，他们正在加速提升军用M&S技术和能力，主要体现在以下3个方面：①提高复杂、动态和自适应的M&S能力，以评估军事战略；②增强嵌入式系统的M&S能力，以扩展武器装备和战争运行中的仿真应用；③开发网络中心战的M&S能力，以反映现代的网络中心战理念、进程和效能。

总之，军用仿真技术及工程不论对于仿真科学与技术的发展，或是满足不同时期的军事需求都发挥着极其重要的作用，目前正在面临着新的挑战和机遇，预示着更广阔的发展前景。

14.3　军事科学技术研究仿真技术及工程应用

14.3.1　引言

军事科学技术是国防和军队现代化的重要支柱，也是国家战略性科学和尖端技术密集的知识领域。随着信息化战争的出现和高技术兵器的大量运用，国防和军队建设对军事高科技的依赖性越来越大，军事科学技术研究仿真在军用仿真技术及工程中的地位和作用也更加重要。

站在 21 世纪的战略高度，不能不用新军事变革和未来信息化高技术战争的迫切需求去审视军事科学技术研究仿真所面临的挑战和机遇。

机械化时代的军事科学技术研究主要包括：军事历史研究、重大战役和战术研究、战争理论研究、战争资源和军事科学知识研究、武器装备发展研究、军事训练研究和大规模军事演习研究等。这些研究主要采用理论研究方法和局部、分散的系统仿真手段，以及“在战争中学习战争”的方法。进入信息化时代，随着战争模式不断演化和新军事变革日趋深化，现代军事科学技术日新月异，新型武器装备如雨后春笋拔地而起，从而极大地推动了军事科学技术研究仿真的迅猛发展，在仿真内容、方法和技术上均产生了质的飞跃。

目前，军事科学技术研究仿真的重点已逐渐转变为对于军事理论创新研究、军事体系对抗研究和军事高科技开发及应用研究等。系统 M&S 已成为军事科学技术研究的主要甚至唯一的方法和技术手段，大型军用复杂仿真系统被作为军事科学技术研究的重要平台。

14.3.2　军事理论创新研究仿真

军事理论创新是新军事变革的灵魂和重要标志，反映新军事变革在理论上的发展规律，涉及军事领域各个方面，主要包括：战略理论、战争理论及作战理论。

(1)战略理论包括国家安全战略理论和军事战略。“国家安全泛化论”、国家“总体安全”与“综合安全”是国家安全战略理论在新军事变革中的深化与创新；在军事战略理论方面，近年来出现了“信息优势”、“信息攻击”、“信息防护”、“信息保障”等信息化趋势，使传统的军事战略观念发生了质的变化，人们从根本上深刻认识到：信息在作战力量构成要素中的关键作用和主导作用，在现代高技术战争中信息的作用亦不亚于战略核武器。

(2)战争理论的创新主要反映在对现代战争形态的正确认识和客观定位上。准确地讲，现代战争的基本形态应是我国著名科学家钱学森先生于 1995 年提出的：“现阶段即将到来的战争形式为核威慑下的信息化战争”。江泽民同志也曾指出：“信息化战争逐步取代工业时代机械化战争，成为未来战争的基本形式”。人们同时认为，今后一个时期仍然存在着多种多样的战争形式，如信息战、指挥控制站、电子战、心理战、网络战、网络中心战等，只有等到世界多数国家进入信息社会(或信息时代)，一些国家建成信息化军队之后，才能出现真正意义上的全新信息化战争。

(3)作战理论创的新是军事理论创新的核心。就此而言，已出现了一系列新的作战理论，如非线性作战理论、非接触作战理论、非对称作战理论、“全维”作战理论、联合/协同作战理论、信息战作战理论、电子战作战理论及网络中心战作战理论等。值得指出，NCW（网络中心战）理念是美国海军作战部长约翰逊于1997年提出的，在2001年由美国国防部正式确立，确立至今历程不过10年。为了夺取信息优势、决策优势和战场优势，"NCW"作战新理念被作为美军现代化转型建设的基石，并在2003年的伊拉克战争实践中得到验证。NCW被称为新兴的战争理论和作战理论，其实质是利用计算机、通信和网络技术将分布在整个战场上的军队所有情报、侦察、监视、指挥和武器系统联成一个"无缝隙"的信息网络体系，做到信息资源共享，快速掌握战争态势、优化与敌对抗和斗争决策，增强协同作战能力，使信息优势变成作战优势，最大限度地发挥部队整体作战效能，以赢得战争胜利。在NCW理论指导下，实现了平台中心战向网络中心战的演变，从消耗型作战向基于效果作战方式转变，由机电型指挥方式朝指挥控制自动化变化，并促成军队从机械化技能型向信息化智慧型转变，武器装备由物化能武器装备过渡到智能、信息和各物化能综合的信息化武器装备。

在军事理论创新的需求牵引下，特别是在NCW研究和实战的推动下，军事理论创新仿真获得了飞速发展，并应运而生了各种军用大型仿真系统，包括研究与开发仿真系统、试验与评估仿真系统、生产与后勤仿真系统、作战分析仿真系统及教育与训练仿真系统等。EADSIM，JWARS，JSIMS，JMASS，NETWARS，STOW及OneSAF等仿真系统就是这些军用大型仿真系统的典型代表。特别是值得指出，网络战仿真系统（Network Warfare Simution，NETWARS）。这是一个先进网络仿真平台及工具，用于监测和评估美军通信网络（包含战术、战役与战略3个层次）的信息流运行状态与安全性、可靠性，并支持美军或政府的网络建设、财政预算、高层采办与相关政策的定量评估等。该仿真系统体系结构和各组件的关系如图14.1所示。

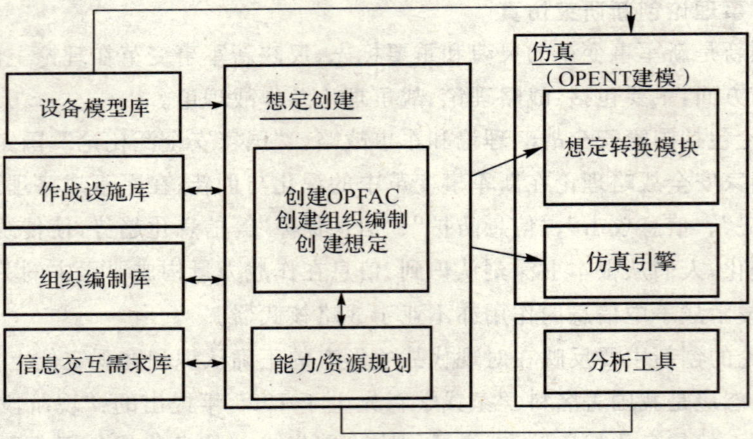

图14.1 NET-WARS仿真系统的体系结构和各组件的关系

14.3.3 军事体系对抗研究仿真

体系是系统扩展、集成、综合并高度融合的结果，是由各个系统（子系统甚至分子系统等）组成的联系多样的超越综合的有机整体。在军事领域内，西方国家称体系为系统之系统（SOS）或多系统的大系统，俄罗斯把体系叫做综合体，我国则习惯用体系概念或体系结构。按IEEE的定义，体系结构是指组成结构、相互关系以及指导其设计和发展的原则和指导方针。

军事体系对抗概念是冷战结束后 20 世纪 90 年代中期提出来的，主要包括作战体系和武器装备体系的对抗。从机械化向信息化时代转变的过程中，军事体系对抗的建立和完善是不可避免的，既是现代战争的客观需求，也是军事高技术发展的必然结果。就此，胡锦涛曾明确指出："信息化条件下局部战争是体系与体系的对抗，基本作战形式是一体化联合作战"。可见，军事对抗体系仿真是当今军事科学技术研究仿真极其重要的方面。由于现代战争的全维军事对抗总是在三类对抗战场空间（即物理空间、信息空间和感知空间）中进行的，所以军事体系对抗仿真的重点应是武器装备体系对抗、作战体系对抗，以及它们的有机融合。可以预料，谁能够使现代军事高技术和先进信息系统同空天武器系统有机融合形成空天一体化信息作战的军事实力，并通过网络化指控手段，夺取制信息/制空/制天权，谁就可以单向透明、居高临下有效地指挥其他战场，牢牢掌握现代战争主动权，并最终赢得战争胜利。所以，21 世纪人类战争将是集指挥、控制、通信、计算机、杀伤力、情报、监视和侦察（即 C^4KISR）于一体的军事体系对抗与斗争，即多维空天一体化信息化作战（见图 14.2）。

军事体系对抗仿真反映了当今军用仿真的最高层面和最新技术水平，是一个相当庞大而复杂的大系统。该系统由多种作战力量、多维战场空间、多种武器装备系统及具一体化联合作战指挥体系共同"聚会"而成。系统的各部分仿真是军事体系对抗仿真的基础，每个部分同样亦是一个庞大的复杂技术系统，包括了支撑该系统的各种军事高科技对抗，如光电、红外、激光、生化、信息、雷达、侦察、情报、计算机、纳米，等等。值得指出，空天一体作战系统体系在军事体系对抗中占有相当重要的地位，通常包括空天侦察预警系统、空天一体信息系统、空天指挥控制系统、空天信息传递系统和信息对抗系统等，是现代联合作战的支柱和基石，因此也是军事体系对抗仿真的主要对象。

14.3.4　军事高技术开发及应用研究仿真

当前最先进的科学技术称为高技术。进一步讲，高技术在现代科学技术全面发展的基础上，处于当代科学技术前沿，对促进经济和社会发展、增强国防实力有巨大推动作用的技术群。现代高技术群主要有六大领域，即信息技术群、生物技术群、新材料技术群、新能源技术群、航天技术群和海洋开发技术群等。

支撑现代战争、国防建设和武器发展的高技术统称为军事高技术。由于人类总是将最先进的科学技术首先用于军事，以增强国防和军事实力，所以军事高技术几乎涉及到上述所有六大高技术群。如信息技术是信息化战争的主导技术，以信息技术为核心的包括新材料、新能源及生物技术在内的高技术是高技术兵器发展的基础和灵魂，而航天技术是空天一体信息化作战的关键技术，海洋开发技术则在海上网络战中占有相当重要的地位。军用高技术的主要功能和作用还在于，它是机械化战争转变为信息化战争的重要技术支撑，是研制、开发和运用新型武器装备的基础和关键，其核心价值表现为导向军队转型和物化兵器，并转化为战斗力，对于推动信息化军队和信息化武器装备的发展发挥着巨大的推动作用。

由于军事高技术开发及应用仿真贯穿于军事系统的全生命周期，包括战争复杂系统分析与实验，武器装备体系对抗设计与实现，新武器装备研究、研制、试验、训练、运用及作战效能评估等，所以无论它的仿真内容或是仿真方法都将关联着武器装备研制仿真、武器装备运用操作训练仿真、军事作战演练（演习）仿真和嵌入式实战仿真。受篇幅所限，这里不再展开讨论，只能在后面相应章节中论述。

14.4 武器装备研制仿真技术及工程应用

14.4.1 引言

在现代高技术武器装备研发过程中，限于研制成本，检验和考核系统技术设计性能的靶试只能进行极为有限的样本试验。因此，通过系统仿真，进行产品辅助设计，对系统性能给出定量分析验证，并将其作为确定系统结构和参数的主要技术依据，是一种必然选择的技术途径和手段。除此，在武器装备研制中，许多关键技术和特定研究问题同样需要系统仿真来解决或验证。理论和实践证明，系统仿真是武器装备研制中必不可少的甚至是唯一的重要组成部分，它对提高系统设计质量，降低研制成本，缩短研制周期，具有极其重要的作用。据统计，仿真技术可缩短导弹武器研制周期 20%～40%，节约导弹定型试验所需弹数 10%～30%；可使鱼雷试验次数减少 50%～80%；缩短舰船作战系统、武器系统联调时间 40%～60%。因此，系统 M&S 也成为武器装备型号研制中的关键技术和重大课题。

14.4.2 武器装备研制阶段及其仿真应用

现代武器装备门类繁多，已形成庞大的武器装备体系，主要包括导弹武器、制导弹药、反辐射武器、激光武器、高功率微波武器、离子束武器、电磁脉冲武器、生化武器、气象武器、地震武器、声学武器、纳米武器、航天武器、太阳武器、计算机病毒武器，以各种信息化综合武器平台（如飞机、舰船、航母、反导系统等）。为方便起见，下面以导弹武器装备研制仿真为例。

导弹武器装备研制过程一般经历 7 个主要阶段：可行性论证、系统方案论证、工程设计与试制、飞行（或航行、车载）试验、鉴定和定型、批量生产、部署及使用系统等。系统 M&S 贯穿着上述各个阶段，其相应的仿真工作如图 14.2 所示。

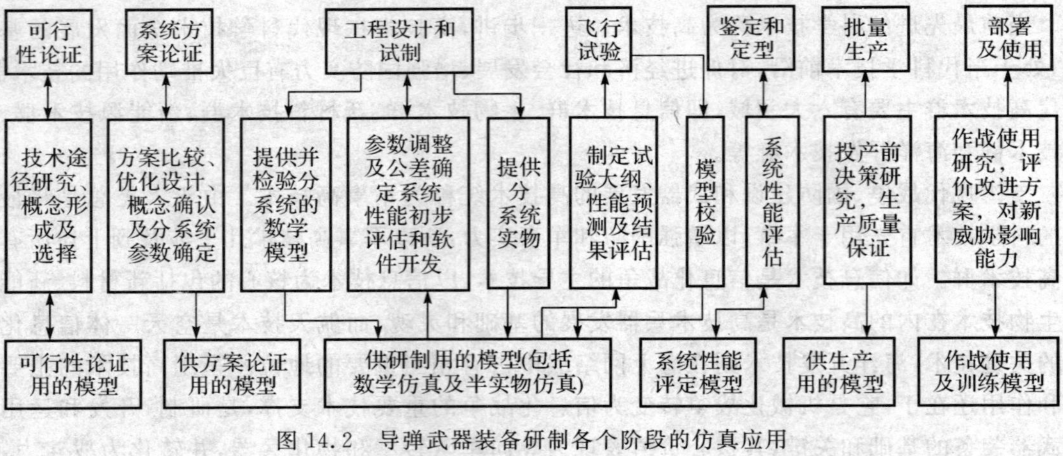

图 14.2 导弹武器装备研制各个阶段的仿真应用

14.4.3 武器装备研制仿真方法与体系结构

现代武器装备通常是由多个系统构成的复杂技术系统，其研制仿真所采用的方法与前述复杂系统仿真相同，主要是数学仿真、半实物仿真、实物仿真以及它们的混合仿真，这里不再赘述，仅强调半实物仿真对于武器装备研制的极端重要性。

半实物仿真是计算机软件、数学模型、系统部件（或设备）与环境物理效应装置（或模拟器）

相结合的仿真形式，也是包括武器装备在内的复杂工程系统必不可少的主要仿真方法和手段，在一定程度上代表着系统 M&S 的最高学术技术水平。由于半实物仿真可实现人和硬件在回路的仿真，且模拟逼真度和可信性相对很高，所以倍受世界发达国家特别是美、俄、英等军事强国的青睐，被视为军事研究和武器装备研制的战略性设施。事实上，美国三军和一些重要国防研究机构都配备有规模庞大的半实物仿真系统，且不断适应战争模式发展变化和武器装备研发的新需求，不断提升和完善原有的半实物仿真系统及设施。如美国埃格林空军基地的导弹仿真实验室就有两套主要半实物仿真系统：一套用于先进中程空空导弹和基地雷达制导武器详细性能分析的频射目标仿真系统；另一套提供和地基红外制导拦截及红外导引头制导武器系统开发的动能拦截器半实物仿真系统。在该基地中，还建设了制导武器系统评估实验室，配置了新一代射频仿真系统、毫米波仿真系统、激光仿真系统、GPS 仿真系统、惯导/弹道中程仿真系统，用于支持全谱段末制导的导引头半实物仿真试验及武器系统开发、试验和评估。除此，该基地还创建了一个具有半实物仿真特色、高度集成的测试与评估设施(HITEC)。

在半实物仿真技术及系统研究和研发方面，美国总是在世界上率先推出一些标志性重大成果。如“爱国者”射频半实物仿真系统、空中拦截器 SLID 激光制导半实物仿真系统、动能杀伤飞行器(KKV)红外制导半实物仿真系统、MSS—2 毫米波寻的双模制导半实物仿真系统等。这些半实物仿真系统被用于先进武器装备研制开发或作战仿真，已产生了巨大的经济和军事效益。又如，美国三军利用红外成像半实物仿真系统完成了 KKV 半实物仿真，突破了直接动能杀伤技术；利用雷达寻的制导的毫米波半实物仿真系统完成了“爱国者”及其改进型导弹的反导半实物仿真；继研制和应用共孔径毫米波/红外双模制导半实物仿真系统后，目前已突破毫米波/红外/激光三模制导半实物仿真技术，被成功用于多模融合制导武器的研制阶段；在建成半实物仿真各自分布式仿真网络(包括美陆军 PTTC、空军 AFDTC、海军 SIMLAB 等)的基础上，组成了一体化仿真网络，实现了半实物仿真的异地分布式交互仿真；端对端导弹半实物仿真技术已实现远距离地面设备(如发射车、C^4I 单元、火控传感器及单元等)与导弹部队及半实物仿真系统之间的实时链接；实现了“C^4ISR 太空导弹作战仿真器计划”，并用于大规模军事演习(包括代号为“X”的三军演习、海军新军事变革“RMA”演习，以及“航空航天未来能力”演习等)；具有半实物仿真形式的作战电磁环境模拟器已成为电子战装备与训练的一种经济、有效手段。

在武器装备研制仿真中，对于仿真体系结构的选用或设计与实现是十分重要的。分布式交互仿真(DIS)曾对武器装备研制仿真技术及系统的发展起到重大的推动作用，后来逐渐被高层体系结构(HLA)所代替。因此，目前武器装备研制仿真(包括数学仿真、半实物仿真和实物仿真)大都采用 HLA，或 HLA 与 DIS 混合体系结构。

另外，在仿真体系结构的设计和采用上，有以下几个方面的新动向值得关注：其一是以 WEB 作为新的仿真平台，为此美军提出了发展可扩展 M&S 框架(XSMF)来扩展 HLA 以支持基于 WEB 的仿真，实现了网上仿真的直接交互。其二是试验与鉴定领域，美军建立了“试验和训练使能体系结构(TENA)”，以提高靶场 M&S 的实时互操作性、可重用性及可组合性。其三是增强网格技术对 M&S 环境的支撑作用，主要体现在：①基于网格技术动态管理功能；②基于网格技术实现远程协同仿真环境和交互平台；③基于网格技术构建信息、融合的技术设施。所有这些将无疑给武器装备研制仿真的体系结构产生革命性的影响。

14.4.4 应用实例

例 14.1 某空地巡航导弹数学仿真。

在某空地巡航导弹武器的制导控制系统研制中，设计阶段必须确定导弹的飞行弹道和对地攻击作战的全弹道。这时，应根据该导弹对地攻击作战任务要求和飞行过程特点，建立6组(挂飞、助推、等高飞行、进入巡航、巡航飞行、战斗爬升及俯冲攻击等飞行阶段)飞行弹道数学模型，并在计算机上完成导弹对地攻击作战的全弹道数学仿真。如图 14.3(a)(b)所示分别为该数学仿真时的导弹作战过程飞行弹道和对地攻击的导弹全弹道数学仿真流程。

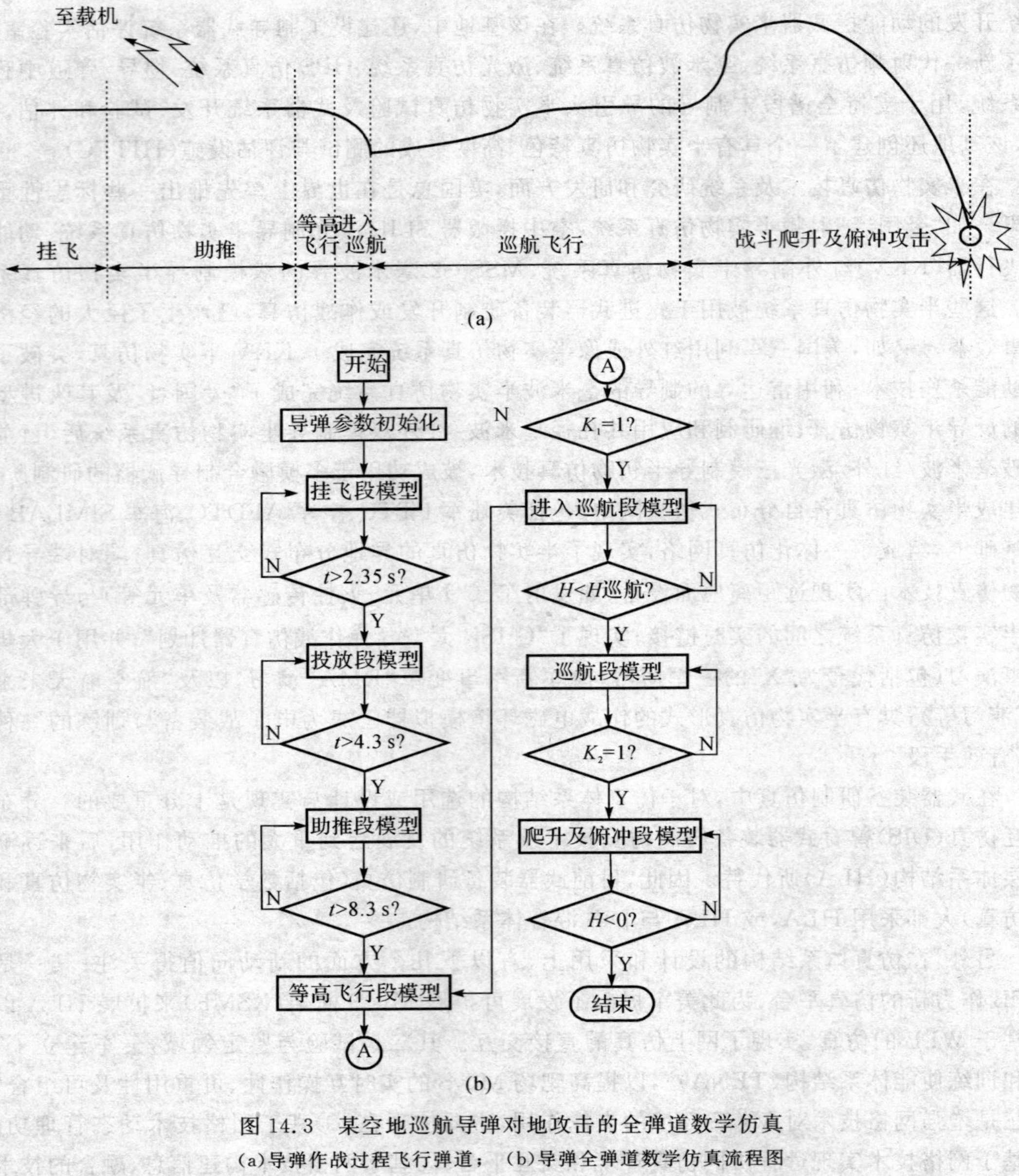

图 14.3 某空地巡航导弹对地攻击的全弹道数学仿真

(a)导弹作战过程飞行弹道； (b)导弹全弹道数学仿真流程图

例 14.2　激光制导半实物仿真。

由于激光制导具有制导精度高、抗干扰能力强和可与其他寻的器复合使用等优点，而受到高度重视，得到越来越广泛的应用。激光制导技术近年来取得了惊人的进步，其中有激光主动制导雷达、激光成像制导雷达及激光半主动制导雷达已成为导弹精确制导的重要手段和重要发展方向。实践证明，激光制导技术的发展有赖于其他相关技术的进步，激光制导半实物仿真技术就是其中之一。半实物仿真除用于对激光制导控制系统的性能进行检验和评估外，还将辅助系统设计和有关激光制导技术的发展研究，如研制激光主动式寻的器，发展激光成像寻的器，研究激光与其他制导方式（红外、毫米波等）的复合制导技术与系统及激光制导的对抗措施（伪装和隐身、实施激光干扰、配置激光警告系统等）。

根据上述激光半主动制导系统和仿真任务需求，可以设计与构建如图 14.4 所示的半实物仿真系统。

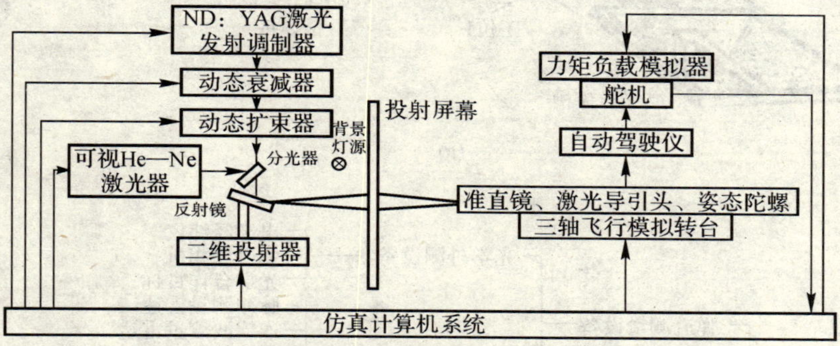

图 14.4　激光半主动制导半实物仿真系统结构框图

由图可见，该系统主要由激光目标模拟系统、三轴飞行模拟转台、激光导引头、姿态陀螺、自动驾驶仪、舵机及力矩负载模拟器组成。激光目标模拟系统是其最关键的部件，它由激光发射调制器、动态衰减器、动态扩束器和二维投射器组成。

例 14.3　航天发射场实物仿真。

航天发射场是航天运载火箭和航天器（如弹道导弹、卫星、飞船、航天飞机、空天飞机等）飞行试验的专用场区，通常包括发射阵地、测试区、发射控制中心、地面测控系统及辅助设施等。航天飞行试验是一个复杂、庞大的试验体系。以弹道导弹飞行试验为例，通常分为研制性飞行试验，定型鉴定性飞行试验、批量生产抽检飞行试验和部队训练发射试验。其中，研制性飞行试验就是常说的靶场试验，是在实物仿真环境下进行的，所使用的弹道导弹类型有模型弹、遥测弹和战斗弹，发射场和实验航天系统是构成弹道导弹实物仿真环境的主要设施。如图 14.5(a)和(b)所示分别给出了发射场布局和实验航天系统的主要测控设备。

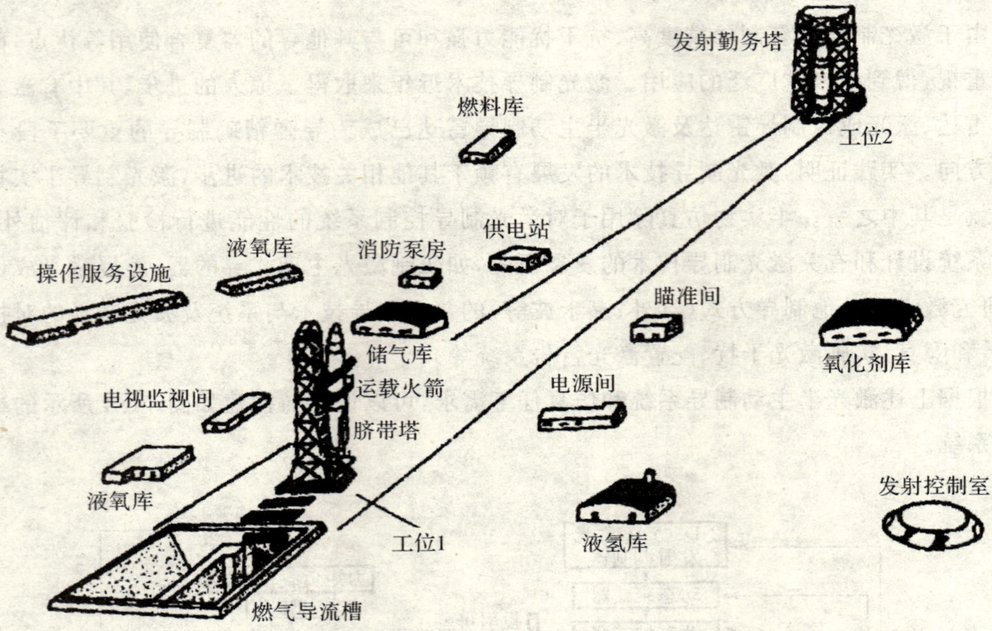

(a)

- 测控设备
  - 弹道测量设备
    - 光学外测设备
      - 电影经纬仪
      - 弹道照相机
      - 光学合作目标
    - 无线电外测设备
      - 脉冲测量雷达
      - 连续波测量雷达
      - 干涉仪
      - 相控阵测量雷达
      - 卫星导航定位系统
      - 应答机和天线
  - 遥测设备
    - 弹上信息采集和发射设备
    - 地面接收和处理设备
  - 遥控设备
    - 地面发射设备
    - 弹载指令接收、译码设备
  - 目标特性测量设备
    - 红外辐射测量仪
    - 目标特性测量雷达
    - 多频段脉冲雷达
  - 实况记录设备
    - 跟踪望远镜
    - 高速摄影与摄像机
  - 数据处理设备
    - 计算机系统
    - 应用软件系统
  - 监控显示设备
    - 监控台
    - 显示计算机
    - 显示屏
    - 笔录仪
  - 引导设备
    - 引导计算机
    - 引导雷达

(b)

图 14.5　弹道导弹发射场布局和实验航天系统的主要测控设备

14.5　军事训练仿真技术及工程应用

14.5.1　引言

仿真历来能够对军事训练提供支持，有效地提高训练的灵活性和效能与效率，并极大地降低训练经费和保障参训人员安全。

仿真技术用于军事训练产生了军事模拟训练的重要概念。所谓军事模拟训练是指由军用模拟训练器或系统实现模拟作战环境、作战过程和武器装备作战效应下，所进行的严格军事训练（包括武器装备使用操作训练、军事作战演习、战役、战术和战法演练等）的全过程。

模拟训练以安全、经济、可控、可多次重复、无风险、不受气象气候条件和场地空间限制，既能常规操作训练，又能培训处理各种事故的应变能力以及训练的高效率、高效益等独特优势，一直受到各国军方的高度重视，特别是面对当今武器装备日趋复杂、军队任务不断增强和兵器采办费用迅速提高，致使世界各国军事部门均将模拟训练视为军事训练必不可少的甚至唯一安全、经济而有效的工具和手段，加以重点发展。

美军是世界上最早开展模拟训练研究与应用的，其技术和装备一直居国际领先地位。从20 世纪 40 年代初世界上第一台林克训练模拟器在美国问世至今，美军始终把各类武器装备的使用操作模拟训练器/系统放在相当重要的位置，据统计，仅 1995—2000 年用于模拟训练装备费用就高达 36 亿美元。美国陆军最近十年的仿真训练经费计划将达 175 亿美元。

为了满足高技术局部战争的需求，20 世纪 80 年代末，美军开始将计算机作战模拟训练作为军事训练的基本手段，将其纳入大规模军事演习的行列，他们通过卫星联网和计算机仿真实现模拟军事演习，如代号为“S—89”的欧洲模拟演习、“内部观察 90”模拟作战演习和“STOW97”美国综合战区演习等。所有这些军事模拟训练在海湾战争、科索沃战争和伊拉克战争中都发挥着重大作用。

俄罗斯同样是世界上的军事模拟训练大国和强国。他们继续沿着苏联的道路，在发展军事模拟训练器/系统上不惜任何代价，几乎所有先进武器装备都编配着相应的模拟训练装备，其数量约占世界之半，且正向通用化和嵌入武器作战运行的方向发展。

英、法、德等欧洲国家也十分重视军事模拟训练。他们将军用模拟训练器/系统作为军备竞赛的极重要方面，致使军用模拟训练技术及应用始终处于世界先进行列，并形成了十分繁荣的“西欧模拟训练器/系统商品市场”。至于以色列、日本、印度、韩国、新加坡等国家亦不例外，同样不惜重金加快开发和普及军事模拟训练。

综上述，军用模拟训练器/系统成为军事装备，并直接或间接形成战斗力，是最近几次高技术局部战争引发的一个新特征，模拟训练装备嵌入武器操作运行和辅助实际作战，使其在现代战争中发挥重大作用，已成为一种新的发展趋势。

14.5.2　武器装备使用操作训练仿真

（1）概述。武器装备使用操作训练仿真是军事模拟训练技术及应用的重要方面，也是军事模拟训练的核心活动。模拟训练器/系统研制及应用是模拟训练的基础性工程和武器装备使用操作训练仿真的主要平台，正朝着规范化、系列化、集成化和通用化的方向发展。

模拟器又称仿真器，是用来仿真实际系统、产品或生产过程的物理效应装置。目前已形成系统仿真的重要分支，成为最活跃的应用领域，在一定程度上直接推动着系统 M&S 的飞速发展和技术进步。

仿真器按其功能特点可分为三类，即研究用仿真器、工程仿真器和训练仿真器。研究用仿真器通常是综合性多功能仿真装置或设施，体现着整个仿真器群体的最高技术水平，主要用于某些领域的科学研究；工程仿真器主要用于辅助复杂系统或产品设计，一般为专用实验装置，做成全尺寸的“铁鸟台”形式，它的使用贯穿着某工程从方案论证到定型的整个研制过程；用于训练操作目的的仿真器谓之训练仿真器。训练仿真器品种繁多、应用广泛，是目前使用数量最多的一类仿真器。按照训练目的、模型形式和硬、软件配置不同大体它可分为六大类：①载体操纵型，包括海、陆、空、天的所有载体（飞机、飞船、舰船、汽车、坦克、机车、导弹等）的操纵训练仿真器，②武器攻击型；这是一种用于军事上单独武器攻击训练的仿真器，如飞机空战训练仿真器，舰艇格斗训练仿真器等；③生产过程控制型，化工、发电、电网、生产工艺流程操作等方面的训练仿真，如核电站运行训练仿真器等；④故障排除型，包括机器、机舱、工程系统等故障和人体病况的训练仿真器；⑤文体活动型，用以提高各类体育和文如活技能的专用训练仿真器；⑥博弈决策型，涉及工厂管理、交通管制、战术及战役训练的仿真器。

可见，军用模拟器/系统在仿真器中占有相当重要的地位，可以说它遍布仿真器的大部分应用领域，包括载体操作、武器攻击、故障排除及博弈决策等。

(2)仿真技术及技术手段。武器装备使用操作模拟训练就是通常所说的战勤模拟训练，是一种基于相似原理的模拟训练方法与技术手段。模拟训练器/系统就是它的基本工具。传统的模拟训练器/系统通常是按照武器装备工作原理设计的机电式装置，强调所设计与制造的模拟训练器/系统必须具备同武器装备有相似的外观与操作环境，并保持功能现象一致。随着武器装备的日趋复杂化和训练任务的不断增强，传统的机电式模拟装置逐渐发展成以计算机仿真技术为核心的开放式体系结构，即采用模块化/组件化结构和标准化接口设计思想，构成开放性和通用性仿真环境，以适应多功能、多任务的模拟训练需要。

(3)仿真关键技术。武器装备使用操作仿真是围绕不断解决如下关键技术而发展的：

1)提出多功能模拟训练器/系统新概念和创建开放式体系结构总体技术框架。所谓“新概念”是指根据新的军事需求，将模拟训练器/系统的发展定位在一个多层次模拟训练功能上，包括战勤操作训练、战术演练训练、攻防对抗训练、协同/合同训练等。所谓开放式体系结构是指模拟训练器/系统的设计总体结构技术框架，必须留有足够的扩展空间，便于同上层大系统有机联接，以适应多种模拟训练目标。

2)采用模块化、组件化和多分辨率 M&S 及标准化接口设计思想，构成集成化和通用化仿真环境。

3)采用计算机生成兵力(CGF)技术和虚拟战场环境(VE)技术，创建贴近实战的武器装备模拟训练环境。

4)采用嵌入式系统技术扩展模拟训练器/系统功能，实行武器装备作战运行模拟训练、战术对抗训练和协同模拟演练。

5)建立模拟训练器/系统研制及应用的全生命周期 VV&A 模型，并开展相应的 VV&A 活动，以保证模拟训练的可信性和有效性。

6)建立并实施模拟训练/系统规范，支持其通用性和标准化，以确保模拟训练质量与效果。

(4)典型工程应用。

例 14.4　某战机飞行仿真训练系统。

该系统是一个典型的武器装备使用操作模拟训练系统，主要用来进行飞行员基本驾驶飞机技术、战术和战法，以及特殊情况应付处理的模拟训练。它相似于一架“地面飞行”的实际战斗机。在“地面飞行”中可实时操作座舱设备、航电系统、火控系统、武器管理系统等，并能进行各种飞行技能和作战(包括空战和对地攻击)模拟训练。

该系统是一个大型复杂半实物仿真系统，有大约 40 多个分系统构成，主要包括：仿真座舱、三自由度动感系统、视景系统、音响和语音系统、智能化教员台、多机种虚拟仿真台、网络系统、仿真计算机系统、火控系统、军械系统、作战系统、能源系统、训练监视系统、记录和显示系统及故障诊断系统等。

该系统运用了先进的系统 M&S 方法和技术及虚拟战场技术；采用了 HLA 体系结构；通过先进的网络平台(包括以太网、实时反射内存网及现场总线技术)进行连接和人-机交互；采用了模块化开发、集成和分布式控制技术；使用了丰富的飞行仿真系统软件(包括飞行解算、设备管理、视景系统、火控系统和教员台软件等)。

14.5.3　军事作战演习仿真

(1)概述。战略、战役、战术级作战对抗及各种作战模式的模拟已成为当今军事作战演习的重要手段和组成部分。模拟训练器/系统嵌入军事作战演习运行对大规模军事演习发挥着重大的辅助作用，已成为一个新的发展趋势。因此，广泛研究和采用最先进的 M&S 技术，特别是虚拟战场技术、新一代计算机生成兵力技术、嵌入式系统技术，研制和应用全任务模拟训练器/系统和多武器仿真平台，并使其尽快形成战斗力，是实现军事模拟训练及其装备跨越式发展的重要技术途径。

(2)仿真方法与技术手段。如前所述，计算机作战模拟是军事作战演习仿真的基本方法，建造和使用虚拟战场环境和复杂干扰/反干扰环境(包括电、磁、光、热及信息等干扰)背景下的多功能、全任务模拟训练器/系统，并通过网络技术和嵌入式系统技术将其嵌入常规演习是军事作战演习仿真的最新技术手段。在此，采用先进的仿真体系结构和建立多信息攻防对抗模型，并以网络中心战作战模式为主要军事演习仿真目标是至关重要的。除此，为了适应新军事变革下的新型大规模军事演习，发挥系统仿真的重大辅助作用，注重解决前述关键技术亦是必不可少的。

(3)典型工程应用。

例 14.5　综合防空多武器平台仿真示范系统。

综合多武器平台仿真系统是当前合成兵种协同作战的重要仿真手段，也是嵌入大规模军事演习仿真的主要基础。为此，这里给出的综合防空多武器平台仿真示范系统可作为军事作战演习仿真的典型工程应用实例。如图 14.6 所示为该系统的模型框架。如图 14.7 所示是实现系统仿真运行的体系结构。

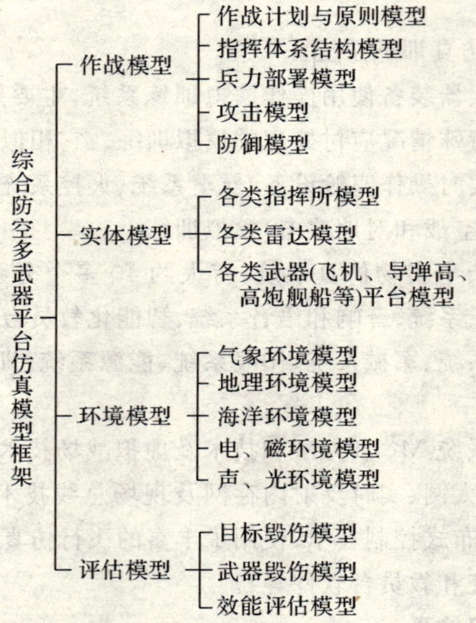

图 14.6　综合防空多武器平台仿真示范系统的模型框架

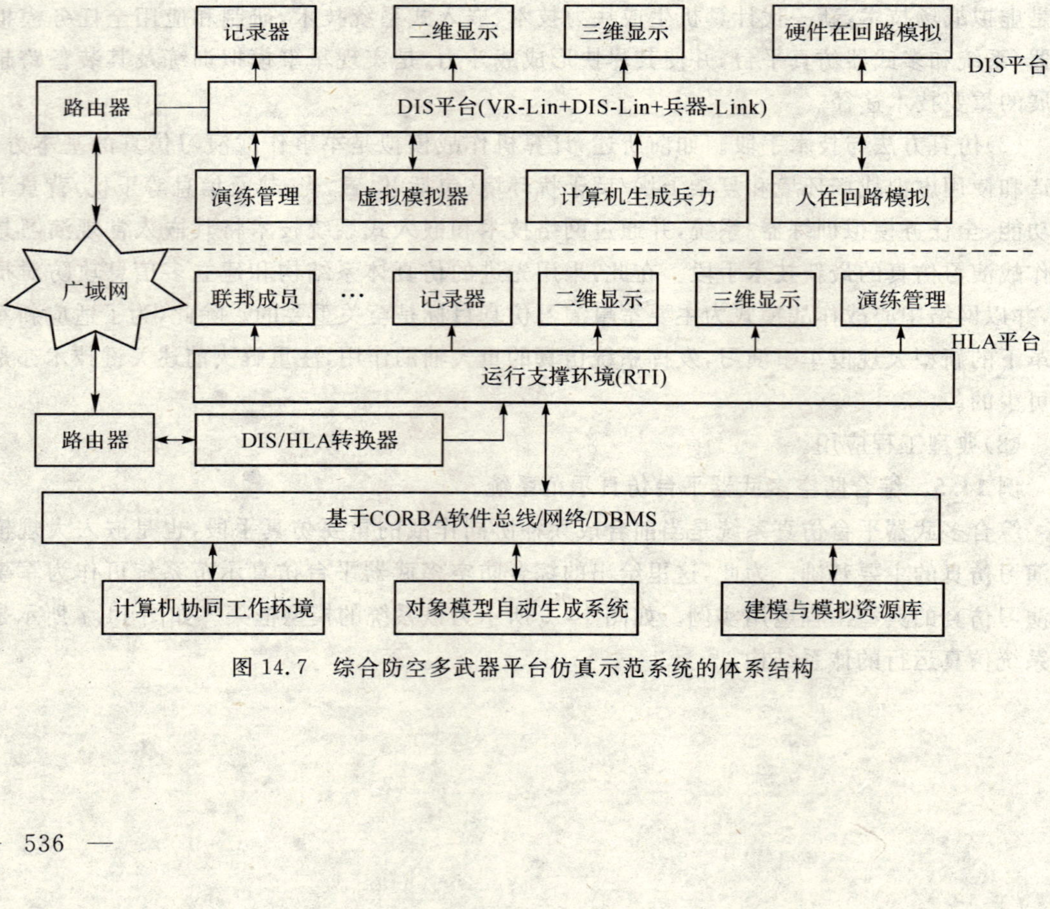

图 14.7　综合防空多武器平台仿真示范系统的体系结构

14.6　军事作战仿真技术及工程应用

14.6.1　引言

20 世纪 90 年代以来，世界上先后引发了海湾战争、科索沃战争、阿富汗战争和伊拉克战争等。深入研究这几场高技术局部战争，不难发现它们已不同程度地带有信息化战争的色彩，标志着信息化战争初露端倪。

信息化战争是以信息为主导，体系为核心，通过多维一体化，结构网络化，打击精确化，在核威慑条件下所进行的综合高技术战争，是各军兵种在陆、海、空、天、电、信息多维战场上的联合作战。同时，信息化战争是高技术密集的军事力量对抗与较量，其组织结构与作战行动都极其复杂。因此，世界各国特别是军事强国强调：最大限度地利用先进的系统 M&S 技术对其将要发生的战争进行预先策划和模拟实验，并把系统 M&S 技术嵌入战争运行，这就所谓的军事作战仿真。军事作战仿真开创了在实验室设计战争，在实验场预测战争和真实战场上验证与调整战争的新作战模式。近几次高技术局部战争就是这种“设计与实验”新作战模式的最有力见证。

14.6.2　信息化作战实验

信息化作战实验是在实验室或试验场条件下，对信息化作战方式和武器装备性能所进行的实验验证研究，设计信息化作战理论、指挥、战法、装备、编配、训练等方面问题，其目的是经过探索和实验最终形成新的最佳作战能力。

这里，信息化作战实验室是指通过建模、集成和仿真等手段，创建逼真的陆、海、空、天、电、网络多维虚拟战场环境，以各种作战力量、多种武器装备一体化体系对抗为背景，推演战争进程和结局的实验平台。信息化作战试验场是指能够满足信息化作战实验目的，可以为该实验顺利实施提供保障的物理场所和空间。试验场与实验室相比具有战场环境的真实感，同时具有灵活构建实验场景、有效控制实验进程、高效协调实验要素及动态分析实验结果的优势，但代价一般要比实验室高得多。通过网络技术实现两者结合，相互补充是达到廉价、有效实现信息化作战实验的最佳途径。除此，在一定条件下信息化作战实验还需要专门的信息化作战实验部队完成某些关键性的试验任务，以引领信息化作战的发展。就此而言，建立一支掌握高技术兵器和训练有素的作战实验部队是至关重要的。上述信息化作战实验室、信息化作战实验场和信息化作战部队的创建是信息化作战仿真的重要基础，是传统作战仿真在信息化条件下的新发展。

14.6.3　信息化作战仿真支撑环境

信息化作战的复杂性决定着对于现代战争运行必须全面地考虑信息时代的 4 个域即物理域、信息域、认知域和社会域，并将仿真重点放在对实体(包括参战人员、武器装备、后勤支援等)适应能力和行为模拟、实体交互形成体系涌现性效果，以及不确定性因素的描述等方面。为此，在信息化作战仿真中除采用开放复杂巨系统的 M&S 方法和技术外，研究、研制和应用先进的仿真支撑环境是至关重要的。这些先进的仿真支撑环境包括前述 HLA/RTI，TENA，MultiGen/Creator，STAGE/STRIVE，JMASS，JSIMS，JWARS，EADSSIM，NETWARS 等。除此，还有 DBGS 和 SimEC3 等。

JMASS/JSIMS/JWARS 是美国国防部正在实施的 3 项基于国防信息基础设施的仿真系

统,即联合建模仿真系统/联合仿真系统/联合作战系统。它们分别用于武器装备采办、作战仿真训练/演练和战役分析,是分布式虚拟环境的典型应用。其中,JWARS是一个战役级的军事行动模型,能提供对战役层次上的联合作战的全面描述,主要包括:C^4ISR系统及其过程描述;后勤保障对作战影响的描述;对战斗机动作战的描述等,故称为美军最新推演类作战模拟系统。它在逻辑上分成3个域:问题域(作战能力、陆战、海战、空战、空间战、后勤、C4ISR等);仿真域(仿真开销、合成环境、地形、气象、基础设施、数据库服务、HLA/RTI等)和平台域(计算机、人-机界面、想定管理、战场情报、实验设计、输出分析等)。

DBGS为地形数据库生成系统的英文缩写,其发展是一个渐进的过程,已经历了几代。目前的DBGS工具大量使用COTS地理信息系统API、对象模型和其他技术来收集各种来源的地理空间数据,并组装成一个具有丰富属性的矢量和栅格数据资源库。根据该资源库,可创建用于可视化、构造及传感器仿真的运行数据库,以支持作战系统。SIMNETS1000工具集代表了三维可视化时代成熟的DBGS。与此同时,还开发了TARGET,这是一种训练和演练生成工具包,它将特定地理图像覆盖在地形数字高程模型上,标志着地面和空中地形数据库生成的混合,既支持虚拟仿真也支持构造仿真。三维可视化时代的DBGS顶峰是IVACC数据库,被用于空军司令部的操作可视化。美陆军地形工程中心和国防部国防建模与仿真办公室共同支持了DBGS的最新项目TSGA,其目标是创建全球范围的地理空间资源库。它实质上是一个由统一地形生成过程绑定的COTS工具集,包括ESRITM,ArcGISTM,Arc-SDETM,oracleTM和TerraTOOISTM,主要用于联合半自动兵力(JSAF)和联合冲突与战术仿真(JCATS)。

SimEC3是法国开发的一种基于仿真采办(SBA)的新型仿真工具,用以支持开发适应网络中心战的武器系统和评估未来"协同作战系统"的备选体系结构。SimEC3包括准备、执行、分析3个主要操作阶段及其管理与维护。在SimEC3中,提供了如表14.1所示的模型集,用以描述"协同作战系统"的各种可能体系结构。同时,SimEC3的服务将由专用工具来实现,这些工具包括:准备工具(如武器准备工具、平台准备工具、兵力准备工具、行为准备工具、信息和通信准备工具、自然环境准备工具、场景准备工具等)、执行工具(如管理工具、场景管理工具、察看工具、记录工具等)和分析工具(如重放工具、行动后分析工具、多准则分析工具等)。

表14.1　SimEC3集成模型表

信息(系统)模型	攻击(武器)模型
目录管理模型	直瞄武器模型
数据库管理模型	非直瞄武器模型(传统弹药)
战术态势设定模型	非直瞄武器模型(灵巧弹药)
战术态势评估模型	面效应武器模型
融合模型	定向能武器模型
观测(传感器)模型	雷区模型
光学传感器模型	非致命武器模型
光导发光传感器模型	被动/反应型防护模型

续 表

激光遥测器 & 照明器模型	主动(硬杀伤)防护模型
有源电磁传感器模型	烟雾模型
无源电磁传感器模型	箔条和曳光弹模型
通信情报(COMINT)传感器模型	平台非致命武器易损性模型
声传感器模型	平台定向能武器易损性模型
地震传感器模型	运动模型
激光、雷达、导弹探测器模型	地面车辆(轮式或履带式)运动模型
目标光学探测器模型	固定翼飞行器运动模型
平台隐身模型	旋转翼飞行器运动模型
战场识别器敌我模型	无人地面车辆运动模型
电磁干扰器模型	无人飞行器运动模型
目标光学干扰器模型	已下车步兵运动模型
通信模型	导航模型
通信系统模型	导航系统模型
传输延迟模型	指挥和协同模型
物理层模型	决策模型(基于行为规则)

14.6.4　军事作战仿真关键技术

军事作战仿真是军用仿真技术及工程的最新前沿领域，对系统 M&S 提出了新的挑战，目前及未来至少应该解决如下关键技术：

(1)复杂、动态和自适应系统 M&S 技术。从本质上讲，军事作战系统是一个复杂、动态和自适应系统，具有开放复杂巨系统的特点，即系统组成关系复杂、系统行为复杂、系统和子系统之间及系统与环境之间交互关系复杂和能量交换复杂，具有很大的不确定性等。这类系统 M&S 极为困难，传统的 M&S 方法与技术已无能为力。因此，复杂、动态和自适应系统的 M&S 理论、方法与技术已成为重点研究方向。近年来，积极研究和开发的多重分辨率 M&S，基于智能体(Agent)/多智能体(MAS)、遗传算法 M&S 、以及“研讨厅”综合集成 M&S 等，已成为解决这一难题的重要技术途径。

(2)嵌入式 M&S 技术。嵌入式 M&S 技术是实现军事作战仿真必不可少的关键所在，对此需要解决许多技术性问题，如运行模式的可追踪性、自我监视和分析、自我检查与评估，以及所建模世界与连续测量数据流的一致性等。

(3)基于网络中心战的 M&S 技术。网络中心战需要全球网络化作为 M&S 的基础，同时要求 M&S 应具有与现代概念相一致的基本体系结构。而这种体系结构大大不同于网络互联之前的体系结构。因此，如何在 M&S 中表示网络中心战，实现联合作战模式下的信息网、指挥网和交战网运行是至关重要的。这里，研究、研制和开发新的 M&S 技术并用于支撑 C^4KISR系统是最为关键的。

14.6.5 作战仿真实例

例 14.6 海湾战争中的作战模拟。对于作战模拟来说，海湾战争标志着一个新阶段。美军利用作战模拟评价模型(CEM)为“沙漠盾牌”和“沙漠风暴”行动提供分析支持，包括战略部署、部队、人力、弹药需求，以及评估防空与战区弹道导弹防御和联军潜力等。从 1990 年 8 月中旬到地面战争结束，CEM 共运行 500 余回合模拟，对这场空地一体化战争的胜利起到了重大的辅助作用。

例 14.7 军事对抗模拟新方法。

军事对抗模拟是现代作战仿真的重要基础和核心内容。由于军事对抗相当复杂，所以只有采用从定性到定量的综合集成方法论才可能是科学有效的。这种科学的方法论来自于钱学森、戴汝为、于景元等我国老一辈科学家提出的复杂巨系统理论和综合集成研讨厅体系(HWSME)理念。

综合集成研讨厅体系包括专家群体(研究人员体系)、计算机 Internet 和 Intranet。其中，计算机是硬件支撑设备；专家群体系指广义专家群体(包括基于问题的特殊专家和参与者体系)；Intranet 为专家与专家交互的平台，是研讨厅体系中的重要组成部分，通过这种平台实现其专家群体互动及深层次对话，从而体现出人类集体思维，达到“智慧的汇集”。

综合集成厅体系采用高度智能化人机结合以人为主的思维和研究方法，对不同层次、不同领域的信息和知识(几乎是全人类从古至今各方面的经验和智慧)通过万维网进行高度综合集成，达到对整体的从定性到定量认识。钱学森先生把这种方法称为“大成智慧工程”(Meta—Synthetie Engineering)。基于综合集成研讨厅体系的复杂系统建模思想和方法，本质上是对人类经验知识，科学知识和哲学知识体系 3 个层次知识的综合集成和应用。如图 14.8 所示给出了该综合集成研讨厅的简化框图。

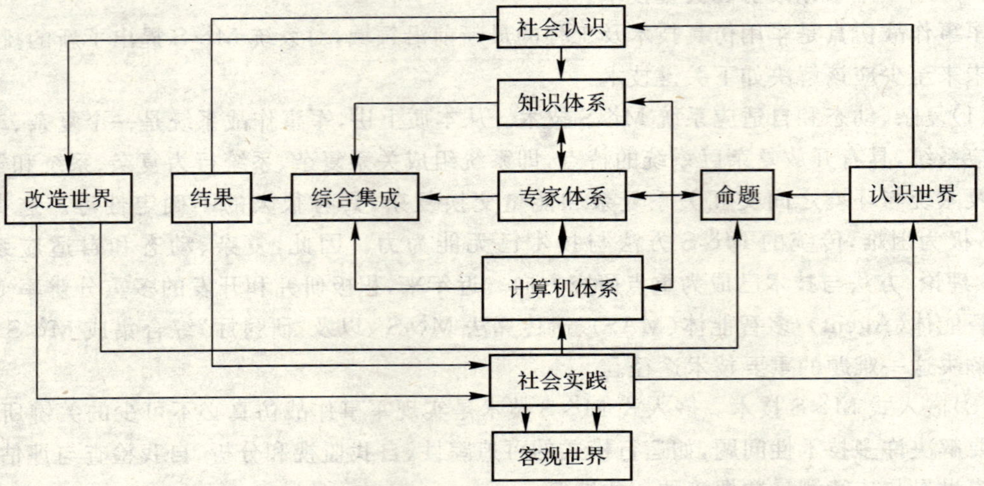

图 14.8 综合集成研讨厅的简化框图

在军事对抗模拟中，胡晓峰教授等人应用了 HWSME 并给出了一种形式化描述：

(1) 个人空间定义

$$\Sigma_{pi}::=(\{U_j\},F_{pi},RU_{pi},RS_{pi},outP_{pi}) \tag{14.1}$$

式中，$\{U_j\}$——U_j 可以服务的其他对象（如个人、工作组、友邻组或对抗组，不排除 U_j 自身）；U_j 为对抗模拟中的标记；F_{pi} 为 U_j 具有的服务功能的集合；RU_{pi} 为可供 U_j 使用的资源（如可访问的数据、任务规划、工作流程等）；$outP_{pi}$ 为 U_j 输出端口。

(2) 协作空间表示。多个 U_j 可以组成一个协作组，类似个人空间定义，可给出 j 个协作空间表示：

$$\Sigma_{cj}::=\left(\left\{\sum\nolimits_{pi},U_j\right\},F_{cj},RU_{cj},RS_{cj},outP_{cj}\right) \tag{14.2}$$

(3) 第 k 个对抗空间描述。多个协作空间进一步对抗空间，第 k 对抗空间被描述为：

$$\Sigma_{Gj}::=\left(\left\{\sum\nolimits_{cj}\right\},F_{cj},RU_{Gj},RS_{Gj},outP_{Gj}\right) \tag{14.3}$$

于是，整个综合集成研讨厅结构如图 14.9 所示。

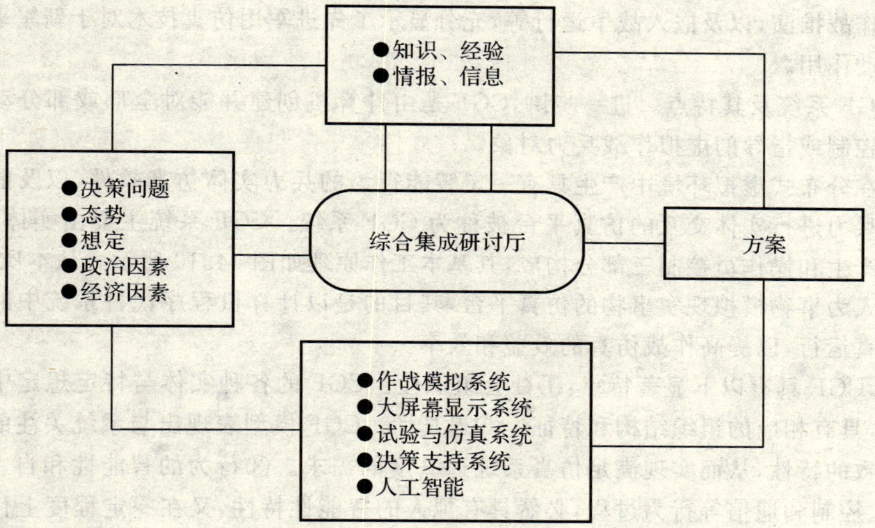

图 14.9　用于军事对抗模拟的综合集成研讨厅结构

14.7　军用仿真的关键支撑军事高技术及应用

14.7.1　引言

军用仿真其所以能够迅速发展，一方面是军事需求的不断牵引，另一方面得益于军事高技术进步的有力推动。同时，针对国防建设和军事作战的软件环境开发及应用也起到了至关重要的作用。

目前，军事高技术已形成较完善的体系，并构成对军用仿真的强有力的支撑。最直接影响军用仿真发展的关键支撑军事高技术主要有：计算机生成兵力技术、虚拟战场技术、网络通信技术、高性能计算技术等。

14.7.2　计算机生成兵力技术及应用

(1)概述。计算机生成兵力(CGF)是在战场仿真环境中，由计算机系统及其应用软件产生并控制的半自动或自动仿真实体(如坦克、车辆、飞机、导弹、航天器、步兵等)。随着军事威胁的多样化和复杂虚拟战场及分布式仿真技术的发展,CGF 在军用仿真领域得到了越来越广泛的应用,为人们在一个近乎真实的虚拟世界里提供了一种有效的训练、演习、评估和嵌入战争运行的仿真技术手段,从而成为军用仿真的重要基础和有力支撑手段。

通过模块化设计、一致接口、集成多种仿真资源,形成综合性 CGF 应用开发平台是 CGF 技术的重要目标。当前,CGF 系统设计和应用正处于"第三次革命"的新时期,用于训练、分析和试验三大类 CGF 系统正向着完全互操作和实时分布式仿真、精确描述人类行为和新型冲突方式,以及更具有开放性和探索性等方向迅速发展。

CGF 技术研究及应用已有 20 多年的历史。美国是研究和应用 CGF 最早的国家,20 世纪 80 年代末美国在开发 SIMNET 中就采用了 CGF 技术。此后,美军在 CGF 技术和系统研究与应用方面一直处于国际领先地位。他们研制开发的多种具有显著特色的 CGF 系统,包括典型的 ModSAF,CCTTSAF,JMASS,OneSAF 等已被成功用于士兵训练、虚拟演习、战术、战役和战略级作战推演,以及嵌入战争运行等,充分显示了先进军用仿真技术对于新军事变革进程的巨大推动作用。

(2)CGF 系统及其特点。进一步讲,CGF 是由计算机创建并能对全部或部分动作和行为实施自主控制或指导的虚拟作战兵力对象。

能够在分布式虚拟环境中产生具有一定智能行为的兵力实体仿真软件,以及能和其他计算机生成兵力进行实体交互的仿真平台被称为 CGF 系统。CGF 系统主要由实体动态模型、自治行为产生和操作员控制三部分构成,其基本工作原理如图 14.10 所示。从本质上讲,CGF 系统是用人为事物模拟现实事物的仿真平台,其目的是以计算机程序代替系统中的人员和装备参与仿真运行,以提高作战仿真的效益和效率。

通常,CGF 具有以下显著特点:①社会组织性。CGF 的各种实体与特定想定中的编成部队相适应,具有相应的组织结构和特征。②逼真性。CGF 模型表现出与系统关注的相应真实实体相一致的特性,从而实现满足仿真系统逼真度的需求。③行为的智能性和自主性。CGF 涉及指挥、控制和通信等行为过程,必然具有拟人的智能性特性,又在一定程度上代替人的作用,从而需要有一定程度的自主行为能力。④行为的对抗性。对抗性贯穿于仿真系统中作战双方的整个军事行为过程之中。⑤多学科综合性。CGF 模型及其运行需要多学科知识的支持,既包括自然和工程科学,又包括军事学、组织学、管理学、心理学等社会科学。⑥有序性与并发性。CGF 的某些行为依照状态序列的参数严格排序,行为执行的顺序不同,可能导致不同的行为;同有序性相对应,实体的某些行为能够并发执行。

(3)CGF 层次与建模。根据 CGF 行为和自动化程度和描述对象的不同,一般可将 CGF 为三个层次,即半自动兵力(SAF)、智能兵力(IF)和指挥兵力(CF),同时也有半自动兵力、智能仿真兵力和合成兵力(SF)的称呼。三层 CGF 中,SAF 智能程度最低,只具备对自身低级行为的控制;IF 能够完全自主地对自身行为进行控制;CF(或 SF)既要自主地控制自身的行为,还要对下属兵力进行指挥和控制,因而最为复杂。

目前,CGF 建模已成为 M&S 领域一个重要的研究方向,是构建分布式作战仿真环境最具挑战性的关键技术。在 CGF 建模研究和应用中,与指战人员指挥、控制和通信相关的智能行为建模是 CGF 建模的最大难点。目前,CGF 建模已有多种方法,常见的先进建模方法有、基于多 Agent的 CGF 建模方法;基于 STAGE 的 CGF 建模方法和基于 Petri 网 CGF 建模方法等。

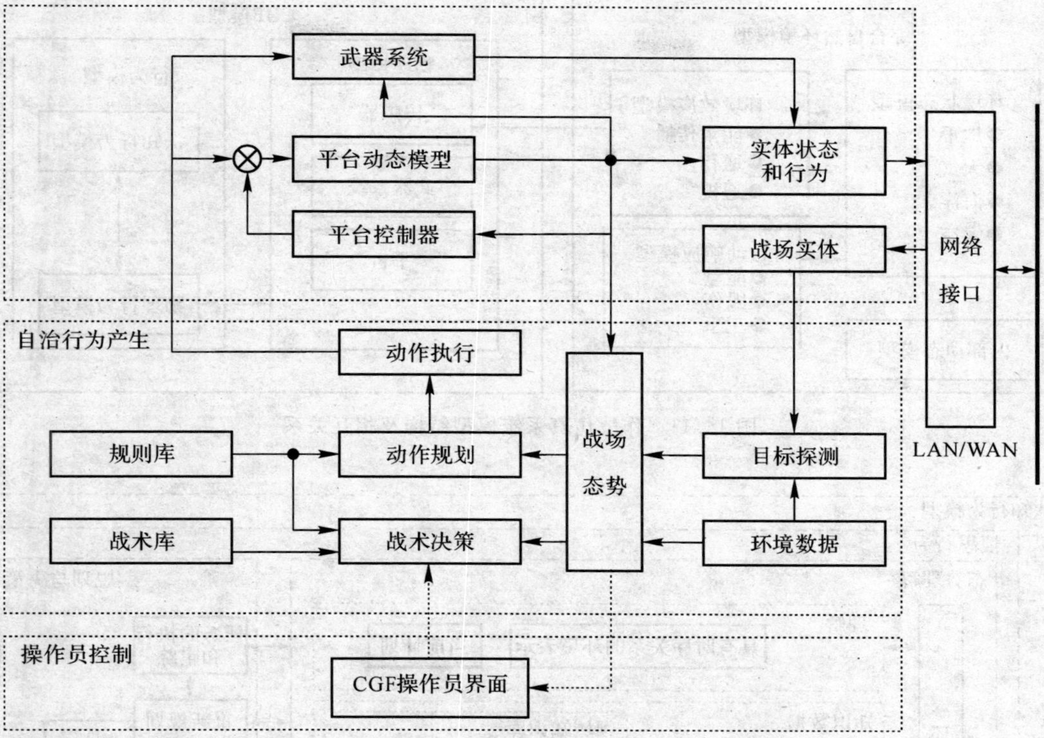

图 14.10　CGF 系统原理框图

对于基于多 Agent 的 CGF 建模，通常步骤为：①首先，需要确定系统模型的描述范围和组成关系。对于作战系统而言，可将作战仿真模型分为综合自然环境模型和 CGF 模型两大组成部分，其相互关系如图 14.11 所示。②接着需要构建一种通用的 CGFAgent 体系结构，有效地结合 CGFAgent 所需要的通用功能组件和行为方式，支持 CGFAgent 的各种物理模型以及认知行为过程的表示，以适应不同领域 CGFAgent 建模。一种采用慎思结构和反应结构相结合的混合体系结构如图 14.12 所示。③最后，通过 Agent 理论、Agent 系统和面向 Agent 软件过程，建立基于多 Agent 的 CGF 认知模型、组织模型及通信模型。除此，还需要建立综合自然环境模型、评估模型和仿真管理模型等。

对于基于 STAGE 的 CGF 建模，一般分为 3 个步骤：①在 DI 中将 STAGE 平台的构成要素定义成一个原型；②在 DE 中通过给原型的属性赋予具体的数据值来创建实例，如大气、海洋、舰船、飞机、导弹和传感器等；③在想定编辑器中引用相应的实例，以得到想定中的战场环境或 CGF 实体，这些实体将继承实例的物理特性。如图 14.13 所示为基于 STAGE 的 CGF 模型框架。

由于基于 Petri 网 CGF 建模同一般基于 Petri 网建模方法相同，故这里不再赘述。

(4) CGF 应用实例。

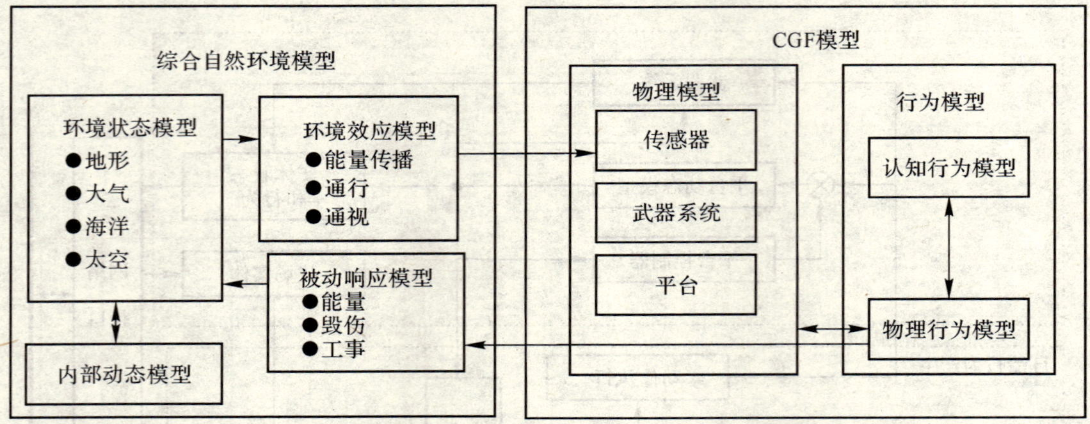

图 14.11 作战仿真系统模型结构及相互关系

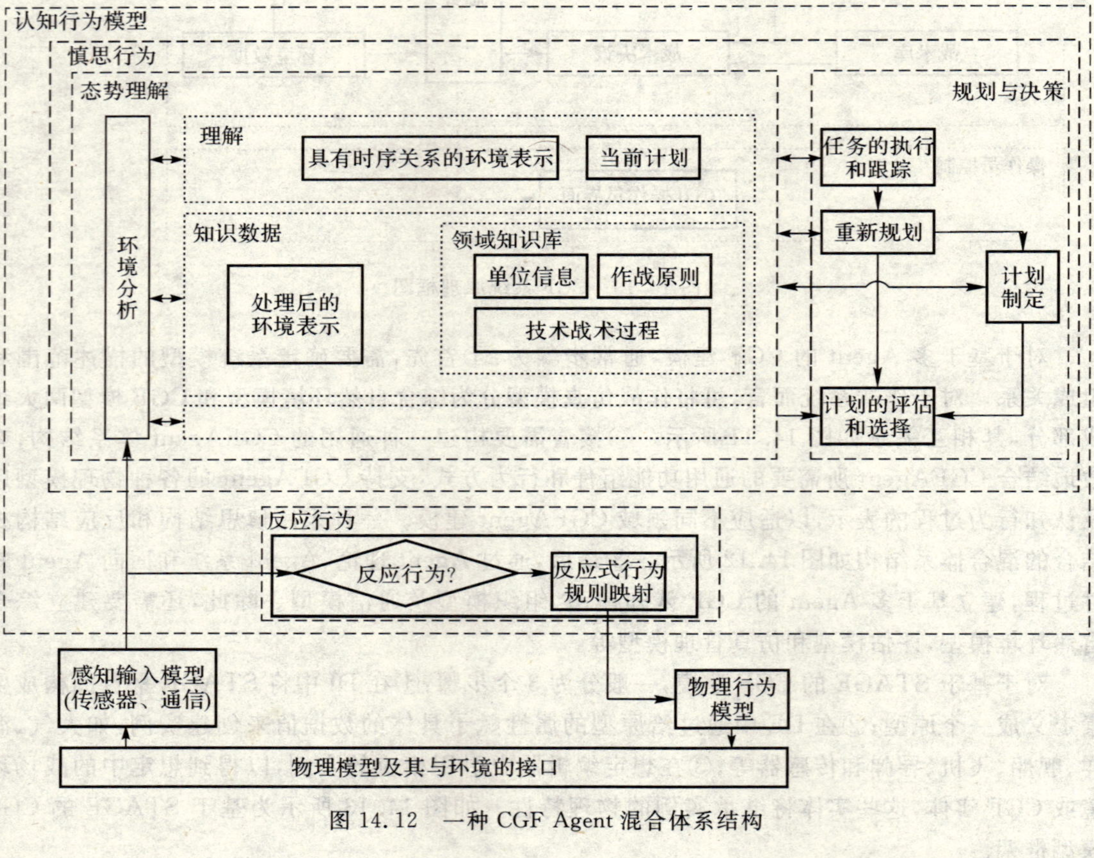

图 14.12 一种 CGF Agent 混合体系结构

作为 CGF 技术的典型实际应用，不能不再次提到我国自主研发的“综合防空多武器平台仿真示范系统”，CGF 技术是该系统的关键技术之一。在该系统中，CGF 分系统由作战模型、实体模型、环境模型和评估模型等组成，可以生成 DIS/HLA 中的虚拟实体，其内容包括模拟人的决策行为、控制平台的运动、操纵传感器、策略的选择、武器选取、武器发射和开火等。

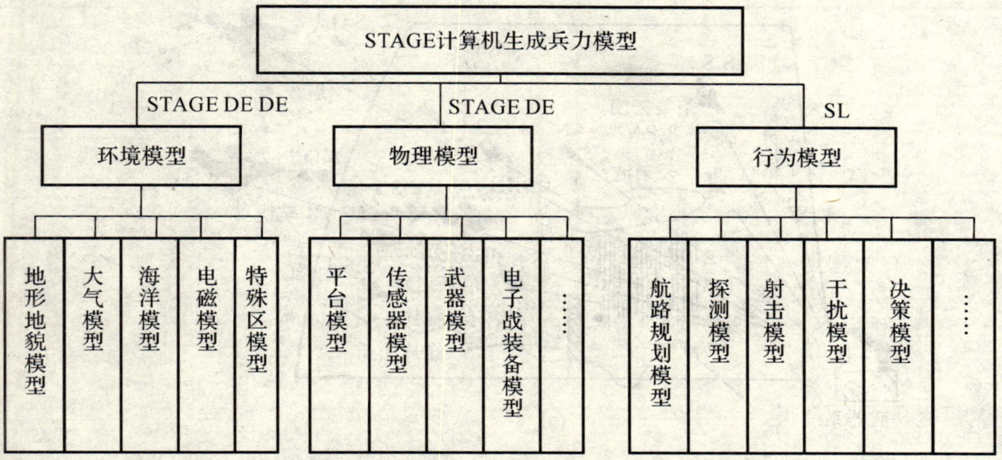

图 14.13　基于 STAGE 的 CGF 模型框架

作为另一个实例是 WARSIM 2000，这是美军为 21 世纪作战指挥员和参谋人员训练而开发的作战仿真系统。该系统通过接口与 JSIMS 相联，形成一个通用仿真环境，并可以和现有指挥系统设备互联，使得不同层次、不同训练目标的部队在同一个作战想定条件下进行训练，其关键在于 WARSIM 2000 建立了大量的 CGF 模型，可以自动生成作战计划和自动行动决策，用软件 Agent 来表示战场的指挥机关，提供指挥控制服务（规划、执行控制和态势评估等），实现不同程度的反应性、自治性、推理能力和适应性。

14.7.3　虚拟战场技术与应用

（1）现代复杂战场环境。信息化战争最显著的特点是陆、海、空、天、电、信息、认知的多维一体化联合/协同作战，致使现代战争环境越来越复杂，从而给军用仿真技术及工程提出了新的严峻挑战。

现代战场的复杂环境除了复杂的自然环境（包括气象环境、地理环境、海洋环境、大气环境、太空环境、电磁环境、光学环境等）外，最主要的还有复杂的人为（或人工）环境，如电子战环境、光学干扰环境、水声干扰环境、计算机对抗环境、网络对抗环境、导航（制导）战环境、心理战环境等等。例如，现代空袭模式和电子战环境在客观上就构成了严重威胁导弹制导系统的干扰战场环境。其典型干扰战场环境和现代空袭作战模式分别如图 14.14(a)和(b)所示。

在当今干扰威胁环境中，现代武器装备系统可能受到软、硬杀伤两类严重威胁。硬杀伤为反辐射导弹、无人机等；软杀伤有无源干扰和有源干扰。无源干扰包括：电子干扰箔条、假目标、雷达陷阱、地物杂波、海浪杂波、气象杂波及隐身目标等，其中以箔条的应用最为广泛。目前，箔条有很大发展，首先是用金属化的玻璃纤维、尼龙纤维取代了传统的铝箔和金属丝；形状由单一的条形发展成为菱形、圆形、箭形等多种形式；箔条型式除了反射型外，还有吸收型和闪烁型：大量投放吸收型箔条可形成吸收云；闪烁型箔条是反射特性偶尔消失偶尔出现的偶极子，可对雷达造成闪烁干扰。有源干扰的样式和种类很多，其干扰频率覆盖了雷达的所有频段 0.5～60 GHz；干扰机具有脉冲和连续波双模作战能力及频率引导和自适应控制功能；干扰功率可达兆瓦级。如表 14.2 所示给出了目前有源干扰样式及发展技术水平。

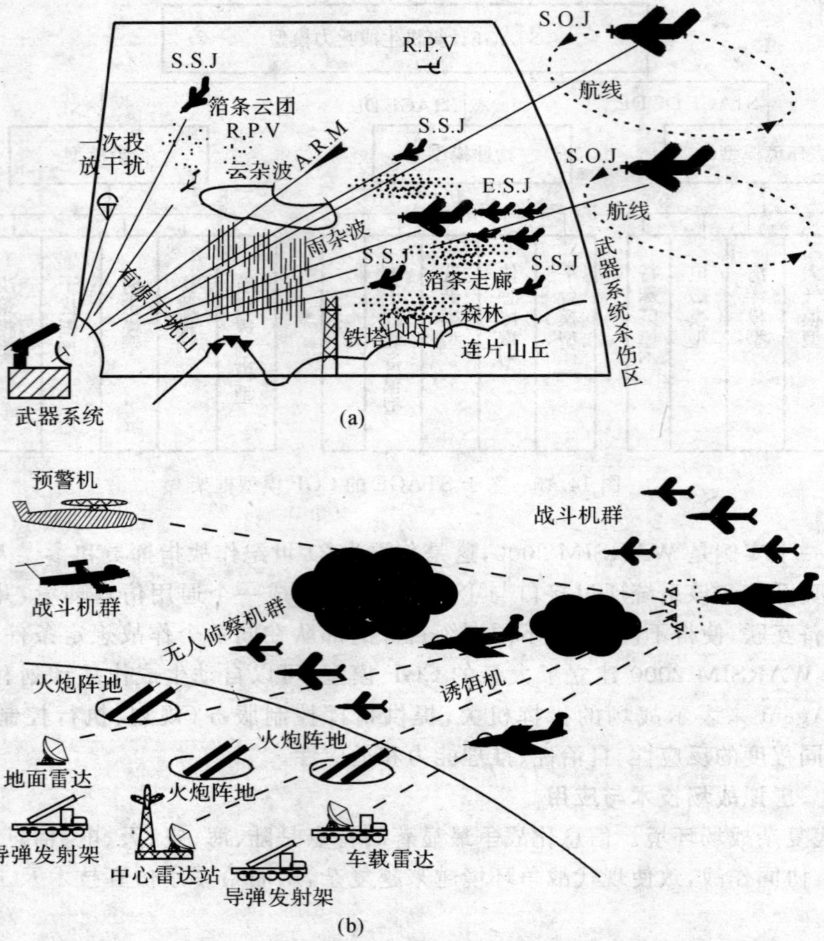

图 14.14　现代空袭模式和电子战环境

(a)典型干扰战场环境；(b)现代空袭作战模式

现代战场的复杂性还表现在各战场(陆战、空战、海战、天战、信息战等)之间已没有分明的绝对界限，而是你中有我，我中有你，相互交叉，相互影响，彼此渗透，形成一体化的战场体系。仅就武器装备而言，在陆战场上，除陆地攻防武器装备外，还运用了大量空中、海上、天上及信息攻防武器装备，一些陆战装备(如弹道导弹、巡航导弹、陆基雷达及通信、光电装备等)不仅用于陆战，而且被用于攻击海上目标、进行网络战等，同时陆战也越来越多地依靠其他战场力量的支援与配合，包括空中、海上甚至太空作战行动等；在海战场上，已更多地体现了诸军兵种联合的海上攻防行动，从而具备了防空、反舰、反导、对地攻击和信息对抗等综合作战能力；在空战场上，已呈现出以空中力量为主体，其他战场力量参加的一体化空中攻防行动，空中力量的发展越来越依赖地基、天基和舰载武器及信息力量；在天战场上，虽然主要作战平台是各种军用航天器，但是陆地、海上和空中却是航天器发射机返回的基地，也是对天侦察、对天攻击的基地，更不用说天战场上还包括电磁、网络和信息等无形空间的作战行动；在信息战场上，信息攻防依靠雷达、通信器材、电子干扰、反辐射导弹、卫星、计算机及应用软件的支撑进行攻防行动，同时离不开陆、海、空、天战场支援配合下的一体化行动。

表 14.2　有源干扰样式及水平

干扰分类		干扰名称和样式	典型干扰参数	干扰实施方式	备　注
有源干扰	压制性	瞄准式噪声调频（窄带）干扰	P_j：100 W～1 kW； ERP：10 kW；B_j：10～30 MHz	通常作攻击机自卫干扰	这些干扰都是由投掷式干扰机实现。干扰功率通常小于自卫与支援干扰 2～3 数量级
		阻塞式噪声调频（宽带）干扰	P_j：1 kW～10 kW； ERP：1 000 kW；$B_j > 100$ MHz. 可调	主要用于远距离和编队支援干扰，也用于自卫干扰	
		函数调制扫频干扰	锯齿、三角、方波等波形调制，扫频范围 20 MHz～1 GHz 可调，功率量级同上	支援与自卫干扰均有应用	
		间断干扰	间断比为 1∶1（可调），$P_j >$ 1 kW	通常用作自卫	
		杂乱脉冲干扰	干扰脉冲密度 $> 2 \times 10^3$/s， $P_j > 1$ kW		
	欺骗性	距离拖引干扰	拖引距离 > 1 km，$P_j > 1$ kW，最小延迟 > 80 ns	用作自卫	欺骗干扰针对性强、变化式样多
		速度拖引干扰	拖引速度和方式可调， P_j：100 W～1 kW	用作自卫	
		角度欺骗干扰	回答式逆增量调制，$P_j > 1$ kW	用作自卫	
		回答式假目标	使搜索雷达在不同距离与方位上产生一批假目标	远距离支援干扰或自卫用	
说明		P_j 为干扰和发射功率；ERP 为有效辐射功率；B_j 为干扰频带宽度			

（2）虚拟战场的内涵及作用。无论是军科仿真、研制仿真、训练仿真或是作战仿真，只有在逼真的上述复杂战场环境下进行才可能获得良好的仿真效果，也只有采用虚拟技术才能精确、逼真地反映真实作战的复杂战场环境。

以训练仿真为例。对于当前正在进行的军事训练转型来说，虚拟战场技术及应用更具有特殊的意义和作用。这是因为，军事训练转型特别强调，实现联合作战环境下的训练真实性，要求模拟训练达到“如真实作战一样”，包括针对地理空间、兵力结构、战备状态、战场态势、气象、情报、后勤和其他相关的场景特有数据等，通过实体—虚拟—构造—集成体系结构（LVC-IA）和合成环境让训练环境能够更精确地反映实际作战环境。对此，实时生成虚拟复杂战场环境是其关键性的技术措施和联合虚拟训练的核心部分。这样，不仅能对真实训练起到补充、增强和扩展的作用，维持和提高部队训练的熟练程度，而且没有弹药和燃料限制，起到保障安全和节省费用的重大作用，从而训练出更具有适应能力和创新能力的士兵和领导者。

总之，虚拟战场技术是军用仿真的一条必不可少的技术途径和关键支撑手段，具有广阔的应用前景。

(3)虚拟战场的构成与应用。虚拟仿真技术与计算机网络技术相结合,从而创建了虚拟战场,突破了作战、训练和武器装备研究相互独立的传统方法,为大规模联合/协同作战提供了迄今为止最理想的战场环境。

虚拟战场是一种涉及网络管理、人-机交互、环境渲染、行为生成、系统监控等多部分M&S技术的复杂仿真系统,通常由核心子系统、辅助支撑环境、管理与维护环境三大部分组成。核心子系统是虚拟战场的主框架,包括计算机生成兵力(CGF)、武器系统仿真、合成环境仿真、C^4ISR仿真系统等;辅助支撑环境主要包括用于监测和控制系统运行的辅助软件工具和分布式仿真协议(如HLA,DIS,ALSP等);管理与维护环境主要包括想定维护、模型维护、系统评估和管理机构等。

虚拟战场技术及系统作为军事系统分析领域的新技术手段,应用范围和前景是相当广阔的,主要体现在如下方面:①军事教育训练(包括武器操作训练、辅助军事教学等);②作战模拟(作为陆、海、空及联合作战实验室的作战模拟的主要手段和工具);③国防系统分析与战略决策(主要进行指挥控制作战系统仿真、研究作战软件、协同作战决策分析、优化作战方案等);④武器系统分析与评估(在对武器系统全生命周期开发中提供完整、理想的试验环境,并探索未来武器系统);⑤实施虚拟采办(变革传统的武器采办方法,提出基于仿真的采办思想、建立虚拟采办(SBA)环境等);⑥后勤建模与仿真(包括在虚拟战场环境下的任务建模、系统建模、保障资源建模和使用与维护工作建模,以及后勤信息化仿真等)。

美军是虚拟战场研发和应用最早、最先进的,所研发和实施的典型虚拟战场有:联合建模仿真系统(JMAAA)、联合仿真系统(JSIMS)及联合作战系统(JWARS)。它们分别用于支持武器装备的采办、部队的训练和战场/战役分析。

14.7.4 网络技术与应用

(1)概述。网络是人们非常熟知的术语和工具,已渗透在社会各个角落成为国民经济、国防建设和科学技术领域共用的、战略性资源。从系统M&S角度,网络可分为三种基本形式,即计算机网络、仿真网络和工程(图)网络。计算机网络就是通常所指的计算机控制网络和通信网络;仿真网络系指用于系统M&S的Perit网络、人工神经网络和贝叶斯网络等;工程网络就是用于工程活动的网络图。三者均被广泛地应用于军用仿真技术及工程中,成为不可替代的重要支撑技术。相比之下,计算机通信网络、Perit网络和神经网络尤为重要。

(2)计算机通信网络技术与应用。目前,计算机网络体系结构一般都采用层次结构模型,且为实现互连、互通、互操作并具备可移植性而使用了OSI体系结构,即OSI参考模型,这是一个具有标准定义的开放系统通信功能的7层框架结构,其相似的功能被集中在同一层内。ISO(国际标准化组织)开放系统互连参考模型的7层自下而上依次为:物理层、数据链路层、网络层、传输层、会话层、表示层和应用层,如图14.16所示。该图一方面表示了应用进程的数据在各层间的传输过程,另一方面可清楚看出,同一层次通过对应的协议通信。每层都有自己的定义、功能及独有的协议,如数据链路层是OSI模型的第2层,用以处理两个由物理通道直接相连的邻接节点之间的通信,其主要功能是数据链路的建立、拆除、信息传输、传输差错控制及异常情况处理,所使用的传输协议为高级数据链路控制协议HDLC。

网络互连技术能实现更大规模、更大范围的网络连接,它将分布在不同地理位置的网络、网络设备连接起来,构成网络系统,以实现互连网络的资源共享。网络互连要求在不改变原网络协议、硬软件的前提下,使连接对原网络的影响减至最小。网络互连的主要类型有:局域网与局域网互连、局域网与广域网互连、局域网通过广域网与局域网互联、广域网与广域网互连。实现网络互连的设备主要有：中继器、网桥、路由器和网关等，它们分别被用于物理层干线段之间的连接、局域网之间的互连。网络互连必须遵循一定的规范，这就是所谓的网络标准，如OSI模型的物理层、数据链路层的局域网国际标准 IEEF—802.1～IEEF—802.6 等。

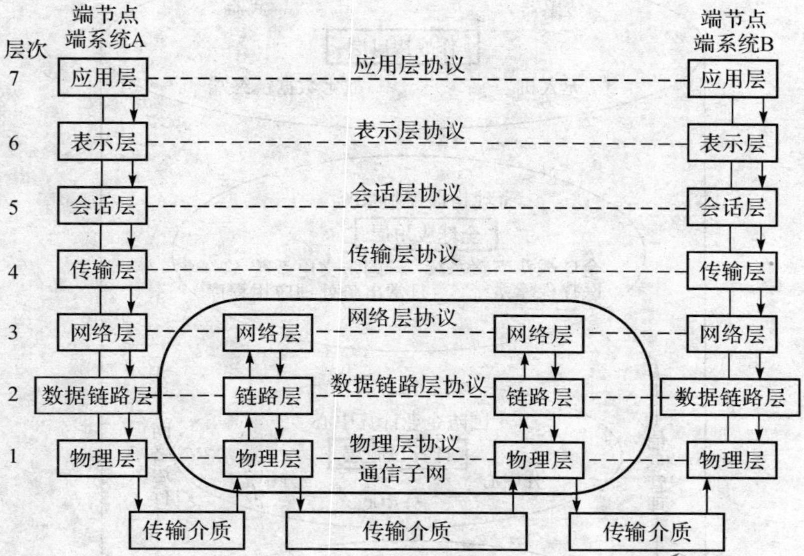

图 14.16 OSI 参考模型分层结构

计算机通信网络在军用系统 M&S 中得到了极广泛的应用，它既是军事系统 M&S 的主要对象，又是军事系统 M&S 的关键技术。作为主要仿真对象，如综合电子信息系统(C^4KISR 系统)仿真、网络化测控系统仿真、战术“数据链”通信系统仿真、分布式网络数据融合技术仿真，以及组合实体—虚拟—构造(LVC)仿真，等等。

计算机网络技术对于 M&S 的关键和支持作用是显而易见的。如在上述网格/协同仿真中，将涉及到高速数据的采集、筛选、存储、可视化和实时仪器控制等，它们都必须通过计算机网络来实现。同时，仿真网络本身就是一种基于广域网，具有异构性，可跨越不同操作系统平台的协同仿真环境。为了使仿真网络具有更大的开放性、动态性、灵活性和可扩展性，计算机网络仍然是其中的关键技术。回过头来再看看目前广泛用于复杂系统仿真的主要 HLA/RTI，以及正在发展中的试验与训练技能体系结构(TEAN)，哪一个也离不开计算机网络的支撑。至于计算机生成兵力和虚拟战场环境更需要发挥计算网络的桥梁和纽带作用，才能真正的形成战斗力。又如，在全球信息栅格(GIG)的关键性能参数中，计算机网络传输和管理被做为五大方面的两个方面提出来：为了信息的完整性和实时性，要求通过计算机网络传输保持和保障信息元的完整性和最低应达到 99.99%，目标要求达到 99.999%；系统的网络管理应具有能够近实时地(最低 99%或目标为 99.9%)获得网络及其相关资产状态的能力。

(3)全球信息网格(GIG)。随着由传统“平台中心战”向“网络中心战”作战模式的重大转变，美军利用栅格技术方面的研究成果，提出了全球信息栅格的系统结构，如图 14.17 所示。由图可见，该结构由基础层、通信设施层、计算设施层、全球应用层和作战接口层以及信息管理和网络运行等部分组成。实质上，GIG 是由信息能力、相关过程和人员构成的端对端的全球网络体系。其中，信息能力包括计算、信息、表示和网络运行四种能力；相关过程是指信息过程，如信息处理流程等；人员组成是指信息使用人员，主要包括作战人员、指挥决策人员和保障人员等。

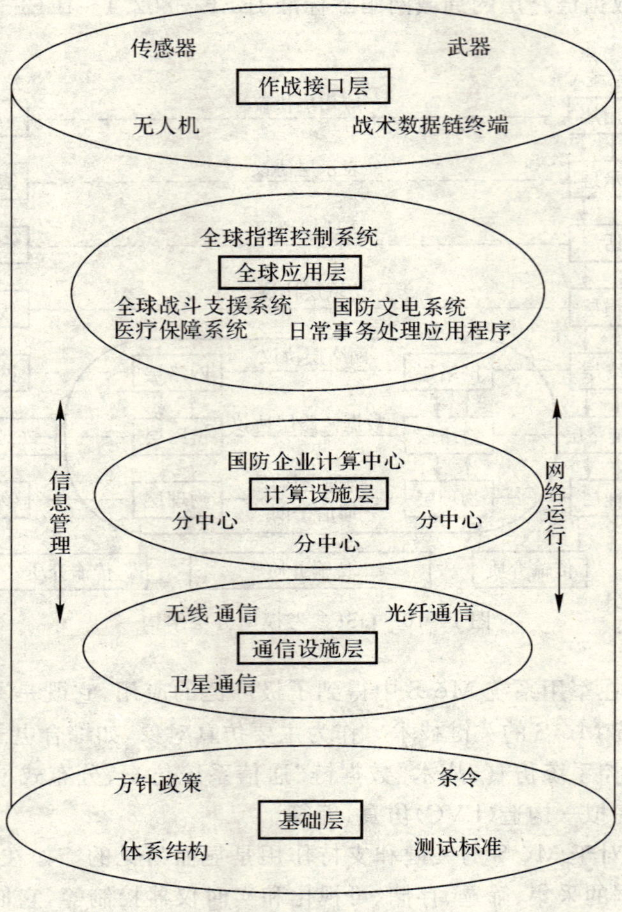

图 14.17　全球信息栅格的系统结构

GIG 是目前服务于美军的世界上最大规模的网格化工程，由数以万计的局域网和数以百万台计算机为此服务。它仍在发展之中，预计 2020 年将成为为美军服务的 GIG 体系。对此，世界各国都在密切关注此工程的进展和趋向。

(4)Perit 网络技术与应用。Perit 网络技术是一种基于面向对象的网络技术。该网络具有描述并发、同步、竞争和因果等特性的能力，且易通过图形直观地构造模型，故适宜于复杂系统特别是武器系统、作战指挥系统和军事决策分析的 M&S。前面已讲过基于 Perit 网的建模理论、方法和技术，这里仅讨论其仿真应用。

例 14.7　某水下对抗系统的对象 Perit 网仿真。

某水下对抗系统是一个分布、并行的离散事件系统，该系统有多种水下装备，每一种装备具有多重的工作方式。按照功能任务整个系统可划分为防御方、攻击方、水下航天器、对抗器材和环境等五种对象。

为进行上述对象仿真，首先可根据各对象的对抗任务和机理建立各自的 Perit 网模型；然后将其综合集成为水下对抗系统的对象 Perit 网模型；再依据所建模型和确定的初始状态对水下对抗系统的工作过程进行动态行为分析，得到可达图；最后使用 VisualC＋＋6.0 对水下对抗系统的对象进行仿真。如图 14.18 所示为该水下对抗系统的对象 Perit 网模型图。图中，$G_i(i=1,\cdots,9)$ 表示对象 Perit 网中不同对象之间的传递的事件；$M_{ij}(i=1,\cdots,5;j=1,2,\cdots,6)$ 定义的各对象工作信号。

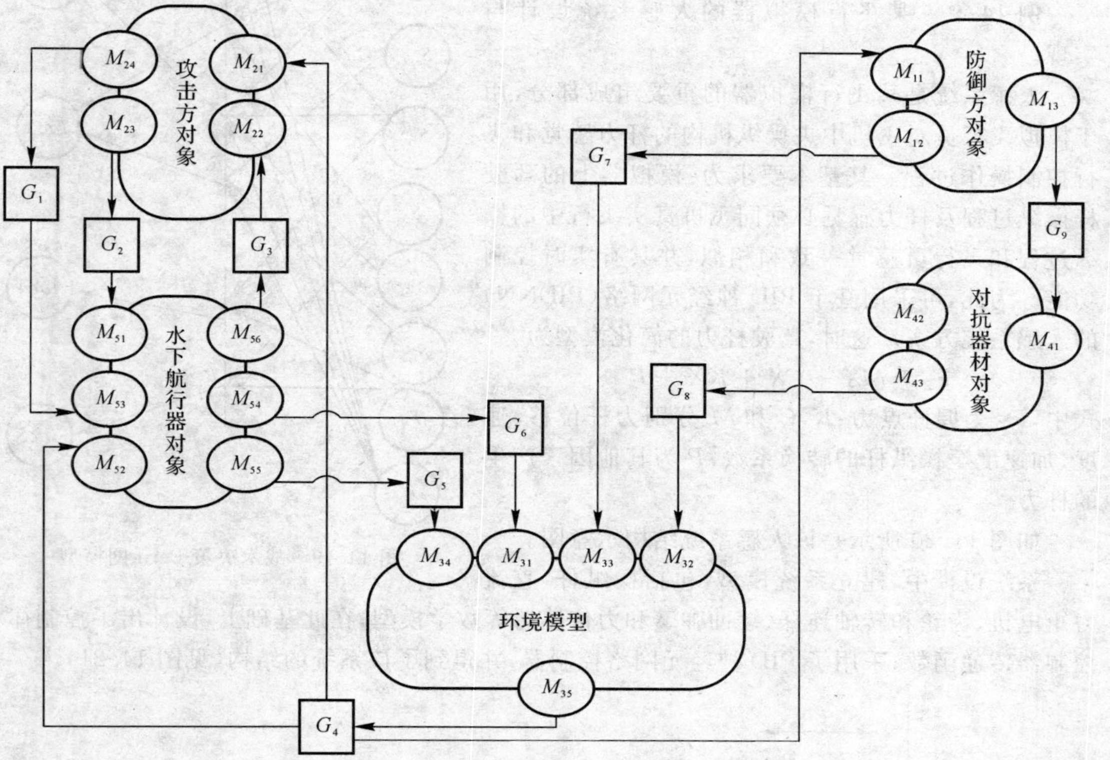

图 14.18　水下对抗系统的对象 Perit 网模型

水下对抗仿真的一般过程为：开始→水下航行器投放→对抗器材投放→命中目标/水下航行器航程耗尽→结束。仿真结果表明，对象 Perit 网模型仿真结果与实际系统的运行相符合。

例 14.8　基于模糊 Perit 网的空战战术决策仿真。

本例依据决策规则的模糊性，利用 Perit 网对空战战术决策进行了 M&S，为超视距空战战术决策提供了新的方法和思路。

在实际空战中，依据空战势态和所获得的空战信息，常采用如下几种典型的超视距空战战术：①迎头接敌，先敌攻击；②偏侧接敌攻击；③隐蔽接敌，突然攻击；④迎头侧绕攻击；⑤规避机动等。由于这些战术各有利弊，所以如何合理选择适当的最佳空战技术是仿真研究的重要目标。为此，首先研究了基于模糊 Perit 网(FPN)的模糊推理算法，然后建立了空战机动决策的 Perit 网模型(见图 14.19)，最后在此基础上进行了某次空战情况下的实例仿真。

由图可见，该网络包括 5 个战术决策 $Tac_i(i=1,,\cdots,5)$；10 个控制因素变量 $S_T \sim F_N$；7 条推理规则 $R_i(i=1,7)$。仿真结果表明，该方法综合集成了模糊逻辑和 Perit 网的优点，能够很好地利用经验知识和专家知识进行多准则推理，所确定的战术决策与专家的预测结果吻合。

(5)神经网络技术与应用。神经网络技术是人工智能技术的重要方面，也是军事系统 M&S 的主要手段之一。下面实例可从一个侧面看出神经网络技术对于军用仿真的重要支撑作用。

例 14.9 某飞行模拟器的人感系统设计与实现。

人感系统是某飞行模拟器的重要组成部分，用于模拟飞行员对飞机中央操纵机构的杆力感觉和飞行控制操作过程。其基本要求为：模拟器上的驾驶杆操纵过程及杆力感觉必须同飞机真实飞行中的操纵过程和飞行员感觉一致和相似，并具有实时控制功能。为此，可采用基于 PID 神经元网络(PIDNN)的人感系统方案。这时，驾驶杆力的简化模型为

$$F_Z = M\ddot{X} + C\dot{X} + KX + P$$

式中，F_Z 为握杆点力；K,C 和 M 分别为杆位移、速度、加速度至操纵杆的转换系数；P 为其他因素产生的杆力。

如图 14.20 所示是该人感系统结构示意图。

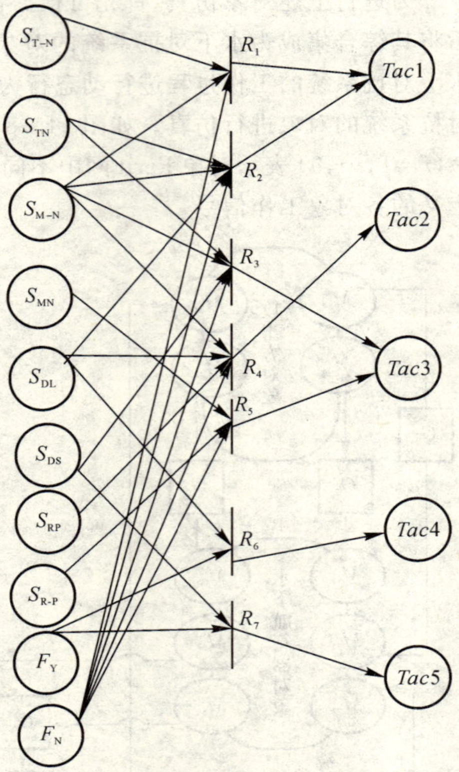

图 14.19 战术决策 Perit 网模型

系统设计中，建立系统模型，包括操纵杆、直流力矩电机、齿轮和转轴连杆、缓冲弹簧和力传感器等数学模型；在此基础上，设计出了控制律和控制器传递函数；采用了 PID 神经元网络控制器，并得到了该系统的结构(见图 14.21)。

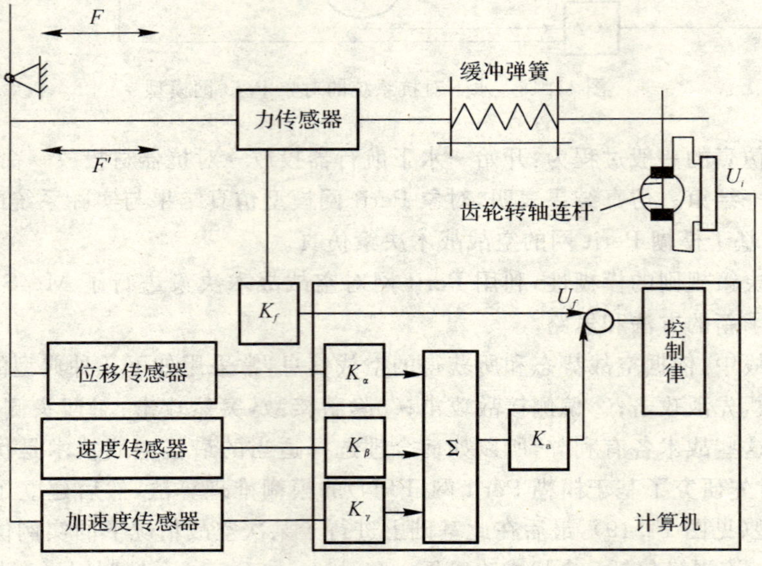

图 14.20 某飞行模拟器人感系统结构示意图

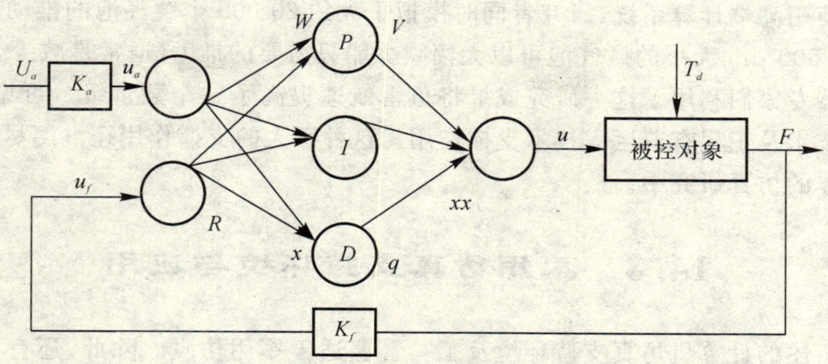

图 14.21　PID 神经元网络控制系统结构

对该系统运行过程和稳定性进行了仿真试验。从人感系统跟踪和误差的仿真结果分析表明，基于 PIDNN 人感系统结构简单，具有很好的鲁棒性和适应性，能够方便地调参和保证控制精度，并可对未知模型进行优化控制。

14.7.5　高性能计算技术与应用

高性能计算一直追求着为包括军事系统在内的复杂系统 M&S 提供超级计算能力，使高性能计算支撑的仿真逐渐获得与真实试验同等的重要地位，成为人类认识和改造世界的全新技术手段。

(1)计算机技术。计算机技术是高性能计算的基础和主要工具。可以说，没有计算机的问世和发展就没有高性能计算，也就没有军用仿真技术及工程。

如前所述，仿真计算机的三次大变革曾引起了军用仿真技术及工程在方法学和技术上质的飞跃，不断出现的高性能计算机又使得军用仿真技术及工程变得从未有过的强大。如从使用第一台电子计算机进行解码和自动弹道计算，到如今先进计算机系统由更为复杂的软件和硬件设备组成，具有超过百万倍的存储、通信和解算能力；可对新材料机理创新对大型层次仿真模型聚合；对虚拟复杂战场环境可视化；对大规模军事演习辅佐；对战争运行实时评估；对高风险、国防建设论证；对新军事变革探索；对武器装备体系构建；对反导系统支撑；对新概念武器挖掘；对核爆炸科学计算；等等。所有这些均表明：计算机技术的飞速发展对军用仿真技术及工程做出了巨大贡献。

(2)高性能计算。高性能计算及应用已发展成为一门综合性多学科科学——计算科学。简单地说，计算科学是应用高性能计算能力解决实际生活中遇到的问题。权威专家认为：与理论和实验一起，计算科学正成为科学探究的“第三支柱”。

严格地说，简单地讲，计算科学是一个快速发展的多学科领域，该领域使用先进的计算能力来认识和解决复杂的问题。计算科学融合了三种不同的元素：①算法及 M&S 软件。用于解决科学(如生物学、物理学、和社会科学)工程和人文科学的问题。②计算机和信息科学。开发和优化先进的系统硬件、软件、网络和数据管理系统，用于解决各种计算问题。③计算设施。支持在科学和工程中的各种计算问题，并支持计算机和科学的发展。

新世纪的第一个伟大的科学突破是宣布人类基因组解码，这算一个成功的大规模计算科学的科学的例子。由此，基因仿真研究促成了基因新概念武器的出现。另一个例证是微气泡反应研究，主要是通过创建最新的计算模型，模拟不同大小的微气泡对船身速度的推动情况和其他影响。使用高端计算系统，研究者同时模拟了大约 20 000 个微气泡的推动。仿真结果表明，大约 50～500 μm 大小的微气泡可以大幅减少船只需要的推力（通常是减少 80%）。据此，俄罗斯的武器专家们利用了这一研究成果将鱼雷航速提高了一个数量级。可见，计算科学对于军用仿真技术及工程有着巨大技术支撑作用。这种巨大的支撑作用还淋漓尽致地体现在对大规模核爆炸的仿真研究中。

14.8 军用仿真支持环境与应用

第 9 章所述的计算机仿真支持环境及工具普遍适于军用仿真。除此，还有如下支持环境值得关注或参考使用。

14.8.1 国防通用仿真基础设施与服务(DCSIS)

DCSIS 源于英国，其目标是改进英国国防部仿真技术的互操作能力，提高国防投资的效费比，并利用庞大的仿真网络建立服务交付体系，为用户提供工具、数据、组件及服务。

DCSIS 主要有通用服务和网络基础。其中，通用服务包括：计算机兵力生成、合成自然环境、数据和规定、合成工具以及实体—虚拟—构造仿真的连通；通用网络基础包括：内部和外部网络服务，这些将通过高宽带、低延时的联合跨国互操作安全网络（JMNIAN）来实现。

DCSIS 的核心研究具体包括如下 5 个相互关联的技术领域：

1）综合的实在—虚拟—构造（LVC）。主要是通过应用软件与 LVC 紧密结合，利用标准和工具推动 LVC 的集成。其中，标准包括：DIS，HLA，C—BML，JC^3 IEDM，TENA 等；工具包括：AIME，BabelBOX，AWES 等。

2）算机生成兵力（CGF）。主要是开展评估、红方与蓝方部队入口、等级说明、本地/远程供应与控制、想定情节的生成等工作。

3）人工合成自然环境（SNE）。主要提供一种有效的、对当前作战及时响应服务，其相关研究包括：标准、核心工具选择、提供和训练、协同和分布式工作等。

4）人工合成环境（SE）工具。主要包括：①通用工具。可视化、训练管理、日志、C^4I 表述以及虚拟仿真；② 运行时间管理，过程与标准；③商用现货技术工具（包括应用工具的评估与开发）。

5）想定和数据。需要开展的研究包括：试验、分析、军事专家意见，想定的开发、程序与工具、数据与假想。

14.8.2 新型仿真计算平台

通用图形处理单元（GPGPU）是并行仿真技术引出的新型仿真平台，它通过使用新算法解决了传统 GPGPU 不能用于离散事件仿真的难题，并且基于通用 GPGPU 的运行速度可比基于常规处理器的工作站或图形卡快 4 倍。

网络协处理器和混合处理器的出现大大加速了某些仿真计算操作，其中一种是用在卸载可编程 Myrinet 网络转换的状态保存和其他检查点功能中，另一种是应用是乐观式仿真 LBTS 值的快速计算，通过在网卡上运行的程序来开发对网络操作的低等待时间访问。

除此，IBM 的 Cell 处理器和“万亿”与“皮它”级计算平台也是军用仿真技术及工程发展中出现的新型仿真计算平台，它们主要集中用于更大规模仿真场景和复杂系统仿真科学计算方面。

14.8.3　仿真软件平台及其中间件

仿真软件平台可分为通用性仿真软件平台和专业性仿真软件平台。

典型的通用性软件平台如，仿真设计平台(SDP)和仿真一体化支撑平台(SISP)等。SDP是采用 C++开发的开放式系统，用户通过人机界面同 SDP 进行通信联系，其各项任务由元推理机进行调度，对各个推理机的调用请求也由元推理机来控制。它提供了一个数据库接口使专家系统与大型数据库交互，能方便地提取产品信息及数据，并将专家系统推理结果转化为设计结果。SISP 是一个基于 HLA 以对话界面为基础的仿真一体化支撑平台，其突出特点是用户不用编程，只需要读取由概念模型所产生的对象模版(OMT)相关信息和单平台仿真引擎模型交互信息，以及配置相关系数，即可开发出一个完整的联邦成员。

典型的专业性仿真软件平台如：① WebSIM，主要用于网络中心战及未来作战系统仿真；② GFLOPS，主要用于航空航天领域仿真；③ Seber，是一种混合信号设计与验证仿真平台；④ IMIOP，是一个集成建模与智能优化软件平台。

除此，还有基于 Agent 的各种仿真软件平台、可视化仿真软件平台，以及网络仿真软件平台等。

所谓中间件是指位于硬件、操作系统和应用程序之间的通用服务软件，它具有标准的程序接口和协议，可以屏蔽各类通信协议间的差异，实现不同硬件和操作系统的平台上的数据共享和应用互操作。如：①COM/DCOM 是一种面向对象的中间件；②RBM 是一种基于 RTI 支持集群计算的中间件；③GT3，Condor，Legion，LSF 和 Sun Grid Engine 是用来实现并行/分布式计算中各种管理和安全功能的网格中间件。

可用于各个行业服务的外部之间的中间件有：CORBA，Java，NET，WEB，SERVICES，XMVXML 等。

14.8.4　大型军用 M&S 系统

大型军用 M&S 系统是一种用于军事研究、试验、训练和作战模拟的综合性仿真软件平台。较为典型的这类系统是美军的 JWARS，JSIMS 和 JMASS。

(1)JWARS。JWARS(Joint Warfare System)是一个集中于战役层次的服务于军事行动推演的仿真系统。该系统能够描述军队从战前准备到作战全频谱范围的军事行动，提供一个观察战役的精细视图，并考虑战略与战役后勤的潜在影响。

该系统由问题域、仿真域和平台域等 3 个软件域集成为一个完整的执行软件包，可对现代联合作战进行全面、完整地描述，完成对 21 世纪军事行动的分析、实施、评估及系统采办等。

该系统的问题域主要是表示军事力量(兵力)与系统的战场空间实体，为模块化形式，包括指挥与控制、探测识别、认可传感器、资源管理器、平台、通信管理器等。

该系统的重要贡献是它不仅仿真了部队战前的活动，而且始终以 C^4TSR 为中心考虑系统设计及应用，通过较完备的综合集成战区视图提供了 C^4TSR 系统、战略后勤与后备部队补给的作战价值及可视化效果。该系统的逻辑结构如图 14.22 所示。

该系统的仿真域为模块化结构模式，并与 HLR/RTI 兼容。提供实现系统正常运行的全部资源，包括事件表、随机数发生器、坐标系统、数据收集代理以及管理器等。其中管理器有：空间管理器、运动管理器、交互管理器、环境管理器、裁决管理器、事件管理器、数据收集器、仿真管理器等。除此，仿真域还提供了战场空间实体(BSE)运行的合成自然环境(SNE)及 JWARS 作战所需文档(ORD)。

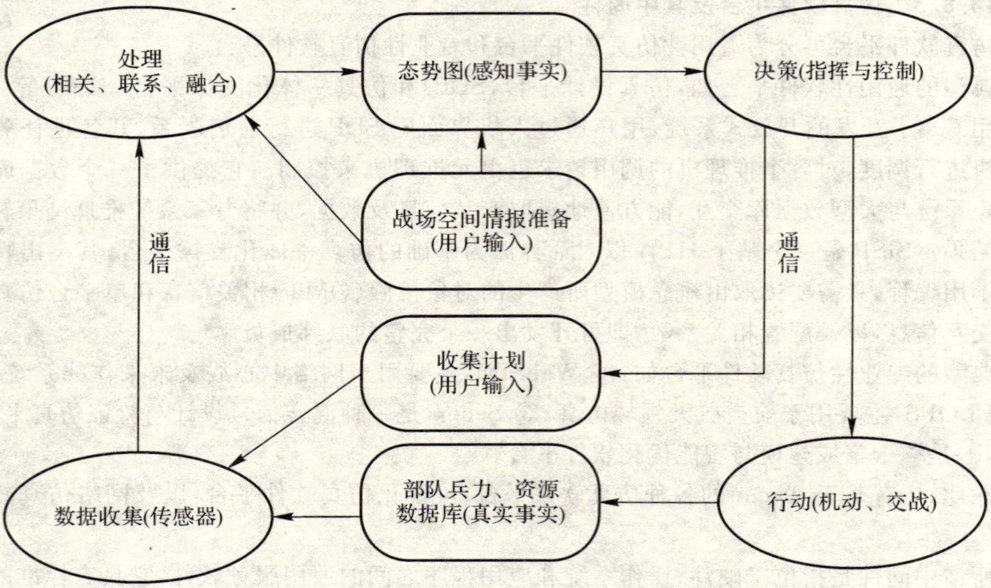

图 14.22 JWARS 的逻辑结构图

系统平台域包括仿真系统运行的硬件、用户控制仿真系统与之交互的人机界面(HCI)。

(2)JSIMS。JSIMS(Joint Simlation System)作为分布式作战仿真,通过提供战场空间的通用环境视图和作战视图,创造了一个无缝的一体化联合作战空间。同时,它和战场空间范围的 C^4TSR 系统相连,建立起一个近似实战的联合训练环境,通过提供不同类型的使命任务,执行各阶段逼真的联合作战仿真,来支持部队的训练/教育。

该系统十分庞大,主要反映在如下 3 个方面:①JSIMS 系统由各军种/部门的模拟/仿真系统“联合”构成,包括:陆军模拟系统、空军模拟系统、海军模拟系统、海军陆战队模拟系统、国家情报局模拟系统、国家侦察局模拟系统、联合部队模拟系统及通用组件等(见图 14.23)。②JSIMS 系统有众多的模型,包括:陆战模型、海战模型、空战模型、天战模型、电子战模型、陆地地形模型、海洋环境模型、大气环境模型、综合自然环境模型、各种机动/部署模型、计算机生成兵力模型及其他专用模型等。③JSIMS 系统在体系结构上遵循 HLA 规范、底层结构包括仿真支撑结构(RTI)、安全服务、通用组件、C^4I 转换接口和分布式仿真资源等。

该系统分阶段实施,由 1999 年推出 JSIMS 1.0 版,2003 年完成完全版——3.0 版。3.0 版可支持 2～30 方面参加联合作战模拟演习,覆盖中等战区的大范围作战空间,从战役到小部队的行动实施。

JSIMS 系统的主要应用领域有:联合作战司令部和联合特遣队、战勤机关、计划和分析人员、分队实施训练、专业军事教育、高级军官教育和建立作战条令等 7 个方面。该联合作战模拟系统的集成概念如图 14.24 所示。

3)JMASS。JMASS((Joint Modeling and Simulation System)在提供可重用的建模与仿真库(MSRL)的同时,开发一个标准的数字化 M&S 体系结构和有关工具集,以支持对多军种范围内武器系统分析、开发、采办及测试与评估。与 JWARS/JSIMS 系统相比,JMASS 系统主要为战术级的 M&S 提供通用的作战模拟结构。JMASS 系统的体系结构同样是先进的,模型框架依然非常复杂。JMASS 体系包括：①面向对象的模型；②图形软件设计；③可重复使用的软件和组件模型；④图形化想定的建立和执行；⑤可重复使用的校核和验证模型；⑥后处理、分析和批处理工具等。

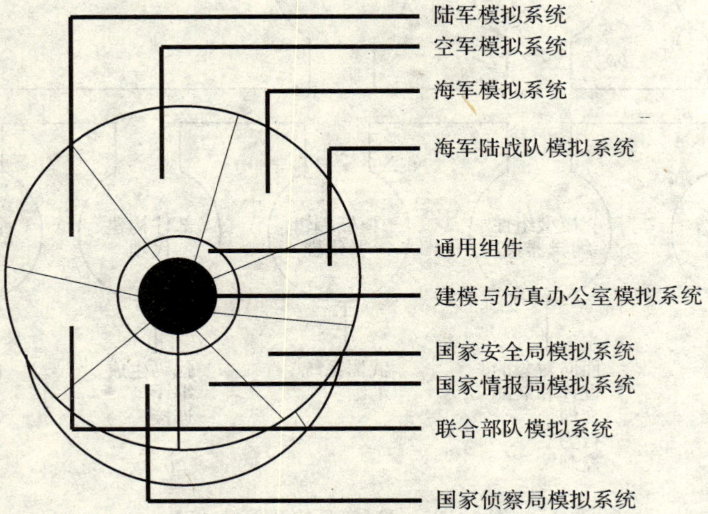

图 14.23　JSIMS 系统组成

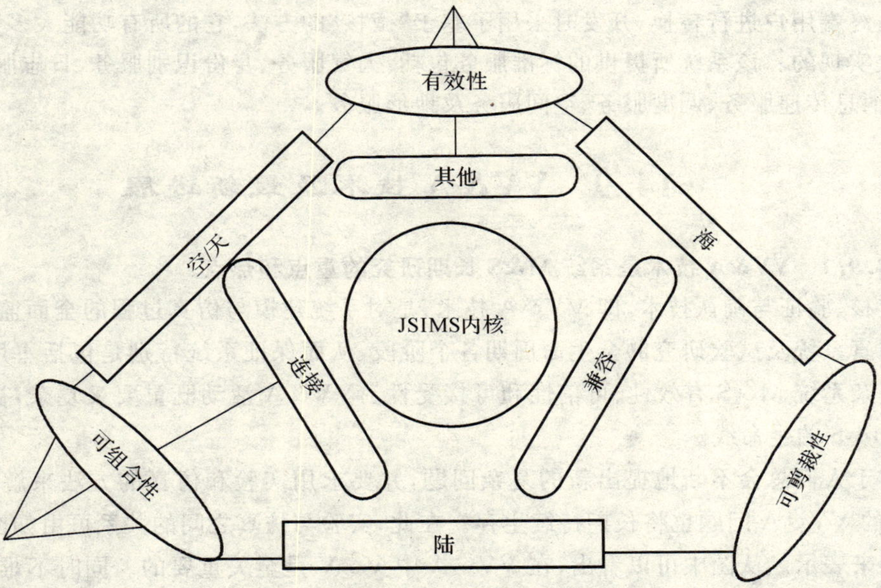

图 14.24　JSIMS 系统应用中的集成概念

实际上，JMASS 是一个模拟的软件支持环境，也是一个开放的体系结构，其开发模式如图 14.25 所示。

应强调指出，JMASS 并不是一个仿真应用，它所提供的只是支撑仿真应用的设计、开发、运行和分析环境。如果说 JMASS 的仿真应用，也是指基于 JMASS 体系的仿真应用。

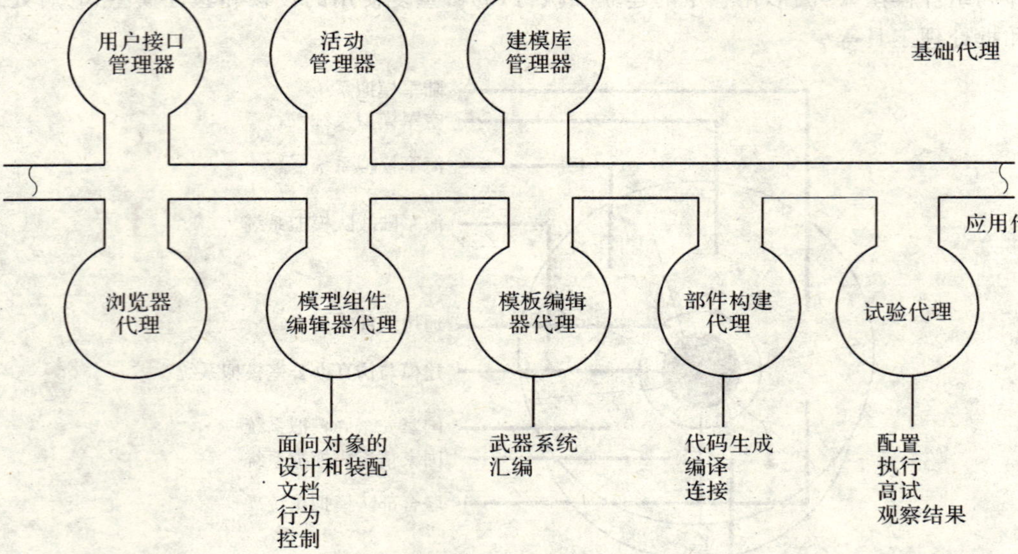

图 14.25　JMASS 的开发模式

在 JMASS 的发展中,JMASS 6.0 是一个先进的可扩展系统,它的每一个组成部分几乎都可以由终端用户进行替换,开发时采用了基于"微核"的方法,它的所有功能大多是作为可替换的模块实现的。该系统所提供的标准服务包括:大气服务、身份识别服务、日志服务、消息记录服务、消息传递服务、调度服务、空间服务及地形服务。

14.9　VV&A 技术及最新进展

14.9.1　VV&A 技术是系统 M&S 长期研究的重点和热点

校核、验证与确认技术,即 VV&A 技术,是对系统建模与仿真过程的全面监控,其活动贯穿着仿真系统及试验研究的全生命周期各个阶段,从而保证系统特别是包括军用仿真系统在内的复杂系统 M&S 有效性、可信性和可接受性。VV&A 活动既重要又复杂,被仿真界视为系统 M&S 的生命线。

由于人们总会不断地提出新的复杂问题,并要求用实验和仿真的方法来解决,所以系统 M&S 的 VV&A 问题也将长期持续生存。在此,实验与仿真之间的关系可由如图 14.26 所示的框架来表示。从图中可以看出,在 VV&A 中 V&V 是至关重要的。同时不难发现,实验是产生理论的最基本技术手段。但是在实验条件下,由于通常没有足够的数据来肯定结果的正确性,特别是在人的行为分析领域,在关系到复杂系统特别是大型军用复杂系统研发和应用中也存在类似问题,所以基于 VV&A 支持下的仿真将始终与实验共存,并互相补充。正因为如此,VV&A 技术一直深受国内仿真界和仿真领域人们的高度重视,必将成为系统 M&S 长期研究的重点与热点。

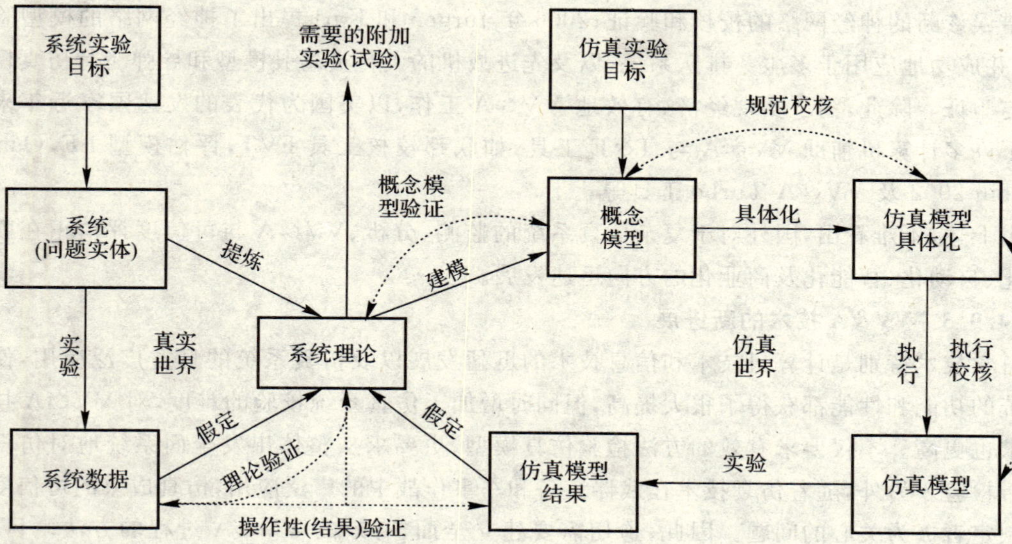

图 14.26　实验与仿真之间的关系

14.9.2　国外 VV&A 研究状况

国外特别是发达国家，如美国对于复杂仿真系统的监测分析、VV&A 与可信度评估技术及工具研究一直十分重视：早在 20 世纪 40 年代就开始了对仿真模型的校验；1962 年 Biggs 和 Cawthore 注意到利用 VV&A 技术对“警犬”导弹仿真进行全面评估；1967 年 Fishman 和 Kivia 首次提出了仿真模型有效性研究概念，并将该研究分为模型校验与验证两个部分；Holmes 总结了 VV&A 的前期研究成果，于 1986 年提出随机工具箱法，该方法包括对照比较法、专家评定法、半实物仿真法、CADET 法、Mone Carlo 法、TIC 指数法、数据图法、均值和方差检验法、假设检验法、数据覆盖法、频谱分析法、回归和相关分析法等；1987 年 Valayas 总结了统计决策理论在仿真模型验证中的应用；20 世纪 90 年代初，Balci 把模型验证的各种方法进行了综合和分类；1993 年美国国防系统管理学院拟制了“测试与评估管理指南”由 Osman Balci 率先提出了校核、验证与测试(VV&T)概念。与此同时，美国国防部建模与仿真办公室(DMSO)的 VV&A RPG 列举了可用于仿真系统 V&V 的 76 种软件测试和系统评估方法，以及 18 种统计技术；1994 年 C. M. Bishop 研究了神经网络输入数据的异常性和相应网络数据的可靠性关系，提出了一种使用神经网络评估数据异常性的步骤，并通过实例验证了它的有效性；1997 年 David 和 Krzysztof 研究了神经网络在汽车引擎校准中的验证；1999 年 Sarach 和 Alice 针对数据稀疏情况下，研究了应用统计在抽样性的神经网络验证方法；2000 年 Csman Balci 等讨论了如何合理地制定仿真模型的校验方法论(V&V)计划的一般性原则和方法，并提出了 13 条指导 VV&A 研究与实践的策略与方向。同年，John T. Carr 针对面向对象建模过程提出了一系列 V&V 指标，并介绍了如何在评估环境中使用这些指标对建模全过程进行跟踪测评等；2002 年 Jacon 和 David 提出了一种可供神经网络期望输出和误差范围的验证分析方法；同年，S. Y. Harmon ete 针对先进飞行模拟器中人的行为表示进行了验证研究；James

和 Paul 对基于多分辨率模型验证进行了探索性研究;2005 年 Uma Bharath 研究了关于自主系统错误诊断的神经网络的校核和验证;2006 年 Jurgen 和 Karl 提出了神经网络的模型验证方法,并成功地应用于多服务排队系统,以及先进战机的飞行员驾驶模型和导弹飞行仿真模型开发与验证。除此,为了实现经济、有效地 VV&A 工作,以美国为代表的发达国家近年来还研制了许多计算机辅助 VV&A 与 T&E 工具,如联邦校核工具 FVT,评估模型 EE,Osman 和 Robin 2002 及 VV&A Turbo 工具等。

由上述,不难看出,国外对于复杂仿真系统的监测、分析、VV&A 与可信度评估正在朝着集成化、自动化、智能化及商业化的方向迅速发展。

14.9.3 VV&A 技术的新进展

科学技术特别是计算机技术和信息技术的迅猛发展以及仿真系统的日益广泛应用,使仿真系统的功能和性能都获得了很大提高,但同时增加了仿真系统校验的难度,对 VV&A 技术的要求也更高。不仅要求有效的方法检验仿真模型,更要求从整体出发全面系统地对仿真系统进行检验。另外,随着仿真技术在武器装备和军事作战中的广泛应用,仿真成果的可信度是决策制定者极为关心的问题。因此,迫切需要建立全面、有效的 VV&A 过程的方法。目前,对仿真系统 VV&A 的研究重点,已从局部的、分散的研究向实用化、自动化、规范化与集成化的 VV&A 系统发展,它的进一步发展将有力地支撑仿真成果(产品)的可信度。

任何模型或仿真的 V&V 过程都包括概念模型验证和结果验证,相比之下结果验证更为重要。传统的结果验证基本方法有五类,如图 14.27 所示。

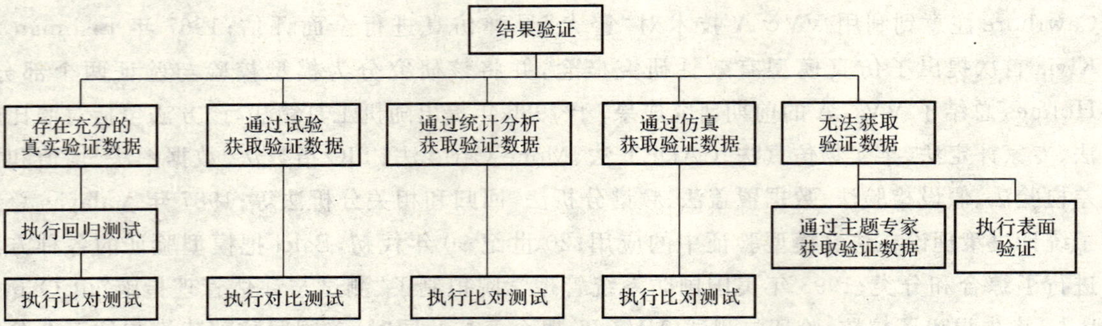

图 14.27 仿真结果验证的基本方法

除上述方法与技术外,当前必须研究开发能够处理虚拟想定问题的"黑箱"联邦的验证方法和进一步探索主观评估方法。如,在大型复杂系统 M&S 系统中,对来自人员行为突发事件和无法预估的自然干扰所造成的不确定度的验证。这里,必将用到多准则分析技术(MCA)。

14.9.4 通用 VV&A 方法

开发通用 VV&A 方法,已成为一种趋势。为此,北约新近开发了一套"校核、验证、确认通用方法(GM - VV)。GM - VV 把 VV&A 看做为一个独立的问题域,该领域被称为 VV&A 界,其目标是在整个 M&S 系统全寿命周期中提供确认决策支持。这时,VV&A 的应用领域已经超越了 M&S 系统本身而延伸到了产品界。VV&A 的关键活动是 M&S 系统的决策支持。在 GM - VV 方法中,"校核"指的是对 M&S 的正确性评估;"验证"指的是对

M&S 系统有效性评估，而“确认决策支持”指的是根据校核、验证活动的结果和 M&S 系统效用的评估，形成一个接受建议。它们的各自评估标准分别为：效用(utility)：在一个 M&S 运行环境中评定解决现实世界需求的 M&S 系统的效果和效率，其衡量标准包括价值或好处、花费以及使用保险 3 个方面；有效性 (Validity)：评定 M&S 系统的行为的表达与现实系统行为的相符程度；正确性(Correctness)：M&S 系统的执行是否与模型的描述一致，是否有错误，精度是否足够。除此，评估还需考虑可靠性、安全性、完备性和独立性等。

GM－VV 提供了一个严格的面向目标的需求工程方法来获取并论证 M&S 系统应用的可接受性标准。如图 14.28 所示给出了 GM－VV 整体方法概览。

系统 M&S 的不断进步和广泛应用迫切需要建立全面有效的 VV&A 过程和方法。为此，对仿真系统的 VV&A 研究的重点，已从仿真模型校验转向仿真系统的 VV&A。目前，VV&A 技术正在从局部的分散研究向实用化、自动化、规范化与集成化的 VV&A 系统发展，并将有力地支撑仿真结果及仿真产品的可信度。

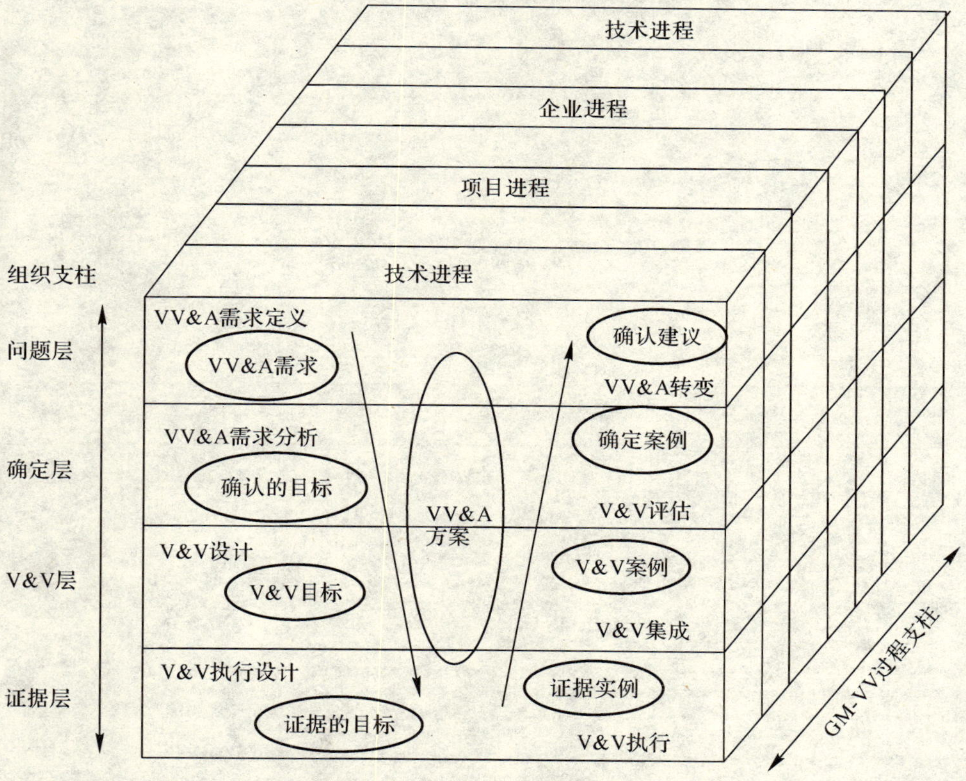

图 14.28　GM－VV 整体方法概览

习　题　14

1. 试述军用仿真技术及工程在整个仿真科学与技术中的重要地位。
2. 归纳军用仿真技术的主要应用领域。

3. 试述目前军事科学技术研究仿真的重要范畴。
4. 武器装备研制仿真中，主要采用哪些仿真方法，如何选取？
5. 举例说明武器装备研制的数学仿真、实物仿真和半实物仿真。
6. 试述军事训练仿真的主要类型，举例说明它们的工程应用。
7. 试述嵌入式 M&S 技术对于军事作战仿真的重要性。
8. 指出军用仿真及工程的关键支撑技术。
9. 分析美军几种大些军用仿真系统，说明从中可以得到哪些重要启示。

参考文献

[1] 刘兴堂,吴晓燕. 现代系统建模与仿真技术. 西安:西北工业大学出版社,2001.

[2] 李伯虎,等. 仿真科学与技术学科发展研究报告(蓝皮书). 北京:中国系统仿真学会,2009.

[3] 刘兴堂,梁炳成,刘力,等. 复杂系统建模理论、方法与技术. 北京:科学出版社,2008.

[4] 刘兴堂. 导弹制导控制系统分析、设计与仿真. 西安:西北工业大学出版社. 2006.

[5] 吴晓燕,张双选. MATLAB 在自动控制中的应用. 西安:西安电子科技大学出版社,2006.

[6] 刘兴堂. 现代辨识工程. 北京:国防出版社,2006.

[7] 周自全,刘兴堂,等. 现代飞行模拟技术. 北京:国防工业出版社,1997.

[8] 刘兴堂,戴革林. 精确制导武器与精确制导控制技术. 西安:西北工业大学出版社,2009.

[9] 刘兴堂,周自全,李为民等. 现代导航制导与测控技术. 北京:科学出版社,2010.

[10] 戴明强,等. 数学模型及其应用. 北京:科学出版社,2007.

[11] 文传源. 相似理论的探索. 系统仿真学报,1989.

[12] 王子才,等. 仿真系统的校核、验证与验收(VV&A):现状与未来,系统仿真学报,1999,11(5).

[13] 方辉煜. 防空导弹武器系统仿真. 北京:宇航出版社,1995.

[14] Frank R Giordano, Maurice D Weir, William P. FOX: A First in Mathematical Modeling, Thirdtion. Orginal edition Copyright© 2003 Brooks/Cole, a division of Thomson Learning, INC,2003.

[15] Sargent R G. Some examples of simulation model validation using hypothesis testing. simulation, 1982.

[16] Mark M Meerschaert. 数学建模方法与分析. 刘来福,等译. 北京:机械工业出版社,2005.

[17] 金伟新. 大型仿真系统. 北京:电子工业出版社,2004.

[18] 赵沁平. DVENET 分布式虚拟环境. 北京:科学出版社,2002.

[19] 吴今培,孙德山. 现代数据分析. 北京:机械工业出版社,2006.

[20] Wu Xiaoyan, Liu Xing tang. Research and discussion of new type and practical digital—analoghybird simulation computation system. Proceedings of the 3rd Beijing International Conference on System Simulation and Scientific Computing. October 17-19, 1995, Beijing, China.

[21] Jim Ledin. 仿真工程. 焦宗夏,王少萍,译. 北京:机械工业出版社,2003.

[22] 吴晓燕,李彦彬,赵敏荣. 基于 MATLAB 的控制系统优化设计. 空军工程大学学报,2000,1(5).

[23] 刘兴堂,刘力,等. 对复杂系统建模与仿真的几点重要思考. 系统仿真学报,2007,19(13).

[24] 康风举，杨惠珍，高立娥，等．现代仿真技术与应用．2 版．北京：国防工业出版社，2006.

[25] 齐欢，代建民，吴义明．HLA 仿真与 UML 建模．北京：科学出版社，2006.

[26] 刘兴堂，刘力，等．信息化战争与高技术兵器．北京：国防工业出版社，2009.

[27] 王行仁．建模与仿真技术若干问题探讨．系统仿真学报，2004，16(9).

[28] 刘兴堂，王青歌．仿真系统置信度评估中的辨识方法．计算机仿真，2003，2(3).

[29] 李伯虎，等．现代建模与仿真技术发展中的几个焦点．系统仿真学报，2004，16(9).

[30] 陈森发．复杂系统建模理论与方法．南京：东南大学出版社，2005.

[31] 段家庆，陈宗海．模糊定性仿真与灰色定性方法．系统仿真技术及其应用论文集．合肥：中国科学技术大学出版社，2006.

[32] 石峰，等．面向复杂仿真因果追溯的行为建模方法．系统仿真学报，2007，19(2).

[33] 刘兴堂，等．论军用模拟训练器/系统的发展趋势．空军工程大学学报：自然科学版，2(4)，2001.

[34] 胡晓峰，等．战争复杂系统仿真分析与实验．北京：国防工业出版社，2008.

[35] 刘兴堂，吕杰，周自全．空中飞行模拟器(IFS)．北京：国防工业出版社，2003.

[36] 邵维忠，杨英清．面向对象的系统分析．北京：清华大学出版社，2006.

[37] 庞国峰．虚拟战场导论．北京：国防工业出版社，2007.

[38] 徐学文，王寿云．现代作战模拟．北京：科学出版社，2004.

[39] 毕义明，等．军事建模与仿真．北京：国防工业出版社，2009.

[40] 顾伟．军事科技与新军事变革．上海：复旦大学出版社，2003.

[41] 程永生．军事高技术与信息化武器装备．北京：国防工业出版社，2009.

[42] 郭齐胜，杨立功，杨瑞平，等．计算机生成兵力导论．北京：国防工业出版社，2006.

[43] 黄安祥．空战虚拟战场设计．北京：国防工业出版社，2007.